教育部高等学校电子信息类专业教学指导委员会规划教材

高等学校电子信息类专业系列教材·新形态教材

电子技术基础

（第2版·微课视频版）

李雪飞　编著

清华大学出版社

北京

内容简介

本书依据国家教育部教学指导委员会于2005年修订的《电子技术基础课程教学基本要求》，并充分考虑各院校新教学计划学时数及现代电子技术的发展趋势而编写。

全书共包括16章，内容包括半导体二极管及其基本电路、半导体三极管及放大电路基础、场效应管及其放大电路、集成运算放大电路、放大电路中的反馈、理想运放的应用、波形发生电路、直流稳压电源、逻辑代数基础、门电路、组合逻辑电路、触发器、时序逻辑电路、数/模和模/数转换、Multisim 10简介及其在电子电路仿真中的应用。书中还有相关例题，每章后附有一定量的习题以利于学生巩固所学知识。

本书可作为应用型普通高等学校电子、电气、自动化、计算机、通信工程、机电一体化等相关专业的本科教材，也可作为高等职业技术学院相关专业的教材，还可供社会上的相关专业读者阅读。

图书在版编目(CIP)数据

电子技术基础：微课视频版/李雪飞编著. —2版. —北京：清华大学出版社，2023.4
高等学校电子信息类专业系列教材·新形态教材
ISBN 978-7-302-63056-2

Ⅰ. ①电… Ⅱ. ①李… Ⅲ. ①电子技术－高等学校－教材 Ⅳ. ①TN

中国国家版本馆CIP数据核字(2023)第044084号

责任编辑：赵 凯
封面设计：李召霞
责任校对：郝美丽
责任印制：宋 林

出版发行：清华大学出版社
网 址：http://www.tup.com.cn，http://www.wqbook.com
地 址：北京清华大学学研大厦A座 **邮 编**：100084
社 总 机：010-83470000 **邮 购**：010-62786544
投稿与读者服务：010-62776969，c-service@tup.tsinghua.edu.cn
质量反馈：010-62772015，zhiliang@tup.tsinghua.edu.cn
课件下载：http://www.tup.com.cn，010-83470236
印 装 者：三河市君旺印务有限公司
经 销：全国新华书店
开 本：185mm×260mm **印 张**：29.75 **字 数**：724千字
版 次：2014年10月第1版 2023年6月第2版 **印 次**：2023年6月第1次印刷
印 数：1～1500
定 价：89.00元

产品编号：097287-01

序

FOREWORD

我国电子信息产业占工业总体比重已经超过10%。电子信息产业在工业经济中的支撑作用凸显，更加促进了信息化和工业化的高层次深度融合。随着移动互联网、云计算、物联网、大数据和石墨烯等新兴产业的爆发式增长，电子信息产业的发展呈现了新的特点，电子信息产业的人才培养面临着新的挑战。

（1）随着控制、通信、人机交互和网络互联等新兴电子信息技术的不断发展，传统工业设备融合了大量最新的电子信息技术，它们一起构成了庞大而复杂的系统，派生出大量新兴的电子信息技术应用需求。这些"系统级"的应用需求，迫切要求具有系统级设计能力的电子信息技术人才。

（2）电子信息系统设备的功能越来越复杂，系统的集成度越来越高。因此，要求未来的设计者应该具备更扎实的理论基础知识和更宽广的专业视野。未来电子信息系统的设计越来越要求软件和硬件的协同规划、协同设计和协同调试。

（3）新兴电子信息技术的发展依赖于半导体产业的不断推动，半导体厂商为设计者提供了越来越丰富的生态资源，系统集成厂商的全方位配合又加速了这种生态资源的进一步完善。半导体厂商和系统集成厂商所建立的这种生态系统，为未来的设计者提供了更加便捷却又必须依赖的设计资源。

教育部2020年颁布了新版《高等学校本科专业目录》，将电子信息类专业进行了整合，为各高校建立系统化的人才培养体系，培养具有扎实理论基础和宽广专业技能、兼顾"基础"和"系统"的高层次电子信息人才给出了指引。

传统的电子信息学科专业课程体系呈现"自底向上"的特点，这种课程体系偏重对底层元器件的分析与设计，较少涉及系统级的集成与设计。近年来，国内很多高校对电子信息类专业课程体系进行了大力度的改革，这些改革顺应时代潮流，从系统集成的角度，更加科学合理地构建了课程体系。

为了进一步提高普通高校电子信息类专业教育与教学质量，推动教育与教学高质量发展，教育部高等学校电子信息类专业教学指导委员会开展了"高等学校电子信息类专业课程体系"的立项研究工作，并启动了"高等学校电子信息类专业系列教材"（教育部高等学校电子信息类专业教学指导委员会规划教材）的建设工作。其目的是推进高等教育内涵式发展，提高教学水平，满足高等学校对电子信息类专业人才培养、教学改革与课程改革的需要。

本系列教材定位于高等学校电子信息类专业的专业课程，适用于电子信息类的电子信息工程、电子科学与技术、通信工程、微电子科学与工程、光电信息科学与工程、信息工程及其相近专业。经过编审委员会与众多高校多次沟通，初步拟定分批次建设约100门核心课程教材。本系列教材将力求在保证基础的前提下，突出技术的先进性和科学的前沿性，体现创新教学和工程实践教学；将重视系统集成思想在教学中的体现，鼓励推陈出新，采用“自顶向下”的方法编写教材；将注重反映优秀的教学改革成果，推广优秀的教学经验与理念。

为了保证本系列教材的科学性、系统性及编写质量，本系列教材设立顾问委员会及编审委员会。顾问委员会由教指委高级顾问、特约高级顾问和国家级教学名师担任，编审委员会由教育部高等学校电子信息类专业教学指导委员会委员和一线教学名师组成。同时，清华大学出版社为本系列教材配置优秀的编辑团队，力求高水准出版。本系列教材的建设，不仅有众多高校教师参与，也有大量知名的电子信息类企业支持。在此，谨向参与本系列教材策划、组织、编写与出版的广大教师、企业代表及出版人员致以诚挚的感谢，并殷切希望本系列教材在我国高等学校电子信息类专业人才培养与课程体系建设中发挥切实的作用。

吕志伟 教授

第2版前言

PREFACE

教学课件

本书自2014年10月出版至今，深受广大读者的好评。为了适应时代需要，满足读者对知识的渴望，现再版为微课视频版。这次再版是在初版中原有的知识体系及内容的基础上，增加了大量的电路仿真视频和知识拓展，信息量大，内容丰富。读者可以通过扫描书中的二维码学习。

书中增加的电路仿真视频主要是针对教材中的主要知识点和部分例题进行仿真，做到电路仿真与理论知识同步学习，以方便学生及时通过电路仿真来加强对理论知识的理解和消化，切实做到理论以应用为目的。而且学生可以在仿真电路的基础上，对电路做出修改，自行设置故障，以进一步加深对课程内容的理解与应用，切实培养和提高学生的应用能力和创新能力。为了达到更好的学习效果，学生可以先自学教材第15章的内容。

知识拓展部分主要是对书中的理论知识的延伸，补充大量的与课程有关的实用性知识，既能拓展学生的知识面，又能更好地帮助学生做到理论与实践相结合。知识拓展部分主要包括以下几部分：

(1) 半导体器件的命名方法；

(2) 二极管的封装形式、万用表识别与检测方法、分类及使用场合等；

(3) 三极管的封装形式及引脚排列、万用表检测方法；

(4) 场效应管的命名方法、万用表检测方法和引脚排列；

(5) 电阻的标称值、阻值标示方法、常用电阻器特点及使用场合；

(6) 电容的标称值、电容值的标注方法、万用表检测方法、电容的种类及其用途；

(7) 集成运放的封装形式及引脚排列、选择方法、检测方法等；

(8) 三端集成稳压器简介；

(9) 常用数字集成电路的型号、功能及引脚排列；

(10) 寄存器和锁存器简介；

(11) 存储器的容量单位介绍；

(12) A/D转换器和D/A转换器的选择。

在本书的编写过程中，得到了许多专家和同行的帮助，并参考和借鉴了许多国内外公开出版和发表的文献，在此向文献的作者一并表示感谢！

由于时间仓促，水平有限，书中难免存在不足或疏漏之处，恳请广大读者批评指正，以便再版时修订。

为方便选用本书作为教材的任课教师授课，编者提供与本书配套的电子课件和仿真电路。

编　者

2023年5月

第1版前言

PREFACE

随着半导体技术的发展，电子技术所涵盖的内容越来越多，但是受限于新的教学计划、学生知识结构的变化和目前学生的就业形势等多方面因素的影响，电子技术课程的计划学时越来越少，很多高校都是在一个学期内讲授完模拟电子技术和数字电子技术的全部内容，因此有必要将两门课的内容有机地结合在一起，基于此目的，编写了本书。

本书的内容既可以在一个学期讲授，也可以分两个学期讲授，建议教学时数为80～112课时，各章课时安排建议按下表进行。各学校在选用本书作为教材时，可根据自己的教学计划选择讲授内容。

电子技术基础课程课时分配表（建议）

序　号	教学内容	课时安排	
		全部讲授	部分选讲
1	半导体二极管及其基本电路	2～4	2
2	半导体三极管及放大电路基础	14～16	14
3	场效应管及其放大电路	4～6	4
4	集成运算放大电路	6～8	6
5	放大电路中的反馈	4～8	4
6	理想运放的应用	4～6	4
7	波形发生电路	6～8	6
8	直流稳压电源	4～6	4
9	逻辑代数基础	6～8	6
10	门电路	4～6	4
11	组合逻辑电路	6～8	6
12	触发器	4～6	4
13	时序逻辑电路	10～12	10
14	数/模和模/数转换	2～4	2
15	Multisim 10简介及其在电子电路仿真中的应用	4～6	4
教学总课时建议		80～112	80

说明：

① 本书为电子电气类专业“电子技术基础”课程教材，理论授课课时数为80～112课时，不同专业根据不同的教学要求和计划教学时数可酌情对教材内容进行适当取舍。本书的讲授可以在一个学期完成，也可以分两个学期完成。

② 本书理论授课课时数中包含习题课、课堂讨论等必要的课内教学环节。

本书的编写过程中，依据国家教育部教学指导委员会于2005年修订的《电子技术基础课程教学基本要求》精选内容，并对内容进行整合，删除冗长的理论分析，淡化集成电路的内部结构，简化公式的数学推导过程，引入了可编程逻辑器件和EDA工具软件Multisim 10，条理清晰，详略得当。本书编写原则是，对于基本概念、基本原理、基本分析方法讲清、讲透，注重理论以应用为目的，切实培养和提高学生的应用能力和创新能力。

本书结构设计科学、合理，在每章的开篇都设计了教学提示和教学要求，给读者一个启示作用，以更好地把握每章的重点内容。除第0章外，在每章结尾都设计了小结，以帮助学生归纳重要的知识点和结论。为了方便学生检验对每章内容的掌握程度，章后还附有一定量的习题，与本书一同出版的《电子技术基础习题与解答》中有详细的解题过程与答案。

本书主要由李雪飞撰写，谭群燕、李明杰、韩瑞华、王丽新、刘涛和王海军等参加了部分章节的编写工作。

在本书的编写过程中，曾得到许多专家和同行的热情帮助，并参考和借鉴了许多国内外公开出版和发表的文献，在此一并表示感谢！

由于时间仓促，水平有限，书中难免存在不足或疏漏之处，恳请广大读者批评指正，以便再版时修订。

为方便选用本书作为教材的任课教师授课，编者还制作了与本书配套的电子课件。需要者可在清华大学出版社网站（www. tup. com. cn）下载。

编　者

2014年8月

本书中常用符号说明

1. 电压和电流

本书中电压和电流的书写原则有以下几点：

(1) 英文小写字母 $u(i)$，英文小写字母下标，表示交流电压(电流)的瞬时值；

(2) 英文小写字母 $u(i)$，英文大写字母下标，表示包含有直流量的瞬时总量；

(3) 英文大写字母 $U(I)$，英文小写字母下标，表示正弦量的有效值；

(4) 英文大写字母 $U(I)$ 上面加点，英文小写字母下标，表示正弦量的相量；

(5) 英文大写字母 $U(I)$，英文大写字母下标，表示直流量。

以基极电流为例，i_b 表示基极电流的瞬时值；i_B 表示基极电流的含直流量的瞬时总量；I_b 表示基极电流的有效值；$\dot{I}_b$ 表示基极电流的正弦相量；$I_B(I_{BQ})$ 表示静态时的基极电流。

其余常用符号有：

U、u	电压的通用符号
I、i	电流的通用符号
ΔU、ΔI	直流电压、电流的变化量
Δu、Δi	电压、电流的瞬时值变化量
$\dot{U}_i$、$\dot{I}_i$	输入电压、输入电流
$\dot{U}_o$、$\dot{I}_o$	输出电压、输出电流
$\dot{U}'_i$、$\dot{I}'_i$	净输入电压、净输入电流
$\dot{U}_f$、$\dot{I}_f$	反馈电压、反馈电流
$\dot{U}_s$	信号源电压
U_{om}	最大输出电压
U_{OM}	电压比较器的输出电压幅度
$U_{O(AV)}$、$I_{O(AV)}$	输出电压、电流的平均值
U_{REF}、I_{REF}	参考电压、参考电流
U_T	电压比较器的阈值电压
U_{T+}	滞回比较器、施密特触发器的上限阈值电压
U_{T-}	滞回比较器、施密特触发器的下限阈值电压
ΔU_T	滞回比较器、施密特触发器的门限宽度或回差电压
U_m	脉冲幅度

U_{H} 数字电路中的高电平
U_{L} 数字电路中的低电平
U_{OH} 输出高电平
U_{OL} 输出低电平
U_{IH} 输入高电平
U_{IL} 输入低电平
I_{IS} 门电路输入短路电流
I_{IH} 输入漏电流或高电平输入电流
I_{IL} 低电平输入电流
U_{TH} TTL 非门电压传输特性的阈值电压
U_{NL} 门电路输入为低电平时的噪声容限
U_{NH} 门电路输入为高电平时的噪声容限

2. 直流电源电压

V 直流电源电压通用符号
V_{CC} 三极管集电极直流电源电压
V_{BB} 三极管基极直流电源电压
V_{EE} 三极管发射极直流电源电压
V_{DD} 场效应管漏极直流电源电压

3. 电阻、电容、电感、阻抗

R、r 电阻的通用符号
R_{i} 输入电阻
R_{o} 输出电阻
R_{L} 负载电阻
R_{s} 信号源内阻
R_{if} 引入反馈后的输入电阻
R_{of} 引入反馈后的输出电阻
C 电容的通用符号
L 电感的通用符号
Z 阻抗的通用符号

4. 二极管

D 二极管通用符号
I_{D}、i_{D} 二极管电流
$I_{D(AV)}$ 二极管的正向平均电流
U_{D} 二极管的导通压降
U_{on} 二极管死区电压
U_{BR} 二极管击穿电压

U_{RM}	二极管最高反向工作电压
I_F	二极管最大整流电流
I_R	二极管反向电流
I_s	二极管反向饱和电流
f_M	二极管最高工作频率
U_T	二极管的温度电压当量
D_Z	稳压管的通用符号
U_Z	稳压管的稳定电压
I_Z	稳压管的稳定电流
I_{Zmax}	稳压管最大稳定电流
I_{Zmin}	稳压管最小稳定电流
P_{ZM}	稳压管的额定功耗
r_Z	稳压管的动态电阻
α_U	稳压管的电压温度系数

5. 三极管和场效应管

T	三极管和场效应管的通用符号
B、b	三极管的基极
C、c	三极管的集电极
E、e	三极管的发射极
$\bar{\beta}$	共射直流电流放大系数
β	共射交流电流放大系数
$\bar{\alpha}$	共基直流电流放大系数
α	共基交流电流放大系数
I_{BQ}、I_B	基极静态电流
I_{CQ}、I_C	集电极静态电流
I_{EQ}、I_E	发射极静态电流
I_{CBO}	集电极-基极之间的反向饱和电流
I_{CEO}	集电极-发射极之间的穿透电流
I_{CM}	集电极最大允许电流
$U_{(BR)CBO}$	发射极开路时集电极-基极间的反向击穿电压
$U_{(BR)CEO}$	基极开路时集电极-发射极间的反向击穿电压
$U_{(BR)EBO}$	集电极开路时发射极-基极间的反向击穿电压
U_{CES}	三极管的饱和管压降
r_{be}	共射接法下三极管的输入电阻
$r_{bb'}$	基区的体电阻
$C_{b'e}$	发射结等效电容
$C_{b'c}$	集电结等效电容
P_{CM}	集电极最大允许耗散功率

G、g　场效应管的栅极
S、s　场效应管的源极
D、d　场效应管的漏极
I_D、i_D　漏极电流
$U_{GS(OFF)}$　耗尽型场效应管夹断电压
$U_{GS(TH)}$　增强型场效应管的开启电压
I_{DSS}　耗尽型场效应管的饱和漏极电流
R_{GS}　场效应管的直流输入电阻
g_m　三极管和场效应管的低频跨导
$U_{BR(DS)}$　漏源击穿电压
$U_{BR(GS)}$　栅源击穿电压
I_{DM}　最大漏极电流
P_{DM}　场效应管的最大允许耗散功率

6. 放大倍数

$\dot{A}_u$、A_u　电压放大倍数
$\dot{A}_i$　电流放大倍数
$\dot{A}_{us}$　源电压放大倍数
$\dot{A}_{um}$　中频电压放大倍数
$\dot{A}_{usm}$　中频段时放大电路的源电压放大倍数
$\dot{A}_{usL}$　低频段时放大电路的源电压放大倍数
$\dot{A}_{usH}$　高频段时放大电路的源电压放大倍数
$\dot{A}_c$　共模电压放大倍数
$\dot{A}_d$　差模电压放大倍数
$\dot{A}_f$　闭环放大电路的放大倍数
$\dot{A}_{mf}$　引入负反馈后的中频放大倍数
$\dot{A}_{usf}$　闭环源电压放大倍数

7. 功率

P_o　输出功率
P_{om}　最大输出功率
P_V　直流电源消耗的功率
P_T　三极管的管耗
P_{Tm}　三极管的最大管耗

8. 频率

f_{H}	上限频率
f_{L}	下限频率
f_{BW}	通频带
f_{Lf}	引入负反馈后的下限频率
f_{Hf}	引入负反馈后的上限频率
f_0	谐振频率
ω_0	谐振角频率

9. 集成运算放大器

K_{CMR}	共模抑制比
$\dot{A}_{\mathrm{od}}$	开环差模电压增益
u_{Id}	差模输入电压
U_{Idmax}	最大差模输入电压
u_{Ic}	共模输入电压
U_{Icmax}	最大共模输入电压
U_{IO}	输入失调电压
I_{IO}	输入失调电流
I_{IB}	输入偏置电流
u_+、i_+	同相端输入电压、电流
u_-、i_-	反相端输入电压、电流
R_{id}	差模输入电阻
f_{h}	−3dB 带宽
S_{R}	转换速率
$\frac{\Delta U_{\mathrm{IO}}}{\Delta T}$	输入失调电压温漂
$\frac{\Delta I_{\mathrm{IO}}}{\Delta T}$	输入失调电流温漂

10. 其他符号

Q	静态工作点、品质因数
$\mathrm{T_r}$	变压器的通用符号
φ	相位角
$\dot{F}$	反馈系数
M	互感系数
τ	时间常数

T	温度、周期
η	效率
q	脉冲的占空比
S	整流电路的脉动系数
γ	稳压电路的稳压系数
S_{T}	温度系数
t_{w}	脉冲宽度
t_{r}	脉冲的上升时间
t_{f}	脉冲的下降时间
t_{pd}	门电路平均传输延迟时间
t_{PHL}	门电路导通传输时间
t_{PLH}	门电路截止传输时间

目录
CONTENTS

第0章 绪　论

CHAPTER 0

教学提示：电子技术基础主要包括模拟电子技术基础和数字电子技术基础两部分，模拟电子技术中主要介绍用模拟电路处理和产生模拟信号，数字电子技术主要介绍用数字电路完成对数字信号的逻辑运算、逻辑变换、信号存储等功能，其中模/数转换电路和数/模转换电路属于模拟-数字混合电路，主要实现模拟信号与数字信号的转换。另外，电路仿真是现代电子电路设计中不可缺少的重要环节。

教学要求：了解信号的类型、模拟电路和数字电路的功能及分析方法，模拟信号与数字信号之间的转换方法、常用的电子电路仿真软件。

0.1 信号

信号是信息的载体，是反映信息的物理量。在人类赖以生存的自然界中，有各种各样的信号存在，例如工业控制系统中的温度、流量、压力、湿度、声音、图像信号等。这些信号可以是电信号也可以是非电信号，但是在电子电路中所传输和处理的信号通常都是电信号，如果要处理的是非电信号，通常通过传感器将它变成电信号，例如可以利用温度传感器将温度信号转变成电信号。

信号的形式很多，可以从不同的角度进行分类。例如根据信号的确知性可将信号划分为确定信号和随机信号；根据信号是否具有周期性可将信号划分为周期信号和非周期信号；根据信号在时间上和幅值上的连续性和离散性，可将信号划分为时间连续且数值也连续的信号、时间离散而数值连续的信号、时间离散且数值也离散的信号三种。这里的时间连续且数值也连续的信号就是模拟信号，在模拟电子技术中涉及的信号都是模拟信号。时间离散且数值也离散的信号就是数字信号，在数字电子技术中主要涉及的是数字信号。时间离散而数值连续的信号则是模/数转换或数/模转换的中间信号，中间信号主要出现在如模/数转换器和数/模转换器等模拟-数字混合器件中。

0.2 模拟信号与模拟电路

如图0-1(a)所示的信号是模拟信号，其在时间和数值上都是连续的。在实际的生产实践中，模拟信号是很常见的，如温度传感器测量温度时输出的电流或电压信号就是模拟信号。用来处理或产生模拟信号的电子电路称为模拟电路。

模拟电路主要用来实现信号的产生、信号的传输和信号的处理。常见的模拟电路主要包括各种放大电路、运算电路、滤波电路、信号发生电路和直流稳压电源等。

由于组成模拟电路的各种器件一般具有非线性,并且各类半导体器件的参数与性能通常具有很强的分散性,即使同一个型号的器件,其参数也是不完全一样的,因此在分析模拟电路时通常采用定性分析和近似估算的方法。

0.3 数字信号与数字电路

如图 0-1(c)所示的信号是数字信号,其在时间和数值上都是离散的。在很多数字系统中处理的都是数字信号。例如在产品自动装箱控制系统中,一般在包装箱传送带的中间装一个光电传感器,当包装箱到位时,光电传感器就发出一个脉冲,用以对产品进行计数。显然,这个脉冲信号在时间上和数值上都是不连续的,它是一个数字信号。把处理数字信号的电子电路称为数字电路,也称为逻辑电路。

数字电路主要完成对数字信号的逻辑运算、逻辑变换、信号存储等功能。常见的数字电路包括门电路、组合逻辑电路、触发器、时序逻辑电路、可编程逻辑器件、模/数转换电路和数/模转换电路等。

数字电路的主要研究对象是电路的输入和输出之间的逻辑关系,所以主要的分析与设计工具是逻辑代数。

0.4 模拟信号与数字信号之间的转换

实际上,大多数物理量所转换成的电信号均为模拟信号。而在数字系统或计算机控制系统中无法直接处理这些模拟信号,所以在信号处理时,可以通过电子电路实现模拟信号和数字信号的相互转换。例如,对模拟信号进行数字化处理时,需要先将其转换为计算机能识别的数字信号,称为模/数转换,其转换过程是,首先对模拟信号采样,如图 0-1(b)所示。从图中可以看出,采样电路每隔时间 T 对输入模拟信号采样一次,这样采样电路捕捉到的是模拟信号的幅值,于是得到了时间离散而幅值连续的中间信号。然后进行量化和编码,这实际上是通过模/数转换器来完成的,它输出的二进制编码值与相应的采样信号幅值成最接近的比例关系。如图 0-1(c)所示为模/数转换之后的输出信号,其采用 4 位二进制数进行编码,根据模拟信号的最大值,计算出量化单位为 $\Delta=\frac{1}{3}\text{V}$,然后根据各采样点的电压值是量化单位的几倍,计算出数字量。

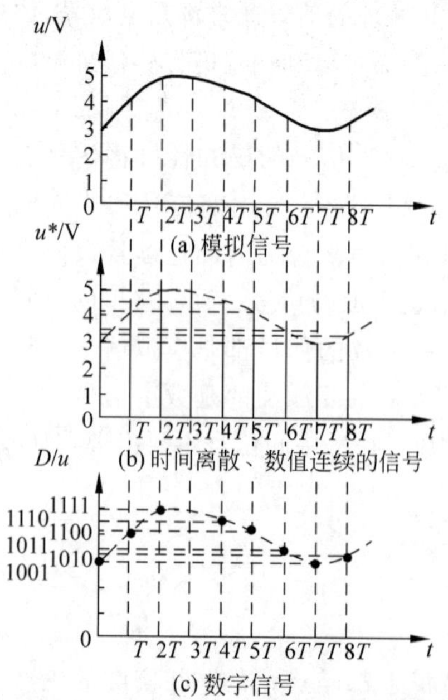

图 0-1 模拟信号与数字信号之间的关系

对信号处理后，计算机输出的数字信号常常需转换为能够驱动负载的模拟信号，称为数/模转换。数/模转换器输出的波形如图0-1(b)所示，该波形再经过采样保持器的保持，形成模拟信号，其形状与图0-1(a)一样，只不过有$\frac{T}{2}$时间的延迟。

0.5　电子电路的计算机辅助设计软件介绍

随着计算机技术的飞速发展，以计算机辅助设计(Computer Aided Design,CAD)为基础的电子设计自动化(Electronic Design Automation,EDA)技术已经成为电子学领域的重要学科。EDA技术使电子电路的设计产生了革命性的变化，它摒弃了靠硬件调试来达到设计目标的烦琐过程，实现了硬件设计软件化。目前，在国内应用最广泛的EDA软件主要有以下几种。

1. Protel

Protel软件是由澳大利亚Altium公司在20世纪80年代末推出的CAD工具，是印刷电路板(Printed Circuit Board,PCB)设计者的首选软件，早期的Protel主要作为印刷电路板自动布线的工具使用，现在普遍使用的是Protel 99SE或Protel DXP，它是一个完整的全方位的电路设计系统，它最具代表性的特点是电路原理图（SCH图）设计和印刷电路板(PCB图)设计。它虽然包含了电路原理图绘制、模拟电路与数字电路混合仿真、可编程逻辑器件设计等很多功能，但是这些功能仍然是围绕着PCB设计而展开的。

2. MAX＋PLUSⅡ

MAX＋PLUSⅡ(Multiple Array Matrix and Programmable Logic User Systems)是Altera公司的可编程逻辑器件的开发系统，它提供了能够完成设计输入、编译、仿真、综合、器件编程等功能的集成开发环境和全方位的逻辑设计功能，而且提供了原理图输入、波形图输入、文本输入和网络表输入等多种设计输入方式。但是MAX＋PLUSⅡ主要是用于对特定的可编程逻辑器件进行设计、仿真和编程，该开发工具除了软件和计算机系统外，还需要相应的开发设备和器件。

3. PSpice

PSpice是美国MicroSim公司于1984年推出的基于SPICE(Simulation Program with Integrated Circuit Emphasis)的计算机版软件。它是最为专业的模拟和数字电路混合仿真的EDA软件，可以进行各种各样的电路仿真、激励建立、温度和噪声分析、模拟控制、波形输出和数据输出，并在同一窗口内同时显示模拟与数字的仿真结果。但该软件主要用于对指定电路的各种性能进行实时和精确的仿真测试，侧重于电路的理论分析。

4. Multisim

Multisim是加拿大Interactive Image Technologies公司通过对其原有的EWB(Electronics Workbench)软件升级开发出来的。它用软件的方法虚拟电子与电工元器件，虚拟电子与电工仪器和仪表，实现了“软件即元器件”和“软件即仪器”。它可以设计、测试和演示各种电子电路，包括电工学、模拟电路和数字电路、射频电路及微控制器和接口电路等。可以对被仿真电路中的元器件设置各种故障，如短路、断路等，从而观察不同故障情况下电路的工作状况。在进行仿真的同时还可以存储测试点的所有数据，列出被仿真电路的所有元器件清单，以及存储测试仪器的工作状态、显示波形和具体数据等。也就是说，它可以实现计算机仿真与虚拟实验，可以实现设计与实验同步进行，修改调试方便，设计和实验用的元器件及测试仪器仪表齐全，实验成本低、速度快、效率高，设计和实验成功的电路可以直接在产品中使用。而且操作界面就像一个实验工作台，测试仪器和某些元器件的外形与实物非常接近，操作方法也基本相同。

掌握一种电子电路计算机辅助设计软件对学习电子技术基础很有必要。鉴于 Multisim 的上述特点，本书选用 Multisim 作为基本工具，并在最后一章讲述其在电子技术基础中的应用。

第 1 章 半导体二极管及其基本电路

CHAPTER 1

教学提示：半导体二极管是构成电子电路的基本器件，而其核心部分就是 PN 结，因此必须先理解 PN 结的结构和导电特性，进而更好地掌握半导体二极管的特性并熟练地应用。

教学要求：了解半导体的基本知识，理解 PN 结的形成过程和单向导电性，掌握半导体二极管和稳压管的伏安特性和参数，掌握二极管应用电路的分析方法，正确理解稳压管稳压电路的工作原理和限流电阻的选择。

1.1 半导体的基本知识

1.1.1 半导体的特性

根据导电能力的不同，物质可分为导体、半导体和绝缘体。导体就是容易导电的物质，例如铜、铁等，其原子最外层的价电子很容易摆脱原子核的束缚而成为自由电子，在外加电场力的作用下，这些自由电子就会定向运动形成电流，所以导电性强。绝缘体就是在正常情况下不会导电的物质，例如惰性气体、橡胶等，其价电子受原子核的束缚力很强，很难成为自由电子，所以导电性很差。半导体的导电能力介于导体和绝缘体之间，例如硅和锗等，它们有 4 个价电子，而这些价电子受原子核的束缚力介于导体和绝缘体之间，因而其导电性介于两者之间。但是半导体具有很好的掺杂特性，即在纯净的半导体中人为地掺入特定的杂质元素时，半导体的导电能力会有显著的提高，并且具有可控性，因此可以制成各种不同用途的半导体器件，例如二极管、三极管等。

1.1.2 本征半导体

本征半导体就是纯净的半导体晶体。由于晶体中共价键的结合力很强，在热力学温度零度（即 $T=0\text{K}$，相当于 $-273℃$）时，价电子的能量不足以挣脱共价键的束缚，因此晶体中不存在能够导电的载流子，所以此时半导体不导电。但是随着温度的升高，例如在室温下，将有少数的价电子获得足够的能量，挣脱共价键的束缚而成为自由电子，同时在原来的共价键中留下一个空位，这个空位称为空穴，如图 1-1 所示，这种现象称为本征激发。对于这个空位，从附近共价键中挣脱出来的自由电子比较容易填补进来，而在附近的共价键中留下一个新的空位，同样，其他地方的共价键中挣脱出来的自由电子又有可能来填补这个空位而出现另一个新的空位。从效果上看，这种自由电子的填补运动，相当于空穴在运动，而且空穴

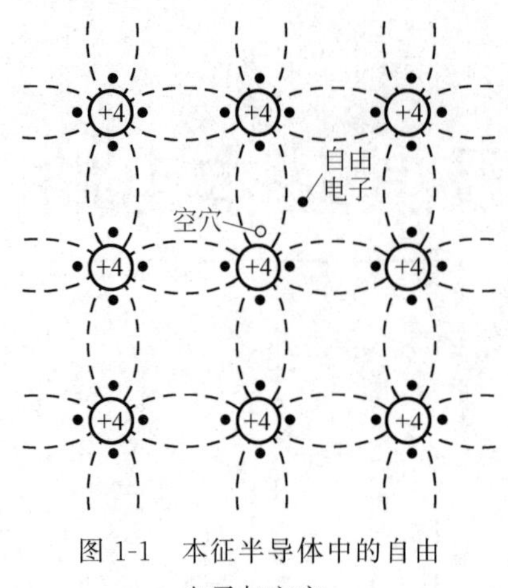

图 1-1 本征半导体中的自由电子与空穴

的运动方向与自由电子的运动方向是相反的。由于自由电子带负电,相当于空穴带正电,所以由于自由电子运动而产生的电流方向与空穴的运动方向一致。

由以上分析可知,半导体中存在两种载流子,即带负电的自由电子和带正电的空穴。在本征半导体中,自由电子和空穴总是成对出现的,称为电子-空穴对。自由电子在运动的过程中与空穴相遇就会填补空穴,使两者同时消失,这种现象称为复合。因此,在任何时候本征半导体中的自由电子和空穴数总是相等的,即呈电中性。

本征半导体的导电性能很差,而且其载流子的浓度,除了与半导体材料本身的性质有关以外,还与环境温度密切相关,当环境温度升高时,载流子的浓度升高;反之,当环境温度降低时,载流子的浓度也降低。这也是造成半导体器件温度稳定性差的原因。

1.1.3 杂质半导体

通过扩散工艺,在本征半导体中掺入某种特定的杂质元素,就可得到杂质半导体。控制掺入杂质元素的浓度,即可控制杂质半导体的导电性能。

1. N 型半导体

在纯净的硅(或锗)晶体中掺入少量的 5 价杂质元素,例如磷等,使之取代晶格中一些硅(或锗)原子的位置。由于磷原子的最外层有 5 个价电子,它与周围 4 个硅(或锗)原子组成共价键时将多余一个电子,多出的电子不受共价键的束缚,在室温下就能成为自由电子,这样,失去自由电子的杂质原子固定在晶格上不能移动,成为正离子(用符号⊕表示),如图 1-2 所示。在这种杂质半导体中,自由电子的浓度高于空穴的浓度。因为主要靠自由电子导电,自由电子带负电,故称为 N (Negative)型半导体。其中自由电子为多数载流子(简称多子),空穴为少数载流子(简称少子),磷原子可以提供电子,称为施主原子。

2. P 型半导体

在纯净的硅(或锗)晶体中掺入少量的 3 价杂质元素,例如硼等,使之取代晶格中一些硅(或锗)原子的位置。由于硼原子的最外层有 3 个价电子,它与周围 4 个硅(或锗)原子组成共价键时将少一个电子,在常温下很容易从其他位置的共价键中夺取一个电子,这样,获得自由电子的杂质原子就形成了不可移动的负离子(用符号⊖表示),同时在那个共价键中产生了一个空穴,如图 1-3 所示。在这种杂质半导体中,空穴的浓度高于自由电子的浓度。因为主要靠空穴导电,空穴相当于带正电,故称为 P(Positive)型半导体。其中自由电子为少数载流子,空穴为多数载流子,硼原子接收电子,称为受主原子。

从以上的分析可知,在 N 型半导体和 P 型半导体中,正负电荷数是相等的,它们的作用互相抵消,因此保持电中性。另外,多子的浓度主要决定于掺入的杂质元素的浓度,因而受温度的影响很小;而少子是本征激发形成的,所以尽管其浓度很低,却对温度很敏感,这将会影响半导体器件的性能。

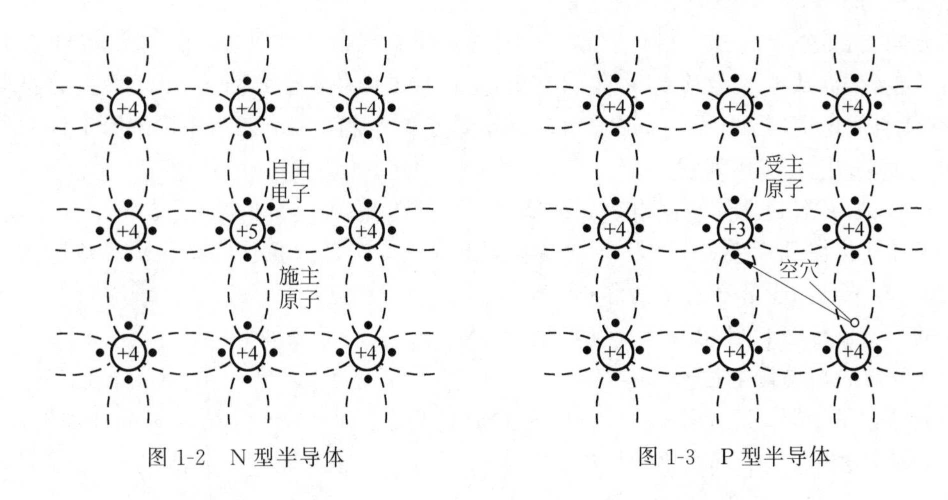

图 1-2　N 型半导体　　　　图 1-3　P 型半导体

1.2　半导体二极管

1.2.1　PN 结及其单向导电性

采用不同的掺杂工艺，通过扩散作用，将 P 型半导体和 N 型半导体制作在同一块半导体基片上，在它们的交界面处将形成一个 PN 结。

1. PN 结的形成

在 P 型半导体和 N 型半导体相结合的交界面处，由于自由电子和空穴的浓度相差悬殊，所以 N 区中的多数载流子——自由电子要向 P 区扩散；同时，P 区中的多数载流子——空穴也要向 N 区扩散，如图 1-4(a)所示。当电子和空穴相遇时，将发生复合而消失。于是，在交界面两侧形成一个由不能移动的正、负离子组成的空间电荷区，如图 1-4(b)所示。在这个区域内，多数载流子已扩散到对方并复合掉了，或者说消耗尽了，因此空间电荷区有时又称为耗尽层。它的电阻率很高。扩散越强，空间电荷区越宽。

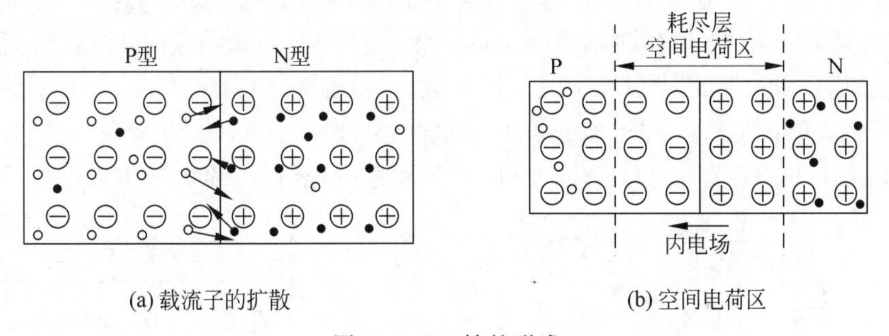

(a) 载流子的扩散　　　　(b) 空间电荷区

图 1-4　PN 结的形成

由于自由电子和空穴是带电的，它们的扩散破坏了 P 区和 N 区原来的电中性，空间电荷区的 P 区侧带负电，N 区侧带正电，因此在空间电荷区中就形成了一个电场，其方向是从带正电的 N 区指向带负电的 P 区。由于这个电场是由载流子扩散运动即由内部形成的，而不是外加电压形成的，故称为内电场。由于这个内电场的方向与空穴扩散的方向相反，与自由电子扩散方向相同，所以，这个内电场的方向是阻止扩散运动的。但是这个内电场却有利于 N 区中的少数载流子空穴向 P 区漂移，P 区中的少数载流子自由电子向 N 区漂移，漂移运动的方向与扩散运动的方向相反。从N区漂移到P区的空穴补充了原来交界面上P区中失去的空穴，而从P区漂移到N区的自由电子补充了原来交界面上N区失去的自由电子，这就使空间电荷减少。因此，漂移运动的结果是使空间电荷区变窄，其作用正好与扩散运动相反。

由此可见，扩散运动使空间电荷区变宽，电场增强，不利于多数载流子扩散运动，却有利于少数载流子的漂移运动；而漂移运动使空间电荷区变窄，电场减弱，有利于多数载流子的扩散运动，却不利于少数载流子的漂移运动。当参与漂移运动的少数载流子数目和参与扩散运动的多数载流子数目相等时，便达到了动态平衡，从而形成了PN结。

2. PN结的单向导电性

上面所说的PN结处于平衡状态，称为平衡PN结。如果在PN结的两端外加电压，将破坏原来的平衡状态，呈现出单向导电性。

1）PN结外加正向电压时处于导通状态

把电源的正极与PN结的P端相连，电源的负极经电阻与PN结的N端相连，这时称PN结外加正向电压，也称正向偏置电压，如图1-5所示。此时外电场的方向与内电场的方向相反。在外电场的作用下，P区中的空穴向右移动，与空间电荷区的一部分负离子中和，N区中的自由电子向左移动，与空间电荷区的一部分正离子中和，结果使空间电荷区变窄，削弱了内电场，于是加剧扩散运动，减弱漂移运动。由于电源的作用，扩散运动源源不断地进行，从而形成了较大的正向电流，PN结导通。当PN结导通时，它的结压降只有零点几伏，而导通电流是由多子扩散形成的，电流较大，所以PN结的电阻很小。因此在使用时应在回路中串联一个电阻，限制回路的电流，防止PN结因正向电流过大而损坏。

2）PN结外加反向电压时处于截止状态

把电源的正极经电阻与PN结的N端相连，电源的负极与PN结的P端相连，这时称PN结外加反向电压，也称反向偏置电压，如图1-6所示。此时外电场的方向与内电场的方向相同。在外电场的作用下，P区中的空穴和N区中的自由电子都向着远离空间电荷区的方向移动，从而使空间电荷区变宽，增强了内电场，结果不利于多子的扩散运动，而有利于少子的漂移运动，因此在回路中形成了一个反向电流，也称为漂移电流。反向电流是由少子漂移运动形成的，因而非常小，在近似分析中常常将它忽略不计，即认为PN结外加反向电压时处于截止状态。在一定温度下，当外加反向电压超过一定值（大约零点几伏）后，反向电流将

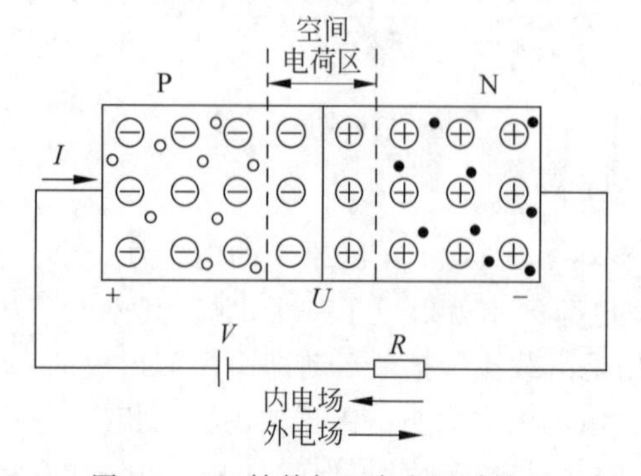

图1-5　PN结外加正向电压时导通

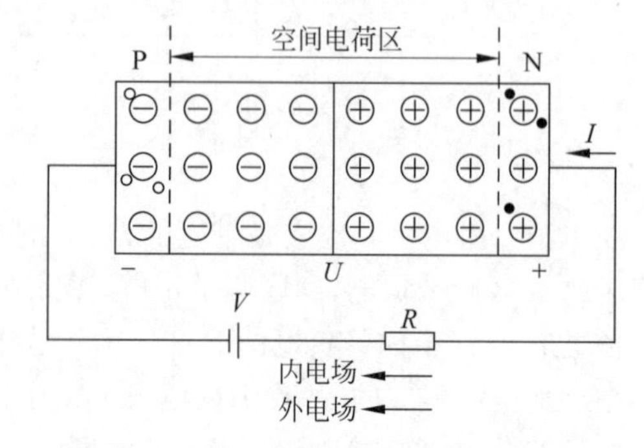

图1-6　PN结外加反向电压时截止

不再随着反向电压的增大而增大，所以又称为反向饱和电流。反向饱和电流对温度十分敏感。

通过以上分析可知，当 PN 结正向偏置时，结电阻很小，回路电流很大，PN 结处于导通状态；当 PN 结反向偏置时，结电阻很大，回路电流很小，几乎为零，PN 结处于截止状态。这就是 PN 结的单向导电性。

知识拓展 1-1

3. PN 结的电容效应

PN 结除了具有单向导电性以外，还具有一定的电容效应。这是因为 PN 结的空间电荷区会随着 PN 结两端的电压的变化而变宽或变窄，空间电荷区的电荷量也就随着变化。当 PN 结加上正向偏置电压时，PN 结变窄，空间电荷量减小，电压越大，PN 结越窄，空间电荷量越小；当 PN 结加上反向偏置电压时，PN 结变宽，空间电荷量增大，电压越大，PN 结越宽，空间电荷量越大。这就如同一个电容充放电一样，因此称为电容效应，用 PN 结的结电容来表示。结电容的值通常为几皮法至几十皮法，大的可达到几百皮法。

知识拓展 1-2

知识拓展 1-3

1.2.2 二极管的结构

将 PN 结用外壳封装起来，并加上电极引线就做成了半导体二极管(Diode)。由 P 区引出的电极为阳极，由 N 区引出的电极为阴极。二极管几种常见的外形如图 1-7(a)～图 1-7(c)所示，二极管的图形符号如图 1-7(d)所示。

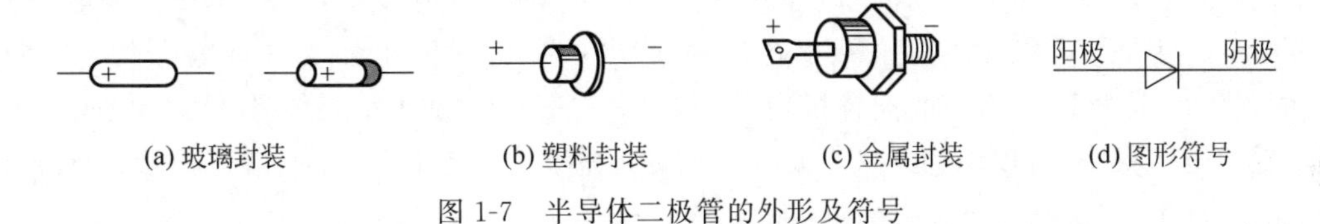

图 1-7 半导体二极管的外形及符号

常见的器件封装多为塑料封装或金属封装。金属封装的晶体管可靠性高、散热性好并且容易加装散热片，但造价比较高。塑料封装的晶体管造价低，应用广泛。

二极管常见的结构有点接触型、面接触型和平面型，如图 1-8 所示。点接触型二极管是由一根金属丝经过特殊工艺与半导体表面相接形成 PN 结。它的结面积小，不能通过较大的电流。但其结电容很小，因而适用于高频电路和小功率整流。面接触型二极管是采用合金法工艺制成的。它的结面积大，允许通过较大的电流。但其结电容大，因而适用于低频电路，常用于整流。平面型二极管是采用扩散法制成的。它的结面积在制作时可大可小，结面积大的，能通过较大的电流，可用于大功率整流，结面积小的，结电容小，可作为脉冲数字电

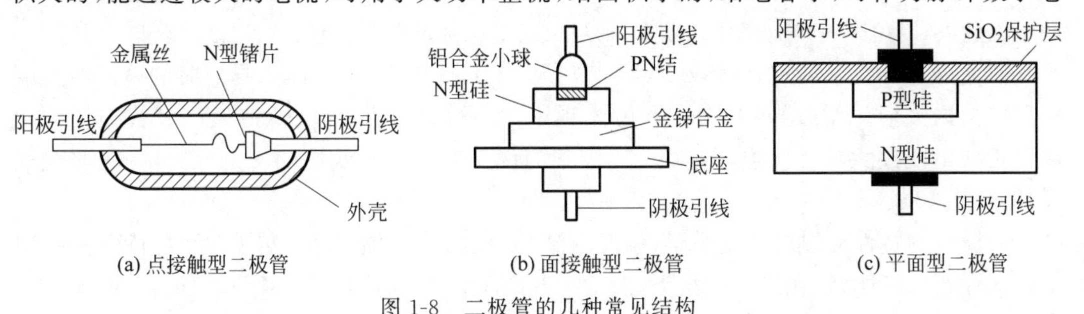

图 1-8 二极管的几种常见结构

路的开关管。

1.2.3 二极管的伏安特性

二极管的性能可用其伏安特性来描述。所谓二极管的伏安特性曲线就是流过二极管的电流 I 与加在二极管两端的电压 U 之间的关系曲线 $I=f(U)$，如图 1-9 所示。

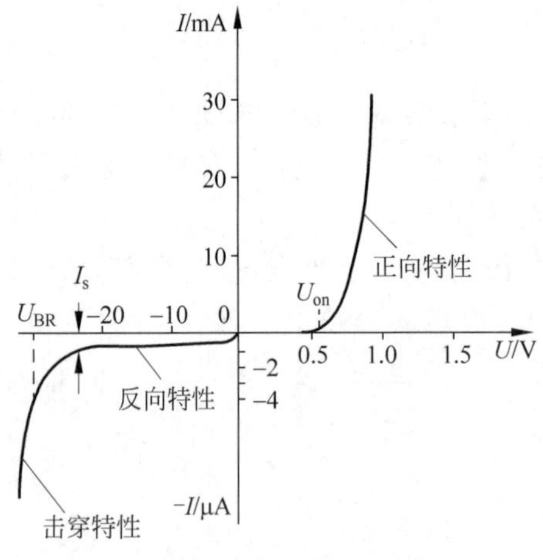

图 1-9 二极管的伏安特性曲线

根据半导体物理的理论分析，二极管的电流方程为

$$I=I_s(e^{U/U_T}-1) \tag{1-1}$$

式中，I 为二极管中流过的电流；I_s 为反向饱和电流；U 为加在二极管两端的电压；U_T 为温度的电压当量。在常温(300K)下，$U_T\approx 26\text{mV}$。

1. 正向特性

由式(1-1)可见，如果给二极管加上正向电压，即 $U>0$，而且 $U\gg U_T$ 时，$e^{U/U_T}\gg 1$，则 $I\approx I_s e^{U/U_T}$，说明电流 I 与电压 U 基本上呈指数关系，如图 1-9 所示的正向特性部分。当正向电压比较小时，正向电流几乎等于零。只有当正向电压超过一定值 U_{on} 时，正向电流才开始快速增长，称电压值 U_{on} 为死区电压。一般硅管的死区电压为 0.5V 左右，锗管的死区电压为 0.1V 左右。对于硅管，当正向电压大于 0.6V（锗管正向电压大于 0.2V）时，电流随电压的增加急速增大，基本上是线性关系。这时二极管呈现的电阻很小，可以认为二极管是处于充分导通状态。在该区域内，硅二极管的导通压降 U_D 约为 0.7V，锗二极管的导通压降 U_D 约为 0.3V。

2. 反向特性

在式(1-1)中，如果给二极管加上一个反向电压，即 $U<0$，而且 $|U|\gg U_T$ 时，则 $I\approx -I_s$，如图 1-9 所示的反向特性部分。当反向电压在一定范围内变化时，反向电流并不随着反向电压的增大而增大，故称为反向饱和电流。

3. 击穿特性

如果反向电压升高到一定程度，超过 U_{BR} 以后，反向电流将急剧增大，这种现象称为击穿，U_{BR} 称为击穿电压，如图 1-9 所示的击穿特性部分。二极管击穿以后，就不再具有单向导电性了。但是，发生击穿并不意味着二极管损坏。实际上，当反向击穿时，只要注意不使反向电流过大，以免因过热而烧坏二极管，则当反向电压降低时，二极管的性能可能恢复正常。

通过以上分析可知，二极管外加正向电压大于死区电压时才导通，导通时的电流与其端电压成指数关系；二极管的反向饱和电流越小，其单向导电性越好；造成二极管损坏的原因是正向电流过大或反向电压过高；二极管的伏安特性是非线性的，二极管是一种非线性元件。

二极管的特性对温度特别敏感，温度升高时，正向特性曲线将向左移，反向特性曲线向下移。一般的规律是，在同一电流下，温度每升高 1℃，正向压降减少 2～2.5mV；温度每升高 10℃，反向饱和电流约增加一倍。

1.2.4　二极管的主要参数

1. 最大整流电流 I_F

最大整流电流 I_F 是指二极管长期运行时允许通过的最大正向平均电流。其值与 PN 结面积及外部散热条件等有关。在规定的散热条件下，二极管的正向平均电流若超过此值，将因为结温过高而烧坏。

2. 最高反向工作电压 U_{RM}

最高反向工作电压 U_{RM} 是指二极管正常工作时允许外加的最大反向电压。超过此值时，二极管有可能因反向击穿而损坏。一般手册上给出的 U_{RM} 为击穿电压 U_{BR} 的一半，以确保管子安全运行。

3. 反向电流 I_R

反向电流 I_R 是指二极管未击穿时的反向电流。I_R 越小，二极管的单向导电性越好。I_R 对温度非常敏感。

4. 最高工作频率 f_M

最高工作频率 f_M 是指二极管工作的最高频率，其值主要取决于 PN 结结电容的大小。结电容越大，则二极管允许的最高工作频率越低。

应当指出，由于制造工艺所限，半导体器件参数具有分散性，同一型号的二极管，它们的参数也会有很大差距，因而手册上往往给出参数的上限值、下限值或范围。此外，使用时应特别注意手册上每个参数的测试条件，当使用条件与测试条件不同时，参数也会发生变化。在实际使用中，应根据二极管所用场合，选择满足要求的二极管。

1.3　半导体二极管的应用

知识拓展
1-4

二极管的应用范围很广，可以用于整流、钳位、限幅以及开关电路等。在分析二极管电路时，根据情况可以将二极管看成理想二极管或恒压二极管。

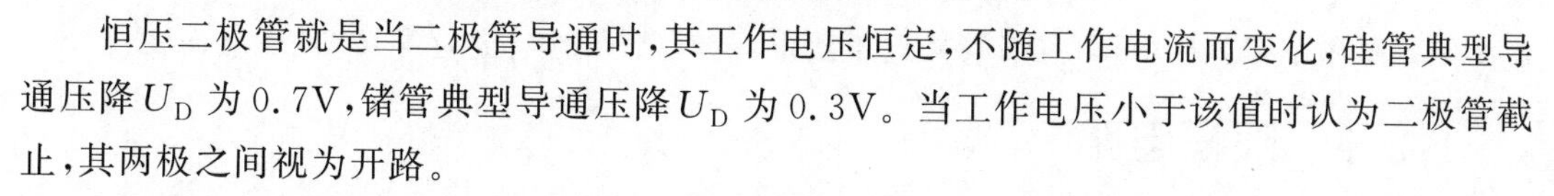

恒压二极管就是当二极管导通时，其工作电压恒定，不随工作电流而变化，硅管典型导通压降 U_D 为 0.7V，锗管典型导通压降 U_D 为 0.3V。当工作电压小于该值时认为二极管截止，其两极之间视为开路。

理想二极管就是当加正向偏置电压时二极管导通，其两极之间视为短路，相当于开关闭合；加反向偏置电压时二极管截止，其两极之间视为开路，相当于开关断开。

仿真视频
1-1

1.3.1　整流电路

在电子电路中，一般都需要稳定的直流电源供电，而市电一般是 50Hz、220V 的正弦交流电。因此首先要将正弦交流电通过电源变压器变为所需幅度的交流电，然后通过整流电路将交流电转化为脉动的直流电，再经过滤波、稳压后得到所需的直流电。在分析此类电路时，一般认为二极管为理想二极管。

【例题 1.1】 电路如图 1-10(a)所示，已知 50Hz、220V 的正弦交流电经变压器变压后

得到 $u_2=10\sin\omega t$(V)，试对应地画出输出端电压 u_L 的波形，并标出幅值。假设二极管为理想二极管。

解：在 u_2 的正半周，二极管承受的是正向偏置电压，因而处于导通状态，因二极管为理想二极管，其导通压降为 0V，所以输出端电压 u_L 等于变压器二次侧电压 u_2；在 u_2 的负半周，二极管承受的是反向偏置电压，二极管截止，相当于开路状态，电路中没有电流，所以输出端电压 u_L 为 0V。波形图如图 1-10(b)所示。

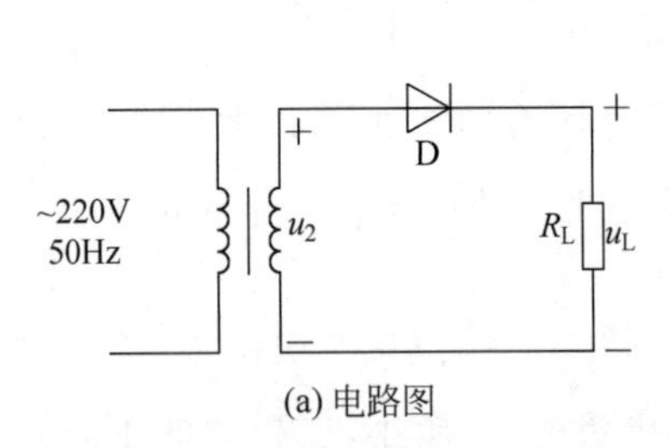

(a) 电路图

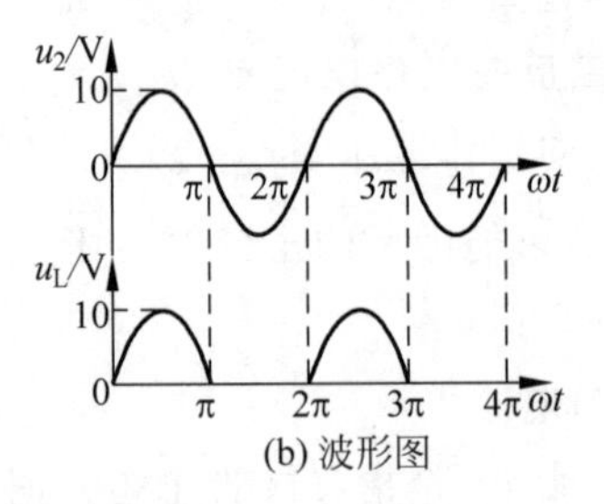

(b) 波形图

图 1-10 例题 1.1 的电路图和波形图

1.3.2 钳位电路

二极管钳位电路的作用是钳制电路中某点的电位，使其保持为某一个固定值。分析此类电路时，一般认为二极管为恒压二极管。

仿真视频 1-2

【例题 1.2】 电路如图 1-11 所示，图中二极管为硅管，电源 V_{CC} 为 5V，电阻 R 为 5kΩ，电位器 R_P 为 100kΩ，试求 A 点电位。

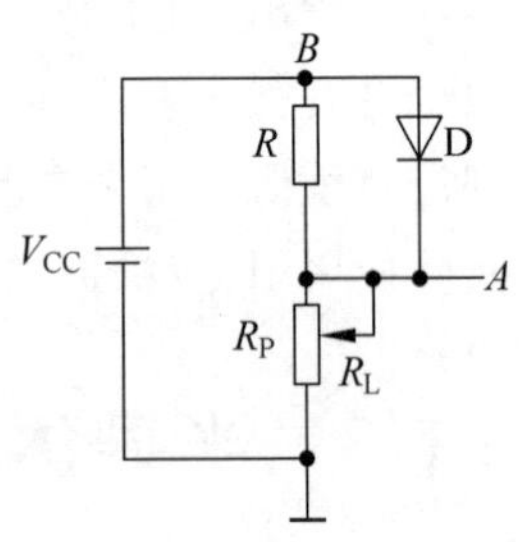

图 1-11 例题 1.2 的电路图

解：先假设二极管断开，则 BA 两点之间的电压为 $U_{BA}=V_{CC}-\frac{R_L}{R+R_L}V_{CC}$。因为二极管为硅管，设其导通压降 U_D 和死区电压 U_{on} 均为 0.7V。当 $R_L\leqslant30.7$kΩ 时，$U_{BA}\geqslant0.7$V，此时接上二极管，承受正向偏置电压，二极管导通，所以 A 点的电位被钳位在 4.3V。当 $R_L>30.7$kΩ 时，$U_{BA}<0.7$V，此时接上二极管，承受正向偏置电压小于死区电压，二极管接近于截止，所以 A 点的电位随着 R_L 的变化而变化。

仿真视频 1-3

1.3.3 限幅电路

限幅电路的作用是将输出电压的幅度限制在一定的范围内，使其不超过某一数值。分析此类问题时，一般先假设断开二极管，判断二极管阳极电位和阴极电位的大小。对于理想二极管，如果阳极电位高于阴极电位，则二极管导通；反之，二极管截止。对于恒压二极管，如果阳极电位与阴极电位之差大于 U_D，则二极管导通；否则，二极管截止。

【例题 1.3】 电路如图 1-12(a)所示，已知 $u_i=5\sin\omega t$(V)，二极管为硅管，在以下两种情况下，分别画出 u_o 的波形。

(1) D 为理想二极管。

(2) D 为恒压二极管。

解：

（1）假设断开二极管 D，以 2V 电源的负极为参考点，其电位为 0V，则二极管阴极电位为 2V。在 u_i 变化过程中，当 $u_i<2V$ 时，二极管阳极电位低于阴极电位，二极管截止，电路中电流为 0，$u_R=0$，所以 $u_o=u_i$；当 $u_i>2V$ 时，二极管阳极电位高于阴极电位，二极管导通，其导通压降为 0，所以 $u_o=2V$。波形图如图 1-12(b)所示。

（2）假设断开二极管 D，以 2V 电源的负极为参考点，其电位为 0V，则二极管阴极电位为 2V。在 u_i 变化过程中，当 $u_i<2.7V$ 时，二极管阳极电位低于阴极电位，二极管截止，电路中电流为 0，$u_R=0$，所以 $u_o=u_i$；当 $u_i>2.7V$ 时，二极管阳极电位高于阴极电位，二极管导通，其导通压降为 0.7V，所以 $u_o=2.7V$。波形图如图 1-12(c)所示。

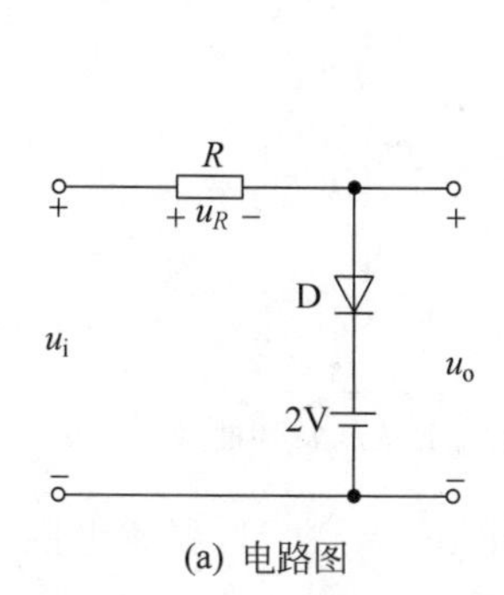

(a) 电路图

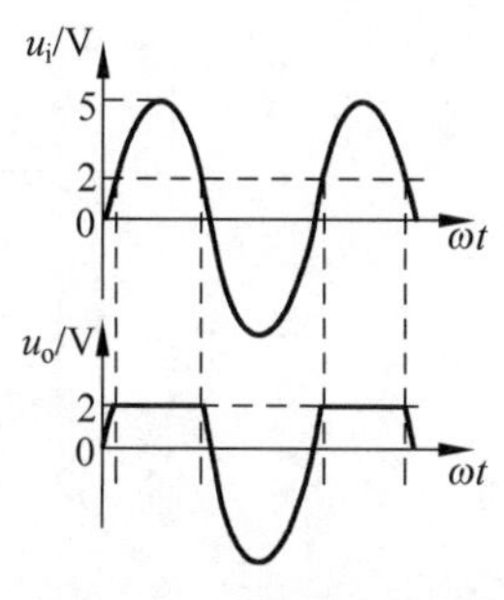

(b) D为理想二极管时的波形图

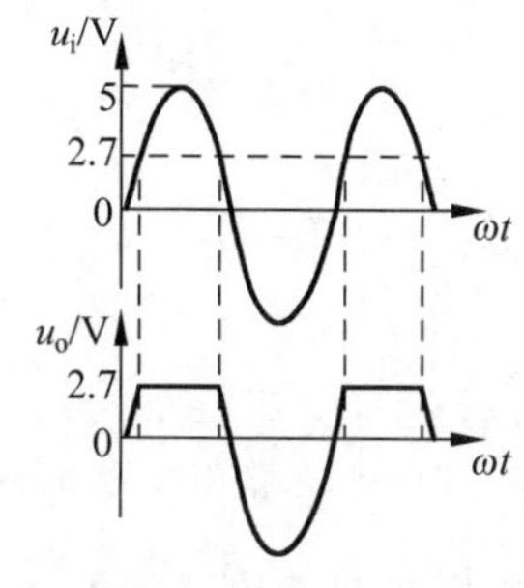

(c) D为恒压二极管时的波形图

图 1-12 例题 1.3 的电路图和波形图

1.3.4 开关电路

仿真视频 1-4

在数字电路中，常利用二极管的单向导电性来接通或断开电路，实现相应的逻辑功能。分析此类电路的关键仍然是判断二极管是导通还是截止。

【例题 1.4】 电路如图 1-13 所示，当 U_{I1} 和 U_{I2} 为 0V 或 5V 时，求 U_{I1} 和 U_{I2} 的值不同组合情况下，输出电压 U_O 的值。设二极管为理想二极管。

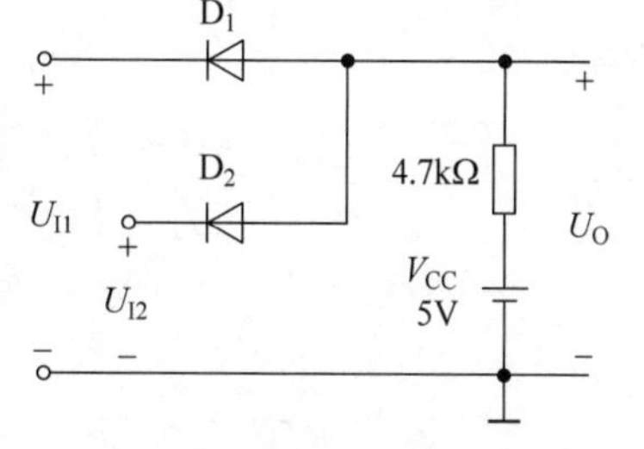

图 1-13 例题 1.4 的电路图

解：当 $U_{I1}=U_{I2}=0V$ 时，D_1 和 D_2 都承受正向偏置电压，均导通，故 $U_O=0V$；

当 $U_{I1}=0V$，$U_{I2}=5V$ 时，D_1 承受正向偏置电压，导通，D_2 承受反向偏置电压，截止，故 $U_O=0V$；

当 $U_{I1}=5V$，$U_{I2}=0V$ 时，D_1 承受反向偏置电压，截止，D_2 承受正向偏置电压，导通，故 $U_O=0V$；

当 $U_{I1}=5V$，$U_{I2}=5V$ 时，D_1 和 D_2 都承受反向偏置电压，均截止，故 $U_O=5V$。

由以上分析可以看出，在输入电压 U_{I1} 和 U_{I2} 中，只要有一个为 0V，则输出为 0V；只有当两个输入电压均为 5V 时，输出才为 5V，这种关系在数字电路中称为逻辑与。

1.4 稳压管

稳压二极管是一种用特殊工艺制成的硅半导体二极管，它是利用 PN 结反向击穿时的电压基本上不随电流的变化而变化的特点来达到稳压的目的。因为它能在电路中起稳压作用，故称为稳压二极管，简称稳压管。稳压管的图形符号如图 1-14 所示。

仿真视频 1-5

1.4.1 稳压管的伏安特性

稳压管的伏安特性曲线如图 1-15 所示。其与普通硅二极管的伏安特性曲线相比，所不同的是稳压管的反向击穿特性曲线很陡，这样，在反向击穿电压下，当流过管子的电流在较大范围内变化时，管子两端的电压变化很小，因而具有稳压作用。稳压管就是利用这一特性工作的。由此可知，稳压管可工作在正向导通、反向截止和击穿稳压三种工作状态。

图 1-14 稳压管的图形符号

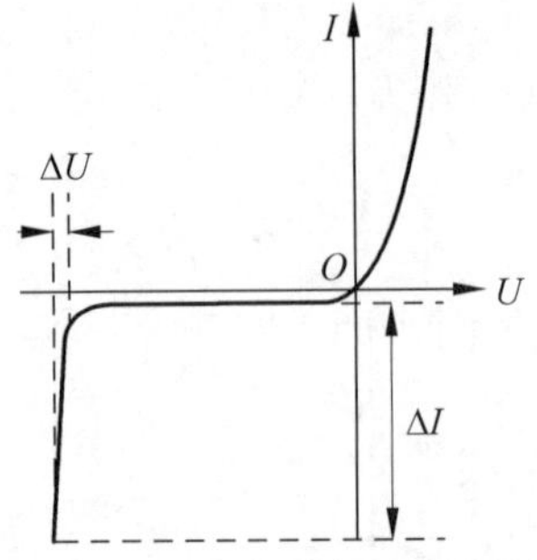

图 1-15 稳压管的伏安特性曲线

【例题 1.5】 电路如图 1-16(a)所示，稳压管 D_Z 的稳定电压 $U_Z=8V$，限流电阻 $R=3k\Omega$，设 $u_i=15\sin\omega t(V)$，稳压管的正向导通压降 $U_D=0V$，试画出 u_o 的波形。

解：稳压管有三种工作状态，即当承受正向偏置电压时导通，$u_o=0$；承受的反向电压小于 U_Z 时截止，$u_o=u_i$；当反向电压大于等于 U_Z 时稳压，$u_o=u_z$。因此可得到输出波形如图 1-16(b)所示。

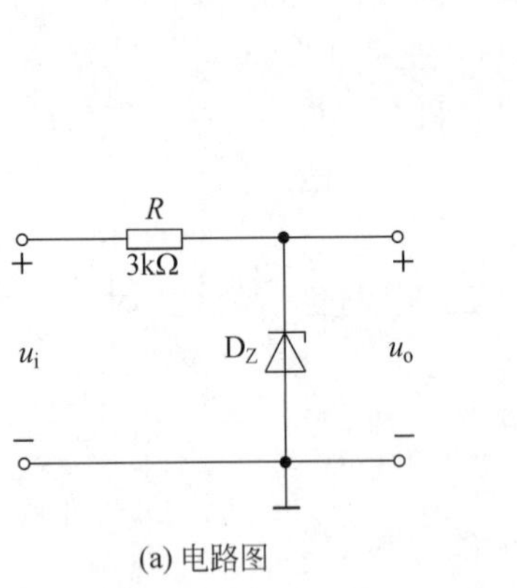

(a) 电路图

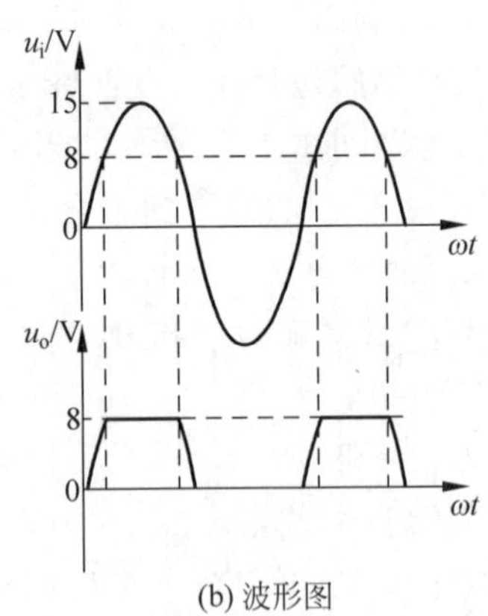

(b) 波形图

图 1-16 例题 1.5 的电路图和波形图

1.4.2 稳压管的主要参数

1. 稳定电压 U_Z

稳定电压 U_Z 是指稳压管在规定的电流范围内的反向击穿电压。它是选择稳压管的主要依据之一。由于半导体器件参数的分散性，同一型号的稳压管的 U_Z 也存在一定差别。

2. 稳定电流 I_Z

稳定电流 I_Z 是指稳压管工作在稳压状态时的参考电流。每一个稳压管均规定有最大

稳定电流 I_{Zmax} 和最小稳定电流 I_{Zmin}。若工作电流低于 I_{Zmin}，则稳压管的稳压性能变差；若工作电流高于 I_{Zmax}，则可能使稳压管过热而损坏。因此设计稳压电路时必须选择合适的限流电阻，使得流过稳压管的电流在这两者之间，以保证稳压管能够正常工作。

3. 额定功耗 P_{ZM}

额定功耗 P_{ZM} 是指稳压管的工作参数变化不超过规定允许值时的最大耗散功率，$P_{ZM}=U_Z I_{Zmax}$。

4. 动态电阻 r_Z

动态电阻 r_Z 是指稳压管工作在稳压区时，端电压的变化量与其电流变化量之比，即

$$r_Z=\frac{\Delta U_Z}{\Delta I_Z}$$

显然，稳压管的 r_Z 值越小，稳压性能越好。

5. 电压温度系数 α_U

电压温度系数 α_U 是指温度每升高 1℃时稳压管稳定电压的相对变化量。一般来说，稳压管的稳定电压小于 4V 的，其 α_U 为负值，即温度升高时，稳定电压值将减小。而稳压管的稳定电压大于 7V 的，其 α_U 为正值，即当温度升高时，稳定电压值将增大。而稳定电压在 4～7V 的稳压管，其 α_U 非常小，表示其稳定电压值受温度的影响较小，性能比较稳定。

1.4.3 稳压电路

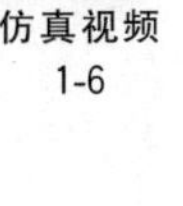

仿真视频 1-6

使用稳压管组成稳压电路时，需要注意三个问题。首先，应使外加电源的正极接稳压管的阴极，电源的负极接稳压管的阳极，以保证稳压管工作在反向击穿区。其次，稳压管应与负载并联，由于稳压管两端电压的变化量很小，因而使负载获得比较稳定的输出电压。最后，稳压管电路中必须接入一个限流电阻，以调节稳压管电流 I_Z，使其不超过规定的 I_{Zmax}，以免因过热而烧坏稳压管，也不低于规定的 I_{Zmin}，以免失去稳压作用。

1. 稳压电路的工作原理

具体的稳压电路如图 1-17 所示。当输入电压波动或负载电流变化时，通过稳压管电流 I_Z 的变化来调节 R 上的压降，从而保持输出电压基本不变。具体的稳压原理如下。

（1）假设稳压电路的输入电压 U_I 保持不变，当负载电阻 R_L 增大的瞬间，负载电流 I_L 减小，电流 I_R 也随之减小，于是电流 I_R 在电阻 R 上的压降减小，输出端电压 U_O 将瞬时增大。由于稳压管与负载并联，这样稳压管两端的电压也会有一个小幅度的增大，稳压管的电流 I_Z 将会增大很多。由于 $I_R=I_Z+I_L$，因此 I_R 也有增大的趋势。这样限流电阻 R 两端的电压将会增大，于是输出电压就基本保持不变。

（2）假设负载电阻 R_L 不变，输入电压 U_I 升高，则输出电压 U_O 也将随之上升。由于稳压管与负载并联，此时稳压管电流 I_Z 将急剧增加，于是电流 I_R 增大，使得电阻 R 两端的电压增大，以此来抵消 U_I 的升高，从而使输出电压基本保持不变。

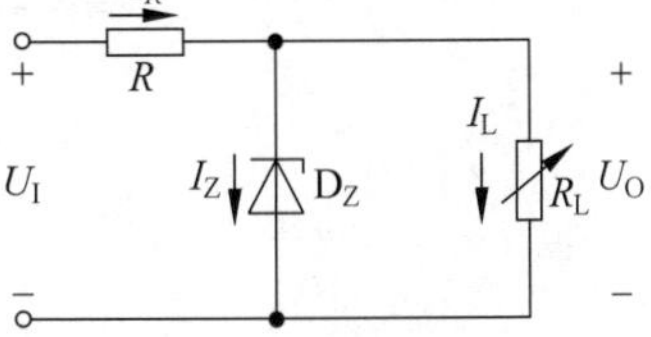

图 1-17　稳压电路

2. 限流电阻的选择

由以上分析可知，限流电阻是一个很重要的组成元件。限流电阻 R 的阻值必须选择合适，使得 I_Z 满足

$$I_{Zmin} \leqslant I_Z \leqslant I_{Zmax} \tag{1-2}$$

才能保证稳压电路很好地实现稳压作用。

由图 1-17 可得

$$I_Z = I_R - I_L \tag{1-3}$$

$$I_R = \frac{U_I - U_Z}{R} \tag{1-4}$$

将式(1-3)和式(1-4)代入式(1-2)得

$$I_{Zmin} \leqslant \frac{U_I - U_Z}{R} - I_L \leqslant I_{Zmax} \tag{1-5}$$

设输入电压的最大值为 U_{Imax}，最小值为 U_{Imin}，负载电流的最大值为 I_{Lmax}，最小值为 I_{Lmin}，则限流电阻的选择应从以下两方面考虑。

(1) 当输入电压最大和负载电流最小时，流过稳压管的电流 I_Z 最大，此时 I_Z 不应超过其允许的最大值，即

$$\frac{U_{Imax} - U_Z}{R} - I_{Lmin} \leqslant I_{Zmax} \tag{1-6}$$

整理得

$$R \geqslant \frac{U_{Imax} - U_Z}{I_{Zmax} + I_{Lmin}} \tag{1-7}$$

(2) 当输入电压最小和负载电流最大时，流过稳压管的电流 I_Z 最小，此时 I_Z 不应低于其允许的最小值，即

$$\frac{U_{Imin} - U_Z}{R} - I_{Lmax} \geqslant I_{Zmin} \tag{1-8}$$

整理得

$$R \leqslant \frac{U_{Imin} - U_Z}{I_{Zmin} + I_{Lmax}} \tag{1-9}$$

最后所选择的限流电阻应同时满足式(1-7)和式(1-9)，稳压电路才能很好地实现稳压作用。

【例题 1.6】 电路如图 1-18 所示，已知 $U_{Imax}=15\text{V}$，$U_{Imin}=12\text{V}$，稳压管的稳定电压为 6V，$I_{Zmax}=25\text{mA}$，$I_{Zmin}=5\text{mA}$，$R_L=600\Omega$。试求限流电阻的取值范围。

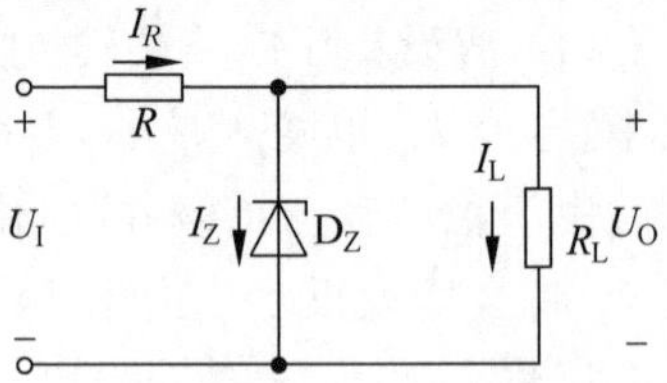

图 1-18 例题 1.6 的电路图

解：

$$U_O = U_Z = 6\text{V}$$

$$I_L = \frac{U_O}{R_L} = \frac{6}{600}\text{A} = 10\text{mA}$$

由式(1-7)得

$$R \geqslant \frac{U_{Imax} - U_Z}{I_{Zmax} + I_{Lmin}} = \frac{15-6}{25+10}\text{k}\Omega = 257\Omega$$

由式(1-9)得

$$R \leqslant \frac{U_{Imin} - U_Z}{I_{Zmin} + I_{Lmax}} = \frac{12-6}{5+10}\text{k}\Omega = 400\Omega$$

所以 R 的取值范围为 $257\Omega \leqslant R \leqslant 400\Omega$。

小结

根据导电能力的不同,物质可分为导体、半导体和绝缘体。半导体的导电能力介于导体和绝缘体之间,因其具有很好的掺杂特性,并且具有可控性,故可以制成各种不同用途的半导体器件。

本征半导体是纯净的半导体晶体,其导电性能和温度稳定性差。为了改善这些性能,通过扩散工艺,在本征半导体中掺入某种特定的杂质元素,得到两种杂质半导体:P 型半导体和 N 型半导体。由于 N 型半导体和 P 型半导体仍然保持电中性,因此采用不同的掺杂工艺,通过扩散作用,将 P 型半导体和 N 型半导体制作在同一块半导体基片上,在它们的交界面处将形成一个 PN 结。

PN 结具有单向导电性,即当 PN 结正向偏置时,处于导通状态;当 PN 结反向偏置时,处于截止状态。PN 结还具有一定的电容效应。

二极管的核心就是 PN 结,因此二极管也具有单向导电性。二极管外加正向电压大于死区电压时才导通。对于硅管来说,当正向电压大于 0.6V(锗管正向电压大于 0.2V)时,认为二极管是处于充分导通状态,此时认为二极管的导通压降为常数,硅二极管的导通压降 U_D 约为 0.7V,锗二极管的导通压降 U_D 约为 0.3V。二极管外加反向电压时,可近似认为二极管处于截止状态。二极管的反向饱和电流越小,其单向导电性越好。如果反向电压超过击穿电压 U_{BR} 以后,二极管被击穿,反向电流急剧增大,很容易因过热而烧坏二极管,因此在使用时,二极管一般要串联电阻。

二极管的应用范围很广,可以用于整流、钳位、限幅以及开关电路等。在分析二极管电路时,根据情况可以将二极管看成理想二极管或恒压二极管。

在实际选择二极管时,主要考虑最大整流电流 I_F、最高反向工作电压 U_{RM}、反向电流 I_R、最高工作频率 f_M 等主要参数,根据使用条件选择满足要求的二极管。

稳压二极管可工作在正向导通、反向截止和击穿稳压三种工作状态。当稳压二极管工作在反向击穿区时,流过管子的电流在较大范围内变化,但管子两端的电压变化很小,因此具有稳压作用。使用稳压管组成稳压电路时,需要注意三个问题。首先,应使外加电源的极性保证稳压管工作在反向击穿区。其次,稳压管应与负载并联。最后,稳压管电路中必须接入一个合适的限流电阻,以调节稳压管电流 I_Z,使其不超过规定的 I_{Zmax},以免因过热而烧坏稳压管,也不低于规定的 I_{Zmin},以免失去稳压作用。

习题

1. 填空题

(1) 杂质半导体按照掺入杂质的不同可分为________和________两种。

(2) 杂质半导体中多数载流子的浓度取决于________。

(3) PN 结的单向导电性就是 PN 结外加正向电压时处于________状态,外加反向电压时处于________状态。

(4) 二极管的反向饱和电流越小,其单向导电性________。

(5) 稳压二极管可工作在________、________和________三种工作状态。

2. 选择题

(1) P 型半导体中空穴多于自由电子，P 型半导体呈现的电性为（　　）。

A. 正电　　B. 负电　　C. 电中性

(2) 在本征半导体中加入（　　）元素可形成 N 型半导体。

A. 5 价　　B. 4 价　　C. 3 价

(3) PN 结外加正向电压时，空间电荷区将（　　）。

A. 变宽　　B. 变窄　　C. 不变

(4) 当温度升高时，二极管的反向饱和电流将（　　）。

A. 减小　　B. 增大　　C. 不变

(5) 稳压管的稳压区是在二极管伏安特性的（　　）。

A. 正向导通区　　B. 反向截止区　　C. 反向击穿区

3. 判断图 P1-3 所示各电路中二极管是否导通，并求出 AB 两端的电压。设二极管导通压降为 0.7V。

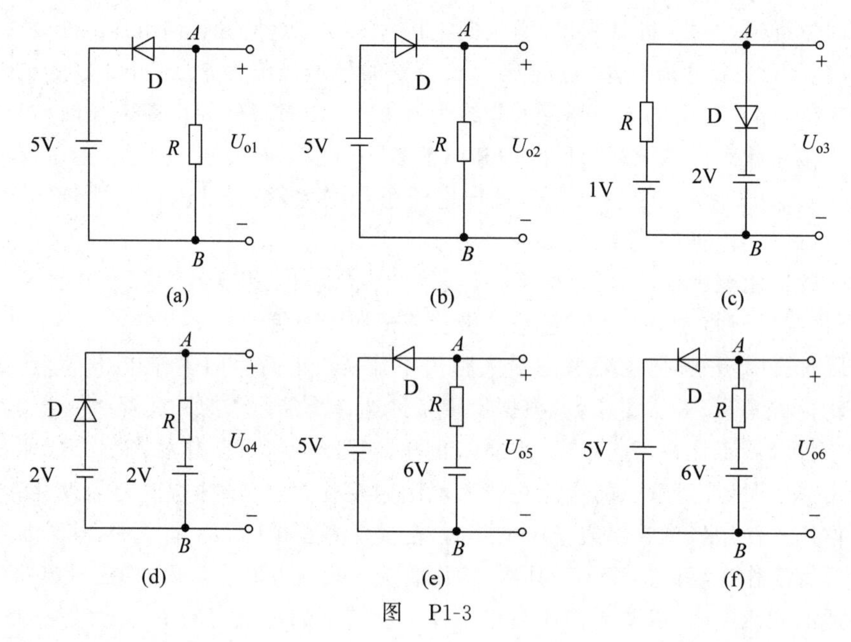

图　P1-3

4. 电路如图 P1-4 所示，已知 $u_i = 10\sin\omega t$（V），试画出 u_i 与 u_o 的波形，并标出幅值。设二极管为理想二极管。

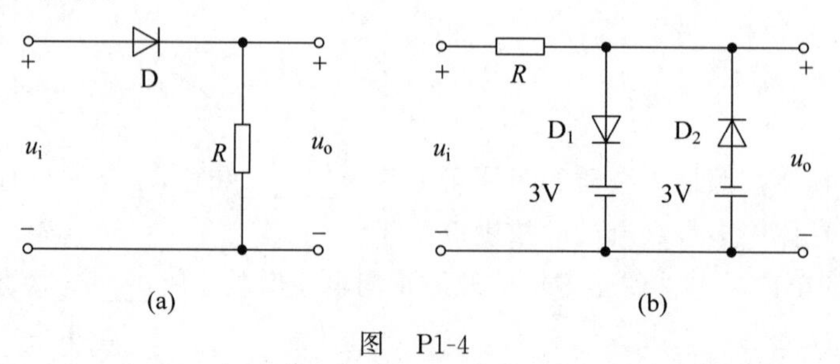

图　P1-4

5. 电路如图 P1-5 所示，设二极管的正向压降为 0.7V，试求输出电压 U_o 的值，并说明各二极管的工作状态。

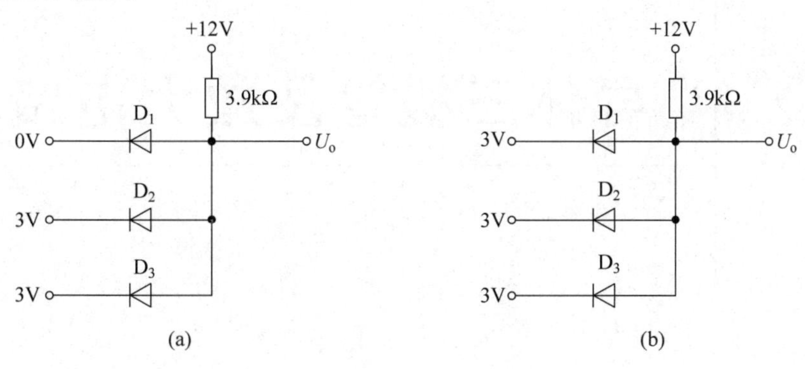

图　P1-5

6. 电路如图 P1-6 所示，判断图中两个二极管的工作状态，并求出 A、B 两端电压。设二极管均为理想二极管。

7. 电路如图 P1-7 所示，设稳压二极管 D_{Z1} 和 D_{Z2} 的稳定工作电压分别为 5V 和 8V，试求出电路的输出电压 U_o，判断稳压二极管所处的工作状态。已知稳压二极管正向电压为 0.7V。

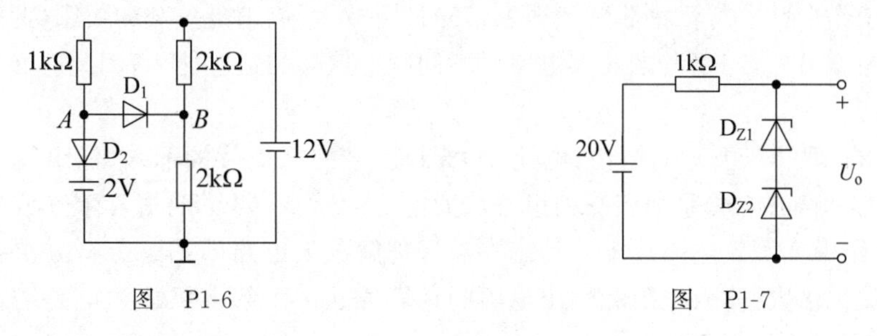

图　P1-6　　　　图　P1-7

8. 现有两只稳压管，它们的稳定电压分别为 $D_{Z1}=5V$、$D_{Z2}=8V$，正向导通电压为 0.7V。试问：

(1) 将它们串联相接，可以得到几种稳压值？各为多少？

(2) 将它们并联相接，可以得到几种稳压值？各为多少？

9. 电路如图 P1-9 所示，其中稳压管的稳定电压 $U_Z=6V$，最小稳定电流 $I_{Zmin}=5mA$，最大稳定电流 $I_{Zmax}=25mA$。

(1) 分别计算当 U_I 为 10V、15V 和 35V 时的输出电压 U_O 的值。

(2) 若 U_I 为 35V 时负载开路，则会出现什么现象？为什么？

10. 电路如图 P1-10 所示，已知输入电压 $U_I=15V$，稳压管的稳定电压 $U_Z=6V$，$I_{Zmin}=5mA$，$P_{ZM}=150mW$，$R_L=500\Omega$。试求限流电阻 R 的取值范围。

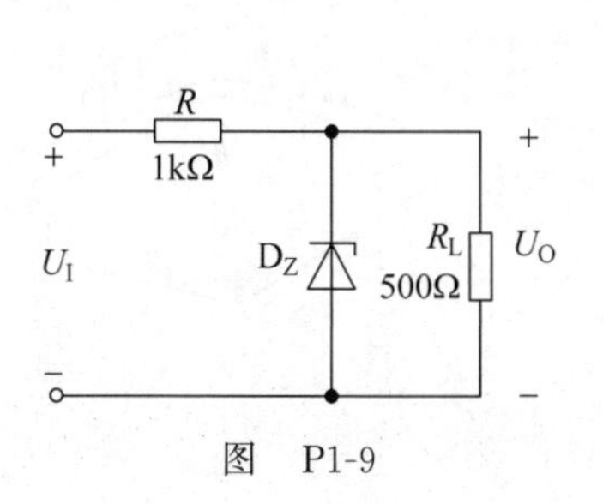

图　P1-9

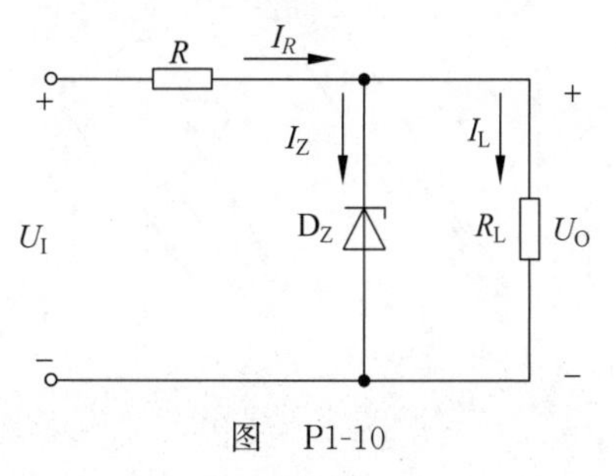

图　P1-10

第2章 半导体三极管及放大电路基础

CHAPTER 2

教学提示：放大电路是模拟电子电路中最常用、最基本的电路，它是构成波形发生、信号运算等电路的基本单元，广泛地应用于自动控制、家用电器和通信等各个领域。而半导体三极管是组成各种放大电路的核心器件，因此必须先理解三极管的结构、电流放大原理，掌握其输入、输出特性和主要参数，在此基础上才能更好地学习放大电路的工作原理和分析方法。在实际工作中常常需要将非常微弱的信号进行放大，以满足负载的要求，此时需要采用多级放大电路。另外，还要考虑放大电路对不同频率信号的适应能力，因此有必要了解放大电路的频率特性。

教学要求：理解三极管的结构、电流放大原理，掌握三极管的输入、输出特性和主要参数。掌握放大电路的组成原则和三种组态放大电路的特点，熟练地估算单管放大电路的静态工作点，应用微变等效电路法求解动态参数。理解放大电路的图解分析方法及多级放大电路的电压放大倍数、输入电阻和输出电阻的计算方法。了解多级放大电路的耦合方式及特点，了解放大电路的频率特性。

2.1 半导体三极管

2.1.1 三极管的结构

知识拓展 2-1

半导体三极管又称为双极结型三极管或晶体三极管，简称三极管(Transistor)。三极管的种类很多，按照功率的大小分为小功率管、中功率管和大功率管；按照半导体材料分为硅管和锗管；按照制造工艺可分为平面型和合金型两类。常见的三极管的几种外形如图2-1所示。

知识拓展 2-2

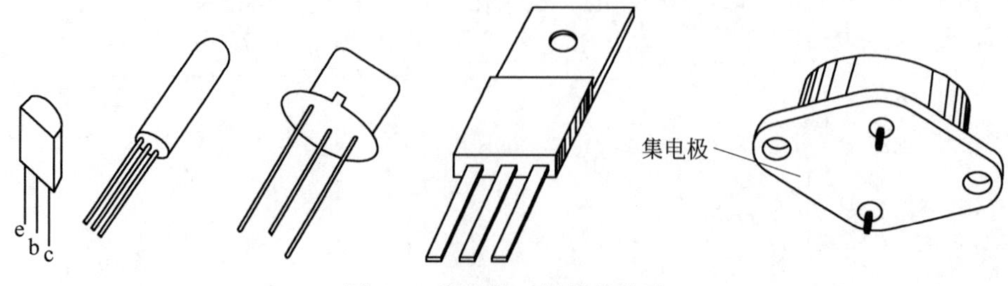

图2-1 常见的三极管的外形

各种三极管的外形虽然不同，但其内部的基本结构是相同的，它们都是在一块半导体基片上制造出三个掺杂区，形成两个 PN 结，再引出三个电极，然后用管壳封装而成。

根据三极管内三个掺杂区排列方式的不同，三极管分为两种类型：NPN 型和 PNP 型。它们的结构示意图和图形符号如图 2-2 所示。位于中间的掺杂区称为基区，它的掺杂浓度很低，且制作得很薄，一般为几十微米；位于下边的掺杂区为发射区，掺杂浓度很高；位于上边的掺杂区为集电区，其掺杂浓度比发射区低，但是面积比发射区大。也正是由于这种制造工艺才能使三极管具有电流放大作用。从基区、发射区和集电区各自引出一个电极，分别称为基极(b)、发射极(e)和集电极(c)。发射区和基区之间的 PN 结称为发射结，集电区和基区之间的 PN 结称为集电结。

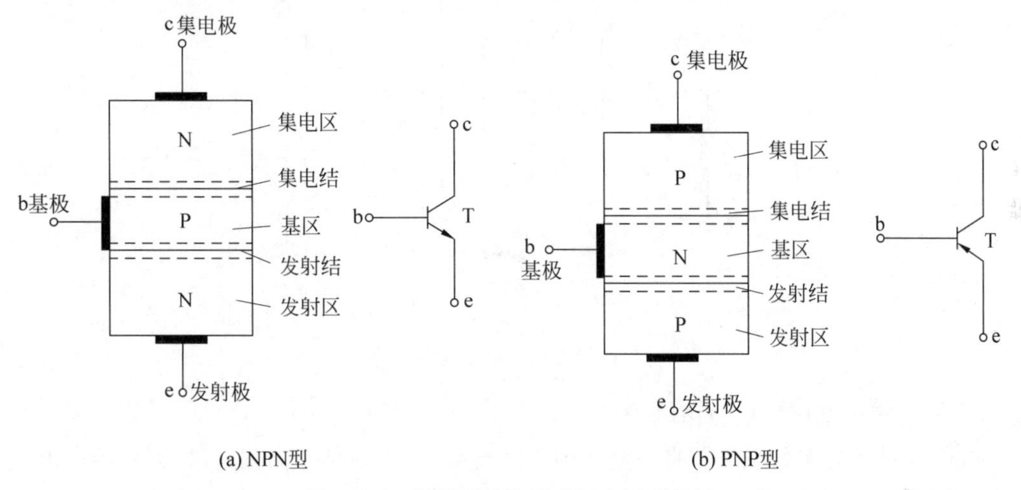

图 2-2　三极管的结构示意图和图形符号

NPN 型三极管和 PNP 型三极管的结构特点、工作原理基本相同，本节以 NPN 管为例讲述三极管的放大作用、特性曲线和主要参数。

2.1.2　三极管的电流放大作用

1. 三极管的三种组态

三极管最基本的一种应用就是能把微弱电信号进行放大。当三极管作为放大器件使用时需要构成两个回路，一个是输入回路，一个是输出回路，这样就需要四个端子，而三极管只有三个电极，也即只有三个端子，因此三极管必有一个电极作为两个回路的公共端子。根据公共端的不同，三极管可以有三种连接方式，称为三种不同的组态，它们是共发射极、共集电极和共基极如图 2-3 所示。

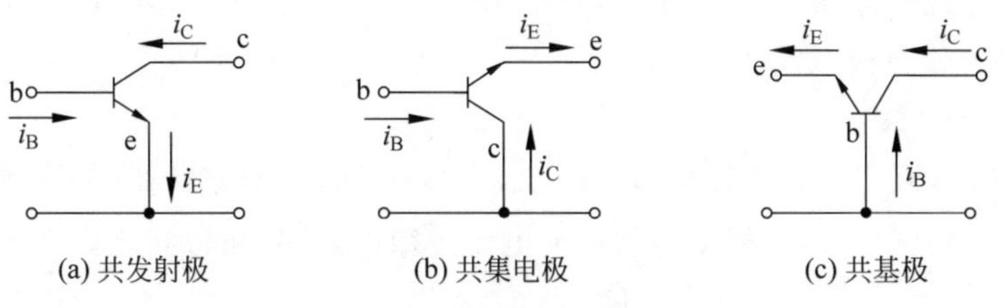

图 2-3　三极管的三种组态

2. 载流子的运动

三极管能够放大电信号，主要是因为其具有电流放大作用。为了理解电流放大作用，下面以共发射极组态为例分析一下三极管的内部载流子的运动情况。

为了使三极管具有电流放大作用，三极管接入电路时，还需要满足一定的外部条件，即发射结正向偏置，集电结反向偏置，如图2-4所示。图中的两个直流电源电压满足 $V_{CC}>V_{BB}$，在这些外加电压的作用下，管内载流子将发生以下的传输过程。

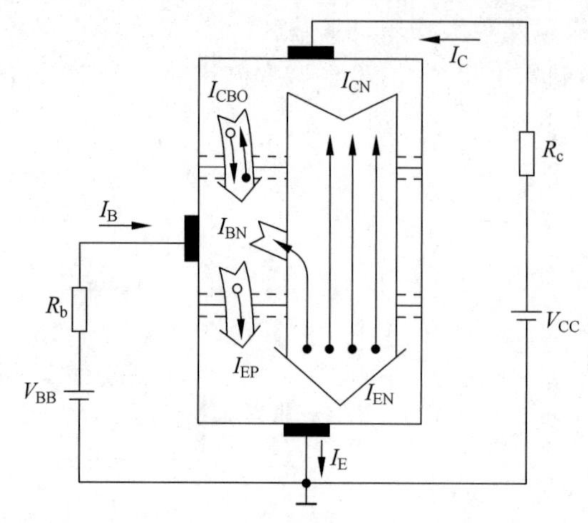

图2-4 三极管内部载流子运动与外部电流

1）发射区向基区发射自由电子

由于发射区的多数载流子自由电子的浓度很高，在发射结正向偏置时，大量的自由电子就会扩散到达基区，形成电子电流 I_{EN}，与此同时，基区的空穴也会向发射区扩散，形成空穴电流 I_{EP}，I_{EN} 与 I_{EP} 的和就是发射极电流 I_E。由于基区杂质浓度很低，所以电流 I_{EP} 很小，可以认为 I_E 主要由 I_{EN} 形成。

2）自由电子在基区的扩散与复合

基区的多数载流子是空穴，但由于基区很薄，杂质浓度很低，所以从发射区扩散到基区的小部分自由电子会和基区的空穴复合，并在电源 V_{BB} 的作用下电子和空穴的复合将源源不断地进行，形成电流 I_{BN}。又由于集电结反向偏置，因此从发射区扩散过来的大部分自由电子会在基区中继续向集电结扩散。

3）集电区收集自由电子

由于集电结反向偏置，由发射区扩散到基区中的大部分自由电子会越过集电结到达集电区，形成较大的电流 I_{CN}。同样，原来基区中的少数载流子自由电子和集电区中的少数载流子空穴会产生漂移运动，形成反向饱和电流 I_{CBO}，只是其数值很小。可以看出，I_{CN} 与 I_{CBO} 共同形成了集电极电流 I_C。

3. 电流分配关系

规定发射极电流 I_E、基极电流 I_B、集电极电流 I_C 的参考方向如图2-4所示，把三极管的三个电极看成是三个节点，根据基尔霍夫电流定律(KCL)，可以得出以下关系

$$I_E=I_{EN}+I_{EP} \tag{2-1}$$

$$I_{EN}=I_{BN}+I_{CN} \tag{2-2}$$

$$I_C = I_{CN} + I_{CBO} \tag{2-3}$$

$$I_B = I_{BN} + I_{EP} - I_{CBO} \tag{2-4}$$

整理得

$$I_E = I_C + I_B \tag{2-5}$$

也就是说，可以将三极管看成是一个广义节点，流过它的三个电极电流仍然满足基尔霍夫电流定律。

通常将 I_{CN} 与 I_E 之比定义为共基直流电流放大系数，用符号 $\bar{\alpha}$ 表示，即

$$\bar{\alpha} = \frac{I_{CN}}{I_E} \tag{2-6}$$

由于发射区扩散到基区的大部分自由电子都越过集电结形成电流 I_{CN}，而只有很小部分自由电子与基区中的空穴复合形成 I_{BN}，所以 $\bar{\alpha}$ 的值略小于 1，一般为 0.95～0.99。将式(2-6)代入式(2-3)，可得

$$I_C = \bar{\alpha} I_E + I_{CBO} \tag{2-7}$$

当 $I_{CBO} \ll I_C$ 时，式(2-7)可写成

$$\bar{\alpha} \approx \frac{I_C}{I_E} \tag{2-8}$$

即 $\bar{\alpha}$ 近似等于集电极电流 I_C 与发射极电流 I_E 之比。

再将式(2-5)代入式(2-7)可得

$$I_C = \bar{\alpha}(I_C + I_B) + I_{CBO}$$

整理得

$$I_C = \frac{\bar{\alpha}}{1-\bar{\alpha}} I_B + \frac{1}{1-\bar{\alpha}} I_{CBO} \tag{2-9}$$

令

$$\bar{\beta} = \frac{\bar{\alpha}}{1-\bar{\alpha}} \tag{2-10}$$

则式(2-9)成为

$$I_C = \bar{\beta} I_B + (1+\bar{\beta}) I_{CBO} \tag{2-11}$$

称 $\bar{\beta}$ 为共射直流电流放大系数，$I_{CEO} = (1+\bar{\beta}) I_{CBO}$ 为穿透电流。这时式(2-11)又可以表示为

$$I_C = \bar{\beta} I_B + I_{CEO} \tag{2-12}$$

当 $I_{CEO} \ll I_C$ 时，式(2-12)可写成

$$\bar{\beta} \approx \frac{I_C}{I_B} \tag{2-13}$$

即 $\bar{\beta}$ 近似等于集电极电流 I_C 与基极电流 I_B 之比。

对于已经制成的三极管，集电极电流和基极电流的比值基本上是一定的，因此在基极和发射极之间外加一个变化的电压 Δu_{BE} 时，相应地会使基极电流产生一个变化量 Δi_B，集电极电流也将随之产生一个变化量 Δi_C。将 Δi_C 与 Δi_B 的比值称为共射交流电流放大系数，用 β 表示，即

$$\beta = \frac{\Delta i_C}{\Delta i_B} = \frac{i_c}{i_b} \tag{2-14}$$

一般β为几十至几百，当i_B有微小的变化时，就会引起i_C较大的变化，这就是三极管的电流放大作用。由此可知，三极管是一种电流控制元件。所谓电流放大作用，就是用基极电流的微小变化去控制集电极电流较大的变化。

显然$\bar{\beta}$与β的定义不同，$\bar{\beta}$反映的是静态时的电流放大特性，β反映的是动态时的电流放大特性，对于大多数三极管来说，同一根管子的两个数值相近，故在一般估算中，可认为$\bar{\beta} \approx \beta$。同样道理，$\bar{\alpha} \approx \alpha$。

4. 放大作用

一个简单的共发射极放大电路如图 2-5 所示。在基极和发射极之间的回路(输入回路)加入一个待放大的输入信号$\Delta u_I = 20\text{mV}$，这样发射结的外加电压就在原来V_{BB}的基础上叠加了一个Δu_I，由于三极管内电流分配是一定的，于是电流Δi_B、Δi_C和Δi_E均按相同的规律变化。也就是说，当Δi_B按Δu_I的规律变化时，Δi_C和Δi_E也按相同的规律变化。若$\alpha = 0.98$，则$\beta = \frac{\alpha}{1-\alpha} = 49$。设当$\Delta u_I$变化 20mV 时，能引起基极电流的变化$\Delta i_B = 20\mu\text{A}$，则$\Delta i_C = \beta i_B = 0.98\text{mA}$，相应地，$R_c = 1\text{k}\Omega$上所得的电压变化$\Delta u_O = -\Delta i_C R_c = -0.98\text{V}$。可见$\Delta u_O$比$\Delta u_I$增大了许多倍，其电压放大倍数为

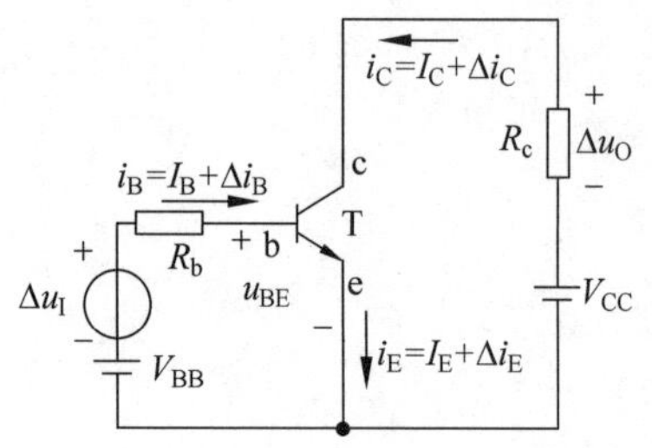

图 2-5　简单的共发射极放大电路

$$A_u = \frac{\Delta u_O}{\Delta u_I} = -\frac{0.98\text{V}}{20\text{mV}} = -49$$

2.1.3　三极管的输入和输出特性曲线

三极管的输入和输出特性曲线，可以较全面地描述三极管各极电流与电压之间的关系。它们能直接反映三极管的性能，同时也是分析放大电路的重要依据。下面讨论共发射极组态的特性曲线。

1. 输入特性曲线

共发射极输入特性曲线是指在输出电压u_{CE}一定的情况下，输入电流i_B与输入电压u_{BE}之间的关系曲线。用函数表示为

$$i_B = f(u_{BE})\big|_{u_{CE}=\text{常数}} \tag{2-15}$$

当$u_{CE} = 0\text{V}$时，三极管的输入回路如图 2-6 所示，从图中可以看出，三极管的集电极与发射极短接在一起，此时从三极管的输入回路看，基极与发射极之间相当于两个 PN 结并联。因此，当 b、e 之间加正向偏置电压时，三极管的输入特性相当于二极管的正向伏安特性，如图 2-7 中$u_{CE} = 0\text{V}$的一条曲线。

当$u_{CE} > 0\text{V}$时，随着u_{CE}的增加，集电结上的电压由正向偏置逐渐过渡到反向偏置，这更有利于从发射区进入基区的电子更多地流向集电区，因此对应于相同的u_{BE}，流向基极的电流比原来$u_{CE} = 0\text{V}$时减小了，特性曲线也就相应地向右移了。

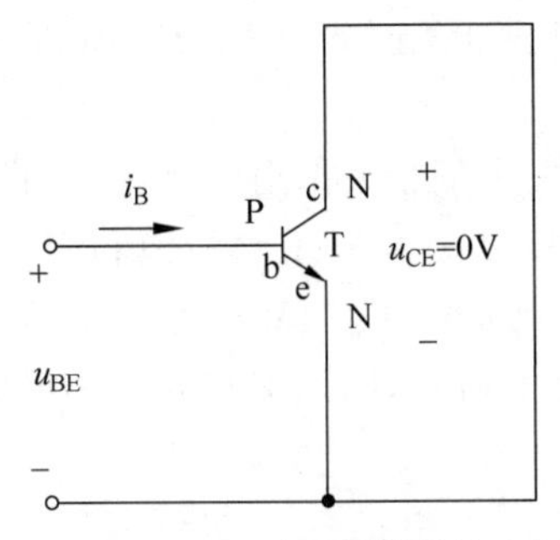

图 2-6 $u_{CE}=0V$ 时三极管的输入回路

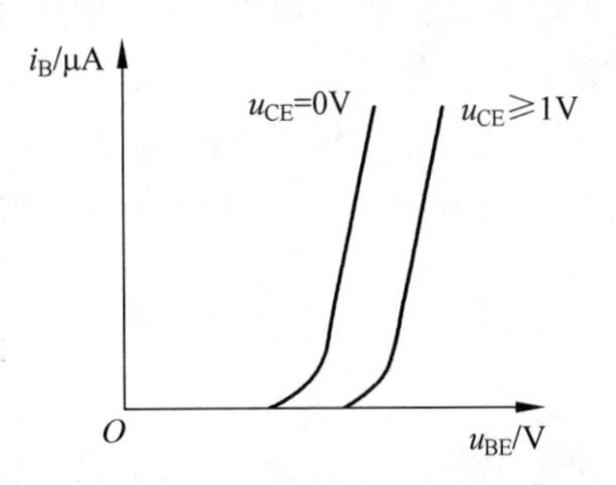

图 2-7 三极管的输入特性曲线

当 $u_{CE}>1V$ 以后，只要 u_{BE} 保持不变，则从发射区发射到基区的自由电子数量一定，而集电结所加的反向电压已经能把这些自由电子中的绝大部分拉到集电区，所以 u_{CE} 再增加，i_B 减小的也不明显，故 $u_{CE}>1V$ 以后的输入特性基本重合，所以通常画出一条曲线来代表 $u_{CE}>1V$ 以后的各种情况。

2. 输出特性曲线

共发射极输出特性曲线是指在电流 i_B 不变时，三极管输出回路中的电流 i_C 与电压 u_{CE} 之间的关系曲线。用函数表示为

$$i_C=f(u_{CE})\mid_{i_B=\text{常数}} \tag{2-16}$$

对于每一个确定的 i_B，都有一条曲线，所以输出特性是一族曲线。对于每一条曲线，当 u_{CE} 从 0 逐渐增大时，集电结上的电压由正向偏置逐渐过渡到反向偏置，集电区收集电子的能力逐渐增强，因而 i_C 也就逐渐增大。而当 u_{CE} 增大到一定程度时，集电结所加的反向电压已经能将发射区扩散到基区中的绝大部分自由电子拉到集电区，u_{CE} 再增大，集电区收集电子的能力也不能明显提高，因而曲线几乎与横轴平行，此时认为 i_C 仅取决于 i_B。三极管的输出特性曲线如图 2-8 所示。

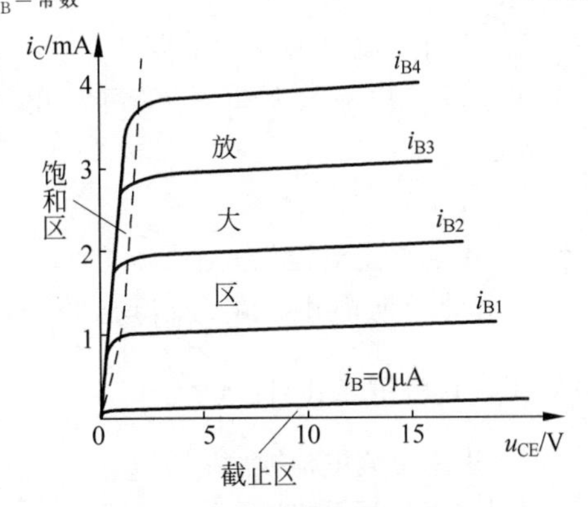

图 2-8 三极管的输出特性曲线

输出特性曲线可以划分为三个工作区，它们是截止区、放大区和饱和区。

(1) 截止区。一般将 $i_B\leqslant 0$ 的区域称为截止区，其特征是发射结和集电结均反向偏置。

实际上，当发射结上的正向偏置电压小于死区电压时，$i_B=0$，但此时 i_C 并不等于零，而有一个较小的穿透电流 I_{CEO}，小功率硅管的 I_{CEO} 在 1μA 以下，锗管的 I_{CEO} 小于几十微安。在近似分析时，可以认为 $i_C=0$。但是为了保证三极管可靠地截止，在截止区时应使三极管的发射结和集电结均反向偏置。

(2) 放大区。一般将各条输出特性曲线近似与横轴平行的区域，称为放大区，其特征是发射结正向偏置，集电结反向偏置。

从输出特性曲线可以看出，当 i_B 一定时，i_C 的值基本上不随 u_{CE} 的变化而变化。但是当基极电流有一个微小的变化量 Δi_B 时，相应的集电极电流会产生一个较大的变化量。可见，三极管具有电流放大作用，且满足 $\Delta i_C=\beta\Delta i_B$。

(3) 饱和区。将靠近纵坐标的附近，各条输出曲线快速上升的部分称为饱和区，其特征是发射结和集电结均正向偏置。

在该区域内，i_C 不再随着 i_B 成比例地变化，三极管失去了放大作用。但是 i_C 随着 u_{CE} 的增大而快速地增加。三极管在饱和时集电极和发射极之间的电压称为饱和管压降，用 U_{CES} 表示，小功率三极管的 U_{CES} 为 0.2～0.3V，大功率三极管可达 1V 以上。

当三极管的 $u_{CE}=u_{BE}$ 时，即 $u_{CB}=0V$ 时，三极管处于临界状态，即临界饱和或临界放大状态。

在模拟电路中，三极管绝大多数工作在放大区。而在数字电路中，三极管多数工作在截止区或饱和区。

2.1.4 三极管的主要参数

1. 电流放大系数

三极管的电流放大系数是表征三极管放大作用的主要参数。

1) 共射直流电流放大系数 $\bar{\beta}$

当忽略穿透电流 I_{CEO} 时，共射直流电流放大系数 $\bar{\beta}$ 近似等于集电极电流与基极电流的直流量之比，即 $\bar{\beta}\approx\frac{I_C}{I_B}$。

2) 共射交流电流放大系数 β

共射交流电流放大系数 β 等于集电极电流与基极电流的变化量之比，也是交流量之比，即 $\beta=\frac{\Delta i_C}{\Delta i_B}=\frac{i_c}{i_b}$。

3) 共基直流电流放大系数 $\bar{\alpha}$

当忽略反向饱和电流 I_{CBO} 时，共基直流电流放大系数 $\bar{\alpha}$ 近似等于集电极电流与发射极电流的直流量之比，即 $\bar{\alpha}\approx\frac{I_C}{I_E}$。

4) 共基交流电流放大系数 α

共基交流电流放大系数 α 等于集电极电流与发射极电流的变化量之比，也是交流量之比，即 $\alpha=\frac{\Delta i_C}{\Delta i_E}=\frac{i_c}{i_e}$。

2. 反向饱和电流

1) 集电极-基极之间的反向饱和电流 I_{CBO}

I_{CBO} 表示发射极开路时，集电极-基极之间的反向电流。

2) 集电极-发射极之间的穿透电流 I_{CEO}

I_{CEO} 表示基极开路时，集电极-发射极之间的穿透电流，$I_{CEO}=(1+\bar{\beta})I_{CBO}$。

需要说明的是，I_{CBO} 和 I_{CEO} 都是由少数载流子运动形成的，所以对温度非常敏感。同一型号的三极管，反向电流越小，其温度稳定性越好。硅管比锗管的温度稳定性好。选用三极管时，I_{CBO} 和 I_{CEO} 应尽量小。

3. 极限参数

极限参数是指为了保证三极管安全工作，对它的电压、电流和功率损耗所加的限制。

1）集电极最大允许电流 I_{CM}

当集电极电流超过一定值时，管子的 β 值将明显下降。I_{CM} 是指三极管的 β 值下降到正常值的 $\frac{2}{3}$ 时的集电极电流。当 $I_C > I_{CM}$ 时，三极管不一定损坏。

2）极间反向击穿电压

极间反向击穿电压表示外加在三极管各电极之间的最大允许反向电压，如果超过这个限度，管子的反向电流将急剧增大，甚至可能被击穿而损坏。

$U_{(BR)CBO}$：是指发射极开路时，集电极-基极间的反向击穿电压，这是集电结允许的最高反向电压。

$U_{(BR)CEO}$：是指基极开路时，集电极-发射极间的反向击穿电压。

$U_{(BR)EBO}$：是指集电极开路时，发射极-基极间的反向击穿电压，这是发射结允许的最高反向电压。

3）集电极最大允许耗散功率 P_{CM}

当三极管工作时，流过集电极的电流为 i_C，管压降为 u_{CE}，功率损耗为 $P_C = i_C u_{CE}$。集电极消耗的电能将转化为热能使三极管的温度升高。如果温度过高，可能烧毁三极管，所以集电极损耗有一定的限制。对于确定型号的三极管，P_{CM} 是一个确定值。在三极管输出特性曲线上，将 i_C 与 u_{CE} 的乘积等于 P_{CM} 值的各点连接起来，得到一条曲线，如图 2-9 中的虚线所示。在曲线的左下方的区域是安全的，曲线的右上方三极管的功率损耗超过了允许的最大值，是过损耗区。

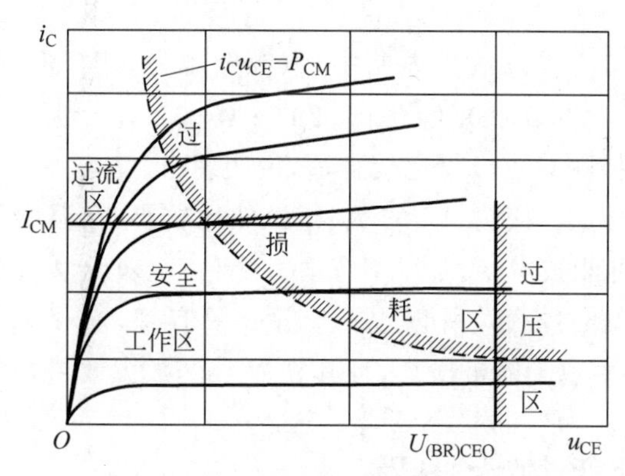

图 2-9　三极管的安全工作区

根据给定的极限参数 I_{CM}、$U_{(BR)CEO}$ 和 P_{CM}，可以在三极管的输出特性上画出管子的安全工作区，如图 2-9 所示。

4. 温度对三极管参数的影响

（1）温度对反向饱和电流 I_{CBO} 的影响。当温度升高时，三极管的反向饱和电流 I_{CBO} 将急剧增加。因为 I_{CBO} 是基区和集电区的少数载流子漂移运动形成的。当温度升高时，本征激发产生的少子数量增加，因此 I_{CBO} 就增大。温度每增加 10℃，I_{CBO} 大约增加一倍。I_{CEO} 的变化规律与 I_{CBO} 基本相同，I_{CEO} 的增加使输出特性曲线上移。

（2）温度对 u_{BE} 的影响。三极管的输入特性与二极管的伏安特性相似，随着温度的升高，三极管的输入特性也向左移。这样，在 i_B 相同时，u_{BE} 将减小，u_{BE} 随温度变化的规律与二极管的相同,在温度每升高1℃时,u_{BE} 减小2~2.5mV。

(3) 温度对 β 的影响。三极管的电流放大系数 β 随着温度的升高而增大,一般温度每升高1℃,β 值增大0.5%~1%。β 的增加在输出特性上表现为各条曲线之间的距离增大。

综上所述,温度对以上三个参数的影响,最终导致集电极电流 i_C 发生变化,即 i_C 随着温度的升高而增大。

【例题2.1】 测得某些电路中三极管各极的直流电位如图2-10所示,这些三极管均为硅管,试判断各三极管分别工作在截止区、放大区还是饱和区。

解:图2-10(a)中,三极管的 $U_{BE}=0.7V$,发射结正向偏置,又因为 $U_B>U_C$,集电结也正向偏置,所以该三极管工作在饱和区。

在图2-10(b)中,三极管的 $U_{BE}=0.7V$,发射结正向偏置,又因为 $U_B<U_C$,集电结反向偏置,所以该三极管工作在放大区。

图2-10(c)中,三极管的 $U_{BE}=-1V$,发射结反向偏置,又因为 $U_B<U_C$,集电结反向偏置,所以该三极管工作在截止区。

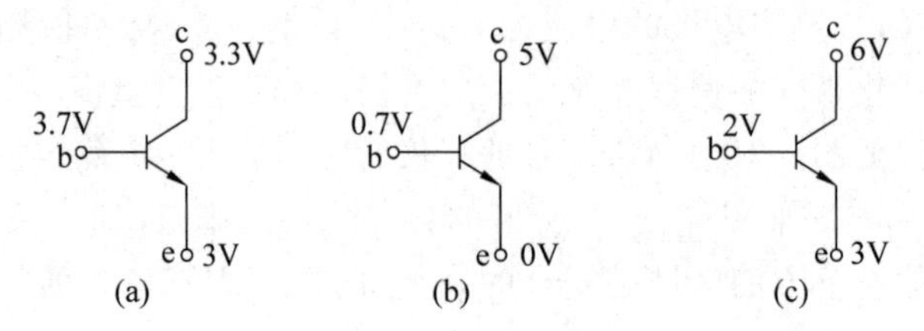

图2-10 例题2.1的图

【例题2.2】 已知某三极管放大电路中,电源电压为30V,现有三只三极管 T_1、T_2 和 T_3,它们的 I_{CBO} 分别为0.05μA、0.1μA、0.02μA;$U_{(BR)CEO}$ 分别为20V、50V、50V;β 分别为100、100、20,试问选择哪只三极管比较合适,说明理由。

解:选择 T_2 比较合适。因为 T_1 的 I_{CBO} 虽然比较小,其温度稳定性较好,但其 U_{CEO} 为20V,接到电路中有可能被击穿,所以不合适;对于 T_3 来说,尽管其 I_{CBO} 比 T_1 的还小,但是其 β 仅为20,放大效果不好,所以也不合适;只有 T_2 的 I_{CBO} 较小,温度稳定性好,U_{CEO} 为50V,接到电路中也不能被击穿,且其 β 为100,放大效果好,所以选择 T_2。

2.2 共发射极放大电路

2.2.1 放大的概念

在日常生活中,经常看见有人手拿话筒讲话,目的是使更多的人能够听清他的声音。这实际上就是利用了电子技术中的"放大"的概念。

话筒(传感器)将微弱的声音转换成电信号,经放大电路放大成足够强的电信号后,驱动扬声器(执行机构),使其发出较原来强得多的不失真的声音。讲话人发出的声音的频率和声调是在不断变化的,所以放大电路放大的对象是一个变化量。在该输入信号(话筒将声音信号转换成微弱的电信号)作用下,通过放大电路将直流电源的能量转换成负载所获得的能量,使负载(扬声器)从电源获得的能量大于信号源所提供的能量。可见,放大电路放大的本质是能量的控制和转换,放大的基本特征是功率放大。

这里不失真是放大的前提。三极管工作在放大区时，其输出量与输入量始终保持线性关系，可以实现不失真的放大。

2.2.2　放大电路的主要性能指标

任何一个放大电路都可以看成是一个二端口网络，放大电路的二端口示意图如图 2-11所示。左边为输入端口，当内阻为 R_s 的正弦波信号源 $\dot{U}_s$ 作用时，放大电路得到输入电压 $\dot{U}_i$，同时产生输入电流 $\dot{I}_i$；右边为输出端口，输出电压为 $\dot{U}_o$，输出电流为 $\dot{I}_o$，R_L 为负载电阻。

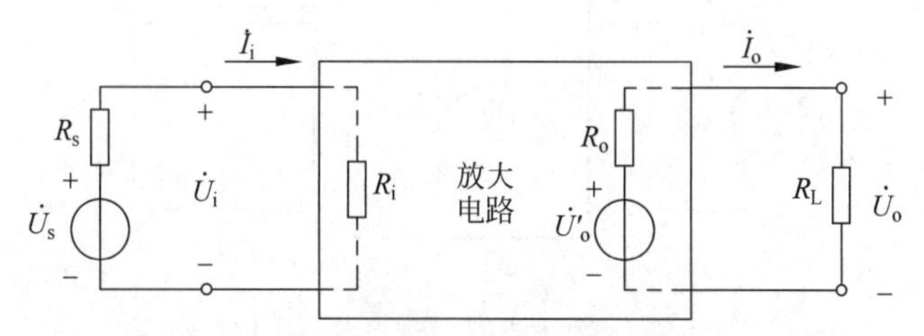

图 2-11　放大电路的二端口示意图

1. 放大倍数

放大倍数是直接衡量放大电路放大能力的重要指标。需要说明的是，在实测放大倍数时，必须在放大电路不失真的情况下；否则，测试的数据没有意义。

(1) 电压放大倍数 $\dot{A}_u$ 定义为输出电压 $\dot{U}_o$ 与输入电压 $\dot{U}_i$ 之比，即

$$\dot{A}_u=\frac{\dot{U}_o}{\dot{U}_i} \tag{2-17}$$

(2) 电流放大倍数 $\dot{A}_i$ 定义为输出电流 $\dot{I}_o$ 与输入电流 $\dot{I}_i$ 之比，即

$$\dot{A}_i=\frac{\dot{I}_o}{\dot{I}_i} \tag{2-18}$$

2. 输入电阻 R_i

输入电阻 R_i 是从放大电路的输入端口看进去的等效电阻，在本书中只考虑放大电路工作在中频段的情况时，此时从放大电路的输入端口看进去等效为一个纯电阻。其定义为输入电压 $\dot{U}_i$ 与输入电流 $\dot{I}_i$ 之比，即

$$R_i=\frac{\dot{U}_i}{\dot{I}_i} \tag{2-19}$$

输入电阻 R_i 的大小决定了放大电路从信号源 $\dot{U}_s$ 索取信号能力的大小。R_i 越大，表明放大电路从信号源索取的电流越小，放大电路所得到的输入电压 $\dot{U}_i$ 越接近信号源电压 $\dot{U}_s$，也即索取信号的能力越强，因此通常希望放大电路的输入电阻越大越好。

3. 输出电阻 R_o

输出电阻 R_o 是从放大电路的输出端口看进去的等效电阻，同样，当放大电路工作在中

频段时,从放大电路的输出端口看进去等效为一个纯电阻。其定义为当输入信号源短路(即 $\dot{U}_s=0$,但保留 R_s),输出端负载开路(即 $R_L=\infty$)时,在放大电路的输出端外加一个输出电压 $\dot{U}_o$,得到相应的输出电流 $\dot{I}_o$,二者之比即为输出电阻 R_o,即

$$R_o=\left.\frac{\dot{U}_o}{\dot{I}_o}\right|_{\substack{\dot{U}_s=0\\R_L=\infty}} \tag{2-20}$$

求放大电路的输出电阻的示意图如图 2-12 所示。

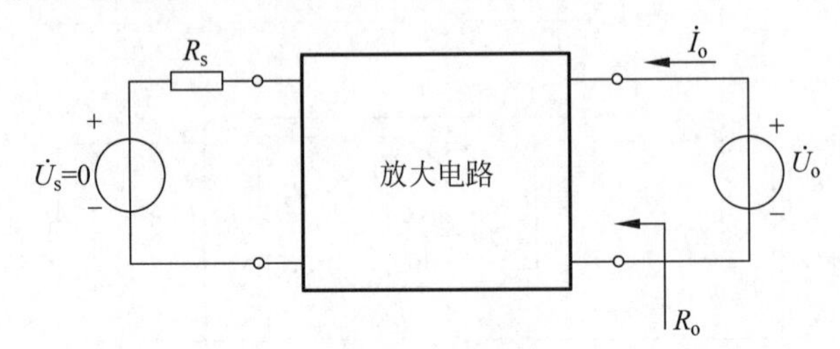

图 2-12 求放大电路的输出电阻的示意图

但是在实际测量输出电阻时,通常在输入端加上一个固定的输入电压 $\dot{U}_i$,首先使负载开路,测得输出电压为 $\dot{U}'_o$,然后接上阻值为 R_L 的负载电阻,测得此时的输出电压为 $\dot{U}_o$,如图 2-11 所示,可以得到

$$\dot{U}_o=\frac{R_L}{R_o+R_L}\dot{U}'_o$$

整理得

$$R_o=\left(\frac{\dot{U}'_o}{\dot{U}_o}-1\right)R_L \tag{2-21}$$

输出电阻 R_o 的大小决定了放大电路带负载能力的大小。R_o 越小,负载电阻 R_L 变化时 $\dot{U}_o$ 的变化越小,则放大电路的带负载能力越强。因此通常希望放大电路的输出电阻越小越好。

4. 最大输出幅度 U_{om}

最大输出幅度 U_{om} 是指输出波形处于失真与非失真临界状态时的输出电压的有效值。

5. 最大输出功率 P_{om} 与效率 η

最大输出功率 P_{om} 是指在输出信号不失真的情况下,负载上能够获得的最大功率。此时,输出电压达到最大输出幅度。

效率 η 定义为最大输出功率 P_{om} 与直流电源消耗的功率 P_V 之比,即

$$\eta=\frac{P_{om}}{P_V} \tag{2-22}$$

6. 通频带 f_{BW}

通频带用于衡量放大电路对不同频率信号的放大能力。由于放大电路中的电容、电感以及半导体器件的结电容等电抗元件的存在,使得放大电路的输入信号的频率不同时,放大

电路的放大倍数也不同。一般情况下，在中频范围内各种电抗元件的作用可以忽略，故放大倍数基本不变，而当频率升高或降低时，电抗元件的作用不可忽略，放大倍数都将降低。放大电路的放大倍数与频率的关系曲线如图 2-13 所示。

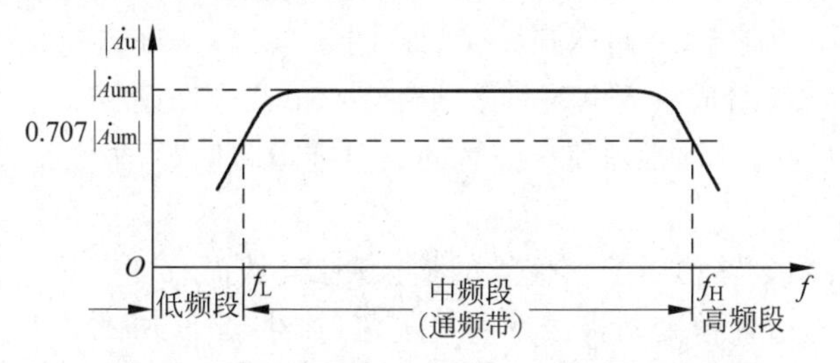

图 2-13　放大电路的放大倍数与频率的关系曲线

当输入信号的频率上升或下降，放大倍数的数值下降为中频段的 0.707 倍时，所对应的频率分别称为上限频率 f_H 和下限频率 f_L，f_H 与 f_L 的差值称为通频带 f_{BW}，即

$$f_{BW}=f_H-f_L \tag{2-23}$$

显然，通频带越宽，放大电路对信号频率的变化的适应能力越强。

2.2.3　放大电路的组成

本小节以 NPN 型三极管组成的共发射极放大电路为例，介绍放大电路的组成原则及工作原理。

仿真视频 2-1

1. 单管共发射极放大电路的组成

如图 2-14 所示为一个由 NPN 型三极管组成的共发射极放大电路的原理电路图，从图中可以看出输入回路和输出回路的公共端是三极管的发射极。

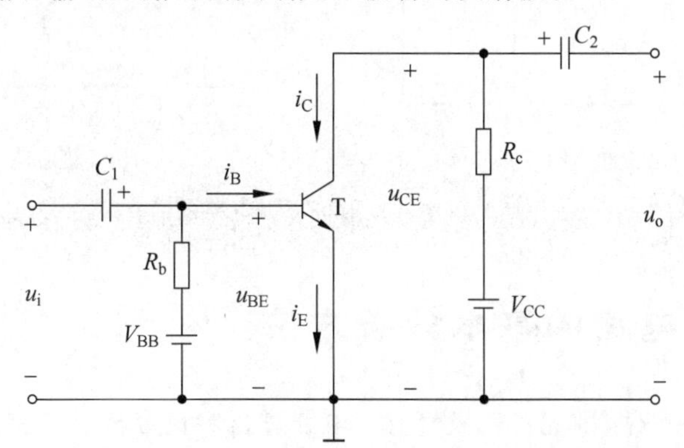

图 2-14　单管共发射极放大电路的原理电路

在放大电路中，三极管 T 作为放大元件是放大电路的核心。集电极回路的直流电源 V_{CC} 是为了保证集电结反向偏置，集电极电阻 R_c 将三极管的集电极电流 i_C 的变化转变为集电极电压 u_{CE} 的变化，再传送到放大电路的输出端。基极回路的直流电源 V_{BB} 为了使三极管的发射结正向偏置，并且通过电阻 R_b，给基极提供一个合适的电流 I_B。电容 C_1、C_2 称为隔直电容或耦合电容，它们在电路中的作用是“隔直流，通交流”。

2. 单管共发射极放大电路的工作原理

放大电路的输入信号 u_i 通过电容 C_1 加到三极管的发射结，从而引起基极电流 i_B 相应的变化。i_B 的变化使集电极电流 i_C 随之变化。i_C 的变化量在集电极电阻 R_c 上产生压降，集电极电压 $u_{CE}=V_{CC}-i_C R_c$，当 i_C 的瞬时值增加时，u_{CE} 就要减小，所以 u_{CE} 的变化与 i_C 相反。u_{CE} 的变化量经过电容 C_2 传送到输出端称为输出电压 u_o。如果电路参数选择适当，u_o 的幅度将比 u_i 大得多，从而达到放大的目的。

通过以上分析可知，组成放大电路时必须遵守以下几个原则：

(1) 外加直流电源的极性必须使三极管的发射结正向偏置，集电结反向偏置，以保证三极管工作在放大区。

(2) 输入信号必须能够作用于三极管的输入回路，从而改变三极管的基极与发射极之间的电压，产生 Δu_{BE}，进而改变基极或发射极电流，产生 Δi_B 或 Δi_E。这样，才能改变三极管输出回路的电流，从而放大输入信号。

(3) 当负载接入时，必须保证三极管输出回路的动态电流 Δi_C 或 Δi_E 能够作用于负载，从而使负载获得比输入信号大得多的信号电流或信号电压。

对于如图 2-14 所示的电路，是实际工程中用得较广泛的一种电路，通常为了简化电路，一般选取 $V_{CC}=V_{BB}$，如图 2-15(a)所示，且只标出电源的正端，其习惯画法如图 2-15(b)所示。

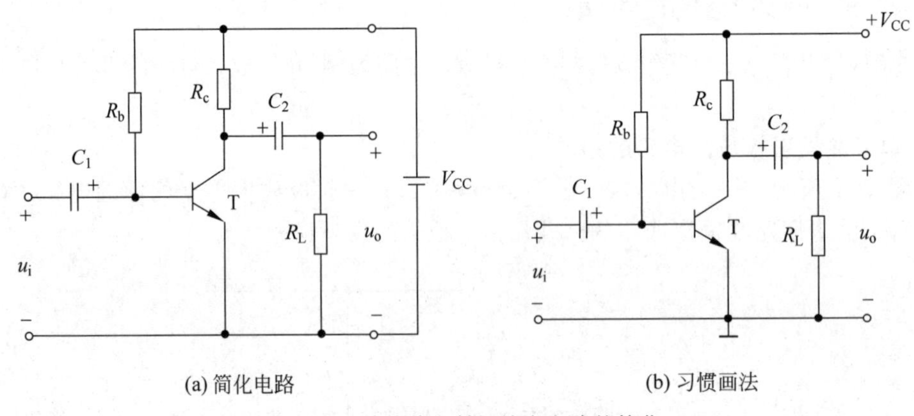

图 2-15 单管共发射极放大电路的简化

2.3 放大电路的基本分析方法

三极管是非线性器件，因此对三极管放大电路进行定量分析时，主要是如何处理三极管的非线性问题。通常采用两种方法：第一是图解法，这是在承认三极管为非线性的前提下，在其特性曲线上用作图的方法求解；第二是微变等效电路法，其实质是在一个比较小的范围内，近似认为三极管的特性曲线是线性的，由此导出三极管的等效电路以及相应的微变等效参数，从而将非线性问题转化为线性问题，于是可以利用电路原理中求解线性电路的方法对放大电路进行求解。

对一个放大电路进行定量分析主要是静态分析和动态分析。所谓静态分析是指分析放大电路没加输入信号时放大电路的工作状态，也即估算电路中各处的直流电压和直流电流是否使三极管处于放大区。动态分析是指分析放大电路在外加交流输入信号时的工作状态，也即估算放大电路的各项动态指标，例如电压放大倍数、输入电阻、输出电阻等。分析的过程一般是先静态后动态。

静态分析讨论的对象是直流成分,动态分析讨论的对象是交流成分。但是由于电容、电感等电抗元件的存在,直流成分所流经的通路与交流成分所流经的通路不完全相同。因此为了研究问题方便,常把直流电源对电路的作用和交流输入信号对电路的作用区分开来,分成直流通路和交流通路。

本节首先介绍直流通路和交流通路,然后介绍静态工作点的估算,最后介绍两种动态分析方法,即图解法和微变等效电路法。

2.3.1 直流通路与交流通路

直流通路是在直流电源作用下直流电流流经的通路,用于研究静态工作点。画直流通路时主要考虑以下三方面。

(1) 电容视为开路。

(2) 电感线圈视为短路(即忽略线圈电阻)。

(3) 外加信号源视为短路,但保留其内阻。

交流通路是在交流输入信号作用下交流电流流经的通路,用于研究动态参数。画交流通路时主要考虑以下三方面。

(1) 容量大的电容(如耦合电容)视为短路。

(2) 直流电压源(如 V_{CC}),因电压的变化量为零,视为短路。

(3) 理想电流源,因电流的变化量为零,视为开路。

根据上述原则,对于如图 2-15 所示的单管共发射极放大电路,画其直流通路时,应将隔直电容 C_1 和 C_2 开路。画其交流通路时,应将 C_1 和 C_2 短路,直流电源 V_{CC} 短路。单管共发射极放大电路的直流通路和交流通路如图 2-16 所示。

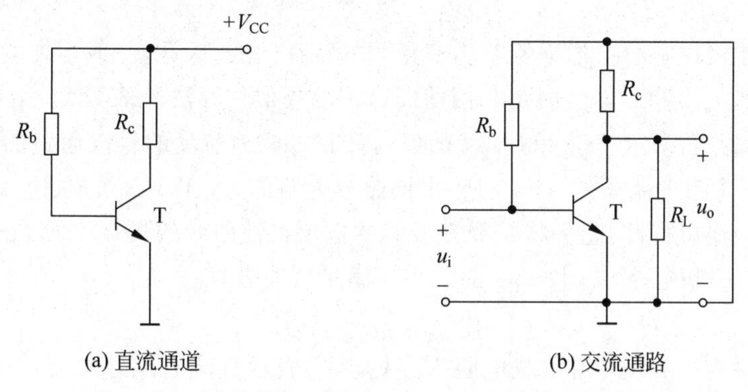

图 2-16 单管共发射极放大电路的直流通路和交流通路

2.3.2 静态工作点的近似估算

仿真视频 2-2

当放大电路外加输入信号为零时,在直流电源 V_{CC} 的作用下,三极管的基极回路和集电极回路均存在直流电流和直流电压,这些直流电流和直流电压在三极管的输入和输出特性曲线上各自相交成一个点,称为静态工作点,用 Q 表示。静态工作点处的基极电流、基极与发射极之间的电压分别用符号 I_{BQ} 和 U_{BEQ} 表示,集电极电流、集电极与发射极之间的电压则用 I_{CQ} 和 U_{CEQ} 表示。

如图 2-16(a)所示的直流通路，可以列出两个回路方程

$$V_{CC}=I_{BQ}R_b+U_{BEQ} \tag{2-24}$$

$$V_{CC}=I_{CQ}R_c+U_{CEQ} \tag{2-25}$$

又已知三极管的集电极电流与基极电流之间存在关系

$$I_{CQ}=\beta I_{BQ} \tag{2-26}$$

以及三极管的发射结压降 U_{BEQ} 近似为一个常数，因此，只要给定 V_{CC}、R_b、R_c 的值，就可由式(2-24)～式(2-26)估算出 I_{BQ}、I_{CQ} 和 U_{CEQ} 的值。

【例题 2.3】 在如图 2-17 所示的单管共发射极放大电路中，已知三极管为硅管，三极管的 $\beta=50$，试估算放大电路的静态工作点。

解：因为三极管为硅管，所以 $U_{BEQ}=0.7\text{V}$。

根据式(2-24)～式(2-26)可得

$$I_{BQ}=\frac{V_{CC}-U_{BEQ}}{R_b}=\frac{15-0.7}{240}\text{mA}=0.06\text{mA}=60\mu\text{A}$$

$$I_{CQ}=\beta I_{BQ}=50\times0.06\text{mA}=3\text{mA}$$

$$U_{CEQ}=V_{CC}-I_{CQ}R_c=(15-3\times2.5)\text{V}=7.5\text{V}$$

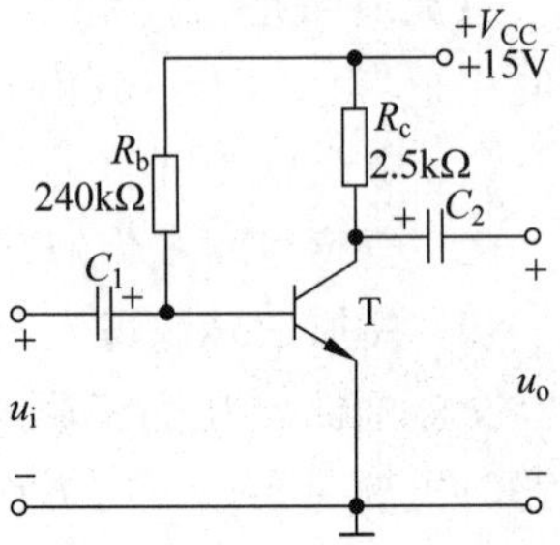

图 2-17 例题 2.3 的图

2.3.3 图解分析法

图解分析法是在三极管的特性曲线上通过作图来分析放大电路的方法。用图解分析法可以直观地看到放大电路的静态和动态工作情况。

1. 用图解分析法分析静态

用图解分析法分析静态就是用作图的方法确定放大电路的静态工作点，即确定 I_{BQ}、U_{BEQ}、I_{CQ} 和 U_{CEQ} 的值。

由于半导体器件手册上通常不给出三极管的特性曲线，因此，一般不在输入特性曲线上用图解分析法求 I_{BQ} 和 U_{BEQ}，而是利用前面介绍的近似估算法来估算。

为了用图解分析法求 I_{CQ} 和 U_{CEQ} 的值，将图 2-16(a)所示的直流通路的输出回路重画在图 2-18 中，图中有一条虚线 MN 将输出回路分为两部分，在 MN 的左边，i_C 和 u_{CE} 的关系就是三极管的输出特性，它们将按照三极管的输出特性曲线的规律变化，在 MN 的右边，是 R_c 和 V_{CC} 的串联电路，i_C 和 u_{CE} 的关系应满足直线方程

$$u_{CE}=V_{CC}-i_CR_c \tag{2-27}$$

这条直线的斜率为 $-1/R_c$，由负载电阻 R_c 决定，它表示直流通路外电路的伏安特性，所以称为直流负载线。直流负载线是静态工作点移动的轨迹。

由于输出回路的两部分实际上是连在一起的，因此 i_C 和 u_{CE} 之间既要符合三极管的输出特性表示的关系，又要符合直流负载线表示的关系，因此可以在同一个坐标平面内作出三极管的输出特性曲线和直流负载线，直流负载线与横轴的交点为 V_{CC}，与纵轴的交点为 $\frac{V_{CC}}{R_c}$，直流负载线与三极管的输出特性曲线相交出若干交点。根据估算得到的 I_{BQ} 的值可以找到 $i_B=I_{BQ}$ 的一条输出特性曲线，该条特性曲线与直流负载线的交点就是静态工作点 Q，在 Q 点处即可求出 I_{CQ} 和 U_{CEQ} 的值，如图 2-19 所示。

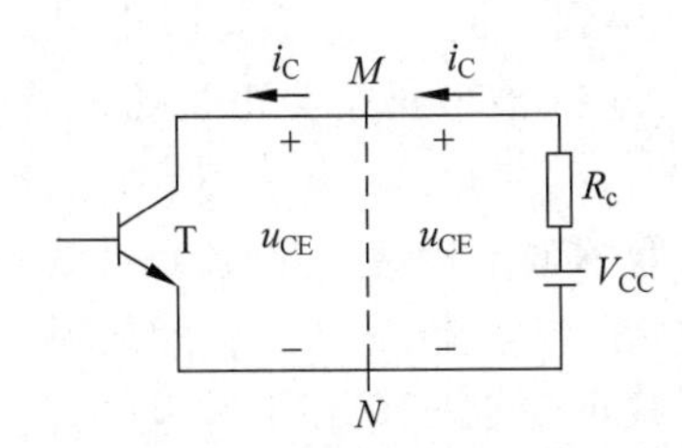

图 2-18　直流通路的输出回路

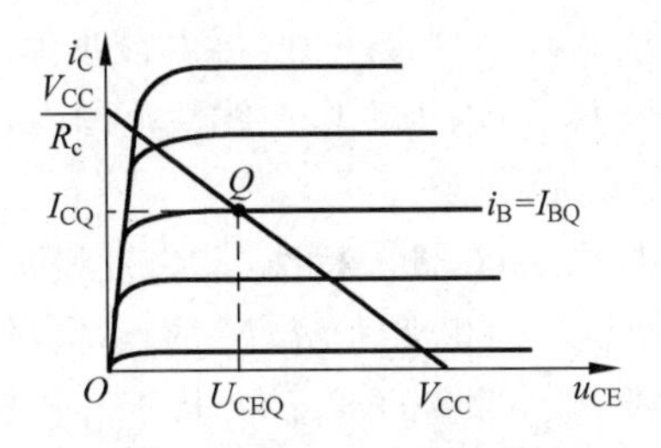

图 2-19　静态工作点的求法

2. 用图解分析法分析动态

静态工作点确定以后，就可以对放大电路进行动态分析了。

当放大电路加入输入信号 u_i 后，电路引入了交流信号，其工作状态将来回变动，所以将 $u_i \neq 0$ 时电路的工作状态称为动态。分析放大电路的动态工作情况应该根据它的交流通路，将图 2-16(b)所示的交流通路的输出回路重画在图 2-20 中，因为讨论动态情况，所以集电极电流和集电极电压分别用变化量 Δi_C 和 Δu_{CE} 表示。

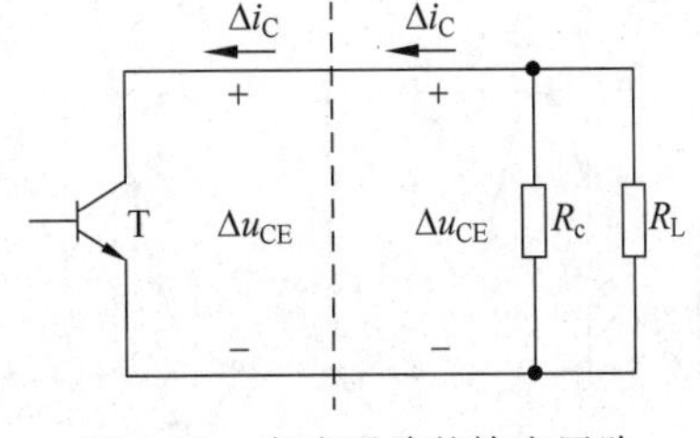

图 2-20　交流通路的输出回路

由图 2-20 中虚线的右边可以写出直线方程

$$\Delta i_C = -\frac{1}{R'_L}\Delta u_{CE} \tag{2-28}$$

这条斜线的斜率为$-1/R'_L$，其中，$R'_L=R_c//R_L$，它表示交流通路外电路的伏安特性，所以称为交流负载线。交流负载线是动态点移动的轨迹。因此，进行动态分析前，必须先画出交流负载线。

只要通过 Q 点作一条斜率为$-1/R'_L$的直线，就得到了交流负载线。因为当外加输入电压 $u_i=0$ 时，如果不考虑电容 C_1 和 C_2 的作用，可认为放大电路相当于静态时的情况，则此时放大电路的工作点既在交流负载线上，又在静态工作点 Q 上，所以交流负载线必定经过 Q 点。

具体做法是：

(1) 先画出一条斜率为$-1/R'_L$的辅助线。在 i_C 轴上选择一个合适的 i_C 值，然后算出 $i_C R'_L$的值，在 u_{CE} 轴上找到相应的一点，连接此两点就是斜率为$-1/R'_L$的辅助线。

(2) 过 Q 点作平行于辅助线的直线即是交流负载线。在图 2-21(b)中纵轴选取电流为 i_{C0}，横轴上找到 $i_{C0}R'_L$点，连接两点即得交流负载线的辅助线，再过 Q 点作平行于辅助线的直线即是交流负载线。

确定了交流负载线后就可以用图解法进行动态分析了。图解的步骤是先根据输入信号 u_i，在输入特性上画出 i_B 的波形，然后根据 i_B 的变化在输出特性上画出 i_C 和 u_{CE} 的波形。

(1) 根据 u_i 在输入特性上求 i_B。当在放大电路的输入端加上一个正弦电压 u_i 时，三极管的基极与发射极之间的电压 u_{BE} 在直流电压 U_{BEQ} 的基础上叠加了一个交流量 $u_i(u_{be})$。当在 u_i 的正半周时，u_i 从 0 增加到最大值，再由最大值减小到 0，利用投影的方法，可得到电流 i_B 从 I_{BQ} 增加到 i_{B1}，再由 i_{B1} 减小到 I_{BQ}，按照同样的方法，当在 u_i 的负半周时，u_i 从 0 减小到最小值，再由最小值增大到 0，可得到电流 i_B 从 I_{BQ} 减小到 i_{B2}，再由 i_{B2} 增大到 I_{BQ}。因为工作在线性范围内，所以三极管的 i_B 波形仍按照正弦规律变化，波形如图 2-21(a)所示。

(2) 根据 i_B 在输出特性上求 i_C 和 u_{CE}。在三极管的输出特性上，交流负载线与 i_{B1} 和 i_{B2} 两条曲线分别相交于 M、N 两点，同样利用投影方法，当电流 i_B 从 I_{BQ} 增加到 i_{B1}，再由 i_{B1} 减小到 I_{BQ}，对应的电流 i_C 从 I_{CQ} 上升到 i_{C1}，再减小到 I_{CQ}，电压 u_{CE} 从 U_{CEQ} 减小到 u_{CE1}，再增加到 U_{CEQ}；当电流 i_B 从 I_{BQ} 减小到 i_{B2}，再由 i_{B2} 增大到 I_{BQ} 时，电流 i_C 从 I_{CQ} 减小到 i_{C2}，再增加到 I_{CQ}，电压 u_{CE} 从 U_{CEQ} 增加到 u_{CE2}，再减小到 U_{CEQ}。i_C 和 u_{CE} 均按正弦规律变化，如图 2-21(b)所示。

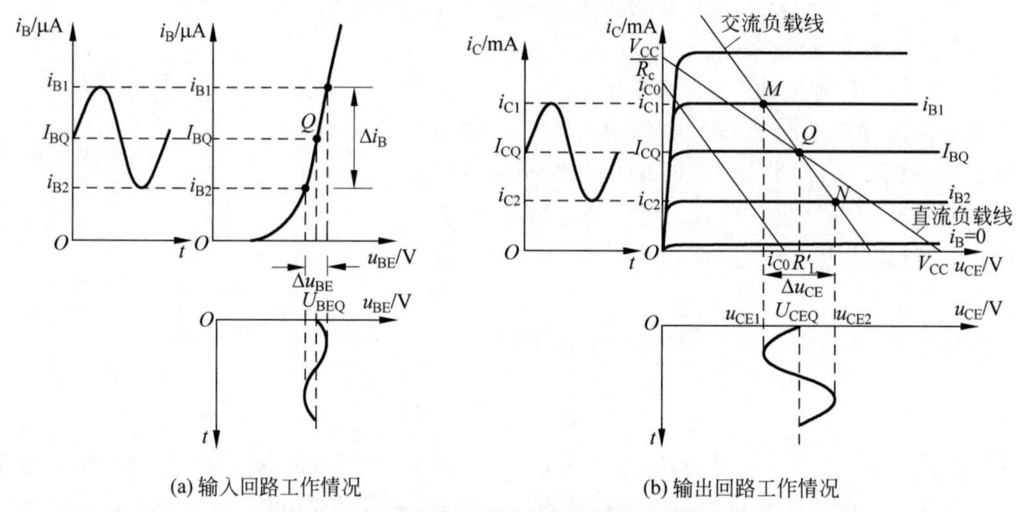

(a) 输入回路工作情况　　(b) 输出回路工作情况

图 2-21　加正弦输入信号时放大电路的工作状态

这样，就得到了 i_B、i_C 和 u_{CE} 的波形。观察波形可以得到以下结论：

(1) 当共发射极放大电路的输入端加一个正弦电压 u_i 时，在线性范围内，三极管的各极电压和电流均围绕各自的静态值变化，且基本呈正弦规律变化。而且 u_{BE}、i_B、i_C 和 u_{CE} 的波形都是在静态值的基础上叠加了一个正弦交流量，成为交直流并存的状态，即

$$\begin{cases} u_{BE}=U_{BEQ}+u_i \\ i_B=I_{BQ}+i_b \\ i_C=I_{CQ}+i_c \\ u_{CE}=U_{CEQ}+u_{ce} \end{cases} \tag{2-29}$$

(2) 当放大电路的输入端加一个较小的电压 u_i 时，输出端可以得到较大的输出电压 $u_o(u_{ce})$，即共发射极放大电路具有电压放大作用。

(3) 输出电压与输入电压的相位相反，即共发射极放大电路具有倒相作用。

如果需要利用图解分析法求放大电路的电压放大倍数时，可在图中找到相应的 Δu_{CE} 和 Δu_{BE}，即可计算电压放大倍数。

通过以上介绍，利用图解法分析放大电路的步骤归纳如下：

(1) 根据放大电路的直流通路的输出回路写出直流负载线方程，并在三极管的输出特性曲线上画出直流负载线。

(2) 估算静态基极电流 I_{BQ}，在三极管的输出特性曲线中，直流负载线与 $i_B=I_{BQ}$ 的一条曲线的交点就是静态工作点 Q，并可得到 I_{CQ} 和 U_{CEQ}。

(3) 在三极管的输出特性曲线上过 Q 点画出斜率为 $-1/R'_L$ 的交流负载线，其中 $R'_L=R_c//R_L$。

(4) 利用投影法画出 i_B、i_C 和 u_{CE} 的波形。

(5) 在图中找到相应的 Δu_{CE} 和 Δu_{BE}，计算电压放大倍数。

3. 用图解分析法分析非线性失真

由图 2-21 可以看出，静态工作点 Q 基本位于放大区的中间位置，此时输出波形不容易失真，是比较理想的情况。但是如果放大电路的静态工作点的位置设置的不合适，则输出波形容易产生非线性失真，利用图解法可以在输出特性上形象地观察到波形失真的情况。

在图 2-22 中，静态工作点 Q 设置过低，靠近了截止区，在正弦波输入信号 u_i 的负半周，工作状态进入了截止区，此时 i_B、i_C 等于 0，因此导致 i_B、i_C 和 u_{CE} 的波形发生失真，这种失真称为截止失真。从图 2-22 中可以看出，当 NPN 型三极管放大电路产生截止失真时，输出电压出现顶部失真。

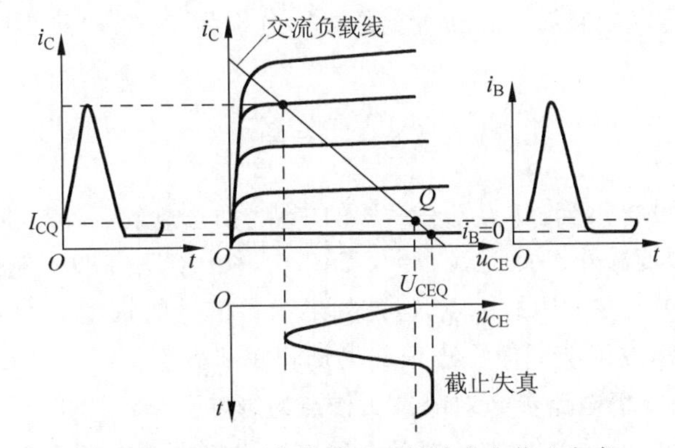

图 2-22 静态工作点设置过低易产生截止失真

在图 2-23 中，静态工作点设置过高，靠近了饱和区，在正弦波输入信号 u_i 的正半周，工作状态进入了饱和区。此时 i_C 不再随 i_B 的增加而增加，因此导致 i_C 和 u_{CE} 的波形发生失真，这种失真称为饱和失真。从图 2-23 中可以看出，当 NPN 型三极管放大电路产生饱和失真时，输出电压出现底部失真。

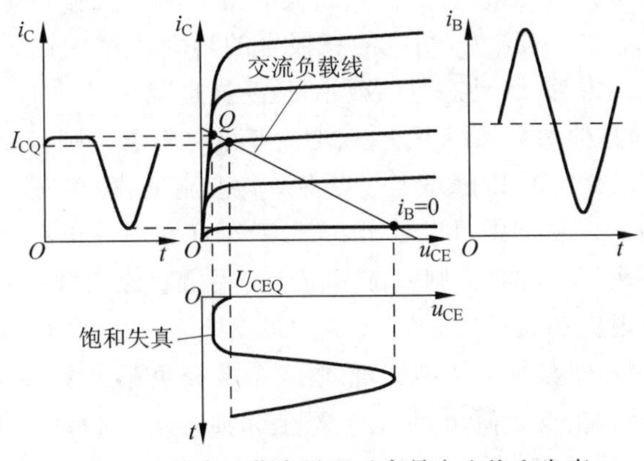

图 2-23 静态工作点设置过高易产生饱和失真

仿真视频 2-5

4. 用图解分析法估算最大输出幅度

最大输出幅度是三极管的主要性能指标之一,它是指输出波形处于失真与非失真临界状态时的输出电压的有效值。

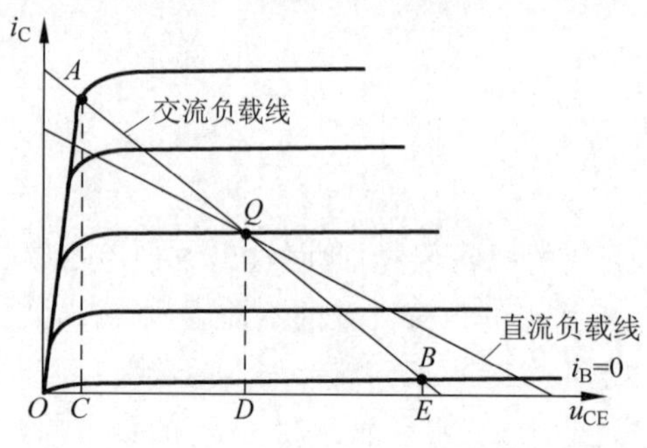

图 2-24 用图解分析法估算最大输出幅度

当放大电路的输入端加入正弦波时,放大电路的动态工作点将围绕着 Q 点在交流负载线上移动。如图 2-24 所示,如果动态工作点向上移动超过 A 点时,三极管进入饱和区;或者动态工作点向下移动低于 B 点时,三极管进入截止区。它们都会使输出波形出现非线性失真。因此,放大电路的输出波形不产生失真的动态工作范围将由交流负载线与三极管输出特性曲线上临界饱和点 A 和临界截止点 B 来决定。

一般来说,集电极电源电压 V_{CC} 越大,放大电路的输出波形不产生失真的动态范围就越大。在 V_{CC} 一定的情况下,应尽量将静态工作点 Q 设置在交流负载线上的线段 AB 的中点,即 $AQ=QB$。设点 A、Q 和 B 在横轴上的投影分别为 C、D 和 E,则 $CD=DE$。由此可得最大输出幅度为

$$U_{om}=\frac{CD}{\sqrt{2}}=\frac{DE}{\sqrt{2}} \tag{2-30}$$

如果静态工作点设置不当,Q 点不在 AB 的中点,动态点的工作范围没有得到充分的利用,就会使最大输出幅度减小。此时,$CD\neq DE$,U_{om} 将由 CD 和 DE 中较小的一个来决定。还需提到一点,即使 Q 点在 AB 的中点,但是如果输入信号的幅度太大,动态工作点会同时超过 A 点和 B 点,输出波形会同时出现顶部失真和底部失真。

5. 用图解分析法分析电路参数对静态工作点的影响

在放大电路中,影响静态工作点位置的参数有集电极电源电压 V_{CC}、基极电阻 R_b、集电极负载电阻 R_c 以及三极管共射电流放大系数 β,这些参数发生改变时,静态工作点 Q 的位置也会随之改变。

(1) 如果电路中的其他参数保持不变,仅增大集电极电源电压 V_{CC},则直流负载线将平行右移,同时静态基极电流 I_{BQ} 也跟着增加,所以静态工作点将向右上方移动,即 Q_1 移动到 Q_2,如图 2-25(a)所示。从图中可以看出,放大电路的动态工作范围增大了,但由于静态工作点处的 I_{CQ} 和 U_{CEQ} 同时增大,相应的三极管的功耗也增大;反之,如果减小 V_{CC} 的值,静态工作点将向左下方移动,动态范围减小,但功耗也减小。

(2) 如果电路中的其他参数保持不变,仅增大基极电阻 R_b,则直流负载线的位置不变,但是静态基极电流 I_{BQ} 减小,所以静态工作点将沿着直流负载线向右下方移动,即 Q_1 移动到 Q_2,如图 2-25(b)所示。从图中可以看出,静态工作点靠近截止区,使输出波形容易出现截止失真;反之,如果减小 R_b 的值,则静态工作点将沿着直流负载线向左上方移动,靠近饱和区,输出波形容易出现饱和失真。

(3) 如果电路中的其他参数保持不变,仅增大集电极负载电阻 R_c,则 V_{CC}/R_c 减小,于是直流负载线与纵坐标轴的交点降低,但它与横坐标轴的交点不变,于是直流负载线比原来的更加平坦。又由于 I_{BQ} 不变,所以静态工作点向左移动,即 Q_1 移动到 Q_2,如图 2-25(c)

所示。从图中可以看出，静态工作点靠近饱和区，使动态工作范围减小，且输出波形容易出现饱和失真；反之，如果减小 R_c 的值，V_{CC}/R_c 增大，直流负载线将变陡，静态工作点将向右移动，有可能增大动态工作范围，但由于 U_{CEQ} 增大，因而使静态功耗也增大。

(4) 如果电路中的其他参数保持不变，仅增大三极管的共射电流放大系数 β(例如更换了三极管或由于温度升高而使 β 增加)，则三极管的输出特性如图 2-25(d)中虚线所示。由于直流负载线的位置不变，静态基极电流 I_{BQ} 也不变，但相同的 I_{BQ} 值所对应的 I_{CQ} 的值增大了，所以静态工作点将沿着直流负载线向左上方移动，即 Q_1 移动到 Q_2，如图 2-25(d)所示。从图中可以看出，静态工作点靠近饱和区，且 U_{CEQ} 减小；反之，若减小 β，则静态工作点将沿着直流负载线向右下方移动，靠近截止区，且 I_{CQ} 减小，U_{CEQ} 增大。

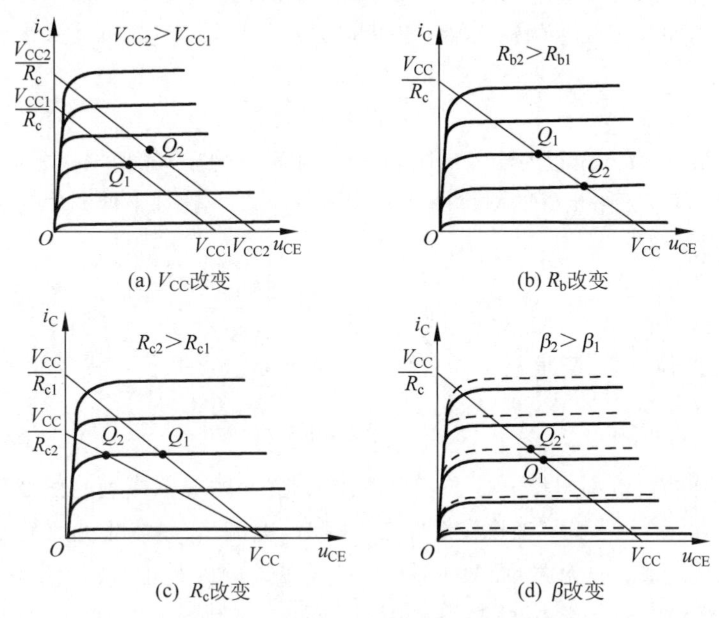

图 2-25　电路参数对 Q 点位置的影响

通过前面的介绍可以看出，用图解分析法分析放大电路时，可以直观全面地了解放大电路的工作原理和放大过程，对分析波形产生失真的原因以及电路参数对静态工作点的影响都很有帮助，从而可以设置合适的静态工作点 Q，并能大致确定动态工作范围和最大输出幅度。但是图解分析法必须实测所用三极管的特性曲线，而且在特性曲线上作图比较麻烦，且误差大。另外，当工作频率较高时，由于三极管的结电容作用，特性曲线已不再适用，至于放大电路比较复杂时，图解分析法就更不适用了。所以，在实际工作中调试放大电路时，图解分析法对于检查电路的静态工作点是否合适，以及如何调整电路的参数等有些帮助，至于交流性能的分析多采用微变等效电路法。

2.3.4　微变等效电路法

三极管电路分析的复杂性在于其特性曲线是非线性的，如果能在一定条件下将其线性化，即用线性电路来描述其非线性特性，这样就可以应用线性电路的分析方法来分析三极管电路了。微变等效电路法就是解决三极管特性非线性问题的一种方法。这种方法的实质是在信号变化范围很小(微变)的情况下，可以认为三极管电压、电流之间的关系基本上是线性的。也就是说，在输入信号很小时，三极管工作在特性曲线的一个很小的范围内，此时可以将三极管的输入和输出特性曲线近似地视为直线，并且可以用一个线性等效电路来代替三极管，从而将求解非线性的电路问题变成求解线性电路的问题。这个线性等效电路就是三极管的微变等效电路。

1. 三极管的微变等效电路

三极管在共发射极接法时，可表示为如图 2-26(a)所示的二端口网络。

首先从输入回路看，输入电压 u_{BE} 和基极 i_B 之间的关系应满足图 2-26(b)所示的三极管输入特性曲线。虽然输入特性曲线是非线性的，但是当 Q 点选择合适，其输入信号变化微小(微变)时，可以认为在 Q 点附近的一段曲线近似为直线，也即可以认为 Δu_{BE} 与 Δi_B 之比是一个常数，因而从三极管的输入端看进去可以用一个等效电阻 r_{be} 来表示，即

$$r_{be}=\frac{\Delta u_{BE}}{\Delta i_B}=\frac{u_{be}}{i_b} \tag{2-31}$$

这里把 r_{be} 定义为三极管的输入电阻，它是一个动态电阻，其值取决于静态工作点 Q 所在的位置，Q 点越高，工作点处的斜率越陡，r_{be} 就越小。一般对于低频小功率三极管的 r_{be} 的近似估算公式为

$$r_{be}=r_{bb'}+(1+\beta)\frac{26\text{mV}}{I_{EQ}} \tag{2-32}$$

其中 $r_{bb'}$ 为基区的体电阻，阻值在 100～500Ω，一般可取 300Ω，代入式(2-32)可得

$$r_{be}=300+(1+\beta)\frac{26\text{mV}}{I_{EQ}} \tag{2-33}$$

再从输出回路看，输出电压 u_{CE} 与输出电流 i_C 之间的关系应满足图 2-26(c)所示的三极管输出特性曲线。当三极管工作在线性放大区时，电流 i_C 基本上是平行于横坐标轴，即在 Q 点附近 Δi_C 与 Δu_{CE} 无关，而只取决于 Δi_B，在数量关系上 $\Delta i_C=\beta\Delta i_B$，或写为 $i_c=\beta i_b$。所以从三极管的输出端看进去，可以用一个受 i_b 控制的，大小为 βi_b 的受控电流源来代替。

综上所述，三极管在小信号工作时，可以用图 2-26(d)所示的等效电路来代替。

2. 单管共发射极放大电路的微变等效电路

将如图 2-16(b)所示的单管共发射极放大电路的交流通路中的三极管用其微变等效电路来代替，就得到了放大电路的微变等效电路，如图 2-27 所示。当放大电路的输入信号 u_i 为正弦电压时，微变等效电路中的各电压、电流均为正弦量，因而可以用相量来表示。

仿真视频 2-6

3. 单管共发射极放大电路的动态参数的计算

可以看出图 2-27 是一个线性电路，因此可以采用线性电路的求解方法计算放大电路的电压放大倍数 $\dot{A}_u$、输入电阻 R_i 和输出电阻 R_o。

1) 电压放大倍数

根据电压放大倍数的定义

$$\dot{A}_u=\frac{\dot{U}_o}{\dot{U}_i}$$

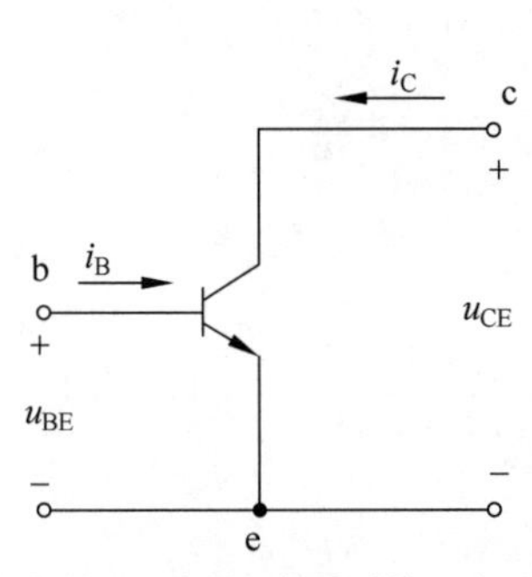

(a) 三极管在共发射极接法时的二端口网络

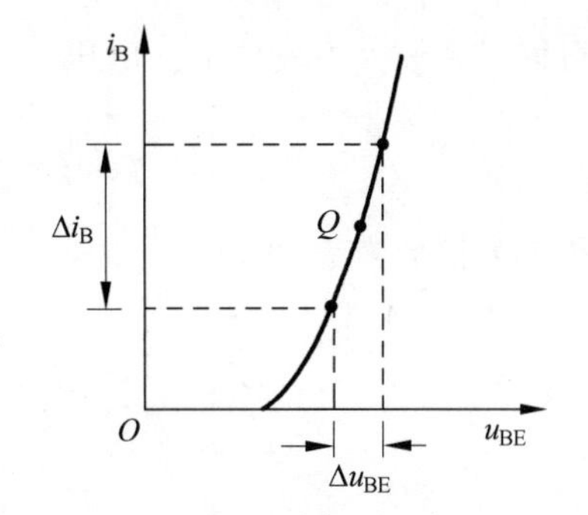

(b) 输入特性曲线

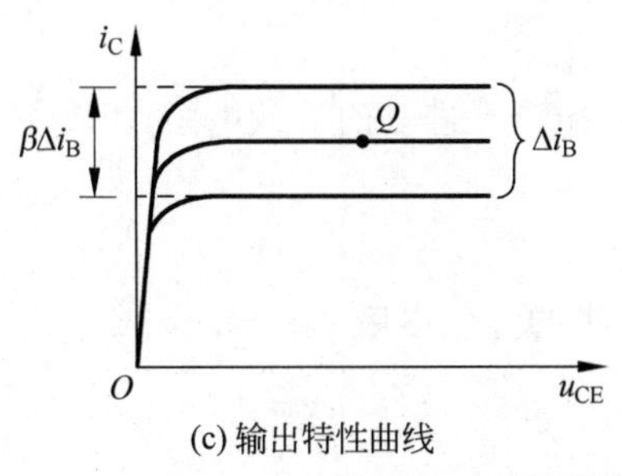

(c) 输出特性曲线

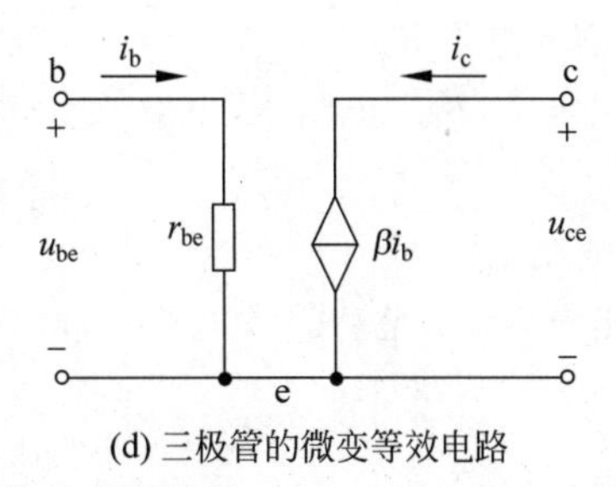

(d) 三极管的微变等效电路

图 2-26 三极管微变等效电路的求解过程

由图 2-27 可得

$$\dot{U}_o = -\dot{I}_c R'_L$$

$$\dot{U}_i = \dot{I}_b r_{be}$$

其中：

$$R'_L = R_c // R_L \quad \dot{I}_c = \beta \dot{I}_b$$

所以

$$\dot{A}_u = \frac{\dot{U}_o}{\dot{U}_i} = -\frac{\beta R'_L}{r_{be}} \tag{2-34}$$

2）源电压放大倍数

图 2-27 中的输入电压 $\dot{U}_i$ 是由信号源提供的，如图 2-28 所示，其中 R_s 是信号源内阻。

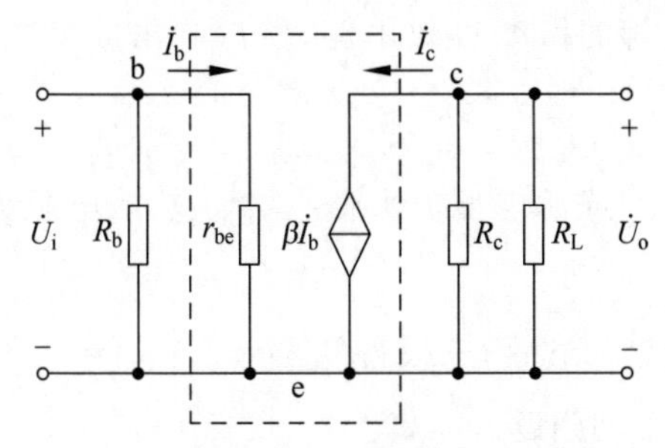

图 2-27 单管共发射极放大电路的微变等效电路

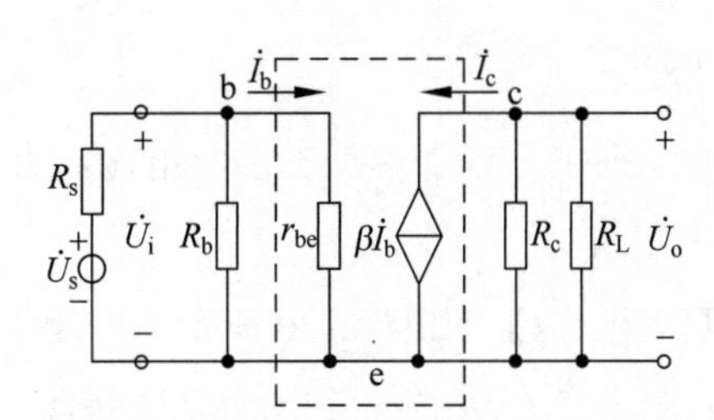

图 2-28 带有信号源的放大电路的微变等效电路

由图可以得到放大电路的输入电压 $\dot{U}_i$ 与信号源电压 $\dot{U}_s$ 的关系为

$$\dot{U}_i=\frac{R_i}{R_i+R_s}\dot{U}_s \tag{2-35}$$

所以源电压放大倍数为

$$\dot{A}_{us}=\frac{\dot{U}_o}{\dot{U}_s}=\frac{\dot{U}_o}{\dot{U}_i}\cdot\frac{\dot{U}_i}{\dot{U}_s}=\dot{A}_u\frac{R_i}{R_i+R_s}$$

$$=-\frac{\beta R'_L}{r_{be}}\cdot\frac{R_i}{R_i+R_s} \tag{2-36}$$

3）输入电阻 R_i

按照定义，输入电阻 R_i 是从放大电路的输入端口看进去的等效电阻，由图 2-27 可得

$$R_i=R_b//r_{be} \tag{2-37}$$

仿真视频 2-7

4）输出电阻 R_o

输出电阻 R_o 是从放大电路的输出端口看进去的等效电阻，根据定义式

$$R_o=\left.\frac{\dot{U}_o}{\dot{I}_o}\right|_{\substack{\dot{U}_s=0\\R_L=\infty}}$$

将图 2-28 中的输入信号源短路，负载电阻 R_L 断开，在放大电路的输出端外加一个输出电压 $\dot{U}_o$，得到相应的输出电流 $\dot{I}_o$，如图 2-29 所示。

因为信号源短路，则 $\dot{I}_b=0,\beta\dot{I}_b=0$，相当于受控电流源断开，所以有

$$R_o=R_c \tag{2-38}$$

仿真视频 2-8

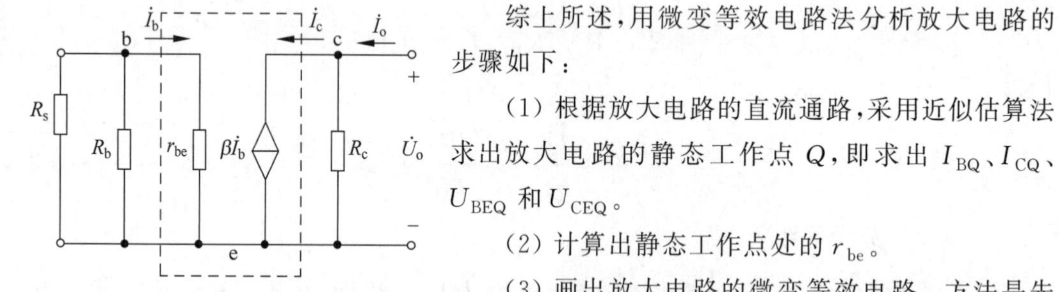

图 2-29　求输出电阻的等效电路

综上所述，用微变等效电路法分析放大电路的步骤如下：

(1) 根据放大电路的直流通路，采用近似估算法求出放大电路的静态工作点 Q，即求出 I_{BQ}、I_{CQ}、U_{BEQ} 和 U_{CEQ}。

(2) 计算出静态工作点处的 r_{be}。

(3) 画出放大电路的微变等效电路。方法是先画出三极管的微变等效电路，然后画出放大电路其余部分的交流通路。

(4) 列出方程求解动态参数电压放大倍数 $\dot{A}_u$ 或源电压放大倍数 $\dot{A}_{us}$、输入电阻 R_i 和输出电阻 R_o。

【例题 2.4】 如图 2-30 所示的电路中，三极管为硅管，三极管的 $\beta=60$，$V_{CC}=6\text{V}$，$R_s=10\text{k}\Omega$，$R_c=5\text{k}\Omega$，$R_b=530\text{k}\Omega$，$R_L=5\text{k}\Omega$，试完成下列问题。

(1) 估算电路的静态工作点。

(2) 求 r_{be} 的值。

(3) 求电压放大倍数 $\dot{A}_u$、输入电阻 R_i 和输出电阻 R_o。

(4) 求源电压放大倍数 $\dot{A}_{us}$。

(5) 如果想要提高 $|\dot{A}_u|$，应调整电路中的哪些参数？

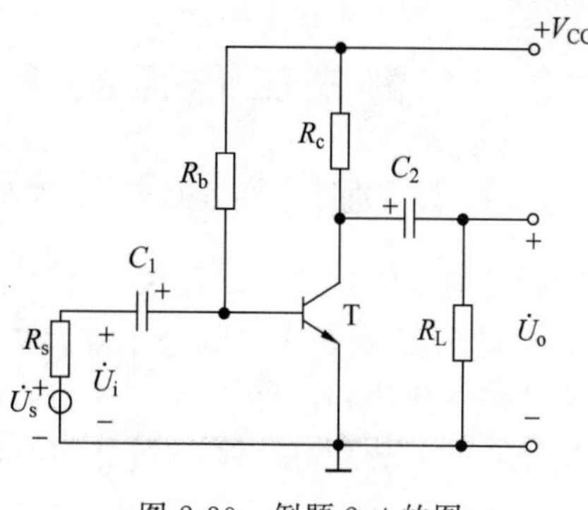

图 2-30　例题 2.4 的图

解：

(1) 因为三极管为硅管，所以 $U_{BEQ}=0.7V$。根据式(2-24)～式(2-26)可得

$$I_{BQ}=\frac{V_{CC}-U_{BEQ}}{R_b}=\frac{6-0.7}{530}mA=0.01mA=10\mu A$$

$$I_{CQ}=\beta I_{BQ}=60\times 0.01mA=0.6mA$$

$$U_{CEQ}=V_{CC}-I_{CQ}R_c=(6-0.6\times 5)V=3V$$

(2) 可以采用近似计算，认为 $I_{EQ}\approx I_{CQ}=0.6mA$，则有

$$r_{be}=300\Omega+(1+\beta)\frac{26mV}{I_{EQ}}=300\Omega+61\times\frac{26mV}{0.6mA}\approx 2.9k\Omega$$

(3)

$$R'_L=R_L//R_c=\frac{5\times 5}{5+5}k\Omega=2.5k\Omega$$

$$\dot{A}_u=\frac{\dot{U}_o}{\dot{U}_i}=-\frac{\beta R'_L}{r_{be}}=-\frac{60\times 2.5}{2.9}=-51.7$$

$$R_i=R_b//r_{be}=\frac{530\times 2.9}{530+2.9}k\Omega\approx 2.9k\Omega$$

$$R_o=R_c=5k\Omega$$

(4)

$$\dot{A}_{us}=\frac{\dot{U}_o}{\dot{U}_s}=\frac{\dot{U}_o}{\dot{U}_i}\cdot\frac{\dot{U}_i}{\dot{U}_s}=\dot{A}_u\frac{R_i}{R_i+R_s}=-51.7\times\frac{2.9}{2.9+10}=-11.6$$

(5) 由公式 $\dot{A}_u=\frac{\dot{U}_o}{\dot{U}_i}=-\frac{\beta R'_L}{r_{be}}$ 可以看出，想要提高 $|\dot{A}_u|$，在不更换三极管的情况下，要尽量减小 r_{be}，增大集电极电阻 R_c。

① 由公式 $r_{be}=300+(1+\beta)\frac{26mV}{I_{EQ}}$ 可知，要减小 r_{be}，就要增大 I_{EQ}。在 V_{CC} 和 R_c 不变的情况下，可减小基极电阻 R_b。但要注意，当 I_{EQ} 增大时，静态工作点 Q 将沿着直流负载线向左上方移动，靠近饱和区，输出波形容易出现饱和失真。

② 在 V_{CC} 和 R_b 不变的情况下，增大集电极电阻 R_c，会使静态工作点向左移动，靠近饱和区，使动态工作范围减小，输出波形也容易出现饱和失真。

仿真视频
2-9

2.4 静态工作点的稳定问题

2.4.1 温度对静态工作点的影响

通过前面的讨论可知，静态工作点 Q 在放大电路中是很重要的，它不仅关系到输出波形是否失真，而且还会影响电压放大倍数。所以在设计放大电路时，为了获得较好的性能，必须设置合适的 Q 点。前面介绍的单管共发射极放大电路，结构简单，调试方便，只要适当地选择电路参数就可保证 Q 点处于合适的位置。但其缺点是，当环境温度变化引起三极管参数变化时，电路的 Q 点就会移动，可能使放大电路的输出波形失真。因此必须设计能够自动调整静态工作点 Q 位置的放大电路，以使静态工作点 Q 不仅合适，而且能够稳定。

三极管是一种对温度十分敏感的半导体器件。在 2.1.4 节中已经介绍过，当温度升高时，会使反向饱和电流 I_{CBO} 急剧增加，电流放大系数 β 增大，在 i_B 相同时，u_{BE} 将减小，最终导致集电极电流 i_C 随着温度的升高而增大。结果就使静态工作点 Q 向左上方移动，靠近饱和区，使输出波形产生严重的饱和失真。

为了稳定放大电路的 Q 点，以保持放大电路性能的稳定，需要从电路结构上采取措施，使其在环境温度变化时，尽量减小 Q 点的波动。这种电路就是分压式静态工作点稳定电路。

2.4.2 分压式静态工作点稳定电路

1. 电路组成及工作原理

分压式静态工作点稳定电路如图 2-31 所示。可以看出，该电路与前面介绍的单管共发射极放大电路的差别是，在发射极接有电阻 R_e，直流电源 V_{CC} 经电阻 R_{b1}、R_{b2} 分压后接到三极管的基极，所以通常称为分压式静态工作点稳定电路。

为了分析图 2-31 所示电路的工作原理，首先画出它的直流通路，如图 2-32 所示。图中三极管的基极电位 U_{BQ} 是 V_{CC} 经电阻 R_{b1}、R_{b2} 分压后得到的，其基本上不受温度的影响，所以认为 U_{BQ} 稳定不变。电阻 R_e 的作用是引入一个电流负反馈，目的是当温度变化时稳定集电极电流 I_{CQ}，最终使静态工作点稳定下来。例如当温度升高时，集电极电流 I_{CQ} 增大，相应地，发射极电流 I_{EQ} 也增大。I_{EQ} 流过发射极电阻 R_e，使发射极电位 U_{EQ} 升高，则三极管的发射结电压 $U_{BEQ}=U_{BQ}-U_{EQ}$ 会减小，由三极管的输入特性可知，当 U_{BEQ} 减小时，

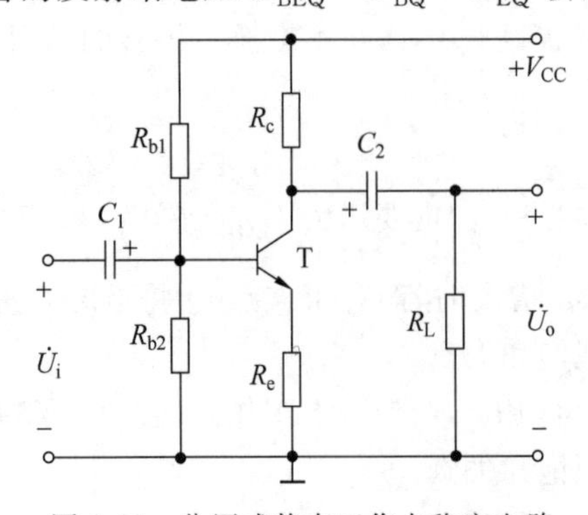

图 2-31 分压式静态工作点稳定电路

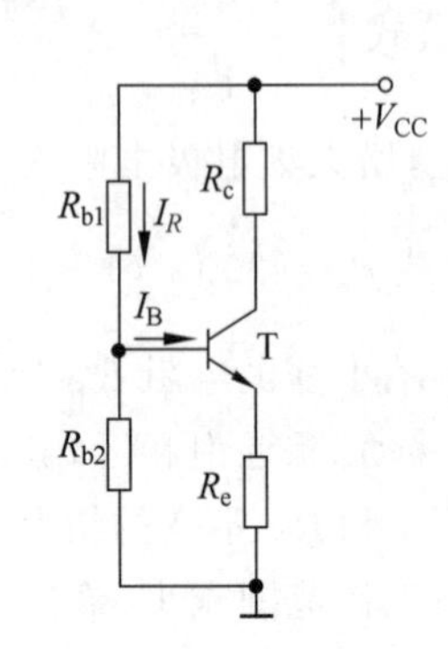

图 2-32 图 2-31 的直流通路

基极电流 I_{BQ} 也相应地减小，于是 I_{CQ} 随之减小，最终稳定了集电极电流，静态工作点也就稳定了。

为了达到稳定静态工作点 Q 的目的，在设计电路时必须满足 $I_R \gg I_{BQ}$ 以及 $U_{BQ} \gg U_{BEQ}$，但是如果 I_R 取得太大时，电阻 R_{b1}、R_{b2} 的阻值必然需要减小，这会增加电路的功率损耗，并减小输入电阻。U_{BQ} 取得过大时，U_{EQ} 也大，在电源电压一定的情况下，管压降 U_{CEQ} 就会减小，这样就会使放大电路的动态范围减小，输出信号的幅度下降。所以为了兼顾各方面的性能指标，一般取 $I_R=(5\sim10)I_{BQ}$，取 $U_{BQ}=(5\sim10)U_{BEQ}$。

2. 静态与动态分析

1）静态分析

前面已经分析，在分压式静态工作点稳定电路中，静态时三极管的基极电位 U_{BQ} 是稳定的，所以在分析该电路的静态工作点时，应从估算 U_{BQ} 入手。

因为 $I_R \gg I_{BQ}$，所以

$$U_{BQ}=\frac{R_{b2}}{R_{b1}+R_{b2}}V_{CC} \tag{2-39}$$

然后可得发射极电流为

$$I_{EQ}=\frac{U_{EQ}}{R_e}=\frac{U_{BQ}-U_{BEQ}}{R_e}\approx I_{CQ} \tag{2-40}$$

则三极管的集电极和发射极之间的压降为

$$U_{CEQ}=V_{CC}-I_{CQ}R_c-I_{EQ}R_e\approx V_{CC}-I_{CQ}(R_c+R_e) \tag{2-41}$$

最后得到静态基极电流为

$$I_{BQ}=\frac{I_{CQ}}{\beta} \tag{2-42}$$

2）动态分析

首先画出图 2-31 所示的分压式静态工作点稳定电路的微变等效电路如图 2-33 所示，其画法是将图 2-31 所示电路的交流通路中的三极管用其微变等效电路代替，然后再画出交流通路中的其余部分即可。

（1）电压放大倍数

由图 2-33 可得

$$\dot{U}_i=\dot{I}_b r_{be}+\dot{I}_e R_e=[r_{be}+(1+\beta)R_e]\dot{I}_b$$

$$\dot{U}_o=-\dot{I}_c R'_L=-\beta\dot{I}_b R'_L$$

其中，$R'_L=R_c//R_L$，则电压放大倍数为

$$\dot{A}_u=\frac{\dot{U}_o}{\dot{U}_i}=-\frac{\beta R'_L}{r_{be}+(1+\beta)R_e} \tag{2-43}$$

由式(2-43)可以看出，接入发射极电阻 R_e 后，放大电路的电压放大倍数的值 $|\dot{A}_u|$ 下降了。

（2）输入电阻

在图 2-33 中，令 $R_{b1}//R_{b2}=R_b$，流过电阻 R_b 的电流为 $\dot{I}_R$，重画于图 2-34 中。

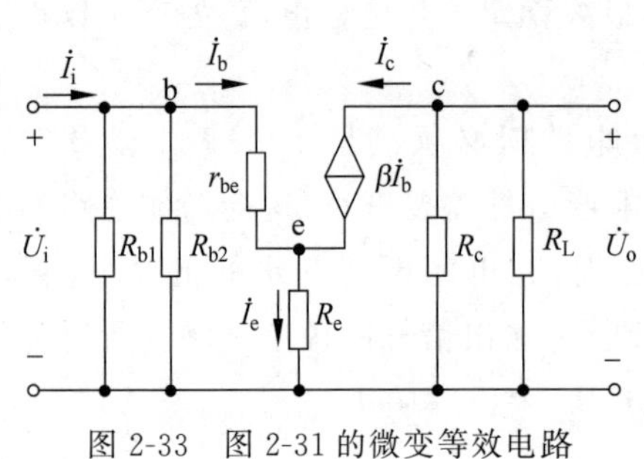

图 2-33　图 2-31 的微变等效电路

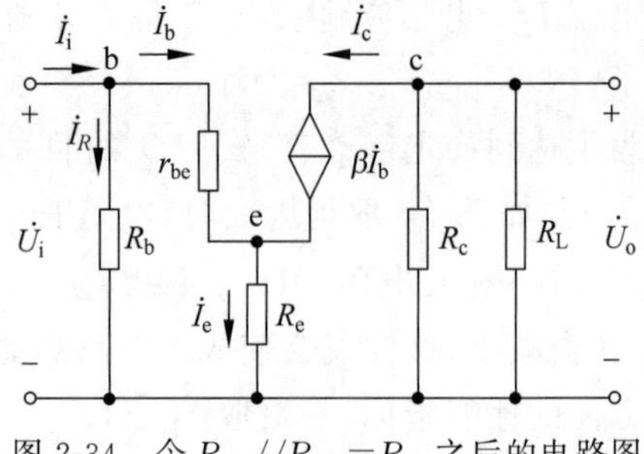

图 2-34　令 $R_{b1}//R_{b2}=R_b$ 之后的电路图

由图 2-34 可以得出

$$\dot{I}_i=\dot{I}_R+\dot{I}_b \tag{2-44}$$

$$\dot{I}_R=\frac{\dot{U}_i}{R_b} \tag{2-45}$$

$$\dot{U}_i=\dot{I}_b r_{be}+\dot{I}_e R_e=\dot{I}_b[r_{be}+(1+\beta)R_e] \tag{2-46}$$

由式(2-46)得

$$\dot{I}_b=\frac{\dot{U}_i}{r_{be}+(1+\beta)R_e} \tag{2-47}$$

将式(2-45)和式(2-47)代入式(2-44)得

$$R_i=\frac{\dot{U}_i}{\dot{I}_i}=\frac{1}{\dfrac{1}{R_b}+\dfrac{1}{r_{be}+(1+\beta)R_e}}=R_b//[r_{be}+(1+\beta)R_e] \tag{2-48}$$

又因为 $R_b=R_{b1}//R_{b2}$，代入式(2-48)得

$$R_i=\frac{\dot{U}_i}{\dot{I}_i}=R_{b1}//R_{b2}//[r_{be}+(1+\beta)R_e] \tag{2-49}$$

由式(2-49)可以看出，接入 R_e 电阻以后，输入电阻提高了。

(3) 输出电阻

将图 2-33 中的信号源短路，则受控电流源支路开路，再将负载 R_L 断开，则得到输出电阻仍为

$$R_o=R_c \tag{2-50}$$

通过对分压式静态工作点稳定电路动态参数的分析，可以看出，发射极电阻 R_e 虽然引入了电流负反馈，可以稳定集电极电流，但是电压放大倍数却降低了。为了既能稳定静态工作点，又不使电压放大倍数降低，通常在电阻 R_e 处并联一个电容，该电容称为旁路电容。

3）带有旁路电容的分压式静态工作点稳定电路

带有旁路电容 C_e 的分压式静态工作点稳定电路如图 2-35 所示。在静态时，旁路电容 C_e 断开，该电路与图 2-31 是相同的，所以静态工作点的求法与前述相同。在动态时，旁路电容 C_e 短路，则其微变等效电路如图 2-36 所示。

从图 2-36 中可以看出，由于电阻 R_e 被短路，此时该工作点稳定电路的微变等效电路与

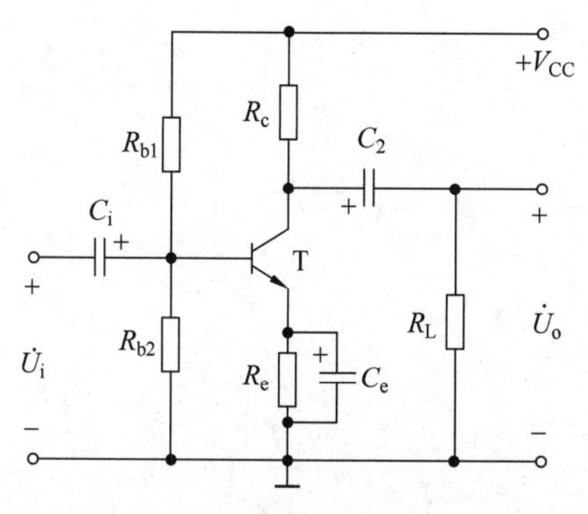

图 2-35　带有旁路电容 C_e 的分压式静态工作点稳定电路

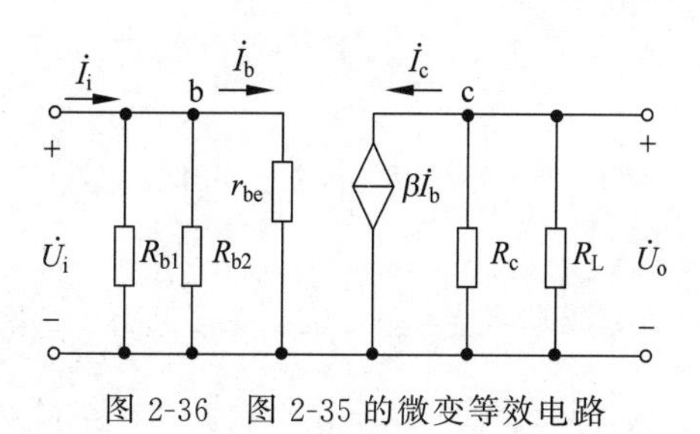

图 2-36　图 2-35 的微变等效电路

单管共发射极放大电路的微变等效电路的区别就是多了一个基极电阻，而基极电阻不影响电压放大倍数，所以带有旁路电容的分压式静态工作点稳定电路的电压放大倍数仍为

$$\dot{A}_u=\frac{\dot{U}_o}{\dot{U}_i}=-\frac{\beta R'_L}{r_{be}}$$

输入电阻为

$$R_i=R_{b1}//R_{b2}//r_{be} \tag{2-51}$$

输出电阻仍为

$$R_o=R_c$$

【例题 2.5】　在图 2-35 所示的电路中，已知三极管为硅管，$\beta=40$，$V_{CC}=12\text{V}$，$R_{b1}=9\text{k}\Omega$，$R_{b2}=3\text{k}\Omega$，$R_e=1\text{k}\Omega$，$R_c=R_L=2\text{k}\Omega$。

(1) 试估算静态工作点。

(2) 求放大电路的 $\dot{A}_u$、R_i 和 R_o。

(3) 若将 C_e 断开，再求电压放大倍数 $\dot{A}_u$。

(4) 如果换上一个 $\beta=60$ 的三极管，电路其他参数不变，则静态工作点有何变化？

解：

(1)

$$U_{BQ}=\frac{R_{b2}}{R_{b1}+R_{b2}}V_{CC}=\frac{3}{9+3}\times 12\text{V}=3\text{V}$$

$$I_{EQ}=\frac{U_{BQ}-U_{BEQ}}{R_e}=\frac{3-0.7}{1}\text{mA}=2.3\text{mA}\approx I_{CQ}$$

$$U_{CEQ}=V_{CC}-I_{CQ}(R_c+R_e)=[12-2.3\times(2+1)]\text{V}=5.1\text{V}$$

$$I_{BQ}=\frac{I_{CQ}}{\beta}=\frac{2.3}{40}\text{mA}\approx 60\mu\text{A}$$

(2)

$$r_{be}=300+(1+\beta)\frac{26\text{mV}}{I_{EQ}}=\left(300+41\times\frac{26\text{mV}}{2.3\text{mA}}\right)\Omega\approx 0.76\text{k}\Omega$$

$$R'_L=R_c//R_L=\frac{2\times 2}{2+2}\text{k}\Omega=1\text{k}\Omega$$

$$\dot{A}_u = -\frac{\beta R'_L}{r_{be}} = -\frac{40\times 1}{0.76} \approx -53$$

$$R_i = R_{b1}//R_{b2}//r_{be} = \frac{1}{\frac{1}{9}+\frac{1}{3}+\frac{1}{0.76}}\text{k}\Omega = 0.57\text{k}\Omega$$

$$R_o = R_c = 2\text{k}\Omega$$

(3)

$$\dot{A}_u = -\frac{\beta R'_L}{r_{be}+(1+\beta)R_e} = -\frac{40\times 1}{0.76+(1+40)\times 1} = -0.96$$

从计算结果可以看出，将旁路电容 C_e 断开后，电压放大倍数小于1，放大电路失去了电压放大作用，主要原因是发射极电阻 R_e 对交流信号产生了很强的负反馈作用。

(4) 如果换为 $\beta=60$ 的三极管，重新估算静态工作点为

$$U_{BQ} = \frac{R_{b2}}{R_{b1}+R_{b2}}V_{CC} = \frac{3}{9+3}\times 12\text{V} = 3\text{V}$$

$$I_{EQ} = \frac{U_{BQ}-U_{BEQ}}{R_e} = \frac{3-0.7}{1}\text{mA} = 2.3\text{mA} \approx I_{CQ}$$

$$U_{CEQ} = V_{CC} - I_{CQ}(R_c+R_e) = [12-2.3\times(2+1)]\text{V} = 5.1\text{V}$$

$$I_{BQ} = \frac{I_{CQ}}{\beta} = \frac{2.3}{60}\text{mA} \approx 40\mu\text{A}$$

可以看出 U_{BQ}、I_{EQ}、U_{CEQ} 的值均没有变化，只是 I_{BQ} 减小了。所以，当三极管的 β 由40增加到60时，分压式静态工作点稳定电路的静态工作点基本保持不变。

仿真视频 2-10

2.5 共集电极和共基极放大电路

2.5.1 共集电极放大电路

共集电极放大电路就是三极管的集电极是输入回路和输出回路的公共端，如图2-37所示。又由于输出信号从发射极引出，因此共集电极放大电路又称为射极输出器。

对共集电极放大电路的分析也包括静态分析和动态分析。

1. 静态分析

首先画出图2-37的直流通路如图2-38所示。

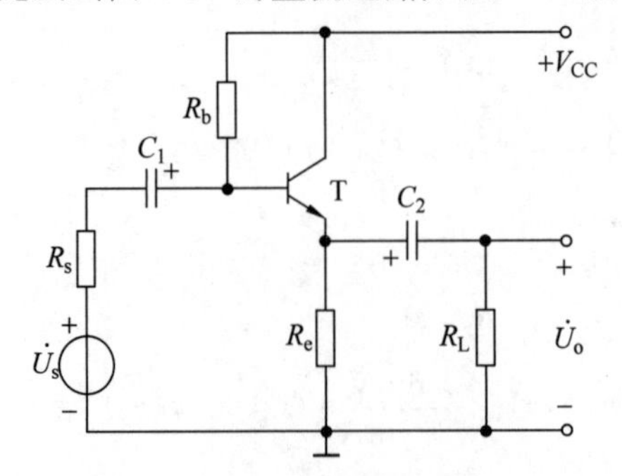

图2-37 共集电极放大电路

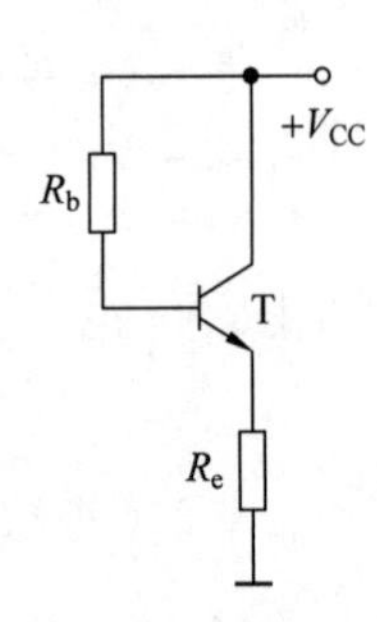

图2-38 图2-37的直流通路

根据图 2-38 可列出方程

$$V_{CC}=I_{BQ}R_b+U_{BEQ}+I_{EQ}R_e=U_{BEQ}+I_{BQ}[R_b+(1+\beta)R_e]$$

整理得

$$I_{BQ}=\frac{V_{CC}-U_{BEQ}}{R_b+(1+\beta)R_e} \tag{2-52}$$

再列回路方程

$$U_{CEQ}=V_{CC}-I_{EQ}R_e\approx V_{CC}-I_{CQ}R_e \tag{2-53}$$

又已知

$$I_{CQ}=\beta I_{BQ} \tag{2-54}$$

根据式(2-52)～式(2-54)即可估算出静态工作点。

2. 动态分析

首先画出图 2-37 所示电路的微变等效电路，如图 2-39 所示。

1）电压放大倍数

由图 2-39 可得

$$\dot{U}_i=\dot{I}_b r_{be}+\dot{U}_o \tag{2-55}$$

$$\dot{U}_o=\dot{I}_e R'_L=(1+\beta)\dot{I}_b R'_L \tag{2-56}$$

其中，$R'_L=R_e//R_L$。

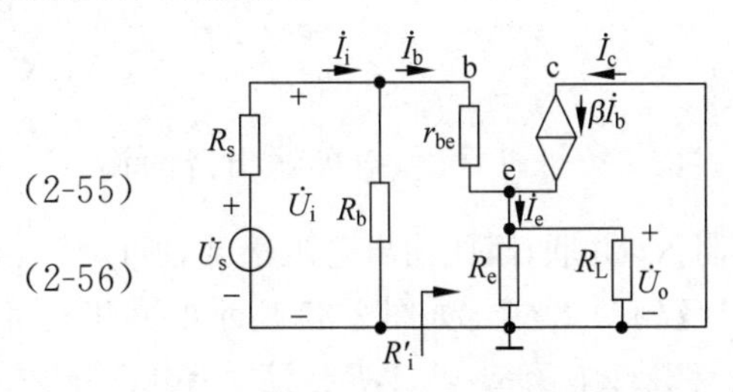

图 2-39　图 2-37 的微变等效电路

由式(2-55)和式(2-56)得

$$\dot{U}_i=\dot{I}_b r_{be}+(1+\beta)\dot{I}_b R'_L \tag{2-57}$$

根据电压放大倍数的定义得

$$\dot{A}_u=\frac{\dot{U}_o}{\dot{U}_i}=\frac{(1+\beta)\dot{I}_b R'_L}{\dot{I}_b r_{be}+(1+\beta)\dot{I}_b R'_L}=\frac{(1+\beta)R'_L}{r_{be}+(1+\beta)R'_L} \tag{2-58}$$

从式(2-58)可以看出，输出电压和输入电压相位相同，而且一般情况下$(1+\beta)R'_L\gg r_{be}$，也即电压放大倍数 $\dot{A}_u$ 略小于 1，所以输出电压总是跟随输入电压的变化而变化，故常称共集电极放大电路为射极跟随器。虽然共集电极放大电路没有电压放大作用，但是其输出电流 $\dot{I}_e$ 远远大于输入电流 $\dot{I}_b$，因此有电流放大作用和功率放大作用。

2）输入电阻

先求出如图 2-39 所示的 R'_i，然后求 $R_i=R_b//R'_i$。由图 2-39 和式(2-57)可得

$$R'_i=\frac{\dot{U}_i}{\dot{I}_b}=r_{be}+(1+\beta)R'_L \tag{2-59}$$

由上式可以看出，R'_i等于 r_{be} 和$(1+\beta)R'_L$相串联，因此射极输出器的输入电阻大大提高了。

然后再求出输入电阻为

$$R_i=R_b//[r_{be}+(1+\beta)R'_L] \tag{2-60}$$

3）输出电阻

按照输出电阻的定义，将信号源短路，负载开路，并令 $R'_s=R_s//R_b$，然后在输出端外加电压 $\dot{U}_o$，得到相应的输出电流 $\dot{I}_o$，其等效电路图如图 2-40 所示。

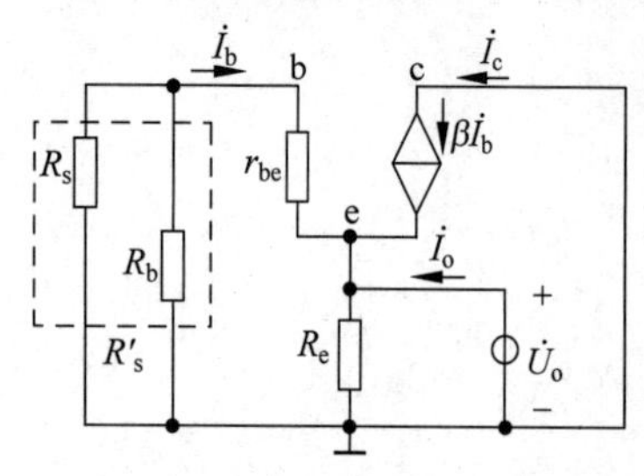

图 2-40 求射极输出器输出电阻的等效电路图

在图 2-40 中，利用基尔霍夫电流定律，流过节点 e 的电流代数和等于 0，可以列出方程

$$\dot{I}_o=\frac{\dot{U}_o}{R_e}-\dot{I}_b-\beta\dot{I}_b \tag{2-61}$$

$$\dot{U}_o=-\dot{I}_b(R'_s+r_{be}) \tag{2-62}$$

于是由式(2-61)和式(2-62)可得

$$R_o=\frac{\dot{U}_o}{\dot{I}_o}=\frac{1}{\dfrac{1}{R_e}+\dfrac{1+\beta}{R'_s+r_{be}}}=R_e//\frac{R'_s+r_{be}}{1+\beta} \tag{2-63}$$

由式(2-63)可以看出，射极输出器的输出电阻等于基极回路的总电阻 $\frac{R'_s+r_{be}}{1+\beta}$，再与发射极电阻 R_e 并联，因此输出电阻很低，所以带负载能力较强。

【例题 2.6】 如图 2-37 所示的共集电极放大电路中，三极管为硅管，$\beta=40$，$V_{CC}=10\text{V}$，$R_s=8\text{k}\Omega$，$R_b=240\text{k}\Omega$，$R_e=R_L=6\text{k}\Omega$。

(1) 试估算放大电路的静态工作点。

(2) 计算放大电路的电压放大倍数 $\dot{A}_u$、输入电阻 R_i 和输出电阻 R_o。

解：

(1)

$$I_{BQ}=\frac{V_{CC}-U_{BEQ}}{R_b+(1+\beta)R_e}=\frac{10-0.7}{240+(1+40)\times 6}\text{mA}=20\mu\text{A}$$

$$I_{CQ}=\beta I_{BQ}\approx I_{EQ}=40\times 20\mu\text{A}=0.8\text{mA}$$

$$U_{CEQ}=V_{CC}-I_{EQ}R_e=(10-0.8\times 6)\text{V}=5.2\text{V}$$

(2)

因为

$$R'_L=R_e//R_L=\frac{6\times 6}{6+6}\text{k}\Omega=3\text{k}\Omega$$

$$r_{be}=300\Omega+(1+\beta)\frac{26\text{mV}}{I_{EQ}}=300\Omega+(1+40)\frac{26\text{mV}}{0.8\text{mA}}\approx 1.6\text{k}\Omega$$

所以

$$\dot{A}_u=\frac{(1+\beta)R'_L}{r_{be}+(1+\beta)R'_L}=\frac{(1+40)\times 3}{1.6+(1+40)\times 3}=0.987$$

$$R_i=R_b//[r_{be}+(1+\beta)R'_L]=\frac{240\times[1.6+(1+40)\times 3]}{240+[1.6+(1+40)\times 3]}\text{k}\Omega=82\text{k}\Omega$$

因为

$$R'_s = R_s // R_b = \frac{8 \times 240}{8 + 240} \text{k}\Omega = 7.74\text{k}\Omega \quad \frac{R'_s + r_{be}}{1 + \beta} = \frac{7.74 + 1.6}{1 + 40} \text{k}\Omega = 0.23\text{k}\Omega$$

所以

$$R_o = R_e // \frac{R'_s + r_{be}}{1 + \beta} = \frac{6 \times 0.23}{6 + 0.23} \text{k}\Omega = 0.22\text{k}\Omega$$

2.5.2　共基极放大电路

仿真视频 2-11

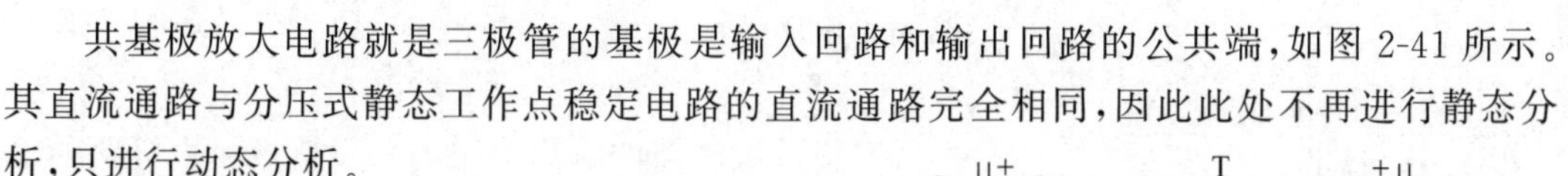

共基极放大电路就是三极管的基极是输入回路和输出回路的公共端，如图 2-41 所示。其直流通路与分压式静态工作点稳定电路的直流通路完全相同，因此此处不再进行静态分析，只进行动态分析。

为了方便画出图 2-41 的微变等效电路，先画出交流通路如图 2-42 所示，再画出微变等效电路如图 2-43 所示。

图 2-41　共基极放大电路

1）电压放大倍数

由图 2-43 可以得出

$$\dot{U}_o = -\beta \dot{I}_b R'_L \tag{2-64}$$

其中，$R'_L = R_c // R_L$。

$$\dot{U}_i = -\dot{I}_b r_{be} \tag{2-65}$$

所以

$$\dot{A}_u = \frac{\dot{U}_o}{\dot{U}_i} = \frac{-\beta \dot{I}_b R'_L}{-\dot{I}_b r_{be}} = \frac{\beta R'_L}{r_{be}} \tag{2-66}$$

由式(2-66)可以看出，该电压放大倍数与共发射极放大电路的电压放大倍数在数值上是相等的，但是没有负号，说明共基极放大电路的输出电压与输入电压的相位是相同的，即没有倒相作用。但是由于共基极放大电路的输入回路电流是 $\dot{I}_e$，而输出回路的电流是 $\dot{I}_c$，所以无电流放大作用，但是其有足够的电压放大能力，所以有功率放大作用。

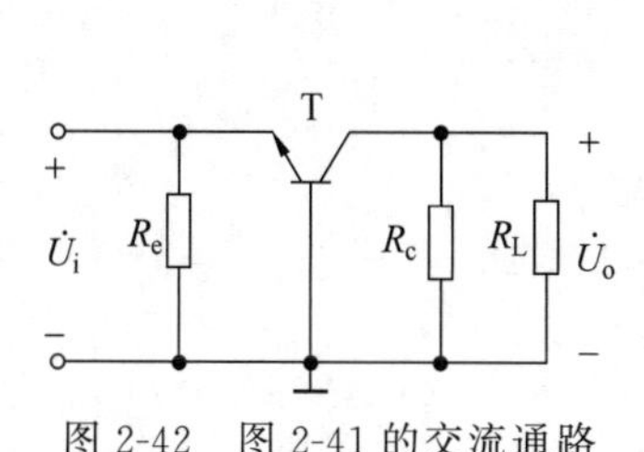

图 2-42　图 2-41 的交流通路

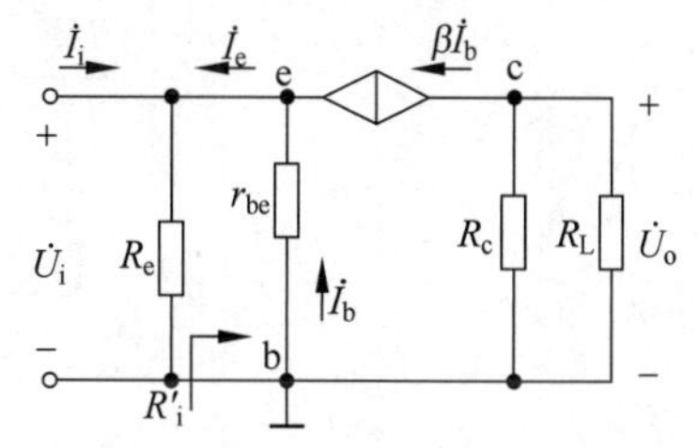

图 2-43　图 2-41 的微变等效电路

2）输入电阻

先求出如图 2-43 所示的 R'_i，再求出 $R_i = R_e // R'_i$。由图 2-43 可以得出

$$R'_i = \frac{\dot{U}_i}{-\dot{I}_e} = \frac{-\dot{I}_b r_{be}}{-(\dot{I}_b + \beta \dot{I}_b)} = \frac{r_{be}}{1 + \beta} \tag{2-67}$$

由上式可以看出，R'_i的值很小，因此共基极放大电路的输入电阻很小。然后再求出输

入电阻为

$$R_{\mathrm{i}}=R_{\mathrm{e}}//R'_{\mathrm{i}}=R_{\mathrm{e}}//\frac{r_{\mathrm{be}}}{1+\beta} \tag{2-68}$$

3）输出电阻

计算输出电阻时，将负载电阻断开，信号源短路，在输出端加一个电压 $\dot{U}_{\mathrm{o}}$，产生输出电流 $\dot{I}_{\mathrm{o}}$，如图 2-44 所示。外加电压在 r_{be} 中产生的电流 $\dot{I}_{\mathrm{b}}=0$，那么 $\beta\dot{I}_{\mathrm{b}}=0$，受控源断开，所以输出电阻为

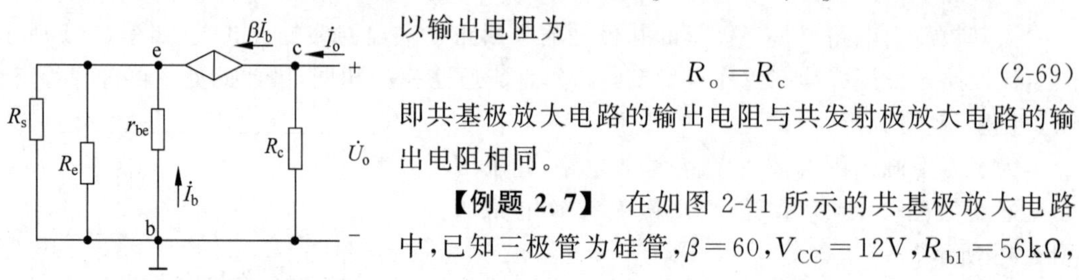

图 2-44　计算共基极放大电路输出电阻的等效电路

$$R_{\mathrm{o}}=R_{\mathrm{c}} \tag{2-69}$$

即共基极放大电路的输出电阻与共发射极放大电路的输出电阻相同。

【例题 2.7】 在如图 2-41 所示的共基极放大电路中，已知三极管为硅管，$\beta=60$，$V_{\mathrm{CC}}=12\mathrm{V}$，$R_{\mathrm{b1}}=56\mathrm{k\Omega}$，$R_{\mathrm{b2}}=24\mathrm{k\Omega}$，$R_{\mathrm{c}}=2.2\mathrm{k\Omega}$，$R_{\mathrm{e}}=2\mathrm{k\Omega}$，$R_{\mathrm{L}}=5.6\mathrm{k\Omega}$，求 $\dot{A}_{\mathrm{u}}$、R_{i} 和 R_{o}。

解：先求出直流通路的 I_{EQ}，即

$$U_{\mathrm{BQ}}=\frac{R_{\mathrm{b2}}}{R_{\mathrm{b1}}+R_{\mathrm{b2}}}V_{\mathrm{CC}}=\left(\frac{24}{56+24}\times 12\right)\mathrm{V}=3.6\mathrm{V}$$

$$I_{\mathrm{EQ}}=\frac{U_{\mathrm{BQ}}-U_{\mathrm{BEQ}}}{R_{\mathrm{e}}}=\frac{3.6-0.7}{2}\mathrm{mA}=1.45\mathrm{mA}$$

再求出 r_{be}，即

$$r_{\mathrm{be}}=300\Omega+(1+\beta)\frac{26\mathrm{mV}}{I_{\mathrm{EQ}}}=\left[300+(1+60)\frac{26}{1.45}\right]\Omega=1.39\mathrm{k\Omega}$$

又

$$R'_{\mathrm{L}}=R_{\mathrm{c}}//R_{\mathrm{L}}=\frac{2.2\times 5.6}{2.2+5.6}\mathrm{k\Omega}=1.58\mathrm{k\Omega}$$

所以

$$\dot{A}_{\mathrm{u}}=\frac{\beta R'_{\mathrm{L}}}{r_{\mathrm{be}}}=\frac{60\times 1.58}{1.39}=68.2$$

因为

$$\frac{r_{\mathrm{be}}}{1+\beta}=\frac{1.39}{1+60}\mathrm{k\Omega}=0.023\mathrm{k\Omega}$$

所以

$$R_{\mathrm{i}}=R_{\mathrm{e}}//\frac{r_{\mathrm{be}}}{1+\beta}=\frac{2\times 0.023}{2+0.023}\mathrm{k\Omega}=23\Omega$$

$$R_{\mathrm{o}}=R_{\mathrm{c}}=2.2\mathrm{k\Omega}$$

2.5.3　三种基本组态的比较

综上所述，三种组态的放大电路的特点归纳如下：

(1) 共发射极放大电路典型的特点是其具有倒相作用，即输出与输入电压的相位相反。共发射极放大电路既能放大电压又能放大电流，所以也能放大功率。输入电阻和输出电阻

的阻值比较适中，频带较窄，常作为低频电压放大电路的输入级、中间级和输出级。

(2) 共集电极放大电路的典型特点是其电压放大倍数略小于1，且输出电压与输入电压的相位相同，即具有电压跟随作用。由于其具有电流放大作用，所以具有功率放大作用。其输入电阻是三种组态中最大的，从信号源获取信号的能力强。输出电阻是三种组态中最小的，带负载能力强。所以常被用于多级放大电路的输入级、输出级，在功率放大电路中也常采用射极输出的形式。

(3) 共基极放大电路的典型特点是不具有电流放大作用，但具有电压放大作用，其数值和共发射极放大电路的相同，输出电压与输入电压是同相的，因此具有功率放大作用。输入电阻小，输出电阻与共发射极放大电路的相同，是三种组态中高频特性最好的放大电路。常用于宽频带放大电路。

为了便于比较，现将它们的主要特点列于表2-1中。

表2-1　三种组态放大电路的性能比较

性能＼接法	共发射极放大电路	共集电极放大电路	共基极放大电路
电流放大倍数	大	大	小(略小于1)
电压放大倍数	大	小(略小于1)	大
输出电压与输入电压的相位关系	倒相	同相	同相
输入电阻	中	大	小
输出电阻	大	小	大
频率特性	差	较好	好

2.6　多级放大电路

2.6.1　多级放大电路的耦合方式

单级放大电路的电压放大倍数一般为几十倍，而在实际工作中需要放大的信号非常微弱，为毫伏或微伏数量级，用一级放大电路得到的输出电压或功率往往达不到负载的要求，因此需要将多个放大电路连接起来，组成多级放大电路。

多级放大电路内部各级之间的连接方式称为耦合方式。多级放大电路的耦合方式主要有三种：阻容耦合、变压器耦合和直接耦合。

1. 阻容耦合

阻容耦合就是前一级的输出信号通过电容和电阻传送到下一级，而电阻往往就是后一级的输入电阻，如图2-45所示为一个两级阻容耦合放大电路。

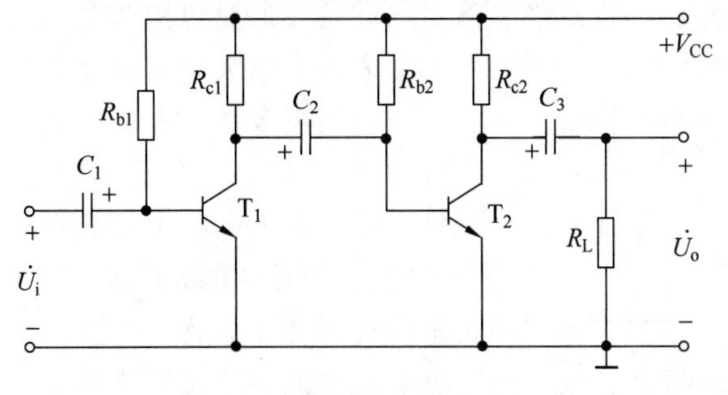

图2-45　两级阻容耦合放大电路

阻容耦合放大电路的优点是，利用电容的隔直流通交流的作用，将前后级的直流隔开，使得前后级的静态工作点各自独立，互不影响。这为放大电路的分析、设计和调试工作带来很大方便。另外，只要耦合电容的容量足够大，还能使前一级的交流信号在一定的频率范围内几乎不衰减地传递到后一级。

阻容耦合放大电路的缺点是，由于电容的容抗随着频率的降低而增加，当信号频率比较低时，信号衰减得就多，因此它不适合传递缓慢变化的信号。更重要的是，大容量的电容在集成电路中难以制造，所以阻容耦合在集成放大电路中无法采用，目前这种耦合方式广泛应用于分立元件组成的交流放大电路中。

2. 变压器耦合

变压器耦合就是将放大电路前级的输出信号通过变压器接到后级的输入端或负载电阻上，如图 2-46 所示为一个两级变压器耦合放大电路。

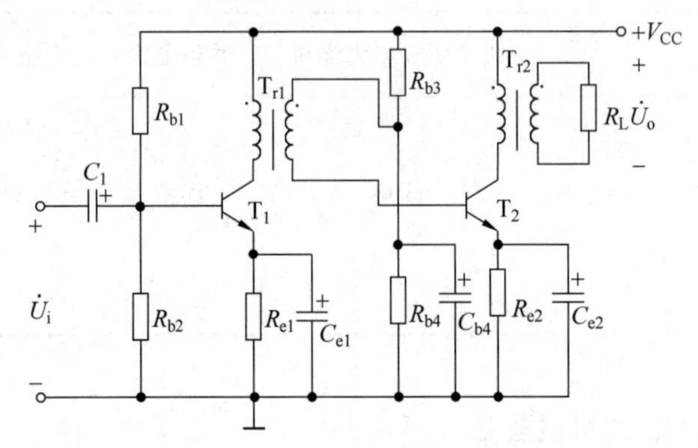

图 2-46　两级变压器耦合放大电路

变压器耦合放大电路的优点是，前后级的直流通路互相隔离，因此静态工作点互相独立，便于分析、设计和调试。当负载电阻很小时，如果不采用变压器耦合方式，电压放大倍数会很小，从而使负载上无法获得足够大的功率。如果采用变压器耦合方式，可以利用其阻抗变换的性质，根据所需的电压放大倍数，选择合适的匝数比，使负载电阻上获得足够大的电压，并且当匹配得当时，负载可以获得足够大的功率，因此在分立元器件功率放大电路中得到了广泛的应用。

变压器耦合放大电路的缺点是变压器比较笨重，无法集成化。另外，变压器的低频特性差，不能放大变化缓慢的信号。

3. 直接耦合方式

直接耦合放大电路就是将前级的输出端直接或通过电阻接到后级的输入端，如图 2-47 所示为一个两级直接耦合放大电路。

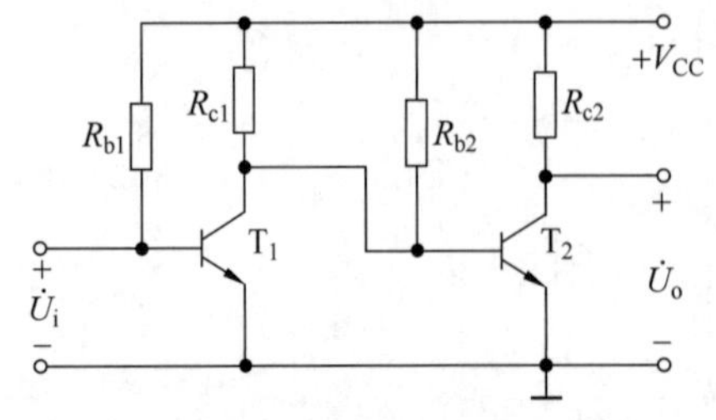

图 2-47　两级直接耦合放大电路

直接耦合放大电路的优点是，具有良好的低频特性，既能放大交流信号，又能放大缓慢变化的信号。并且由于电路中没有大容量的电容，所以便于集成化，因此，实际的集成运算放大电路通常都采用直接耦合多级放大电路。

直接耦合放大电路的缺点是，各级之间的直流通路相连，因而静态工作点互相影响，会给分析、设计和调试带来一定的困难。通常解决的办法是在 T_2 的发射极接入一个电阻 R_{e2}，可提高后级的发射极电位，保证前级有适合的 U_{CEQ}。另一个缺点是，当放大器件的参数受温度等因素影响而导致静态工作点不稳定时，静态工作点的缓慢变化会逐级传递或放大，会出现零点漂移现象。所谓零点漂移现象就是直接耦合放大电路的输入端对地短路，并调整电路使输出电压也等于零。从理论上说，输出电压一直保持为零不变，但实际上，输出电压将离开零点，缓慢地发生不规则变化。一般来说，直接耦合放大电路的级数越多，放大倍数越高，零点漂移现象越严重，因此，控制多级直接耦合放大电路中第一级的零点漂移是至关重要的。解决的方法就是采用差分放大电路。

2.6.2　多级放大电路的电压放大倍数和输入、输出电阻

仿真视频 2-12

1. 电压放大倍数

在多级放大电路中，各级之间是串联起来的，如图 2-48 所示。从图中可以看出放大电路中前级的输出电压就是后级的输入电压，所以多级放大电路的电压放大倍数为

$$\dot{A}_u=\frac{\dot{U}_{o1}}{\dot{U}_i}\cdot\frac{\dot{U}_{o2}}{\dot{U}_{i2}}\cdot\cdots\cdot\frac{\dot{U}_o}{\dot{U}_{iN}}=\dot{A}_{u1}\cdot\dot{A}_{u2}\cdot\cdots\cdot\dot{A}_{uN} \tag{2-70}$$

其中，N 为多级放大电路的级数。在计算每一级的电压放大倍数时，可把后一级的输入电阻视为前一级的负载电阻，或把前一级的输出电阻作为后一级的信号源内阻。

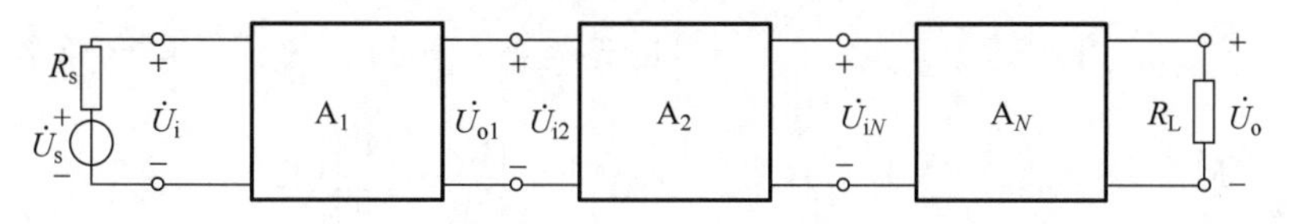

图 2-48　多级放大电路框图

2. 输入电阻和输出电阻

根据放大电路输入电阻和输出电阻的定义可得，多级放大电路的输入电阻就是输入级的输入电阻，输出电阻就是输出级的输出电阻，即

$$R_i=R_{i1} \tag{2-71}$$

$$R_o=R_{oN} \tag{2-72}$$

但需要注意的是，在具体计算输入电阻和输出电阻时，要灵活地应用前面介绍过的计算公式。例如共集电极放大电路作为输入级时，其输入电阻计算公式为

$$R_i=R_b//[r_{be}+(1+\beta)R'_L]$$

即输入电阻与其负载有关，也即与第二级的输入电阻有关；共集电极放大电路作为输出级时，其输出电阻计算公式为

$$R_o=R_e//\frac{R'_s+r_{be}}{1+\beta}$$

即输出电阻与其信号源内阻有关，也即与它前一级的输出电阻有关。

【例题 2.8】　电路如图 2-49 所示，已知三极管均为硅管，$\beta_1=\beta_2=100$，$r_{be1}=6\text{k}\Omega$，$r_{be2}=1.6\text{k}\Omega$，$R_{b11}=90\text{k}\Omega$，$R_{b12}=30\text{k}\Omega$，$R_{c1}=12\text{k}\Omega$，$R_{e1}=5\text{k}\Omega$，$R_{b21}=180\text{k}\Omega$，$R_{e2}=5\text{k}\Omega$，$R_L=5\text{k}\Omega$。

(1) 求电压放大倍数 $\dot{A}_{u}$，输入电阻 R_{i} 和输出电阻 R_{o}。

(2) 若去掉射极输出器，而将 R_{L} 直接接在第一级的输出端，再求 $\dot{A}_{u}$。将其与(1)的结果进行比较，说明了什么？

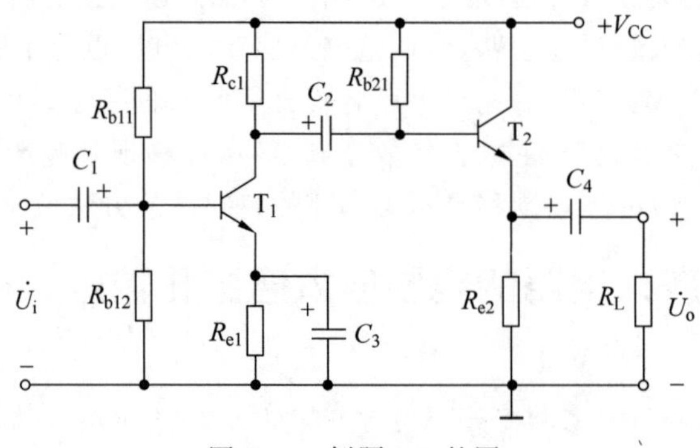

图 2-49 例题 2.8 的图

解：

(1) 该电路为两级阻容耦合放大电路，第一级为共发射极放大电路，第二级为共集电极放大电路。为了求出第一级的电压放大倍数 $\dot{A}_{u1}$，首先求出其负载电阻，也即第二级的输入电阻为

$$R'_{i2}=r_{be2}+(1+\beta_2)(R_{e2}//R_L)=\left[1.6+(1+100)\times\frac{5\times5}{5+5}\right]\text{k}\Omega=254\text{k}\Omega$$

$$R_{i2}=R_{b21}//[r_{be2}+(1+\beta_2)(R_{e2}//R_L)]=\frac{180\times254}{180+254}\text{k}\Omega=105\text{k}\Omega$$

则

$$\dot{A}_{u1}=-\frac{\beta_1(R_{c1}//R_{i2})}{r_{be1}}=-\frac{100\times\left(\frac{12\times105}{12+105}\right)}{6}=-180$$

第二级电压放大倍数为

$$\dot{A}_{u2}=\frac{(1+\beta_2)(R_{e2}//R_L)}{r_{be2}+(1+\beta_2)(R_{e2}//R_L)}=\frac{(1+100)\times\frac{5\times5}{5+5}}{1.6+(1+100)\times\frac{5\times5}{5+5}}=0.99$$

则放大电路的电压放大倍数为

$$\dot{A}_{u}=\dot{A}_{u1}\dot{A}_{u2}=-180\times0.99=-178.2$$

输入电阻为

$$R_i=R_{i1}=R_{b11}//R_{b12}//r_{be1}=1.64\text{k}\Omega$$

输出电阻为

$$R_o=R_{e2}//\frac{R'_s+r_{be2}}{1+\beta_2}$$

其中，

$$R'_s=R_{c1}//R_{b21}=\frac{12\times180}{12+180}\text{k}\Omega=11.25\text{k}\Omega$$

$$\frac{R'_s + r_{be2}}{1+\beta_2} = \frac{11.25 + 1.6}{1+100}\text{k}\Omega = 0.13\text{k}\Omega$$

所以

$$R_o = R_{e2} // \frac{R'_s + r_{be2}}{1+\beta_2} = \frac{5 \times 0.13}{5+0.13}\text{k}\Omega = 127\Omega$$

(2) 若去掉射极输出器，而将 R_L 直接接在第一级的输出端，则

$$\dot{A}_u = -\frac{\beta_1 (R_{c1} // R_L)}{r_{be1}} = -\frac{100 \times \left(\frac{12 \times 5}{12+5}\right)}{6} = -59$$

与(1)的结果相比，$|\dot{A}_u|$ 下降了很多，说明当 R_L 较小时，采用射极输出器作为输出级，可避免 $|\dot{A}_u|$ 衰减过多。

2.7 放大电路的频率响应

2.7.1 频率响应的一般概念

在三极管放大电路中，由于三极管的结电容及电路中电抗元件的存在，使得放大电路的放大倍数随着输入信号频率的变化而变化。也即放大电路的放大倍数是频率的函数，这种函数关系称为放大电路的频率响应或频率特性。

1. 幅频特性与相频特性

由于电抗元件的作用，当正弦波信号通过放大电路时，不仅输出信号的幅度得到放大，还会使输出信号产生一个附加相移。也就是说，电压放大倍数 $\dot{A}_u$ 的幅值和相位都是频率 f 的函数，电压放大倍数 $\dot{A}_u$ 可以表示为

$$\dot{A}_u = |\dot{A}_u|(f) \angle \varphi(f) \tag{2-73}$$

其中，$|\dot{A}_u|(f)$ 称为幅频特性；$\angle\varphi(f)$ 称为相频特性。如图 2-50 所示为单管共发射极放大电路的幅频特性曲线和相频特性曲线。

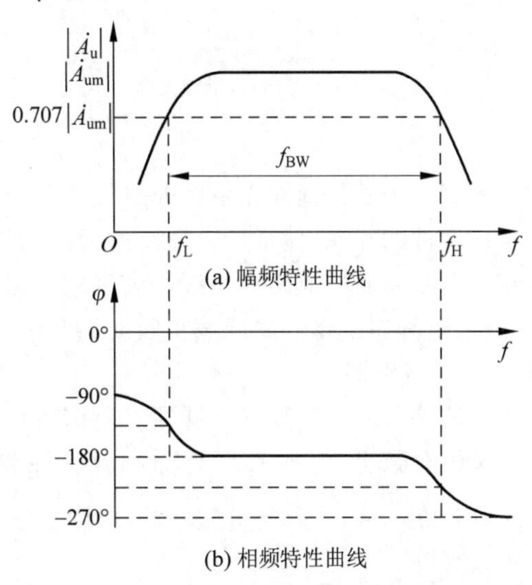

图 2-50　单管共发射极放大电路的幅频特性曲线和相频特性曲线

从图 2-50 可知，在中频段，电压放大倍数基本不变，主要由于级间耦合电容的数值较大，容抗较小，视为短路，三极管的结电容很小，容抗较大，视为开路；在低频段，信号通过时明显衰减，并且产生了附加相移，主要由于级间耦合电容的容抗增加，不能视为短路。在高频段，降低了电压放大倍数，同时也产生附加相移，主要由于三极管的结电容的容抗不能视为开路，它们并接在电路中，对输入信号产生分流。

2. 上限频率与下限频率

放大电路在中频段的电压放大倍数称为中

频电压放大倍数 $\dot{A}_{\mathrm{um}}$，将电压放大倍数下降为 $0.707|\dot{A}_{\mathrm{um}}|$ $\left(即\frac{\sqrt{2}}{2}|\dot{A}_{\mathrm{um}}|\right)$ 时相应的低频频率和高频频率分别称为放大电路的下限频率 f_{L} 和上限频率 f_{H}，两者之间的差值称为通频带 f_{BW}，即

$$f_{\mathrm{BW}}=f_{\mathrm{H}}-f_{\mathrm{L}}$$

由图 2-50 可见，通频带是衡量放大电路的一个重要的性能指标，它反映了放大电路对不同频率的输入信号的适应能力。通频带越宽，放大电路对不同频率的输入信号的适应能力越强。在通频带的频率范围内，其放大倍数的幅值和相位基本不变。

3. 频率失真

对于不同频率的输入信号，放大电路的放大倍数的幅值和相位是不同的。当输入信号的频率为非单一频率时，经过放大后就会使输出信号的波形产生幅频失真和相频失真，统称为频率失真，如图 2-51 所示。

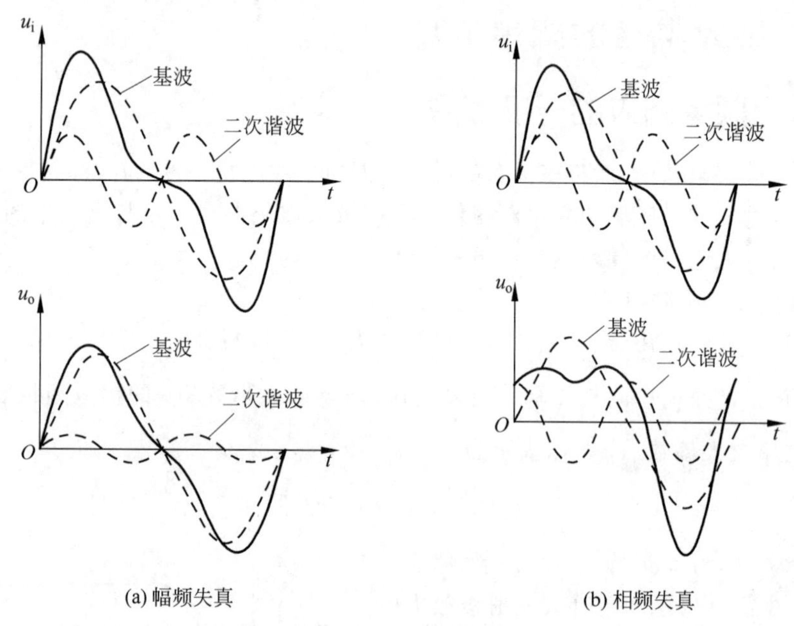

图 2-51　频率失真

频率失真与前面介绍的非线性失真产生的原因是不同的。频率失真是由于放大电路中电抗元件的存在，使得放大电路的通频带不够宽，这样对不同频率的信号的电压放大倍数与相位移不同而造成的。非线性失真包括截止失真和饱和失真，主要是因为三极管是非线性元件，当静态工作点靠近截止区或饱和区时造成的。

4. 波特图

波特图就是对数频率特性。所谓对数频率特性，是指绘制频率特性曲线时横坐标频率 f 采用对数坐标，即 $\lg f$，对数幅频特性曲线的纵坐标是电压放大倍数幅值的对数再乘以 20，即 $20\lg|\dot{A}_{\mathrm{u}}|$，称为电压增益，单位是分贝(dB)，但对数相频特性曲线的纵坐标是相位角 φ，不取对数。

采用对数坐标的优点是，在较小的坐标范围内表示更宽频率范围的变化情况，能够同时将低频段和高频段的特性表示得很清楚。尤其对于多级放大电路，在画幅频特性时，可以将

放大倍数的乘积转化为对数的加和，而对于多级放大电路的总的相移等于各级相移之和，所以不用取对数。

2.7.2 阻容耦合单管共发射极放大电路的频率响应

1. 三极管的混合 π 形等效电路

为了对放大电路的频率响应进行定量分析，需要引入一种考虑三极管极间电容的等效电路，即三极管的混合 π 形等效电路。

考虑了极间电容的三极管的结构示意图如图 2-52(a)所示，根据三极管的结构示意图可以得到三极管的混合 π 形等效电路，如图 2-52(b)所示。其中，$C_{b'e}$ 为发射结等效电容，$C_{b'c}$ 为集电结等效电容。$\dot{U}_{b'e}$ 是加在发射结上的电压，受控电流源 $g_m\dot{U}_{b'e}$ 体现了发射结电压对集电极电流的控制作用。其中，g_m 称为跨导，表示当 $\dot{U}_{b'e}$ 为单位电压时，在集电极回路引起的 $\dot{I}_c$ 的大小。

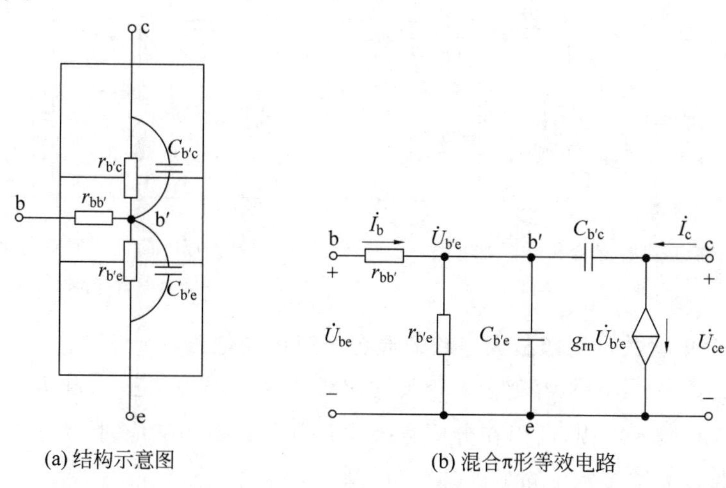

(a) 结构示意图　　(b) 混合π形等效电路

图 2-52　三极管的结构示意图和混合 π 形等效电路

在低频时，不考虑极间电容的作用时，混合 π 形等效电路的形式就与前面介绍的三极管的微变等效电路相似，如图 2-53 所示。

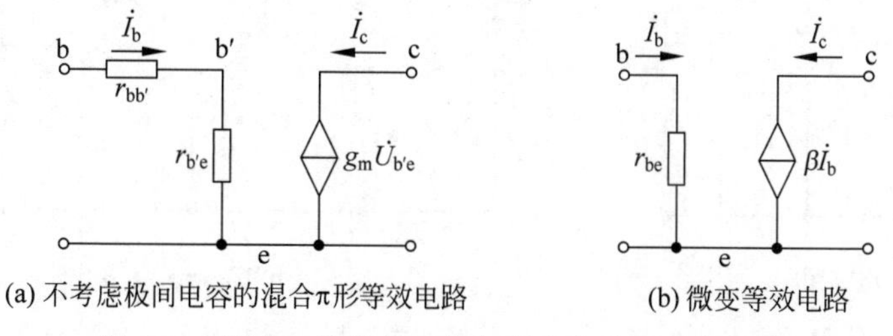

(a) 不考虑极间电容的混合π形等效电路　　(b) 微变等效电路

图 2-53　混合 π 形等效电路与微变等效电路的关系

由图 2-52(b)和图 2-53 可知，存在如下关系

$$g_m\dot{U}_{b'e}=g_m\dot{I}_b r_{b'e}=\beta\dot{I}_b$$

整理得

$$g_{\mathrm{m}}=\frac{\beta}{r_{\mathrm{b'e}}} \tag{2-74}$$

在如图2-52(b)所示的混合π形等效电路中，电容$C_{\mathrm{b'c}}$跨接在b′和c之间，将输入回路和输出回路直接联系起来，这将使电路的求解过程变得复杂。为此利用密勒定理，将$C_{\mathrm{b'c}}$用两个电容使其单向化，其电容值分别为$(1-\dot{K})C_{\mathrm{b'c}}$和$\frac{1-\dot{K}}{\dot{K}}C_{\mathrm{b'c}}$，其中$\dot{K}=\frac{\dot{U}_{\mathrm{ce}}}{\dot{U}_{\mathrm{b'e}}}$，则三极管的混合π形等效电路如图2-54所示，图中$C'=(1-\dot{K})C_{\mathrm{b'c}}+C_{\mathrm{b'e}}$。

一般情况下，输出回路的时间常数要比输入回路的时间常数小得多，因此可以将输出回路的电容$\frac{1-\dot{K}}{\dot{K}}C_{\mathrm{b'c}}$忽略，至此，得到了简化后的单向化的混合π形等效电路如图2-55所示。在此基础上，就可以分析放大电路的频率响应了。

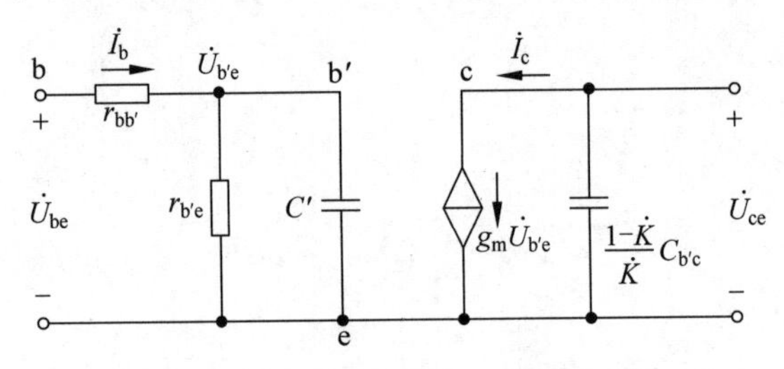

图2-54 单向化的混合π形等效电路

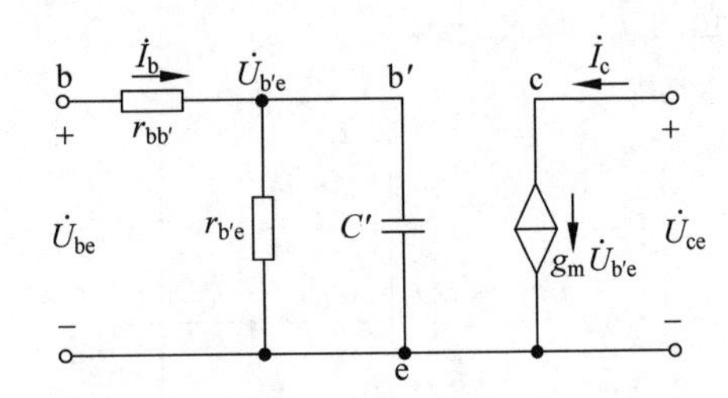

图2-55 简化后的单向化的混合π形等效电路

2. 阻容耦合单管共发射极放大电路的混合π形等效电路

在如图2-56(a)所示的阻容耦合单管共发射极放大电路中，将C_2和R_{L}看成是下一级的输入耦合电容和输入电阻，所以在分析本级放大电路的频率响应时，不考虑C_2和R_{L}，则该放大电路的混合π形等效电路如图2-56(b)所示。

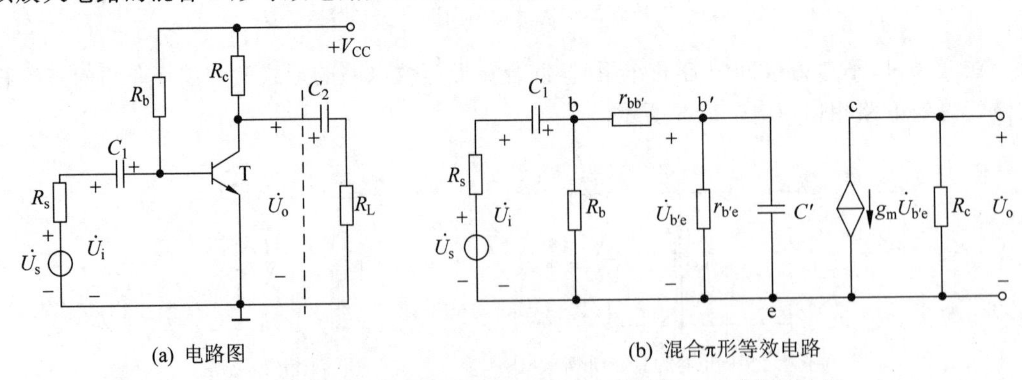

(a) 电路图

(b) 混合π形等效电路

图2-56 阻容耦合单管共发射极放大电路及其混合π形等效电路

3. 阻容耦合单管共发射极放大电路的频率响应

先分别讨论中频、低频和高频的频率响应，然后综合得到放大电路在全部频率范围内的频率响应。

1）中频段

（1）定量分析。

在中频段，图 2-56(b)中的电容 C_1 视为短路，C'视为开路，则得到放大电路在中频段的混合 π 形等效电路如图 2-57 所示。

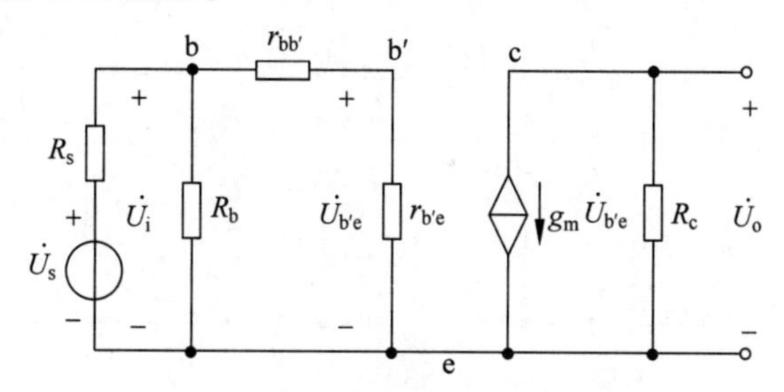

图 2-57　中频段的混合 π 形等效电路

由图 2-57 可得

$$\dot{U}_o = -g_m \dot{U}_{b'e} R_c$$

又因为

$$g_m = \frac{\beta}{r_{b'e}}$$

所以

$$\frac{\dot{U}_o}{\dot{U}_{b'e}} = -\frac{\beta R_c}{r_{b'e}}$$

又

$$\frac{\dot{U}_{b'e}}{\dot{U}_i} = \frac{r_{b'e}}{r_{bb'} + r_{b'e}} = \frac{r_{b'e}}{r_{be}}$$

$$\frac{\dot{U}_i}{\dot{U}_s} = \frac{R_i}{R_s + R_i}$$

其中，$R_i = R_b // (r_{bb'} + r_{b'e}) = R_b // r_{be}$。

所以，在中频段时放大电路的源电压放大倍数为

$$\dot{A}_{usm} = \frac{\dot{U}_o}{\dot{U}_s} = \frac{\dot{U}_i}{\dot{U}_s} \cdot \frac{\dot{U}_{b'e}}{\dot{U}_i} \cdot \frac{\dot{U}_o}{\dot{U}_{b'e}} = -\frac{\beta R_c}{r_{be}} \cdot \frac{R_i}{R_s + R_i} \tag{2-75}$$

可以看出，中频段的源电压放大倍数与前面用微变等效电路法求解的结果是一致的。

（2）中频段频率响应分析。

由式(2-75)可以写出对数频率响应表达式，其幅频响应为

$$20\lg|\dot{A}_{usm}| = 20\lg\left(\frac{\beta R_c}{r_{be}} \cdot \frac{R_i}{R_s + R_i}\right) \tag{2-76}$$

相频响应为

$$\varphi = -180° \tag{2-77}$$

由式(2-76)和式(2-77)可画出中频段的波特图，它们均为水平直线。

2）低频段

（1）定量分析。

在低频段时，电容 C' 视为开路，但是耦合电容 C_1 不能再视为短路，则得到放大电路在低频段时的混合 π 形等效电路，如图 2-58 所示。

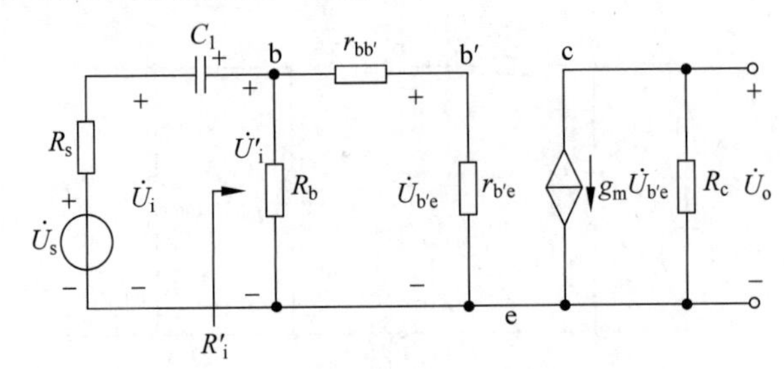

图 2-58　低频段时的混合 π 形等效电路

由图 2-58 可得

$$\dot{U}_o = -g_m \dot{U}_{b'e} R_c$$

又因为

$$g_m = \frac{\beta}{r_{b'e}}$$

所以

$$\frac{\dot{U}_o}{\dot{U}_{b'e}} = -\frac{\beta R_c}{r_{b'e}}$$

又

$$\frac{\dot{U}_{b'e}}{\dot{U}'_i} = \frac{r_{b'e}}{r_{bb'} + r_{b'e}} = \frac{r_{b'e}}{r_{be}}$$

$$\frac{\dot{U}'_i}{\dot{U}_s} = \frac{R'_i}{R_s + R'_i + \frac{1}{j\omega C_1}}$$

其中，$R'_i = R_b // (r_{bb'} + r_{b'e}) = R_b // r_{be}$，可见 R'_i 与中频段时的 R_i 相等。

所以，在低频段时放大电路的源电压放大倍数为

$$\dot{A}_{usL} = \frac{\dot{U}_o}{\dot{U}_s} = \frac{\dot{U}'_i}{\dot{U}_s} \cdot \frac{\dot{U}_{b'e}}{\dot{U}'_i} \cdot \frac{\dot{U}_o}{\dot{U}_{b'e}} = -\frac{\beta R_c}{r_{be}} \cdot \frac{R_i}{R_s + R_i} \cdot \frac{1}{1 + \frac{1}{j\omega (R_s + R_i) C_1}} \tag{2-78}$$

令

$$\tau_L = (R_s + R_i) C_1 \tag{2-79}$$

$$f_L = \frac{1}{2\pi \tau_L} = \frac{1}{2\pi (R_s + R_i) C_1} \tag{2-80}$$

则

$$\dot{A}_{usL} = \dot{A}_{usm} \frac{1}{1 + \frac{1}{j\omega \tau_L}} = \dot{A}_{usm} \frac{1}{1 + \frac{f_L}{jf}} = \dot{A}_{usm} \frac{1}{1 - j\frac{f_L}{f}} \tag{2-81}$$

(2) 低频段频率响应分析。

低频段源电压放大倍数的幅值为

$$|\dot{A}_{\mathrm{usL}}|=\frac{|\dot{A}_{\mathrm{usm}}|}{\sqrt{1+\left(\frac{f_{\mathrm{L}}}{f}\right)^{2}}} \tag{2-82}$$

由式(2-82)可以写出低频段的对数频率响应表达式,其幅频响应为

$$20\lg|\dot{A}_{\mathrm{usL}}|=20\lg|\dot{A}_{\mathrm{usm}}|-20\lg\sqrt{1+\left(\frac{f_{\mathrm{L}}}{f}\right)^{2}} \tag{2-83}$$

相频响应为

$$\varphi=-180^{\circ}+\arctan\frac{f_{\mathrm{L}}}{f} \tag{2-84}$$

根据式(2-83)和式(2-84)得

当 $f\gg f_{\mathrm{L}}$ 时,$20\lg|\dot{A}_{\mathrm{usL}}|=20\lg|\dot{A}_{\mathrm{usm}}|$,$\varphi=-180^{\circ}$;

当 $f=f_{\mathrm{L}}$ 时,$20\lg|\dot{A}_{\mathrm{usL}}|=20\lg|\dot{A}_{\mathrm{usm}}|-20\lg\sqrt{2}$,即下降 3dB,$\varphi=-135^{\circ}$;

当 $f<f_{\mathrm{L}}$ 时,f 每减小 10 倍,$20\lg|\dot{A}_{\mathrm{usL}}|$ 就下降 20dB,$|\varphi|$ 继续减小;

当 $f\to 0$ 时,$20\lg|\dot{A}_{\mathrm{usL}}|\to 0$,$\varphi\to -90^{\circ}$。

于是可以作出波特图如图 2-59 所示。

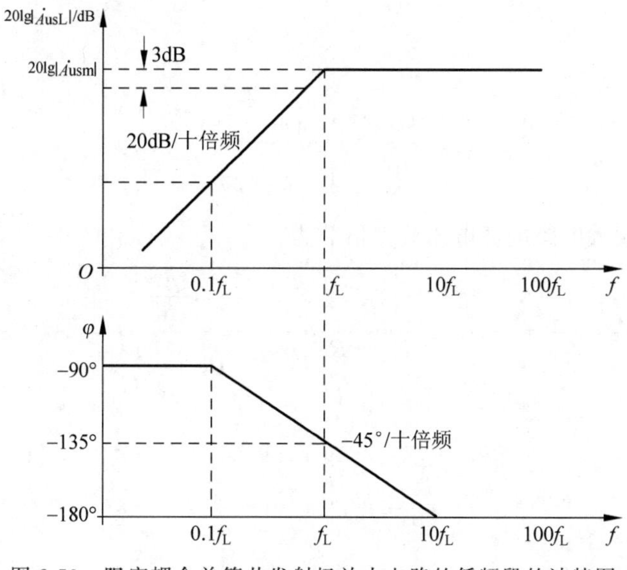

图 2-59　阻容耦合单管共发射极放大电路的低频段的波特图

3) 高频段

(1) 定量分析。

在高频段时,耦合电容 C_1 视为短路,但是电容 C' 不能视为开路,则得到放大电路在高频段时的混合 π 形等效电路,如图 2-60 所示。

利用戴维南定理从 b′e 端口向左看,将图 2-60 的输入回路简化,则高频段的混合 π 形

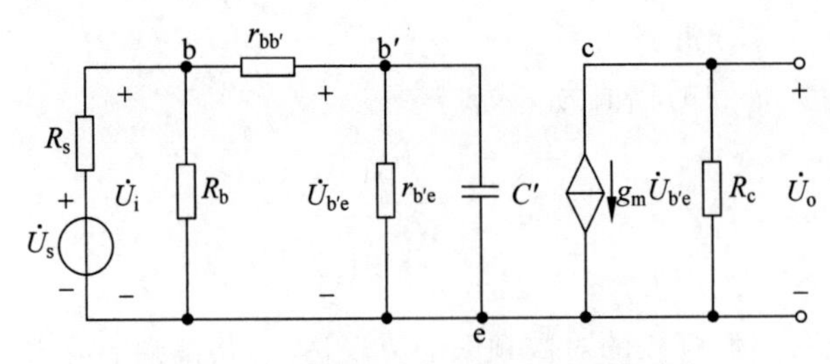

图 2-60 高频段时的混合 π 形等效电路

等效电路简化成为图 2-61。

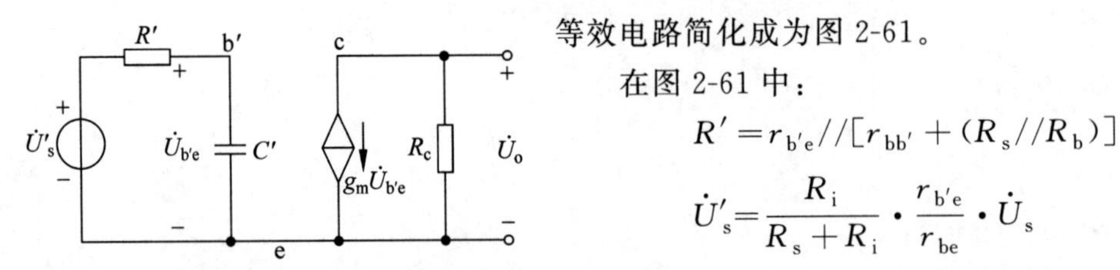

图 2-61 高频混合 π 形等效电路的简化

在图 2-61 中：

$$R' = r_{b'e} // [r_{bb'} + (R_s // R_b)]$$

$$\dot{U}'_s = \frac{R_i}{R_s + R_i} \cdot \frac{r_{b'e}}{r_{be}} \cdot \dot{U}_s$$

其中，$R_i = R_b // (r_{bb'} + r_{b'e}) = R_b // r_{be}$。

由图 2-61 可得

$$\dot{U}_o = -g_m \dot{U}_{b'e} R_c$$

整理得

$$\frac{\dot{U}_o}{\dot{U}_{b'e}} = -g_m R_c$$

又

$$\frac{\dot{U}_{b'e}}{\dot{U}'_s} = \frac{\dfrac{1}{j\omega C'}}{R' + \dfrac{1}{j\omega C'}}$$

所以，在高频段时放大电路的源电压放大倍数为

$$\dot{A}_{usH} = \frac{\dot{U}_o}{\dot{U}_{b'e}} \cdot \frac{\dot{U}_{b'e}}{\dot{U}'_s} \cdot \frac{\dot{U}'_s}{\dot{U}_s} = -g_m R_c \frac{R_i}{R_s + R_i} \cdot \frac{r_{b'e}}{r_{be}} \cdot \frac{\dfrac{1}{j\omega C'}}{R' + \dfrac{1}{j\omega C'}} = \dot{A}_{usm} \frac{1}{1 + j\omega R'C'} \tag{2-85}$$

令

$$\tau_H = R'C' \tag{2-86}$$

$$f_H = \frac{1}{2\pi\tau_H} = \frac{1}{2\pi R'C'} \tag{2-87}$$

则

$$\dot{A}_{usH} = \dot{A}_{usm} \frac{1}{1 + j\dfrac{f}{f_H}} \tag{2-88}$$

(2) 高频段频率响应分析。

高频段源电压放大倍数的幅值为

$$|\dot{A}_{usH}|=\frac{|\dot{A}_{usm}|}{\sqrt{1+\left(\frac{f}{f_H}\right)^2}} \tag{2-89}$$

由式(2-89)可以写出对数频率响应表达式，其幅频响应表达式为

$$20\lg|\dot{A}_{usH}|=20\lg|\dot{A}_{usm}|-20\lg\sqrt{1+\left(\frac{f}{f_H}\right)^2} \tag{2-90}$$

相频响应表达式为

$$\varphi=-180^\circ-\arctan\frac{f}{f_H} \tag{2-91}$$

根据式(2-90)和式(2-91)得

当 $f\ll f_H$ 时，$20\lg|\dot{A}_{usH}|=20\lg|\dot{A}_{usm}|$，$\varphi=-180^\circ$；

当 $f=f_H$ 时，$20\lg|\dot{A}_{usH}|=20\lg|\dot{A}_{usm}|-20\lg\sqrt{2}$，即下降 3dB，$\varphi=-225^\circ$；

当 $f>f_H$ 时，f 每增大 10 倍，$20\lg|\dot{A}_{usH}|$ 就下降 20dB，$|\varphi|$ 继续增大；

当 $f\to\infty$ 时，$20\lg|\dot{A}_{usH}|\to 0$，$\varphi\to-270^\circ$。

根据以上分析可以作出波特图如图 2-62 所示。

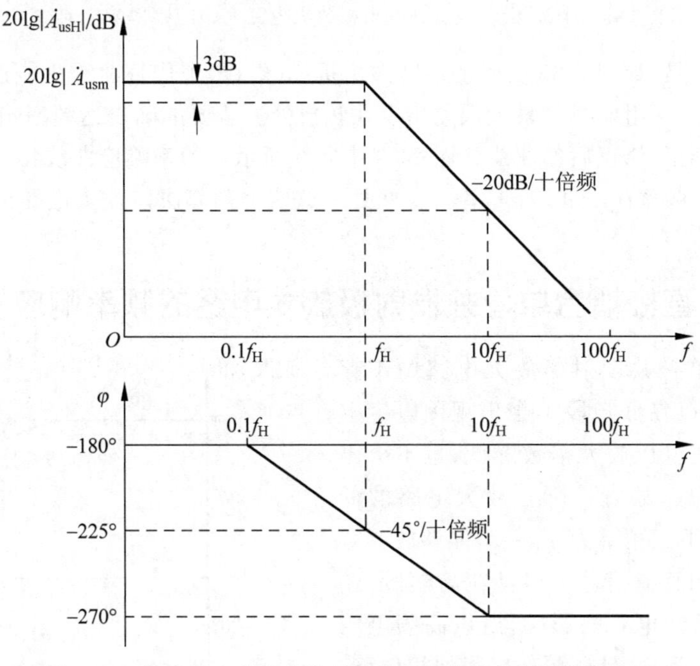

图 2-62　阻容耦合单管共发射极放大电路的高频段的波特图

4）完整的波特图

根据以上在中频、低频和高频时分别得到的源电压放大倍数的表达式，综合起来，即可得到阻容耦合单管共射放大电路在全部频率范围内的源电压放大倍数的近似表达式，即

$$\dot{A}_{us}=\frac{\dot{A}_{usm}}{\left(1-j\frac{f_L}{f}\right)\left(1+j\frac{f}{f_H}\right)} \tag{2-92}$$

将前面画出的中频段、低频段和高频段的波特图组合在一起，就得到了完整的频率响应曲线，如图 2-63 所示。

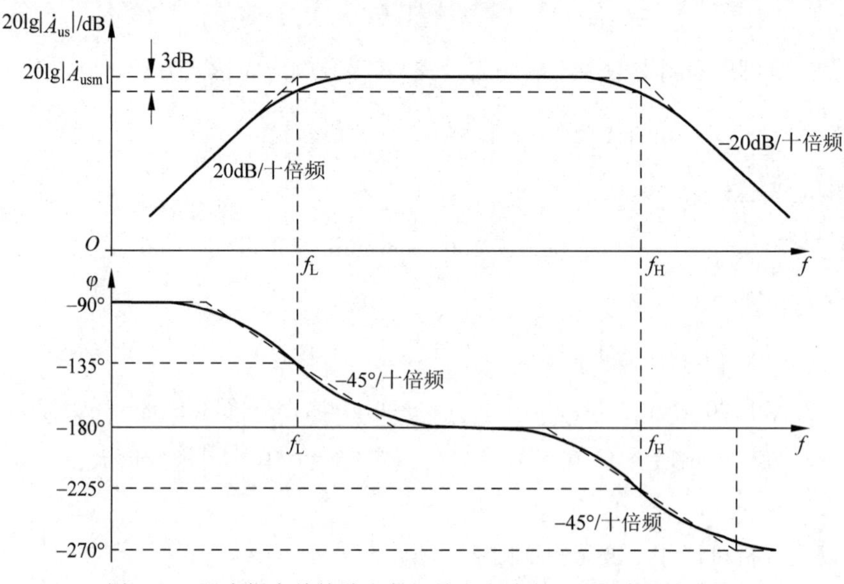

图 2-63　阻容耦合单管共发射极放大电路完整的频率响应曲线

需要说明的是，如图 2-63 所示的波特图由折线（虚线）来代替曲线只能近似地表达放大电路的频率响应，两组曲线的最大误差出现在转折处。若要准确表达频率响应，可以在折线的基础上进行修正，修正后的曲线如图 2-63 中实线所示。频率响应曲线出现明显变化的转折点分别为下限频率 f_L 和上限频率 f_H 两处。这两个频率决定放大电路的通频带 $f_{BW}=f_H-f_L$。

2.7.3　直接耦合单管共发射极放大电路的频率响应

直接耦合单管共发射极放大电路中不存在耦合电容，所以在低频段不会出现因电容上的压降增大而使电压放大倍数降低，也不会出现附加的相位移。故直接耦合放大电路的低频特性好，它的下限频率为 $f_L=0$，能够放大缓慢变化的信号和直流信号。但是在高频段，还要受到三极管极间电容的影响，所以高频电压放大倍数还要下降，并且还要产生附加相位移。

直接耦合单管共发射极放大电路的源电压放大倍数的表达式为

$$\dot{A}_{us}=\dot{A}_{usm}\frac{1}{1+j\dfrac{f}{f_H}} \tag{2-93}$$

按照前面的计算方法，可以画出其波特图如图 2-64 所示。

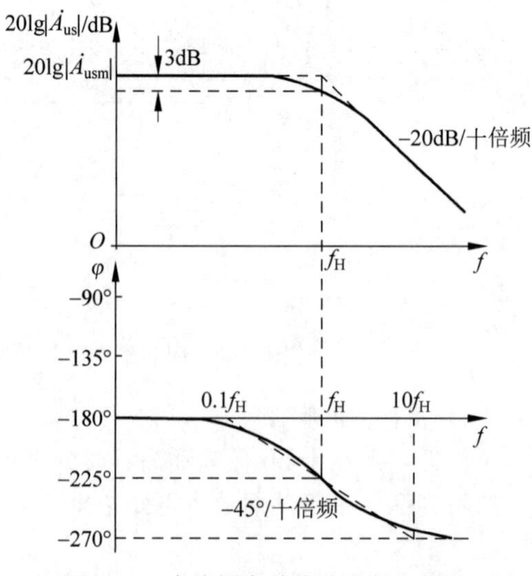

图 2-64　直接耦合单管共发射极放大电路的波特图

2.7.4 多级放大电路的频率响应

前面已经介绍多级放大电路的电压放大倍数是各级放大电路放大倍数的乘积，即

$$\dot{A}_{u}=\dot{A}_{u1}\cdot\dot{A}_{u2}\cdot\cdots\cdot\dot{A}_{uN}$$

其对数幅频响应表达式为

$$20\lg|\dot{A}_{u}|=20\lg|\dot{A}_{u1}|+20\lg|\dot{A}_{u2}|+\cdots+20\lg|\dot{A}_{uN}| \tag{2-94}$$

相频响应表达式为

$$\varphi=\varphi_{1}+\varphi_{2}+\cdots+\varphi_{N} \tag{2-95}$$

由式(2-94)和式(2-95)可知，多级放大电路的幅频特性和相频特性就是将各级放大电路的幅频特性和相频特性叠加。

图 2-65 中画出了单级阻容耦合放大电路的频率特性曲线和两级完全相同的阻容耦合放大电路组成的两级放大电路的频率特性曲线。

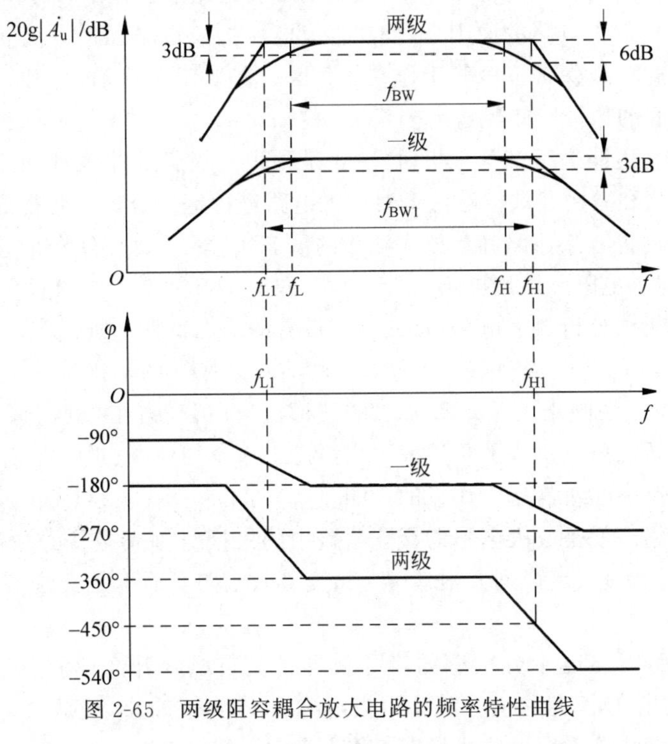

图 2-65 两级阻容耦合放大电路的频率特性曲线

由图 2-65 可以看出，对于单级放大电路来说，在其上限频率 f_{H1} 和下限频率 f_{L1} 处，对数幅频特性下降 3dB，而对于两级放大电路来说，在其上限频率 f_{H} 和下限频率 f_{L} 处，对数幅频特性下降 3dB。显然，$f_{L}>f_{L1}$，$f_{H}<f_{H1}$，说明多级放大电路的通频带总是比组成它的每一级的通频带窄，即放大电路的级数越多，对信号的适应能力越弱。

小结

三极管有两种类型，即 NPN 型和 PNP 型。任一三极管都有三个区，即发射区、基区和集电区。从三个区引出的电极分别为发射极、基极和集电极。有两个 PN 结，即集电结和发

射结。

三极管能够放大电信号，主要是因为其具有电流放大作用。为了使三极管具有电流放大作用，需满足的内部条件是，发射区掺杂浓度很高，基区做得很薄且掺杂浓度很低，集电区的面积大。三极管接入电路时，还需要满足一定的外部条件，即发射结正向偏置，集电结反向偏置。

三极管三个电极的电流关系为 $i_E=i_B+i_C$。描述三极管放大作用的重要参数是共射电流放大系数 $\beta=\frac{\Delta i_C}{\Delta i_B}=\frac{i_c}{i_b}$ 和共基电流放大系数 $\alpha=\frac{\Delta i_C}{\Delta i_E}=\frac{i_c}{i_e}$。可以用三极管的输入和输出特性曲线描述三极管各极电流与电压之间的关系。三极管的输入特性与二极管的伏安特性正向导通部分形式相似。三极管的输出特性可以分为三个工作区，它们是截止区、放大区和饱和区，当三极管工作在放大区时才可以对输入信号进行线性放大。三极管是组成放大电路的核心器件。

放大电路放大的对象是一个变化量，放大的本质是能量的控制和转换，放大的基本特征是功率放大。组成放大电路的原则是，外加直流电源的极性必须使三极管的发射结正向偏置，集电结反向偏置，以保证三极管工作在放大区；输入信号必须能够作用于三极管的输入回路；被放大之后的信号应能传送出去。

对三极管放大电路进行定量分析时，主要是处理三极管的非线性问题。通常采用两种方法：图解分析法和微变等效电路法。对放大电路进行定量分析主要是静态分析和动态分析。静态分析是通过直流通路确定放大电路的静态工作点，动态分析是通过交流通路求出电压放大倍数、输入电阻和输出电阻。

利用图解分析法分析放大电路，首先在三极管的输出特性上画出直流负载线，并根据估算的静态基极电流 I_{BQ}，确定静态工作点 Q。然后在三极管的输出特性上过 Q 点画出交流负载线，再利用投影法画出 i_B、i_C 和 u_{CE} 的波形，以分析动态工作情况和估算电压放大倍数。利用图解分析法可以直观形象地表示出静态工作点的位置、观察非线性失真、估算最大输出幅度以及电路参数对静态工作点的影响。

微变等效电路法就是放大电路的交流通路中的三极管用其微变等效电路来代替，然后利用线性电路中的定理、定律列方程求解。微变等效电路实质上是交流信号的通路，所以只能求出动态参数。

三极管是一种对温度十分敏感的半导体器件。当温度升高或降低时，会使三极管的 I_{CBO}、β 和 u_{BE} 发生变化，最终会导致集电极电流 i_C 增大或减小，使放大电路的静态工作点不稳定。解决的办法是采用分压式静态工作点稳定电路。

三极管放大电路有三种组态，分别为共发射极、共集电极和共基极放大电路。共发射极放大电路典型的特点是其具有倒相作用，既能放大电压又能放大电流。共集电极放大电路的典型特点是其电压放大倍数略小于1，且输出电压与输入电压的相位相同，但是其具有电流放大作用。共基极放大电路的典型特点是不具有电流放大作用，但具有电压放大作用，其数值和共发射极放大电路的相同，且其输出电压与输入电压是同相的。这三种组态的放大电路都具有功率放大作用。

为了获得更大的电压放大倍数，需要采用多级放大电路。多级放大电路的耦合方式主要有三种：阻容耦合、变压器耦合和直接耦合。阻容耦合放大电路的优点是，前后级的静态工作点各自独立。缺点是不适合传递缓慢变化的信号，且无法集成化。变压器耦合放大电路的优点是，静态工作点互相独立，利用其阻抗变换的性质，根据所需的电压放大倍数，选择合适的匝数比，使负载电阻上获得足够大的电压，并且当匹配得当时，负载可以获得足够大的功率。缺点是变压器比较笨重，无法集成化，不能放大变化缓慢的信号。直接耦合放大电路的优点是，既能放大交流信号，又能放大缓慢变化信号，并且便于集成化。缺点是静态工作点互相影响，容易出现零点漂移现象。

多级放大电路的电压放大倍数为各级电压放大倍数的乘积，但是在计算每一级的电压放大倍数时，可把后一级的输入电阻看作前一级的负载电阻，或把前一级的输出电阻作为后一级的信号源内阻。多级放大电路的输入电阻就是输入级的输入电阻，输出电阻就是输出级的输出电阻。

在三极管放大电路中，由于三极管的结电容及电路中电抗元件的存在，使得放大电路的放大倍数随着输入信号频率的变化而变化。也即放大电路的放大倍数是频率的函数，这种函数关系称为放大电路的频率特性，可以用对数频率特性曲线(或称波特图)来描述这种函数关系。

对于阻容耦合单管共发射极放大电路，在中频段，电压放大倍数基本不变，输出电压与输入电压的相位相差180°，主要由于级间耦合电容的数值较大，容抗较小，视为短路，三极管的结电容很小，容抗较大，视为开路；在低频段，信号通过时明显衰减，并且产生了附加相移，主要由于级间耦合电容的容抗增加，不能视为短路。在高频段，降低了电压放大倍数，同时也产生附加相移，主要由于三极管的结电容的容抗不能视为开路，它们并接在电路中，对输入信号产生分流。直接耦合放大电路不存在级间耦合电容，因此其低频特性好，其下限频率为 $f_L=0$。

多级放大电路的幅频特性和相频特性就是将各级放大电路的幅频特性和相频特性叠加。多级放大电路的通频带总是比组成它的每一级的通频带窄，即放大电路的级数越多，对信号的适应能力越弱。

习题

1. 填空题

(1) 要使三极管处于放大状态，发射结必须________，集电结必须________。

(2) 三极管具有电流放大作用的实质是利用________电流对________电流的控制。

(3) 工作在放大区的三极管，当 I_B 从 20μA 增加到 40μA 时，I_C 从 1mA 变到 2mA，它的 β 值为________。

(4) 当三极管作为放大元件使用时需要构成输入和输出回路，三极管必有一个电极作为两个回路的公共端子。根据公共端的不同，三极管可以有三种组态，即________、________和________。

(5) 放大电路放大的对象是一个________，放大的本质是________，放大的基本特征是________。

(6) 放大电路的非线性失真包括________和________。

(7) 三极管组成的三种组态的基本放大电路中，输出电阻最小的是________放大电路，输入电阻最小的是________放大电路，输出电压与输入电压相位相反的是________放大电路。无电流放大能力的是________放大电路，无电压放大能力的是________放大电路。但是三种电路都有________放大能力。

(8) 多级放大电路的耦合方式主要有三种：________、________和________，其中存在零点漂移现象的是________耦合方式。为了放大从热电偶获得的反应温度变化的微弱信号，放大电路应该采用________耦合方式；为了使放大电路的信号与负载间有良好的匹配，以获得尽可能大的输出功率，应采用________耦合方式。

(9) 放大电路的中频电压放大倍数为 $\dot{A}_{um}$，将电压放大倍数下降为________时相应的低频频率和高频频率分别称为放大电路的下限频率 f_L 和上限频率 f_H，二者之间的差值称为________。

(10) 多级放大电路的通频带总是比组成它的每一级的通频带________，即放大电路的级数越多，对信号的适应能力________。

2. 选择题

(1) 当三极管的两个 PN 结都是反向偏置时，三极管处于(　　)。

A. 截止状态　　B. 放大状态　　C. 饱和状态

(2) 有 3 只三极管，除了 β 和 I_{CEO} 不同外，其余参数大致相同，当把它们用作放大器件时，选用(　　)管较好。

A. $\beta=100, I_{CEO}=10\mu A$

B. $\beta=150, I_{CEO}=100\mu A$

C. $\beta=50, I_{CEO}=15\mu A$

(3) 当温度升高时，三极管的 β、I_{CEO} 和 U_{BE} 将分别(　　)。

A. 变小，增大，增大　　B. 增大，增大，变小　　C. 增大，变小，增大

(4) 共发射极放大电路的静态工作点 Q 设置过高，则容易产生(　　)。

A. 频率失真　　B. 截止失真　　C. 饱和失真

(5) 阻容耦合单管共发射极放大电路的直流负载线与交流负载线的关系为(　　)。

A. 平行　　B. 有时会重合　　C. 一定不会重合

(6) 设两个放大电路 A 和 B 具有相同的电压放大倍数，但是两者的输入电阻和输出电阻均不同。在负载开路的情况下，用这两个放大电路放大同一个电压信号源(具有内阻)，测得放大电路 B 的输出电压比放大电路 A 的输出电压大，这说明放大电路 A 的(　　)。

A. 输入电阻小　　B. 输入电阻大　　C. 输出电阻小

(7) 直接耦合放大电路产生零点漂移的主要原因是(　　)。

A. 电路增益太大

B. 没有采用阻容耦合方式

C. 电路参数随环境温度的变化而变化

(8) 若三级放大电路的各级电压增益分别为 40dB、20dB 和 20dB，则其总的电压增益和电压放大倍数分别为(　　)。

A. 80，10^4　　B. 16000，10^5　　C. 80，10^3

(9) 多级放大电路与组成它的各个单级放大电路相比，其(　　)。

A. f_L 升高，f_H 升高　　B. f_L 升高，f_H 降低　　C. f_L 降低，f_H 降低

(10) 阻容耦合单管共发射极放大电路在高频信号作用时，放大倍数数值下降的原因是(　　)。

A. 耦合电容的存在

B. 三极管极间电容的存在

C. 三极管的非线性特性

3. 分别测得两个放大电路中三极管的各极电位如图 P2-3 所示，试分别判断两个三极管是硅管还是锗管，是 NPN 管还是 PNP 管，并识别它们的管脚，分别标出 e、b 和 c。

4. 在某个放大电路中，三极管的三个电极的电流如图 P2-4 所示。已测出 $I_1=1.2\text{mA}$，$I_2=0.03\text{mA}$，$I_3=-1.23\text{mA}$。判断电极 1、2 和 3 分别是什么极；三极管是 NPN 管还是 PNP 管；三极管的电流放大系数 β 约为多少？

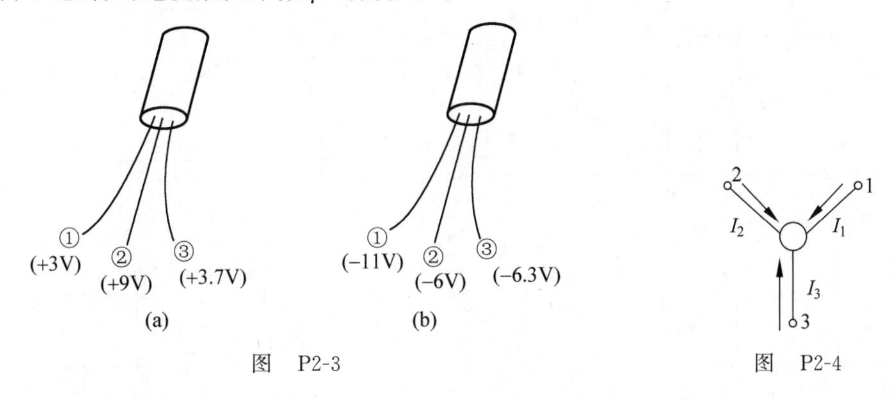

图　P2-3　　　　图　P2-4

5. 测得某些电路中的三极管各极电位如图 P2-5 所示，试判断各个三极管工作在截止区、放大区还是饱和区？有无损坏？

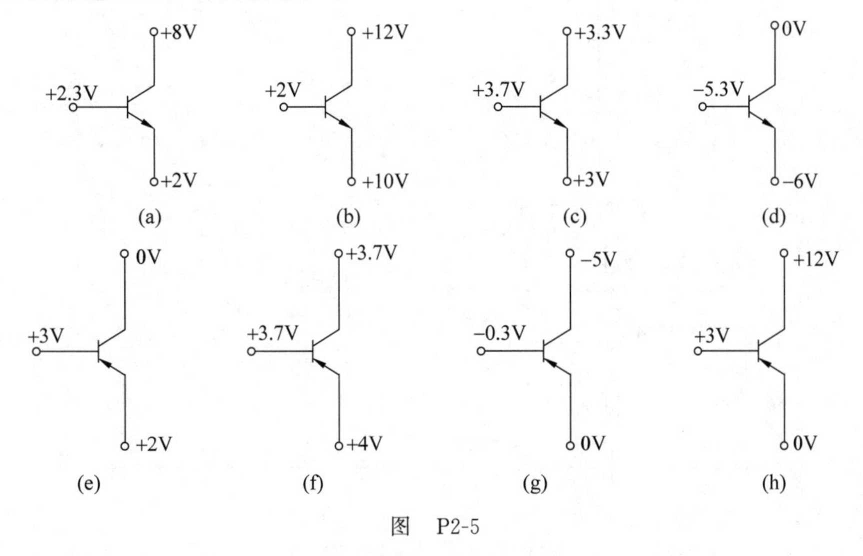

图　P2-5

6. 试判断图 P2-6 中各电路有无电压放大作用，简单说明理由。

7. 画出图 P2-7 所示电路的直流通路和交流通路。

8. 已知如图 P2-8(a)所示的电路中，三极管为硅管，其输出特性曲线和直流负载线如

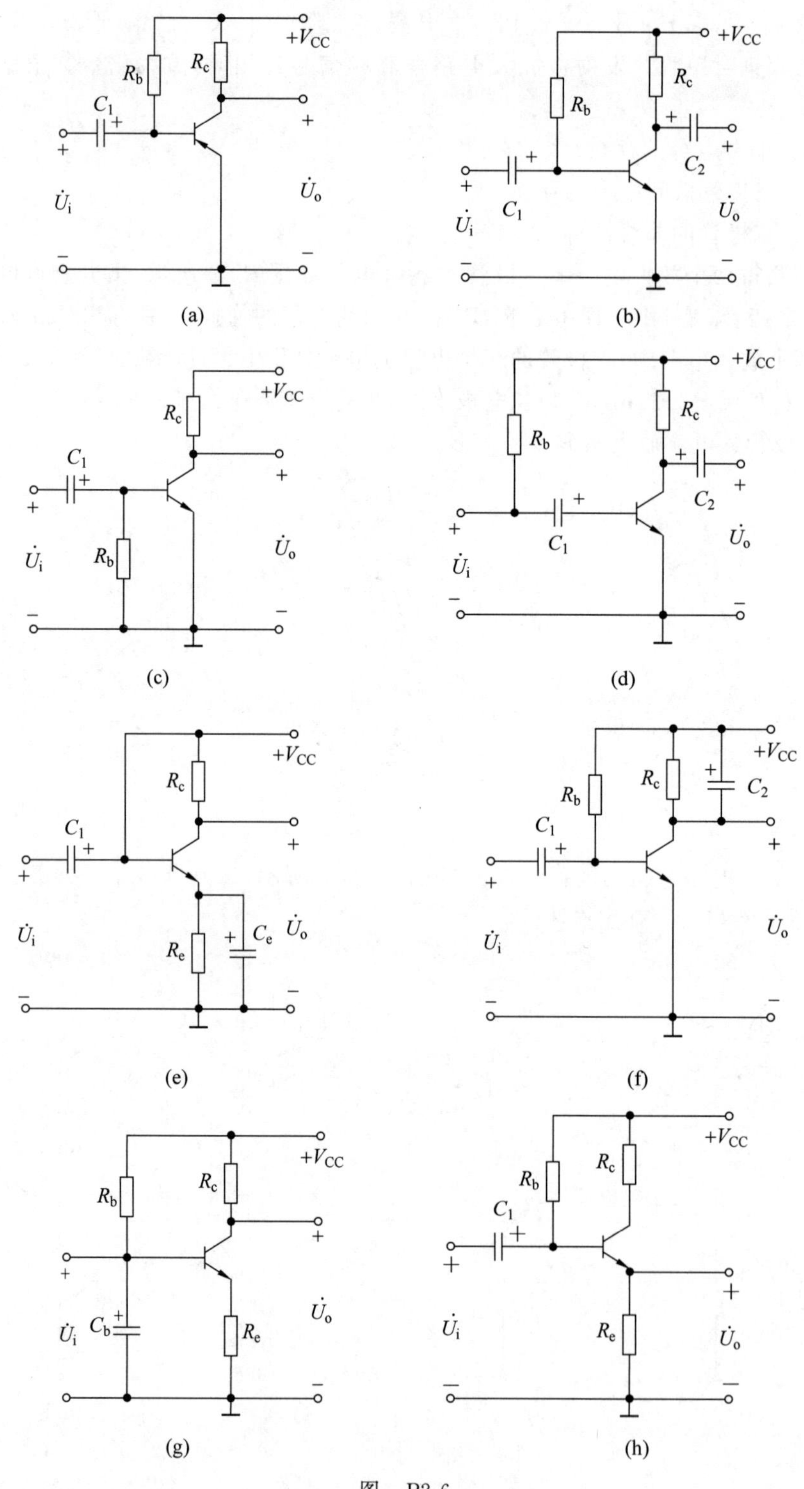

图 P2-6

图 P2-8(b)所示。

(1) 求出 β、I_{BQ}、I_{CQ}、U_{CEQ}、V_{CC}、R_b 和 R_c 的值。

(2) 当负载断开并且输入信号为正弦波时，估算最大输出幅度 U_{om}。

(3) 假设电路中其他参数不变，分别改变以下某一项参数时，试定性说明 I_{BQ}、I_{CQ}、U_{CEQ} 的值将增大、减小还是基本不变。

①增大 R_b；②减小 R_c；③增大 V_{CC}；④增大 β。

(4) 在(1)的前提下，如果 V_{CC} 和三极管不变，为了使 $I_{CQ}=2\text{mA}$，$U_{CEQ}=2\text{V}$，应改变哪些参数？改成什么数值？

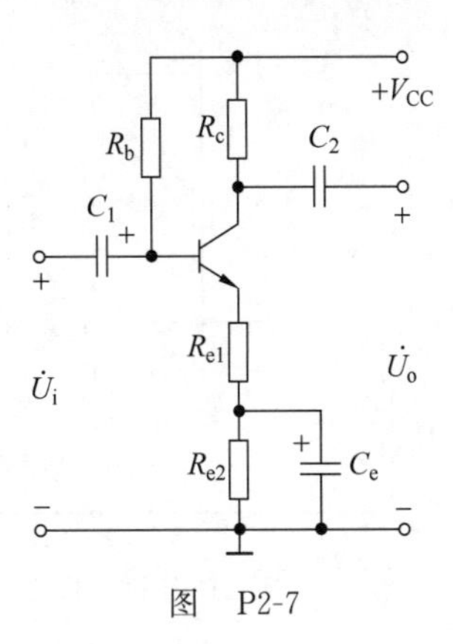

图　P2-7

9. 已知由 NPN 型三极管组成的共发射极放大电路，在输入信号为正弦波的情况下，测得的输出波形分别如图 P2-9 所示，试判断电路出现了何种失真，如何消除？

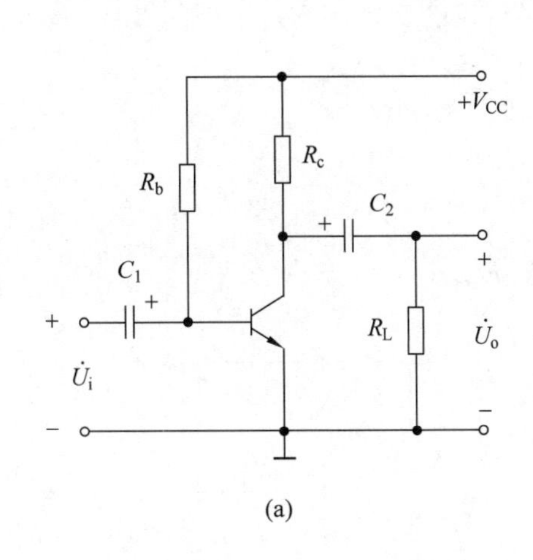

(a)

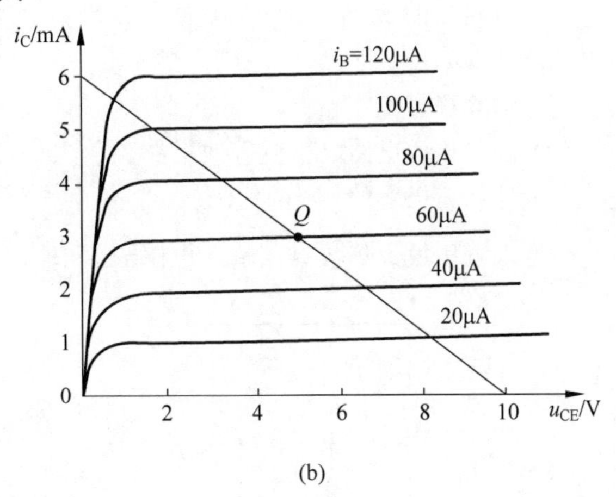

(b)

图　P2-8

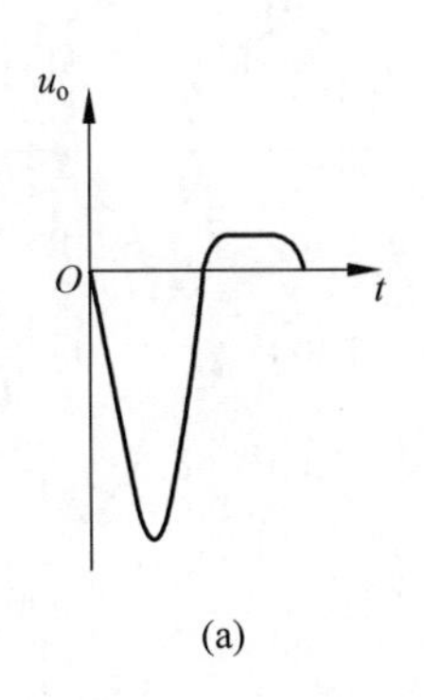

(a)

(b)

图　P2-9

10. 已知由 PNP 型三极管组成的共发射极放大电路，在输入信号为正弦波的情况下，测得的输出波形分别如图 P2-9 所示，试判断电路出现了何种失真，如何消除？

11. 电路如图 P2-11 所示，其中 $V_{CC}=12\text{V}$，$R_L=R_c=3\text{k}\Omega$，$\beta=50$，忽略 U_{BEQ}。

(1) 当 $R_b=600\text{k}\Omega$ 时，求出 U_{CEQ} 的值。

(2) 在(1)的情况下，若逐渐加大输入正弦信号的电压幅度，则输出波形将首先出现顶部失真还是底部失真？

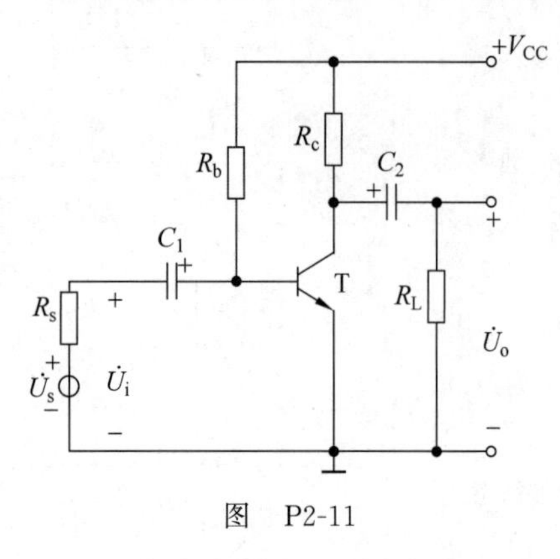

图　P2-11

(3) 若想使 $U_{CEQ}=6\text{V}$，则 R_b 需要调整到什么数值？

12. 电路如图 P2-12 所示，已知三极管为硅管，$\beta=60$，$V_{CC}=6\text{V}$，$R_b=530\text{k}\Omega$，$R_c=5\text{k}\Omega$，$R_L=5\text{k}\Omega$。

(1) 估算静态工作点。

(2) 画出放大电路的微变等效电路。

(3) 计算三极管的 r_{be} 的值。

(4) 求电压放大倍数 $\dot{A}_u$、输入电阻 R_i 和输出电阻 R_o。

(5) 若将负载断开，再求电压放大倍数 $\dot{A}_u$。

13. 电路如图 P2-13 所示，已知三极管为硅管，$\beta=50$，$V_{CC}=12\text{V}$，$R_b=470\text{k}\Omega$，$R_c=4\text{k}\Omega$，$R_L=4\text{k}\Omega$，$R_e=2\text{k}\Omega$。

(1) 估算静态工作点。

(2) 画出放大电路的微变等效电路。

(3) 计算三极管的 r_{be} 的值。

(4) 求电压放大倍数 $\dot{A}_u$、输入电阻 R_i 和输出电阻 R_o。

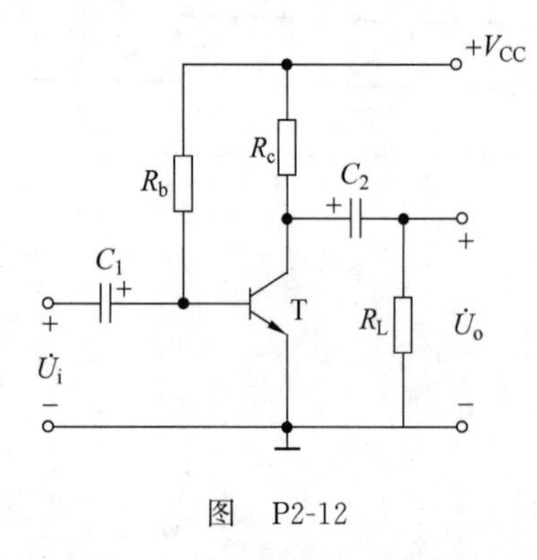

图　P2-12

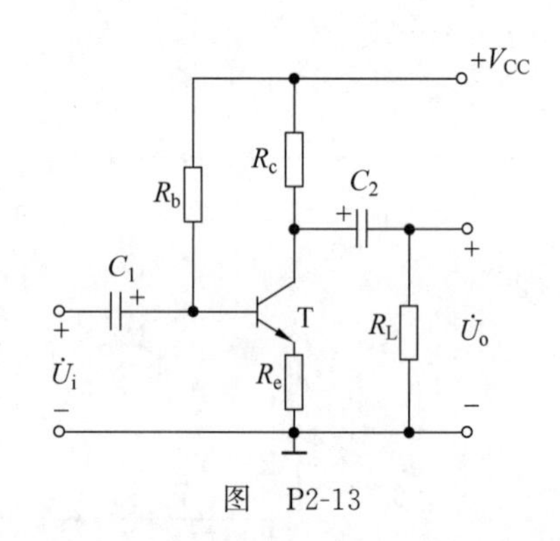

图　P2-13

14. 电路如图 P2-14 所示，已知三极管为硅管，$\beta=100$，$V_{CC}=10\text{V}$，$R_{b1}=100\text{k}\Omega$，$R_{b2}=33\text{k}\Omega$，$R_c=3\text{k}\Omega$，$R_{e1}=200\Omega$，$R_{e2}=1.8\text{k}\Omega$，$R_L=3\text{k}\Omega$，信号源内阻 $R_s=4\text{k}\Omega$。

(1) 估算静态工作点。

(2) 画出放大电路的微变等效电路。

(3) 计算三极管的 r_{be} 的值。

(4) 求电压放大倍数 $\dot{A}_u$、源电压放大倍数 $\dot{A}_{us}$、输入电阻 R_i 和输出电阻 R_o。

(5) 若将电容 C_e 的上端改接到三极管的发射极，再求电压放大倍数 $\dot{A}_u$、源电压放大倍数 $\dot{A}_{us}$、输入电阻 R_i 和输出电阻 R_o。

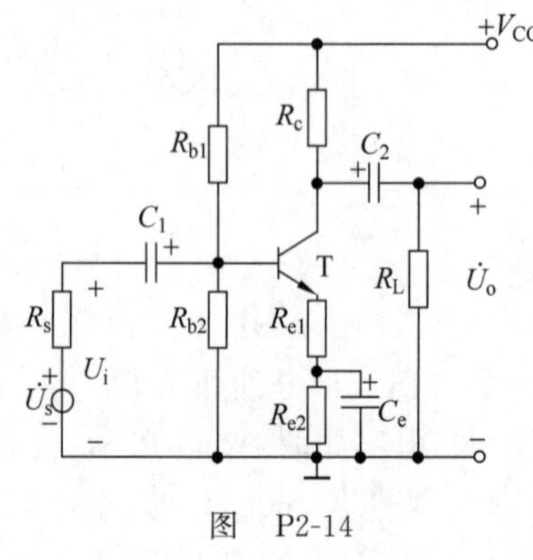

图　P2-14

15. 电路如图 P2-15 所示，已知三极管为硅管，$\beta=100$，$V_{CC}=12\text{V}$，$R_e=5.6\text{k}\Omega$，$R_b=$

$560\text{k}\Omega$，$R_L=2\text{k}\Omega$。

（1）求静态工作点。

（2）求电压放大倍数 $\dot{A}_u$、输入电阻 R_i 和输出电阻 R_o。

（3）若将负载电阻 R_L 断开，再求电压放大倍数 $\dot{A}_u$、输入电阻 R_i 和输出电阻 R_o。

16. 电路如图 P2-16 所示，试完成下列问题。

（1）画出该放大电路的微变等效电路。

（2）写出计算电压放大倍数 $\dot{A}_{u1}=\dfrac{\dot{U}_{o1}}{\dot{U}_i}$ 和 $\dot{A}_{u2}=\dfrac{\dot{U}_{o2}}{\dot{U}_i}$ 的表达式。

（3）说明当 $R_c=R_e$ 时，电压放大倍数 $\dot{A}_{u1}$ 和 $\dot{A}_{u2}$ 的关系。

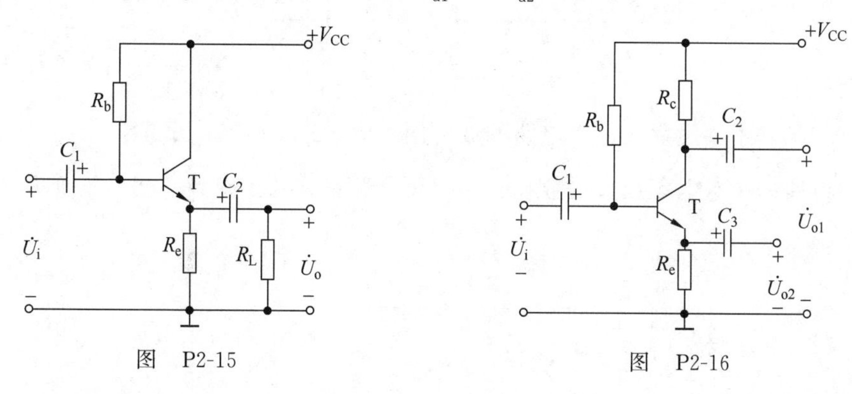

图　P2-15　　　　图　P2-16

17. 电路如图 P2-17 所示，已知 $\beta_1=\beta_2=100$，$r_{be1}=5.6\text{k}\Omega$，$r_{be2}=6.2\text{k}\Omega$，$V_{CC}=12\text{V}$，$R_L=3.6\text{k}\Omega$，$R_{c2}=12\text{k}\Omega$，$R_{b1}=1.5\text{M}\Omega$，$R_{b21}=91\text{k}\Omega$，$R_{b22}=30\text{k}\Omega$，$R_{e1}=7.5\text{k}\Omega$，$R_{e2}=5.1\text{k}\Omega$，$R_s=10\text{k}\Omega$。

（1）求放大电路的输入电阻 R_i 和输出电阻 R_o。

（2）求电路的电压放大倍数 $\dot{A}_u$ 和源电压放大倍数 $\dot{A}_{us}$。

（3）若去掉射极输出器，而将 $\dot{U}_s$ 和 R_s 直接加在第二级的输入端，再求出 $\dot{A}_{us}$。将其值与(2)的结果进行比较，说明什么？

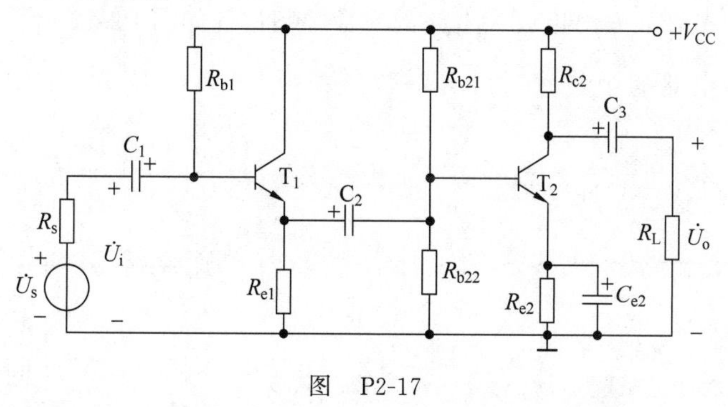

图　P2-17

18. 已知电路如图 P2-18 所示，设三极管 T_1 的电流放大系数为 β_1，输入电阻为 r_{be1}，三极管 T_2 的电流放大系数为 β_2，输入电阻为 r_{be2}，其他参数如图中标注。

（1）写出估算电路静态工作点的计算公式。

（2）写出计算电压放大倍数 $\dot{A}_u$ 的计算公式。

（3）写出计算输入电阻的计算公式。

（4）写出计算输出电阻的计算公式。

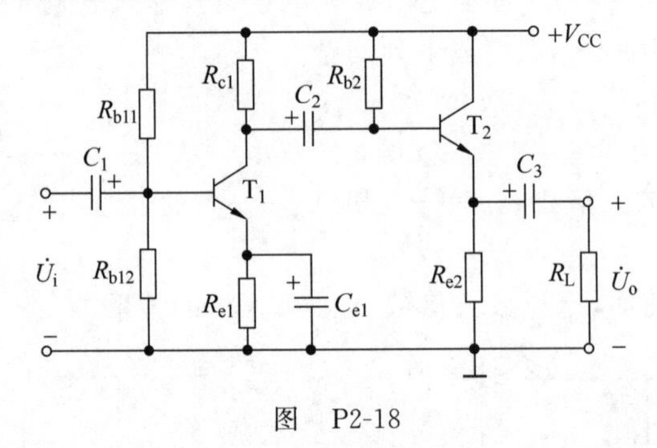

图 P2-18

19．已知某基本共发射极放大电路的波特图如图 P2-19 所示。试求：

（1）该电路的中频电压放大倍数 $|\dot{A}_{usm}|$、下限频率 f_L、上限频率 f_H 和通频带 f_{BW}。

（2）$\dot{A}_{us}$ 的表达式。

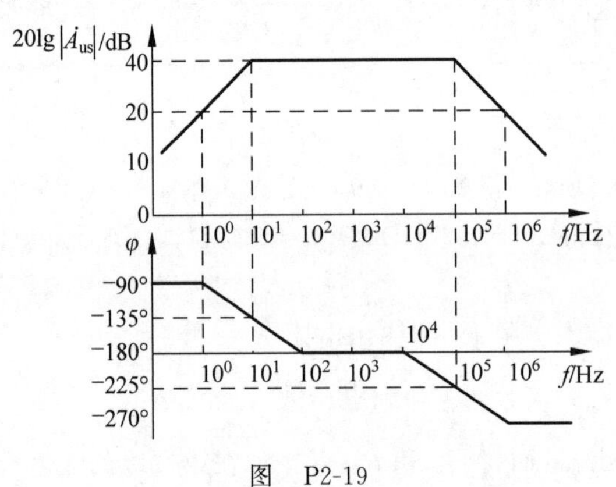

图 P2-19

20．假设两个单管共发射极放大电路的对数幅频特性如图 P2-20 所示。试求：

（1）两个放大电路的中频电压放大倍数 $|\dot{A}_{um}|$、下限频率 f_L、上限频率 f_H 和通频带 f_{BW}。

（2）试判断两个放大电路分别采用何种耦合方式(阻容耦合还是直接耦合)。

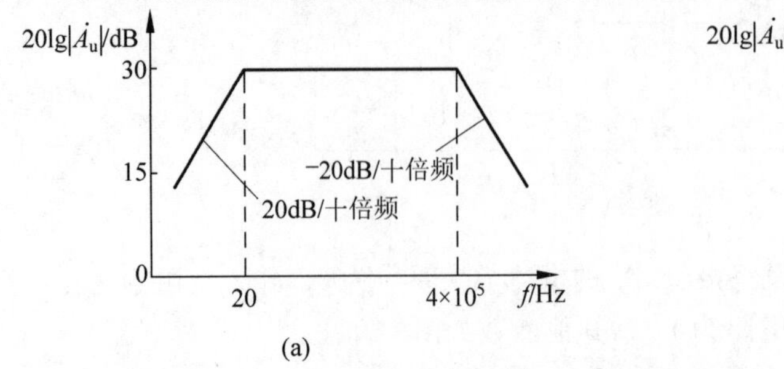

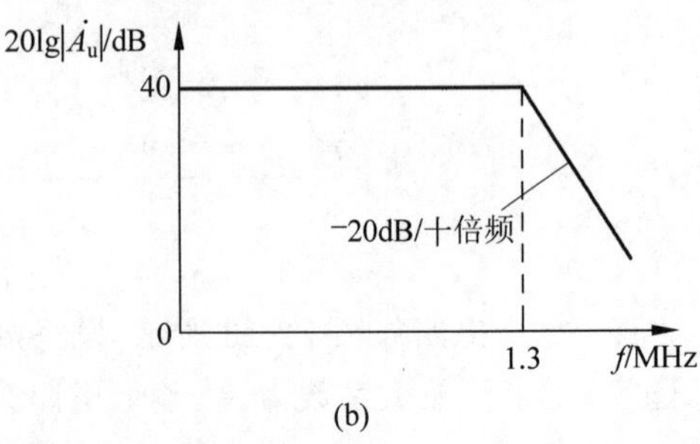

图 P2-20

第3章 场效应管及其放大电路

CHAPTER 3

教学提示：场效应管也是组成各种放大电路的核心器件，因此必须先理解场效应管的结构、工作原理，掌握其转移特性、输出特性和主要参数，在此基础上才能更好地学习场效应管放大电路的工作原理和分析方法。场效应管放大电路的分析主要是静态分析和动态分析，由于场效应管也是非线性器件，故三极管放大电路的分析方法在此同样适用。

知识拓展 3-1

教学要求：了解场效应管的结构，理解不同场效应管的工作原理，掌握不同场效应管的特性曲线和主要参数，掌握不同组态场效应管放大电路的静态与动态分析方法。

3.1 场效应管

前面介绍的半导体三极管是电流控制器件，它工作在放大状态时，需要信号源提供一定的基极电流来控制集电极电流。在半导体三极管中参与导电的载流子有空穴和自由电子两种，所以又称为双极型三极管。而场效应管(场效应晶体管的简称)是电压控制器件，它是利用外加电压的电场效应来控制输出电流的，基本上不需要信号源提供电流。由于场效应管依靠多数载流子导电，因此又称为单极型三极管。

知识拓展 3-2

场效应管具有输入电阻高、耗电低、噪声低、热稳定性好、抗辐射能力强、制造工艺简单和便于集成等优点，被广泛应用于各种电子电路中。

场效应管分为结型场效应管和绝缘栅场效应管两种。

3.1.1 结型场效应管

知识拓展 3-3

结型场效应管是结型场效应晶体管(Junction Field Effect Transistor，JFET)的简称，根据其导电沟道的不同分为N沟道结型场效应管和P沟道结型场效应管，它们的结构示意图和符号如图3-1所示。

N沟道结型场效应管是在一块N型半导体材料的两侧利用不同的制造工艺形成掺杂浓度比较高的P区，在P区和N区的交界处形成一个PN结，即耗尽层。将两侧的P区连接在一起并引出一个电极作为栅极(g)，再在N型半导体的一端引出一个电极作为源极(s)，另一端引出一个电极作为漏极(d)。两个PN结中间的N型区是漏极和源极之间的电流沟道，称为导电沟道。由于导电沟道是N区，其多数载流子是自由电子，故称为N沟道结型场效应管。其结构示意图和符号如图 3-1(a)所示，符号中箭头方向是从栅极指向导电沟道，即从 P 区指向 N 区。

相应地，如果在 P 型半导体的两侧扩散两个 N 型区，则构成了 P 沟道结型场效应管，其结构示意图和符号如图 3-1(b)所示，符号中栅极上的箭头是从沟道指向栅极，但仍是从 P 区指向 N 区。

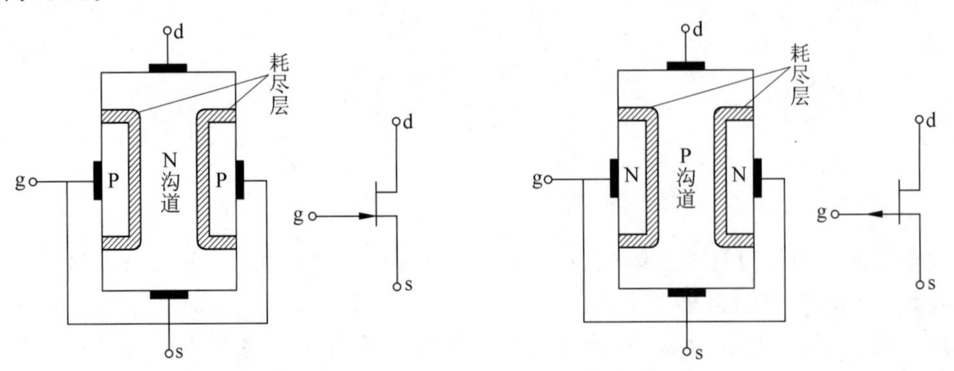

(a) N沟道JFET的结构示意图和符号　　(b) P沟道JFET的结构示意图和符号

图 3-1　结型场效应管的结构示意图和符号

P 沟道结型场效应管和 N 沟道结型场效应管的工作原理类似，只不过 P 沟道结型场效应管的电源极性与 N 沟道结型场效应管的电源极性相反。本节以 N 沟道结型场效应管为例介绍结型场效应管的工作原理和特性曲线。

1. 工作原理

N 沟道 JFET 工作时，需要在栅极和源极间加一个负电压，即 $u_{GS}<0$，使两个 PN 结反偏，这样栅极电流 $i_G\approx 0$，因此，场效应管的输入电阻可高达 10MΩ 以上。在源极和漏极间加一个正电压，即 $u_{DS}>0$，使 N 沟道中的多数载流子在电场作用下由源极向漏极运动，形成电流 i_D。当改变 u_{GS} 时，电流 i_D 也随着改变，也即 i_D 受 u_{GS} 控制。因此，分析 JFET 的工作原理时分两个方面，即 u_{GS} 对 i_D 的控制作用和 u_{DS} 对 i_D 的影响。

1) u_{GS} 对 i_D 的控制作用

分析 u_{GS} 对 i_D 的控制作用，就是在 u_{DS} 为常数的条件下，分析 i_D 随着 u_{GS} 的变化而变化的规律。这里分 $u_{DS}=0$ 和 $u_{DS}>0$ 两种情况来考虑。

(1) 当 $u_{DS}=0$ 时，$i_D=0$，观察 u_{GS} 对导电沟道的影响。

当 $u_{GS}=0$ 时，耗尽层比较窄，导电沟道比较宽，如图 3-2(a)所示。

当 $u_{GS}<0$ 时，也即栅极和源极之间加上一个反偏电压，因此耗尽层变宽，导电沟道相应地变窄，只要满足 $U_{GS(OFF)}<u_{GS}<0$，就仍然存在导电沟道，如图 3-2(b)所示。

当 $u_{GS}=U_{GS(OFF)}$ 时，两侧的耗尽层将在中间合拢，导电沟道被夹断，如图 3-2(c)所示。此时漏源极间的电阻趋于无穷大，$U_{GS(OFF)}$ 称为夹断电压，是一个负值。

从以上分析可以看出，当 u_{GS} 变化时，虽然导电沟道的宽度随着改变，但是因为 $u_{DS}=0$，所以漏极电流 $i_D=0$。

(2) 当 $u_{DS}>0$ 时，观察 u_{GS} 对导电沟道和漏极电流 i_D 的影响。

当 $u_{GS}=0$ 时，由于耗尽层比较窄，导电沟道比较宽，故 i_D 比较大。但是由于 i_D 流过导电沟道时会产生电压降落，使沟道上不同位置的电位各不相等，漏极处的电位最高，源极处

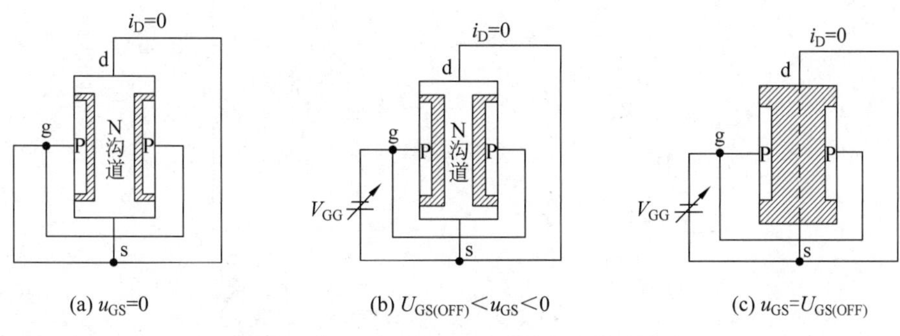

图 3-2　当 $u_{DS}=0$ 时，u_{GS} 对导电沟道的影响

的电位最低。因此，沟道上不同位置处加在 PN 结上的反向偏置电压不等，致使沟道上不同位置的耗尽层宽度不同。漏极处反向偏置电压最大，耗尽层最宽；源极处反向偏置电压最小，耗尽层最窄。

当 $u_{GS}<0$ 时，耗尽层变宽，导电沟道变窄，漏源极间的电阻变大，i_D 将减小。耗尽层和导电沟道的情况如图 3-3 所示。

当 u_{GS} 更负时，耗尽层更宽，导电沟道更窄，i_D 更小。当 $u_{GS}\leqslant U_{GS(OFF)}$ 时，导电沟道完全被夹断，i_D 减小为零。

从以上分析可知，通过改变栅源之间的电压 u_{GS} 来改变 PN 结中的电场，从而控制漏极电流 i_D，故称为结型场效应管。

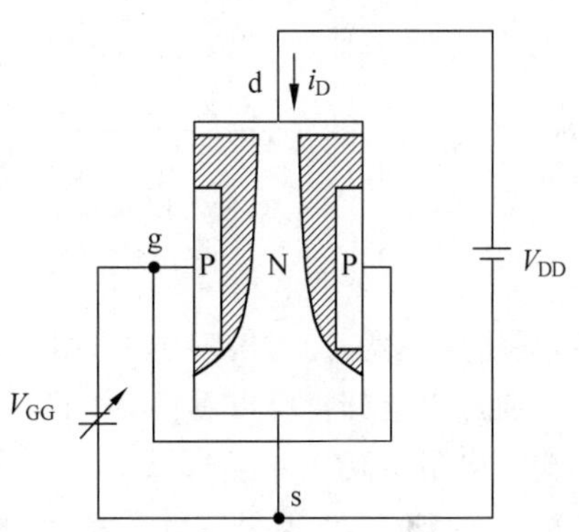

图 3-3　当 $u_{DS}>0$ 时，u_{GS} 对导电沟道和漏极电流 i_D 的影响

2）u_{DS} 对 i_D 的影响

分析 u_{DS} 对 i_D 的影响，是在 u_{GS} 为常数的条件下，分析 i_D 随着 u_{DS} 的变化而变化的规律。

（1）当 $u_{GS}=0$ 时，分析 i_D 随着 u_{DS} 的变化而变化的规律。

当 $u_{DS}=0$ 时，$i_D=0$，如图 3-4(a)所示。

当 $u_{DS}>0$ 时，将产生一个漏极电流 i_D。i_D 流过导电沟道时，沿着沟道的方向从漏极到源极产生一个电压降落，使沟道漏极处耗尽层最宽，源极处耗尽层最窄。随着 u_{DS} 的增加，i_D 也将逐渐增大。同时，沟道上不同位置的耗尽层不等宽的情况逐渐加剧，如图 3-4(b)所示。

当 u_{DS} 增加到 $u_{DS}=|U_{GS(OFF)}|$（$u_{GD}=u_{GS}-u_{DS}=-u_{DS}=U_{GS(OFF)}$）时，漏极处的耗尽层开始合拢在一起，即预夹断状态，如图 3-4(c)所示。

如果再继续增加，耗尽层夹断长度会继续增加，但是由于夹断处电场强度也增大，仍能将电子拉过夹断区（耗尽层），形成漏极电流，这和半导体三极管在集电结反偏时仍能把电子拉过耗尽区基本上是相似的。在从源极到夹断处的沟道上，沟道内电场基本上不随 u_{DS} 的改变而改变。所以，i_D 基本上不随 u_{DS} 的增加而增大，趋于饱和，如图 3-4(d)所示。

如果 u_{DS} 的值过高，则 PN 结将由于反向偏置电压过高而被击穿，使场效应管受到损害。

（2）如果在 JFET 的栅极和源极之间接一个负电源 $u_{GS}<0$，则与（1）中的各种情况相比，在 u_{DS} 相同的情况下，耗尽层变宽，沟道电阻增大，则 i_D 将减小。而且栅源电压 u_{GS} 越

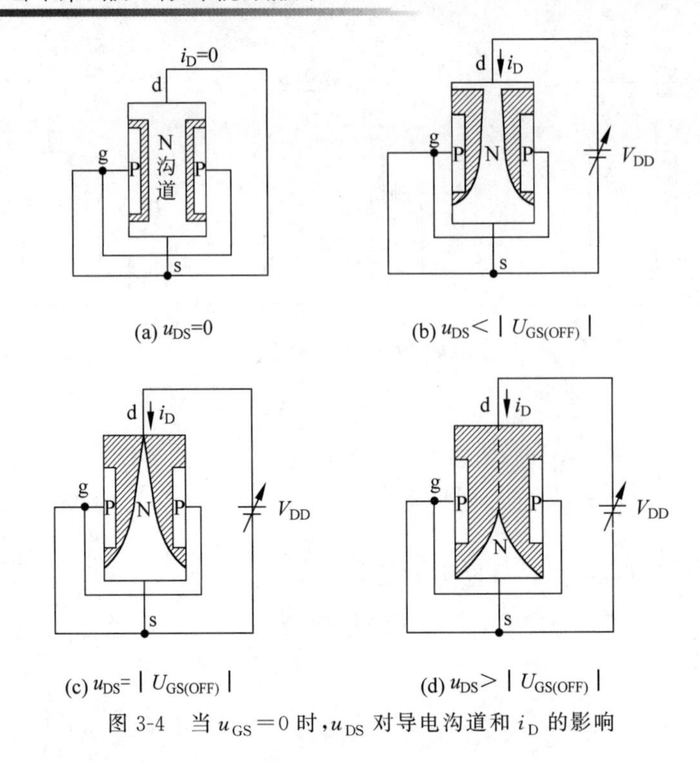

图 3-4　当 $u_{GS}=0$ 时，u_{DS} 对导电沟道和 i_D 的影响

负，耗尽层越宽，沟道电阻越大，相应的 i_D 越小。

通过以上分析可以看出，由于 JFET 的栅源电压为负，使两个 PN 结反向偏置，故 $i_G \approx 0$，输入电阻很高。电流 i_D 是受 u_{GS} 控制的，所以 JFET 是电压控制型器件。在沟道预夹断之前，i_D 与 u_{DS} 近似呈线性关系，预夹断之后，i_D 趋于饱和。

2. 特性曲线

结型场效应管的特性曲线包括输出特性曲线和转移特性曲线。

1）输出特性

结型场效应管的输出特性是指在栅源电压 u_{GS} 不变时，漏极电流 i_D 与漏源电压 u_{DS} 之间的关系，即

$$i_D = f(u_{DS})\big|_{u_{GS}=\text{常数}} \tag{3-1}$$

N 沟道结型场效应管的输出特性曲线如图 3-5(a)所示。图中，场效应管的输出特性曲线可以划分为四个工作区，分别是可变电阻区、恒流区、击穿区和截止区。

在可变电阻区，栅源电压越负，输出特性越倾斜，说明漏源之间的等效电阻越大，所以在该区内，JFET 可以看成是一个受栅源电压 u_{GS} 控制的可变电阻，因此称为可变电阻区。在该区内还可以看出，i_D 随着 u_{DS} 的增加而上升，两者之间基本上是线性关系，此时场效应管可以近似为一个线性电阻。只不过当 u_{GS} 不同时，电阻的阻值不同而已。

在恒流区各条输出特性曲线近似为水平的直线，表示漏极电流 i_D 基本上不随 u_{DS} 而变化，i_D 的值主要取决于 u_{GS}，因此称为恒流区，也称为饱和区。当用场效应管组成放大电路时，应使其工作在此区域内，以避免出现严重的非线性失真。

可变电阻区与恒流区之间的虚线表示预夹断轨迹。每条输出特性曲线与此虚线相交的各个点上，u_{DS} 与 u_{GS} 的关系均满足 $u_{GD}=u_{GS}-u_{DS}=U_{GS(OFF)}$。

在恒流区的右侧，曲线微微上翘，表示当 u_{DS} 升高到某一限度时，PN 结因反向偏置电

压过高而被击穿，i_D 突然增大，因此该区称为击穿区。为了保证场效应管的安全，u_{DS} 不能超过规定的极限值。

在输出特性曲线的最下面靠近横坐标轴的部分，表示场效应管的 $u_{GS} \leqslant U_{GS(OFF)}$，此时场效应管的导电沟道完全被夹断，场效应管不能导电，故称为截止区。

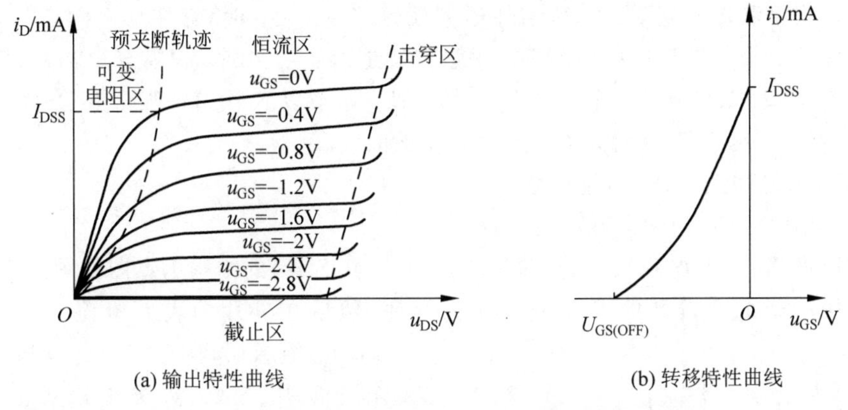

(a) 输出特性曲线　　(b) 转移特性曲线

图 3-5　N 沟道结型场效应管的特性曲线

2）转移特性

转移特性是指当场效应管的漏源之间的电压 u_{DS} 不变时，漏极电流 i_D 与栅源之间的电压 u_{GS} 的关系，即

$$i_D = f(u_{GS})\big|_{u_{DS}=\text{常数}} \tag{3-2}$$

N 沟道结型场效应管的转移特性曲线如图 3-5(b) 所示。图中，$U_{GS(OFF)}$ 是夹断电压，表示 $i_D=0$ 时的 u_{GS}。I_{DSS} 是饱和漏极电流，表示 $u_{GS}=0$ 时的漏极电流。从图中可以看出，当 $u_{GS}=0$ 时，i_D 达到最大值，u_{GS} 越负，则 i_D 越小；当 $u_{GS}=U_{GS(OFF)}$ 时，$i_D=0$。i_D 与 u_{GS} 的关系可以近似用下面的公式表示，即

$$i_D = I_{DSS}\left(1-\frac{u_{GS}}{U_{GS(OFF)}}\right)^2 \quad (U_{GS(OFF)} \leqslant u_{GS} \leqslant 0) \tag{3-3}$$

实际上，转移特性曲线可以根据输出特性曲线通过作图的方法得到。方法是，在输出特性曲线中，对应于 u_{DS} 等于某一固定电压处作一条垂直于横轴的直线，如图 3-6 所示，该直线与 u_{GS} 为不同值的各条输出特性曲线有一系列的交点，根据这些交点，可得到不同 u_{GS} 时的 i_D 值，由此可画出相应的转移特性曲线。

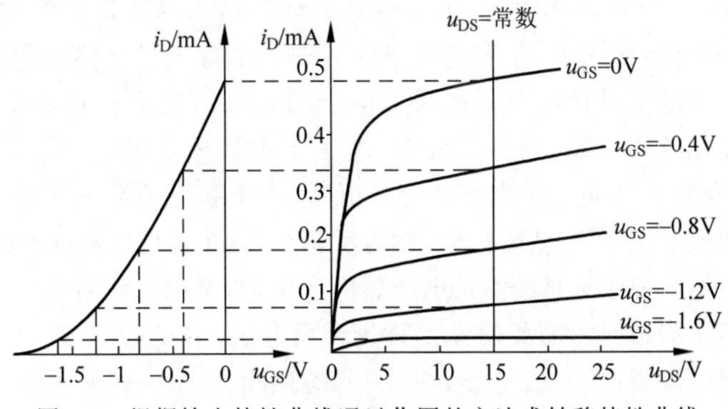

图 3-6　根据输出特性曲线通过作图的方法求转移特性曲线

3.1.2 绝缘栅场效应管

绝缘栅场效应管又称为金属-氧化物-半导体场效应管(Metal-Oxide-Semiconductor Field Effect Transistor,MOSFET),简称 MOS 场效应管。它也分为 N 沟道和 P 沟道两类,每一类又分为增强型和耗尽型两种。所谓耗尽型就是当 $u_{GS}=0$ 时,存在导电沟道,$i_D\neq 0$。实际上结型场效应管就属于耗尽型。所谓增强型就是当 $u_{GS}=0$ 时,没有导电沟道,即 $i_D=0$。P 沟道和 N 沟道 MOS 场效应管的工作原理相似。本节以 N 沟道增强型 MOS 场效应管为主,介绍 MOS 场效应管的结构、工作原理和特性曲线。

1. N 沟道增强型 MOS 场效应管

1) N 沟道增强型 MOS 场效应管的结构

N 沟道增强型 MOS 场效应管(简称增强型 NMOS 管)的结构示意图如图 3-7(a)所示。它是用一块掺杂浓度较低的 P 型硅片作为衬底,然后在硅片的表面覆盖一层二氧化硅(SiO_2)绝缘层,再在二氧化硅层上刻出两个窗口,用扩散的方法在 P 型硅衬底中形成两个高掺杂浓度的 N 型区,分别引出源极 s 和漏极 d,衬底也引出一根引线,用 B 表示。通常情况下,将衬底与源极在管子内部连接在一起。然后在源极和漏极之间的二氧化硅上面引出栅极 g,栅极与其他电极之间是绝缘的,所以称为绝缘栅场效应管。因为这种器件从结构上包括了金属(铝电极)、氧化物(SiO_2)和半导体,所以又称为金属-氧化物-半导体场效应管。N 沟道增强型 MOS 场效应管的符号如图 3-7(b)所示,箭头方向表示由衬底 P 指向 N 沟道。

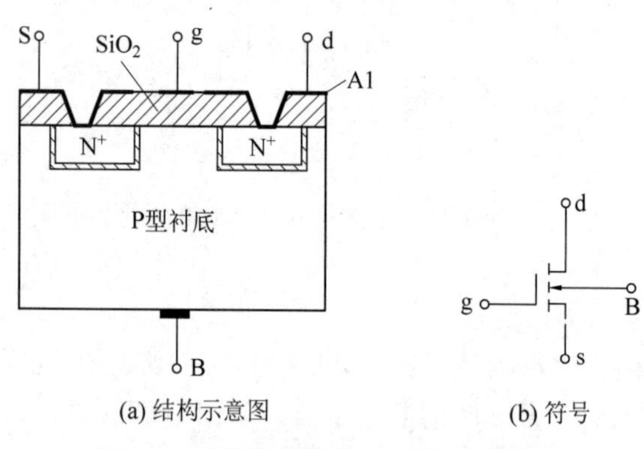

图 3-7 N 沟道增强型 MOS 场效应管的结构示意图和符号

2) N 沟道增强型 MOS 场效应管的工作原理

当栅源电压 $u_{GS}=0$ 时,在漏极和源极的两个 N 区之间是 P 型衬底,因此,漏源之间相当于两个背靠背的 PN 结。所以,无论漏源之间加上何种极性的电压,总是有一个 PN 结是反偏的,漏源之间的电阻很大,不能形成导电沟道,没有电流流过,即 $i_D=0$,如图 3-8(a)所示。

当栅源电压 $u_{GS}>0$ 时,则栅极(铝层)和 P 型硅片就相当于以二氧化硅为介质的平板电容器,在正的栅源电压作用下,介质中便产生了一个垂直于半导体表面的电场,方向是由栅极指向衬底。这个电场是排斥空穴而吸引电子的,于是,把 P 型衬底中的电子(少子)吸引到衬底靠近二氧化硅的一侧,与空穴复合,产生了由负离子组成的耗尽层。随着 u_{GS} 的增大,耗尽层逐渐变宽。当 u_{GS} 增大到一定数值时,由于吸引了足够多的电子,便在耗尽层与二氧化硅之间形成了一个 N 型电荷层,称为反型层,这个反型层实际上就组成了源极和漏极间的 N 型导电沟道。由于它是栅源正电压感应产生的,所以也称为感生沟道,如图 3-8(b)所示。开始形成感生沟道时所需要的 u_{GS} 称为开启电压,用 $U_{GS(TH)}$ 表示。

一旦出现了感生沟道,原来被 P 型衬底隔开的两个 N 型区就被感生沟道连在一起了。这时,如果有正的漏极电源 V_{DD} 作用,将有漏极电流 i_D 产生。外加较小的 u_{DS} 时,漏极电

流 i_D 将随着 u_{DS} 的增加而增大，但是由于沟道存在电位梯度，因此沟道的宽度是不均匀的。靠近源极端宽，靠近漏极端窄，如图 3-8(c)所示。

当 u_{DS} 增大到一定数值时，即 $u_{DS}=u_{GS}-U_{GS(TH)}$ 时，靠近漏极处的沟道达到临界开启的程度，出现了预夹断状态，如图 3-8(d)所示。如果 u_{DS} 继续增大，则沟道的夹断区逐渐延长，如图 3-8(e)所示。在此过程中，由于夹断区的沟道电阻很大，所以当 u_{DS} 逐渐增大时，增加的 u_{DS} 几乎都降落在夹断区上，而导电沟道两端的电压几乎没有增大，基本保持不变，所以漏极电流 i_D 也保持不变。

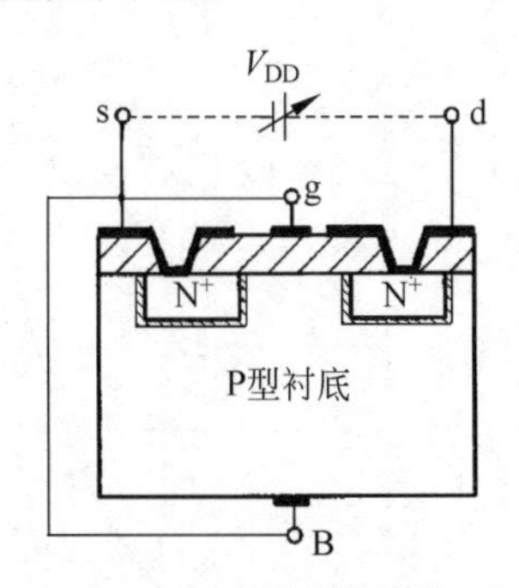

(a) u_{GS}=0时，没有导电沟道

(b) $u_{GS}\geqslant U_{GS(TH)}$时， 出现N型感生沟道

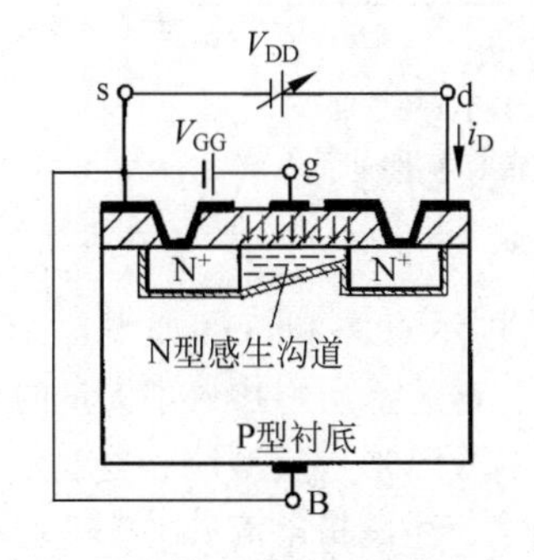

(c) u_{DS}较小时，i_D迅速增大

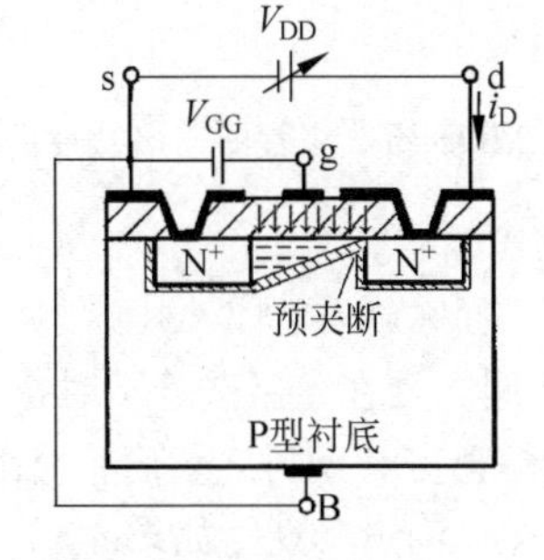

(d) $u_{DS}=u_{GS}-U_{GS(TH)}$时，预夹断

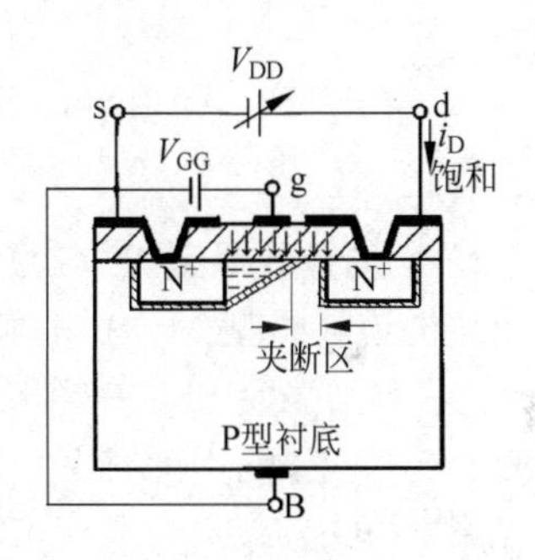

(e) u_{DS}较大出现夹断时，i_D趋于饱和

图 3-8　N 沟道增强型 MOS 场效应管的工作原理示意图

通过以上分析可以看出，它是利用 u_{GS} 来控制感应电荷的多少，以改变由这些感应电荷形成的导电沟道的状况，然后控制漏极电流 i_D。由于它的栅极处于绝缘状态，所以输入电阻比结型场效应管的还要高，一般为 1000MΩ 以上。

3）特性曲线

(1) 输出特性。输出特性是指在栅源电压 u_{GS} 一定的情况下，漏极电流 i_D 与漏源电压 u_{DS} 之间的关系，即

$$i_D=f(u_{DS})\big|_{u_{GS}=\text{常数}} \tag{3-4}$$

N 沟道增强型 MOS 场效应管的输出特性曲线如图 3-9(a)所示。与结型场效应管一样，可以分为四个工作区，分别是可变电阻区、恒流区、击穿区和截止区。可变电阻区和恒流区之间的虚线表示预夹断轨迹，该虚线与各条输出特性曲线的交点满足关系 $u_{GD}=u_{GS}-u_{DS}=U_{GS(TH)}$。

(2) 转移特性。转移特性是指在 u_{DS} 一定的情况下，漏极电流 i_D 与栅源电压 u_{GS} 之间的关系，即

$$i_D = f(u_{GS})\big|_{u_{DS}=\text{常数}} \tag{3-5}$$

N沟道增强型MOS场效应管的转移特性曲线如图3-9(b)所示。当$u_{GS}<U_{GS(TH)}$时，由于尚未形成导电沟道，因此$i_D=0$。当$u_{GS}=U_{GS(TH)}$时，开始形成导电沟道，有漏极电流i_D产生。然后随着u_{GS}的增大，导电沟道变宽，沟道电阻减小，漏极电流i_D增大。当$u_{GS}\geqslant U_{GS(TH)}$时，漏极电流$i_D$与$u_{GS}$的关系可以用下面的公式表示

$$i_D = I_{DO}\left(\frac{u_{GS}}{U_{GS(TH)}}-1\right)^2 \quad (u_{GS}\geqslant U_{GS(TH)}) \tag{3-6}$$

其中，I_{DO}表示当$u_{GS}=2U_{GS(TH)}$时的i_D的值。

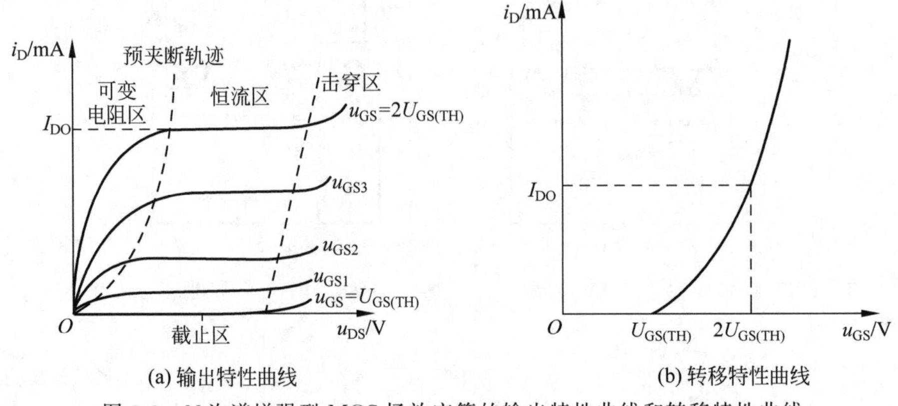

(a) 输出特性曲线　　(b) 转移特性曲线

图3-9　N沟道增强型MOS场效应管的输出特性曲线和转移特性曲线

2. N沟道耗尽型MOS场效应管

N沟道耗尽型MOS场效应管(简称耗尽型NMOS管)的结构示意图和符号如图3-10所示。它与增强型NMOS管相比，不同之处在于制造管子时在二氧化硅绝缘层中掺入了大量的正离子，这些正离子所形成的电场同样会在P型衬底表面感应出自由电子，形成反型层。也就是说，在栅源电压$u_{GS}=0$时，已经有了导电沟道。这时如果$u_{DS}>0$，就会产生漏极电流i_D。

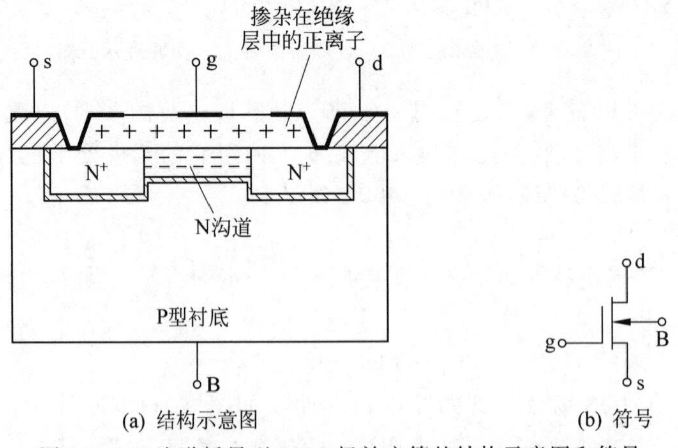

(a) 结构示意图　　(b) 符号

图3-10　N沟道耗尽型MOS场效应管的结构示意图和符号

如果$u_{GS}>0$时，栅源电压所产生的电场与正离子产生的电场方向一致，使衬底中的电场强度增大，反型层增厚，沟道电阻变小，i_D增大；反之，如果$u_{GS}<0$时，栅源电压所产生的电场与正离子产生的电场方向相反，使反型层变薄，沟道电阻变大，i_D减小。当负的栅源电压达到

一定数值时，它所产生的电场完全抵消了正离子产生的电场，使反型层消失，沟道被夹断，$i_D=0$。耗尽型 MOS 管也因此得名。使 i_D 减为零时的 u_{GS} 称为夹断电压，用 $U_{GS(OFF)}$ 表示。

N 沟道耗尽型 MOS 场效应管的输出特性曲线和转移特性曲线如图 3-11 所示。

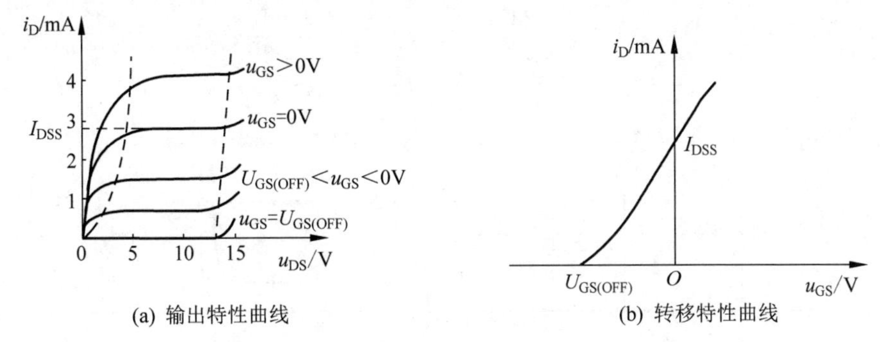

图 3-11　N 沟道耗尽型 MOS 场效应管的输出特性曲线和转移特性曲线

N 沟道耗尽型 MOS 场效应管的转移特性方程为

$$i_D=I_{DSS}\left(1-\frac{u_{GS}}{U_{GS(OFF)}}\right)^2 \quad (U_{GS(OFF)}<u_{GS}<0) \tag{3-7}$$

式中，I_{DSS} 为转移特性曲线上 $u_{GS}=0$ 时的漏极电流。

P 沟道 MOS 场效应管的工作原理与 N 沟道 MOS 场效应管的类似，它们的符号衬底 B 上的箭头与 N 沟道 MOS 管的相反。

为了方便比较，现将各种场效应管的符号、输出特性曲线和转移特性曲线列于表 3-1 中。

表 3-1　各种场效应管的符号、输出特性曲线和转移特性曲线

种　类		符　号	输出特性曲线	转移特性曲线
结型 N 沟道	耗尽型	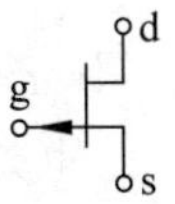	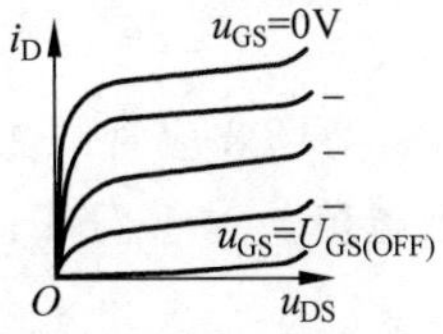	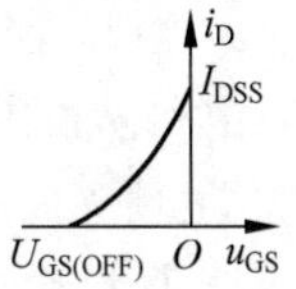
结型 P 沟道	耗尽型	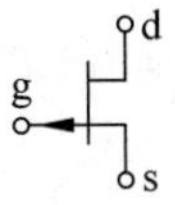	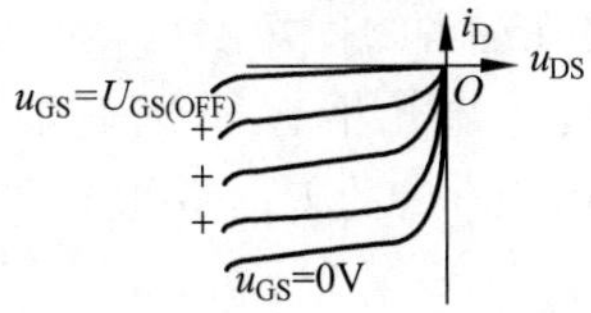	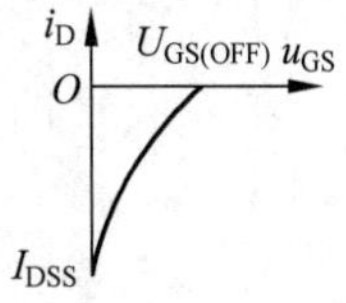
绝缘栅型 N 沟道	增强型	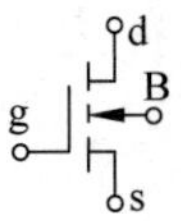	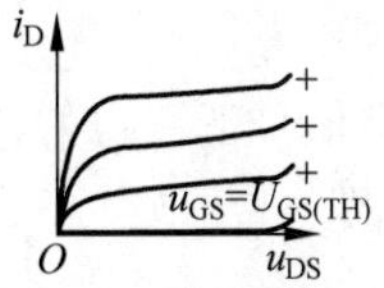	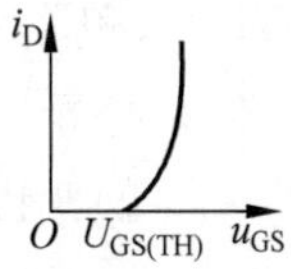
	耗尽型	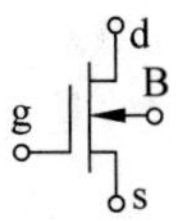	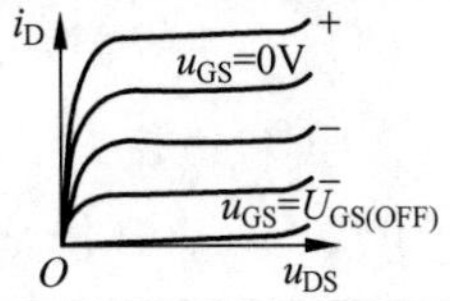	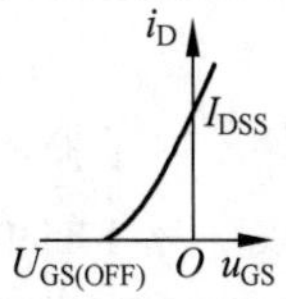

续表

种　　类		符　　号	输出特性曲线	转移特性曲线
绝缘栅型 P 沟道	增强型			
	耗尽型			

3.2 场效应管的主要参数

1. 直流参数

1）夹断电压 $U_{GS(OFF)}$

夹断电压是耗尽型场效应管的主要参数。其定义是，当 u_{DS} 一定时，使 i_D 近似为 0 时的栅源电压 u_{GS} 的值。耗尽型 NMOS 管的 $U_{GS(OFF)}$ 为负值，耗尽型 PMOS 管的 $U_{GS(OFF)}$ 为正值。

2）开启电压 $U_{GS(TH)}$

开启电压是增强型场效应管的主要参数。其定义是，当 u_{DS} 一定时，开始出现漏极电流 i_D 时所需的栅源电压 u_{GS} 的值。增强型 NMOS 管的 $U_{GS(TH)}$ 为正值，增强型 PMOS 管的 $U_{GS(TH)}$ 为负值。

3）饱和漏极电流 I_{DSS}

饱和漏极电流是耗尽型场效应管的主要参数。其定义是，当栅源电压 $u_{GS}=0$ 的情况下，产生预夹断时的漏极电流。对于 JFET 来说，I_{DSS} 也是管子所能输出的最大电流。

4）直流输入电阻 R_{GS}

直流输入电阻是在漏源之间短路（$u_{DS}=0$）的条件下，栅源电压 u_{GS} 与栅极电流之比。由于场效应管的栅极电流几乎为 0，因此输入电阻很高。结型场效应管的 R_{GS} 一般在 10MΩ 以上，绝缘栅场效应管的 R_{GS} 一般在 1000MΩ 以上。

2. 交流参数

1）低频跨导 g_m

低频跨导是在低频小信号下测得的。其定义是，当 u_{DS} 为常数时，漏极电流 i_D 与栅源电压 u_{GS} 的变化量之比，即

$$g_m=\left.\frac{\Delta i_D}{\Delta u_{GS}}\right|_{u_{DS}=\text{常数}} \tag{3-8}$$

跨导反映了栅源电压 u_{GS} 对漏极电流 i_D 的控制能力，是表征场效应管放大能力的一个主要参数。跨导的单位是西门子（S），也常用毫西 mS（mA/V）或微西 μS（μA/V）作单位。g_m 可以在转移特性上求得，它就是转移特性上工作点处的斜率。由于转移特性是非线性的，所

以工作点不同，跨导也不同。

2）极间电容

极间电容是指场效应管三个电极之间的等效电容。极间电容越小，场效应管的高频性能越好。一般为几个皮法。

3. 极限参数

1）漏源击穿电压 $U_{BR(DS)}$

场效应管进入恒流区后，如果继续增大 u_{DS}，当其增大到某一数值时，会使漏极电流急剧增加，此时对应的 u_{DS} 称为漏源击穿电压 $U_{BR(DS)}$。工作时外加在漏源之间的电压不得超过此值。

2）栅源击穿电压 $U_{BR(GS)}$

栅源击穿电压 $U_{BR(GS)}$ 是指结型场效应管 PN 结被击穿，或者绝缘栅场效应管栅极与衬底之间的二氧化硅绝缘层被击穿时的栅源电压 u_{GS}。这种击穿属于破坏性击穿。只要栅源间发生击穿，场效应管即被破坏。所以工作时外加的栅源电压不能超过此值。

3）最大漏极电流 I_{DM}

最大漏极电流 I_{DM} 是指场效应管正常工作时所允许的最大漏极电流。

4）最大允许耗散功率 P_{DM}

场效应管的允许耗散功率 p_D 是指漏极电流与漏源之间电压的乘积，即 $p_D = i_D u_{DS}$。这部分耗散功率将转换为热能，使管子的温度升高。为了使场效应管安全工作，p_D 有一个最大限度即为 P_{DM}。P_{DM} 与场效应管的最高工作温度和散热条件有关。

【例题 3.1】 已知某场效应管的输出特性曲线如图 3-12 所示。试分析该管是什么类型的场效应管（是结型还是绝缘栅型，是 N 沟道还是 P 沟道，是增强型还是耗尽型）。

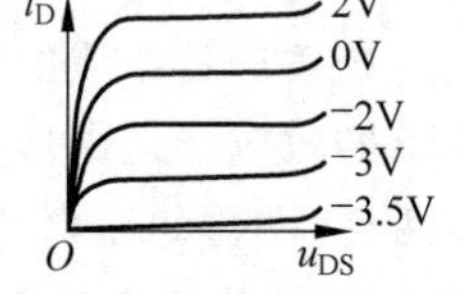

图 3-12　例题 3.1 的图

解：从 i_D、u_{DS} 和 u_{GS} 的极性可知该管为 N 沟道；从输出特性曲线中看出，$u_{GS}=0$ 时，已经有了导电沟道，$u_{GS}>0$ 时，i_D 增大，夹断电压 $U_{GS(OFF)}<0$，可知该管为耗尽型绝缘栅场效应管。所以该管为 N 沟道耗尽型绝缘栅场效应管。

【例题 3.2】 电路如图 3-13(a)所示，其中场效应管的输出特性曲线如图 3-13(b)所示。试分别计算当 u_I 为 0V、7V 和 9V 三种情况下场效应管工作在什么工作区。

解：当 $u_I = u_{GS} = 0$V 时，此时 $i_D = 0$，所以管子处于夹断状态，工作在截止区。

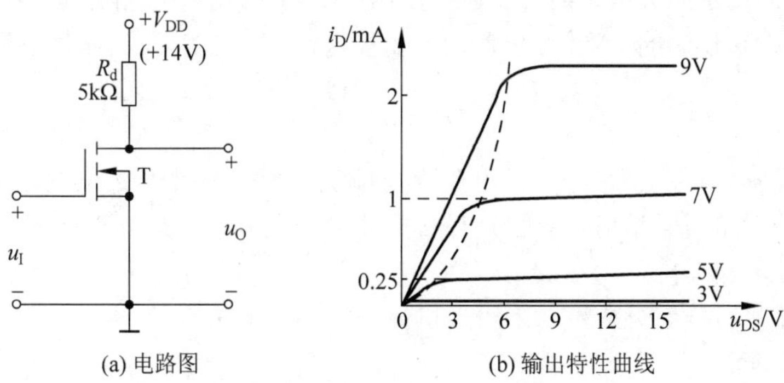

(a) 电路图　　(b) 输出特性曲线

图 3-13　例题 3.2 的图

当 $u_I=u_{GS}=7V$ 时,假设管子处于恒流区,从输出特性曲线上可以看到,此时 $i_D=1mA$,所以 $u_O=u_{DS}=V_{DD}-i_DR_d=9V$,而 $u_{GS}-u_{GS(TH)}=(7-3)V=4V$,$u_{DS}>u_{GS}-u_{GS(TH)}$,说明管子确实工作在恒流区。

当 $u_I=u_{GS}=9V$ 时,假设管子处于恒流区,从输出特性曲线上可以看到,此时 $i_D\approx 2.2mA$,所以 $u_O=u_{DS}=V_{DD}-i_DR_d=3V$,而 $u_{GS}-u_{GS(TH)}=(9-3)V=6V$,$u_{DS}<u_{GS}-u_{GS(TH)}$,说明管子不工作在恒流区,而是工作在可变电阻区。

3.3 场效应管放大电路

场效应管和半导体三极管一样,都具有放大作用,都能作为放大电路的核心器件。三极管是电流控制器件,为了使输出波形不失真,半导体三极管必须工作在放大区,且需要设置一个合适的静态偏置电流 I_{BQ}。而场效应管是电压控制器件,它必须工作在恒流区且需要设置合适的静态偏置电压 U_{GSQ}。通过前面的分析可以看出,场效应管和三极管都有三个电极,且它们的电极具有对应关系,即场效应管的栅极 g、源极 s 和漏极 d 与三极管的基极 b、发射极 e 和集电极 c 一一对应。三极管放大电路按照输入、输出回路公共端的不同,分为共发射极、共集电极和共基极放大电路,相应地,场效应管放大电路按照输入、输出回路的不同分为共源极、共漏极和共栅极放大电路。由于共栅极放大电路很少使用,因此本节仅介绍共源极和共漏极放大电路。由于场效应管和三极管都是非线性器件,前面分析三极管放大电路的方法也适用于场效应管放大电路。

3.3.1 共源极放大电路

由场效应管组成的放大电路和三极管放大电路一样,也需要建立合适的静态工作点 Q。但由于场效应管是电压控制器件,因此需要设置合适的静态偏置电压 U_{GSQ}。通常偏置的形式有两种,即自偏压电路和分压-自偏压式电路。

1. 自偏压式单管共源极放大电路

如图 3-14(a)所示为由耗尽型 NMOS 管组成的自偏压式单管共源极放大电路。场效应管放大电路中仍然是交、直流并存,因此场效应管放大电路的分析同样分为静态分析和动态分析。

1) 静态分析

如图 3-14(a)所示放大电路的直流通路如图 3-14(b)所示。在静态时,由于场效应管的栅极电流为 0,因而流过电阻 R_g 的电流为 0,栅极电位 U_G 也为 0;而漏极电流 I_D 流过源极电阻 R_s 必然产生电压,使源极电位 $U_S=I_DR_s$,因此,栅-源之间的电压为

$$U_{GS}=-I_DR_s \tag{3-9}$$

可见,放大电路是靠源极电阻 R_s 上的电压为栅-源之间提供一个负的偏置电压,故称为自偏压式放大电路。对于增强型场效应管只有在栅源电压达到开启电压时才有漏极电流,所以不能采用自偏压电路。

对放大电路进行静态分析可以采用近似估算法和图解法。

(1) 近似估算法。

通过图 3-14(b)的漏极回路可以列出直流负载线方程

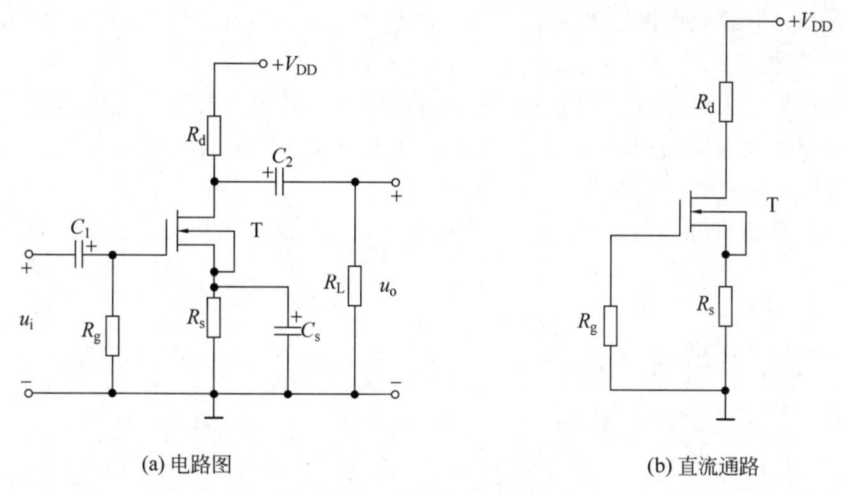

图 3-14　自偏压式单管共源极放大电路

$$U_{DS}=V_{DD}-I_D(R_d+R_s) \tag{3-10}$$

将式(3-9)和式(3-7)列出方程组

$$\begin{cases} U_{GSQ}=-I_{DQ}R_s \\ I_{DQ}=I_{DSS}\left(1-\dfrac{U_{GSQ}}{U_{GS(OFF)}}\right)^2 \end{cases} \tag{3-11}$$

求出 U_{GSQ} 和 I_{DQ}，再代入式(3-10)即可求出静态工作点处的 U_{GSQ}、I_{DQ} 和 U_{DSQ}。

(2) 图解法。

用图解法求解静态工作点的步骤如下：

① 根据放大电路的漏极回路列出直流负载线方程，并在输出特性上作出直流负载线 MN，如图 3-15 所示。

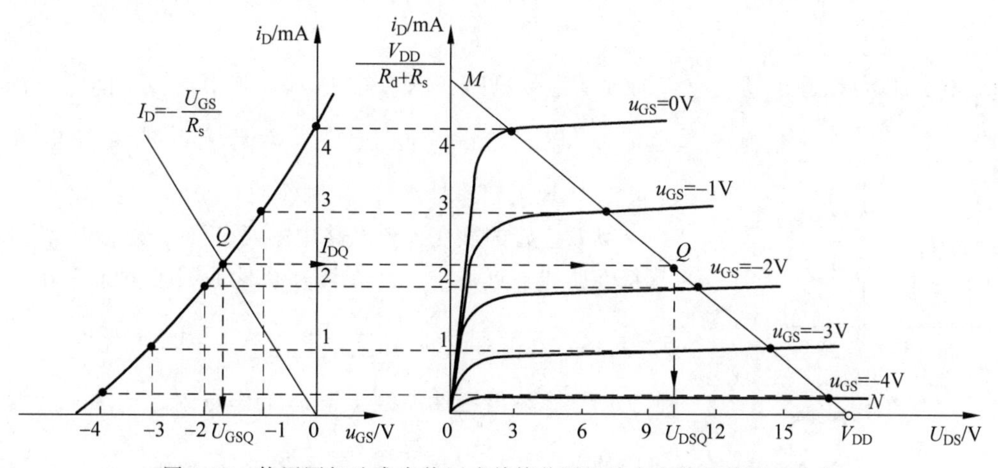

图 3-15　使用图解法求自偏压式单管共源极放大电路的静态工作点

② 根据直流负载线 MN 与各条输出特性曲线的交点所确定的 i_D、u_{GS} 的值作出转移特性。该转移特性表明在给定负载下 i_D 和 u_{GS} 之间的关系，称为负载转移特性。

③ 由式 $U_{GS}=-I_DR_s$，在转移特性坐标平面内作直线，与负载转移特性曲线的交点即为

静态工作点 Q。由 Q 点坐标得到 U_{GSQ} 和 I_{DQ} 的值，再到输出特性坐标平面内求出 U_{DSQ} 的值。

2）动态分析

对场效应管放大电路进行动态分析时也可以采用图解法和微变等效电路法。图解法分析过程与三极管放大电路相同，这里不再介绍，下面主要介绍微变等效电路法。

（1）场效应管的微变等效电路。

从前面的分析可知，漏极电流 i_D 是栅源电压 u_{GS} 和漏源电压 u_{DS} 的函数，可用函数表示为

$$i_D = f(u_{GS}, u_{DS}) \tag{3-12}$$

由式(3-12)求 i_D 的全微分，可得

$$\mathrm{d}i_D = \left.\frac{\partial i_D}{\partial u_{GS}}\right|_{U_{DS}} \mathrm{d}u_{GS} + \left.\frac{\partial i_D}{\partial u_{DS}}\right|_{U_{GS}} \mathrm{d}u_{DS} \tag{3-13}$$

在式(3-13)中，定义

$$g_m = \left.\frac{\partial i_D}{\partial u_{GS}}\right|_{U_{DS}}$$

$$\frac{1}{r_{ds}} = \left.\frac{\partial i_D}{\partial u_{DS}}\right|_{U_{GS}}$$

其中，g_m 称为场效应管的跨导；r_{ds} 称为场效应管漏源之间的等效电阻。于是式(3-13)可以写成

$$\mathrm{d}i_D = g_m \mathrm{d}u_{GS} + \frac{1}{r_{ds}} \mathrm{d}u_{DS} \tag{3-14}$$

当场效应管在小信号情况下工作时，场效应管的电压和电流均在静态工作点附近的小范围内变化，近似为线性状态，所以 g_m 和 r_{ds} 视为常数，并且 $\mathrm{d}i_D = i_d$，$\mathrm{d}u_{GS} = u_{gs}$，$\mathrm{d}u_{DS} = u_{ds}$。如果输入为正弦波信号，式(3-14)可表示为相量形式，即

$$\dot{I}_d = g_m \dot{U}_{gs} + \frac{1}{r_{ds}} \dot{U}_{ds} \tag{3-15}$$

根据式(3-15)可以画出场效应管的微变等效电路如图 3-16 所示。其中栅源之间没有栅极电流，所以只有一个电压 $\dot{U}_{gs}$，漏源之间的受控电流源 $g_m\dot{U}_{gs}$ 体现了 $\dot{U}_{gs}$ 对 $\dot{I}_d$ 的控制作用。

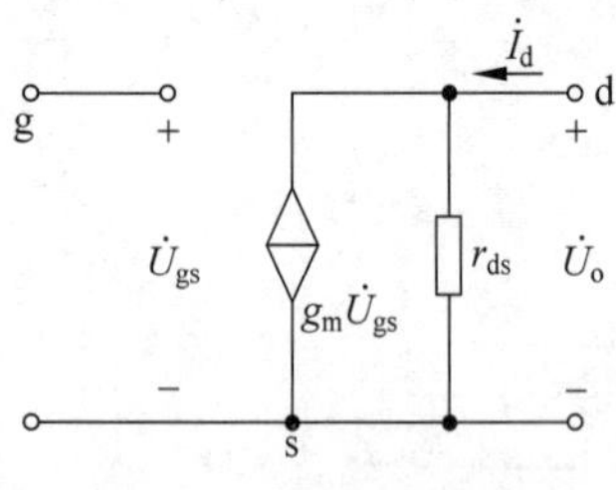

图 3-16　场效应管的微变等效电路

场效应管的微变等效电路中的两个参数 g_m 和 r_{ds} 可以从特性曲线上近似求出。在转移特性曲线上静态工作点附近取 Δi_D，找出对应的 Δu_{GS}，则 $g_m = \dfrac{\Delta i_D}{\Delta u_{GS}}$，如图 3-17(a)所示。同样在输出特性曲线上静态工作点附近取 Δu_{DS}，找出对应的 Δi_D，则 $r_{ds} = \dfrac{\Delta u_{DS}}{\Delta i_D}$，如图 3-17(b)所示。

跨导 g_m 也可以用转移特性表达式求出。对于耗尽型场效应管可由式(3-7)求得。已知

$$i_D = I_{DSS}\left(1 - \frac{u_{GS}}{U_{GS(OFF)}}\right)^2$$

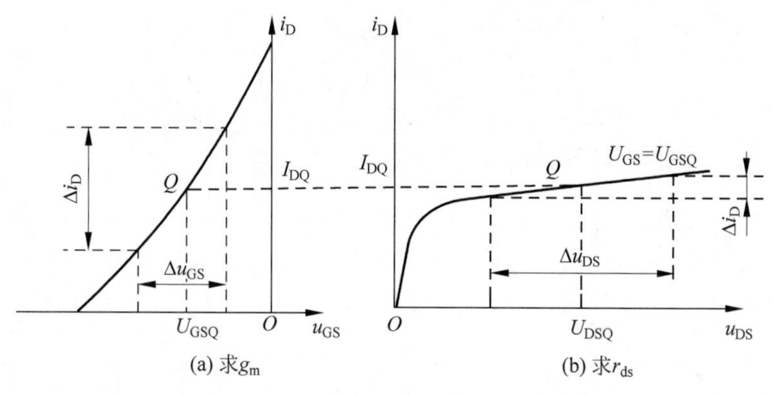

图 3-17　用特性曲线求 g_m 和 r_{ds}

对 u_{GS} 求偏导数，得

$$g_m = \left.\frac{\partial i_D}{\partial u_{GS}}\right|_{U_{DS}} = 2I_{DSS}\left(1-\frac{u_{GS}}{U_{GS(OFF)}}\right)\left(-\frac{1}{U_{GS(OFF)}}\right)$$

由式(3-7)可得

$$1-\frac{u_{GS}}{U_{GS(OFF)}} = \sqrt{\frac{i_D}{I_{DSS}}}$$

所以

$$g_m = -\frac{2}{U_{GS(OFF)}}\sqrt{I_{DSS}i_D}$$

又因为在静态工作点处，$i_D = I_{DQ}$，所以在静态工作点处的跨导为

$$g_m = -\frac{2}{U_{GS(OFF)}}\sqrt{I_{DSS}I_{DQ}} \tag{3-16}$$

对于增强型场效应管，可用同样方法对式(3-6)求导，得到静态工作点处的跨导为

$$g_m = \frac{2}{U_{GS(TH)}}\sqrt{I_{DO}I_{DQ}} \tag{3-17}$$

一般情况下，r_{ds} 为几百千欧，当放大电路的漏极负载电阻 R_d 比 r_{ds} 小得多时，可以认为 r_{ds} 开路，于是图 3-16 可以简化为图 3-18。

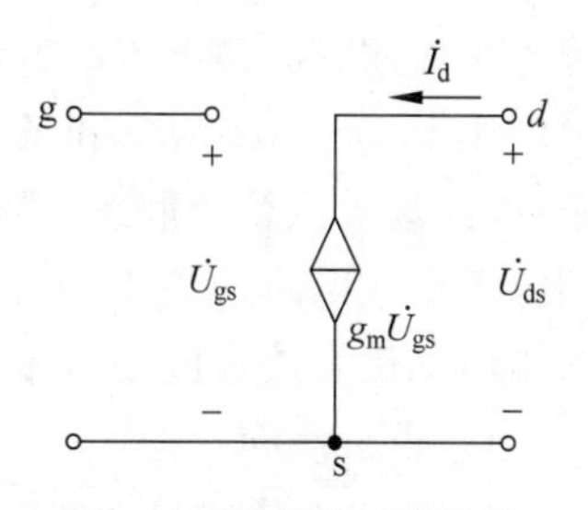

图 3-18　简化的场效应管微变等效电路

(2) 自偏压式单管共源极放大电路的微变等效电路。

将如图 3-14(a)所示的场效应管放大电路的交流通路中的场效应管用其微变等效电路来代替，就得到该放大电路的微变等效电路。画场效应管放大电路的交流通路的方法与三极管放大电路的画法一样，就是将电容和直流电源短路。图 3-14(a)的交流通路如图 3-19(a)所示，其微变等效电路如图 3-19(b)所示。

(3) 自偏压式单管共源极放大电路的动态参数的计算。

图 3-19(b)是一个线性电路，因此可以采用线性电路的求解方法计算场效应管放大电路的电压放大倍数 $\dot{A}_u$、输入电阻 R_i 和输出电阻 R_o。

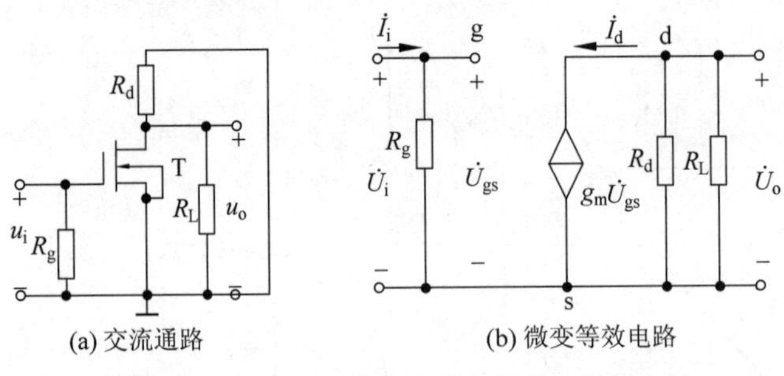

图 3-19　图 3-14(a)的交流通路和微变等效电路

由图 3-19(b)可得

$$\dot{U}_i=\dot{U}_{gs}$$

$$\dot{U}_o=-g_m\dot{U}_{gs}R'_L$$

其中，$R'_L=R_d//R_L$，所以电压放大倍数为

$$\dot{A}_u=\frac{\dot{U}_o}{\dot{U}_i}=-\frac{g_m\dot{U}_{gs}R'_L}{\dot{U}_{gs}}=-g_mR'_L \tag{3-18}$$

输入电阻为

$$R_i=\frac{\dot{U}_i}{\dot{I}_i}=R_g \tag{3-19}$$

输出电阻为

$$R_o=\frac{\dot{U}_o}{\dot{I}_o}\bigg|_{\substack{\dot{U}_s=0\\R_L=\infty}}=R_d \tag{3-20}$$

仿真视频 3-1

2. 分压-自偏压式单管共源极放大电路

由 N 沟道增强型场效应管组成的分压-自偏压式单管共源极放大电路如图 3-20 所示。因为场效应管的栅极不取电流，所以静态时，a 点和 g 点电位相等，场效应管的栅极电压是由电源 V_{DD} 经电阻 R_1 和 R_2 分压得到的。另外，静态漏极电流流过电阻 R_s 产生一个自偏压，因此场效应管的静态偏置电压 U_{GSQ} 由分压和自偏压共同决定的，故称为分压-自偏压式共源极放大电路。图 3-20 中 R_s 的作用是引入一个直流电流负反馈，稳定静态工作点。R_g 的作用是提高放大电路的输入电阻。

1）静态分析

分压-自偏压式单管共源极放大电路的直流通路如图 3-21 所示。

根据图 3-21 的输入回路可以写出方程

$$U_{GSQ}=\frac{R_2}{R_1+R_2}V_{DD}-I_{DQ}R_s \tag{3-21}$$

再与转移特性方程

$$I_{DQ}=I_{DO}\left(\frac{U_{GSQ}}{U_{GS(TH)}}-1\right)^2$$

联立求出 I_{DQ} 和 U_{GSQ}，再将结果代入图 3-21 的输出回路方程

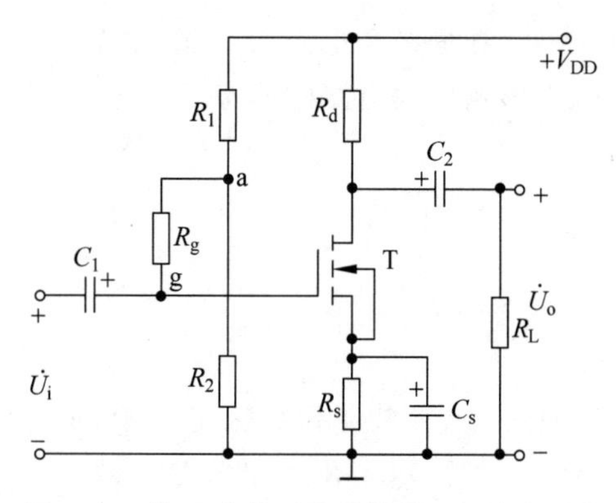

图 3-20　分压-自偏压式单管共源极放大电路

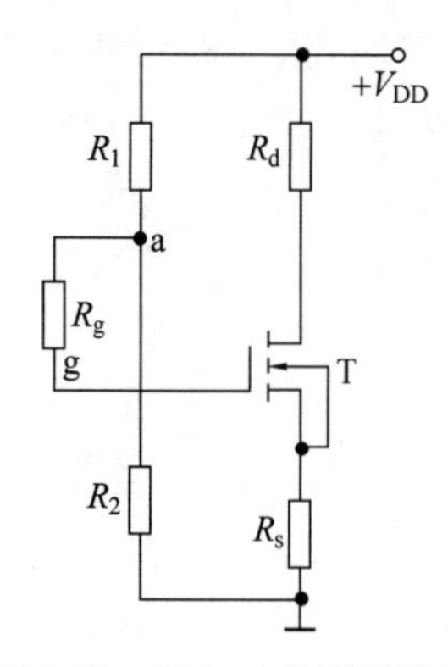

图 3-21　图 3-20 的直流通路

$$U_{DSQ}=V_{DD}-I_{DQ}(R_d+R_s) \tag{3-22}$$

即可求出静态工作点处的 U_{GSQ}、I_{DQ} 和 U_{DSQ}。

由式(3-21)可以看出,只要电阻 R_1 和 R_2 选择合适,就能使栅源电压符合要求,而且可使 U_{GS} 为正,也可使 U_{GS} 为负。所以这种分压-自偏压式偏置电路可用于各种场效应管放大电路中。

2) 动态分析

如图 3-20 所示放大电路的微变等效电路如图 3-22 所示。

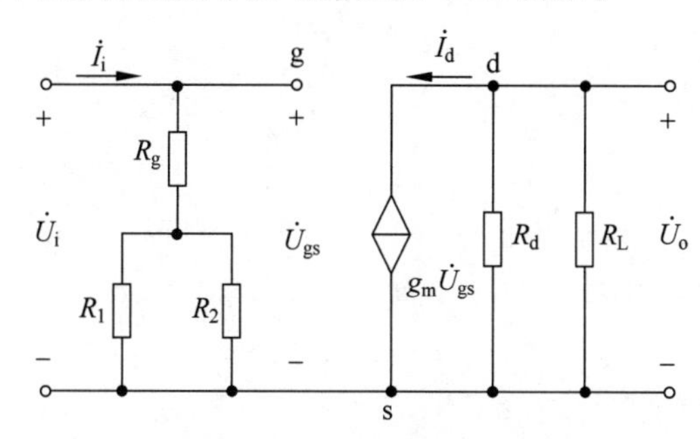

图 3-22　图 3-20 的微变等效电路

由图 3-22 可知

$$\dot{U}_i=\dot{U}_{gs}$$

$$\dot{U}_o=-\dot{I}_dR'_L=-g_m\dot{U}_{gs}R'_L$$

其中,$R'_L=R_d//R_L$,则电压放大倍数为

$$\dot{A}_u=\frac{\dot{U}_o}{\dot{U}_i}=-g_mR'_L \tag{3-23}$$

可以看出,输出电压与输入电压相位相反,同三极管共发射极放大电路一样,具有倒相作用。

输入电阻为

$$R_i=\frac{\dot{U}_i}{\dot{I}_i}=R_g+(R_1//R_2) \tag{3-24}$$

由上式可以看出,如果电阻 $R_g=0$,则电路的输入电阻为 $R_i=(R_1//R_2)$,此时数值较小，失去了场效应管输入电阻高的优点。因此，一般在栅极和电阻 R_1、R_2 相连处接入一个较大的电阻，来提高放大电路的输入电阻，它既不影响放大电路的静态工作点，又不影响电压放大倍数。

输出电阻为

$$R_o = \left.\frac{\dot{U}_o}{\dot{I}_o}\right|_{\substack{\dot{U}_s=0\\R_L=\infty}} = R_d \tag{3-25}$$

【例题 3.3】 在图 3-20 所示的分压-自偏压式单管共源极放大电路中，$V_{DD}=15V$，$R_1=300k\Omega$，$R_2=200k\Omega$，$R_g=1M\Omega$，$R_d=5k\Omega$，$R_s=2.5k\Omega$，$R_L=20k\Omega$，场效应管的开启电压 $U_{GS(TH)}=2V$，$I_{DO}=1.9mA$。

(1) 试求电路的静态工作点。

(2) 求电压放大倍数、输入电阻和输出电阻。

解：

(1) 列出直流通路的输入回路方程和转移特性方程为

$$U_{GSQ}=\frac{R_2}{R_1+R_2}V_{DD}-I_{DQ}R_s$$

$$I_{DQ}=I_{DO}\left(\frac{U_{GSQ}}{U_{GS(TH)}}-1\right)^2$$

代入数据，解得

$$U_{GSQ}=3.5V,\quad I_{DQ}=1mA$$

代入放大电路的直流输出回路得

$$U_{DSQ}=V_{DD}-I_{DQ}(R_d+R_s)=[15-1\times(5+2.5)]V=7.5V$$

(2) 场效应管在静态工作点处的跨导为

$$g_m=\frac{2}{U_{GS(TH)}}\sqrt{I_{DO}I_{DQ}}=\frac{2}{2}\times\sqrt{1.9\times1}\,mS=1.38mS$$

$$R'_L=R_d//R_L=5//20=\frac{5\times20}{5+20}k\Omega=4k\Omega$$

所以

$$\dot{A}_u=\frac{\dot{U}_o}{\dot{U}_i}=-g_mR'_L=-1.38\times4=-5.52$$

$$R_i=\frac{\dot{U}_i}{\dot{I}_i}=R_g+(R_1//R_2)=1M\Omega+\frac{300\times200}{300+200}k\Omega=1120k\Omega$$

$$R_o=R_d=5k\Omega$$

仿真视频 3-2

3.3.2 共漏极放大电路

共漏极放大电路又称为源极输出器或源极跟随器，电路如图 3-23 所示。

1. 静态分析

共漏极放大电路的直流通路如图 3-24 所示，可以看出其偏置电路和图 3-21 相同，因而静态分析方法和分压-自偏压式单管共源极放大电路的一样，此处不再赘述。

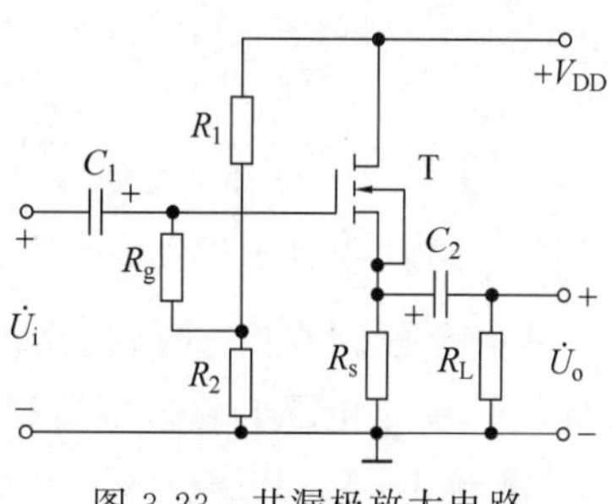

图 3-23 共漏极放大电路

2. 动态分析

图 3-23 的微变等效电路如图 3-25 所示。由图可以写出

$$\dot{U}_o = g_m \dot{U}_{gs} R'_L$$

其中，$R'_L = R_s // R_L$。

$$\dot{U}_i = \dot{U}_{gs} + \dot{U}_o = \dot{U}_{gs} + g_m \dot{U}_{gs} R'_L$$

所以放大电路的电压放大倍数为

$$\dot{A}_u = \frac{\dot{U}_o}{\dot{U}_i} = \frac{g_m R'_L}{1 + g_m R'_L} \tag{3-26}$$

因为 $g_m R'_L \gg 1$，所以电压放大倍数略小于 1，而且输出电压和输入电压相位相同，具有跟随特性，所以又称为源极跟随器。

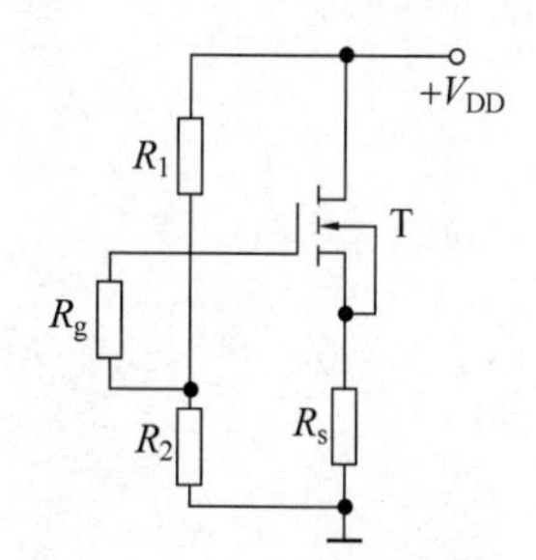

图 3-24 图 3-23 的直流通路

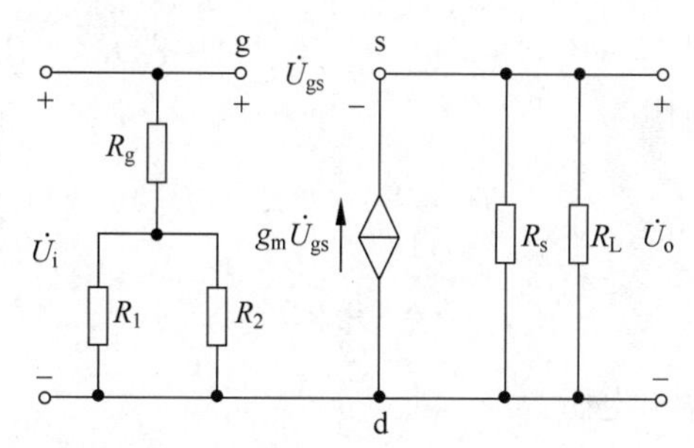

图 3-25 图 3-23 的微变等效电路

输入电阻与共源极场效应管放大电路的输入电阻相同，仍为

$$R_i = \frac{\dot{U}_i}{\dot{I}_i} = R_g + (R_1 // R_2) \tag{3-27}$$

计算输出电阻采用如图 3-26 所示的电路，图中

$$\dot{U}_o = -\dot{U}_{gs}$$

$$\dot{I}_o = \dot{I}_{Rs} - g_m \dot{U}_{gs} = \frac{\dot{U}_o}{R_s} + g_m \dot{U}_o$$

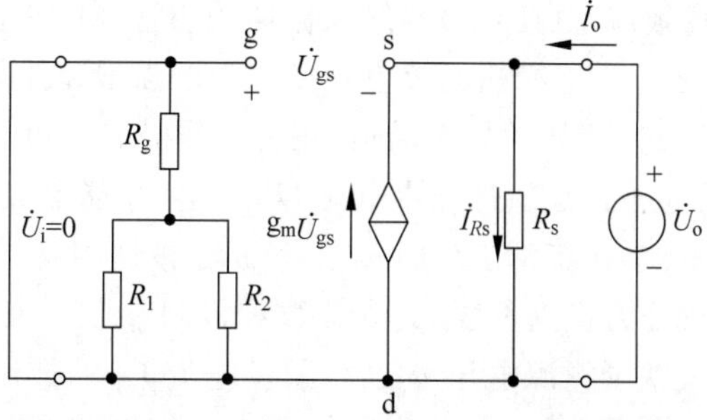

图 3-26 计算图 3-23 的输出电阻的电路

所以

$$R_o=\left.\frac{\dot{U}_o}{\dot{I}_o}\right|_{\substack{\dot{U}_i=0\\R_L=\infty}}=\frac{1}{\frac{1}{R_s}+g_m}=R_s//\frac{1}{g_m} \tag{3-28}$$

从以上分析可知，共漏极放大电路与三极管共集电极放大电路相似，具有电压放大倍数略小于1，输出电压与输入电压相位相同，输入电阻很高，输出电阻很低的特点。

【例题 3.4】 共漏极放大电路如图 3-23 所示，已知 $V_{DD}=18V$，$R_s=10k\Omega$，$R_g=2M\Omega$，$R_1=3k\Omega$，$R_2=5k\Omega$，$R_L=10k\Omega$，场效应管在静态工作点处的 $g_m=1.7mS$，试估算放大电路的电压放大倍数 $\dot{A}_u$、输入电阻 R_i 和输出电阻 R_o。

解：

$$R'_L=R_s//R_L=\frac{10\times10}{10+10}k\Omega=5k\Omega$$

所以电压放大倍数为

$$\dot{A}_u=\frac{g_mR'_L}{1+g_mR'_L}=\frac{1.7\times5}{1+1.7\times5}=0.89$$

输入电阻为

$$R_i=R_g+(R_1//R_2)=2M\Omega+\frac{3\times5}{3+5}k\Omega=2001.875k\Omega$$

$$\frac{1}{g_m}=\frac{1}{1.7}k\Omega=0.59k\Omega$$

所以输出电阻为

$$R_o=R_s//\frac{1}{g_m}=\frac{10\times0.59}{10+0.59}k\Omega=0.56k\Omega$$

小结

场效应管也是一种常用的半导体器件。场效应管是电压控制器件，它是利用栅源电压 u_{GS} 来控制漏极电流 i_D，基本上不需要信号源提供电流，因此输入电阻很高。由于场效应管依靠多数载流子导电，因此又称为单极型三极管。场效应管具有输入电阻高、耗电低、噪声低、热稳定性好、抗辐射能力强、制造工艺简单和便于集成等优点，被广泛应用于各种电子电路中。

场效应管分为结型场效应管(JFET)和绝缘栅场效应管(MOS 管)两种。这两种场效应管都有 N 沟道和 P 沟道之分。绝缘栅场效应管又分为增强型和耗尽型，结型场效应管只有耗尽型。耗尽型 MOS 管具有原始的导电沟道，正常工作时 u_{GS} 可正、可负、可为 0；增强型 MOS 管只有外加的栅源电压 u_{GS} 超过开启电压 $U_{GS(TH)}$，才能形成导电沟道，正常工作时，u_{GS} 和 u_{DS} 极性相同。JFET 在正常工作时，u_{GS} 和 u_{DS} 极性相反。

场效应管的主要参数分为直流参数、交流参数和极限参数。表征场效应管放大作用的重要参数是跨导 g_m，它反映了栅源电压 u_{GS} 对漏极电流 i_D 的控制能力，数值上通常比三极管的电流放大系数 β 小得多。

场效应管放大电路有共源极、共漏极和共栅极放大电路三种组态，分别与三极管放大电路的共发射极、共集电极和共基极放大电路对应。但是共栅极放大电路几乎不用。对场效应管放大电路的分析分为静态分析和动态分析，由于场效应管也是非线性器件，所以分析方法与三极管放大电路的分析方法类似。场效应管放大电路的直流偏置电路通常采用自偏压式和分压-自偏压式两种。其中，分压-自偏压式偏置电路可用于各种类型的场效应管放大电路，而自偏压式偏置电路只适用于耗尽型场效应管。

静态分析就是分析静态工作点 $Q(u_{GSQ}$、I_{DQ} 和 $u_{DSQ})$是否工作在恒流区。动态分析主要计算电路的电压放大倍数 $\dot{A}_u$、输入电阻 R_i 和输出电阻 R_o。共源极放大电路的电压放大倍数高，具有倒相作用；共漏极放大电路的电压放大倍数略小于 1，且输出电压与输入电压相位相同，输入电阻很高，输出电阻低。

习题

1. 填空题

(1) 半导体三极管是________控制器件，其输入电阻________；场效应管是________控制器件，其输入电阻________。

(2) 在半导体三极管中参与导电的载流子有________和________两种，所以又称为双极型三极管；场效应管依靠________导电，因此又称为单极型三极管。

(3) 场效应管是利用________来控制漏极电流 i_D。

(4) 跨导是表征场效应管放大能力的一个主要参数，其数学表达式为________，单位是________。

(5) 场效应管的热稳定性比三极管好的原因是场效应管的少数载流子________。

(6) 在使用场效应管时，由于结型场效应管的结构是对称的，所以________极和________极是可以互换的。MOS 管中如果衬底在管内不与________极预先连接在一起，则________极和________极也可以互换。

2. 选择题

(1) 场效应管是一种(　　)控制型电子器件。

A. 光　　B. 电压　　C. 电流

(2) 结型场效应管在正常工作时，其栅极和源极之间的 PN 结(　　)。

A. 必须反偏　　B. 必须正偏　　C. 必须零偏

(3) 某场效应管的转移特性曲线如图 P3-2(3)所示，则该管为(　　)。

A. P 沟道 JFET　　B. 耗尽型 NMOS 管

C. 耗尽型 PMOS 管

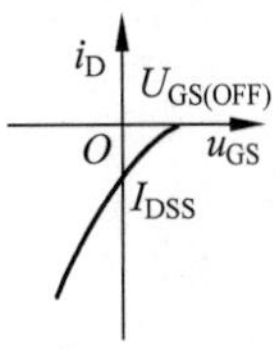

i_D　$U_{GS(OFF)}$　O　u_{GS}　I_{DSS}

图　P3-2(3)

(4) 反映场效应管放大能力的一个重要参数是(　　)。

A. 电流放大系数 β　　B. 跨导 g_m　　C. 输入电阻

(5) 自偏压式偏置电路不适用于(　　)。

A. 结型场效应管　　B. 耗尽型场效应管　　C. 增强型场效应管

3. N 沟道 JFET 的转移特性曲线如图 P3-3 所示，试确定其饱和漏极电流 I_{DSS} 和夹断

电压 $U_{GS(OFF)}$。

4. 转移特性曲线如图 P3-4 所示，试判断：

(1) 该管为何种类型？

(2) 从该曲线中可以求出管子的夹断电压还是开启电压？值是多少？

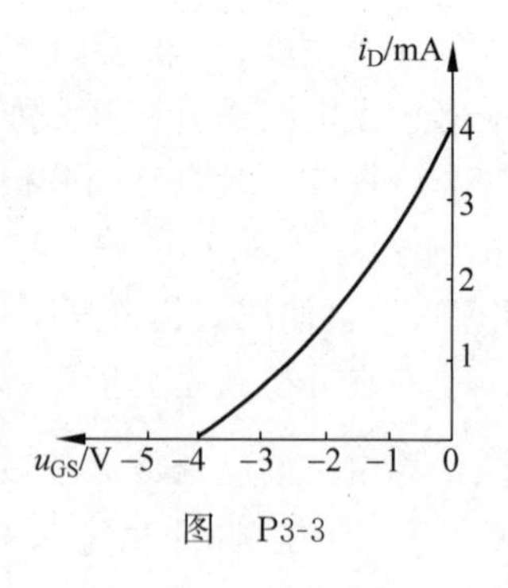

图 P3-3

5. 已知某场效应管的输出特性曲线如图 P3-5 所示，试判断：

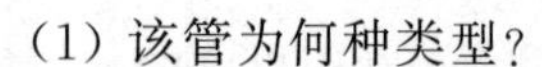

(1) 该管为何种类型？

(2) 试画出该管在 $u_{DS}=15\text{V}$ 时转移特性曲线。

(3) 从该曲线中求出管子的开启电压和 I_{DO} 的值。

(4) 求出当 $u_{DS}=15\text{V}$，$u_{GS}=9\text{V}$ 时的跨导 g_m。

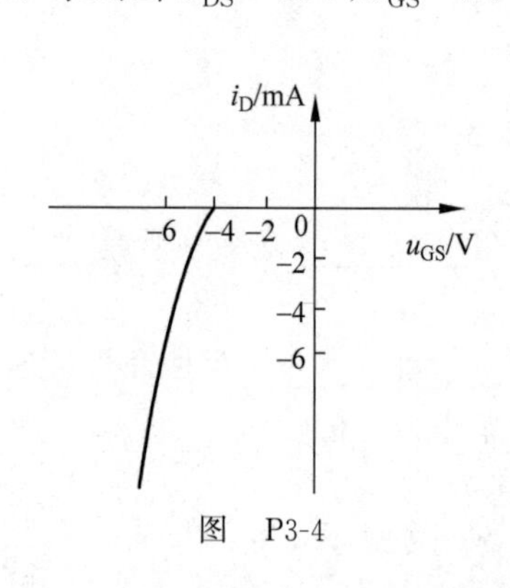

图 P3-4

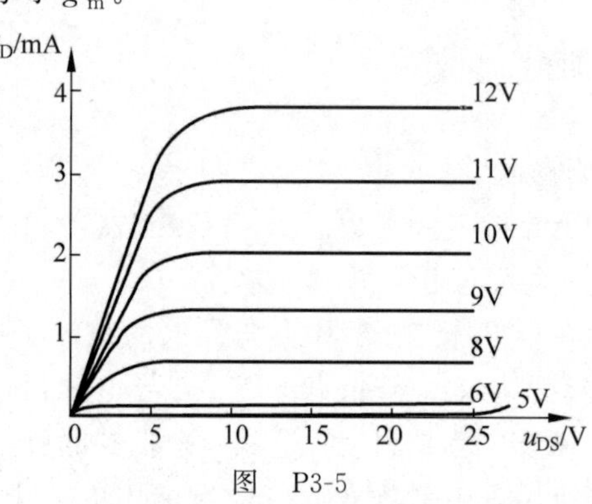

图 P3-5

6. 电路如图 P3-6(a)所示，场效应管的输出特性曲线如图 P3-6(b)所示，分析当 u_I 分别为 4V、9V 和 12V 时，场效应管分别工作在什么工作区？

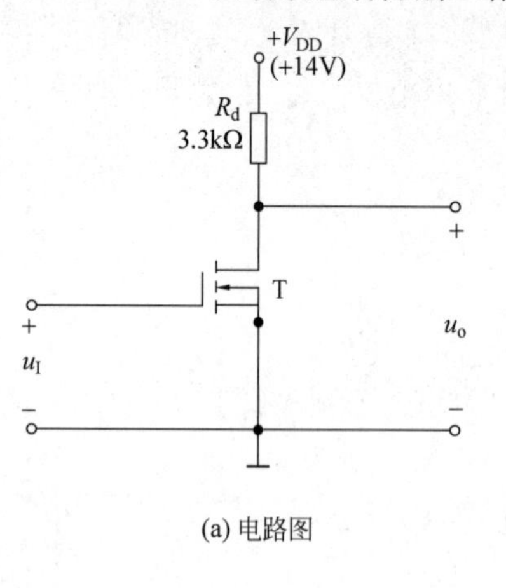

(a) 电路图

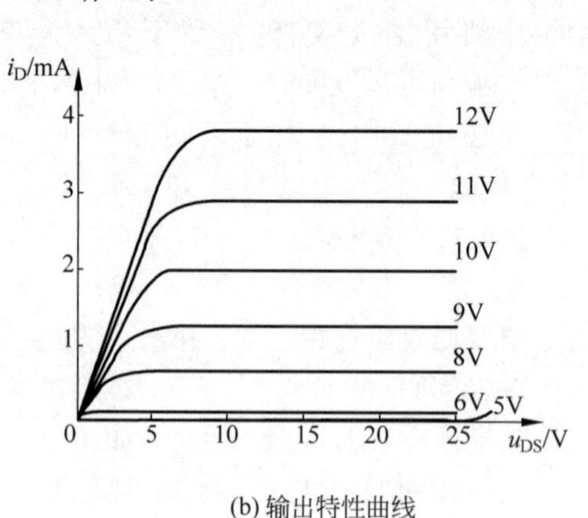

(b) 输出特性曲线

图 P3-6

7. 已知一个耗尽型 PMOS 管的饱和漏极电流 $I_{DSS}=-3\text{mA}$，夹断电压 $U_{GS(OFF)}=4\text{V}$，示意画出其转移特性曲线。

8. 试判断图 P3-8 中所示的电路是否具有放大作用，并说明原因。

9. 电路如图 P3-9 所示，已知 $R_g=1\text{M}\Omega$，$R_d=20\text{k}\Omega$，$R_s=51\text{k}\Omega$，$V_{DD}=20\text{V}$，$R_L=20\text{M}\Omega$，MOS 管的夹断电压为 $U_{GS(OFF)}=-5\text{V}$，饱和漏极电流 $I_{DSS}=2\text{mA}$。试求：

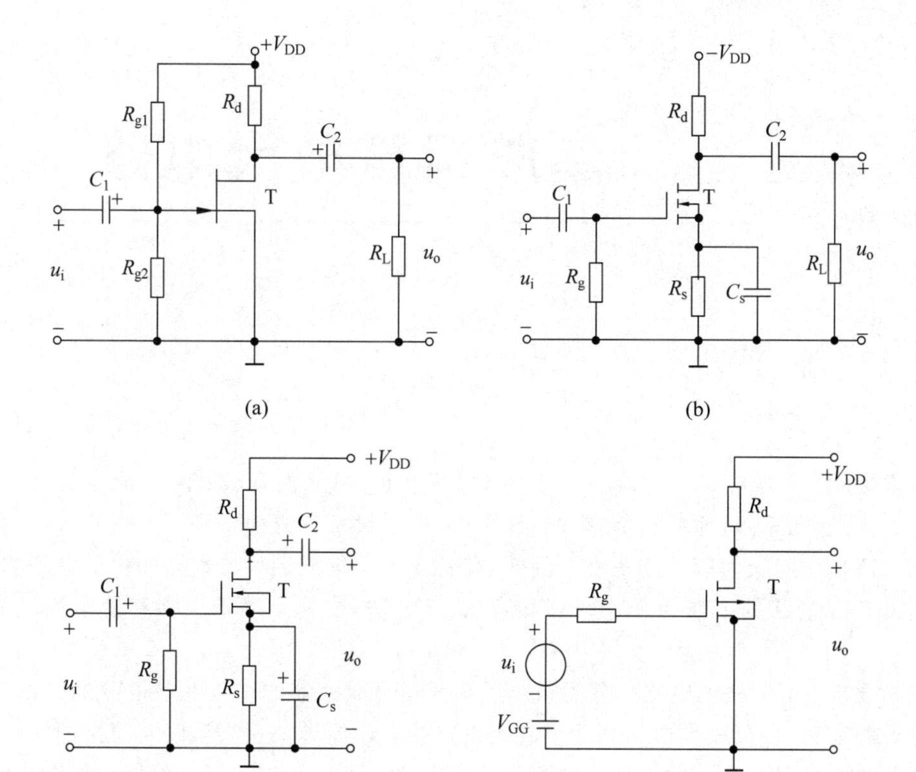

图　P3-8

(1) 电路的静态工作点。

(2) MOS 管的跨导。

(3) 画出其微变等效电路。

(4) 电压放大倍数 $\dot{A}_u$、输入电阻 R_i 和输出电阻 R_o。

10. 电路如图 P3-10 所示，已知 $V_{DD}=30\text{V}$，$R_d=15\text{k}\Omega$，$R_s=1\text{k}\Omega$，$R_g=20\text{M}\Omega$，$R_1=200\text{k}\Omega$，$R_2=30\text{k}\Omega$，$R_L=1\text{M}\Omega$，场效应管在静态工作点处的 $g_m=1.5\text{mS}$。计算电压放大倍数 $\dot{A}_u$、输入电阻 R_i 和输出电阻 R_o。

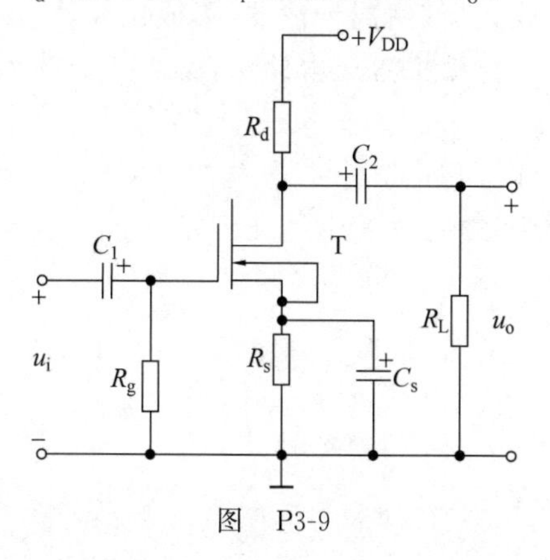

图　P3-9

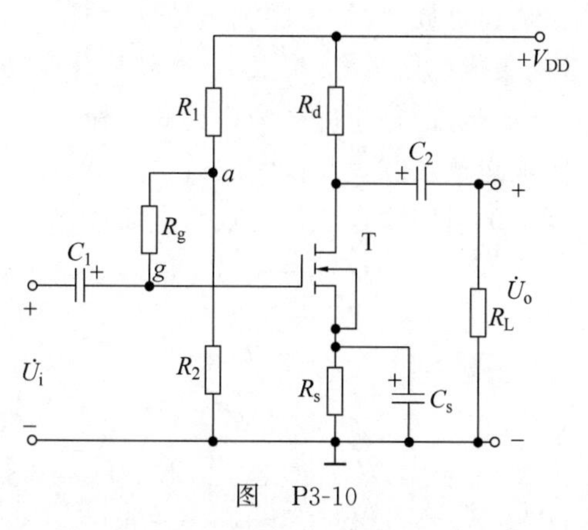

图　P3-10

第4章 集成运算放大电路

CHAPTER 4

教学提示：集成电路具有体积小、质量轻、寿命长、可靠性高、性能好、成本低、便于大规模生产等优点，在军事、通信、自动控制、计算机、电子设备等方面得到了广泛的应用，而集成运算放大器是应用极为广泛的一种。因此，有必要了解集成运算放大器的内部电路的结构，理解内部单元电路的工作原理，掌握其参数计算方法，并能正确地选择和使用集成运算放大器。

教学要求：了解集成电路的分类、特点，集成运算放大器的组成及各部分的作用。理解各种电流源电路、差分放大电路和功率放大电路的工作原理。正确理解共模抑制比的概念。掌握差分放大电路和功率放大电路的参数计算方法。掌握集成运算放大器的性能指标的含义。了解集成运算放大器使用注意事项。

知识拓展 4-1

4.1 概述

4.1.1 集成电路及其分类

在半导体制造工艺的基础上，将各种元器件及它们之间的连线所组成的完整电路制作在一块硅片上，构成特定功能的电子电路，称为集成电路。它具有体积小、质量轻、可靠性高、灵活性好、性价比高等优点，广泛用于各种电子电路中。

集成电路按照其功能的不同，分为模拟集成电路和数字集成电路。模拟集成电路又可分为集成运算放大器、集成宽频带放大器、集成功率放大器、集成乘法器、集成比较器、集成锁相环、集成稳压电源、集成模/数和数/模转换器等。在模拟集成电路中，集成运算放大器（简称集成运放）是应用极为广泛的一种。

集成运放在芯片制作完成后，要引出多个引脚，再加上外壳封装，就构成了完整的产品。集成运放的封装形式通常有双列直插式、圆壳式和扁平式三种，如图 4-1 所示。

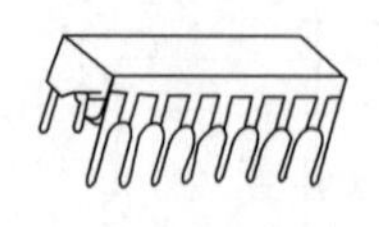

(a) 双列直插式

(b) 圆壳式

(c) 扁平式

图 4-1 集成运放的封装形式

集成运放通常有几个至十几个引脚，这些引脚分别接输入信号、输出信号、直流电源，接调零电位器端和外接校正电容端等。为了方便分析，通常集成运放的符号采用简化的形式，只画出两个输入端和一个输出端，如图4-2所示。反相输入端表示输出信号与该端的输入信号的相位相反，同相输入端表示输出信号与该端的输入信号的相位相同。

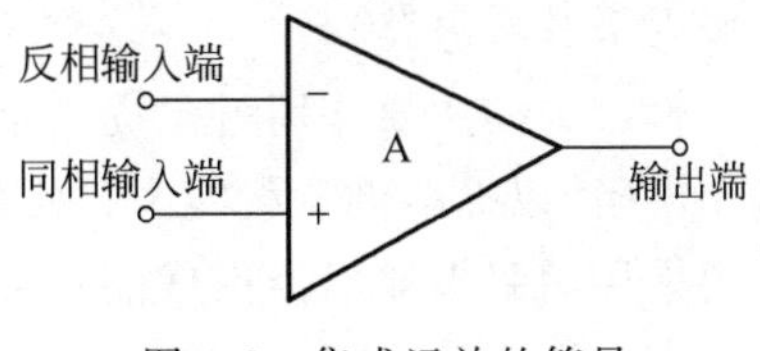

图4-2 集成运放的符号

4.1.2 集成运放的特点

与分立元器件电路相比，集成运放有以下几个特点：

(1) 电路结构与元件参数对称性好。电路中各元器件是通过相同的工艺流程在同一块硅片上制造出来的，元器件的性能参数比较一致，而且受环境温度和外界干扰等影响后的变化也相同，因此对称性较好，有利于实现对称结构的电路。

(2) 用有源器件代替无源器件。电路中的电阻元件是由硅半导体的体电阻构成，其阻值一般为几十欧姆到几十千欧姆，所以在集成电路中，高阻值的电阻多用有源负载(恒流源)来代替，因为制造三极管比制造大电阻还节省硅片，工艺也不复杂。所以在集成电路中三极管用得多，而电阻用得少。

(3) 尽量采用复合管。集成电路的制作工艺决定了三极管和场效应管最容易制作，而复合管和组合结构的电路性能较好。因此在集成运放中多采用复合管、共射-共基、共集-共基等组合电路。

(4) 级间采用直接耦合方式。集成电路中电容值一般不能超过100pF，必须用大电容时可以外接，至于电感就更不易制造，应尽量避免使用。也正因为如此，所以在集成电路中，级间都采用直接耦合方式。

(5) 电路中使用的二极管，多用作温度补偿器件或电位移动电路，大都采用三体管的发射结构成。

4.1.3 集成运放的基本组成单元

集成运放的类型很多，虽然电路结构不同，但是它们都是由四部分组成，即输入级、中间级、输出级和偏置电路。集成运放组成框图如图4-3所示。

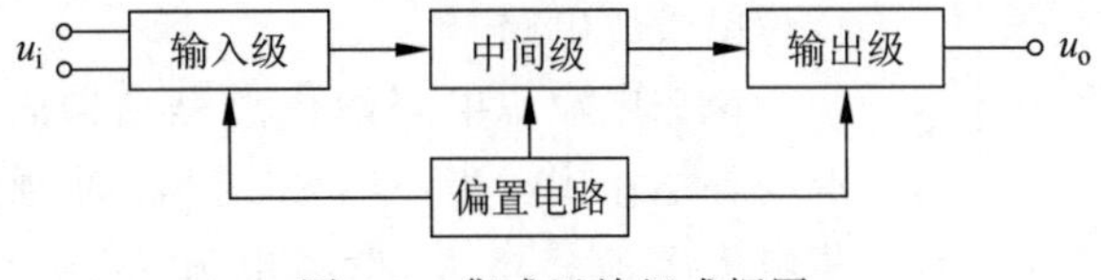

图4-3 集成运放组成框图

输入级的好坏直接影响集成运放的性能指标，如增大输入电阻、减小零漂、提高共模抑制比等。所以输入级一般采用差分放大电路，它的两个输入端构成整个电路的反相输入端和同相输入端。

中间级是集成运放中放大信号的主要部分，它可由一级或多级放大电路组成。为了提高电压放大倍数，增大输出电压，经常采用复合管作为放大管，以恒流源作为集电极负载的共发射极放大电路。

输出级的主要作用就是提供足够的输出功率以满足负载的需要，同时还应具有较低的输出电阻，以提高带负载能力；具有较高的输入电阻，以免影响前级的电压放大倍数。为此需要采用由射极输出器构成的互补对称功率放大电路。

偏置电路的作用是为输入级、中间级和输出级提供静态偏置电流，建立合适的静态工作点。

4.2 电流源电路

电流源电路主要是为集成运放中各级放大电路提供稳定的静态电流，也可以作为放大电路的有源负载取代高阻值的电阻。常见的电流源主要有镜像电流源、比例电流源和微电流源。

4.2.1 镜像电流源

镜像电流源电路如图 4-4 所示，电路中的 T_1 和 T_2 是做在同一硅片上两个相邻的三极管，可以认为它们的工艺、结构和参数完全相同，设 $\beta_1=\beta_2=\beta$，$U_{BE1}=U_{BE2}=U_{BE}$，$I_{B1}=I_{B2}=I_B$，$I_{C1}=I_{C2}=I_C$，则

$$I_{REF}=I_{C1}+2I_B=I_{C2}+2I_B=I_{C2}+\frac{2}{\beta}I_{C2}$$

整理得

$$I_{C2}=\frac{I_{REF}}{1+\frac{2}{\beta}} \tag{4-1}$$

当三极管的 $\beta\gg2$ 时，式(4-1)可以简化为

$$I_{C2}\approx I_{REF}=\frac{V_{CC}-U_{BE}}{R} \tag{4-2}$$

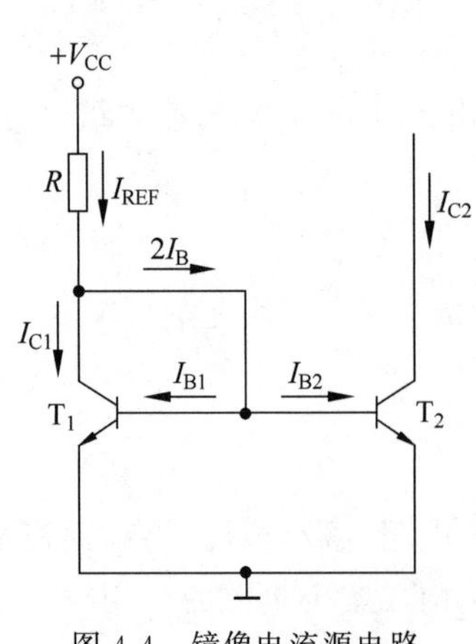

图 4-4　镜像电流源电路

式中，I_{REF} 为参考电流，I_{C2} 为电流源的输出电流。由式(4-2)可以看出，当 V_{CC} 和 R 确定后，I_{REF} 就确定了，I_{C2} 也随之确定了，故可以把 I_{C2} 视为是 I_{REF} 的镜像，所以称图 4-4 为镜像电流源电路。

镜像电流源电路的优点是结构简单，而且具有一定的温度补偿作用。当环境温度升高时，则三极管 T_1 和 T_2 的集电极电流将增大，参考电流 $I_{REF}=I_{C1}+2I_B$ 也随着增大，于是 I_{REF} 在电阻 R 上产生的压降也增大，这样 $U_{BE}=V_{CC}-I_{REF}R$ 将减小，根据三极管的输入特性得知 I_B 减小，从而使 I_C 减小。这样在环境温度升高时，稳定了三极管的集电极电流，具有一定的温度补偿作用。

镜像电流源电路也具有一定的局限性，它适用于较大工作电流(毫安数量级)的场合，若需减少 I_{C2} 的值(例如微安级)，必要求 R 的值很大，一般为兆欧级，这在集成电路中难以实现。

4.2.2　比例电流源

比例电流源电路如图4-5所示，它是在镜像电流源电路的基础上，在两个三极管的发射极各接入一个电阻，分别为R_{e1}和R_{e2}。

由图4-5可得

$$U_{BE1}+I_{E1}R_{e1}=U_{BE2}+I_{E2}R_{e2}$$

因为

$$U_{BE1}=U_{BE2}$$

所以

$$I_{E1}R_{e1}=I_{E2}R_{e2}$$

当β较大时，可以忽略基极电流，则上式可以写成

$$I_{C2}=\frac{R_{e1}}{R_{e2}}I_{C1}\approx\frac{R_{e1}}{R_{e2}}I_{REF} \tag{4-3}$$

其中

$$I_{REF}=\frac{V_{CC}-U_{BE1}}{R+R_{e1}} \tag{4-4}$$

从上式可以看出，电流源的输出电流I_{C2}与参考电流I_{REF}之间存在一定的比例关系，所以称图4-5为比例电流源电路。

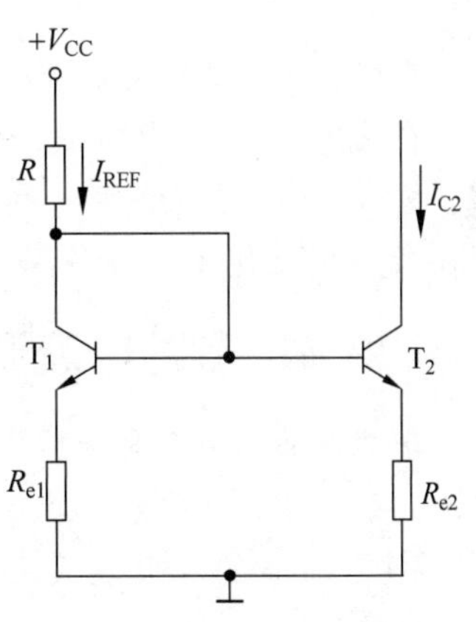

图4-5　比例电流源电路

比例电流源电路中两个三极管的发射极各接入一个电阻，因此，其温度补偿效果比镜像电流源要好一些，但是它同样不适用于微安级的偏置电流，解决的办法是采用微电流源。

4.2.3　微电流源

在镜像电流源电路的基础上，将三极管T_2的发射极接入电阻R_e，即得到微电流源电路，如图4-6所示。

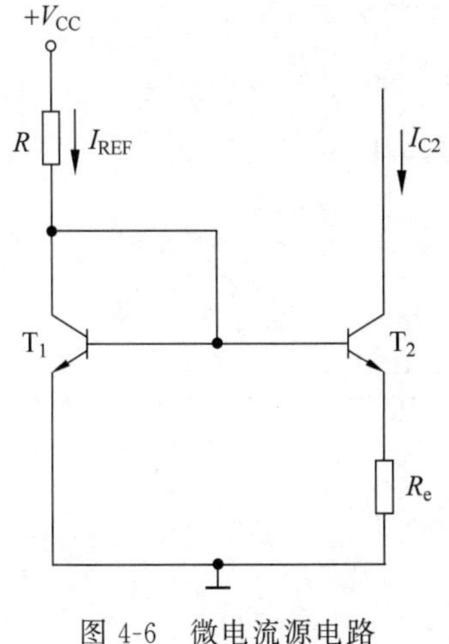

图4-6　微电流源电路

由图4-6可得

$$U_{BE1}=U_{BE2}+I_{E2}R_e$$

则

$$U_{BE1}-U_{BE2}=I_{E2}R_e\approx I_{C2}R_e$$

即

$$I_{C2}\approx I_{E2}=\frac{U_{BE1}-U_{BE2}}{R_e}=\frac{\Delta U_{BE}}{R_e} \tag{4-5}$$

由式(4-5)可知，利用两管的ΔU_{BE}就可以控制输出电流I_{C2}。由于ΔU_{BE}的数值小，故用阻值不大的R_e即可获得微小的工作电流，所以称图4-6为微电流源电路。

欲求电流源的输出电流I_{C2}与参考电流I_{REF}的关系，需要利用二极管的电流方程。根据式(1-1)可得

$$U_{BE}=U_T\ln\frac{I_E}{I_s}$$

因为 T_1 和 T_2 的特性相同，则 $I_{s1}=I_{s2}$，因此

$$U_{BE1}-U_{BE2}=U_T\ln\frac{I_{E1}}{I_{E2}}$$

代入式(4-5)，并且有 $I_{E1}\approx I_{REF}$，得

$$I_{C2}\approx\frac{U_T}{R_e}\ln\frac{I_{REF}}{I_{C2}} \tag{4-6}$$

其中，参考电流为

$$I_{REF}=\frac{V_{CC}-U_{BE1}}{R} \tag{4-7}$$

在已知 R_e 的情况下，式(4-6)对 I_{C2} 而言是超越方程，可以通过图解法或累试法求解。

在微电流源中，电阻 R_e 引入的是电流负反馈，所以与镜像电流源相比温度补偿效果好。另外，当电源电压 V_{CC} 变化时，虽然 I_{REF} 和 I_{C2} 都要做同样的变化，也是因为有 R_e 的存在，I_{C2} 的变化要小得多，所以提高了电流源对电源变化的稳定性。

4.2.4 多路电流源

集成运放是一个多级放大电路，因而需要多路电流源分别给各级提供合适的静态偏置电流。如图 4-7 所示为一个具有三路输出的多路电流源电路。图中各三极管的特性完全相同，四个三极管的基极连接在一起，I_{REF} 为参考电流，I_{C1}、I_{C2}、I_{C3} 为多路电流源的输出电流。

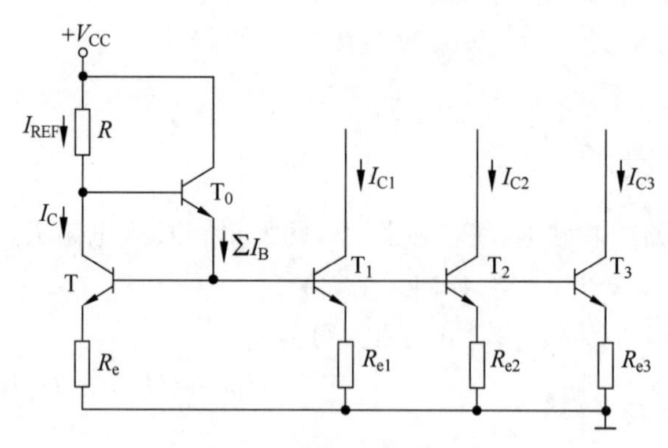

图 4-7　多路电流源电路

由图 4-7 可知

$$I_C=I_{REF}-I_{B0}=I_{REF}-\frac{I_{E0}}{\beta}=I_{REF}-\frac{\sum I_B}{\beta}$$

当 $\beta\gg1$ 时，则有

$$I_C\approx I_{REF} \tag{4-8}$$

由于各三极管的 β、U_{BE} 数值相同，则

$$I_ER_e=I_{E1}R_{e1}=I_{E2}R_{e2}=I_{E3}R_{e3}$$

所以

$$I_{C1} \approx I_{E1} = I_{REF} \frac{R_e}{R_{e1}}, \quad I_{C2} \approx I_{E2} = I_{REF} \frac{R_e}{R_{e2}}, \quad I_{C3} \approx I_{E3} = I_{REF} \frac{R_e}{R_{e3}} \tag{4-9}$$

其中，

$$I_{REF} = \frac{V_{CC} - 2U_{BE}}{R + R_e} \tag{4-10}$$

由式(4-9)可以看出，当参考电流 I_{REF} 确定后，改变各电流源射极电阻，可获得不同比例的输出电流。

4.2.5 电流源用作有源负载

通过前面的分析可知，电流源能够输出稳定的直流电流，因此又称为恒流源。由于恒流源的交流电阻很大，故在模拟集成电路中，广泛地把它用作有源负载，来取代集成电路工艺中难以实现的大阻值的电阻，以提高放大电路的电压放大倍数。在图 4-8 中，三极管 T_1 组成的是单管共发射极放大电路，其集电极电阻 R_C 的值越大，则电压放大倍数越大。但是在集成电路中制作大阻值的电阻很困难，为此采用由三极管 T_2 和 T_3 组成的镜像电流源来替代集电极电阻 R_C，这样就可以提高电压放大倍数。因为电流源中的三极管是有源器件，因此称为有源负载。

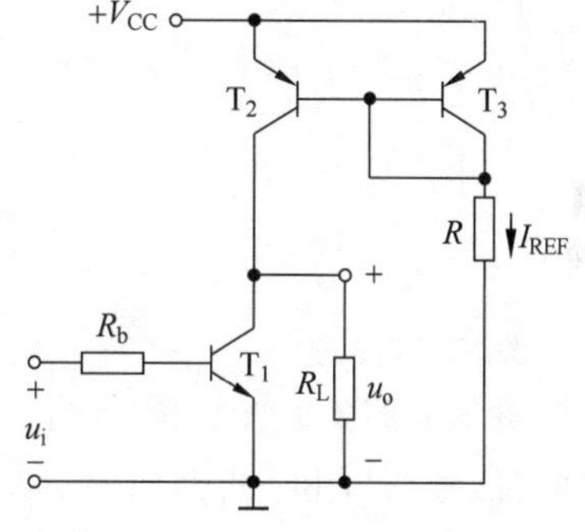

图 4-8 电流源用作有源负载

电路中

$$I_{C1} = I_{C2} = I_{REF}$$

而

$$I_{REF} = \frac{V_{CC} - U_{BE}}{R}$$

这样，在电源电压 V_{CC} 一定的情况下，合理地选取电阻 R，既可以设置合适的静态工作点，对于交流信号，又可以得到很大的等效的 R_c。

4.3 差分放大电路

由于在集成电路中制造大电容及电感较困难，所以采用直接耦合放大电路。但是直接耦合放大电路存在一个缺点，就是存在零点漂移现象。所谓零点漂移(简称零漂)，就是当放大电路的输入端短路时，输出端还有缓慢变化的电压产生，即输出电压偏离原来的起始点而上下漂动。在直接耦合多级放大电路中，当第一级放大电路的 Q 点由于某种原因(如温度变化)而稍有偏移时，第一级的输出电压将发生微小的变化，这种缓慢的微小变化就会逐级被放大，致使放大电路的输出端产生较大的漂移电压。当漂移电压的大小可以和有效信号电压相比时，就无法分辨是有效信号电压还是漂移电压，严重时漂移电压甚至把有效信号电压淹没了，使放大电路无法正常工作。因此必须采取措施抑制零漂。克服零漂最常用的方法是采用特性相同的管子，使它们的温漂相互抵消，这就是差分放大电路。

4.3.1 基本差分放大电路

1. 电路结构

基本差分放大电路如图 4-9 所示,它是将两个特性相同的基本放大电路组合在一起而形成的。在图中,T_1 和 T_2 的特性在任何温度下完全相同,而且在对称位置上的外接电阻值也都绝对相等,R_{s1} 和 R_{s2} 为两个信号源的内阻。

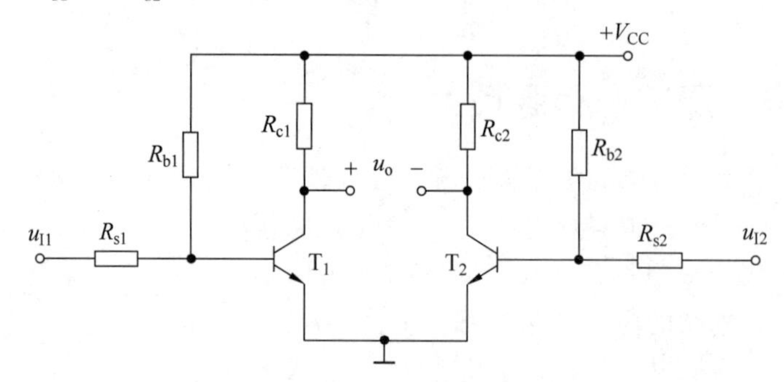

图 4-9 基本差分放大电路

2. 工作原理

对于如图 4-9 所示电路,当 u_{I1} 和 u_{I2} 所加信号为大小相等、极性相同的输入信号 u_{Ic}(共模信号)时,由于电路的参数对称,三极管 T_1 和 T_2 所产生的电流变化相等,即 $\Delta i_{B1}=\Delta i_{B2}$,$\Delta i_{C1}=\Delta i_{C2}$,因此它们集电极电位的变化也相等,即 $\Delta u_{C1}=\Delta u_{C2}$。因为输出电压是三极管 T_1 和 T_2 的集电极电位之差,所以输出电压 $\Delta u_O=\Delta u_{C1}-\Delta u_{C2}=0$,说明差分放大电路对共模信号具有很强的抑制作用,在参数完全对称的情况下,共模输出为零。

当 u_{I1} 和 u_{I2} 所加信号为大小相等、极性相反的输入信号$\left(差模信号,例如\ u_{I1}=\frac{1}{2}u_{Id},\ u_{I2}=-\frac{1}{2}u_{Id},u_{I1}-u_{I2}=u_{Id}\right)$时,由于 $\Delta u_{I1}=-\Delta u_{I2}$,又由于电路的参数对称,三极管 T_1 和 T_2 所产生的电流的变化大小相等、方向相反,即 $\Delta i_{B1}=-\Delta i_{B2}$,$\Delta i_{C1}=-\Delta i_{C2}$,因此它们集电极电位的变化也是大小相等、方向相反,即 $\Delta u_{C1}=-\Delta u_{C2}$,这样得到的输出电压 $\Delta u_O=\Delta u_{C1}-\Delta u_{C2}=2\Delta u_{C1}$,从而可以实现电压放大。

以上分析说明了差分放大电路的一个特点,即输入有差别,输出就变动;输入无差别,输出就不动。

3. 抑制零点漂移的原理

在差分放大电路中,无论是温度变化,还是电源电压的波动都会引起两个三极管集电极电流以及相应的集电极电压相同的变化,其效果相当于在两个输入端加入了共模信号,由于电路的对称性,在理想情况下,可使输出电压不变,从而抑制了零点漂移。当然,在实际情况下,要做到两个三极管电路完全对称是比较困难的,但是输出漂移电压将大为减小。由于这个缘故,所以差分式放大电路特别适用于作为多级直接耦合放大电路的输入级。

4.3.2 长尾式差分放大电路

1. 电路结构

如图 4-9 所示电路虽然可以使输出端的漂移比较小,但是每个管子的集电极对地的漂移却丝毫没有改变。为了减小每个三极管输出端的漂移，在两个管子的发射极加上一个电阻 R_e，如图 4-10 所示。

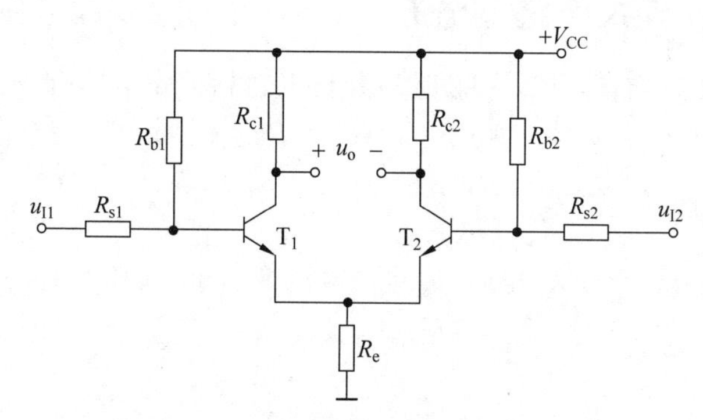

图 4-10　带有发射极电阻的差分放大电路

2. 工作原理

1）对差模信号有放大作用

当电路输入差模信号时，不难发现，三极管 T_1 和 T_2 发射极电流的变化规律与基极电流的变化规律一样，大小相等、方向相反，即 $\Delta i_{E1}=-\Delta i_{E2}$，说明在差模信号作用下，$R_e$ 中的电流变化为零，即 R_e 对差模信号无反馈作用，也就是说 R_e 对差模信号相当于短路，因此对差模信号有放大能力。

2）对共模信号有抑制作用

当电路输入正的共模信号时，两只三极管的集电极电流增加，发射极电流也增加，且其变化量相等，即 $\Delta i_{E1}=\Delta i_{E2}=\Delta i_E$，使得 R_e 上电流的变化量为 $2\Delta i_E$，因而发射极电位升高，变化量为 $\Delta u_E=2\Delta i_E R_e$。再反馈到两管的基极回路中，使 u_{BE1} 和 u_{BE2} 降低，从而抑制了集电极电流的增加。可见，R_e 对共模输入信号起负反馈作用。另外，对于每个三极管而言，发射极等效电阻为 $2R_e$，R_e 阻值越大，负反馈作用越强，集电极电流变化越小，因而集电极电位的变化也就越小，所以对于每个三极管的集电极电位的漂移也具有抑制作用。为了描述差分放大电路对共模信号的抑制能力，引入一个新的参数——共模电压放大倍数 $\dot{A}_c$，定义为

$$\dot{A}_c=\frac{\Delta u_{Oc}}{\Delta u_{Ic}} \tag{4-11}$$

其中，Δu_{Ic} 为共模输入电压；Δu_{Oc} 是电路在 Δu_{Ic} 作用下的输出电压。它们可以是缓慢变化的信号，也可以是正弦交流信号。在如图 4-10 所示带有发射极电阻的差分放大电路中，$|\dot{A}_c|$ 的值很小，在电路参数理想对称的情况下，$\dot{A}_c=0$。

R_e 越大，共模负反馈越强，则抑制零漂的效果越好，但是，R_e 越大，R_e 上的直流压降也越大。为此，在电路中引入一个负电源 $-V_{EE}$ 来补偿 R_e 上的直流压降，以免输出电压变化范围变小。此时基极偏流电阻 R_{b1}、R_{b2} 可以去掉，I_{BQ} 由 $-V_{EE}$ 提供，如图 4-11 所示。R_e 电

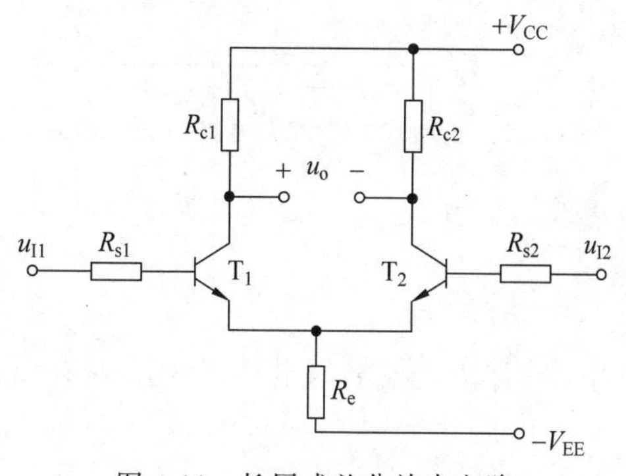

图 4-11　长尾式差分放大电路

阻和负电源$-V_{EE}$像拖出的一个长尾巴，故称为长尾式差分放大电路。

4.3.3 差分放大电路的分析

和其他放大电路一样，差分放大电路的分析也包括静态分析和动态分析。在图4-11中，电路是对称的，即$R_{s1}=R_{s2}=R_s$，$R_{c1}=R_{c2}=R_c$，三极管T_1与T_2的特性相同，$\beta_1=\beta_2=\beta$，$r_{be1}=r_{be2}=r_{be}$，R_e为公共的发射极电阻。

1. 静态分析

当输入信号$u_{I1}=u_{I2}=0$时，电阻R_e中的电流等于T_1和T_2的发射极电流之和，即

$$I_{Re}=I_{EQ1}+I_{EQ2}=2I_{EQ}$$

根据基极回路方程

$$I_{BQ}R_s+U_{BEQ}+2I_{EQ}R_e=V_{EE} \tag{4-12}$$

得静态基极电流为

$$I_{BQ1}=I_{BQ2}=I_{BQ}=\frac{V_{EE}-U_{BEQ}}{R_s+2(1+\beta)R_e} \tag{4-13}$$

静态集电极电流和电位为

$$I_{CQ}=\beta I_{BQ} \tag{4-14}$$

$$U_{CQ}=V_{CC}-I_{CQ}R_c\text{（对地）} \tag{4-15}$$

静态基极电位为

$$U_{BQ}=-I_{BQ}R_s\text{（对地）} \tag{4-16}$$

由于$U_{CQ1}=U_{CQ2}=U_{CQ}$，所以静态时电路的输出电压$U_O=U_{CQ1}-U_{CQ2}=0$，说明静态时负载电阻R_L中没有电流。

2. 动态分析

当给差分放大电路输入一个差模信号Δu_{Id}，即$\Delta u_{I1}=\frac{1}{2}\Delta u_{Id}$，$\Delta u_{I2}=-\frac{1}{2}\Delta u_{Id}$时，如前所述，此时流过$R_e$的电流不变，则三极管发射极的电位不变，所以在交流通路中电阻R_e视为短路。负载电阻接在两个三极管的集电极之间，当输入差模信号时，一个三极管的集电极电位升高，另一个三极管的集电极电位降低，可以认为负载电阻的中点电位不变，即$\frac{R_L}{2}$处相当于交流地。所以，如图4-11所示电路在差模信号作用下的交流通路如图4-12所示。

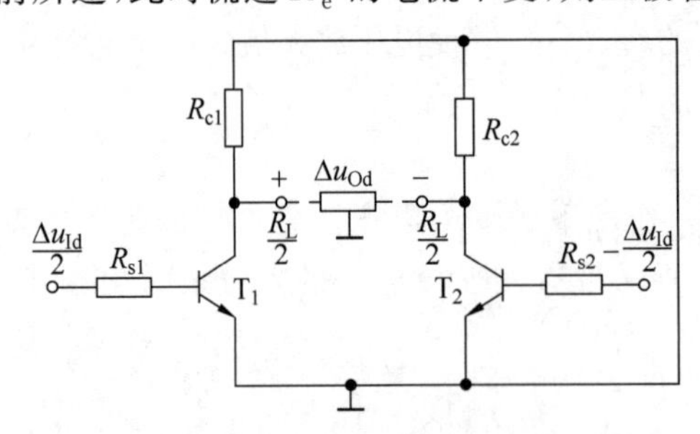

图4-12 长尾式差分放大电路的交流通路

输入差模信号时的电压放大倍数称为差模电压放大倍数，记做$\dot{A}_d$，定义为

$$\dot{A}_d=\frac{\Delta u_{Od}}{\Delta u_{Id}} \tag{4-17}$$

其中，Δu_{Id}为差模输入电压；Δu_{Od}是在Δu_{Id}作用下的输出电压。从图4-12中可知

$$\Delta u_{C1} = -\frac{\beta\left(R_c // \frac{R_L}{2}\right)}{R_s + r_{be}} \cdot \frac{\Delta u_{Id}}{2}$$

$$\Delta u_{C2} = -\frac{\beta\left(R_c // \frac{R_L}{2}\right)}{R_s + r_{be}} \cdot \left(-\frac{\Delta u_{Id}}{2}\right)$$

$$\Delta u_{Od} = \Delta u_{C1} - \Delta u_{C2} = -\frac{\beta\left(R_c // \frac{R_L}{2}\right)}{R_s + r_{be}} \Delta u_{Id}$$

所以

$$\dot{A}_d = \frac{\Delta u_{Od}}{\Delta u_{Id}} = -\frac{\beta\left(R_c // \frac{R_L}{2}\right)}{R_s + r_{be}} \tag{4-18}$$

由式(4-18)可见,差分放大电路的电压放大倍数和单管放大电路的电压放大倍数相同,因而可以认为,差分放大电路是多用一个放大管来换取对零漂的抑制。

差模输入电阻为

$$R_{id} = 2(R_s + r_{be}) \tag{4-19}$$

它是单管放大电路输入电阻的2倍。

输出电阻为

$$R_o = 2R_c \tag{4-20}$$

它也是单管放大电路输出电阻的2倍。

为了衡量一个差分放大电路对差模信号的放大能力和对共模信号的抑制能力,需引入一个性能指标,即共模抑制比 K_{CMR},其定义为

$$K_{CMR} = \left|\frac{\dot{A}_d}{\dot{A}_c}\right| \tag{4-21}$$

其值越大,说明电路对称性越好,抑制零漂的能力越强。若电路参数完全对称,则 $K_{CMR} = \infty$。

【例题4.1】 电路如图4-11所示,三极管为硅管,已知 $R_{s1} = R_{s2} = R_s = 1\text{k}\Omega$, $R_{c1} = R_{c2} = R_c = 20\text{k}\Omega$, $R_e = 20\text{k}\Omega$, $V_{CC} = V_{EE} = 12\text{V}$;三极管的 $\beta = 50$, $r_{be} = 2\text{k}\Omega$。

(1) 估算放大电路的静态工作点。

(2) 若外接负载电阻 $R_L = 20\text{k}\Omega$,计算电压放大倍数 $\dot{A}_u$、差模输入电阻 R_{id} 和输出电阻 R_o。

解:

(1)

$$I_{BQ} = \frac{V_{EE} - U_{BEQ}}{R_s + 2(1+\beta)R_e} = \frac{12 - 0.7}{1 + 2 \times (1+50) \times 20}\text{mA} = 0.0055\text{mA} = 5.5\mu\text{A}$$

$$I_{CQ} = \beta I_{BQ} = 50 \times 5.5\mu\text{A} = 0.275\text{mA}$$

$$U_{CQ} = V_{CC} - I_{CQ}R_c = (12 - 0.275 \times 20)\text{V} = 6.5\text{V}$$

$$U_{BQ} = -I_{BQ}R_s = (-0.0055 \times 1)\text{V} = 5.5\text{mV}$$

(2) 这里的 $\dot{A}_u$ 指的是 $\dot{A}_d$，电路放大的对象是差模信号。

$$\dot{A}_u=-\frac{\beta\left(R_c//\frac{R_L}{2}\right)}{R_s+r_{be}}=-\frac{50\times\frac{20\times10}{20+10}}{1+2}\approx-111$$

$$R_{id}=2(R_s+r_{be})=2\times(1+2)\text{k}\Omega=6\text{k}\Omega$$

$$R_o=2R_c=2\times20\text{k}\Omega=40\text{k}\Omega$$

仿真视频 4-1

仿真视频 4-2

4.3.4 差分放大电路的四种接法

差分放大电路有两个输入端和两个输出端(均对地)。在实际应用中，为了防止干扰，常将信号源的一端接地，或者将负载电阻的一端接地。根据输入端和输出端接地情况不同，可以分为四种情况，分别是双端输入、双端输出，双端输入、单端输出，单端输入，双端输出，单端输入、单端输出。双端输入、双端输出差分放大电路前面已经分析过，这里只对其他三种接法的差分放大电路分别进行分析。分析的内容主要是差模电压放大倍数 $\dot{A}_d$ 和输入、输出电阻，并且对共模抑制比及特点作以简单说明，至于静态分析则几种接法都一样，而且和前面的分析一致，所以不再重复。

1. 双端输入、单端输出

双端输入、单端输出差分放大电路如图 4-13 所示。由于输出只和 T_1 管的集电极电压变化有关系，而与 T_2 集电极的电压变化没有关系，所以 Δu_{Od} 只有双端输出的一半，所以差模电压放大倍数为

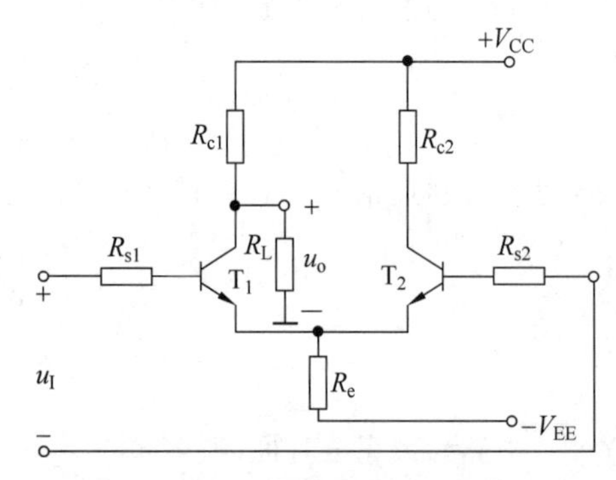

图 4-13 双端输入、单端输出差分放大电路

$$\dot{A}_d=-\frac{1}{2}\cdot\frac{\beta(R_c//R_L)}{R_s+r_{be}}\tag{4-22}$$

如果改从三极管 T_2 的集电极输出，则输出电压将与输入电压同相，即 $\dot{A}_d$ 的表达式中没有负号。

差模输入电阻为

$$R_{id}=2(R_s+r_{be})\tag{4-23}$$

输出电阻为

$$R_o=R_c\tag{4-24}$$

这种接法常用来将差分信号转换为单端输出的信号，以便与后面的放大级均处于共地状态。由于引入共模负反馈，所以尽管采用单端输出，但电路仍有较高的共模抑制比。

2. 单端输入、双端输出

单端输入、双端输出差分放大电路如图 4-14(a)所示。图中输入信号只从一个放大管的基极输入，而另一管的基极接地，似乎两管不是工作在差分状态，但是不妨将电路做如下的等效变换。在加信号一端，可将输入信号分为两个串联的信号源，它们的数值均为 $u_I/2$，极性相同；在接地一端，也可等效为两个串联的信号源，它们的数值均为 $u_I/2$，但极性相反，如图 4-14(b)所示。不难看出，同双端输入时一样，左、右两边分别获得的差模信号为 $+u_I/2$、$-u_I/2$；但是与此同时，两边输入了 $+u_I/2$ 的共模信号。可见，单端输入电路与双端输入电路的区别在于，在差模信号输入的同时，伴随着共模信号输入。因此，输出电压为

$$\Delta u_{\mathrm{O}}=\dot{A}_{\mathrm{d}}\Delta u_{\mathrm{I}}+\dot{A}_{\mathrm{c}}\frac{\Delta u_{\mathrm{I}}}{2} \tag{4-25}$$

其中，

$$\dot{A}_{\mathrm{d}}=-\frac{\beta\left(R_{\mathrm{c}}//\dfrac{R_{\mathrm{L}}}{2}\right)}{R_{\mathrm{s}}+r_{\mathrm{be}}} \tag{4-26}$$

若电路参数完全对称，则 $\dot{A}_{\mathrm{c}}=0$，此时 K_{CMR} 为无穷大。

差模输入电阻为

$$R_{\mathrm{id}}=2(R_{\mathrm{s}}+r_{\mathrm{be}}) \tag{4-27}$$

输出电阻为

$$R_{\mathrm{o}}=2R_{\mathrm{c}} \tag{4-28}$$

这种接法的特点是把单端输入的信号转换成双端输出，作为下一级的差分输入，以便更好地利用差分放大的特点。还常用于负载是两端悬浮，任何一端不能接地，而且输出正负对称性好的情况。

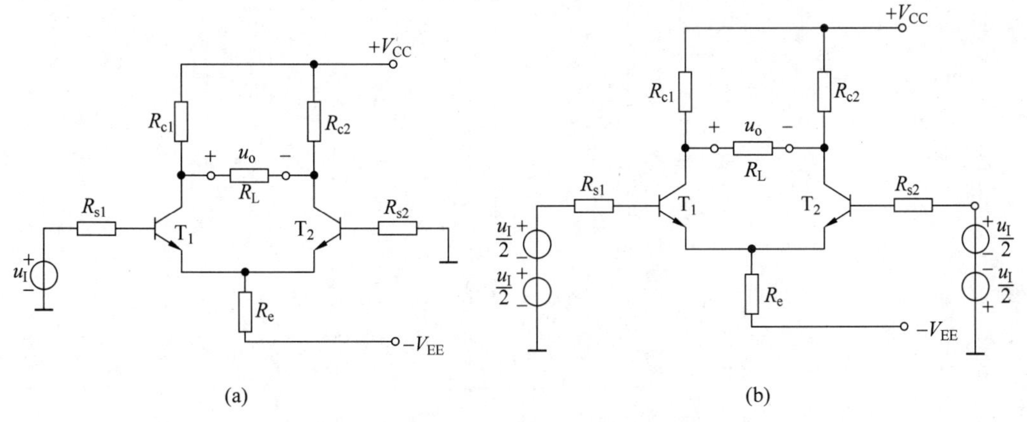

图 4-14　单端输入、双端输出差分放大电路

3. 单端输入、单端输出

单端输入、单端输出差分放大电路如图 4-15 所示。由于从单端输出，所以其差模电压放大倍数为

$$\dot{A}_{\mathrm{d}}=-\frac{1}{2}\cdot\frac{\beta(R_{\mathrm{c}}//R_{\mathrm{L}})}{R_{\mathrm{s}}+r_{\mathrm{be}}} \tag{4-29}$$

差模输入电阻为

$$R_{\mathrm{id}}=2(R_{\mathrm{s}}+r_{\mathrm{be}}) \tag{4-30}$$

输出电阻为

$$R_{\mathrm{o}}=R_{\mathrm{c}} \tag{4-31}$$

这种接法的特点是比单管基本放大电路具有较强的抑制零漂能力，而且通过输出端的不同接法，可以得到同相关系或反相关系。

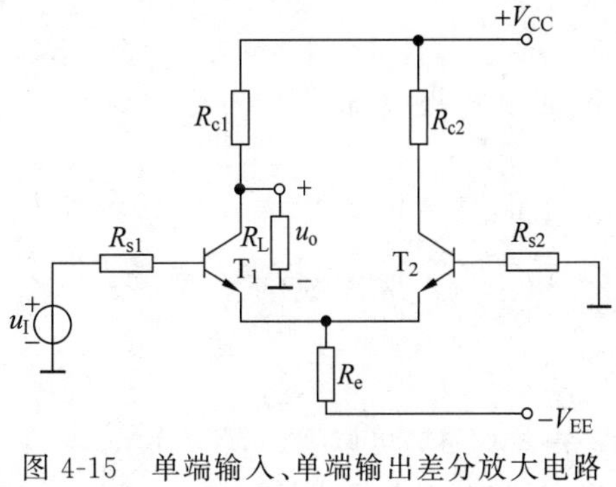

图 4-15　单端输入、单端输出差分放大电路

总之，不管信号是单端输入还是双端输入，只要是单端输出，它的差模电压放大倍数就

是基本放大电路的一半，输出电阻 $R_o=R_c$；如为双端输出，则差模电压放大倍数与基本放大电路相同，输出电阻 $R_o=2R_c$。差模输入电阻均为 $2(R_s+r_{be})$。双端输出时抑制零漂的效果比单端输出的好。

4.3.5 恒流源式差分放大电路

在长尾式差分放大电路中，发射极电阻 R_e 对共模信号起到负反馈作用，而且 R_e 越大，负反馈作用越强，抑制零漂的效果越好。但是 R_e 越大，维持同样的工作电流所需要的负电压 V_{EE} 的值就越高。例如，设 I_{R_e} 选定为 1mA，则当 R_e 为 10kΩ 时，V_{EE} 为 10.6V；若 R_e 为 100kΩ 时，V_{EE} 就需要 100.6V；这显然是不现实的。因为一方面集成电路中不易制作大阻值电阻；另一方面，这样高的电源电压对于小信号放大电路也非常不合适。为了既能采用较低的电源电压，又能有很大的等效电阻 R_e，可采用恒流源电路来取代 R_e。而三极管工作在放大区时，其集电极电流几乎仅决定于基极电流而与管压降无关，当基极电流是一个不变的直流电流时，集电极电流就是一个恒定电流。因此，利用工作点稳定电路来取代 R_e，就得到了如图 4-16 所示的具有恒流源的差分放大电路。

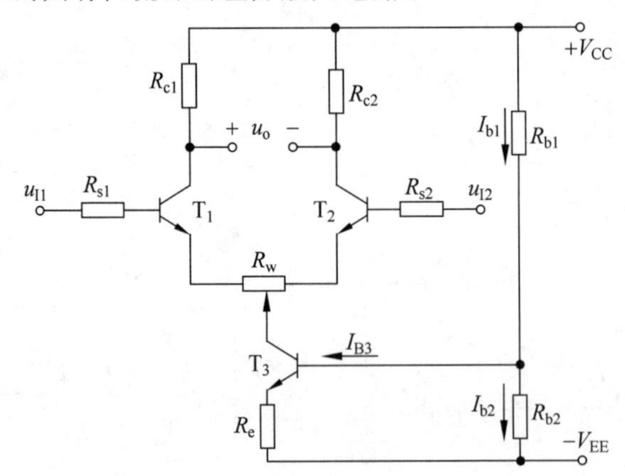

图 4-16　具有恒流源的差分放大电路

图 4-16 中 R_{b1}、R_{b2}、R_e 和 T_3 组成工作点稳定电路，电路参数应满足 $I_{b1}\gg I_{B3}$。这样，$I_{b1}\approx I_{b2}$，所以静态时 R_{b2} 上的电压为

$$U_{R_{b2}Q}=\frac{R_{b2}}{R_{b1}+R_{b2}}\cdot(V_{EE}+V_{CC}) \tag{4-32}$$

T_3 管的集电极电流

$$I_{CQ3}\approx I_{EQ3}=\frac{U_{R_{b2}Q}-U_{BEQ3}}{R_e} \tag{4-33}$$

于是 T_1 和 T_2 的集电极静态电流为

$$I_{CQ1}=I_{CQ2}\approx\frac{I_{CQ3}}{2} \tag{4-34}$$

由式(4-33)可以看出，若 U_{BEQ3} 的变化可忽略不计，则 T_3 的集电极电流 I_{CQ3} 就基本不受温度影响，因此可以认为 I_{CQ3} 为一恒定电流，所以 T_1 和 T_2 的发射极所接电路可以等效成一个恒流源电路。而且，只要 I_{CQ3} 保持恒定，I_{CQ1} 和 I_{CQ2} 就不能同时增加或同时减小，从而较好地抑制了共模信号的变化。另外，当 T_3 管输出特性为理想特性时，即当 T_3 在放

大区的输出特性曲线是横轴的平行线时，恒流源电路的内阻为无穷大，即相当于 T_1 和 T_2 的发射极接了一个阻值为无穷大的电阻，对共模信号的负反馈作用无穷大，因此使电路的 $\dot{A}_c=0, K_{CMR}=\infty$。

恒流源电路在不高的电源电压下既为差分放大电路设置了合适的静态工作电流，又大大增强了共模负反馈作用，使电路具有更强的抑制共模信号的能力。

恒流源电路可用一个恒流源取代，如图 4-17 所示。在实际电路中，难以做到参数理想对称，常用一个阻值很小的电位器加在两只管子发射极之间，如图 4-17 中的 R_W。调节电位器的滑动端位置便可使电路在 $u_{I1}=u_{I2}=0$ 时 $u_O=0$，所以常称 R_W 为调零电位器。应当指出，如果必须用大阻值的 R_W 才能调零，则说明电路参数对称性太差，必须重新选择电路元件。

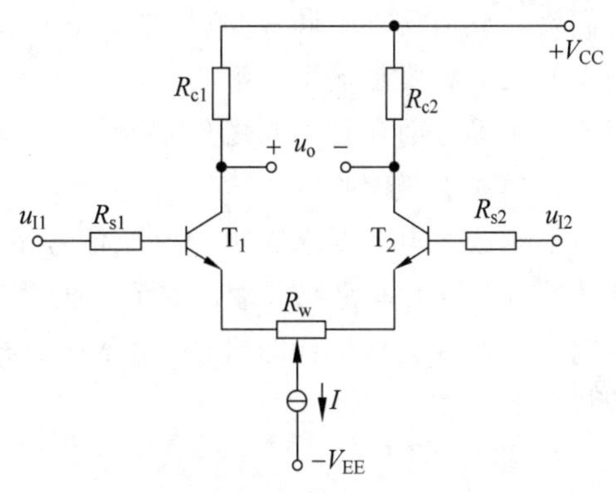

图 4-17 带有恒流源的差分放大电路的表示法

【例题 4.2】 在图 4-16 中，所有三极管均为硅管，设 $V_{CC}=V_{EE}=12\text{V}, \beta_1=\beta_2=50, R_{c1}=R_{c2}=100\text{k}\Omega, R_W=200\Omega, R_e=33\text{k}\Omega, R_{b1}=6.8\text{k}\Omega, R_{b2}=2.2\text{k}\Omega, R_{s1}=R_{s2}=10\text{k}\Omega$。试求：

(1) 静态工作点。

(2) 差模电压放大倍数 $\dot{A}_d$。

解：

(1)

$$U_{R_{b2}Q}=\frac{R_{b2}}{R_{b1}+R_{b2}}\cdot(V_{EE}+V_{CC})=\frac{2.2}{2.2+6.8}\times 24\text{V}=5.87\text{V}$$

$$I_{CQ3}\approx I_{EQ3}=\frac{U_{R_{b2}Q}-U_{BEQ3}}{R_e}=\frac{5.87-0.7}{33}\text{mA}=0.16\text{mA}$$

$$I_{CQ1}=I_{CQ2}\approx\frac{I_{CQ3}}{2}=\frac{0.16}{2}\text{mA}=0.08\text{mA}$$

T_1 和 T_2 的基极电流为

$$I_{BQ1}=I_{BQ2}\approx\frac{I_{CQ1}}{\beta}=\frac{0.08}{50}\text{mA}=1.6\mu\text{A}$$

T_1 和 T_2 的集电极的电位为

$$U_{CQ1}=U_{CQ2}=V_{CC}-I_{CQ}R_c=(12-0.08\times 100)\text{V}=4\text{V}(\text{对地})$$

T_1 和 T_2 的基极电位为

$$U_{BQ1}=U_{BQ2}=-I_{BQ}R_s=-1.6\times 10\text{mV}=-16\text{mV}(\text{对地})$$

(2)

$$r_{be1}=300\Omega+(1+\beta)\frac{26\text{mV}}{I_{EQ1}}=\left(300+51\times\frac{26}{0.08}\right)\Omega=17\text{k}\Omega$$

$$\dot{A}_d=-\frac{\beta_1 R_{c1}}{R_{s1}+r_{be1}+(1+\beta_1)\frac{R_w}{2}}=-\frac{50\times 100}{10+17+(1+50)\times\frac{0.2}{2}}=-156$$

4.4 功率放大电路

4.4.1 功率放大电路概述

1. 功率放大电路的特点

功率放大电路与电压放大电路相比本质上是相同的，即它们都是能量转换电路。但是它们要完成的任务不同，即电压放大电路要求在信号不失真的条件下输出足够大的电压，而功率放大电路要求输出足够大的功率来带动某种负载。因此，它们的工作状态、技术指标和研究方法等方面存在不同之处。

1）工作状态不同

电压放大电路要求输出的电压信号不失真，因此在小信号状态下工作，输出的功率不一定大；功率放大电路要求输出足够大的功率，输出信号允许有较小程度的失真，只要不超过规定的非线性失真指标即可，因此要求功放管的电压和电流都有足够大的输出幅度，在大信号状态下工作。

2）指标不同

电压放大电路的指标是要求电压放大倍数足够大，输入电阻大，以便从前级得到足够大的电压，输出电阻小，以便将更多的电压传给下一级。功率放大电路的重要指标是根据负载的需要，提供最大输出功率和具有较高的效率。

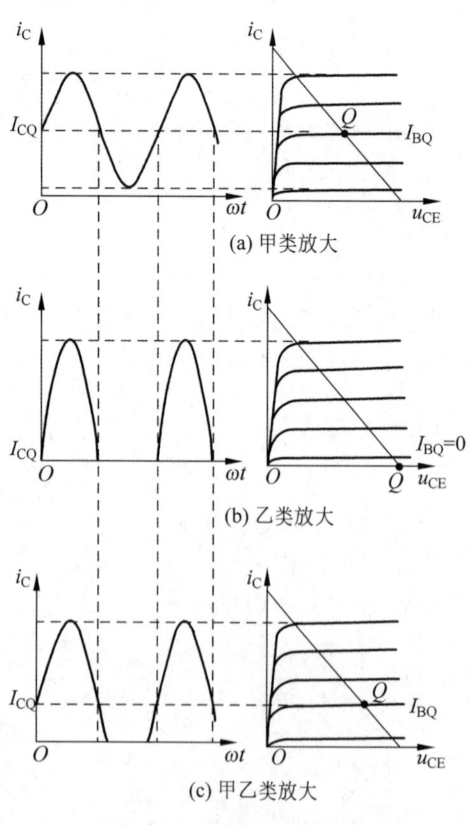

图 4-18 三极管的工作方式

3）分析方法不同

电压放大电路是在小信号下工作，可以采用微变等效电路法和图解法分析。功率放大电路是在大信号下工作，只能采用图解法分析。

4）散热和保护问题

因为流过功放管的电流较大，管子上要消耗较大的功率，所以功放管在工作时要加散热片。另外，为了使功率放大电路的电压和电流都有足够大的输出幅度，功放管一般在极限状态下工作，很容易损坏，所以在电路中要采取一些保护措施。而电压放大电路则不需要。

2. 三极管的工作方式

按照三极管导通时间的不同，可以分为甲类放大、乙类放大和甲乙类放大三种工作方式。

1）甲类放大

电路的静态工作点设置在放大区的中点，在输入信号的整个周期内三极管都处于导通状态，即管子的导通角为 360°，这种工作方式称为甲类放大，如图 4-18(a)所示。由图可以看出，输出波形好，失真小。但是在整个周期内，即使没有输入信号，三极管中也始终有电流流过，所以静态功耗大，效率低。

2）乙类放大

电路的静态工作点设置在截止区，在输入信号的整个周期内，三极管只导通半周，即管子的导通角为180°，这种工作方式称为乙类放大，如图4-18(b)所示。由图可以看出，输出波形严重失真。但是因为静态时，三极管中没有电流流过，所以无静态功耗，效率最高。

3）甲乙类放大

电路的静态工作点设置较低，高于乙类而低于甲类，在输入信号的整个周期内，三极管导通时间大于半个周期而小于一个周期，即管子的导通角大于180°而小于360°，这种工作方式称为甲乙类放大，如图4-18(c)所示。由图可以看出，输出波形失真也较为严重，但是通过合理的电路设计，采用两个管子轮流工作便会得到很好的效果。另外，三极管工作在甲乙类时，静态电流很小，相应地，静态功耗也很小，效率很高。

4.4.2 OCL互补对称功率放大电路

仿真视频 4-3

1. OCL乙类互补对称电路

OCL(Output CapacitorLess)乙类互补对称电路如图4-19(a)所示。图中 T_1 和 T_2 是一对互补型三极管，它们的发射极连在一起，并且接负载电阻 R_L，两个三极管都接成了射极跟随器，该电路实际为一个双向跟随电路，输出电阻小，所以带负载能力强。这里 T_1 和 T_2 的参数完全对称，由正、负对称的两个电源供电。

仿真视频 4-4

静态时，两个三极管没有基极电流，均截止，由于三极管的参数对称，两电源电压对称，所以负载中没有电流流过，输出电压 $u_O=0$。

当输入正弦电压时，在正半周，即 $u_I>0$ 时，T_1 导通，T_2 截止。此时的等效电路如图4-19(b)所示，电流 i_{C1} 从电源 V_{CC} 流出，流通回路为 $V_{CC}\to T_1\to R_L\to$地，输出电压 $u_O>0$。在负半周，即 $u_I<0$ 时，T_1 截止，T_2 导通。此时的等效电路如图4-19(c)所示，电流 i_{C2} 从 $-V_{CC}$ 流出，流通回路为 $-V_{CC}\to$地$\to R_L\to T_2$，输出电压 $u_O<0$。

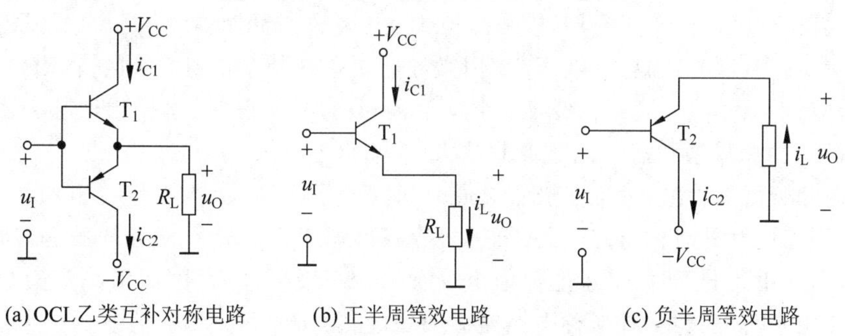

图4-19 OCL乙类互补对称电路及工作时的等效电路

由以上分析可以看出三极管 T_1 和 T_2 各导通半周，均工作在乙类放大，且输出端没有电容，所以称为OCL乙类互补对称电路。

OCL乙类互补对称电路在静态时，三极管 T_1 和 T_2 均截止，$i_{C1}=i_{C2}=0$，所以电路的静态功耗等于零。但它也存在缺点，就是输出波形失真比较严重。在图4-19中，如果 T_1 和 T_2 为理想三极管，则在负载上应得到完整的正弦波形，且输出幅度与输入信号的幅度基本相同。但是实际的三极管都存在死区电压，若 T_1 和 T_2 都是硅管，则当 $|u_I|<0.5\text{V}$ 时，两

管都几乎不导通,实际的输出波形会出现如图 4-20 所示的失真,这种失真称为交越失真。

解决的办法是提高静态工作点 Q,使管子在静态时处于微导通状态,这样就可以避免当输入电压小于死区电压时两个三极管同时截止的情况。为此采用 OCL 甲乙类互补对称电路。

2. OCL 甲乙类互补对称电路

OCL 甲乙类互补对称电路如图 4-21 所示。图中元件参数仍然是对称的,除了三极管 T_1 和 T_2 的参数完全对称和正、负对称的两个电源以外,还有电阻 R_{b1} 和 R_{b2} 的阻值也相等。电阻 R 的阻值比较小,它与二极管 D_1、D_2 串联后从两电源分得的电压略大于 T_1 和 T_2 两个发射结的死区电压之和,也即使 T_1 和 T_2 在没有加交流信号之前处于微导通状态。

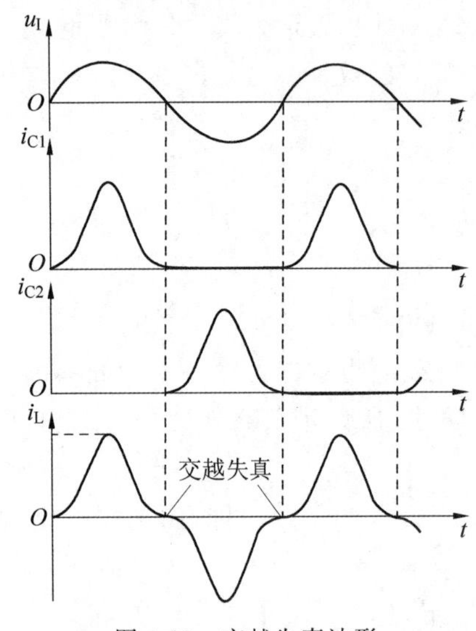

图 4-20 交越失真波形

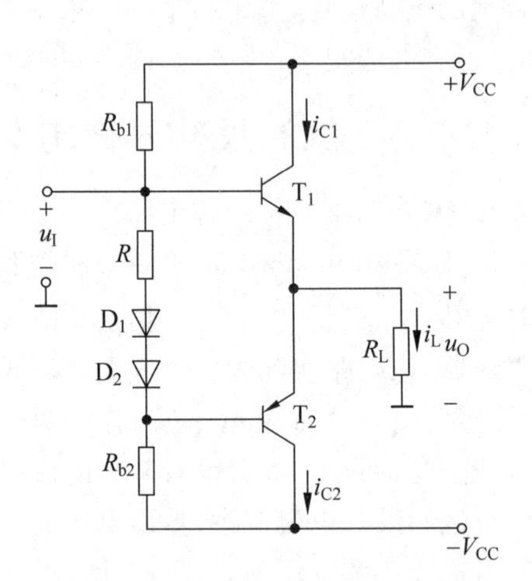

图 4-21 OCL 甲乙类互补对称电路

在静态时,由于两个三极管微导通,所以电流 i_{C1} 和 i_{C2} 略大于零,但是由于电路对称,T_1 和 T_2 的发射极电位等于零,所以输出电压 $u_O=0$。

当输入正弦电压时,在正半周,即 $u_I>0$ 时,电流 i_{C1} 逐渐增大,i_{C2} 逐渐减小,使得 T_1 由微导通状态逐渐过渡到放大区,而 T_2 由微导通状态逐渐过渡到截止区,输出电压 $u_O>0$。在负半周,即 $u_I<0$ 时,电流 i_{C1} 逐渐减小,i_{C2} 逐渐增大,使得 T_1 由微导通状态逐渐过渡到截止区,而 T_2 由微导通状态逐渐过渡到放大区,输出电压 $u_O<0$。

由以上分析可以看出,每个三极管导通时间大于半个周期,均工作在甲乙类放大,所以称为 OCL 甲乙类互补对称电路。另外,三极管在静态时已经处于微导通状态,所以即使输入电压 u_I 小于死区电压时,也总能保证至少有一个三极管导通,因而消除了交越失真。但是静态功耗比 OCL 乙类互补对称电路略微大一些。

总体来看,OCL 甲乙类互补对称电路既能减小交越失真,改善输出波形,又能获得较高的效率,所以得到了广泛的应用。

3. 参数计算

因为功率放大电路在大信号下工作,所以要采用图解法分析。当输入电压足够大,且又不产生饱和失真时,图 4-21 所示电路的图解分析如图 4-22 所示。为分析方便起见,将三极管 T_2 的特性曲线倒置在 T_1 特性曲线的右下方。对于 OCL 甲乙类互补对称电路,虽然在静态时三极管均处于微导通状态,但它们的电流值很小,所以近似认为电流为 0,这样静态工作点就在横轴上，则两管的特性曲线在 Q 点（$u_{CE}=V_{CC}$）处重合，这时负载线为过 V_{CC} 点的一条斜线。因为电路对称，所以在输入信号足够大的情况下，输出电压的幅值为 $U_{om}=V_{CC}-U_{CES}$，输出电流的幅值为 $I_{om}=\frac{V_{CC}-U_{CES}}{R_L}$。当输入电压 u_I 变化时，U_{om} 的大小随输入信号电压幅度的变化而变化。

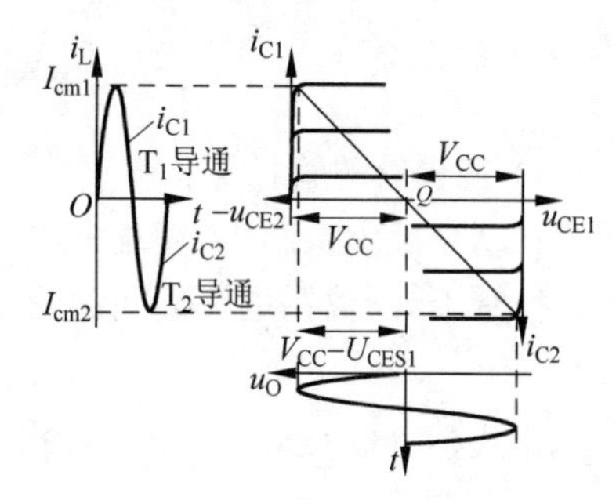

图 4-22　OCL 电路的图解分析

根据以上图解分析，可以计算出 OCL 互补对称电路的主要参数。

1）最大输出功率 P_{om}

功率放大电路提供给负载的信号功率称为输出功率。最大输出功率就是在正弦输入信号下，输出波形不超过规定的非线性失真指标时，放大电路的最大输出电压与最大输出电流有效值的乘积，表达式为

$$P_{om}=\frac{U_{om}}{\sqrt{2}}\cdot\frac{I_{om}}{\sqrt{2}}=\frac{1}{2}U_{om}I_{om} \tag{4-35}$$

因为

$$U_{om}=V_{CC}-U_{CES}$$

$$I_{om}=\frac{V_{CC}-U_{CES}}{R_L}$$

所以

$$P_{om}=\frac{1}{2}U_{om}I_{om}=\frac{(V_{CC}-U_{CES})^2}{2R_L} \tag{4-36}$$

2）直流电源提供的平均功率 P_V

每个直流电源只提供半个周期的能量，即在输入信号的正半周，三极管 T_1 导通，直流电源 V_{CC} 提供能量，在输入信号的负半周，三极管 T_2 导通，直流电源 $-V_{CC}$ 提供能量。因此每个直流电源在一个周期内提供的平均功率 P_{V1} 等于电源电压 V_{CC} 与半个正弦波周期内三极管集电极电流 i_C 的乘积的平均值，即

$$P_{V1}=\frac{1}{2\pi}\int_0^{\pi}V_{CC}i_C\mathrm{d}(\omega t)=\frac{V_{CC}}{2\pi}\int_0^{\pi}I_{om}\sin\omega t\,\mathrm{d}(\omega t)=\frac{V_{CC}U_{om}}{\pi R_L}=\frac{V_{CC}(V_{CC}-U_{CES})}{\pi R_L} \tag{4-37}$$

两个电源提供的总的平均功率 P_V 为

$$P_V=\frac{2V_{CC}U_{om}}{\pi R_L}=\frac{2V_{CC}(V_{CC}-U_{CES})}{\pi R_L} \tag{4-38}$$

3）转换效率 η

当输出最大功率时，功率放大电路的转换效率 η 等于最大输出功率 P_{om} 与直流电源提供的平均功率 P_V 之比，即

$$\eta=\frac{P_{om}}{P_V} \tag{4-39}$$

将式(4-36)和式(4-38)代入式(4-39)得

$$\eta=\frac{\pi U_{om}}{4V_{CC}}=\frac{\pi}{4}\cdot\frac{V_{CC}-U_{CES}}{V_{CC}} \tag{4-40}$$

4）三极管的管耗 P_T

在功率放大电路中，直流电源提供的功率，除了转换成输出功率外，其余部分主要消耗在三极管上，所以三极管损耗的功率为

$$P_T=P_V-P_o \tag{4-41}$$

将式(4-36)和式(4-38)代入式(4-41)，可得两个管子的管耗为

$$P_T=\frac{2}{R_L}\left(\frac{V_{CC}U_{om}}{\pi}-\frac{U_{om}^2}{4}\right) \tag{4-42}$$

将 $U_{om}=V_{CC}-U_{CES}$ 代入式(4-42)得

$$P_T=\frac{2}{R_L}\left[\frac{V_{CC}(V_{CC}-U_{CES})}{\pi}-\frac{(V_{CC}-U_{CES})^2}{4}\right] \tag{4-43}$$

对上述参数的计算，如果忽略功率管的饱和压降 U_{CES}，则最大输出电压幅值为 $U_{om}=V_{CC}$，相应地，式(4-36)、式(4-38)、式(4-40) 和式(4-43)应为

$$P_{om}=\frac{1}{2}U_{om}I_{om}=\frac{V_{CC}^2}{2R_L} \tag{4-44}$$

$$P_V=\frac{2V_{CC}^2}{\pi R_L} \tag{4-45}$$

$$\eta=\frac{\pi}{4}\times 100\%\approx 78.5\% \tag{4-46}$$

$$P_T=\frac{2}{R_L}\left(\frac{V_{CC}^2}{\pi}-\frac{V_{CC}^2}{4}\right) \tag{4-47}$$

应当指出，大功率管的饱和压降为 2～3V，所以一般情况下不能忽略饱和压降。

4. 功率三极管的选择

在功率放大电路中，晶体管的选择原则与电压放大电路一样，即管子的实际工作状态不能超过管子的极限参数 P_{CM}、I_{CM}、$U_{(BR)CEO}$，以确保管子安全工作。

1）最大管耗与最大输出功率的关系

在功率放大电路中，三极管的功率损耗与放大电路的输出功率存在一定关系，但可以证明，当功率放大电路的输出功率为最大时，三极管的功率损耗并不是最大的。欲求最大管耗，可以由式(4-42)求管耗 P_T 对 U_{om} 的导数，再令导数为 0，得出的结果就是 P_T 最大的条件。

由式(4-42)求管耗 P_T 对 U_{om} 的导数，可得

$$\frac{dP_T}{dU_{om}}=\frac{1}{R_L}\left(\frac{2V_{CC}}{\pi}-U_{om}\right)$$

令上式为 0，得

$$U_{om}=\frac{2V_{CC}}{\pi}\approx 0.6V_{CC} \tag{4-48}$$

式(4-48)说明，当输出电压幅值 $U_{om}\approx 0.6V_{CC}$ 时，管耗最大。将式(4-48)代入式(4-42)，得出最大管耗为

$$P_{Tm}=\frac{2V_{CC}^2}{\pi^2 R_L} \tag{4-49}$$

将上式与式(4-44)进行比较,可得出最大管耗与理想情况下最大不失真输出功率的关系为

$$P_{Tm}=\frac{4}{\pi^2}P_{om}\approx 0.4P_{om} \tag{4-50}$$

因而单管的最大管耗与理想情况下最大不失真输出功率的关系为

$$P_{T1m}\approx 0.2P_{om} \tag{4-51}$$

2）功率三极管的选择

(1) 流过三极管集电极的最大电流为

$$I_{cm}=\frac{V_{CC}-U_{CES}}{R_L}$$

考虑留有一定的余量,因此在选择功率三极管时,应使集电极最大允许电流 I_{CM} 满足

$$I_{CM}>\frac{V_{CC}}{R_L} \tag{4-52}$$

(2) 从图 4-21 可以看出,一只三极管导通时,另外一只三极管截止,处于截止状态的三极管 c-e 间承受的最大反向电压为 $2V_{CC}-U_{CES}$,考虑留有一定的余量,所以在选择功率三极管时应满足

$$U_{(BR)CEO}>2V_{CC} \tag{4-53}$$

(3) 如果管子工作时实际最大管耗超过了手册上规定的最大允许管耗 P_{CM},则将导致温升过高而损坏管子。因此选择功率三极管时必须满足

$$P_{CM}>0.2P_{om} \tag{4-54}$$

【例题 4.3】 功率放大电路如图 4-21 所示,设 $V_{CC}=12V$,$R_L=8\Omega$,三极管的极限参数为 $I_{CM}=2A$,$U_{(BR)CEO}=30V$,$|U_{CES}|=2V$,$P_{CM}=5W$。试求:

(1) 最大输出功率 P_{om} 值。

(2) 检验所给三极管是否能安全工作。

解:

(1)

$$P_{om}=\frac{(V_{CC}-U_{CES})^2}{2R_L}=\frac{(12-2)^2}{2\times 8}W=6.25W$$

(2) 三极管的最大集电极电流为

$$I_{CM}=\frac{V_{CC}}{R_L}=\frac{12}{8}A=1.5A$$

三极管的 c-e 极间的最大压降为

$$U_{(BR)CEO}=2V_{CC}=2\times 12V=24V$$

三极管的最大管耗为

$$P_{T1m}=\frac{V_{CC}^2}{\pi^2 R_L}=\frac{12^2}{\pi^2\times 8}W=1.83W$$

所求的 I_{CM}、$U_{(BR)CEO}$ 和 P_{T1m} 均分别小于所给的极限参数 I_{CM}、$U_{(BR)CEO}$、P_{CM},故三极管能安全工作。

【例题4.4】 电路如图4-21所示，已知$V_{CC}=6V$，$R_L=8\Omega$，$|U_{CES}|=2V$。试求：

(1) 电路的最大输出功率P_{om}和效率η。

(2) 为了在负载上得到最大输出功率P_{om}，输入正弦波电压的有效值大约是多少？

(3) 当输入电压为$u_i=2\sin\omega t$ V时，求负载得到的功率。

解：

(1)

$$P_{om}=\frac{(V_{CC}-U_{CES})^2}{2R_L}=\frac{(6-2)^2}{2\times 8}\text{W}=1\text{W}$$

$$P_V=\frac{2V_{CC}(V_{CC}-U_{CES})}{\pi R_L}=\frac{2\times 6\times(6-2)}{\pi\times 8}\text{W}=1.9\text{W}$$

$$\eta=\frac{P_{om}}{P_V}=\frac{1}{1.9}\times 100\%=52.6\%$$

(2) 电路中两个三极管均工作在射极跟随器状态，故$\dot{A}_u\approx 1$，所以

$$U_I\approx\frac{U_{cem}}{\sqrt{2}}=\frac{V_{CC}-U_{CES}}{\sqrt{2}}=\frac{6-2}{\sqrt{2}}\text{V}=2.83\text{V}$$

(3) 由于$U_o=U_i=\frac{2}{\sqrt{2}}$，所以负载得到的功率为

$$P_o=\frac{U_o^2}{R_L}=\frac{\left(\frac{2}{\sqrt{2}}\right)^2}{8}\text{W}=0.25\text{W}$$

仿真视频 4-5

4.4.3 OTL互补对称功率放大电路

除了前面介绍的OCL功率放大电路以外，在某些只能有单个电源供电的场合，则可以采用OTL(Output Transformerless)互补对称电路。如图4-23所示为OTL甲乙类互补对称电路，它与OCL互补对称电路的根本区别在于输出端接有大容量的电容器C。

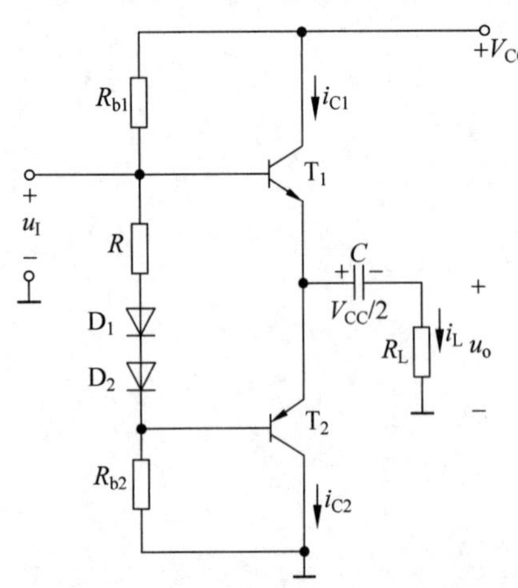

图4-23 OTL甲乙类互补对称电路

因为电路互补对称，所以静态时两管的发射极电位为$V_{CC}/2$，则电容两端的电压u_C也等于$V_{CC}/2$。因为电容C的容量足够大，所以当加入正弦波输入电压u_I时，认为电容两端的电压保持不变。

在输入信号的正半周，即$u_I>0$时，T_1导通，T_2截止。电流i_{C1}从V_{CC}流出，流通的回路为$V_{CC}\to T_1\to C\to R_L\to$地。此时$T_1$集电极回路的直流电源电压为$V_{CC}-V_{CC}/2=V_{CC}/2$。在输入信号的负半周，即$u_I<0$时，$T_1$截止，$T_2$导通。$T_2$导电时依靠电容$C$上的电压供电，电流$i_{C2}$从电容$C$的正端流出，流通的回路为$C\to T_2\to$地$\to$负载$\to C$。$T_2$集电极回路的电源电压等于$-V_{CC}/2$。这样在负载$R_L$上得到完整的输出电

压波形 u_o。

由以上分析可以看出，只要选择时间常数 R_LC 比正弦输入信号的周期大得多，就可以用一个电容 C 和一个电源 $+V_{CC}$ 代替正负双电源的作用。OTL 电路的供电情况与 OCL 电路是类似的，只是在 OTL 电路中，每个输出管的直流电源电压为 $V_{CC}/2$，在用式(4-35)～式(4-54)计算 OTL 性能指标时，用 $V_{CC}/2$ 代替公式中的 V_{CC} 即可。

4.4.4 采用复合管的互补对称功率放大电路

1. 复合管的接法

在功率放大电路中，如果负载电阻较小，又要输出较大的功率，就必然要给负载提供很大的电流。在图 4-21 中，假设负载电阻 $R_L=4\Omega$，要得到 16W 的功率，根据 $P=I^2R$，则需要提供 2A 的电流。若三极管的电流放大系数 $\beta=50$，则基极电流需要 40mA，显然，这样大的基极电流很难从前级获得。假如三极管的 $\beta=1000$，则基极电流需要 2mA，这样小的电流还是比较容易从前级获得的。为了得到这样大的电流放大系数，则必须采用复合管。

复合管又称达林顿管，它是由两个或两个以上三极管适当地连接在一起，等效成一只三极管。它们可以由相同类型的三极管组成，也可以由不同类型的三极管组成。但不论采用什么类型的三极管组成复合管，都必须满足以下组成原则。

(1) 在前后两个三极管的连接上，应保证前级三极管的输出电流与后级三极管的输入电流的实际方向一致，以便形成电流通路。

(2) 外加电压的极性应保证前后两个三极管均工作在放大区。

按照上述的组成原则，由两个三极管组成的复合管共有四种，如图 4-24 所示。从图中可以看出，当不同类型的晶体管进行复合时，复合管的类型与前面管子的类型相同。

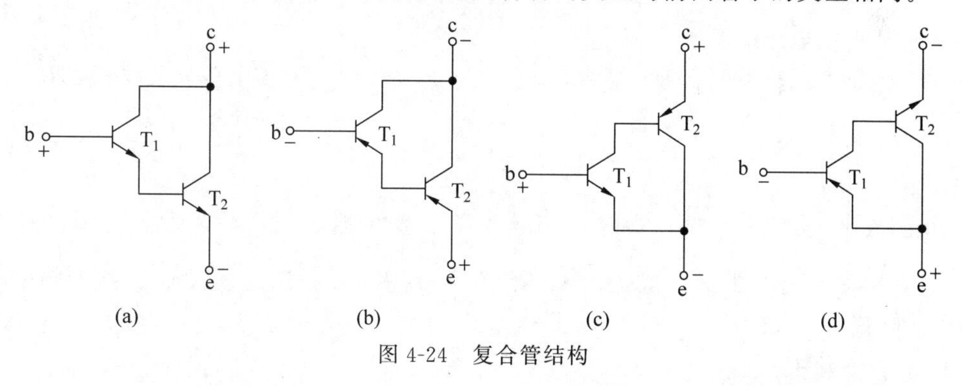

图 4-24 复合管结构

在图 4-24 中的各个复合管中，设 T_1 的电流放大系数为 β_1，T_2 的电流放大系数为 β_2，T_1 的输入电阻为 r_{be1}，T_2 的输入电阻为 r_{be2}，则复合管的电流放大系数 β 和输入电阻 r_{be} 分别为

$$\beta=\beta_1\beta_2 \tag{4-55}$$

$$r_{be}=r_{be1}+\beta_1 r_{be2} \tag{4-56}$$

2. 复合管组成的互补对称电路

由复合管组成的 OCL 甲乙类互补对称电路如图 4-25 所示，其中 T_1 和 T_3 组成了 NPN 型复合管，T_2 和 T_4 组成了 PNP 型复合管，二者互补。但对于大型功率管 T_3 和 T_4 既要互补又要对称，一般比较难以实现。所以 T_3 和 T_4 最好选用同一型号的三极管，通过复合管

的接法来实现，这样就组成了如图 4-26 所示的准互补对称电路。

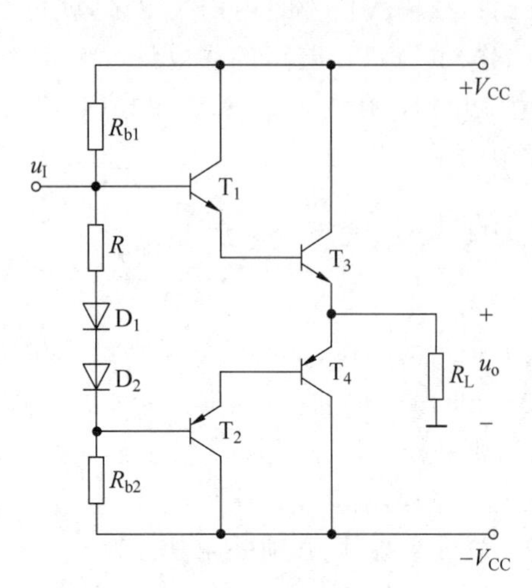

图 4-25 由复合管组成的 OCL 甲乙类互补对称电路

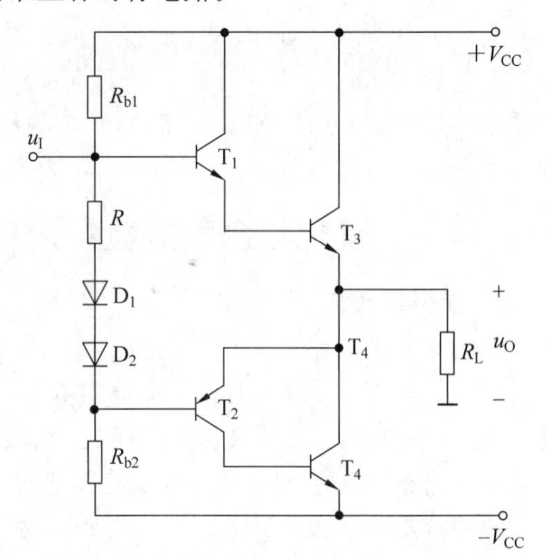

图 4-26 OCL 甲乙类准互补对称电路

知识拓展 4-2

4.5 集成运放的性能指标和使用注意事项

4.5.1 集成运放的性能指标

为了正确地挑选和使用集成运放，必须清楚它的性能指标，现分别介绍如下。

知识拓展 4-3

1. 开环差模电压增益 $\dot{A}_{od}$

开环差模电压增益 $\dot{A}_{od}$ 是指在集成运放无外加反馈时的差模电压放大倍数，即

$$\dot{A}_{od}=\frac{\Delta u_O}{\Delta(u_+-u_-)} \tag{4-57}$$

知识拓展 4-4

常用 $20\lg|\dot{A}_{od}|$ 形式表示，单位为分贝(dB)。通用型集成运放的 $\dot{A}_{od}$ 通常在 10^5 左右，即 100dB 左右。实际运放的 $\dot{A}_{od}$ 与工作频率有关，当频率大于一定值以后，$\dot{A}_{od}$ 随着频率的升高而迅速降低。

2. 共模抑制比 K_{CMR}

共模抑制比 K_{CMR} 等于差模电压放大倍数与共模电压放大倍数之比的绝对值，一般也用对数表示，即

$$K_{CMR}=20\lg\left|\frac{\dot{A}_{od}}{\dot{A}_{oc}}\right| \tag{4-58}$$

单位为分贝(dB)。它的大小反映了集成运放对共模信号的抑制能力，越大越好，多数集成运放的共模抑制比在 80dB 以上。

3. 差模输入电阻 R_{id}

差模输入电阻 R_{id} 是指集成运放在输入差模信号时的输入电阻。它的大小反映了集成

运放输入端向差模输入信号源索取电流的大小，R_{id} 越大，从信号源索取的电流越小。R_{id} 越大越好。

4. 输入失调电压 U_{IO}

输入失调电压 U_{IO} 是指为了使输出电压为 0，在输入端所加的补偿电压。其数值表明电路参数对称的程度，其值越小，电路的对称性越好。

5. 输入失调电压温漂 $\frac{\Delta U_{IO}}{\Delta T}$

输入失调电压温漂 $\frac{\Delta U_{IO}}{\Delta T}$ 表示输入失调电压 U_{IO} 在规定范围内的温度系数，是衡量集成运放温漂的重要参数，其值越小越好。这个指标往往比失调电压更为重要，因为可以通过调整电阻的阻值人为地使失调电压为零，但却无法将失调电压温漂调到零，甚至不一定能使其降低。

6. 输入失调电流 I_{IO}

输入失调电流 I_{IO} 是指当输出电压等于 0 时，两个输入端偏置电流之差，即

$$I_{IO} = |I_{B1} - I_{B2}| \tag{4-59}$$

它的大小反映集成运放两个输入端偏置电流的不对称程度，I_{IO} 越小越好。

7. 输入失调电流温漂 $\frac{\Delta I_{IO}}{\Delta T}$

输入失调电流温漂 $\frac{\Delta I_{IO}}{\Delta T}$ 表示输入失调电流 I_{IO} 的温度系数。

8. 输入偏置电流 I_{IB}

输入偏置电流 I_{IB} 是当输出电压等于 0 时，两个输入端偏置电流的平均值，即

$$I_{IB} = \frac{1}{2}(I_{B1} + I_{B2}) \tag{4-60}$$

一般集成运放的 I_{IB} 越大，其失调电流也越大，因此 I_{IB} 越小越好。

9. 最大共模输入电压 U_{Icmax}

最大共模输入电压 U_{Icmax} 是指集成运放所能承受的最大共模信号。当共模输入电压高于此值时，它的共模抑制比将显著下降。

10. 最大差模输入电压 U_{Idmax}

最大差模输入电压 U_{Idmax} 是指集成运放的同相输入端和反相输入端之间所能承受的最大电压值。超过这个电压值，输入级差分对管中至少有一个 PN 结反向击穿，而使运放的性能显著恶化，甚至可能造成永久性损坏。

除了上述主要性能指标以外，还有很多其他指标，例如最大输出电压、-3dB 带宽 f_h、转换速率 S_R 和输出电阻等。另外，除了通用型集成运放外，有些特殊要求的场合则要求使用某一特定指标相对比较突出的运放，即专用型运放，例如高速型、高阻型、低漂移型、低功耗型、高压型、大功率型、高精度型等。在根据用途选择运放时，必须使运放的有关性能指标满足实际应用的要求。

4.5.2 使用前的准备工作

1. 辨认运放的管脚

集成运放的封装形式多样，管脚各不相同，虽然它们的引线排列日趋标准化，但各个

厂家的产品仍略有区别。因此，在使用运放前必须查阅使用手册，辨认管脚，以便正确接线。

2. 检验运放的完好性

为了使电路连接和使用顺利，在使用运放前使用万用表的电阻挡，选择"×100Ω"或"×1kΩ"挡，对照管脚测试有无短路或断路现象。必要时还可以采用测试设备测量运放的主要参数。

3. 消除自激振荡

如果当运放的输入端没有加输入信号时，用万用表交流电压挡测量运放的输出端有交流电压，或用示波器测量运放的输出端有输出电压，这都表明运放产生了自激振荡。为了保证运放能正常工作，通常应在集成运放的电源端加上去耦电容，有的要外接消振电容或RC消振电路。对于内补偿型集成运放，应按照要求使用这种运放，一般不会出现自激振荡。

4. 调零

由于集成运放内部参数不完全对称，即存在失调电压和失调电流，导致当输入信号为零时，输出不为零。这对于运放的线性应用会产生误差，所以在消振之后要进行调零。集成运放通常都设有调零端，通过调节调零电位器使电路输入为零时其输出也为零，只要按照要求调零，一般能够满足要求。调零时要在闭环情况下进行，一般将运放两输入端接地，然后调节调零电阻，使输出电压为零即可。

4.5.3 保护措施

集成运放在使用中，为了避免输入信号过大、电源极性接错或功耗过大而损坏运放，一般应有针对性地对运放加以保护。

1. 输入端保护

当集成运放的输入端所加的差模信号过大时，会使输入特性变差或损坏输入级的三极管，因而要进行输入端保护。常用的输入端保护措施是在两输入端之间接入如图4-27所示的限幅电路。

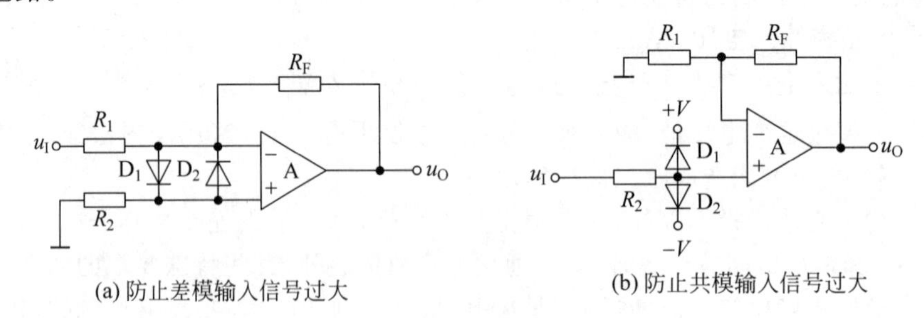

图4-27 输入端保护电路

2. 输出端保护

为了防止集成运放输出电压过高或输出电流过大而造成损坏，可采用如图4-28所示的输出端保护电路。两个反向串联的稳压管使运放输出端的电压不大于稳压管的稳定电压与正向压降之和。

3. 电源保护

为了防止正、负电源接反，可利用二极管来保护，如图 4-29 所示。当正、负电源接反时，相应的二极管反向偏置而截止，二极管相当于断开，电源电压不会输入运放电路内部，以起到电源保护作用。

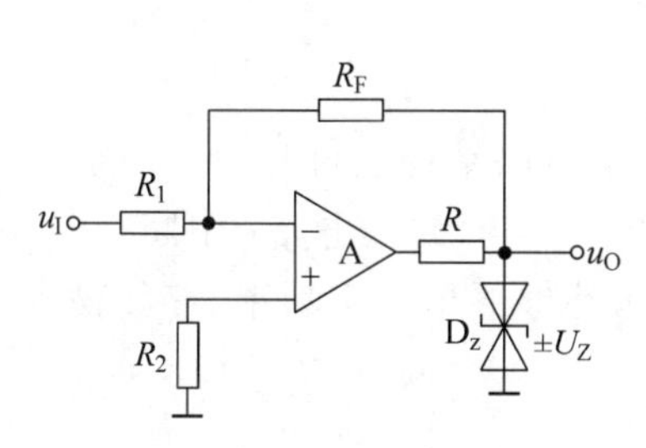

图 4-28　输出端保护电路

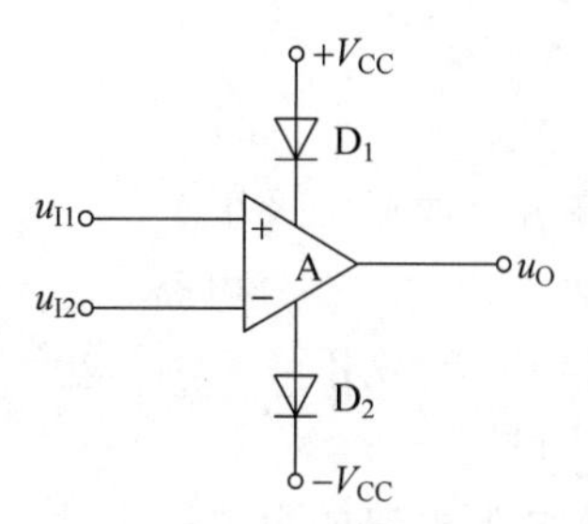

图 4-29　电源端保护电路

小结

集成电路具有体积小、质量轻、可靠性高、灵活性好、性价比高等优点，广泛地用于各种电子电路中。集成运放是应用极为广泛的一种。

集成运放的内部实际上是高放大倍数的多级直接耦合放大电路，它主要由四部分组成，即偏置电路、输入级、中间级和输出级。

偏置电路的作用是为输入级、中间级和输出级提供静态偏置电流，建立合适的静态工作点。偏置电路通常是由各种电流源实现，其特点是直流电阻小，交流电阻大，也可以作为有源负载，并具有温度补偿作用。

输入级的好坏直接影响集成运放的性能指标，一般采用差分放大电路，它对差模信号具有很强的放大能力，而对共模信号却具有很强的抑制能力，能很好地抑制零点漂移。在实际的集成运放中常常利用长尾电阻或恒流源，以更好地抑制共模信号，提高共模抑制比。差分放大电路根据输入和输出方式的不同组合，共有四种典型的接法。

中间级是集成运放中放大信号的主要部分，它可由一级或多级放大电路组成。为了提高电压放大倍数，增大输出电压，经常采用复合管作为放大管，以恒流源作为集电极负载的共发射极放大电路。

输出级的主要作用就是提供足够的输出功率以满足负载的需要，同时还应具有较低的输出电阻，以提高带负载能力；具有较高的输入电阻，以免影响前级的电压放大倍数。为此需要采用由射极输出器构成的互补对称功率放大电路。功放管常常工作在极限应用状态，分析时应采用图解分析法。

为了避免出现交越失真，一般采用甲乙类互补对称功率放大电路。OCL 互补对称电路需要双电源供电，而 OTL 互补对称电路采用单电源供电。如果遇到负载电阻较小，又要输出较大的功率的情况，可以考虑采用复合管功率放大电路。

功率放大电路的参数计算主要包括最大输出功率 P_{om}、转换效率 η 和管耗 P_T。但是 OTL 互补对称电路在计算这些参数时，公式中要用 $V_{CC}/2$ 代替 V_{CC}。在选择功放管时，主要考虑三个参数，即集电极最大允许电流 I_{CM}、三极管 c-e 间承受的最大反向电压 $U_{(BR)CEO}$

和最大允许管耗 P_{CM}，而且各项参数应留有一定的余量。

为了正确地挑选和使用集成运放，必须清楚它的性能指标和使用注意事项。

习题

1. 填空题

(1) 集成运放通常采用________耦合方式。从电路结构上可分为四个组成部分，其中偏置电路多采用________电路；输入级一般采用________放大电路；中间级要求有较高的电压放大倍数，常采用________电路；输出级要求能够输出一定功率，带负载能力强，常采用________电路。

(2) 电流源电路的主要用途是________和________。

(3) 两个大小相等、方向相反的输入信号叫________信号；两个大小相等方向相同的输入信号叫________信号。

(4) 差分放大电路能有效地抑制________信号，放大________信号。

(5) 共模抑制比 K_{CMR} 反映了集成运放对________的抑制能力。如果差分放大电路完全对称，那么采用双端输出时，共模输出电压为________，共模抑制比为________。

(6) 差分放大电路有四种连接方法，通过对差分放大电路的动态分析可以发现，输入电阻与输入和输出的接法都无关，而放大倍数和输出电阻与________无关，与________有关。

(7) 按照三极管导通时间的不同，可分为________、________和________。

(8) 若某复合管由两个三极管 T_1 和 T_2 组成，设 T_1 的电流放大系数为 β_1，T_2 的电流放大系数为 β_2。则复合管的类型取决于________管子，复合管的电流放大系数 $\beta=$________。

(9) 为了保证功率放大电路中功放管的使用安全，功放管的极限参数________、________和________应足够大，且应注意________。

(10) OCL 乙类互补对称电路的缺点是容易出现________失真。

2. 选择题

(1) 集成运放采用直接耦合方式是因为(　　)。

A. 可获得很大的放大倍数　　B. 可减小温漂

C. 集成工艺难于制造大容量电容

(2) 集成运放的输入级采用差分放大电路的原因是其可以(　　)。

A. 增大放大倍数　　B. 减小温漂　　C. 提高输入电阻

(3) 为了增大电压放大倍数，集成运放的中间级多采用复合管作为放大管，以恒流源作为集电极负载的(　　)。

A. 共发射极放大电路　　B. 共集电极放大电路

C. 共基极放大电路

(4) 功率放大电路的最大输出功率是在输入电压为正弦波时，输出基本不失真的情况下，负载上可能获得的最大(　　)。

A. 交流功率　　B. 直流功率　　C. 平均功率

(5) 功率放大电路的转换效率是指(　　)。

A. 输出功率与三极管所消耗的功率之比

B. 最大输出功率与电源提供的平均功率之比

C. 三极管所消耗的功率与电源提供的平均功率之比

(6) 交越失真是一种(　　)失真。

A. 截止失真　　B. 饱和失真　　C. 非线性失真

(7) 甲类功放电路的效率低是因为(　　)。

A. 只有一个功放管　　B. 静态电流过大　　C. 管压降过大

(8) 功放电路的效率主要与(　　)有关。

A. 电源供给的直流功率　　B. 电路的最大输出功率

C. 电路的工作状态

3. 长尾式差分放大电路如图 P4-3 所示。设三极管的 $\beta_1=\beta_2=100$, $U_{BE1}=U_{BE2}=0.7V$,电源电压 $V_{CC}=V_{EE}=15V$, $R_{s1}=R_{s2}=2k\Omega$, $R_{c1}=R_{c2}=6k\Omega$, $R_e=10k\Omega$。试求:

(1) 静态工作点 I_{BQ}、I_{CQ}、U_{BQ} 和 U_{CQ} 的值。

(2) 当 $R_L=\infty$ 和 $R_L=6k\Omega$ 时的差模电压放大倍数 $\dot{A}_d$。

(3) 输入电阻 R_{id} 和输出电阻 R_o。

4. 长尾式差分放大电路如图 P4-4 所示。已知 $\beta_1=\beta_2=100$, $r_{be1}=r_{be2}=10k\Omega$, $U_{BE1}=U_{BE2}=0.7V$, $V_{CC}=V_{EE}=15V$, $R_{c1}=R_{c2}=30k\Omega$, $R_e=30k\Omega$, $R_{s1}=R_{s2}=2.7k\Omega$, $R_W=200\Omega$, R_W 的滑动端处于中点, $R_L=20k\Omega$。试求:

(1) 静态工作点。

(2) 差模电压放大倍数 $\dot{A}_d$。

(3) 输入电阻 R_{id} 和输出电阻 R_o。

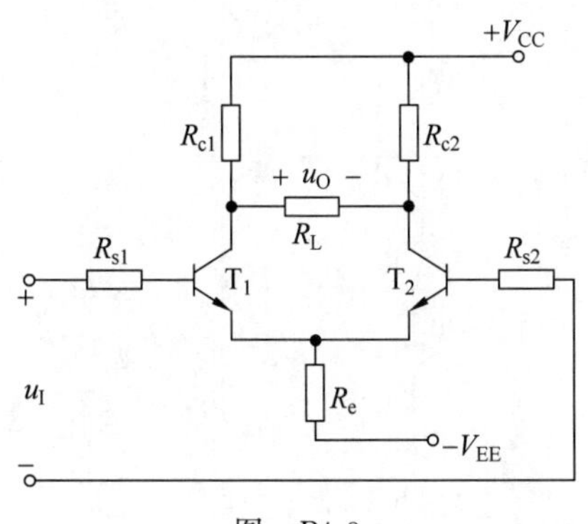

图 P4-3

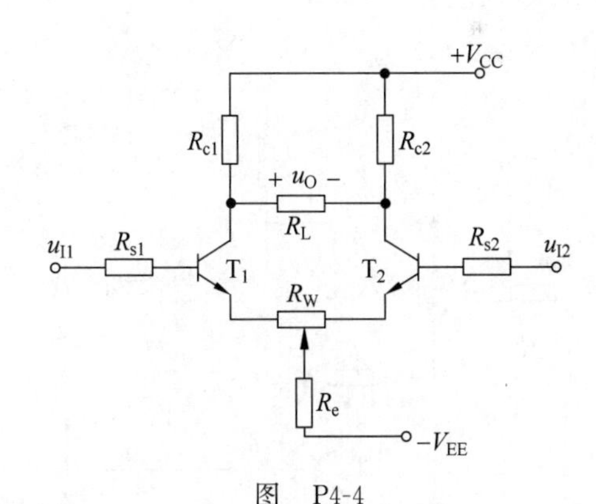

图 P4-4

5. 差分放大电路如图 P4-5 所示。已知 $R_{s1}=R_{s2}=2k\Omega$, $R_{c1}=R_{c2}=10k\Omega$, $R_e=5k\Omega$, $R_L=10k\Omega$, $V_{CC}=24V$, $V_{EE}=12V$, $\beta_1=\beta_2=60$, $r_{be1}=r_{be2}=5.3k\Omega$, $U_{BE1}=U_{BE2}=0.7V$。试求差模电压放大倍数 $\dot{A}_d$、差模输入电阻 R_{id} 和输出电阻 R_o。

6. 电路如图 P4-6 所示,设调零电位器 R_W 的动端处于中点,已知 $\beta_1=\beta_2=50$, $r_{be1}=r_{be2}=7.5k\Omega$, $U_{BE1}=U_{BE2}=0.7V$, $R_W=2k\Omega$, $R_{c1}=R_{c2}=75k\Omega$, $R_{s1}=R_{s2}=2k\Omega$, $R_e=53k\Omega$, $R_L=30k\Omega$, $V_{CC}=V_{EE}=15V$。试求:

(1) 静态工作点。

(2) 差模电压放大倍数、差模输入电阻和输出电阻。

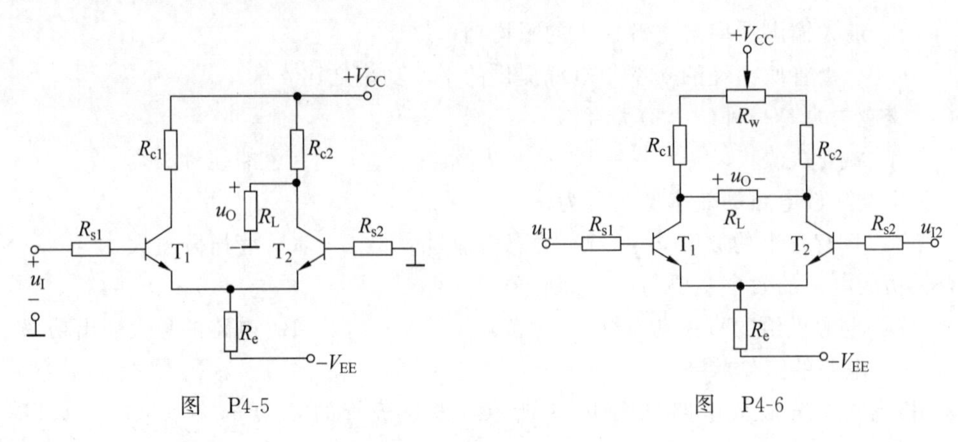

图 P4-5　　　　图 P4-6

7. 恒流源式差分放大电路如图 P4-7 所示。已知三极管的 $U_{BE1}=U_{BE2}=U_{BE3}=0.7V$，$\beta_1=\beta_2=\beta_3=50$，$r_{be1}=r_{be2}=r_{be3}=10k\Omega$，稳压管的 $U_Z=6V$，$V_{CC}=V_{EE}=12V$，$R_{s1}=R_{s2}=5k\Omega$，$R_{c1}=R_{c2}=100k\Omega$，$R_e=53k\Omega$，$R_L=20k\Omega$，$R_W=200\Omega$。试求：

(1) 静态工作点。

(2) 差模电压放大倍数。

(3) 差模输入电阻和输出电阻。

8. 电路如图 P4-8 所示，已知 $V_{CC}=15V$，输入电压为正弦波，三极管的饱和压降 $|U_{CES}|=3V$，$R_L=4\Omega$。试求：

(1) 负载上可能获得的最大功率和效率。

(2) 若输入电压为 $u_i=8\sin\omega t$ V，则负载上能够获得的功率是多少？

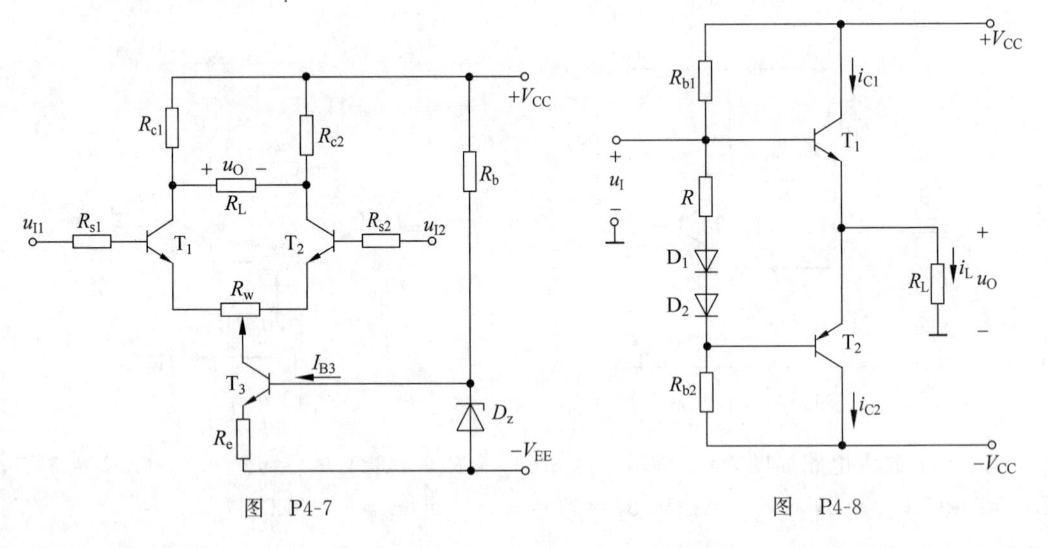

图 P4-7　　　　图 P4-8

9. 电路如图 P4-8 所示，已知 $R_L=8\Omega$，负载所需最大功率为 16W，三极管的饱和压降 $|U_{CES}|=2V$。试求：

(1) 电源电压至少应取多少？

(2) 三极管的最大集电极电流、最大管压降和最大管耗各为多少？

10. 电路如图 P4-8 所示，已知 $V_{CC}=12V$，$R_L=8\Omega$，三极管的饱和压降 $|U_{CES}|=1V$。试求：

（1）电路的最大输出功率 P_{om}。

（2）直流电源提供的功率 P_V 和转换效率 η。

（3）三极管的最大功耗。

（4）流过三极管的最大集电极电流。

（5）三极管的集电极-发射极之间承受的最大电压。

（6）为了在负载上得到最大功率，输入端应加上的正弦波电压的有效值。

11. 电路如图 P4-11 所示，已知 $V_{CC}=12V$，$R_L=8\Omega$，三极管的饱和压降 $|U_{CES}|=1V$。试求：

（1）电路的最大输出功率 P_{om}。

（2）直流电源提供的功率 P_V 和转换效率 η。

（3）三极管的最大功耗。

（4）流过三极管的最大集电极电流。

（5）三极管的集电极-发射极之间承受的最大电压。

（6）为了在负载上得到最大功率，输入端应加上的正弦波电压的有效值。

12. 电路如图 P4-12 所示，已知 $V_{CC}=12V$，$R_{b2}=1.5k\Omega$，$R_L=16\Omega$，图中的二极管和三极管均为硅管。试回答：

（1）静态时电容 C 两端的电压应该等于多少？调整哪个电阻才能达到上述要求？

（2）设 $R_{b1}=1.5k\Omega$，三极管的 $\beta=50$，$P_{CM}=400mW$，若电阻 R 或二极管开路，三极管是否安全？

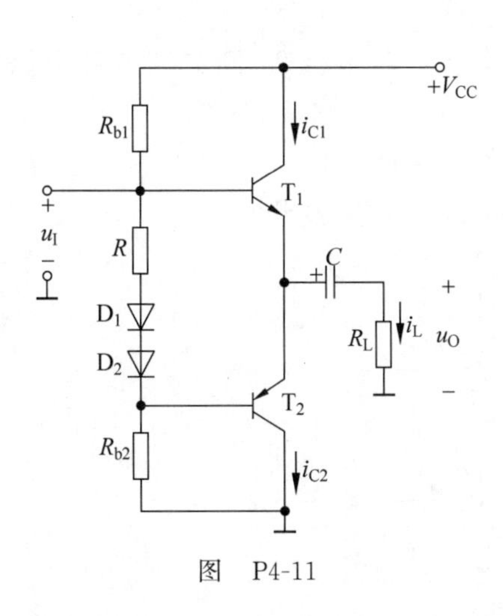

图　P4-11

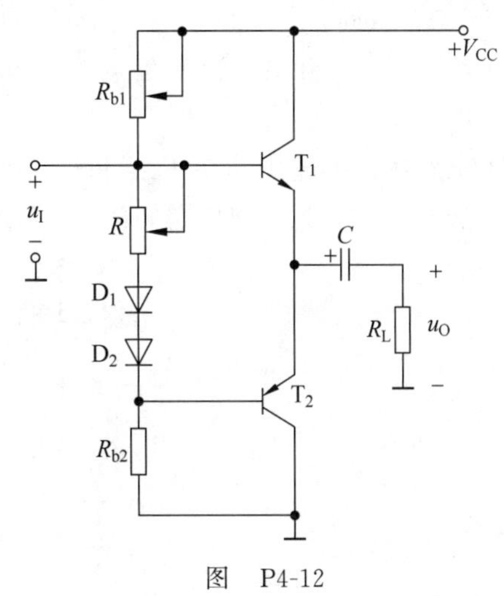

图　P4-12

13. 分析图 P4-13 所示的 OCL 电路原理，试回答：

（1）静态时负载 R_L 中的电流应为多少？如果不符合要求，应调整哪个电阻？

（2）若输出电压波形出现交越失真应调整哪个电阻？如何调整？

（3）若二极管 D_1 或 D_2 的极性接反，将产生什么后果？

（4）若 D_1、D_2、R 三个元件中任一个发生开路，将产生什么后果？

14. 电路如图 P4-14 所示，已知 $V_{CC}=15V$，三极管 T_1 和 T_2 的管压降为 $|U_{CES}|=2V$，$R_{e1}=R_{e2}=1\Omega$，$R_L=8\Omega$，输入电压足够大。试求：

(1) 最大不失真输出电压的有效值。

(2) 负载电阻 R_L 上电流的最大值。

(3) 最大输出功率 P_{om} 和转换效率 η。

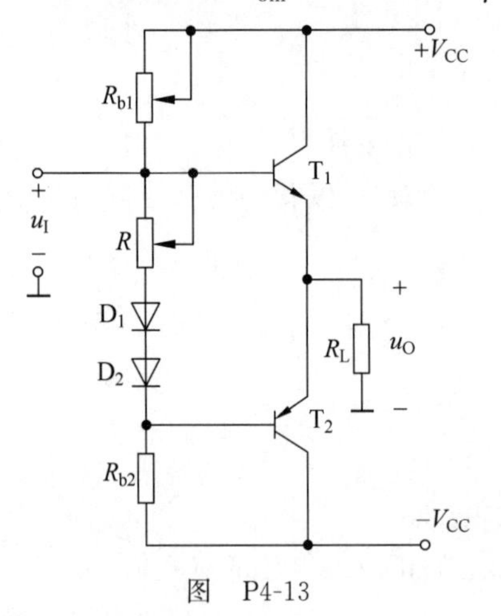

图 P4-13

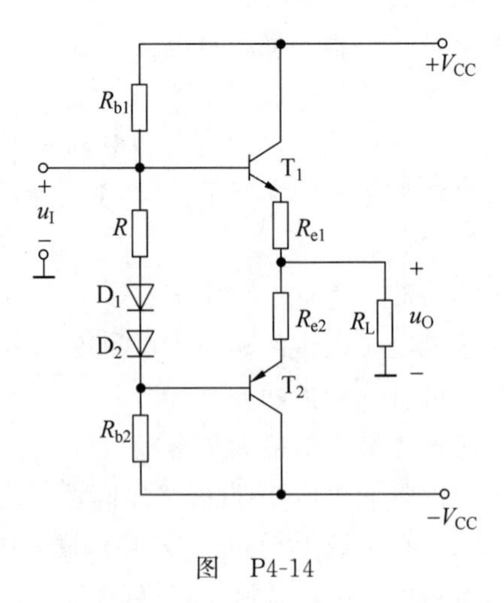

图 P4-14

15. 电路和参数同第14题，试问：

(1) 如果输出因故障而短路时，三极管的最大集电极电流和功耗各为多少？

(2) R_{e1} 和 R_{e2} 起什么作用？

16. 电路如图 P4-16 所示，已知 $V_{CC}=24V$，三极管 T_2 和 T_4 的饱和管压降为 $|U_{CES}|=3V$，$R_L=8\Omega$。试问：

(1) 静态时 T_2 和 T_4 管的发射极电位应为多少？若不合适，则应调节哪个元件的参数？

(2) 电路的最大输出功率 P_{om} 和转换效率 η 各为多少？

(3) 选择 T_2 和 T_4 管时，它们的 I_{CM}、$U_{(BR)CEO}$ 和 P_{CM} 应为多少？

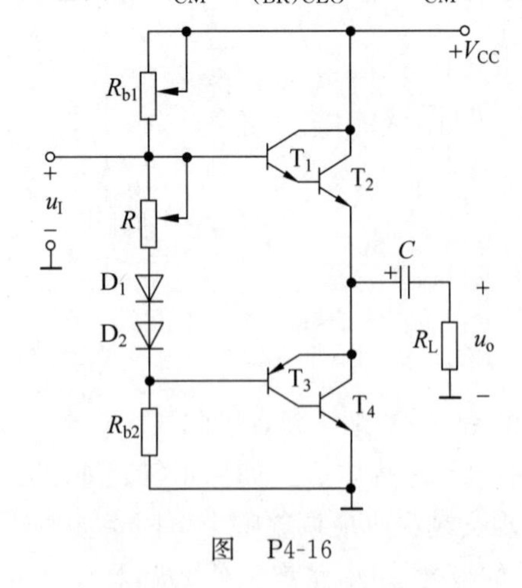

图 P4-16

第5章

CHAPTER 5

放大电路中的反馈

教学提示：在实际的放大电路中，人们总是为了达到一定的目的引入不同类型的反馈。例如引入负反馈是为了改善电路的性能，引入正反馈是为了构成波形发生电路或波形变换电路等。因此，掌握反馈的概念、反馈组态的判断以及深度负反馈放大电路的近似估算是研究实用电路的基础。

教学要求：掌握反馈的基本概念，会判断电路中是否存在反馈及反馈类型。理解负反馈对放大电路性能的影响，并能根据实际要求在放大电路中引入适当的反馈。正确理解深度负反馈条件下闭环电压放大倍数的估算方法。

5.1 反馈的基本概念

5.1.1 反馈的定义

所谓放大电路中的反馈，是指将放大电路的输出量(电压或电流)的一部分或全部，通过反馈网络以一定的方式，反送到放大电路的输入回路中去，并影响输入量(电压或电流)。

第2章中介绍过的分压式静态工作点稳定电路中就引入了负反馈。电路重画如图5-1所示。前面已经分析过，三极管的基极电位 U_{BQ} 基本上是稳定不变的。假设温度升高时，集电极电流 I_{CQ} 增大，相应地，发射极电流 I_{EQ} 也增大。I_{EQ} 流过发射极电阻 R_e，使发射极电位 U_{EQ} 升高，则三极管的发射结电压 $U_{BEQ}=U_{BQ}-U_{EQ}$ 会减小，基极电流 I_{BQ} 也相应地减小，于是 I_{CQ} 随之减小，最终稳定了集电极电流 I_{CQ}。

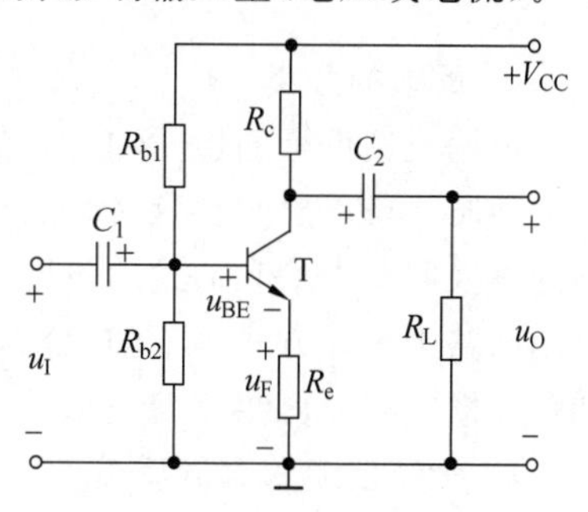

图5-1 分压式静态工作点稳定电路

此电路中的反馈网络是电阻 R_e，它是将输出电流 I_{EQ} 转换为电压 U_F 反馈到输入回路中，并影响净输入电压 U_{BEQ}，最终使输出电流稳定下来。所以电阻 R_e 的作用是引入一个电流负反馈。从图5-1中不难看出，它不仅能将直流输出电流反馈到输入回路，也能将交流输出电流反馈到输入回路。

由以上分析可知，判断一个放大电路中有无反馈，关键是看放大电路中是否存在将输出回路与输入回路相连接的通路，并由此影响了放大电路的净输入量。若有且影响净输入量，则有反馈,否则没有反馈。

【例题 5.1】 试判断图 5-2 中的电路是否存在反馈。

解：图 5-2(a)中的电阻 R_2 和电容 C 连接输出回路和输入回路,运放的净输入量不仅取决于输入信号,还与输出信号有关,所以该电路存在反馈。

图 5-2(b)中输出端与运放反向输入端用一条导线相连,运放的净输入量不仅取决于输入信号,还与输出信号有关,所以该电路存在反馈。

图 5-2(c)中电阻 R 接在输出端与反向输入端之间,但是其反向输入端接地,运放的净输入电压始终是 u_I,并不受输出信号 u_O 的影响,因此该电路不存在反馈。

图 5-2(d)中运放的输出端与同相输入端、反向输入端均无通路,所以电路中不存在反馈。

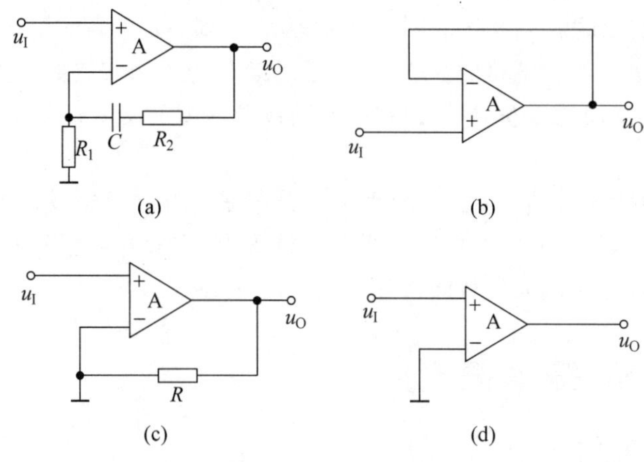

图 5-2 例题 5.1 的图

5.1.2 反馈的分类及负反馈的四种组态

1. 反馈的分类

根据反馈信号的性质和形式的不同,可以有不同的分类方式。根据反馈信号本身的交、直流性质,可以分为交流反馈和直流反馈。根据反馈信号、输入信号和净输入信号在放大电路的输入回路中求和形式的不同,分为串联反馈和并联反馈。根据反馈信号在放大电路的输出回路中采样方式的不同,分为电压反馈和电流反馈。根据反馈极性的不同,分为正反馈和负反馈。下面介绍反馈类型的判断方法。

1）交流反馈和直流反馈

如果反馈信号中只含有交流成分,则称为交流反馈；如果反馈信号中只含有直流成分,则称为直流反馈。实际上在很多电路中,既有交流反馈又有直流反馈。

判断是直流反馈还是交流反馈,主要观察反馈网络中有无电容,或者电容的接法。一般来说,反馈网络中没有电容,则为交、直流反馈；如果有电容,若电容与电阻并联,则为直流反馈,若电容与电阻串联,则为交流反馈。例如图 5-1 所示的电路中,反馈元件为电阻 R_e,没有电容,R_e 中既有直流电流又有交流电流,所以电路中既引入了直流反馈,又引入了交流反馈。假设在 R_e 上并联一个旁路电容 C_e,则 R_e 中只有直流电流,则引入的是直流反馈。再例如图 5-2(a)所示的电路中,反馈元件既有电阻,又有电容,且电容 C 与电阻 R_2 串联,这样，只有交流信号能反馈到输入回路中去，所以引入的是交流反馈。当然，具体情况还要根据电路的实际情况来判断。

直流负反馈的作用是稳定电路的静态工作点，而交流负反馈主要用于改善放大电路的动态性能，交流正反馈主要用来构成振荡电路，产生各种波形。

2）串联反馈和并联反馈

如果反馈信号、输入信号和净输入信号在放大电路的输入回路中以电压形式求和(即三个信号是串联形式)，则为串联反馈；如果反馈信号、输入信号和净输入信号在放大电路的输入回路中以电流形式求和(即三个信号是并联形式)，则为并联反馈。

判断是串联反馈还是并联反馈，主要观察反馈网络在放大电路的输入端是否产生节点。若产生节点，满足流入节点的电流代数和为零，则是并联反馈；若没有节点，满足回路电压的代数和为零，则是串联反馈。

在图5-3(a)所示的电路中，反馈网络为R_F、C_F和R_{e1}，在输入端没有产生节点，基极和发射极之间的净输入电压等于外加输入电压与反馈电压之差，说明反馈信号、输入信号和净输入信号是以电压形式求和，因此属于串联反馈。在图5-3(b)所示的电路中，反馈网络为R_F，在输入端产生节点，三极管的基极电流等于输入电流与反馈电流之差，说明反馈信号、输入信号和净输入信号是以电流形式求和，因此属于并联反馈。

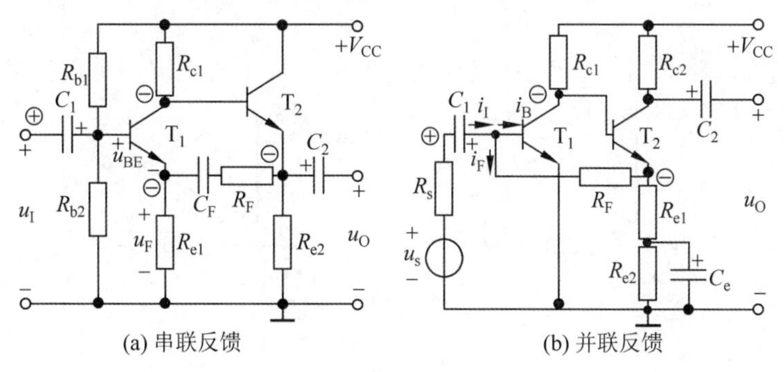

图5-3　串联反馈和并联反馈

3）电压反馈和电流反馈

如果反馈信号取自输出电压，称为电压反馈；如果反馈信号取自输出电流，称为电流反馈。判断是电压反馈还是电流反馈，方法有两种。

(1) 输出短路法。将放大电路的输出端交流短路，即令输出电压等于0，若反馈信号随之消失，则为电压反馈，否则为电流反馈。因为输出电压为0，反馈信号也随之消失，说明反馈信号与输出电压成比例关系，故为电压反馈；若反馈信号依然存在，说明反馈信号与输出电压没有关系，故是电流反馈。

(2) 电路结构判定法。若放大电路的输出端和反馈网络的取样端处在同一放大电路的同一个电极上，则为电压反馈，否则为电流反馈。

在图5-3(a)所示的电路中，根据电路结构判定法，反馈网络的取样端和输出端都是T_2的发射极，因此可以判定为电压反馈。采用输出短路法，令输出电压为0，则反馈电压也为0，即反馈信号也随输出电压而消失，所以为电压反馈。在图5-3(b)所示的电路中，根据电路结构判定法，输出信号取自T_2的集电极，而反馈信号取自T_2的发射极，所以为电流反馈。采用输出短路法，令输出电压为0，但是 T_2 的发射极电流不为0，反馈电流不为0，即反馈信号没有随输出电压消失，所以为电流反馈。

4）正反馈和负反馈

如果引入的反馈信号使净输入信号增加，从而使放大电路的放大倍数得到提高，称为正反馈；如果引入的反馈信号使净输入信号减小，从而使放大电路的放大倍数降低，称为负反馈。

判断是正反馈还是负反馈，就是判断净输入信号是增加还是减小，通常采用瞬时极性法。即先假定输入信号瞬时增加，然后沿着输入→基本放大电路→输出→反馈网络→输入的路径，推演出反馈信号的变化极性，进而得到净输入信号的变化极性。若反馈信号增加，则净输入信号就会减小，为负反馈；若反馈信号减小，则净输入信号就会增加，为正反馈。

如图5-3(a)所示的电路，假设输入信号瞬时增加⊕，则三极管 T_1 的集电极电位瞬时减小⊖，相应的 T_2 的发射极电位也瞬时减小⊖，反馈到 T_1 的发射极电位也瞬时减小⊖，即反馈电压瞬时减小，于是净输入电压瞬时增大，所以该电路引入了正反馈。如图5-3(b)所示的电路，假设输入信号瞬时增加⊕，则三极管 T_1 的集电极电位瞬时减小⊖，相应的 T_2 的发射极电位也瞬时减小⊖，则反馈电流瞬时增大，于是净输入电流瞬时减小。因为反馈信号是取自经过两级放大后的信号，所以它增大的幅度要大于输入信号增大的幅度。所以该电路引入了负反馈。

仿真视频 5-1

【例题 5.2】 电路如图5-4所示，试判断电路中引入了正反馈还是负反馈。

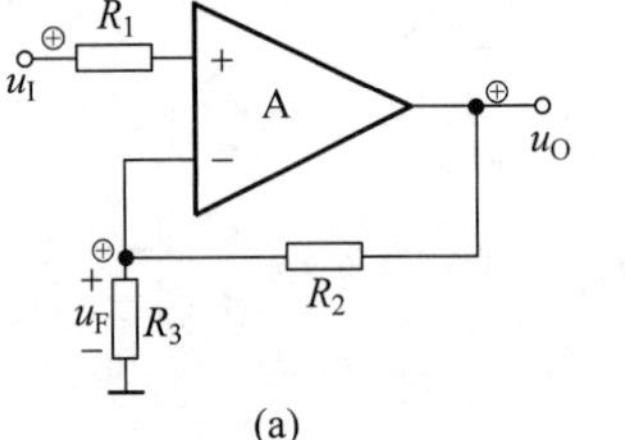

(a)

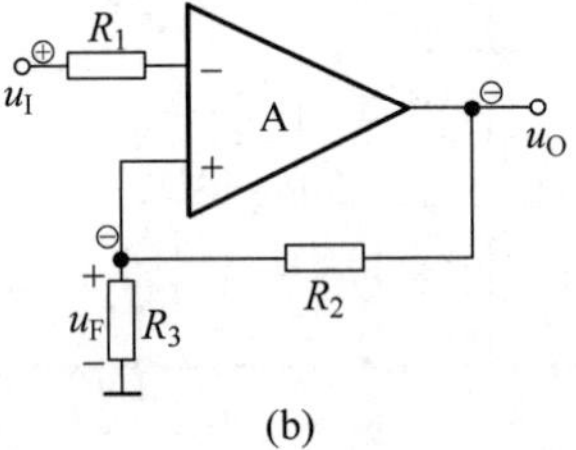

(b)

图5-4 例题5.2的图

解：对于图5-4(a)，假设输入信号瞬时增加⊕，因为输入信号加在运放的同相输入端，所以输出电压也瞬时增加⊕，反馈电压也瞬时增加⊕。由于集成运放的差模输入电压等于输入电压与反馈电压之差，则净输入电压瞬时减小，所以该电路引入了负反馈。

对于图5-4(b)，假设输入信号瞬时增加⊕，因为输入信号加在运放的反相输入端，所以输出电压瞬时减小⊖，反馈电压也瞬时减小⊖。则净输入电压瞬时增大，所以该电路引入了正反馈。

通过对例题5.2中两个电路的分析，可以得出这样一个结论，即对于单个集成运放引入反馈时，如果反馈信号引入到同相输入端，则为正反馈；如果反馈信号引入到反相输入端，则为负反馈。

2. 负反馈的四种组态

根据以上分析，实际的放大电路中的反馈形式有很多种，本章重点介绍交流负反馈。对于负反馈来说，既可以是电压反馈，又可以是电流反馈；既可以是串联反馈，又可以是并联反馈。所以组合起来共有四种组态，它们分别是电压串联负反馈、电流串联负反馈、电压并联负反馈和电流并联负反馈。

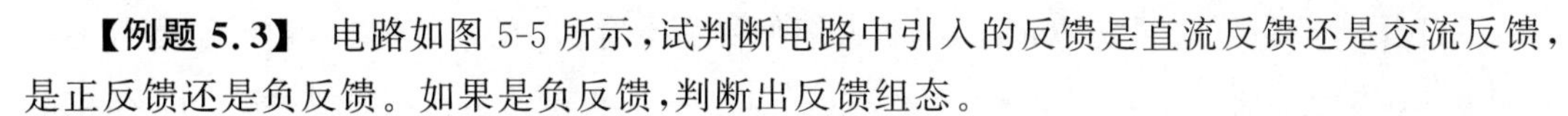

【例题 5.3】 电路如图 5-5 所示，试判断电路中引入的反馈是直流反馈还是交流反馈，是正反馈还是负反馈。如果是负反馈，判断出反馈组态。

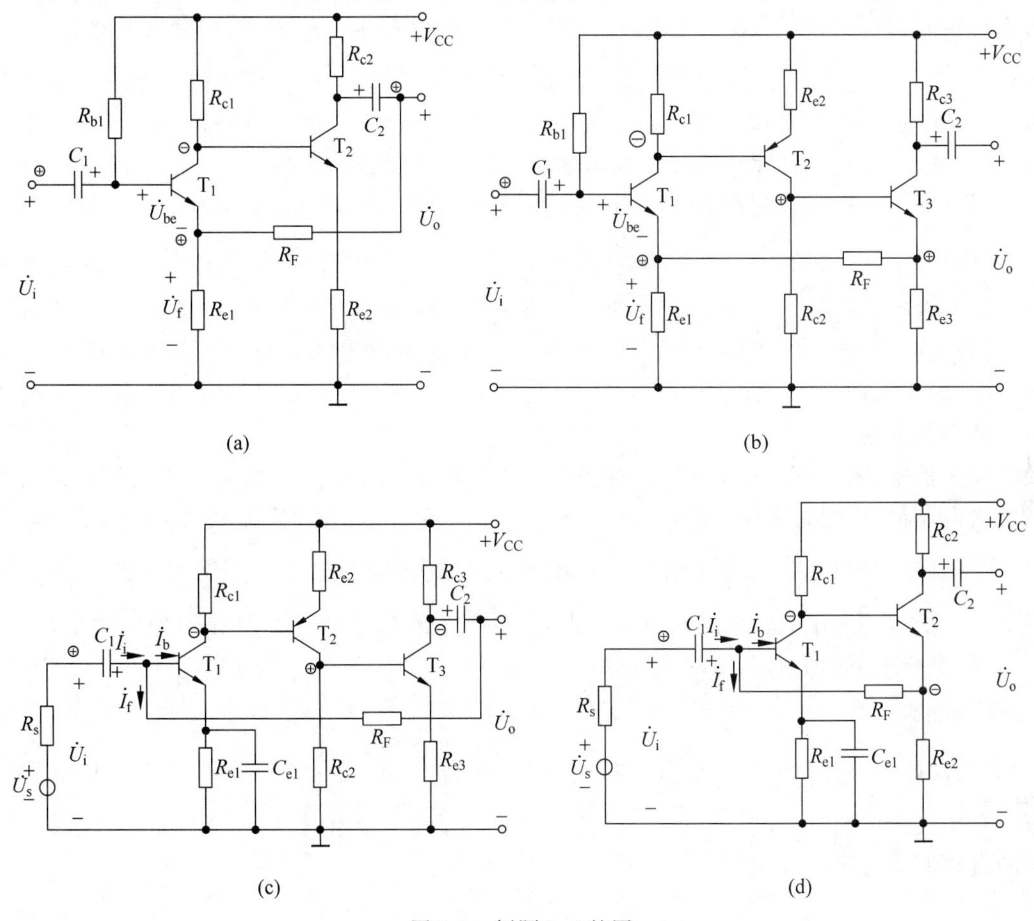

图 5-5　例题 5.3 的图

解：对于图 5-5(a)反馈网络为 R_F 和 R_{e1}。由于反馈信号从电容 C_2 的右侧取出，相当于电容与电阻串联，为交流反馈。令输入信号 $\dot{U}_i$ 瞬时增加⊕，T_1 的集电极电位瞬时降低⊖，T_2 的集电极电位瞬时增加⊕，经反馈电阻 R_F 反馈到输入回路后，反馈电压 $\dot{U}_f$ 瞬时增加⊕，于是净输入电压 $\dot{U}_{be}$ 瞬时减小⊖，为负反馈。反馈信号和输出电压同取自 T_2 的集电极，为电压反馈。在输入回路中，输入信号、净输入信号和反馈信号没有产生节点，为串联反馈。所以图 5-5(a)所示电路引入了电压串联负反馈。

对于图 5-5(b)反馈网络为 R_F 和 R_{e1}。在反馈网络中没有电容，为交、直流反馈。令输入信号 $\dot{U}_i$ 瞬时增加⊕，T_1 的集电极电位瞬时降低⊖，T_2 的集电极电位瞬时增加⊕，T_3 的发射极电位瞬时增加⊕，经反馈电阻 R_F 反馈到输入回路后，反馈电压 $\dot{U}_f$ 瞬时增加⊕，于是净输入电压 $\dot{U}_{be}$ 瞬时减小⊖，为负反馈。反馈信号和输出电压分别取自 T_3 的发射极和集电极，为电流反馈。在输入回路中，输入信号、净输入信号和反馈信号没有产生节点，为串联反馈。所以图 5-5(b)所示电路引入了电流串联负反馈。

对于图 5-5(c)反馈网络为 R_F。由于反馈信号从电容 C_2 的右侧取出，相当于电容与电阻串联，为交流反馈。令输入信号 $\dot{U}_i$ 瞬时增加⊕，T_1 的集电极电位瞬时降低⊖，T_2 的集电极电位瞬时增加⊕，T_3 的集电极电位瞬时减小⊖，经反馈电阻 R_F 反馈到输入回路后，反馈电流 $\dot{I}_f$ 瞬时增加⊕，于是净输入电流 $\dot{I}_b$ 瞬时减小⊖，为负反馈。反馈信号和输出电压都取自 T_3 的集电极，为电压反馈。在输入回路中，输入信号、净输入信号和反馈信号产生了节点，为并联反馈。所以图 5-5(c)所示电路引入了电压并联负反馈。

对于图 5-5(d)反馈网络为 R_F。在反馈网络中没有电容，为交、直流反馈。令输入信号 $\dot{U}_i$ 瞬时增加⊕，T_1 的集电极电位瞬时降低⊖，T_2 的发射极电位瞬时降低⊖，经反馈电阻 R_F 反馈到输入回路后，反馈电流 $\dot{I}_f$ 瞬时增加⊕，于是净输入电流 $\dot{I}_b$ 瞬时减小⊖，为负反馈。反馈信号和输出电压分别取自 T_2 的发射极和集电极，为电流反馈。在输入回路中，输入信号、净输入信号和反馈信号产生了节点，为并联反馈。所以图 5-5(d)所示电路引入了电流并联负反馈。

在上例中，图 5-5(a)和图 5-5(c)都是电压负反馈，电压负反馈的重要特点是能维持电路的输出电压恒定，因为无论反馈信号以何种方式引回到输入回路，实际上都是利用输出电压 $\dot{U}_o$ 本身通过反馈网络对放大电路起自动调整作用，这就是电压负反馈的实质。对于如图 5-5(a)所示的电压串联负反馈放大电路，当 $\dot{U}_i$ 一定时，若由于某种原因使输出电压 $\dot{U}_o$ 下降，则电路进行如下的自动调节过程：

$$\dot{U}_o \downarrow \rightarrow \dot{U}_f \downarrow \rightarrow \dot{U}_{be} \uparrow \rightarrow \dot{U}_o \uparrow$$

可见，反馈的结果抑制了 $\dot{U}_o$ 的下降，从而使 $\dot{U}_o$ 维持基本恒定。对于如图 5-5(c)所示的电压并联负反馈放大电路，当 $\dot{I}_i$ 一定时，若由于某种原因使输出电压 $\dot{U}_o$ 下降，则电路进行如下的自动调节过程：

$$\dot{U}_o \downarrow \rightarrow \dot{I}_f \uparrow \rightarrow \dot{I}_b \downarrow \rightarrow \dot{I}_{c3} \downarrow \rightarrow \dot{U}_o \uparrow$$

同样，反馈的结果抑制了 $\dot{U}_o$ 的下降，从而使 $\dot{U}_o$ 维持基本恒定。

在上例中，图 5-5(b)和图 5-5(d)都是电流负反馈，电流负反馈的重要特点是能维持电路的输出电流恒定。因为无论反馈信号以何种方式引回到输入回路，实际上都是利用输出电流 $\dot{I}_o$ 本身通过反馈网络对放大电路起自动调整作用，这就是电流负反馈的实质。对于如图 5-5(b)所示的电流串联负反馈放大电路，当 $\dot{U}_i$ 一定时，若由于某种原因使输出电流 $\dot{I}_{c3}$ 下降，则电路进行如下的自动调节过程：

$$\dot{I}_{c3} \downarrow \rightarrow \dot{I}_{e3} \downarrow \rightarrow \dot{I}_f \downarrow \rightarrow \dot{U}_f \downarrow \rightarrow \dot{U}_{be} \uparrow \rightarrow \dot{I}_b \uparrow \rightarrow \dot{I}_{c3} \uparrow$$

可见，反馈的结果抑制了输出电流 $\dot{I}_{c3}$ 的下降，从而使 $\dot{I}_{c3}$ 维持基本恒定。对于如图 5-5(d)所示的电流并联负反馈放大电路，当 $\dot{U}_i$ 一定时，若由于某种原因使输出电流 $\dot{I}_{c2}$ 下降，则电路进行如下的自动调节过程：

$$\dot{I}_{c2} \downarrow \rightarrow \dot{I}_{e2} \downarrow \rightarrow \dot{I}_f \downarrow \rightarrow \dot{I}_b \uparrow \rightarrow \dot{I}_{c2} \uparrow$$

同样，反馈的结果抑制了输出电流 $\dot{I}_{c2}$ 的下降，从而使 $\dot{I}_{c2}$ 维持基本恒定。

5.2 反馈的框图和一般表达式

5.2.1 反馈的框图

前面讨论的各种反馈电路实际上都分为两部分：一部分是基本放大电路；另一部分是反馈电路(反馈网络)，它可以把输出信号的一部分或全部送回到输入回路。把引入反馈的放大电路叫作闭环放大电路，而未引入反馈的放大电路叫作开环放大电路。反馈电路可以用如图5-6所示的框图表示。

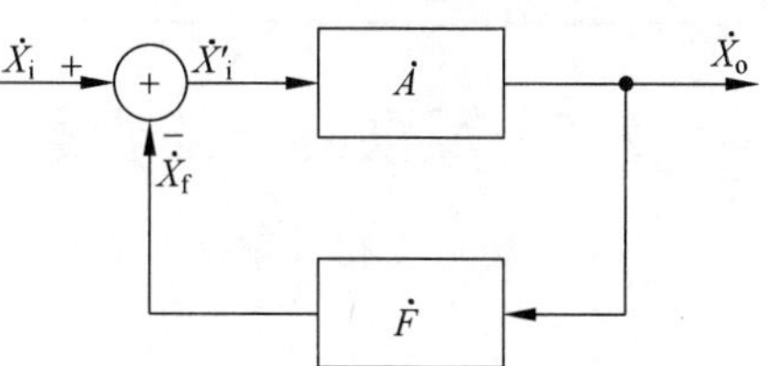

图5-6　反馈放大电路的框图

图5-6中，上面的一个框表示基本放大电路，其放大倍数为$\dot{A}$，又称为开环放大倍数。下面一个框表示反馈网络，反馈系数为$\dot{F}$。符号⊕表示信号的求和，箭头表示信号传输的方向。$\dot{X}_i$称为输入信号，$\dot{X}_o$称为输出信号，$\dot{X}_f$称为反馈信号，$\dot{X}'_i$称为净输入信号。根据反馈组态的不同，输入信号、输出信号、反馈信号和净输入信号可能是电压信号，也可能是电流信号，这取决于反馈组态。

从图5-6中可以写出$\dot{A}$和$\dot{F}$的表达式分别为

$$\dot{A}=\frac{\dot{X}_o}{\dot{X}'_i} \tag{5-1}$$

$$\dot{F}=\frac{\dot{X}_f}{\dot{X}_o} \tag{5-2}$$

它们的物理意义和量纲与反馈组态有关，具体情况如表5-1所示。

表5-1　四种反馈组态下的$\dot{A}$与$\dot{F}$的物理意义和量纲

参数 / 组态	输出信号	反馈信号	净输入信号	$\dot{A}$的表达式、物理意义和量纲	$\dot{F}$的表达式
电压串联负反馈	$\dot{U}_o$	$\dot{U}_f$	$\dot{U}'_i$	$\dot{A}_{uu}=\frac{\dot{U}_o}{\dot{U}'_i}$ 电压放大倍数	$\dot{F}_{uu}=\frac{\dot{U}_f}{\dot{U}_o}$
电压并联负反馈	$\dot{U}_o$	$\dot{I}_f$	$\dot{I}'_i$	$\dot{A}_{ui}=\frac{\dot{U}_o}{\dot{I}'_i}(\Omega)$ 转移电阻	$\dot{F}_{iu}=\frac{\dot{I}_f}{\dot{U}_o}(S)$
电流串联负反馈	$\dot{I}_o$	$\dot{U}_f$	$\dot{U}'_i$	$\dot{A}_{iu}=\frac{\dot{I}_o}{\dot{U}'_i}(S)$ 转移电导	$\dot{F}_{ui}=\frac{\dot{U}_f}{\dot{I}_o}(\Omega)$

续表

参数 组态	输出信号	反馈信号	净输入信号	$\dot{A}$ 的表达式、物理意义和量纲	$\dot{F}$ 的表达式
电流并联负反馈	$\dot{I}_o$	$\dot{I}_f$	$\dot{I}'_i$	$\dot{A}_{ii}=\dfrac{\dot{I}_o}{\dot{I}'_i}$ 电流放大倍数	$\dot{F}_{ii}=\dfrac{\dot{I}_f}{\dot{I}_o}$

5.2.2 反馈的一般表达式

在图 5-6 中可以得到输入信号、反馈信号和净输入信号之间满足如下关系：

$$\dot{X}'_i=\dot{X}_i-\dot{X}_f \tag{5-3}$$

由式(5-1)可得

$$\dot{X}_o=\dot{A}\dot{X}'_i \tag{5-4}$$

由式(5-2)可得

$$\dot{X}_f=\dot{F}\dot{X}_o \tag{5-5}$$

由式(5-3)～式(5-5)可得

$$\dot{X}_o=\dot{A}\dot{X}'_i=\dot{A}(\dot{X}_i-\dot{X}_f)=\dot{A}(\dot{X}_i-\dot{F}\dot{X}_o)$$

整理得

$$\dot{A}_f=\frac{\dot{X}_o}{\dot{X}_i}=\frac{\dot{A}}{1+\dot{A}\dot{F}} \tag{5-6}$$

式(5-6)就是反馈的一般表达式。式中 $\dot{A}_f$ 表示引入反馈后，闭环放大电路的输出信号与输入信号之间的放大倍数，称为闭环放大倍数。$1+\dot{A}\dot{F}$ 称为反馈深度，表示引入反馈以后放大电路的放大倍数与无反馈时相比所变化的倍数。它是一个很重要的参数，引入负反馈以后，放大电路各项性能改善的程度都与 $|1+\dot{A}\dot{F}|$ 有关，而且 $|1+\dot{A}\dot{F}|$ 的取值范围决定了反馈的极性。

(1) 若 $|1+\dot{A}\dot{F}|>1$，则 $|\dot{A}_f|<|\dot{A}|$，说明引入反馈后放大倍数比原来减小了，这种反馈称为负反馈。如果 $|1+\dot{A}\dot{F}|\gg1$，则称为深度负反馈。这时式(5-6)可以简化为

$$\dot{A}_f=\frac{\dot{A}}{1+\dot{A}\dot{F}}\approx\frac{\dot{A}}{\dot{A}\dot{F}}=\frac{1}{\dot{F}} \tag{5-7}$$

式(5-7)表明，深度负反馈放大电路的放大倍数 $\dot{A}_f$ 几乎与基本放大电路的放大倍数 $\dot{A}$ 无关，而主要取决于反馈网络的反馈系数 $\dot{F}$。

(2) 若 $|1+\dot{A}\dot{F}|<1$，则 $|\dot{A}_f|>|\dot{A}|$，说明引入反馈后放大倍数比原来增大了，这种反馈称为正反馈。

(3) 若 $|1+\dot{A}\dot{F}|=0$，即 $\dot{A}\dot{F}=-1$，此时 $\dot{A}_f=\infty$，说明当 $\dot{X}_i=0$ 时，$\dot{X}_o\neq0$。此时，放大

电路虽然没有输入信号，但是却有输出信号，这种状态称为自激振荡。当负反馈放大电路发生自激振荡时，放大电路失去了放大作用，不能正常工作。但是，有时为了产生正弦波或其他波形信号时，有意地引入一个正反馈，并使之满足自激振荡的条件。

5.3　负反馈对放大电路性能的影响

放大电路引入负反馈以后，虽然使放大倍数降低了，但是却能从多方面改善放大电路的性能。

5.3.1　提高放大倍数的稳定性

稳定性是放大电路的重要指标之一。在输入信号一定的情况下，放大电路因各种因素的变化，输出电压或电流会随之发生变化，从而引起放大倍数的改变。但是引入负反馈以后，可以稳定输出电压、输出电流，进而稳定放大倍数。

上节已经推出，闭环放大电路的放大倍数为

$$\dot{A}_{\mathrm{f}}=\frac{\dot{A}}{1+\dot{A}\dot{F}}$$

如果放大电路工作在中频范围，且反馈网络为纯电阻性，则 $\dot{A}$ 和 $\dot{F}$ 均为实数，于是上式可以表示为

$$A_{\mathrm{f}}=\frac{A}{1+AF}$$

将 A_{f} 对 A 求导数，可得

$$\frac{\mathrm{d}A_{\mathrm{f}}}{\mathrm{d}A}=\frac{1}{(1+AF)^2}$$

即

$$\mathrm{d}A_{\mathrm{f}}=\frac{\mathrm{d}A}{(1+AF)^2}$$

上式两边同时除以 A_{f}，得

$$\frac{\mathrm{d}A_{\mathrm{f}}}{A_{\mathrm{f}}}=\frac{1}{1+AF}\times\frac{\mathrm{d}A}{A} \tag{5-8}$$

式(5-8)表明，闭环放大倍数 A_{f} 的相对变化量下降为开环放大倍数 A 的相对变化量的 $1/(1+AF)$，稳定性提高了。所以引入负反馈后，虽然闭环放大倍数 A_{f} 下降为开环放大倍数 A 的 $1/(1+AF)$，但是稳定性却提高了 $(1+AF)$ 倍。

5.3.2　减小非线性失真

仿真视频
5-2

由于放大电路中存在三极管等非线性元器件，所以当输入信号为正弦波时，输出信号的波形可能产生或多或少的非线性失真。如图 5-7(a)所示的示意图中，输入 $\dot{X}_{\mathrm{i}}$ 为正弦波，输出 $\dot{X}_{\mathrm{o}}$ 却变成了正半周幅度大、负半周幅度小的失真波形。

引入负反馈后，可以减小非线性失真。如图 5-7(b)所示的示意图中，输入 $\dot{X}_{\mathrm{i}}$ 为正弦

波，经过基本放大电路放大后，输出 $\dot{X}_o$ 产生正半周幅度大、负半周幅度小的失真波形。经过反馈后，在 $\dot{F}$ 为常数的条件下，反馈信号 $\dot{X}_f$ 也是正半周幅度大、负半周幅度小。它与输入信号 $\dot{X}_i$ 求和后，得到净输入信号 $\dot{X}_i'=\dot{X}_i-\dot{X}_f$ 的波形变成正半周幅度小而负半周幅度大的波形，这个波形再被放大后，正、负半周幅度不对称的程度就减小了，非线性失真得到减小。

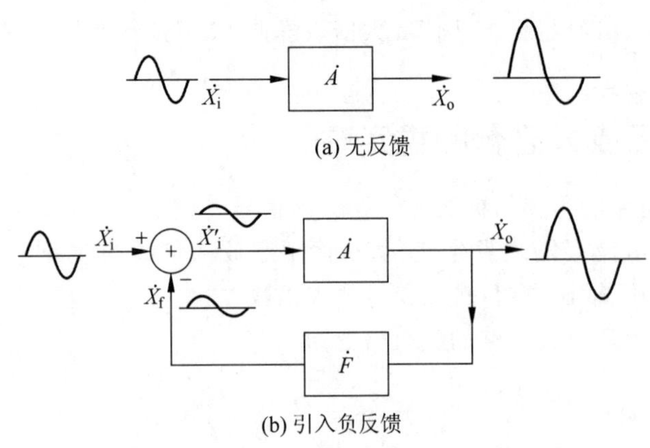

图 5-7 负反馈减小非线性失真

需要说明的是，负反馈可以减小由放大电路造成的非线性失真，但是对于输入信号本身的失真却无法改善。

5.3.3 扩展通频带

在第 2 章中已经介绍过，在低频段，由于级间耦合电容的容抗增加等原因，使得放大倍数下降；在高频段，由于三极管的结电容的容抗减小等原因，使得放大倍数下降。但是引入反馈后，当在低频段和高频段放大倍数下降时，反馈信号会跟着减小，那么对输入信号的削弱作用也在减小，所以会使得放大倍数的下降变得缓慢，因此扩展了通频带，如图 5-8 所示。图中 $\dot{A}_m$ 表示引入负反馈前的中频放大倍数，$\dot{A}_{mf}$ 表示引入负反馈后的中频放大倍数，f_L 和 f_H 表示引入负反馈前的下限频率和上限频率，f_{Lf} 和 f_{Hf} 表示引入负反馈后的下限频率和上限频率。引入反馈后，放大电路的下限频率 f_{Lf} 降低为无反馈时的下限频率 f_L 的 $1/(1+A_mF)$ 倍，放大电路的上限频率 f_{Hf} 提高为无反馈时的上限频率 f_H 的 $(1+A_mF)$ 倍。

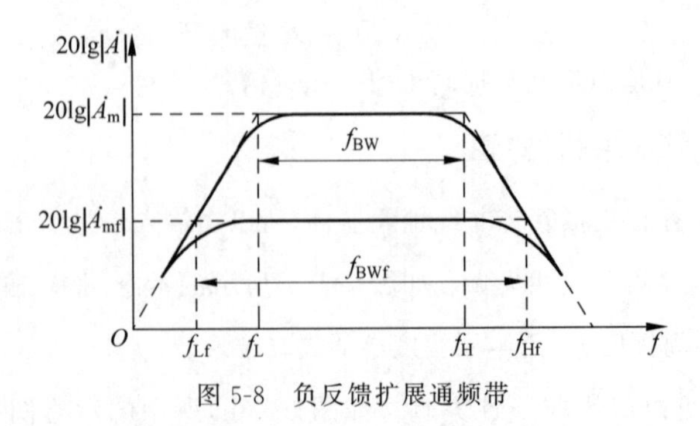

图 5-8 负反馈扩展通频带

5.3.4 改变输入和输出电阻

1. 改变输入电阻

在负反馈放大电路中，不论是电压反馈还是电流反馈，其输入电阻的变化取决于反馈网络与基本放大电路在输入回路的连接方式。

1）串联负反馈使输入电阻增大

在串联负反馈放大电路中，由于 $\dot{U}_i$ 与 $\dot{U}_f$ 在输入回路中彼此串联，且极性相反，其结果使得净输入电压 $\dot{U}_i'$ 减小。可见，在同样的外加输入电压作用下，引入反馈后的净输入电流比无反馈时减小了，因此输入电阻 R_{if} 增大，并且是无反馈时的输入电阻 R_i 的$(1+AF)$倍。

2）并联负反馈使输入电阻减小

在并联负反馈放大电路中，在输入回路中满足 $\dot{I}_i=\dot{I}_i'+\dot{I}_f$，在相同的输入电压 $\dot{U}_i$ 的作用下，因 $\dot{I}_f$ 的存在而使得 $\dot{I}_i$ 增大，从而使输入电阻 R_{if} 减小，并且是无反馈时的输入电阻 R_i 的 $1/(1+AF)$倍。

2. 改变输出电阻

在负反馈放大电路中，输出电阻的变化取决于反馈信号在放大电路输出端的采样方式。

1）电压负反馈使输出电阻减小

电压负反馈可以稳定输出电压 $\dot{U}_o$，即当负载 R_L 改变时，输出电压 $\dot{U}_o$ 基本不变，这相当于内阻很小的电压源。所以引入电压负反馈后，使输出电阻 R_{of} 减小，并且是无反馈时的输出电阻 R_o 的 $1/(1+AF)$倍。

2）电流负反馈使输出电阻增大

电流负反馈可以稳定输出电流 $\dot{I}_o$，即当负载 R_L 改变时，输出电流 $\dot{I}_o$ 基本不变，这相当于内阻很大的电流源。所以引入电流负反馈后，使输出电阻 R_{of} 增大，并且是无反馈时的输出电阻 R_o 的$(1+AF)$倍。

5.4 深度负反馈放大电路的估算

5.4.1 估算的依据

在 5.2.2 节中已经述及，当反馈放大电路处于深度负反馈时，闭环放大倍数为 $\dot{A}_f\approx 1/\dot{F}$，也即只要求出反馈系数 $\dot{F}$，就可以求得闭环放大倍数。但是需要注意的是，从表 5-1 中可以直观地看出，只有反馈组态为电压串联负反馈时，$\dot{A}_f$ 才是电压放大倍数，而对于其他的三种反馈组态的放大电路，利用 $\dot{A}_f\approx 1/\dot{F}$ 求得 $\dot{A}_f$ 后，均要再经过转换才能求得电压放大倍数。为此可以采用另外一种能够直接估算各种反馈组态的电压放大倍数的方法。

根据定义，反馈放大电路的闭环放大倍数 $\dot{A}_f$ 为

$$\dot{A}_f=\frac{\dot{X}_o}{\dot{X}_i}$$

而反馈系数 $\dot{F}$ 为

$$\dot{F}=\frac{\dot{X}_f}{\dot{X}_o}$$

将 $\dot{A}_f$ 和 $\dot{F}$ 的定义式代入 $\dot{A}_f \approx \frac{1}{\dot{F}}$，得到

$$\frac{\dot{X}_o}{\dot{X}_i}=\frac{\dot{X}_o}{\dot{X}_f}$$

于是可得

$$\dot{X}_i \approx \dot{X}_f \tag{5-9}$$

式(5-9)表明，在深度负反馈条件下，放大电路的反馈信号 $\dot{X}_f$ 与外加的输入信号 $\dot{X}_i$ 近似相等。此时净输入信号 $\dot{X}_i'=\dot{X}_i-\dot{X}_f\approx 0$。

对于深度串联负反馈，$\dot{X}_i'$、$\dot{X}_i$ 和 $\dot{X}_f$ 均表示电压，则有

$$\dot{U}_i \approx \dot{U}_f \tag{5-10}$$

此时 $\dot{U}_i'\approx 0$，放大电路的净输入电压可以忽略不计。

对于深度并联负反馈，$\dot{X}_i'$、$\dot{X}_i$ 和 $\dot{X}_f$ 均表示电流，则有

$$\dot{I}_i \approx \dot{I}_f \tag{5-11}$$

此时 $\dot{I}_i'\approx 0$，放大电路的净输入电流可以忽略不计。

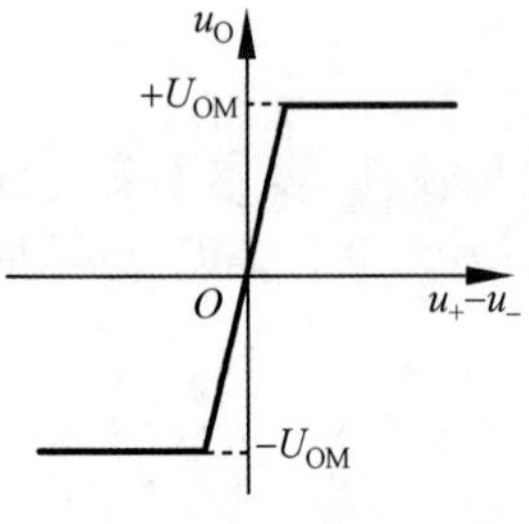

对于分立元器件组成的深度负反馈放大电路，根据式(5-10)或式(5-11)即可估算出闭环电压放大倍数。

对于集成运放构成的深度负反馈放大电路，式(5-10)和式(5-11)又是"虚短"和"虚断"概念的准确表达。

图 5-9 集成运放的电压传输特性

集成运放的电压传输特性如图 5-9 所示。从图中可以看出，当运放的净输入信号 u_{Id} 很小时，集成运放工作在线性区。如果运放的净输入信号 u_{Id} 超出了线性放大的范围，则输出电压不再随着输入电压线性增长，而将达到饱和，即工作在非线性区。

(1) 集成运放构成深度串联负反馈时，净输入电压非常小，即

$$u_+ \approx u_- \tag{5-12}$$

根据集成运放的电压传输特性可知，此时集成运放工作在线性区，输出信号与净输入信号之间满足线性关系。$u_+\approx u_-$ 相当于两输入端之间接近短路，但又不是真正的短路，所以称为"虚短"。又由于集成运放的输入电阻 R_{id} 很大，因而流入两个输入端的电流为零，即 $i_+=i_-\approx 0$。说明流入集成运放两输入端的电流几乎为零，近似断路，而在运放内部并没有真正断开，所以称为"虚断"。

(2) 集成运放构成深度并联负反馈时，净输入电流非常小，即

$$i_+=i_-\approx 0 \tag{5-13}$$

所以集成运放的输入端"虚断"。因为 $i_+=i_-\approx 0$，因而在输入电阻 R_{id} 上产生的压降约为

零，也即 $u_{+} \approx u_{-}$，处于"虚短"状态。

由以上分析可知，对于集成运放构成的深度负反馈放大电路，不论是串联还是并联深度负反馈，"虚短"和"虚断"都同时存在。利用"虚短"和"虚断"就可以很方便地估算出由集成运放构成的深度负反馈放大电路的闭环电压放大倍数。

5.4.2　深度负反馈放大电路的近似估算

根据前面的讨论，对于由分立元器件组成的深度负反馈放大电路，可以根据式(5-10)和式(5-11)方便地求出闭环电压放大倍数；对于集成运放组成的深度负反馈放大电路，可以根据式(5-12)和式(5-13)，即"虚短"和"虚断"的概念方便地求出闭环电压放大倍数。在估算之前，必须先判断出电路的反馈组态，然后再根据适当的公式进行计算。

【例题 5.4】 假设如图 5-5 所示的各电路均满足深度负反馈条件，试写出各电路的闭环电压放大倍数 $\dot{A}_{uf}$ 或闭环源电压放大倍数 $\dot{A}_{usf}$ 的计算公式。

解：对于如图 5-5 所示的电路，前面已经判断出图 5-5(a)为电压串联负反馈，图 5-5(b)为电流串联负反馈，图 5-5(c)为电压并联负反馈，图 5-5(d)为电流并联负反馈。

图 5-5(a)因为是电压串联负反馈，所以 $\dot{U}_i \approx \dot{U}_f$，$\dot{U}_{be}$ 很小，近似为 0，所以电流 $\dot{I}_{e1}$ 很小，与反馈信号相比，可以忽略。

由图 5-5(a)可得

$$\dot{U}_f = \frac{R_{e1}}{R_{e1} + R_F} \dot{U}_o \approx \dot{U}_i$$

所以闭环电压放大倍数为

$$\dot{A}_{uf} = \frac{\dot{U}_o}{\dot{U}_i} = \frac{R_{e1} + R_F}{R_{e1}} = 1 + \frac{R_F}{R_{e1}}$$

图 5-5(b)因为是电流串联负反馈，所以 $\dot{U}_i \approx \dot{U}_f$，$\dot{U}_{be}$ 很小，近似为 0，所以电流 $\dot{I}_{e1}$ 很小，与反馈信号相比，可以忽略。

由图 5-5(b)可得，输出电流经 R_{e3}、R_F 和 R_{e1} 分流后反馈到输入回路，即

$$\dot{I}_f = \frac{R_{e3}}{R_{e3} + R_F + R_{e1}} \dot{I}_{e3}$$

$$\dot{U}_f = \dot{I}_f R_{e1} = \frac{R_{e3} R_{e1}}{R_{e3} + R_F + R_{e1}} \dot{I}_{e3}$$

又

$$\dot{U}_o = -\dot{I}_{c3} R'_L = -\dot{I}_{c3} R_{c3}$$

则

$$\dot{I}_{e3} \approx \dot{I}_{c3} = -\frac{\dot{U}_o}{R_{c3}}$$

所以

$$\dot{U}_i \approx \dot{U}_f = \frac{R_{e3} R_{e1}}{R_{e3} + R_F + R_{e1}} \dot{I}_{e3} = -\frac{R_{e3} R_{e1}}{R_{e3} + R_F + R_{e1}} \cdot \frac{\dot{U}_o}{R_{c3}}$$

所以闭环电压放大倍数为

$$\dot{A}_{uf}=\frac{\dot{U}_o}{\dot{U}_i}=-\frac{R_{e3}+R_F+R_{e1}}{R_{e3}R_{e1}}\cdot R_{c3}$$

图 5-5(c)因为是电压并联负反馈，所以 $\dot{I}_i\approx\dot{I}_f$，$\dot{I}_b$ 很小近似为 0。由于并联负反馈使输入电阻减小，在深度负反馈时 $R_{if}\to 0$，所以 $\dot{U}_i\to 0$。

由图 5-5(c)可得

$$\dot{I}_i=\frac{\dot{U}_s}{R_s+R_{if}}\approx\frac{\dot{U}_s}{R_s}$$

$$\dot{I}_f=\frac{\dot{U}_i-\dot{U}_o}{R_F}=-\frac{\dot{U}_o}{R_F}$$

所以闭环源电压放大倍数为

$$\dot{A}_{usf}=\frac{\dot{U}_o}{\dot{U}_s}=-\frac{R_F}{R_s}$$

图 5-5(d)因为是电流并联负反馈，所以 $\dot{I}_i\approx\dot{I}_f$，$\dot{I}_b$ 很小，近似为 0。由于并联负反馈使输入电阻减小，在深度负反馈时 $R_{if}\to 0$，所以 $\dot{U}_i\to 0$。

由图 5-5(d)可得

$$\dot{I}_i=\frac{\dot{U}_s}{R_s+R_{if}}\approx\frac{\dot{U}_s}{R_s}$$

$$\dot{I}_f=-\frac{R_{e2}}{R_F+R_{e2}}\dot{I}_{e2}$$

而

$$\dot{I}_{e2}\approx\dot{I}_{c2}=-\frac{\dot{U}_o}{R'_L}=-\frac{\dot{U}_o}{R_{c2}}$$

于是

$$\frac{\dot{U}_s}{R_s}=\frac{R_{e2}}{R_F+R_{e2}}\cdot\frac{\dot{U}_o}{R_{c2}}$$

所以闭环源电压放大倍数为

$$\dot{A}_{usf}=\frac{\dot{U}_o}{\dot{U}_s}=\frac{R_F+R_{e2}}{R_sR_{e2}}\cdot R_{c2}$$

仿真视频 5-3

【例题 5.5】 假设图 5-10 中的各电路均满足深度负反馈条件，试估算各电路的闭环电压放大倍数。

解：图 5-10(a)反馈网络为 R_2 和 R_3。反馈信号取自输出电压，反馈信号、输入信号和净输入信号以电压形式求和，反馈信号反馈到运放的反相输入端，所以为电压串联负反馈。

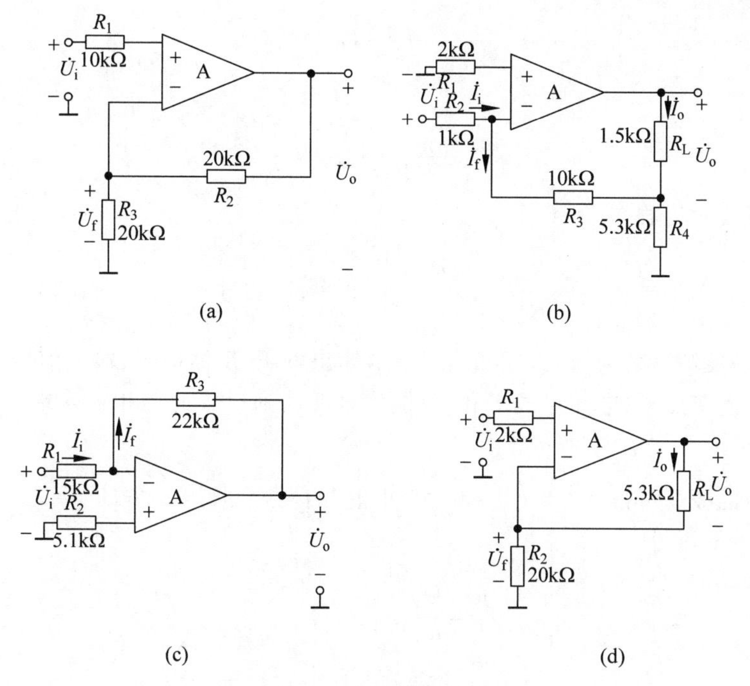

图 5-10　例题 5.5 的图

由"虚短"的概念可得 $\dot{U}_f \approx \dot{U}_i$,利用"虚断"的概念可得 $\dot{I}_+ = \dot{I}_- \approx 0$。

由图 5-10(a)可得

$$\dot{U}_f = \frac{R_3}{R_2 + R_3}\dot{U}_o \approx \dot{U}_i$$

所以闭环电压放大倍数为

$$\dot{A}_{uf} = \frac{\dot{U}_o}{\dot{U}_i} = \frac{R_2 + R_3}{R_3} = 1 + \frac{R_2}{R_3} = 1 + \frac{20}{20} = 2$$

图 5-10(b)反馈网络为 R_3 和 R_4。令输出电压 $\dot{U}_o = 0$ 时,$\dot{I}_f \neq 0$,反馈信号、输入信号和净输入信号在输入回路产生节点,以电流形式求和,反馈信号反馈到运放的反相输入端,所以为电流并联负反馈。

由"虚断"的概念可得 $\dot{I}_+ = \dot{I}_- \approx 0$,由"虚短"的概念可得 $\dot{U}_+ \approx \dot{U}_- = 0$。

由图 5-10(b)可得

$$\dot{I}_f = -\frac{R_4}{R_3 + R_4}\dot{I}_o$$

$$\dot{I}_o = \frac{\dot{U}_o}{R_L}$$

$$\dot{I}_i = \frac{\dot{U}_i}{R_2}$$

因为

$$\dot{I}_i=\dot{I}_f$$

于是

$$-\frac{R_4}{R_3+R_4}\cdot\frac{\dot{U}_o}{R_L}=\frac{\dot{U}_i}{R_2}$$

所以闭环电压放大倍数为

$$\dot{A}_{uf}=\frac{\dot{U}_o}{\dot{U}_i}=-\frac{R_L}{R_2}\left(1+\frac{R_3}{R_4}\right)=-\frac{1.5}{1}\times\left(1+\frac{10}{5.3}\right)=-4.33$$

图 5-10(c)反馈网络为 R_3。反馈信号取自输出电压，反馈信号、输入信号和净输入信号在输入回路产生节点，以电流形式求和，反馈信号反馈到运放的反相输入端，所以为电压并联负反馈。

由“虚断”的概念可得 $\dot{I}_+=\dot{I}_-\approx 0$，由“虚短”的概念可得 $\dot{U}_+\approx\dot{U}_-=0$。

由图 5-10(c)可得

$$\dot{I}_i=\frac{\dot{U}_i}{R_1}$$

$$\dot{I}_f=\frac{\dot{U}_- -\dot{U}_o}{R_3}=-\frac{\dot{U}_o}{R_3}$$

因为

$$\dot{I}_i=\dot{I}_f$$

于是

$$\frac{\dot{U}_i}{R_1}=-\frac{\dot{U}_o}{R_3}$$

所以闭环电压放大倍数为

$$\dot{A}_{uf}=\frac{\dot{U}_o}{\dot{U}_i}=-\frac{R_3}{R_1}=-\frac{22}{15}=-1.47$$

图 5-10(d)反馈网络为 R_2。反馈信号、输入信号和净输入信号在输入端没有产生节点，以电压形式求和，令输出电压 $\dot{U}_o=0$ 时，$\dot{U}_f\neq 0$，反馈信号反馈到运放的反相输入端，所以为电流串联负反馈。

由“虚断”的概念得 $\dot{I}_+=\dot{I}_-\approx 0$，由“虚短”的概念可得 $\dot{U}_+\approx\dot{U}_-=\dot{U}_i=\dot{U}_f$。

由图 5-10(d)可得

$$\dot{U}_f=\dot{I}_oR_2=\dot{U}_i$$

$$\dot{I}_o=\frac{\dot{U}_o}{R_L}$$

于是

$$\frac{R_2}{R_L}\dot{U}_o=\dot{U}_i$$

所以闭环电压放大倍数为

$$\dot{A}_{uf}=\frac{\dot{U}_o}{\dot{U}_i}=\frac{R_L}{R_2}=\frac{5.3}{20}=0.265$$

小结

在实用的放大电路中，可以通过引入负反馈来改善电路的性能，引入正反馈来构成波形发生电路或波形变换电路等。

所谓反馈，是指将放大电路的输出量（电压或电流）的一部分或全部，通过反馈网络以一定的方式，反送到放大电路的输入回路中去，并影响输入量（电压或电流）。判断一个放大电路中有无反馈，关键是看放大电路中是否存在将输出回路与输入回路相连接的通路，并由此影响了放大电路的净输入量。若有且影响净输入，则有反馈，否则没有反馈。

根据反馈信号的性质和形式的不同，可以分为交流反馈和直流反馈、串联反馈和并联反馈、电压反馈和电流反馈、正反馈和负反馈。

通过观察反馈网络中有无电容，或者电容的接法来判断是直流反馈还是交流反馈。一般来说，反馈网络中没有电容，则为交、直流反馈；如果有电容，若电容与电阻并联，则为直流反馈；若电容与电阻串联，则为交流反馈。通过观察反馈网络在放大电路的输入端是否产生节点来判断是串联反馈还是并联反馈，若产生节点，是并联反馈；若没有节点，是串联反馈。判断是电压反馈还是电流反馈，常用的方法有两种。一是输出短路法，即令输出电压等于零，若反馈信号随之消失，则为电压反馈，否则为电流反馈。二是电路结构判定法，即若放大电路的输出端和反馈网络的取样端处在同一放大电路的同一个电极上，则为电压反馈，否则为电流反馈。判断是正反馈还是负反馈，通常采用瞬时极性法。即先假定输入信号瞬时增加，然后沿着输入→基本放大电路→输出→反馈网络→输入的路径，推演出反馈信号的变化极性，进而得到净输入信号的变化极性。若反馈信号增加，则净输入信号就会减小，为负反馈；若反馈信号减小，则净输入信号就会增加，为正反馈。

直流负反馈的作用是稳定静态工作点，交流负反馈的作用是改善动态性能。电压负反馈可以稳定输出电压，而电流负反馈可以稳定输出电流。

负反馈放大电路共有四种反馈组态，分别为电压串联负反馈、电压并联负反馈、电流串联负反馈和电流并联负反馈。它们的闭环放大倍数都可以写成

$$\dot{A}_f=\frac{\dot{X}_o}{\dot{X}_i}=\frac{\dot{A}}{1+\dot{A}\dot{F}}$$

反馈组态不同，$\dot{A}_f$ 的物理意义也不同。

引入负反馈后，虽然放大倍数下降了，但是能提高放大倍数的稳定性，减小非线性失真，展宽频带，串联负反馈提高输入电阻，并联负反馈减小输入电阻，电压负反馈减小输出电阻，电流负反馈提高输出电阻。改善的程度都取决于反馈深度 $|1+\dot{A}\dot{F}|$。

如果电路引入了深度负反馈，可以采用近似估算的方法计算闭环电压放大倍数。对于不同的反馈组态，可以采取不同的方法。对于任何反馈组态的深度负反馈放大电路，均可以

利用 $\dot{X}_{\mathrm{i}} \approx \dot{X}_{\mathrm{f}}$ 估算闭环电压放大倍数。但对于不同的反馈组态，具体的表现形式不同。若是串联负反馈，则为 $\dot{U}_{\mathrm{i}} \approx \dot{U}_{\mathrm{f}}$，若是并联负反馈，则为 $\dot{I}_{\mathrm{i}} \approx \dot{I}_{\mathrm{f}}$。如果是电压串联负反馈还可以采用 $\dot{A}_{\mathrm{f}} \approx 1/\dot{F}$ 直接估算出闭环电压放大倍数。

习题

1. 填空题

（1）放大电路中的反馈，是指将放大电路的________的一部分或全部，通过反馈网络以一定的方式，反送到放大电路的________中去，并影响________。

（2）判断一个放大电路中有无反馈，关键是看放大电路中是否存在将________与________相连接的通路，并由此影响了放大电路的________。若有且影响________，则有反馈，否则没有反馈。

（3）如果反馈信号中只含有交流成分，则称为________；如果反馈信号中只含有直流成分，则称为________。

（4）直流负反馈的作用是________，而交流负反馈主要用于________。

（5）如果放大电路引入的反馈信号使净输入信号________，从而使放大电路的放大倍数得到________，称为正反馈；如果引入的反馈信号使净输入信号________，从而使放大电路的放大倍数________，称为负反馈。

（6）放大电路引入负反馈后，虽然闭环放大倍数 A_{f} 下降为开环放大倍数 A 的________，但是稳定性却提高了________倍。

（7）放大电路引入串联负反馈后，会使输入电阻 R_{if} 增大，并且是无反馈时输入电阻 R_{i} 的________倍。引入并联负反馈后，会使输入电阻 R_{if} 减小，并且是无反馈时的输入电阻 R_{i} 的________倍。

（8）放大电路引入电压负反馈后，会使输出电阻 R_{of} 减小，并且是无反馈时的输出电阻 R_{o} 的________倍。引入电流负反馈后，使输出电阻 R_{of} 增大，并且是无反馈时的输出电阻 R_{o} 的________倍。

（9）在深度负反馈条件下，放大电路的反馈信号 $\dot{X}_{\mathrm{f}}$ 与外加的输入信号 $\dot{X}_{\mathrm{i}}$ 近似相等。对于深度串联负反馈，则有________；对于深度并联负反馈，则有________。

（10）判断反馈的极性，通常采用________法。

2. 选择题

（1）对于放大电路，所谓闭环是指（　　）。

A. 考虑信号源内阻　　B. 存在反馈通路　　C. 接入负载

（2）为了稳定静态工作点，应引入（　　）。

A. 直流负反馈　　B. 交流负反馈　　C. 交流正反馈

（3）为了稳定放大倍数、改善非线性失真，应引入（　　）。

A. 直流负反馈　　B. 交流负反馈　　C. 交流正反馈

(4) 为了抑制温漂,应引入(　　)。

A. 直流负反馈　　B. 交流负反馈　　C. 交流正反馈

(5) 负反馈能抑制的是(　　)的非线性失真。

A. 输入信号本身　　B. 反馈环外放大电路

C. 反馈环内放大电路

(6) 某仪表放大器,要求输入电阻大,输出电流稳定,应引入(　　)负反馈。

A. 电压串联　　B. 电流并联　　C. 电流串联

(7) 某传感器产生的是电压信号(几乎不能提供电流),经放大后,希望输出电压与信号电压成正比,这个放大电路应引入(　　)负反馈。

A. 电压串联　　B. 电流串联　　C. 电压并联

(8) 希望得到一个由电流控制的电流源,应引入(　　)负反馈。

A. 电压并联　　B. 电流并联　　C. 电流串联

(9) 希望得到一个由电流控制的电压源,应引入(　　)负反馈。

A. 电压并联　　B. 电流并联　　C. 电压串联

(10) 希望得到一个阻抗变换电路,输入电阻大,输出电阻小,应引入(　　)负反馈。

A. 电压并联　　B. 电流并联　　C. 电压串联

3. 在图 P5-3 所示的各放大电路中,找出反馈网络,并判断是直流反馈还是交流反馈,是正反馈还是负反馈。若是交流负反馈,判断出反馈组态,并说明对输入电阻和输出电阻的影响。假设各电路中电容的容抗可以忽略。

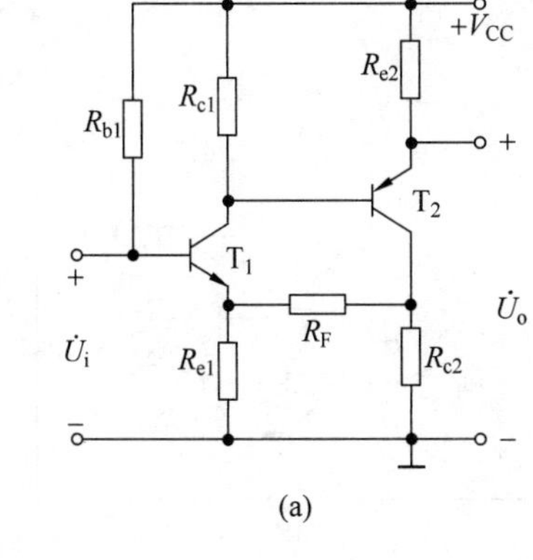

(a)

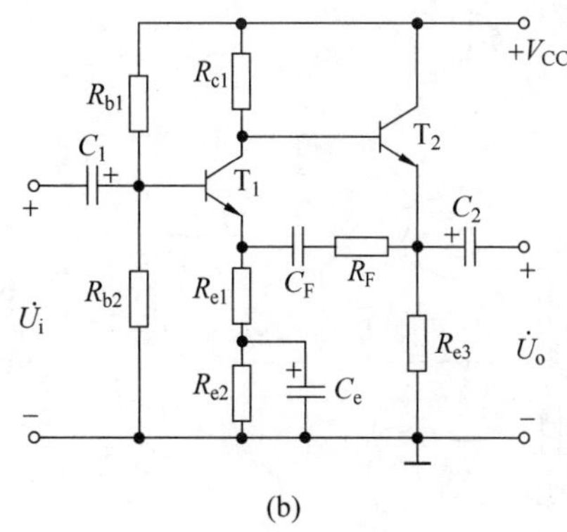

(b)

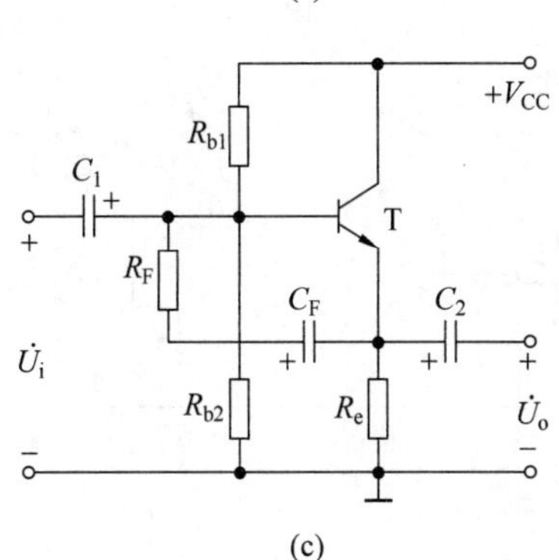

(c)

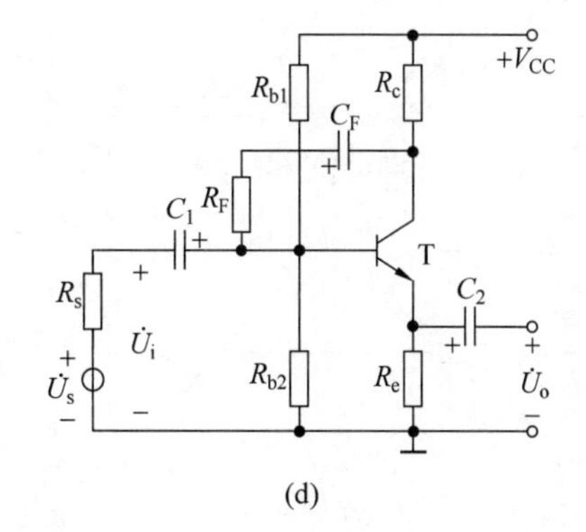

(d)

图　P5-3

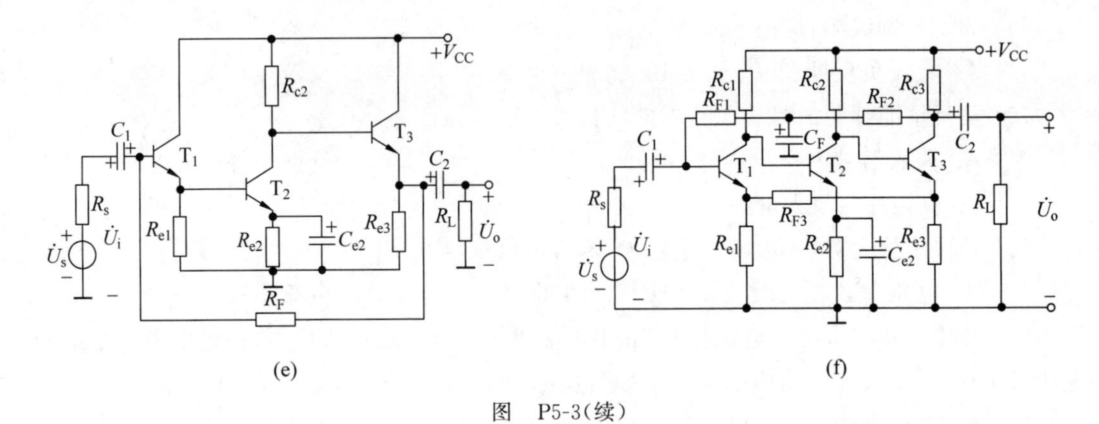

图　P5-3(续)

4. 在图 P5-4 中所示的各放大电路中，找出反馈网络，并判断是直流反馈还是交流反馈，是正反馈还是负反馈。若是交流负反馈，判断出反馈组态。假设各电路中电容的容抗可以忽略。

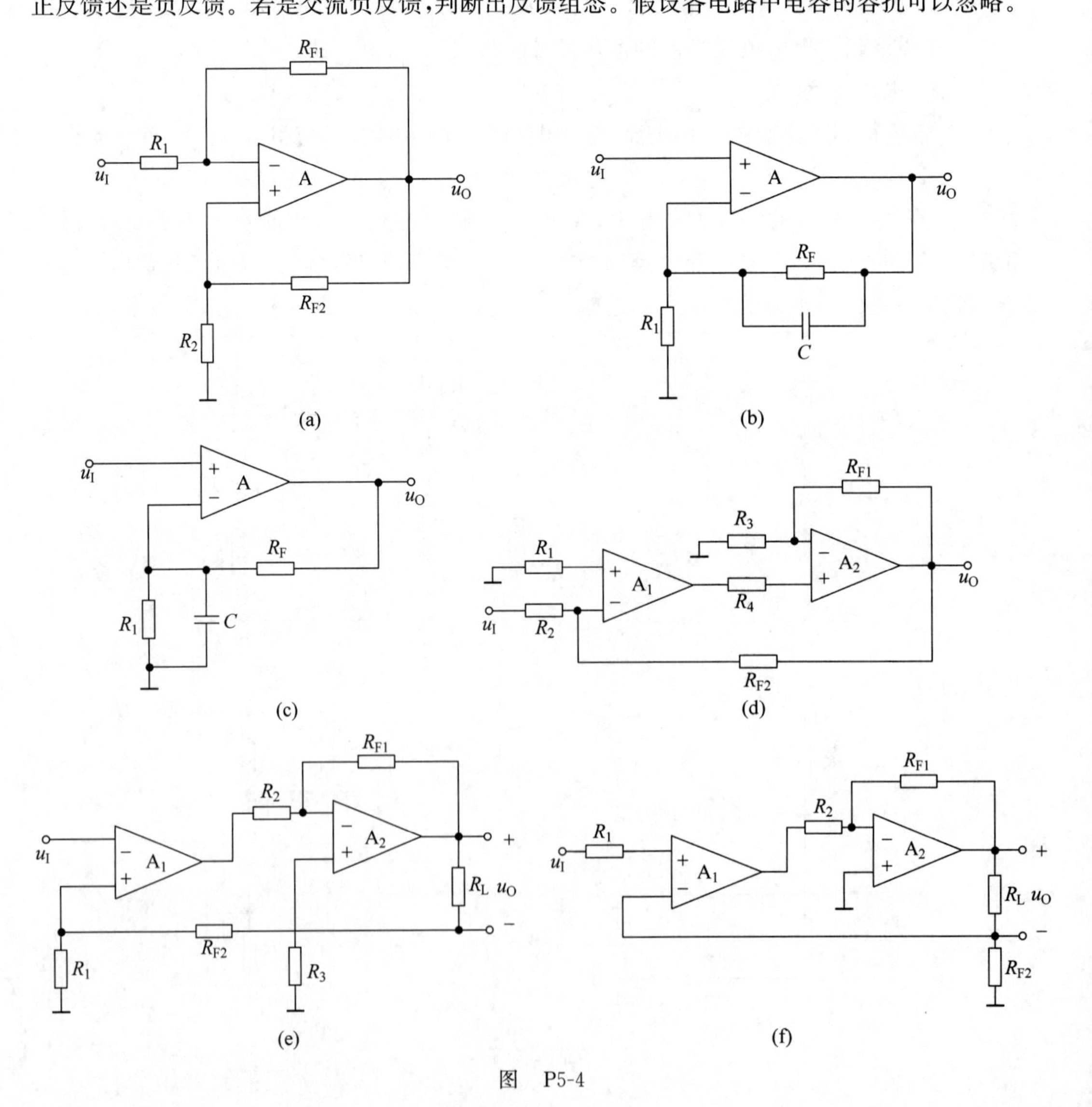

图　P5-4

5. 在图 P5-5 所示的电路中,要求达到以下效果,应该引入什么反馈?并说明反馈电阻 R_F 如何接到电路中?

(1) 减小从 b_1 端看进去的输入电阻。

(2) 增加输出电阻。

(3) 若输入电压不变,在 R_{c3} 改变时,其上的电流 I_o($\dot{I}_o$ 的有效值)基本不变。

(4) 若输入电压不变,在输出端接上负载 R_L 后,输出电压 U_o($\dot{U}_o$ 的有效值)基本不变。

(5) 稳定各级静态工作点。

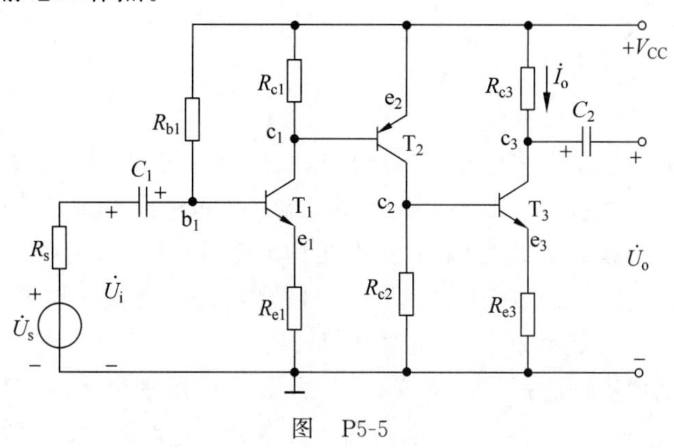

图 P5-5

6. 一个电压串联负反馈放大电路,工作在中频范围。在开环工作时,输入信号为 8mV,输出信号为 1.2V。闭环工作时,输入信号为 30mV,输出信号为 1.8V。试求电路的反馈深度和反馈系数。

7. 一个放大电路工作在中频范围,其开环电压放大倍数为 $A_u=10^4$,当把它接成负反馈放大电路时,其闭环电压放大倍数为 $A_{uf}=50$,若 A_u 变化 10%,则 A_{uf} 变化多少?

8. 在图 P5-3 所示的电路中为交流负反馈的电路,假设其满足深度负反馈条件,试估算闭环电压放大倍数。

9. 在图 P5-4 所示的电路中为交流负反馈的电路,假设其满足深度负反馈条件,试估算闭环电压放大倍数。

10. 电路如图 P5-10 所示,图中 $R_{c1}=R_{c2}=R_{c3}=R_{c4}=R_{e2}=R_{e3}=R_{e4}=1\text{k}\Omega$,$R_s=10\text{k}\Omega$,若电路满足深度负反馈条件,且其闭环电压放大倍数 $\dot{A}_{usf}=\dfrac{\dot{U}_o}{\dot{U}_s}=15$,计算电阻 R_F 的值。

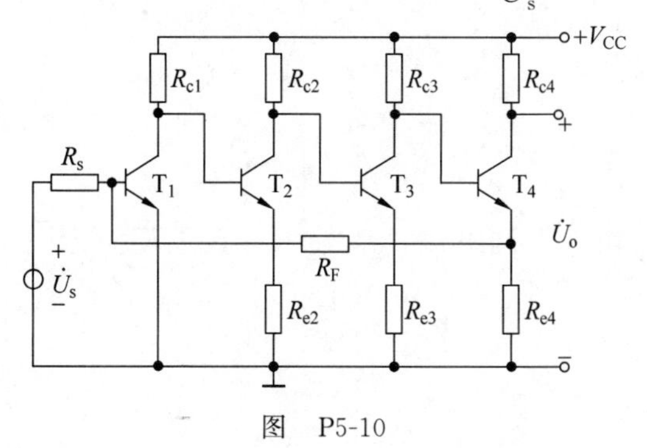

图 P5-10

第6章 理想运放的应用

CHAPTER 6

教学提示：集成运放是模拟电子技术中应用最广泛的集成电路之一。它的应用主要有两方面，一是线性应用，主要用于构成各种运算电路，使其输出与输入的模拟信号之间实现一定的数学运算关系。二是非线性应用，主要是构成电压比较器，它在自动控制系统中常常用于越限报警、各种非正弦波的产生和变换、信号范围检测，在某些模拟与数字混合器件中也有它的存在，例如模/数转换器、555定时器等。

教学要求：正确理解理想运放的含义，掌握并熟练应用理想运放工作在线性区和非线性区的特点。掌握比例运算电路、求和电路和积分电路的电路结构、工作原理、分析方法、输出与输入之间的关系以及应用。了解微分电路的应用。掌握电压比较器的电路结构和工作原理，能熟练地计算阈值电压，画出电压传输特性并应用。

6.1 理想运放的概念与特点

6.1.1 理想运放的概念

集成运算放大器是一种差分输入、单端输出的放大电路，用来对两个输入端之间微弱的差模信号进行放大。集成运放可以用来构成运算电路、波形发生电路等。在分析这些应用电路时，常常将集成运放看成是理想运放。

所谓理想运放就是将集成运放的各项技术指标理想化，即认为集成运放的主要技术指标为：

开环差模电压增益 $A_{od}=\infty$；

共模抑制比 $K_{CMR}=\infty$；

差模输入电阻 $R_{id}=\infty$；

差模输出电阻 $r_o=0$；

输入偏置电流 $I_{IB}=0$；

输入失调电压 U_{IO}、输入失调电流 I_{IO}、输入失调电压温漂 $\frac{\Delta U_{IO}}{\Delta T}$、输入失调电流温漂 $\frac{\Delta I_{IO}}{\Delta T}$ 均为零；

-3dB带宽 $f_h=\infty$。

6.1.2　理想运放的特点

在各种不同的应用电路中，集成运放的工作范围可能有两种情况，分别为工作在线性区和非线性区。而当集成运放工作在这两个工作区时所具有的特点是不同的。

1．理想运放工作在线性区时的特点

如果集成运放的净输入信号 u_{Id} 很小时，集成运放工作在线性区。当工作在线性区时，集成运放的输出电压与其两个输入端的电压之间存在线性放大关系，即

$$u_O = A_{od}(u_+ - u_-) \tag{6-1}$$

为了保证集成运放工作在线性区，必须在电路中引入深度负反馈，以减小集成运放的净输入电压。在讨论深度负反馈条件下对电路进行近似估算时，曾得出"虚短"和"虚断"两个重要的概念，这就是理想运放工作在线性区时的两个重要特点。

(1) 理想运放的差模输入电压等于0。当集成运放工作在深度负反馈条件下，两个输入端之间的电压通常接近于0，也即 $u_+ \approx u_-$。若把它理想化，则有 $u_+ = u_-$，但不是真正的短路，故称为"虚短"。

(2) 理想运放的输入电流等于0。当集成运放工作在深度负反馈条件下，集成运放的两个输入端几乎不取用电流，即 $i_+ = i_- \approx 0$。若把它理想化，则有 $i_+ = i_- = 0$，但不是真正的断开，故称为"虚断"。

运用这两个概念，分析各种运算与处理电路的线性工作情况时十分方便。

2．理想运放工作在非线性区时的特点

如果集成运放的净输入电压的幅度比较大，超出了线性放大的范围，则输出电压不再随着输入电压线性增长，而将达到饱和，即工作在非线性区。此时集成运放的输出、输入信号之间将不满足式(6-1)所示的关系式。

集成运放工作在非线性区时，从电路结构上看，运放常常处于开环状态，有时为了使比较器输出状态的转换更加快速，以提高响应速度，电路中引入正反馈。

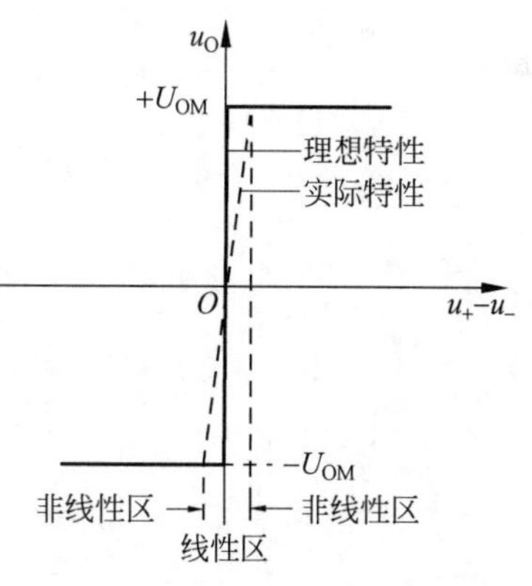

图 6-1　理想运放的传输特性曲线

理想运放工作在非线性区时，也有两个重要的特点。

(1) 理想运放的输出电压 u_O 的值只有两种可能，即等于运放的正向最大输出电压 $+U_{OM}$ 或等于运放的负向最大输出电压 $-U_{OM}$，如图 6-1 中实线所示，表达式为

$$\begin{cases} u_O = +U_{OM} & (u_+ > u_-) \\ u_O = -U_{OM} & (u_+ < u_-) \end{cases} \tag{6-2}$$

(2) 理想运放的输入电流等于0。在非线性区内，虽然运放的两个输入端的电压不相等，即 $u_+ \neq u_-$，但是因为理想运放的输入电阻 $R_{id} = \infty$，所以仍认为此时的输入电流等于0，即 $i_+ = i_- = 0$。

6.2 基本运算电路

所谓运算电路，就是要求输出与输入的模拟信号之间实现一定的数学运算关系。实现的运算关系不同，运算电路结构也不同。本节介绍最基本的比例运算电路、求和运算电路、积分运算电路和微分运算电路。运算电路中的集成运放必须工作在线性区。在分析这些电路时，要注意输入方式，判别反馈类型，并利用“虚短”“虚断”的概念，得出近似结果。

仿真视频 6-2

6.2.1 比例运算电路

比例运算电路就是其输出电压与输入电压之间存在比例运算关系。根据输入信号接法的不同，比例运算电路有三种形式，分别为反相比例运算电路、同相比例运算电路和差分比例运算电路。

1. 反相比例运算电路

反相比例运算电路如图 6-2 所示，电路中 R_2 为平衡电阻，为了使集成运放的输入级差分放大电路的参数保持对称，应使两个差分对管的基极对地的电阻尽量一致，通常选择电阻 R_2 的阻值为

$$R_2 = R_1 // R_F \tag{6-3}$$

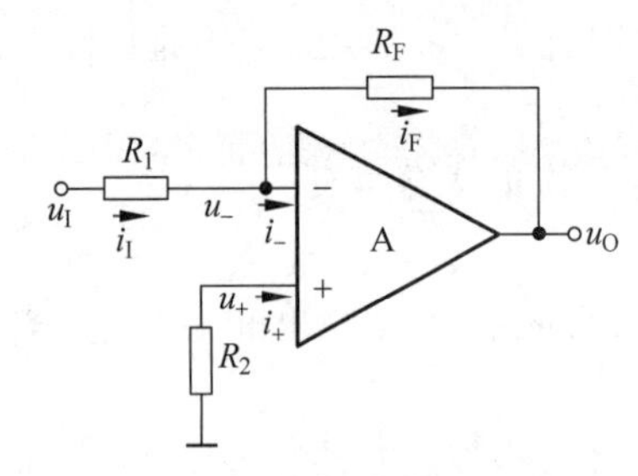

图 6-2 反相比例运算电路

从图 6-2 中可以看出，输入信号 u_I 从运放的反相输入端输入，且可以分析出该电路为电压并联负反馈。由于集成运放的开环差模电压增益很高，只有引入深度负反馈，才能保证集成运放工作在线性区。这时可以利用理想运放工作在线性区时的特点来分析该电路的运算关系。

由“虚断”的概念可得

$$i_+ = i_- = 0$$

于是

$$u_+ = i_+ R_2 = 0$$

又由“虚短”的概念得

$$u_- = u_+ = 0$$

由于 $i_- = 0$，由图 6-2 可得

$$i_I = i_F$$

则

$$\frac{u_I - u_-}{R_1} = \frac{u_- - u_O}{R_F}$$

整理后得

$$\frac{u_I - 0}{R_1} = \frac{0 - u_O}{R_F}$$

故

$$u_O = -\frac{R_F}{R_1}u_I \tag{6-4}$$

式(6-4)中的负号表示输出与输入电压相位相反。由式(6-4)可以看出,该电路的输出与输入之间实现的是反相比例运算关系。因此如图 6-2 所示的反相比例运算电路可以实现 $y=ax(a<0)$ 的运算。当 $R_1=R_F$ 时,$u_O=-u_I$,此时电路称为反相器。

在该电路中,$u_-=u_+=0$ 表明集成运放的反相输入端与同相输入端两点的电位不仅相等,而且均为零,如同两点接地一样,这种现象称为“虚地”。

由于电路引入了深度电压并联负反馈,因此电路的输入电阻不高,输出电阻很低。

2. 同相比例运算电路

仿真视频 6-3

同相比例运算电路如图 6-3 所示,为了使集成运放的反相输入端和同相输入端对地的电阻一致,平衡电阻 R_2 的阻值仍应满足 $R_2=R_1//R_F$。

从图 6-3 中可以看出,输入信号 u_I 从运放的同相输入端输入,且可以分析出该电路为电压串联负反馈。同样利用理想运放工作在线性区时的特点来分析该电路的运算关系。

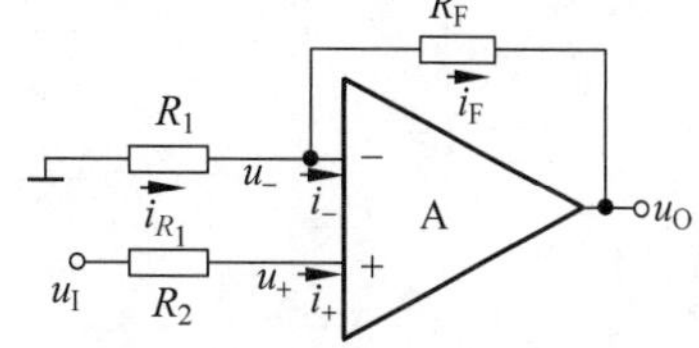

图 6-3 同相比例运算电路

由“虚断”的概念可得

$$i_+=i_-=0$$

于是

$$u_+=u_I-i_+R_2=u_I$$

又由“虚短”的概念得

$$u_-=u_+=u_I$$

由于 $i_-=0$,由图 6-3 可得

$$i_{R_1}=i_F$$

则

$$\frac{0-u_-}{R_1}=\frac{u_--u_O}{R_F}$$

整理后得

$$\frac{0-u_I}{R_1}=\frac{u_I-u_O}{R_F}$$

故

$$u_O=\left(1+\frac{R_F}{R_1}\right)u_I \tag{6-5}$$

由式(6-5)可以看出,输出与输入电压相位相同,该电路的输出与输入之间实现的是同相比例运算关系。因此如图 6-3 所示的同相比例运算电路可以实现 $y=ax(a\geqslant 1)$ 的运算。当 $R_F=0$ 或 $R_1=\infty$ 时,$u_O=u_I$,此时电路称为电压跟随器。

在该电路中,$u_-=u_+=u_I$,相当于运放输入一对共模信号,因此对集成运放的共模抑制比 K_{CMR} 的要求较高,这一特点限制了同相比例运算电路的使用场合,因此同相比例运算电路没有反相比例运算电路应用广泛。

由于电路引入了深度电压串联负反馈,因此电路的输入电阻很高,输出电阻很低。

【例题 6.1】 试用集成运放实现如下运算关系

$$u_O = 0.5u_I$$

解：反相比例运算电路能实现比例系数为负数的比例运算，而同相比例运算电路能实现比例系数大于等于 1 的比例运算，因此必须用两个集成运放来实现上述要求。例如可以采用如图 6-4 所示的原理图，首先通过集成运放 A_1 构成一个反相比例运算电路，比例系数为-0.5，实现 $u_{O1}=-0.5u_I$，再通过集成运放 A_2 构成一个反相比例运算电路，比例系数为-1，实现 $u_O=-u_{O1}=0.5u_I$。

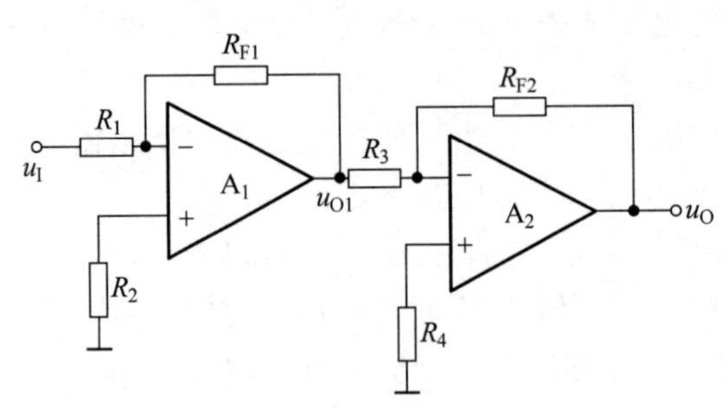

图 6-4 例题 6.1 的图

集成运放 A_1 构成的反相比例运算电路，表达式为

$$u_{O1} = -\frac{R_{F1}}{R_1}u_I = -0.5u_I$$

集成运放 A_2 构成的反相比例运算电路，表达式为

$$u_O = -\frac{R_{F2}}{R_3} = -u_{O1}$$

可选 $R_1=20\text{k}\Omega, R_{F1}=10\text{k}\Omega, R_3=20\text{k}\Omega, R_{F2}=20\text{k}\Omega$。

还可以算出

$$R_2 = R_1 // R_{F1} = 6.7\text{k}\Omega$$

$$R_4 = R_3 // R_{F2} = 10\text{k}\Omega$$

仿真视频 6-4

3. 差分比例运算电路

差分比例运算电路如图 6-5 所示，为了保证运放两个输入端对地的电阻平衡，同时为了避免降低共模抑制比，通常要求 $R_1=R_2, R_F=R_3$。

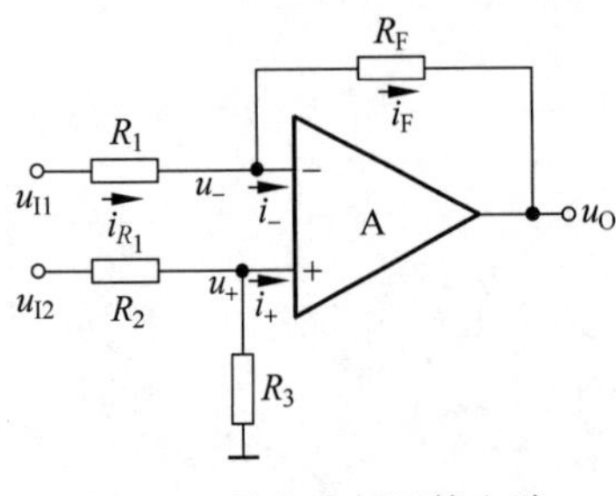

图 6-5 差分比例运算电路

由于电路引入了深度负反馈，输出与输入为线性关系。因此，输出电压 u_O 与输入电压 u_I 的关系可以利用叠加原理求得。

由“虚断”的概念可得

$$i_+ = i_- = 0$$

根据叠加定理，可求得反相输入端的电位为

$$u_- = \frac{R_F}{R_1+R_F}u_{I1} + \frac{R_1}{R_1+R_F}u_O$$

同相输入端的电位为

$$u_+ = \frac{R_3}{R_3+R_2}u_{I2}$$

又由"虚短"的概念得

$$u_- = u_+$$

所以

$$\frac{R_F}{R_1+R_F}u_{I1}+\frac{R_1}{R_1+R_F}u_O=\frac{R_3}{R_3+R_2}u_{I2}$$

整理得

$$u_O=\left(1+\frac{R_F}{R_1}\right)\left(\frac{R_3}{R_3+R_2}\right)u_{I2}-\frac{R_F}{R_1}u_{I1} \tag{6-6}$$

由式(6-6)可以看出该电路的输出与输入之间实现的是差分比例运算关系,或者说减法运算关系。因此如图6-5所示的差分比例运算电路可以实现 $y=a_1x_1-a_2x_2(a_1>0,a_2>0)$ 的运算。

如果选择 $R_1=R_2,R_F=R_3$,则得

$$u_O=\frac{R_F}{R_1}(u_{I2}-u_{I1}) \tag{6-7}$$

若 $R_1=R_F$,则

$$u_O=u_{I2}-u_{I1}$$

根据式(6-7)可以看出,其输出电压的大小正比于两个输入电压的差值,其极性也由输入电压的差值决定。当 $u_{I2}>u_{I1}$ 时,输出电压极性为正;反之,输出电压极性为负。

差分比例运算电路同样存在共模输入电压,使用时应注意使输入信号小于集成运放的共模输入信号的范围,以保证电路正常工作。另外,差分比例运算电路对元件的对称性要求比较高,如果元件不对称,不仅会给计算带来附加误差,还将产生共模电压输出,降低共模抑制比。

差分比例运算电路常作为数据放大器用。而数据放大器是数据采集、自动控制及精密测量等系统中,用于将传感器输出的微弱信号进行放大。对数据放大器的要求是高增益、高输入电阻和高共模抑制比,所以数据放大器的参数要求对称。

【例题6.2】 如图6-6所示为3个集成运放组成的通用型数据放大器,其中 $R_1=R_3$,$R_2=R_4,R_5=R_6,R_7=R_8$,试推导出 u_O 与 u_{I1}、u_{I2} 的关系式。

解:由图6-6可以看出3个运放均接成了比例运算电路。其中 A_1 和 A_2 接成了同相比例运算电路,可以获得较高的输入电阻,又由于电路参数完全对称,所以零点漂移可以相互抵消。A_3 接成了差分比例运算电路,将差分输入转换为单端输出。

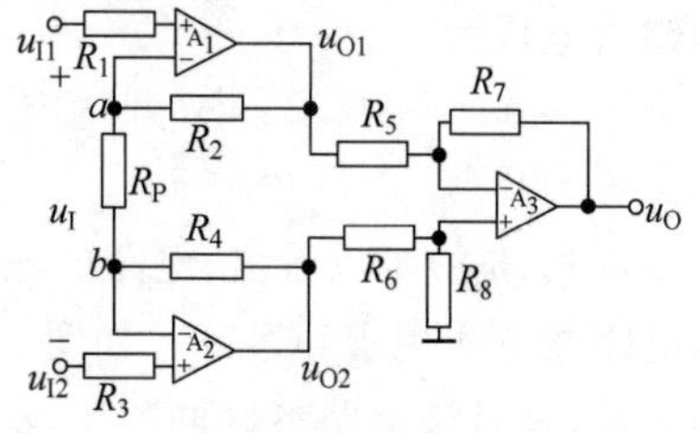

图6-6 例题6.2的图

利用"虚短"的概念得

$$u_a=u_{I1},\quad u_b=u_{I2}$$

$$u_{ab}=u_{I1}-u_{I2}=\frac{R_P}{R_2+R_P+R_4}(u_{O1}-u_{O2})$$

整理得

$$u_{O1}-u_{O2}=\left(1+\frac{2R_2}{R_P}\right)(u_{I1}-u_{I2})$$

所以

$$u_O=-\frac{R_7}{R_5}(u_{O1}-u_{O2})=-\frac{R_7}{R_5}\left(1+\frac{2R_2}{R_P}\right)(u_{I1}-u_{I2})$$

可以看出，改变电阻 R_P 的阻值，就可以改变输出电压与输入电压之间的比例关系。

6.2.2 求和运算电路

求和运算电路就是其输出电压决定于多个输入电压相加的结果。根据输入信号接法的不同，求和电路有反相输入求和运算电路和同相输入求和运算电路两种。

1. 反相输入求和运算电路

在反相比例运算电路的基础上，增加一条或几条输入支路，并接于反相输入端，便组成了反相输入求和运算电路。两个输入支路的反相输入求和运算电路如图 6-7 所示。为了保证集成运放两个输入端对地的电阻平衡，电阻 R_3 的阻值应为

$$R_3=R_1//R_2//R_F$$

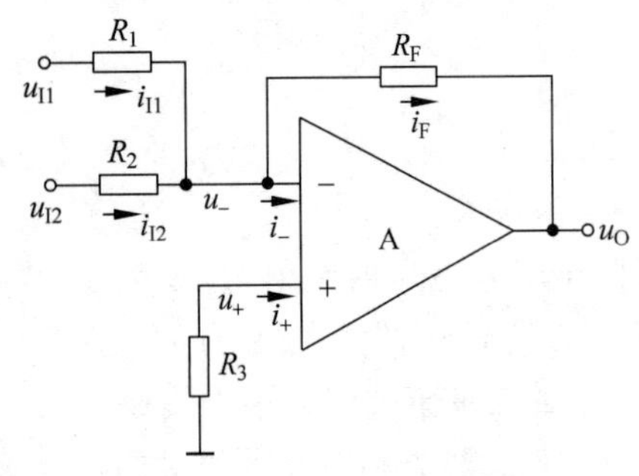

图 6-7 反相输入求和运算电路

由“虚断”的概念得

$$i_+=i_-=0$$

$$u_+=0$$

并且由图 6-7 可得

$$i_{I1}+i_{I2}=i_F$$

又由“虚短”的概念得

$$u_-=u_+=0$$

于是

$$\frac{u_{I1}}{R_1}+\frac{u_{I2}}{R_2}=-\frac{u_O}{R_F}$$

则输出电压为

$$u_O=-\left(\frac{R_F}{R_1}u_{I1}+\frac{R_F}{R_2}u_{I2}\right) \tag{6-8}$$

从式(6-8)可以看出，电路的输出电压 u_O 反映了输入电压 u_{I1} 和 u_{I2} 相加所得的结果，即电路能够实现求和运算。如图 6-7 所示的电路可以实现 $y=a_1x_1+a_2x_2(a_1<0,a_2<0)$ 的运算，并且该电路参数调整比较方便，改变某一支路的比例系数时，不影响其他支路的比例系数。

2. 同相输入求和运算电路

在同相比例运算电路的基础上，增加一条或几条输入支路，并接于同相输入端，便组成了同相输入求和运算电路。两个支路的同相输入求和运算电路如图 6-8 所示。

由同相比例运算电路的推导过程可知

$$u_O=\left(1+\frac{R_F}{R_1}\right)u_+$$

在图 6-8 中,由于“虚断”,$i_+=0$,所以可以列出方程

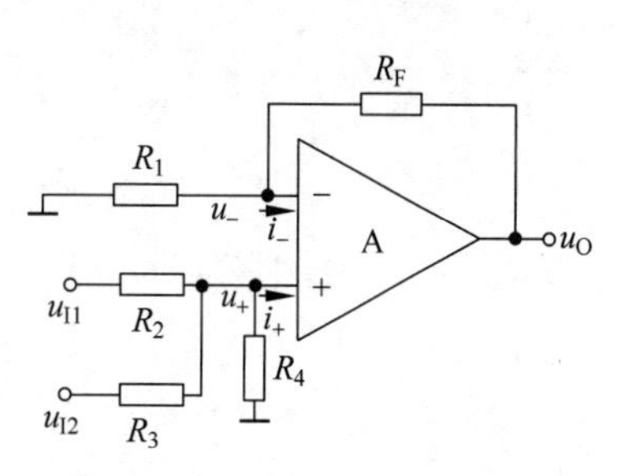

图 6-8 同相输入求和运算电路

$$\frac{u_{I1}-u_+}{R_2}+\frac{u_{I2}-u_+}{R_3}=\frac{u_+}{R_4}$$

整理得

$$u_+=\left(\frac{1}{R_2}u_{I1}+\frac{1}{R_3}u_{I2}\right)\cdot\frac{1}{\frac{1}{R_2}+\frac{1}{R_3}+\frac{1}{R_4}}$$

令 $R_+=\dfrac{1}{\frac{1}{R_2}+\frac{1}{R_3}+\frac{1}{R_4}}=R_2//R_3//R_4$,则

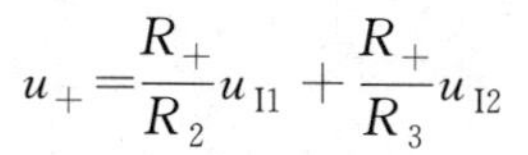

$$u_+=\frac{R_+}{R_2}u_{I1}+\frac{R_+}{R_3}u_{I2}$$

所以输出电压为

$$u_O=\left(1+\frac{R_F}{R_1}\right)\left(\frac{R_+}{R_2}u_{I1}+\frac{R_+}{R_3}u_{I2}\right) \tag{6-9}$$

式(6-9)与式(6-8)形式上相似,但前面没有负号,可见能够实现同相求和运算。如图 6-8 所示的电路可以实现 $y=a_1x_1+a_2x_2(a_1>0,a_2>0)$的运算。但是式(6-9)中的 R_+ 与各个输入回路的电阻都有关,参数调整时会相互影响,不太方便。因此同相输入求和运算电路不如反相输入求和运算电路应用广泛。

【例题 6.3】 试用集成运放实现如下运算关系

$$u_O=0.5u_{I1}+5u_{I2}-1.5u_{I3}$$

解:给定的表达式中既有加法,又有减法,可以利用两个集成运放来实现。可以采用如图 6-9 所示的原理图,首先将 u_{I1} 和 u_{I2} 进行反相求和,使

$$u_{O1}=-(0.5u_{I1}+5u_{I2})$$

然后将 u_{O1} 与 u_{I3} 再进行反相求和,使

$$u_O=-(u_{O1}+1.5u_{I3})=0.5u_{I1}+5u_{I2}-1.5u_{I3}$$

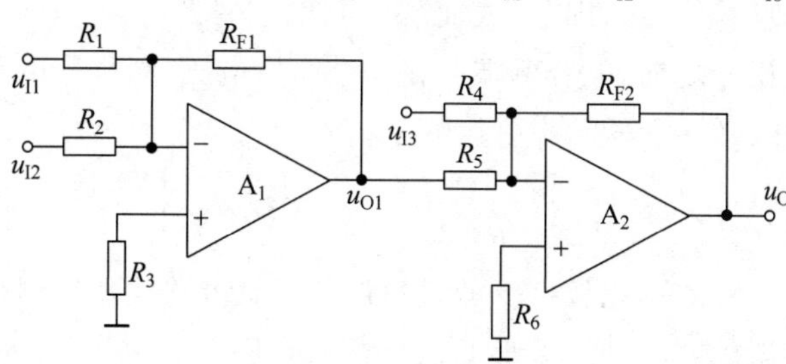

图 6-9 例题 6.3 的图

将以上两个表达式分别与式(6-8)对比,得

$$\frac{R_{F1}}{R_1}=0.5,\quad \frac{R_{F1}}{R_2}=5,\quad \frac{R_{F2}}{R_5}=1,\quad \frac{R_{F2}}{R_4}=1.5$$

若选 $R_{F1}=20\text{k}\Omega$,则可计算出

$$R_1=\frac{R_{F1}}{0.5}=\frac{20}{0.5}\text{k}\Omega=40\text{k}\Omega$$

$$R_2=\frac{R_{F1}}{5}=\frac{20}{5}\mathrm{k\Omega}=4\mathrm{k\Omega}$$

$$R_3=R_1//R_2//R_{F1}=3.1\mathrm{k\Omega}$$

若选 $R_{F2}=30\mathrm{k\Omega}$，则可计算出

$$R_5=\frac{R_{F2}}{1}=\frac{30}{1}\mathrm{k\Omega}=30\mathrm{k\Omega}$$

$$R_4=\frac{R_{F2}}{1.5}=\frac{30}{1.5}\mathrm{k\Omega}=20\mathrm{k\Omega}$$

$$R_6=R_4//R_5//R_{F2}=8.6\mathrm{k\Omega}$$

仿真视频 6-5

6.2.3 积分运算电路

积分运算电路如图 6-10 所示，从图中可以看出，积分运算电路的结构与反相比例运算电路相同，只是用电容器 C 代替了反馈电阻 R_F，图中平衡电阻 $R_2=R_1$。

由"虚地"的概念，得 $u_-=0$，$u_O=-u_C$。由"虚断"的概念，得 $i_-=0$，于是 $i_I=i_F$。

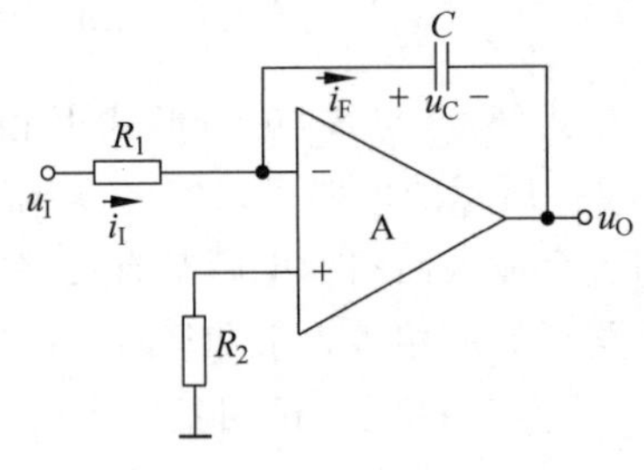

图 6-10　积分运算电路

$$i_I=\frac{u_I}{R_1}$$

$$i_F=C\frac{\mathrm{d}u_C}{\mathrm{d}t}=-C\frac{\mathrm{d}u_O}{\mathrm{d}t}$$

$$\frac{u_I}{R_1}=-C\frac{\mathrm{d}u_O}{\mathrm{d}t}$$

对上式两边分别进行积分，整理得

$$u_O=-\frac{1}{R_1C}\int u_I\mathrm{d}t \tag{6-10}$$

由式(6-10)可以看出，输出电压 u_O 与输入电压 u_I 为积分关系，式中电阻与电容的乘积为积分时间常数，一般用 τ 表示，即 $\tau=R_1C$。

一般在电路开始积分之前，电容两端存在一个初始电压，则积分电路将有一个初始的输出电压 $U_O(t_0)$，此时式(6-10)写成

$$u_O=-\frac{1}{R_1C}\int_{t_0}^{t}u_I\mathrm{d}t+U_O(t_0) \tag{6-11}$$

积分运算电路是一种应用比较广泛的模拟信号运算电路。在控制系统中还可以利用其电容的充放电过程实现延时、定时、波形变换和移相等功能。

【例题 6.4】 积分运算电路如图 6-10 所示，假设其输入电压 u_I 是幅度为 $\pm5\mathrm{V}$，周期为 20ms 的矩形波，如图 6-11 所示，积分运算电路的参数为 $R_1=25\mathrm{k\Omega}$，$C=0.2\mu\mathrm{F}$，已知 $t=0$ 时电容上的初始电压等于零，试画出相应的输出电压 u_O 的波形。

解：在 $t=(0\sim5)\mathrm{ms}$ 期间，$u_I=5\mathrm{V}$，$t_0=0$，输出电压的初始值为 $U_O(0)=0$，则由式(6-11)可得

$$u_O=-\frac{u_I}{R_1C}(t-t_0)+U_O(t_0)=\left(-\frac{5}{25\times10^3\times0.2\times10^{-6}}t\right)\mathrm{V}=(-1000t)\mathrm{V}$$

当 $t=5\text{ms}$ 时

$$u_O=(-1000\times 0.005)\text{V}=-5\text{V}$$

当 $t=(5\sim 15)\text{ms}$ 时，$u_I=-5\text{V}$，$t_0=5\text{ms}$，输出电压的初始值为 $U_O(0.005)=-5\text{V}$，则由式(6-11)可得

$$\begin{aligned}u_O&=-\frac{u_I}{R_1C}(t-t_0)+U_O(t_0)\\&=\left[-\frac{-5}{25\times 10^3\times 0.2\times 10^{-6}}(t-0.005)-5\right]\text{V}\\&=[1000(t-0.005)-5]\text{V}\end{aligned}$$

当 $t=10\text{ms}$ 时

$$u_O=[1000\times(0.01-0.005)-5]\text{V}=0\text{V}$$

当 $t=15\text{ms}$ 时

$$u_O=[1000\times(0.015-0.005)-5]\text{V}=5\text{V}$$

当 $t=(15\sim 25)\text{ms}$ 时，$u_I=5\text{V}$，$t_0=15\text{ms}$，输出电压的初始值为 $U_O(0.015)=5\text{V}$，则由式(6-11)可得

$$\begin{aligned}u_O&=-\frac{u_I}{R_1C}(t-t_0)+U_O(t_0)\\&=\left[-\frac{5}{25\times 10^3\times 0.2\times 10^{-6}}(t-0.015)+5\right]\text{V}\\&=[-1000(t-0.015)+5]\text{V}\end{aligned}$$

当 $t=20\text{ms}$ 时

$$u_O=[-1000\times(0.02-0.015)+5]\text{V}=0\text{V}$$

当 $t=25\text{ms}$ 时

$$u_O=[-1000\times(0.025-0.015)+5]\text{V}=-5\text{V}$$

输出电压 u_O 波形如图 6-11 所示。

从例题 6.4 可以看出，积分运算电路可以将矩形波变换为三角波。当积分运算电路的输入电压 u_I 为一个常数时，输出电压 u_O 为时间 t 的一次函数，若输出电压值确定，则时间就随之确定了，据此，积分运算电路具有定时功能。需要说明的是，以上功能是指输出电压在线性范围内，若积分值超出运放的线性范围时，输出达到负向饱和值 $-U_{OM}$，不再维持与输入信号之间的反相积分关系。

【例题 6.5】 积分运算电路如图 6-10 所示，假设输入电压 u_I 为正弦波，且 $u_I=\sqrt{2}U\sin\omega t$，如图 6-12 所示，试定性地画出输出电压 u_O 的波形。

解：由式(6-10)可得

$$u_O=-\frac{1}{R_1C}\int\sqrt{2}U\sin\omega t\,\mathrm{d}t=\frac{\sqrt{2}U}{\omega R_1C}\cos\omega t$$

输出电压 u_O 的波形如图 6-12 所示。

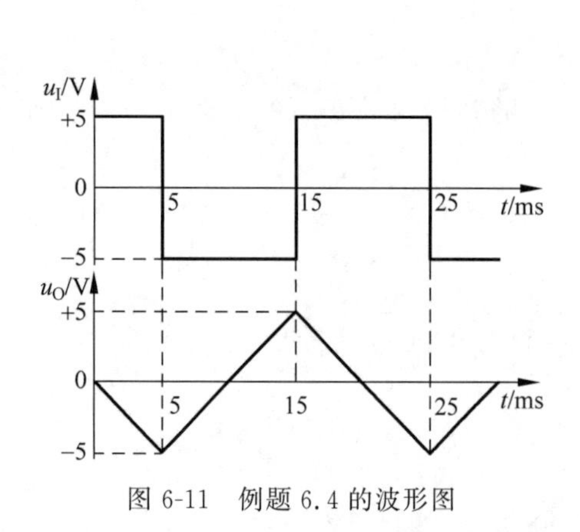

图 6-11　例题 6.4 的波形图

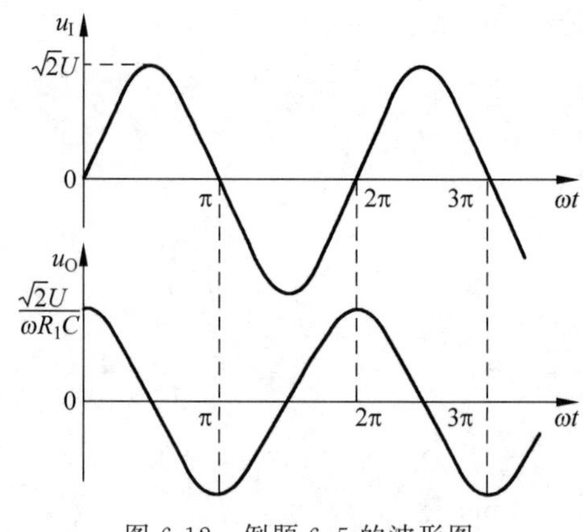

图 6-12　例题 6.5 的波形图

从例题 6.5 可以看出，当积分运算电路的输入电压为正弦波时，输出电压为余弦波，输出电压 u_O 比输入电压 u_I 超前 90°，可见积分运算电路具有移相的作用。

仿真视频 6-6

6.2.4　微分运算电路

将积分运算电路中的电阻 R_1 和电容 C 的位置互换，便构成了微分运算电路，如图 6-13 所示。

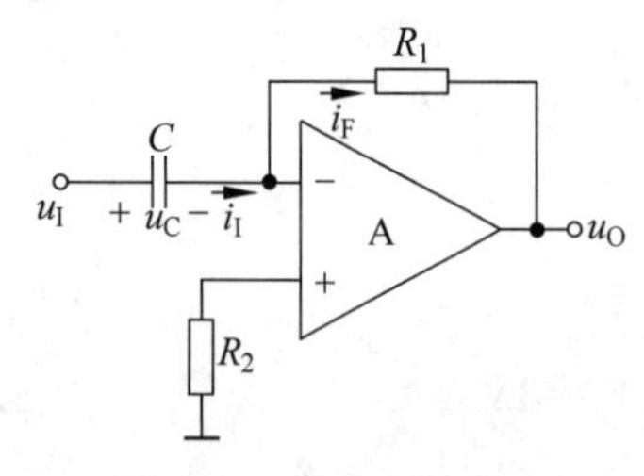

图 6-13　微分运算电路

由“虚断”的概念，得 $i_-=0$，于是 $i_I=i_F$。又由“虚地”的概念，得 $u_-=0$，$u_I=u_C$。所以

$$u_O=-i_F R_1=-i_I R_1=-R_1 C\frac{\mathrm{d}u_C}{\mathrm{d}t}=-R_1 C\frac{\mathrm{d}u_I}{\mathrm{d}t} \tag{6-12}$$

即输出电压 u_O 与输入电压 u_I 为微分关系。

如果在微分运算电路的输入端输入一个三角波电压，如图 6-14 所示，当输入电压 u_I 线性上升时，微分运算电路的输出电压 u_O 为一个固定的负电压；当输入电压 u_I 线性下降时，微分运算电路的输出电压 u_O 为一个固定的正电压，u_O 的波形如图 6-14 所示。可见，微分运算电路可以将一个三角波变换为矩形波，与积分运算电路的作用是互逆的。

微分运算电路也具有移相作用，当输入电压 u_I 为正弦波时，设 $u_I=\sqrt{2}U\sin\omega t$，则输出电压 u_O 为

$$u_O=-R_1 C\frac{\mathrm{d}u_I}{\mathrm{d}t}=-\sqrt{2}U\omega R_1 C\cos\omega t$$

输出电压 u_O 为余弦波，比输入电压 u_I 滞后 90°。

当微分运算电路的输入电压为方波时，微分运算电路可将方波变换为尖顶波，如图 6-15 所示。

微分运算电路存在的缺点是，当输入信号频率升高时，电容的容抗减小，放大倍数增大，造成电路对输入信号中的高频噪声非常敏感，使输出信号的信噪比下降。所以微分运算电路不如积分运算电路应用广泛。

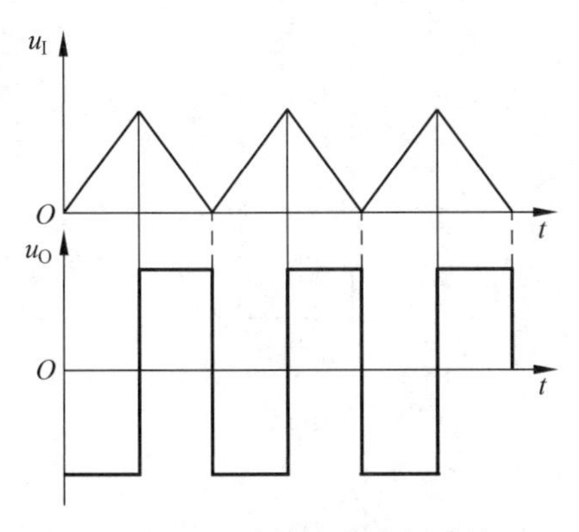

图 6-14 三角波变换为矩形波

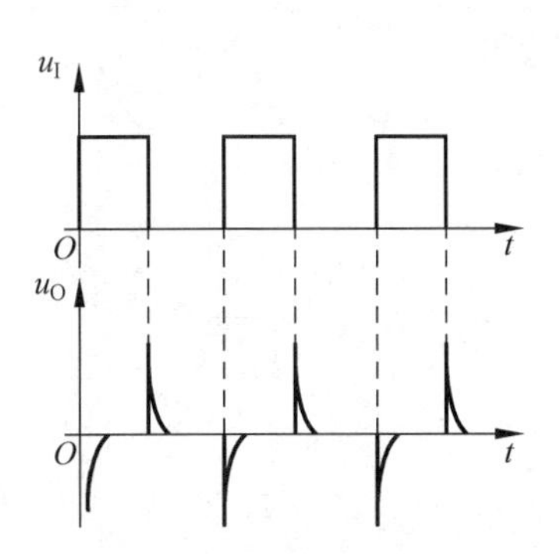

图 6-15 方波变换为尖顶波

6.3 电压比较器

电压比较器是一种常用的模拟信号处理电路。在自动控制系统中,常常用于越限报警、模/数转换以及各种非正弦波的产生和变换等。

电压比较器是将连续变化的模拟量输入电压与参考电压进行比较,并将比较结果以高电平或低电平的形式输出。所以电压比较器可以认为是模拟电路和数字电路的"接口"。当输入电压变化到某一个值时,比较器的输出电压由一种状态转换为另一种状态,此时相应的输入电压称为阈值电压或门限电压,用符号 U_T 表示。

由于电压比较器的输出只有高电平和低电平两种状态,所以其中的集成运放工作在非线性区。

根据电压比较器的阈值电压和电压传输特性的不同,可以将电压比较器分为单限比较器、滞回比较器和双限比较器。

6.3.1 单限比较器

仿真视频 6-7

单限比较器是指只有一个阈值电压 U_T 的比较器,当输入电压等于此阈值电压时,输出端的状态即发生跳变。

1. 过零比较器

仿真视频 6-8

把阈值电压 $U_T=0$ 的单限比较器称为过零比较器。最简单的反相输入方式的过零比较器电路如图 6-16(a)所示。图中集成运放工作在开环状态,即工作在非线性区。根据集成运放工作在非线性区的特点,可知,当 $u_I<0$ 时,$u_O=+U_{OM}$;当 $u_I>0$ 时,$u_O=-U_{OM}$。该电路的电压传输特性曲线如图 6-16(b)所示。

这种过零比较器的输出电压幅度为 $\pm U_{OM}$,但是在实际应用中,往往需要限制输出电压的幅度,此时需要利用双向稳压管来实现限幅。

利用双向稳压管来实现限幅的过零比较器通常有两种,如图 6-17(a)和图 6-17(b)所示。假设双向稳压管中任一个被反向击穿而另一个稳压管正向导通时,两个稳压管两端总的稳定电压均为 U_Z,而且 $U_{OM}>U_Z$。

对于如图 6-17(a)所示的电路,当 $u_I<0$ 时,集成运放输出正电压,下面一个稳压管被

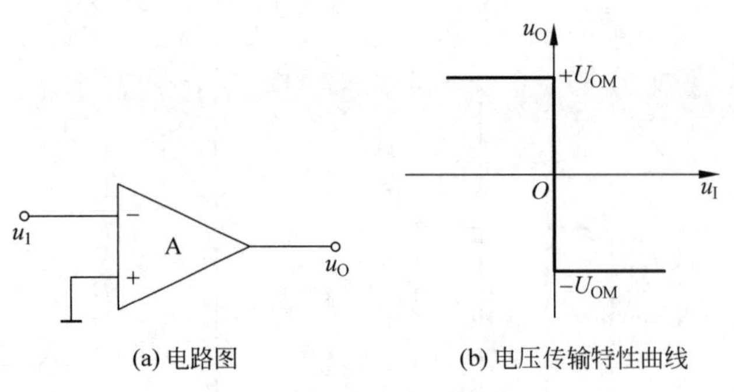

(a) 电路图　　(b) 电压传输特性曲线

图 6-16　简单的过零比较器

击穿，$u_O=+U_Z$；当 $u_I>0$ 时，集成运放输出负电压，上面一个稳压管被击穿，$u_O=-U_Z$。此时集成运放工作在开环状态，工作在非线性区。对于如图 6-17(b)所示的电路，当 $u_I<0$ 时，集成运放输出正电压，左边一个稳压管被击穿，于是引入一个深度负反馈，此时集成运放的反相输入端“虚地”，$u_O=+U_Z$；当 $u_I>0$ 时，集成运放输出负电压，右边一个稳压管被击穿，同前一样，引入一个深度负反馈，集成运放的反相输入端“虚地”，$u_O=-U_Z$。此时电压比较器引入了深度负反馈，集成运放工作在线性区。它们有共同的电压传输特性曲线如图 6-17(c)所示。

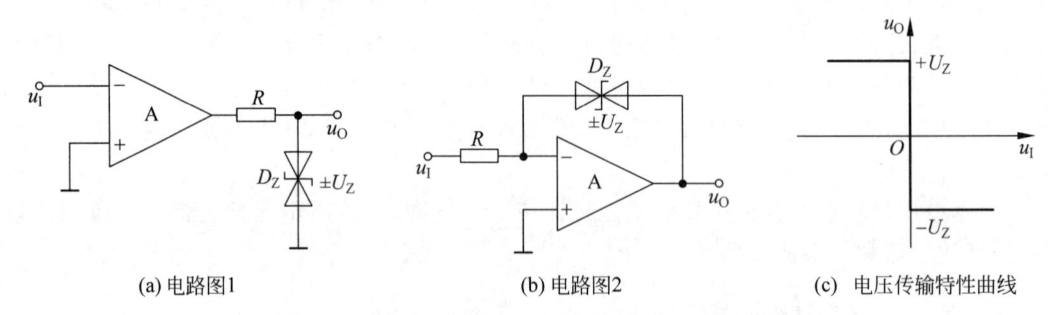

(a) 电路图1　　(b) 电路图2　　(c) 电压传输特性曲线

图 6-17　利用双向稳压管来实现限幅的过零比较器

通过以上分析，读者能很容易地看出，同相输入方式的过零比较器的电压传输特性应与图 6-16(b)的跃变方向相反。若想改变输出电压的幅度，则需要改变稳压管的稳压值。

2. 一般单限比较器

过零比较器是单限比较器的一个特例，而阈值电压 $U_T\neq 0$ 的单限比较器，更具有一般性。如图 6-18 所示的电路为一般单限比较器，可以看出，它是在过零比较器的基础上，将参考电压 U_{REF} 通过电阻 R_1 也接在集成运放的反相输入端而得到的。

因为理想运放工作在非线性区时，它的输入电流等于零，所以 $u_+=0$。因此在输入电压 u_I 连续变化时，变化到使 $u_-=u_+=0$ 时，输出端的状态发生跳变。此时的输入电压称为阈值电压。

因为运放的输入电流等于 0，所以利用叠加定理可以求出反相输入端的电位为

$$u_-=\frac{R_2}{R_1+R_2}U_{REF}+\frac{R_1}{R_1+R_2}u_I$$

令 $u_{-}=0$，则可以求出阈值电压 U_T 为

$$U_T = u_I = -\frac{R_2}{R_1}U_{REF} \tag{6-13}$$

当 $u_I < U_T$ 时，$u_O = +U_Z$；当 $u_I > U_T$ 时，$u_O = -U_Z$。当 U_{REF} 为正数时，$U_T < 0$，当 U_{REF} 为负数时，$U_T > 0$。如图 6-19 所示为 $U_T > 0$ 时的电压传输特性曲线。

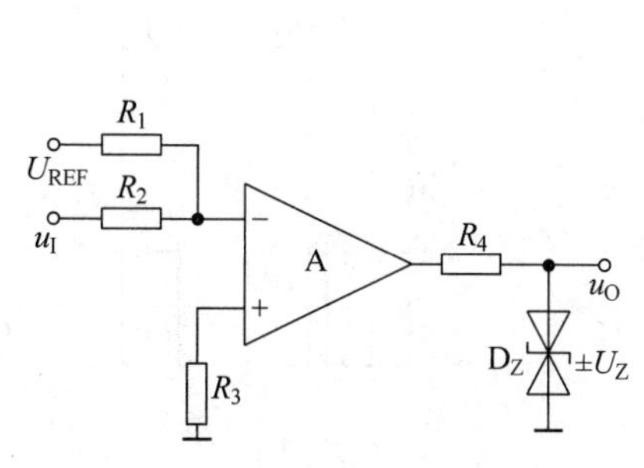

图 6-18 一般单限比较器电路

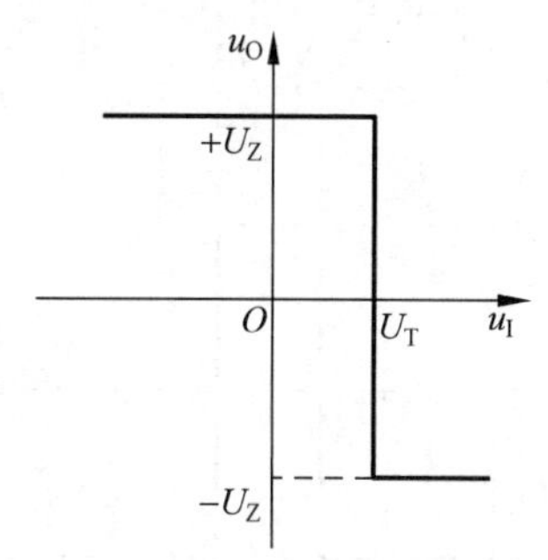

图 6-19 $U_T > 0$ 时的电压传输特性曲线

如图 6-18 所示的单限比较器只是众多单限比较器中的一种，读者可以将输入电压 u_I 和参考电压 U_{REF} 接到集成运放的同相输入端，也可以将它们分别接到两个输入端。

【例题 6.6】 电路如图 6-18 所示，其中 $R_1 = 20\text{k}\Omega$，$R_2 = 30\text{k}\Omega$，$U_{REF} = 2\text{V}$，双向稳压管的稳压值为 $\pm 6\text{V}$，试完成下列问题。

(1) 求出阈值电压 U_T，并画出电压传输特性曲线。

(2) 若输入电压 $u_I = 6\sin\omega t$ (V)，定性地画出输出电压 u_O 的波形。

解：

(1) 阈值电压 U_T 为

$$U_T = -\frac{R_2}{R_1}U_{REF} = -\frac{30}{20} \times 2\text{V} = -3\text{V}$$

当 $u_I < -3\text{V}$ 时，$u_O = +6\text{V}$；当 $u_I > -3\text{V}$ 时，$u_O = -6\text{V}$，电压传输特性曲线如图 6-20 所示。

(2) 根据(1)的电压传输特性，可以画出输出电压 u_O 的波形如图 6-21 所示。

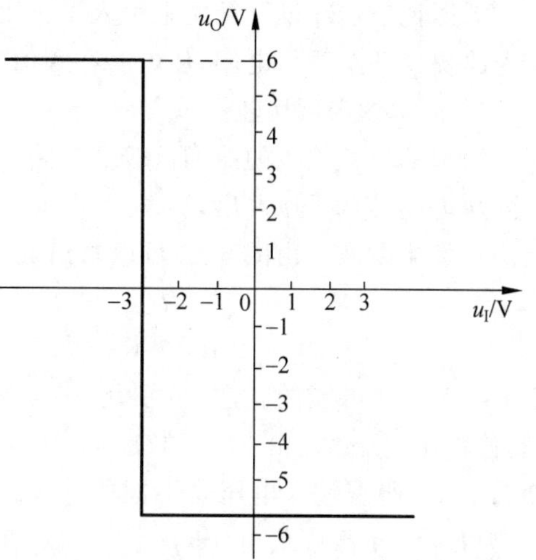

图 6-20 例题 6.6(1)的电压传输特性曲线

单限比较器具有结构简单、灵活性高等优点，但这类比较器的抗干扰能力差。如果输入电压在阈值电压附近受到干扰或噪声的影响，就会使输出电压在高、低电平之间反复地跳变，使得输出很不稳定。例如采用如图 6-18 所示的单限比较器，其输入电压 u_I 和 u_O 的波形如图 6-22 所示。如果用这个输出电压去控制电机，将会出现频繁地启停现象，这种情况是不允许的。这是因为单限比较器只设置了一个阈值电压，不管电压增加还是减小，经过此阈值时，电路都要动作。为了克服这一缺点，可采用滞回比较器。

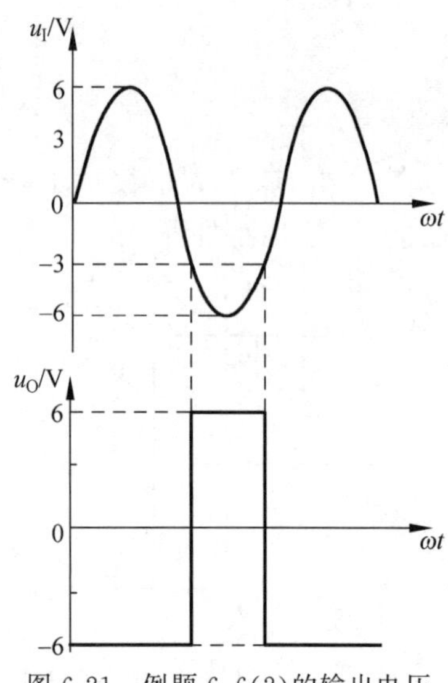

图 6-21　例题 6.6(2)的输出电压 u_O 的波形

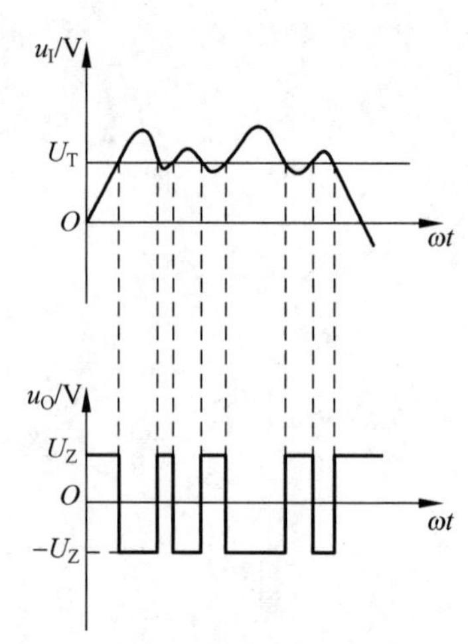

图 6-22　输入信号受到干扰时单限比较器的 u_I 和 u_O 的波形

仿真视频 6-9

6.3.2　滞回比较器

滞回比较器在电路结构上引入了正反馈，这样不仅加快了输出电压的变化过程，而且还给电路提供两个阈值电压，使电路在阈值电压上单向敏感，产生迟滞回差的电压传输特性。

1. 简单的滞回比较器

仿真视频 6-10

简单的反相输入的滞回比较器电路如图 6-23 所示，电路引入了正反馈。

从电路结构可以看出，当 $u_+ = u_- = u_I$ 时，输出端的状态将发生跳变。由图 6-23 可以求出 u_+ 为

$$u_+ = \frac{R_1}{R_1 + R_2} u_O \tag{6-14}$$

而 u_O 有两种可能的状态，分别是 $+U_Z$ 和 $-U_Z$，由此可知，使输出电压 u_O 由 $+U_Z$ 跳变为 $-U_Z$，以及由 $-U_Z$ 跳变为 $+U_Z$ 所需输入电压是不同的。令 $u_O = -U_Z$ 时的 u_+ 为 U_{T-}（下限阈值电压），$u_O = +U_Z$ 时的 u_+ 为 U_{T+}（上限阈值电压），即

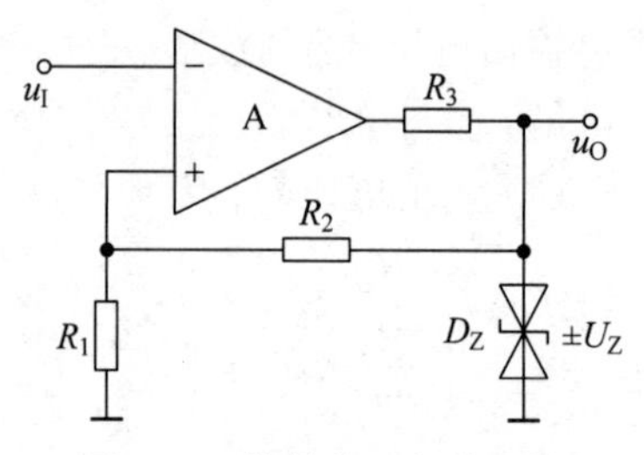

图 6-23　简单的反相输入的滞回比较器电路

$$U_{T-} = -\frac{R_1}{R_1 + R_2} U_Z \tag{6-15}$$

$$U_{T+} = \frac{R_1}{R_1 + R_2} U_Z \tag{6-16}$$

在输入电压 u_I 增加的过程中，设输入电压 u_I 很小，小于 U_{T-} 和 U_{T+}，此时输出电压为 $u_O = +U_Z$，阈值电压为 U_{T+}。当 u_I 逐渐增大时，直至其增大到略大于 U_{T+} 时，输出电压 u_O 由 $+U_Z$ 跳变为 $-U_Z$，此后，u_I 再增大，输出 u_O 保持 $-U_Z$ 不变。

在输入电压 u_I 减小的过程中，设输入电压 u_I 很大，大于 U_{T-} 和 U_{T+}，此时输出电压为 $u_O = -U_Z$，阈值电压为 U_{T-}。当 u_I 逐渐减小时，直至其减小到略小于 U_{T-} 时，输出电压

u_O 由 $-U_Z$ 跳变为 $+U_Z$，此后，u_I 再减小，输出 u_O 保持 $+U_Z$ 不变。

根据以上分析过程，可以画出如图 6-23 所示滞回比较器的电压传输特性曲线，如图 6-24 所示。上述两个阈值电压之差称为门限宽度或回差电压，用 ΔU_T 表示，由式(6-15)和式(6-16)可以求得回差电压为

$$\Delta U_T = U_{T+} - U_{T-} = \frac{2R_1}{R_1 + R_2} U_Z \tag{6-17}$$

2. 一般的滞回比较器

具有一般性的反相输入的滞回比较器电路如图 6-25 所示，若其中的 $U_{REF}=0$，则它与图 6-23 相同。

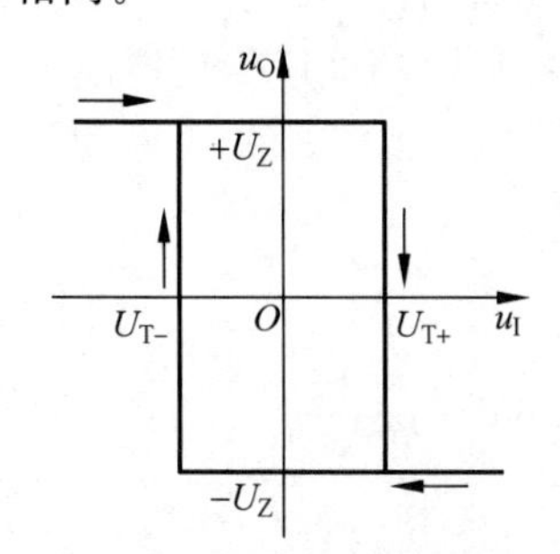

图 6-24 简单滞回比较器的电压传输特性曲线

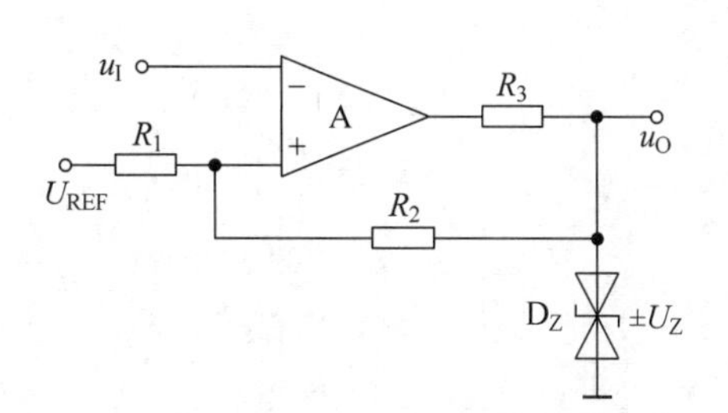

图 6-25 反相输入的滞回比较器电路

同样道理，当 $u_+ = u_- = u_I$ 时，输出端的状态将发生跳变。根据叠加定理，可以求出 u_+ 为

$$u_+ = \frac{R_1}{R_1 + R_2} u_O + \frac{R_2}{R_1 + R_2} U_{REF} \tag{6-18}$$

令 $u_O = -U_Z$ 时的 u_+ 为 U_{T-}，$u_O = +U_Z$ 时的 u_+ 为 U_{T+}，即

$$U_{T-} = -\frac{R_1}{R_1 + R_2} U_Z + \frac{R_2}{R_1 + R_2} U_{REF} \tag{6-19}$$

$$U_{T+} = \frac{R_1}{R_1 + R_2} U_Z + \frac{R_2}{R_1 + R_2} U_{REF} \tag{6-20}$$

将式(6-19)和式(6-20)与式(6-15)和式(6-16)比较可以看出，图 6-25 电路的两个阈值电压均比图 6-23 所示电路的两个阈值电压增加了 $\frac{R_2}{R_1+R_2}U_{REF}$，也就是说，将图 6-24 所示电压传输特性曲线沿着横轴平移 $\frac{R_2}{R_1+R_2}U_{REF}$ 就得到如图 6-25 所示电路的电压传输特性曲线，而且回差电压 ΔU_T 不变，仍为 $\Delta U_T = U_{T+} - U_{T-} = \frac{2R_1}{R_1+R_2}U_Z$。

从以上分析可以看出，加入参考电压后，回差电压 ΔU_T 不变，它只取决于稳压管的稳定电压 U_Z 以及电阻 R_1 和 R_2，而与参考电压 U_{REF} 无关。改变 U_{REF} 的大小，可以同时调节 U_{T-} 和 U_{T+} 的大小，即曲线平行地左移或右移。

如果将输入电压 u_I 与参考电压 U_{REF} 的位置互换，即可得到同相输入的滞回比较器，分析过程与此相同，此处不再赘述。

由于滞回比较器具有迟滞回差特性，所以大大增强了抗干扰能力。当输入信号受干扰或噪声的影响而上下波动时，只要根据干扰或噪声电平适当地调整两个阈值电压的值，就可以避免滞回比较器的输出在高、低电平之间频繁地跳变。

【例题 6.7】 在如图 6-25 所示的滞回比较器中，假设参考电压 $U_{REF}=3V$，稳压管的稳定电压为 $U_Z=6V$，$R_1=20k\Omega$，$R_2=10k\Omega$。

(1) 计算阈值电压 U_{T-}、U_{T+} 和回差电压 ΔU_T 的值，画出电压传输特性曲线。

(2) 若输入电压 $u_I=6\sin\omega t(V)$，定性地画出输出电压 u_O 的波形。

(3) 设电路中其他参数不变，参考电压 U_{REF} 由 3V 增加到 6V，再计算阈值电压 U_{T-}、U_{T+} 和回差电压 ΔU_T 的值，并分析电压传输特性与(1)相比有何区别。

(4) 设电路中其他参数不变，U_Z 由 6V 增加到 9V，分析此时的电压传输特性与(1)相比有何不同。

解：

(1)

$$U_{T-}=-\frac{R_1}{R_1+R_2}U_Z+\frac{R_2}{R_1+R_2}U_{REF}=-\frac{20}{20+10}\times 6V+\frac{10}{20+10}\times 3V=-3V$$

$$U_{T+}=\frac{R_1}{R_1+R_2}U_Z+\frac{R_2}{R_1+R_2}U_{REF}=\frac{20}{20+10}\times 6V+\frac{10}{20+10}\times 3V=5V$$

$$\Delta U_T=U_{T+}-U_{T-}=\frac{2R_1}{R_1+R_2}U_Z=\frac{2\times 20}{20+10}\times 6V=8V$$

在 u_I 减小的过程中，当 $u_I>-3V$ 时，输出电压 $u_O=-6V$，当 u_I 略小于 $-3V$ 时，u_O 跳变为 $+6V$，此后，u_I 继续减小，u_O 保持为 $+6V$。

在 u_I 增加的过程中，当 $u_I<5V$ 时，输出电压 $u_O=+6V$，当 u_I 略大于 5V 时，u_O 跳变为 $-6V$，此后，u_I 继续增加，u_O 保持为 $-6V$。电压传输特性曲线如图 6-26 所示。

(2) 根据图 6-26 的电压传输特性曲线，可以画出输出电压 u_O 的波形，如图 6-27 所示。

(3) 当参考电压 U_{REF} 由 3V 增加到 6V 时，则有

$$U_{T-}=-\frac{R_1}{R_1+R_2}U_Z+\frac{R_2}{R_1+R_2}U_{REF}=-\frac{20}{20+10}\times 6V+\frac{10}{20+10}\times 6V=-2V$$

$$U_{T+}=\frac{R_1}{R_1+R_2}U_Z+\frac{R_2}{R_1+R_2}U_{REF}=\frac{20}{20+10}\times 6V+\frac{10}{20+10}\times 6V=6V$$

$$\Delta U_T=U_{T+}-U_{T-}=\frac{2R_1}{R_1+R_2}U_Z=\frac{2\times 20}{20+10}\times 6V=8V$$

可以看出，阈值电压 U_{T-} 和 U_{T+} 同时增加 1V，但是 ΔU_T 没有变化，也即电压传输特性在(1)的基础上向右平移 1V。

(4) U_Z 由 6V 增加到 9V 时，则有

$$U_{T-}=-\frac{R_1}{R_1+R_2}U_Z+\frac{R_2}{R_1+R_2}U_{REF}=-\frac{20}{20+10}\times 9V+\frac{10}{20+10}\times 3V=-5V$$

$$U_{T+}=\frac{R_1}{R_1+R_2}U_Z+\frac{R_2}{R_1+R_2}U_{REF}=\frac{20}{20+10}\times 9V+\frac{10}{20+10}\times 3V=7V$$

$$\Delta U_{\mathrm{T}}=U_{\mathrm{T+}}-U_{\mathrm{T-}}=\frac{2R_1}{R_1+R_2}U_{\mathrm{Z}}=\frac{2\times 20}{20+10}\times 9\mathrm{V}=12\mathrm{V}$$

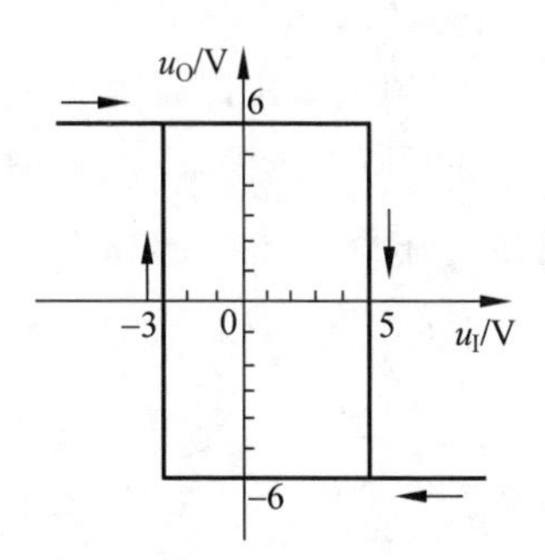

图 6-26　例题 6.7(1)的电压传输特性曲线

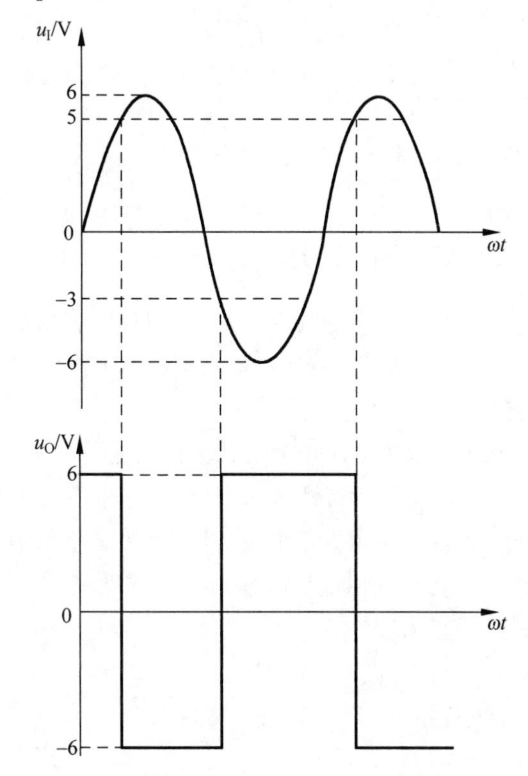

图 6-27　例题 6.7(2)的 u_{I}、u_{O} 的波形

可以看出，阈值电压 $U_{\mathrm{T-}}$ 减小 2V，$U_{\mathrm{T+}}$ 增加 2V，ΔU_{T} 增加了 4V。另外，输出电压的幅度也由 ±6V 增加到 ±9V。说明电压传输特性向两侧同时伸展 2V，上下同时增大 3V。

6.3.3　双限比较器

仿真视频 6-11

对于单限比较器和滞回比较器，当输入电压单方向变化时，输出电压只变化一次，因此只能与一个信号进行比较。若要判断输入电压是否在某两个电平之间，则需要采用双限比较器。

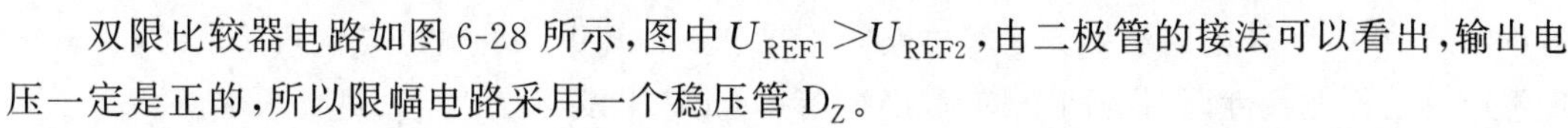

双限比较器电路如图 6-28 所示，图中 $U_{\mathrm{REF1}}>U_{\mathrm{REF2}}$，由二极管的接法可以看出，输出电压一定是正的，所以限幅电路采用一个稳压管 $\mathrm{D_Z}$。

当 $u_{\mathrm{I}}>U_{\mathrm{REF1}}$ 时，$u_{\mathrm{O1}}=+U_{\mathrm{OM}}$，$u_{\mathrm{O2}}=-U_{\mathrm{OM}}$，二极管 $\mathrm{D_1}$ 导通，二极管 $\mathrm{D_2}$ 截止，输出电压 $u_{\mathrm{O}}=U_{\mathrm{Z}}$。

当 $u_{\mathrm{I}}<U_{\mathrm{REF2}}$ 时，$u_{\mathrm{O1}}=-U_{\mathrm{OM}}$，$u_{\mathrm{O2}}=+U_{\mathrm{OM}}$，二极管 $\mathrm{D_1}$ 截止，二极管 $\mathrm{D_2}$ 导通，输出电压 $u_{\mathrm{O}}=U_{\mathrm{Z}}$。

当 $U_{\mathrm{REF2}}<u_{\mathrm{I}}<U_{\mathrm{REF1}}$ 时，$u_{\mathrm{O1}}=-U_{\mathrm{OM}}$，$u_{\mathrm{O2}}=-U_{\mathrm{OM}}$，二极管 $\mathrm{D_1}$ 和 $\mathrm{D_2}$ 均截止，输出电压 $u_{\mathrm{O}}=0$。

从以上分析可以看出，该比较器有两个阈值电压，即上限阈值电压 U_{TH} 和下限阈值电压 U_{TL}。上限阈值电压 $U_{\mathrm{TH}}=U_{\mathrm{REF1}}$，下限阈值电压 $U_{\mathrm{TL}}=U_{\mathrm{REF2}}$，其电压传输特性曲线如

图 6-29 所示。由于其形状像一个窗口，所以又称为窗口比较器。

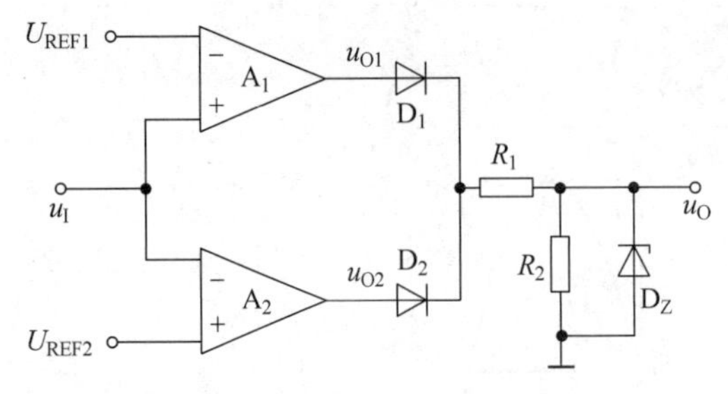

图 6-28　双限比较器电路

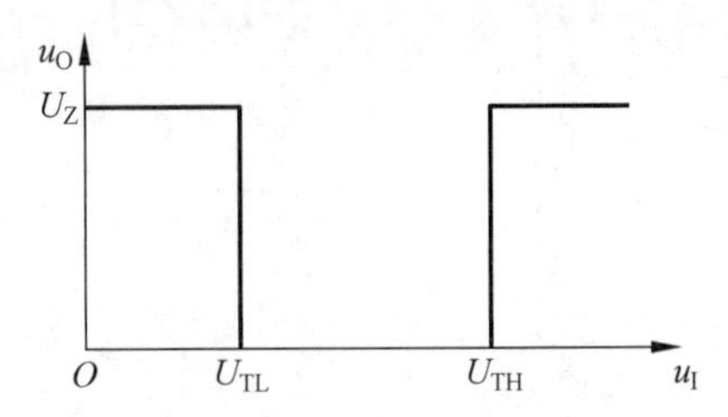

图 6-29　双限比较器的电压传输特性曲线

通过以上三种电压比较器的分析，可得出如下结论：

（1）在电压比较器中，集成运放多工作在非线性区，输出电压只有高电平和低电平两种可能的情况。

（2）一般用电压传输特性来描述输出电压和输入电压之间的关系。

（3）电压传输特性有三个要素，即输出电压的高电平和低电平、阈值电压以及输出电压的跃变方向。输出电压的高、低电平决定于限幅电路；令 $u_+=u_-$ 时所求出的 u_I 就是阈值电压；u_I 等于阈值电压时输出电压的跃变方向决定于输入电压作用于运放的同相输入端还是反相输入端。

小结

集成运放可以用来构成运算电路、波形发生电路等。在分析这些应用电路时，常常将集成运放看成是理想运放。所谓理想运放就是将集成运放的各项技术指标理想化。

理想运放的工作范围有两种情况，即工作在线性区和非线性区。理想运放工作在线性区时的特点是，$u_+=u_-$ 即“虚短”，$i_+=i_-=0$ 即“虚断”，而且必须在电路中引入深度负反馈；理想运放工作在非线性区时的特点是，理想运放的输出电压 u_O 的值只有两种可能，当 $u_+>u_-$ 时，$u_O=+U_{OM}$，当 $u_+<u_-$ 时，$u_O=-U_{OM}$，理想运放的输入电流等于 0，而且运放常常处于开环状态，或电路中引入正反馈。

理想运放工作在线性区时，主要用于构成各种运算电路，典型的有比例运算电路、求和运算电路、积分运算电路和微分运算电路等。在分析运算电路的输出与输入关系时，总是从理想运放工作在线性区时的两个特点“虚短”和“虚断”出发，列出方程，进行求解。

比例运算电路是最基本的运算电路，它有三种输入方式，即反相输入、同相输入和差分输入。在比例运算电路的基础上增加一个或几个输入端就构成了求和运算电路，由于同相输入求和运算电路的参数调整比较麻烦，所以最常用的就是反相输入求和运算电路。积分和微分互为逆运算，这两种电路都是在比例运算电路的基础上分别将反馈回路和输入回路的电阻换为电容而构成的，其原理主要是利用电容两端的电压与流过电容的电流之间存在积分关系。积分运算电路可以用来定时、延时，实现波形变换和移相等功能，微分运算电路也可以实现波形变换和移相，但是其对高频噪声敏感，所以应用不如积分运算电路广泛。

理想运放工作在非线性区时，主要构成电压比较器，它在自动控制系统中常常用于越限报警、各种非正弦波的产生和变换、信号范围检测。由于电压比较器的输出只有高电平和低电平两种状态，因此，它是模拟电路和数字电路的"接口"，在某些模拟与数字混合器件中都有它的存在。

根据电压比较器的阈值电压和电压传输特性的不同，可以将电压比较器分为单限比较器、滞回比较器和双限比较器。单限比较器是指只有一个阈值电压 U_T 的比较器，当输入电压等于此阈值电压时，输出端的状态即发生跳变。当 $U_T=0$ 时，就是过零比较器。滞回比较器在电路结构上引入了正反馈，给电路提供两个阈值电压，使电路在阈值电压上单向敏感，产生迟滞回差的电压传输特性，所以大大增强了抗干扰能力。双限比较器可以用于判断输入电压是否在某两个电平之间。双限比较器有两个阈值电压，即上限阈值电压 U_{TH} 和下限阈值电压 U_{TL}。其电压传输特性的形状像一个窗口，所以又称为窗口比较器。

电压比较器的输出电压与输入电压之间的关系一般用电压传输特性来描述。电压传输特性有三个要素，即输出电压的高电平和低电平、阈值电压以及输出电压的跃变方向。输出电压的高、低电平决定于限幅电路；令 $u_+=u_-$ 时所求出的 u_I 就是阈值电压；u_I 等于阈值电压时输出电压的跃变方向决定于输入电压作用于运放的同相输入端还是反相输入端。

习题

1. 填空题

(1) 理想运放的开环差模电压增益 $A_{od}=$________，差模输入电阻 $R_{id}=$________，差模输出电阻 $r_o=$________，共模抑制比 $K_{CMR}=$________。

(2) 为了保证集成运放工作在线性区，必须在电路中引入________反馈。集成运放工作在非线性区时，运放常常处于________状态，有时为了使比较器输出状态的转换更加快速，以提高响应速度，电路中引入________反馈。

(3) 理想运放工作在线性区时，通常把 $u_+=u_-$ 称为________，把 $i_+=i_-=0$ 称为________。

(4) 理想运放工作在非线性区时，其输出电压 u_O 的值只有两种可能，即等于运放的正向最大输出电压 $+U_{OM}$ 或等于运放的负向最大输出电压 $-U_{OM}$，当 $u_+>u_-$ 时，$u_O=$________，当 $u_+<u_-$ 时，$u_O=$________。

(5) ________运算电路可以实现 $y=ax(a<0)$ 的运算，________运算电路可以实现 $y=ax(a\geqslant 1)$ 的运算。

(6) ________运算电路可以实现 $y=a_1x_1-a_2x_2(a_1>0,a_2>0)$ 的运算，________运算电路可以实现 $y=a_1x_1+a_2x_2(a_1<0,a_2<0)$ 的运算。

(7) ________运算电路可以将方波变换为三角波，________运算电路可以将三角波变换为方波，________运算电路可将方波变换为尖顶波。

(8) 积分和微分运算电路都具有移相作用，即输入为正弦波时，输出为余弦波。但是它们的相位移是不同的，________运算电路的输出电压 u_O 比输入电压 u_I 超前 90°，________运算电路的输出电压 u_O 比输入电压 u_I 滞后 90°。

（9）当输入电压变化到某一个值时，电压比较器的输出电压由一种状态转换为另一种状态，此时相应的输入电压称为________，用符号________表示。

（10）________比较器只有一个阈值电压 U_T，当输入电压等于此阈值电压时，输出端的状态即发生跳变，但这类比较器的抗干扰能力差。________比较器具有迟滞回差特性，抗干扰能力强。若要判断输入电压是否在某两个电平之间，则需要采用________比较器。

2. 选择题

（1）当集成运放处于（　　）状态时，可用"虚短"和"虚断"的概念。

A. 深度负反馈　　B. 负反馈　　C. 正反馈

（2）将矩形波转换成尖顶波，应选用（　　）电路。

A. 比例运算　　B. 积分运算　　C. 微分运算

（3）相对来说，（　　）比较器抗干扰能力强。

A. 过零　　B. 滞回　　C. 窗口

（4）（　　）运算电路可以实现 $A_u>1$ 的放大器。

A. 反相比例　　B. 同相比例　　C. 积分

（5）（　　）电路可以将方波变换为三角波。

A. 比例运算　　B. 微分运算　　C. 积分运算

（6）（　　）电路可以将三角波变换为方波。

A. 比例运算　　B. 微分运算　　C. 积分运算

3. 写出如图 P6-3 所示的各运算电路的输出电压 u_O 的表达式。

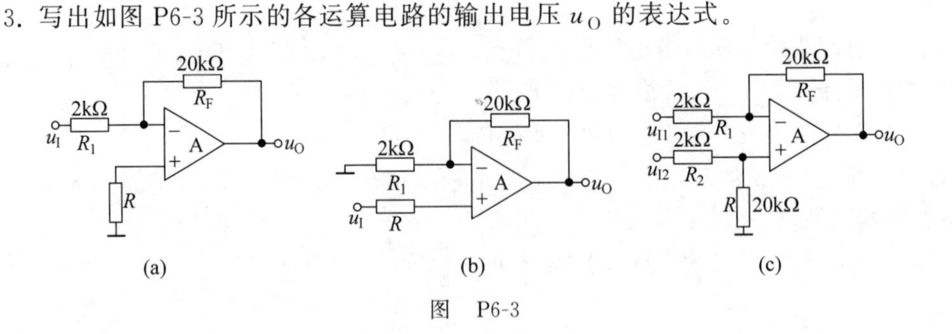

图　P6-3

4. 写出如图 P6-4 所示的各运算电路的输出电压 u_O 的表达式。

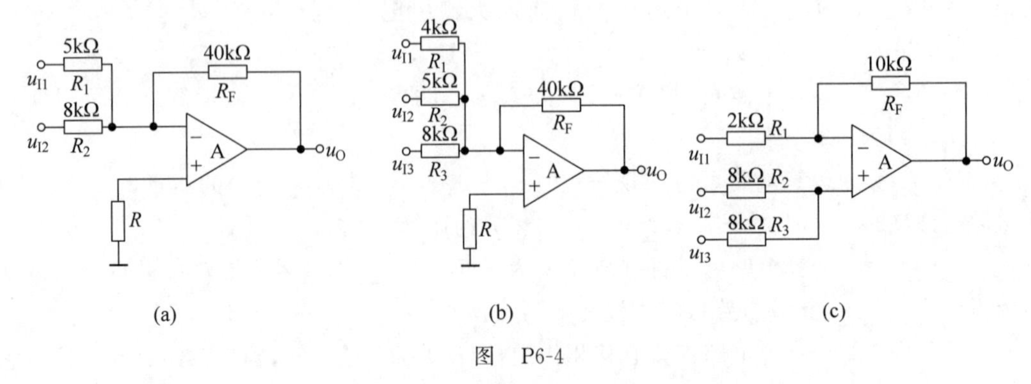

图　P6-4

5. 电路如图 P6-5 所示，写出 u_{O1}、u_{O2} 和 u_O 的表达式。

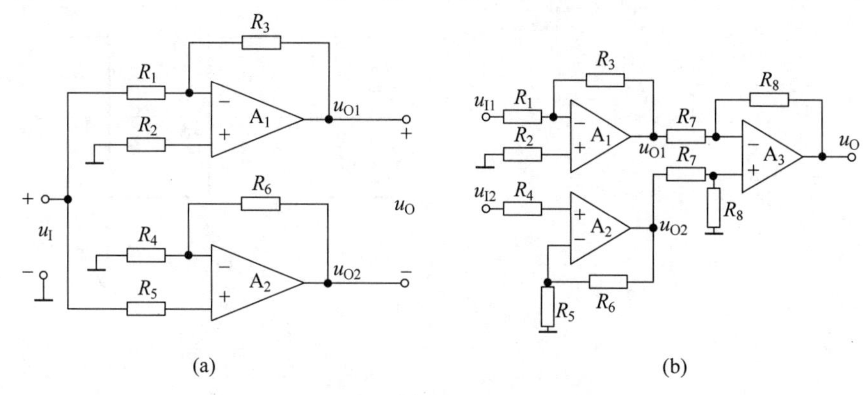

图　P6-5

6. 电路如图 P6-6 所示，写出 u_{O1} 和 u_O 的表达式。

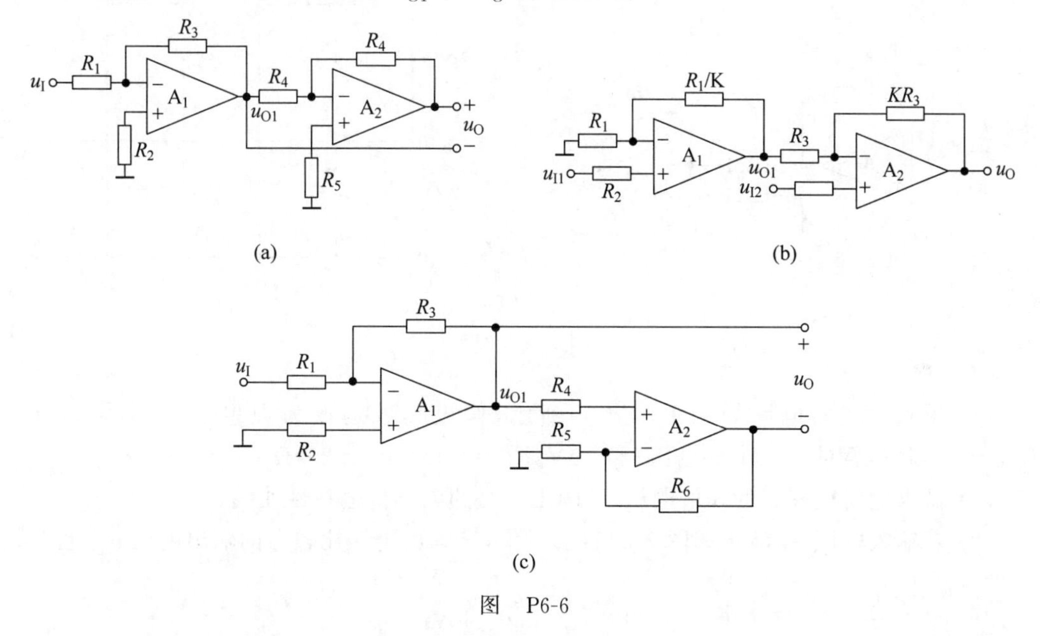

图　P6-6

7. 在如图 P6-7 所示的具有 T 形反馈网络的电路中，已知 $R_1=R_2=R_3=10\text{k}\Omega$，$R_4=50\text{k}\Omega$。求电压放大倍数 A_{uf}。

8. 试用集成运放组成运算电路，实现以下关系。

(1) $u_O=-2u_{I1}-5u_{I2}$

(2) $u_O=2u_{I1}-1.5u_{I2}-u_{I3}$

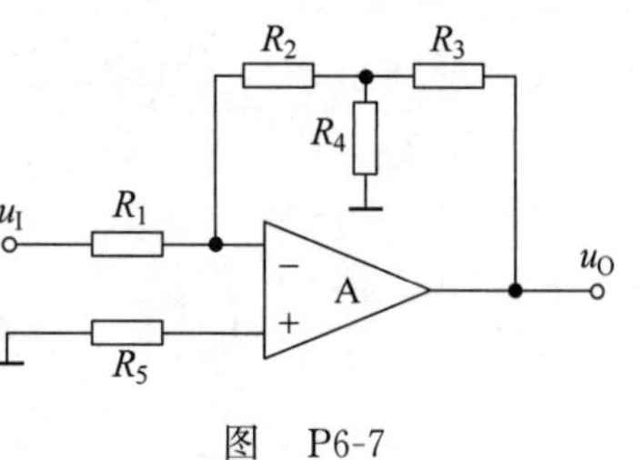

图　P6-7

9. 积分运算电路如图 P6-9(a)所示，其中 $R_1=10\text{k}\Omega$，$C=1\mu\text{F}$，设 $t=0$ 时，$u_O=0\text{V}$，其输入电压 u_I 的波形如图 P6-9(b)所示，试画出输出电压 u_O 的波形。

10. 电路如图 P6-10(a)所示，其中 $R_1=R_3=R_4=R_5=10\text{k}\Omega$，$C=1\mu\text{F}$，设 $t=0$ 时，电容两端的初始电压为 0V，输入电压 u_I 的波形如图 P6-10(b)所示。分别计算 $t=0$，$t=10\text{ms}$ 和 $t=20\text{ms}$ 时 u_{O1} 和 u_O 的值，并画出 u_{O1} 和 u_O 的波形。

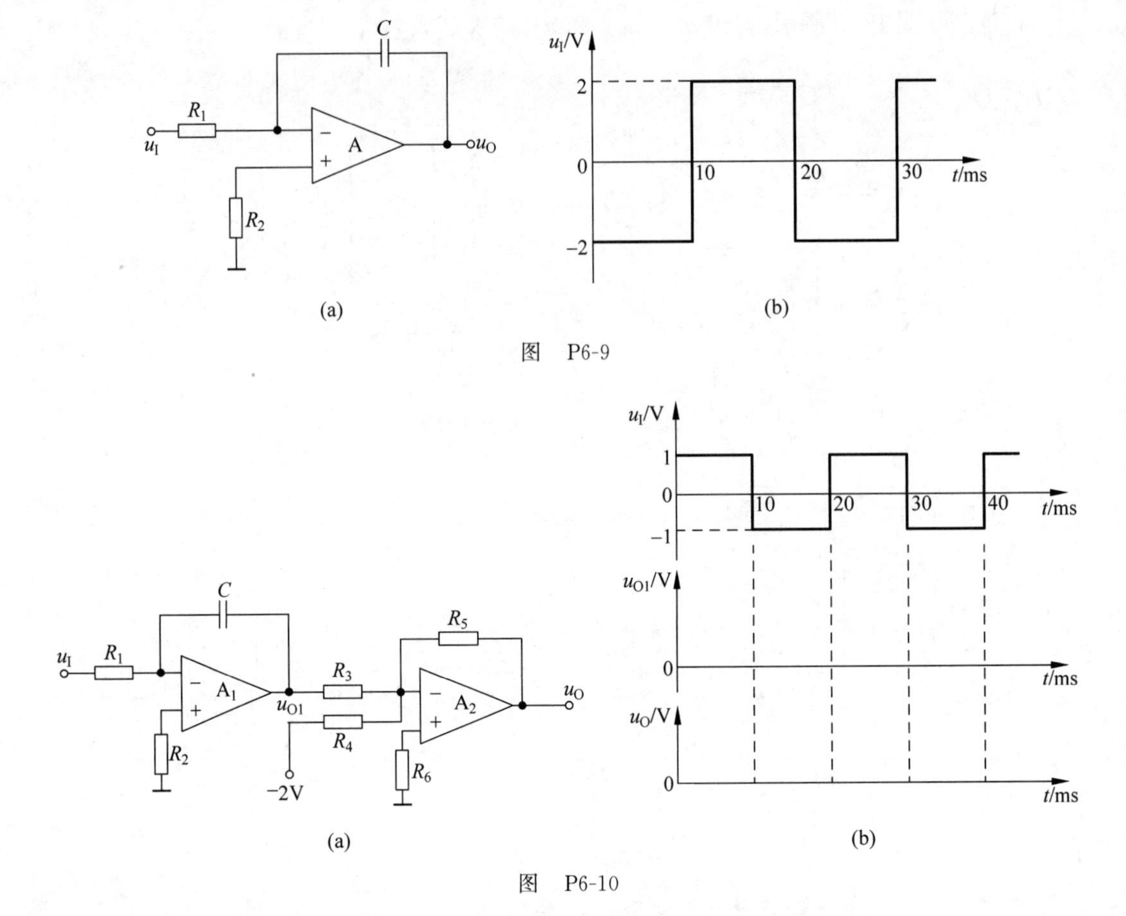

图　P6-9

图　P6-10

11. 单限比较器电路如图 P6-11(a)所示，假设集成运放为理想运放，参考电压为 $U_{REF}=2V$，稳压管的反向击穿电压 $U_Z=5V$，$R_1=10k\Omega$，$R_2=20k\Omega$。

(1) 试求电压比较器的阈值电压，并画出电路的电压传输特性曲线。

(2) 若输入电压 u_I 波形如图 P6-11(b)所示，试画出电压比较器的输出电压 u_O 波形。

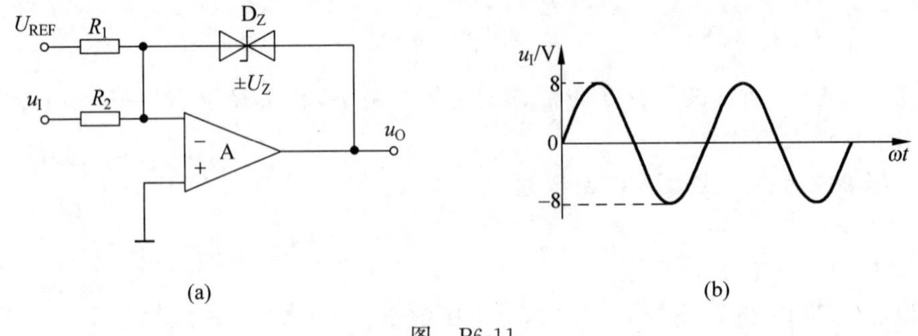

图　P6-11

12. 反相输入的滞回比较器电路如图 P6-12 所示，$R_1=10k\Omega$，$R_2=30k\Omega$，$R_3=2k\Omega$，稳压管的击穿电压为 $U_Z=6V$，参考电压 $U_{REF}=8V$，计算两个阈值电压 U_{T-}、U_{T+} 和回差电压 ΔU_T 的值，并画出电压传输特性曲线。

13. 同相输入的滞回比较器电路如图 P6-13 所示，试推导出阈值电压 U_{T-}、U_{T+} 和回差

电压 ΔU_T 的表达式，并定性地画出电压传输特性曲线。

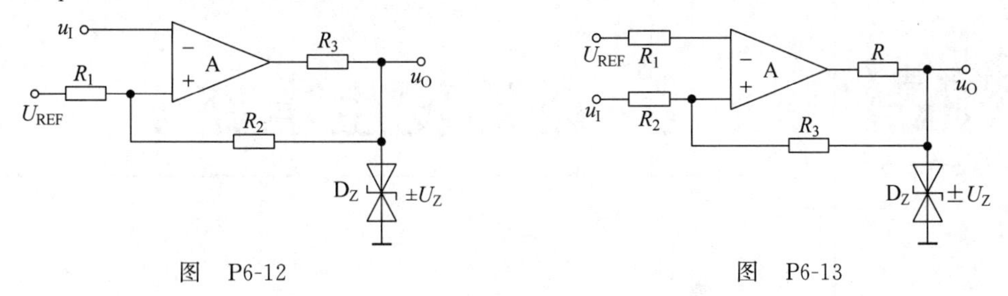

图 P6-12　　图 P6-13

14. 电路如图 P6-14 所示，其中 $U_Z=6V$，$U_{REF}=6V$，且图 P6-14(b)中 $R_1=20k\Omega$，$R_2=10k\Omega$，$R_3=7.3k\Omega$，$R_4=2k\Omega$，图 P6-14(c)中 $R_1=10k\Omega$，$R_2=R_3=20k\Omega$，$R_4=2k\Omega$。将正弦信号 $u_I=10\sin\omega t$ 分别送入图 P6-14(a)～图 P6-14(c)三个电路的输入端，分别画出它们的输出电压波形，并在波形图上标出各处的电压值。

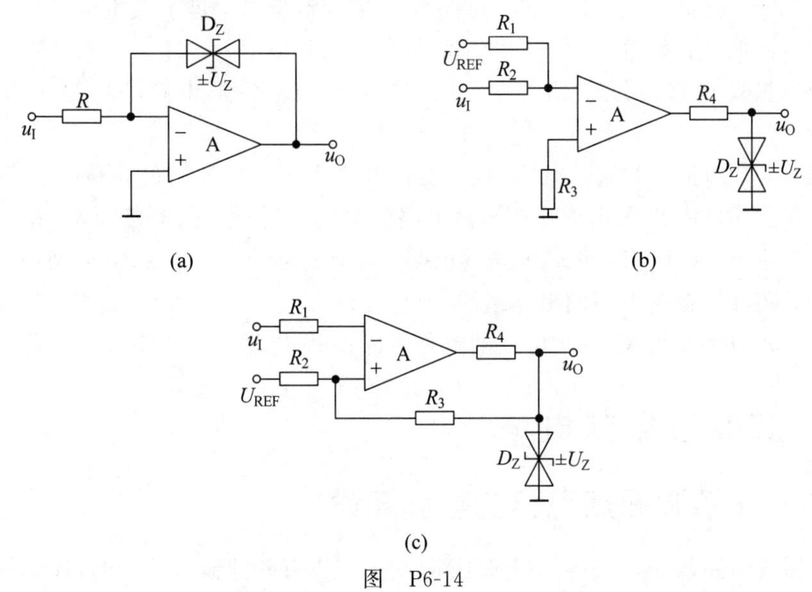

图 P6-14

15. 在如图 P6-15(a)所示的双限比较器电路中，设 $U_{REF1}=8V$，$U_{REF2}=-8V$，稳压管的击穿电压为 $U_Z=6V$。

(1) 画出电压传输特性曲线。

(2) 若输入电压 u_I 为如图 P6-15(b)所示的幅度为 ±12V 的三角波，试画出输出电压 u_O 的波形。

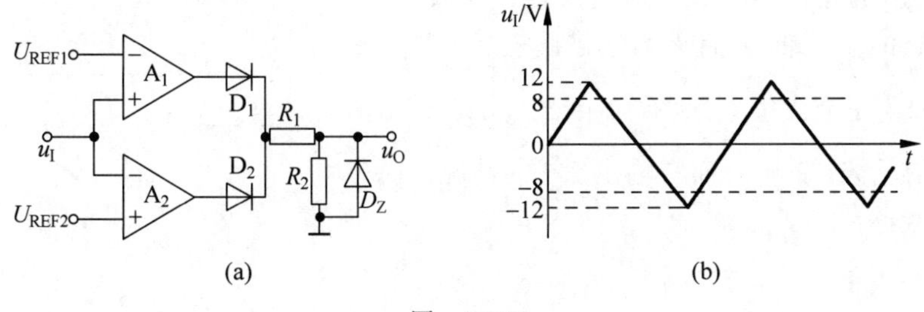

图 P6-15

第 7 章

CHAPTER 7

波形发生电路

教学提示：在无线电通信、自动测量和自动控制系统中，常常需要用波形发生电路来产生正弦波、方波、三角波和锯齿波等作为测试信号或控制信号。波形发生电路是一种不需要外加输入信号而能自行振荡产生一定频率和幅度的信号波形的电路。用来产生正弦波的电路称为正弦波振荡电路，用来产生方波、三角波和锯齿波等的电路统称为非正弦波发生电路。

教学要求：掌握正弦波振荡电路的组成，以及产生正弦波振荡的相位平衡条件和幅值平衡条件。掌握 RC 串并联式正弦波振荡电路的组成、工作原理、振荡频率、起振条件以及电路的特点。了解 RC 移相式正弦波振荡电路的工作原理和特点。了解典型的 LC 正弦波振荡电路和石英晶体振荡电路的电路组成、工作原理和性能特点。正确理解常用的非正弦波(矩形波、三角波和锯齿波)发生电路的电路组成、工作原理和主要参数的估算方法。

7.1 正弦波振荡电路

7.1.1 正弦波振荡电路的基础知识

正弦波振荡电路是一种基本的模拟电路，它是在没有外加输入信号的情况下，依靠电路自激振荡而产生正弦波输出电压的电路。

1. 产生自激振荡的条件

当放大电路满足正反馈和一定条件时，其输入端不外加输入信号，在输出端却有一定频率和幅度的信号产生，这种现象称为自激振荡。

在如图 7-1 所示的正反馈放大电路的框图中，把放大电路的输出信号 $\dot{X}_o$ 通过反馈网络反馈到放大电路的输入端，并且人为地接成正反馈。若反馈信号 $\dot{X}_f$ 完全代替原来的净输入信号 $\dot{X}_i'$，则可实现没有输入($\dot{X}_i=0$)而有输出 $\dot{X}_o$ 的情况，即可产生自激振荡。

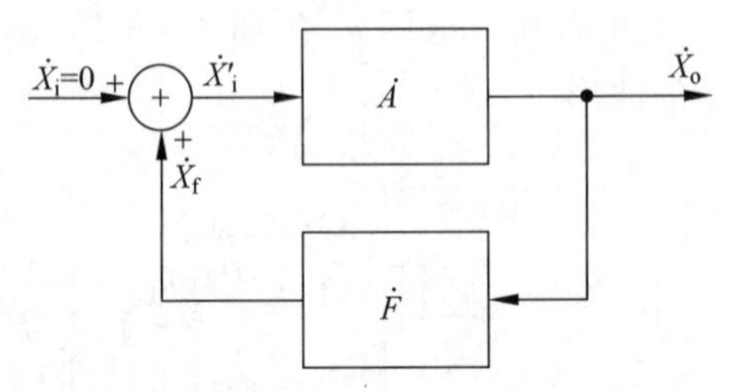

图 7-1 正反馈放大电路产生自激振荡

由图 7-1 可得

$$\dot{X}_f=\dot{F}\dot{X}_o,\quad \dot{X}_o=\dot{A}\dot{X}_i'$$

又因为 $\dot{X}_f=\dot{X}_i'$，所以有

$$\dot{X}_o=\dot{A}\dot{F}\dot{X}_o$$

于是得

$$\dot{A}\dot{F}=1 \tag{7-1}$$

式(7-1)是在人为引入正反馈的放大电路中能维持等幅自激振荡的平衡条件。因为 $\dot{A}$ 和 $\dot{F}$ 是复数，所以式(7-1)可以分别用相位平衡条件和幅值平衡条件来表示，即

$$|\dot{A}\dot{F}|=1 \tag{7-2}$$

$$\varphi_A+\varphi_F=\pm 2n\pi \quad (n=0,1,2,\cdots) \tag{7-3}$$

2. 起振和稳幅

如果一个振荡器仅仅满足幅值平衡条件 $|\dot{A}\dot{F}|=1$，那么，它虽然可以使已经建立并进入稳态的振荡维持下去，却无法使振荡从无到有地建立起来。因为电路的原始起振信号是电路内部存在噪声和瞬态扰动，这些信号很微弱，必须经过正反馈放大电路逐渐地放大，才能使输出信号由小到大地建立起来，达到所需要的波形幅度。因此要建立振荡，或者说“起振”，必须满足条件

$$|\dot{A}\dot{F}|>1 \tag{7-4}$$

这样，当振荡电路刚接通电源时，随着电路中的电流从0开始突然增大，电路中就产生了电流扰动，它包含了从低频到高频的各种频率的微弱信号，其中必有一种频率的信号满足振荡电路的相位平衡条件，产生正反馈，而其他频率的信号则被选频网络抑制掉。又由于 $|\dot{A}\dot{F}|>1$，则振荡电路的输出信号的幅值就将随着时间的推移逐渐增大，使电路振荡起来。当输出信号的幅度增大到一定程度后，放大电路中的三极管就会接近甚至进入饱和区或截止区，电路的放大倍数就会自动地逐渐减小，从而限制了输出波形幅度的无限增大，或者在电路中采用负反馈等措施也可以限制振荡幅度，当满足 $|\dot{A}\dot{F}|=1$ 时，电路就会保持等幅振荡。

3. 基本组成部分

综上所述，一个正弦波振荡电路要满足自激振荡的幅值和相位平衡条件，从组成上看一般应包括以下几部分。

(1) 放大电路。它的主要作用是放大微弱的噪声和瞬态扰动信号。为了保证放大电路能够正常放大信号，要合理地设置静态工作点。

(2) 反馈网络。它的主要作用是形成正反馈，以满足相位平衡条件。

(3) 选频网络。它的主要作用是只让单一频率信号满足振荡条件，以产生单一频率的正弦波。选频网络所确定的频率一般就是正弦波振荡电路的振荡频率 f_0。这部分电路可设置在放大电路中，也可设置在反馈网络中。在很多正弦波振荡电路中，反馈网络和选频网络实际上是同一个网络。

(4) 稳幅环节。它的主要作用是使振荡电路的输出波形的幅值稳定。对于分立元器件放大电路，一般不再加稳幅环节，而是依靠晶体管的非线性来起到稳幅作用。

4. 分析方法

判断能否产生正弦波振荡的一般方法和步骤如下。

(1) 检查电路是否具有放大电路、正反馈网络、选频网络和稳幅环节。

(2) 检查放大电路是否能够正常放大，即是否有合适的静态工作点且动态信号是否能够输入、输出和放大。

(3) 利用瞬时极性法判断电路是否满足正弦波振荡的相位平衡条件。具体方法是：

首先确定放大电路和反馈网络，并找出反馈网络的输出端和放大电路的输入端的连线，将其断开，如图 7-2 所示的 K 点。在断开点处，给放大电路加输入信号 $\dot{U}_i$，并假设 $\dot{U}_i$ 瞬时增加⊕，经放大电路和反馈网络逐级判定信号的瞬时极性，确定出反馈电压 $\dot{U}_f$ 的瞬时极性。计算是否满足 $\varphi_A+\varphi_F=\pm 2n\pi$，若满足，则说明是正反馈电路，$\dot{U}_f$ 与 $\dot{U}_i$ 的极性相同，满足相位平衡条件，电路有可能产生正弦波振荡。否则表明不满足相位平衡条件，电路不可能产生正弦波振荡。

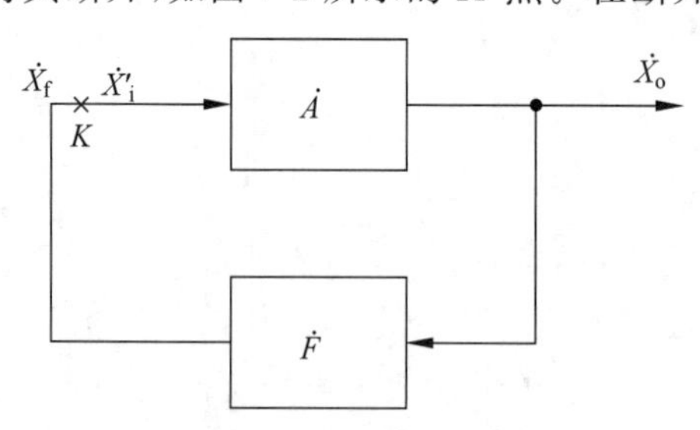

图 7-2 正弦波振荡电路的振荡条件分析示意图

(4) 若电路满足相位平衡条件，还要分析是否满足幅值条件，即是否满足起振条件。具体方法是：分别求解电路的 $\dot{A}$ 和 $\dot{F}$，然后判断 $|\dot{A}\dot{F}|$ 是否大于 1。若不大于 1，则不可能产生正弦波振荡。当然，一般情况下，电路的幅值平衡条件很容易满足，所以在以后分析电路时较少考虑这个因素。

5. 分类

正弦波振荡电路按组成选频网络的元器件类型的不同，可分为 RC 正弦波振荡电路，LC 正弦波振荡电路和石英晶体正弦波振荡电路。

仿真视频 7-1

7.1.2 RC 正弦波振荡电路

RC 正弦波振荡电路就是利用电阻 R 和电容 C 组成选频网络的振荡电路。常见的 RC 正弦波振荡电路有 RC 串并联式振荡电路和移相式振荡电路。

1. RC 串并联式正弦波振荡电路

RC 串并联式正弦波振荡电路如图 7-3 所示。该电路由两部分组成，即放大电路 $\dot{A}$ 和选频网络 $\dot{F}$。$\dot{A}$ 为由集成运放所组成的电压串联负反馈放大电路，取其输入阻抗高和输出阻抗低的特点。而 $\dot{F}$ 则由 Z_1、Z_2 组成，它们对放大电路形成正反馈，并具有选频作用。图 7-3 中 Z_1、Z_2 和 R_F、R' 正好形成一个四臂电桥，电桥由放大电路的输出电压 $\dot{U}_o$ 供电，另外两个对角顶点分别接到放大电路的同相和反相输入端，故 RC 串并联式正弦波振荡电路又称桥式正弦波振荡电路。

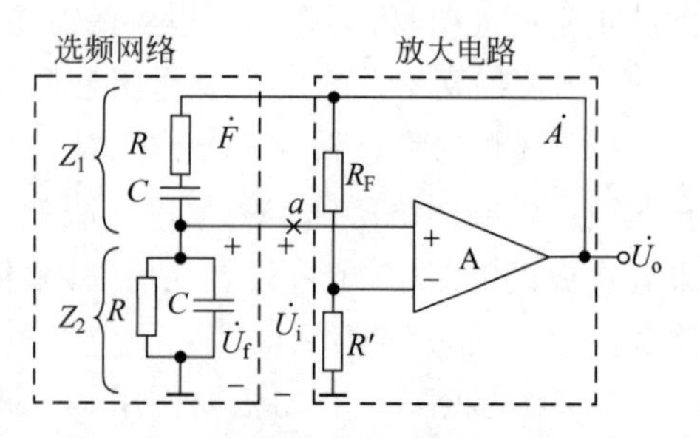

图 7-3 RC 串并联式正弦波振荡电路

下面先定性地分析 RC 串并联选频网络的选频特性，然后根据正弦波振荡电路的幅值平衡和相位平衡条件，分析 RC 串并联式正弦波振荡电路的工作原理及元器件的选择。

1）RC 串并联选频网络

图 7-3 中用虚线框所表示的 RC 串并联选频网络具有选频作用，其中

$$Z_1 = R + \frac{1}{j\omega C}$$

$$Z_2 = R // \frac{1}{j\omega C} = \frac{R}{1 + j\omega RC}$$

选频网络的输入电压为 $\dot{U}_o$，输出电压为 $\dot{U}_f$，则

$$\dot{F} = \frac{\dot{U}_f}{\dot{U}_o} = \frac{Z_2}{Z_1 + Z_2} = \frac{R // \frac{1}{j\omega C}}{R + \frac{1}{j\omega C} + R // \frac{1}{j\omega C}}$$

整理可得

$$\dot{F} = \frac{1}{3 + j\left(\omega RC - \frac{1}{\omega RC}\right)}$$

令 $\omega_0 = \frac{1}{RC}$，代入上式，得出

$$\dot{F} = \frac{1}{3 + j\left(\frac{\omega}{\omega_0} - \frac{\omega_0}{\omega}\right)} \tag{7-5}$$

由式(7-5)可得

$$|\dot{F}| = \frac{1}{\sqrt{3^2 + \left(\frac{\omega}{\omega_0} - \frac{\omega_0}{\omega}\right)^2}} \tag{7-6}$$

$$\varphi_F = -\arctan \frac{1}{3}\left(\frac{\omega}{\omega_0} - \frac{\omega_0}{\omega}\right) \tag{7-7}$$

根据式(7-6)和式(7-7)画出的幅频特性曲线和相频特性曲线如图 7-4 所示。

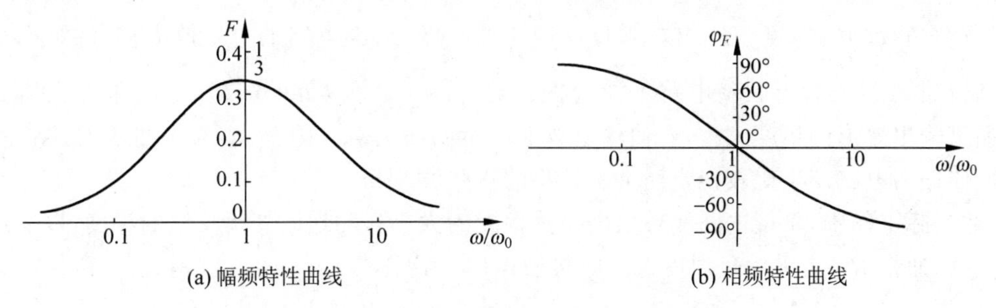

(a) 幅频特性曲线　　(b) 相频特性曲线

图 7-4　RC 串并联选频网络的频率特性曲线

由图 7-4 可以看出，当

$$\omega = \omega_0 = \frac{1}{RC} \quad 或 \quad f = f_0 = \frac{1}{2\pi RC} \tag{7-8}$$

时，幅频响应的幅值最大，即

$$|\dot{F}|_{\max}=\frac{1}{3} \tag{7-9}$$

而相频响应的相位角为0°，即

$$\varphi_F=0^\circ \tag{7-10}$$

这就是说，只有频率为 $\omega=\omega_0=\frac{1}{RC}$ 的信号被选通，且 $\dot{U}_f$ 的幅值最大，是 $\dot{U}_o$ 的幅值的 $\frac{1}{3}$，同时 $\dot{U}_f$ 与 $\dot{U}_o$ 同相位，呈纯阻性。而对于其他频率的信号 $|\dot{F}|$ 迅速衰减，说明RC串并联网络确实具有选频特性。

2）RC串并联式正弦波振荡电路分析

如图7-3所示的RC串并联式正弦波振荡电路，在 a 点断开，并加入输入信号 $\dot{U}_i$，因为放大电路为同相比例运算电路，输出电压与输入电压是同相位，即 $\varphi_A=0^\circ$；而RC串并联网络作为正反馈网络和选频网络，当满足 $\omega=\omega_0$ 时，有 $|\dot{F}|=\frac{1}{3}$，且 $\varphi_F=0^\circ$。

由此可见，当 $\omega=\omega_0$ 时，有 $\varphi_A+\varphi_F=0^\circ$，电路满足自激振荡的相位条件。若放大电路的电压放大倍数 $|\dot{A}_u|=3$，则有 $|\dot{A}\dot{F}|=1$，此时电路又满足自激振荡的幅值条件。因此，该振荡电路对频率为 ω_0 的信号可以产生自激振荡，输出频率为 ω_0 的正弦信号，且 $\omega_0=\frac{1}{RC}$。

为使上述电路能够起振，在振荡电路未工作时应满足起振条件 $|\dot{A}\dot{F}|>1$，应该使放大电路的电压放大倍数 $|\dot{A}_u|>3$，为此应合理地选择电阻 R_F。由于放大电路为同相比例运算电路，则

$$|\dot{A}_u|=1+\frac{R_F}{R'}\geqslant 3$$

$$R_F\geqslant 2R' \tag{7-11}$$

但是如果 R_F 选择过大，又会使振荡电路输出波形失真。由图7-3可以看出电阻 R_F 和 R' 在电路中引入了电压串联负反馈，负反馈系数为 $F=\frac{R'}{R'+R_F}$，改变 R_F 和 R' 阻值的大小可以调节负反馈的深度。R_F 越小，负反馈深度越深，放大电路的电压放大倍数越小，如果不能满足 $|\dot{A}_u|>3$，则振荡电路不能起振；反之，R_F 越大，负反馈越弱，电压放大倍数越大，如果输出波形的幅度太大，会使输出波形产生明显失真。因此，应通过调整 R_F 和 R' 的阻值，使振荡电路产生比较稳定而失真较小的正弦波。

在实际工作中，希望电路能够根据振荡幅度的大小自动地改变负反馈的深度，以实现自动稳幅。通常 R_F 可采用负温度系数的热敏电阻。这样，当 R_F 的取值稍大于 $2R'$ 时，就会使 $|\dot{A}_u|>3$，$|\dot{A}\dot{F}|>1$，电路就会起振，随着输出电压振幅的增大，R_F 上的电流逐渐增大，温度也随之上升，使 R_F 的阻值下降，放大电路的电压放大倍数也随之下降。当满足 $|\dot{A}\dot{F}|=1$ 时，自激振荡进入稳定状态，振荡电路输出幅值稳定的正弦信号。同样道理，电阻 R' 可以采用正温度系数的热敏电阻。

3）振荡频率可调的 RC 串并联式正弦波振荡电路

为了使得振荡频率连续可调，常在 RC 串并联网络中，用双层波段开关接不同的电容，作为振荡频率 f_0 的粗调；用同轴电位器实现 f_0 的微调，如图 7-5 所示。振荡频率的可调范围能够从几赫兹到几百千赫兹。

综上所述，RC 串并联式正弦波振荡电路以 RC 串并联网络为选频网络和正反馈网络，以电压串联负反馈放大电路为放大环节，具有振荡频率稳定，带负载能力强，输出电压失真小等优点，因此获得相当广泛地应用。

【例题 7.1】 RC 串并联式正弦波振荡电路如图 7-6 所示。

（1）说明电路由哪几部分组成？各具有什么作用？

（2）当 $R=16\text{k}\Omega, C=0.01\mu\text{F}$ 时，振荡频率 f 为多大？

（3）满足什么条件电路才能起振？

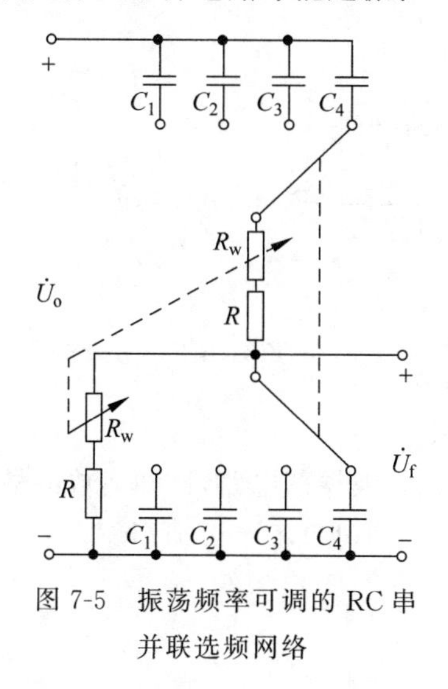

图 7-5 振荡频率可调的 RC 串并联选频网络

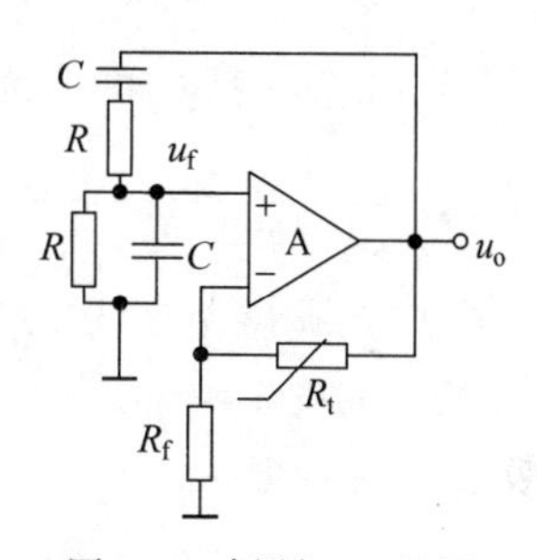

图 7-6 例题 7.1 的图

解：

（1）电路由三部分组成：

① 运算放大器作为放大环节，对输入信号进行放大。

② RC 串并联网络在电路中引入了正反馈兼有选频的作用。

③ 电阻 R_f、R_t 构成负反馈支路，其组态为电压串联负反馈。合理地选择 R_f、R_t 的阻值，可以使振荡电路起振。电阻 R_t 选择负温度系数的热敏电阻，当输出波形幅度太大时，可以改善输出波形，减小失真。

（2）振荡频率为

$$f=\frac{1}{2\pi RC}=\frac{1}{2\times 3.14\times 16\times 10^{3}\times 0.01\times 10^{-6}}\text{Hz}=1000\text{Hz}$$

（3）在相位平衡条件满足的前提下，若能满足 $|\dot{A}\dot{F}|>1$，电路即能起振。由于在 ω_0 处的 $|\dot{F}|=\dfrac{1}{3}$，故需要电压放大倍数 $|\dot{A}_u|>3$。根据电路的电压串联负反馈组态，可知其闭环电压放大倍数为

$$|\dot{A}_u|=\frac{R_f+R_t}{R_f}=1+\frac{R_t}{R_f}>3$$

$$R_t>2R_f$$

【例题 7.2】 用理想运放组成的正弦波振荡电路如图 7-7 所示。图中 R_t 为热敏电阻，两个电容 C 为双连电容，即可以同时调整其大小的电容器。

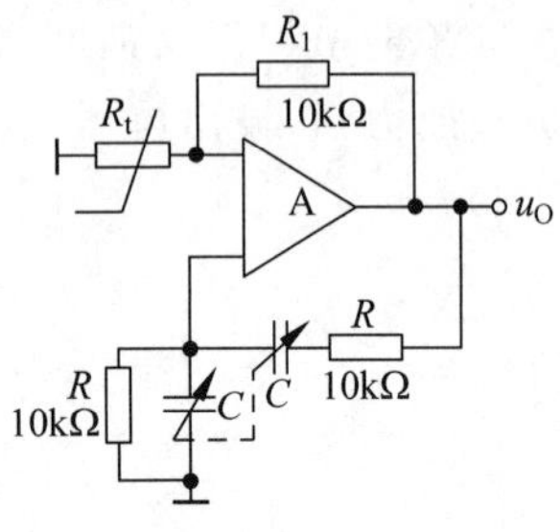

图 7-7 例题 7.2 的图

（1）试标出运放 A 的同相、反相输入端。

（2）说明 R_t 的作用。

（3）要求振荡频率在 500～5000Hz 内连续可调，试确定电容 C 的调整范围。

解：

（1）运放 A 的上端（接 R_t 一端）为反相端，而下端为同相端。

（2）热敏电阻 R_t 起稳幅作用。

（3）当频率为 500Hz 时，电容 C 的值为最大，其值为

$$C_{max}=\frac{1}{2\pi fR}=\frac{1}{2\times 3.14\times 500\times 10\times 10^3}\text{F}=0.0318\mu\text{F}$$

当频率为 5000Hz 时，电容 C 的值为最小，其值为

$$C_{min}=\frac{1}{2\pi fR}=\frac{1}{2\times 3.14\times 5000\times 10\times 10^3}\text{F}=0.00318\mu\text{F}=3.18\text{nF}$$

因此，双联电容 C 的调整范围为 3.18nF～0.0318μF。

【例题 7.3】 如图 7-8(a)所示电路为 RC 桥式正弦波振荡电路，已知运放的最大输出电压为±12V，$R_1=5.1\text{k}\Omega$，$R_2=9.1\text{k}\Omega$，$R_3=2.7\text{k}\Omega$，$R=10\text{k}\Omega$，$C=0.01\mu\text{F}$。

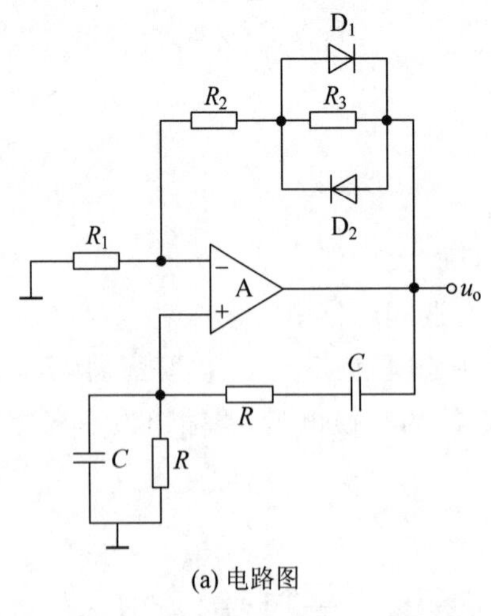

(a) 电路图

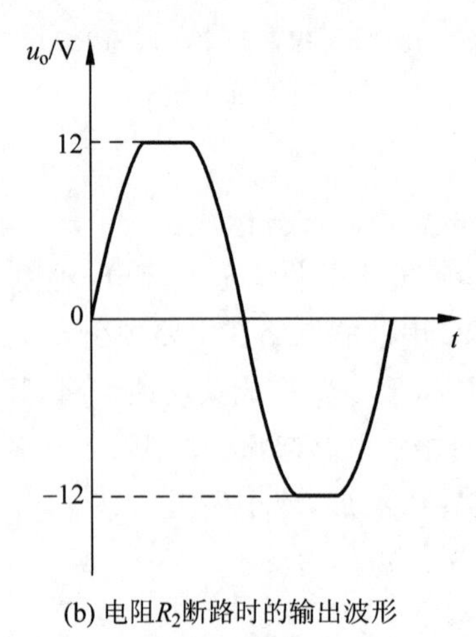

(b) 电阻R_2断路时的输出波形

图 7-8 例题 7.3 的图

（1）图中用二极管 D_1 和 D_2 作为自动稳幅元件，试分析它的稳幅原理。

（2）设电路已经产生稳幅正弦波振荡，当输出电压达到正弦波峰值 U_{om} 时，二极管的正向压降约为 0.7V，试估算输出电压的峰值 U_{om}。

（3）试定性地说明当电阻 R_2 短路时，输出电压的数值。

(4) 试定性地画出当电阻 R_2 断路时,输出电压的波形,并标出振幅。

解:

(1) 当输出电压 U_o 的幅度很小时,二极管 D_1 和 D_2 相当于开路,由 D_1、D_2 和 R_3 组成的并联支路的等效电阻近似等于 R_3,为 2.7kΩ。此时,同相比例运算电路的电压放大倍数为

$$|\dot{A}_u| = 1 + \frac{R_2 + R_3}{R_1} = 1 + \frac{9.1 + 2.7}{5.1} = 3.3 > 3$$

电路可以起振。

反之,当输出电压 U_o 的幅度很大时,二极管 D_1 或 D_2 导通,由 D_1、D_2 和 R_3 组成的并联支路的等效电阻减小,$|\dot{A}_u|$ 随之下降,U_o 的幅值趋于稳定。

(2) 设当电路产生稳幅正弦波振荡时,由 D_1、D_2 和 R_3 组成的并联支路的等效电阻为 R_3'。

由等幅振荡的幅值平衡条件 $|\dot{A}\dot{F}| = 1$,所以

$$|\dot{A}_u| = 1 + \frac{R_2 + R_3'}{R_1} = 3$$

得

$$R_3' = 1.1\text{k}\Omega$$

而 R_3' 两端的电压为 0.7V,所以

$$\frac{0.7\text{V}}{R_3'} = \frac{U_{om}}{R_1 + R_2 + R_3'}$$

$$\frac{0.7\text{V}}{1.1\text{k}\Omega} = \frac{U_{om}}{(5.1 + 9.1 + 1.1)\text{k}\Omega}$$

$$U_{om} \approx 9.74\text{V}$$

(3) 当电阻 R_2 短路时,$|\dot{A}_u| = 1 + \frac{R_3}{R_1} < 3$,电路不能起振,所以输出电压 $U_o = 0$。

(4) 当电阻 R_2 断路时,$|\dot{A}_u| \to \infty$。在理想情况下,U_o 为方波,但实际的运放都会受到转换速率和开环增益等因素的影响,所以输出波形如图 7-8(b)所示。

2. RC 移相式正弦波振荡电路

RC 移相式正弦波振荡电路是利用 RC 电路产生的相移在特定频率上满足相位平衡条件的。如图 7-9 所示为 RC 移相式正弦波振荡电路。它是由一级反相比例运算电路和三阶超前 RC 相移电路构成。为了判断该电路能否满足相位平衡条件,可以在 a 点断开,并加输入信号 $\dot{U}_i$,可知 $\varphi_A = \pi$,若 $\varphi_F = \pi$,则说明该电路满足相位平衡条件,可能产生正弦波振荡。这里,把超前 RC 相移电路重画于图 7-10。由 RC 电路的相频响应可知,一阶 RC 电路的最大相移不超过 90°,二阶 RC 电路的最大相移虽然可以达到 180°,但在接近 180°时,超前 RC 相移电路的频率必然很低,此时输出电压已接近于零,不能满足振荡的幅度条件,所以实际上至少需要三阶超前 RC 相移电路,才能使 $\varphi_F = \pi$,也才能使 $\varphi_A + \varphi_F = 2\pi$,满足振荡的相位平衡条件。

可以证明,该电路的振荡频率为

$$\omega_0=\frac{1}{RC\sqrt{6}} \quad 或 \quad f_0=\frac{1}{2\pi RC\sqrt{6}} \tag{7-12}$$

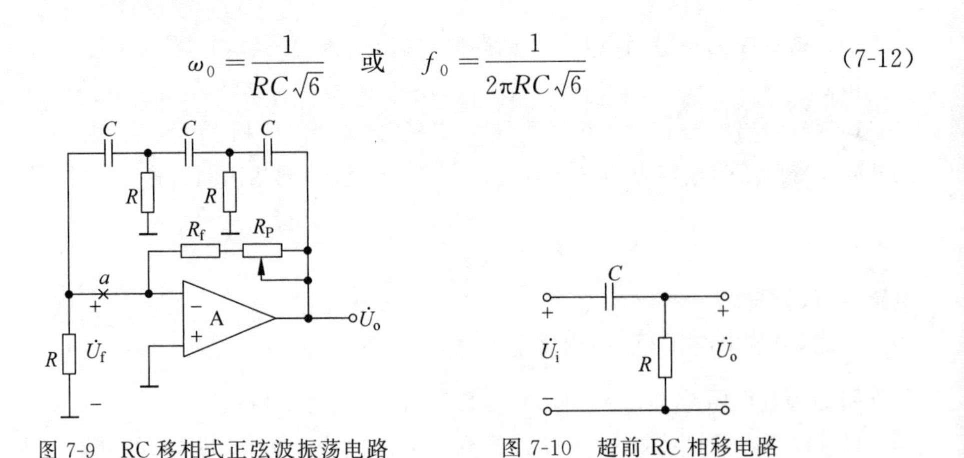

图 7-9　RC 移相式正弦波振荡电路　　图 7-10　超前 RC 相移电路

如果把如图 7-9 所示的电路中的电阻和电容的位置互换一下，就成为滞后 RC 相移电路，同样也至少需要三阶才能满足振荡的相位平衡条件。需要说明的是，RC 移相式正弦波振荡电路的选频特性较差，它不足以将被限幅信号中的谐波成分衰减到足够小，所以，这种振荡电路的输出波形失真较严重，只能用在对波形失真要求不高的场合。

3. RC 正弦波振荡电路的适用范围

RC 正弦波振荡电路的振荡频率与 RC 的乘积成反比，如果希望提高它的振荡频率，必须减小 R 和 C 的数值，一般实现起来比较困难，所以振荡频率比较低，一般不超过 1MHz。当要求振荡频率较高时，应选用 LC 正弦波振荡电路。

仿真视频 7-2

7.1.3 LC 正弦波振荡电路

LC 正弦波振荡电路是以电感和电容元件构成选频网络，可以产生 1000MHz 以上的正弦波信号。在讨论 LC 正弦波振荡电路之前，先回顾一下有关 LC 并联电路的主要特性。

1. LC 并联电路的选频特性

图 7-11 是最简单的 LC 并联电路。R 为电感和电路的其他损耗总的等效电阻，其值很小，则 LC 并联电路的等效阻抗为

仿真视频 7-3

$$Z=\frac{\frac{1}{j\omega C}(R+j\omega L)}{\frac{1}{j\omega C}+R+j\omega L} \tag{7-13}$$

图 7-11　LC 并联电路

由于 $R\ll\omega L$，所以

$$Z=\frac{\frac{L}{C}}{R+j\left(\omega L-\frac{1}{\omega C}\right)} \tag{7-14}$$

由式(7-14)可知，当 $\omega L=\frac{1}{\omega C}$ 时电路发生并联谐振，并且有以下特点：

(1) 谐振频率为

$$\omega_0=\frac{1}{\sqrt{LC}} \quad 或 \quad f_0=\frac{1}{2\pi\sqrt{LC}} \tag{7-15}$$

(2) 电路的等效阻抗为纯阻性，且其值最大，即

$$Z_0=\frac{L}{RC}=Q\omega_0 L=\frac{Q}{\omega_0 C} \tag{7-16}$$

其中，Q 称为回路的品质因数，其值为

$$Q=\frac{\omega_0 L}{R}=\frac{1}{\omega_0 CR}=\frac{1}{R}\sqrt{\frac{L}{C}} \tag{7-17}$$

由于电路呈纯阻性，所以 $\dot{U}$ 与 $\dot{I}$ 同相。

将式(7-17)代入式(7-14)，可得复阻抗 Z 为

$$Z=\frac{Z_0}{1+\mathrm{j}Q\left(\frac{\omega}{\omega_0}-\frac{\omega_0}{\omega}\right)} \tag{7-18}$$

由式(7-18)可得

$$|Z|=\frac{Z_0}{\sqrt{1+Q^2\left(\frac{\omega}{\omega_0}-\frac{\omega_0}{\omega}\right)^2}} \tag{7-19}$$

$$\varphi_Z=-\arctan Q\left(\frac{\omega}{\omega_0}-\frac{\omega_0}{\omega}\right) \tag{7-20}$$

由式(7-19)和式(7-20)可以作出复阻抗 Z 的幅频特性曲线和相频特性曲线如图 7-12 所示。从图中可以看出，当 $\omega=\omega_0$ 时，LC 并联电路阻抗最大，同时阻抗角 $\varphi_Z=0°$，电路呈纯阻性。此外，电路的品质因数 Q 越高，幅频特性曲线和相频特性曲线在 ω_0 附近斜率越大，对其他信号的衰减越大，则电路的选频特性越好。

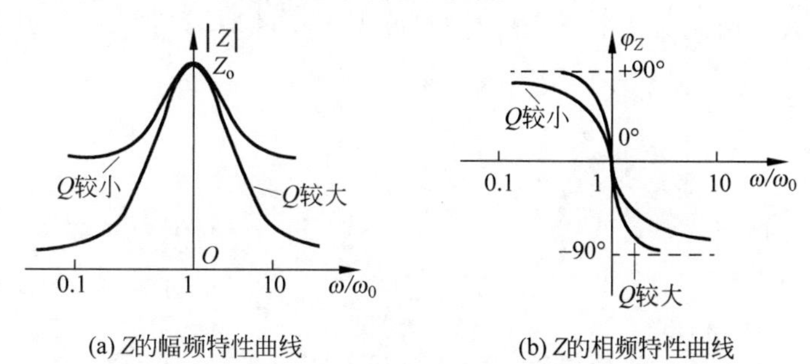

(a) Z的幅频特性曲线　　(b) Z的相频特性曲线

图 7-12　复阻抗 Z 的频率特性曲线

若以 LC 并联网络作为共发射极放大电路的集电极负载，则构成选频放大电路，如图 7-13 所示。根据 LC 并联网络的频率特性，当 $f=f_0$ 时，电压放大倍数的数值最大，且无附加相移。对于其余频率的信号，电压放大倍数不但数值减小，而且有附加相移。

若在电路中引入正反馈，并能用反馈电压取代输入电压，则电路就成为正弦波振荡电路。根据引入反馈的方式不同，LC 正弦波振荡电路分为变压器反馈式正弦波振荡电路、电感三点式正弦波振荡电路和电容三点式正弦波振荡电路。

2. 变压器反馈式正弦波振荡电路

变压器反馈式正弦波振荡电路如图 7-14 所示。该电路由放大电路、选频网络和反馈网络等部分组成。变压器的原边绕组 N_1 与电容并联作为电路的选频网络，而副边绕组 N_2

作为反馈网络，因此称为变压器反馈式振荡电路。变压器的副边绕组的4端接地，3端通过耦合电容 C_b 接到三极管的基极，因此副边绕组 N_2 上的电压为反馈电压 $\dot{U}_f$。

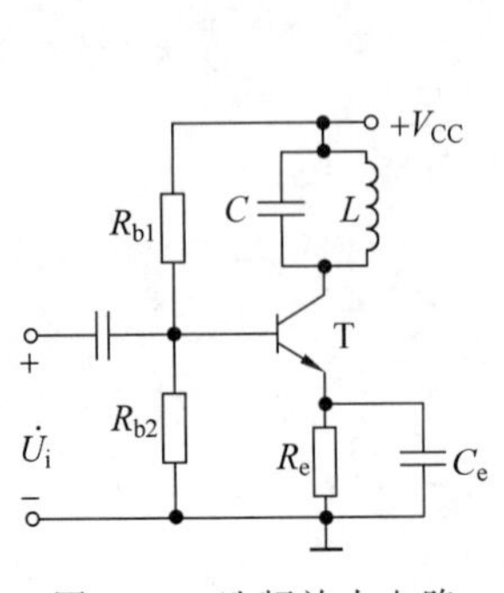

图 7-13　选频放大电路

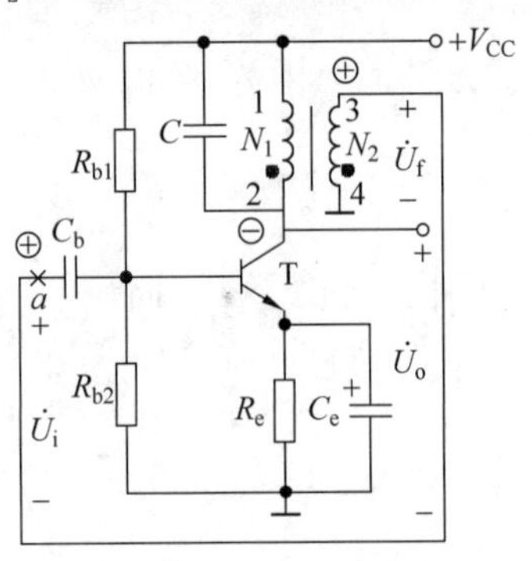

图 7-14　变压器反馈式正弦波振荡电路

现在来分析电路是否满足相位平衡条件。断开图7-14中的 a 点，并在放大电路的输入端加频率为 f_0 信号 $\dot{U}_i$，其频率为LC并联回路的谐振频率，此时三极管的集电极等效负载为一个纯电阻，设忽略其他电容和分布参数的影响。用瞬时极性法判断，设输入电压 $\dot{U}_i$ 瞬时增加⊕，由于 $\dot{U}_o$ 与 $\dot{U}_i$ 反相，故三极管的集电极电位瞬时降低⊖，即 $\varphi_A=180°$，而变压器的2端与3端互为异名端，因此3端电位瞬时增加⊕，即反馈网络的相位为 $\varphi_F=180°$，因此 $\varphi_A+\varphi_F=360°$，说明电路引入的是正反馈，$\dot{U}_f$ 与 $\dot{U}_i$ 同相，电路满足自激振荡的相位平衡条件。

变压器反馈式正弦波振荡电路容易起振，输出电压的波形失真不大，应用范围广泛，其振荡频率为

$$f_0=\frac{1}{2\pi\sqrt{LC}} \tag{7-21}$$

振荡电路的起振条件为

$$\beta>\frac{r_{be}R'C}{M} \tag{7-22}$$

式中，r_{be} 为三极管b、e间的等效电阻；M 为互感；R'是折合到谐振回路中的等效总损耗电阻。但是由于输出电压与反馈电压靠磁路耦合，因而耦合不紧密，损耗较大，并且振荡频率的稳定性不高。

此外，在构成变压器反馈式振荡电路时，放大电路视振荡频率而定，可以是共发射极电路，也可以是共基极电路，放大电路也可以由集成运放构成。反馈信号从变压器的同名端还是异名端引出，还要看放大电路本身的相移，但最终要以自激振荡的相位平衡条件为准则。

3. 电感三点式正弦波振荡电路

电感三点式正弦波振荡电路如图7-15所示。该电路也是由放大电路、选频网络、反馈网络等部分组成。这种电路的LC并联谐振回路中的电感采用自耦形式的接法，即将 L_1 和 L_2 合并为一个线圈。然后从电感的首端、中间抽头和尾端引出三个端点，故称电感三点式振荡电路。

下面仍然用瞬时极性法来分析电路是否满足相位平衡条件。从图7-15可以看出，图中

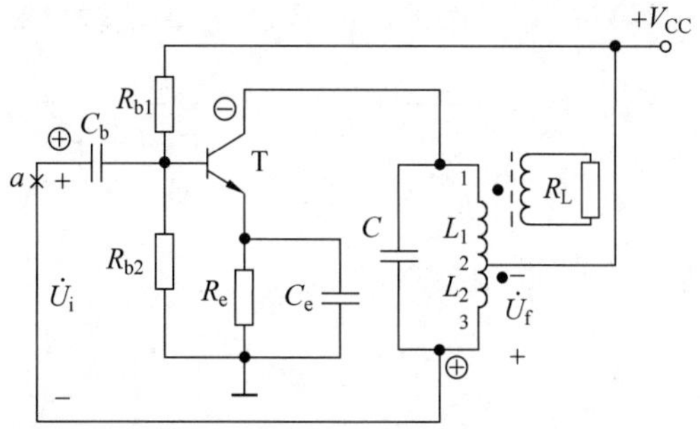

图 7-15　电感三点式正弦波振荡电路

并联电路的 3 端通过耦合电容 C_b 接三极管的基极，2 端接电源 V_{CC}，在交流通路中接地，所以电感 L_2 上的电压就是反馈电压 $\dot{U}_f$。断开图 7-15 中的 a 点，并在放大电路的输入端加频率为 f_0 的电压 $\dot{U}_i$，并设输入电压 $\dot{U}_i$ 瞬时增加⊕，则三极管的集电极电位瞬时降低⊖，即 $\varphi_A=180°$，由于电感两端的相位相反，所以线圈的 3 端电位瞬时增加⊕，与输入端极性相同，即 $\varphi_F=180°$，因此 $\varphi_A+\varphi_F=360°$，说明是正反馈，$\dot{U}_f=\dot{U}_i$，所以满足相位平衡条件，可能发生正弦波振荡。

电感三点式正弦波振荡电路中由于 L_1 与 L_2 之间耦合紧密，因此比较容易起振。若改变电感抽头，即改变 L_2/L_1 的比值，可以获得满意的正弦波输出，且振荡幅度较大。其振荡频率为

$$f_0\approx\frac{1}{2\pi\sqrt{(L_1+L_2+2M)C}}=\frac{1}{2\pi\sqrt{L'C}}\tag{7-23}$$

其中，$L'=L_1+L_2+2M$ 为回路的总电感，M 为 L_1 与 L_2 之间的互感。电路的起振条件为

$$\beta>\frac{L_1+M}{L_2+M}\cdot\frac{r_{be}}{R'}\tag{7-24}$$

其中，R'为折合到三极管集电极和发射极间的等效并联总损耗电阻。当 C 采用可变电容时，可获得一个较宽的频率调节范围，最高振荡频率可达几十兆赫兹。由于反馈电压取自电感，而电感对高次谐波的阻抗较大，不能将高次谐波短路掉，因此输出波形中常含有高次谐波，使输出波形变差。

4. 电容三点式正弦波振荡电路

电容三点式正弦波振荡电路如图 7-16 所示。它是将图 7-15 中的电感 L_1 和 L_2 换成电容 C_1 和 C_2，同时，将电容 C 换成电感 L 而得到的。

从图 7-16 中可以分析出，电容 C_2 上的电压即为反馈电压 $\dot{U}_f$。在图中 a 点断开反馈，加频率为 f_0 的输入电压 $\dot{U}_i$，并给定极性，利用瞬时极性法分析各点的极性，可见 $\varphi_A+\varphi_F=360°$，即 $\dot{U}_f=\dot{U}_i$，故电路满足正弦波振荡的条件，可能发生振荡。

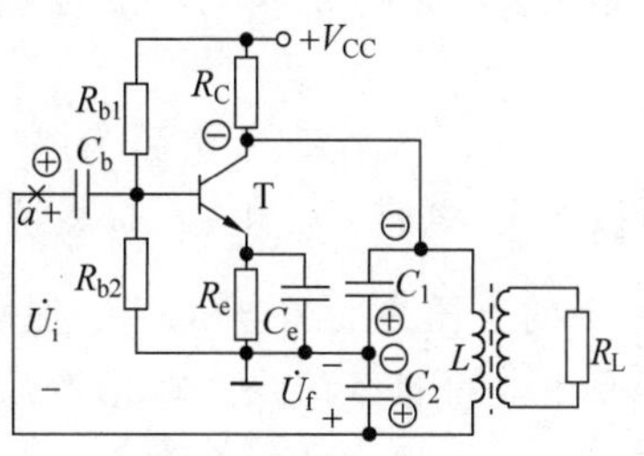

图 7-16　电容三点式正弦波振荡电路

由于电容三点式正弦波振荡电路的反馈电压取自电

容 C_2，电容对于高次谐波阻抗很小，高次谐波分量很小，因此输出波形较好，其振荡频率为

$$f_0 \approx \frac{1}{2\pi\sqrt{L\dfrac{C_1C_2}{C_1+C_2}}} = \frac{1}{2\pi\sqrt{LC'}} \tag{7-25}$$

其中，$C'=\dfrac{C_1C_2}{C_1+C_2}$为回路的总电容。起振条件为

$$\beta > \frac{C_2}{C_1}\cdot\frac{r_{be}}{R'} \tag{7-26}$$

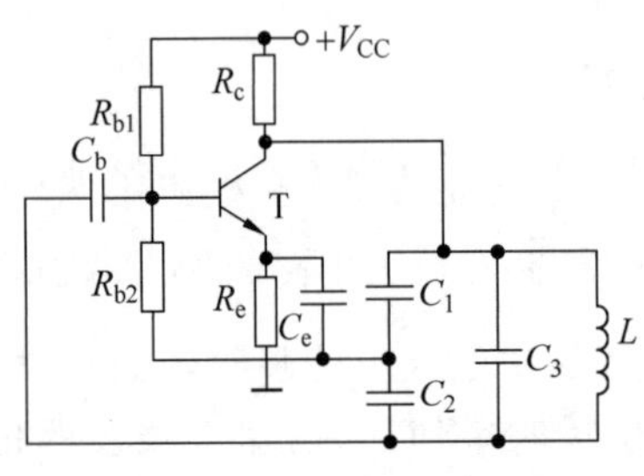

图 7-17　电容三点式改进电路

其中，R'为折合到三极管集电极和发射极间的等效并联总损耗电阻。由于电容值 C_1 和 C_2 可以选得很小，因此振荡频率可达 100MHz 以上。但是应该注意，调节电容 C_1 或 C_2 可以改变振荡频率，但同时会影响起振条件，因此这种电路适于产生固定频率的振荡。如果要改变频率，可给电感 L 并联一个容值很小的电容 C_3 来调节频率，如图 7-17 所示。

【例题 7.4】 如图 7-18 所示电路为各种 LC 正弦波振荡电路，试判断它们是否可能振荡，若不能振荡，试修改电路。

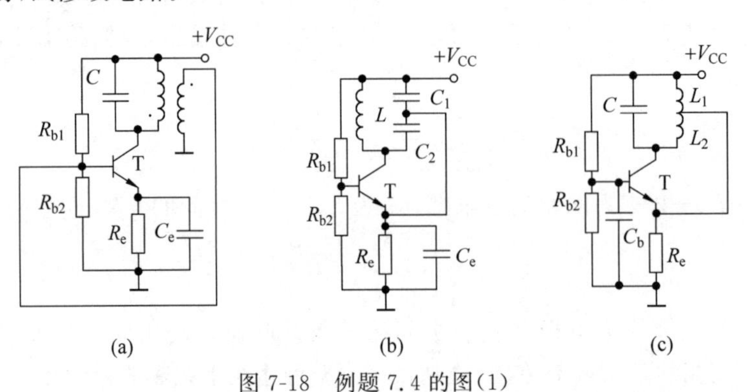

图 7-18　例题 7.4 的图(1)

解： 如图 7-18(a)所示电路为变压器反馈式正弦波振荡电路，该电路不能振荡。因为静态时三极管基极电位 $U_{BQ}=0V$，即三极管 T 处于截止状态，故电路不能振荡，应考虑加隔直电容。其次，根据变压器同名端的有关规定，将变压器副边线圈的同名端改在下方时，电路才满足相位平衡条件。修改后的电路如图 7-19(a)所示，其中 $\varphi_A=180°$，$\varphi_F=180°$，总的相移为 360°。

如图 7-18(b)所示电路为电容三点式正弦波振荡电路，该电路不能振荡。因为从图中可以看出，电容 C_1 的一个极板接电源（交流地），另一个极板接三极管的发射极，所以电容 C_1 上的电压为反馈电压 $\dot{U}_f$。但由于发射极有耦合电容 C_e，反馈电压被短路接地，因此应将原图中的电容 C_e 去掉，修改后的电路如图 7-19(b)所示。其中 $\varphi_A=0°$，$\varphi_F=0°$，$\varphi_A+\varphi_F=0°$满足相位平衡条件。

如图 7-18(c)所示电路为电感三点式正弦波振荡电路，该电路不能振荡。采用瞬时极性法分析的结果如图 7-19(c)所示，电感 L_1 上的电压为反馈电压 $\dot{U}_f$。由图可见，极性满足相

位平衡条件。但考虑到电感对直流信号相当于短路，故原图 7-18(c)中三极管发射极电位 U_{EQ} 等于电源电压 V_{CC}，这样三极管便不能正常工作，因此应在三极管发射极和电感之间接一个隔直电容 C_f，以实现隔离直流量并使交流信号能顺利通过的目的，如图 7-19(c)所示。

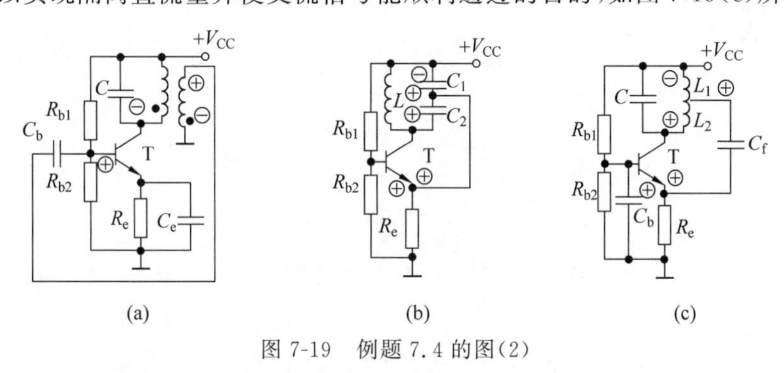

图 7-19 例题 7.4 的图(2)

7.1.4 石英晶体正弦波振荡电路

通过前面的分析可以看出，影响 LC 振荡电路的振荡频率 f_0 的主要因素是 LC 并联谐振回路的参数 L、C 和 R，另外，LC 谐振回路的 Q 值对频率的稳定也有较大的影响。由图 7-12 可以看出，Q 值越大，幅频特性曲线越尖锐，即选频性能越好；同时，相频特性曲线在 ω_0 附近也越陡，即对应于同样的相位变化 $\Delta\varphi_Z$ 来说，频率的变化 $\frac{\Delta\omega}{\omega_0}$ 越小，也就是说，频率的稳定度越高。为了提高谐振回路的 Q 值，根据式(7-17)可见，应尽量减小回路的损耗电阻 R 并加大 $\frac{L}{C}$ 的值。但一般的 LC 振荡电路，其 Q 值只能达到数百，在要求频率稳定度高的场合，往往采用高 Q 值的石英晶体振荡电路，它的频率稳定度可高达 10^{-9} 甚至 10^{-11}。石英晶体振荡电路之所以具有极高的频率稳定度，主要是由于采用了具有极高 Q 值的石英晶体振荡器。下面先了解石英晶体振荡器的电特性，然后再分析具体的振荡电路。

1. 石英晶体振荡器的电特性

石英晶体是一种各向异性的晶体，主要化学成分是 SiO_2。将石英晶体按一定的方位角切割成薄片，在薄片的上、下两个表面涂以银层来制成两个金属板，然后在每个金属板上接出一根引线，用外壳封装后就构成了石英晶体。石英晶体示意图如图 7-20 所示。

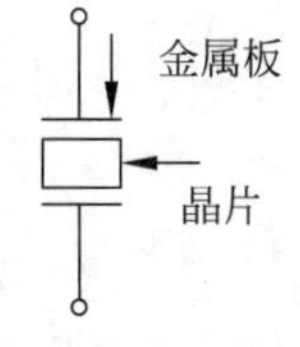

图 7-20 石英晶体示意图

石英晶体之所以能作振荡电路是基于它的压电效应。在石英晶体的两个极板间加一电场时，晶片内会产生机械变形；反之，若在极板间施加机械压力，又会在相应的方向上产生电场，这种物理现象称为压电效应。如在极板间施加的是交变电压，就会产生机械变形振动，同时机械变形振动又会产生交变电场。一般情况下，无论是机械振动的振幅，还是交变电场的振幅都非常小。但是，当交变电场的频率为某一特定值时，振幅骤然增大，产生共振，称为压电谐振。这一特定频率就是石英晶体的固有频率，也称谐振频率。石英晶体振荡器也因此得名。

石英晶体的等效电路如图 7-21(a)所示，当石英晶体不振动时，可等效为一个平板电容 C_0，称为静态电容；其值一般约为几到几十皮法。当石英晶体振动时，晶体的惯性用电感 L

等效，其值为 1～10mH。晶片振动时表现的弹性用电容 C 模拟，其值很小，一般为 0.0002～0.1pF，因此 $C \ll C_0$。晶体振动时的摩擦损耗可用电阻 R 描述，其值约为 100Ω。

对于如图 7-21(a)所示的等效电路，当忽略电阻 R 时，有

$$Z=\frac{\dfrac{1}{\mathrm{j}\omega C_0}\left(\mathrm{j}\omega L+\dfrac{1}{\mathrm{j}\omega C}\right)}{\dfrac{1}{\mathrm{j}\omega C_0}+\mathrm{j}\omega L+\dfrac{1}{\mathrm{j}\omega C}} \tag{7-27}$$

整理后，得

$$Z=\frac{\mathrm{j}(\omega^2 LC-1)}{\omega(C_0+C-\omega^2 LCC_0)} \tag{7-28}$$

则

$$|Z|=\frac{\omega^2 LC-1}{\omega(C_0+C-\omega^2 LCC_0)} \tag{7-29}$$

阻抗 Z 的幅频特性曲线如图 7-21(b)所示。

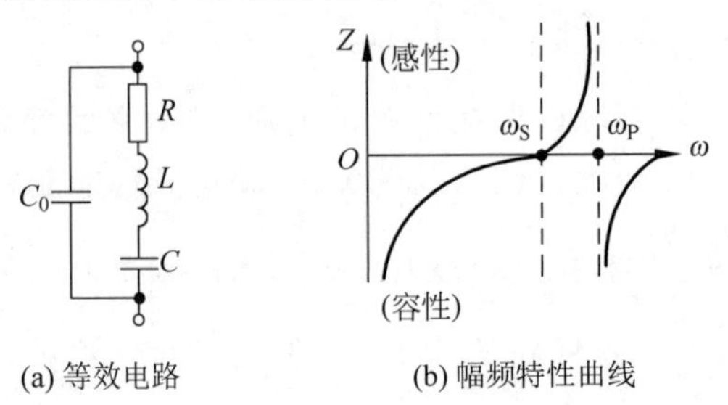

(a) 等效电路　　(b) 幅频特性曲线

图 7-21　石英晶体的等效电路及其幅频特性曲线

当 $|Z|=0$，也即电路呈纯阻性时，电路发生串联谐振，对应的串联谐振角频率为 $\omega_S=\dfrac{1}{\sqrt{LC}}$ 或 $f_S=\dfrac{1}{2\pi\sqrt{LC}}$。当 $\omega<\omega_S$ 时，$|Z|<0$，电路呈容性。当 $\omega_S<\omega<\omega_P$ 时，$|Z|>0$，电路呈感性。

当 $\omega=\omega_P$ 时，$|Z|\to\infty$，电路又发生并联谐振，此时并联谐振角频率为 $\omega_P=\omega_S\sqrt{1+\dfrac{C}{C_0}}$ 或 $f_P=f_S\sqrt{1+\dfrac{C}{C_0}}$。当 $\omega>\omega_P$ 时，电路又呈容性。

由于 $C \ll C_0$，因此 $\omega_P \approx \omega_S$。可见，只有在 $\omega_S<\omega<\omega_P$ 这个很窄的频带内，电路才呈感性，其余频率下电路均呈容性。

由于石英晶体的电感 L 很大，电容 C 和电阻 R 都很小，因此品质因数 Q 很大，其值可高达 10^4～10^6。而且因为振荡频率几乎仅决定于晶片的尺寸，所以其稳定度 $\dfrac{\Delta\omega}{\omega_0}$ 可达 10^{-6}～10^{-8}，一些产品甚至高达 10^{-10}～10^{-11}，而即使最好的 LC 振荡电路，Q 值也只能达到几百，振荡频率的稳定度也只能达到 10^{-5}。因此，石英晶体的选频特性是其他选频网络不能比拟的。

2. 石英晶体正弦波振荡电路

利用石英晶体可以构成并联型和串联型两类正弦波振荡电路。

1）并联型石英晶体正弦波振荡电路

当石英晶体工作在 $\omega_S \sim \omega_P$ 频带内时，晶体呈感性，则石英晶体可作为电容三点式振荡器中的电感，如图 7-22 所示。图中 C_1 和 C_2 与石英晶体的 C_0 并联，总容量大于 C_0，当然远大于石英晶体中的 C，所以电路的振荡频率等于石英晶体的并联谐振角频率 ω_P。

2）串联型石英晶体正弦波振荡电路

当石英晶体工作在串联谐振频率 ω_S 上时，呈纯阻性，以石英晶体作为反馈网络和选频网络，可构成串联型石英晶体振荡电路，如图 7-23 所示。利用瞬时极性法分析图 7-23 为正反馈，满足正弦波振荡的相位平衡条件。所以电路的振荡频率为石英晶体的串联谐振频率 ω_S。调整 R_f 的阻值，可使电路满足正弦波振荡的幅值平衡条件。

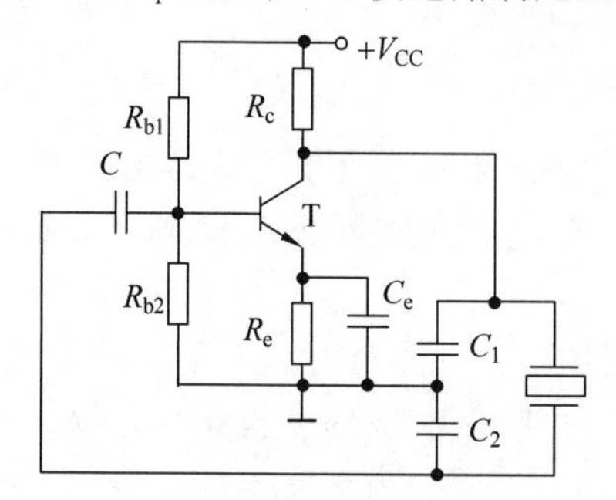

图 7-22　并联型石英晶体正弦波振荡电路

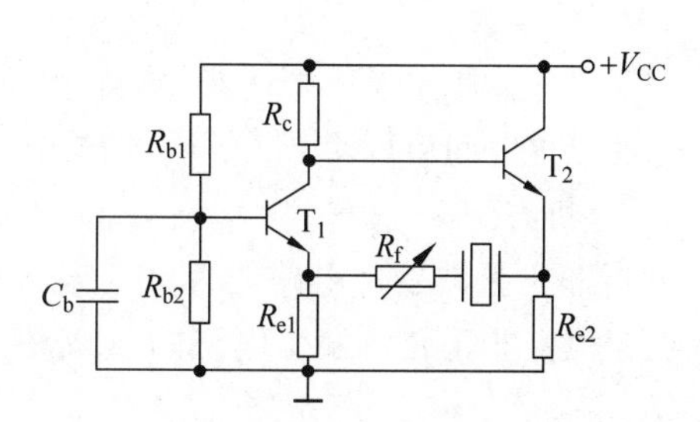

图 7-23　串联型石英晶体正弦波振荡电路

7.2　非正弦波发生电路

7.2.1　非正弦波发生电路的基础知识

由于非正弦波发生电路所产生的波形不是正弦波，因此它的工作原理、电路结构和分析方法都与正弦波振荡电路不同。

1. 非正弦波发生电路的基本工作原理

矩形波发生电路是非正弦波发生电路的基础。有了它，再加上积分环节，就可以组成三角波或锯齿波发生电路。矩形波发生电路的原理图如图 7-24(a)所示。在该图中设开关器件的输出最初（$t=0$ 时）处于高电平，经过延迟网络后的反馈信号 u_f 使 u_o 从高电平跳变成了低电平（$t=t_1$）。低电平的输出经过延迟网络后的 u_f 又使 u_o 由低电平跳变成了高电平（$t=t_2$）。如此不断地进行下去，在输出端就得到了矩形波，如图 7-24(b)所示。

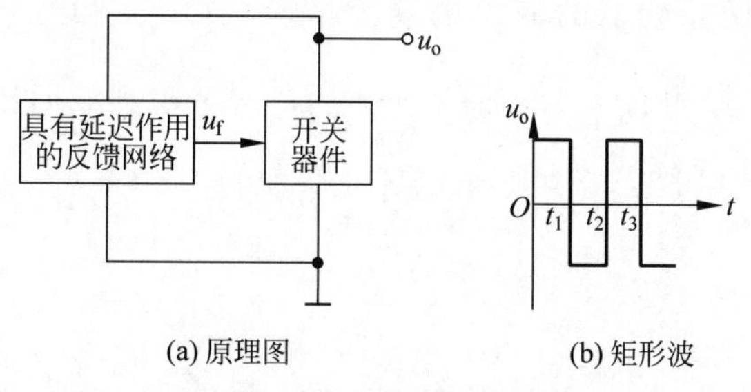

图 7-24　矩形波发生电路原理图及输出矩形波

2. 基本组成部分

从以上所述可知非正弦波发生电路应有以下几个基本组成部分：

(1) 具有开关特性的器件。它可以是电压比较器、集成模拟开关和三极管等器件。而在本节中均用电压比较器作为开关器件。

(2) 反馈网络。在非正弦波发生电路中必须设法使具有开关特性的器件能改变状态，将输出电压恰当地再反馈给具有开关特性的器件。

(3) 延迟环节。有了延迟环节，才能获得所需要的振荡频率。利用 RC 电路的充放电特性可实现延迟，也有利用器件的延迟时间实现延迟的，在有些场合延迟环节可与反馈网络合在一起。

(4) 如果要求产生三角波或锯齿波，还应加积分环节。

3. 振荡条件

非正弦波发生电路的振荡条件是：无论开关器件的输出电压为高电平或低电平，如果经过一定的延迟时间后可使开关器件的输出改变状态，便能产生周期性的振荡，否则不能振荡。

4. 分析方法

分析非正弦波发生电路能否发生振荡的基本方法如下：

(1) 检查非正弦波发生电路的组成环节是否具有作为开关的器件、反馈网络和延迟环节等。

(2) 分析它是否满足非正弦波的振荡条件。

仿真视频 7-4

7.2.2 矩形波发生电路

矩形波有两种：一种是输出电压处于高电平和低电平的时间相等，叫"方波"；另一种是输出电压处于高电平和低电平的时间不等，叫"矩形波"。下面先介绍方波发生电路，再介绍矩形波发生电路。

仿真视频 7-5

1. 方波发生电路

1) 电路结构

方波发生电路如图 7-25 所示。它以滞回比较器作为开关器件，电阻 R_1 和电容 C 组成具有延迟作用的反馈网络，电容元件 C 上的电压 u_c 就是反馈电压，稳压管起输出电压的限幅作用；R_4 是集成运放输出端的限流电阻。

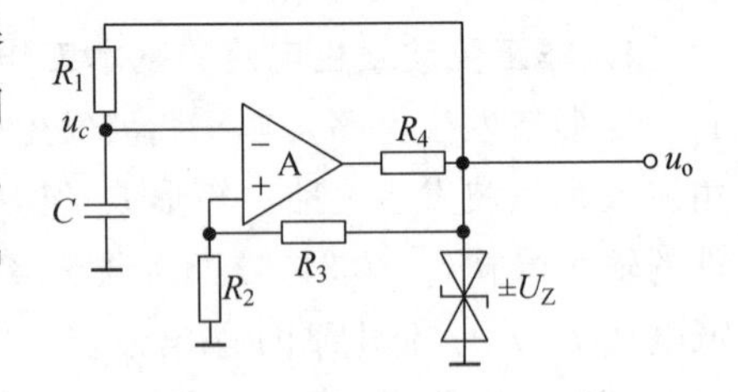

图 7-25 方波发生电路

2) 工作原理

在图 7-25 中，滞回比较器的输出电压为 $u_o=\pm U_Z$，则运放同相输入端电位 $u_+=\dfrac{R_2}{R_2+R_3}(\pm U_Z)$，考虑到滞回比较器翻转时有 $u_+\approx u_-$，所以可得滞回比较器的上、下限阈值电压分别为

$$U_{T+}=\frac{R_2}{R_2+R_3}(+U_Z) \tag{7-30}$$

$$U_{T-}=\frac{R_2}{R_2+R_3}(-U_Z) \tag{7-31}$$

假定电路刚接通电源时，比较器的输出为 $u_o=+U_Z$，$u_c=0$，则此时阈值电压为 U_{T+}，与此同时，$u_o=+U_Z$ 将通过电阻 R_1 对电容器 C 充电，使集成运放反相输入端的电位 u_c 逐渐上升。在 $u_c<U_{T+}$ 期间，输出电压 $u_o=+U_Z$ 一直不变，当 u_c 上升到略高于 U_{T+} 时，正反馈将使输出电压 u_o 迅速地由 $+U_Z$ 跳变为 $-U_Z$。

当 $u_o=-U_Z$ 时，阈值电压为 U_{T-}，此后，在 $u_o=-U_Z$ 的作用下，电容 C 放电，使 u_c 逐渐下降。在 $u_c>U_{T-}$ 期间，输出电压 $u_o=-U_Z$ 一直不变。一旦 u_c 下降到略低于 U_{T-} 时，正反馈将使输出电压 u_o 迅速地由 $-U_Z$ 跳变为 $+U_Z$，又回到初始状态。如此周而复始，在输出端将产生方波信号，而电容器两端电压 u_c 的波形近似为三角形。根据上述分析，可以画出 u_o 的波形和电容器充、放电时 u_c 的波形如图 7-26 所示。

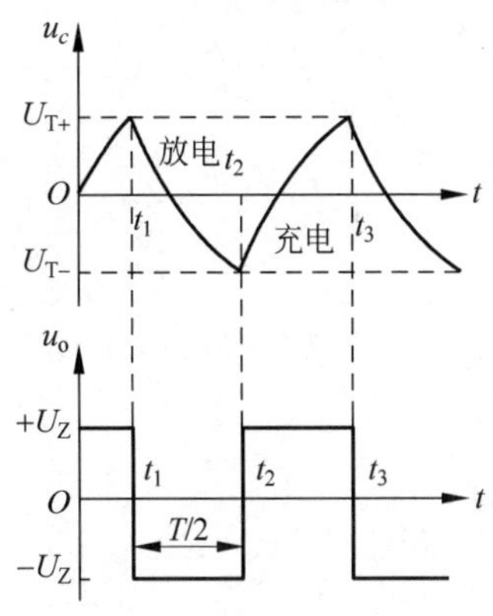

图 7-26 方波发生电路的波形图

3）振荡周期

由图 7-26 的波形可以看出，u_c 的值从 t_1 时刻的 U_{T+} 下降到 t_2 时刻的 U_{T-} 所需要的时间就是振荡周期的一半，即

$$\frac{T}{2}=t_2-t_1 \tag{7-32}$$

而 u_c 的变化规律就是简单的 RC 充放电规律，即

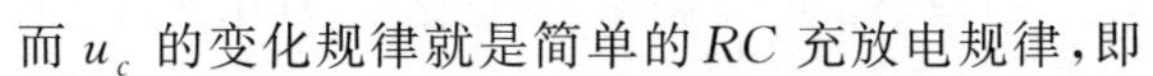

$$u_c(t)=U_c(\infty)+[U_c(0)-U_c(\infty)]\mathrm{e}^{-t/\tau} \tag{7-33}$$

其中，τ 为电容器的充、放电时间常数，即 $\tau=R_1C$；$U_c(0)$为在选定的时间起点(t_1)时，电容器 C 上的电压，即

$$U_c(0)=U_{T+}=\frac{R_2}{R_2+R_3}(+U_Z)$$

$U_c(\infty)$是 $t\to\infty$时，电容器电压的终了值，即

$$U_c(\infty)=-U_Z$$

将这些值代入式(7-33)，得

$$u_c(t)=-U_z+\left[\frac{R_2}{R_2+R_3}U_Z-(-U_z)\right]\mathrm{e}^{-\Delta t/(R_1C)} \tag{7-34}$$

其中，$\Delta t=t-t_1$，且 $t_1\leqslant t\leqslant t_2$。当 $\Delta t=\frac{T}{2}$时，$u_c=U_{T-}$，即

$$u_c=U_{T-}=-\frac{R_2}{R_2+R_3}U_Z$$

于是

$$-\frac{R_2}{R_2+R_3}U_z=-U_Z+\left(\frac{R_2}{R_2+R_3}U_z+U_z\right)\mathrm{e}^{-T/(2R_1C)}$$

解此方程可得

$$T=2R_1C\ln\left(1+\frac{2R_2}{R_3}\right) \tag{7-35}$$

由上式可见，改变 R_1、C 和$\frac{R_2}{R_3}$均能达到调节方波周期或频率的目的。由图 7-26 可知，改变

稳压管的稳压值 U_z 可以改变输出电压的幅值。

2. 矩形波发生电路

矩形波发生电路如图 7-27 所示，其与图 7-25 的方波发生电路的区别在于电容器的充、放电回路不同。充电回路为 D_1、R 和 C，放电回路为 D_2、R' 和 C，而工作原理与图 7-25 完全相似。

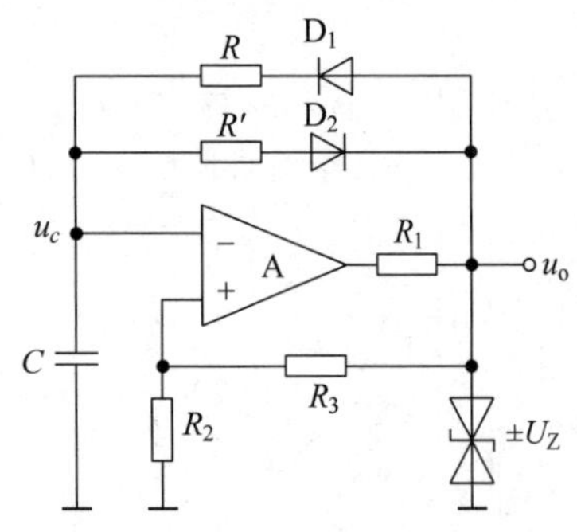

图 7-27 矩形波发生电路

若忽略二极管 D_1 和 D_2 导通时的管压降，则电容器充电的时间常数为 RC，而放电的时间常数为 $R'C$。由式(7-35)可得，输出电压处于高电平的时间(即电容器充电的时间)为

$$T_1 = RC\ln\left(1+\frac{2R_2}{R_3}\right) \tag{7-36}$$

输出电压处于低电平的时间(即电容器放电的时间)为

$$T_2 = R'C\ln\left(1+\frac{2R_2}{R_3}\right) \tag{7-37}$$

若选择 $RC \ll R'C$，则 $T_1 \ll T_2$。此时输出电压 u_o 和电容器电压 u_c 的波形如图 7-28 所示。由图可知，输出波形的周期 $T=T_1+T_2$。通常把 $q=\frac{T_1}{T}$ 叫作“占空比”。利用式(7-36)和式(7-37)可得

$$q=\frac{T_1}{T}=\frac{R}{R+R'}=\frac{1}{1+\frac{R'}{R}} \tag{7-38}$$

可见，改变 $\frac{R'}{R}$ 即可改变占空比 q。

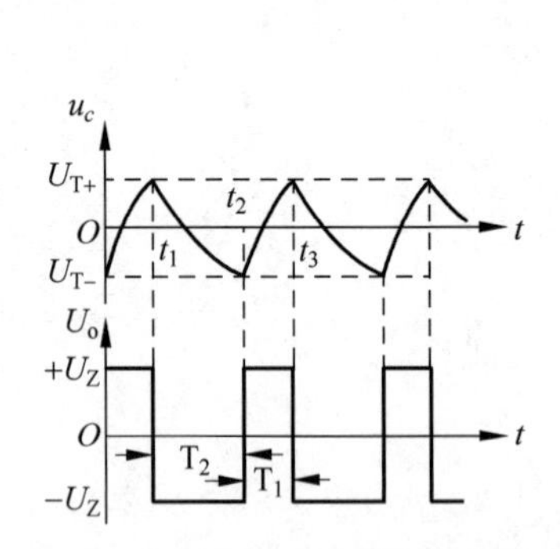

图 7-28 矩形波发生电路的波形图

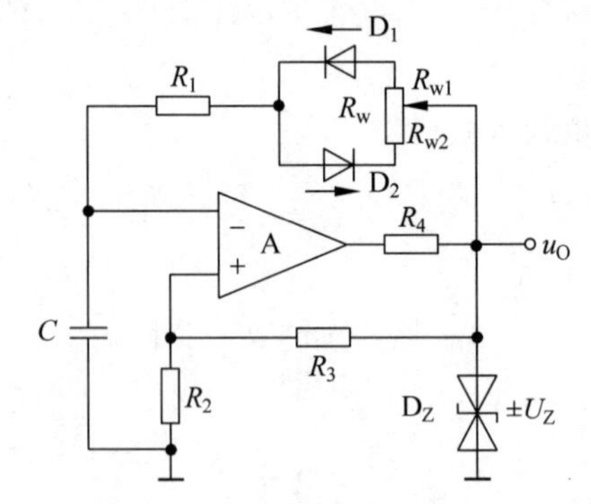

图 7-29 占空比可调的矩形波发生电路

为了能够灵活地调节占空比可以采用如图 7-29 所示电路，这里，电容器充电的时间为

$$T_1=(R_{w1}+R_1)C\ln\left(1+\frac{2R_2}{R_3}\right) \tag{7-39}$$

电容器放电的时间为

$$T_2=(R_{w2}+R_1)C\ln\left(1+\frac{2R_2}{R_3}\right) \tag{7-40}$$

输出波形的周期为

$$T = T_1 + T_2 = (R_w + 2R_1)C\ln\left(1 + \frac{2R_2}{R_3}\right) \tag{7-41}$$

由式(7-39)～式(7-41)可以看出，若改变电位器的滑动端，则可以改变占空比，但不能改变周期。若 $R_{w1} = R_{w2}$，则输出为方波，所以说，方波也是矩形波的一个特例。

【例题 7.5】 在如图 7-29 所示电路中，已知 $R_1 = 5\text{k}\Omega$，$R_2 = R_3 = 25\text{k}\Omega$，$R_w = 100\text{k}\Omega$，$C = 0.1\mu\text{F}$，$\pm U_z = \pm 8\text{V}$。试求：

(1) 输出电压的幅值和振荡频率为多少？

(2) 占空比的调节范围约为多少？

解：

(1) 输出电压为 $u_o = \pm 8\text{V}$，则振荡周期为

$$\begin{aligned} T &= T_1 + T_2 = (R_w + 2R_1)C\ln\left(1 + \frac{2R_2}{R_3}\right) \\ &= \left[(100 + 10)\times 10^3 \times 0.1 \times 10^{-6}\ln\left(1 + \frac{2\times 25\times 10^3}{25\times 10^3}\right)\right]\text{s} \\ &\approx 12.1 \times 10^{-3}\text{s} \\ &= 12.1\text{ms} \end{aligned}$$

振荡频率为

$$f = \frac{1}{T} = 83\text{Hz}$$

(2) $T_1 = (R_{w1} + R_1)C\ln\left(1 + \frac{2R_2}{R_3}\right)$

其中，$R_{w1} = 0 \sim 100\text{k}\Omega$，所以 T_1 的最小值为

$$T_{1\min} = \left[5\times 10^3 \times 0.1\times 10^{-6}\ln\left(1 + \frac{2\times 25\times 10^3}{25\times 10^3}\right)\right]\text{s} \approx 0.55\times 10^{-3}\text{s} = 0.55\text{ms}$$

占空比为

$$q = \frac{T_1}{T} = \frac{0.55}{12.1} = 0.045$$

T_1 的最大值为

$$\begin{aligned} T_{1\max} &= \left[(5 + 100)\times 10^3 \times 0.1\times 10^{-6}\ln\left(1 + \frac{2\times 25\times 10^3}{25\times 10^3}\right)\right]\text{s} \\ &\approx 11.5\times 10^{-3}\text{s} = 11.5\text{ms} \end{aligned}$$

占空比为

$$q = \frac{T_1}{T} = \frac{11.5}{12.1} = 0.95$$

所以，占空比的范围为 0.045～0.95。

仿真视频 7-6

7.2.3　三角波发生电路

1. 电路的组成

已经知道，积分电路可以将方波变换为线性度比较好的三角波。因此在方波发生电路

中，只要将方波电压作为积分运算电路的输入，在积分运算电路的输出就得到三角波电压，电路图如图 7-30(a)所示。当方波发生电路的输出电压 $u_{o1}=+U_z$ 时，积分运算电路的输出电压 u_o 将线性下降；当 $u_{o1}=-U_z$ 时，u_o 将线性上升。波形如图 7-30(b)所示。

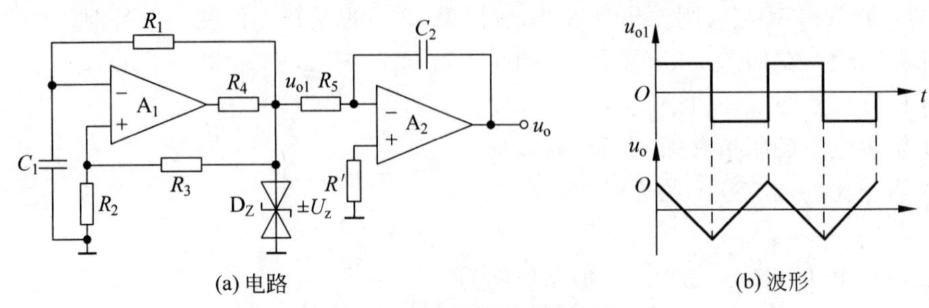

(a) 电路　　(b) 波形

图 7-30　采用波形变换方法

在实用电路中，一般不采用上述波形变换的手段获得三角波，而是将方波发生电路中的 RC 充、放电回路用积分运算电路来取代，滞回比较器和积分电路的输出互为另一个电路的输入，如图 7-31 所示。图中，运放 A_1 构成了同相输入的滞回比较器，运放 A_2 构成了积分电路。比较器的输出 u_{o1} 经电阻 R_4 后作为积分电路的输入信号，而积分电路的输出信号 u_o 又反馈回去作为滞回比较器的输入信号，它们共同构成闭合环路。

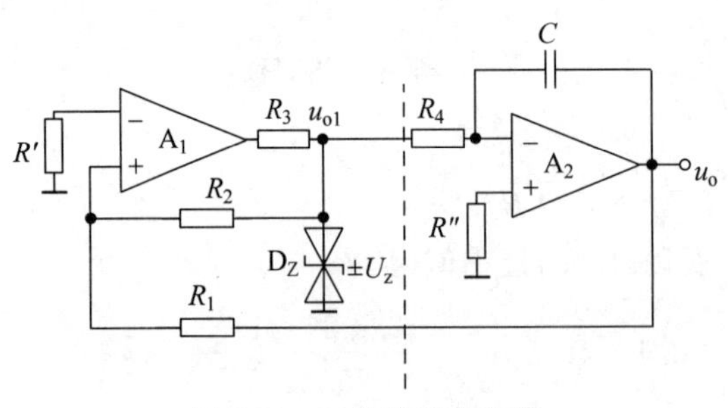

图 7-31　三角波发生电路

2. 工作原理

分析三角波发生电路的工作原理，关键是分析积分电路的输出如何使滞回比较器的输出电平发生跳变。图 7-31 中，滞回比较器的输出电压 $u_{o1}=\pm U_z$，它的输入电压是积分电路的输出电压 u_o，根据叠加定理，运放 A_1 的同相端电位 u_+ 为

$$u_+=\frac{R_1}{R_1+R_2}u_{o1}+\frac{R_2}{R_1+R_2}u_o \tag{7-42}$$

考虑到电路翻转时，有 $u_+\approx u_-=0$，则

$$u_o=-\frac{R_1}{R_2}u_{o1} \tag{7-43}$$

将 $u_{o1}=\pm U_z$ 代入式(7-43)，可以分别求出上、下限阈值电压为

$$U_{T+}=\frac{R_1}{R_2}U_z \tag{7-44}$$

$$U_{T-}=-\frac{R_1}{R_2}U_z \tag{7-45}$$

假定接通电源后，即 $t=0$ 时，滞回比较器的输出 $u_{o1}=+U_z$，则阈值电压为 U_{T-}，积分电容上的初始电压为0，也就是 $u_o=0$。u_{o1} 经 R_4 向电容器 C 充电，u_o 线性下降，当 u_o 下降到下限阈值电压 U_{T-} 时，滞回比较器的输出 u_{o1} 从 $+U_z$ 跳变到 $-U_z$，同时，阈值电压上跳到 U_{T+}，以后 $u_{o1}=-U_z$ 使电容器 C 经 R_4 放电，u_o 线性上升，当 u_o 上升到上限阈值电压 U_{T+} 时，滞回比较器的输出 u_{o1} 又从 $-U_z$ 跳变到 $+U_z$，如此周而复始，就产生了振荡。

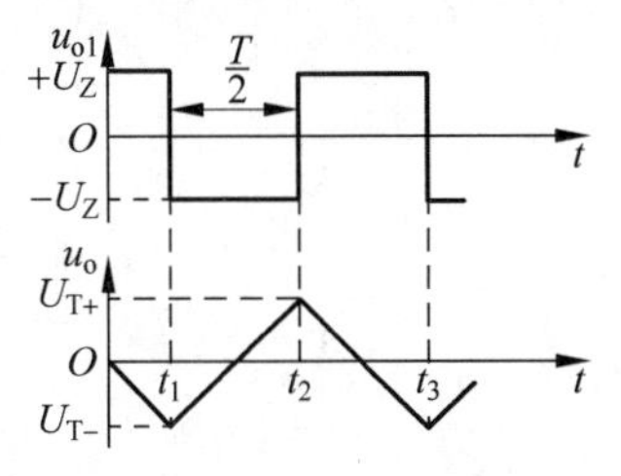

图 7-32 三角波-方波发生电路的波形图

由以上分析可知，u_o 是三角波，幅值为 U_T；u_{o1} 是方波，幅值为 U_z。波形图如图 7-32 所示。因此，也称图 7-31 所示电路为三角波-方波发生电路。由于积分电路引入了深度电压负反馈，所以在负载电阻相当大的变化范围里，三角波电压几乎不变。

3. 振荡周期

由于积分电路的输入电压是滞回比较器的输出电压 u_{o1}，所以积分电路的输出电压表达式为

$$u_o=-\frac{1}{R_4C}u_{o1}(t_2-t_1)+u_o(t_1) \tag{7-46}$$

根据图 7-32 所示波形可知，正向积分的起始值为 U_{T-}，终了值为 U_{T+}，积分时间为 $\frac{T}{2}$，将它们代入式(7-46)，得

$$U_{T+}=\frac{U_zT}{2R_4C}+U_{T-} \tag{7-47}$$

将式(7-44)和式(7-45)代入式(7-47)，整理后可得振荡周期为

$$T=\frac{4R_1R_4C}{R_2} \tag{7-48}$$

振荡频率为

$$f=\frac{R_2}{4R_1R_4C} \tag{7-49}$$

调节电路中 R_1、R_2、R_4 和 C 的数值，可以改变振荡周期和振荡频率，而调节 R_1 和 R_2 的阻值以及稳压管的 U_z，可以改变三角波的幅值。

7.2.4 锯齿波发生电路

仿真视频 7-7

1. 电路结构

在如图 7-31 所示的电路中，如果电容器 C 的充、放电时间常数不等，则可使积分电路的输出为锯齿波，滞回比较器的输出为矩形波。如图 7-33 所示的电路即可实现此功能。图 7-33 中利用二极管的单向导电性使积分电路的充电时间常数和放电时间常数不同，R_4 的阻值远远小于 R_w。

2. 工作原理

该电路的分析过程与三角波发生电路的分析相似，只不过是积分电路的充、放电回路不同。当比较器的输出电压为 $u_{o1}=+U_z$ 时，u_{o1} 经 R_4、D_1 和 R'_w 向 C 充电，时间常

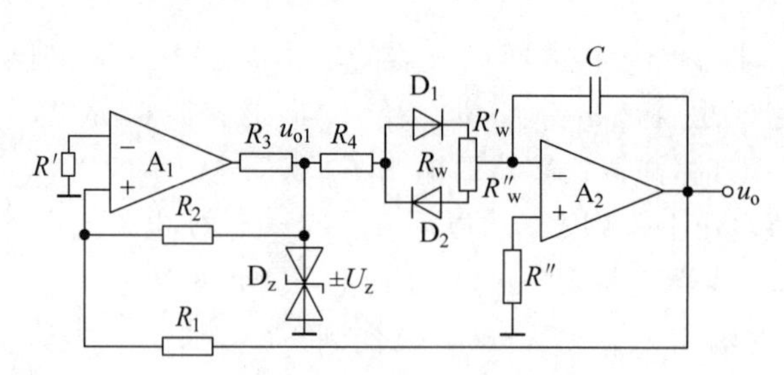

图 7-33　锯齿波发生电路

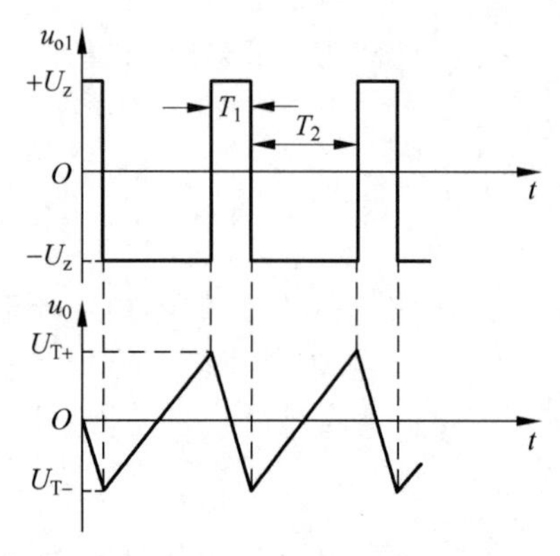

图 7-34　锯齿波发生电路的波形图

数为$(R_4+R'_w)C$（设二极管的内阻可忽略不计）。当比较器的输出电压为$u_{o1}=-U_z$时，u_{o1}经R_4、D_2和R''_w对C放电，时间常数为$(R_4+R''_w)C$。若选取$R'_w \ll R''_w$，则积分电路的输出波形的上升速率小于下降速率，其波形如图7-34所示。

3. 振荡周期

根据三角波发生电路振荡周期的计算方法，利用积分电路的输出电压计算公式可计算出锯齿波的下降时间为

$$T_1=2\frac{R_1}{R_2}(R_4+R'_w)C \tag{7-50}$$

锯齿波的上升时间为

$$T_2=2\frac{R_1}{R_2}(R_4+R''_w)C \tag{7-51}$$

所以，振荡周期为

$$T=2\frac{R_1}{R_2}(2R_4+R_w)C \tag{7-52}$$

根据T_1和T的表达式，可得u_{o1}的占空比为

$$q=\frac{T_1}{T}=\frac{R_4+R'_w}{2R_4+R_w} \tag{7-53}$$

调整R_1和R_2的阻值以及稳压管的U_z可以改变锯齿波的幅值；调整R_1、R_2、R_4、R_w和C的数值，可以改变振荡周期；调整电位器滑动端的位置，可以改变u_{o1}的占空比，以及锯齿波的上升和下降的斜率。

小结

波形发生电路是一种不需要外加输入信号而能自行振荡产生一定频率和幅度的信号波形的电路。

用来产生正弦波的电路称为正弦波振荡电路。正弦波振荡电路由放大电路、选频网络、反馈网络和稳幅环节四部分组成。正弦波振荡电路等幅振荡的幅值平衡条件为$|\dot{A}\dot{F}|=1$，相位平衡条件为$\varphi_A+\varphi_F=\pm 2n\pi(n=0,1,2,\cdots)$，即电路接成正反馈，起振条件为$|\dot{A}\dot{F}|>$

1。在分析电路是否可能产生正弦波振荡时，应首先观察电路是否包含这四个组成部分，并检查放大电路能否正常放大，然后利用瞬时极性法判断电路是否满足相位平衡条件，必要时再判断电路是否满足幅值平衡条件。

按选频网络所用元器件的不同，正弦波振荡电路可分为RC正弦波振荡电路，LC正弦波振荡电路和石英晶体正弦波振荡电路。

常用的RC正弦波振荡电路又分为RC串并联式振荡电路和移相式振荡电路。RC串并联式振荡电路的串并联网络在信号频率为$\omega=\omega_0=\frac{1}{RC}$或$f=f_0=\frac{1}{2\pi RC}$时，$|\dot{F}|_{\max}=\frac{1}{3}$，$\varphi_F=0°$，起振条件是$|\dot{A}_u|>3$。RC移相式正弦波振荡电路，至少需要三阶超前(或滞后)RC相移电路，才能使$\varphi_F=\pi$，且当电路满足振荡条件时，振荡频率为$\omega_0=\frac{1}{RC\sqrt{6}}$或$f_0=\frac{1}{2\pi RC\sqrt{6}}$。RC移相式正弦波振荡电路的选频特性较差，且输出波形失真较严重，只能用在对波形失真要求不高的场合。RC正弦波振荡电路的振荡频率比较低，一般不超过1MHz。

LC正弦波振荡电路分为变压器反馈式振荡电路、电感三点式振荡电路和电容三点式振荡电路。它们的振荡频率f_0由LC谐振回路决定，当谐振回路的品质因数$Q\gg1$时，LC正弦波振荡电路的振荡频率为$f_0=\frac{1}{2\pi\sqrt{LC}}$，其中$L$和$C$依电路形式的不同而不同。LC正弦波振荡电路的振荡频率较高，可以产生1000MHz以上的正弦波信号。

石英晶体振荡电路相当于一个高Q值的LC电路，且频率非常稳定。当石英晶体工作在$\omega_S\sim\omega_P$频带内时呈感性，则石英晶体可作为电容三点式振荡电路中的电感。当石英晶体工作在频率ω_S时，呈纯阻性，以石英晶体作为反馈网络和选频网络，可构成串联型石英晶体振荡电路，振荡频率为石英晶体的串联谐振频率ω_S。

用来产生方波、三角波和锯齿波等的电路统称为非正弦波发生电路。非正弦波发生电路由滞回比较器和RC延迟电路组成，主要参数是振荡幅值和振荡频率，由于滞回比较器引入了正反馈，从而加速了输出电压的变化；延迟电路使比较器输出电压周期性地从高电平跃变为低电平，再从低电平跃变为高电平，而不停留在某一状态，从而使电路产生自激振荡。若改变方波发生电路的充、放电时间常数，则可构成占空比可调的矩形波发生电路。若改变三角波发生电路的充、放电时间常数，使它们相差悬殊，便可得到锯齿波发生电路。

习题

1. 填空题

(1) 当放大电路满足正反馈和一定条件时，其输入端不外加输入信号，在输出端却有一定频率和幅度的信号产生，这种现象称为________。

(2) 正弦波振荡电路能维持等幅振荡的幅值平衡条件是________，相位平衡条件是________，起振条件是________。

(3) 从组成上看正弦波振荡电路一般应包括________、________、________和________四部分。

(4) 在RC桥式正弦波振荡电路中,RC串并联电路既是________电路,又是________电路。

(5) RC正弦波振荡电路和LC正弦波振荡电路都是由________决定振荡频率。

(6) 产生低频正弦波一般选用________正弦波振荡电路,产生高频正弦波一般选用________正弦波振荡电路,产生频率稳定度很高的正弦波一般选用________正弦波振荡电路。

(7) 当信号频率 $f=f_0=\frac{1}{2\pi RC}$ 时,RC串并联电路呈________性。

(8) LC并联电路在谐振时呈________性,其谐振频率 f_0 为________。

(9) 根据石英晶体的阻抗频率特性,当 $f=f_s$ 时,石英晶体呈________性,当 $f_s<f<f_p$ 时,石英晶体呈________性,其余情况下石英晶体呈________性。

(10) 在串联型石英晶体振荡电路中,晶体等效为________,在并联型石英晶体振荡电路中,晶体等效为________。

2. 选择题

(1) 正弦波振荡电路能维持等幅振荡的幅值平衡条件是( )。

A. $|\dot{A}\dot{F}|=1$ B. $|1+\dot{A}\dot{F}|=1$ C. $|1+\dot{A}\dot{F}|=0$

(2) 正弦波振荡电路应满足的相位平衡条件是( )。

A. $\varphi_A+\varphi_F=\pm(2n+1)\pi(n=0,1,2,\cdots)$

B. $\varphi_A+\varphi_F=\pm n\pi(n=0,1,2,\cdots)$

C. $\varphi_A+\varphi_F=\pm 2n\pi(n=0,1,2,\cdots)$

(3) 某仪器设备要求正弦波振荡电路的频率为10kHz~20MHz,则应选择( )。

A. RC正弦波振荡电路 B. LC正弦波振荡电路

C. 石英晶体振荡电路

(4) 在如图7-3所示的电路中,设运放为理想器件,其最大输出电压为±12V,R_F 和 R' 取值合适,$R=150\text{k}\Omega$,$C=0.15\mu\text{F}$。当 R_F 不慎断开时,其输出电压的波形为( )。

A. 幅值为12V的正弦波 B. 近似为方波,其峰-峰值为24V

C. 幅值为0V

(5) 在如图7-3所示的电路中,若要提高振荡频率,可以( )。

A. 增大 R B. 减小 C C. 增大 R_F

(6) 在如图7-3所示的电路中,若输出波形失真,应该( )。

A. 减小 R_F B. 增大 R_F C. 增大 R'

(7) 在RC桥式正弦波振荡电路中,RC串并联电路的作用是( )。

A. 选频 B. 引入正反馈 C. 选频和引入正反馈

(8) 如图P7-2(8)所示电路,下列选项中正确的是( )。

A. 将变压器副边线圈的同名端标注在上端,就能振荡

B. 将变压器副边线圈的同名端标注在下端,就能振荡

C. 将变压器副边线圈的同名端标注在下端,可能振荡

3. 试用相位平衡条件和幅度平衡条件判断图P7-3中各电路是否可能产生正弦波振荡,简述理由。

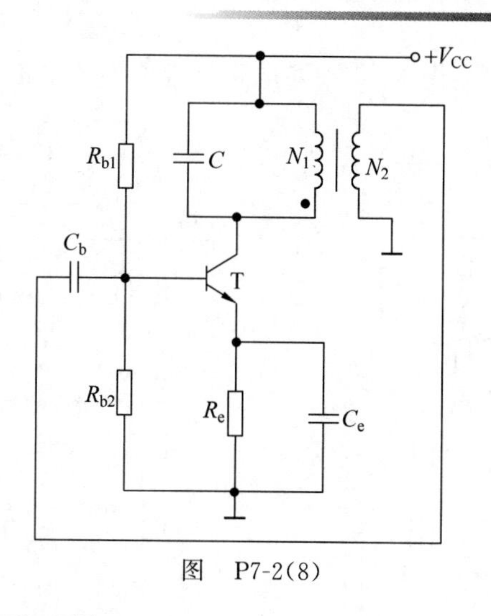

图　P7-2(8)

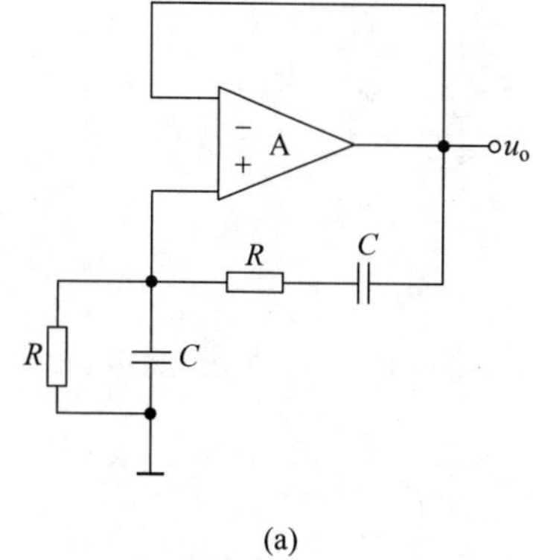

(a)

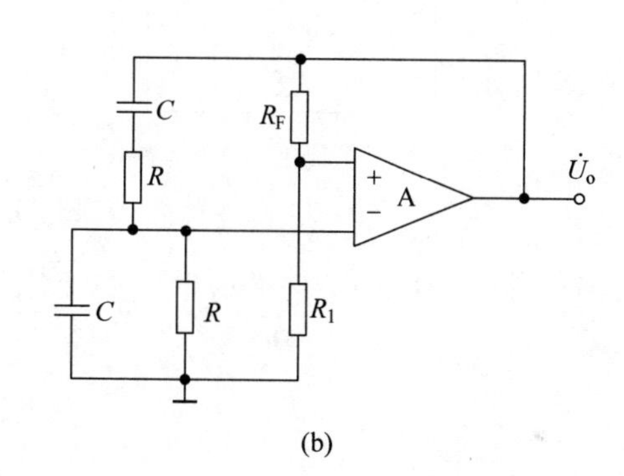

(b)

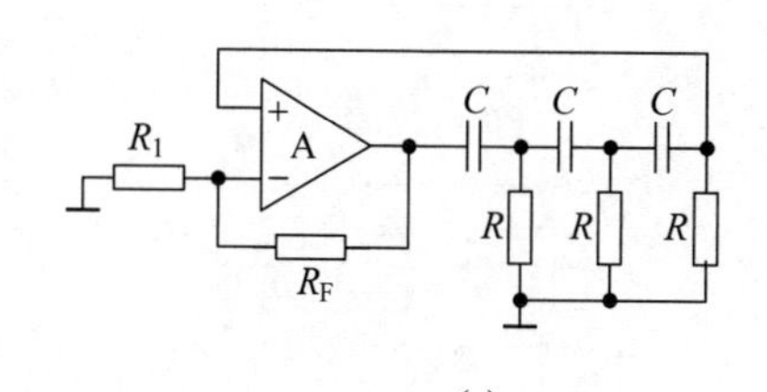

(c)

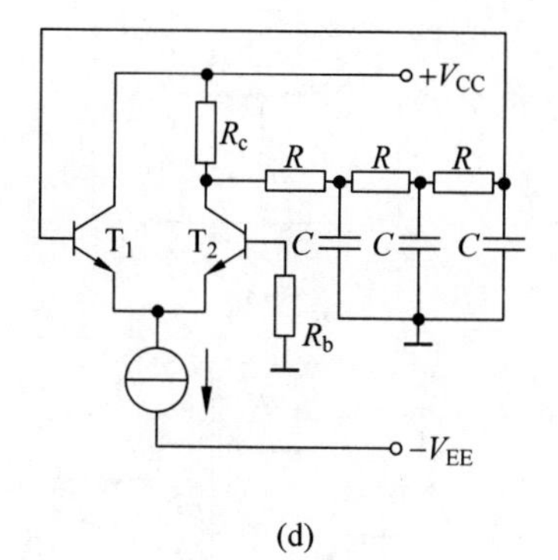

(d)

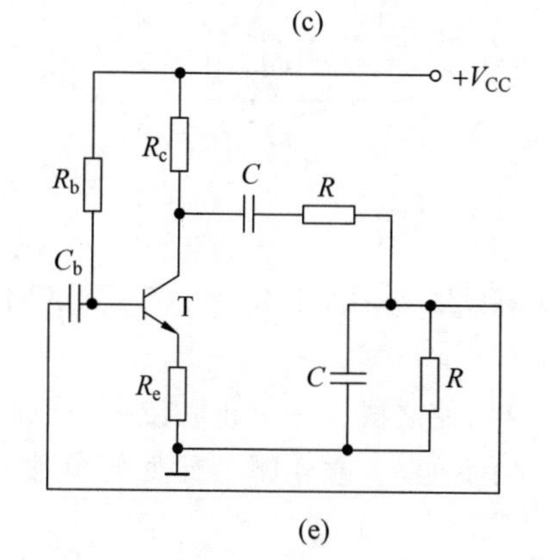

(e)

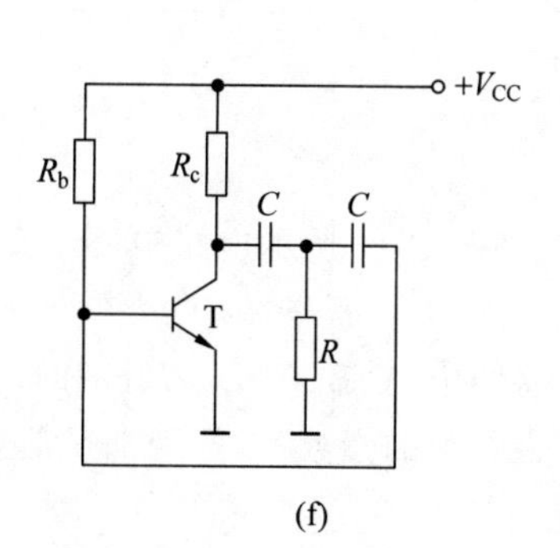

(f)

图　P7-3

4. 试用相位平衡条件判断图 P7-4 中各电路是否可能产生正弦波振荡，并简述理由。

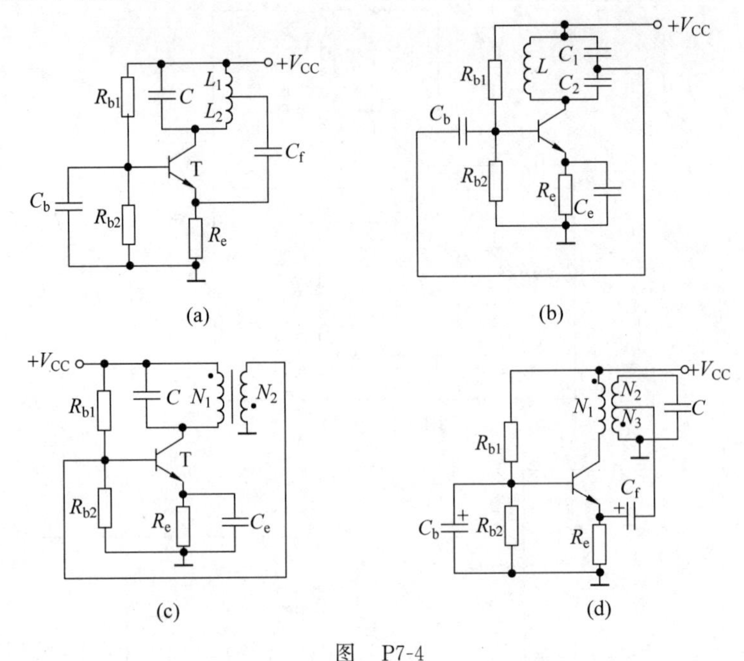

图 P7-4

5. 分别标出如图 P7-5 所示电路中变压器的同名端，使之满足正弦波振荡的相位条件。

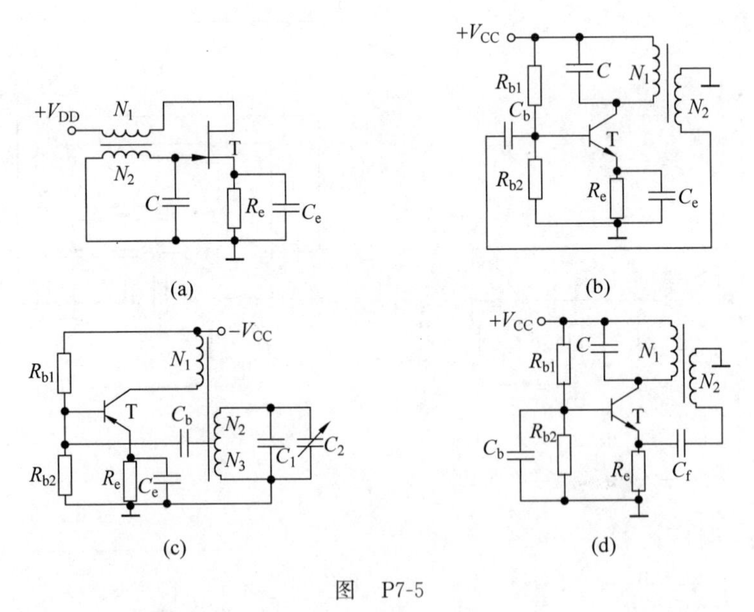

图 P7-5

6. 在如图 P7-6 所示电路中，$R=5\text{k}\Omega$，$R_1=30\text{k}\Omega$，$R_2=20\text{k}\Omega$，$C=0.01\mu\text{F}$，试回答下列问题：

(1) 将图中 A、B、C、D、E、F 和 G 各点正确连接，使之成为一个正弦波振荡电路。

(2) 在所给的参数下，能否满足起振条件？如果不能，应改变哪个元件的参数，数值是多少？

(3) 起振以后，振荡频率 f_0 是多少？

(4) 如果希望提高振荡频率 f_0，可以改变哪些参数，增大还是减小？

(5) 如果要求改善输出波形，减小非线性失真，应调整哪个元件的参数，如何调整？

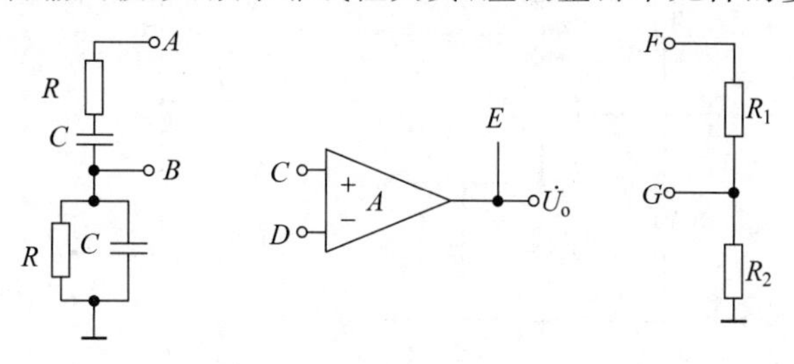

图　P7-6

7. 如图 P7-7 所示为 RC 串并联式正弦波振荡电路，其中 $R_1=10\text{k}\Omega$，$C=0.022\mu\text{F}$。若希望产生频率为 2kHz 的正弦波，试估算电阻 R 和 R_F 的阻值。

8. 在如图 P7-8 所示的桥式 RC 正弦波振荡电路中，已知 $R_F=10\text{k}\Omega$，双联可变电容器的可调范围是 $3\sim30\mu\text{F}$。要求电路正弦波输出电压 u_o 的频率为 $0.1\sim1\text{kHz}$。

(1) R 应如何选择？

(2) 具有正温度系数的热敏电阻 R_1 应如何选择？

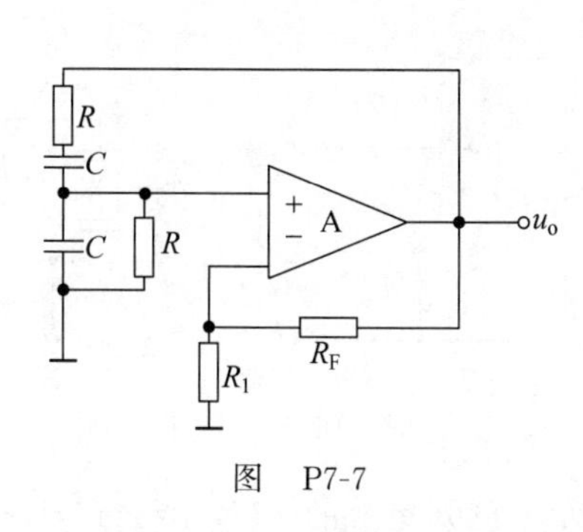

图　P7-7

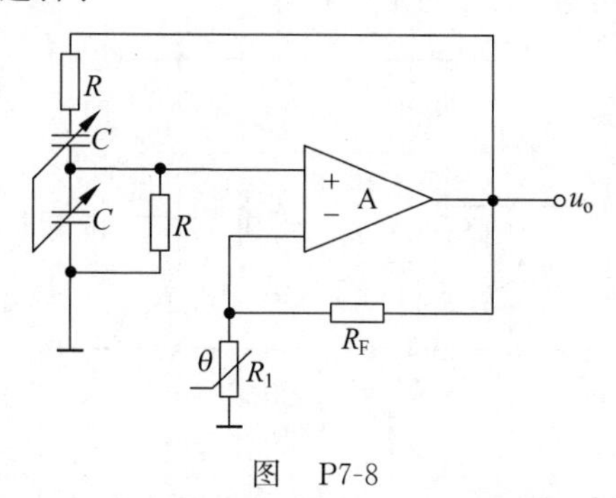

图　P7-8

9. 电感三点式正弦波振荡电路如图 P7-9 所示，其中 $C_b=C_e=0.01\mu\text{F}$，$C=300\text{pF}$，$L_1=2\text{mH}$，$L_2=3\text{mH}$，互感 $M=0.5\text{mH}$。

(1) 用瞬时极性法在图 P7-9 中有关位置标明极性，说明电路满足振荡的相位条件。

(2) 估算电路的振荡频率 f_0。

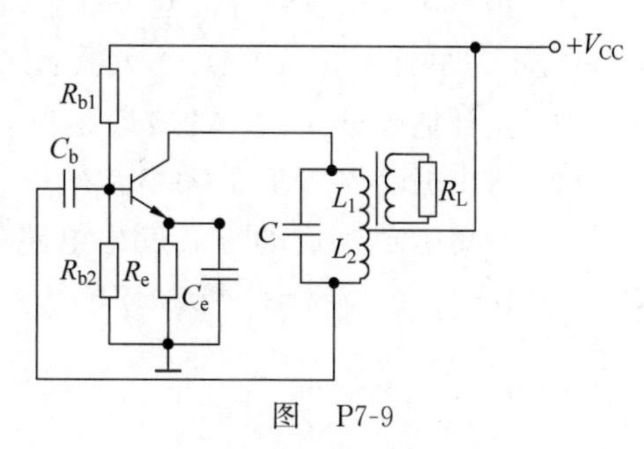

图　P7-9

10. 电路如图 P7-10 所示，其中 $C_1=C_2=200\text{pF}$，$L=0.2\text{mH}$。

(1) 将图中 A、B、C、D、E、F 六点正确地连接起来，使之成为正弦波振荡电路。

(2) 估算振荡频率 f_0。

11. 石英晶体正弦波振荡电路如图 P7-11 所示，完成下列问题。

(1) E、F、G 三点应如何连接，才能使电路产生正弦波振荡？

(2) 电路属于并联型还是串联型石英晶体振荡电路？

(3) 当产生振荡时，石英晶体工作在谐振频率 f_s 还是 f_p？此时石英晶体在电路中等

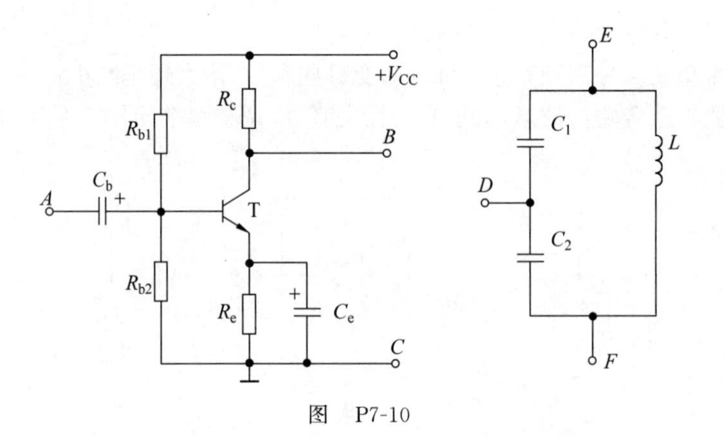

图　P7-10

效为电感、电容还是电阻？

12. 石英晶体正弦波振荡电路如图 P7-12 所示，完成下列问题。

(1) H、J、K、M、N、P、Q 各点应如何连接，才能使电路产生正弦波振荡？

(2) 电路属于并联型还是串联型石英晶体振荡电路？

(3) 当产生振荡时，石英晶体工作在谐振频率 f_s 还是 f_p？此时石英晶体在电路中等效为电感、电容还是电阻？

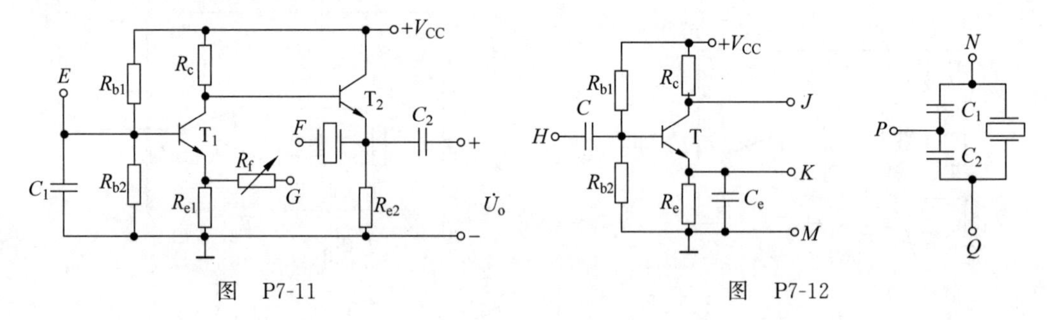

图　P7-11　　　图　P7-12

13. 理想运放组成的方波发生电路如图 P7-13 所示。已知运放的 $\pm U_{om}=\pm 15\text{V}$，$R_1=2.5\text{k}\Omega$，$R_2=3\text{k}\Omega$，$R_3=12\text{k}\Omega$，$C=0.02\mu\text{F}$。

(1) 定性地画出 u_c、u_o 的波形。

(2) 求出振荡周期 T 的大小。

14. 理想运放组成的方波发生电路如图 P7-14 所示。已知 $\pm U_z=\pm 6\text{V}$，$R_2=10\text{k}\Omega$，$R_3=20\text{k}\Omega$，$R_1=6.7\text{k}\Omega$，$C=0.01\mu\text{F}$。

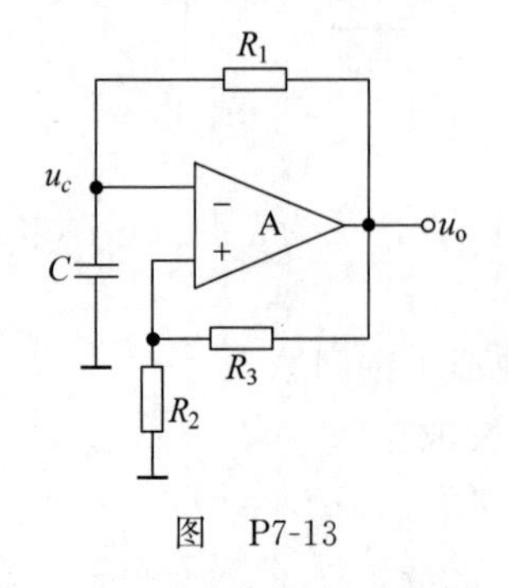

图　P7-13

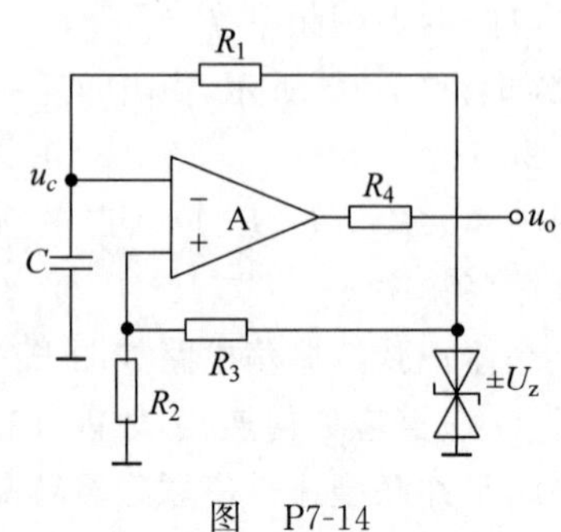

图　P7-14

(1) 求电路的振荡周期 T。

(2) 画出 u_c、u_o 的波形,并标出有关参数值。

15. 占空比可调的矩形波电路如图 P7-15 所示,二极管导通电阻不计。

(1) 写出电路振荡周期 T 的表达式。

(2) 写出占空比 q 的表达式。

(3) 在 $R=5\text{k}\Omega$,$R_w=2\text{k}\Omega$ 的情况下,求电路占空比的调节范围。

16. 方波-三角波发生电路如图 P7-16 所示。

(1) 运放 A_1、A_2 各组成何种功能电路?

(2) 输出 u_o 为何值时切换运放 A_1 的输出状态?

(3) 定性地画出 u_o、u_{o1} 的波形。

(4) 写出电路振荡周期 T 的表达式。

(5) 若 $R=15\text{k}\Omega$,$C=0.033\mu\text{F}$,$R_1=20\text{k}\Omega$,$R_2=12\text{k}\Omega$,$U_Z=6\text{V}$,运放输出最大值 $\pm U_{om}=\pm 12\text{V}$,求 T 值。

17. 方波-三角波发生电路如图 P7-16 所示。

(1) 怎样对电路进行调频和调幅?

(2) 当 $\pm U_Z$ 取值为 $\pm 7\text{V}$,要求输出 $\pm U_{om}=\pm 8\text{V}$,应调整什么参数?具体数值应为多少?

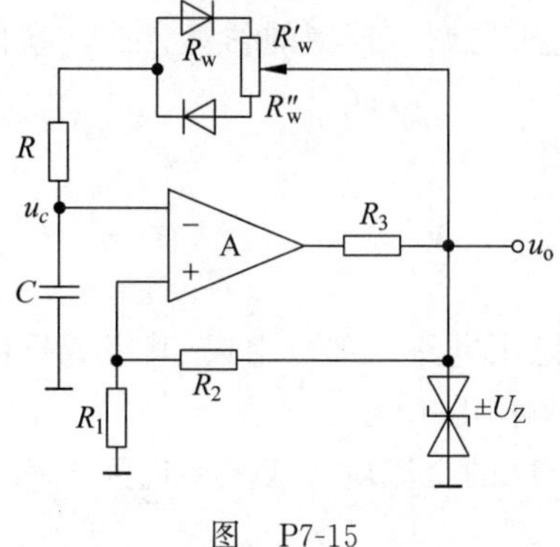

图　P7-15

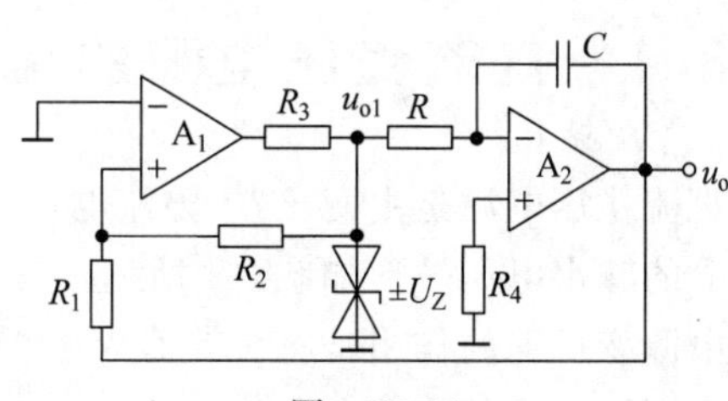

图　P7-16

(3) 在第(2)小题条件下,要求电路振荡频率为 1kHz,有关元件参数应怎样确定,具体值为多大?设电容 $C=0.022\mu\text{F}$。

18. 波形发生电路如图 P7-18 所示。

(1) 说明电路的组成部分及其作用。

(2) 若二极管导通电阻忽略不计,$R_1/R_2=0.6$,$R_4/R_5=5$,定性画出 u_{o1}、u_o 的波形。

(3) 写出电路振荡周期 T 的表达式。

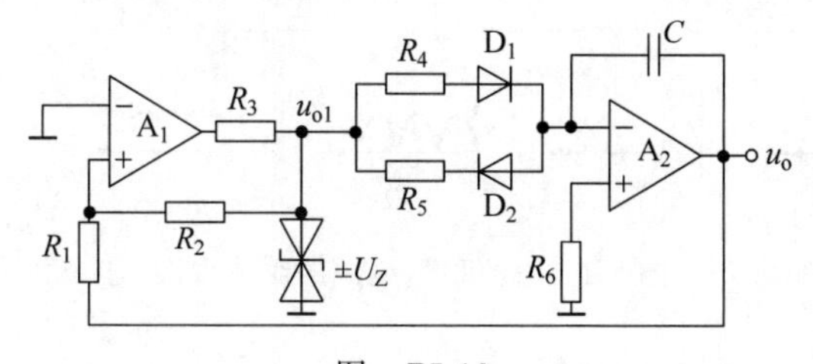

图　P7-18

第8章 直流稳压电源

CHAPTER 8

教学提示：大多数电子电路、电子设备和自控装置等都需要用直流稳压电源供电。直流稳压电源的作用就是将有效值为220V、频率为50Hz的交流电转换为输出幅值稳定的直流电。

教学要求：掌握直流稳压电源的组成和各部分的作用。理解单相半波整流电路的工作原理和输出电压$U_{O(AV)}$与变压器二次侧电压U_2的关系。掌握单相桥式整流电路的工作原理和主要参数的计算。了解电容滤波电路的工作原理和特点，掌握主要参数的计算。正确理解串联型直流稳压电路的组成、稳压原理以及输出电压的调节范围的估算方法。掌握三端集成稳压器的使用方法。

8.1 直流稳压电源的组成

直流稳压电源是由变压器、整流电路、滤波电路和稳压电路四部分组成，其组成框图及各部分的输出电压波形如图8-1所示。各个组成部分的作用如下。

电源变压器的作用是将有效值为220V、频率为50Hz的交流电变成频率仍为50Hz，幅度符合所需大小的交流电。

整流电路的作用是利用二极管的单向导电性，将正负交替的正弦交流电压整流成为单方向脉动的直流电压。

滤波电路的作用是利用电容、电感等储能元件，滤除整流之后的脉动电压中的脉动成分，使之成为比较平滑的直流电压。

稳压电路的作用是使输出的直流电压在电网电压或负载电流发生变化时保持稳定。

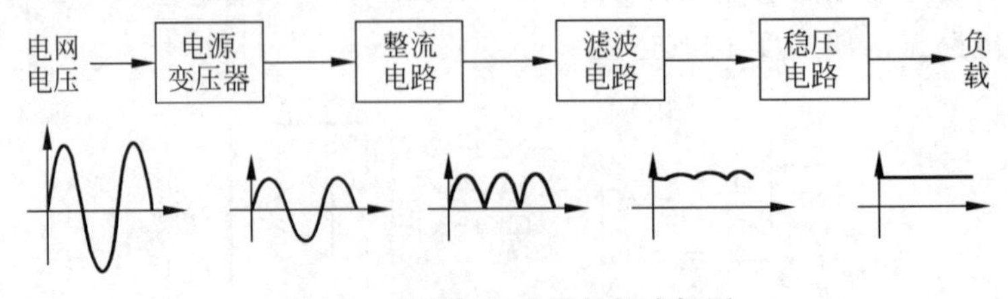

图8-1 直流稳压电源的组成框图

8.2　单相整流电路

在小功率直流电源中，主要采用单相整流电路。最常用的单相整流电路主要有单相半波整流电路和单相桥式整流电路。

8.2.1　单相半波整流电路

仿真视频 8-1

1. 电路组成

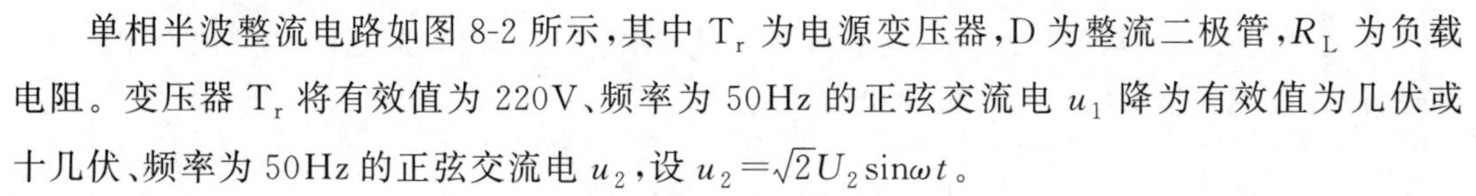

单相半波整流电路如图 8-2 所示，其中 T_r 为电源变压器，D 为整流二极管，R_L 为负载电阻。变压器 T_r 将有效值为 220V、频率为 50Hz 的正弦交流电 u_1 降为有效值为几伏或十几伏、频率为 50Hz 的正弦交流电 u_2，设 $u_2=\sqrt{2}U_2\sin\omega t$。

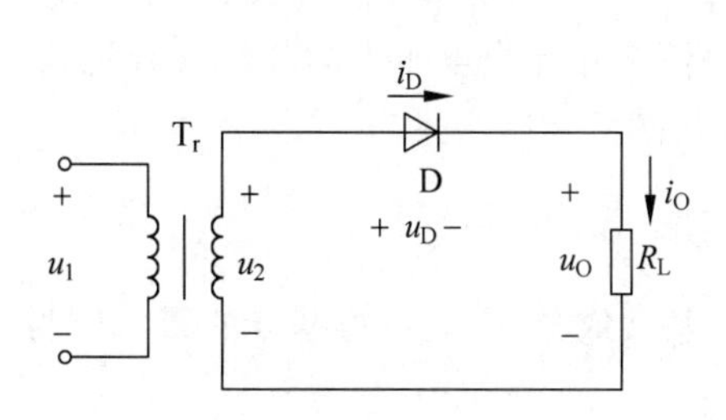

图 8-2　单相半波整流电路

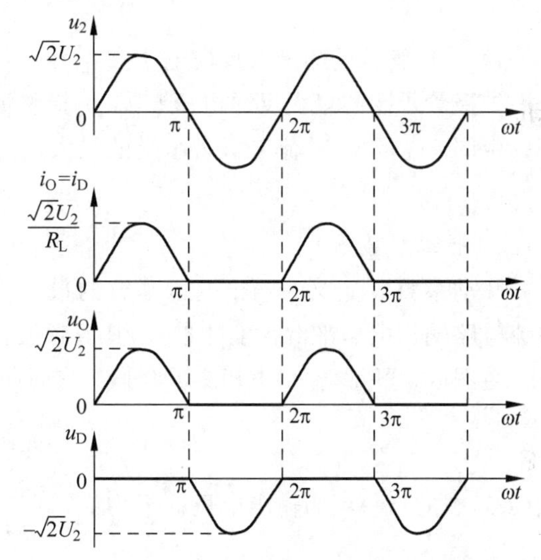

图 8-3　单相半波整流电路的工作波形

2. 工作原理

假设二极管为理想二极管。因为二极管具有单向导电性，所以在 u_2 的正半周，二极管导通，电流经二极管流向负载，在负载 R_L 上得到一个极性为上正下负的电压。在此期间，$u_D=0, u_O=u_2, i_O=i_D=\frac{u_O}{R_L}$。在 u_2 的负半周，二极管截止，电流为零，负载上的电压为零。在此期间，$u_D=u_2, u_O=0, i_O=i_D=0$。其工作波形如图 8-3 所示。

由图 8-3 可见，利用二极管的单向导电性，可使变压器二次侧正弦交流电压变换为负载两端的单向脉动的直流电压，达到了整流的目的。因为电路只在正弦交流电压的半个周期内才有电流流过负载，所以称为单相半波整流。

3. 主要参数的计算

1）输出电压的平均值 $U_{O(AV)}$

输出电压的平均值 $U_{O(AV)}$ 是指输出电压 u_O 在一个周期内的平均值。由图 8-3 可见，在半波整流电路中，有

$$U_{O(AV)}=\frac{1}{2\pi}\int_0^{\pi}\sqrt{2}U_2\sin\omega t\,d(\omega t)=\frac{\sqrt{2}U_2}{\pi}=0.45U_2 \tag{8-1}$$

2）输出电流的平均值 $I_{O(AV)}$

输出电流的平均值 $I_{O(AV)}$ 是指输出电流 i_O 在一个周期内的平均值。由图 8-2 可知，其平均值为

$$I_{O(AV)}=\frac{U_{O(AV)}}{R_L}=0.45\frac{U_2}{R_L} \tag{8-2}$$

3）二极管的正向平均电流 $I_{D(AV)}$

二极管的正向平均电流 $I_{D(AV)}$ 是指在一个周期内流过二极管的电流平均值。由图 8-3 可见，流过整流二极管的电流与输出电流相等，即

$$I_{D(AV)}=I_{O(AV)}=0.45\frac{U_2}{R_L} \tag{8-3}$$

4）二极管承受的最大反向电压 U_{RM}

二极管承受的最大反向电压 U_{RM} 是指整流二极管在截止时，它两端出现的最大反向电压。由图 8-3 可见，整流二极管承受的最大反向电压就是变压器二次侧电压的最大值，即

$$U_{RM}=\sqrt{2}U_2 \tag{8-4}$$

5）脉动系数 S

脉动系数 S 定义为输出电压基波的最大值 U_{O1m} 与其平均值 $U_{O(AV)}$ 之比。用于衡量整流电路输出电压平滑程度的参数，其值越大，说明整流电路输出电压中的脉动成分越大。

由图 8-3 可见，输出电压 u_O 为非正弦周期信号，其傅里叶展开式为

$$u_O=\sqrt{2}U_2\left(\frac{1}{\pi}+\frac{1}{2}\sin\omega t-\frac{2}{3}\cos\omega t+\cdots\right) \tag{8-5}$$

式(8-5)中的第一项为输出电压的平均值，第二项即是基波成分，由此可得基波的最大值为

$$U_{O1m}=\frac{\sqrt{2}}{2}U_2$$

因此，脉动系数为

$$S=\frac{U_{O1m}}{U_{O(AV)}}=\frac{\frac{\sqrt{2}}{2}U_2}{\frac{\sqrt{2}}{\pi}U_2}=1.57 \tag{8-6}$$

通过以上分析可以看出，半波整流电路具有电路结构简单，使用元器件少等优点。但是变压器只有半个周期导电，利用率低，输出波形脉动大，直流成分比较低等缺点。所以只能用在输出电流较小，要求不高的场合。

仿真视频 8-2

8.2.2 单相桥式整流电路

1. 电路组成

单相桥式整流电路如图 8-4 所示，其中 T_r 为电源变压器，$D_1 \sim D_4$ 为整流二极管，由于这四个二极管接成电桥形式，故称为桥式整流电路，R_L 为负载电阻。

2. 工作原理

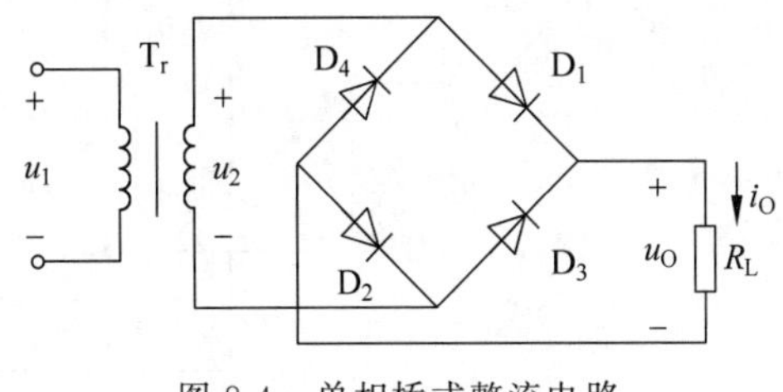

图 8-4　单相桥式整流电路

假设四个二极管均为理想二极管。因为二极管具有单向导电性，所以在 u_2 的正半周，二极管 D_1 和 D_2 导通，D_3 和 D_4 截止，电流从 u_2 的参考正极出发，流经 D_1、R_L、D_2 回到 u_2 的参考负极，在负载 R_L 上得到一个极性为上正下负的电压。在此期间，$u_{D_1}=u_{D_2}=0$，$u_{D_3}=u_{D_4}=-u_2$，$u_O=u_2$，$i_O=i_{D_1}=\dfrac{u_O}{R_L}$。在 u_2 的负半周，二极管 D_1 和 D_2 截止，D_3 和 D_4 导通，电流从 u_2 的参考负极出发，流经 D_3、R_L、D_4 回到 u_2 的参考正极，在负载 R_L 上同样得到一个极性为上正下负的电压。在此期间，$u_{D_1}=u_{D_2}=u_2$，$u_{D_3}=u_{D_4}=0$，$u_O=-u_2$，$i_O=i_{D_3}=\dfrac{u_O}{R_L}$，其工作波形如图 8-5 所示。

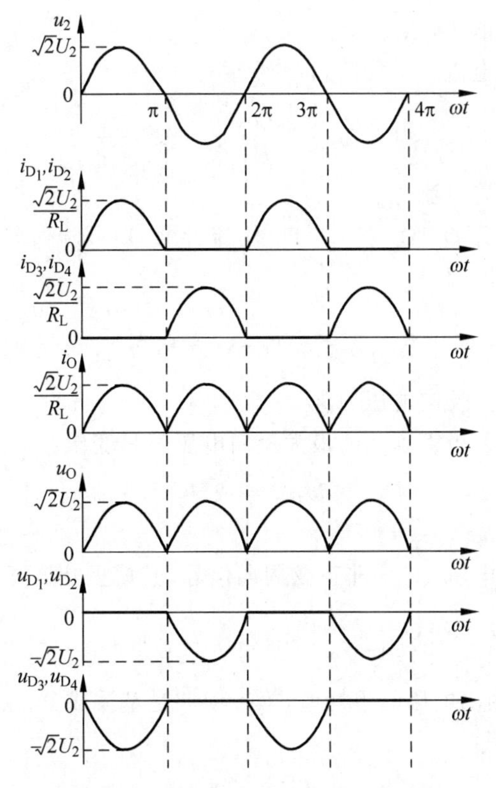

图 8-5　单相桥式整流电路的工作波形

由图 8-5 可见，在同样的变压器二次侧电压 u_2 的情况下，桥式整流电路输出电压 u_O 的波形所包围的面积是半波整流电路输出电压的两倍，因此其输出电压的平均值也是半波整流电路的输出电压平均值的两倍。相应地，桥式整流电路输出电压的脉动成分也比半波整流电路的下降了。桥式整流电路一般也常用如图 8-6(a)所示的画法，其简化画法如图 8-6(b)所示。

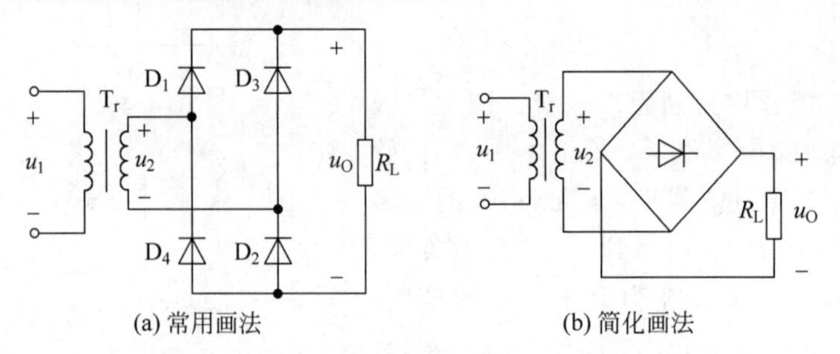

(a) 常用画法　　(b) 简化画法

图 8-6　桥式整流电路的常用画法和简化画法

3. 主要参数的计算

1）输出电压的平均值 $U_{O(AV)}$

由图 8-5 可见，在桥式整流电路中，有

$$U_{O(AV)}=\frac{1}{\pi}\int_0^{\pi}\sqrt{2}U_2\sin\omega t\,d(\omega t)=\frac{2\sqrt{2}U_2}{\pi}=0.9U_2 \tag{8-7}$$

2）输出电流的平均值 $I_{O(AV)}$

由图 8-4 可知，输出电流的平均值为

$$I_{O(AV)}=\frac{U_{O(AV)}}{R_L}=0.9\frac{U_2}{R_L} \tag{8-8}$$

3）二极管的正向平均电流 $I_{D(AV)}$

由图 8-5 可见，二极管 D_1、D_2 和 D_3、D_4 轮流导通，所以流过每个二极管的电流平均值为输出电流平均值的一半，即

$$I_{D(AV)}=\frac{1}{2}I_{O(AV)}=0.45\frac{U_2}{R_L} \tag{8-9}$$

4）二极管承受的最大反向电压 U_{RM}

由图 8-5 可见，整流二极管承受的最大反向电压就是变压器二次侧电压的最大值，即

$$U_{RM}=\sqrt{2}U_2 \tag{8-10}$$

5）脉动系数 S

由图 8-5 可见，输出电压 u_O 为非正弦周期信号，其傅里叶展开式为

$$u_O=\frac{\sqrt{2}}{\pi}U_2\left(2-\frac{4}{3}\cos 2\omega t-\frac{4}{15}\cos 4\omega t-\cdots\right) \tag{8-11}$$

式(8-11)中的第一项为输出电压的平均值，第二项即是基波成分，由此可得基波的最大值为

$$U_{O1m}=\frac{4\sqrt{2}}{3\pi}U_2$$

因此，脉动系数为

$$S=\frac{U_{O1m}}{U_{O(AV)}}=\frac{\dfrac{4\sqrt{2}}{3\pi}U_2}{\dfrac{2\sqrt{2}}{\pi}U_2}=0.67 \tag{8-12}$$

【例题 8.1】　在如图 8-2 所示的半波整流电路中，已知变压器二次侧电压的有效值 $U_2=20\text{V}$，负载电阻 $R_L=200\Omega$，试问：

(1) 负载电阻 R_L 上的平均电压和平均电流各是多少？

(2) 整流二极管承受的最大反向电压和二极管的正向平均电流各是多少？

(3) 若负载 R_L 短路，则会出现什么现象？

解：

(1) 负载电阻 R_L 上的平均电压为

$$U_{O(AV)} = 0.45U_2 = 0.45 \times 20V = 9V$$

负载电阻 R_L 上的平均电流为

$$I_{O(AV)} = 0.45\frac{U_2}{R_L} = 0.45 \times \frac{20}{200}A = 0.045A = 45mA$$

(2) 整流二极管承受的最大反向电压为

$$U_{RM} = \sqrt{2}U_2 = \sqrt{2} \times 20V = 28.28V$$

整流二极管的正向平均电流为

$$I_{D(AV)} = I_{O(AV)} = 45mA$$

(3) 若负载 R_L 短路，则变压器二次侧电压全部加在整流二极管上，二极管会因为正向电流过大而烧坏。若二极管被烧坏，则变压器的二次线圈被短路，电流很大，如不及时断电，则变压器会被烧坏。

【例题 8.2】 在如图 8-4 所示的单相桥式整流电路中，已知变压器二次侧电压的有效值 $U_2 = 20V$，负载电阻 $R_L = 200\Omega$，试问：

(1) 负载电阻 R_L 上的平均电压和平均电流各是多少？

(2) 当电网电压波动范围为±10%时，二极管的最大正向平均电流和最大反向电压至少应选多少？

(3) 若整流桥中的二极管 D_1 断开，会出现什么现象？

(4) 若整流桥中的二极管 D_2 短路，会出现什么现象？

解：

(1) 负载电阻 R_L 上的平均电压为

$$U_{O(AV)} = 0.9U_2 = 0.9 \times 20V = 18V$$

负载电阻 R_L 上的平均电流为

$$I_{O(AV)} = 0.9\frac{U_2}{R_L} = 0.9 \times \frac{20}{200}A = 0.09A = 90mA$$

(2) 整流二极管承受的最大反向电压为

$$U_{RM} = 1.1\sqrt{2}U_2 = 1.1 \times \sqrt{2} \times 20V = 31.1V$$

整流二极管的最大正向平均电流为

$$I_{D(AV)} = \frac{1.1}{2}I_{O(AV)} = 1.1 \times \frac{90}{2}mA = 49.5mA$$

(3) 若整流桥中的二极管 D_1 断开，则电路实现半波整流，输出电压仅为正常值的一半。

(4) 若整流桥中的二极管 D_2 短路，则在 u_2 的负半周时变压器二次侧电压全部加在 D_4 上，D_4 会因为电流过大而烧坏，随之而来的是变压器的二次线圈被短路，电流很大，如不及时断电，则变压器会被烧坏。

仿真视频 8-3

8.3 滤波电路

整流电路的输出电压虽然是单一方向的，但是其脉动较大，不能适应大多数电子电路和电子设备等的需要。因此还要利用滤波电路将脉动的直流电压变为平滑的直流电压。常用的滤波电路有电容滤波电路、电感滤波电路和复式滤波电路。

8.3.1 电容滤波电路

1. 电路组成

在整流电路的输出端用一个大电容 C 与负载 R_L 并联，即可组成电容滤波电路。如图 8-7 所示为单相桥式整流电容滤波电路。滤波电容的容量较大，一般采用电解电容。

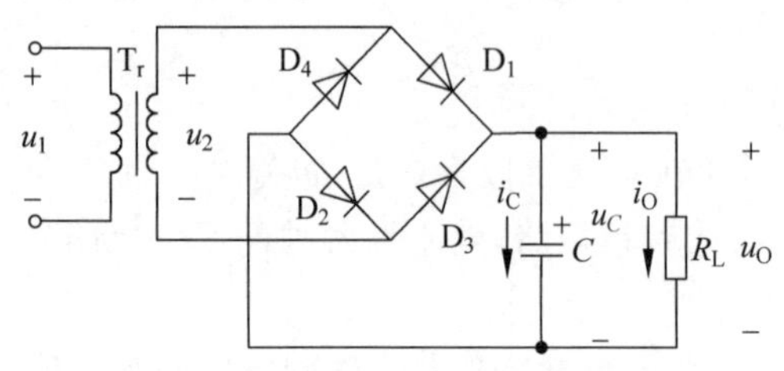

图 8-7　单相桥式整流电容滤波电路

2. 工作原理

假设整流二极管为理想二极管，变压器二次侧无损耗。

如果不接电容 C，则输出电压的波形如图 8-8 中虚线所示。

如果并联电容 C，那么，在 u_2 的正半周，当 u_2 从 0 开始增加并且没有到达最大值之前，二极管 D_1 和 D_2 导通，D_3 和 D_4 截止，u_2 经二极管 D_1 和 D_2 给负载电阻 R_L 供电的同时向电容 C 充电，此时 $u_O=u_C=u_2$。当 u_2 增加到正向最大值时，$u_O=u_C=\sqrt{2}U_2$。此后，u_2 开始按正弦规律减小，电容 C 两端的电压 u_C 则是按指数规律下降，刚开始时，二者的下降规律基本相同，故 $u_O=u_C=u_2$，如图 8-8 所示 u_O 波形中的 bc 段。此后 u_2 和 u_C 都继续下降，但 u_2 下降的速度比 u_C 快，也即 $u_2<u_C$，于是二极管 D_1 和 D_2 截止，电容继续通过负载电阻 R_L 放电，这时，$u_O=u_C$，如图 8-8 所示 u_O 波形中的 cd 段。

u_2 下降到 0 以后继续下降，进入到负半周，当 u_2 的负半周幅值变化到大于 u_C 时，即 $|u_2|>u_C$，二极管 D_3 和 D_4 因为承受正向电压变为导通状态，u_2 再次对电容 C 充电，同时给负载电阻 R_L 供电，此时 $u_O=u_C=u_2$。当 u_2 下降到负向最大值时，$u_O=u_C=\sqrt{2}U_2$，如图 8-8 所示 u_O 波形中的 de 段。此后 u_2 从负向最大值开始上升，即 $|u_2|$ 开始按正弦规律下降，电容 C 通过 R_L 按指数规律放电，u_C 呈指数规律下降，起初二者的下降规律相同，故 $u_O=u_C=|u_2|$，如图 8-8 所示 u_O 波形中的 ef 段。此后，$|u_2|$ 下降的速度比 u_C 快，也即 $|u_2|<u_C$，二极管 D_3 和 D_4 截止，电容 C 继续通过 R_L 放电。

u_2 上升到 0 以后继续上升，进入到正半周，当上升到 $u_2>u_C$ 时，二极管 D_1 和 D_2 导通，之后重复上述过程。

如果考虑变压器的内阻和二极管的导通电阻，则 u_O 的波形如图 8-9 所示，其阴影部分为整流电路内阻上的压降。

由图 8-8 和图 8-9 的工作波形可以看出，由于电容的充、放电，经滤波后的输出电压不仅变得平滑而且平均值也得到了提高，而且放电时间常数 R_LC 越大，放电的速度越慢，则输出电压的平均值越高，输出电压越平滑。

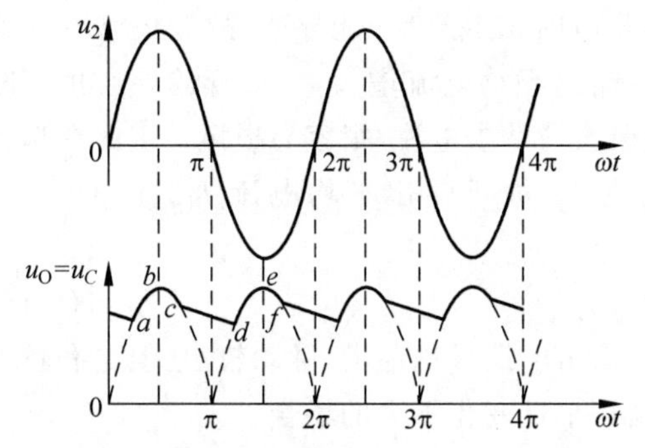

图 8-8　单相桥式整流电容滤波电路的工作波形

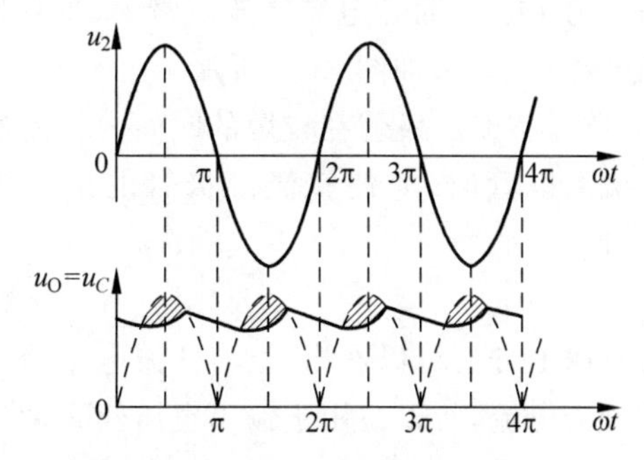

图 8-9　考虑内阻时的输出电压波形

3. 主要参数的计算

1）输出电压平均值 $U_{O(AV)}$

如果将如图 8-9 所示的输出电压 u_O 的波形近似为锯齿波，可以推导出滤波电路输出电压的平均值的估算公式为

$$U_{O(AV)}=\sqrt{2}U_2\left(1-\frac{T}{4R_LC}\right) \tag{8-13}$$

式中，T 为电网电压的周期。因为电网电压的频率为 50Hz，所以 $T=0.02$s。

由式(8-13)可以看出，滤波电路的输出电压平均值 $U_{O(AV)}$ 与电容的放电时间常数 R_LC 有关，R_LC 越大，$U_{O(AV)}$ 越大。

(1) 当负载开路，即 $R_LC=\infty$ 时，有

$$U_{O(AV)}=\sqrt{2}U_2 \tag{8-14}$$

此时输出电压的平均值最大。

(2) 当 $R_LC=(3\sim5)\frac{T}{2}$ 时，有

$$U_{O(AV)}\approx1.2U_2 \tag{8-15}$$

在实际的滤波电路中，所选择滤波电容的容值应满足 $R_LC=(3\sim5)\frac{T}{2}$ 的条件，以获得较好的滤波效果。

2）输出电流的平均值 $I_{O(AV)}$

$$I_{O(AV)}=\frac{U_{O(AV)}}{R_L} \tag{8-16}$$

3）脉动系数 S

如果将如图 8-9 所示的输出电压 u_O 的波形近似为锯齿波，可以推导出滤波电路脉动系数的估算公式为

$$S=\frac{1}{\frac{4R_LC}{T}-1} \tag{8-17}$$

由式(8-17)可以进一步看出，R_LC 越大，脉动系数越小，输出电压越平滑。

4）二极管最大整流电流 I_F 的选择

在单相半波整流电路和单相桥式整流电路中，每个二极管均导通半周，即二极管的导通

角 θ 为 180°。而在电容滤波电路中，只有当电容充电时，二极管才能导通，故二极管的导通角 θ 小于 180°，如图 8-10 所示。由于电容滤波后输出平均电流增大，二极管的导通角又减小，所以整流二极管在较短的时间内将流过一个很大的冲击电流，很容易损坏。因此在选择整流二极管时，应使整流二极管的最大整流电流 I_F 大于输出平均电流 $I_{O(AV)}$ 的 2～3 倍，即

$$I_F > (2 \sim 3) I_{O(AV)} \tag{8-18}$$

通过以上分析可以看出，电容滤波电路结构简单，输出电压平均值大，脉动较小，但是有较大的冲击电流，所以适用于输出电压较高，负载电流较小且变化不大的场合。

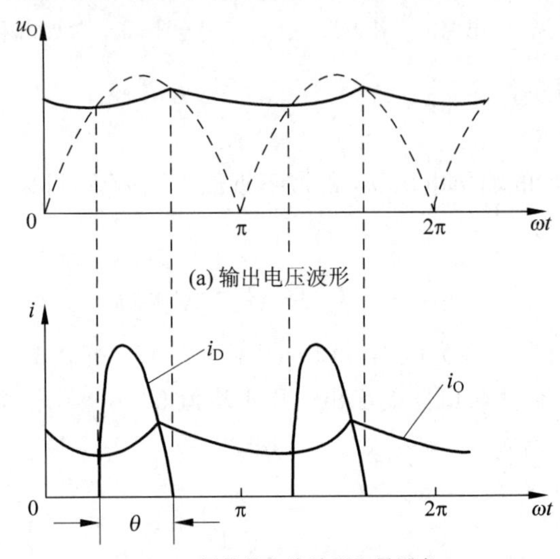

(b) 二极管的电流波形和导通角

图 8-10　电容滤波电路中二极管的电流和导通角

【例题 8.3】 在如图 8-7 所示的单相桥式整流电容滤波电路中，已知电源频率为 $f=50\text{Hz}$，变压器二次侧电压有效值为 $U_2=20\text{V}$，$R_L=400\Omega$。

知识拓展 8-1

(1) 求输出电压平均值 $U_{O(AV)}$。

(2) 计算整流二极管承受的最大反向电压和流过整流二极管的平均电流。

(3) 选择滤波电容。

解：

(1) 输出电压平均值为

$$U_{O(AV)} = 1.2U_2 = 1.2 \times 20\text{V} = 24\text{V}$$

知识拓展 8-2

(2) 整流二极管承受的最大反向电压为

$$U_{RM} = \sqrt{2}U_2 = \sqrt{2} \times 20\text{V} = 28.28\text{V}$$

流过整流二极管的平均电流为

$$I_{D(AV)} = \frac{1}{2}I_{O(AV)} = \frac{U_{O(AV)}}{2R_L} = \frac{24}{2 \times 400}\text{A} = 0.03\text{A} = 30\text{mA}$$

知识拓展 8-3

(3) 因为 $f=50\text{Hz}$，所以 $T=\frac{1}{f}=0.02\text{s}$，则

$$C = (3 \sim 5)\frac{T}{2R_L} = (3 \sim 5) \times \frac{0.02}{2 \times 400}\text{F} = (75 \sim 125)\,\mu\text{F}$$

滤波电容所承受的最高电压为$\sqrt{2}U_2=28.28\text{V}$。可以选$C=150\mu\text{F}$,耐压为40V的电解电容作为滤波电容。

8.3.2 其他滤波电路

除了电容滤波电路以外,还有其他类型的滤波电路。例如当电路的负载电流较大时,可以采用电感滤波电路,如图8-11所示。

电感滤波电路是将单相桥式整流电路和负载之间的电容C去掉,而串联了一个电感L。当电感L中的电流发生变化时,它将感应出一个反电动势,其方向将阻止电流发生变化。于是可以使负载电流保持稳定,而且会使二极管的导通角增大,因此电路中的冲击电流也相应地减小,有利于电路的稳定工作。又由于电感L的直流电阻很小,交流阻抗很大,因此直流成分经过电感后基本上没有损失,而交流成分很大部分降落在电感上,从而降低了输出电压中的脉动成分,而且L越大,滤波效果越好。一般情况下,若忽略电感线圈的电阻,电感滤波电路输出电压的平均值为$U_{\text{O(AV)}}\approx 0.9U_2$。

电感滤波电路的缺点是需要使用带有铁心的电感器,很笨重,且产生的电磁干扰较大,因此电感滤波电路通常用于功率较大的电源中。

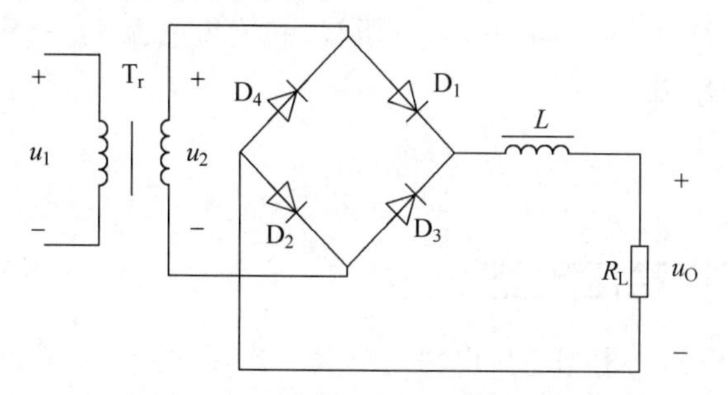

图8-11 桥式整流电感滤波电路

为了进一步减小负载电压或电流中的脉动成分,可以将电容、电感和电阻组合起来使用,构成各种复式滤波电路,常见的有LC滤波电路、LC-Ⅱ形滤波电路和RC-Ⅱ形滤波电路,如图8-12所示,图中u_I均指整流电路的输出电压。

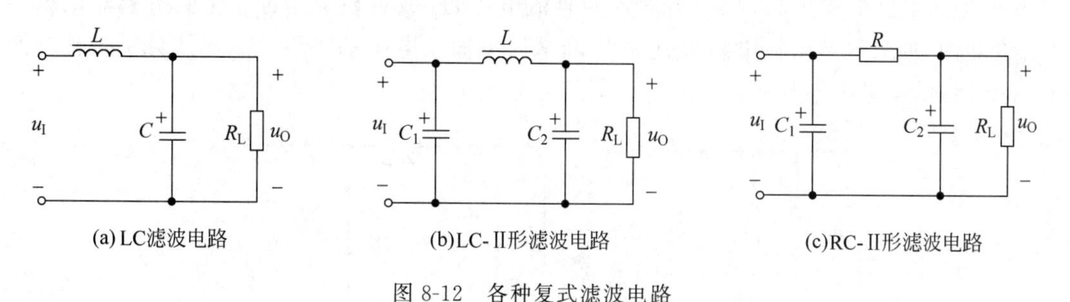

图8-12 各种复式滤波电路

8.4 稳压电路

交流电经过整流和滤波之后能得到基本平滑的直流电,但是当电网电压波动或负载变化时，输出电压也会随之变化。因此，还需要利用稳压电路，使输出电压稳定在希望的数值。

8.4.1 稳压电路的性能指标

用来衡量稳压电路质量的性能指标主要有稳压系数、输出电阻和温度系数。

1. 稳压系数 γ

稳压系数 γ 是指在负载不变时，稳压电路输出电压的相对变化量与输入电压的相对变化量之比，即

$$\gamma=\left.\frac{\Delta U_{\mathrm{O}}/U_{\mathrm{O}}}{\Delta U_{\mathrm{I}}/U_{\mathrm{I}}}\right|_{R_{\mathrm{L}}=\text{常数}} \tag{8-19}$$

2. 输出电阻 R_{O}

输出电阻 R_{O} 是指稳压电路的输入电压 U_{I} 保持不变时，稳压电路的输出电压变化量 ΔU_{O} 与输出电流变化量 ΔI_{O} 之比，即

$$R_{\mathrm{O}}=\left.\frac{\Delta U_{\mathrm{O}}}{\Delta I_{\mathrm{O}}}\right|_{U_{\mathrm{I}}=\text{常数}} \tag{8-20}$$

3. 温度系数 S_{T}

温度系数 S_{T} 是指在稳压电路的输入电压 U_{I} 和输出电流 I_{O} 一定时，输出电压的变化量与温度的变化量之比，即

$$S_{\mathrm{T}}=\left.\frac{\Delta U_{\mathrm{O}}}{\Delta T}\right|_{U_{\mathrm{I}}=\text{常数},I_{\mathrm{O}}=\text{常数}} \tag{8-21}$$

仿真视频 8-4

8.4.2 稳压管稳压电路

稳压电路有多种形式。根据稳压电路与负载的连接方式，可将稳压电路分为并联型稳压电路和串联型稳压电路。

在 1.4.3 中介绍过硅稳压管稳压电路，它实际上是并联型稳压电路。单相桥式整流电容滤波稳压管稳压电路如图 8-13 所示。将整流滤波之后得到的直流电压作为稳压电路的输入电压 U_{I}，稳压管 $\mathrm{D_Z}$ 与负载 R_{L} 并联，输出电压就是稳压管的稳定电压，即 $U_{\mathrm{O}}=U_{\mathrm{Z}}$。稳压管稳压电路的稳压原理是，当输入的直流电压 U_{I} 或负载 R_{L} 的变化而引起输出电压 U_{O} 变化时，通过调节限流电阻 R 上的压降来保持输出电压基本不变。具体分析过程前面已经介绍过，这里不再赘述。

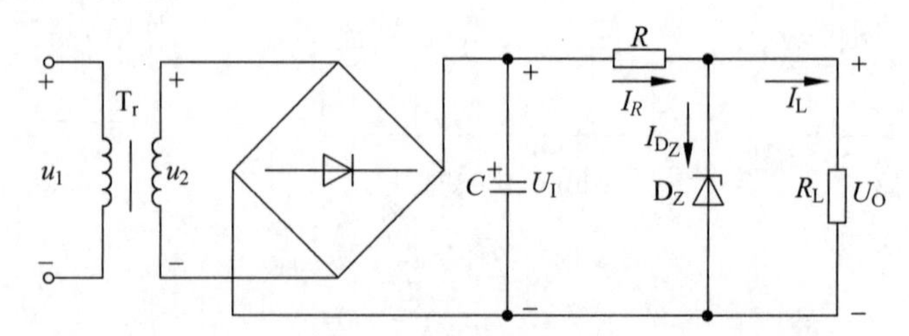

图 8-13 单相桥式整流电容滤波稳压管稳压电路

稳压管稳压电路的优点是，电路结构简单，调整方便。其存在的缺点是输出电压不可调节，且受稳压管最大稳定电流的限制，输出电流不能太大，否则会使输出电压不能稳定在 U_{Z}

上，输出电压的稳定度也不够高。为了克服以上缺点，可以采用串联型稳压电路。

8.4.3　串联型稳压电路

所谓串联型稳压电路，实际上就是在滤波电路与负载之间串联一个调整三极管。其稳压原理是，当输入的直流电压 U_I 或负载 R_L 的变化而引起输出电压 U_O 变化时，U_O 的变化将反映到三极管的输入电压 U_{BE}，于是 U_{CE} 也随之改变，从而调整输出电压 U_O，使其基本稳定。

1. 基本串联型三极管稳压电路

1）电路结构

基本串联型三极管稳压电路如图 8-14 所示。由图可以看出，它是在稳压管稳压电路的输出端增加一级射极输出器，这样使输出电流扩大了$(1+\beta)$倍，解决了稳压管稳压电路输出电流太小的问题。

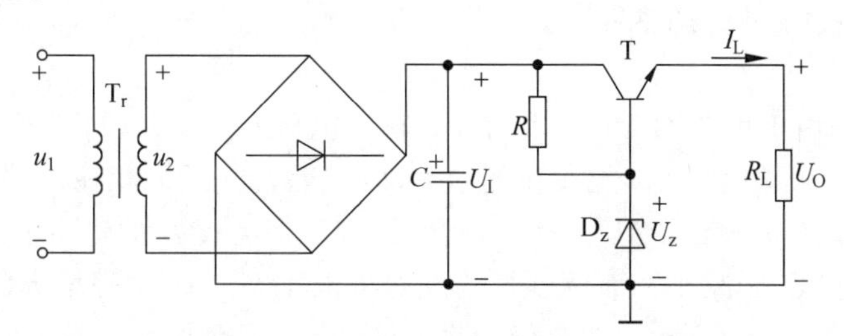

图 8-14　基本串联型三极管稳压电路

2）工作原理

假设整流滤波之后得到的电压 U_I 保持不变，当负载电阻 R_L 增大的瞬间，因为 $I_L=I_E$ 受 I_B 控制，暂时不变(假设负载电阻 R_L 不变，整流滤波之后得到的电压 U_I 升高，因为 U_{CE} 受基极电流 I_B 控制，故暂时不变)，所以造成输出电压 U_O 瞬时增大。由于三极管的基极电位 $U_B=U_Z$ 不变，则调整三极管的输入电压 $U_{BE}=U_z-U_O$ 会减小，相应地，三极管的基极电流 I_B、集电极电流 I_C 都会减小，于是三极管的管压降 U_{CE} 就会增大，输出电压 $U_O=U_I-U_{CE}$ 就会减小，从而保证了输出电压 U_O 基本稳定。

从以上分析可以看出，U_O 的变化直接控制调整三极管 U_{BE} 的变化，故灵敏度比较低，稳定性较差。为了解决这一问题，可将 U_O 的变化放大后去控制三极管的发射结电压 U_{BE}，这就是带有放大环节的串联型稳压电路。

2. 带有放大环节的串联型稳压电路

仿真视频 8-5

1）电路结构

带有放大环节的串联型稳压电路如图 8-15 所示，它主要有四个组成部分，分别为采样电路、基准电压电路、放大电路和调整电路。

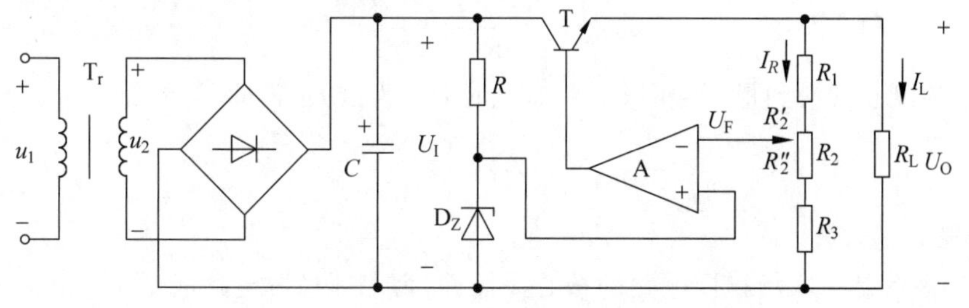

图 8-15　带有放大环节的串联型稳压电路

采样电路由电阻 R_1、R_2 和 R_3 组成。运算放大器 A 的反相输入端电压 U_F 为

$$U_F = \frac{R_2'' + R_3}{R_1 + R_2 + R_3} U_O \tag{8-22}$$

这样，输出电压 U_O 的变化就能被电阻 R_1、R_2 和 R_3 组成的串联电路采样到运算放大器的输入端。

基准电压电路由稳压管 D_Z 和限流电阻 R 组成。稳压管的稳定电压 U_Z 被输入到运算放大器 A 的同相输入端，作为稳压电路调整和比较的基准电压。

放大电路由运算放大器 A 组成，它将基准电压 U_Z 与采样电压 U_F 的差值进行放大，然后送到三极管 T 的基极。

调整电路由三极管 T 组成。运算放大器 A 的输出信号控制三极管 T 的基极电流 I_B 的变化，相应地会引起集电极电流 I_C 和管压降 U_{CE} 的变化，进而去调整输出电压 U_O，使其基本稳定，故称三极管 T 为调整管。

2）工作原理

假设 U_I 不变，由于负载 R_L 的增大而导致输出电压 U_O 增大，则由式(8-22)可知，运算放大器 A 的反相输入端电压 U_F 也按比例增大，由于运放 A 的同相输入端电压 U_Z 不变，所以运放 A 的差模输入信号 $U_{Id}=U_Z-U_F$ 将会减小，于是运放 A 的输出电压减小，也就是调整三极管的基极电压 U_B 减小。而调整管的发射极电压 $U_E=U_O$ 是增大的，所以调整管的发射结压降 $U_{BE}=U_B-U_E$ 减小，调整管的集电极电流 I_C 减小，管压降 U_{CE} 增大，使输出电压 $U_O=U_I-U_{CE}$ 减小，最后使输出电压 U_O 保持基本不变。

假设 R_L 不变，U_I 增大的瞬间调整管还来不及调整，于是输出电压 U_O 增大，按照上述的工作过程，会使管压降 U_{CE} 增大，但是 U_{CE} 增大的幅度比 U_I 增大的幅度要大，所以使输出电压 $U_O=U_I-U_{CE}$ 减小，最后使输出电压 U_O 保持基本不变。

通过上述分析可知，串联型稳压电路实际上是引入了一个电压负反馈，所以不论是电源电压的波动还是负载变化，均有很好的稳压效果。

3）输出电压的调节范围

由于运放 A 引入了电压负反馈，所以其工作在线性区，可以认为 $U_+=U_-$。在本电路中 $U_+=U_Z$，$U_-=U_F$，则

$$U_Z = U_F = \frac{R_2'' + R_3}{R_1 + R_2 + R_3} U_O$$

整理得

$$U_O = \frac{R_1 + R_2 + R_3}{R_2'' + R_3} U_Z \tag{8-23}$$

当 R_2 的滑动端滑到最上端时，$R_2''=R_2$，此时 U_O 为最小值，即

$$U_{Omin} = \frac{R_1 + R_2 + R_3}{R_2 + R_3} U_Z \tag{8-24}$$

当 R_2 的滑动端滑到最下端时，$R_2''=0$，此时 U_O 为最大值，即

$$U_{Omax} = \frac{R_1 + R_2 + R_3}{R_3} U_Z \tag{8-25}$$

4）调整管的选择

调整三极管是串联型稳压电路的核心元器件，为保证稳压电路能正常工作，一般应选择

大功率管，而且为了确保管子安全工作，管子的实际工作状态不能超过其极限参数。

(1) 集电极最大允许电流 I_{CM}

调整三极管的集电极最大允许电流应为

$$I_{CM} > I_{Lmax} + I_R \tag{8-26}$$

其中，I_{Lmax} 为负载电流的最大值；I_R 为流入采样电阻的电流。

(2) 集电极和发射极之间的最大反向击穿电压 $U_{(BR)CEO}$

由图 8-15 可知，调整管的管压降为 $U_{CE}=U_I-U_O$，当负载短路时 $U_O=0$，整流滤波电路的输出电压将全部加在调整管的集电极和发射极之间，此时调整管承受的管压降最大。而整流滤波电路的输出电压最大值可能接近变压器副边电压的最大值$\sqrt{2}U_2$，在实际选择调整管时还应考虑电网电压可能有 10%的波动等因素，因此，调整管的 $U_{(BR)CEO}$ 应为

$$U_{(BR)CEO} > U_{Imax} = 1.1 \times \sqrt{2}U_2 \tag{8-27}$$

其中，U_{Imax} 为空载时整流滤波电路的最大输出电压。

(3) 集电极最大耗散功率 P_{CM}

调整管的耗散功率为

$$P_{CM} = U_{CE}I_C = (U_I - U_O)I_C$$

可以看出，当整流滤波电路的输出电压最高，稳压电路输出电压最低，同时负载电流最大时，调整管的功耗最大，所以集电极最大耗散功率 P_{CM} 应为

$$P_{CM} > (U_{Imax} - U_{Omin})(I_{Lmax} + I_R) \tag{8-28}$$

【例题 8.4】 电路如图 8-15 所示，已知 $R_1=R_2=R_3=200\Omega$，稳压管的稳压值为 $U_Z=5V$，$I_{Zmin}=5mA$，$R_L=150\Omega$，变压器副边电压的有效值为 $U_2=20V$，考虑电网电压的波动范围为±10%，回答以下问题。

知识拓展 8-4

(1) 试计算输出电压 U_O 的调节范围。

(2) 估算稳压电路中的调整管的极限参数。

(3) 选择限流电阻 R 的阻值。

解：

知识拓展 8-5

(1) 当 R_2 的滑动端滑到最上端时，输出的最小电压为

$$U_{Omin} = \frac{R_1+R_2+R_3}{R_2+R_3}U_Z = \frac{200+200+200}{200+200} \times 5V = 7.5V$$

知识拓展 8-6

当 R_2 的滑动端滑到最下端时，输出的最大电压为

$$U_{Omax} = \frac{R_1+R_2+R_3}{R_3}U_Z = \frac{200+200+200}{200} \times 5V = 15V$$

所以，输出电压 U_O 的调节范围为 7.5～15V。

(2)

$$I_{Lmax} = \frac{U_{Omax}}{R_L} = \frac{15}{150}A = 100mA$$

$$I_R = \frac{U_{Omax}}{R_1+R_2+R_3} = \frac{15}{200+200+200}A = 25mA$$

调整管的极限参数为

$$I_{CM} > I_{Lmax} + I_R = 100mA + 25mA = 125mA$$

$$U_{(BR)CEO} > U_{Imax} = 1.1 \times \sqrt{2} U_2 = 1.1 \times \sqrt{2} \times 20\text{V} = 31.1\text{V}$$

$$P_{CM} > (U_{Imax} - U_{Omin})(I_{Lmax} + I_R) = [(31.1 - 7.5) \times 0.125]\text{W} = 2.95\text{W}$$

（3）由图 8-15 可知，

$$I_{Zmin} = \frac{U_{Imin} - U_Z}{R_{max}}$$

所以限流电阻应为

$$R \leqslant \frac{U_{Imin} - U_Z}{I_{zmin}} = \frac{0.9 \times 1.2 \times 20 - 5}{5}\text{k}\Omega \approx 3.32\text{k}\Omega$$

知识拓展
8-7

8.5　三端集成稳压器

集成稳压器是将稳压电路集成在一个芯片上，它具有体积小、重量轻、稳压效果好、可靠性高、安装与调试方便等优点，广泛地应用于各种仪器仪表及电子电路中。特别是三端集成稳压器，其芯片只引出三个端子，分别接输入端、输出端和公共端，基本不需要外接元件。

三端集成稳压器有固定输出和可调输出两种类型。本节主要介绍三端固定输出的集成稳压器的主要参数及应用。

1. 三端固定输出的集成稳压器及主要参数

三端固定输出的集成稳压器分为正输出和负输出两种。目前常用的三端固定正输出的集成稳压器主要是 W78××系列、W78M××系列和 W78L××系列稳压器，三端固定负输出的集成稳压器主要是 W79××系列、W79M××系列和 W79L××系列稳压器。它们的后两位数字表示输出的电压值，如 W7805 表示稳压器输出电压为+5V，W7909 表示稳压器输出电压为－9V。W78××系列、W78M××系列、W79××系列和 W79M××系列三端集成稳压器有金属菱形式封装和塑料直插式封装两种形式，如图 8-16(a)和图 8-16(b)所示。金属菱形式封装的 W78××系列和 W78M××系列稳压器的引脚 1 为输入，2 为输出，3 为公共端，金属菱形式封装的 W79××系列和 W79M××系列稳压器的引脚 1 为公共端，2 为输出，3 为输入；塑料直插式封装的 W78××系列和 W78M××系列稳压器的引脚 1 为输入，2 为公共端，3 为输出，塑料直插式封装的 W79××系列和 W79M××系列稳压器的引脚 1 为公共端，2 为输入，3 为输出。W78L××系列和 W79L××系列三端集成稳压器的封装形式有塑料截圆式和金属圆壳式两种，如图 8-16(c)和图 8-16(d)所示。塑料截圆式封装的 W78L××系列稳压器的引脚 1 为输出，2 为公共端，3 为输入，塑料截圆式封装的 W79L××系列稳压器的引脚 1 为公共端，2 为输入，3 为输出；金属圆壳式 W78L××系列稳压器的引脚为 1 为输入，2 为输出，3 为公共端，金属圆壳式封装的 W79L××系列稳压器的引脚 1 为公共端，2 为输出，3 为输入。

在选择使用三端固定输出的集成稳压器时，应注意以下几个参数。

（1）输出电压 U_O。三端固定输出的集成稳压器的输出电压值主要有±5V、±6V、±9V、±12V、±15V、±18V 和±24V 七个等级。

（2）最大输出电流 I_{Omax}。W78××系列和 W79××系列的输出电流为 1.5A，W78M××系列和 W79M××系列的输出电流为 500mA，W78L××系列和 W79L××系列的输出电

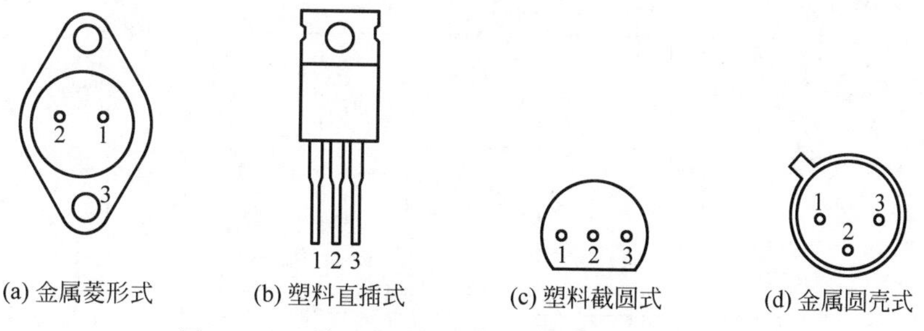

(a) 金属菱形式 (b) 塑料直插式 (c) 塑料截圆式 (d) 金属圆壳式

图 8-16 三端固定输出的集成稳压器的封装形式

流为 100mA。

另外，还应注意稳压器的最大输入电压 U_{Imax}，最小输入输出电压差 $(U_{\mathrm{I}}-U_{\mathrm{O}})_{\min}$ 和输出电阻等。

2. 三端固定输出的集成稳压器的应用

1）输出固定电压的稳压电路

仿真视频 8-6

输出固定正电压的稳压电路的典型接法如图 8-17(a)所示，其输出电压为+5V，输出固定负电压的稳压电路的典型接法如图 8-17(b)所示，其输出电压为－5V。图中，U_{I} 为整流滤波电路的输出电压，电容 C_{I} 的作用是抵消输入线较长时的电感效应，以防止产生自激振荡，电容 C_{O} 的作用是消除电路的高频噪声，改善负载的瞬态响应。

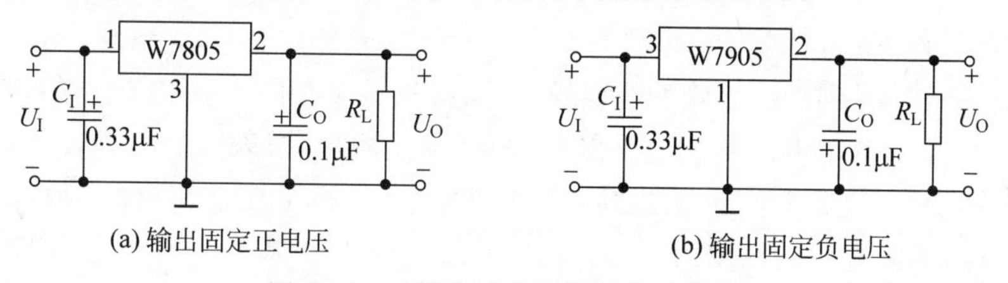

(a) 输出固定正电压 (b) 输出固定负电压

图 8-17 三端集成稳压器的典型接法

2）输出正、负电压的稳压电路

如图 8-18 所示电路为同时输出正、负电压的稳压电路的典型接法。图中的稳压器选用的是 W7815 和 W7915，输出电压为 $U_{\mathrm{O1}}=+15\mathrm{V}$ 和 $U_{\mathrm{O2}}=-15\mathrm{V}$。

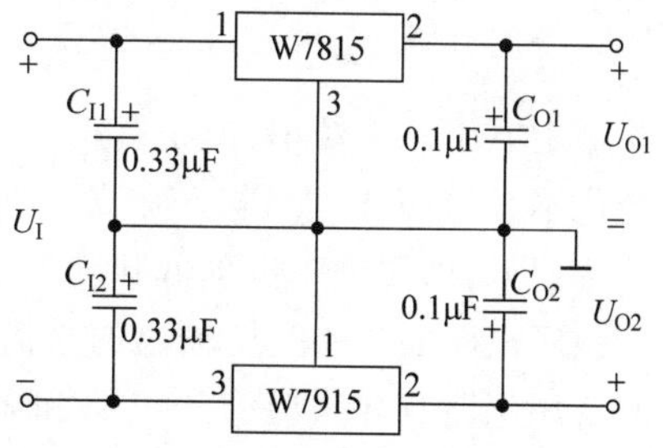

图 8-18 同时输出正、负电压的稳压电路的典型接法

3）输出电压可调的稳压电路

如图 8-19 所示为用三端稳压器和电压跟随器组成的输出电压可调的稳压电路。设 W78××稳压器的输出电压为 $U_{\times\times}$，采样电阻 R_1、R_2 和 R_3 对输出电压采样，并将采样电压送到运放的同相输入端，所以电阻 R_1 和 R_2' 上的电压等于三端集成稳压器 W78××的输出电压 $U_{\times\times}$，由电路可得

$$\frac{U_{\times\times}}{U_{\mathrm{O}}}=\frac{R_1+R_2'}{R_1+R_2+R_3}$$

所以电路的输出电压为

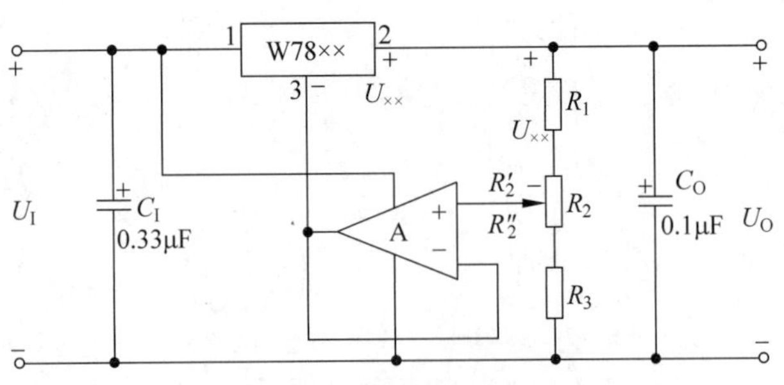

图 8-19　输出电压可调的稳压电路

$$U_O = \left(1 + \frac{R''_2 + R_3}{R_1 + R'_2}\right) U_{××} \tag{8-29}$$

可见，只要移动电位器 R_2 的滑动端，即可调整输出电压的大小。

小结

直流稳压电源的作用就是将有效值为 220V、频率为 50Hz 的交流电转换为输出幅值稳定的直流电。它由变压器、整流电路、滤波电路和稳压电路四部分组成。

电源变压器的作用是将有效值为 220V、频率为 50Hz 的交流电变成频率仍为 50Hz，幅度符合所需大小的交流电。

整流电路的作用是利用二极管的单向导电性，将正负交替的正弦交流电压整流成为单方向脉动的直流电压。单相半波整流电路结构简单，但是输出波形脉动大，输出电压 $U_{O(AV)} = 0.45U_2$。而在同样的变压器二次侧电压 u_2 的情况下，单相桥式整流电路输出电压 $U_{O(AV)}$ 是半波整流电路输出电压的两倍，即 $U_{O(AV)} = 0.9U_2$，而且桥式整流电路输出电压的脉动成分也比半波整流电路的下降了，因此单相桥式整流电路的应用非常广泛。

滤波电路的作用是利用电容、电感等储能元件，滤除整流之后的脉动电压中的脉动成分，使之成为比较平滑的直流电压。电容滤波电路结构简单，输出电压平均值大，当 $R_LC = (3\sim5)\frac{T}{2}$ 时，$U_{O(AV)} \approx 1.2U_2$，当负载开路，即 $R_LC = \infty$ 时，$U_{O(AV)} = \sqrt{2}U_2$。虽然电容滤波电路输出电压脉动较小，但是有较大的冲击电流，所以适用于输出电压较高，负载电流较小且变化不大的场合。而电感滤波电路通常用于功率较大的电源中。在实际工作中常常将二者结合起来，以便进一步降低脉动成分。

稳压电路的作用是使输出的直流电压在电网电压或负载电流发生变化时保持稳定。常用的稳压电路有并联型稳压电路和串联型稳压电路。并联型稳压电路即硅稳压管稳压电路，电路结构简单，调整方便，适用于输出电压固定且负载电流较小的场合。其存在的缺点是输出电压不可调节，当电网电压和负载电流变化范围较大时，受稳压管最大和最小稳定电流的限制，使电路无法适应。串联型直流稳压电路主要包括采样电路、基准电压电路、放大电路和调整电路四部分。该种类型的稳压电路实际上是引入了一个电压负反馈，所以不论是电源电压的波动还是负载变化，均有很好的稳压效果，而且输出电压可调。

集成稳压器是将稳压电路集成在一个芯片上，它具有体积小、质量轻、稳压效果好、可靠性高、安装与调试方便等优点，得到了广泛的应用。特别是三端集成稳压器，其芯片只引出三个端子,分别接输入端、输出端和公共端,基本不需要外接元件,使用起来非常方便。目前常用的三端固定正输出的集成稳压器主要是 W78××系列、W78M××系列和 W78L××系列稳压器,三端固定负输出的集成稳压器主要是 W79××系列、W79M××系列和 W79L××系列稳压器。输出电压值主要有±5V、±6V、±9V、±12V、±15V、±18V 和±24V 七个等级。W78××系列和 W79××系列的输出电流为 1.5A,W78M××系列和 W79M××系列的输出电流为 500mA,W78L××系列和 W79L××系列的输出电流为 100mA。

习题

1. 填空题

(1) 直流稳压电源的作用就是将有效值为 220V、频率为 50Hz 的交流电转换为输出幅值稳定的________。它由________、________、________和________四部分组成。

(2) 若变压器副边电压的有效值为 U_2,则单相桥式整流电路的输出电压平均值 $U_{O(AV)}$ 与 U_2 的关系为________。若再加入一个电容滤波,当满足 $R_L C=(3\sim5)\dfrac{T}{2}$($T$ 为电网电压的周期)时,则输出电压平均值 $U_{O(AV)}$ 与 U_2 的关系为________。

(3) 滤波电路的作用是利用电容、电感等储能元件,滤除整流之后的脉动电压中的________成分,使之成为比较平滑的________电压。

(4) 电容滤波电路适用于负载电流较________的场合,而电感滤波电路适用于负载电流较________的场合。

(5) 稳压电路的作用是使输出的直流电压在电网电压或负载电流发生变化时保持________。

(6) 根据稳压电路与负载的连接方式,可将稳压电路分为并联型稳压电路和串联型稳压电路。并联型稳压电路输出电压________而串联型稳压电路的输出电压可以________。

(7) 串联型直流稳压电路主要包括________、________、________和________四部分。该种类型的稳压电路实际上是引入了一个________负反馈,所以不论是电源电压的波动还是负载变化,均有很好的稳压效果。

(8) 三端固定输出的集成稳压器 W7805 的输出电压为________,W79M09 的输出电压为________。

2. 选择题

(1) 整流的目的是(　　)。

A. 将交流变为直流　　B. 将高频变为低频　　C. 将正弦波变为方波

(2) 在单相桥式整流电路中,若有一只整流管接反,则(　　)。

A. 变为半波整流

B. 因电流过大而可能烧坏整流管和变压器

C. 输出电压为$\sqrt{2}U_D$

(3) 已知变压器二次侧电压为 $u_2=\sqrt{2}U_2\sin\omega t$,负载电阻为 R_L,则单相半波整流电路中二极管承受的最大反向电压 U_{RM} 为(　　)。

A. U_2　　B. $0.45U_2$　　C. $\sqrt{2}U_2$

(4) 已知变压器二次侧电压为 $u_2=\sqrt{2}U_2\sin\omega t$，负载电阻为 R_L，则单相桥式整流电路中二极管承受的最大反向电压 U_{RM} 为(　　)。

A. $\sqrt{2}U_2$　　B. $\frac{\sqrt{2}}{2}U_2$　　C. $2\sqrt{2}U_2$

(5) 在串联型稳压电路中，用作比较放大器的集成运算放大器工作在(　　)状态。

A. 非线性　　B. 线性放大　　C. 正反馈

(6) 在串联型稳压电路中，放大电路所放大的对象是(　　)。

A. 基准电压　　B. 采样电压　　C. 基准电压与采样电压之差

(7) 若要组成输出电压可调、最大输出电流为 4A 的直流稳压电源，则应采用(　　)。

A. 电容滤波稳压管稳压电路　　B. 电感滤波串联型稳压电路

C. 电容滤波串联型稳压电路

(8) 要同时得到－9V 和＋12V 的固定电压输出，应采用的三端集成稳压器分别为(　　)。

A. W7909 和 W7912　　B. W7809 和 W7812　　C. W7909 和 W7812

3. 在如图 8-2 所示的半波整流电路中，已知 $u_2=10\sqrt{2}\sin\omega tV$，试画出输出电压 u_O 的波形，计算输出电压 $U_{O(AV)}$。

4. 在如图 8-4 所示的单相桥式整流电路中，已知变压器原边与副边的匝数比为 $N_1:N_2=22:1$，变压器原边电压的有效值 U_1 为 220V，负载电阻 $R_L=40\Omega$。试计算变压器副边电压的有效值 U_2、输出电压 $U_{O(AV)}$、整流二极管承受的最大反向电压和二极管的正向平均电流。

5. 在如图 8-4 所示的单相桥式整流电路中，已知变压器二次侧电压的有效值为 $U_2=20V$，试问：

(1) 电路的输出电压 $U_{O(AV)}$ 是多少？

(2) 如果二极管 D_2 虚焊，会出现什么现象？

(3) 如果二极管 D_2 的极性接反了，可能会出现什么现象？

(4) 如果四个二极管全部接反了，电路能否正常工作？若能，输出电压 $U_{O(AV)}$ 是多少？

6. 在如图 8-7 所示的单相桥式整流电容滤波电路中，$U_2=10V$，$R_L=40\Omega$，$C=1000\mu F$，试问：

(1) 电路的输出电压 $U_{O(AV)}$ 是多少？

(2) 如果二极管 D_1 开路，$U_{O(AV)}$ 是否为正常值的一半？

(3) 如果电容 C 开路，输出电压 $U_{O(AV)}$ 是多少？

(4) 如果负载 R_L 开路，输出电压 $U_{O(AV)}$ 是多少？

(5) 如果二极管 D_1 开路，电容 C 也开路，输出电压 $U_{O(AV)}$ 是多少？

7. 在如图 8-7 所示的单相桥式整流电容滤波电路中，变压器的原边接入 50Hz、220V 的交流电，负载电阻 $R_L=50\Omega$，输出电压 $U_{O(AV)}$ 为 24V 且脉动较小，试求：

(1) 变压器的变比。

(2) 整流二极管承受的最大反向电压和流过整流二极管的平均电流。

(3) 选择滤波电容。

8. 如图 P8-8 所示电路为一个完整的稳压电源，完成下列各题。

(1) 请划分电路的各个组成部分，并说明各部分的作用。

(2) 若变压器二次侧电压有效值 $U_2=20V$，稳压管的稳压值为 $U_Z=12V$，假设整流二极管为理想二极管，$R_L \gg R$，在下列情况下，试分析电路的工作状态或发生哪种故障：

①$U_O \approx 28V$；②$U_O = 24V$；③$U_O = 20V$；④$U_O = 18V$；⑤$U_O = 12V$；⑥$U_O = 9V$。

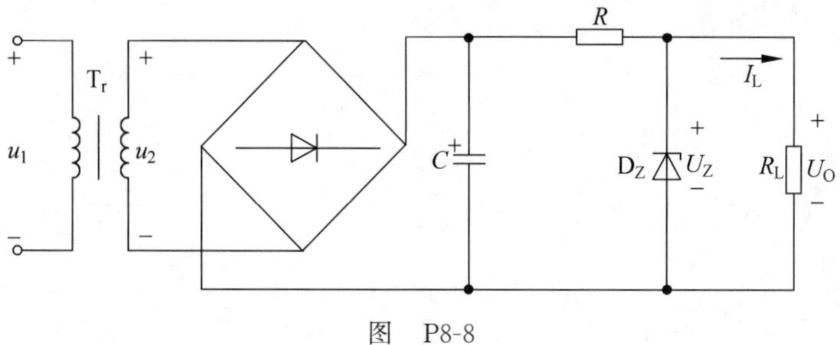

图 P8-8

9. 电路如图 P8-9 所示，已知变压器二次侧电压有效值 $U_2 = 10V$，稳压管的稳压值为 $U_Z = 6V$，回答下列问题。

(1) 电路中的 U_I 和 U_O 的值各是多少？

(2) 若电容 C 脱焊，此时 U_I 的值是多少？

(3) 若二极管 D_1 反接，则会出现什么问题？

(4) 若二极管 D_1 脱焊，则会出现什么现象？

(5) 若电阻 R 短路，则会出现什么问题？

(6) 设电路正常工作，负载不变，当电网电压波动而使 U_2 增大时，则 I_R 和 I_Z 是增大、减小还是基本不变？

(7) 设电路正常工作，电网电压不变，当负载电流 I_L 增大时，则 I_R 和 I_Z 是增大、减小还是基本不变？

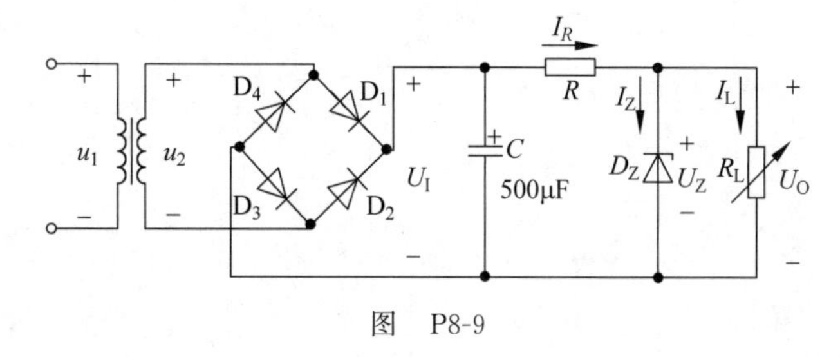

图 P8-9

10. 在如图 P8-10 所示电路中的各个元件应如何连接才能得到对地为±15V 的直流电压？

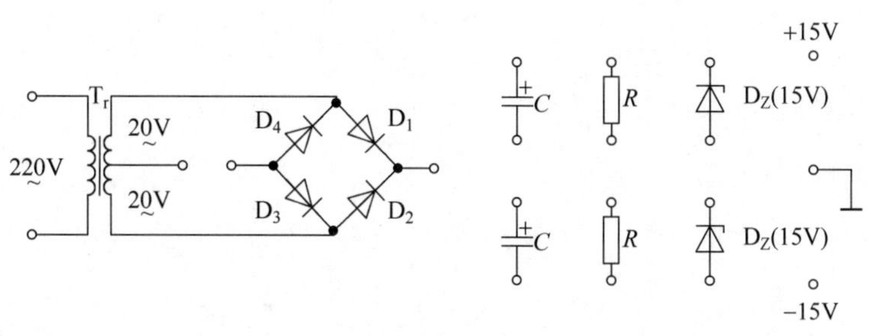

图 P8-10

11. 在如图 P8-11 所示电路中，设稳压管的稳压值为 $U_Z = 5V$，$R_1 = 300\Omega$，试问：

(1) 若要求 U_O 的调节范围为 10～20V,则电阻 R_2 和 R_W 应选多大?

(2) 若要求调整管的管压降 U_{CE} 不小于 4V,则变压器二次侧电压有效值 U_2 应为多大?假设电容 C 足够大。

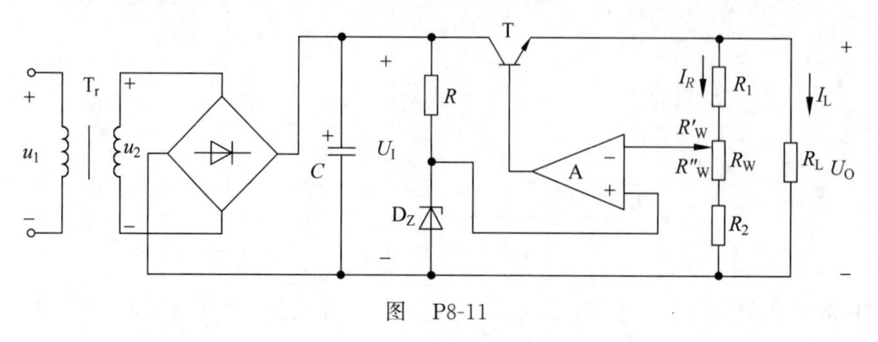

图　P8-11

12. 输出电压可调的稳压电路如图 P8-12 所示,输出电压的可调范围为 7～30V,现若使输出电压 $U_O=10$V,求 R_1 与 R_2 的关系。

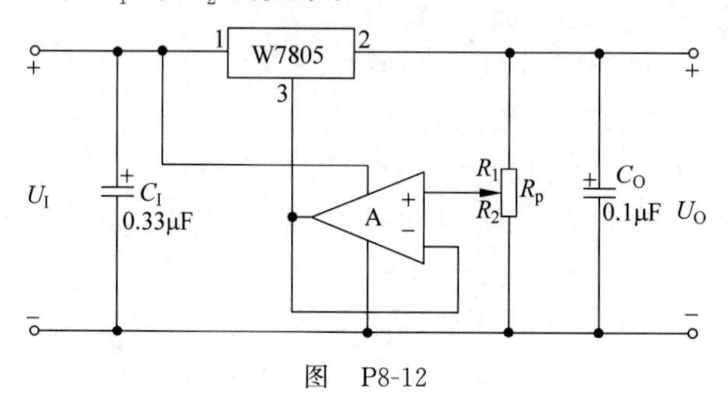

图　P8-12

第9章 逻辑代数基础

CHAPTER 9

教学提示：逻辑代数是用于逻辑分析和设计的一种数学工具，主要内容是基本逻辑关系，逻辑代数的公式和定理、逻辑函数的表示方法和逻辑函数的化简。

教学要求：理解逻辑电平的定义，理解各种逻辑关系，掌握逻辑代数的公式、定理和逻辑函数的表示方法以及各种表示方法之间的转换，熟练掌握逻辑函数的两种化简方法，即公式法和卡诺图法。

9.1 概述

9.1.1 数字信号与逻辑电平

在数字电路中，基本的工作信号为二进制数0和1，反映在电路上就是高、低逻辑电平。逻辑电平是指一个电压范围，而对于TTL(三极管-三极管逻辑)电路和CMOS(场效应管)逻辑电路的高电平(U_H)和低电平(U_L)的电压范围有所不同，具体范围如图9-1所示。从图中可以看出，它们都存在中间未定义区域，如对于TTL逻辑电路，电压为$0.8V<U<2V$的区域未作出定义，这个未定义区是需要的，它可以明确地定义和可靠地检测高、低电平的状态。如果区分高、低电平的界限离得太近，那么噪声更容易影响运算结果，可能会破坏电路的逻辑功能，或使得电路的逻辑功能含混不清。

图9-1 高、低电平的电压范围

在数字电路中，获得高、低电平的基本方法是通过控制半导体开关电路的开关状态来实现的，示意图如图9-2所示。当开关K断开时，输出电压u_O为高电平；而当开关K闭合时，输出变为低电平。开关K是用半导体二极管或三极管组成的。只要能通过输入信号u_I控制二极管或三极管的截止或导通状态，即可起到开关的作用。

如果用逻辑1表示高电平，用逻辑0表示低电平，则称这种赋值方式为正逻辑；反之，若用逻辑1表示低电平，用逻辑0表示高电平，则称这种赋值方式为负逻辑。在本书中均采用正逻辑赋值。

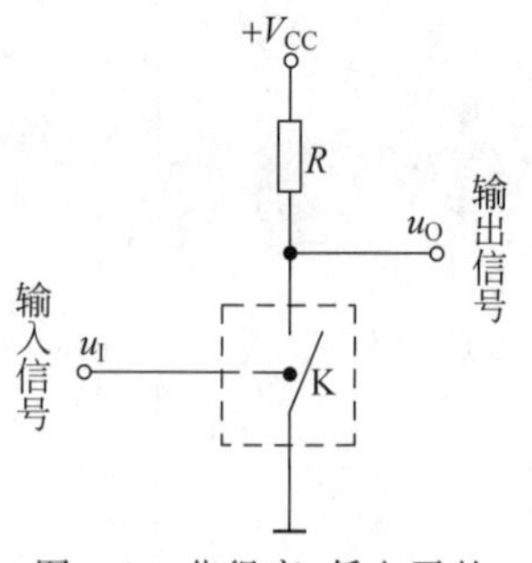

图 9-2　获得高、低电平的基本方法

9.1.2　脉冲波形与数字波形

数字波形是逻辑电平对时间的图形表示。通常，将只有两个离散值的波形称为脉冲波形，在这一点上脉冲波形与数字波形是一致的，只不过数字波形用逻辑电平表示，而脉冲波形用电压值表示而已。

理想的脉冲波形一般只要用3个参数便可以描述清楚，这3个参数是脉冲幅度 U_m、脉冲周期 T 和脉冲宽度 t_w，理想脉冲波形如图9-3所示。如果将脉冲波形中的电压值用逻辑电平表示就得到了数字波形。与脉冲波形相同，数字波形也有周期性和非周期性之分，图9-4表示了这两种数字波形。

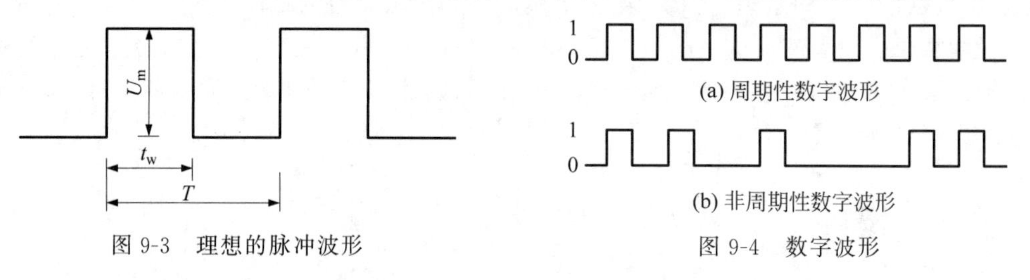

图 9-3　理想的脉冲波形　　　　图 9-4　数字波形

前面讨论的脉冲波形是理想波形，而实际的脉冲波形的电压上升与下降都要经历一段时间，也就是说波形存在上升时间 t_r 和下降时间 t_f。实际的脉冲波形如图9-5所示。

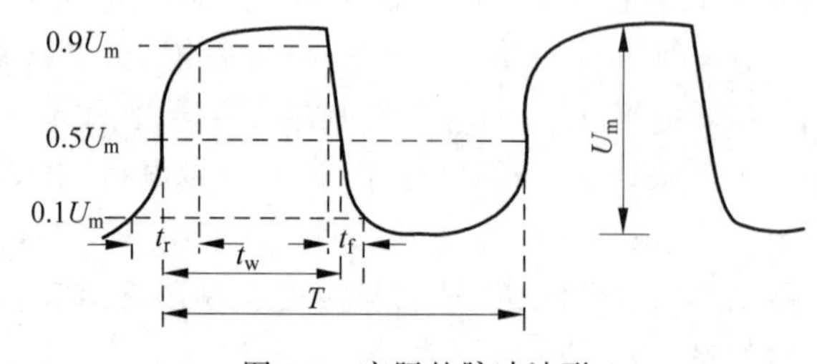

图 9-5　实际的脉冲波形

图9-5中所示各参数定义如下：

（1）脉冲幅度 U_m。脉冲电压的最大变化幅度。

（2）上升时间 t_r。脉冲上升沿从 $0.1U_m$ 上升到 $0.9U_m$ 所需的时间。

（3）下降时间 t_f。脉冲下降沿从 $0.9U_m$ 下降到 $0.1U_m$ 所需的时间。

（4）脉冲宽度 t_w。从脉冲上升沿到达 $0.5U_m$ 起，到脉冲下降沿到达 $0.5U_m$ 为止的一段时间。

（5）脉冲周期 T。在周期性脉冲信号中，两个相邻脉冲的前沿之间或后沿之间的时间间隔称为脉冲周期，用 T 表示。

（6）脉冲频率 f。在单位时间内(1秒)脉冲信号重复出现的次数，用 f 表示，$f=\dfrac{1}{T}$。

（7）占空比 q。脉冲的宽度 t_w 与脉冲周期 T 的比值，即 $q=\dfrac{t_w}{T}$。

一般情况下波形的上升或下降时间都很小，而在数字电路中只需关注逻辑电平的高低，因此在画理想数字波形时忽略了上升和下降时间。本书中所用的数字波形将采用理想波形。

9.2 数制和码制

9.2.1 数制及数制间的转换

1. 数制

数制是进位计数制的简称。在日常生活中，人们习惯采用十进制计数，在数字电路中经常使用二进制计数，而在计算机系统中还经常使用十六进制计数。

一个任意进制数都可以表示为

$$(N)_R = \sum k_i \times R^i \tag{9-1}$$

其中，下角标 R 表示括号里的数 N 为任意进制数，当其值为 2、8、10 和 16 时，分别表示二进制数、八进制数、十进制数和十六进制数。k_i 是第 i 位的系数，若为二进制数，则 k_i 可以是 0 或 1，若为八进制数，则 k_i 可以是 0～7 这 8 个数中的任何一个，若为十进制数，则 k_i 可以是 0～9 这 10 个数中的任何一个，若为十六进制数，则 k_i 可以是 0～9 和 A～F 中的任何一个。R^i 为第 i 位的加权，R 为基数，按照进制的不同，R 为 2、8、10 或 16。若整数部分的位数是 n，小数部分的位数为 m，则 i 包含从 $n-1$ 到 0 的所有整数和从 -1 到 $-m$ 的所有负整数。

例如，二进制数 1011 可写为

$$(1011)_2 = 1 \times 2^3 + 0 \times 2^2 + 1 \times 2^1 + 1 \times 2^0$$

八进制数 705 可以写为

$$(705)_8 = 7 \times 8^2 + 0 \times 8^1 + 5 \times 8^0$$

十进制数 47.235 可写为

$$(47.235)_{10} = 4 \times 10^1 + 7 \times 10^0 + 2 \times 10^{-1} + 3 \times 10^{-2} + 5 \times 10^{-3}$$

十六进制数 4F7 可写为

$$(4F7)_{16} = 4 \times 16^2 + 15 \times 16^1 + 7 \times 16^0$$

由于目前在微型计算机中普遍采用 8 位、16 位和 32 位二进制并行运算，而 8 位、16 位和 32 位的二进制数可以用 2 位、4 位和 8 位的十六进制数表示，因而用十六进制符号书写程序十分方便。一般二进制数、八进制数、十进制数和十六进制数也可以用下标 B、O、D 和 H 表示。

2. 数制间的转换

1）任意进制数转换为十进制数

将任意进制数转换为十进制数的方法是将任意进制数按照式(9-1)展开，然后把所有的各项的数值按十进制数相加，就可以得到等值的十进制数了。例如，

$$(101.11)_2 = 1 \times 2^2 + 0 \times 2^1 + 1 \times 2^0 + 1 \times 2^{-1} + 1 \times 2^{-2} = (5.75)_{10}$$

2）十进制数转换为二进制数

十进制数可分为整数和小数两部分，对整数和小数分别转换，再将结果排列在一起就得到转换结果。

(1) 整数的转换。

假定十进制整数为$(N)_{10}$,等值的二进制数为$(k_n k_{n-1} \cdots k_0)_2$,则依式(9-1)可知

$$\begin{aligned}(N)_{10} &= k_n 2^n + k_{n-1} 2^{n-1} + \cdots + k_1 2^1 + k_0 2^0 \\ &= 2(k_n 2^{n-1} + k_{n-1} 2^{n-2} + \cdots + k_1) + k_0 \end{aligned} \tag{9-2}$$

上式表明,若将$(N)_{10}$除以2,则得到的商为$k_n 2^{n-1} + k_{n-1} 2^{n-2} + \cdots + k_1$,而余数为$k_0$。

同理,可将式(9-2)除以2得到的商写成

$$k_n 2^{n-1} + k_{n-1} 2^{n-2} + \cdots + k_1 = 2(k_n 2^{n-2} + k_{n-1} 2^{n-3} + \cdots + k_2) + k_1 \tag{9-3}$$

由式(9-3)不难看出,若将$(N)_{10}$除以2所得的商再次除以2,则所得的余数为k_1。

以此类推,反复将每次得到的商再除以2,就可求得二进制数的每一位了。

例如,将$(23)_{10}$转换为二进制数可如下进行:

```
2|23 ………………… 余1 ………………… k0
2|11 ………………… 余1 ………………… k1
2|5  ………………… 余1 ………………… k2
2|2  ………………… 余0 ………………… k3
2|1  ………………… 余1 ………………… k4
  0
```

故$(23)_{10} = (10111)_2$。

(2) 小数的转换。

若$(N)_{10}$是一个十进制的小数,对应的二进制小数为$(0.k_{-1} k_{-2} \cdots k_{-m})_2$,则根据式(9-1)可知

$$(N)_{10} = k_{-1} 2^{-1} + k_{-2} 2^{-2} + \cdots + k_{-m} 2^{-m}$$

将上式两边同乘以2得到

$$2(N)_{10} = k_{-1} + (k_{-2} 2^{-1} + k_{-3} 2^{-2} + \cdots + k_{-m} 2^{-m+1}) \tag{9-4}$$

式(9-4)说明,将小数$(N)_{10}$乘以2所得乘积的整数部分即为k_{-1}。

同理,将乘积的小数部分再乘以2又可得到

$$2(k_{-2} 2^{-1} + k_{-3} 2^{-2} + \cdots + k_{-m} 2^{-m+1}) = k_{-2} + (k_{-3} 2^{-1} + \cdots + k_{-m} 2^{-m+2}) \tag{9-5}$$

该乘积的整数部分即为k_{-2}。

以此类推,将每次乘以2后所得到的乘积的小数部分再乘以2,便可求出二进制小数的每一位。

例如,将$(0.8125)_{10}$转换为二进制小数时可如下进行

```
  0.8125
×      2
  1.6250………………1………………k-1

  0.6250
×      2
  1.2500………………1………………k-2

  0.2500
×      2
  0.5000………………0………………k-3

  0.5000
×      2
  1.0000………………1………………k-4
```

故$(0.8125)_{10}=(0.1101)_2$。

3）二进制数转换为十六进制数

由于4位二进制数恰好有16个状态，而把这4位二进制数视为一个整体时，它的进位输出又正好是逢16进1，所以，二进制数转换为十六进制数时，从小数点开始向右和向左划分为4位二进制数一组，每组便是十六进制数。

例如，将$(1011101.11000101)_2$转换为十六进制数时可得

$$\begin{array}{cccc}(101, & 1101. & 1100, & 0101)_2 \\ \downarrow & \downarrow & \downarrow & \downarrow \\ =(5 & D. & C & 5)_{16}\end{array}$$

4）十六进制数转换为二进制数

转换时只需将十六进制数的每一位用等值的4位二进制数代替即可。

例如，将$(FA7.6B)_{16}$转换为二进制数时可得

$$\begin{array}{ccccc}(F & A & 7. & 6 & B)_{16} \\ \downarrow & \downarrow & \downarrow & \downarrow & \downarrow \\ =(1111, & 1010, & 0111. & 0110, & 1011)_2\end{array}$$

9.2.2 码制

不同的数码不仅可以表示数量的不同大小，而且还能用来表示不同的事物。在后一种情况下，这些数码已没有表示数量大小的含义，只是表示不同事物的代号而已。这些数码称为代码。

例如，在运动赛场上，为便于识别运动员，通常给每个运动员编一个号码。显然，这些号码仅仅表示不同的运动员，相当于运动员的代号，已失去了数量大小的含义。

为便于记忆和处理，在编制代码时总要遵循一定的规则，这些规则就叫作码制。

例如，在用4位二进制数码表示1位十进制数的0～9这10个状态时，就有多种不同的码制。通常将这些代码称为二-十进制代码，简称BCD码。在一般情况下，十进制码与二进制码之间的关系可表示为

$$(N)_{10}=W_3k_3+W_2k_2+W_1k_1+W_0k_0 \tag{9-6}$$

其中，$W_3 \sim W_0$为二进制码中各位的权，权值不同，得到的BCD码也不同，表9-1列出了几种常见的BCD代码。

表9-1 几种常见的BCD代码

编码种类 / 十进制数	8421码	5211码	2421码	余3码
0	0000	0000	0000	0011
1	0001	0001	0001	0100
2	0010	0100	0010	0101
3	0011	0101	0011	0110
4	0100	0111	0100	0111
5	0101	1000	0101	1000

续表

十进制数 \ 编码种类	8421 码	5211 码	2421 码	余 3 码
6	0110	1001	0110	1001
7	0111	1100	0111	1010
8	1000	1101	1110	1011
9	1001	1111	1111	1100

8421 码是 BCD 代码中最常用的一种。在这种编码方式中从左到右每一位的加权分别为 8、4、2、1，而且每一位的权是固定不变的，它属于恒权代码。8421BCD 码是四位二进制数的 0000(0)～1111(15)16 种组合中的前 10 种组合，即 0000(0)～1001(9)，其余 6 种组合是无效的。16 种组合中选取 10 种有效组合方式的不同，可以得到其他的二-十进制码，如表中的 2421 码、5211 码等。余 3 码是由 8421BCD 码加 3(0011)得来的，不能用式(9-6)表示其编码关系，它是一种无权码。

实用上，还有一种常见的无权码叫格雷码，其编码如表 9-2 所示。这种码的特点是相邻的两个代码之间仅有一位的状态不同。

表 9-2　格雷码

k_3	k_2	k_1	k_0	G_3	G_2	G_1	G_0
0	0	0	0	0	0	0	0
0	0	0	1	0	0	0	1
0	0	1	0	0	0	1	1
0	0	1	1	0	0	1	0
0	1	0	0	0	1	1	0
0	1	0	1	0	1	1	1
0	1	1	0	0	1	0	1
0	1	1	1	0	1	0	0
1	0	0	0	1	1	0	0
1	0	0	1	1	1	0	1
1	0	1	0	1	1	1	1
1	0	1	1	1	1	1	0
1	1	0	0	1	0	1	0
1	1	0	1	1	0	1	1
1	1	1	0	1	0	0	1
1	1	1	1	1	0	0	0

仿真视频
9-1

9.3　逻辑代数中的基本运算

在客观世界中，有些事物之间总是存在着某种因果关系。例如电灯的亮或暗，取决于电源的开关是否闭合，如果开关闭合，电灯就会亮，否则电灯为暗。开关闭合与否是电灯亮与暗的原因，电灯的亮与暗是结果，描述这种因果关系的数学工具称为逻辑代数。

逻辑代数是英国数学家乔治·布尔(George Boole)于 1849 年首先提出的，所以又称为布尔代数。后来,由于布尔代数被广泛地应用于解决开关电路的分析与设计上,所以也把布尔代数叫作开关代数。

逻辑代数是按照一定的逻辑规律进行运算的代数,其中的变量称为逻辑变量,用字母A、B、C、…表示,但它和普通代数中变量的含义却有着本质的区别。逻辑变量只有两个值,即0(逻辑0)和1(逻辑1),而没有中间值。0和1并不表示数量的大小,只代表两种不同的逻辑状态,例如"是"与"非","真"与"假"等。

逻辑代数的基本运算有与(AND)、或(OR)、非(NOT)三种。

9.3.1 逻辑与

逻辑与关系可以用如图9-6所示的电路来说明。从图中可以看出,只有当两个开关A、B同时闭合时,指示灯Y才会亮;否则灯是暗的。如果把开关闭合状态作为条件,把灯亮、暗的情况作为结果,并设定开关闭合用1表示,开关断开用0表示,灯亮用1表示,灯不亮用0表示,则可以用如表9-3所示的真值表来表示如图9-6所示电路的因果关系。从这个电路可以总结出这样的逻辑关系:只有决定事物结果(灯亮)的全部条件(开关A与B都闭合)同时具备时,结果(灯亮)才发生。这种因果关系叫作逻辑与,或者叫逻辑乘。

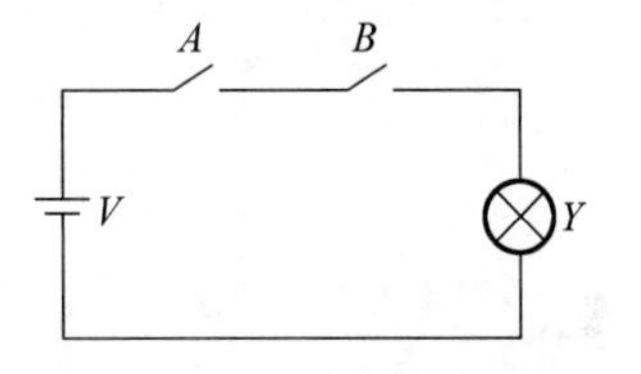

图9-6　表示逻辑与关系的电路

逻辑与运算表达式可以写成

$$Y = A \cdot B = AB \tag{9-7}$$

逻辑与运算的图形符号如图9-7所示。

表9-3　逻辑与关系的真值表

A	B	Y
0	0	0
0	1	0
1	0	0
1	1	1

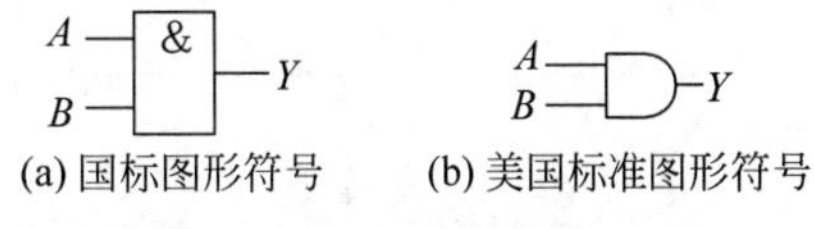

图9-7　逻辑与运算的图形符号

9.3.2 逻辑或

逻辑或关系可以用如图9-8所示的电路来说明。从图中可以看出,开关A、B中只要有一个闭合,指示灯Y就会亮。同样把开关闭合状态作为条件,把灯亮、暗的情况作为结果,且设定值同前,则可以用如表9-4所示的真值表来表示如图9-8所示电路的因果关系。从这个电路可以总结出这样的逻辑关系:在决定事物结果(灯亮)的诸条件(开关A与B都闭合)中,只要有任何一个满足,结果就会发生。这种因果关系叫作逻辑或,也叫作逻辑加。

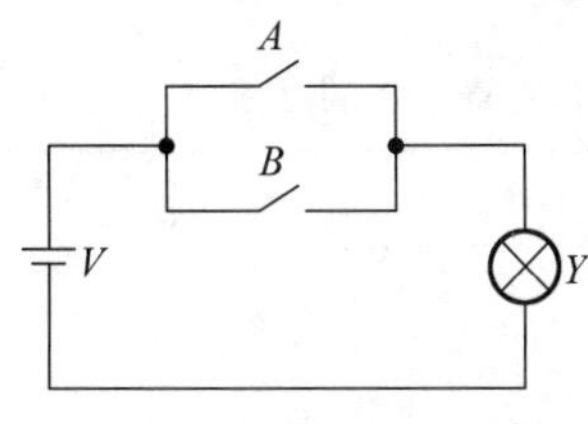

图9-8　表示逻辑或关系的电路

逻辑或运算表达式可以写成

$$Y = A + B \tag{9-8}$$

逻辑或运算的图形符号如图 9-9 所示。

表 9-4 逻辑或关系的真值表

A	B	Y
0	0	0
0	1	1
1	0	1
1	1	1

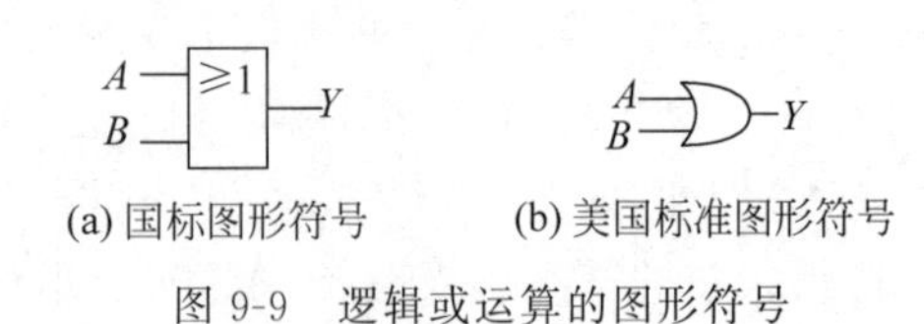

图 9-9 逻辑或运算的图形符号

9.3.3 逻辑非

逻辑非关系可以用如图 9-10 所示的电路来说明。从图中可以看出，开关 A 断开时灯亮，开关 A 闭合时灯反而不亮。在 1 和 0 表示的物理意义保持不变的情况下，则可以用如表 9-5 所示的真值表来表示如图 9-10 所示电路的因果关系。从这个电路可以总结出这样的逻辑关系：只要条件（开关 A 闭合）具备了，结果（灯亮）便不会发生；而条件不具备时，结果一定发生。这种因果关系叫作逻辑非，也叫作逻辑求反。

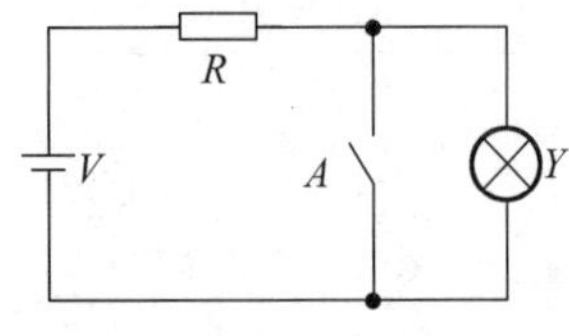

图 9-10 表示逻辑非关系的电路

逻辑非运算表达式可以写成

$$Y=\overline{A} \tag{9-9}$$

逻辑非运算的图形符号如图 9-11 所示。

表 9-5 逻辑非关系的真值表

A	Y
0	1
1	0

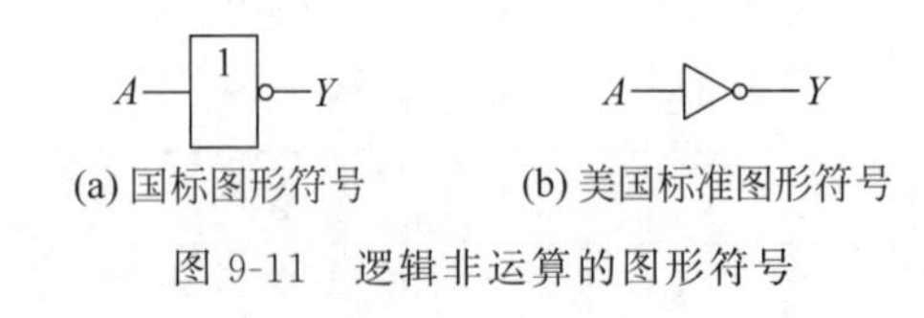

图 9-11 逻辑非运算的图形符号

9.3.4 复合逻辑

一般来说，一个比较复杂的逻辑电路往往不只有与、或、非逻辑运算，还包括其他的复合逻辑运算，最常见的复合逻辑运算有与非、或非、异或、同或、与或非等。表 9-6～表 9-10 给出了这些复合逻辑运算的真值表。图 9-12 中给出了它们的图形符号，图形符号上的小圆圈表示非运算。

表 9-6 与非逻辑关系的真值表

A	B	Y
0	0	1
0	1	1
1	0	1
1	1	0

表 9-7 或非逻辑关系的真值表

A	B	Y
0	0	1
0	1	0
1	0	0
1	1	0

表 9-8　异或逻辑关系的真值表

A	B	Y
0	0	0
0	1	1
1	0	1
1	1	0

表 9-9　同或逻辑关系的真值表

A	B	Y
0	0	1
0	1	0
1	0	0
1	1	1

表 9-10　与或非逻辑关系的真值表

A	B	C	D	Y	A	B	C	D	Y
0	0	0	0	1	1	0	0	0	1
0	0	0	1	1	1	0	0	1	1
0	0	1	0	1	1	0	1	0	1
0	0	1	1	0	1	0	1	1	0
0	1	0	0	1	1	1	0	0	0
0	1	0	1	1	1	1	0	1	0
0	1	1	0	1	1	1	1	0	0
0	1	1	1	0	1	1	1	1	0

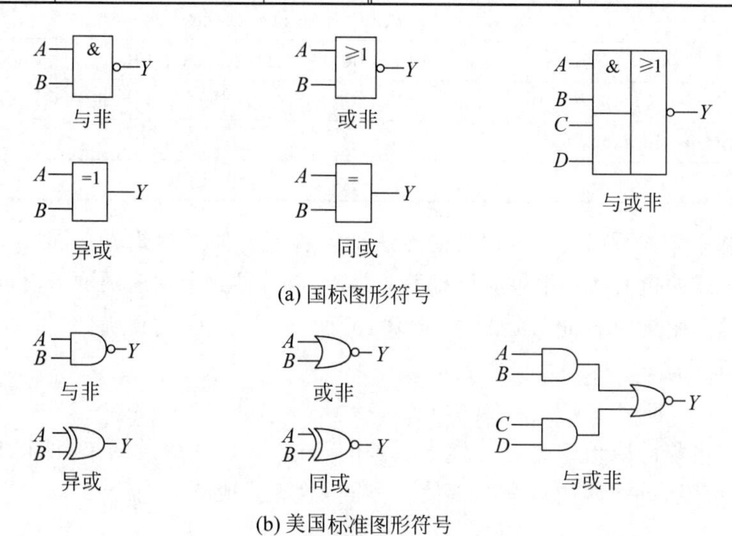

图 9-12　复合逻辑运算的图形符号

从表 9-6～表 9-10 可以写出对应的逻辑表达式为

与非逻辑表达式为

$$Y=\overline{AB} \tag{9-10}$$

或非逻辑表达式为

$$Y=\overline{A+B} \tag{9-11}$$

异或逻辑表达式为

$$Y=A\oplus B=A\overline{B}+\overline{A}B \tag{9-12}$$

同或逻辑表达式为

$$Y = A \odot B = AB + \overline{A}\overline{B} \tag{9-13}$$

与或非逻辑表达式为

$$Y = \overline{AB + CD} \tag{9-14}$$

由式(9-12)和式(9-13)可以看出，同或与异或互为反运算，即

$$A \odot B = \overline{A \oplus B} \tag{9-15}$$

9.4 逻辑代数中的公式

9.4.1 基本公式

根据逻辑与、或、非三种基本运算法则，可推导出逻辑运算的一些基本公式，如表 9-11 所示。

表 9-11 逻辑代数中的基本公式

常量与常量、常量与变量间的运算	$\overline{1}=0$；$\overline{0}=1$ $0 \cdot A=0$；$1+A=1$ $1 \cdot A=A$；$0+A=A$
重叠律	$A \cdot A=A$；$A+A=A$
互补律	$A \cdot \overline{A}=0$；$A+\overline{A}=1$
交换律	$AB=BA$；$A+B=B+A$
结合律	$A(BC)=(AB)C$；$A+(B+C)=(A+B)+C$
分配律	$A(B+C)=AB+AC$；$A+BC=(A+B)(A+C)$
德·摩根定理(de Morgan)	$\overline{A+B}=\overline{A}\,\overline{B}$；$\overline{AB}=\overline{A}+\overline{B}$
还原律	$\overline{\overline{A}}=A$

以上这些基本公式可以用列真值表的方法加以验证。如果等式成立，那么将任何一组变量的取值代入公式两边所得的结果应该相等。因此，等式两边所对应的真值表也必然相同。

【例题 9.1】 用真值表证明分配律 $A(B+C)=AB+AC$ 的正确性。

解：对于恒等式

$$A(B+C)=AB+AC$$

将 A、B、C 所有可能的取值组合逐一代入上式的两边，算出相应的结果，即得到其真值表如表 9-12 所示。可见，等式两边对应的真值表相同，故等式成立。

表 9-12 例题 9.1 的真值表

A	B	C	A(B+C)	AB+AC	A	B	C	A(B+C)	AB+AC
0	0	0	0	0	1	0	0	0	0
0	0	1	0	0	1	0	1	1	1
0	1	0	0	0	1	1	0	1	1
0	1	1	0	0	1	1	1	1	1

9.4.2 若干常用的公式

表 9-13 列出了几个常用的公式，这些公式会给化简逻辑函数带来很大方便。

表 9-13　若干常用的公式

吸收律	$A+AB=A$；$A+\bar{A}B=A+B$ $AB+A\bar{B}=A$；$A(A+B)=A$
冗余定理	$AB+\bar{A}C+BC=AB+\bar{A}C$ $AB+\bar{A}C+BCD=AB+\bar{A}C$

现在将表 9-13 中的各式证明如下。

(1) $A+AB=A$。

证明：

$$A+AB=A(1+B)=A\cdot 1=A$$

上式表明：在两个乘积项相加时，若其中一项以另一项为因子，则该项是多余的，可以消去。

(2) $A+\bar{A}B=A+B$。

证明：由分配律可以得到

$$A+\bar{A}B=(A+\bar{A})(A+B)=A+B$$

上式表明：两个乘积项相加时，如果一项取反后是另一项的因子，则此因子是多余的，可以消去。

(3) $AB+A\bar{B}=A$。

证明：

$$AB+A\bar{B}=A(B+\bar{B})=A$$

上式表明：当两个乘积项相加时，若它们分别包含 B 和 $\bar{B}$ 两个因子，而其他因子相同，则两项一定能合并，且可将 B 和 $\bar{B}$ 两个因子消去。

(4) $A(A+B)=A$。

证明：

$$A(A+B)=A\cdot A+A\cdot B=A+AB=A$$

上式表明：变量 A 和包含 A 的和因式相乘时，其结果等于 A，即可以将和因式消去。

(5) $AB+\bar{A}C+BCD=AB+\bar{A}C$。

证明：

$$\begin{aligned}AB+\bar{A}C+BCD&=AB+\bar{A}C+BCD(A+\bar{A})\\&=AB+\bar{A}C+ABCD+\bar{A}BCD\\&=AB(1+CD)+\bar{A}C(1+BD)\\&=AB+\bar{A}C\end{aligned}$$

上式表明：若两个乘积项中分别包含 A 和 $\bar{A}$ 两个因子，而这两个乘积项的其余因子又是第三个乘积项的组成因子时，则第三个乘积项是多余的，可以消去。

从以上的证明可以看到，这些常用公式都是从基本公式推导出的结果。当然，读者还可以推导出更多的常用公式。

9.5　逻辑代数中的基本定理

9.5.1　代入定理

所谓代入定理，就是在任何一个包含变量 A 的等式中，若以另外一个逻辑式代入式中

所有 A 的位置，则等式仍然成立。

因为变量 A 仅有 0 和 1 两种可能的状态，所以无论将 $A=0$ 还是 $A=1$ 代入逻辑等式，等式都一定成立。而任何一个逻辑式，也和任何一个逻辑变量一样，只有 0 和 1 两种取值，所以代入定理是正确的。

【例题 9.2】 用代入定理证明德·摩根定理也适用于多变量的情况。

证明：已知二变量的德·摩根定理为

$$\overline{A+B}=\bar{A}\bar{B} \quad 和 \quad \overline{AB}=\bar{A}+\bar{B}$$

现以 $(C+D)$ 代入左边等式中 B 的位置，同时以 CD 代入右边等式中 B 的位置，于是得

$$\overline{A+(C+D)}=\bar{A}\,\overline{(C+D)}=\bar{A}\bar{C}\bar{D}$$

$$\overline{A(CD)}=\bar{A}+\overline{(CD)}=\bar{A}+\bar{C}+\bar{D}$$

可见，德·摩根定理也适用于多变量的情况。

另外需要注意，在对复杂的逻辑式进行运算时，仍需遵守与普通代数一样的运算优先级顺序，即先算括号里的内容，然后算与运算，最后算或运算。

9.5.2 反演定理

所谓反演定理，就是对于一个逻辑式 Y，若将其中所有的“·”换成“+”，“+”换成“·”，0 换成 1，1 换成 0，原变量换成反变量，反变量换成原变量，则得到 $\bar{Y}$。

利用反演定理，可以比较容易地求出原函数的反函数。但在使用反演定理时，还需注意遵守以下两条规则：

(1) 在变换时要保持原式中的运算顺序不变。

(2) 不属于单个变量上的反号应保留不变。

【例题 9.3】 已知 $Y=\bar{A}\bar{B}C+\bar{C}D$，利用反演定理求其反函数 $\bar{Y}$。

解：根据反演定理可以写出

$$\bar{Y}=(A+B+\bar{C})(C+\bar{D})$$

注意：不能写成 $\bar{Y}=A+B+\bar{C}C+\bar{D}$，这样就改变了原式的运算顺序。

【例题 9.4】 若 $Y=\overline{\overline{A\bar{B}+CD}+\bar{D}}+C\bar{D}$，利用反演定理求其反函数 $\bar{Y}$。

解：根据反演定理可以直接写出

$$\bar{Y}=\overline{\overline{(\bar{A}+B)(\bar{C}+\bar{D})}\cdot D}\cdot(\bar{C}+D)$$

9.5.3 对偶定理

所谓对偶定理，就是若两个逻辑式相等，则它们的对偶式也相等。

所谓对偶式，就是对于任何一个逻辑式 Y，若将其中的“·”换成“+”，“+”换成“·”，0 换成 1，1 换成 0，则得到 Y 的对偶式 Y'。

在求对偶式时，同样需要注意要保持原式中的运算顺序不变，不属于单个变量上的反号应保留不变。

【例题 9.5】 若 $Y=AB(C+\bar{D})$，求其对偶式 Y'。

解：根据对偶式的求解方法，可以直接写出

$$Y'=A+B+C\bar{D}$$

【例题 9.6】 若 $Y=AB+\overline{C+D}$，求其对偶式 Y'。

解：根据对偶式的求解方法，可以直接写出

$$Y'=(A+B)\overline{CD}$$

为了证明两个逻辑式相等，也可以通过证明它们的对偶式相等来完成，因为，有些情况下证明它们的对偶式相等更加容易。

【例题 9.7】 试证明 $A+BC=(A+B)(A+C)$。

证明：等式左边：$A+BC$ 的对偶式为

$$A(B+C)=AB+AC$$

等式右边：

$(A+B)(A+C)$的对偶式为 $AB+AC$

可见，等式左右两边的对偶式相等，所以

$$A+BC=(A+B)(A+C)$$

仔细观察读者会发现，表 9-11 中每横排的两个公式互为对偶式。

9.6 逻辑函数的表示方法

仿真视频 9-2

9.6.1 逻辑函数

在实际的逻辑电路中，如果把条件视为自变量，结果视为因变量，那么每给自变量一组取值，因变量就有一个确定的值与之对应，也即自变量与因变量之间有确定的逻辑关系。这种逻辑关系称为逻辑函数，写作

$$Y=F(A,B,C,\cdots)$$

由于自变量和因变量的取值只有 0 和 1 两种状态，所以这里的逻辑函数都是二值逻辑函数。

常用的逻辑函数表示方法有逻辑真值表(简称真值表)、逻辑函数式(也称逻辑式或函数式)、卡诺图和逻辑图等。

9.6.2 逻辑真值表

将输入变量所有的取值下对应的输出值找出来，列成表格，即可得到真值表。

真值表的列写方法如下：

(1) 每一个输入变量都有 0 和 1 两种取值，则 n 个变量有 2^n 种不同取值组合。

(2) 为避免漏项，一般从 0 开始列写，按照每次递增 1 的顺序列写。

【例题 9.8】 一个逻辑电路实现的逻辑功能为：当输入变量 A、B、C 有两个或两个以上为 1 时输出 Y 为 1，输入为其他状态时输出为 0。试列写其真值表。

解：按照真值表的列写方法，可以列出真值表如表 9-14 所示。

表 9-14 例题 9.8 的真值表

A	B	C	Y	A	B	C	Y
0	0	0	0	1	0	0	0
0	0	1	0	1	0	1	1
0	1	0	0	1	1	0	1
0	1	1	1	1	1	1	1

9.6.3 逻辑函数式

1. 逻辑函数式的定义

把输出与输入之间的逻辑关系写成与、或、非等运算的组合式，即逻辑代数式，就得到了所需的逻辑函数式。

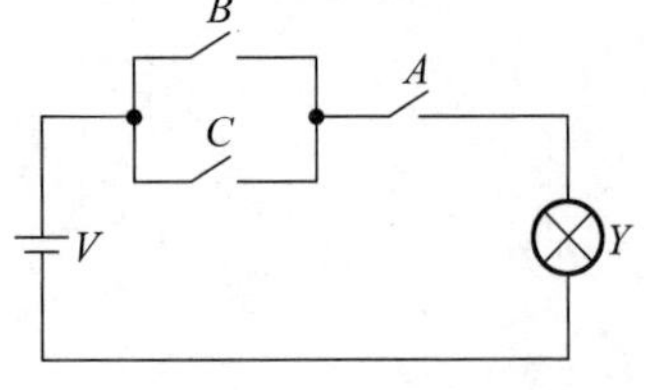

图 9-13 例题 9.9 的电路图

【例题 9.9】 如图 9-13 所示的电路中，A、B、C 为三个开关，Y 为灯。试写出能表示该电路功能的逻辑函数式。

解：根据电路的工作原理不难看出，"B 和 C 中至少有一个闭合"可以表示为$(B+C)$，"同时还要求闭合 A"，则应写作 $A(B+C)$。因此得到输出的逻辑函数式为

$$Y=A(B+C)$$

2. 逻辑函数的最小项和最小项表达式

1）最小项

在 n 个输入变量的逻辑函数中，若 m 为包含 n 个因子的乘积项，而且这 n 个变量均以原变量或反变量的形式在 m 中出现一次，则称 m 为该组变量的最小项。

例如，设有 A、B、C 三个逻辑变量，由它们所组成的最小项有 $\overline{A}\overline{B}\overline{C}$、$\overline{A}\overline{B}C$、$\overline{A}B\overline{C}$、$\overline{A}BC$、$A\overline{B}\overline{C}$、$A\overline{B}C$、$AB\overline{C}$、$ABC$ 共 8 个（即 2^3 个）最小项。同理，4 变量的最小项应有 16 个，n 变量的最小项应有 2^n 个。

输入变量的每一组取值都使一个对应的最小项的值等于 1。例如，在三变量 A、B、C 的最小项中，当 $A=0$、$B=1$、$C=0$ 时，最小项 $\overline{A}B\overline{C}=1$，称最小项 $\overline{A}B\overline{C}$ 与变量的取值组合 010 相对应。如果把 $\overline{A}B\overline{C}$ 的取值 010 看作一个二进制数，那么它所表示的十进制数就是 2。为了今后使用方便，将 $\overline{A}B\overline{C}$ 这个最小项记作 m_2。按照这一约定，就得到了三变量最小项的编号表，如表 9-15 所示。

表 9-15 三变量最小项的编号表

最 小 项	使最小项为 1 的变量取值			对应的十进制数	编 号
	A	**B**	**C**		
$\overline{A}\overline{B}\overline{C}$	0	0	0	0	m_0
$\overline{A}\overline{B}C$	0	0	1	1	m_1
$\overline{A}B\overline{C}$	0	1	0	2	m_2
$\overline{A}BC$	0	1	1	3	m_3
$A\overline{B}\overline{C}$	1	0	0	4	m_4
$A\overline{B}C$	1	0	1	5	m_5
$AB\overline{C}$	1	1	0	6	m_6
ABC	1	1	1	7	m_7

从最小项的定义出发可以证明它具有如下的重要性质：

（1）在输入变量的任何取值下必有一个最小项，而且仅有一个最小项的值为 1。

（2）任意两个最小项的乘积为 0。

（3）全体最小项之和为 1。

（4）具有相邻性的两个最小项之和可以合并成一项并消去一对因子。

若两个最小项只有一个因子不同,且这个不同的因子为一对互补变量(即互为反变量),则称这两个最小项具有相邻性。例如,$AB\bar{C}$ 和 $A\bar{B}\bar{C}$ 两个最小项仅第二个因子不同,分别是 B 和 $\bar{B}$,所以它们具有相邻性。这两个最小项相加时定能合并成一项并将消去这对不同的因子,即

$$AB\bar{C}+A\bar{B}\bar{C}=A\bar{C}(B+\bar{B})=A\bar{C}$$

2) 逻辑函数的最小项表达式

利用基本公式 $A+\bar{A}=1$,可以把任何一个逻辑函数化为最小项之和的形式,即最小项表达式。这在逻辑函数的化简以及计算机辅助分析和设计中得到了广泛的应用。

【例题 9.10】 给定逻辑函数为 $Y=\bar{A}B+A\bar{C}$,试写出其最小项表达式。

解:利用公式 $A+\bar{A}=1$,可写出逻辑函数的最小项表达式为

$$Y=\bar{A}B(C+\bar{C})+A\bar{C}(B+\bar{B})=\bar{A}BC+\bar{A}B\bar{C}+AB\bar{C}+A\bar{B}\bar{C} \tag{9-16}$$

对照表 9-15,式(9-16)中各个最小项又可分别表示为 m_3、m_2、m_6、m_4,所以又可以写成

$$Y=m_3+m_2+m_6+m_4=\sum m(2,3,4,6) \tag{9-17}$$

一般来说,对于任何一个逻辑函数式,若想化为最小项表达式形式,必须先将其化为与或式的形式,然后再利用公式 $A+\bar{A}=1$,即可将逻辑函数式化为最小项表达式。

【例题 9.11】 将逻辑函数 $Y=\overline{(AB+\bar{A}\bar{B}+\bar{C})\overline{AB}}$ 化为最小项表达式。

解:

$$\begin{aligned}
Y&=\overline{(AB+\bar{A}\bar{B}+\bar{C})\overline{AB}}=\overline{AB+\bar{A}\;\bar{B}+\bar{C}}+AB\\
&=(\overline{AB}\cdot\overline{\bar{A}\;\bar{B}}\cdot\bar{\bar{C}})+AB=(\bar{A}+\bar{B})(A+B)C+AB\\
&=\bar{A}BC+A\bar{B}C+AB=\bar{A}BC+A\bar{B}C+AB(C+\bar{C})\\
&=\bar{A}BC+A\bar{B}C+ABC+AB\bar{C}\\
&=\sum m(3,5,6,7)
\end{aligned}$$

9.6.4 卡诺图

1. 表示最小项的卡诺图

卡诺图是由美国工程师卡诺(Karnaugh)首先提出的。将 n 变量的全部最小项各用一个小方块表示,并使具有逻辑相邻性的最小项在几何位置上也相邻地排列起来,所得到的图形叫作 n 变量最小项的卡诺图。

图 9-14 中画出了两变量到五变量最小项的卡诺图。

图形两侧标注的 0 和 1 表示使对应小方格内的最小项为 1 的变量取值。同时,这些 0 和 1 组成的二进制数所对应的十进制数就是对应的最小项的编号。

为了保证图中几何位置相邻的最小项在逻辑上也具有相邻性,这些数码必须按照格雷码的形式排列,也即图 9-14 中的方式排列。

2. 用卡诺图表示逻辑函数

正如卡诺图的定义所述,每一个方格与一个最小项相对应,所以从卡诺图完全可以写出一个最小项表达式,也可以用卡诺图来表示一个最小项表达式。

A \ B	0	1
0	m_0	m_1
1	m_2	m_3

(a) 两变量的卡诺图

A \ BC	00	01	11	10
0	m_0	m_1	m_3	m_2
1	m_4	m_5	m_7	m_6

(b) 三变量的卡诺图

AB \ CD	00	01	11	10
00	m_0	m_1	m_3	m_2
01	m_4	m_5	m_7	m_6
11	m_{12}	m_{13}	m_{15}	m_{14}
10	m_8	m_9	m_{11}	m_{10}

(c) 四变量的卡诺图

AB \ CDE	000	001	011	010	110	111	101	100
00	m_0	m_1	m_3	m_2	m_6	m_7	m_5	m_4
01	m_8	m_9	m_{11}	m_{10}	m_{14}	m_{15}	m_{13}	m_{12}
11	m_{24}	m_{25}	m_{27}	m_{26}	m_{30}	m_{31}	m_{29}	m_{28}
10	m_{16}	m_{17}	m_{19}	m_{18}	m_{22}	m_{23}	m_{21}	m_{20}

(d) 五变量的卡诺图

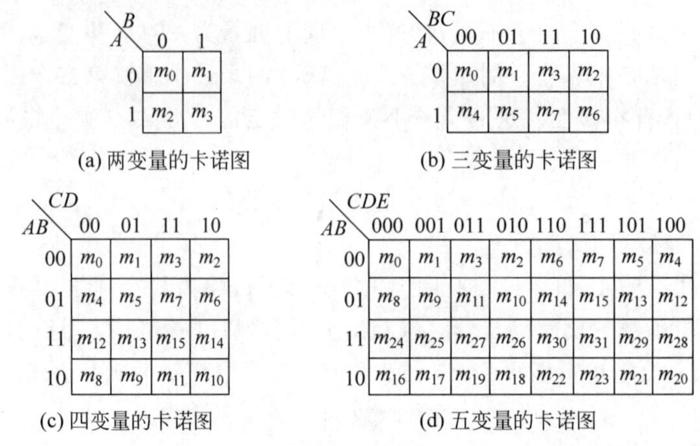

图 9-14　两变量到五变量最小项的卡诺图

【例题 9.12】 用卡诺图表示逻辑函数

$$Y = A\bar{B}CD + ABC\bar{C}\bar{D} + \bar{A}\bar{B}CD + \bar{A}B\bar{C}D + ABCD$$

解：首先画出四变量的卡诺图，然后在卡诺图上与函数式中最小项对应的方格内填入 1，在其余位置上填入 0，就得到如图 9-15 所示的 Y 的卡诺图。

【例题 9.13】 已知逻辑函数的卡诺图如图 9-16 所示，试写出该函数的逻辑表达式。

因为任何一个逻辑函数都等于它的卡诺图中填入 1 的那些最小项之和，所以把卡诺图中填入 1 的那些方格所对应的最小项相加即可得到逻辑表达式为

$$Y = \bar{A}\bar{B}CD + \bar{A}B\bar{C}D + AB\bar{C}\bar{D} + ABCD + A\bar{B}\bar{C}D + A\bar{B}C\bar{D}$$

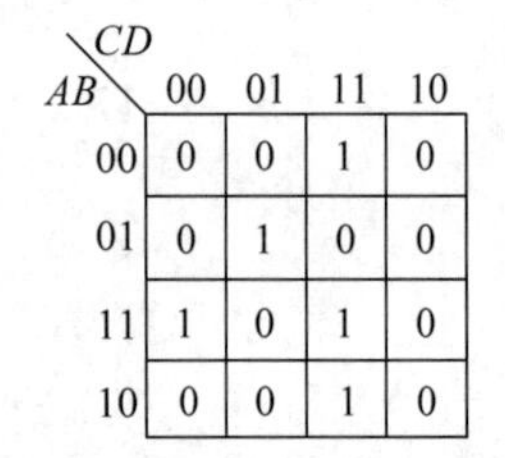

AB \ CD	00	01	11	10
00	0	0	1	0
01	0	1	0	0
11	1	0	1	0
10	0	0	1	0

图 9-15　例题 9.12 的卡诺图

AB \ CD	00	01	11	10
00	0	0	1	0
01	0	1	0	0
11	1	0	1	0
10	0	1	0	1

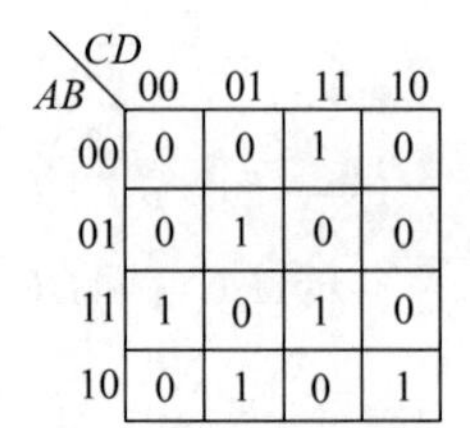

图 9-16　例题 9.13 的卡诺图

9.6.5 逻辑图

将逻辑函数中各变量之间的与、或、非等逻辑关系用图形符号表示出来，就可以画出表示函数关系的逻辑图。

【例题 9.14】 画出逻辑函数 $Y = A + \bar{B}C$ 的逻辑图。

解：逻辑函数 $Y = A + \bar{B}C$ 的逻辑图如图 9-17 所示。

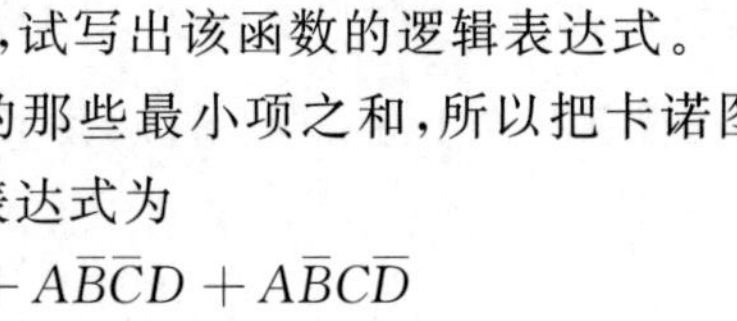

图 9-17　例题 9.14 的逻辑图

9.6.6 各种表示方法间的互相转换

既然同一个逻辑函数可以用 4 种不同的方法描述，那么这 4 种方法之间必能互相转换。经常用到的转换方式有以下几种。

1. 从真值表写出逻辑函数式

从真值表写出逻辑函数式的一般方法是：

(1) 找出真值表中使输出变量等于1的那些输入变量的取值组合。

(2) 每组输入变量的取值组合对应一个乘积项，其中取值为1的写原变量，取值为0的写反变量。

(3) 将这些乘积项相加，即得到逻辑函数式。

【例题9.15】 写出如表9-14所示真值表的逻辑函数式。

解：由表9-14的真值表可见，当输入变量 ABC 的取值组合为011、101、110、111时，$Y=1$，而当 $ABC=011$ 时，必然使乘积项 $\overline{A}BC=1$；当 $ABC=101$ 时，必然使乘积项 $A\overline{B}C=1$；当 $ABC=110$ 时，必然使 $AB\overline{C}=1$；当 $ABC=111$ 时，必然使乘积项 $ABC=1$，因此 Y 的逻辑函数应当等于这4个乘积项之和，即

$$Y=\overline{A}BC+A\overline{B}C+AB\overline{C}+ABC$$

2. 从逻辑式列出真值表

将输入变量取值的所有组合状态逐一代入逻辑式求出函数值，列成表，即可得到真值表。

【例题9.16】 已知逻辑函数 $Y=\overline{A}+\overline{B}C+\overline{A}BC$，求与它对应的真值表。

解：将 A、B、C 的各种取值逐一代入 Y 式中计算，将计算结果列表，即得表9-16所示的真值表。初学时为避免差错可先将 $\overline{B}C$、$\overline{A}BC$ 两项算出，然后将 $\overline{A}$、$\overline{B}C$ 和 $\overline{A}BC$ 相加求出 Y 的值。

表9-16　例题9.16的真值表

A	B	C	$\overline{A}$	$\overline{B}C$	$\overline{A}BC$	Y
0	0	0	1	0	0	1
0	0	1	1	1	0	1
0	1	0	1	0	0	1
0	1	1	1	0	1	1
1	0	0	0	0	0	0
1	0	1	0	1	0	1
1	1	0	0	0	0	0
1	1	1	0	0	0	0

3. 从逻辑图写出逻辑式

从输入端到输出端逐级写出每个图形符号对应的逻辑式，就可以得到对应的逻辑函数式了。

【例题9.17】 已知函数的逻辑图如图9-18所示，试写出它的逻辑函数式。

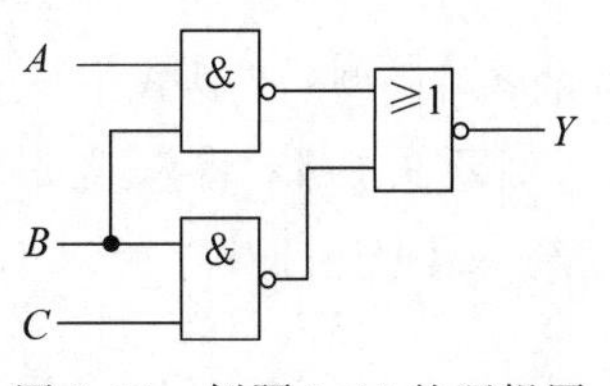

图9-18　例题9.17的逻辑图

解：从输入端 A、B、C 开始逐个写出每个图形符号输出端的逻辑式，得到 $Y=\overline{\overline{AB}+\overline{BC}}$。将该式变换后可得

$$Y=ABC$$

可见，输出 Y 和 A、B、C 间是与的逻辑关系。

4. 从一般逻辑函数填写卡诺图

前面已经介绍过，对于任一个逻辑函数，利用公式 $A+\overline{A}=1$ 即可将其变为最小项表达式。假设有一个四变量的逻辑函数 $Y=\overline{A}BC+AB\overline{C}D$，将其化为最小项表达式为

$$Y=\overline{A}BC+AB\overline{C}D=\overline{A}BC(D+\overline{D})+AB\overline{C}D=\overline{A}BCD+\overline{A}BC\overline{D}+AB\overline{C}D$$

从中可以看出乘积项 $\overline{A}BC$ 包含两个最小项 $\overline{A}BCD$ 和 $\overline{A}BC\overline{D}$，且是这两个最小项的公因子。那么在填写卡诺图时，最小项 $\overline{A}BCD$ 和 $\overline{A}BC\overline{D}$ 对应方格内都应填写 1，也就是说，凡是含有公因子 $\overline{A}BC$ 的最小项所对应的方格内都填写 1。由此可以得出由一般逻辑函数填写卡诺图的一般步骤为：首先将逻辑函数变换为与或逻辑表达式（不必变成最小项表达式的形式），然后在变量卡诺图中，把每一个乘积项所包含的那些最小项（该乘积项就是这些最小项的公因子）处都填上 1，剩下的填 0。

【例题 9.18】 已知四变量的逻辑函数为 $Y=AB+\overline{\overline{A}C+\overline{B}D}+\overline{A}\,\overline{B}C$，试填写卡诺图。

AB \ CD	00	01	11	10
00	1	0	1	1
01	1	1	0	0
11	1	1	1	1
10	1	0	0	1

图 9-19　例题 9.18 的卡诺图

解：首先将逻辑函数化成与或式为

$$\begin{aligned}Y&=AB+\overline{\overline{A}C}\cdot\overline{\overline{B}D}+\overline{A}\ \overline{B}C\\&=AB+(A+\overline{C})(B+\overline{D})+\overline{A}\ \overline{B}C\\&=AB+A\overline{D}+B\overline{C}+\overline{C}\,\overline{D}+\overline{A}\ \overline{B}C\end{aligned}$$

然后将每一个乘积项所包含的最小项所对应的方格都填写 1，得到卡诺图如图 9-19 所示。

9.7　逻辑函数的化简方法

9.7.1　逻辑函数的种类及最简形式

1. 逻辑函数的种类

一个逻辑函数可以有多种不同的逻辑表达式，如与或表达式、或与表达式、与非-与非表达式、或非-或非表达式以及与或非表达式等。例如，

$$\begin{aligned}Y&=AC+\overline{C}D &&\text{与或表达式}\\&=(A+\overline{C})(C+D) &&\text{或与表达式}\\&=\overline{\overline{AC}\cdot\overline{\overline{C}D}} &&\text{与非-与非表达式}\\&=\overline{\overline{(A+\overline{C})}+\overline{(C+D)}} &&\text{或非-或非表达式}\\&=\overline{\overline{A}C+\overline{C}\,\overline{D}} &&\text{与或非表达式}\end{aligned}$$

上述的各种类型的表达式中与或式是最为常见的，由与或式化为其他形式的表达式也比较容易。

【例题 9.19】 将与或式 $Y=A\overline{B}C+B\overline{C}+B\overline{D}$ 化为与非-与非表达式。

解：根据还原律 $\overline{\overline{Y}}=Y$，对原函数进行两次取反并利用摩根定理即可得到

$$Y=\overline{\overline{A\overline{B}C+B\overline{C}+B\overline{D}}}=\overline{\overline{A\overline{B}C}\cdot\overline{B\overline{C}}\cdot\overline{B\overline{D}}}$$

【例题 9.20】 将与或式 $Y=AB\overline{C}+\overline{B}D$ 化为与或非表达式。

解：首先利用反演定理求出其反函数，并展开化为与或式得到

$$\overline{Y}=(\overline{A}+\overline{B}+C)(B+\overline{D})=\overline{A}B+\overline{A}\,\overline{D}+\overline{B}\,\overline{D}+BC+C\overline{D}$$

再将 $\overline{Y}$ 取反即可得到

$$Y=\overline{\overline{A}B+\overline{A}\,\overline{D}+\overline{B}\,\overline{D}+BC+C\overline{D}}$$

2. 逻辑函数的最简形式

正如上面所看到,同一个逻辑函数可以写成不同的逻辑式,而这些逻辑式的繁简程度又相差甚远,所以逻辑式越简单,它所表示的逻辑关系越明显,同时也有利于用最少的电子器件实现这个逻辑函数。因此经常需要通过化简的手段找出逻辑函数的最简形式。由于逻辑代数的基本公式和常用公式多以与或式形式给出,用于化简与或逻辑函数比较方便,同时与或表达式可以比较容易地同其他形式的表达式相互转换,所以本书所说的化简,一般是指要求化为最简的与或表达式。

最简与或表达式,首先应是乘积项的数目是最少的,其次在满足乘积项最少的条件下,要求每个乘积项中变量的个数也最少。这样用化简后的表达式构成逻辑电路可节省元器件、降低成本、提高工作的可靠性。

9.7.2 公式法化简

公式法化简的原理就是反复使用逻辑代数中的基本公式和常用公式消去函数中多余的乘积项和多余的因子,以求得函数式的最简形式。

公式法化简没有固定的步骤,现将经常使用的方法归纳如下。

1. 并项法

利用公式 $A+\overline{A}=1$,可以将两项合并为一项,并消去一个变量。

【例题 9.21】 试用并项法将逻辑函数 $Y=\overline{A}B+AC+\overline{A}\,\overline{B}+\overline{A}C$ 化成最简与或式。

解:

$$Y=\overline{A}(B+\overline{B})+C(A+\overline{A})=\overline{A}+C$$

2. 吸收法

利用公式 $A+AB=A$,消去多余的项。

【例题 9.22】 试用吸收法将逻辑函数 $Y=AC+A\overline{B}C+ACD+AC(\overline{B}+D)$ 化成最简与或式。

解:

$$Y=AC(1+\overline{B}+D+\overline{B}+D)=AC$$

3. 消因子法

利用公式 $A+\overline{A}B=A+B$,消去多余的因子。

【例题 9.23】 试利用消因子法将逻辑函数 $Y=AB+\overline{A}C+\overline{B}C$ 化成最简与或式。

解:

$$Y=AB+(\overline{A}+\overline{B})C=AB+\overline{AB}C=AB+C$$

4. 消项法

利用公式 $AB+\overline{A}C+BCD=AB+\overline{A}C$ 消去多余的乘积项。

【例题 9.24】 试利用消项法将逻辑函数 $Y=AC+A\overline{B}+\overline{B+C}$ 化成最简与或式。

解:

$$Y=AC+A\overline{B}+\overline{B}\overline{C}=AC+\overline{B}\overline{C}$$

5. 配项法

(1) 利用公式 $A=A(B+\overline{B})$，将它作配项用，然后消去更多的项。

【例题 9.25】 试利用配项法将逻辑函数 $Y=AB+\overline{A}\overline{C}+B\overline{C}$ 化成最简与或式。

解：

$$\begin{aligned} Y &= AB+\overline{A}\overline{C}+(A+\overline{A})B\overline{C}=AB+\overline{A}\overline{C}+AB\overline{C}+\overline{A}B\overline{C} \\ &=(AB+AB\overline{C})+(\overline{A}\overline{C}+\overline{A}B\overline{C})=AB+\overline{A}\overline{C} \end{aligned}$$

(2) 利用公式 $A+A=A$，可以在逻辑函数式中重复写入某一项，然后消去更多的项。

【例题 9.26】 试利用配项法将逻辑函数 $Y=\overline{A}B\overline{C}+\overline{A}BC+ABC$ 化成最简与或式。

解： 在式中重复写入 $\overline{A}BC$，则可得到

$$\begin{aligned} Y &= (\overline{A}B\overline{C}+\overline{A}BC)+(\overline{A}BC+ABC) \\ &=\overline{A}B(\overline{C}+C)+BC(\overline{A}+A) \\ &=\overline{A}B+BC \end{aligned}$$

在化简复杂的逻辑函数时，往往需要灵活、交替地综合运用上述方法，才能得到最后的化简结果。

9.7.3 卡诺图法化简

1. 化简的依据

卡诺图法化简又称为图形法化简。化简时依据的基本原理就是具有相邻性的最小项可以合并，并消去不同的因子。由于在卡诺图上具有几何相邻的最小项在逻辑上也都是相邻的，因而从卡诺图上能直接找出那些具有几何相邻的最小项并将其合并化简。

在卡诺图中以下几种情况均为几何相邻项：

(1) 在卡诺图中，以横、竖中线对折后的重合部分。

(2) 在卡诺图中，当横、竖中线同时对折后的重合部分。

例如，如图 9-19 所示的卡诺图中，方格 2 和 3 可以合并为 $\overline{A}\overline{B}C$，消去了一对互补因子 D 和 $\overline{D}$；方格 0、2、8、10 可以合并为 $\overline{B}\overline{D}$，消去了两对互补因子 A、$\overline{A}$ 和 C、$\overline{C}$；方格 4、5、12、13 合并可以消去两对互补因子 A、$\overline{A}$ 和 D、$\overline{D}$；方格 12、13、14、15 合并可以消去两对互补因子 C、$\overline{C}$ 和 D、$\overline{D}$。同理如果有 2^n 个最小项相邻（$n=1,2,\cdots$）并排列成一个矩形组，则它们可以合并为一项，并消去 n 对因子。合并后的结果仅包含这些最小项的公共因子。

2. 化简的方法

根据上述原理，可总结出合并最小项的规则是：

(1) 可以把相邻的行和列中为 1 的方格用线条分组，画成若干包围圈，每个包围圈包含 2^n 个方格（n 为正整数）。

(2) 每个方格都可以被重复包围，也即每个方格可同时被包围在两个以上的包围圈内，但每个包围圈都要有新的方格。

(3) 不能漏去任何一项，如果某个为 1 的方格不能与相邻的方格组成包围圈，可单独画成一个包围圈。

将每个包围圈的逻辑表达式进行逻辑加，就可以得到化简后的逻辑表达式。

【例题 9.27】 用卡诺图化简法将逻辑函数 $Y=A\overline{C}+\overline{A}BC+B\overline{C}+ACD$ 化简为最简与或式。

解：首先填写卡诺图，然后按照合并最小项的规则合并最小项，如图 9-20 所示。化简后的逻辑函数为

$$Y=\overline{A}B+A\overline{C}+AD$$

【例题 9.28】 用卡诺图化简法将逻辑函数 $Y(A,B,C)=\sum m(0\sim 7)$ 化简为最简与或式。

解：填写的卡诺图及合并的最小项如图 9-21 所示。化简后的逻辑函数为 $Y=1$。

画包围圈时，必须注意以下几点：

(1) 在画包围圈时，要求包围圈的个数尽可能少。因为逻辑表达式中的每一项都需要一个与门来实现，圈数越少，使用的与门也越少。

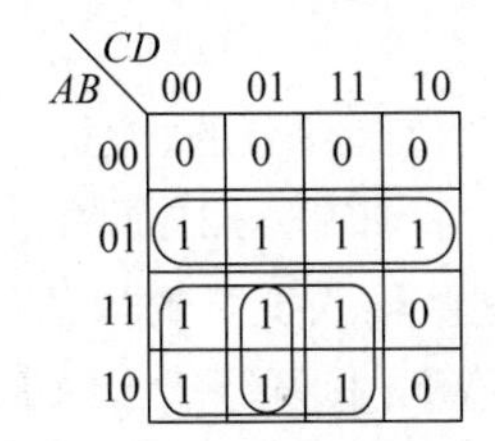

图 9-20　例题 9.27 的卡诺图

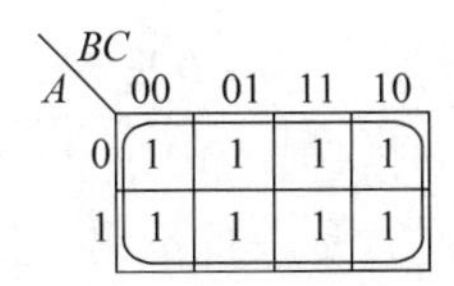

图 9-21　例题 9.28 的卡诺图

(2) 在画包围圈时，所包围的小方格要尽可能多。这样可以消去的变量多，所使用的与门的输入端可以越少。

(3) 应避免一开始就画大的包围圈，后画小的包围圈，以免出现多余的包围圈。

(4) 画包围圈的方法不唯一。

【例题 9.29】 用卡诺图化简法将逻辑函数 $Y(A,B,C,D)=\sum m(1,4,5,6,8,12,13,15)$ 化简为最简与或式。

解：填写的卡诺图及合并的最小项如图 9-22 所示。化简后的逻辑函数为

$$Y=A\overline{C}\overline{D}+ABD+\overline{A}\overline{C}D+\overline{A}B\overline{D}$$

如图 9-22 所示的卡诺图，如果一开始将方格 4、5、12、13 画成一个包围圈，在将其他几个最小项包围圈画好之后，会发现一开始画的那个包围圈是多余的。

【例题 9.30】 用卡诺图化简法将逻辑函数 $Y(A,B,C,D)=\sum m(0\sim 3,5\sim 11,13\sim 15)$ 化简为最简与或式。

解：填写的卡诺图及合并的最小项如图 9-23 所示。化简后的逻辑函数为

$$Y=\overline{B}+C+D$$

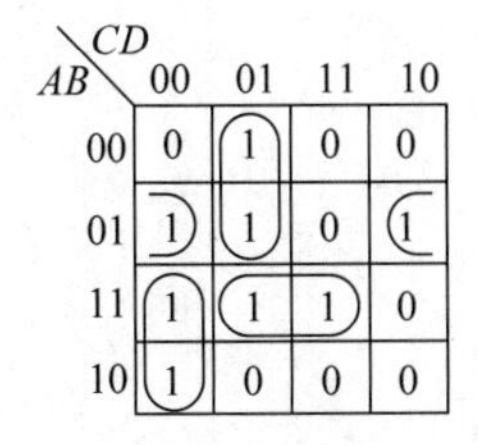

图 9-22　例题 9.29 的卡诺图

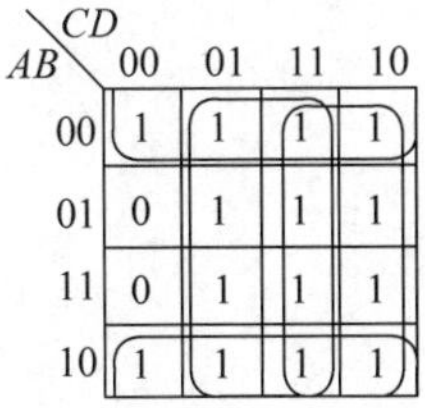

AB \ CD	00	01	11	10
00	1	1	1	1
01	0	1	1	1
11	0	1	1	1
10	1	1	1	1

图 9-23　例题 9.30 的卡诺图

在以上4个例题中，都是通过合并卡诺图中的1来求得化简结果的。由于全部最小项之和为1，所以若将全部最小项之和分为两部分，一部分（卡诺图中填入1的那些最小项）之和记作 Y，根据 $Y+\overline{Y}=1$ 可知，其余一部分（卡诺图中填入0的那些最小项）之和必为 $\overline{Y}$。所以对于卡诺图中为0的方格数目远小于为1的方格数目时，可以通过合并卡诺图中为0的方格，先求出 $\overline{Y}$ 的化简结果，然后再将 $\overline{Y}$ 求反而得到 Y。

对于例题9.30的卡诺图，先合并为0的方格，得到 $\overline{Y}=B\overline{C}\overline{D}$，再将其取反，得到 $Y=\overline{B}+C+D$，结果同上。

此外，在需要将函数化为最简的与或非式时，采用合并0的方式最为合适，因为得到的结果正是与或非形式。如果要求得到 $\overline{Y}$ 的化简结果，则采用合并0的方式就更简便了。

9.7.4 具有无关项的逻辑函数及其化简

1. 约束项、任意项和逻辑函数中的无关项

实际应用中经常会遇到这样的问题，即输入变量的取值是任意的，就是在输入变量的某些取值下函数值是1还是0皆可，并不影响电路的功能。例如用8421码对0～9这10个十进制数进行编码时，1010、1011、1100、1101、1110、1111这些输入变量的取值组合，对输出的结果可以是任意的，是一批不用的代码。在这些变量取值下，其值等于1的那些最小项称为任意项。

还有一种情况是输入变量的取值不是任意的，而是对输入变量的取值有所限制。对输入变量取值所加的限制称为约束。同时，把这一组变量称为具有约束的一组变量。

例如，有三个逻辑变量 A、B、C，它们分别表示一台电动机的停止、反转和正转的命令，$A=1$ 表示停止，$B=1$ 表示反转，$C=1$ 表示正转。因为电动机任何时候只能执行其中的一个命令，所以不允许两个以上的变量同时为1。ABC 的取值只可能是001、010、100当中的某一种，而不能是000、011、101、110、111中的任何一种。因此，A、B、C 是一组具有约束的变量。

通常用约束条件来描述约束的具体内容。由于每组输入变量的取值都使一个且仅使一个最小项的值为1，所以当限制某些输入变量的取值不能出现时，可以用它们对应的最小项恒等于0来表示。这样，上面例子中的约束条件可以表示为

$$\begin{cases}\overline{A}\overline{B}\overline{C}=0\\ \overline{A}BC=0\\ A\overline{B}C=0\\ AB\overline{C}=0\\ ABC=0\end{cases}$$

或写成

$$\overline{A}\,\overline{B}\overline{C}+\overline{A}BC+A\overline{B}C+AB\overline{C}+ABC=0$$

或写成

$$\sum d(0,3,5,6,7)=0$$

同时把这些恒等于0的最小项叫作约束项。

在存在约束项的情况下，由于约束项的值始终等于0，所以既可以把约束项写进逻辑函

数式中，也可以把约束项从函数式中删掉，而不影响函数值。同样，既可以把任意项写入函数式中，也可以不写进去，因为输入变量的取值使这些任意项为 1 时，函数值是 1 还是 0 无所谓。因此，又把约束项和任意项统称为逻辑函数式中的无关项。既然可以认为无关项包含在函数式中，也可以认为不包含在函数式中，那么在卡诺图中对应的位置上就既可以填入 1，也可以填入 0。为此，在卡诺图中用×表示无关项。在化简逻辑函数式时既可以认为它是 1，也可以认为它是 0。

2. 无关项在化简逻辑函数中的应用

化简具有无关项的逻辑函数时，因为无关项的取值为 1 还是 0 对逻辑函数的最终状态无影响，所以，为了使化简结果更加简单，可以合理地设置无关项的值为 1(即认为函数式中包含了这个最小项)或者为 0(即认为函数式中不包含这个最小项)，使卡诺图上的包围圈围住更多的最小项。

化简带有无关项的逻辑函数时，若采用公式法化简，不容易确定加入哪些无关项可以使化简结果更简单，因此最常用的是采用卡诺图法化简。

【例题 9.31】 试化简逻辑函数：

$$Y=\overline{A}C\overline{D}+\overline{A}B\overline{C}\,\overline{D}+A\overline{B}\,\overline{C}\,\overline{D}$$

已知约束条件为

$$A\overline{B}C\overline{D}+A\overline{B}CD+AB\overline{C}\,\overline{D}+AB\overline{C}D+ABC\overline{D}+ABCD=0$$

解：函数 Y 的卡诺图及所画的包围圈如图 9-24 所示。化简结果为

$$Y=C\overline{D}+B\overline{D}+A\overline{D}$$

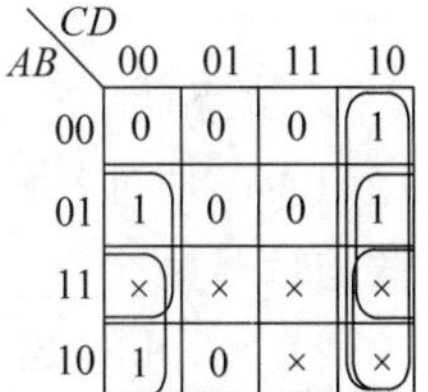

图 9-24　例题 9.31 的卡诺图

小结

在数字电路中，基本的工作信号为二进制数 0 和 1，反映在电路上就是高、低逻辑电平。在本书中均采用正逻辑赋值，即用逻辑 1 表示高电平，用逻辑 0 表示低电平。逻辑电平随时间的变化通常以理想的数字波形来表示。常用的数制包括二进制、八进制、十进制和十六进制，而且它们之间可以方便地进行转换。常用的 BCD 码有 8421 码、2421 码和 5211 码，它们都是恒权代码，其中 8421 码是 BCD 代码中最常用的一种。另外还有余 3 码和格雷码，它们都是无权码，其中格雷码的特点是相邻的两个代码之间仅有一位的状态不同。

逻辑代数是数字电路中用于逻辑分析和设计的一种数学工具，主要内容是逻辑关系，逻辑代数的公式和定理、逻辑函数的表示方法和逻辑函数的化简。

逻辑代数中的基本逻辑关系有逻辑与、逻辑或和逻辑非，复合逻辑运算有与非、或非、异或、同或、与或非等。逻辑代数中的公式包括基本公式和常用公式，而常用公式都可以由基本公式导出。基本定理包括代入定理、反演定理和对偶定理。这些公式和定理主要是为了进行逻辑函数的化简或不同类型逻辑函数之间的转换，对于合理地分析和设计逻辑电路很有帮助。

逻辑函数的表示方法有真值表、逻辑函数式、卡诺图和逻辑图。在列写真值表时，如果有 n 个输入变量，应有 2^n 种取值组合。在 n 个输入变量的逻辑函数中，共有 2^n 个最小项，且在输入变量的任何取值下必有且仅有一个最小项的值为 1。具有相邻性的两个最小项之和可以合并成一项并消去一对互补因子。将 n 变量的全部最小项各用一个小方块表示，并使具有逻辑相邻性的最小项在几何位置上也相邻地排列起来，所得到的图形叫作 n 变量最

小项的卡诺图。将逻辑函数中各变量之间的与、或、非等逻辑关系用图形符号表示出来，就可以画出表示函数关系的逻辑图。这 4 种表示方法之间可以任意地互相转换。在使用时，可以根据具体情况，选择最适当的一种方法表示所研究的逻辑函数。逻辑电路的分析和设计，实际上就是通过这几种表示方法的转换来完成的。

逻辑函数的化简一般化成最简与或式。所谓最简就是要满足乘积项的数目是最少的，而且在满足乘积项最少的条件下，要求每个乘积项中变量的个数也最少。化简主要有两种方法，即公式法化简和卡诺图法化简。公式法化简就是反复使用逻辑代数中的基本公式和常用公式消去函数中多余的乘积项和多余的因子，以求得函数式的最简形式。卡诺图法化简依据的基本原理就是具有相邻性的最小项可以合并，并消去不同的因子。对于具有无关项的逻辑函数的化简通常采用卡诺图法化简。

习题

1. 填空题

(1) 在时间上和数值上都是连续变化的信号是________信号；在时间上和数值上都是离散的信号是________信号。

(2) 常用的逻辑函数的表示方法有 4 种，它们是________、________、________和________。

(3) 如果用逻辑 1 表示高电平，用逻辑 0 表示低电平，则称这种赋值方式为________；反之，如果用逻辑 1 表示低电平，用逻辑 0 表示高电平，则称这种赋值方式为________。

(4) 理想的脉冲波形一般只要用 3 个参数便可以描述清楚，它们是________、________和________。

(5) 脉冲的宽度 t_w 与脉冲周期 T 的比值称为________。

2. 选择题

(1) 下列 3 个数值中，最大的是(　　)。

A. $(10011001)_2$　　B. $(25)_{10}$　　C. $(3BF)_{16}$

(2) 一只四输入端的与非门，使其输出为 1 的输入变量取值组合有(　　)种。

A. 16　　B. 15　　C. 1

(3) 已知一个两输入端的逻辑门，其输入 A、B 和输出 F 的波形如图 P9-2(3)所示，则可判断出该逻辑门为(　　)。

A. 与非门　　B. 异或门　　C. 同或门

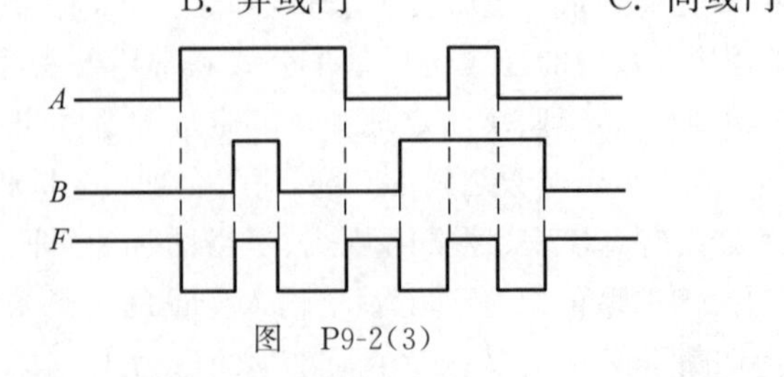

图 P9-2(3)

(4) 已知 $F=\overline{ABC+CD}$。下列选项中(　　)一定使 $F=0$。

A. $BC=1, D=1$　　B. $B=1, C=1$　　C. $A=0, BC=1$

(5) 已知某电路的真值表如表 P9-2(5)所示，该电路的逻辑表达式为(　　)。

表　P9-2(5)

A	B	C	F	A	B	C	F
0	0	0	0	1	0	0	0
0	0	1	1	1	0	1	1
0	1	0	0	1	1	0	1
0	1	1	1	1	1	1	1

A. $F=C$　　B. $F=ABC$　　C. $F=AB+C$

(6) 将 8421BCD 码 100101110100 转换为八进制数为(　　)。

A. 974　　B. 1716　　C. 479

(7) 下列各式中为四变量 A、B、C、D 的最小项的是(　　)。

A. $A+\bar{B}+\bar{C}+\bar{D}$　　B. $A\bar{B}\bar{C}\bar{D}$　　C. $\bar{A}+\bar{B}\bar{C}+\bar{D}$

(8) 一个 8 位二进制计数器，对输入脉冲进行计数，设计数器的初始状态为 0，则计入 75 个脉冲后，计数器的状态是(　　)。

A. 01001011　　B. 10011010　　C. 01001010

(9) 要表示所有 3 位十进制数，至少需要用(　　)位二进制数。

A. 12　　B. 11　　C. 10

3. 将下列二进制数转换成十进制数和十六进制数。

(1) 11010111　　(2) 1100100　　(3) 10011110.110101

4. 将下列 8421BCD 码与十进制数相互转换。

(1) $(0010100101000011)_{8421BCD}$　　(2) $(92.75)_{10}$

5. 用反演定理求出下列函数的反函数，并化为最简与或式。

(1) $Y=(A+BC)\bar{C}D$

(2) $Y=A+(B+\bar{C})\cdot\overline{D+E}$

(3) $Y=ABC+(A+B+C)\overline{AB+BC+AC}$

6. 写出下列函数的对偶式，并化为最简与或式。

(1) $Y=(A+BC)\bar{C}D$

(2) $Y=\overline{AB+\overline{BC}(\bar{C}+\bar{D})}$

7. 试列出下列函数的真值表。

(1) $Y=AB+\bar{C}$

(2) $Y=\bar{A}B+\bar{C}D$

8. 已知逻辑函数的真值表如表 P9-8 所示，写出对应的逻辑函数式，并画出逻辑图。

表　P9-8(a)

A	B	C	Y
0	0	0	1
0	0	1	0
0	1	0	0
0	1	1	1
1	0	0	0
1	0	1	1
1	1	0	0
1	1	1	0

表　P9-8(b)

A	B	C	D	Y	A	B	C	D	Y
0	0	0	0	1	1	0	0	0	1
0	0	0	1	1	1	0	0	1	1

续表

A	B	C	D	Y	A	B	C	D	Y
0	0	1	0	0	1	0	1	0	0
0	0	1	1	0	1	0	1	1	0
0	1	0	0	0	1	1	0	0	1
0	1	0	1	1	1	1	0	1	1
0	1	1	0	0	1	1	1	0	0
0	1	1	1	0	1	1	1	1	0

9. 将下列函数写成最小项表达式的形式。

(1) $Y=A+BC$

(2) $Y=\bar{M}+NQ$

10. 用公式法将下列函数化成最简与或式，再化成与非-与非表达式。

(1) $Y=\overline{(\bar{A}+B)(A+\bar{C})}+AB\bar{C}$

(2) $Y=A\bar{B}+B+\bar{A}B$

(3) $Y=A+\overline{B+\bar{C}}(A+\bar{B}+C)(A+B+C)$

(4) $Y=AC+B\bar{C}+\bar{A}B$

11. 用公式法将下列函数化成最简与或式。

(1) $Y=A\bar{B}C+\bar{A}+B+\bar{C}$

(2) $Y=A\bar{B}(\bar{A}CD+\overline{AD+\bar{B}\bar{C}})(\bar{A}+B)$

(3) $Y=(\bar{A}\bar{B}+\bar{A}B+A\bar{B})(\bar{A}C+\bar{B}C+AB)$

(4) $Y=A\bar{B}+\bar{A}CD+B+\bar{C}+\bar{D}$

(5) $Y=A\bar{B}+B\bar{C}+\bar{B}C+\bar{A}B$

(6) $Y=AC+\bar{A}+\bar{C}+\overline{A\bar{B}C+ABD}$

(7) $Y=AB(\bar{C}+\bar{D})(\bar{A}+\bar{B})\overline{\bar{C}\bar{D}}+\overline{C\oplus\bar{D}A}$

(8) $Y=\overline{AB\overline{C\bar{D}}+BD\overline{AC}}$

12. 用卡诺图法将下列函数化简为最简与或式。

(1) $Y=A\bar{B}\bar{C}+\bar{A}B\bar{C}+AB\bar{C}$

(2) $Y=\bar{A}\bar{B}+AC+\bar{B}C$

(3) $Y=\bar{A}\bar{B}\bar{C}+A\bar{B}C+\bar{A}C\bar{D}+\bar{B}\bar{D}+A\bar{C}\bar{D}$

(4) $Y=\bar{A}\bar{B}CD+\bar{A}BCD+\bar{A}\bar{B}C\bar{D}+A\bar{B}C\bar{D}+A\bar{B}CD+AB\bar{C}\bar{D}+ABC\bar{D}$

(5) $Y=\bar{A}\bar{C}\bar{D}+\bar{A}CD+C\bar{D}+A\bar{C}D+BD+A\bar{B}\bar{C}\bar{D}+A\bar{B}CD$

(6) $Y(A,B,C,D)=\sum m(1,3,4,6,8,9,10,11,12,14,15)$

(7) $Y(A,B,C,D)=\sum m(0,1,2,5,6,7,8,10,11,12,13,15)$

(8) $Y(A,B,C)=\sum m(0,1,2,5,6,7)$

(9) $Y(A,B,C)=\sum m(1,3,5,7)$

(10) $Y(A,B,C,D)=\sum m(0,1,2,3,4,6,8,9,10,11,14)$

13. 用卡诺图法将下列函数化简为最简与或式。

(1) $Y=\overline{A+C+D}+\bar{A}\bar{B}C\bar{D}+A\bar{B}\bar{C}D$

约束条件为 $A\bar{B}C\bar{D}+A\bar{B}CD+AB\bar{C}\bar{D}+AB\bar{C}D+ABC\bar{D}+ABCD=0$

(2) $Y=A\bar{B}C+\bar{A}\bar{B}\bar{C}+BD$，约束条件为 $BC\bar{D}+A\bar{B}\bar{C}D+\bar{A}B\bar{C}\bar{D}+\bar{A}\bar{B}CD=0$

(3) $Y=BC+\bar{A}\bar{B}C+\bar{A}B\bar{C}+A\bar{B}\bar{C}$，约束条件为 $A\bar{B}C+AB\bar{C}=0$

(4) $Y(A,B,C)=\sum m(1,3,4,5)+\sum d(6,7)$

(5) $Y(A,B,C,D)=\sum m(0,1,2,3,6,8)+\sum d(10,11,12,13,14,15)$

(6) $Y(A,B,C,D)=\sum m(0,2,3,4,5,6,11,12)+\sum d(8,9,10,13,14,15)$

第10章 门 电 路

CHAPTER 10

教学提示：了解各种门电路的结构和工作原理，有助于对门电路外特性的理解。清楚各种门电路的外特性具有实际意义。

教学要求：要求学生了解各种门电路的结构、工作原理和性能，掌握门电路的外特性、集成门电路多余输入端的处理方法和TTL电路与CMOS电路的接口。

10.1 概述

能够实现基本逻辑运算和复合逻辑运算的单元电路称为逻辑门电路，简称门电路。

门电路的种类很多，按照实现的逻辑关系的不同，可以分为与门、或门、非门、与非门、或非门、与或非门、异或门和同或门；按照电路元器件的结构形式不同，可以分为分立元器件门电路和集成门电路。其中集成门电路按照集成度（即每一片硅片中所含逻辑门或元器件数）又可分为小规模集成门电路（Small Scale Integration，SSI），其集成度为1～10个门/片；中规模集成门电路（Medium Scale Integration，MSI），其集成度为10～100个门/片；大规模集成门电路（Large Scale Integration，LSI），其集成度为大于100个门/片；超大规模集成门电路（Very Large Scale Integration，VLSI），其集成度为超过10万个门/片。按照制造工艺的不同，分为TTL（Transistor-Transistor Logic）门电路和CMOS（Complementary Metal-Oxide Semiconductor）门电路。

在门电路中，输入、输出的高、低电平信号都有一定的范围，对高、低电平具体的精确值要求不高，只要电路能够区分高、低电平的状态即可，所以对晶体管的精度要求不高，这也是数字电路与模拟电路的一个不同之处。

10.2 分立元器件门电路

10.2.1 二极管与门

1. 电路结构

利用二极管的单向导电性可以组成二极管与门。最简单的二极管与门如图10-1所示。该电路有两个输入端A、B和一个输出端Y。

2. 电路的工作原理

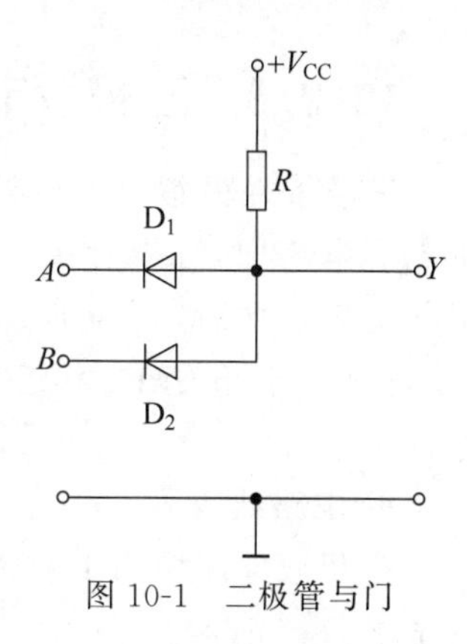

图 10-1 二极管与门

假设电源电压 $V_{CC}=5V$，从 A、B 端输入的高、低电平分别为 $U_{IH}=3V$，$U_{IL}=0V$，二极管的正向导通电压为 0.7V。由图 10-1 可知，当 A、B 端均输入低电平时，二极管 D_1 和 D_2 都导通，输出端 Y 的电位为 0.7V；当 A、B 两端中有一个输入为低电平，另一个输入为高电平时，则必有一个二极管导通，而另一个二极管截止，此时输出端 Y 的电位为 0.7V；当 A、B 端均输入高电平时，二极管 D_1 和 D_2 都导通，输出端 Y 的电位为 3.7V。由以上分析得到图 10-1 电路的工作状态表如表 10-1 所示，对其进行状态赋值得到真值表如表 10-2 所示。由真值表可以写出逻辑表达式为 $Y=AB$，所以该电路为二极管与门。

表 10-1 图 10-1 电路的工作状态表

U_A/V	U_B/V	U_Y/V
0	0	0.7
0	3	0.7
3	0	0.7
3	3	3.7

表 10-2 图 10-1 电路的真值表

A	B	Y
0	0	0
0	1	0
1	0	0
1	1	1

10.2.2 二极管或门

1. 电路结构

最简单的二极管或门如图 10-2 所示。该电路有两个输入端 A、B 和一个输出端 Y。

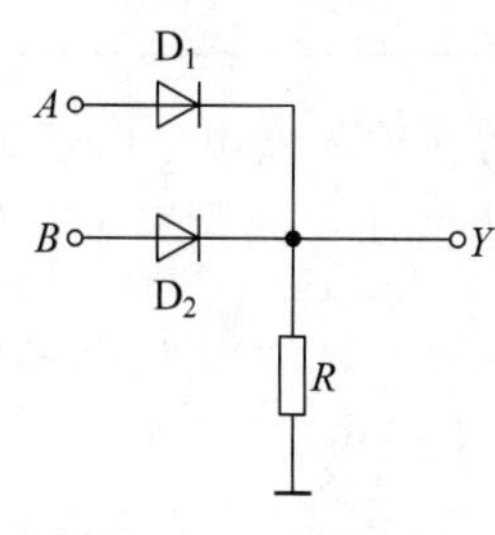

图 10-2 二极管或门

2. 电路的工作原理

假设从 A、B 端输入的高、低电平分别为 $U_{IH}=3V$，$U_{IL}=0V$，二极管的正向导通电压为 0.7V。由图 10-2 可知，当 A、B 端均输入低电平时，二极管 D_1 和 D_2 都截止，输出端 Y 的电位为 0V；当 A、B 两端中有一个输入为低电平，另一个输入为高电平时，则必有一个二极管导通，而另一个二极管截止，此时输出端 Y 的电位为 2.3V；当 A、B 端均输入高电平时，二极管 D_1 和 D_2 都导通，输出端 Y 的电位为 2.3V。由以上分析得到图 10-2 电路的工作状态表如表 10-3 所示，对其进行状态赋值得到真值表如表 10-4 所示。由真值表可以写出逻辑表达式为 $Y=A+B$，所以该电路为二极管或门。

表 10-3 图 10-2 电路的工作状态表

U_A/V	U_B/V	U_Y/V
0	0	0
0	3	2.3
3	0	2.3
3	3	2.3

表 10-4 图 10-2 电路的真值表

A	B	Y
0	0	0
0	1	1
1	0	1
1	1	1

10.2.3 三极管非门

三极管在模拟电子电路中主要起放大作用，所以三极管主要工作在放大区。在数字电子电路中，三极管主要起开关作用，也即三极管的动作特点是通和断。而三极管工作在截止区时，$I_B \approx 0$，$I_C \approx 0$，相当于开关断开状态，当三极管工作在饱和区时，$U_{CES} \approx 0.3V$，相当于开关闭合状态。利用工作在截止区或饱和区的三极管可以组成三极管非门电路。

1. 电路结构

三极管非门如图 10-3 所示。该电路有一个输入端 A 和一个输出端 Y。

2. 电路的工作原理

假设电源电压 $V_{CC}=5V$，从 A 端输入的高、低电平分别为 $U_{IH}=3V$，$U_{IL}=0V$。由图 10-3 可知，当 A 端输入低电平时，三极管将截止，输出端 Y 的电位将接近于 $+5V$；当 A 端输入为高电平时，三极管将饱和导通，输出端 Y 的电位约为 0.3V。由以上分析得到图 10-3 电路的工作状态表如表 10-5 所示，对其进行状态赋值得到真值表如表 10-6 所示。由真值表可以写出逻辑表达式为 $Y=\overline{A}$，所以该电路为三极管非门，又称反相器。

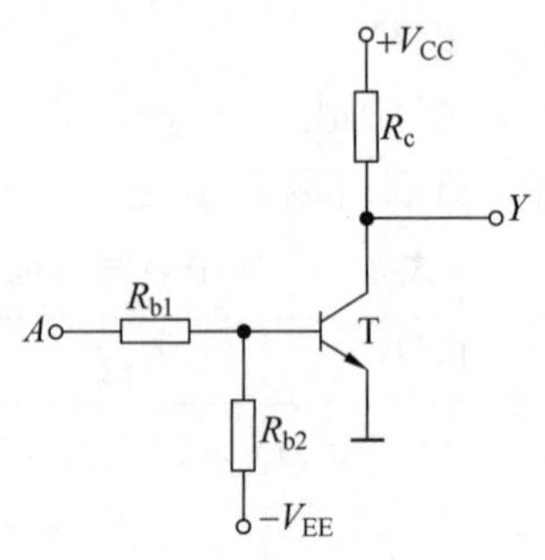

图 10-3 三极管非门

表 10-5 图 10-3 电路的工作状态表

U_A/V	U_Y/V
0	5
3	0.3

表 10-6 图 10-3 电路的真值表

A	Y
0	1
1	0

在图 10-3 电路中，电阻 R_{b2} 和电源 $-V_{EE}$ 主要是为了保证三极管在输入低电平时三极管可靠地截止。由于它们的接入，即使输入的低电平信号稍大于零，也能使三极管的基极为负电位，从而使三极管能可靠地截止，输出为高电平。

10.3 TTL 门电路

知识拓展 10-1

前面介绍的二极管门电路的优点是结构简单，但是在许多门级联时，由于二极管有正向压降，这样会使得逻辑信号电平偏离原来的数值而趋近未定义区域。因此，实际电路中，二极管门电路通常必须带一个晶体管放大器来恢复逻辑电平，这就是 TTL 门电路方案。

TTL 门电路是目前双极型数字集成电路中应用最多的一种，它分为不同系列，主要有 74 系列、74L 系列、74H 系列、74S 系列、74LS 系列等，它们主要在功耗、速度和电源电压范围方面有所不同。本节仅介绍 74 系列 TTL 门电路。TTL 门电路按照门电路的功能的不同，可以分为非门、与非门、或非门、与或非门、异或门等，而非门是构成各种 TTL 门电路的基本环节，所以这里先介绍非门电路，然后介绍集电极开路的非门电路和三态非门电路，其他门电路的结构这里不再赘述。

10.3.1 TTL 非门的电路结构和工作原理

1. 电路结构

TTL 非门是 TTL 门电路中电路结构最简单的一种。典型的 TTL 非门电路如图 10-4 所示。电路的输入端为 A，输出端为 Y。

如图 10-4 所示的电路由三部分组成：T_1、R_{b1} 和 D_1 组成输入级，T_2、R_{c2} 和 R_{e2} 组成倒相级，T_3、T_4、D_2 和 R_{c3} 组成输出级。因为该电路的输入端和输出端均为三极管结构，所以称为 TTL 门电路。

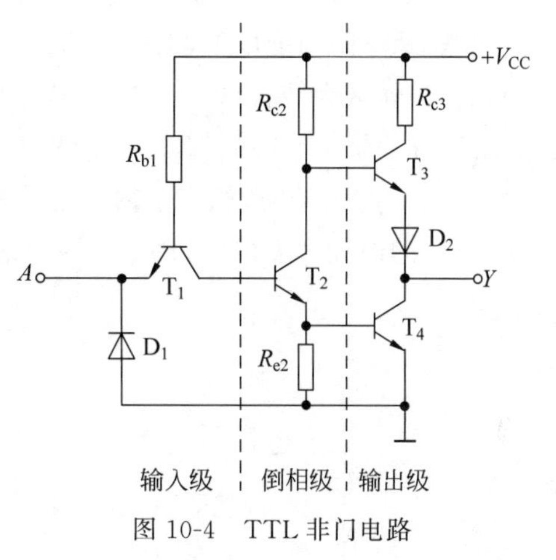

图 10-4 TTL 非门电路

2. 电路的工作原理

假设电源电压 $V_{CC}=5V$，$U_{IH}=3.4V$，$U_{IL}=0.2V$，PN 结导通压降为 $U_{on}=0.7V$，$R_{b1}=4k\Omega$，$R_{c2}=1.6k\Omega$，$R_{e2}=1k\Omega$，$R_{c3}=130\Omega$。

当 A 端输入为 U_{IL} 时，T_1 的发射结必然导通，T_1 的基极电位为 $U_{B1}=U_{IL}+U_{on}=0.9V$。因此 T_2 的发射结不会导通。由于 T_1 的集电极回路电阻是 R_{c2} 和 T_2 的集电结反向电阻之和，阻值非常大，因此 T_1 工作在深度饱和状态，即 $U_{CES1}\approx 0V$，T_1 的集电极电流极小。T_2 截止后，其集电极电位 U_{C2} 为高电平，而发射极电位 U_{E2} 为低电平，从而使 T_3 导通、T_4 截止，输出为高电平 U_{OH}。

$$U_{OH}\approx V_{CC}-2U_{on}=5-1.4=3.6V$$

当 A 端输入为 U_{IH} 时，如果不考虑 T_2 的存在，则三极管 T_1 的基极电位 U_{B1} 可能达到 $U_{IH}+U_{on}=3.4+0.7=4.1V$。而实际的情况是：三极管 T_1 的基极电位达到 2.1V 时，因为三极管 T_1 的集电结、T_2 的发射结、T_4 的发射结相串联，同时导通，使三极管 T_1 的基极电位被钳位在 2.1V，集电极的电位为 1.4V。而 T_1 的发射极输入电位为 3.4V，三极管的这种工作状态相当于发射极和集电极对调，称为倒置。因为 T_2 和 T_4 导通，所以 $U_{OL}\approx 0.3V$。又因为 $U_{C2}\approx 0.7+0.3=1.0V$，因此 T_3 截止。

由以上分析可以看出，如图 10-4 所示电路的输出与输入之间的逻辑关系为 $Y=\overline{A}$，所以该电路为非门。

在图 10-4 中，因为 T_2 集电极输出的电压信号和发射极输出的电压信号变化的方向相反，所以由 T_2 组成的电路称为倒相级。在输出级 T_3 和 T_4 总是一个导通，一个截止，处在这种工作状态下的输出电路称为推拉式电路。

图 10-4 中 D_1 是输入端钳位二极管，它可以抑制输入端可能出现的负极性干扰脉冲，以保护集成电路的输入端不会因为负极性输入脉冲的作用而使三极管 T_1 的发射结过流而损坏。二极管 D_2 的作用是确保 T_4 饱和导通时 T_3 可靠地截止。

3. 电压传输特性

描述门电路的输出电压与输入电压之间关系的曲线叫作电压传输特性。如图 10-4 所示电路的电压传输特性曲线如图 10-5 所示。

当 $u_I<0.7V$ 时，相当于输入信号为低电平，三极管 T_3 导通，T_4 截止，输出信号为高电

平，对应的曲线为 AB 段，该工作区为截止区。

当 $0.7\text{V}<u_{\text{I}}<1.3\text{V}$ 时，三极管 T_2 导通，但 T_4 仍然截止，这时三极管 T_2 工作在放大区，随着输入电压 u_{I} 的增加，输出电压 u_{O} 将减小，输出电压随着输入电压按线性规律变化，对应的曲线为 BC 段，该工作区为线性区。

当 $1.3\text{V}<u_{\text{I}}<1.5\text{V}$ 时，三极管 T_2 和 T_4 将同时导通，三极管 T_3 迅速截止，输出电压 u_{O} 将迅速下降为低电平，对应的曲线为 CD 段，输出电压在该段曲线的中点发生转折跳变，所以该工作区为转折区。转折区中点所对应的输入电压值称为阈值电压或门槛电压，用 U_{TH} 表示，图 10-5 中的 $U_{\text{TH}}=1.4\text{V}$。

当 $u_{\text{I}}>1.5\text{V}$ 时，相当于输入信号为高电平，三极管 T_3 截止，T_4 导通，输出信号为低电平，对应的曲线为 DE 段，该工作区为饱和区。

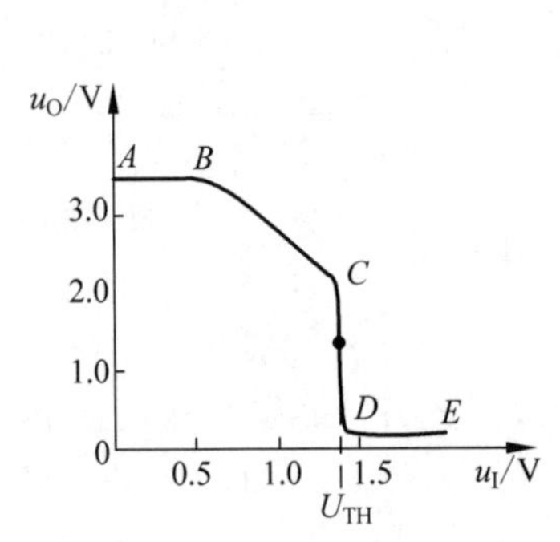

图 10-5　TTL 非门的电压传输特性曲线

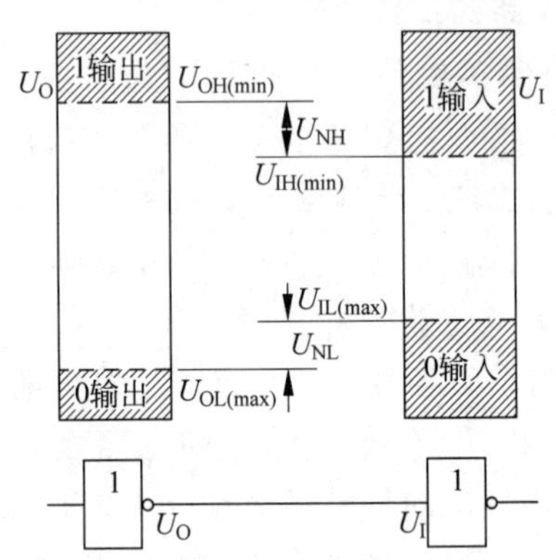

图 10-6　输入端噪声容限示意图

4. 输入端噪声容限

噪声容限是指保证逻辑门完成正常逻辑功能的情况下，逻辑门的输入端所能承受的最大干扰电压值。噪声容限包括输入为低电平时的噪声容限 U_{NL} 和输入为高电平时的噪声容限 U_{NH}。图 10-6 给出了噪声容限的示意图。其中，$U_{\text{OH(min)}}$ 为输出高电平的下限，$U_{\text{OL(max)}}$ 为输出低电平的上限，$U_{\text{IH(min)}}$ 为输入高电平的下限，$U_{\text{IL(max)}}$ 为输入低电平的上限。

在将两个门电路直接连接时，前一级门电路的输出就是后一级门电路的输入，为了保证逻辑电平传输的正确性，必须满足 $U_{\text{OH(min)}}>U_{\text{IH(min)}}$，$U_{\text{OL(max)}}<U_{\text{IL(max)}}$。由此可得输入为高电平时的噪声容限为

$$U_{\text{NH}}=U_{\text{OH(min)}}-U_{\text{IH(min)}} \tag{10-1}$$

输入为低电平时的噪声容限为

$$U_{\text{NL}}=U_{\text{IL(max)}}-U_{\text{OL(max)}} \tag{10-2}$$

74 系列门电路的标准参数为 $U_{\text{OH(min)}}=2.4\text{V}$，$U_{\text{OL(max)}}=0.4\text{V}$，$U_{\text{IH(min)}}=2.0\text{V}$，$U_{\text{IL(max)}}=0.8\text{V}$，所以 $U_{\text{NH}}=0.4\text{V}$，$U_{\text{NL}}=0.4\text{V}$。

5. 传输延迟时间

在 TTL 非门电路中，由于二极管和三极管从截止变为导通或从导通变为截止都需要一定的时间，且二极管和三极管内部的结电容对输入信号波形的传输也有影响。在非门电路的输入端加上理想的矩形脉冲信号，门电路输出信号的波形将变坏。非门电路输入信号和输出

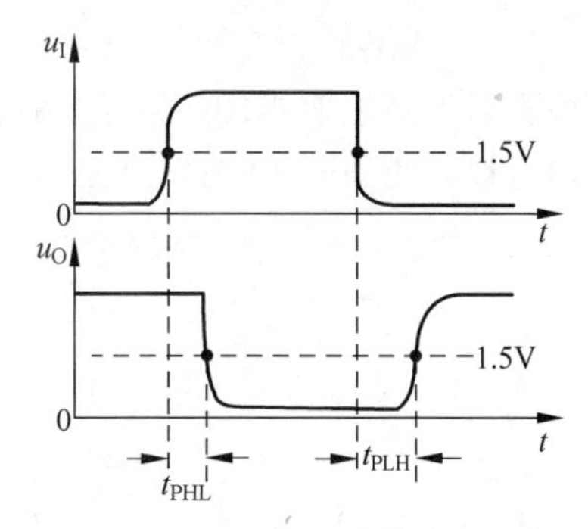

图 10-7 TTL 非门电路传输延迟时间

信号波形示意图如图 10-7 所示。

由图 10-7 可见，输出信号波形延迟输入信号波形一段时间，描述这种延迟特征的参数有导通传输时间 t_{PHL} 和截止传输时间 t_{PLH}。导通传输时间 t_{PHL} 描述输出电压从高电平跳变到低电平时的传输延迟时间。截止传输时间 t_{PLH} 描述输出电压从低电平跳变到高电平时的传输延迟时间。

导通传输时间 t_{PHL} 和截止传输时间 t_{PLH} 通常由实验测定，在集成电路手册上通常给出平均传输延迟时间 t_{pd}，具体计算公式为

$$t_{pd}=\frac{t_{PHL}+t_{PLH}}{2} \tag{10-3}$$

10.3.2 TTL 非门的外特性

TTL 门电路的内部结构虽然复杂，但在实际使用的过程中，应主要考虑 TTL 门电路的外特性，也即门电路的输入特性和输出特性。

1. 输入特性

在 TTL 门电路中，描述输入电流随输入电压变化情况的函数称为 TTL 门电路的输入特性。对于 TTL 非门，若规定流入 TTL 门电路的电流为正，流出为负，则其输入特性曲线如图 10-8 所示。

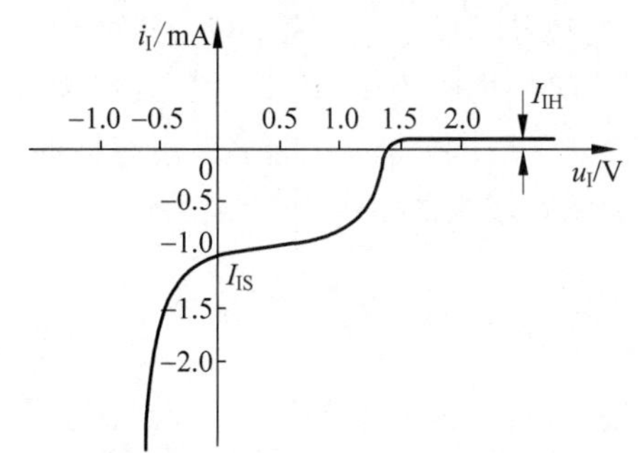

图 10-8 TTL 非门的输入特性曲线

图 10-8 中的 I_{IS} 称为输入短路电流，是指输入电压 $u_I=0$ 时的输入电流值。对于如图 10-4 所示的电路，I_{IS} 的值为

$$I_{IS}=-\frac{V_{CC}-U_{on}}{R_{b1}}=-\frac{5-0.7}{4}\approx-1\text{mA} \tag{10-4}$$

低电平输入电流一般用 I_{IS} 来代替。I_{IH} 称为输入漏电流或高电平输入电流，是指输入信号为高电平时的输入电流值。由前面的分析可知，当输入信号为高电平时，三极管 T_1 工作在倒置状态，此时三极管的电流放大倍数 β 很小，一般在 0.01 以下，所以 I_{IH} 的值很小。74 系列门电路每个输入端的 I_{IH} 值在 40μA 以下。输入信号在高、低电平之间的情况比较复杂，在此不作介绍。

2. 输出特性

在 TTL 门电路中，描述输出电压随输出电流变化情况的函数称为 TTL 门电路的输出特性。输出特性包括高电平输出特性和低电平输出特性。

1）高电平输出特性

在如图 10-4 所示的非门电路中，当输出为高电平时，T_3 和 D_2 导通，T_4 截止，输出端的等效电路如图 10-9(a)所示。这时 T_3 工作在射极输出状态，电路的输出电阻很小。在负载电流较小的范围内，负载电流的变化对 U_{OH} 的影响很小。随着负载电流 i_L 绝对值的增加，

R_{c3} 上的压降也随之加大，最终将使 T_3 的 b-c 结变为正向偏置，T_3 进入饱和状态。这时 T_3 将失去射极跟随功能，因而 U_{OH} 随着 i_L 绝对值的增加几乎线性地下降。TTL 非门高电平输出特性曲线如图 10-9(b)所示。

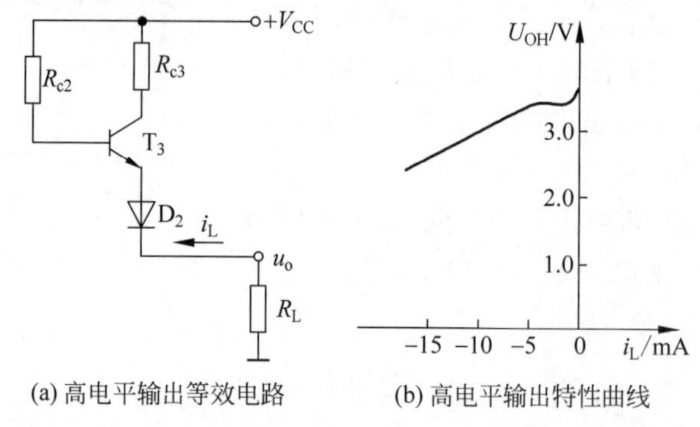

图 10-9 TTL 非门高电平输出等效电路和输出特性曲线

从曲线上可以看出，在 $|i_L|<5\text{mA}$ 的范围内，U_{OH} 变化很小。当 $|i_L|>5\text{mA}$ 以后，随着 i_L 绝对值的增加 U_{OH} 下降较快。考虑到输出功率等因素的影响，实际的高电平输出电流的最大值要比 5mA 小得多。集成电路手册上给出的 74 系列门电路的高电平输出电流约为 0.4mA。

2）低电平输出特性

当输出为低电平时，门电路的输出级三极管 T_4 饱和导通而三极管 T_3 截止，输出端的等效电路如图 10-10(a)所示。由于 T_4 饱和导通时 c-e 间的内阻很小，通常在 10Ω 以内，所以负载电流 i_L 增加时输出的低电平 U_{OL} 仅稍有升高。TTL 非门的低电平输出特性曲线如图 10-10(b)所示。从曲线可以看出，U_{OL} 与 i_L 的关系在较大的范围内基本呈线性。

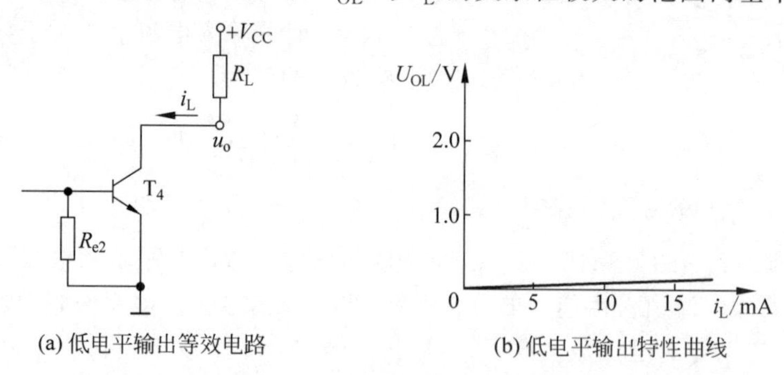

图 10-10 TTL 非门低电平输出等效电路和输出特性曲线

3. 负载特性

1）输入端负载特性

在具体使用门电路时，有时需要在输入端与地之间或输入端与信号的低电平之间接入负载电阻 R_P，如图 10-11(a)所示。当 R_P 在一定范围内增大时，由于输入电流流过 R_P 会产生压降，其数值也随之增大，反映两者之间变化关系的曲线叫作输入端负载特性曲线，如图 10-11(b)所示。

由图 10-11 可知，u_I 与 R_P 之间的关系为

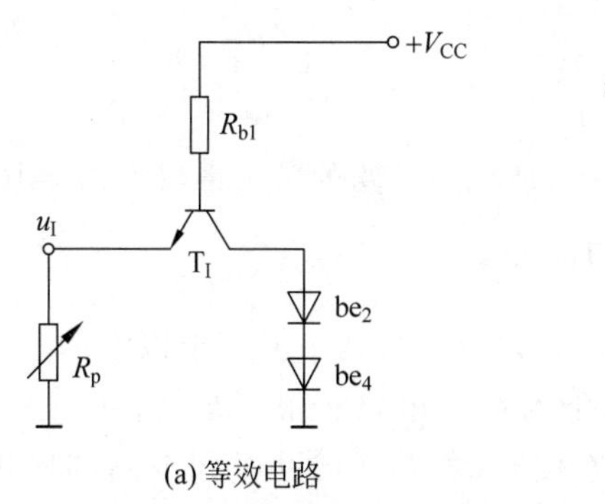

(a) 等效电路

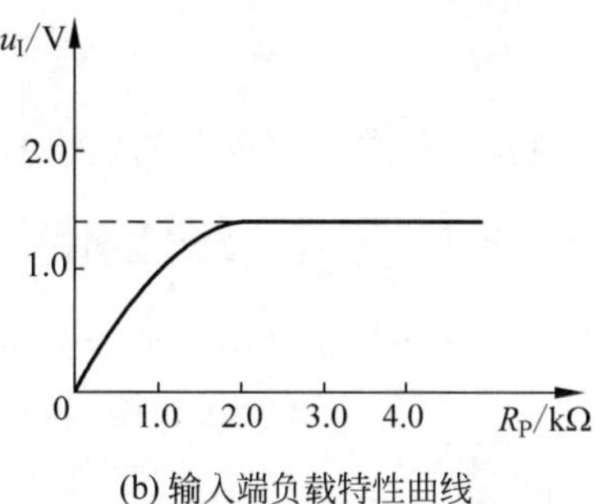

(b) 输入端负载特性曲线

图 10-11 TTL 非门输入端经电阻接地时的等效电路和负载特性曲线

$$u_I=\frac{R_P}{R_P+R_{b1}}(V_{CC}-u_{BE1}) \tag{10-5}$$

式(10-5)表明在 $R_P \ll R_{b1}$ 的条件下，u_I 与 R_P 近似成正比。但是当 u_I 上升到 1.4V 以后，三极管 T_2 和 T_4 的发射结同时导通，u_{B1} 被钳位在 2.1V 左右，这时即使 R_P 再增大，u_I 也不会再升高，而是维持在 1.4V 左右。按照图 10-4 中的参数计算，当 R_P 增加到约 2kΩ 时，u_I 即上升到 1.4V。

2）输出端带负载能力

门电路的输出端根据不同的需要通常都带有不同的负载，门电路输出端典型的负载也是门电路，描述门电路输出端最多能够带的门电路数称为门电路的扇出系数，门电路带负载的情况如图 10-12 所示。

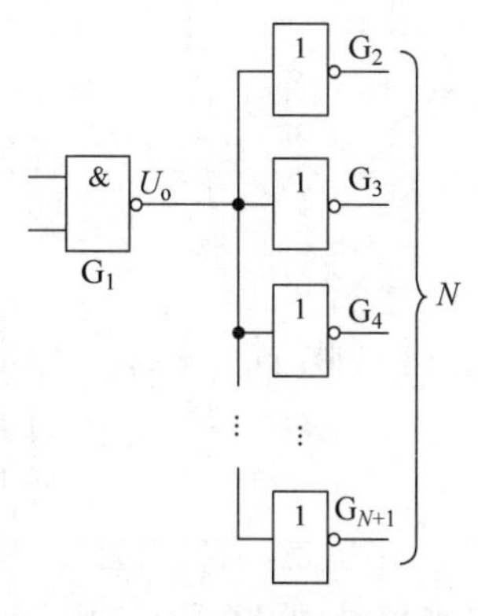

图 10-12 门电路带负载的情况

【例题 10.1】 设如图 10-12 所示电路中门电路的输入特性曲线和输出特性曲线如图 10-8、图 10-9(b)和图 10-10(b)所示，这些门电路的 $I_{IH}=40\mu A$，$I_{OH}=0.4mA$，要求 $U_{OH}\geqslant 3.2V$，$U_{OL}\leqslant 0.2V$，求门电路的扇出系数。

解：由图 10-12 可知，G_1 门电路的负载电流是所有负载门的输入电流之和。

首先计算满足 $U_{OL}\leqslant 0.2V$ 时可带负载的数目 N_1：

由图 10-10(b)可以查到，$U_{OL}=0.2V$ 时的负载电流 $i_L=16mA$。由图 10-8 可以查到，$u_I=0.2V$ 时每个门的输入电流为 $i_I=-1mA$，于是得到电流绝对值间的关系为

$$N_1|i_I|\leqslant i_L$$

即

$$N_1\leqslant\frac{i_L}{|i_I|}=16$$

然后计算满足 $U_{OH}\geqslant 3.2V$ 时可带负载的数目 N_2。

由图 10-9(b)可以查到，$U_{OH}=3.2V$ 时的负载电流 $i_L=-7.5mA$。但因为 $I_{OH}=0.4mA$，故应取 $i_L=0.4mA$ 计算。又有 $I_{IH}=40\mu A$，于是得到

$$N_2 I_{IH}\leqslant|i_L|$$

即

$$N_2 \leqslant \frac{|i_L|}{I_{IH}} = 10$$

取 N_1 和 N_2 中较小的数为门电路的扇出系数，所以该电路的扇出系数为 $N=10$。

10.3.3 TTL集电极开路的门电路

在用门电路组成各种类型的逻辑电路时，如果可以将两个或两个以上的门电路输出端直接并联使用，可能对简化电路有很大帮助。但是一般的TTL门电路输出并联连接时，若并联的几个门电路的输出状态不一样，则这几个门电路的输出电路上可能有较大的电流流通，如图10-13所示。由于串联电路的连接电阻仅有几十到一百多欧姆，所以电路的电流将会高达几十毫安。在这种情况下，就会造成集成电路由于过度发热而损坏，也就是说一般推拉式输出的逻辑门电路，不能将其输出端并联连接使用的。另外，在推拉式输出级的门电路中，电源一经确定，输出的高电平也就固定了，因而无法满足对不同输出高低电平的需要。此外，推拉式电路结构也不能满足驱动较大电流、较高电压的负载的要求。

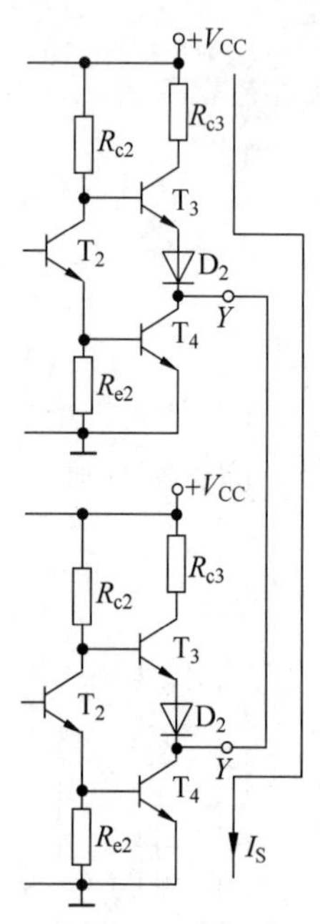

图10-13 TTL门电路输出并联

1. 电路结构

若将如图10-4所示电路中的输出三极管 T_3 及周围的元器件去掉，将三极管 T_4 的集电极开路就可以组成集电极开路门电路，简称OC(Open Collector)门电路。

集电极开路门电路的结构和逻辑符号如图10-14所示。OC门电路在工作时需要外接负载电阻 R 和电源 V'_{CC}。只要电阻的阻值和电源电压的数值选择得当，就能够做到既保证输出的高、低电平符合要求，又能保证输出端三极管的负载电流不过大。电阻 R 的作用是，当三极管 T_4 截止时，将三极管 T_4 的集电极的电位提高，使门电路能够输出高电平信号，所以负载电阻 R 又称为上拉电阻。

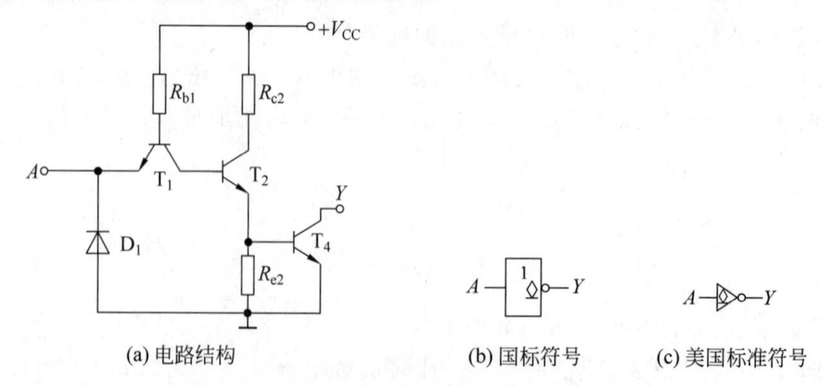

图10-14 集电极开路非门电路结构和逻辑符号

2. 线与电路

OC门的输出端可以并联使用。例如图10-15所示的电路中，输入信号 A、B 与输出 Y 之间的逻辑真值表如表10-7所示。由表10-7可以看出，两个门电路的输出端并联使用的

结果等效于与逻辑关系，所以如图10-15所示的电路又称为线与，其输入与输出之间的逻辑关系为

$$Y=Y_1\cdot Y_2=\overline{A}\cdot\overline{B}=\overline{A+B} \tag{10-6}$$

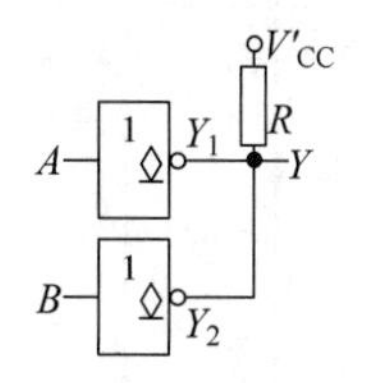

图10-15 OC非门输出端并联使用的接法

表10-7 图10-15电路的真值表

A	B	Y_1	Y_2	Y
0	0	1	1	1
0	1	1	0	0
1	0	0	1	0
1	1	0	0	0

线与之后，输出的低电平仍然为TTL门电路的低电平等级(约为0.2V)，但高电平的输出取决于V'_{CC}的值。空载的情况下，输出的高电平接近于V'_{CC}的值；有负载的情况下，则根据负载的要求确定。可见，OC门使用上更具有灵活性，适合于不同高电平电压等级输入的要求。

另外，有些OC门的输出管设计足以承受较大电流和较高电压，如SN7407输出管允许的最大负载电流为40mA，截止时耐压30V，足以驱动小型继电器。

3. 上拉电阻阻值的计算

上拉电阻阻值的计算分高电平输出和低电平输出两种情况。假设将n个OC门的输出端并联使用，负载是m'个TTL与非门，有m个TTL与非门的输入端。对于与非门来说，如果将其输入端并联使用时，总的低电平输入电流与只有一个输入端接低电平时相同，而总的高电平输入电流则为所有输入端的高电平输入电流之和。

高电平输出情况如图10-16所示。当所有OC门同时截止时，输出为高电平。此时，每个与非门的输入端口都有输入电流I_{IH}流入，m个输入端口共有mI_{IH}输入电流流过上拉电阻R；同时每一个OC门的输出端也有漏电流I_{OH}流入，n个输出端共有nI_{OH}输出漏电流流过上拉电阻R。根据KCL可得，上拉电阻R上的总电流是上述各电流的总和，此时上拉电阻R的值为允许最大值R_{max}。

$$R_{max}=\frac{V'_{CC}-U_{OH}}{nI_{OH}+mI_{IH}} \tag{10-7}$$

低电平输出情况如图10-17所示。此时，对于与非门电路，每一个门电路输入端口只流出一个输入短路电流$|I_{IS}|$，m'个与非门电路共有m'个$|I_{IS}|$输入短路电流流入OC门电路的输出端，同时上拉电阻R上的电流I也流入OC门电路的输出端。在OC门电路输出端口只有一个是低电平，其余都是高电平的情况下，所有的电流都流入输出为低电平的OC门的输出端口，该门电路的输出级电路将流过最大的电流I_{LM}，根据KCL可得，上拉电阻R上的电流是I_{LM}与$m'|I_{IS}|$的差，此时上拉电阻R的值为允许最小值R_{min}。

$$R_{min}=\frac{V'_{CC}-U_{OL}}{I_{LM}-m'|I_{IS}|} \tag{10-8}$$

上拉电阻R的取值应介于式(10-7)和式(10-8)所规定的最大值和最小值之间。

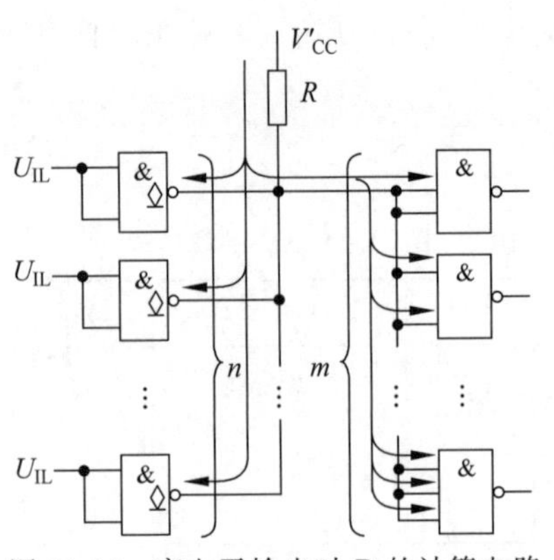

图 10-16　高电平输出时 R 的计算电路

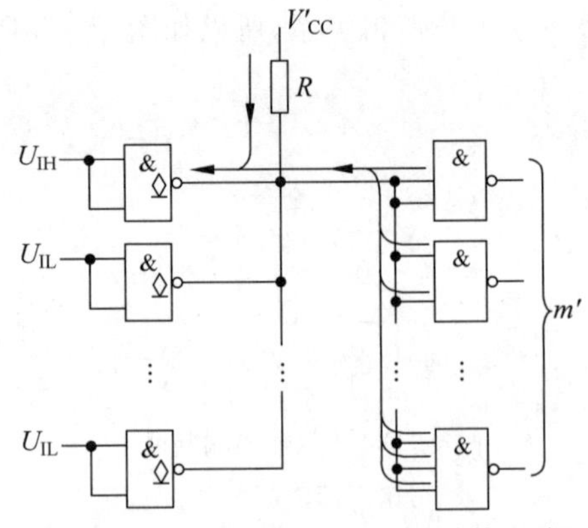

图 10-17　低电平输出时 R 的计算电路

【例题 10.2】 电路如图 10-18 所示。已知电源电压 $V'_{CC}=5V$，OC 与非门 G_1、G_2 的输出管截止时的漏电流 $I_{OH}=200\mu A$，输出管导通时的最大负载电流 $I_{LM}=16mA$，要求 OC 门输出的高电平 $U_{OH}\geqslant 3.4V$，$U_{OL}\leqslant 0.4V$，G_3、G_4、G_5 均为 TTL 与非门，它们的低电平输入短路电流为 $I_{IS}=-1mA$，高电平输入电流为 $I_{IH}=40\mu A$。计算电路中的上拉电阻 R 的值。

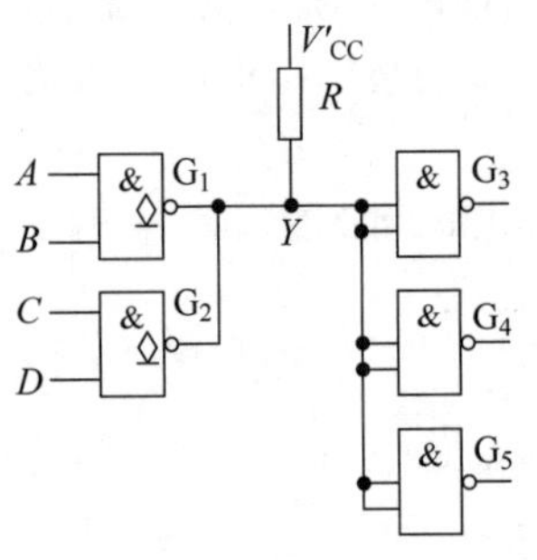

图 10-18　例题 10.2 的电路图

解：由电路图 10-18 可知，该电路是由两个 OC 与非门输出端并联和三个两输入端与非门组成，即 $n=2$，$m'=3$，$m=6$。

根据式(10-7)可得

$$R_{max}=\frac{V'_{CC}-U_{OH}}{nI_{OH}+mI_{IH}}=\frac{5-3.4}{2\times 0.2+6\times 0.04}k\Omega=2.5k\Omega$$

根据式(10-8)可得

$$R_{min}=\frac{V'_{CC}-U_{OL}}{I_{LM}-m'|I_{IS}|}=\frac{5-0.4}{16-3\times 1}k\Omega=0.354k\Omega$$

所以取上拉电阻 $R=2k\Omega$。

仿真视频 10-1

10.3.4　TTL 三态门电路

为了实现多个逻辑门电路输出能够实现并联连接使用，除了采用 OC 门以外，还可以采用三态门。

仿真视频 10-2

1. 电路结构和工作原理

三态(Three-State，TS)输出门是在普通门电路的基础上附加控制电路而构成的。在三态输出的门电路中，输出端除了有高电平和低电平两种状态外，还有第三种状态——高阻态(Z)。

控制端低电平有效的三态输出反相器的电路结构和逻辑符号如图 10-19(a)所示。图中 T_1 为多发射极三极管，多个输入端信号为与的关系。图中的控制端 $\overline{EN}$ 为低电平($\overline{EN}=0$)时，P 点为高电平，二极管截止，电路的工作状态和普通的反相器没有区别。这时 $Y=\overline{A}$，根据输入信号 A 的情况，输出可能是高电平，也可能是低电平。而当控制端 $\overline{EN}$ 为高电平($\overline{EN}=1$)时，P 点为低电平，T_2 和 T_4 截止。同时，由于二极管 D_1 导通，T_3 的基极电位被钳位在 0.7V,使 T_3 截止。由于 T_3 和 T_4 同时截止,所以输出端呈高阻状态。这样,输出端就有三种状态:高电平、低电平和高阻状态,所以将该门电路称为三态门。图 10-19(b)和图 10-19(c)分别为国标和美国标准的三态反相器逻辑符号。因为三态门存在高阻态,所以三态门电路的输出端可以并联使用。

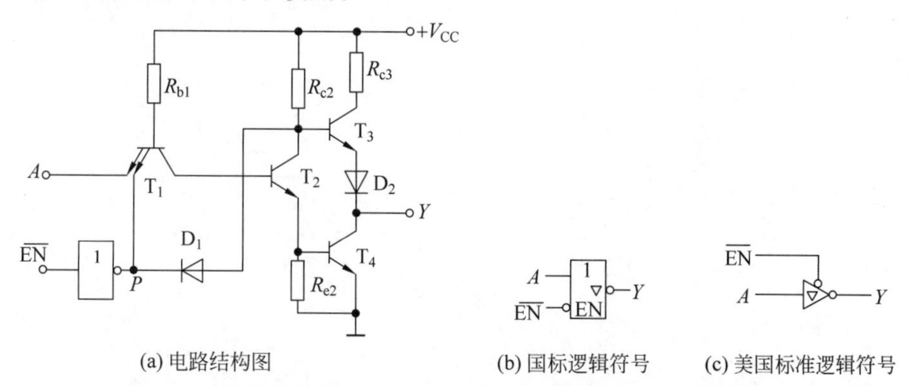

(a) 电路结构图　　(b) 国标逻辑符号　　(c) 美国标准逻辑符号

图 10-19　控制端低电平有效的三态输出反相器的电路图和逻辑符号

控制端为高电平有效的三态输出反相器的电路图和逻辑符号如图 10-20 所示。由图可见其电路结构与图 10-19(a)只差一个反相器,其余部分相同,所以在此不再赘述。

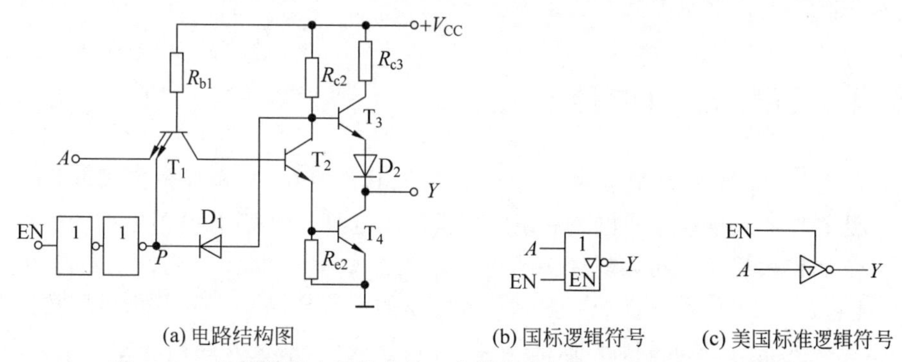

(a) 电路结构图　　(b) 国标逻辑符号　　(c) 美国标准逻辑符号

图 10-20　控制端高电平有效的三态输出反相器的电路图和逻辑符号

2. 三态门电路的应用

因为三态门的输出端可以并联使用,所以可以用三态门电路组成开关电路,如图 10-21 所示。当$\overline{EN}$为低电平 0 时,三态门 G_1 为高阻态,选通三态门 G_2,电路的输出信号 $Y=\overline{B}$;当$\overline{EN}$为高电平 1 时,三态门 G_1 被选通,而三态门 G_2 为高阻态,电路的输出信号为 $Y=\overline{A}$。可以看出使能端$\overline{EN}$的状态决定将哪一个数据取反后输出,相当于一个开关的作用。

在计算机系统中,为了减少各个单元电路之间连线的数目,希望能在同一条导线上分时传递若干门电路的输出信号。这时可以用三态门接成总线结构,如图 10-22 所示。只要在工作时控制各个门的使能端$\overline{EN}$,使其轮流等于 0,而且任何时候仅有一个等于 0,就可以把各个门的输出信号轮流送到公共的传输线(总线)上而互不干扰。

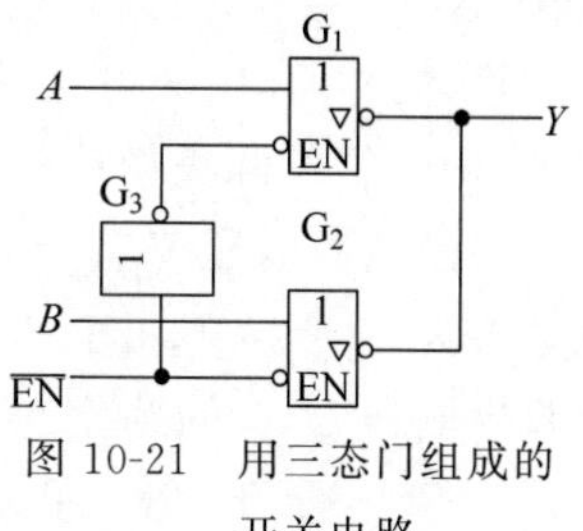

图 10-21　用三态门组成的开关电路

用三态门还可以实现数据的双向传输,实现数据的双向传输的三态门电路如图10-23所示。当$\overline{EN}=0$时,三态门G_1被选通而G_2为高阻态,数据D_1经反相后送到总线上去。当$\overline{EN}=1$时,三态门G_2被选通而G_1为高阻态,来自总线的数据经G_2反相后由$\overline{D}_2$送出。

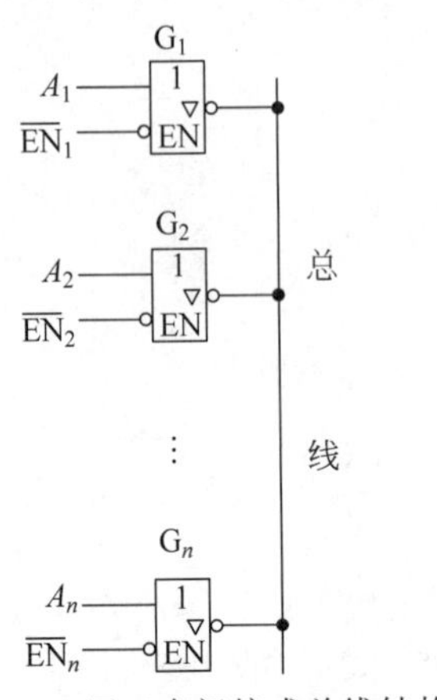

图10-22 用三态门接成总线结构

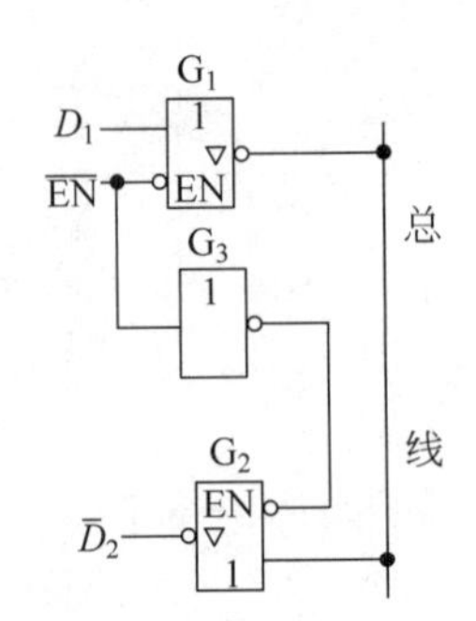

图10-23 用三态门实现数据的双向传输

说明一下,对于TTL非门以外的门电路,如TTL与非门、TTL或非门、TTL异或门等均有OC门和三态门。

10.4 CMOS门电路

TTL门电路存在的一个缺点是功耗较大,所以其主要在中、小规模集成电路方面应用广泛,而无法制作成大规模集成电路和超大规模集成电路。而CMOS门电路的优点是功耗很小,适合于制作大规模和超大规模集成电路。随着CMOS制作工艺的不断进步,CMOS门电路可能超越TTL门电路而成为数字集成电路的主流产品。CMOS门电路按照逻辑功能的不同,也分为非门、与非门、或非门、与或非门、异或门、漏极开路门和三态门等,这些门电路的作用和符号与TTL门电路的相同,这里只简单介绍一下CMOS反相器、CMOS与非门和CMOS或非门的电路结构和工作原理。

10.4.1 CMOS反相器的电路结构和工作原理

CMOS反相器的电路结构如图10-24所示。由图可以看出,它由一个N沟道增强型MOS管T_1和一个P沟道增强型MOS管T_2组成,所以该电路称为互补对称式金属氧化物半导体电路,简称CMOS电路。图中两个管的栅极相连作为输入端A,两个管的漏极相连作为输出端Y。

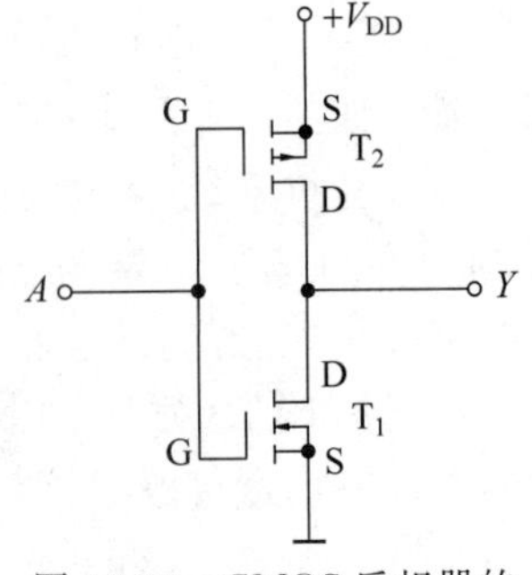

图10-24 CMOS反相器的电路结构

假设电源电压$V_{DD}=5V$,输入信号的高电平为$U_{IH}=5V$,低电平为$U_{IL}=0V$,并且V_{DD}大于T_1的开启电压U_{TN}和T_2的开启电压U_{TP}的绝对值之和。当输入信号A为高电平1时,T_1管导通,T_2管截止,输出信号Y为低电平0。当输入信

号 A 为低电平 0 时，T_1 管截止，T_2 管导通，输出信号 Y 为高电平 1。因此，该电路的输出与输入信号之间为非的逻辑关系，即 $Y=\overline{A}$。CMOS 反相器是 CMOS 集成门电路的基本单元。

在 CMOS 电路中，因 P 沟道 MOS 管在工作的过程中仅相当于一个可变电阻值的漏极电阻，所以 T_2 管称为负载管；而 N 沟道 MOS 管在工作的过程中起到输出信号、驱动后级电路的作用，所以 T_1 管称为驱动管。

10.4.2 其他类型的 CMOS 门电路

1. CMOS 与非门的电路结构和工作原理

将两个 CMOS 反相器的负载管并联，驱动管串联，就组成了 CMOS 与非门，电路如图 10-25 所示。

当输入信号 A、B 同时为高电平时，驱动管 T_1 和 T_2 导通，负载管 T_3 和 T_4 截止，输出为低电平；当输入信号 A、B 同时为低电平时，驱动管 T_1 和 T_2 截止，负载管 T_3 和 T_4 导通，输出为高电平；当输入信号 A、B 中一个为低电平，另一个为高电平时，驱动管 T_1 和 T_2 中总有一个导通，一个截止，驱动管串联，总结果为断开，负载管总是一个导通，另一个截止，负载管并联，总结果为通，电路的输出信号为高电平。因此输出信号 Y 与输入信号 A、B 之间为与非的逻辑关系。

2. CMOS 或非门的电路结构和工作原理

将两个 CMOS 反相器的负载管串联，驱动管并联，就组成了 CMOS 或非门，电路如图 10-26 所示。

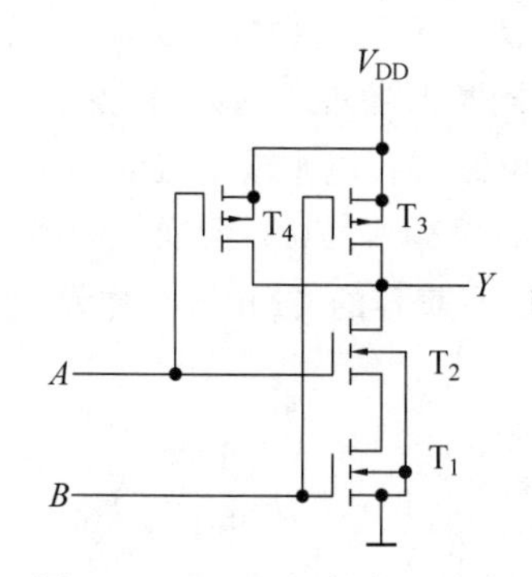

图 10-25 CMOS 与非门电路

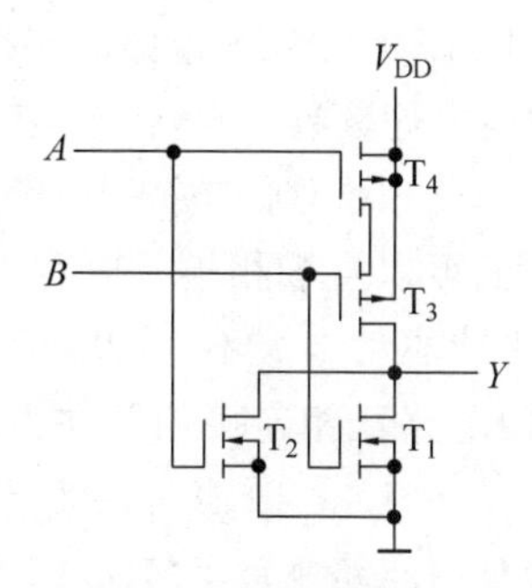

图 10-26 CMOS 或非门电路

当输入信号 A、B 全为低电平 0 时，驱动管 T_1 和 T_2 截止，负载管 T_3 和 T_4 导通，输出为高电平信号 1；当输入信号 A、B 全为高电平 1 时，驱动管 T_1 和 T_2 导通，负载管 T_3 和 T_4 截止，输出为低电平信号 0；当输入信号 A、B 中有一个为高电平，而另一个为低电平时，驱动管中有一个导通，一个截止，驱动管相并联，总结果为通，负载管中一个截止，一个导通，负载管串联，总结果为断，电路输出为低电平。因此输出信号 Y 与输入信号 A、B 之间为或非的逻辑关系。

10.5 集成门电路实用知识简介

10.5.1 多余输入端的处理方法

在用集成门电路组成数字系统时，经常会遇到输入引脚有多余的问题。对于多余的输入端，一般不悬空，因为在干扰信号作用下，可能出现逻辑出错。使用时可以与要使用的输入端连在一起，如图 10-27(a)所示。也可以将不用的输入端与一恒定逻辑值相连，不用的与门或者与非门输入端应与逻辑 1 相连，如图 10-27(b)所示，不用的或门或者或非门的输入端应与逻辑 0 相连，如图 10-27(c)所示。在高速电路设计中，通常使用图 10-27(b)和图 10-27(c)所示的方法，这比用图 10-27(a)所示的方法更好些，因为图 10-27(a)所示的方法增加了驱动信号的电容负载，使操作变慢。在图 10-27(b)和图 10-27(c)中，典型的电阻值为 1～10kΩ，而且一个上拉或下拉电阻可供多个不用的输入端共用。另外，也可以将不用的输入端直接连接到电源或地上。

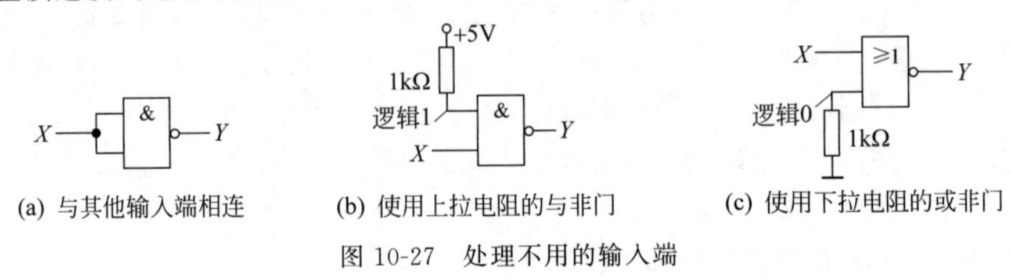

图 10-27 处理不用的输入端

10.5.2 TTL 电路与 CMOS 电路的接口

在 TTL 与 CMOS 两种电路并存的情况下，常常有不同类型的集成电路混合使用，这样就出现了 TTL 与 CMOS 电路的连接问题。两种不同类型的集成门电路，由于输入、输出逻辑电平、负载能力等参数不同，在连接时必须通过接口电路进行电平或电流的变换后才能使用。

由于 CMOS 系列门电路中，HCT 系列、VHCT 系列和 FCT 系列门电路都与 TTL 电路兼容，它们可以直接相连。而对于其他的与 TTL 不兼容的 CMOS 门电路，使用时必须考虑逻辑电平或驱动电流不匹配时的互连问题。

两种门电路互相连接的条件为

$$U_{OH} \geqslant U_{IH},\quad U_{OL} \leqslant U_{IL},\quad I_{OH} \geqslant nI_{IH},\quad I_{OL} \geqslant nI_{IL}$$

1. TTL 门电路驱动 CMOS 门电路

当 CMOS 门电路的电源电压为 5V 时，TTL 门电路输出的低电平与 CMOS 门电路兼容，而 TTL 门电路的 $U_{OH(min)}$ 小于 CMOS 门电路的 $U_{IH(min)}$，为此需要在 TTL 电路的输出端与电源之间接入上拉电阻来提升 TTL 门电路输出端高电平，如图 10-28 所示。图中 R 的取值为

$$R=\frac{V_{CC}-U_{OH}}{I_{OH}}$$

其中，I_{OH} 为 TTL 门电路输出级 T_3 管截止时的漏电流。

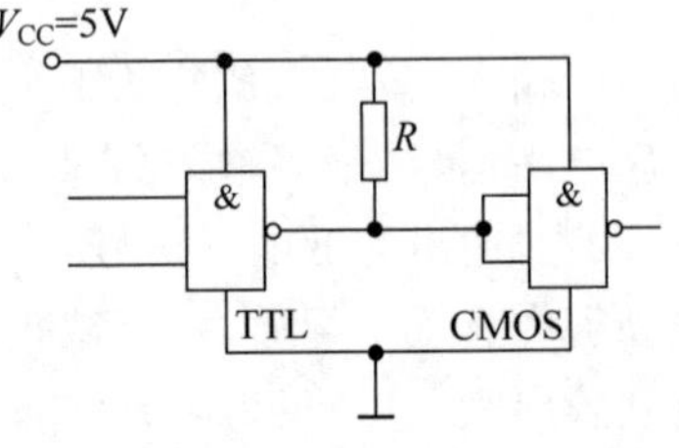

图 10-28 通过上拉电阻提升 TTL 输出端高电平

当 CMOS 电源电压 V_{DD} 高于 5V 时，仍可以采用上拉电阻 R 解决电平转换问题，此时 TTL 门电路应该采用 OC 门，如图 10-29 所示。另外也可以采用三极管非门电路来解决电平转换问题，如图 10-30 所示。

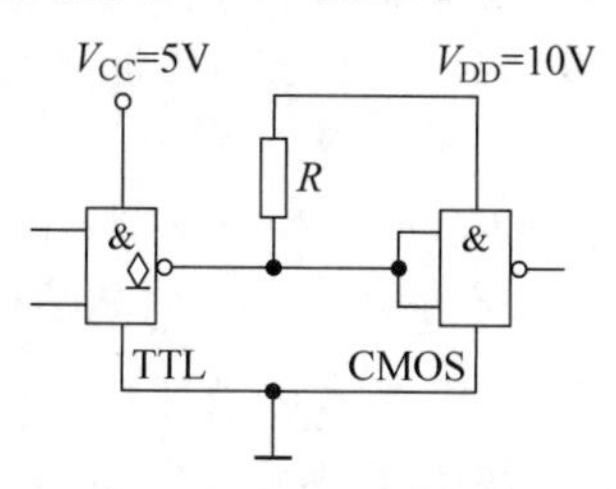

图 10-29 通过上拉电阻解决电平转换问题

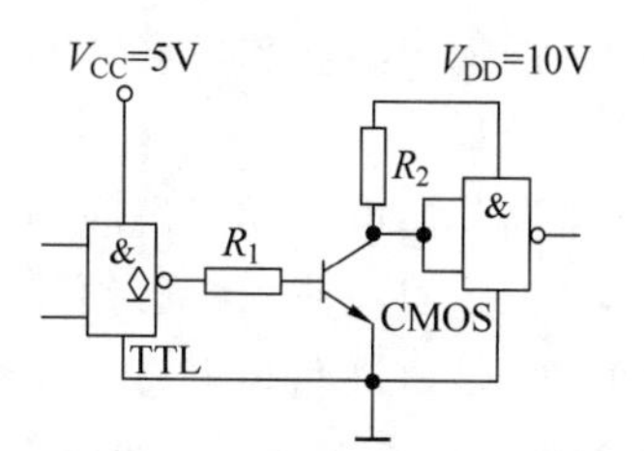

图 10-30 通过三极管非门解决电平转换问题

2. CMOS 门电路驱动 TTL 门电路

CMOS 电路输出逻辑电平与 TTL 输入逻辑电平可以兼容，但 CMOS 电路输出功率较小，驱动能力不够，一般不能直接驱动 TTL 电路。常用的方法有以下两种方法：

(1) 利用三极管的电流放大作用实现电流扩展，如图 10-31 所示。只要放大器的电路参数选择合适，可做到既满足 CMOS、TTL 门电路电流要求，又使放大器输出高低电平满足 TTL 逻辑电平要求。

(2) CMOS 电路的输出端增加一级 CMOS 驱动器来增强带负载能力，如图 10-32 所示。CMOS 门电路由+5V 电源供电，能直接驱动一个 74 系列 TTL 门电路。若增加缓冲器，例如选用 CC4049(六反相器)或 CC4050(六缓冲器)，能直接驱动 2 个 74 系列 TTL 门电路，若选用漏极开路的 CMOS 驱动器 CC40107，能直接驱动 10 个 74 系列 TTL 门电路。

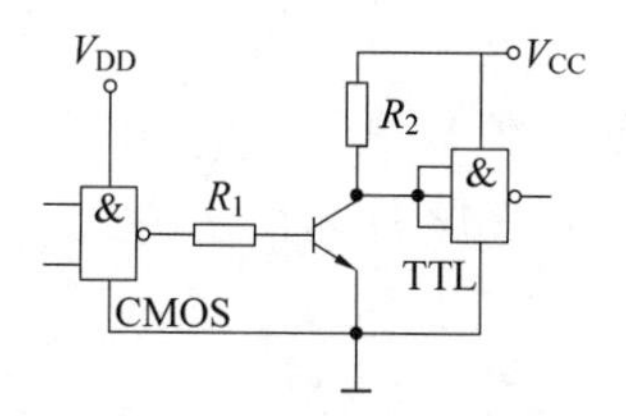

图 10-31 利用三极管实现电流扩展

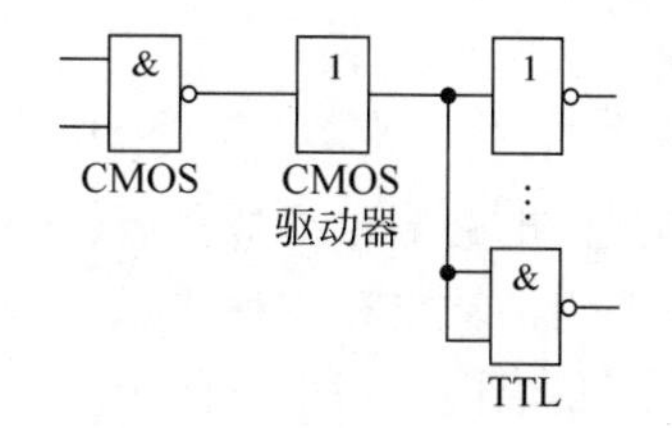

图 10-32 利用 CMOS 驱动器增强带负载能力

小结

门电路是构成各种复杂数字电路的基本逻辑单元。按照电路元器件的结构形式不同，分为分立元器件门电路和集成门电路。分立元器件门电路的优点是结构简单，但是在许多门级联时，其逻辑信号电平会偏离原来的数值而趋近未定义区域。因此，实际电路中，一般很少采用。集成门电路按照集成度的不同可分为小规模集成门电路、中规模集成门电路、大规模集成门电路和超大规模集成门电路。按照制造工艺的不同，分为 TTL 门电路和 CMOS 门电路。由于 TTL 门电路功耗较大，其主要在中、小规模集成电路方面应用广泛，而 CMOS 门电路的优点是功耗很小，适合于制作大规模和超大规模集成电路。

TTL门电路按照门电路的功能的不同，可以分为非门、与非门、或非门、与或非门、异或门等，而非门是构成各种TTL门电路的基本环节。学习门电路的内部结构和工作原理的目的在于帮助读者对器件外特性的理解，以便于更好地掌握外特性。外特性包括电压传输特性、输入特性、输出特性和负载特性。另外，输入端噪声容限和传输延迟时间也是门电路的两个重要参数。

集电极开路的门电路和三态门的输出端都可以并联使用，即可以实现线与功能。但是集电极开路的门电路在使用时必须外加一个电源和一个上拉电阻。三态门的输出端有三个状态，即高电平、低电平和高阻态。在使能端为有效状态时，其逻辑功能与普通的门电路一样，在使能端为无效状态时，输出为高阻态。用三态门电路可以组成开关电路，总线结构，还可以实现数据的双向传输。

在门电路的实际应用中，为可靠起见，不用的输入端应连到稳定的高电平和低电平电压上。在TTL与CMOS两种电路并存的情况下，需要考虑输入、输出逻辑电平和负载能力等参数。两种门电路互相连接的条件是：$U_{OH} \geqslant U_{IH}$，$U_{OL} \leqslant U_{IL}$，$I_{OH} \geqslant nI_{IH}$，$I_{OL} \geqslant nI_{IL}$。若不满足以上条件，在连接时必须通过接口电路进行电平或电流的变换后才能使用。

习题

1. 填空题

（1）集成电路按照集成度可分为________、________、________和________。

（2）TTL非门的电压传输特性的转折区中点所对应的输入电压值称为________，用U_{TH}表示。

（3）在保证逻辑门完成正常逻辑功能的情况下，逻辑门的输入端所能承受的最大干扰电压值称为________。

（4）在TTL门电路中，输入电压$u_I=0$时的输入电流值称为________。

（5）描述门电路输出端最多能够带的门电路数称为门电路的________。

（6）三态门的输出有3种状态，它们是________、________和________。

（7）对于集成门电路中不使用的输入端，可以与要使用的输入端________，也可以将不用的输入端与________相连，不用的与门或者与非门输入端应与________相连，不用的或门或者或非门的输入端应与________相连。

2. 选择题

（1）一个二输入端的TTL与非门，一端接变量B，另一端经10kΩ电阻接地，该与非门的输出应为（　　）。

A. 0　　B. $\bar{B}$　　C. B

（2）TTL门电路的输入端悬空时，下列说法正确的是（　　）。

A. 相当于逻辑0　　B. 相当于逻辑1　　C. 逻辑1和逻辑0都可以

（3）能实现分时传送数据逻辑功能的是（　　）。

A. TTL与非门　　B. 三态逻辑门　　C. 集电极开路门

（4）能实现线与逻辑功能，而且需要外加电源和上拉电阻的是（　　）。

A. TTL与非门　　B. 三态逻辑门　　C. 集电极开路门

(5) 对于集成门电路，下列选项中正确的是(　　)。

A. 输入端悬空可能会造成逻辑出错

B. 多余的输入端不可以并联使用

C. 输入端完全可以悬空，且相当于逻辑 1

3. 试画出图 P10-3 所示各个门电路输出端的电压波形。输入端 A、B 的电压波形如图 P10-3 所示。

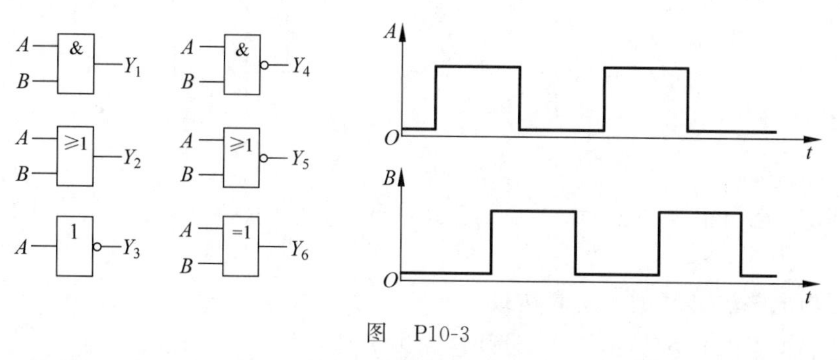

图　P10-3

4. 通过适当的方法将与非门、或非门和异或门连接成反相器，实现 $Y=\overline{A}$。

5. 各逻辑门的输入端 A、B 和输出端 Y 的波形如图 P10-5 所示，分别写出各个逻辑门的表达式。

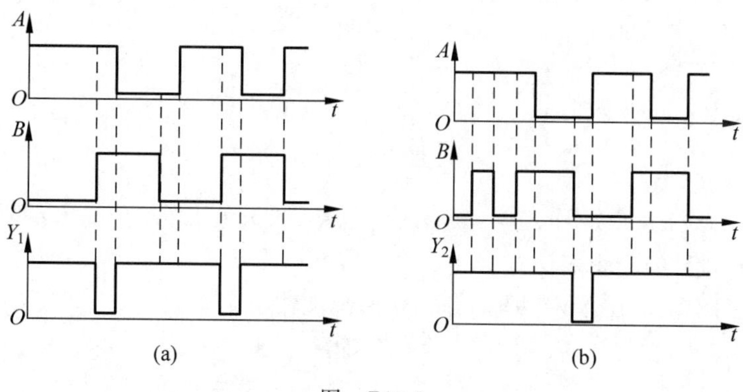

图　P10-5

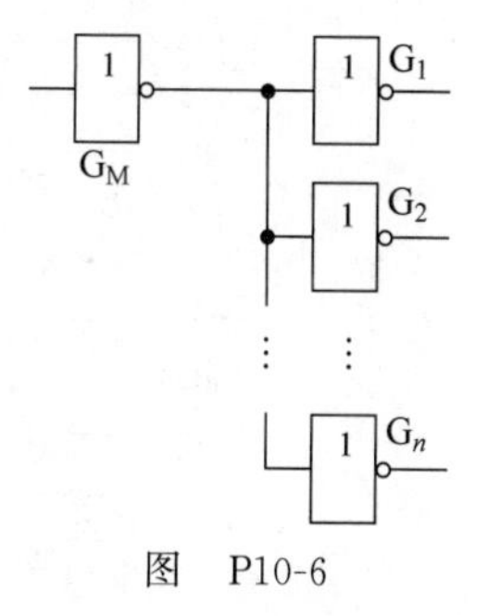

图　P10-6

6. 计算如图 P10-6 所示电路中的反相器 G_M 能驱动多少个同样的反相器。要求 G_M 输出的高、低电平符合 $U_{OH} \geqslant 3.2V$，$U_{OL} \leqslant 0.25V$。所有的反相器均为 74LS 系列 TTL 电路，输入电流 $I_{IL} \leqslant -0.4mA$，$I_{IH} \leqslant 20\mu A$。$U_{OL} \leqslant 0.25V$ 时的输出电流的最大值 $I_{OL(max)}=8mA$，$U_{OH} \geqslant 3.2V$ 时的输出电流的最大值为 $I_{OH(max)}=-0.4mA$。G_M 的输出电阻忽略不计。

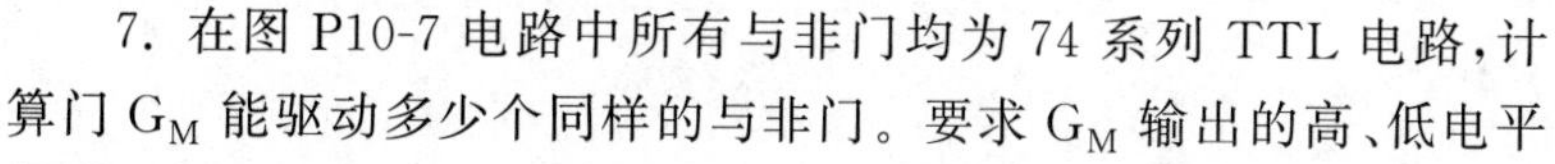

7. 在图 P10-7 电路中所有与非门均为 74 系列 TTL 电路，计算门 G_M 能驱动多少个同样的与非门。要求 G_M 输出的高、低电平符合 $U_{OH} \geqslant 3.2V$，$U_{OL} \leqslant 0.4V$。与非门的输入电流 $I_{IL} \leqslant -1.6mA$，$I_{IH} \leqslant 40\mu A$。$U_{OL} \leqslant 0.4V$ 时的输出电流的最大值 $I_{OL(max)}=16mA$，$U_{OH} \geqslant 3.2V$ 时的输出电流的最大值为 $I_{OH(max)}=-0.4mA$。G_M 的输出电阻忽略不计。

8. 两个 OC 与非门连接成如图 P10-8 所示的电路。试写出输出 Y 的表达式。

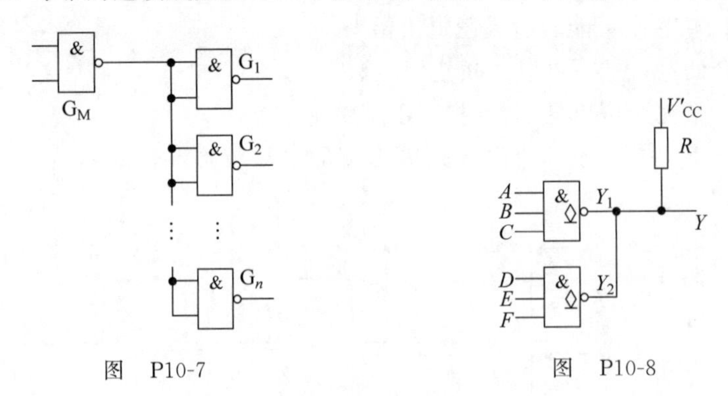

图　P10-7　　　　图　P10-8

9. TTL 三态门组成如图 P10-9(a)所示的电路，图 P10-9(b)为输入 A、B、C 的电压波形。

(1) 写出电路输出 Y 的逻辑表达式。

(2) 在如图 P10-9(b)所示输入波形时，画出 Y 的波形。

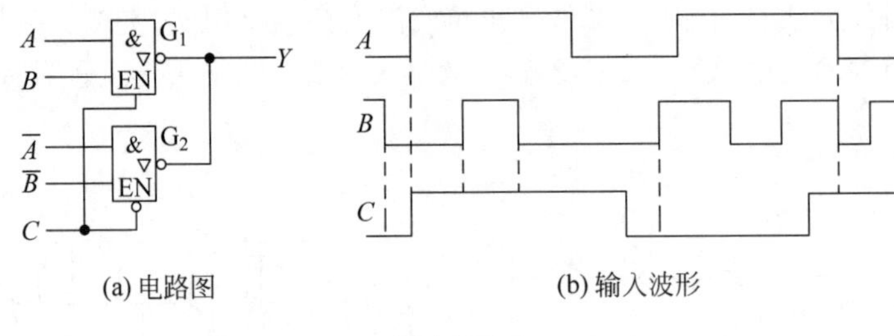

图　P10-9

10. TTL 三态门组成如图 P10-10(a)所示电路，图 P10-10(b)为输入信号的电压波形。

(1) 写出输出 Y 的逻辑表达式。

(2) 在如图 P10-10(b)所示的输入波形时，画出输出 Y 的波形。

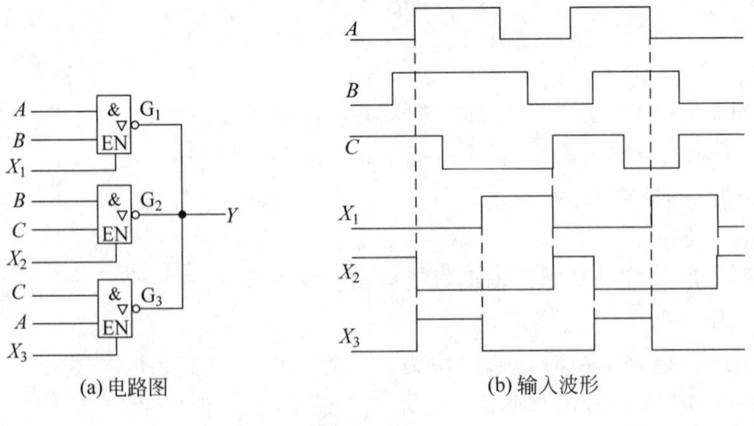

图　P10-10

11. 如图 P10-11 所示各个门电路均为 74 系列 TTL 门电路。指出各个门电路的输出是什么状态(高电平、低电平或高阻状态)。

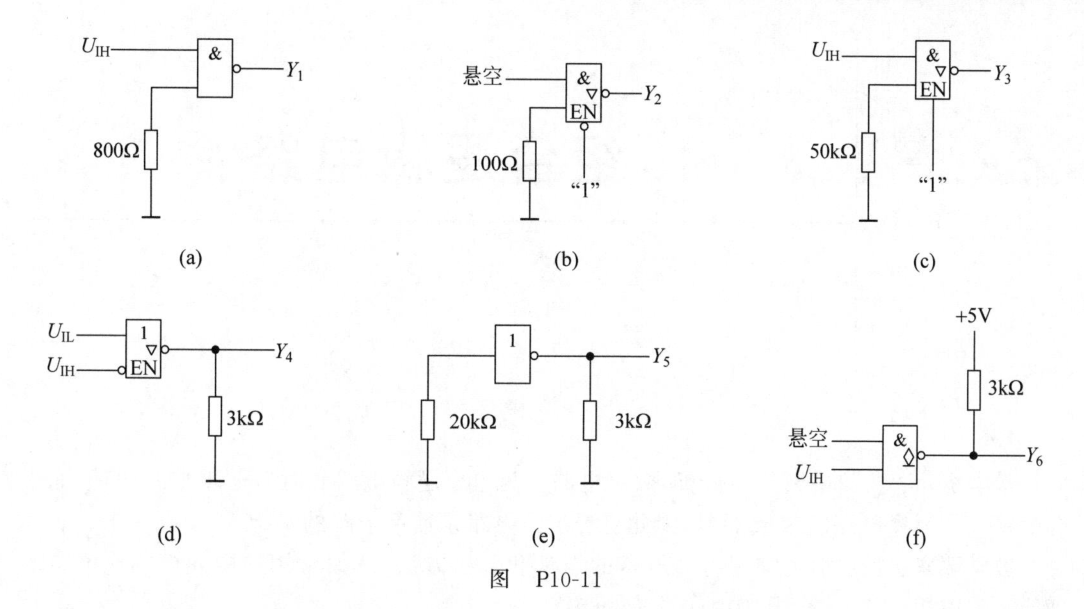

图　P10-11

12. 在 CMOS 门电路中有时采用图 P10-12 所示的方法扩展输入端。试分析电路的逻辑功能,写出输出表达式。

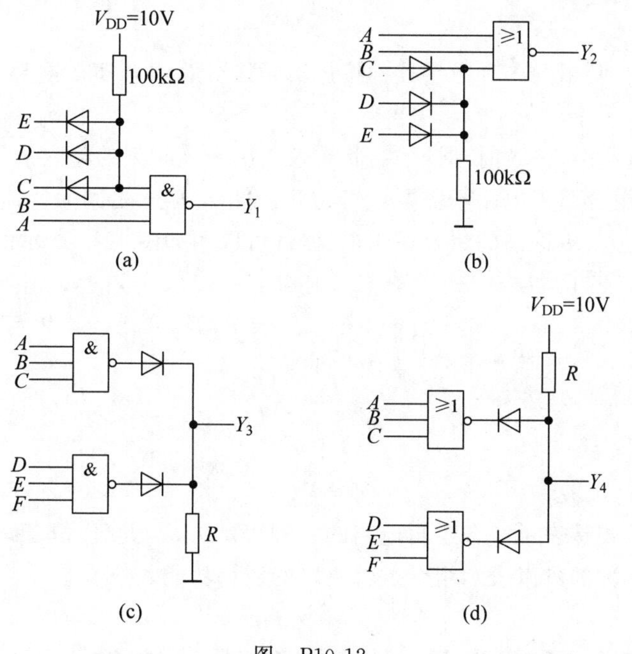

图　P10-12

第11章 组合逻辑电路

CHAPTER 11

教学提示：按照逻辑功能分类，数字电路分为组合逻辑电路和时序逻辑电路两种，而组合电路又是时序电路的组成部分，因此组合逻辑电路是数字电路的基础。

教学要求：要求学生掌握组合电路的设计和分析方法，掌握常用的中规模集成电路的功能及其应用，了解组合电路中的竞争-冒险现象。

11.1 概述

在数字系统中，常用的各种数字器件按逻辑功能分为组合逻辑电路和时序逻辑电路两大类。

在组合逻辑电路中，任意时刻的输出状态仅取决于该时刻的输入信号，而与电路原来的状态无关。因此，组合逻辑电路不需要记忆元件，输出与输入之间无反馈。

任何一个多输入、多输出的组合逻辑电路，都可以用如图11-1所示的结构框图来表示。

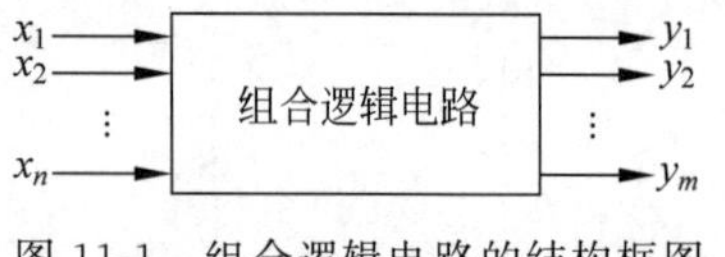

图11-1 组合逻辑电路的结构框图

图11-1中，$X=[x_1,x_2,\cdots,x_n]$表示输入变量，$Y=[y_1,y_2,\cdots,y_m]$表示输出变量。输出与输入之间可以用如下逻辑函数来描述

$$y_i=f_i(x_1,x_2,\cdots,x_n)\quad(i=1,2,\cdots,m)$$

或者写成向量形式

$$Y=F(X)$$

逻辑函数表达式是表示组合逻辑电路的一种表示方法，此外，真值表、卡诺图和逻辑图等方法中的任何一种都可以表示组合逻辑电路的逻辑功能。

11.2 组合逻辑电路的分析和设计方法

11.2.1 组合逻辑电路的分析方法

组合逻辑电路的分析，即已知逻辑电路图，找出输出与输入之间的函数关系，并分析电路的功能。组合电路的分析步骤如下：

(1) 从电路的输入到输出逐级写出逻辑函数式，最后得到整个电路的输出与输入之间的逻辑函数式。

(2) 用公式法或卡诺图法将逻辑函数化简成最简与或式。

(3) 为了使电路的逻辑功能更加直观，可以列写出逻辑函数的真值表，进而分析电路的逻辑功能。

【例题 11.1】 分析如图 11-2 所示电路的功能。

解：根据逻辑图可以写出输出变量 Y_1、Y_2 与输入变量 A、B、C 之间的逻辑函数式为

$$Y_1 = ABC + (A + B + C)\overline{AB + AC + BC} = ABC + A\bar{B}\bar{C} + \bar{A}B\bar{C} + \bar{A}\,\bar{B}C$$

$$Y_2 = AB + BC + AC$$

由于该表达式已经是最简表达式，所以不必化简。但是从上面的逻辑函数式中还不容易看出电路的逻辑功能，因此有必要列写出逻辑函数的真值表如表 11-1 所示。

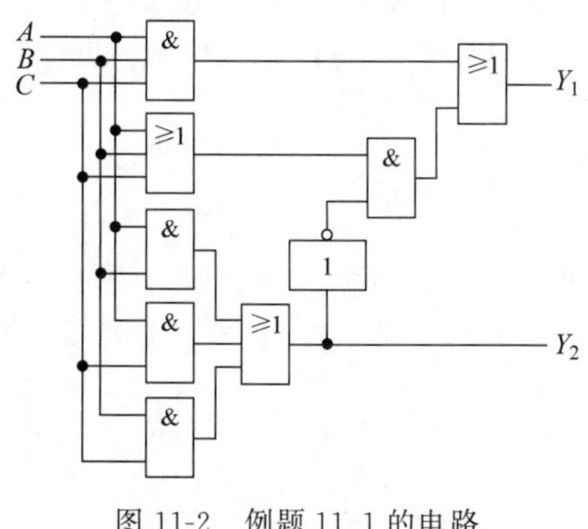

图 11-2　例题 11.1 的电路

表 11-1　例题 11.1 的真值表

A	B	C	Y_1	Y_2
0	0	0	0	0
0	0	1	1	0
0	1	0	1	0
0	1	1	0	1
1	0	0	1	0
1	0	1	0	1
1	1	0	0	1
1	1	1	1	1

由真值表可见，这是一个全加器。A、B、C 为加数、被加数和来自低位的进位，Y_1 是和，Y_2 是进位输出。

11.2.2　组合逻辑电路的设计方法

仿真视频 11-1

组合逻辑电路的设计与分析过程相反，其任务是根据给定的实际逻辑问题，设计出一个最简的逻辑电路图。这里所说的“最简”，是指电路中所用的器件个数最少，器件种类最少，而且器件之间的连线最少。

组合逻辑电路设计的一般步骤如下：

(1) 根据设计题目要求，进行逻辑抽象，确定输入变量和输出变量及数目，明确输出变量和输入变量之间的逻辑关系。

(2) 对输入和输出变量进行状态赋值，并将输出变量和输入变量之间的逻辑关系(或因果关系)列成真值表。

(3) 根据真值表写出逻辑函数，并用公式法或卡诺图法将逻辑函数化简成最简表达式。

(4) 根据电路的具体要求和器件的资源情况来选择合适的器件，选用小规模集成逻辑门电路、中规模集成组合电路或可编程逻辑器件构成相应的逻辑函数。

(5) 根据选择的器件，将逻辑函数转换成适当的形式。

① 在使用小规模集成门电路进行设计时，为获得最简单的设计结果，应把逻辑函数转换成最简形式，即器件数目和种类最少。因此通常把逻辑函数转换为与非-与非式或者与或非式，这样可以用与非门或者与或非门来实现。

② 在使用中规模集成组合电路设计电路时，需要将逻辑函数化成常用的组合逻辑电路的逻辑函数式形式，具体做法将在11.3节介绍。

(6) 根据化简或变换后的逻辑函数式，画出逻辑图。

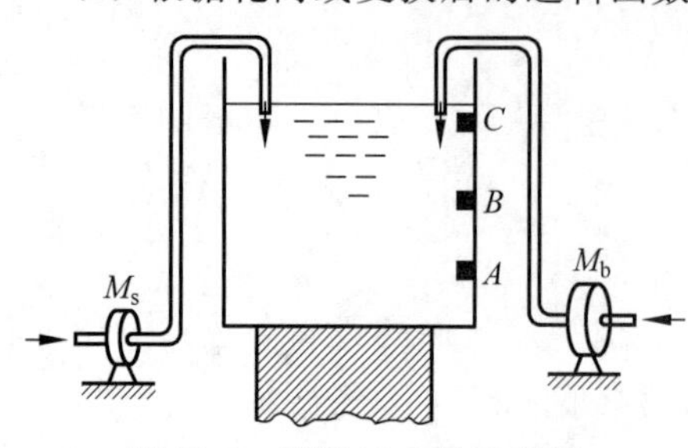

图 11-3 例题 11.2 的示意图

【例题 11.2】 一个水箱由大、小两台水泵 M_b 和 M_s 供水，示意图如图 11-3 所示。水箱中设置了 3 个水位检测元件 A、B、C。水面低于检测元件时，检测元件给出高电平；水面高于检测元件时，检测元件给出低电平。现要求当水位超过 C 点时水泵停止工作；水位低于 C 点而高于 B 点时 M_s 单独工作；水位低于 B 点而高于 A 点时 M_b 单独工作；水位低于 A 点时 M_b 和 M_s 同时工作。试设计一个控制两台水泵工作的逻辑电路。

解：

(1) 首先进行逻辑抽象。

由题意可知，有 3 个输入变量 A、B、C，两个输出变量 M_b 和 M_s，对于输入变量，1 表示水面低于相应的检测元件，0 表示水面高于相应的检测元件；对于输出变量，1 表示水泵工作，0 表示水泵不工作。

(2) 依题意可以列出如表 11-2 所示的真值表。

表 11-2 例题 11.2 的真值表

A	B	C	M_s	M_b
0	0	0	0	0
0	0	1	1	0
0	1	0	×	×
0	1	1	0	1
1	0	0	×	×
1	0	1	×	×
1	1	0	×	×
1	1	1	1	1

(3) 由真值表直接填写卡诺图并化简，如图 11-4 所示，化简后得到

$$\begin{cases} M_s = A + \bar{B}C \\ M_b = B \end{cases} \tag{11-1}$$

(4) 选定器件类型为小规模集成门电路。

(5) 根据式(11-1)画出逻辑电路图如图 11-5 所示。

图 11-5 是用与门和或门组成的逻辑电路。如果要求用与非门来组成这个逻辑电路，则需要将式(11-1)化为最简与非-与非表达式

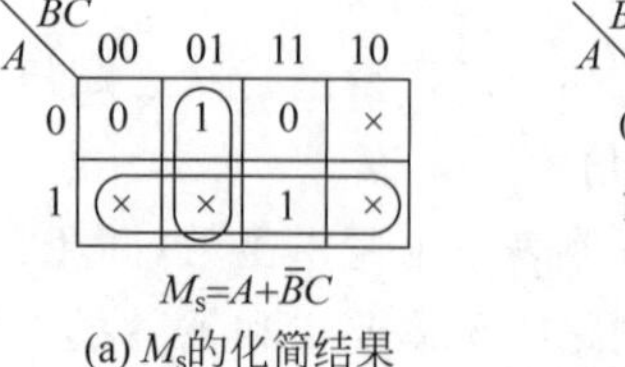

(a) M_s的化简结果

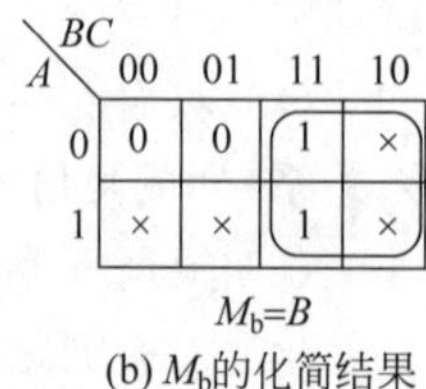

(b) M_b的化简结果

图 11-4 例题 11.2 的卡诺图化简

$$\begin{cases} M_s = \overline{\overline{A + \bar{B}C}} = \overline{\bar{A} \cdot \overline{\bar{B}C}} \\ M_b = B \end{cases} \tag{11-2}$$

根据式(11-2)用与非门实现的逻辑电路如图 11-6 所示。

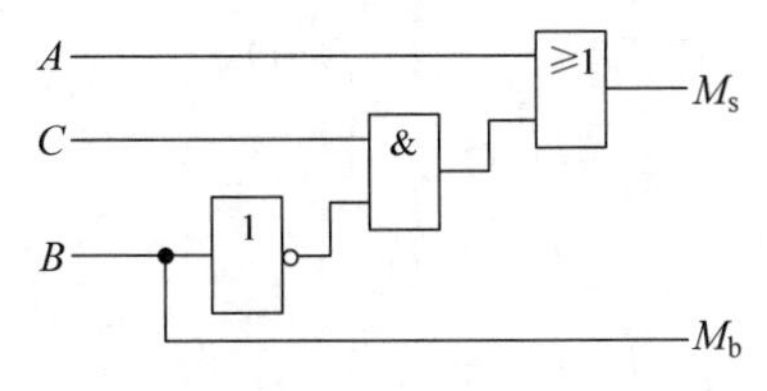

图 11-5　例题 11.2 的逻辑图之一

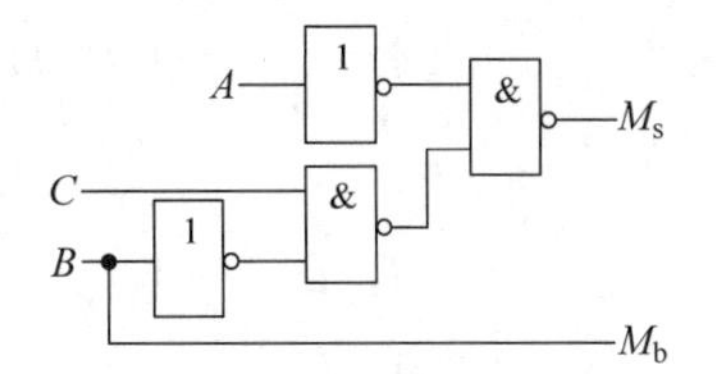

图 11-6　例题 11.2 的逻辑图之二

同样道理,若用与或非门来实现这个逻辑电路,则需要将式(11-1)化为最简与或非表达式,也即将逻辑函数转换成与所选择器件相适应的形式。

知识拓展 11-1

11.3　若干常用的组合逻辑电路

11.3.1　编码器

用文字、符号或数码表示特定对象的过程称为编码。例如在运动场上,运动员的号码即为一种编码,将每个运动员分配号码后,这个号码即代表这个运动员,如果知道了号码,就知道该运动员的信息,只不过该号码一般用十进制数表示。在数字电路中通常用二进制数进行编码。实现编码操作的电路就是编码器。根据被编码信号的不同特点和要求,可以将编码器分为二进制编码器、二-十进制编码器和优先编码器。

仿真视频 11-2

1. 二进制编码器

用 n 位二进制代码对 2^n 个信号进行编码的电路称为二进制编码器。例如 $n=3$,则最多可以对 8 个信号进行编码。假如对 N 个信号编码,则可以用 $2^n \geqslant N$ 来确定需要使用的二进制代码的位数 n。下面以 3 位二进制编码器为例说明二进制编码器的工作原理和设计过程。

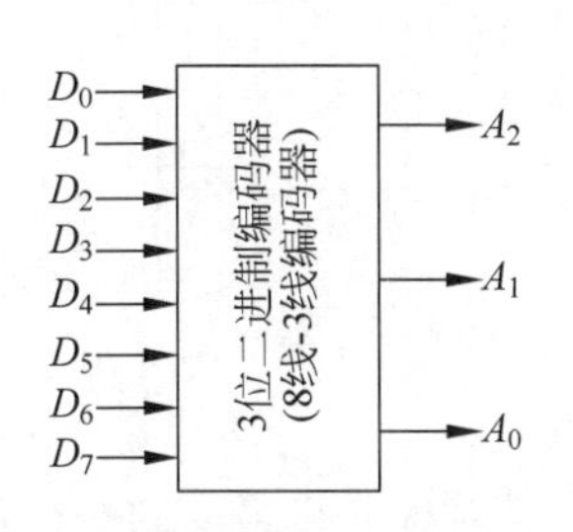

图 11-7　3 位二进制(8 线-3 线)编码器的框图

仿真视频 11-3

图 11-7 是 3 位二进制编码器的框图,它的输入变量是 $D_0 \sim D_7$,输出变量为 $A_2 \sim A_0$,因此也称为 8 线-3 线编码器。假设输入和输出均为高电平有效,则列写出真值表如表 11-3 所示。

表 11-3　3 位二进制编码器的真值表

输　入								输　出		
D_0	D_1	D_2	D_3	D_4	D_5	D_6	D_7	A_2	A_1	A_0
1	0	0	0	0	0	0	0	0	0	0
0	1	0	0	0	0	0	0	0	0	1
0	0	1	0	0	0	0	0	0	1	0
0	0	0	1	0	0	0	0	0	1	1
0	0	0	0	1	0	0	0	1	0	0
0	0	0	0	0	1	0	0	1	0	1
0	0	0	0	0	0	1	0	1	1	0
0	0	0	0	0	0	0	1	1	1	1

仿真视频 11-4

由表 11-3 的真值表写出对应的逻辑式得到

$$A_2=\overline{D}_7\overline{D}_6\overline{D}_5D_4\overline{D}_3\overline{D}_2\overline{D}_1\overline{D}_0+\overline{D}_7\overline{D}_6D_5\overline{D}_4\overline{D}_3\overline{D}_2\overline{D}_1\overline{D}_0+\overline{D}_7D_6\overline{D}_5\overline{D}_4\overline{D}_3\overline{D}_2\overline{D}_1\overline{D}_0+D_7\overline{D}_6\overline{D}_5\overline{D}_4\overline{D}_3\overline{D}_2\overline{D}_1\overline{D}_0 \tag{11-3}$$

$$A_1=\overline{D}_7\overline{D}_6\overline{D}_5\overline{D}_4\overline{D}_3D_2\overline{D}_1\overline{D}_0+\overline{D}_7\overline{D}_6\overline{D}_5\overline{D}_4D_3\overline{D}_2\overline{D}_1\overline{D}_0+\overline{D}_7D_6\overline{D}_5\overline{D}_4\overline{D}_3\overline{D}_2\overline{D}_1\overline{D}_0+D_7\overline{D}_6\overline{D}_5\overline{D}_4\overline{D}_3\overline{D}_2\overline{D}_1\overline{D}_0 \tag{11-4}$$

$$A_0=\overline{D}_7\overline{D}_6\overline{D}_5\overline{D}_4\overline{D}_3\overline{D}_2D_1\overline{D}_0+\overline{D}_7\overline{D}_6\overline{D}_5\overline{D}_4D_3\overline{D}_2\overline{D}_1\overline{D}_0+\overline{D}_7\overline{D}_6D_5\overline{D}_4\overline{D}_3\overline{D}_2\overline{D}_1\overline{D}_0+D_7\overline{D}_6\overline{D}_5\overline{D}_4\overline{D}_3\overline{D}_2\overline{D}_1\overline{D}_0 \tag{11-5}$$

因为任何时刻 $D_0 \sim D_7$ 当中仅有一个取值为 1，即输入变量的取值组合仅有表 11-3 中列出的 8 种状态，而输入变量的其他的取值组合为约束项，利用这些约束项可对式(11-3)～式(11-5)化简为

$$A_2=D_4+D_5+D_6+D_7 \tag{11-6}$$

$$A_1=D_2+D_3+D_6+D_7 \tag{11-7}$$

$$A_0=D_1+D_3+D_5+D_7 \tag{11-8}$$

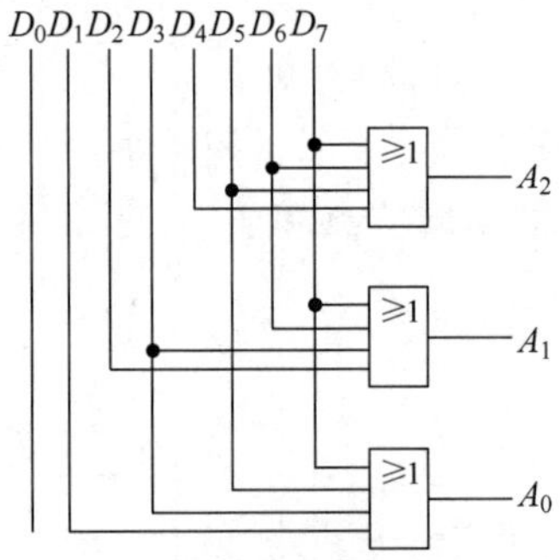

图 11-8　3 位二进制编码器的逻辑图

根据式(11-6)～式(11-8)画出的逻辑图如图 11-8 所示。

从图 11-8 中可以看出，输入信号 D_0 并没有连到 3 个或门的输入端，它相当于隐含着的，当输入信号 $D_7 \sim D_1$ 均没有输入信号时，$A_2A_1A_0=000$，这正是输入信号 D_0 的编码。

2. 优先编码器

按照上述方法设计的编码器存在一个缺点，即任何时刻只允许输入一个有效信号，不允许同时出现两个或两个以上的有效信号，否则输出将发生混乱。为此，在实际应用中通常规定输入信号的优先级，当几个输入信号同时输入时，只对优先级最高的一个进行编码。规定了输入信号优先级的编码器称为优先编码器。

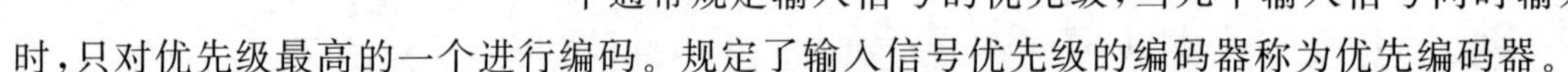

下面介绍 8 线-3 线优先编码器。设输入变量是 $D_0 \sim D_7$，规定 D_7 优先权最高，D_6 优先权次之，以此类推，D_0 优先权最低，输出变量为 $A_2 \sim A_0$，假设输入和输出均为高电平有效，则列写出真值表如表 11-4 所示。

表 11-4　8 线-3 线优先编码器的真值表

D_7	D_6	D_5	D_4	D_3	D_2	D_1	D_0	A_2	A_1	A_0
1	×	×	×	×	×	×	×	1	1	1
0	1	×	×	×	×	×	×	1	1	0
0	0	1	×	×	×	×	×	1	0	1
0	0	0	1	×	×	×	×	1	0	0
0	0	0	0	1	×	×	×	0	1	1
0	0	0	0	0	1	×	×	0	1	0
0	0	0	0	0	0	1	×	0	0	1
0	0	0	0	0	0	0	1	0	0	0

根据真值表写出输出表达式，并利用基本公式 $A+\overline{A}B=A+B$ 对表达式进行化简的结果为

$$A_2 = D_7 + \overline{D}_7 D_6 + \overline{D}_7\overline{D}_6 D_5 + \overline{D}_7\overline{D}_6\overline{D}_5 D_4 = D_7 + D_6 + D_5 + D_4 \qquad (11\text{-}9)$$

$$\begin{aligned} A_1 &= D_7 + \overline{D}_7 D_6 + \overline{D}_7\overline{D}_6\overline{D}_5\overline{D}_4 D_3 + \overline{D}_7\overline{D}_6\overline{D}_5\overline{D}_4\overline{D}_3 D_2 \\ &= D_7 + D_6 + \overline{D}_5\overline{D}_4 D_3 + \overline{D}_5\overline{D}_4 D_2 \end{aligned} \qquad (11\text{-}10)$$

$$\begin{aligned} A_0 &= D_7 + \overline{D}_7\overline{D}_6 D_5 + \overline{D}_7\overline{D}_6\overline{D}_5\overline{D}_4 D_3 + \overline{D}_7\overline{D}_6\overline{D}_5\overline{D}_4\overline{D}_3\overline{D}_2 D_1 \\ &= D_7 + \overline{D}_6 D_5 + \overline{D}_6\overline{D}_4 D_3 + \overline{D}_6\overline{D}_4\overline{D}_2 D_1 \end{aligned} \qquad (11\text{-}11)$$

根据式(11-9)～式(11-11)就可以画出 8 线-3 线优先编码器的逻辑图了。由于 8 线-3 线优先编码器经常被应用,所以制作成集成电路批量生产,但是为了使应用更加灵活,又增加了一些控制端。例如 8 线-3 线优先编码器 74LS148 增加了选通输入端、选通输出端和扩展输出端。

8 线-3 线优先编码器 74LS148 的输入变量、输出变量均为低电平有效,$\overline{\mathrm{EI}}$ 为选通输入端,$\overline{\mathrm{EO}}$ 为选通输出端,$\overline{\mathrm{GS}}$ 为扩展输出端,真值表如表 11-5 所示。

表 11-5 8 线-3 线优先编码器 74LS148 的真值表

输入变量									输出变量				
$\overline{\mathrm{EI}}$	$\overline{D}_7$	$\overline{D}_6$	$\overline{D}_5$	$\overline{D}_4$	$\overline{D}_3$	$\overline{D}_2$	$\overline{D}_1$	$\overline{D}_0$	$\overline{A}_2$	$\overline{A}_1$	$\overline{A}_0$	$\overline{\mathrm{EO}}$	$\overline{\mathrm{GS}}$
1	×	×	×	×	×	×	×	×	1	1	1	1	1
0	1	1	1	1	1	1	1	1	1	1	1	0	1
0	0	×	×	×	×	×	×	×	0	0	0	1	0
0	1	0	×	×	×	×	×	×	0	0	1	1	0
0	1	1	0	×	×	×	×	×	0	1	0	1	0
0	1	1	1	0	×	×	×	×	0	1	1	1	0
0	1	1	1	1	0	×	×	×	1	0	0	1	0
0	1	1	1	1	1	0	×	×	1	0	1	1	0
0	1	1	1	1	1	1	0	×	1	1	0	1	0
0	1	1	1	1	1	1	1	0	1	1	1	1	0

由表 11-5 可以看出,当所有的编码输入都为高电平 1,选通输入端信号$\overline{\mathrm{EI}}$为低电平 0 时,选通输出端$\overline{\mathrm{EO}}$为低电平 0,说明此时电路处于正常工作状态,但是没有编码输入信号。当选通输入端信号$\overline{\mathrm{EI}}$为低电平 0,且有编码信号 0 输入时,选通输出端$\overline{\mathrm{EO}}$为高电平 1,扩展输出端$\overline{\mathrm{GS}}$为低电平,说明此时电路工作,且有编码输入。另外需要注意,表中出现 3 个输出为“111”的情况,分别对应于选通输入端信号$\overline{\mathrm{EI}}$为高电平 1,即电路不工作;电路工作,且输入的编码信号为 $\overline{D}_0$;电路工作,但没有编码输入。

由表 11-5 可以写出 8 线-3 线优先编码器 74LS148 的输出表达式为

$$\overline{A}_2 = \overline{(D_7 + D_6 + D_5 + D_4)\,\mathrm{EI}} \qquad (11\text{-}12)$$

$$\overline{A}_1 = \overline{(D_7 + D_6 + \overline{D}_5\overline{D}_4 D_3 + \overline{D}_5\overline{D}_4 D_2)\,\mathrm{EI}} \qquad (11\text{-}13)$$

$$\overline{A}_0 = \overline{(D_7 + \overline{D}_6 D_5 + \overline{D}_6\overline{D}_4 D_3 + \overline{D}_6\overline{D}_4\overline{D}_2 D_1)\,\mathrm{EI}} \qquad (11\text{-}14)$$

$$\overline{\mathrm{EO}} = \overline{\overline{D}_7\overline{D}_6\overline{D}_5\overline{D}_4\overline{D}_3\overline{D}_2\overline{D}_1\overline{D}_0\,\mathrm{EI}} \qquad (11\text{-}15)$$

$$\overline{\mathrm{GS}} = \mathrm{EI}\overline{D}_7\overline{D}_6\overline{D}_5\overline{D}_4\overline{D}_3\overline{D}_2\overline{D}_1\overline{D}_0 + \overline{\mathrm{EI}} = \overline{\overline{\mathrm{EI}\overline{D}_7\overline{D}_6\overline{D}_5\overline{D}_4\overline{D}_3\overline{D}_2\overline{D}_1\overline{D}_0}\,\mathrm{EI}} = \overline{\overline{\mathrm{EO}}\,\mathrm{EI}}$$

(11-16)

按照式(11-12)～式(11-16)可以画出 74LS148 的逻辑图如图 11-9(a)所示，逻辑符号如图 11-9(b)所示。

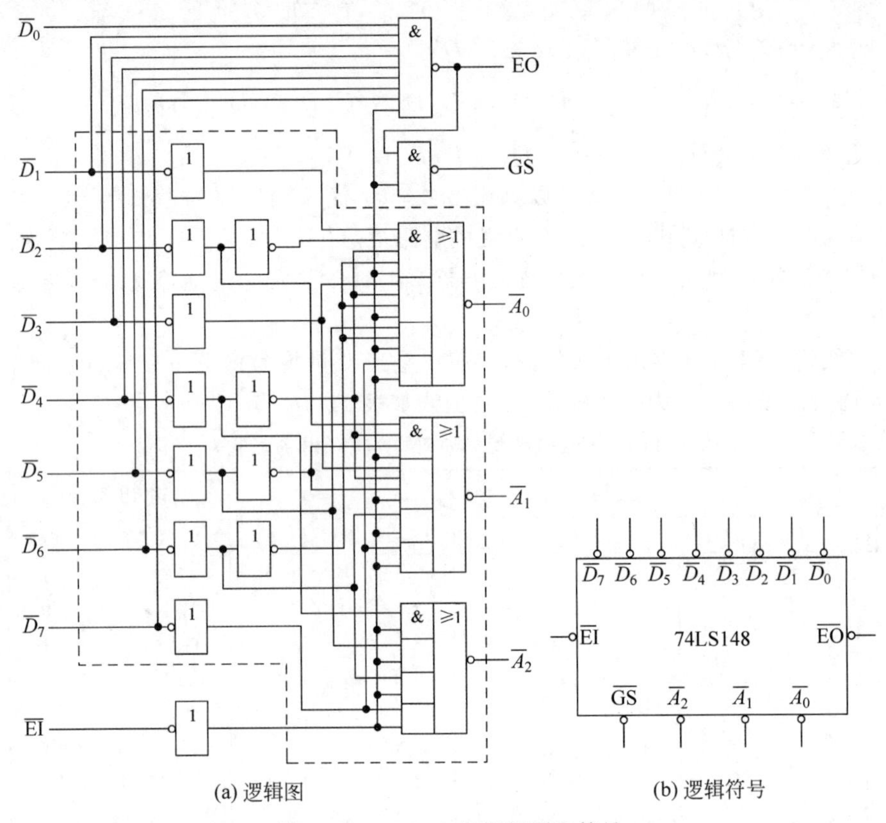

图 11-9　74LS148 的逻辑图和符号

3. 优先编码器的应用

灵活使用 74LS148 的关键是扩展控制端和选通输出端的合理连接，下面举例说明。

【例题 11.3】 试用 8 线-3 线优先编码器 74LS148 设计一个 16 线-4 线的优先编码器，要求将 $\overline{B}_0$～$\overline{B}_{15}$ 这 16 个低电平输入信号编为 0000～1111 输出。其中 $\overline{B}_{15}$ 的优先级最高，$\overline{B}_0$ 的优先级最低。

解：由于每片 74LS148 只有 8 个编码输入，所以需要两片 74LS148，并分别标记为(1)号和(2)号优先编码器。现将 $\overline{B}_{15}$～$\overline{B}_8$ 优先权高的输入信号接到(1)号优先编码器的 $\overline{D}_7$～$\overline{D}_0$ 输入端上，将 $\overline{B}_7$～$\overline{B}_0$ 优先权低的输入信号接到(2)号优先编码器的 $\overline{D}_7$～$\overline{D}_0$ 输入端上。

由于(1)号编码器的输入信号 $\overline{B}_{15}$～$\overline{B}_8$ 为高优先权，所以它在任何时候都应处在被选通待命编码的状态，只要有编码输入，该优先编码器就可实现编码的功能，因此其$\overline{EI}$端始终接地。按照优先级顺序的要求，只有 $\overline{B}_{15}$～$\overline{B}_8$ 均无输入信号时，才允许对 $\overline{B}_7$～$\overline{B}_0$ 进行编码。而(1)号优先编码器无输入信号时，$\overline{EO}$ 输出为低电平，可以利用此信号作为(2)号优先编码器的选通输入端$\overline{EI}$的输入信号，选通(2)号优先编码器，使其处于待命状态。

因该设计将输出 16 个 4 位二进制代码 0000～1111，而 74LS148 正常的输出端有 3 个，只能输出 3 位二进制数，因此还必须利用扩展输出端，具体方法如下：

按照题目要求，当输入为 $\bar{B}_{15} \sim \bar{B}_8$ 时，输出的 4 位二进制代码的最高位都为 1，而当输入为 $\bar{B}_7 \sim \bar{B}_0$ 时，输出的 4 位二进制代码的最高位都为 0，因此可以将(1)号优先编码器的扩展输出端 $\overline{GS}$ 取反后作为 4 位二进制代码的最高位。这样，当(1)号优先编码器有输入信号时，$\overline{GS}=0$，取反后为 1($\bar{B}_{15} \sim \bar{B}_8$ 输出代码的最高位为 1)，而(1)号优先编码器无输入信号时，$\overline{GS}=1$，取反后为 0($\bar{B}_7 \sim \bar{B}_0$ 输出代码的最高位为 0)。

通过分析 16 个输出代码发现，$\bar{B}_{15} \sim \bar{B}_8$ 和 $\bar{B}_7 \sim \bar{B}_0$ 的输出代码对应的低 3 位相同，且这两个编码器不是同时编码，例如，当 74LS148(1)输入 $\bar{B}_{14}$ 时，其输出 $\bar{A}_2\bar{A}_1\bar{A}_0=001$，而此时 74LS148(2)的输出 $\bar{A}_2\bar{A}_1\bar{A}_0=111$；当 74LS148(2)输入信号 $\bar{B}_6$ 时，其输出 $\bar{A}_2\bar{A}_1\bar{A}_0=001$，而此时 74LS148(1)一定没有输入信号，其输出 $\bar{A}_2\bar{A}_1\bar{A}_0=111$。将两个输出端按对应位作与非运算，结果为 110，恰好为 $\bar{B}_{14}$ 和 $\bar{B}_6$ 的原码输出的低 3 位。因此可以将两个优先编码器的输出信号通过与非门合并起来，作为编码器的低 3 位输出信号。

依照上面的分析，得到逻辑图如图 11-10 所示。

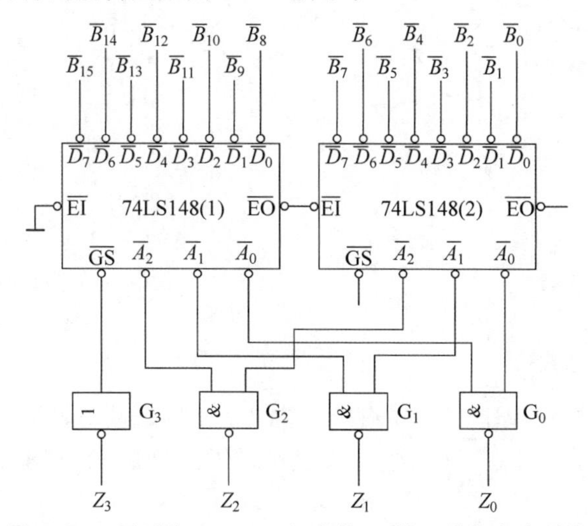

图 11-10　用两片 74LS148 组成的 16 线-4 线优先编码器

4. 二-十进制优先编码器

优先编码器除了 8 线-3 线优先编码器 74LS148 外，常见的还有 10 线-4 线(二-十进制)优先编码器。它能将 $\bar{D}_0 \sim \bar{D}_9$ 这 10 个输入信号分别编成 10 个 8421BCD 码。在这 10 个输入信号中 $\bar{D}_9$ 的优先权最高，$\bar{D}_0$ 优先权最低。

如表 11-6 所示为二-十进制优先编码器 74LS147 的真值表，根据真值表读者可自行写出逻辑表达式并画出逻辑图，图 11-11 为 74LS147 的逻辑符号。

表 11-6　二-十进制优先编码器 74LS147 的真值表

输　入										输　出			
$\bar{D}_0$	$\bar{D}_1$	$\bar{D}_2$	$\bar{D}_3$	$\bar{D}_4$	$\bar{D}_5$	$\bar{D}_6$	$\bar{D}_7$	$\bar{D}_8$	$\bar{D}_9$	$\bar{A}_3$	$\bar{A}_2$	$\bar{A}_1$	$\bar{A}_0$
×	×	×	×	×	×	×	×	×	0	0	1	1	0
×	×	×	×	×	×	×	×	0	1	0	1	1	1
×	×	×	×	×	×	×	0	1	1	1	0	0	0

续表

输入										输出			
$\overline{D}_0$	$\overline{D}_1$	$\overline{D}_2$	$\overline{D}_3$	$\overline{D}_4$	$\overline{D}_5$	$\overline{D}_6$	$\overline{D}_7$	$\overline{D}_8$	$\overline{D}_9$	$\overline{A}_3$	$\overline{A}_2$	$\overline{A}_1$	$\overline{A}_0$
×	×	×	×	×	×	0	1	1	1	1	0	0	1
×	×	×	×	×	0	1	1	1	1	1	0	1	0
×	×	×	×	0	1	1	1	1	1	1	0	1	1
×	×	×	0	1	1	1	1	1	1	1	1	0	0
×	×	0	1	1	1	1	1	1	1	1	1	0	1
×	0	1	1	1	1	1	1	1	1	1	1	1	0
0	1	1	1	1	1	1	1	1	1	1	1	1	1

在 74LS147 的逻辑符号中没有 $\overline{D}_0$ 引脚，是因为它是隐含着的，当 $\overline{D}_0$ 端输入信号时，输出端 $\overline{A}_3 \sim \overline{A}_0$ 均输出无效信号高电平。

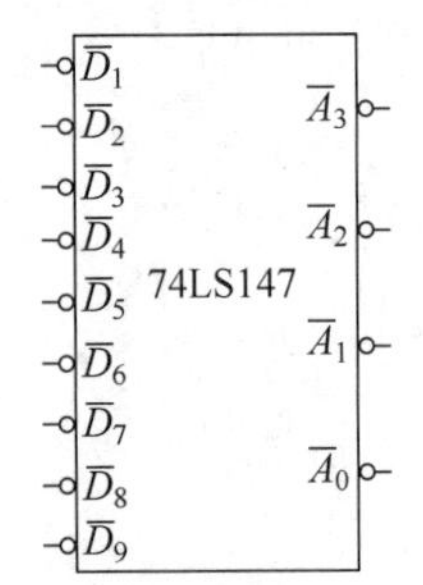

图 11-11　二-十进制编码器 74LS147 的逻辑符号

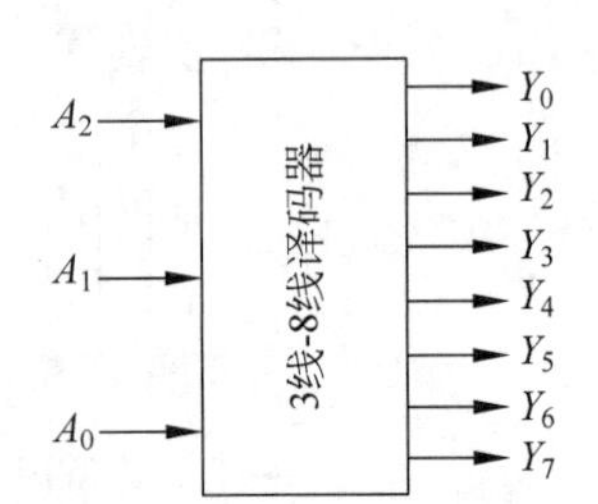

图 11-12　3 位二进制(3 线-8 线)译码器示意图

仿真视频 11-5

11.3.2　译码器

译码是编码的逆过程，即能够将具有特定含义的不同二进制码辨别出来，并转换成控制信号。常用的译码器有二进制译码器、二-十进制译码器和显示译码器三种。

1. 二进制译码器

仿真视频 11-6

二进制译码器输入为二进制码，输出为与输入代码一一对应的高、低电平信号。3 位二进制译码器示意图如图 11-12 所示，输入 3 位二进制码，可以译出 8 种状态，故又称 3 线-8 线译码器。

设 3 线-8 线译码器的输入变量为 A_2、A_1、A_0，高电平有效，输出变量为 $\overline{Y}_7 \sim \overline{Y}_0$，低电平有效，其真值表如表 11-7 所示。

仿真视频 11-7

表 11-7　3 线-8 线译码器的真值表

输入			输出							
A_2	A_1	A_0	$\overline{Y}_7$	$\overline{Y}_6$	$\overline{Y}_5$	$\overline{Y}_4$	$\overline{Y}_3$	$\overline{Y}_2$	$\overline{Y}_1$	$\overline{Y}_0$
0	0	0	1	1	1	1	1	1	1	0
0	0	1	1	1	1	1	1	1	0	1
0	1	0	1	1	1	1	1	0	1	1
0	1	1	1	1	1	1	0	1	1	1
1	0	0	1	1	1	0	1	1	1	1
1	0	1	1	1	0	1	1	1	1	1

续表

输入			输出							
A_2	A_1	A_0	$\bar{Y}_7$	$\bar{Y}_6$	$\bar{Y}_5$	$\bar{Y}_4$	$\bar{Y}_3$	$\bar{Y}_2$	$\bar{Y}_1$	$\bar{Y}_0$
1	1	0	1	0	1	1	1	1	1	1
1	1	1	0	1	1	1	1	1	1	1

由表 11-7 可以写出每个输出表达式为

$$\begin{cases}\bar{Y}_0=\overline{\bar{A}_2\bar{A}_1\bar{A}_0}=\bar{m}_0\\ \bar{Y}_1=\overline{\bar{A}_2\bar{A}_1A_0}=\bar{m}_1\\ \bar{Y}_2=\overline{\bar{A}_2A_1\bar{A}_0}=\bar{m}_2\\ \bar{Y}_3=\overline{\bar{A}_2A_1A_0}=\bar{m}_3\\ \bar{Y}_4=\overline{A_2\bar{A}_1\bar{A}_0}=\bar{m}_4\\ \bar{Y}_5=\overline{A_2\bar{A}_1A_0}=\bar{m}_5\\ \bar{Y}_6=\overline{A_2A_1\bar{A}_0}=\bar{m}_6\\ \bar{Y}_7=\overline{A_2A_1A_0}=\bar{m}_7\end{cases} \tag{11-17}$$

由上述表达式可以看出，每个输出函数都是输入变量的一个最小项，对应每个输入状态，仅有一个输出为 0，其余为 1，因此 3 线-8 线译码器又称为最小项译码器。

3 线-8 线译码器 74LS138 就是根据式(11-17)设计的，74LS138 的逻辑图如图 11-13(a)所示，逻辑符号如图 11-13(b)所示。

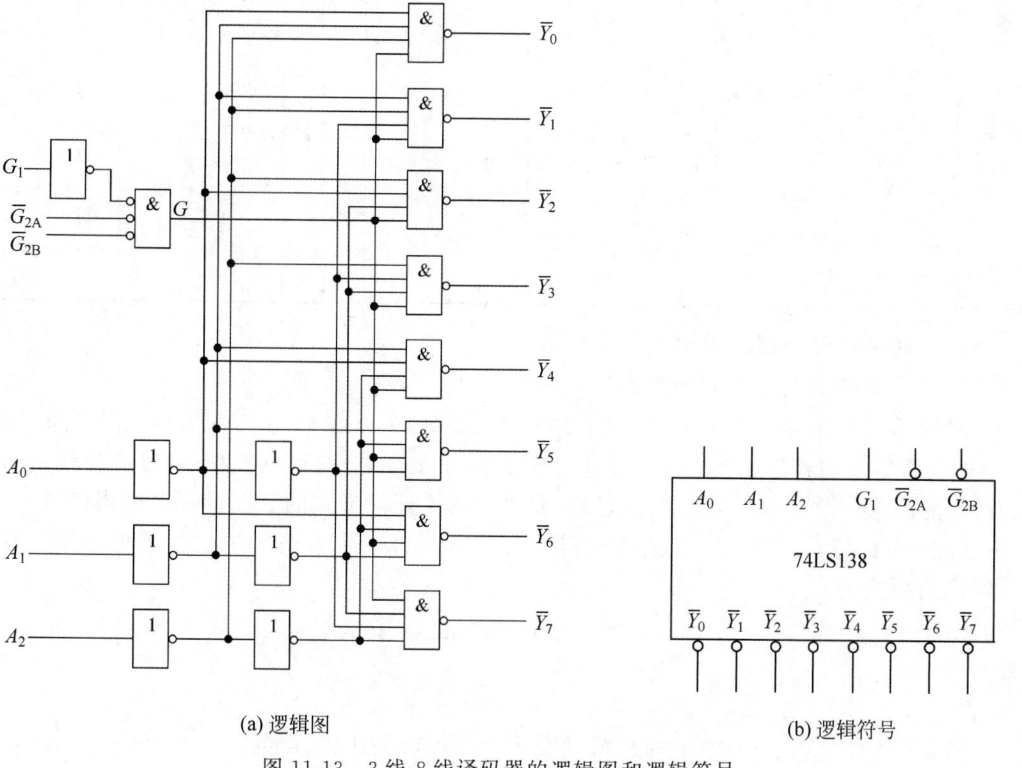

(a) 逻辑图　(b) 逻辑符号

图 11-13　3 线-8 线译码器的逻辑图和逻辑符号

由图 11-13 可见，为了应用灵活方便，3 线-8 线译码器 74LS138 除了满足式(11-17)以外，还增加了三个附加的控制端 G_1、$\bar{G}_{2A}$ 和 $\bar{G}_{2B}$，它们满足 $G=\bar{\bar{G}}_1\bar{\bar{G}}_{2A}\bar{\bar{G}}_{2B}$，所以 74LS138 的输出表达式为

$$\begin{cases}\bar{Y}_0=\overline{\bar{A}_2\bar{A}_1\bar{A}_0G}\\ \bar{Y}_1=\overline{\bar{A}_2\bar{A}_1A_0G}\\ \bar{Y}_2=\overline{\bar{A}_2A_1\bar{A}_0G}\\ \bar{Y}_3=\overline{\bar{A}_2A_1A_0G}\\ \bar{Y}_4=\overline{A_2\bar{A}_1\bar{A}_0G}\\ \bar{Y}_5=\overline{A_2\bar{A}_1A_0G}\\ \bar{Y}_6=\overline{A_2A_1\bar{A}_0G}\\ \bar{Y}_7=\overline{A_2A_1A_0G}\end{cases} \tag{11-18}$$

由式(11-18)得出，只有 $G=1$ 时，也即 $G_1=1$，$\bar{G}_{2A}=\bar{G}_{2B}=0$ 时，才可以正常译码；否则，译码器不能译码，所以这 3 个控制端又称为片选输入端，其真值表如表 11-8 所示。

表 11-8　3 线-8 线译码器 74LS138 的真值表

输　入					输　出							
G_1	$\bar{G}_{2A}+\bar{G}_{2B}$	A_2	A_1	A_0	$\bar{Y}_7$	$\bar{Y}_6$	$\bar{Y}_5$	$\bar{Y}_4$	$\bar{Y}_3$	$\bar{Y}_2$	$\bar{Y}_1$	$\bar{Y}_0$
×	1	×	×	×	1	1	1	1	1	1	1	1
0	×	×	×	×	1	1	1	1	1	1	1	1
1	0	0	0	0	1	1	1	1	1	1	1	0
1	0	0	0	1	1	1	1	1	1	1	0	1
1	0	0	1	0	1	1	1	1	1	0	1	1
1	0	0	1	1	1	1	1	1	0	1	1	1
1	0	1	0	0	1	1	1	0	1	1	1	1
1	0	1	0	1	1	1	0	1	1	1	1	1
1	0	1	1	0	1	0	1	1	1	1	1	1
1	0	1	1	1	0	1	1	1	1	1	1	1

2. 3 线-8 线译码器的应用

1）用译码器设计组合逻辑电路

由式(11-18)可以看到，当控制端 $G=1$ 时，若将 A_2、A_1、A_0 作为 3 个输入逻辑变量，则 8 个输出端给出的就是这 3 个输入变量的全部最小项 $\bar{m}_0\sim\bar{m}_7$，见式(11-17)。若利用附加的门电路将这些最小项适当地组合起来，便可以产生任何形式的三变量组合逻辑函数。

【例题 11.4】 试用 3 线-8 线译码器 74LS138 设计一个多输出的组合逻辑电路。输出的逻辑函数式为

$$\begin{cases}Z_1=\bar{A}BC+A\bar{C}+\bar{B}C\\ Z_2=AB+\bar{B}\bar{C}\end{cases} \tag{11-19}$$

解：首先将式(11-19)给定的逻辑函数化为最小项表达式，得到

$$\begin{cases} Z_1 = \overline{A}BC + AB\overline{C} + A\overline{B}\overline{C} + A\overline{B}C + \overline{A}\,\overline{B}C = m_1 + m_3 + m_4 + m_5 + m_6 \\ Z_2 = ABC + AB\overline{C} + A\overline{B}\overline{C} + \overline{A}\,\overline{B}\overline{C} = m_0 + m_4 + m_6 + m_7 \end{cases} \tag{11-20}$$

令 74LS138 的输入 $A_2=A$、$A_1=B$、$A_0=C$，则它的输出 $\overline{Y}_0 \sim \overline{Y}_7$ 就是式(11-20)中的 $\overline{m}_0 \sim \overline{m}_7$。由于这些最小项是以反函数形式给出的，所以需要将式(11-20)变换为 $\overline{m}_0 \sim \overline{m}_7$ 的函数式，为此将式(11-20)两次取反，得到

$$\begin{cases} Z_1 = \overline{\overline{m}_1\overline{m}_3\overline{m}_4\overline{m}_5\overline{m}_6} \\ Z_2 = \overline{\overline{m}_0\overline{m}_4\overline{m}_6\overline{m}_7} \end{cases} \tag{11-21}$$

式(11-21)表明，在片选端有效的情况下，只需要在 74LS138 的输出端附加两个与非门，即可得到 Z_1 和 Z_2 的逻辑电路，如图 11-14 所示。

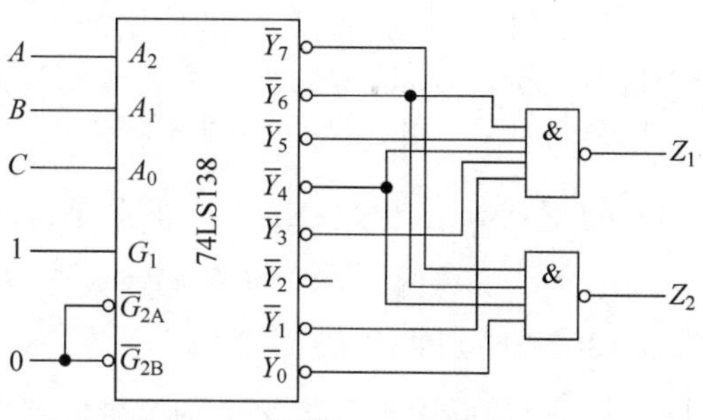

图 11-14　例题 11.4 的逻辑电路

3 位二进制译码器能实现输入变量不大于 3 的组合逻辑函数，同理，n 位二进制译码器能实现输入变量不大于 n 的组合逻辑函数。

2）构成 4 线-16 线译码器

如果能够灵活地应用 74LS138 的片选端，可以用 74LS138 构成 4 线-16 线译码器。

【例题 11.5】 利用两片 74LS138 组成 4 线-16 线译码器，将输入的 4 位二进制代码 $D_3D_2D_1D_0$ 译成 16 个独立的低电平信号 $\overline{Z}_0 \sim \overline{Z}_{15}$。

解：由图 11-13 可见，74LS138 仅有 3 个地址输入端 A_2、A_1、A_0，如果想对 4 位二进制代码进行译码，只能利用附加的控制端作为第 4 个地址输入端。

按照 3 线-8 线译码器 74LS138 的形式，先写出 4 线-16 线译码器的输出函数式如下：

$$\begin{cases} \overline{Z}_0 = \overline{\overline{D}_3\overline{D}_2\overline{D}_1\overline{D}_0} \\ \overline{Z}_1 = \overline{\overline{D}_3\overline{D}_2\overline{D}_1 D_0} \\ \vdots \\ \overline{Z}_7 = \overline{\overline{D}_3 D_2 D_1 D_0} \end{cases} \tag{11-22}$$

$$\begin{cases} \overline{Z}_8 = \overline{D_3\overline{D}_2\overline{D}_1\overline{D}_0} \\ \overline{Z}_9 = \overline{D_3\overline{D}_2\overline{D}_1 D_0} \\ \vdots \\ \overline{Z}_{15} = \overline{D_3 D_2 D_1 D_0} \end{cases} \tag{11-23}$$

将式(11-22)与式(11-18)相比较可知，若令 $A_2=D_2$、$A_1=D_1$、$A_0=D_0$，则 $G=\overline{G}_1\overline{\overline{G}_{2A}}\,\overline{\overline{G}_{2B}}=\overline{D}_3$，可以令 G_1 为高电平，令 $\overline{G}_{2A}=\overline{G}_{2B}=D_3$。将式(11-23)与式(11-18)相比较可知，若令 $A_2=D_2$、$A_1=D_1$、$A_0=D_0$，则 $G=\overline{\overline{G}}_1\overline{\overline{G}_{2A}}\,\overline{\overline{G}_{2B}}=D_3$，可以令 $G_1=D_3$，$\overline{G}_{2A}$ 和 $\overline{G}_{2B}$ 为低电平。按此方法连接的电路如图 11-15 所示。

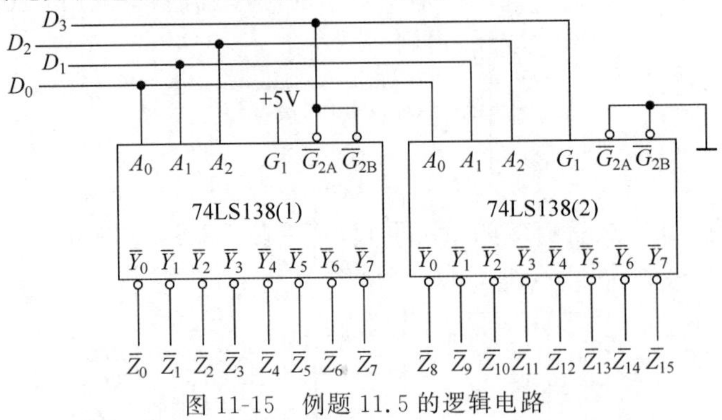

图 11-15　例题 11.5 的逻辑电路

由图 11-15 可知，当 $D_3=0$ 时，第(1)片 74LS138 能正常译码而第(2)片 74LS138 不能正常译码，这样将 $D_3D_2D_1D_0$ 的 0000～0111 这 8 个代码译成 $\overline{Z}_0\sim\overline{Z}_7$ 的 8 个低电平信号。当 $D_3=1$ 时，第(1)片 74LS138 不能正常译码而第(2)片 74LS138 能正常译码，这样将 $D_3D_2D_1D_0$ 的 1000～1111 这 8 个代码译成 $\overline{Z}_8\sim\overline{Z}_{15}$ 的 8 个低电平信号。这样就用两个 3 线-8 线译码器扩展成了一个 4 线-16 线译码器了。

3）3 线-8 线译码器在计算机系统中的应用

3 线-8 线译码器在计算机系统扩展中应用很普遍，例如在开发单片机系统时，经常需要扩展程序存储器、数据存储器、A/D 转换器、可编程的并行接口等，这就需要占用大量的地址总线，而单片机的地址总线的数量是有限的，因此需要用译码器对有限的地址译码，拓展出更多的地址线，以扩展更多的外围芯片。

3. 二-十进制译码器

二-十进制译码器是将输入的 BCD 码译成 10 个高、低电平输出信号。常用的二-十进制译码器 74LS42 的真值表如表 11-9 所示，根据真值表，读者可以自行写出逻辑表达式并画出逻辑图，逻辑符号如图 11-16 所示。

表 11-9　二-十进制译码器 74LS42 的真值表

序号	输　入				输　出									
	A_3	A_2	A_1	A_0	$\overline{Y}_0$	$\overline{Y}_1$	$\overline{Y}_2$	$\overline{Y}_3$	$\overline{Y}_4$	$\overline{Y}_5$	$\overline{Y}_6$	$\overline{Y}_7$	$\overline{Y}_8$	$\overline{Y}_9$
0	0	0	0	0	0	1	1	1	1	1	1	1	1	1
1	0	0	0	1	1	0	1	1	1	1	1	1	1	1
2	0	0	1	0	1	1	0	1	1	1	1	1	1	1
3	0	0	1	1	1	1	1	0	1	1	1	1	1	1
4	0	1	0	0	1	1	1	1	0	1	1	1	1	1
5	0	1	0	1	1	1	1	1	1	0	1	1	1	1
6	0	1	1	0	1	1	1	1	1	1	0	1	1	1
7	0	1	1	1	1	1	1	1	1	1	1	0	1	1

续表

序号	输入				输出									
	A_3	A_2	A_1	A_0	$\overline{Y}_0$	$\overline{Y}_1$	$\overline{Y}_2$	$\overline{Y}_3$	$\overline{Y}_4$	$\overline{Y}_5$	$\overline{Y}_6$	$\overline{Y}_7$	$\overline{Y}_8$	$\overline{Y}_9$
8	1	0	0	0	1	1	1	1	1	1	1	1	0	1
9	1	0	0	1	1	1	1	1	1	1	1	1	1	0
伪码	1	0	1	0	1	1	1	1	1	1	1	1	1	1
	1	0	1	1	1	1	1	1	1	1	1	1	1	1
	1	1	0	0	1	1	1	1	1	1	1	1	1	1
	1	1	0	1	1	1	1	1	1	1	1	1	1	1
	1	1	1	0	1	1	1	1	1	1	1	1	1	1
	1	1	1	1	1	1	1	1	1	1	1	1	1	1

对于BCD码以外的伪码(即 1010～1111)$\overline{Y}_0$～$\overline{Y}_9$均无低电平信号产生,译码器拒绝翻译,所以74LS42具有拒绝伪码的功能。

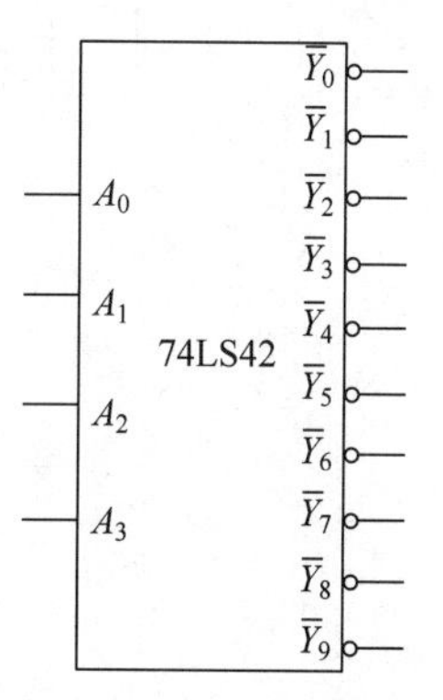

图 11-16 二-十进制译码器 74LS42的逻辑符号

知识拓展 11-2

4. 显示译码器

在数字系统中,经常需要将数字、文字或符号的二进制编码翻译成人们习惯的形式直观地显示出来,供人们读取或监视系统的工作情况。能够把二进制代码翻译并显示出来的电路叫作显示译码器,它包括译码驱动电路和数码显示器两部分。

1) 数码显示器

常用的数码显示器有两种。

一种是常用的液晶(LCD)显示器,其特点是驱动电压低(在1V以下可以工作)、工作电流非常小、功耗极小(功耗在 $1\mu W/cm^2$ 以下),配合CMOS电路可以组成微功耗系统。它的缺点是亮度差、响应速度低(在10～200ms范围),这限制了它在快速系统中的应用。

另一种是发光二极管(LED)显示器,它具有清晰醒目、工作电压低(1.5～3V)、体积小、寿命长、可靠性高等优点,而且响应时间短(1～100ns)、颜色丰富(有红、绿、黄等颜色)、亮度高。它的缺点是工作电流比较大,每段的工作电流在10mA左右。

发光二极管使用的材料与普通的硅二极管和锗二极管不同,有磷砷化镓、磷化镓或砷化镓等几种,而且杂质浓度很高。当PN结外加正向电压时,多数载流子在扩散过程中复合,同时释放出能量,发出一定波长的光。发光二极管发出的光线波长与磷和砷的比例有关,含磷的比例越大波长越短,同时发光效率越低。目前生产的磷砷化镓发光二极管发出的光线波长在6500Å左右,呈橙红色。

七段半导体数码管是将7个发光二极管按一定的方式连接在一起,每段为一个发光二极管,七段分别为a、b、c、d、e、f、g,显示哪个字,则相应段的发光二极管发光。有些数码管的右下角增设一个小数点,形成八段数码管。数码管按连接方式不同,分为共阴极和共阳极两种。连接方式如图11-17所示。共阴极是指发光二极管的阴极连接在一起,每个发光二极管的阳极经限流电阻接到显示译码器的输出端(译码器输出为高电平有效),而共阳极接法是指发光二极管的阳极连接在一起,每个发光二极管的阴极经限流电阻接到显示译码器的输出端(译码器输出为低电平有效)。数码管BS201/202为共阴极接法,而数码管 BS211/212 为共阳极接法。改变限流电阻大小，可改变二极管中电流大小，从而控制发光亮度。

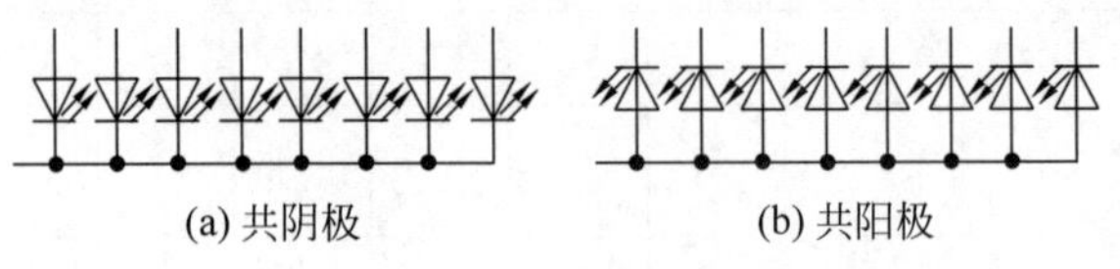

图 11-17　数码管的连接方式

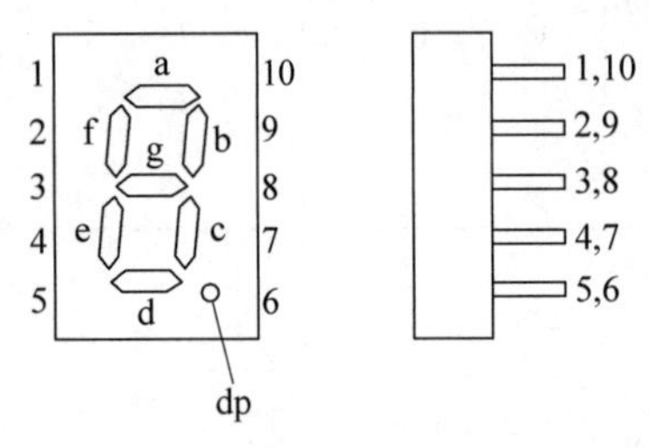

图 11-18　数码管 BS201 的外形图

BS201 等一些数码管的外形图如图 11-18 所示。

2）BCD 七段显示译码器

半导体数码管和液晶显示器都可以用 TTL 或 CMOS 集成电路直接驱动。为了使七段数码管显示 0～9 十个数字，需要使用 BCD 七段译码器将 BCD 码翻译成数码管所要求的驱动信号。

最常用的 BCD 七段显示译码器 74LS48 的逻辑图如图 11-19 所示。

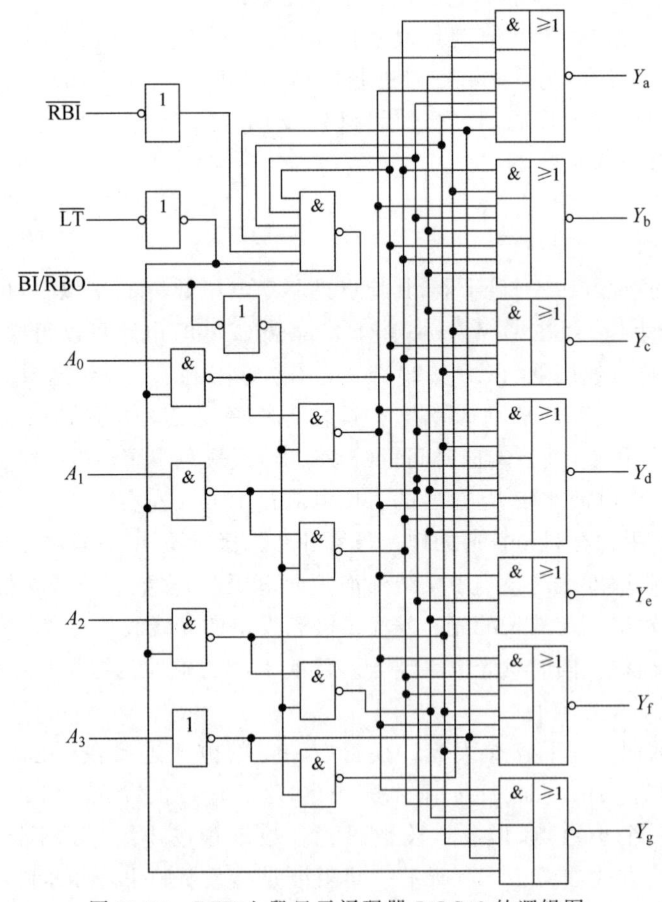

图 11-19　BCD 七段显示译码器 74LS48 的逻辑图

图 11-19 中 $A_3A_2A_1A_0$ 表示显示译码器输入的 BCD 码，Y_a～Y_g 表示七段半导体数码管的驱动信号。其输出和输入均为高电平有效，即输出为 1 时相应段的发光二极管发光。用

74LS48 就可以驱动共阴极数码管 BS201。按照逻辑图 11-19 可以写出 74LS48 的输出表达式为

$$
\begin{cases}
Y_a = \overline{\overline{A}_3\overline{A}_2\overline{A}_1A_0 + A_2\overline{A}_0 + A_3A_1} \\
Y_b = \overline{A_2\overline{A}_1A_0 + A_2A_1\overline{A}_0 + A_3A_1} \\
Y_c = \overline{\overline{A}_2A_1\overline{A}_0 + A_3A_2} \\
Y_d = \overline{\overline{A}_2\overline{A}_1A_0 + A_2A_1A_0 + A_2\overline{A}_1\overline{A}_0} \\
Y_e = \overline{A_2\overline{A}_1 + A_0} \\
Y_f = \overline{A_1A_0 + \overline{A}_3\overline{A}_2A_0 + \overline{A}_2A_1} \\
Y_g = \overline{A_2A_1A_0 + \overline{A}_3\overline{A}_2\overline{A}_1}
\end{cases}
\tag{11-24}
$$

由式(11-24)可以写出真值表如表 11-10 所示。

表 11-10　BCD 七段显示译码器 74LS48 的真值表

输入					输出						
数字	A_3	A_2	A_1	A_0	Y_a	Y_b	Y_c	Y_d	Y_e	Y_f	Y_g
0	0	0	0	0	1	1	1	1	1	1	0
1	0	0	0	1	0	1	1	0	0	0	0
2	0	0	1	0	1	1	0	1	1	0	1
3	0	0	1	1	1	1	1	1	0	0	1
4	0	1	0	0	0	1	1	0	0	1	1
5	0	1	0	1	1	0	1	1	0	1	1
6	0	1	1	0	0	0	1	1	1	1	1
7	0	1	1	1	1	1	1	0	0	0	0
8	1	0	0	0	1	1	1	1	1	1	1
9	1	0	0	1	1	1	1	0	0	1	1
10	1	0	1	0	0	0	0	1	1	0	1
11	1	0	1	1	0	0	1	1	0	0	1
12	1	1	0	0	0	1	0	0	0	1	1
13	1	1	0	1	1	0	0	1	0	1	1
14	1	1	1	0	0	0	0	1	1	1	1
15	1	1	1	1	0	0	0	0	0	0	0

从表 11-10 中可以看出，输入为 1010～1111 这 6 个状态的输出显示字形为异形码。

另外，74LS48 逻辑电路中增加了附加控制电路。下面介绍其功能和用法。

(1) 灯测试输入端$\overline{LT}$。

当$\overline{LT}=0$ 时，$Y_a \sim Y_g$ 均输出高电平，七段半导体数码管全部点亮，显示 8 字形，用来测试数码管的好坏。当$\overline{LT}=1$ 时，显示译码器按输入 BCD 码正常显示。

(2) 灭零输入端$\overline{RBI}$。

当$\overline{RBI}=0$ 时，若输入端 $A_3A_2A_1A_0=0000$，则 $Y_a \sim Y_g$ 均输出低电平，实现灭零；若输入端为其他的 BCD 码，则正常显示。设置灭零输入端$\overline{RBI}$ 的目的是为了把不希望显示的零熄灭。例如有一个 5 位的数码管显示电路显示“003.40”时，前后三位的 0 是多余的，可以在对应位的灭零输入端加入灭零信号，使$\overline{RBI}=0$，则只显示出“3.4”。对不需要灭零的位则应使$\overline{RBI}=1$。

(3) 灭灯输入$\overline{BI}$/灭零输出端$\overline{RBO}$。

当$\overline{BI}/\overline{RBO}$作为输入端使用时，称为灭灯输入端。若$\overline{BI}=0$，则无论输入为何种状态，$Y_a \sim Y_g$输出均为0，七段半导体数码管全部熄灭。若$\overline{BI}=1$时，可以正常译码显示。当$\overline{BI}/\overline{RBO}$作为输出端使用时，称为灭零输出端，其表达式为

$$\overline{RBO}=\overline{\overline{A}_3\overline{A}_2\overline{A}_1\overline{A}_0\,\overline{LT}\,RBI} \tag{11-25}$$

由式(11-25)可知，当$A_3A_2A_1A_0=0000$而且有灭零输入信号$\overline{RBI}=0$和灭灯输入$\overline{LT}=1$时，$\overline{RBO}=0$，该信号既可以使本位灭零，又同时输出低电平信号，为相邻位灭零提供条件。这样可以消去多位数中前后不必要显示的零。

用74LS48可以直接驱动半导体数码管BS201，其接线图如图11-20所示。图中流过发光二极管的电流由电源电压经1kΩ上拉电阻提供，选取合适的电阻值使电流大于数码管所需要的电流。

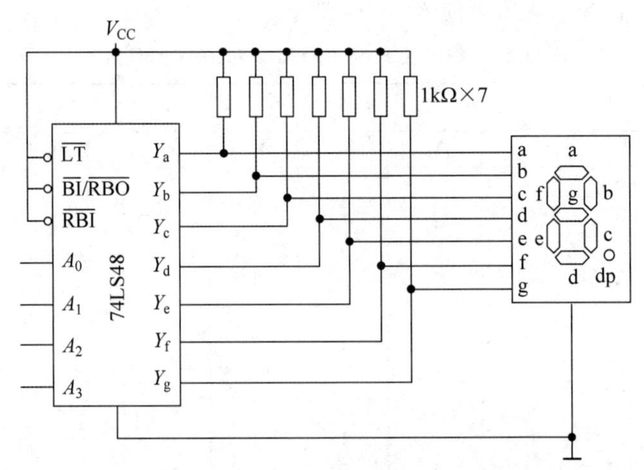

图11-20　用74LS48驱动BS201的接线图

【例题11.6】　试用显示译码器74LS48和数码管实现多位数码显示系统。

解：将灭零输入端和灭零输出端配合使用，可以实现多位数码显示器整数前和小数后的灭零控制，其连接方法如图11-21所示。图中接法如下：整数部分的高位$\overline{RBO}$和低位的$\overline{RBI}$相连，最高位$\overline{RBI}$接0，但是十位的$\overline{RBO}$和个位的$\overline{RBI}$不要相连，也即个位的$\overline{RBI}$悬空；小数部分低位的$\overline{RBO}$和高位的$\overline{RBI}$相连，最低位$\overline{RBI}$接0，最高位$\overline{RBI}$接1。这样整数部分只有高位为0，而且被熄灭的情况下，低位才有灭零输入信号；小数部分只有低位为0，而且被熄灭的情况下，高位才有灭零输入信号，从而实现了多位十进制数码的灭零控制。

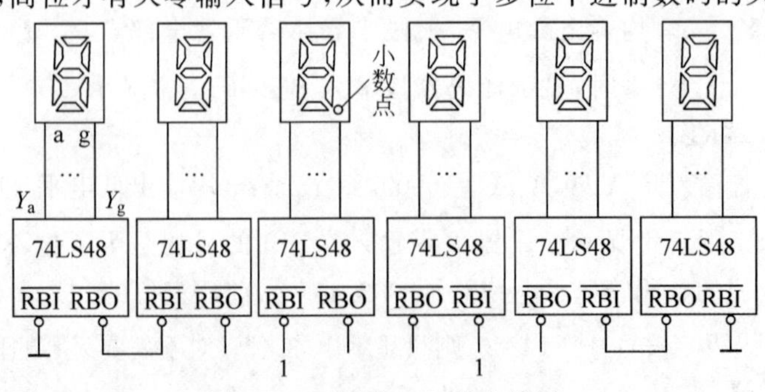

图11-21　例题11.6的电路图

11.3.3　数据选择器

在数字系统中，通常需要从多路数据中选择一路进行传输，执行这种功能的电路称为数据选择器，或称为多路开关。

1. 数据选择器的工作原理

图 11-22 为四选一数据选择器的示意图，其中 $D_3 \sim D_0$ 为数据输入端，A_1、A_0 是数据选择器的选择控制端又称地址输入端。四选一数据选择器的真值表如表 11-11 所示。

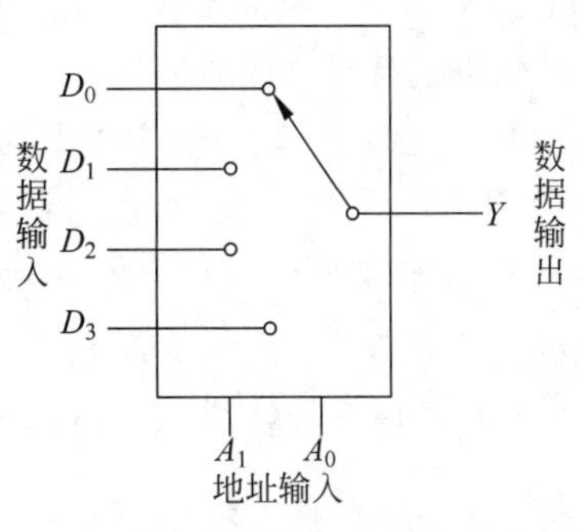

图 11-22　四选一数据选择器的示意图

表 11-11　四选一数据选择器的真值表

输入		输出
A_1	A_0	Y
0	0	D_0
0	1	D_1
1	0	D_2
1	1	D_3

由表 11-11 可以写出输出表达式为

$$Y=\overline{A}_1\overline{A}_0D_0+\overline{A}_1A_0D_1+A_1\overline{A}_0D_2+A_1A_0D_3 \tag{11-26}$$

2. TTL 中规模集成八选一数据选择器 74LS151

TTL 中规模集成八选一数据选择器 74LS151 的逻辑图如图 11-23 所示，其中 $D_7 \sim D_0$ 为输入数据，$A_2A_1A_0$ 为地址输入端，$\overline{S}$ 为附加的控制端，用于控制电路的工作状态和扩展功能，Y 和 $\overline{W}$ 为一对互补输出端。

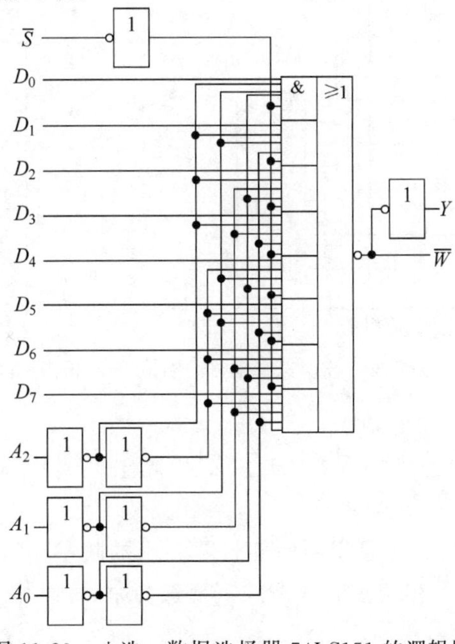

图 11-23　八选一数据选择器 74LS151 的逻辑图

由图 11-23 可以写出 74LS151 的输出表达式为

$$Y=(\bar{A}_2\bar{A}_1\bar{A}_0D_0+\bar{A}_2\bar{A}_1A_0D_1+\bar{A}_2A_1\bar{A}_0D_2+\bar{A}_2A_1A_0D_3+A_2\bar{A}_1\bar{A}_0D_4+A_2\bar{A}_1A_0D_5+A_2A_1\bar{A}_0D_6+A_2A_1A_0D_7)S \tag{11-27}$$

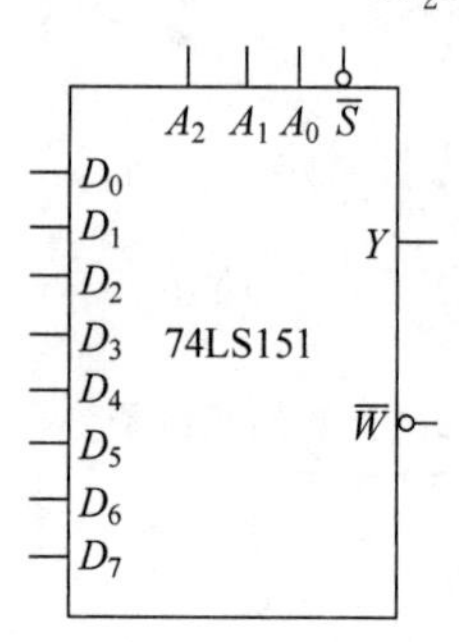

图 11-24 74LS151 的逻辑符号

从式(11-27)可见，通过给定不同的地址代码（即 $A_2A_1A_0$ 的状态），即可从 8 个输入数据中选择一个输出。例如，当 $\bar{S}=0$，$A_2A_1A_0=101$ 时，$Y=D_5$，故输入数据 D_5 被选中，出现在输出端。

74LS151 的逻辑符号如图 11-24 所示。

3. TTL 中规模集成双四选一数据选择器 74LS153

TTL 中规模集成双四选一数据选择器 74LS153 的逻辑图如图 11-25(a)所示，其中 A_1A_0 为公用的地址输入端，而数据输入端和数据输出端是各自独立的，附加的控制端 $\bar{S}_1$、$\bar{S}_2$ 用于控制电路的工作状态和扩展功能，低电平时数据选择器工作，高电平时数据选择器被禁止，输出为低电平 0。74LS153 的逻辑符号如图 11-25(b)所示。

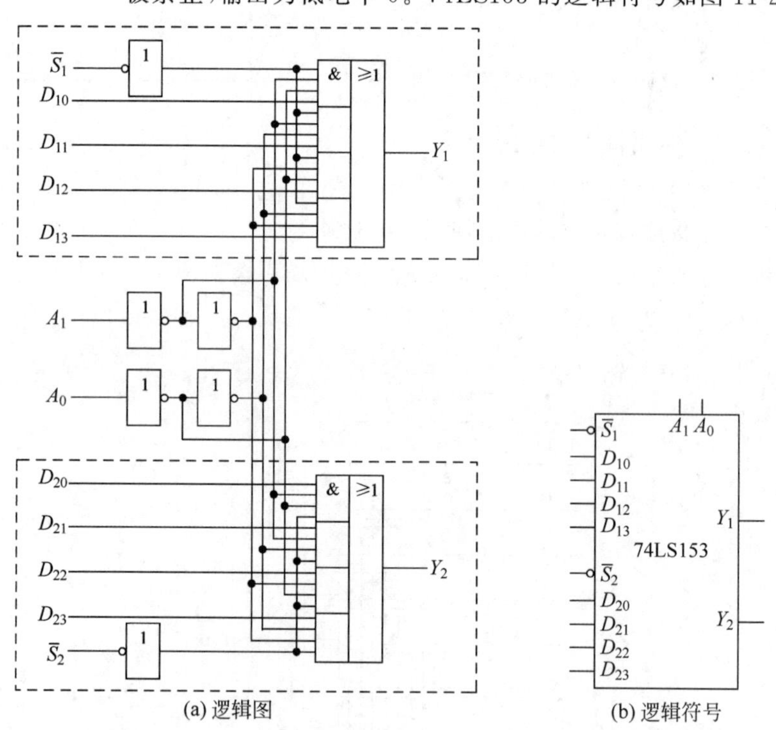

图 11-25 双四选一数据选择器 74LS153 的逻辑图和逻辑符号

74LS153 的输出表达式可写成

$$Y_1=(\bar{A}_1\bar{A}_0D_{10}+\bar{A}_1A_0D_{11}+A_1\bar{A}_0D_{12}+A_1A_0D_{13})S_1 \tag{11-28}$$

4. 数据选择器的应用

由于集成电路受到电路芯片面积和外部封装大小的限制，目前生产的中规模数据选择器的最大数据通道为 16。当有较多的数据源需要选择时，可以用多片小容量的数据选择器组合来进行容量的扩展。

【例题 11.7】 用两片八选一数据选择器 74LS151 组成一个十六选一的数据选择器。

解：为了指定16个输入数据中的任何一个，必须用4位输入地址代码，而八选一数据选择器地址只有3位，因此第4位地址输入端只能借用控制端$\overline{S}$。

将输入的低位地址$A_2A_1A_0$分别连接到两片74LS151的地址输入端$A_2A_1A_0$，将输入的高位地址A_3接到74LS151(1)的$\overline{S}$端，而将$\overline{A}_3$接到74LS151(2)的$\overline{S}$端，同时将2个数据选择器的输出端作或运算，就得到如图11-26所示的十六选一数据选择器。例如，输入的地址为$A_3A_2A_1A_0=0110$，则74LS151(1)的$\overline{S}$端有效，将数据D_6选择输出，即74LS151(1)的输出$Y=D_6$；而74LS151(2)的$\overline{S}$端为无效状态，其输出为0。经或运算后，十六选一数据选择器的输出为D_6。

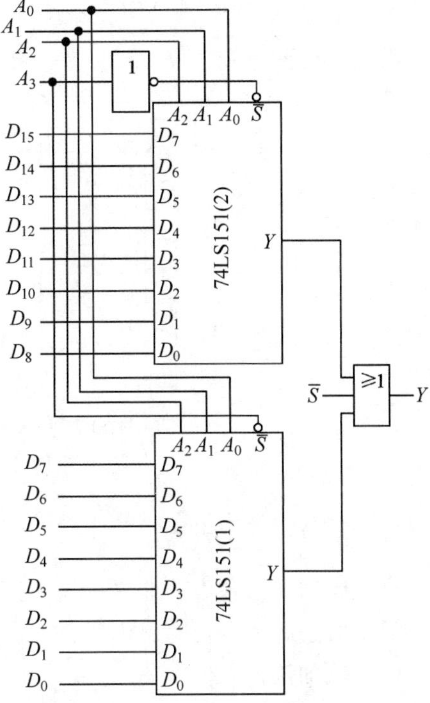

图11-26　例题11.7的电路图

在需要对接成的十六选一数据选择器进行工作状态控制时，只需要在或门的输入端增加一个控制输入端，如图11-26中的$\overline{S}$。

由式(11-28)可见，具有两位地址输入A_1A_0的四选一数据选择器在$S=1(\overline{S}=0)$时输出与输入间的逻辑关系可以写成

$$Y=D_0(\overline{A}_1\overline{A}_0)+D_1(\overline{A}_1A_0)+D_2(A_1\overline{A}_0)+D_3(A_1A_0) \tag{11-29}$$

若将A_1、A_0作为两个输入变量，同时令$D_0\sim D_3$为第三个输入变量的适当状态(包括原变量、反变量、0、1或其他变量)，就可以在数据选择器的输出端产生任何形式的组合逻辑函数。

【例题11.8】 分别用八选一数据选择器74LS151和双四选一数据选择器74LS153实现逻辑函数

$$Y=\overline{A}\,\overline{B}\overline{C}+\overline{A}BC+A\overline{B}C+AB\overline{C}+ABC$$

解：

(1) 八选一数据选择器74LS151在控制端有效的情况下，输出逻辑函数表达式为

$$Y=\overline{A}_2\overline{A}_1\overline{A}_0D_0+\overline{A}_2\overline{A}_1A_0D_1+\overline{A}_2A_1\overline{A}_0D_2+\overline{A}_2A_1A_0D_3+$$
$$A_2\overline{A}_1\overline{A}_0D_4+A_2\overline{A}_1A_0D_5+A_2A_1\overline{A}_0D_6+A_2A_1A_0D_7$$

而要求的逻辑函数为

$$Y=\overline{A}\,\overline{B}\overline{C}+\overline{A}BC+A\overline{B}C+AB\overline{C}+ABC$$

比较上面两式可知：若令$A_2A_1A_0=ABC$，则$D_0=D_3=D_5=D_6=D_7=1$且$D_1=D_2=D_4=0$，因此数据选择器输入端采用置1、置0方法即可实现所要求的逻辑函数，如图11-27(a)所示。

(2) 双四选一数据选择器74LS153在控制端有效的情况下，输出逻辑函数表达式为

$$Y=\overline{A}_1\overline{A}_0D_0+\overline{A}_1A_0D_1+A_1\overline{A}_0D_2+A_1A_0D_3$$

而要求的逻辑函数为

$$Y=\overline{A}\,\overline{B}\overline{C}+\overline{A}BC+A\overline{B}C+AB\overline{C}+ABC$$

比较上面两式可知：若令 $A_1A_0=AB$，则

$$Y=\bar{A}\,\bar{B}\bar{C}+\bar{A}BC+A\bar{B}C+AB\bar{C}+ABC=\bar{A}_1\bar{A}_0\bar{C}+\bar{A}_1A_0C+A_1\bar{A}_0C+A_1A_0$$

因此，$D_0=\bar{C}$，$D_1=D_2=C$，$D_3=1$，如图 11-27(b)所示。

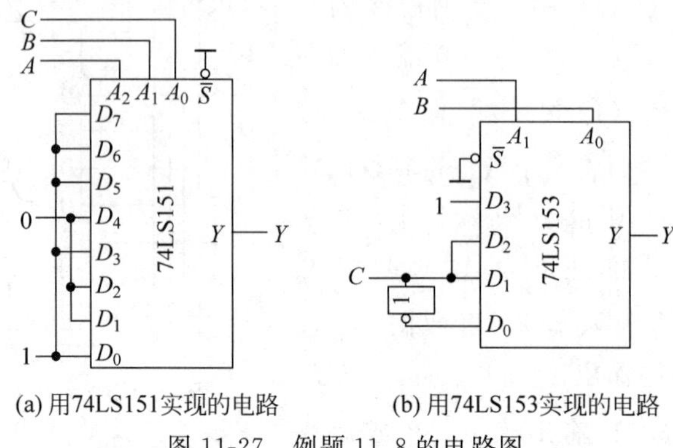

(a) 用74LS151实现的电路　　(b) 用74LS153实现的电路

图 11-27　例题 11.8 的电路图

11.3.4 加法器

数字计算机的基本功能之一是进行算术运算，例如加、减、乘、除，但是这些运算都是化为若干步加法运算进行的。因此，加法器是构成算术运算器的基本单元。

1. 1 位加法器

1）半加器

所谓半加就是不考虑低位来的进位而只考虑两个二进制数加数。实现半加运算的电路叫作半加器。

根据半加器的定义和二进制数加法运算规则可以列出如表 11-12 所示的半加器真值表。其中 A、B 是两个加数，S 是相加的和，CO 是向高位的进位。将 S、CO 和 A、B 的关系写成逻辑表达式则得到

$$\begin{cases}S=\bar{A}B+A\bar{B}=A\oplus B\\ \mathrm{CO}=AB\end{cases}\tag{11-30}$$

按照式(11-30)可以画出半加器的逻辑图如图 11-28(a)所示，其逻辑符号如图 11-28(b)所示。

表 11-12　半加器的真值表

A	B	S	CO
0	0	0	0
0	1	1	0
1	0	1	0
1	1	0	1

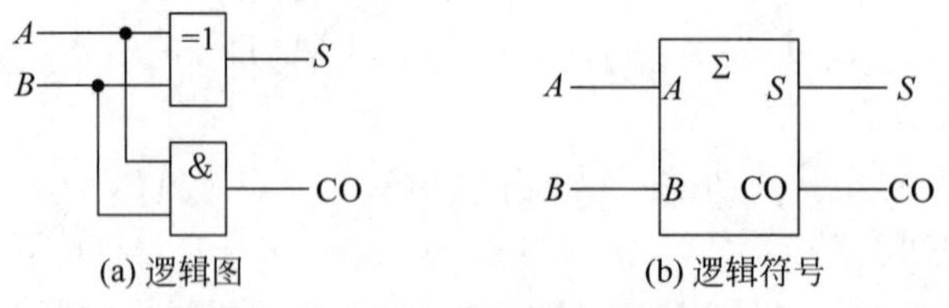

(a) 逻辑图　　(b) 逻辑符号

图 11-28　半加器的逻辑图和逻辑符号

2）全加器

在将两个多位二进制数相加时，除了最低位以外，其余的每一位都应考虑来自低位的进位，即将两个对应位的加数和来自低位的进位 3 个数相加。这种运算称为全加，所用的电路称为全加器。

根据全加器的定义和二进制数加法运算规则可列出 1 位全加器的真值表，如表 11-13 所示。其中，A、B 为两个加数，CI 为低位来的进位，S 是相加的和，CO 是向高位的进位。将 S、CO 与 A、B、CI 的关系写成逻辑表达式为

表 11-13　全加器的真值表

A	B	CI	S	CO	A	B	CI	S	CO
0	0	0	0	0	1	0	0	1	0
0	0	1	1	0	1	0	1	0	1
0	1	0	1	0	1	1	0	0	1
0	1	1	0	1	1	1	1	1	1

$$\begin{cases} S=\bar{A}\bar{B}\mathrm{CI}+\bar{A}B\overline{\mathrm{CI}}+A\bar{B}\overline{\mathrm{CI}}+AB\mathrm{CI} \\ \mathrm{CO}=\bar{A}B\mathrm{CI}+A\bar{B}\mathrm{CI}+AB\overline{\mathrm{CI}}+AB\mathrm{CI}=AB+A\mathrm{CI}+B\mathrm{CI} \end{cases} \tag{11-31}$$

选择与或非门组成全加器的电路，将式(11-31)改写为如下的与或非表达式

$$\begin{cases} S=\overline{AB\overline{\mathrm{CI}}+A\bar{B}\mathrm{CI}+\bar{A}B\mathrm{CI}+\bar{A}\bar{B}\overline{\mathrm{CI}}} \\ \mathrm{CO}=\overline{\bar{B}\overline{\mathrm{CI}}+\bar{A}\bar{B}+\bar{A}\overline{\mathrm{CI}}} \end{cases} \tag{11-32}$$

逻辑图如图 11-29(a)所示，逻辑符号如图 11-29(b)所示。TTL 中规模集成电路 74LS183 就是这种结构的双全加器。

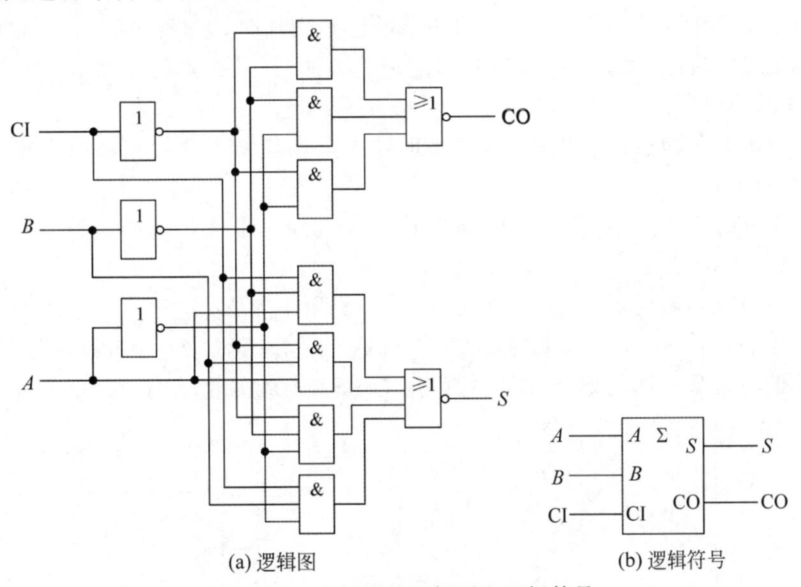

(a) 逻辑图　(b) 逻辑符号

图 11-29　全加器的逻辑图和逻辑符号

2. 多位加法器

1) 串行进位加法器

两个多位数相加时，除了最低位没有进位外，其余每一位都是带进位相加的，因而必须使用全加器。只要依次将低位全加器的进位输出端 CO 接到高位全加器的进位输入端 CI，就可以构成多位加法器了。

图 11-30 就是根据上述原理接成的 4 位加法器电路。显然，每一位的相加结果都必须等到低一位的进位产生以后才能建立起来，因此把这种结构的电路叫做串行进位加法器。图 11-30 中最后一位的进位输出 CO 要经过全加器传递之后才能形成。如果位数增加，则

传输延迟时间将延长。因此，这种加法器的最大缺点是运算速度慢。但是其电路结构简单，适合在一些中低速的数字设备中使用。

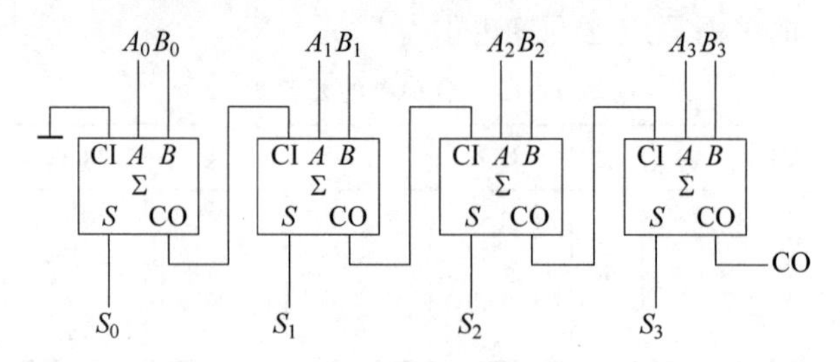

图 11-30　4 位串行进位加法器

2）超前进位加法器

为了提高运算速度，必须设法减小或消除由于进位信号逐级传递所耗费的时间。把串行进位改为超前进位（又称并行进位）工作方式，可以比较好地解决这个问题，实现超前进位的电路称为超前进位加法器。

第 i 位的进位输入信号$(\mathrm{CI})_i$ 一定能由 $A_{i-1}A_{i-2}\cdots A_0$ 和 $B_{i-1}B_{i-2}\cdots B_0$ 唯一地确定。根据这个原理，就可以通过逻辑电路事先得出每一位全加器的进位输入信号，而无须再从最低位开始向高位逐位传递进位信号了，这就有效地提高了运算速度。但是该电路结构比串行进位加法器的结构复杂得多，当加法器的位数增加时，电路的复杂程度也随之急剧上升。最常用的 74LS283 就是 4 位二进制超前进位加法器，其逻辑符号如图 11-31 所示。

3. 加法器的应用

用加法器设计的组合逻辑电路，适合实现输入变量与输入变量相加或者输入变量与常量相加的逻辑函数。

【例题 11.9】 试用超前进位加法器 74LS283 设计一个代码转换电路，将 8421BCD 码转换为余 3 码。

解：设 8421BCD 码用 $D_3D_2D_1D_0$ 表示，余 3 码用 $Y_3Y_2Y_1Y_0$ 表示。由表 9-1 可知，余 3 码是由 8421BCD 码加 3(0011)得来的，所以 $Y_3Y_2Y_1Y_0=D_3D_2D_1D_0+0011$，该逻辑函数实际上是输入变量与常量相加的形式，所以可以用 74LS283 来实现，如图 11-32 所示。

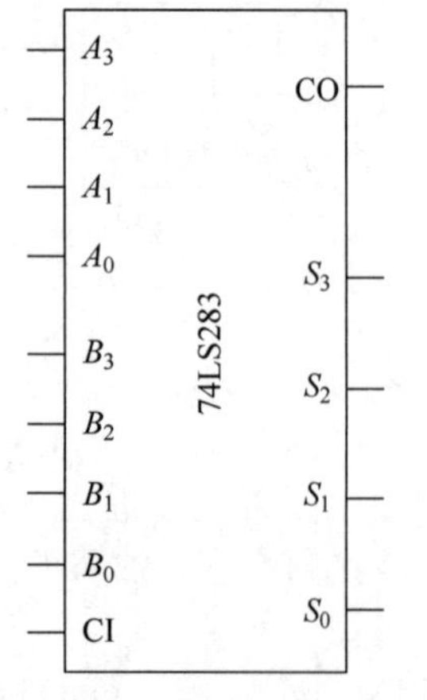

图 11-31　4 位二进制超前进位加法器 74LS283 的逻辑符号

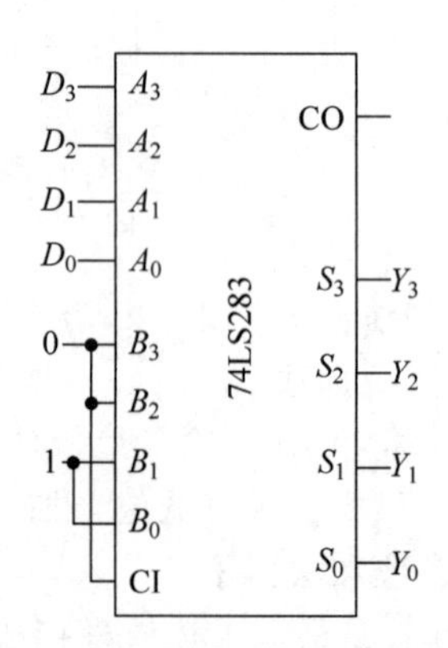

图 11-32　例题 11.9 的电路图

11.3.5 数值比较器

在数字系统(如计算机)中,常常需要比较两个数的大小。为完成这一功能所设计的各种逻辑电路称为数值比较器。

1. 1位数值比较器

设1位数值比较器的输入为 A、B,输出 $Y_{(A>B)}$、$Y_{(A=B)}$ 和 $Y_{(A<B)}$,若 $A>B$,则 $Y_{(A>B)}$ 为1,若 $A<B$,则 $Y_{(A<B)}$ 为1,否则 $Y_{(A=B)}$ 为1,列出其真值表如表11-14所示。

由表11-14可以写出1位数值比较器的输出表达式为

$$\begin{cases} Y_{(A>B)} = A\overline{B} \\ Y_{(A=B)} = A \odot B = \overline{A \oplus B} \\ Y_{(A<B)} = \overline{A}B \end{cases} \tag{11-33}$$

根据式(11-33)得到逻辑图如图11-33所示。

表11-14　1位数值比较器的真值表

A	B	$Y_{(A>B)}$	$Y_{(A=B)}$	$Y_{(A<B)}$
0	0	0	1	0
0	1	0	0	1
1	0	1	0	0
1	1	0	1	0

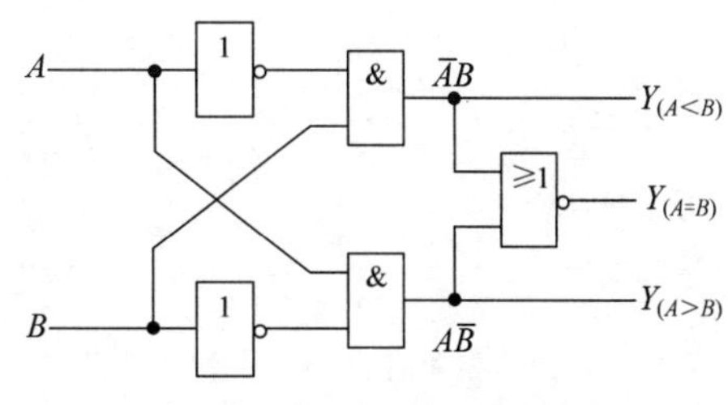

图11-33　1位数值比较器的逻辑图

2. 4位数值比较器

在比较两个多位数大小时,必须按照从高位到低位的顺序逐位进行比较,而且只有在高位相等时,才需要比较低位。

设两个待比较的二进制数分别为 $A_3A_2A_1A_0$ 和 $B_3B_2B_1B_0$,来自低位的比较结果为 $I_{(A>B)}$、$I_{(A=B)}$ 和 $I_{(A<B)}$,输出端 $Y_{(A>B)}$、$Y_{(A=B)}$ 和 $Y_{(A<B)}$ 表示比较结果,功能表如表11-15所示。

表11-15　4位数值比较器的功能表

输入				级联输入			输出		
A_3、B_3	A_2、B_2	A_1、B_1	A_0、B_0	$I_{(A>B)}$	$I_{(A=B)}$	$I_{(A<B)}$	$Y_{(A>B)}$	$Y_{(A=B)}$	$Y_{(A<B)}$
$A_3>B_3$	×	×	×	×	×	×	1	0	0
$A_3<B_3$	×	×	×	×	×	×	0	0	1
$A_3=B_3$	$A_2>B_2$	×	×	×	×	×	1	0	0
$A_3=B_3$	$A_2<B_2$	×	×	×	×	×	0	0	1
$A_3=B_3$	$A_2=B_2$	$A_1>B_1$	×	×	×	×	1	0	0
$A_3=B_3$	$A_2=B_2$	$A_1<B_1$	×	×	×	×	0	0	1
$A_3=B_3$	$A_2=B_2$	$A_1=B_1$	$A_0>B_0$	×	×	×	1	0	0
$A_3=B_3$	$A_2=B_2$	$A_1=B_1$	$A_0<B_0$	×	×	×	0	0	1
$A_3=B_3$	$A_2=B_2$	$A_1=B_1$	$A_0=B_0$	1	0	0	1	0	0
$A_3=B_3$	$A_2=B_2$	$A_1=B_1$	$A_0=B_0$	0	1	0	0	1	0
$A_3=B_3$	$A_2=B_2$	$A_1=B_1$	$A_0=B_0$	0	0	1	0	0	1

由表 11-15 可以写出表达式为

$$
\begin{aligned}
Y_{(A>B)} = & A_3\bar{B}_3 + (\overline{A_3 \oplus B_3})A_2\bar{B}_2 + (\overline{A_3 \oplus B_3})(\overline{A_2 \oplus B_2})A_1\bar{B}_1 + \\
& (\overline{A_3 \oplus B_3})(\overline{A_2 \oplus B_2})(\overline{A_1 \oplus B_1})A_0\bar{B}_0 + \\
& (\overline{A_3 \oplus B_3})(\overline{A_2 \oplus B_2})(\overline{A_1 \oplus B_1})(\overline{A_0 \oplus B_0})I_{(A>B)}
\end{aligned} \tag{11-34}
$$

$$
Y_{(A=B)} = (\overline{A_3 \oplus B_3})(\overline{A_2 \oplus B_2})(\overline{A_1 \oplus B_1})(\overline{A_0 \oplus B_0})I_{(A=B)} \tag{11-35}
$$

$$
\begin{aligned}
Y_{(A<B)} = & \bar{A}_3B_3 + (\overline{A_3 \oplus B_3})\bar{A}_2B_2 + (\overline{A_3 \oplus B_3})(\overline{A_2 \oplus B_2})\bar{A}_1B_1 + \\
& (\overline{A_3 \oplus B_3})(\overline{A_2 \oplus B_2})(\overline{A_1 \oplus B_1})\bar{A}_0B_0 + \\
& (\overline{A_3 \oplus B_3})(\overline{A_2 \oplus B_2})(\overline{A_1 \oplus B_1})(\overline{A_0 \oplus B_0})I_{(A<B)}
\end{aligned} \tag{11-36}
$$

根据式(11-34)~式(11-36)画出 4 位数值比较器的逻辑图就是 TTL 中规模集成 4 位数值比较器 74LS85，其逻辑符号如图 11-34 所示。

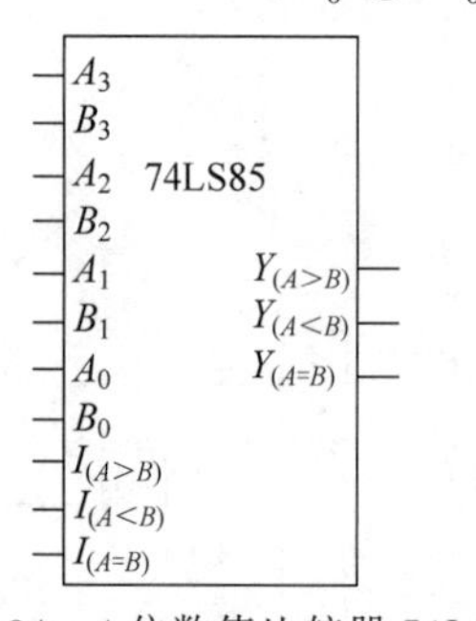

图 11-34　4 位数值比较器 74LS85 的逻辑符号

3. 数值比较器的应用

利用 $I_{(A>B)}$、$I_{(A=B)}$ 和 $I_{(A<B)}$ 这三个输入端，可以将两片以上的 74LS85 组合成位数更多的数值比较器。

【例题 11.10】 用两片 74LS85 组成一个 8 位的数值比较器，两个 8 位数分别为 $C_7C_6C_5C_4C_3C_2C_1C_0$ 和 $D_7D_6D_5D_4D_3D_2D_1D_0$。

解：根据多位数比较的规则，对两个 8 位数进行比较时，首先对高 4 位进行比较，若高 4 位数据不相等，则比较结束；如果高 4 位数据相等，则比较结果取决于低位的比较结果。因此将两个数的高 4 位 $C_7C_6C_5C_4$ 和 $D_7D_6D_5D_4$ 接到片(2)上，则片(2)为高位片，将两个数的低 4 位 $C_3C_2C_1C_0$ 和 $D_3D_2D_1D_0$ 接到片(1)上，则片(1)为低位片。同时把片(1)的 $Y_{(A>B)}$、$Y_{(A=B)}$ 和 $Y_{(A<B)}$ 对应接到片(2)的 $I_{(A>B)}$、$I_{(A=B)}$ 和 $I_{(A<B)}$，将片(1)的 $I_{(A>B)}$ 和 $I_{(A<B)}$ 接低电平，$I_{(A=B)}$ 接高电平。8 位的数值比较器的电路图如图 11-35 所示。

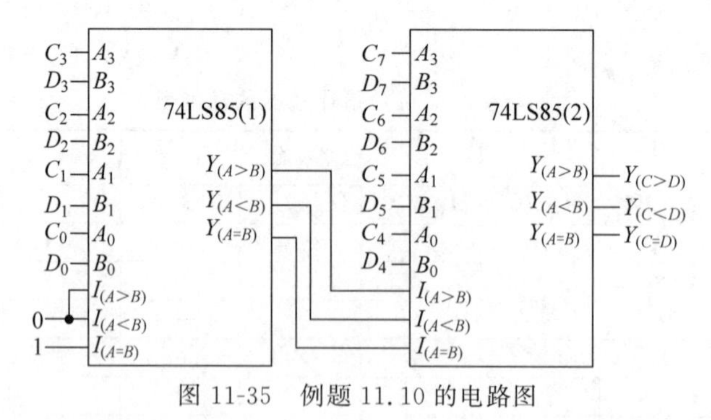

图 11-35　例题 11.10 的电路图

11.4　组合逻辑电路中的竞争-冒险现象

11.4.1　竞争-冒险现象

在前面讨论组合逻辑电路分析和设计方法时，输入输出是在稳定的逻辑电平下进行的，没有考虑门电路的传输延迟时间，而在实际的电路中延迟时间是不可忽略的。正是由于这种延迟时间的存在，有时会使逻辑电路产生误动作。为了保证系统工作的可靠性，有必要观察一下当输入信号的逻辑电平发生变化的瞬间电路的工作情况。

下面看两个简单的例子。

如图 11-36(a)所示的与门电路中，在稳态下，无论 $A=1$、$B=0$ 还是 $A=0$、$B=1$，输出 Y 皆为 0。但是由于 A、B 信号在电路中传输的路径和时间不同，因此当它们向相反方向变化时，时间也会有先后。如图 11-36(b)中，当信号 A 从 1 跳变为 0 时，B 从 0 跳变为 1，而且 B 首先上升到 $U_{IL(max)}$ 以上，这样在极短的 Δt 时间内将出现 A、B 同时高于 $U_{IL(max)}$ 的状态，于是便在门电路的输出端产生了极窄的 $Y=1$ 的尖峰脉冲，或称为毛刺。显然这个尖峰脉冲不符合门电路稳态下的逻辑功能，因而它是系统内部的一种噪声。而图 11-36(c)中，B 信号在上升到 $U_{IL(max)}$ 之前，A 已经降到了 $U_{IL(max)}$ 以下，这时输出端就不会产生尖峰脉冲。

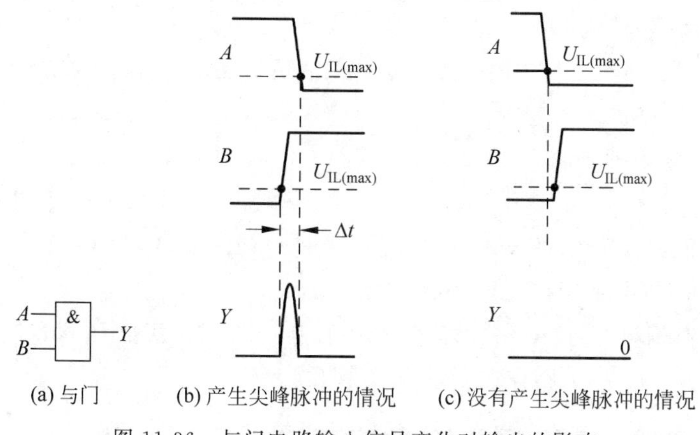

(a) 与门　(b) 产生尖峰脉冲的情况　(c) 没有产生尖峰脉冲的情况

图 11-36　与门电路输入信号变化对输出的影响

如图 11-37(a)所示的或门电路中，在稳态下，无论 $A=1$、$B=0$ 还是 $A=0$、$B=1$，输出 Y 皆为 1。但是当信号 A 从 1 跳变为 0 时，B 从 0 跳变为 1，而且 A 下降到 $U_{IH(min)}$ 时 B 尚未上升到 $U_{IH(min)}$，则在短暂的 Δt 时间内将出现 A、B 同时低于 $U_{IH(min)}$ 的状态，使输出端产生极窄的 $Y=0$ 的尖峰脉冲。这个尖峰脉冲同样也是违背稳态下或门的逻辑关系的噪声，如图 11-37(b)所示。而图 11-37(c)中，A 下降到 $U_{IH(min)}$ 以前 B 信号已经上升到 $U_{IH(min)}$ 以上，这时输出端就不会产生尖峰脉冲。

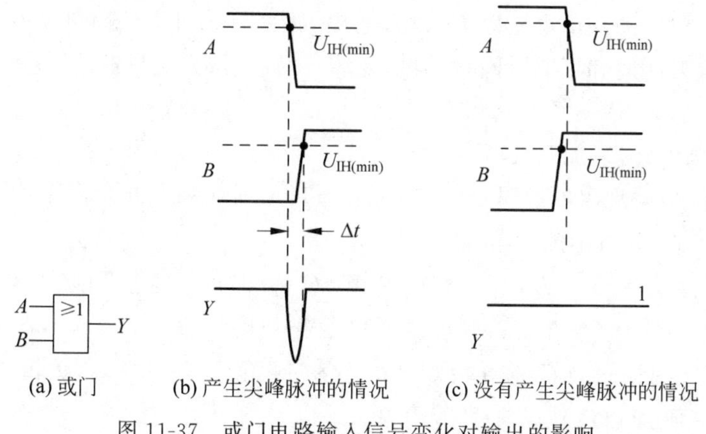

(a) 或门　(b) 产生尖峰脉冲的情况　(c) 没有产生尖峰脉冲的情况

图 11-37　或门电路输入信号变化对输出的影响

在组合逻辑电路中，当电路从一种稳定状态转换到另一种稳定状态的瞬间，某个门电路的两个输入信号同时向相反方向变化（一个从1变为0，另一个从0变为1），由于传输延迟时间不同，所以到达输出门的时间有先有后，这种现象称为竞争。由以上分析可知，由于竞争而在电路的输出端有可能产生尖峰脉冲，把这种现象叫作竞争-冒险。

仿真视频 11-10

11.4.2 竞争-冒险现象的判别方法

数字电路在设计好后，需要检查是否存在竞争-冒险现象。

如果输出端门电路的两个输入信号 A 和 $\overline{A}$ 是输入变量 A 经过两个不同的传输途径而来的，那么当输入变量 A 的状态发生突变时输出端便有可能产生尖峰脉冲。因此，只要输出端的逻辑函数在一定条件下能简化成

$$Y=A+\overline{A} \quad 或 \quad Y=A\cdot\overline{A} \tag{11-37}$$

则可以判定存在竞争-冒险。

【例题 11.11】 判断下列逻辑函数表达式是否存在竞争-冒险现象。

(1) $Y=AB+\overline{A}BC$

(2) $Y=(A+\overline{B})(B+C)$

解：

(1) 由于逻辑函数 $Y=AB+\overline{A}BC$ 中存在一对互补变量 A 和 $\overline{A}$，当 $B=C=1$ 时，函数将成为 $Y=A+\overline{A}$，故电路存在竞争-冒险现象。

(2) 由于逻辑函数 $Y=(A+\overline{B})(B+C)$ 中存在一对互补变量 B 和 $\overline{B}$，当 $A=C=0$ 时，函数将成为 $Y=\overline{B}\cdot B$，故电路存在竞争-冒险现象。

11.4.3 消除竞争-冒险现象的方法

1. 引入选通脉冲

由于尖峰脉冲是在瞬间产生的，所以在这段时间内将门封锁，待信号稳定后，再输入选通脉冲，选取输出结果。例如对于如图 11-36 所示的与门电路，可以在门电路的输入端增加选通控制信号，如图 11-38 所示。

2. 接入滤波电容

由于尖峰脉冲很窄，所以只要在输出端接入一个很小的滤波电容 C，就足以把尖峰脉冲的幅度削弱至门电路的阈值电压以下，如图 11-39 所示。这种方法简单易行，而缺点是增加了输出波形的上升时间和下降时间，使波形变坏。因此，该方法只适用于输出波形的前后沿无严格要求的场合。

3. 修改逻辑设计，增加冗余项

在产生竞争-冒险现象的逻辑表达式上，增加冗余项或乘上冗余因子，使之不出现 $A+\overline{A}$ 或 $A\cdot\overline{A}$ 的形式，即可消除竞争-冒险现象。

例如逻辑函数 $Y=(A+\overline{B})(B+C)$，在 $A=C=0$ 时产生竞争-冒险现象，将逻辑函数修改为 $Y=(A+\overline{B})(B+C)(A+C)$ 则可以消除竞争-冒险现象。

逻辑函数 $Y=AB+\overline{A}BC$，在 $B=C=1$ 时存在竞争-冒险现象，将逻辑函数修改为 $Y=AB+\overline{A}BC+BC$ 则可以消除竞争-冒险现象。

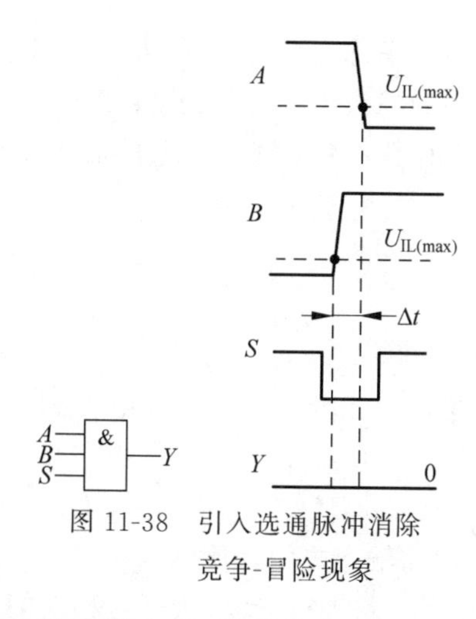

图 11-38　引入选通脉冲消除竞争-冒险现象

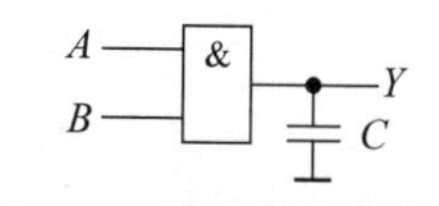

图 11-39　接入滤波电容消除竞争-冒险现象

比较几种消除竞争-冒险的方法可以看出，它们各有利弊。选通脉冲的方法比较简单，且不增加器件数目，但必须找到选通脉冲，而且对脉冲的宽度和时间有严格要求。接入滤波电容的方法同样也比较简单，它的缺点是导致输出波形的边沿变坏。如果能够恰当运用修改逻辑设计的方法，那么有时可以得到最满意的效果，但有可能需要增加电路器件才能实现。

小结

组合逻辑电路是数字系统中常用的逻辑电路，它的特点是任意时刻的输出状态仅取决于该时刻的输入信号，而与电路原来的状态无关。也就是说，组合逻辑电路不需要记忆元件，输出与输入之间无反馈。

组合逻辑电路可以用逻辑函数表达式、真值表、卡诺图或逻辑图来表示，因此组合电路的分析和设计，实际上就是这几种表示方法的相互转换。组合逻辑电路的分析，即已知逻辑电路图，写出其输出与输入之间的函数关系，然后列写真值表，并分析电路的功能。组合逻辑电路的设计与分析过程相反，其任务是根据给定的实际逻辑问题，抽取输入和输出逻辑变量，根据要求列写真值表，写出最简表达式，然后画出逻辑电路图。

在组合逻辑电路中，MSI 电路如编码器、译码器、数据选择器、加法器和数值比较器都是常用的，因此将它们制成标准化的集成器件，供用户直接使用。例如集成 8 线-3 线优先编码器 74LS148、3 线-8 线译码器 74LS138、BCD 七段显示译码器 74LS48、八选一数据选择器 74LS151、双四选一数据选择器 74LS153、双全加器 74LS183、4 位二进制超前进位加法器 74LS283、4 位数值比较器 74LS85 等。为了增加使用的灵活性和方便性，在这些集成电路中都设置了附加控制端，如使能端、选通输入端、选通输出端、输出扩展端等。灵活地使用这些附加控制端可以利用现有的集成电路设计出其他逻辑功能的组合逻辑电路，当然必须把要产生的逻辑函数变换为与所用器件的逻辑函数式类似的形式，然后与器件的逻辑函数对照比较，即可确定所用器件的各输入端应当接入的变量或常量(0 或者 1)，以及各芯片之间的连接方式。

竞争-冒险是组合逻辑电路工作状态转换过程中经常出现的一种现象。如果负载对尖峰脉冲敏感，则数字电路在设计好后，需要检查是否存在竞争-冒险现象，并采取措施消除竞争-冒险。判别竞争-冒险的方法是，只要输出端的逻辑函数在一定条件下能简化成 $Y=A+$

$\overline{A}$ 或 $Y=A\cdot\overline{A}$ 的形式，则可以判定存在竞争-冒险。消除竞争-冒险的方法有，在门电路的输入端增加选通控制信号、在输出端接入一个很小的滤波电容 C、在产生竞争-冒险现象的逻辑表达式上增加冗余项或乘上冗余因子，使之不出现 $A+\overline{A}$ 或 $A\cdot\overline{A}$ 的形式等。

习题

1. 填空题

（1）在数字系统中，常用的各种数字器件按逻辑功能分为________电路和________电路两大类。

（2）在组合逻辑电路中，任意时刻的输出状态仅取决于________信号，而与________无关。因此，组合逻辑电路不需要________元件，输出与输入之间无反馈。

（3）在数字系统中，通常需要从多路数据中选择一路进行传输，执行这种功能的电路称为________，或称为________。

（4）组合逻辑电路中的竞争-冒险是指门电路的两个输入信号同时向________的逻辑电平跳变而在输出端可能产生尖峰脉冲的现象。

（5）消除竞争冒险的常用方法有：电路输出端加________、输入端加________、修改________。

2. 选择题

（1）（　　）电路在任何时刻只能有一个输入信号有效。

A. 二进制译码器　　B. 二进制编码器　　C. 优先编码器

（2）若所设计的编码器是将 60 个一般信号转换成二进制代码，则输出的一组二进制代码的位数应是（　　）。

A. 4　　B. 5　　C. 6

（3）十六路数据选择器，其地址输入端的个数应为（　　）。

A. 16　　B. 2　　C. 4

（4）用显示译码器 74LS48 可以直接驱动共阴极的半导体数码管。现在欲测试七段数码管每一个显示段的好坏，则加低电平给控制端（　　）。

A. $\overline{\mathrm{LT}}$　　B. $\overline{\mathrm{RBI}}$　　C. $\overline{\mathrm{RBO}}$

（5）n 位二进制译码器的输出端共有（　　）个。

A. 2^n　　B. $2n$　　C. 16

（6）若使 3 线-8 线译码器 74LS138 正常工作，控制端 G_1、$\overline{G}_{2A}$ 和 $\overline{G}_{2B}$ 的电平信号为（　　）。

A. 010　　B. 011　　C. 100

（7）八选一数据选择器 74LS151 在使能端有效时，若想选择数据 D_5 输出，则地址输入端 $A_2A_1A_0$ 应该为（　　）。

A. 011　　B. 110

C. 101

图　P11-3

3. 试分析如图 P11-3 所示电路的功能。

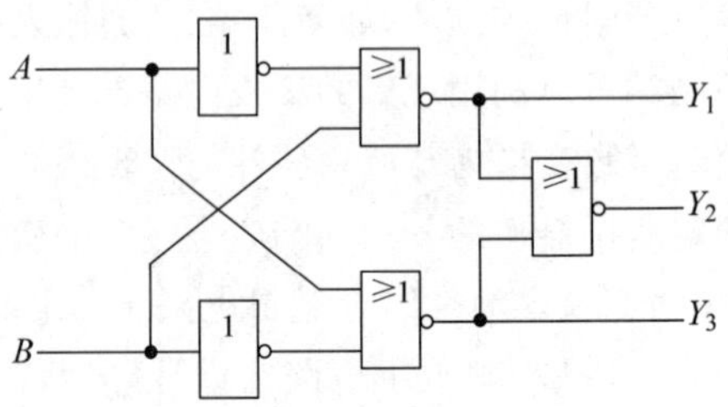

4. 已知逻辑电路如图 P11-4 所示，试分析其

逻辑功能。

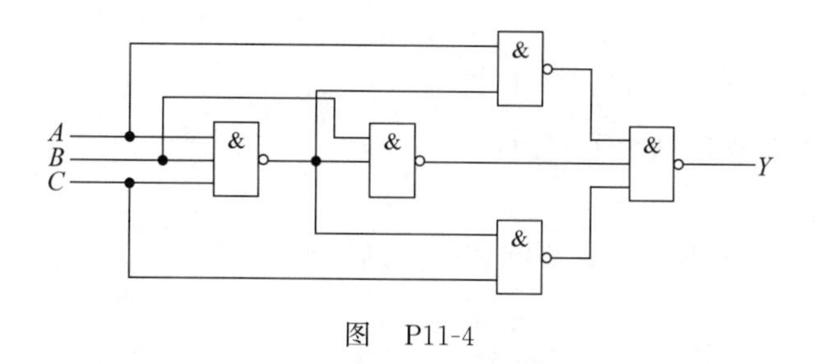

图　P11-4

5. 试分析图 P11-5 所示组合逻辑电路的功能，并用数量最少、品种最少的门电路实现。

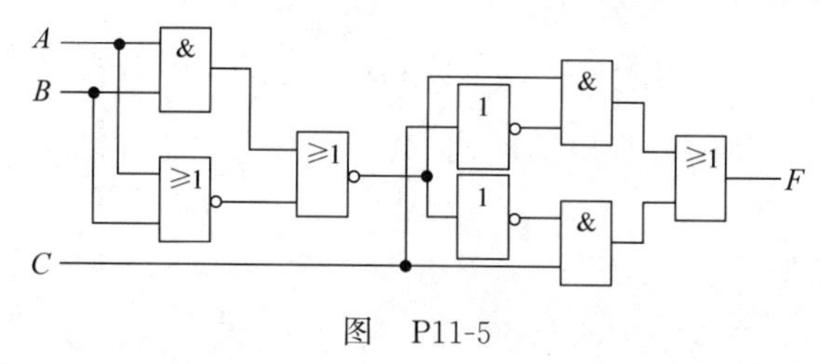

图　P11-5

6. 现有 4 台设备，每台设备用电均为 10kW。若这 4 台设备用 F_1、F_2 两台发电机供电，其中 F_1 的功率为 10kW，F_2 的功率为 20kW，而 4 台设备的工作情况是：4 台设备不可能同时工作，但至少有 1 台设备工作，其中可能任意 1～3 台同时工作。设计一个供电控制电路，以达到节电之目的。

7. 用与非门实现监视交通信号灯工作状态的逻辑电路。要求每一组信号灯由红、黄、绿三盏灯组成。正常工作情况下，任何时刻必有一盏灯点亮，而且只允许有一盏灯点亮。而当出现其他 5 种点亮状态时，电路发生故障，这时要求发出故障信号，以提醒维护人员前去修理。

8. 一种比赛有 A、B、C 三名裁判员和一名总裁判 D。当总裁判认为合格时算作两票，而 A、B、C 三个裁判员认为合格时分别算作一票。试用与非门设计多数通过的表决逻辑电路。

9. 某医院有一、二、三、四号病室 4 间，每室设有呼叫按钮，同时在护士值班室内对应地装有一号、二号、三号、四号 4 个指示灯。现要求当一号病室的按钮按下时，无论其他病室的按钮是否按下，只有一号灯亮。当一号病室的按钮没有按下而二号病室的按钮按下时，无论三、四号病室的按钮是否按下，只有二号灯亮。当一、二号病室的按钮都未按下而三号病室的按钮按下时，无论四号病室的按钮是否按下，只有三号灯亮。当一、二、三号病室的按钮都未按下而四号病室的按钮按下时，四号灯才亮。试用优先编码器 74LS148 和门电路设计满足上述控制要求的逻辑电路。

10. 设计一个三人表决电路，当多数人同意时，议案通过，否则不通过。要求分别用以下电路芯片实现：

（1）门电路；

（2）3 线-8 线译码器 74LS138；

（3）数据选择器 74LS153。

11. 一把密码锁有三个按键，分别为 A、B、C。当三个键都不按下时，锁不打开，也不报警；当只有一个键按下时，锁不打开，但发出报警信号；当有两个键同时按下时，锁被打开，但不报警；当三个键同时按下时，锁被打开，也要报警。试设计此逻辑电路，要求分别用以下电路芯片实现：

(1) 门电路；

(2) 3 线-8 线译码器 74LS138；

(3) 双 4 选 1 数据选择器 74LS153；

(4) 全加器。

12. 试用 3 线-8 线译码器 74LS138 和必要的门电路设计一个多输出的组合逻辑电路。输出的逻辑函数式为

$$\begin{cases} Z_1 = AC \\ Z_2 = \overline{A}\,\overline{B}C + A\overline{B}\overline{C} + BC \\ Z_3 = \overline{B}\overline{C} + AB\overline{C} \end{cases}$$

13. 电路如图 P11-13 所示，写出其输出 Z_1、Z_2 的表达式，并化简为最简与或式。

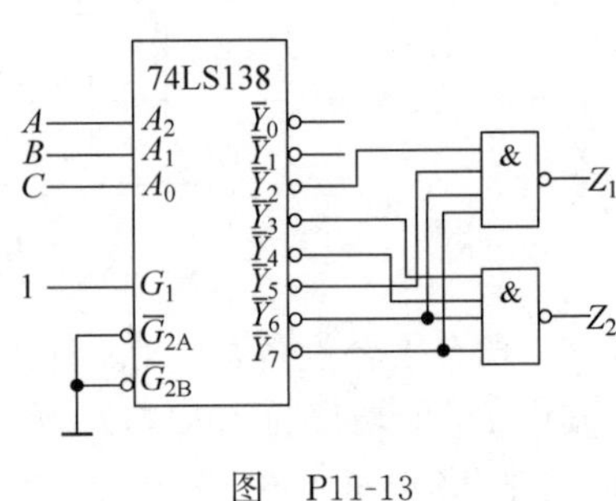

图 P11-13

14. 用 8 选 1 数据选择器 74LS151 产生逻辑函数

$$Z = A\overline{C}D + \overline{A}\,\overline{B}CD + BC + B\overline{C}\,\overline{D}$$

15. 用 4 选 1 数据选择器 74LS153 产生逻辑函数

$$Z = A\overline{B}\overline{C} + \overline{A}\,\overline{C} + BC$$

16. 将双 4 选 1 数据选择器 74LS153 接成 8 选 1 数据选择器。

17. 试用 4 位超前进位全加器 74LS283 设计一个代码转换电路，将余 3 码转换为 8421BCD 码。

18. 试用两个 4 位数值比较器 74LS85 组成比较三个数的判断电路。要求判别三个 4 位二进制数 $A(a_3a_2a_1a_0)$、$B(b_3b_2b_1b_0)$、$C(c_3c_2c_1c_0)$ 是否相等、A 是否最大、A 是否最小，并分别给出“三个数相等”“A 最大”“A 最小”的输出信号。可附加必要的门电路。

19. 试用一片 4 位数值比较器 74LS85 和必要的门电路实现两个 5 位二进制数的并行比较器。

20. 试分析如图 P11-20 所示电路中，当 A、B、C、D 单独一个改变状态时是否存在竞争-冒险现象？如果存在，都发生在其他变量为何种取值的情况下？

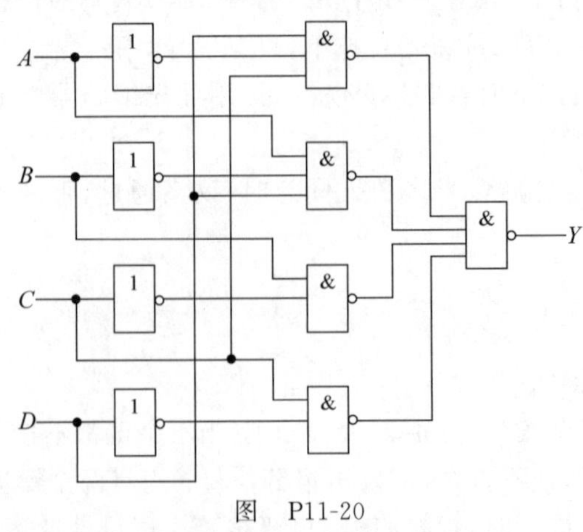

图 P11-20

第12章 触　发　器

CHAPTER 12

教学提示：时序电路与组合电路的一个主要区别就是前者具有记忆功能，而实现记忆功能的器件就是触发器。因此，弄清触发器的动作特点是学习时序电路的关键。

教学要求：要求学生了解各种触发器的内部结构和工作原理。掌握各种触发器的动作特点，以及不同类型触发器之间的转换。

12.1 概述

数字电路中除了前面介绍的组合逻辑电路，还有一类电路称为时序逻辑电路，这类电路的输出不仅与当前的输入信号有关，而且还与以前的输入信号和输出状态有关，因此需要具有记忆功能。完成这一功能的电路是触发器。

触发器是构成时序逻辑电路的基本单元，具有记忆功能，即能够保存1位二进制数1和0。为了实现记忆1位二值信号的功能，触发器必须具备以下两个基本特点。

(1) 具有两个能自行保持的稳定状态，即0态和1态。所谓0态表示触发器的两个互补输出端$Q=0$、$\bar{Q}=1$；所谓1态表示触发器的两个互补输出端$Q=1$、$\bar{Q}=0$。正因为触发器具有两个稳定状态，所以又称其为双稳态触发器。

(2) 根据不同的输入信号可以将触发器置成1态或0态。

迄今为止，人们已经研制出了许多种触发器电路。根据电路结构形式的不同，可以将它们分为基本*RS*触发器、同步*RS*触发器、主从触发器、边沿触发器等。根据触发器逻辑功能的不同，分为*RS*触发器、*JK*触发器、*T*触发器、T'触发器和*D*触发器。根据触发方式的不同，又分为电平触发、主从触发和边沿触发等类型。

除基本*RS*触发器以外的所有形式的触发器，都是在时钟脉冲作用期间输入触发信号才产生作用，时间点可以是脉冲的上升沿、下降沿或中间的某一点。通常将触发脉冲作用前的输出状态定义为“现态”，用Q^n表示，将触发脉冲作用后的触发器输出状态定义为“次态”，用Q^{n+1}表示。

本章主要介绍各类触发器的电路结构、触发方式、逻辑功能及描述方法。

12.2 触发器的电路结构与动作特点

12.2.1 基本*RS*触发器的电路结构与动作特点

知识拓展 12-1

基本*RS*触发器是各种触发器电路中结构最简单的一种，也是其他触发器的一个组成部分。

1. 基本 *RS* 触发器的电路结构与工作原理

1）电路结构

基本 RS 触发器的电路结构如图 12-1(a)所示。它由两个与非门构成，有两个输入端 $\bar{S}$ 和 $\bar{R}$，一对互补输出端 Q 和 $\bar{Q}$。其逻辑符号如图 12-1(b)所示。

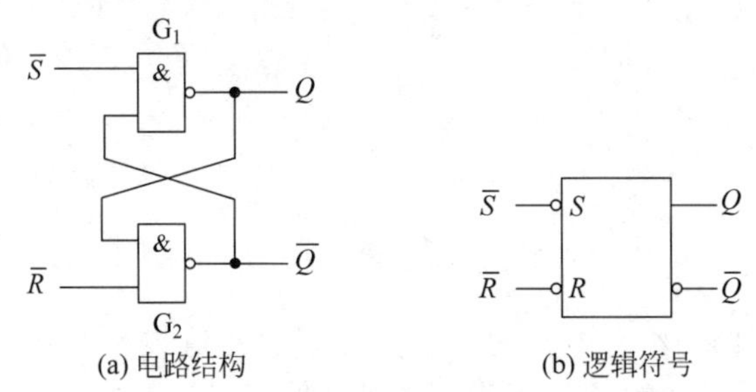

(a) 电路结构　　(b) 逻辑符号

图 12-1　基本 RS 触发器的电路结构和逻辑符号

2）工作原理

(1) $\bar{S}=\bar{R}=1$ 时，触发器处于保持状态。

设触发器的现态 $Q^n=1,\bar{Q}^n=0$，则门 G_2 的两个输入端都为 1，其输出即触发器的次态 $\bar{Q}^{n+1}=0$，同时 $\bar{Q}^n=0$ 使门 G_1 输出的次态 $Q^{n+1}=1$；反之，若触发器现态 $Q^n=0,\bar{Q}^n=1$ 时，经同样分析，得 $Q^{n+1}=0,\bar{Q}^{n+1}=1$。所以触发器的次态等于现态，即 $Q^{n+1}=Q^n$。

(2) $\bar{S}=0$、$\bar{R}=1$ 时，无论触发器的现态为何值，其次态都置成 1 态。

设触发器的现态 $Q^n=1,\bar{Q}^n=0$，则门 G_2 的两个输入端都为 1，其输出即触发器的次态 $\bar{Q}^{n+1}=0$，同时 $\bar{S}=0$、$\bar{Q}^n=0$ 使门 G_1 输出的次态 $Q^{n+1}=1$，即触发器 1 态得以保持；反之，若触发器的现态 $Q^n=0,\bar{Q}^n=1$ 时，$\bar{S}=0$ 使门 G_1 的输出为 1，该电平耦合到门 G_2 输入端，使 G_2 两个输入都为 1，G_2 输出为 0，即触发器由 0 态翻转到 1 态。所以当 $\bar{S}=0$、$\bar{R}=1$ 时触发器的次态等于 1，即 $Q^{n+1}=1$，$\bar{S}$ 称为置 1 端。

(3) $\bar{S}=1$、$\bar{R}=0$ 时，无论触发器的现态为何值，其次态都置成 0 态。

设触发器的现态 $Q^n=1,\bar{Q}^n=0$，则 $\bar{R}=0$ 使门 G_2 的输出为 1，该电平耦合到门 G_1 的输入端，使 G_1 两个输入端都为 1，其输出的次态 $Q^{n+1}=0$，即触发器由 1 态翻转到 0 态；反之，若触发器的现态 $Q^n=0,\bar{Q}^n=1$ 时，则门 G_1 的两个输入端都为 1，其输出即触发器的次态 $Q^{n+1}=0$，同时 $\bar{R}=0$、$Q^n=0$ 使门 G_2 输出的次态 $\bar{Q}^{n+1}=1$，即触发器 0 态得以保持。所以当 $\bar{S}=1$、$\bar{R}=0$ 时触发器的次态等于 0，即 $Q^{n+1}=0$，$\bar{R}$ 称为置 0 端。

(4) $\bar{S}=\bar{R}=0$ 时，则有 $Q^{n+1}=\bar{Q}^{n+1}=1$。此既非 0 态也非 1 态。如果 $\bar{S}$、$\bar{R}$ 仍保持 0 信号，触发器状态尚可确定，但若 $\bar{S}$ 与 $\bar{R}$ 同时由 0 变为 1，触发器的状态取决于两个与非门的翻转速度或传输延迟时间，Q^{n+1} 可能为 0，也可能为 1，称为触发器状态不定。因此，在实际应用中，不允许出现 $\bar{S}=\bar{R}=0$，即 $\bar{S}$、$\bar{R}$ 应满足约束条件：$SR=0$。

由以上分析，可以得到基本 RS 触发器的特性表（含有状态变量的真值表），如表 12-1 所示。

表 12-1　基本 *RS* 触发器的特性表

$\bar{S}$	$\bar{R}$	Q^n	Q^{n+1}	备　注
1	1	0	0	状态保持
1	1	1	1	
0	1	0	1	置 1
0	1	1	1	
1	0	0	0	置 0
1	0	1	0	
0	0	0	1^*	状态不定
0	0	1	1^*	

2. 动作特点

由图 12-1(a)中可见，在基本 *RS* 触发器中，输入信号直接加在输出门上，所以输入信号在全部作用时间里，都能直接改变输出端 Q 和 $\bar{Q}$ 的状态，这就是基本 *RS* 触发器的动作特点。

【例题 12.1】 在如图 12-1(a)所示的基本 *RS* 触发器电路中，已知 $\bar{S}$ 和 $\bar{R}$ 的电压波形如图 12-2 所示，试画出 Q 和 $\bar{Q}$ 端对应的电压波形。

解：按照表 12-1 可以较容易地画出 Q 和 $\bar{Q}$ 端的波形图，但需要区别：在 $t_3 \sim t_4$ 期间，$\bar{S}=\bar{R}=0, Q=\bar{Q}=1$，但由于 $\bar{R}$ 首先回到了高电平，所以触发器的次态是可以确定的，但是在 $t_6 \sim t_7$ 期间，又出现了 $\bar{S}=\bar{R}=0, Q=\bar{Q}=1$，在这之后两个信号同时撤销，所以状态是不确定的。

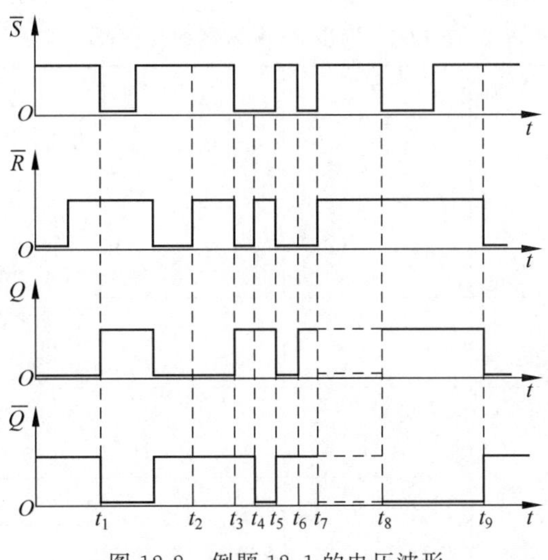

图 12-2　例题 12.1 的电压波形

12.2.2　同步 *RS* 触发器的电路结构与动作特点

知识拓展 12-2

在数字系统中，为了协调各部分的动作，常常要求触发器按一定的节拍同步动作。为此，必须引入同步信号，使触发器仅在同步信号到达时按输入信号改变状态。通常把这个同步信号叫作时钟脉冲(Clock Pulse,CP)，简称时钟。这种用时钟控制的触发器称为时钟触发器，也称同步触发器。

1. 同步 *RS* 触发器

1）电路结构

同步 RS 触发器的电路图如图 12-3(a)所示。由图中可以看出，它是在基本 RS 触发器的输入端附加两个控制门 G_3 和 G_4，使触发器仅在时钟脉冲 CP 出现时，才能接收信号。其逻辑符号如图 12-3(b)所示。

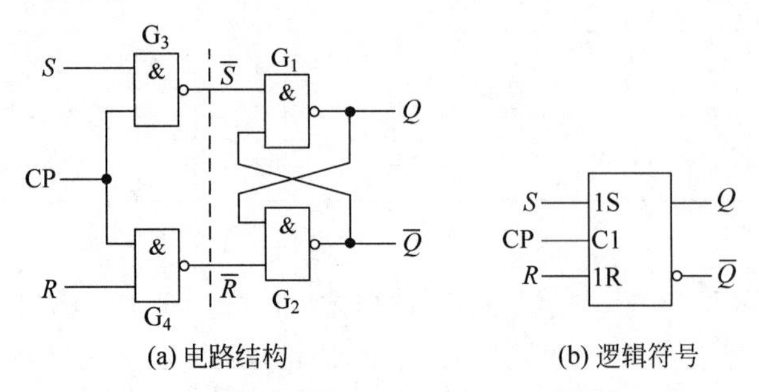

(a) 电路结构　　(b) 逻辑符号

图 12-3　同步 RS 触发器的电路结构和逻辑符号

2）工作原理

当 CP=0 时，门 G_3 和 G_4 被封锁，输入信号 R、S 不会影响触发器的输出状态，故触发器保持原来的状态。

当 CP=1 时，R 和 S 端的信号通过 G_3、G_4 门反相后加到 G_1 和 G_2 组成的基本 RS 触发器的输入端，此时工作情况同基本 RS 触发器。它的特性表如表 12-2 所示。从表中看出输入信号同样需要 $SR=0$。

表 12-2　同步 *RS* 触发器的特性表

CP	S	R	Q^n	Q^{n+1}	备　注
0	×	×	0	0	保持原来状态
0	×	×	1	1	
1	0	0	0	0	状态保持
1	0	0	1	1	
1	0	1	0	0	置 0
1	0	1	1	0	
1	1	0	0	1	置 1
1	1	0	1	1	
1	1	1	0	1^*	状态不定
1	1	1	1	1^*	

由特性表画出 Q^{n+1} 的卡诺图如图 12-4 所示，经化简得到特性方程为

$$\begin{cases} Q^{n+1}=S+\bar{R}Q^n\text{（CP}=1\text{ 期间有效）} \\ RS=0\text{（约束条件）} \end{cases} \tag{12-1}$$

Q^n \ RS	00	01	11	10
0	0	1	×	0
1	1	1	×	0

图 12-4　Q^{n+1} 的卡诺图

3）动作特点

由于在 CP=1 的全部时间里，S 和 R 信号都能通过门 G_3 和 G_4 加到基本 RS 触发器上，所以在 CP=1 期间 S 和 R 信号的变

化都将引起触发器输出端状态的变化。

【例题 12.2】 在如图 12-3(a)所示的同步 RS 触发器中，已知输入信号波形如图 12-5 所示，试画出 Q 和 $\overline{Q}$ 端的波形。假设触发器的初始状态为 0。

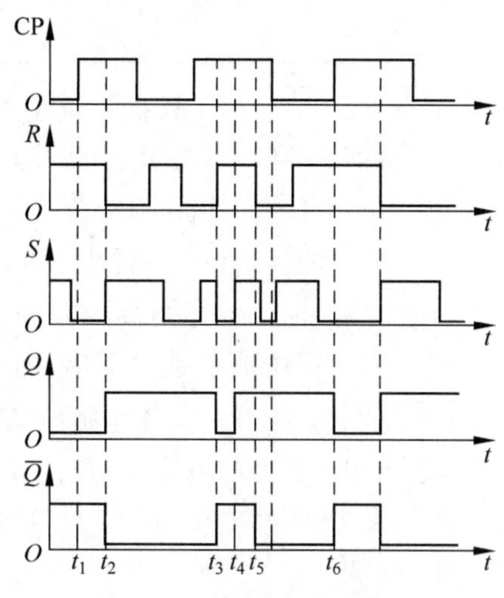

图 12-5 例题 12.2 的波形

解：根据表 12-2 可以画出 Q 和 $\overline{Q}$ 端的波形。图 12-5 中在 $t_4 \sim t_5$ 期间，$S=R=1$，$Q=\overline{Q}=1$，但是 R 先回到低电平，所以触发器的次态是可以确定的。

2. *D* 锁存器

为了适应单端输入信号的场合，可在 R 和 S 之间接一个反相器，如图 12-6(a)所示。通常把这种单端输入的同步 RS 触发器称为 D 锁存器，其逻辑符号如图 12-6(b)所示。将 $S=D$、$R=\overline{D}$ 代入同步 RS 触发器的特性方程，可得到 D 锁存器的特性方程为

$$Q^{n+1}=D \quad (\text{CP}=1 \text{ 期间有效}) \tag{12-2}$$

由特性方程可以得到 D 锁存器的特性表如表 12-3 所示。可以看出 D 锁存器解决了约束问题。

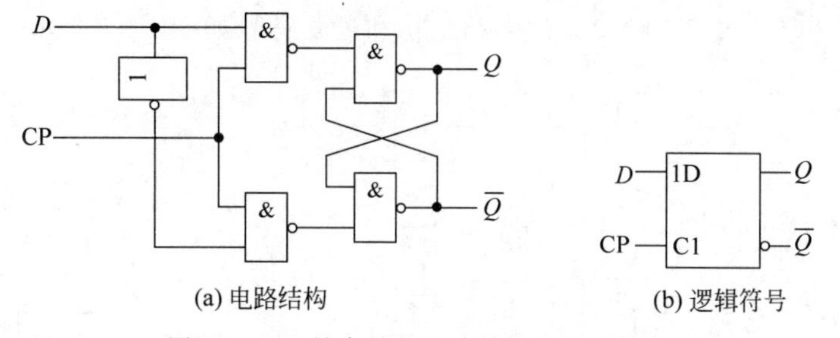

(a) 电路结构 (b) 逻辑符号

图 12-6 D 锁存器的电路结构和逻辑符号

表 12-3 *D* 锁存器的特性表

CP	D	Q^n	Q^{n+1}	备　注
0	×	0	0	保持原来状态
0	×	1	1	
1	0	0	0	置 0
1	0	1	0	

续表

CP	D	Q^n	Q^{n+1}	备　注
1	1	0	1	置 1
1	1	1	1	

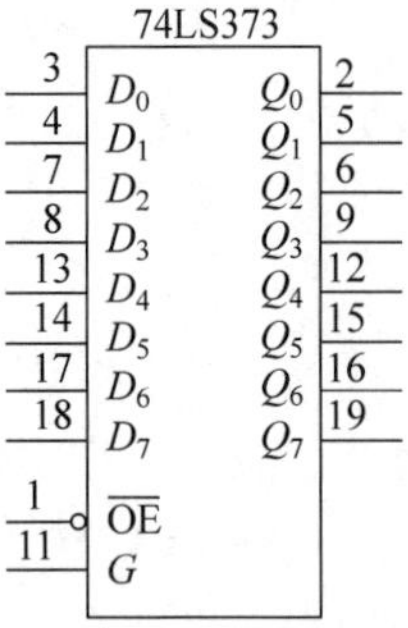

图 12-7　74LS373 8D 锁存器的逻辑符号

D 锁存器在计算机系统中有着重要的应用，只不过把 CP 端当作控制端来用。例如，带有三态门的 8D 锁存器 74LS373 就是 D 锁存器的重要应用，逻辑符号如图 12-7 所示。其使能信号 $\overline{\text{OE}}$ 为低电平时，三态门处于导通状态，允许数据输出，当 $\overline{\text{OE}}$ 为高电平时，输出三态门断开，禁止输出。当其用作地址锁存器时，首先应使三态门的使能信号 $\overline{\text{OE}}$ 为低电平，这时，当控制端 G 为高电平时，锁存器输出（$Q_0 \sim Q_7$）状态和输入端（$D_0 \sim D_7$）状态相同；当控制端 G 为低电平时，输入端（$D_0 \sim D_7$）的数据锁入 $Q_0 \sim Q_7$ 的 8 位锁存器中。

12.2.3　主从 *RS* 触发器的电路结构与动作特点

同步 RS 触发器在 CP=1 期间，如果输入信号多次发生变化，则触发器的状态也会发生多次变化，这就降低了电路的抗干扰能力。为了提高触发器工作的可靠性，希望在每个 CP 周期里输出端的状态只能改变一次。为此，在同步 RS 触发器的基础上又设计出了主从结构触发器。

1. 电路结构

主从 RS 触发器由两个同样的同步 RS 触发器组成。其中一个同步 RS 触发器接收输入信号，其状态直接由输入信号决定，称为主触发器，主触发器的输出和另一个同步 RS 触发器的输入连接，该触发器为从触发器，其状态由主触发器的状态决定。两个同步 RS 触发器的时钟信号反相，主从 RS 触发器的电路结构和逻辑符号如图 12-8 所示。

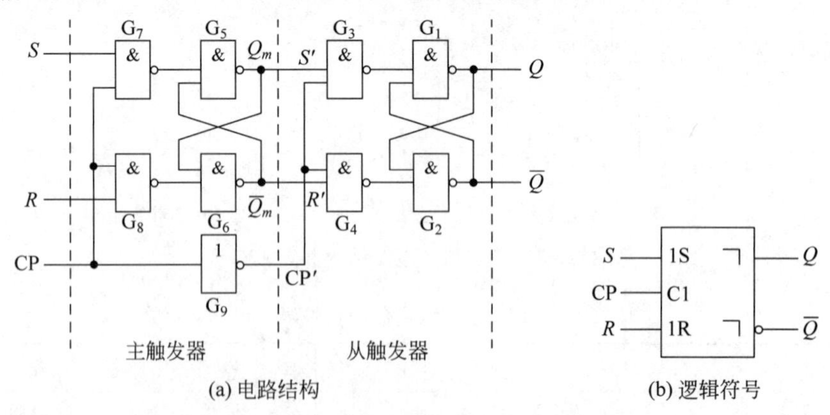

图 12-8　主从 RS 触发器的电路结构和逻辑符号

2. 工作原理

(1) 在 CP=1 期间，CP′=0，所以门 G_7、G_8 被打开，门 G_3、G_4 被封锁。故主触发器接

收输入信号 R 和 S，主触发器的输出端 Q_m 和 $\bar{Q}_m$ 随着 R、S 的变化而变化，Q_m 的状态满足同步 RS 触发器的特性方程

$$\begin{cases} Q_m^{n+1} = S + \bar{R}Q_m^n \\ RS = 0(\text{约束条件}) \end{cases} \tag{12-3}$$

而从触发器保持原来的状态。

(2) CP 下降沿到来时，主触发器的门 G_7、G_8 被封锁，主触发器的 Q_m 和 $\bar{Q}_m$ 的状态保持不变。同时，从触发器的门 G_3、G_4 被打开，在下降沿前一时刻主触发器的状态送入从触发器，即 $S'=Q_m^{n+1}$，$R'=\bar{Q}_m^{n+1}$。又因从触发器也是同步 RS 触发器，所以满足

$$\begin{cases} Q^{n+1} = S' + \bar{R}'Q^n \\ R'S' = 0(\text{约束条件}) \end{cases} \tag{12-4}$$

将 $S'=Q_m$，$R'=\bar{Q}_m$ 代入式(12-4)可得

$$Q^{n+1} = S' + \bar{R}'Q^n = Q_m^{n+1} = S + \bar{R}Q^n \tag{12-5}$$

(3) 在 CP＝0 期间，由于主触发器的状态保持不变，因此从触发器的状态也不可能改变。

通过以上分析，可得主从 RS 触发器的特性方程为

$$\begin{cases} Q^{n+1} = S + \bar{R}Q^n(\text{CP 下降沿有效}) \\ SR = 0(\text{约束条件}) \end{cases} \tag{12-6}$$

主从 RS 触发器的特性表如表 12-4 所示。

表 12-4　主从 RS 触发器的特性表

CP	S	R	Q^n	Q^{n+1}	备　注
×	×	×	0	0	状态保持
			1	1	
⎍↓	0	0	0	0	保持
			1	1	
⎍↓	0	1	0	0	置 0
			1	0	
⎍↓	1	0	0	1	置 1
			1	1	
⎍↓	1	1	0	1*	不定
			1	1*	

由表 12-4 可以看出，主从 RS 触发器具有保持、置 0 和置 1 功能。主从 RS 触发器的状态转换图如图 12-9 所示。状态转换图可以形象地表示触发器的逻辑功能。图中以两个圆圈分别代表触发器的两个状态，用箭头表示状态转换的方向，同时在箭头的旁边注明转换的条件。

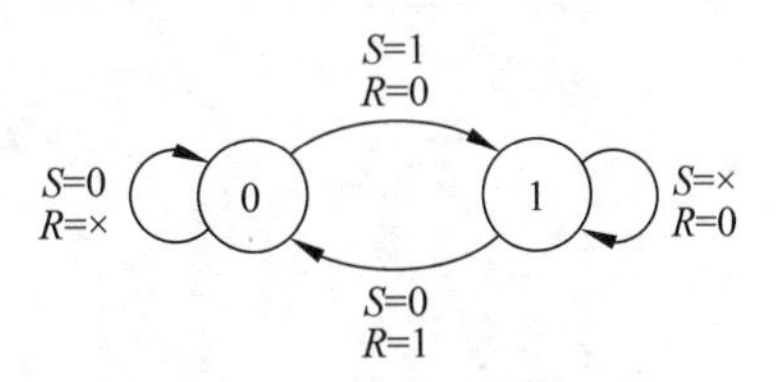

图 12-9　主从 RS 触发器的状态转换图

3. 动作特点

通过以上分析得出，在 CP＝1 期间，主触发器接收

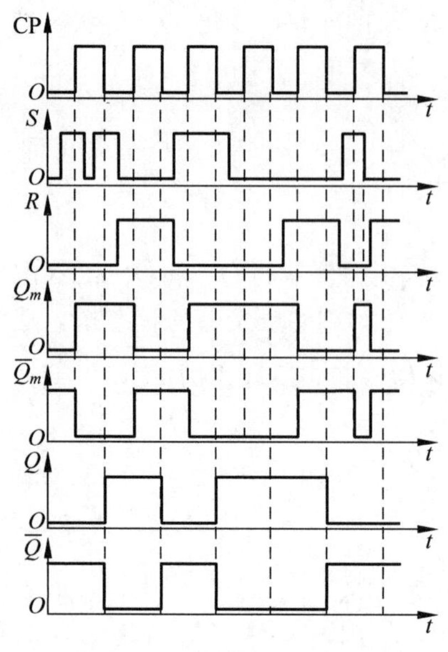

图 12-10　例题 12.3 的波形

输入信号，其状态随着输入信号而变化，从触发器的状态保持不变；在 CP 下降沿到来时，主触发器的状态保持不变，从触发器接收主触发器在下降沿前一时刻的状态，按照主触发器的状态翻转。在 CP=0 期间，主、从触发器均保持原来的状态。因此，在 CP 的一个变化周期内，触发器的输出端的状态只可能改变一次。

主从 RS 触发器的逻辑符号中的"┑"表示延迟输出的意思，即在 CP 下降沿前一时刻接收的信号，在 CP 返回 0 以后输出状态才改变。

【例题 12.3】 在图 12-8(a)所示的主从 RS 触发器中，若 CP、S 和 R 的电压波形如图 12-10 所示，试求出 Q 和 $\bar{Q}$ 端的电压波形。设触发器的初始状态为 0。

解：首先根据 CP=1 期间 R、S 的状态确定 Q_m 和 $\bar{Q}_m$ 的电压波形，然后根据 CP 下降沿到达时 Q_m 和 $\bar{Q}_m$ 的状态即可画出 Q 和 $\bar{Q}$ 的电压波形。

12.2.4　主从 JK 触发器的电路结构与动作特点

尽管主从 RS 触发器提高了工作的可靠性，但是其仍然存在约束。为了解决此问题，就需进一步改进主从 RS 触发器的电路结构，这样就产生了主从 JK 触发器。

1. 电路结构

主从 JK 触发器的电路结构如图 12-11(a)所示，可以看出，主从 JK 触发器实质上是将主从 RS 触发器的 Q 和 $\bar{Q}$ 端作为附加控制信号反馈到输入端，并且为了表示与主从 RS 触发器在逻辑功能上的区别，用 J、K 表示两个信号输入端，电路的逻辑符号如图 12-11(b)所示。

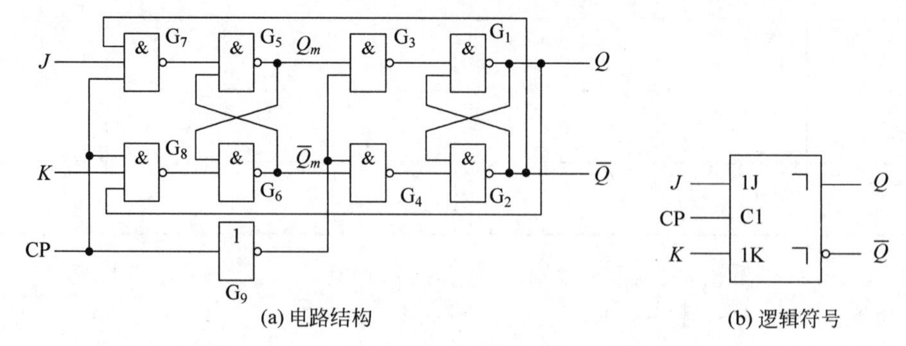

图 12-11　主从 JK 触发器的电路结构和逻辑符号

2. 工作原理

将图 12-11 与图 12-8 进行比较可知，相当于

$$S=J\bar{Q}^n,\quad R=KQ^n \tag{12-7}$$

由式(12-7)可知 S、R 不可能同时为 1，所以不存在约束问题。将式(12-7)代入 RS 触发器

特性方程式(12-6)，则得到主从 JK 触发器的特性方程为

$$Q^{n+1}=J\overline{Q}^n+\overline{K}Q^n \quad (\text{CP下降沿有效}) \tag{12-8}$$

特性表如表 12-5 所示，从中可以看出其具有保持、置 1、置 0 和翻转功能。主从 JK 触发器的状态转换图如图 12-12 所示。

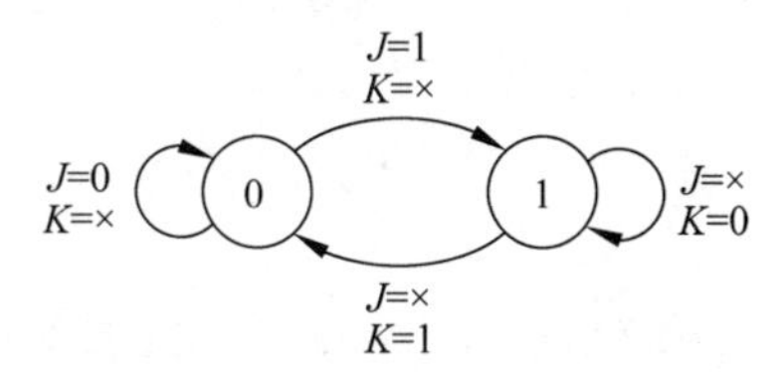

图 12-12　主从 JK 触发器的状态转换图

表 12-5　主从 JK 触发器的特性表

CP	J	K	Q^n	Q^{n+1}	备　注
×	×	×	0 1	0 1	状态保持
下降沿	0	0	0 1	0 1	保持
下降沿	0	1	0 1	0 0	置 0
下降沿	1	0	0 1	1 1	置 1
下降沿	1	1	0 1	1 0	状态翻转

3. 动作特点

由于主从 JK 触发器是在主从 RS 触发器的基础上改进得到的，因此，在 CP=1 期间，主触发器也是一直接收输入信号，但由于输出端 Q 和 $\overline{Q}$ 反馈到门 G_7 和 G_8 的输入端，所以，当 $Q^n=0$ 时主触发器只能接收置 1 输入信号，在 $Q^n=1$ 时只能接收置 0 输入信号。其结果就是在 CP=1 期间主触发器只有可能翻转一次，一旦翻转了就不会翻回原来的状态。即主从 JK 触发器存在一次性变化问题。例如，由特性方程 $Q^{n+1}=J\overline{Q}^n+\overline{K}Q^n$，若 CP=1 期间，$Q^n=1$，则主触发器 $Q_m^{n+1}=0+\overline{K}\cdot 1$，此时 J 不起作用，只能接收 K 端的信号将其置 0，一旦将触发器的状态置 0 后，就不会再发生变化；同理，若 CP=1 期间，$Q^n=0$，则主触发器 $Q_m^{n+1}=J\cdot 1+0$，此时 K 不起作用，只能接收 J 端的信号将其置 1，一旦将触发器的状态置 1 后，就不会再发生变化。

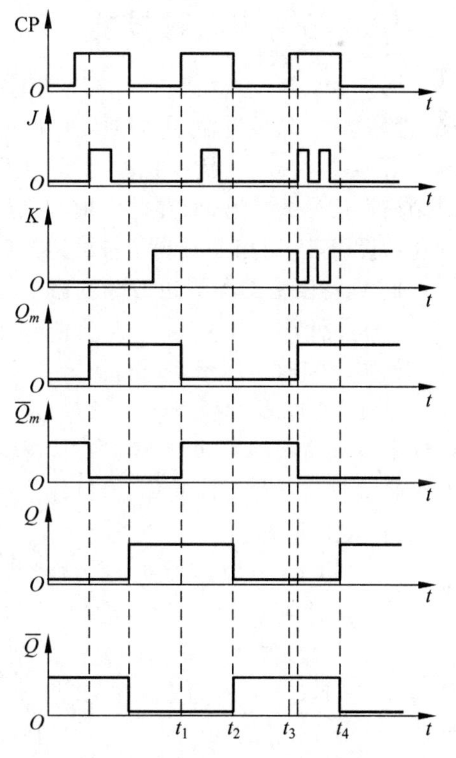

图 12-13　例题 12.4 的波形

【例题 12.4】　已知主从 JK 触发器的时钟脉

冲 CP、输入信号 J、K 端输入电压波形如图 12-13 所示，试画出触发器的 Q_m、$\bar{Q}_m$、Q 和 $\bar{Q}$ 端的波形。假设触发器的初始状态为 0。

解：首先根据 CP=1 期间 J、K 的状态确定 Q_m 和 $\bar{Q}_m$ 的电压波形，然后根据 CP 下降沿到达时 Q_m 和 $\bar{Q}_m$ 的状态即可画出 Q 和 $\bar{Q}$ 的电压波形。由于主触发器具有一次性变化的特点，所以对于 CP=1 期间 J、K 有发生变化的 $t_1 \sim t_2$ 和 $t_3 \sim t_4$ 两段时间内的波形，只要 Q_m 和 $\bar{Q}_m$ 发生一次变化了，其后的信号变化就不必考虑了。

4. 多输入端的 *JK* 触发器

在有些集成触发器产品中，输入端 J、K 不止一个，例如图 12-14(a)所示的电路结构图。在这种情况下，J_1 和 J_2、K_1 和 K_2 是与的逻辑关系，即特性方程和特性表中的 $J=J_1J_2$、$K=K_1K_2$，逻辑符号如图 12-14(b)所示。

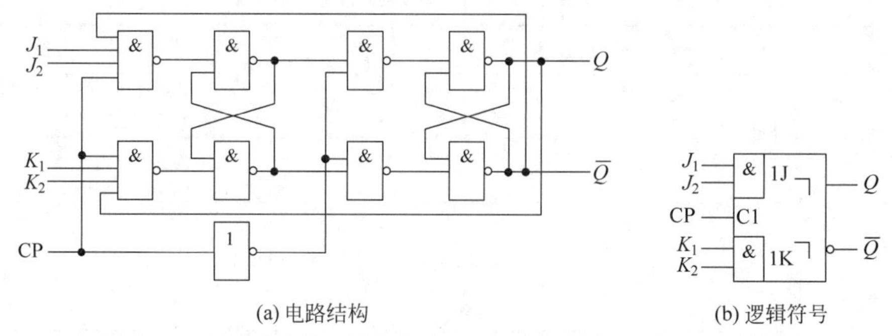

(a) 电路结构　　(b) 逻辑符号

图 12-14　具有多个输入端的主从 JK 触发器的电路结构和逻辑符号

仿真视频 12-1

仿真视频 12-2

12.2.5　边沿触发器

虽然主从触发器在每个 CP 周期里输出端的状态只改变一次。但是在 CP=1 期间，主触发器的状态却随着输入信号的变化而变化，即使是主从 JK 触发器也存在一次性变化问题。为了进一步增强抗干扰能力，希望触发器的次态仅仅取决于 CP 上升沿或下降沿到达时刻输入信号的状态，而在此之前和之后输入信号的变化对触发器的次态没有影响。为实现这一设想，人们相继研制了各种边沿触发器。

1. 维持阻塞结构的边沿触发器

1）电路结构

如图 12-15(a)所示为维持阻塞结构的上升沿 D 触发器。电路由 6 个与非门组成，G_1、G_2 门构成基本 RS 触发器，$G_3 \sim G_6$ 组成维持阻塞电路。该触发器状态仅取决于 CP 上升沿到来时刻输入信号 D 的状态。其逻辑符号如图 12-15(b)所示，为表示触发器仅在 CP 上升沿时接收信号并立即动作，时钟输入端加入符号“>”。

2）工作原理

(1) 当 CP=0 时，门 G_3、G_4 被封锁，输出均为 1，基本 RS 触发器保持原状态不变。

(2) 当时钟脉冲 CP 上升沿到达时，触发器状态仅取决于此时的输入信号 D 的状态。

若 $D=0$，则在 CP 上升沿到来之前(CP=0)，G_3 和 G_4 输出均为 1。由于 $D=0$，所以 G_5 输出为 1，G_6 输出为 0。在 CP 上升沿到来时，G_3 输出变为 0，使基本 RS 触发器置 0。在CP=1 期间，若 D 由 0 变为 1，由于 G_3 输出 0 反馈到 G_5 输入端，使得 G_5 输出继续保持为 1，所以称线①为置 0 维持线。同时，G_5 输出 1 反馈到 G_6 输入端，使 G_6 输出仍为 0，G_4

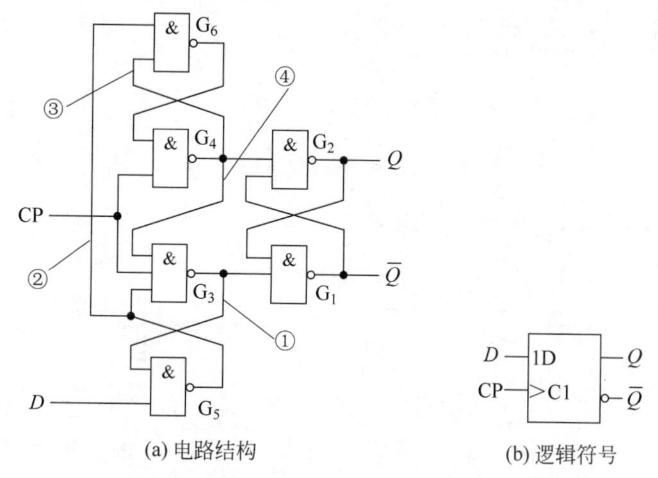

(a) 电路结构　　(b) 逻辑符号

图 12-15　维持阻塞 D 触发器的电路结构和逻辑符号

输出仍为 1，称线②为置 1 阻塞线，所以基本 RS 触发器仍输出为 0。

若 $D=1$，则在 CP 上升沿到来之前，G_3 和 G_4 输出均为 1。由于 $D=1$，所以 G_5 输出为 0，G_6 输出为 1。在 CP 上升沿到来时，G_4 输出变为 0，使基本 RS 触发器置 1。在 CP=1 期间，若 D 由 1 变为 0，尽管 G_5 输出由 0 变为 1，但由于 G_4 输出 0 反馈到 G_6 输入端，使 G_6 输出仍为 1，所以称线③置 1 维持线。同时 G_4 输出 0 反馈到 G_3 输入端，使 G_3 输出仍为 1，称线④置 0 阻塞线。所以基本 RS 触发器仍输出为 1。

3）动作特点

由上述分析可知，维持阻塞 D 触发器在 CP 上升沿时，触发器接收 D 输入端信号并发生相应的状态变化。而在这之前或之后，输入信号 D 的变化对触发器的状态没有影响。

因此其特性方程为

$$Q^{n+1}=D \quad (\text{CP 上升沿有效}) \tag{12-9}$$

另外，D 端信号必须比 CP 上升沿提前建立，以保证在门 G_5 和 G_6 建立起相应的状态之后，CP 脉冲上升沿才会到来。

4）带有异步置位、复位端的边沿 D 触发器

在如图 12-16(a)所示的多输入端的边沿 D 触发器中，还画出了异步置位端 $\bar{S}_D$ 和异步复位端 $\bar{R}_D$ 的内部连线，其逻辑符号如图 12-16(b)所示。从图中可以分析出，当 $\bar{S}_D=0$，$\bar{R}_D=1$ 时，不论输入端 D 和时钟脉冲 CP 为何种状态，都会使触发器的 $Q=1$，$\bar{Q}=0$，即触发器置 1；当 $\bar{S}_D=1$，$\bar{R}_D=0$ 时，不论输入端 D 和时钟脉冲 CP 为何种状态，都会使触发器的 $Q=0$，$\bar{Q}=1$。$\bar{S}_D$ 和 $\bar{R}_D$ 不能同时有效，在触发器正常接收输入信号时，应使 $\bar{S}_D=1$，$\bar{R}_D=1$。

异步置位端和异步复位端是时序电路中常用的逻辑功能，因而在时序逻辑功能器件中常设有异步置位端和异步复位端，它们的作用就是给时序逻辑功能器件设置初始状态。

5）集成维持阻塞 D 触发器

74LS74 是常用的集成维持阻塞双 D 触发器，其特性表如表 12-6 所示，其状态转换图如图 12-17 所示。

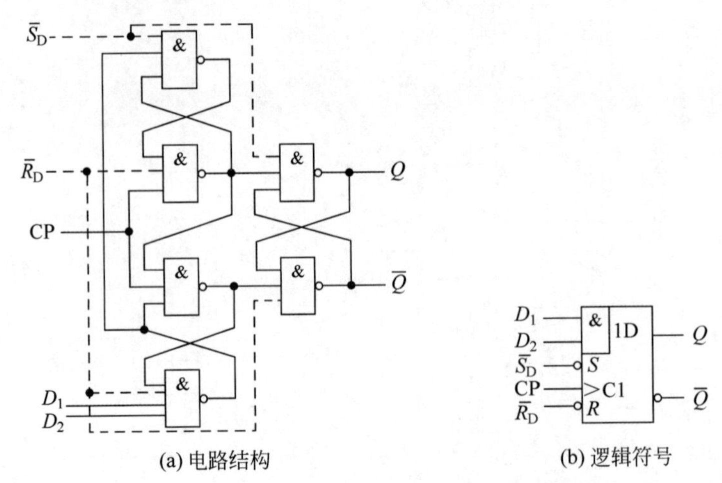

(a) 电路结构　　(b) 逻辑符号

图 12-16　具有异步置位、复位端的多输入端维持阻塞 D 触发器的电路结构和逻辑符号

表 12-6　74LS74 D 触发器的特性表

CP	$\bar{S}_D$	$\bar{R}_D$	D	Q^{n+1}	备　注
×	0	0	×	1*	状态不定
×	0	1	×	1	异步置 1
×	1	0	×	0	异步置 0
↑	1	1	0	0	$Q^{n+1}=D$
↑	1	1	1	1	

【例题 12.5】　已知双 D 触发器 74LS74 的 CP、$\bar{S}_D$、$\bar{R}_D$ 及 D 端波形如图 12-18 所示，试画出输出端 Q 的波形。

解：由于维持阻塞双 D 触发器 74LS74 的异步控制端 $\bar{R}_D$、$\bar{S}_D$ 不受 CP 的控制，所以在 t_1 时虽然是触发脉冲的上升沿，但由于 $\bar{R}_D=0$，因此触发器状态为 0。在 t_5 时 $\bar{S}_D=0$ 触发器的状态变为 1。$\bar{R}_D$、$\bar{S}_D$ 均无效时，触发器的状态取决于时钟脉冲和输入信号的状态，即满足特性方程式(12-9)。对应的输出波形如图 12-18 所示。

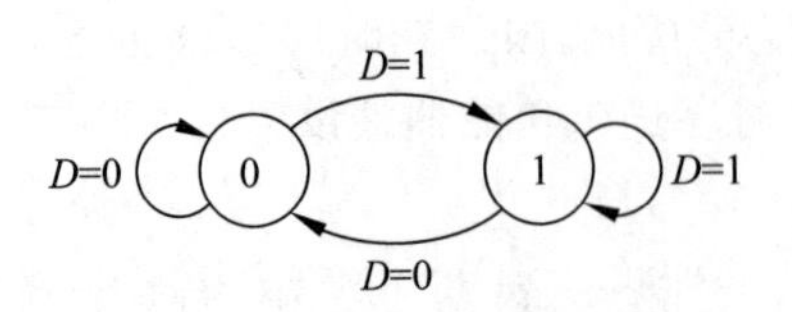

图 12-17　D 触发器的状态转换图

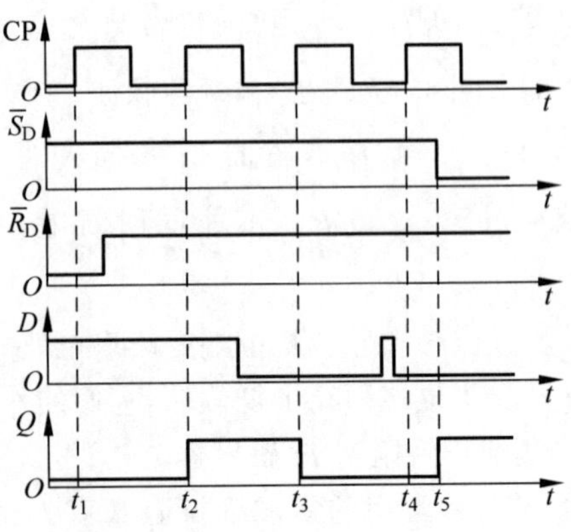

图 12-18　例题 12.5 的波形图

2. 利用传输延迟时间的边沿触发器

1）电路结构

边沿触发器的另一种电路结构是利用门电路的传输延迟时间实现边沿触发的。如图 12-19(a)所示为下降沿触发的 JK 触发器，它由两部分组成：即两个与或非门组成的基本 RS 触发器和两个输入控制门 G_7、G_8。时钟信号 CP 经 G_7、G_8 延时，所以到达 G_2、G_6 的时间比到达 G_3、G_5 的时间晚一个与非门的延迟时间，这就保证了触发器的动作对应 CP 的下降沿。下降沿触发的 JK 触发器的逻辑符号如图 12-19(b)所示。

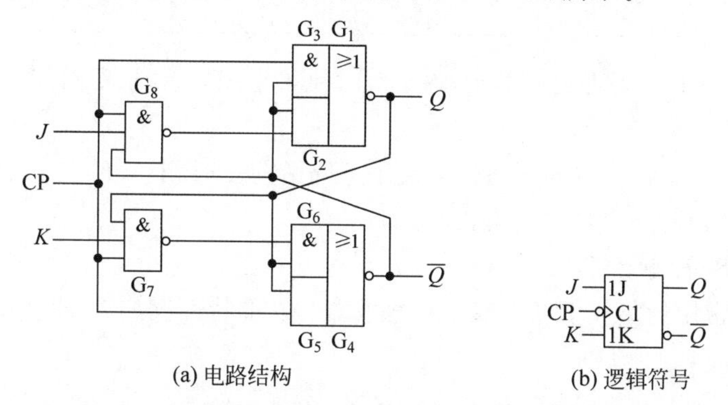

(a) 电路结构　　(b) 逻辑符号

图 12-19　利用传输延迟时间的边沿 JK 触发器的电路结构和逻辑符号

2）工作原理

设触发器的初始状态为 $Q=0$、$\overline{Q}=1$。当 $J=1$、$K=0$ 时：

(1) 当 CP=0 时，G_3 和 G_5 被封锁，同时 G_7、G_8 输出为 1，所以基本 RS 触发器的状态通过 G_2、G_6 得以保持，即 J、K 变化对触发器状态无影响。

(2) 当 CP 由 0 变为 1 后，G_3 和 G_5 首先解除封锁，基本 RS 触发器状态通过 G_3、G_5 继续保持原状态不变；同时由于 $J=1$、$K=0$，则经过 G_7、G_8 延迟后输出分别为 1 和 0，G_2 和 G_6 被封锁，所以对基本 RS 触发器状态没有影响。

(3) 当 CP=1 时，由于 $Q=0$ 封锁了 G_7，阻塞了 K 变化对触发器状态影响，又因 $\overline{Q}=1$，故 G_3 输出为 1，使 Q 保持为 0，所以 CP=1 期间触发器状态不发生变化。

(4) 当 CP 由 1 变为 0 后，即下降沿到达时，C_3、G_5 立即被封锁，但由于 G_7、G_8 存在传输延迟时间，所以它们的输出不会马上改变(在 $J=1$、$K=0$ 条件下)。因此，在瞬间出现 G_2、G_3 两个与门输入端各有一个为低电平，使 $Q=1$，并经过 G_6 输出 1，使 $\overline{Q}=0$。由于 G_8 的传输延迟时间足够长，可以保证 $\overline{Q}=0$ 反馈到 G_2，所以在 G_8 输出低电平消失后触发器的 1 态仍然保持下去。

再对 J、K 为不同取值时触发器的工作过程进行分析，可得到边沿 JK 触发器的特性表如表 12-7 所示。

表 12-7　下降沿触发的 JK 触发器的特性表

CP	J	K	Q^n	Q^{n+1}	备　注
×	×	×	0	0	状态保持
			1	1	
↓	0	0	0	0	保持
			1	1	

续表

CP	J	K	Q^n	Q^{n+1}	备　注
$\downarrow$	0	1	0	0	置 0
			1	0	
$\downarrow$	1	0	0	1	置 1
			1	1	
$\downarrow$	1	1	0	1	状态翻转
			1	0	

将表 12-7 与表 12-5 对照可以看到，除了对时钟脉冲 CP 的要求不同外，其他的完全相同。

3）动作特点

由上述分析可知，触发器的次态仅取决于下降沿前一时刻 J、K 的状态，在时钟周期的其他时间 J、K 的值对触发器的状态没有影响。

4）集成边沿 JK 触发器

74LS112 是常用的集成下降沿双 JK 触发器。它的特性表如表 12-8 所示，逻辑符号如图 12-20 所示。

表 12-8　74LS112 的特性表

CP	$\bar{S}_D$	$\bar{R}_D$	J	K	Q^n	Q^{n+1}	备　注
×	0	0	×	×	×	1*	状态不定
×	0	1	×	×	×	1	异步置 1
×	1	0	×	×	×	0	异步置 0
$\downarrow$	1	1	0	0	0	0	保持
					1	1	
$\downarrow$	1	1	0	1	0	0	置 0
					1	0	
$\downarrow$	1	1	1	0	0	1	置 1
					1	1	
$\downarrow$	1	1	1	1	0	1	状态翻转
					1	0	

【例题 12.6】　已知下降沿 JK 触发器的 CP、$\bar{R}_D$、$\bar{S}_D$ 及 J、K 端的波形如图 12-21 所示，试画出输出端 Q 的波形。

解：由于 JK 触发器的 $\bar{R}_D$、$\bar{S}_D$ 为异步控制端，不受控于时钟脉冲 CP，所以在 $\bar{R}_D=0$ 时，无条件地将触发器的状态置 0，而当 $\bar{S}_D=0$ 时，无条件地把触发器的状态置 1。当 $\bar{R}_D=1$ 且 $\bar{S}_D=1$ 时，触发器的状态取决于 CP 下降沿到达时刻 J、K 端的状态，于是得到对应的输出波形如图 12-21 所示。

边沿触发器除了上述两种类型外，还可以制作成其他很多种触发器。例如，除了前面介绍的维持阻塞 D 触发器，还可以做成维持阻塞 JK 触发器，既可以做成上升沿结构的触发器，也可以做成下降沿结构的触发器。同样利用传输延迟时间的边沿触发器也可以做成 D 触发器，也可以做成上升沿结构的触发器等。

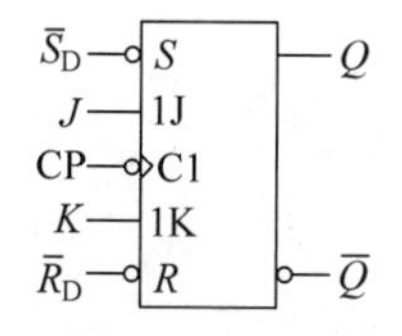

图 12-20 74LS112 的逻辑符号

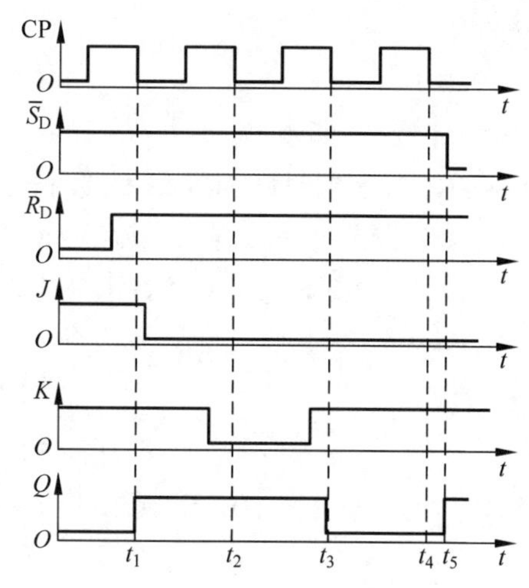

图 12-21 例题 12.6 的波形

12.3 不同类型触发器之间的转换

触发器的电路结构和逻辑功能是不同的概念。所谓逻辑功能是指触发器的次态与现态及输入信号之间在稳态下的逻辑关系,前面已经介绍了三种触发器,即 RS 触发器、JK 触发器和 D 触发器。其中 RS 触发器具有约束,在实际使用中会受到限制,JK 触发器是逻辑功能最强的,而在需要单端输入时,通常采用 D 触发器。因此,目前生产的由时钟脉冲控制的触发器定型产品中只有 JK 触发器和 D 触发器这两大类。如果需要其他类型的触发器可以由 JK 触发器和 D 触发器转换得到。

所谓逻辑功能的转换,就是将一种类型的触发器,通过外接一定的逻辑电路后转换成另一类型的触发器。触发器类型转换的示意图如图 12-22 所示。

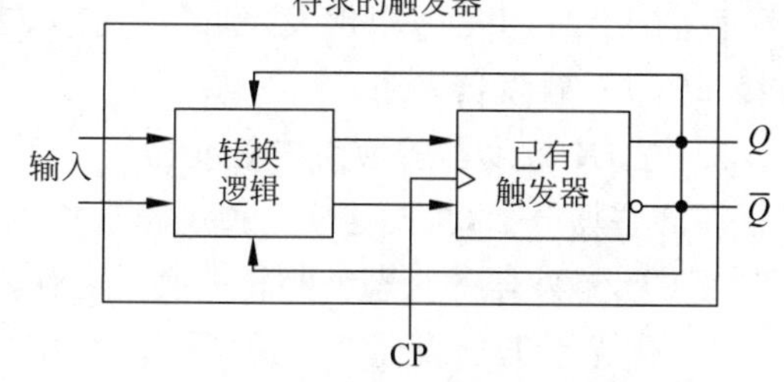

图 12-22 触发器类型转换示意图

触发器类型转换步骤如下:

(1) 写出已有触发器和待求触发器的特性方程。

(2) 变换待求触发器的特性方程,使之形式与已有触发器的特性方程一致。

(3) 比较已有触发器和待求触发器特性方程,根据两个方程相等的原则求出转换逻辑。

(4) 根据转换逻辑画出逻辑电路图。

12.3.1 JK 触发器转换成其他功能的触发器

仿真视频 12-3

1. 将 *JK* 触发器转换为 *D* 触发器

将 JK 触发器的特性方程重写如下

$$Q^{n+1}=J\overline{Q}^n+\overline{K}Q^n \tag{12-10}$$

将 D 触发器的特性方程变换为与 JK 触发器特性方程一致的形式为

$$Q^{n+1}=D=D(\overline{Q}^n+Q^n) \tag{12-11}$$

比较系数可得

$$J=D,\quad K=\overline{D} \tag{12-12}$$

转换电路如图 12-23 所示。

2. 将 *JK* 触发器转换为 *RS* 触发器

将 RS 触发器的特性方程变换为与 JK 触发器特性方程一致的形式

$$\begin{aligned}Q^{n+1}&=S+\overline{R}Q^n=S(Q^n+\overline{Q}^n)+\overline{R}Q^n=S\overline{Q}^n+(S+\overline{R})Q^n\\&=S\overline{Q}^n+\overline{\overline{S}R}Q^n\end{aligned} \tag{12-13}$$

比较系数可得

$$J=S,\quad K=\overline{S}R \tag{12-14}$$

将 RS 触发器的约束条件 $RS=0$ 代入式(12-14)中 K 的表达式，可得

$$K=\overline{S}R+SR=R$$

所以，转换结果为

$$J=S,\quad K=R \tag{12-15}$$

转换电路如图 12-24 所示。

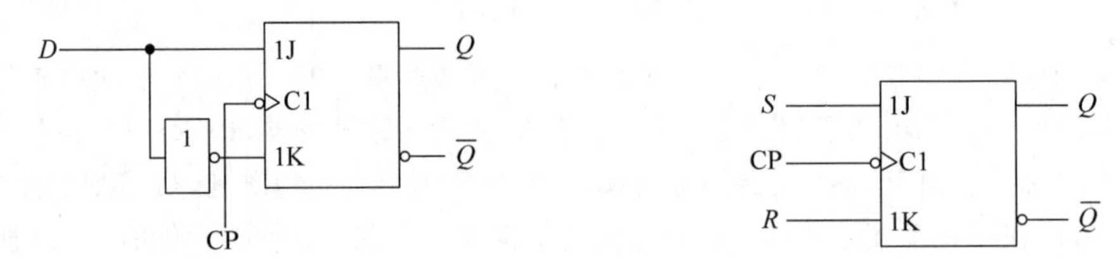

图 12-23　JK 触发器转换为 D 触发器的转换电路　图 12-24　JK 触发器转换为 RS 触发器的转换电路

由图 12-24 可见，JK 触发器可以直接作为 RS 触发器来用，但是却不能将 RS 触发器直接作为 JK 触发器来用。

3. 将 *JK* 触发器转换为 *T* 触发器

在某些场合下，需要这样一种逻辑功能的触发器，即当输入信号 $T=1$ 时，每来一个时钟脉冲 CP，触发器的状态就翻转一次；而当 $T=0$ 时，时钟脉冲 CP 到来时触发器的状态保持不变，这就是 T 触发器。它的特性方程为

$$Q^{n+1}=T\overline{Q}^n+\overline{T}Q^n \tag{12-16}$$

它的特性表如表 12-9 所示。

表 12-9　*T* 触发器的特性表

T	Q^n	Q^{n+1}	备　注
0	0	0	状态保持
	1	1	
1	0	1	状态翻转
	1	0	

状态转换图如图 12-25(a)所示，逻辑符号如图 12-25(b)所示。

将 JK 触发器的特性方程与式(12-16)相比较可得

$$J=K=T \tag{12-17}$$

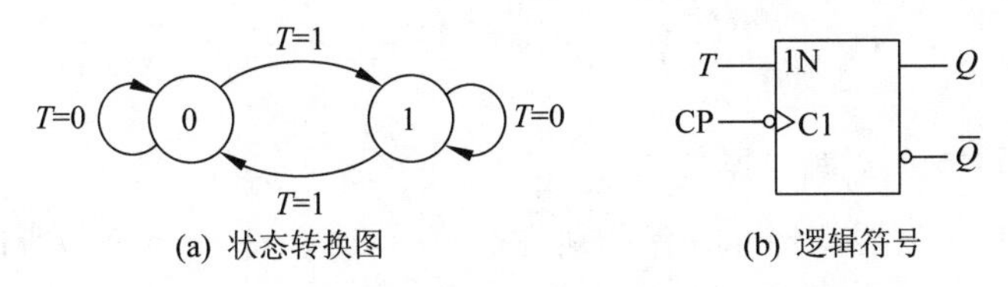

图 12-25 T 触发器的状态转换图和逻辑符号

由式(12-17)可知,只要将 JK 触发器的两个输入端连在一起,就可构成 T 触发器,因此,在触发器的定型产品中没有 T 触发器。转换电路如图 12-26 所示。

4. JK 触发器转换为 T′触发器

在某些场合还需要这样一种触发器,即每来一个时钟脉冲 CP,触发器的状态就翻转一次,这就是 T'触发器。将 T'触发器与 T 触发器的逻辑功能相比可知,只要令 $T=1$,即构成了 T'触发器。其特性方程为

$$Q^{n+1}=\overline{Q}^{n} \tag{12-18}$$

很容易得到将 JK 触发器转换为 T'触发器的转换电路,如图 12-27 所示。

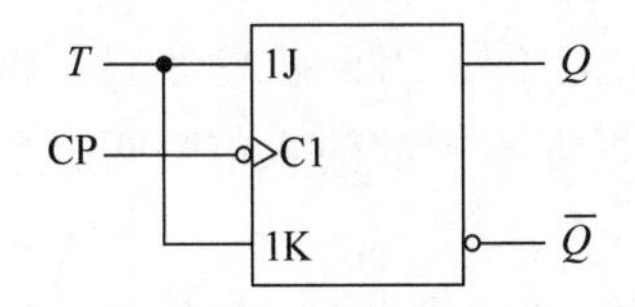

图 12-26 JK 触发器转换为 T 触发器的转换电路

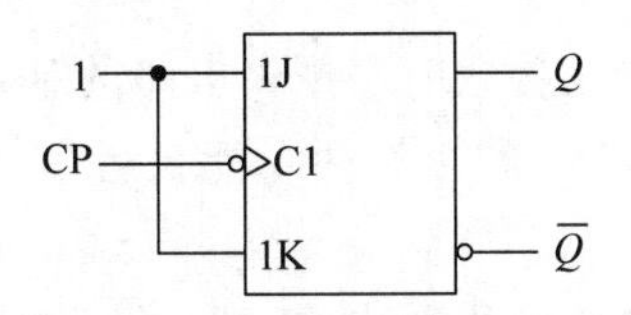

图 12-27 JK 触发器转换为 T'触发器的转换电路

12.3.2 D 触发器转换成其他功能的触发器

仿真视频 12-4

1. D 触发器转换为 JK 触发器

比较 D 触发器和 JK 触发器的特性方程可知,若用 D 触发器转换为 JK 触发器,必须使

$$D=J\overline{Q}^{n}+\overline{K}Q^{n}=\overline{\overline{J\overline{Q}^{n}}\ \overline{\overline{K}Q^{n}}} \tag{12-19}$$

转换电路如图 12-28 所示。

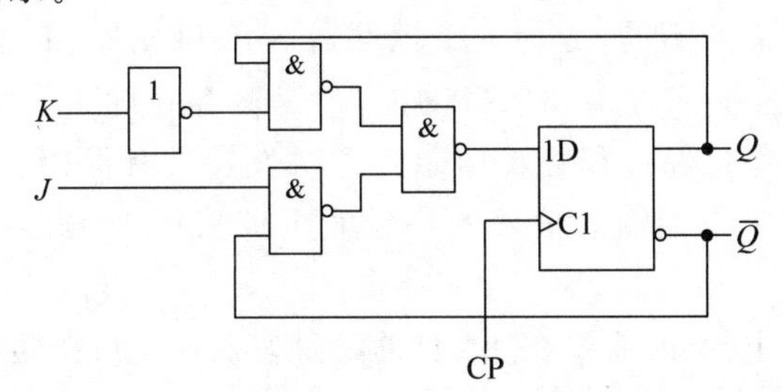

图 12-28 D 触发器转换为 JK 触发器的转换电路

2. D 触发器转换为 T 触发器

T 触发器的特性方程可重写为

$$Q^{n+1}=T\overline{Q}^{n}+\overline{T}Q^{n}=T\oplus Q^{n} \tag{12-20}$$

与 D 触发器的特性方程相比较,得到

$$D = T \oplus Q^n \tag{12-21}$$

转换电路如图 12-29 所示。

3. D 触发器转换为 T' 触发器

D 触发器和 T' 触发器的特性方程分别为 $Q^{n+1}=D$ 和 $Q^{n+1}=\bar{Q}^n$，所以只要令 $D=\bar{Q}^n$ 即可。转换电路如图 12-30 所示。

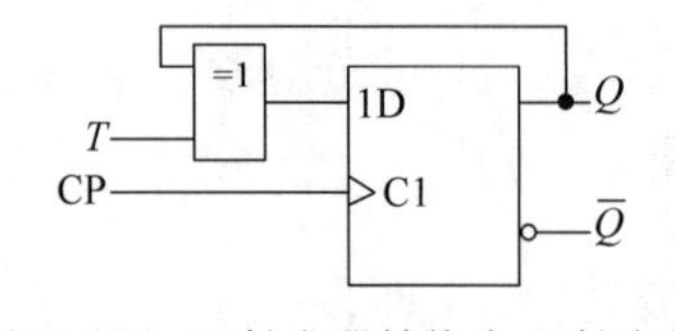

图 12-29　D 触发器转换为 T 触发器的转换电路

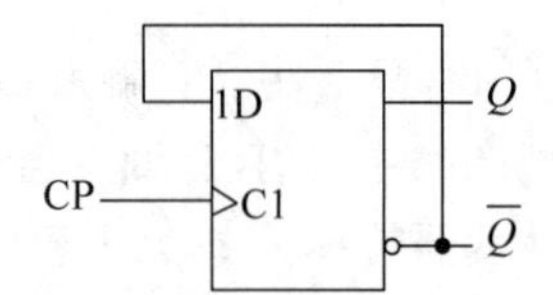

图 12-30　D 触发器转换为 T' 触发器的转换电路

小结

触发器是构成时序逻辑电路的基本单元，具有记忆功能。因此触发器具备两个基本特点，即具有 0 态和 1 态两个能自行保持的稳定状态；根据不同的输入信号可以将触发器置成 1 态或 0 态。

根据电路结构形式的不同，触发器分为基本 RS 触发器、同步 RS 触发器、主从触发器、边沿触发器等。基本 RS 触发器是各种触发器电路中结构最简单的一种，但是其存在约束和直接控制的缺点。同步 RS 触发器在 CP=0 期间解决了直接控制，但是在 CP=1 期间 S 和 R 信号的变化都将引起触发器输出端状态的变化。所以基本 RS 触发器和同步 RS 触发器的抗干扰能力较差。为了提高触发器工作的可靠性，在同步 RS 触发器的基础上又设计出了主从 RS 触发器。该触发器只是在 CP 下降沿到来时，触发器的状态改变一次，因此其抗干扰能力较强。但是其仍然存在约束，于是产生了主从 JK 触发器。但是主从 JK 触发器存在主触发器一次性变化问题。对于边沿触发器，其次态仅仅取决于 CP 上升沿或下降沿到达时刻输入信号的状态，而在此之前和之后输入信号的变化对触发器的次态没有影响，因此它是性能最好、抗干扰能力最强的触发器。

根据触发器逻辑功能的不同，分为 RS 触发器、JK 触发器、T 触发器、T' 触发器和 D 触发器。RS 触发器具有置 0、置 1 和保持功能，但是其存在约束。JK 触发器是功能最全的触发器，其具有置 0、置 1、保持和翻转功能。T 触发器具有保持和翻转功能。T' 触发器只具有翻转功能。当需要单端输入信号的场合时可以采用 D 触发器，其具有置 0 和置 1 功能。

在使用触发器过程中，有时需要在加 CP 前将触发器预置成指定的状态，为此触发器一般都具有异步控制端(异步置 0 端和异步置 1 端)，异步控制端是不受时钟脉冲约束的，只要其有效，就把触发器置 0 或置 1。有的触发器其异步控制端是高电平有效，有的是低电平有效。但是异步置 0 端和异步置 1 端不能同时有效。有的触发器还存在多输入端的情况，此时这些输入端是逻辑与的关系。

目前生产的由时钟脉冲控制的触发器定型产品中只有 JK 触发器和 D 触发器这两大类。如果需要其他类型的触发器可以由 JK 触发器和 D 触发器转换得到。

习题

1. 填空题

(1) 触发器具有两个能自行保持的稳定状态，即________态和________态。正因为触发器具有两个稳定状态，所以又称其为________触发器。

(2) 根据触发器逻辑功能的不同特点，可将触发器分为________、________、________、________和________等类型。

(3) 描述触发器的逻辑功能的方法有三种，它们是________、________和________。

(4) 目前生产的由时钟脉冲控制的触发器定型产品中只有________触发器和________触发器这两大类。如果需要其他类型的触发器可以由这两种触发器转换得到。

(5) JK 触发器是这些触发器中功能最全的一种，其具有________、________、________和________功能。

2. 选择题

(1) 下列触发器中，存在约束条件的是(　　)。

A. D 触发器　　B. JK 触发器　　C. RS 触发器

(2) 在连续时钟脉冲作用下，只具有翻转功能的触发器是(　　)。

A. T'触发器　　B. JK 触发器　　C. RS 触发器

(3) 在连续时钟脉冲的作用下，欲使 D 触发器按 $Q^{n+1}=\overline{Q}^n$ 工作，应使输入 $D=$(　　)。

A. T'　　B. Q　　C. $\overline{Q}^n$

(4) 经 CP 脉冲作用后，下列选项中能使 JK 触发器的输出 Q 从 1 变为 0 的 JK 信号是(　　)。

A. 00　　B. 01　　C. 10

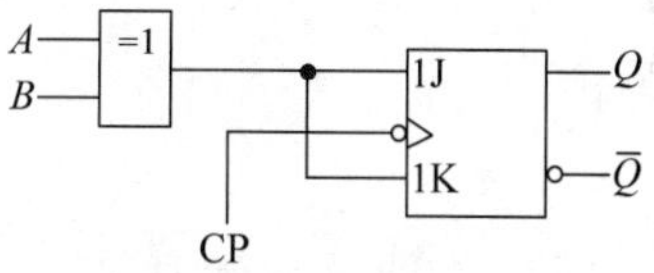

(5) 电路如图 P12-2(5)所示，经 CP 脉冲作用后，下列选项中能使 $Q^{n+1}=Q^n$ 的 AB 信号是(　　)。

A. $A=0,B=0$　　B. $A=1,B=0$

C. $A=0,B=1$

图　P12-2(5)

3. 画出如图 P12-3(a)所示的基本 RS 触发器的输出端 Q 和 $\overline{Q}$ 的电压波形，输入端 $\overline{S}$ 和 $\overline{R}$ 的电压波形如图 P12-3(b)所示。

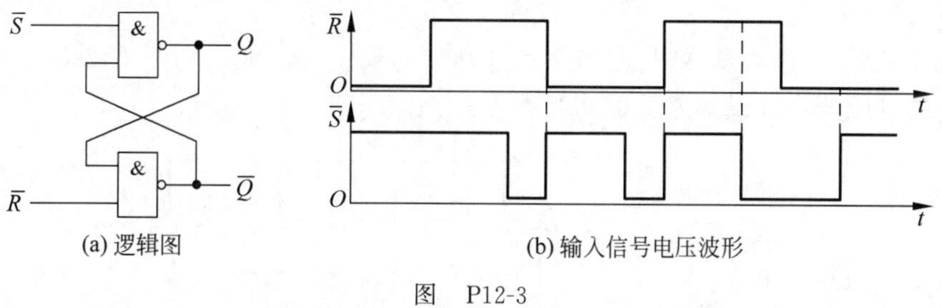

(a) 逻辑图　　(b) 输入信号电压波形

图　P12-3

4. 基本 RS 触发器经常被用在消抖电路中，如图 P12-4(a)所示为一个防抖动输出的开关电路。当拨动开关 K 时，由于开关触点接触瞬间发生震颤，$\overline{S}$ 和 $\overline{R}$ 的电压波形如图 P12-4(b)

所示,试画出 Q 和 $\bar{Q}$ 端的电压波形。

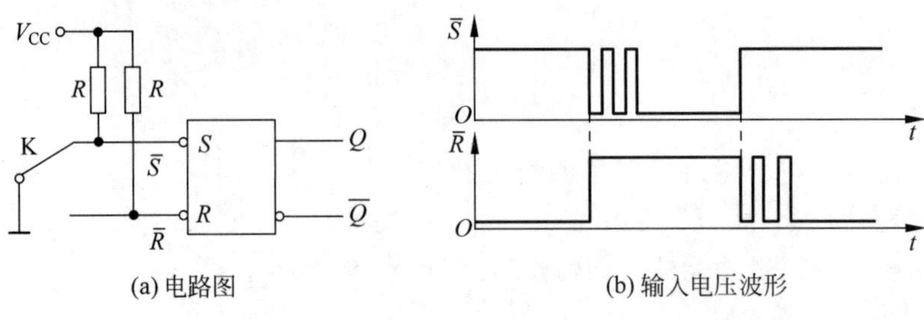

(a) 电路图　　(b) 输入电压波形

图　P12-4

5. 在图 P12-5(a)所示的电路中,若 CP、R、S 的电压波形如图 P12-5(b)所示,试画出 Q 和 $\bar{Q}$ 端的电压波形。设触发器的初始状态为 0。

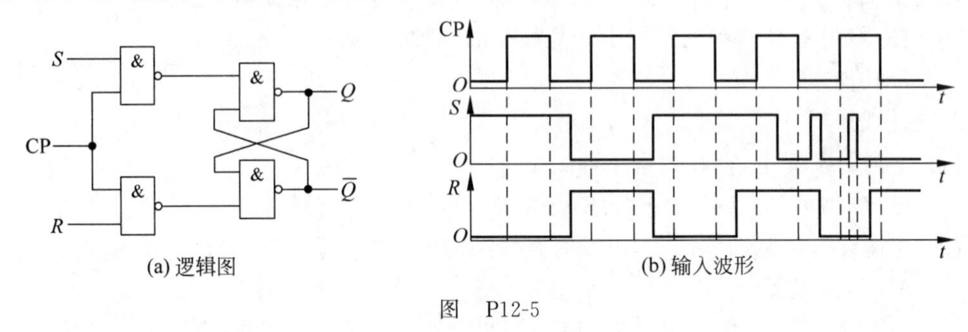

(a) 逻辑图　　(b) 输入波形

图　P12-5

6. 若主从 JK 触发器的 J、K、CP 端输入的电压波形如图 P12-6 所示,试画出 Q 和 $\bar{Q}$ 端的电压波形。设触发器的初始状态为 0。

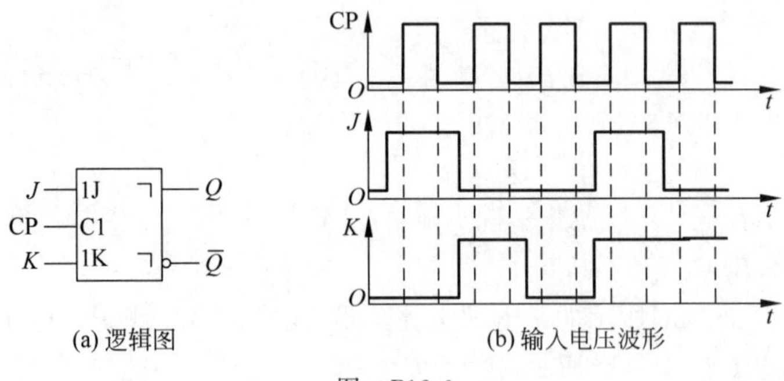

(a) 逻辑图　　(b) 输入电压波形

图　P12-6

7. 在主从结构 T 触发器中,已知 T 和 CP 端的输入电压波形如图 P12-7 所示,试画出 Q 和 $\bar{Q}$ 端的电压波形。设触发器的初始状态为 0。

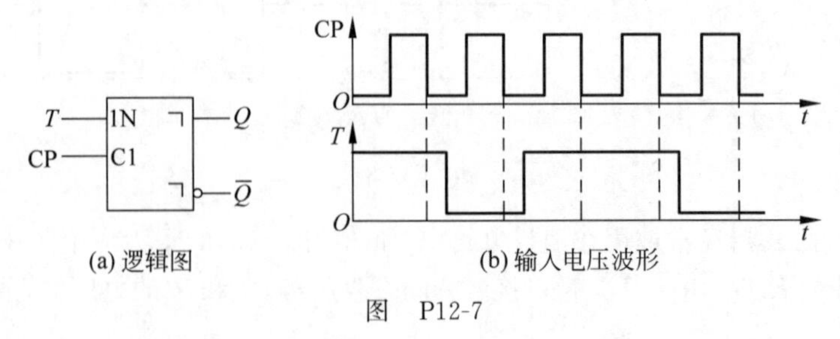

(a) 逻辑图　　(b) 输入电压波形

图　P12-7

8. 已知边沿 D 触发器的 D 和 CP 端的输入电压波形如图 P12-8 所示，试画出 Q 和 $\overline{Q}$ 端的电压波形。设触发器的初始状态为 0。

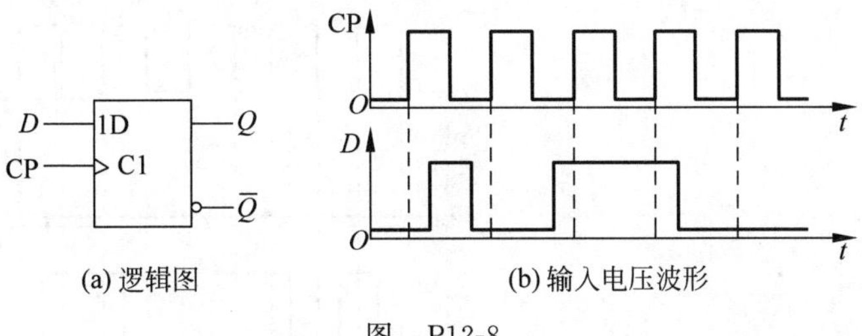

(a) 逻辑图 (b) 输入电压波形

图 P12-8

9. 如图 P12-9 所示的各触发器电路的初始状态均为 0，试画出在连续 CP 信号的作用下各个触发器输出端 $Q_1 \sim Q_6$ 的电压波形。

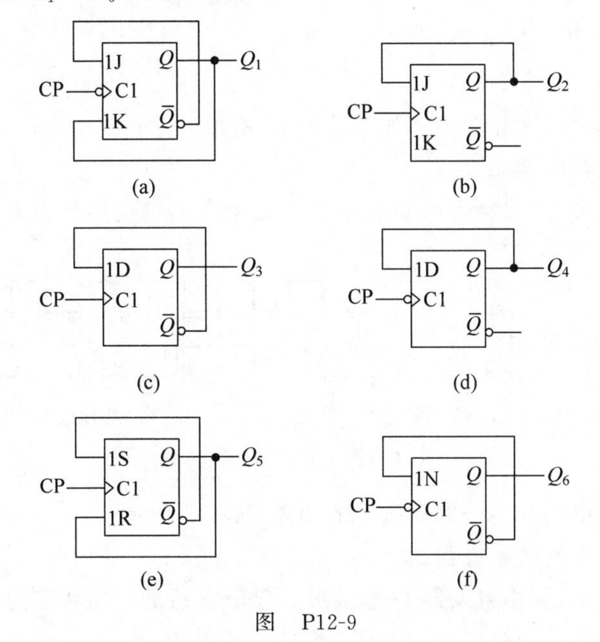

图 P12-9

10. 已知边沿 D 触发器各个输入端的电压波形如图 P12-10 所示，试画出 Q 和 $\overline{Q}$ 端的电压波形。

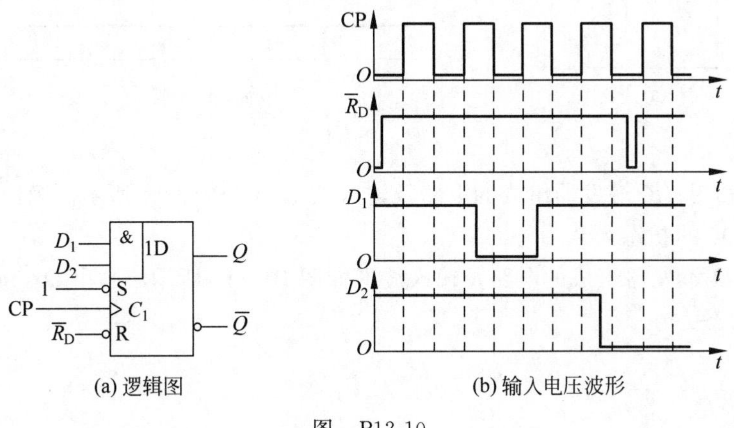

(a) 逻辑图 (b) 输入电压波形

图 P12-10

11. 已知边沿 JK 触发器各个输入端的电压波形如图 P12-11 所示，试画出 Q 和 $\bar{Q}$ 端的电压波形。

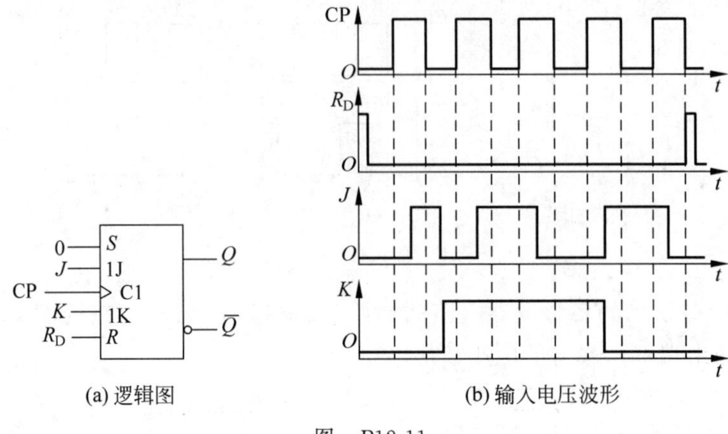

(a) 逻辑图　　(b) 输入电压波形

图　P12-11

12. 已知触发器电路及相关波形如图 P12-12 所示。

(1) 写出该触发器的次态方程。

(2) 对应给定波形，画出触发器 Q 端波形。设触发器的初始状态为 0。

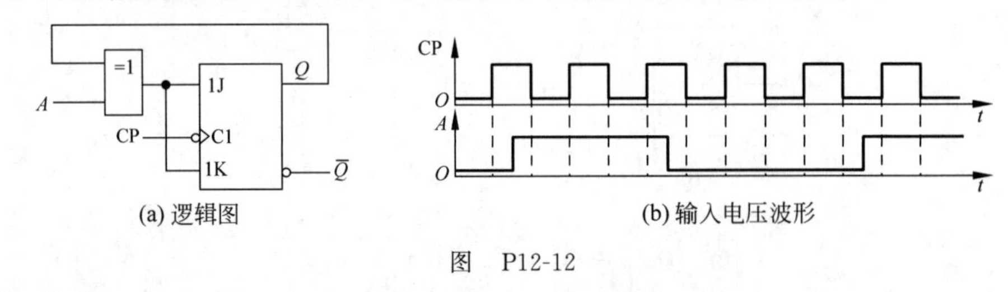

(a) 逻辑图　　(b) 输入电压波形

图　P12-12

13. 已知触发器电路和各个输入端波形如图 P12-13 所示。

(1) 写出该触发器的次态方程。

(2) 对应给定波形，画出触发器 Q 端波形。设触发器的初始状态为 1。

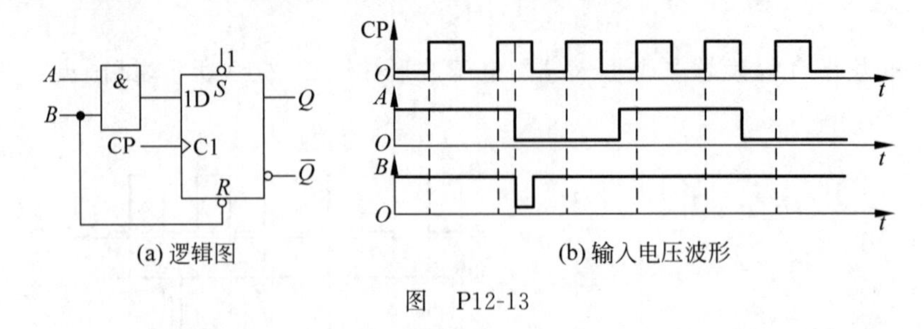

(a) 逻辑图　　(b) 输入电压波形

图　P12-13

14. 已知边沿 JK 触发器组成的电路及输入波形如图 P12-14 所示。画出输出端 Q_1 和 Q_2 波形。设 Q_1 的初态为 0。

15. 已知 D 触发器组成的电路及输入波形如图 P12-15 所示。画出 Q_1 和 Q_2 波形。设 Q_1 和 Q_2 的初态为 0。

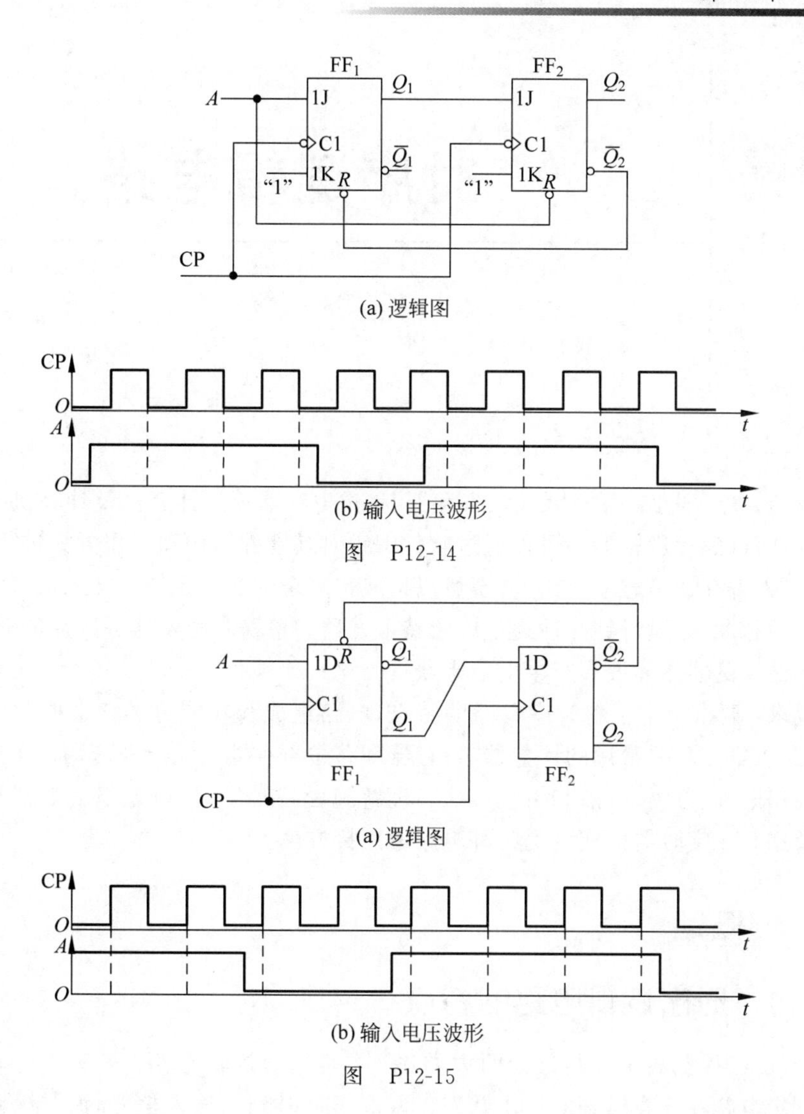

(a) 逻辑图

(b) 输入电压波形

图 P12-14

(a) 逻辑图

(b) 输入电压波形

图 P12-15

第13章 时序逻辑电路

CHAPTER 13

教学提示：时序电路中的计数器、寄存器、移位寄存器等是计算机及计算机控制系统中常用的器件，而可编程逻辑器件可以通过软件编程对其硬件结构和工作方式进行重构，来获得各种计数器、寄存器等时序电路，甚至可以构成很复杂的数字系统。在构成数字系统时必然要用到时钟脉冲，一般时钟脉冲通过施密特触发器和单稳态触发器等脉冲整形电路获得，也可通过多谐振荡器脉冲波形产生电路来获得。

教学要求：要求学生了解时序电路的特点，电路组成和功能分类。掌握时序电路的分析和设计方法，重点掌握常用的计数器、寄存器和移位寄存器的功能及应用。了解可编程逻辑器件的工作原理、分类、特点和编程方法。理解施密特触发器、单稳态触发器和多谐振荡器的特点及用555定时器构成以上三种电路的连接方法。

13.1 概述

13.1.1 时序逻辑电路的特点

第11章已经提及数字电路分为两大类：一类是组合逻辑电路；另一类是时序逻辑电路。组合逻辑电路在任意时刻的输出状态仅取决于该时刻的输入信号，而与电路原来的状态无关，因此其不需要记忆元件，输出与输入之间无反馈。而时序逻辑电路在任一时刻的输出信号不仅取决于该时刻的输入信号，而且还取决于电路原来的状态，或者说与以前的输入信号也有关。因此，在时序逻辑电路中，必须具有能够记忆过去状态的存储电路，即触发器，还要具有反馈通路，使得记忆下来的状态能在下一个时刻影响电路的状态。

13.1.2 时序逻辑电路的组成和功能描述

典型的时序逻辑电路的基本结构框图如图13-1所示。从图中可以看出，时序逻辑电路由组合电路和存储电路两部分构成。存储电路由触发器组成，是必不可少的记忆元器件，其输出必须反馈到组合电路的输入端，与输入信号一起，共同决定组合电路的输出。

图13-1中的$X(x_1,x_2,\cdots,x_i)$为时序逻辑电路的输入信号，$Y(y_1,y_2,\cdots,y_j)$为输出信号，$Z(z_1,z_2,\cdots,z_k)$为存储电路的输入信号，$Q(q_1,q_2,\cdots,q_l)$为存储电路的输出信号，也表示时序逻辑电路的状态。这些信号之间的逻辑关系可以用三个方程组来描述。

$$Z=G[X,Q^n] \tag{13-1}$$

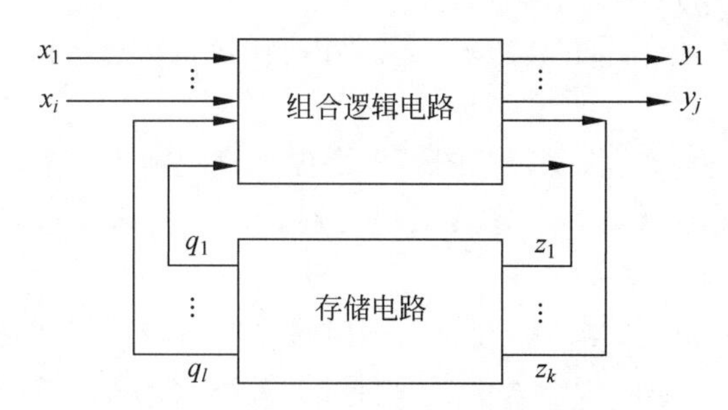

图 13-1 时序逻辑电路的基本结构框图

$$Q^{n+1}=H[X,Q^n] \tag{13-2}$$

$$Y=F[X,Q^n] \tag{13-3}$$

式(13-1)表示存储电路输入信号与时序电路的输入信号和电路状态之间的逻辑关系，称为驱动方程(或称激励方程)。式(13-2)表示所有触发器的次态和现态及输入信号之间的逻辑关系，因所有触发器的状态组合即为时序逻辑电路的状态，所以称其为状态方程。式(13-3)表示时序逻辑电路的输出信号与输入信号及电路状态之间的逻辑关系，称为输出方程。有时为了书写方便，也将式(13-1)～式(13-3)中等号右边的 Q^n 写成 Q。

13.1.3 时序逻辑电路的分类

时序逻辑电路的分类方法很多。按照电路的工作方式不同，可分为同步时序逻辑电路和异步时序逻辑电路。在同步时序电路中，所有触发器状态的变化都是在同一时钟信号作用下同时发生的，由于时钟脉冲在电路中起到同步作用，故称为同步时序逻辑电路。而异步时序逻辑电路中的各触发器没有同一的时钟脉冲，触发器的状态变化不是同时发生的。

按照时序电路的输出信号的特点将时序逻辑电路分为米利型和穆尔型两种。在米利型电路中，输出信号不仅取决于存储单元电路的状态，而且与输入信号有关；在穆尔型电路中，输出信号仅仅取决于存储单元电路的状态。

13.2 时序逻辑电路的分析与设计方法

仿真视频 13-1

13.2.1 同步时序逻辑电路的分析方法

分析一个时序逻辑电路，就是已知一个时序逻辑电路，要找出其实现的功能。具体地说，就是要求找出电路的状态和输出信号在输入信号和时钟信号作用下的变化规律。

由于同步时序电路中所有触发器都是在同一个时钟脉冲作用下工作的，所以分析方法比较简单。一般来说，同步时序逻辑电路的分析步骤如下。

(1) 从给定的电路写出存储电路中每个触发器的驱动方程(亦即触发器输入信号的逻辑式)，得到整个电路的驱动方程。

仿真视频 13-2

(2) 将驱动方程代入触发器的特性方程，得到时序电路的状态方程。

(3) 从给定电路写出输出方程。

(4) 计算出状态转换表。状态转换表是表示时序电路的输出信号 Y、次态 Q^{n+1} 与输入

信号 X、现态 Q^n 之间逻辑关系的真值表。需要说明的是，状态转换表必须包含电路所有可能出现的状态。

(5) 根据状态转换表画出状态转换图。为了更加直观地观察电路的状态转换关系和输出变化情况，可以将状态转换表用状态转换图的形式表示出来。状态转换图的画法与触发器的状态转换图的画法基本相同。

(6) 如果有需要还可以根据状态转换图画出时序图。时序图就是在一系列时钟脉冲的作用下，输出信号、电路状态随着输入信号及时钟脉冲变化的波形图。这也是为了便于观察输入信号、输出信号及电路状态的时序关系。

(7) 判断电路的逻辑功能以及能否自启动。

【例题 13.1】 分析如图 13-2 所示的时序电路的逻辑功能。写出电路的驱动方程、状态方程和输出方程，计算出状态转换表，画出状态转换图和时序图，说明电路能否自启动。

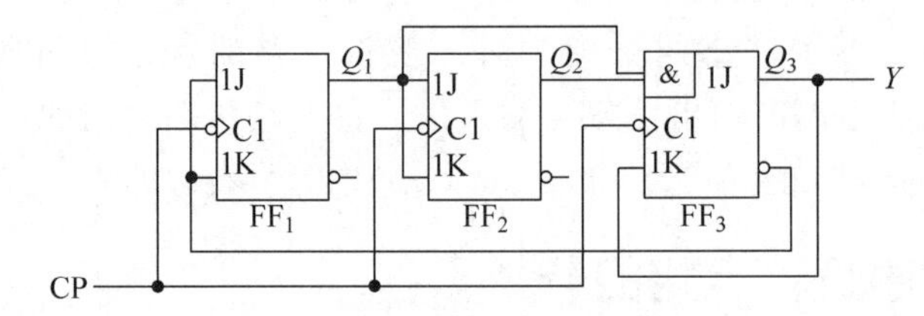

图 13-2 例题 13.1 的逻辑电路

解：从图 13-2 中可看出三个触发器均是下降沿触发的边沿 JK 触发器，且都是在同一个时钟脉冲作用下工作的，故该电路为同步时序电路。

(1) 写出触发器的驱动方程。

$$\begin{cases} J_1 = K_1 = \bar{Q}_3 \\ J_2 = K_2 = Q_1 \\ J_3 = Q_1 Q_2;\ K_3 = Q_3 \end{cases} \tag{13-4}$$

(2) 写出电路的状态方程。

$$\begin{cases} Q_1^{n+1} = \bar{Q}_3 \bar{Q}_1 + Q_3 Q_1 = Q_1 \odot Q_3 \\ Q_2^{n+1} = Q_1 \bar{Q}_2 + \bar{Q}_1 Q_2 = Q_1 \oplus Q_2 \\ Q_3^{n+1} = Q_1 Q_2 \bar{Q}_3 \end{cases} \tag{13-5}$$

(3) 写出电路的输出方程。

$$Y = Q_3 \tag{13-6}$$

(4) 计算状态转换表。

若将任何一组输入信号及电路初态的取值代入状态方程和输出方程，即可算出电路的次态和现态下的输出值；以得到的次态作为新的初态，和这时的输入信号取值一起再代入状态方程和输出方程进行计算，又得到一组新的次态和输出值。如此继续下去，就可以计算出状态转换表。一般情况下均假设电路的初态为 0。

在本例题中，由于没有输入信号(时钟脉冲 CP 是控制触发器状态转换的操作信号，不是输入信号)，它属于穆尔型时序电路，因此电路的次态和输出只取决于电路的初态。假设电路的初态为 $Q_3Q_2Q_1=000$，代入式 (13-5)和式(13-6)后得到 $Q_3^{n+1}Q_2^{n+1}Q_1^{n+1}=001$，$Y=$

0；将这一结果作为新的初态，即 $Q_3Q_2Q_1=001$，再代入式(13-5)和式(13-6)后得到 $Q_3^{n+1}Q_2^{n+1}Q_1^{n+1}=010$，$Y=0$；如此继续下去，直到当 $Q_3Q_2Q_1=100$ 时，次态 $Q_3^{n+1}Q_2^{n+1}Q_1^{n+1}=000$，$Y=1$，返回到了最初设定的初态。到此已经形成了一个状态循环。具体数据如表 13-1 所示。

表 13-1　例题 13.1 的状态转换表

CP	Q_3^n	Q_2^n	Q_1^n	Q_3^{n+1}	Q_2^{n+1}	Q_1^{n+1}	Y
1	0	0	0	0	0	1	0
2	0	0	1	0	1	0	0
3	0	1	0	0	1	1	0
4	0	1	1	1	0	0	0
5	1	0	0	0	0	0	1
1	1	0	1	0	1	1	1
1	1	1	0	0	1	0	1
1	1	1	1	0	0	1	1

最后还要检查一下得到的状态转换表是否包含了电路所有可能出现的状态。由于 $Q_3Q_2Q_1$ 的状态组合共有 8 种，而根据上述计算过程列出的状态转换表中只有 5 种，缺少 101、110、111 这 3 种状态。所以还需要将这 3 种状态分别代入式(13-5)和式(13-6)进行计算，并将计算结果列入表 13-1 中。至此，才得到完整的状态转换表。

(5) 画出状态转换图。

若以圆圈表示电路的各个状态，以箭头表示状态转换的方向，同时还在箭头旁注明了状态转换前的输入信号的取值和输出值，这样便得到了时序电路的状态转换图。通常将输入信号的取值写在斜线之上，将输出值写在斜线以下。在本例题中没有输入信号，所以其状态转换图如图 13-3 所示。

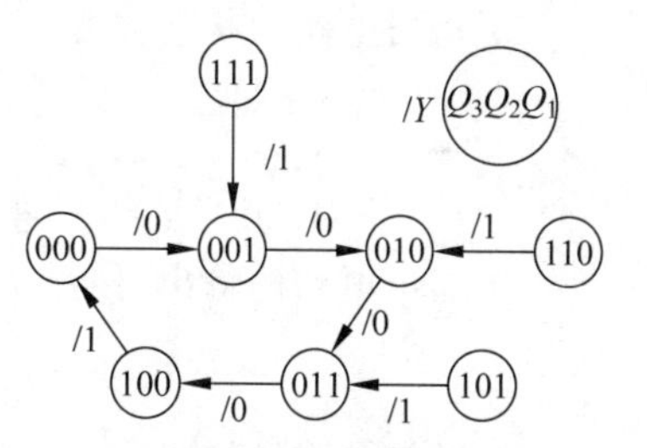

图 13-3　例题 13.1 的状态转换图

从图 13-3 中可以看出，000、001、010、011、100 这 5 种状态形成了一个循环，电路始终在这 5 个状态中循环往复，并且从 0 开始，按照每次加 1 的顺序递增，因此该电路的功能为同步五进制加法计数器。称这 5 个状态为有效状态，它们构成的循环称为有效循环，将触发器清零后就进入该循环。而另外 3 种状态 101、110、111 不在该循环中，称为无效状态。如果开始工作或工作中由于某种原因进入这 3 种无效状态后，电路还能自动地进入有效循环，因此该电路是可以自启动的。

如果无效状态又组成自循环，则称为无效循环。这种电路一旦进入无效状态中，就不能自动进入工作状态，需要人工干预，此时电路就不能自启动。因此，检验一个存在无效输出状态的时序电路是否能够自启动，必须将所有的无效输出状态代入状态方程进行验算，检验经历一定个数的“次态”(如果这些次态也是无效的状态)后是否进入有效循环，都能进入有效循环的，确定电路能够自启动；否则，不能自启动。

(6) 进一步画出电路的时序图。

需要注意的是，时钟脉冲的个数至少要等于有效状态的个数，这样才能在实验中对时序电路的逻辑功能进行全面的观察。时序图如图 13-4 所示。

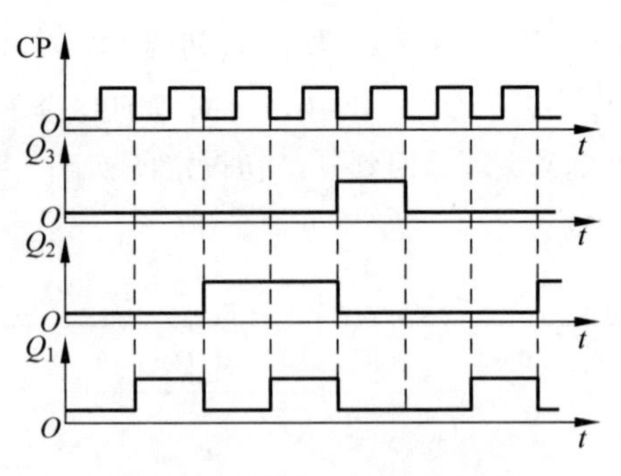

图 13-4　例题 13.1 的时序图

【例题 13.2】 分析如图 13-5 所示的时序电路的逻辑功能。写出电路的驱动方程、状态方程和输出方程，计算出状态转换表，画出状态转换图，说明电路能否自启动。

由图 13-5 可知，该电路有输入信号 A，所以该电路为米利型时序电路。

(1) 写出触发器的驱动方程。

$$\begin{cases} J_1 = K_1 = 1 \\ J_2 = K_2 = A \oplus Q_1 \end{cases} \tag{13-7}$$

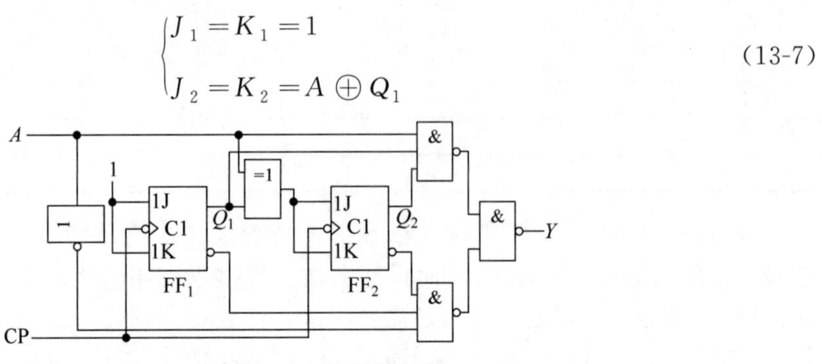

图 13-5　例题 13.2 的逻辑电路

(2) 写出电路的状态方程。

$$\begin{cases} Q_1^{n+1} = \overline{Q}_1 \\ Q_2^{n+1} = (A \oplus Q_1)\overline{Q}_2 + \overline{A \oplus Q_1}Q_2 = A \oplus Q_1 \oplus Q_2 \end{cases} \tag{13-8}$$

(3) 写出电路的输出方程。

$$Y = \overline{\overline{AQ_1Q_2}\ \overline{\overline{A}Q_1\overline{Q}_2}} = AQ_1Q_2 + \overline{A}Q_1\overline{Q}_2 \tag{13-9}$$

(4) 计算状态转换表。

根据式(13-8)和式(13-9)计算的状态转换表如表 13-2 所示。

表 13-2　例题 13.2 的状态转换表

CP	A=0					A=1				
	Q_2^n	Q_1^n	Q_2^{n+1}	Q_1^{n+1}	Y	Q_2^n	Q_1^n	Q_2^{n+1}	Q_1^{n+1}	Y
1	0	0	0	1	1	0	0	1	1	0
2	0	1	1	0	0	1	1	1	0	1
3	1	0	1	1	0	1	0	0	1	0
4	1	1	0	0	0	0	1	0	0	0

(5) 画出状态转换图。

根据表 13-2 所画的状态转换图如图 13-6 所示。

由图 13-6 可以得知，当 $A=0$ 时作为两位二进制加法计数器，当 $A=1$ 时作为两位二进制减法计数器。且电路可以自启动。

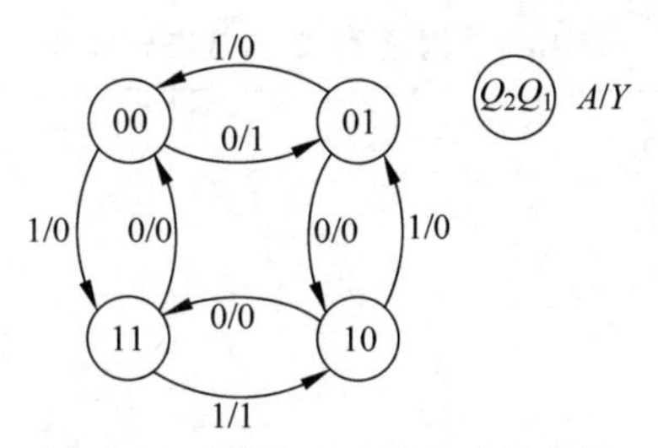

图 13-6 例题 13.2 的状态转换图

13.2.2 异步时序逻辑电路的分析方法

在异步时序电路中，由于触发器并不都在同一个时钟信号作用下动作，因此在计算电路的次态时，需要考虑每个触发器的时钟信号，只有那些具有有效时钟信号的触发器才用状态方程去计算次态，而没有有效时钟信号的触发器将保持原状态不变。

【例题 13.3】 分析如图 13-7 所示的时序电路的逻辑功能。写出电路的驱动方程、状态方程和输出方程，计算出状态转换表，画出状态转换图，说明电路能否自启动。

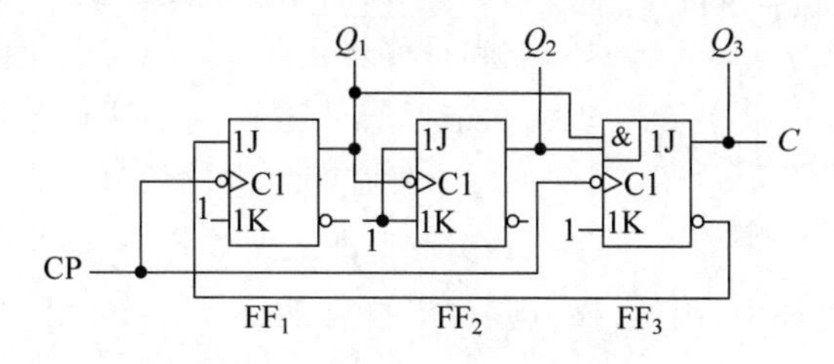

图 13-7 例题 13.3 的逻辑电路

解：由图 13-7 可以看出，3 个触发器的时钟信号是不同的，因此该电路为异步时序电路。

（1）写出触发器的驱动方程。

$$\begin{cases} J_1 = \bar{Q}_3, \quad K_1 = 1 \\ J_2 = K_2 = 1 \\ J_3 = Q_1 Q_2, \quad K_3 = 1 \end{cases} \tag{13-10}$$

（2）写出状态方程。

$$\begin{cases} Q_1^{n+1} = \bar{Q}_3 \bar{Q}_1 & CP_1 = CP \\ Q_2^{n+1} = \bar{Q}_2 & CP_2 = Q_1 \\ Q_3^{n+1} = Q_1 Q_2 \bar{Q}_3 & CP_3 = CP \end{cases} \tag{13-11}$$

（3）写出电路的输出方程。

$$C = Q_3 \tag{13-12}$$

（4）计算状态转换表。

由式(13-11)可以看出，每次遇到外加时钟脉冲的下降沿，触发器 FF_1 和 FF_3 就按照状态方程动作，而触发器 FF_2 则只有遇到 Q_1 发生负跳变(由 1 变为 0)时，才能按照状态方程动作。假设电路的初始状态为 $Q_3^n Q_2^n Q_1^n = 000$，则状态转换表如表 13-3 所示。

表 13-3　例题 13.3 的状态转换表

CP	Q_3^n	Q_2^n	Q_1^n	Q_3^{n+1}	Q_2^{n+1}	Q_1^{n+1}	C
1	0	0	0	0	0	1	0
2	0	0	1	0	1	0	0
3	0	1	0	0	1	1	0
4	0	1	1	1	0	0	0
5	1	0	0	0	0	0	1
1	1	0	1	0	1	0	1
1	1	1	0	0	1	0	1
1	1	1	1	0	0	0	1

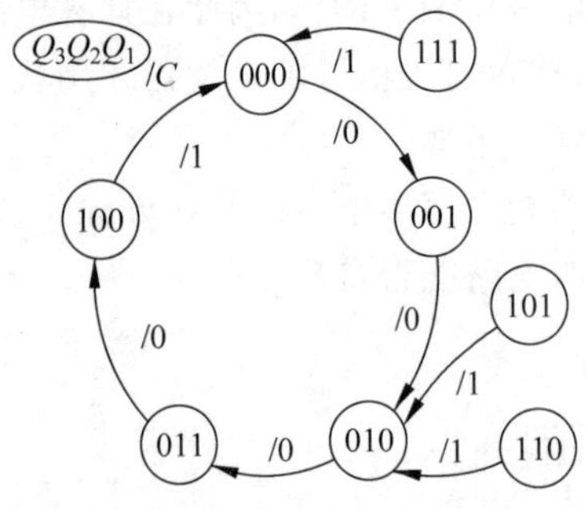

图 13-8　例题 13.3 的状态转换图

(5) 画出状态转换图。

根据表 13-3 所画的状态转换图如图 13-8 所示。

从图 13-8 中可以看出，电路的状态从 000 开始，每输入一个时钟脉冲，电路的状态加 1，直至加到 100 时，再加入一个时钟脉冲，又回到 000 状态，构成了一个循环，期间正好经历了 5 个 CP 脉冲信号，所以，该电路实现的功能是异步五进制加法计数器，而且当输出跳变为 100 时，计数器产生进位信号 C。表 13-3 中的 3 个状态 101、110、111 都是无效状态，但是在时钟脉冲的作用下，都能自动地回到有效循环中，因此，该电路可以自启动。

13.2.3　同步时序电路的设计方法

同步时序电路的设计是同步时序电路分析的逆过程，要求设计者根据给出的具体逻辑问题，设计出实现这一逻辑功能的逻辑电路。所得到的设计电路应力求简单。

当选用小规模集成门电路做设计时，电路最简的标准是所用的触发器和门电路的数目最少，而且触发器和门电路的输入端数目也最少。而当使用中、大规模集成电路时，电路最简的标准则是使用的集成电路数目最少，种类最少，而且互相间的连线也最少。

同步时序逻辑电路的设计步骤如下：

(1) 逻辑抽象。所谓逻辑抽象就是指对给定的问题进行分析，得到所需的原始状态转换表或状态转换图。

首先，分析给定的逻辑问题，确定输入变量、输出变量以及电路的状态数。通常都是取原因(或条件)作为输入逻辑变量，取结果作为输出逻辑变量。

其次，定义输入、输出逻辑状态和每个电路状态的含义，并将电路状态顺序编号。

最后，按照题意列出电路的状态转换表或画出电路的状态转换图。

这一步是确保整个电路正确的关键，因此要保证状态转换的正确和逻辑关系的完整，而不必过多地关心状态数目的多少。

(2) 状态化简。所谓状态化简就是消除多余状态，得到最简的状态转换图或状态转换表。

若两个电路状态在相同的输入下有相同的输出，并且转换到同样一个次态去，则称这两个状态为等价状态。显然等价状态是重复的，可以合并为一个。电路的状态数越少，设计出来的电路也越简单。

(3) 状态分配。状态分配又称状态编码。

时序逻辑电路的状态是用触发器状态的不同组合来表示的。首先，需要确定触发器的数目 n。因为 n 个触发器共有 2^n 种状态组合，所以为获得时序电路所需的 M 个状态，必须取

$$2^{n-1} < M \leqslant 2^n \tag{13-13}$$

其次，要给每个电路状态规定对应的触发器状态组合。每组触发器的状态组合都是一组二值代码，因而又将这项工作称为状态编码。为便于记忆和识别，一般选用的状态编码和它们的排列顺序都遵循一定的规律。

(4) 选定触发器的类型，求出电路的状态方程、驱动方程和输出方程。

因为不同逻辑功能的触发器特性方程不同，所以用不同类型触发器设计出的电路也不一样。为此，在设计具体的电路前必须选定触发器的类型。选择触发器类型时应考虑到器件的供应情况，并应力求减少系统中使用的触发器种类。

根据状态转换图(或状态转换表)和选定的状态编码、触发器的类型，就可以写出电路的状态方程、驱动方程和输出方程了。

(5) 根据得到的方程式画出逻辑图。

(6) 检查设计的电路能否自启动。如果电路不能自启动，则通过修改逻辑设计加以解决。

【例题 13.4】 试设计一个带有进位输出端的十一进制计数器。

解：首先进行逻辑抽象。

因为计数器的工作特点是在时钟信号作用下自动地依次从一个状态转为下一个状态，所以它没有输入逻辑变量，只有进位输出信号。取进位输出逻辑变量为 C，同时规定有进位输出时 $C=1$，无进位输出时 $C=0$。十一进制计数器应该有 11 个有效状态，若分别用 $S_0, S_1, \cdots, S_{10}$ 表示，则按题意可以画出如图 13-9 所示的原始状态转换图。

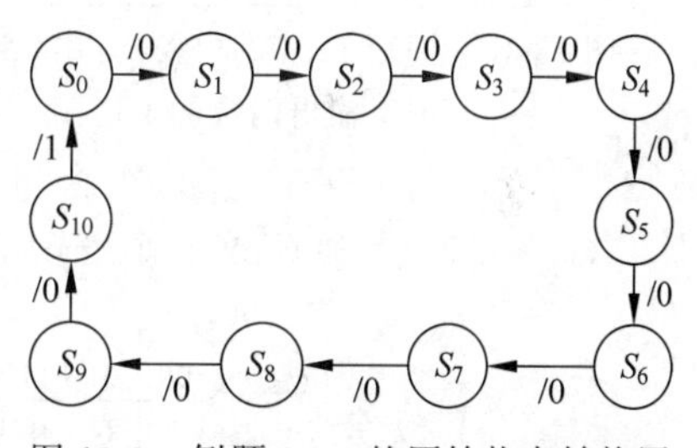

图 13-9　例题 13.4 的原始状态转换图

因为十一进制计数器必须用 11 个不同的状态表示已经输入的脉冲数，所以状态转换图已不能再化简。

由于有 11 个状态，根据式(13-13)可以计算出触发器的数目 $n=4$。

因为对状态分配无特殊要求，所以取自然二进制数的 0000～1010 作为 $S_0 \sim S_{10}$ 的编码，这样就得到原始状态转换表如表 13-4 所示。

表 13-4　例题 13.4 的原始状态转换表

状态变化顺序	状态编码				进位输出 C	等效十进制数
	Q_3	Q_2	Q_1	Q_0		
S_0	0	0	0	0	0	0
S_1	0	0	0	1	0	1
S_2	0	0	1	0	0	2

续表

状态变化顺序	状态编码				进位输出 C	等效十进制数
	Q_3	Q_2	Q_1	Q_0		
S_3	0	0	1	1	0	3
S_4	0	1	0	0	0	4
S_5	0	1	0	1	0	5
S_6	0	1	1	0	0	6
S_7	0	1	1	1	0	7
S_8	1	0	0	0	0	8
S_9	1	0	0	1	0	9
S_{10}	1	0	1	0	1	10
S_0	0	0	0	0	0	0

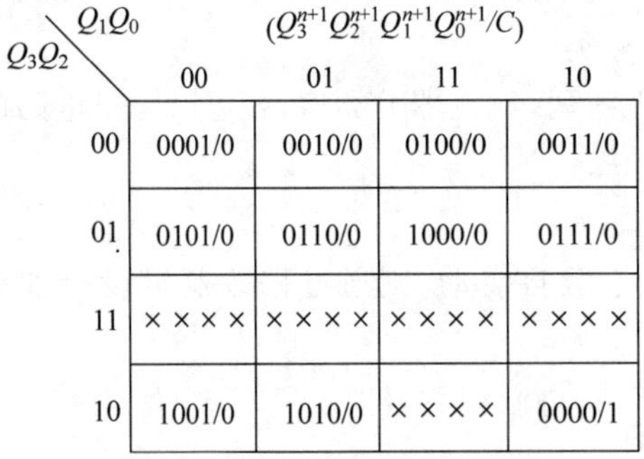

$(Q_3^{n+1}Q_2^{n+1}Q_1^{n+1}Q_0^{n+1}/C)$

Q_3Q_2 \ Q_1Q_0	00	01	11	10
00	0001/0	0010/0	0100/0	0011/0
01	0101/0	0110/0	1000/0	0111/0
11	××××	××××	××××	××××
10	1001/0	1010/0	××××	0000/1

图 13-10　例题 13.4 的电路的次态和进位输出函数的卡诺图

由于电路的次态 $Q_3^{n+1}Q_2^{n+1}Q_1^{n+1}Q_0^{n+1}$ 和进位输出端 C 唯一地取决于电路的现态 $Q_3^nQ_2^nQ_1^nQ_0^n$ 的取值，所以可以根据表 13-4 画出表示次态和进位输出函数的卡诺图，如图 13-10 所示。由于计数器正常工作时不会出现状态 1011、1100、1101、1110 和 1111 这 5 个状态，所以将与这 5 个状态对应的最小项作约束项处理，在卡诺图中用×表示。

为清晰起见，将如图 13-10 所示的卡诺图分解为图 13-11 中的 5 个卡诺图，分别表示 Q_3^{n+1}、Q_2^{n+1}、Q_1^{n+1}、Q_0^{n+1} 和 C 这 5 个逻辑函数。

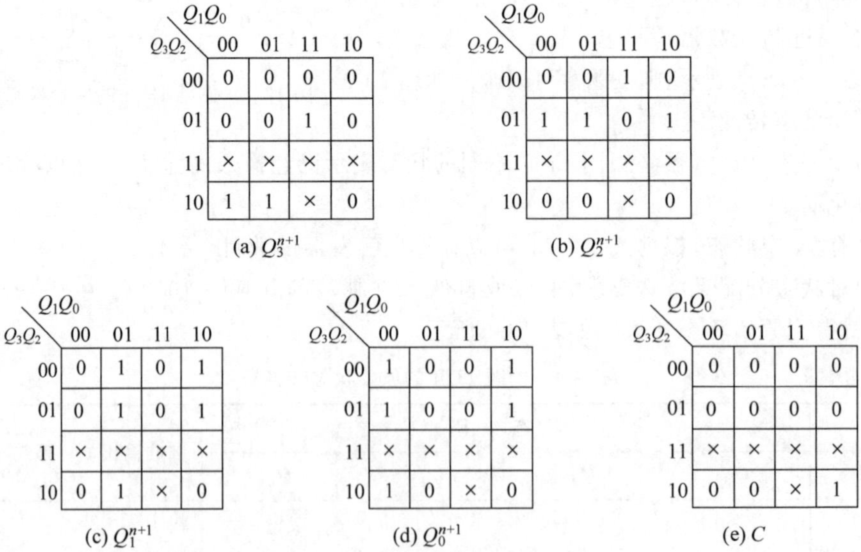

Q_3Q_2 \ Q_1Q_0	00	01	11	10
00	0	0	0	0
01	0	0	1	0
11	×	×	×	×
10	1	1	×	0

(a) Q_3^{n+1}

Q_3Q_2 \ Q_1Q_0	00	01	11	10
00	0	0	1	0
01	1	1	0	1
11	×	×	×	×
10	0	0	×	0

(b) Q_2^{n+1}

Q_3Q_2 \ Q_1Q_0	00	01	11	10
00	0	1	0	1
01	0	1	0	1
11	×	×	×	×
10	0	1	×	0

(c) Q_1^{n+1}

Q_3Q_2 \ Q_1Q_0	00	01	11	10
00	1	0	0	1
01	1	0	0	1
11	×	×	×	×
10	1	0	×	0

(d) Q_0^{n+1}

Q_3Q_2 \ Q_1Q_0	00	01	11	10
00	0	0	0	0
01	0	0	0	0
11	×	×	×	×
10	0	0	×	1

(e) C

图 13-11　图 13-10 的分解卡诺图

从卡诺图中可以得到电路的状态方程和输出方程为

$$\begin{cases}Q_3^{n+1}=Q_3\bar{Q}_1+Q_2Q_1Q_0\\ Q_2^{n+1}=Q_2\bar{Q}_1+Q_2\bar{Q}_0+\bar{Q}_2Q_1Q_0\\ Q_1^{n+1}=\bar{Q}_1Q_0+\bar{Q}_3Q_1\bar{Q}_0\\ Q_0^{n+1}=\bar{Q}_3\bar{Q}_0+\bar{Q}_1\bar{Q}_0\end{cases} \tag{13-14}$$

$$C=Q_3Q_1 \tag{13-15}$$

可以选用 D 触发器,由于 D 触发器的特性方程为 $Q^{n+1}=D$,所以,可以直接画出十一进制计数器的逻辑图,如图 13-12 所示。

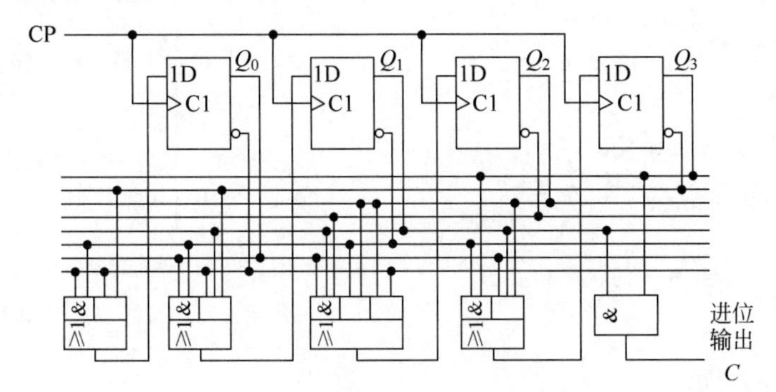

图 13-12 例题 13.4 的逻辑图

为了验证电路的逻辑功能的正确性,可将 0000 作为初始状态代入式(13-14)和式(13-15)依次计算次态值和进位输出值,所得结果与表 13-4 相同。

最后,检查电路的自启动情况。分别将 5 个无效状态代入状态方程,计算出它们的次态,最终都能回到有效循环中去。逻辑图 13-12 完整的状态转换图如图 13-13 所示。

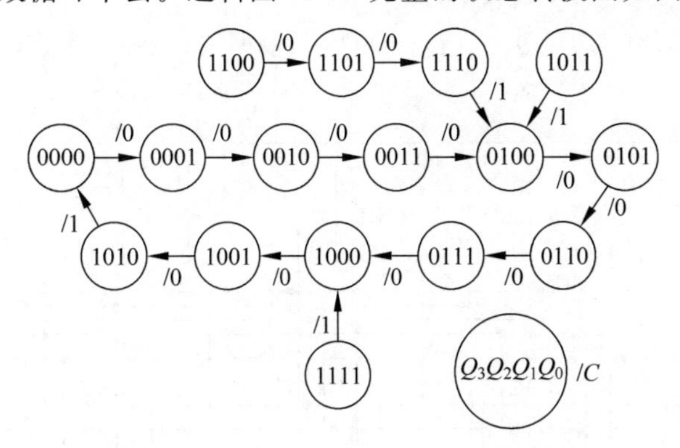

图 13-13 图 13-12 的完整的状态转换图

【例题 13.5】 设计一个自动饮料机的逻辑电路。它的投币口每次只能投入一枚 5 角或 1 元的硬币。累计投入 2 元硬币后给出一瓶饮料。如果投入 1.5 元硬币以后再投入一枚 1 元硬币,则给出饮料的同时还应找回 5 角钱。要求设计的电路能自启动。

解:取投币信号为输入的逻辑变量,以 $A=1$ 表示投入 1 元硬币的信号,未投入时 $A=0$;以 $B=1$ 表示投入 5 角硬币的信号,未投入时 $B=0$;以 $X=1$ 表示给出饮料,未给时

$X=0$；以 $Y=1$ 表示找钱，$Y=0$ 不找钱。

若未投币前状态为 S_0，投入 5 角后的状态为 S_1，投入 1 元后的状态为 S_2，投入 1.5 元以后的状态为 S_3，若再投入 5 角硬币($B=1$)时 $X=1$，返回 S_0 状态；如果投入 1 元硬币，则 $X=Y=1$，返回状态 S_0。于是得到如图 13-14 所示的状态转换图。

若以触发器 Q_1Q_0 的 4 个状态组合 00、01、10、11 分别表示 S_0、S_1、S_2、S_3，作 $Q_1^{n+1}Q_0^{n+1}/XY$ 的卡诺图，如图 13-15 所示。

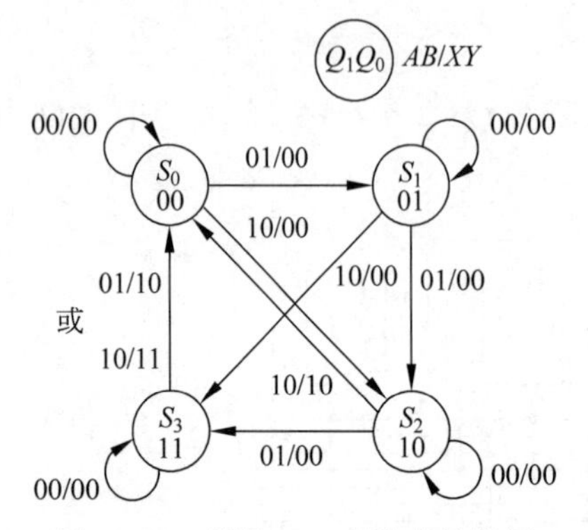

图 13-14 例题 13.5 的状态转换图

AB \ Q_1Q_0	00	01	11	10
00	00/00	01/00	11/00	10/00
01	01/00	10/00	00/10	11/00
11	×	×	×	×
10	10/00	11/00	00/11	00/10

$(Q_1^{n+1}Q_0^{n+1}/XY)$

图 13-15 例题 13.5 的电路次态、输出 $(Q_1^{n+1}Q_0^{n+1}/XY)$ 的卡诺图

由卡诺图化简得出

$$\begin{cases} Q_1^{n+1}=A\overline{Q}_1+\overline{A}\,\overline{B}Q_1+\overline{A}Q_1\overline{Q}_0+B\overline{Q}_1Q_0 \\ Q_0^{n+1}=A\overline{Q}_1Q_0+\overline{A}\,\overline{B}Q_0+B\overline{Q}_0 \end{cases} \tag{13-16}$$

$$\begin{cases} X=AQ_1+BQ_1Q_0 \\ Y=AQ_1Q_0 \end{cases} \tag{13-17}$$

若采用 D 触发器，则 $D_1=Q_1^{n+1}$，$D_0=Q_0^{n+1}$，根据式(13-16)和式(13-17)画出逻辑图如图 13-16 所示。

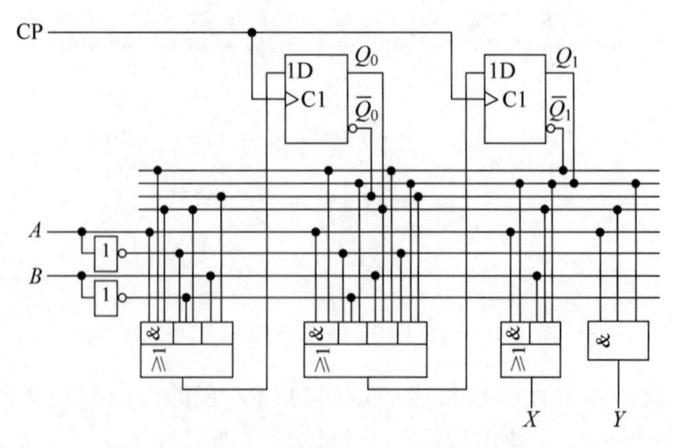

图 13-16 例题 13.5 的逻辑图

13.3 计数器

知识拓展 13-1

计数器是数字系统中使用最多的时序电路。例如在计算机控制系统中，经常用到定时和计数功能，实际上完成这项功能的器件就是计数器。计数器是记录输入的脉冲个数，只不过计算机完成计数功能时，是记录外部输入的脉冲个数，而定时功能是记录计算机内部的晶振脉冲的个数，而且计数长度也可以不同。计数器不仅能用于对时钟脉冲计数，还可以用于计算机中的时序发生器、分频器、程序计数器等。

计数器的种类繁多。若按计数器中所有触发器的时钟脉冲是否同一来分类，可以分为同步计数器和异步计数器两种；若按计数过程中数值的增减分类，又可以分为加法计数器、减法计数器和可逆计数器(或称为加/减计数器)；若按计数器中数值的编码方式分类，还可以分成二进制计数器、二-十进制计数器、循环码计数器等；若按计数器的计数容量来分，又可分为十进制计数器、十六进制计数器、六十进制计数器等。

13.3.1 同步计数器

仿真视频 13-4

1. 同步二进制计数器

1) 用 T 触发器构成的同步二进制加法计数器

根据二进制加法运算规则可知，在一个多位二进制数的末位上加 1 时，第 i 位的状态是否改变(由 0 变成 1，由 1 变成 0)，取决于第 i 位以下各位是否为 1。若第 i 位以下各位全为 1，则第 i 位的状态改变，否则第 i 位的状态不变。

同步计数器可用 T 触发器构成。每次计数时钟脉冲 CP 到达时应使该翻转的那些触发器输入端 $T_i=1$，不该翻转的 $T_i=0$。由此可知，第 i 位触发器输入端的逻辑表达式应为

仿真视频 13-5

$$T_i=Q_{i-1}Q_{i-2}\cdots Q_1Q_0 \quad (i=1,2,\cdots,n-1) \tag{13-18}$$

按照加法规则，每输入一个计数脉冲最低位都要翻转一次，所以

$$T_0=1 \tag{13-19}$$

如图 13-17 所示为按照式(13-18)和式(13-19)接成的 4 位同步二进制加法计数器。由逻辑图可以得到各个触发器的驱动方程为

$$\begin{cases}T_0=1\\T_1=Q_0\\T_2=Q_1Q_0\\T_3=Q_2Q_1Q_0\end{cases} \tag{13-20}$$

将式(13-20)代入 T 触发器的特性方程得到电路的状态方程为

$$\begin{cases}Q_0^{n+1}=\bar{Q}_0\\Q_1^{n+1}=\bar{Q}_1Q_0+Q_1\bar{Q}_0\\Q_2^{n+1}=\bar{Q}_2Q_1Q_0+Q_2\overline{Q_1Q_0}\\Q_3^{n+1}=\bar{Q}_3Q_2Q_1Q_0+Q_3\overline{Q_2Q_1Q_0}\end{cases} \tag{13-21}$$

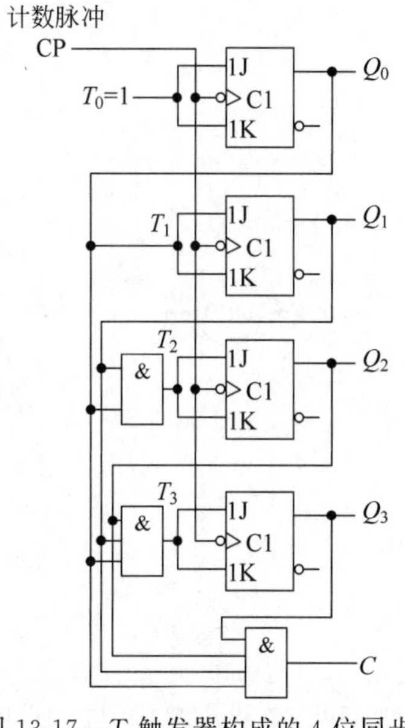

图 13-17 T 触发器构成的 4 位同步二进制加法计数器

电路的输出方程为

$$C = Q_3 Q_2 Q_1 Q_0 \tag{13-22}$$

根据式(13-21)和式(13-22)求出电路的状态转换表如表13-5所示，状态转换图如图13-18所示，时序图如图13-19所示。

表 13-5　图 13-17 电路的状态转换表

计数顺序	电路状态				等效十进制数	进位输出 C
	Q_3	Q_2	Q_1	Q_0		
0	0	0	0	0	0	0
1	0	0	0	1	1	0
2	0	0	1	0	2	0
3	0	0	1	1	3	0
4	0	1	0	0	4	0
5	0	1	0	1	5	0
6	0	1	1	0	6	0
7	0	1	1	1	7	0
8	1	0	0	0	8	0
9	1	0	0	1	9	0
10	1	0	1	0	10	0
11	1	0	1	1	11	0
12	1	1	0	0	12	0
13	1	1	0	1	13	0
14	1	1	1	0	14	0
15	1	1	1	1	15	1
16	0	0	0	0	0	0

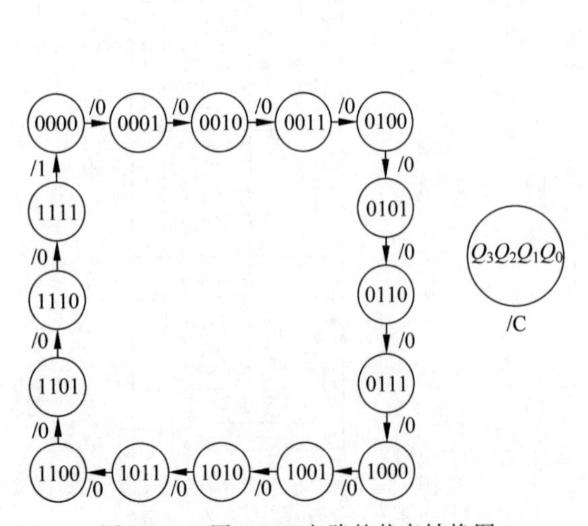

图 13-18　图 13-17 电路的状态转换图

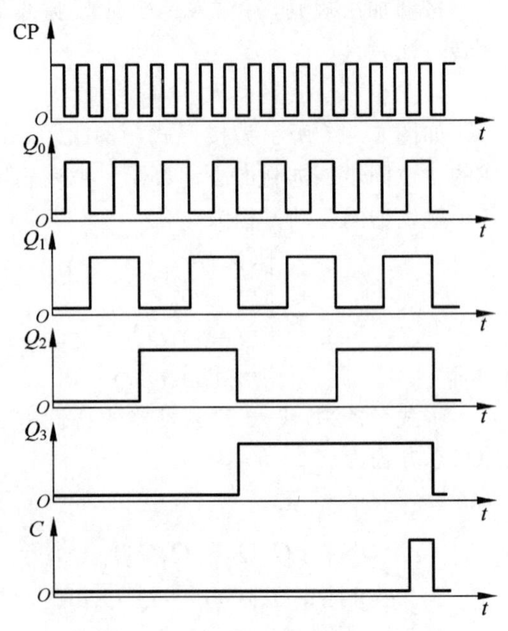

图 13-19　图 13-17 电路的时序图

由图 13-19 可以看出，若计数输入脉冲的频率为 f_0，则 Q_0、Q_1、Q_2、Q_3 端输出脉冲的频率将依次为$\frac{1}{2}f_0$、$\frac{1}{4}f_0$、$\frac{1}{8}f_0$ 和$\frac{1}{16}f_0$，因此也把这种计数器称为分频器。

此外，每输入 16 个计数脉冲计数器工作一个循环，并在输出端 C 产生一个进位输出信号，所以又把这个电路称为十六进制计数器。计数器中能计到的最大数称为计数器的容量，它等于计数器所有各位全为 1 时的数值。n 位二进制计数器的容量等于 2^n-1。

在实际生产的计数器芯片中，为了增加芯片的功能和使用的灵活性，通常在电路中附加有扩展功能的控制端。4 位同步二进制加法计数器 74LS161 就是在如图 13-17 所示的 4 位同步二进制加法计数器的基础上增加了预置数、保持和异步置零等附加功能。其逻辑图如图 13-20(a)所示。图中$\overline{\mathrm{LD}}$ 为预置数控制端，$D_3 \sim D_0$ 为数据输入端，C 为进位输出端，$\bar{R}_D$ 为异步置零(复位)端，EP 和 ET 为工作状态控制端。

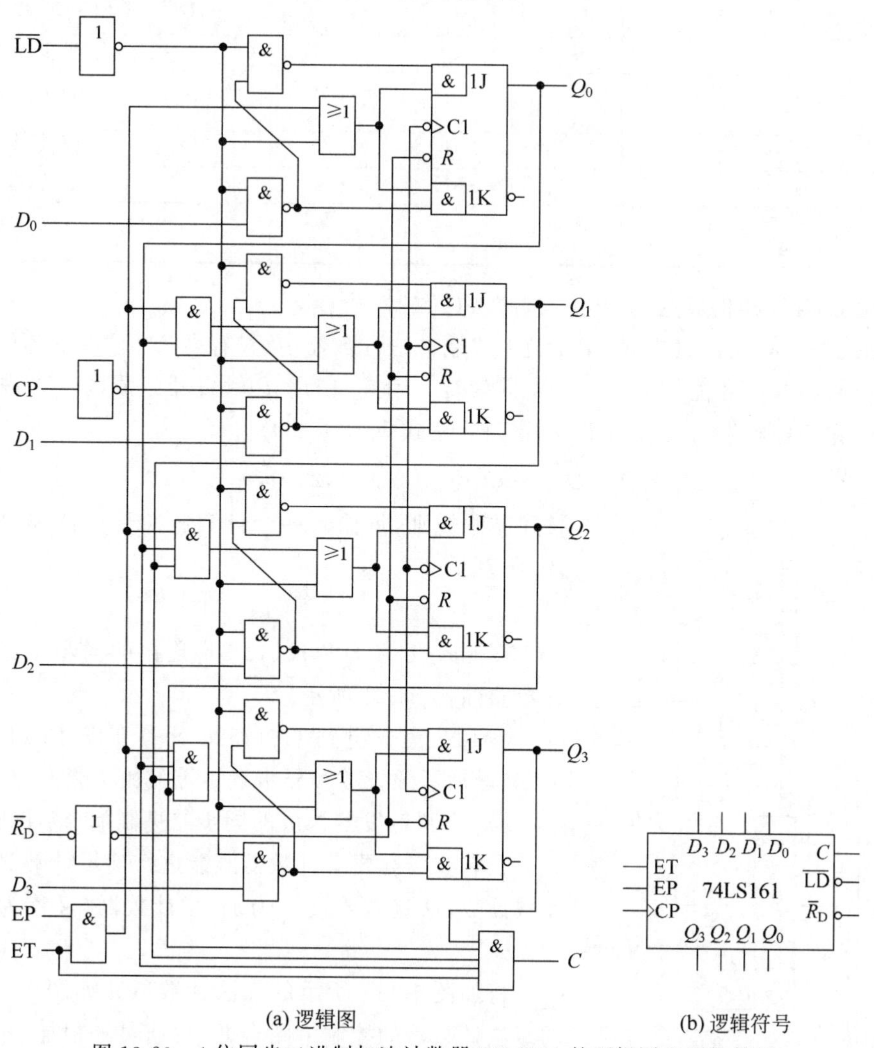

(a) 逻辑图　　　　(b) 逻辑符号

图 13-20　4 位同步二进制加法计数器 74LS161 的逻辑图和逻辑符号

由图 13-20(a)可见，当 $\bar{R}_D=0$ 时所有触发器将同时被置零，而且置零操作不受其他输入端状态的影响。因此 $\bar{R}_D$ 为异步置零控制端。

当 $\bar{R}_D=1$，$\overline{LD}=0$ 时，电路工作在预置数状态。例如，若 $D_0=1$，则 $J_0=1$，$K_0=0$，当 CP 上升沿到达后，$Q_0=1$。同理，若 $D_3D_2D_1D_0=0001$，则当 CP 上升沿到达后，$Q_3Q_2Q_1Q_0=0001$，也即预置计数器的初始状态。因为其需要时钟脉冲 CP 的配合，所以称 $\overline{LD}$ 为同步预置数控制端。

当 $\bar{R}_D=\overline{LD}=1$，EP=0，ET=1 时，4 个触发器的输入信号 $J=K=0$，所以 CP 信号到达时它们保持原来的状态不变，同时 C 的状态也保持不变。如果 ET=0，则不论 EP 为何种状态，计数器的状态也将保持不变，但此时的进位输出 C 的状态将为 0；而当 $\bar{R}_D=\overline{LD}=$ EP=ET=1 时，电路的工作状态同图 13-17 电路，也即电路工作在计数状态。

4 位同步二进制加法计数器 74LS161 的功能表如表 13-6 所示，逻辑符号如图 13-20(b)所示。

表 13-6　4 位同步二进制加法计数器 74LS161 的功能表

CP	$\bar{R}_D$	$\overline{LD}$	EP	ET	工作状态
×	0	×	×	×	异步置零
↑	1	0	×	×	同步预置数
×	1	1	0	1	保持(包括 C)
×	1	1	×	0	保持($C=0$)
↑	1	1	1	1	计数状态

2）用 T 触发器构成的同步二进制减法计数器

根据二进制减法计数规则，在 n 位二进制减法计数器中，只有当第 i 位以下各位触发器同时为 0 时，再减 1 才能使第 i 位触发器翻转。因此，在用 T 触发器组成同步二进制减法计数器时，第 i 位触发器输入端 T_i 的逻辑表达式应为

$$T_i=\bar{Q}_{i-1}\bar{Q}_{i-2}\cdots\bar{Q}_1\bar{Q}_0 \quad (i=1,2,\cdots,n-1) \tag{13-23}$$

按照减法规则，每输入一个计数脉冲最低位都要翻转一次，所以

$$T_0=1 \tag{13-24}$$

按照式(13-23)和式(13-24)连接的同步二进制减法计数器如图 13-21 所示。

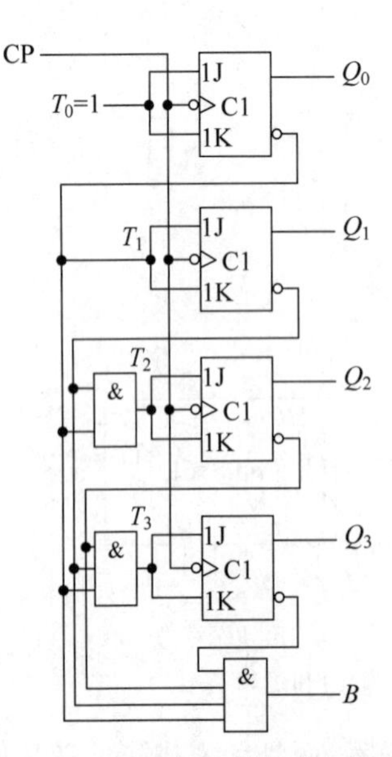

图 13-21　用 T 触发器接成的同步二进制减法计数器

CMOS 集成电路 CC14526 就是在图 13-21 的基础上，又增加了预置数和异步置零等附加功能。

3）用 T 触发器构成的同步二进制加/减计数器

在有些场合要求计数器既能进行递增计数又能进行递减计数，这就需要设计为加/减计数器(又称为可逆计数器)。

将如图 13-17 所示的加法计数器和如图 13-21 所示的减法计数器的控制电路合并，再通过一根加/减控制线选择加法计数还是减法计数，就构成了加/减计数器。单时钟同步十六进制加/减计数器 74LS191 就是在这个基础上又增加了一些附加功能，其逻辑图如图 13-22 所示，

其功能表如表 13-7 所示。

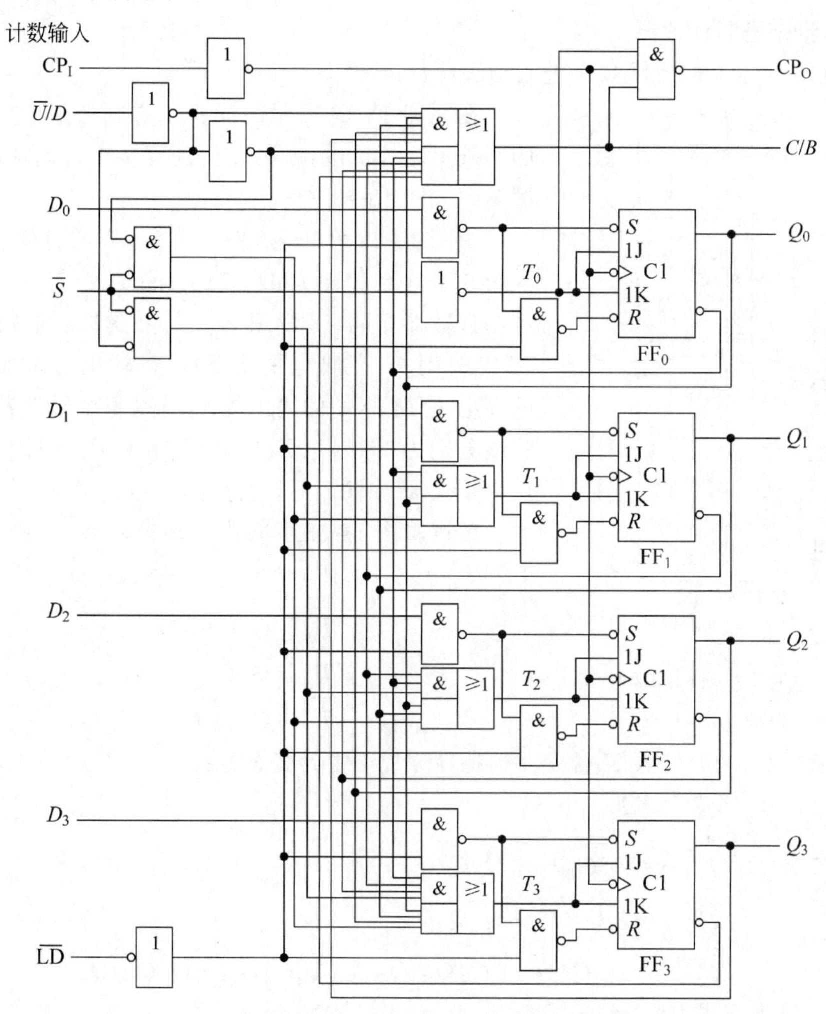

图 13-22　单时钟同步十六进制加/减计数器 74LS191 的逻辑图

表 13-7　同步十六进制加/减计数器 74LS191 的功能表

CP_I	$\overline{S}$	$\overline{LD}$	$\overline{U}/D$	工作状态
×	1	1	×	保持状态
×	×	0	×	异步预置数
↑	0	1	0	加法计数
↑	0	1	1	减法计数

另外，CP_I 为时钟信号输入端，C/B 是进位/借位信号输出端，CP_O 是串行时钟输出端。当计数器做加法计数($\overline{U}/D=0$)且 $Q_3Q_2Q_1Q_0=1111$ 时，$C/B=1$，有进位输出，则在下一个CP_I 上升沿到达前CP_O 端输出一个负脉冲。同样当计数器做减法计数($\overline{U}/D=1$)且 $Q_3Q_2Q_1Q_0=0000$ 时，$C/B=1$，有借位输出，同样也在下一个CP_I 上升沿到达前CP_O 端输

出一个负脉冲。

2. 同步十进制计数器

1）用 T 触发器构成同步十进制加法计数器

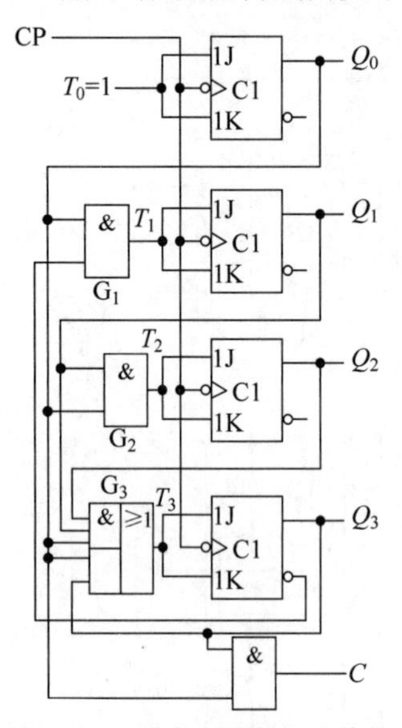

图 13-23 同步十进制加法计数器的逻辑图

在如图 13-17 所示的同步二进制加法计数器逻辑图的基础上略加修改，就可以得到同步十进制加法计数器，逻辑图如图 13-23 所示。

由图 13-23 可知，如果从 0000 开始计数，则直到输入第 9 个计数脉冲为止，它的工作过程与图 13-17 的二进制计数器相同。计入第 9 个计数脉冲后电路进入 1001 状态，这时 $\bar{Q}_3$ 的低电平使门 G_1 的输出为 0，而 Q_0 和 Q_3 的高电平使门 G_3 的输出为 1，所以 4 个触发器的输入控制端分别为 $T_0=1$、$T_1=0$、$T_2=0$、$T_3=1$。因此，当第 10 个计数脉冲输入后，电路返回 0000 状态。

由逻辑图 13-23 可写出驱动方程为

$$\begin{cases} T_0 = 1 \\ T_1 = \bar{Q}_3 Q_0 \\ T_2 = Q_1 Q_0 \\ T_3 = Q_2 Q_1 Q_0 + Q_3 Q_0 \end{cases} \tag{13-25}$$

将式(13-25)代入 T 触发器的特性方程可得到状态方程为

$$\begin{cases} Q_0^{n+1} = \bar{Q}_0 \\ Q_1^{n+1} = \bar{Q}_3 Q_0 \bar{Q}_1 + \overline{\bar{Q}_3 Q_0} Q_1 \\ Q_2^{n+1} = Q_1 Q_0 \bar{Q}_2 + \overline{Q_1 Q_0} Q_2 \\ Q_3^{n+1} = (Q_2 Q_1 Q_0 + Q_3 Q_0)\bar{Q}_3 + \overline{(Q_2 Q_1 Q_0 + Q_3 Q_0)} Q_3 \end{cases} \tag{13-26}$$

电路的输出方程为

$$C = Q_3 Q_0 \tag{13-27}$$

根据式(13-26)可以写出电路的状态转换表如表 13-8 所示，并画出状态转换图如图 13-24 所示。

表 13-8 同步十进制加法计数器的状态转换表

计数顺序	电路状态				等效十进制数	输出 C
	Q_3	Q_2	Q_1	Q_0		
0	0	0	0	0	0	0
1	0	0	0	1	1	0
2	0	0	1	0	2	0
3	0	0	1	1	3	0
4	0	1	0	0	4	0
5	0	1	0	1	5	0
6	0	1	1	0	6	0
7	0	1	1	1	7	0

续表

计数顺序	电路状态				等效十进制数	输出 C
	Q_3	Q_2	Q_1	Q_0		
8	1	0	0	0	8	0
9	1	0	0	1	9	1
10	0	0	0	0	0	0
0	1	0	1	0	10	0
1	1	0	1	1	11	1
2	0	1	1	0	6	0
0	1	1	0	0	12	0
1	1	1	0	1	13	1
2	0	1	0	0	4	0
0	1	1	1	0	14	0
1	1	1	1	1	15	1
2	0	0	1	0	2	0

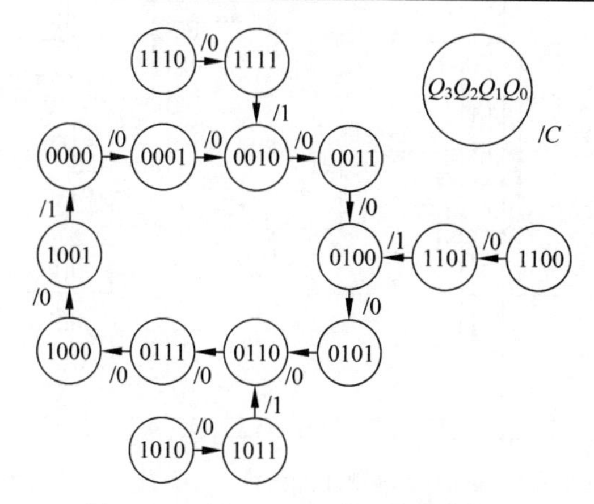

图 13-24　图 13-23 电路的状态转换图

中规模集成同步十进制加法计数器 74LS160 就是在如图 13-23 所示逻辑图的基础上增加预置数控制端、异步置零和保持功能得到的，其逻辑图如图 13-25 所示。图中 $\overline{\mathrm{LD}}$、$\bar{R}_D$、$D_3 \sim D_0$、EP、ET 等各输入端的功能和用法与图 13-20 所示逻辑图中对应的输入端用法相同，不再赘述。74LS160 的功能表与表 13-6 相同。所不同的是 74LS160 为十进制计数器而 74LS161 为十六进制计数器。

2）用 T 触发器构成的同步十进制减法计数器

同样，在如图 13-21 所示的同步二进制减法计数器的基础上，略加修改就得到同步十进制减法计数器，如图 13-26 所示。为了实现从 $Q_3Q_2Q_1Q_0=0000$ 状态减 1 后跳变到 1001 状态，在电路处于全 0 状态时用与非门 G_2 输出的低电平将与门 G_1 和 G_3 封锁，使 $T_1=T_2=0$。于是当下一个计数脉冲到达后，电路返回到 $Q_3Q_2Q_1Q_0=1001$ 状态。以后继续输入减法计数脉冲时，电路的工作情况就与图 13-21 所示的同步二进制减法计数器一样了。写电路的驱动方程、状态方程和输出方程的方法以及计算状态转换表和画状态转换图的方法与前述方法相同，此处不再赘述，可由读者自行完成。

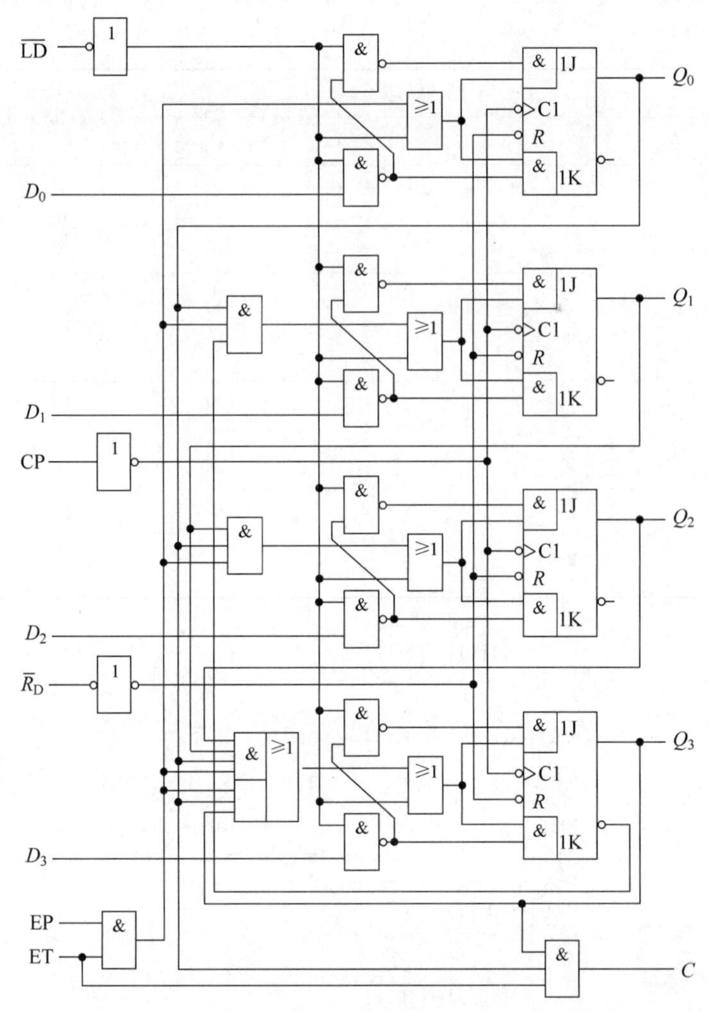

图 13-25　同步十进制加法计数器 74LS160 的逻辑图

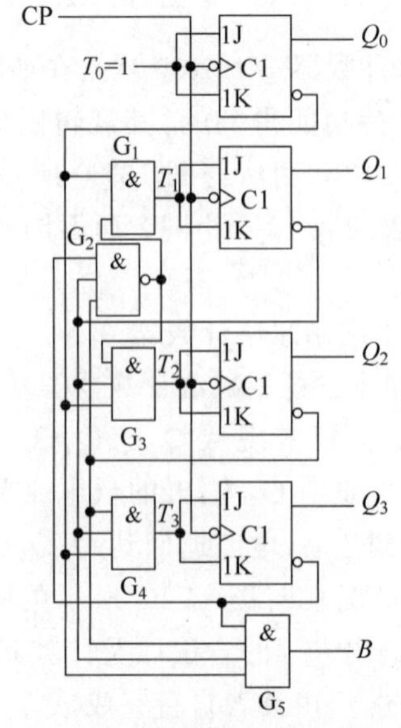

图 13-26　同步十进制减法计数器的逻辑图

CMOS 中规模集成同步十进制减法计数器 CC14522 就是在图 13-26 的基础上增加了预置数控制端和异步置零控制端得到的。

3）用 T 触发器构成的同步加/减计数器

将如图 13-23 所示的同步十进制加法计数器和如图 13-26 所示的同步十进制减法计数器的控制电路合并，并由一个加/减控制信号进行控制，就得到了同步十进制加/减计数器。单时钟同步十进制加/减计数器 74LS190 就是在此基础上又增加了附加控制端。其输入、输出端的功能及用法与 74LS191 的用法完全相同，功能表也与表 13-7 相同，所不同的就是计数长度不同，74LS191 为十六进制计数器而 74LS190 为十进制计数器。

13.3.2　异步计数器

仿真视频 13-6

1. 异步二进制计数器

1）异步二进制加法计数器

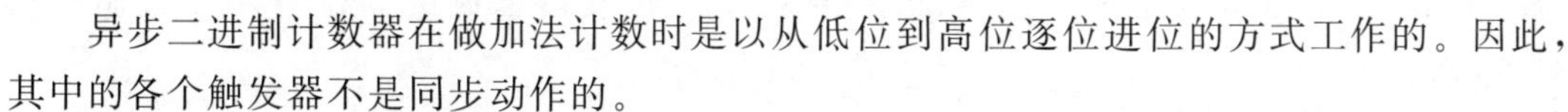

异步二进制计数器在做加法计数时是以从低位到高位逐位进位的方式工作的。因此，其中的各个触发器不是同步动作的。

按照二进制加法计数规则，第 i 位如果为 1，则再加上 1 时应变为 0，同时向高位发出进位信号，使高位动作。

仿真视频 13-7

若使用 T' 触发器构成计数器电路，则只需将低位触发器的 Q（或 $\bar{Q}$）端接至高位触发器的时钟输入端即可实现进位。当低位由 1 变为 0 时，Q 端的下降沿正好可以作为高位的时钟信号（若采用下降沿触发的 T' 触发器），或者 $\bar{Q}$ 端的上升沿作为高位的时钟信号（若采用上降沿触发的 T' 触发器）。

如图 13-27 所示为采用下降沿触发的 T' 触发器组成的 3 位异步二进制加法计数器。

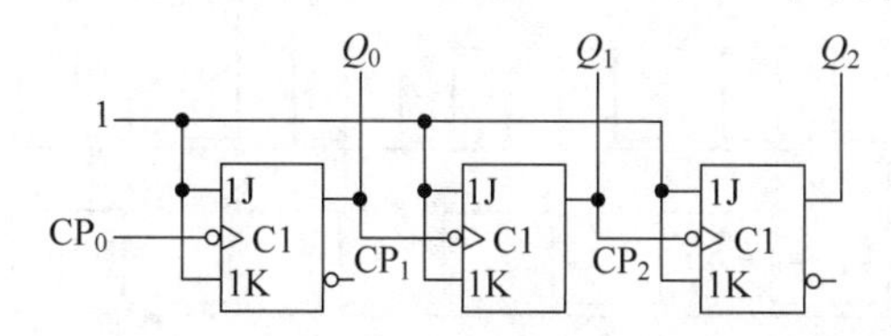

图 13-27　下降沿动作的 3 位异步二进制加法计数器

假设触发器的初始状态均为 0，根据 T' 触发器的动作规律即可画出在一系列 CP_0 作用下 Q_0、Q_1、Q_2 的电压波形，如图 13-28 所示。由图可以看出，触发器输出端新状态的建立要比 CP 下降沿滞后一个传输延迟时间 t_{pd}。

若采用上升沿触发的 T' 触发器构成异步二进制加法计数器，则将低位触发器的 $\bar{Q}$ 端连接到高位触发器的时钟脉冲输入端即可。

2）异步二进制减法计数器

按照二进制减法计数规则，若低位触发器已经为 0，则再输入一个减法计数脉冲后应动作为 1，同时向高位发出借位信号，使高位动作。

若使用 T' 触发器构成计数器电路，则只需将低位触发器的 $\bar{Q}$（或 Q）端接至高位触发器的时钟输入端即可实现进位。当低位由 0 变为 1 时，$\bar{Q}$ 端的下降沿正好可以作为高位的时钟信号（若采用下降沿触发的 T' 触发器），或者 Q 端的上升沿作为高位的时钟信号（若采用上降沿触发的 T' 触发器）。

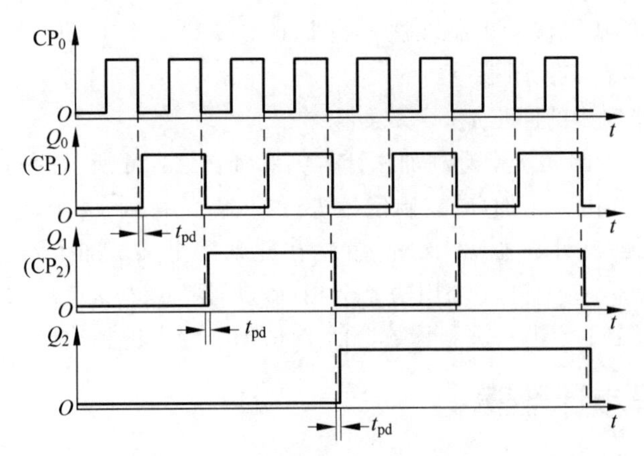

图 13-28　图 13-27 电路的时序图

如图 13-29 所示电路为采用下降沿触发的 T' 触发器组成的 3 位异步二进制减法计数器。

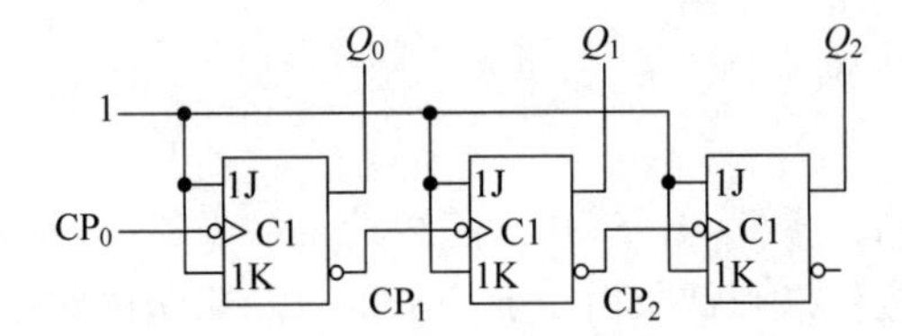

图 13-29　下降沿动作的 3 位异步二进制减法计数器

仍然假设触发器的初始状态均为 0，则如图 13-29 所示电路的时序图如图 13-30 所示。

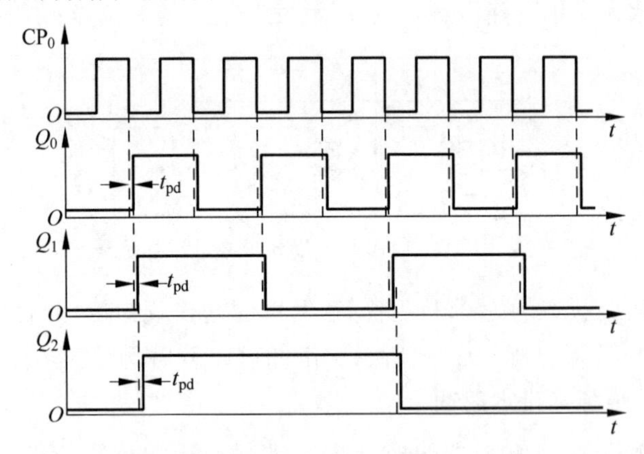

图 13-30　图 13-29 所示电路的时序图

若采用上升沿触发的 T' 触发器构成异步二进制减法计数器，则将低位触发器的 Q 端连接到高位触发器的时钟脉冲输入端即可。

2. 异步十进制计数器

1）用 JK 触发器构成的异步十进制计数器

异步十进制加法计数器是在 4 位异步二进制加法计数器的基础上得到的，如图 13-31 所示。修改时主要解决的问题是如何使 4 位二进制计数器在计数过程中跳过 1010～1111 这 6 个状态。假定所选用的触发器都是 TTL 电路，J、K 悬空时相当于逻辑 1 电平。

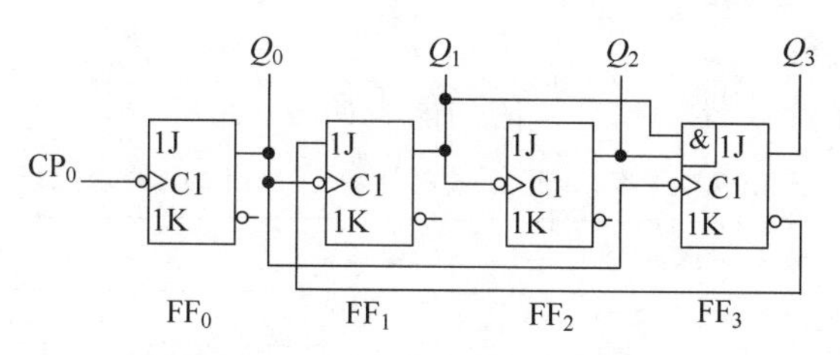

图 13-31 异步十进制加法计数器

如果计数器从 $Q_3Q_2Q_1Q_0=0000$ 开始计数，由图 13-31 可知，触发器 FF_0、FF_1 和 FF_2 的信号输入端 J、K 始终为 1，即为 T' 触发器，在输入第 8 个计数脉冲之前，其工作过程和异步二进制加法计数器相同。在此期间虽然 Q_0 输出的脉冲也送给了触发器 FF_3，但是由于每次 Q_0 的下降沿到达时 $J_3=Q_2Q_1=0$，$K_3=1$，所以触发器 FF_3 一直保持 0 状态不变。

当第 8 个计数脉冲输入时（此时计数器的状态为 $Q_3Q_2Q_1Q_0=0111$），由于 $J_3=K_3=1$，所以 Q_0 的下降沿到达后 Q_3 由 0 变为 1。同时 J_1 也随着 $\bar{Q}_3$ 变为 0。第 9 个计数脉冲输入以后，电路状态变为 $Q_3Q_2Q_1Q_0=1001$。第 10 个计数脉冲输入后，触发器 FF_0 翻转成 0，同时 Q_0 的下降沿使触发器 FF_3 置 0，于是电路从 1001 返回到 0000，跳过了 1010～1111 这 6 个状态，成为十进制计数器。

对于图 13-31 的具体分析过程，读者可以仿照例题 13.3 的分析方法，此处不再赘述。

2）异步二-五-十进制计数器 74LS290

74LS290 就是按照如图 13-31 所示电路的原理制成的异步十进制计数器，只不过为了增加使用的灵活性，触发器 FF_1 和 FF_3 的时钟信号 CP 端没有与 Q_0 端连接在一起，而是从 CP_1 端单独引出。其逻辑图如图 13-32(a)所示，逻辑符号如图 13-32(b)所示。

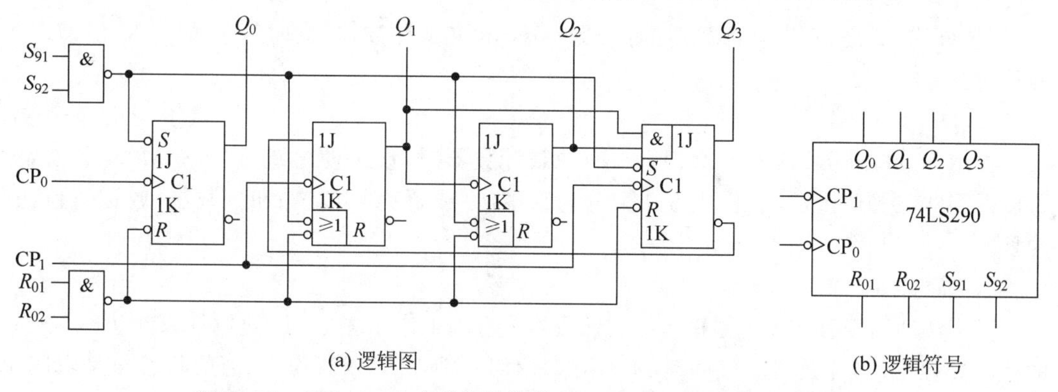

图 13-32 异步二-五-十进制计数器 74LS290 的逻辑图和逻辑符号

若以CP_0 为计数输入端、Q_0 为输出端，则得到二进制计数器；若以CP_1 为计数输入端、$Q_3Q_2Q_1$ 为输出端，则得到五进制计数器；若将CP_1 与 Q_0 相连，同时以CP_0 为计数输入端、$Q_3Q_2Q_1Q_0$ 为输出端，则得到十进制计数器。因此该电路又称为二-五-十进制计数器。

另外，若以CP_1 为计数输入端，以 $Q_3Q_2Q_1$ 构成五进制计数器，同时 Q_3 接至CP_0 端。当 $Q_3Q_2Q_1$ 由 100 变到 000 时，即CP_0 由 1 变为 0，Q_0 实现二进制计数器，因此实现 $2\times5=10$ 的 5421 码计数，输出自高位到低位的顺序为 $Q_0Q_3Q_2Q_1$，对应的权值分别为 5、4、2、1。

此外，还附加了两个异步置 0 输入端 R_{01}、R_{02} 和两个异步置 9 输入端 S_{91} 和 S_{92}。当 $R_{01}=R_{02}=1$ 且 $S_{91}S_{92}=0$ 时，将计数器置成 0000 状态，当 $S_{91}=S_{92}=1$ 且 $R_{01}R_{02}=0$ 时，

将计数器置成1001状态。

异步二-五-十进制计数器74LS290的功能表如表13-9所示。

表13-9　异步二-五-十进制计数器74LS290的功能表

输入						输出			
R_{01}	R_{02}	S_{91}	S_{92}	CP_0	CP_1	Q_3	Q_2	Q_1	Q_0
1	1	0	×	×	×	0	0	0	0
1	1	×	0	×	×	0	0	0	0
0	×	1	1	×	×	1	0	0	1
×	0	1	1	×	×	1	0	0	1
0	×	0	×	↓	—	二进制计数			
×	0	×	0	—	↓	五进制计数			
×	0	0	×	↓	Q_0	8421码十进制计数			
0	×	×	0	Q_3	↓	5421码十进制计数			

仿真视频 13-8

13.3.3　任意进制计数器

仿真视频 13-9

目前集成计数器电路产品主要有十进制、十六进制、7位二进制、12位二进制、14位二进制等。在需要其他任意一种进制的计数器时，只能用已有的计数器产品经过外电路的不同连接方式得到。

假定已有的是N进制计数器，而需要一种M进制计数器，这时分为$M<N$和$M>N$两种情况。

1. $M<N$的情况

在用N进制计数器构成$M(M<N)$进制计数器时，设法使之跳过$(N-M)$个状态，就可以得到M进制计数器。构成方法又分为置零法（或称为复位法）和置数法（或称置位法）两种。

仿真视频 13-10

1）置零法

置零法适用于有异步置零输入端的计数器。它的工作原理是：N进制计数器$0\sim(N-1)$的计数过程中，当计数器的值计到M时立即返回0，所以计数器为M值的状态只是瞬间出现，在稳定的循环状态中只包含$0\sim(M-1)$个状态。

仿真视频 13-11

【例题13.6】 利用置零法分别将同步十进制计数器74LS160和异步二-五-十进制计数器74LS290接成六进制计数器，并设计进位输出端C_O。

解： 如图13-33所示电路为采用置零法将74LS160接成的六进制计数器。计数器处于计数状态时应使计数控制端EP和ET接成高电平1，而且将不用的预置数控制端$\overline{LD}$接成高电平1。计数器从0000开始计数，当计数到$Q_3Q_2Q_1Q_0=0101$时，通过与门译码输出一个高电平的进位输出。当计到$Q_3Q_2Q_1Q_0=0110$状态时，通过与非门将0110译码输出低电平信号给异步置零端$\bar{R}_D$，立即将计数器置成0000状态，因此状态0110只是瞬间状态。因此电路的稳定循环状态为0000～0101共6个状态，为六进制计数器。因为该六进制计数器的最大计数状态为 0101，而 74LS160 的最大计数状态为 1001，故需重新设计进位输出端，可以将 Q_2 与 Q_0 相与作为进位输出端 C_O，当计数状态为 0101 时有进位输出。电路的状态转换图如图 13-34 所示。

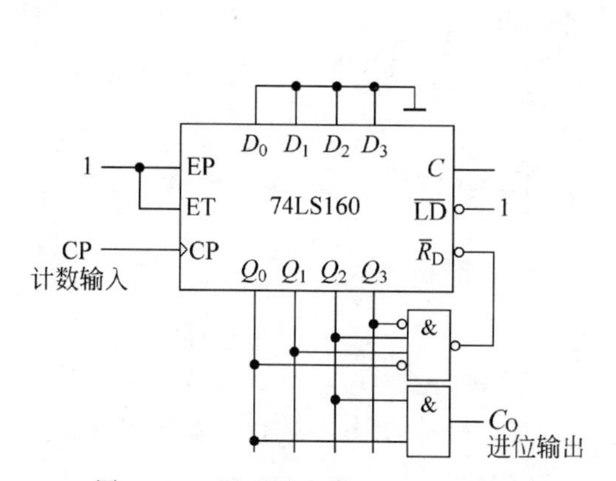

图 13-33　用置零法将 74LS160 接成六进制计数器

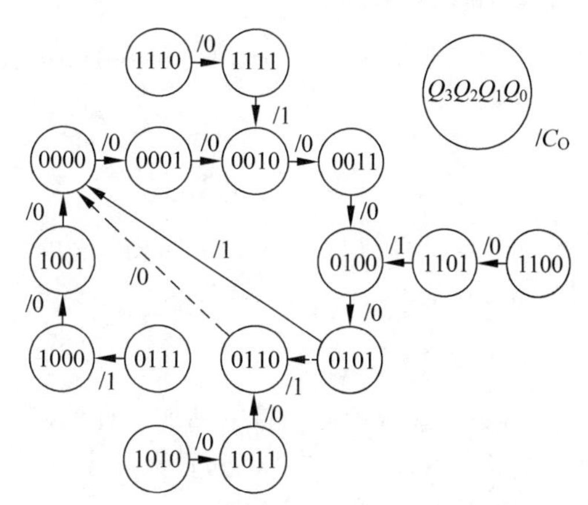

图 13-34　图 13-33 电路的状态转换图

由于置零信号随着计数器置零而立即消失，所以置零信号持续时间很短。如果计数器中的触发器的复位速度有快有慢，则可能出现动作慢的触发器还未来得及复位而置零信号已经消失的情况，导致电路误动作。因此，采用门电路输出直接接到置零端不可靠。

为了克服这个缺点，可以采用如图 13-35 所示的连接方法。置零信号通过 G_2 和 G_3 组成的 RS 触发器输出到 $\bar{R}_D$，这样即使 G_1 的输出低电平消失，但基本 RS 触发器的状态仍保持不变，一直到计数脉冲 CP 回到低电平，置零信号才消失。可见，加到计数器 $\bar{R}_D$ 端的置零信号与输入计数脉冲的高电平持续时间相等。同时，进位输出脉冲也可以从基本 RS 触发器的 Q 端引出。这个脉冲的宽度与计数脉冲的高电平宽度相等。在有的计数器产品中，将 G_1、G_2、G_3 组成的附加电路直接制作在计数器芯片上，这样在使用时就不用外接附加电路了。

如图 13-36 所示电路为采用置零法将 74LS290 接成的六进制计数器。首先必须将其接成十进制计数器，然后采用置零法将其接成六进制计数器。由于 74LS290 的异步复位端 R_{01} 和 R_{02} 均为高电平有效，因此当计数器从 0000 开始计数，当计数到 0110 状态时，经与门

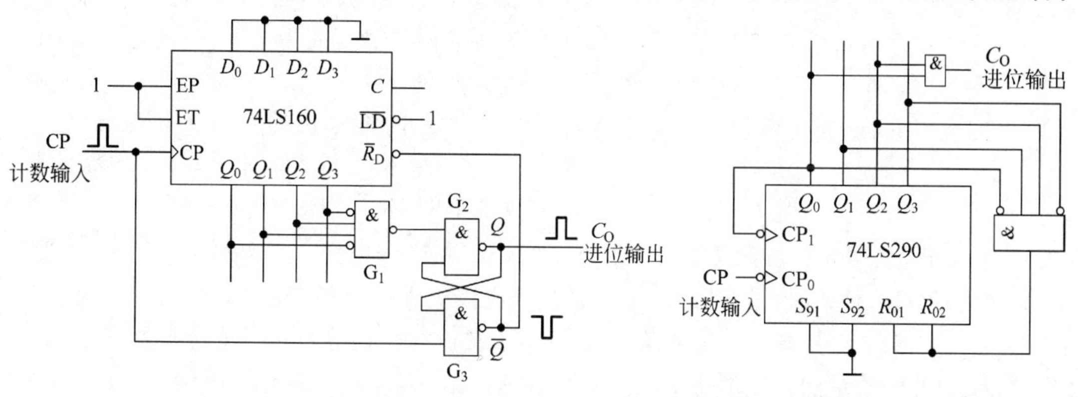

图 13-35　图 13-33 的改进电路

图 13-36　用置零法将 74LS290 接成的六进制计数器

译码产生一个高电平给 R_{01} 和 R_{02}，立即将触发器置成 0000 状态。因此，电路的稳定循环状态为 0000～0101，是六进制计数器。将 Q_2 和 Q_0 相与作为进位输出端 C_O。电路的状态转换图如图 13-37 所示。

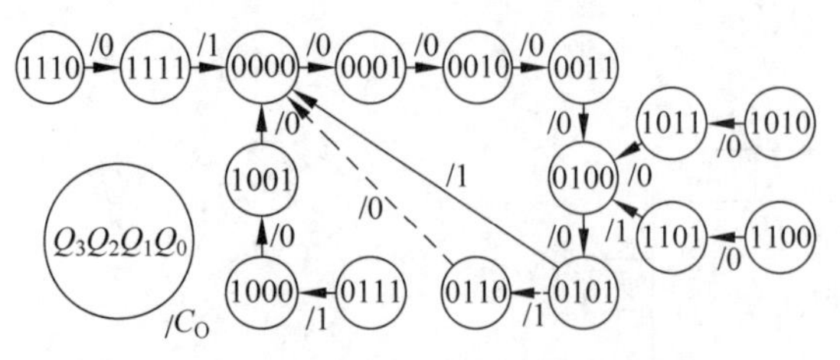

图 13-37　图 13-36 电路的状态转换图

2）置数法

置数法适合于有预置数功能的计数器。它的工作原理是：通过给计数器置入某个数值的方法跳过（$N-M$）个状态，置数操作可以在电路的任何一个状态下进行。置数法又分为同步预置数和异步预置数两种。

（1）对于带有同步预置数功能的计数器（如 74LS160、74LS161 等），$\overline{\mathrm{LD}}=0$ 的信号只有在下一个 CP 信号到来时，才将要置入的数据置入计数器，因此稳定状态包含此置入的状态。

【例题 13.7】 用置数法将 74LS161 接成六进制计数器，计数状态为 0100～1001，并设计进位输出端 C_O。

解：如图 13-38 所示电路为采用置数法将 74LS161 接成的六进制计数器。计数器处于计数状态时应使计数控制端 EP 和 ET 接成高电平 1，而且将不用的异步置零端 $\bar{R}_D$ 接成高电平 1，并且使数据输入端 $D_3D_2D_1D_0=0100$。当计数器计数到 $Q_3Q_2Q_1Q_0=1001$ 时，通过与非门译码输出一个低电平信号给预置数控制端 $\overline{\mathrm{LD}}$，当下一个 CP 信号到达时置入数据 0100，然后再从 0100 开始计数，所以状态 1001 可以稳定保持一个时钟周期。因此电路的稳定循环状态为 0100～1001 共 6 个状态，为六进制计数器。因为该六进制计数器的最后一个状态为 1001，而 74LS161 的最大计数状态为 1111，所以不可以利用 74LS161 的进位端 C 作为进位输出，可以将 Q_3 与 Q_0 相与作为输出端 C_O。电路的状态转换图如图 13-39 所示。

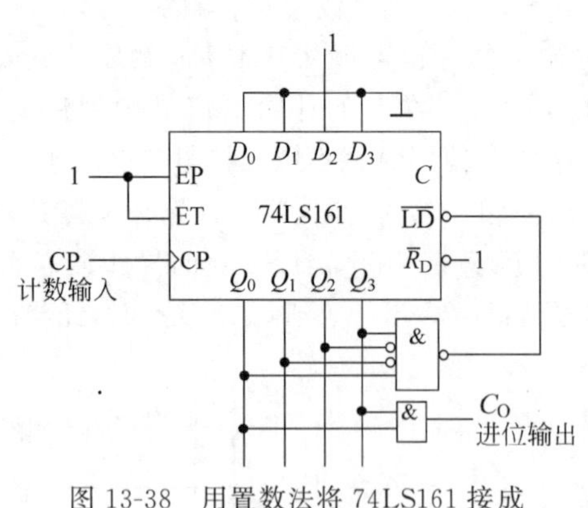

图 13-38　用置数法将 74LS161 接成六进制计数器

（2）对于带有异步预置数功能的计数器（74LS190、74LS191 等），只要 $\overline{\mathrm{LD}}=0$ 信号一出现，立即会将数据置入计数器中。因此，$\overline{\mathrm{LD}}=0$ 的信号应该从最后一个有效状态的下一个状态译出。而对于 74LS290 具有异步置 9 端，因此它可以接成初始状态为 9 的任意进制计数器。

【例题 13.8】 利用置 9 端将 74LS290 接成六进制计数器，计数状态为 1001～0100。

解：图 13-40 为利用置 9 端将 74LS290 接成的六进制计数器。因为具有异步置 9 端，所以从最后一个有效状态 0100 的下一个状态 0101 译码产生一个高电平信号给置 9 控制

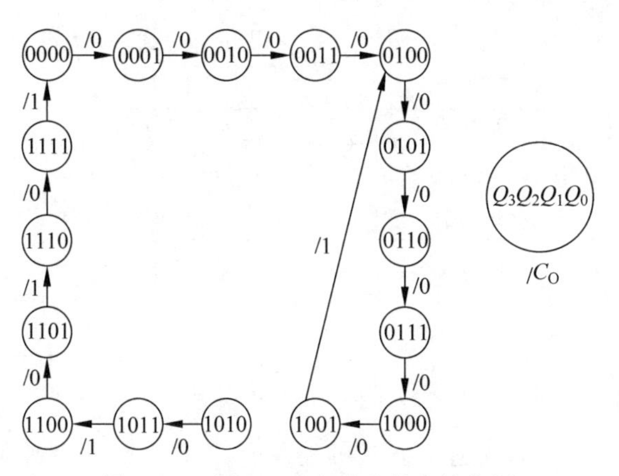

图 13-39 图 13-38 电路的状态转换图

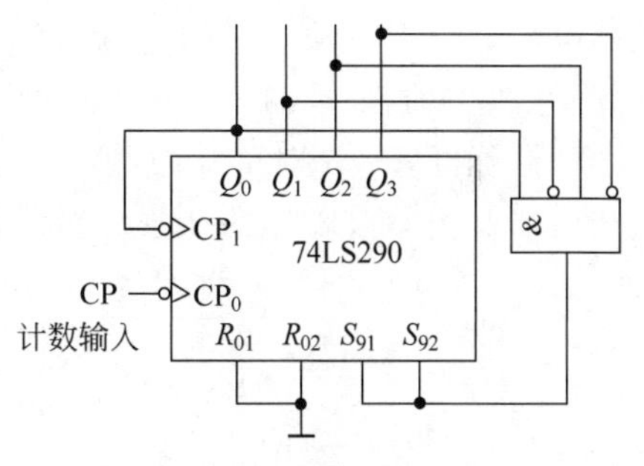

图 13-40 利用置 9 端将 74LS290 接成六进制计数器

端。当计数器计到 $Q_3Q_2Q_1Q_0=0101$ 时，经与门产生一个高电平信号给 S_{91} 和 S_{92}，计数器的状态立即变为 $Q_3Q_2Q_1Q_0=1001$，因此 0101 为瞬间状态。所以电路的稳定循环状态为 1001、0000、0001、0010、0011、0100 六个状态。

2. $M>N$ 的情况

当用 N 进制计数器构成 $M(M>N)$ 进制计数器时，需要多片 N 进制计数器组合而成。多片 N 进制计数器的连接方式有串行进位方式、并行进位方式、整体置零方式和整体置数方式。下面仅以两级之间的连接为例说明这 4 种连接方式。

1）串行进位方式和并行进位方式

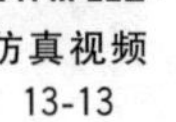

串行进位方式是以低位片的进位输出信号作为高位片的时钟输入信号；在并行进位方式中是以低位片的进位输出信号作为高位片的工作状态控制信号，两个芯片的 CP 输入端同时接计数输入信号。

若 M 可以分解为两个小于 N 的因数相乘，即 $M=N_1\times N_2$，则可以采用串行进位方式或并行进位方式将一个 N_1 进制计数器和一个 N_2 进制计数器连接起来，构成 M 进制计数器。

【例题 13.9】 分别用并行进位和串行进位方式将两片同步十进制计数器 74LS160 接成四十进制计数器。

解：$M=40, N_1=10, N_2=4$，可以将两个芯片按串行进位和并行进位两种方式连接成四十进制计数器。

如图 13-41 所示电路是并行进位方式的连接。第 1 片接成十进制计数器，第 2 片接成四进制计数器。第 1 片的 $\overline{LD}$、$\bar{R}_D$、EP 和 ET 接到高电平，始终工作在计数状态，第 1 片的进位输出 C 作为第 2 片的 EP、ET 输入。当第 1 片计数为 0(0000)～8(1000)时，其 C 为低电平，第 2 片不能工作在计数状态，而当第 1 片计到 9(1001)时 C 变为 1，这时使第 2 片为计数工作状态，下一个 CP 到达时，第 2 片计数加 1，同时第 1 片变为 0(0000)，它的 C 端回到低电平。当第 39 个时钟脉冲到达时，计数器的状态为 39(第 2 片为 0011，第 1 片为 1001)，再到下一个 CP 到来时，第 2 个芯片变为 0100，瞬间又复位为 0000，同时第 1 芯片从 1001 状态回到 0000 状态，也即计数器回到计数初值 0。该电路的计数状态为 0～39 共 40 个状态。

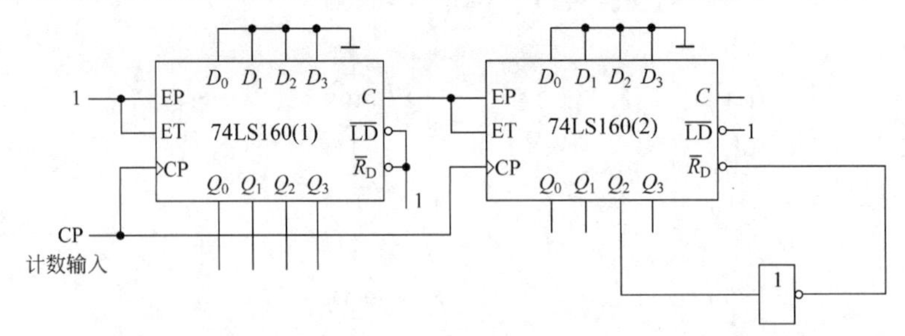

图 13-41　用并行进位方式接成的四十进制计数器

如图 13-42 所示电路是串行进位方式的连接。第 1 片接成十进制计数器，其$\overline{\mathrm{LD}}$、$\bar{R}_\mathrm{D}$、ET、EP 均接成高电平，始终处于计数状态。第 2 片接成四进制计数器，其 $\bar{R}_\mathrm{D}$、ET、EP 均接成高电平，其 CP 受第 1 片的 C 端控制，当第 1 片计数到 9(1001)时，其 C 端输出高电平，再回到 0(0000)时，C 端输出一个下降沿，经反相器后为上升沿，此时第 2 片计数加 1，当计数到 39 时，若再来一个时钟脉冲，第 1 片回到 0(0000)，而第 2 片重新置入 0000，也即回到计数初值 0，因此该计数器的计数状态为 0～39，共计 40 个状态，因此为四十进制计数器。

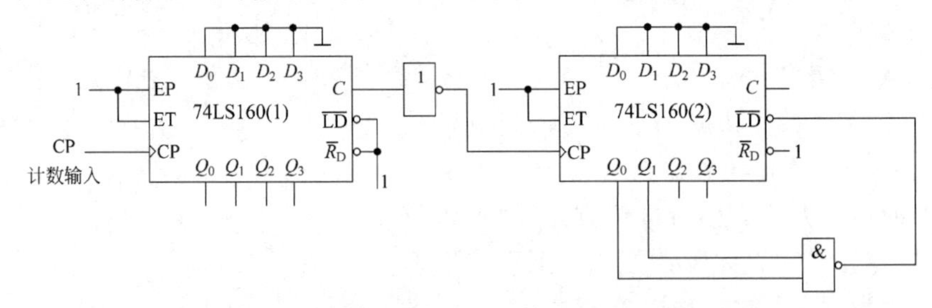

图 13-42　用串行进位方式接成的四十进制计数器

2）整体置零和整体置数方式

这两种方式首先都需要将两片 N 进制计数器按最简单的方式接成一个大于 M 进制的计数器(例如 $N \times N$)，并且把这个整体看成是一个计数器，在此基础上，再利用前面讲述过的置零与置数方法进行整体置零或整体置数。对于整体置零法是在计数器计为 M 状态时译码出异步置零信号，将两片 N 进制计数器同时置零。而对于整体置数法是在选定的某一个状态下译码出预置数控制信号，将两个 N 进制计数器同时置入初始值，跳过多余的状态，获得 M 进制计数器。

对于 M 不能分解成 $N_1 \times N_2$ 时，必须用整体置零法或整体置数法。当然对于能够分解成 $N_1 \times N_2$ 时，除了采用前面讲过的串行进位和并行进位方式外也可以采用整体置零和整体置数法。

【例题 13.10】 试分别用整体置零法和整体置数法将两片同步十进制计数器 74LS160 接成四十七进制计数器。

解：因为 $M=47$ 是一个素数，所以必须用整体置零法或整体置数法构成四十七进制计数器。

图 13-43 是整体置零方式的接法。首先将两片 74LS160 以并行进位方式接成一百进制计数器。在此基础上，采用置零法。当计数器从全 0 状态开始计数，计到 47 个脉冲时，经译码产

生低电平信号至两片的异步置零端$\overline{R}_D$，则两片 74LS160 同时置零，于是得到四十七进制计数器。

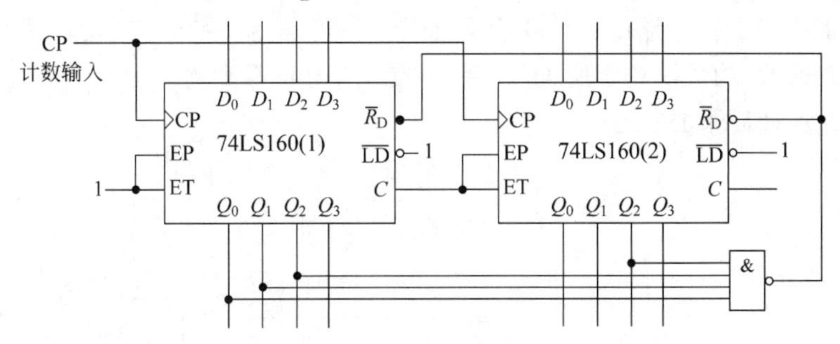

图 13-43 用整体置零方式接成的四十七进制计数器

图 13-44 是整体置数方式的接法。首先将两片 74LS160 以并行进位方式接成一百进制计数器。在此基础上，采用置数法。当计数器从全 0 状态开始计数，计到 46 个脉冲时，经译码产生低电平信号至两片的同步预置数控制端$\overline{LD}$，在下一个 CP 上升沿到达时，两片 74LS160 同时置入初始值，于是得到四十七进制计数器。

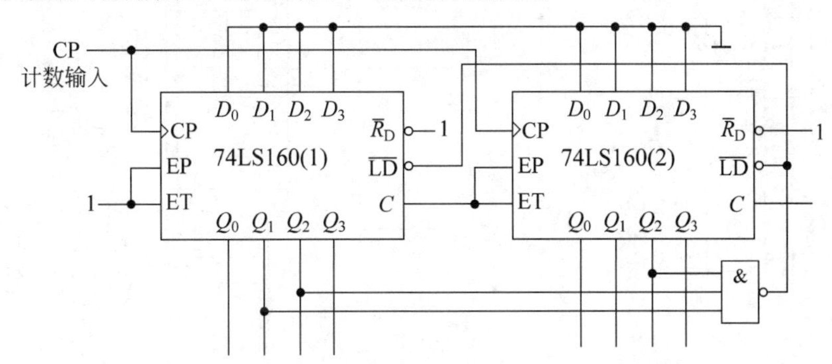

图 13-44 用整体置数法接成的四十七进制计数器

13.4 寄存器和移位寄存器

知识拓展
13-2

寄存器是数字系统和计算机系统中用于存储二进制代码等运算数据的一种逻辑器件。通常称仅有并行输入、输出数据功能的寄存器为锁存器，称具有串行输入、输出数据功能的，或者同时具有串行和并行输入、输出数据功能的寄存器为移位寄存器。根据移位寄存器存入数据的移动方向，又分为左移寄存器和右移寄存器。同时具有右移和左移存入数据功能的寄存器称为双向移位寄存器。移位寄存器根据输出方式的不同，有串行输出移位寄存器和并行输出移位寄存器。

13.4.1 寄存器

触发器是构成寄存器的主要逻辑器件，每个触发器可以存储一位二进制数码，因此，要存储 n 位二进制数码，必须用 n 个触发器来构成。对寄存器中的触发器只要求它们具有置 1、置 0 的功能即可。

如图 13-45 所示为用维持阻塞 D 触发器组成的 4 位寄存器 74LS175 的逻辑图，其动作特点是触发器输出端的状态仅仅取决于 CP 上升沿到达时刻 D 端的状态。

为了增加使用的灵活性，在有些寄存器电路中还附加了一些控制电路。如CMOS电路CC4076就是带有附加控制端的4位寄存器如图13-46所示。CC4076增添了异步置零、输出三态控制和“保持”功能。这里所说的“保持”是指CP信号到达时触发器不随输入信号D而改变状态，而保持原来的状态。

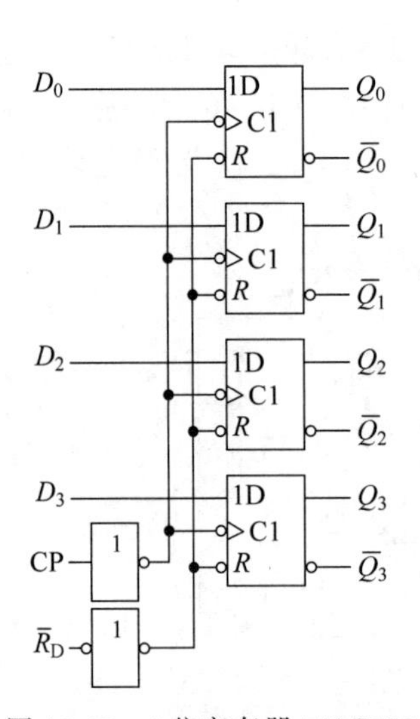

图13-45　4位寄存器74LS175的逻辑图

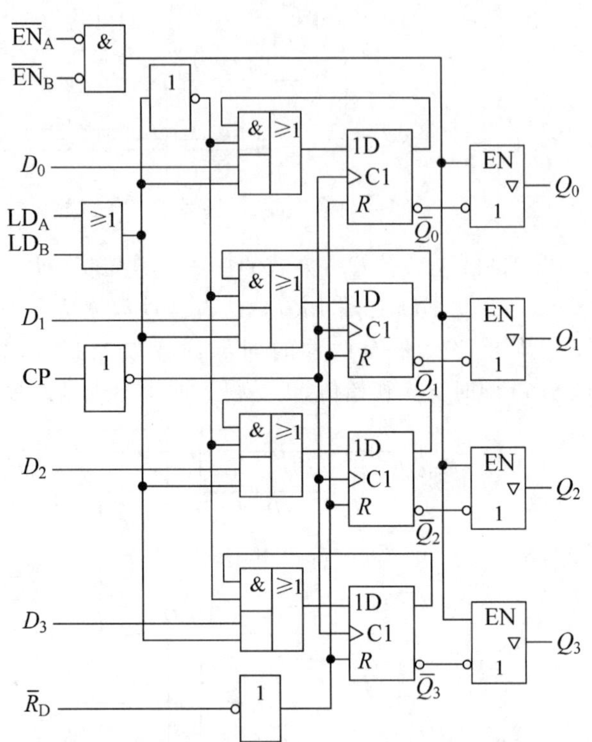

图13-46　带有附加控制端的4位寄存器CC4076

电路中的$\bar{R}_D$为异步复位端，当$\bar{R}_D=0$时寄存器中的数据直接清除，不受时钟信号的控制。

$\overline{EN}_A$和$\overline{EN}_B$为寄存器的使能端。当$\overline{EN}_A=\overline{EN}_B=0$时，寄存器处于正常工作状态，而当$\overline{EN}_A+\overline{EN}_B=1$时，寄存器处于高阻状态。

在电路的使能端有效的情况下，当$LD_A+LD_B=1$时，电路处于装入数据的工作状态，输入数据D_3、D_2、D_1、D_0，在CP信号的下降沿到达后，将输入数据存入对应的触发器中。当$LD_A+LD_B=0$时，电路处于保持状态。即CP信号下降沿到达后触发器接收的是原来Q端的状态。

4位寄存器CC4076的工作状态表如表13-10所示。

表13-10　4位寄存器CC4076的工作状态表

$\bar{R}_D$	$\overline{EN}_A$	$\overline{EN}_B$	LD_A	LD_B	状　态
0	×	×	×	×	异步复位
1	0	0	0	0	保持
1	0	0	0	1	CP下降沿到达时，将输入数据存入对应触发器中
			1	0	
			1	1	

续表

$\bar{R}_D$	$\overline{EN_A}$	$\overline{EN_B}$	LD_A	LD_B	状　态
1	0	1	×	×	高阻状态
	1	0	×	×	
	1	1	×	×	

在上面介绍的两个寄存器电路中，接收数据时各位代码是同时输入的，而且触发器中的数据是并行地出现在输出端的，因此将这种输入、输出方式叫并行输入、并行输出方式。

13.4.2 移位寄存器

仿真视频 13-14

移位寄存器除了具有存储代码的功能以外，还具有移位功能。所谓移位功能，是指寄存器里存储的代码能在移位脉冲的作用下依次左移或右移。因此，移位寄存器不但可以用来寄存代码，还可以用来实现数据的串行-并行转换、数值的运算以及数据处理等。

如图 13-47 所示的电路是由边沿 D 触发器组成的 4 位右移移位寄存器。

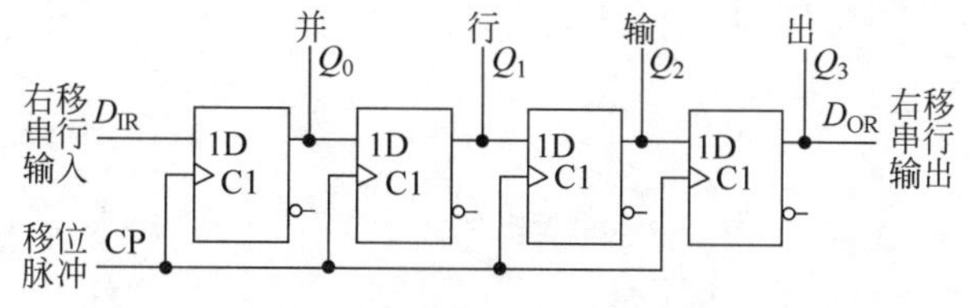

图 13-47　用边沿 D 触发器组成的右移移位寄存器

在输入数据之前将 4 个触发器置 0，即 $Q_0Q_1Q_2Q_3=0000$，然后依次输入数据 1011。经过 4 个 CP 信号以后，串行输入的 4 位代码就全部移入了移位寄存器中，寄存器的状态为 $Q_0Q_1Q_2Q_3=1101$，同时在 4 个触发器的输出端得到了并行输出的代码。各个触发器输出端在移位过程中的电压波形如图 13-48 所示。因此，利用移位寄存器可以实现代码的串行-并行转换。

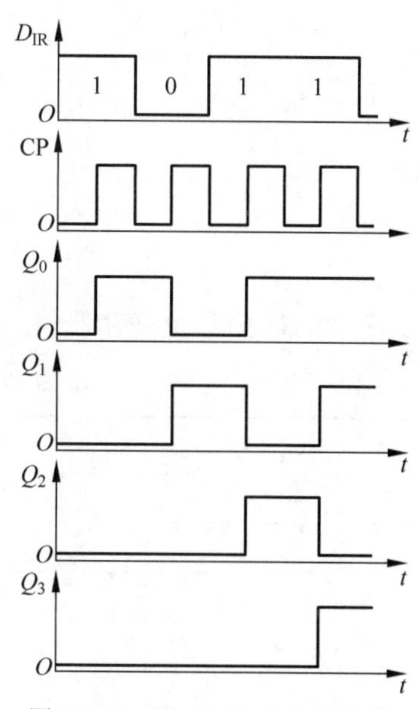

图 13-48　图 13-47 的电压波形

如果首先将 4 位数据并行地置入移位寄存器的 4 个触发器中，然后连续加入 4 个移位脉冲，则移位寄存器里的 4 位代码将从串行输出端 D_{OR} 依次送出，从而实现了数据的并行-串行转换。同样地，也可以用 4 个边沿 D 触发器组成 4 位左移移位寄存器。

为了便于扩展逻辑功能和增加使用的灵活性，在定型生产的移位寄存器集成电路上有的又附加了左、右移控制、数据并行输入、保持、异步置零（复位）等功能。74LS194 就是这样一个 4 位双向移位寄存器，其逻辑图如图 13-49(a)所示，逻辑符号如图 13-49(b)所示。

在图 13-49(a)中，74LS194 由 4 个触发器和各自的输入控制电路组成，电路内的 4 个触发器都是 CP 上升沿触发。其中的 D_{IR} 为数据右移串行输入端，D_{IL} 为数据左移串行输入端，$D_0 \sim D_3$ 为数据并行输入端，$Q_0 \sim Q_3$ 为数据并行输出端。$\bar{R}_D$ 为异步清零端，低电平有

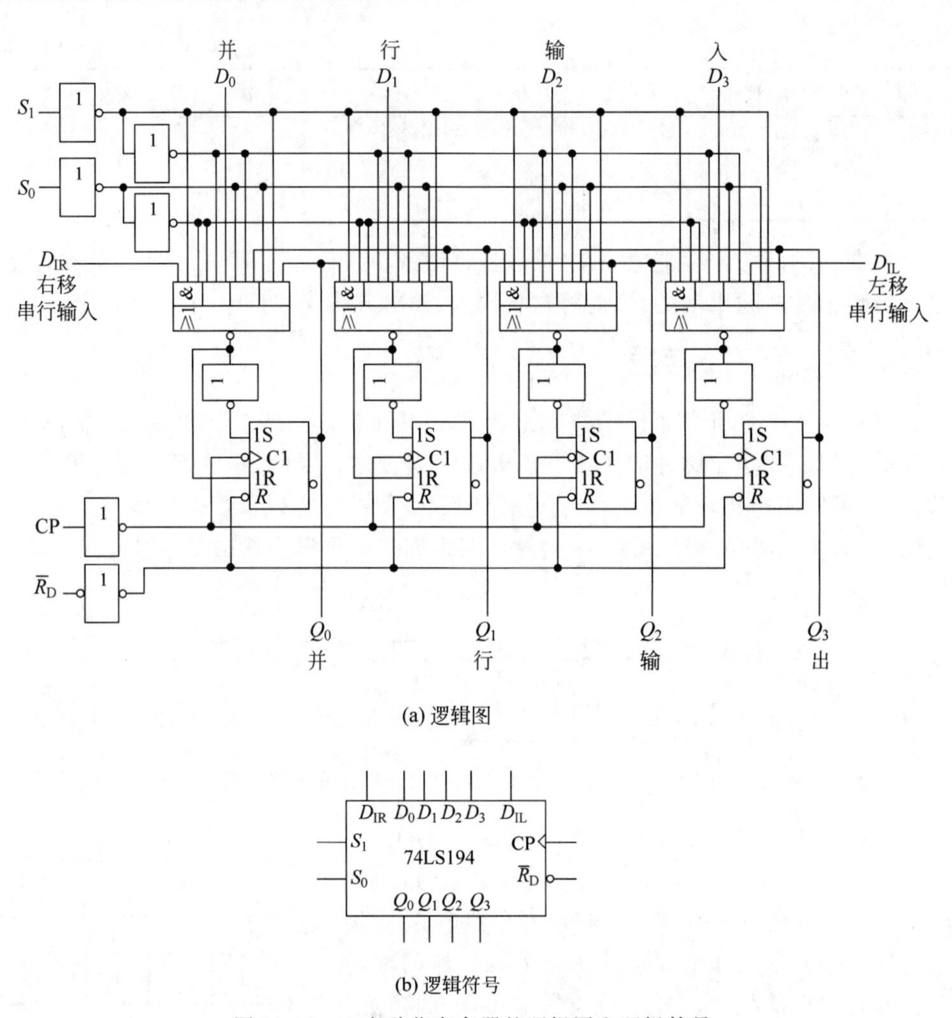

(a) 逻辑图

(b) 逻辑符号

图 13-49　双向移位寄存器的逻辑图和逻辑符号

效。S_1 和 S_0 为移位寄存器的工作状态控制端。74LS194 的功能表如表 13-11 所示。

表 13-11　双向移位寄存器 74LS194 的功能表

$\overline{R}_D$	S_1	S_0	工作状态
0	×	×	异步清零
1	0	0	保持状态
1	0	1	右移
1	1	0	左移
1	1	1	CP 上升沿时并行置入数据

13.5　可编程逻辑器件

可编程逻辑器件(Programmable Logic Device,PLD)是 20 世纪 80 年代发展起来的有划时代意义的新型逻辑器件,它是一种半定制的集成电路,在其内部集成了大量的门电路和触发器等基本逻辑单元电路，用户通过编程来改变PLD内部电路的逻辑关系或连线，就可以得到所需要的设计电路。

可编程逻辑器件具有集成度高、可靠性好、工作速度快、系统设计灵活、设计周期短、系统的保密性能好、成本低等优点，给数字系统的设计带来了很多方便。目前可编程逻辑器件正朝着更高速、更高集成度、更强功能、更灵活的方向发展。

13.5.1 PLD的电路表示法

由于在可编程逻辑器件中，含有大量的门阵列，门的输入也较多，为了便于图解，在PLD器件中通常采用一些简单画法。

1. PLD阵列连接的表示法

PLD中阵列交叉点上的画法有3种，它们是固定的硬件连接、可编程断开连接和可编程接通连接。具体画法如图13-50所示。

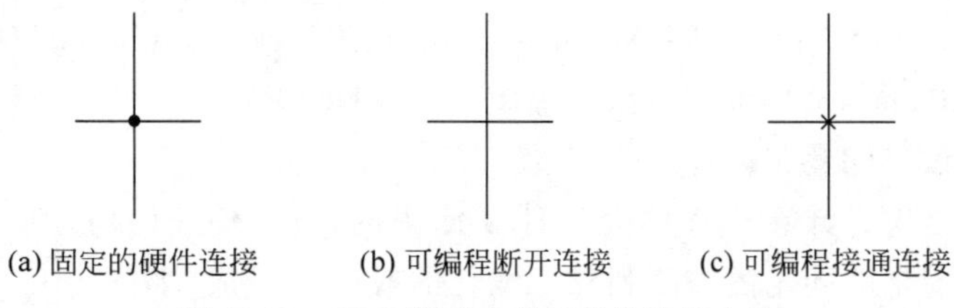

图13-50 PLD阵列中交叉点的连接方法

2. 输入缓冲表示法

PLD的输入缓冲器和反馈缓冲器都采用互补的输出结构，以产生原变量和反变量两个互补信号，如图13-51所示。

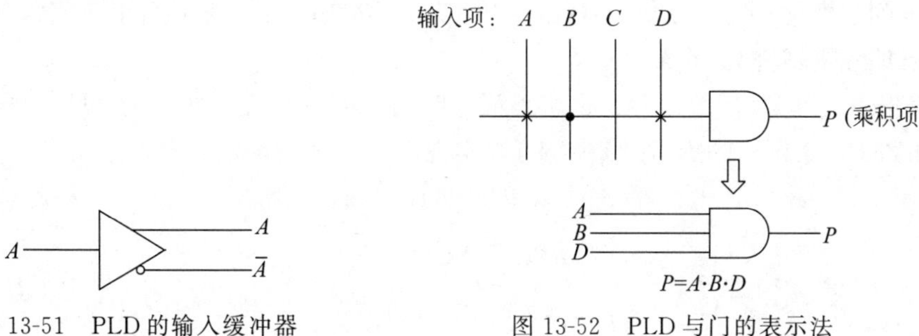

图13-51 PLD的输入缓冲器　　图13-52 PLD与门的表示法

3. PLD的与门和或门的表示法

与、或阵列是PLD中的基本逻辑阵列，它们由若干与门和或门组成，每个门都是多输入、多输出的形式。PLD与门的表示法如图13-52所示。PLD或门的表示法如图13-53所示。图13-54所示的与或阵列表示的逻辑函数为

$$Y_1=\overline{A}\,\overline{B}\overline{C}+\overline{A}\,\overline{B}C+\overline{A}B\overline{C}$$

$$Y_2=\overline{A}\,\overline{B}C+\overline{A}B\overline{C}$$

$$Y_3=\overline{A}\,\overline{B}\overline{C}+\overline{A}\,\overline{B}C$$

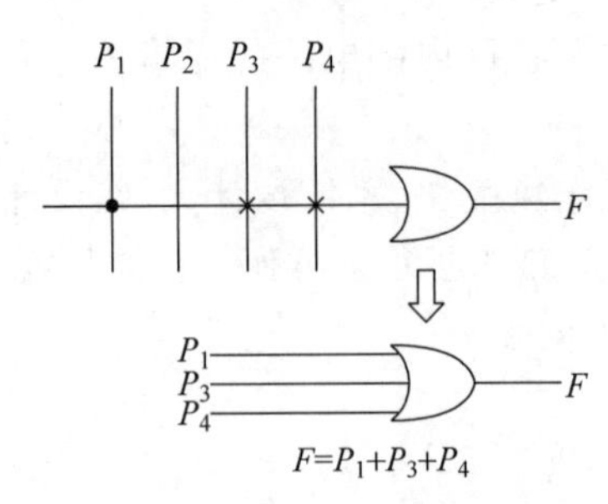

图 13-53　PLD 或门的表示法

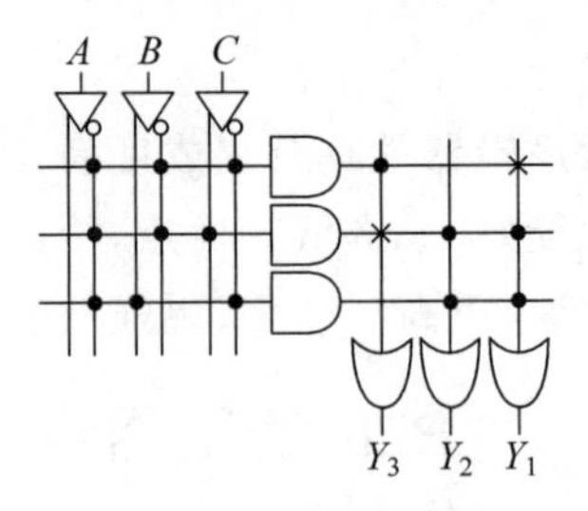

图 13-54　与或阵列

知识拓展
13-3

13.5.2　低密度可编程逻辑器件

低密度可编程逻辑器件(Low Density PLD,LDPLD)通常是集成密度小于 1000 门/片的 PLD。可编程只读存储器(Programmable Read Only Memory,PROM)、可编程逻辑阵列(Programmable Logic Array,PLA)、可编程阵列逻辑(Programmable Array Logic,PAL)和通用阵列逻辑(Generic Array Logic,GAL)均为 LDPLD。

1. 可编程只读存储器 PROM

PROM 最初是作为计算机存储器设计和使用的,其具有 PLD 的功能是后来发现的。PROM 的内部结构是由固定的与阵列和可编程的或阵列组成,如图 13-55 所示。因为与阵列是固定的,输入信号的每个可能组合是由连线接好的,而不管此组合是否会被使用。因为每个输入信号组合都被译码,所以 PROM 的输入阵列结构可以为要求小数量的输入和许多组合项的逻辑应用很好地工作。PROM 是一种速度快、成本低、编程容易的 PLD。但是它的缺点是,PROM 的规模随输入信号数量的增加按照 2^n 呈指数增长。所以当输入信号的数据变得较大时,阵列规模越来越大,从而导致器件成本升高、功耗增加、可靠性降低等问题。

2. 可编程逻辑阵列 PLA

可编程逻辑阵列 PLA 芯片是由可编程与阵列和可编程或阵列组成,可以实现任意逻辑函数。如图 13-56 所示的 PLA 结构图可以实现下列的逻辑函数。

$$Y_2 = ABC + \overline{A}B\overline{C} + \overline{A}\ \overline{B}C$$

$$Y_1 = BC + \overline{B}\overline{C} + A\overline{B}\overline{C}$$

$$Y_0 = B\overline{C} + \overline{B}C + \overline{B}\overline{C}$$

PLA 的内部结构提供了在可编程逻辑器件中最高的灵活性。因为与阵列是可编程的,它不需要包含输入信号每个可能的组合,只需通过编程产生函数所需的乘积项。但是 PLA 器件制造工艺复杂,工作速度低,现在已不常用。

3. 可编程阵列逻辑 PAL 和通用阵列逻辑 GAL

可编程阵列逻辑 PAL 芯片的与阵列是可编程的,而或阵列是固定的。如图 13-57 所示为 PAL 的基本结构图。在这种结构中,每个输出是若干乘积项之和,其中乘积项的数目是固定的。图 13-57 中所示的每个输出对应的乘积项数为两个,典型的逻辑函数要求三四个乘积项,在现有产品中,最多的乘积项数通常都可达 8 个。PAL 的这种结构对于大多数逻辑函数是很有效的,因为大多数逻辑函数都可以方便地化简为若干乘积项之和,即与-或表达式,同时这种结构也提供了最高的性能和速度,故一度成为 PLD 发展上的主流。

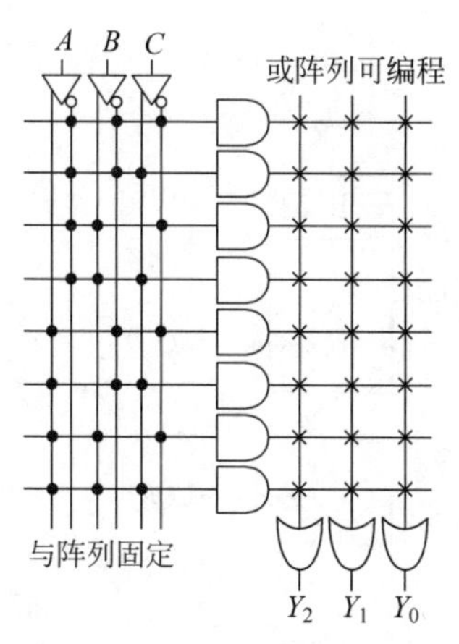

图 13-55 PROM 阵列结构

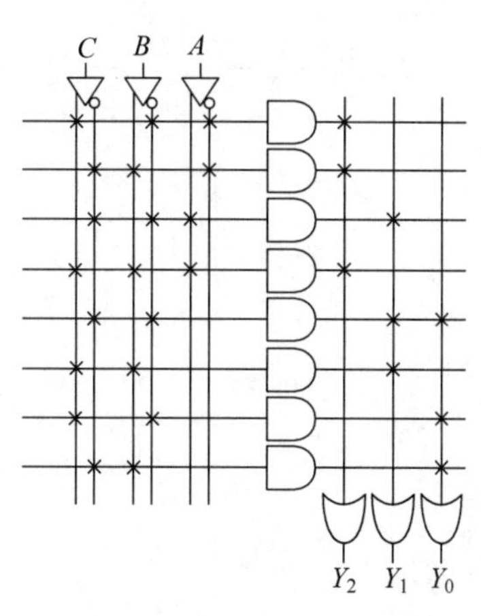

图 13-56 编程后的 PLA 结构

PAL 有几种固定的输出结构，不同的输出结构对应不同的型号。PAL 采用的是 PROM 编程工艺，只能一次性编程，而且由于输出方式是固定的，不能重新组态，因而编程灵活性较差。

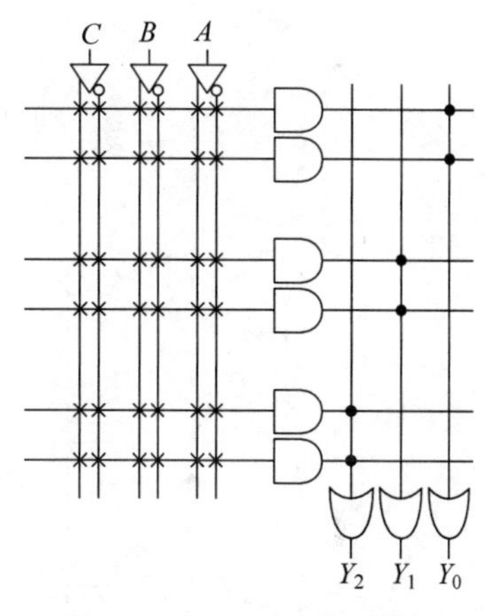

图 13-57 PAL 的基本结构

GAL 的基本结构与 PAL 的一样，是由一个可编程的与阵列驱动一个固定的或阵列。但是每个输出引脚上都集成了一个输出逻辑宏单元（Output Logic Macro-Cell，OLMC）结构。图 13-58 是 GAL16V8 的逻辑图。它由一个 64×32 位的可编程与阵列、8 个 OLMC、8 个三态输出缓冲器和 8 个反馈/输入缓冲器组成。引脚 2～9 是输入端（I），1 和 11 是专用输入端，12～19 是 I/O 端，可以根据需要用作输入端或是输出端。

输出逻辑宏单元 OLMC 的结构如图 13-59 所示。其中包括一个 D 触发器，可以产生 8 项与或逻辑函数的 8 输入端或门，可以控制或门输出逻辑函数极性的一个异或门（XOR）和 4 个多路选择器（MUX）。这些选择器的状态都是可编程控制的，通过编程改变其连线可以使 OLMC 配置成多种不同的输出结构，完全包含了 PAL 的几种输出结构。

13.5.3 高密度可编程逻辑器件

高密度可编程逻辑器件（High Density PLD，HDPLD），一般是指集成密度大于 1000 门/片甚至上万门/片的 PLD，具有更多的输入/输出信号端、更多的乘积项和宏单元，HDPLD 的内部包含许多逻辑宏单元块，这些块之间还可以利用内部的可编程连线实现相互连接，具有在系统可编程或现场可编程特性，可用于实现较大规模的逻辑电路。HDPLD 包括可擦除可编程逻辑器件（Erasable Programmable Logic Device，EPLD）、复杂可编程逻辑器件（Complex PLD，CPLD）和现场可编程门阵列（Field Programmable Gate Array，FPGA）。HDPLD 的编程方式有两种：一种是使用编程器编程的普通编程方式；另一种是在系统可编程（In-System Programmable，ISP）方式。

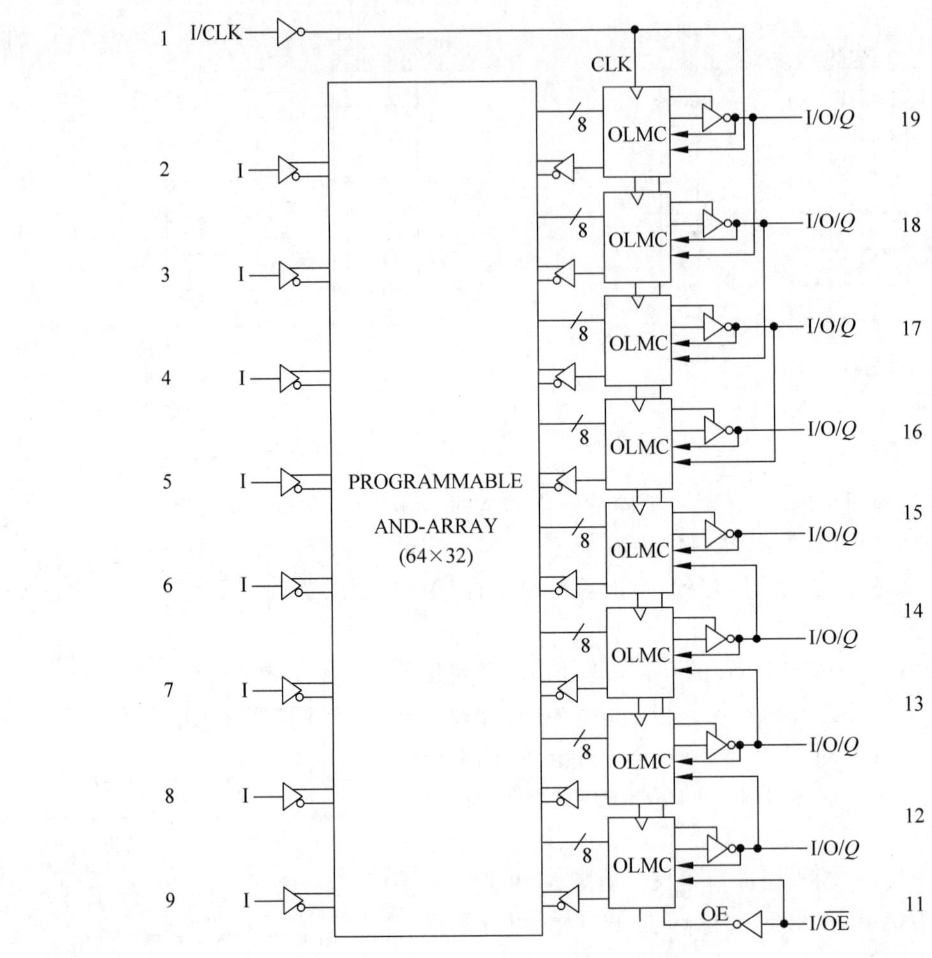

图 13-58　GAL16V8 的逻辑图

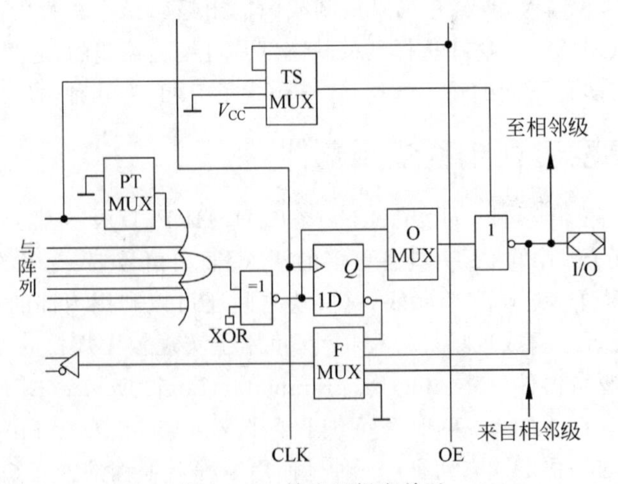

图 13-59　输出逻辑宏单元

1. EPLD 和 CPLD 的结构特点

EPLD 和 CPLD 是从 PAL、GAL 发展起来的阵列型高密度 PLD 器件，它们大多数采用了 CMOS 的光可擦除的可编程 ROM(Erasable Programmable Read Only Memory，EPROM)、电可擦除可编程 ROM(Electricity Erasable Programmable Read Only Memory，E^2PROM)和快闪存储器等编程技术，具有高密度、高速度和低功耗等特点。EPLD 和 CPLD 的基本结构如图 13-60 所示。尽管 EPLD 和 CPLD 与其他类型 PLD 的结构各有其特点和长处，但概括起来，它们是由逻辑阵列模块(Logic Array Block，LAB)、I/O 控制模块和可编程连线阵列(Programmable Interconnect Array，PIA)三大部分组成。

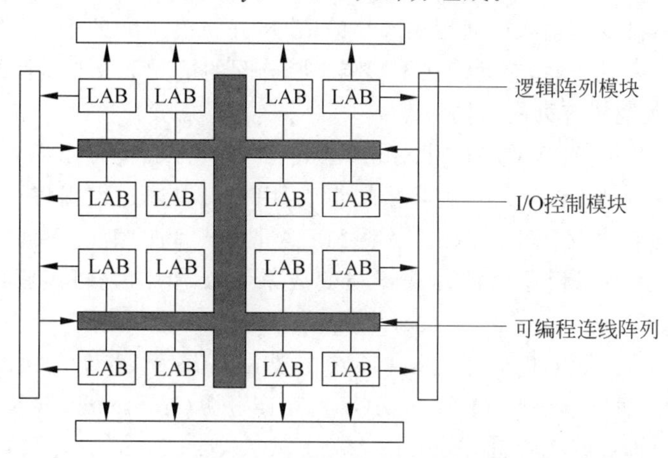

图 13-60　EPLD 和 CPLD 的基本结构

1) 逻辑阵列模块

逻辑阵列模块是器件的逻辑组成核心，它由许多宏单元组成，宏单元内部主要包括或阵列、可编程触发器和多路选择器等电路，能独立地配置为时序逻辑或组合逻辑工作方式。EPLD 器件与 GAL 器件相似，但其宏单元及与阵列数目比 GAL 大得多，且和 I/O 做在一起。CPLD 器件的宏单元在芯片内部，称为内部逻辑宏单元。EPLD 和 CPLD 的逻辑宏单元主要有以下特点：

(1) 多触发器结构和“隐埋”触发器结构。GAL 器件每个输出宏单元只有一个触发器，而 EPLD 和 CPLD 的宏单元内通常含有两个以上的触发器，其中只有一个触发器与输出端相连，其余触发器不与输出端相连，但可以通过相应的缓冲电路反馈到与阵列，从而与其他触发器一起构成较复杂的时序电路。

(2) 乘积项共享结构。在 PAL 和 GAL 的与或阵列中，每个或门的输入乘积项最多为 8 个，当要实现多于 8 个乘积项的“与-或”逻辑函数时，必须将“与-或”函数表达式进行逻辑变换。在 EPLD 和 CPLD 的宏单元中，如果输出表达式的与项较多，对应的或门输入端不够用，可以借助可编程开关将同一单元(或其他单元)中的其他或门合起来使用，或者在每个宏单元中提供未使用的乘积项为其他宏单元共享和使用，从而提高了资源利用率，实现快速复杂的逻辑函数。

(3) 异步时钟和时钟选择。与 PAL 和 GAL 相比，EPLD 和 CPLD 的触发器时钟既可以同步工作，也可以异步工作，甚至有些器件的触发器时钟还可以通过数据选择器或时钟网络进行选择。此外，逻辑宏单元内触发器的异步清零和异步置位也可以用乘积项进行控制，因而使用起来更加灵活。

2）I/O 控制模块

I/O 控制模块是芯片内部信号到 I/O 引脚的接口部分。由于阵列型 HDPLD 通常只有少数几个专用输入端，大部分端口均为 I/O 端，而且系统的输入信号常常需要锁存，因此 I/O 常作为一个独立单元来处理。

3）可编程连线阵列

EPLD 和 CPLD 器件提供丰富的可编程内部连线资源。可编程连线阵列的作用是给各逻辑宏单元之间以及逻辑宏单元与 I/O 单元之间提供互连网络。各逻辑宏单元通过可编程内部连线接收来自专用输入或通用输入端的信号，并将宏单元的信号反馈到目的地。这种互连机制有很大的灵活性，它允许在不影响引脚分配的情况下改变器件内部的设计。

2. 现场可编程逻辑阵列的结构特点

现场可编程门阵列 FPGA 是美国 Xilinx 公司于 1984 年首先推出的大规模可编程集成逻辑器件。它由许多独立的可编程逻辑模块组成，用户可以通过编程将这些模块连接起来实现不同的设计功能。与 CPLD 相比，一般 FPGA 具有更高的集成度、更高的逻辑功能和更大的灵活性，它由可编程逻辑芯片逐步演变成系统级芯片，是可编程的专用集成电路（Application Specific Integrated Circuit，ASIC）。

FPGA 器件采用逻辑单元阵列结构，它主要由可编程逻辑块（Configurable Logic Block，CLB）、输入/输出模块（I/O Block，IOB）、互连资源（Interconnect Resource，IR）和一个用于存放编程数据的静态存储器（Static Random Access Memory，SRAM）组成。FPGA 的基本结构如图 13-61 所示。

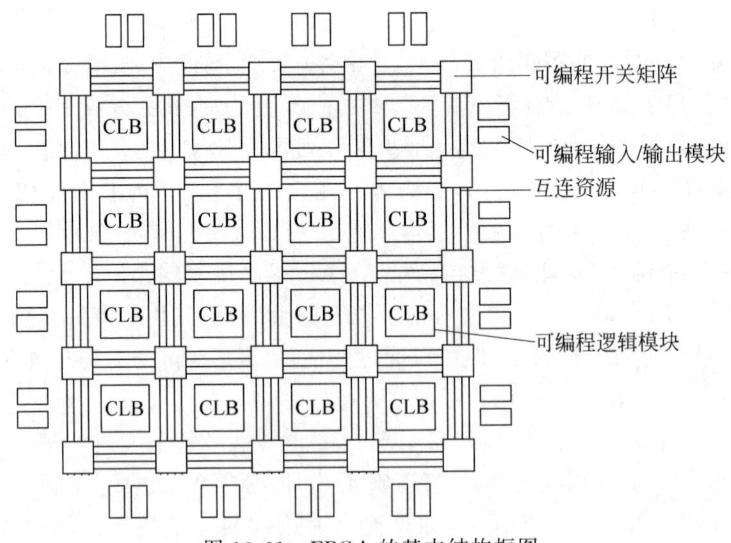

图 13-61　FPGA 的基本结构框图

1）可编程逻辑块

可编程逻辑块（CLB）是实现逻辑功能的基本单元，它们通常有规则地排列成一个阵列，分布于整个芯片。

2）输入/输出模块

输入/输出模块（IOB）主要完成芯片上的逻辑与外部封装引脚的接口，它们通常排列在

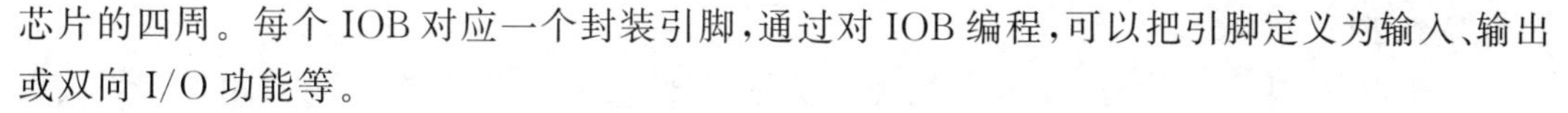

芯片的四周。每个 IOB 对应一个封装引脚,通过对 IOB 编程,可以把引脚定义为输入、输出或双向 I/O 功能等。

3) 可编程互连资源

可编程互连资源(IR)包括各种长度的连接线和一些可编程连接开关,连通 FPGA 内部的所有单元,用来提供高速可靠的内部连线。它们将 CLB 之间、CLB 和 IOB 之间以及 IOB 之间连接起来,构成特定功能的电路。连线的长度和工艺决定了信号在连线上的驱动能力和传输速度。

4) 片内 RAM

在进行数字信号处理、数据加密或数据压缩等复杂数字系统设计时,芯片内都要用到中小规模存储器如单口或多口 RAM、FIFO 缓冲器等。如果将存储模块集成到 PLD 芯片内,则不仅可以简化系统的设计,提高系统的工作速度,而且还可以减少数据存储的成本,使芯片内外数据的交换更可靠。

由于半导体工艺已进入亚微米和纳米时代,目前新一代的 FPGA 都提供片内 RAM。这种片内 RAM 的速度非常快,存取速度可以达到 5～20ns,比任何芯片外解决方案都要快很多倍。

FPGA 的功能由逻辑结构的配置数据决定。工作时,这些配置数据存放在片内的 SRAM 上。基于 SRAM 的 FPGA 器件,在工作前需要从芯片外部加载配置数据。配置数据可以存储在片外的 EPROM、E^2PROM 或其他存储体上。用户可以控制加载过程,在现场修改器件的逻辑功能,即所谓现场编程。

3. CPLD/FPGA 主要产品介绍

目前,生产 CPLD/FPGA 产品的著名公司有 Altera 公司、Lattice 公司和 Xilinx 公司。Altera 公司发展了若干系列的 CPLD 和 FPGA,可以满足电子设计工程师不同的需求。Altera 公司的 CPLD 产品有 MAX3000、MAX7000、MAX9000 和 MAX-Ⅱ等系列,FPGA 有 Flex6000、Flex10K、Acex1K、Apex20K、Apex-Ⅱ、Cyclone、Cyclone Ⅱ、Stratix、Stratix Ⅱ等系列产品。其中 Cyclone 和 Stratix 系列为主打产品,而 Cyclone Ⅱ和 Stratix Ⅱ系列产品具有更低的功耗、更高的速度和更低廉的价格等优势,但尚未大规模上市。

Xilinx 公司发展了若干系列的 CPLD 与 FPGA,占据了很大的市场份额。该公司提供了从商业级到航天级的各种类型产品。它的 CPLD 产品主要有 Coolrunner XPLA3、Coolrunner-Ⅱ和 XC9500 系列。Xilinx 的 FPGA 有 Spartan、Spartan-XL、Spartan-Ⅱ、Spartan-3、Vertex-E、Vertex-Ⅱ和 Vertex-Ⅱ Pro 等系列产品。

Lattice 公司也发展了 CPLD 和 FPGA 系列产品,主要有 ispMACH 4000V/B/Z、ispMACH 5000B 和 ispMACH 5000MX 等系列 CPLD,以及 ispXPGA、ECP/EC、ORCA 等系列 FPGA 产品。

除了上述公司外,还有 Actel、Cypress、QuickLogic 和 Vantis 等公司可以提供不同类型的 CPLD 和 FPGA 产品,满足不同用户需求。

13.5.4 可编程逻辑器件的编程

所谓可编程逻辑器件的编程就是将编程数据放到具体的可编程器件中。对于 CPLD 器件来说,是将 JED 文件下载到 CPLD 器件中去;对于 FPGA 来说,是将位流数据 BG 文件配置到FPGA中。

由于PLD具有在系统下载或重新配置功能，因此在电路设计之前，就可以把其焊接在印刷电路板(PCB)上，并通过并口下载电缆ByteBlaster与计算机连接。并口下载电缆与计算机连接示意图如图13-62所示。具体的操作过程如图13-63所示。在设计过程中，可以采用当前流行的硬件描述语言VHDL或Verilog HDL进行程序设计，采用目前广泛使用的Altera公司推出的功能强大的可编程逻辑器件设计开发工具MAX＋PLUSⅡ或Quartus Ⅱ进行程序仿真、调试，并将程序下载到PLD中，来改变PLD的内部逻辑关系，达到设计逻辑电路的目的。

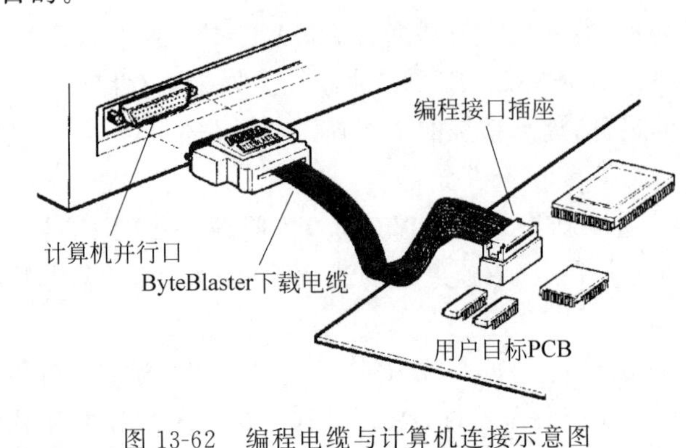

图13-62　编程电缆与计算机连接示意图

图13-63　PLD的编程操作过程示意图

13.6　脉冲波形的产生与整形

在数字系统中，不仅需要研究各单元电路之间的逻辑关系，还需要产生脉冲信号源作为系统的时钟。矩形脉冲常常用于数字系统的命令信号或同步时钟信号，作用于系统的各个部分，因此波形的好坏将关系到电路能否正常工作。有关定量描述矩形脉冲的参数已在第9章中介绍过。

获取矩形脉冲波形的途径主要有两种：一种是利用各种形式的多谐振荡器电路直接产生所需要的矩形脉冲；另一种则是通过各种整形电路把已有的周期性变化的波形变换为符合要求的矩形脉冲，如施密特触发器、单稳态触发器整形电路。当然，在采用整形的方法获取矩形脉冲时，是以能够找到频率和幅度都符合要求的一种已有的电压信号为前提的。本节主要介绍以555定时器构成的脉冲波形的产生与整形电路。

13.6.1　555定时器的电路结构和工作原理

555定时器又被称为“555时基集成电路”。它是一种多用途的数字-模拟混合的中规模集成电路，利用它能极方便地构成施密特触发器、单稳态触发器和多谐振荡器。由于使用灵活、方便，所以555定时器广泛地应用在波形产生与变换、工业自动控制、定时、仿声、电子乐器和防盗报警等方面。

555定时器能在很宽的电压范围内工作，并可承受较大的负载电流。双极型555定时器的电源电压范围为5～16V，最大的负载电流可达到200mA，CMOS型7555定时器的电源电压范围为3～18V，但最大负载电流在4mA以下。另外，555定时器还能提供与TTL、MOS电路相兼容的逻辑电平。正因为如此，国际上各主要的电子器件生产公司相继生产了各自的555定时器产品。尽管产品型号繁多，但所有双极型产品型号最后的3位数码都是555，所有CMOS产品型号最后的4位数码都是7555。而且，它们的功能和外部引脚的排列完全相同。

1. 555定时器的电路结构

图13-64是国产双极型定时器CB555的电路结构图。它的内部结构由比较器A_1和A_2、基本RS触发器和集电极开路的放电三极管T_D三部分组成。比较器前接有三个5kΩ电阻构成的分压器，555也是由此得名。

u_{I1}是比较器A_1的输入端（也称阈值端，用TH标注），u_{I2}是比较器A_2的输入端（也称触发端，用$\overline{TR}$标注）。A_1和A_2的参考电压（电压比较器的基准）U_{R_1}和U_{R_2}由V_{CC}经3个5kΩ电阻分压给出。在控制电压输入端U_{CO}悬空时，$U_{R_1}=\frac{2}{3}V_{CC}$，$U_{R_2}=\frac{1}{3}V_{CC}$。如果$U_{CO}$外接固定电压，则$U_{R_1}=U_{CO}$，$U_{R_2}=\frac{1}{2}U_{CO}$。

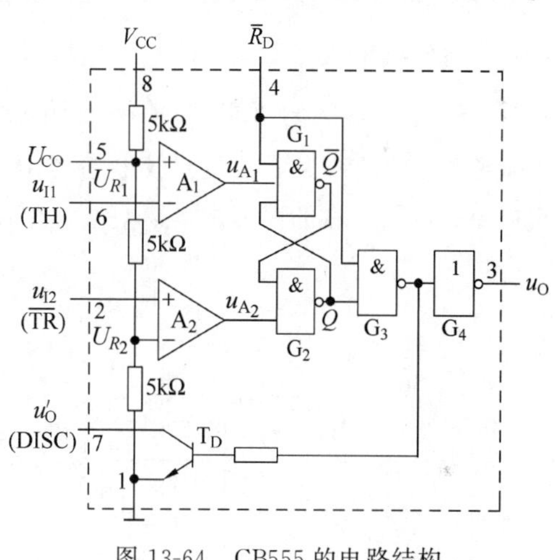

图13-64　CB555的电路结构

$\bar{R}_D$是置零输入端。只要在$\bar{R}_D$端加上低电平，输出端u_O便立即被置成低电平，不受其他输入端状态的影响。正常工作时，必须使$\bar{R}_D$端处于高电平。

在输出端设置缓冲器G_4，是为了提高电路的带负载能力。如果将u'_O端经过电阻接到电源上，那么只要这个电阻的阻值足够大，u_O为高电平时u'_O也一定为高电平，u_O为低电平时u'_O也一定为低电平。

2. 555定时器的工作原理

由图13-64可知，当$u_{I1}>U_{R_1}$，$u_{I2}>U_{R_2}$时，比较器A_1的输出$u_{A_1}=0$、比较器A_2的输出$u_{A_2}=1$，基本RS触发器被置成0态，T_D导通，同时u_O为低电平。

当$u_{I1}<U_{R_1}$，$u_{I2}>U_{R_2}$时，$u_{A_1}=1$，$u_{A_2}=1$，基本RS触发器的状态保持不变，因而T_D和输出的状态u_O也维持不变。

当$u_{I1}<U_{R_1}$，$u_{I2}<U_{R_2}$时，$u_{A_1}=1$，$u_{A_2}=0$，基本RS触发器被置成1态，由于正常工作时$\bar{R}_D=1$，所以u_O为高电平，同时T_D截止。

当$u_{I1}>U_{R_1}$，$u_{I2}<U_{R_2}$时，$u_{A_1}=0$，$u_{A_2}=0$，基本RS触发器处于$Q=\bar{Q}=1$的状态，u_O处于高电平，同时T_D截止。

将以上分析情况汇总后形成了表 13-12 所示的 CB555 的功能表。

表 13-12　CB555 的功能表

输　入			输　出	
$\bar{R}_D$	u_{I1}	u_{I2}	u_O	T_D 状态
0	×	×	低电平	导通
1	$>U_{R_1}$	$>U_{R_2}$	低电平	导通
1	$<U_{R_1}$	$>U_{R_2}$	不变	不变
1	$<U_{R_1}$	$<U_{R_2}$	高电平	截止
1	$>U_{R_1}$	$<U_{R_2}$	高电平	截止

仿真视频 13-15

13.6.2 用 555 定时器构成的施密特触发器

1. 电路结构

将 555 定时器的阈值端 TH(u_{I1})和触发端$\overline{\text{TR}}$(u_{I2})连接在一起作为信号输入端，即可得到施密特触发器，为了提高比较器参考电压 U_{R_1} 和 U_{R_2} 的稳定性，通常在 U_{CO}(5 引脚)端接有 0.01μF 左右的滤波电容，电路如图 13-65 所示。

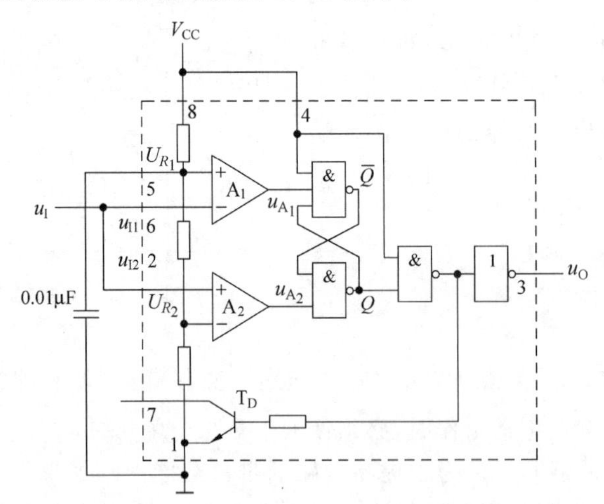

图 13-65　用 555 定时器构成的施密特触发器

由于 555 定时器的比较器 A_1 和 A_2 的参考电压不同，因而基本 RS 触发器的置零信号($u_{A_1}=0$)和置 1 信号($u_{A_2}=0$)必然发生在输入信号 u_I 的不同电平。因此，输出电压 u_O 由高电平变为低电平和由低电平变为高电平所对应的 u_I 值也不相同。

2. 工作原理

1) u_I 上升过程

当 $u_I<U_{R_2}$ 时，即 $u_{I1}<U_{R_1}$，$u_{I2}<U_{R_2}$ 时，由 555 定时器的功能表 13-12 知，$u_O=U_{OH}$。

随着 u_I 上升，当 $U_{R_2}<u_I<U_{R_1}$ 时，即 $u_{I1}<U_{R_1}$，$u_{I2}>U_{R_2}$ 时，$u_O=U_{OH}$ 保持不变。

u_I 继续上升，当 $u_I>U_{R_1}$ 时，即 $u_{I1}>U_{R_1}$，$u_{I2}>U_{R_2}$ 时，$u_O=U_{OL}$。

因此，在 u_I 上升过程中，电路状态发生转换时对应的输入电压(上限阈值电压) U_{T+} 为

$$U_{T+}=U_{R_1} \tag{13-28}$$

2）u_I 下降过程

当 $u_I > U_{R_1}$ 时，即 $u_{I1} > U_{R_1}$，$u_{I2} > U_{R_2}$ 时，$u_O = U_{OL}$。

随着 u_I 的下降，当 $U_{R_2} < u_I < U_{R_1}$ 时，即 $u_{I1} < U_{R_1}$，$u_{I2} > U_{R_2}$ 时，$u_O = U_{OL}$ 保持不变。

u_I 继续下降，当 $u_I < U_{R_2}$ 时，即 $u_{I1} < U_{R_1}$，$u_{I2} < U_{R_2}$ 时，$u_O = U_{OH}$。

因此，u_I 下降过程中电路状态发生转换时对应的输入电压（下限阈值电压）U_{T-} 为

$$U_{T-} = U_{R_2} \tag{13-29}$$

由此得到电路的回差电压为

$$\Delta U_T = U_{T+} - U_{T-} = U_{R_1} - U_{R_2} \tag{13-30}$$

若 U_{CO} 悬空，则 $\Delta U_T = \frac{1}{3}V_{CC}$；若 U_{CO} 外接固定电压，则 $\Delta U_T = \frac{1}{2}U_{CO}$，通过调整 U_{CO} 的值可以调节回差电压的大小。

如图 13-65 所示电路的电压传输特性曲线如图 13-66(a)所示，它是一个典型的反相输出施密特触发器。逻辑符号如图 13-66(b)所示。

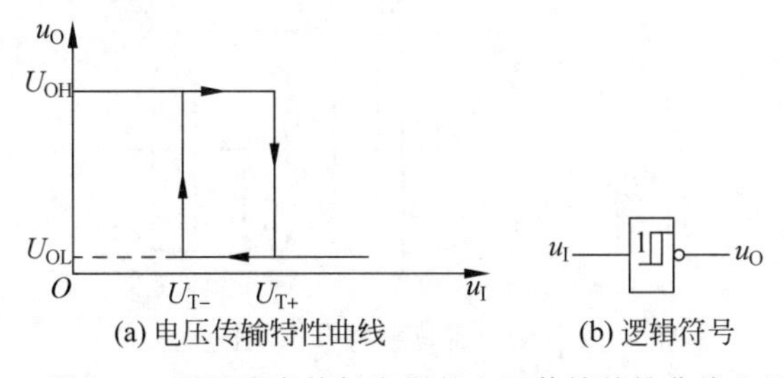

(a) 电压传输特性曲线　　(b) 逻辑符号

图 13-66　图 13-65 所示施密特触发器的电压传输特性曲线和逻辑符号

3. 施密特触发器的应用

通过以上分析可以看出，施密特触发器有两个稳定状态，是双稳态触发器的一个特例。它的特点是具有两个门限电压，即输入电压信号从低电平上升的过程中，电路状态转换时对应的输入信号电压值 U_{T+}，与输入信号从高电平下降的过程中对应的输入信号电压值 U_{T-} 是不同的，即电路具有回差特性。

正因为施密特触发器具有回差特性，所以可以利用施密特触发器进行脉冲整形、波形变换和脉冲鉴幅。

1）脉冲整形

在数字通信系统中，脉冲信号在传输过程中经常发生畸变，如传输线上电容较大，会使波形的上升沿、下降沿明显变坏，如图 13-67(a)所示的 u_I。当传输线较长，而且阻抗不匹配时，在波形的上升沿和下降沿产生振荡，如图 13-67(b)所示的 u_I。当其他脉冲信号通过导线间的分布电容或公共电源线叠加到矩形脉冲信号时，信号将出现附加噪声，如图 13-67(c)所示的 u_I。为此，必须对发生畸变的脉冲波形进行整形。利用施密特触发器对畸变了的矩形脉冲进行整形可以取得较为理想的效果（图 13-67 中均是采用反相施密特触发器）。由图 13-67 可见，只要施密特触发器的 U_{T+} 和 U_{T-} 选择合适，均能收到满意的整形效果。

2）波形变换

施密特触发器可以把边沿变化缓慢的周期性信号变换为边沿很陡的矩形脉冲信号。

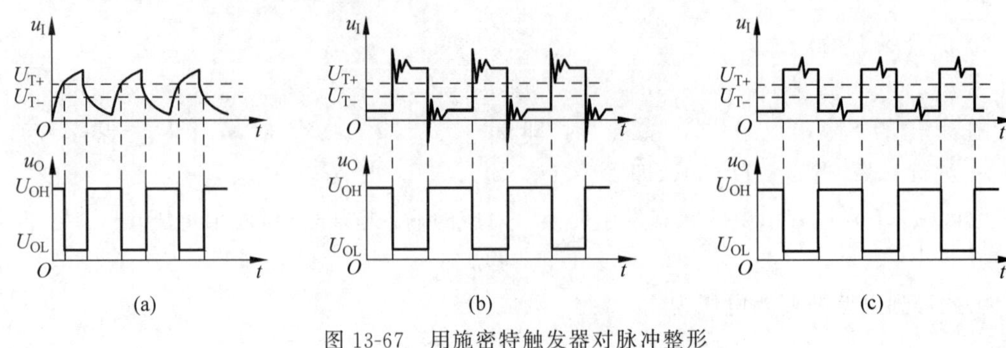

图 13-67 用施密特触发器对脉冲整形

在图 13-68 中，输入信号为正弦波，只要输入信号的幅度大于 U_{T+}，即可在施密特触发器的输出端得到同频率的矩形脉冲信号。

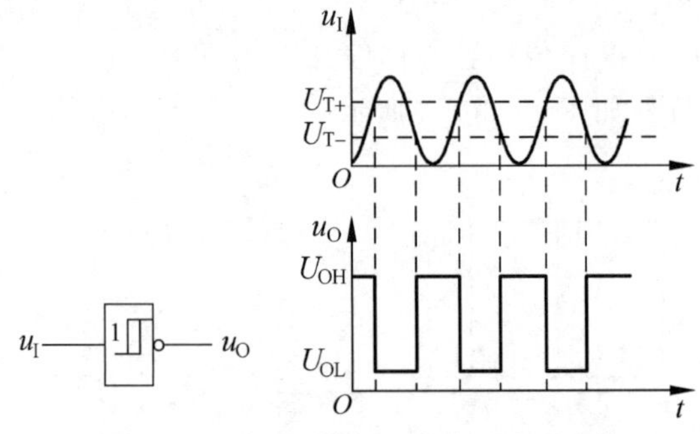

图 13-68 用施密特触发器实现波形变换

3）脉冲鉴幅

如图 13-69 所示为利用施密特触发器鉴别脉冲幅度。若将一系列幅度不等的脉冲信号加到施密特触发器的输入端时，施密特触发器能将幅度大于 U_{T+} 的脉冲选出，具有脉冲鉴幅的能力。

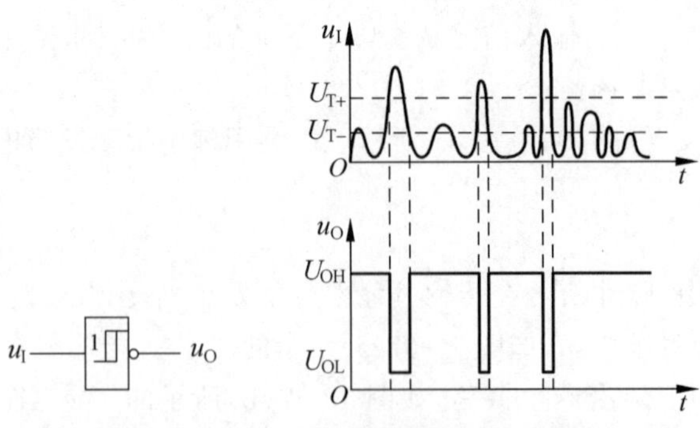

图 13-69 用施密特触发器鉴别脉冲幅度

仿真视频 13-16

13.6.3 用 555 定时器构成的单稳态触发器

1. 电路结构

若以 555 定时器的 $\overline{TR}$ 端（u_{I2}）作为触发信号的输入端，并将放电端 DISC 接至阈值端 TH（u_{I1}），同时在 TH 端对地接入电容 C，与直流电源 V_{CC} 间接电阻 R，就构成了如图 13-70 所示的单稳态触发器。

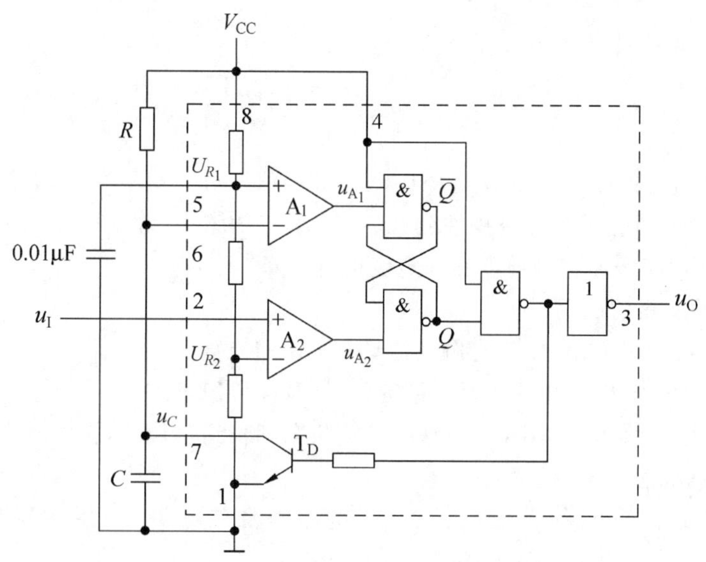

图 13-70　用 555 定时器构成的单稳态触发器

2. 工作原理

(1) 如果没有触发信号时 u_I 处于高电平，那么稳态时电路一定处于 $u_O=0$。

假定接通电源后触发器停在 $Q=0$ 的状态，则三极管 T_D 导通，$u_C=0$。故 $u_{A_1}=u_{A_2}=1$，$Q=0$ 及 $u_O=0$ 的状态将稳定地维持不变。

如果接通电源后触发器停在 $Q=1$ 的状态，则三极管 T_D 截止，电源 V_{CC} 便经电阻 R 向电容 C 充电。当充电到 $u_C=2/3V_{CC}$ 时，u_{A_1} 变为 0，于是将 RS 触发器置 0。同时三极管 T_D 导通，电容 C 经 T_D 迅速放电，使 $u_C=0$。此后，由于 $u_{A_1}=u_{A_2}=1$，触发器保持 0 态不变，输出也相应地稳定在 $u_O=0$ 的状态。

(2) 在负脉冲的作用下，电路进入暂稳态。

当外加触发脉冲 u_I 的下降沿到达时，使 u_{I2} 跳变到 $1/3V_{CC}$ 以下时，$u_{A_2}=0$(此时 u_{A_1} 仍然为 1)，触发器被置成 1 态，输出 u_O 也跳变为高电平，电路进入暂稳态。与此同时，三极管 T_D 截止，电源 V_{CC} 便经电阻 R 开始向电容 C 充电。

(3) 暂稳态维持一段时间后自行恢复到稳态。

当电容充电使 u_C 略大于 $2/3V_{CC}$ 时，u_{A_1} 变为 0。如果此时输入端的触发脉冲已经消失，即 u_I 回到了高电平，则触发器被置 0，于是输出返回 $u_O=0$ 的状态。同时三极管 T_D 又变为导通状态，电容 C 经 T_D 迅速放电，直至 $u_C=0$，电路恢复稳态。

以上的分析过程可以用工作波形图表示，如图 13-71 所示。

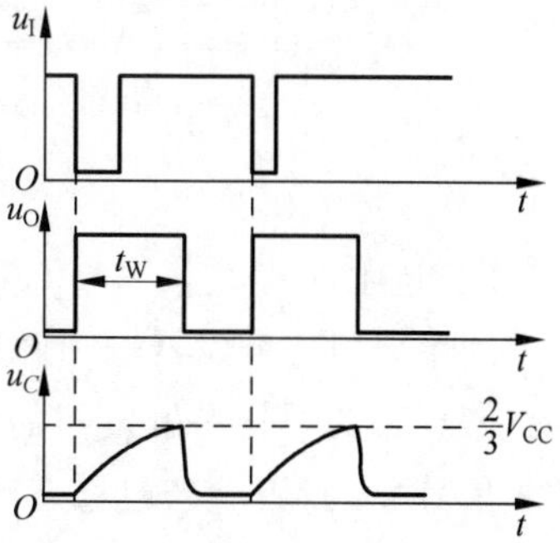

图 13-71　图 13-70 电路的工作波形图

3. 输出脉冲的宽度 t_W 的计算

图 13-71 中输出脉冲的宽度 t_W 等于暂稳态的持续时间，而暂稳态持续的时间取决于外接电阻 R 和电容 C 的值的大小，t_W 等于电容电压在充电过程中从 0 上升到 $\frac{2}{3}V_{CC}$ 所需要

的时间,因此得到

$$t_W = RC\ln\frac{V_{CC}-0}{V_{CC}-\frac{2}{3}V_{CC}} = RC\ln 3 \approx 1.1RC \tag{13-31}$$

可见,要延长暂稳态的时间,只要增大 R 或电容 C 的值即可。通常,R 的取值在几百欧姆到几兆欧姆,电容的取值范围为几百皮法到几百微法,t_W 的范围为几微秒到几分钟。但必须注意,随着 t_W 的宽度增加它的精度和稳定度也将下降。

4. 单稳态触发器的应用

通过以上分析可以看出,单稳态触发器具有如下特点:

(1) 它有一个稳定状态和一个暂时稳定状态(简称暂稳态)。

(2) 在外来触发脉冲的作用下,能够由稳定状态翻转到暂稳态,在暂稳态维持一段时间以后,再自动返回稳态。

(3) 暂稳态维持时间的长短,仅取决于电路本身的参数,与触发脉冲的宽度和幅度无关。

正是因为具有上述特点,单稳态触发器被广泛地应用于脉冲整形、延时(产生滞后于触发脉冲的输出脉冲)以及定时(产生固定时间宽度的脉冲信号)的脉冲电路。

1) 脉冲整形

单稳态触发器输出脉冲的宽度 t_W 取决于电路自身的参数,输出脉冲幅度 U_m 取决于输出高、低电平之差。因此,在电路参数不变的情况下,单稳态触发器输出脉冲波形的宽度和幅度是一致的。若某个脉冲波形不符合要求时,可以用单稳态触发器进行整形,得到宽度一定,幅度一定的脉冲波形如图 13-72 所示。

图 13-72(a)是将触发脉冲展宽,当然脉冲宽度 t_W 应小于触发脉冲的间歇时间,否则会丢失脉冲。它还可以压缩脉冲,如图 13-72(b)所示。

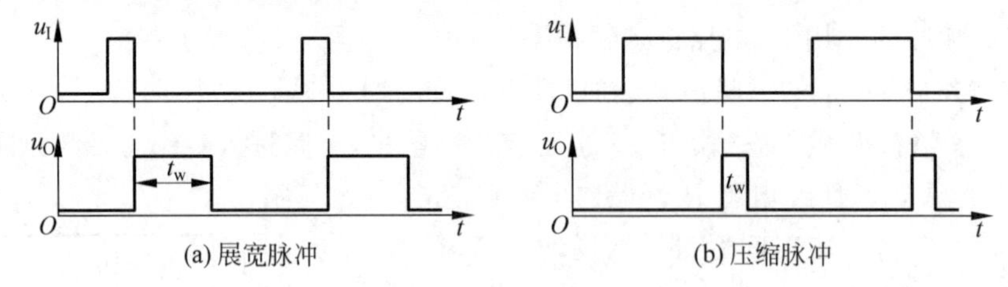

图 13-72 单稳态触发器的脉冲整形

2) 定时

利用单稳态触发器输出脉冲宽度一定的特点,还可以实现定时,如图 13-73 所示。

若 u_{O1} 为单稳态触发器的输出端,当单稳态触发器处于稳定状态时,其输出 $u_{O1}=0$,将输入信号 u_F 封锁。当单稳态触发器有触发信号作用时,单稳态触发器进入暂稳态,其输出为 $u_{O1}=1$,与门被打开,允许输入信号 u_F 通过。若与门输出端接一个计数器,则可以知道在 t_W 时间内输出的脉冲个数(即可求得脉冲的频率)。

3) 延时

利用单稳态触发器输出脉冲宽度一定的特性也可以实现延时的功能。与定时不同的是,延时是将输入脉冲滞后 t_W 时间后才输出。如图 13-74 所示电路为用两个单稳态触发器构成

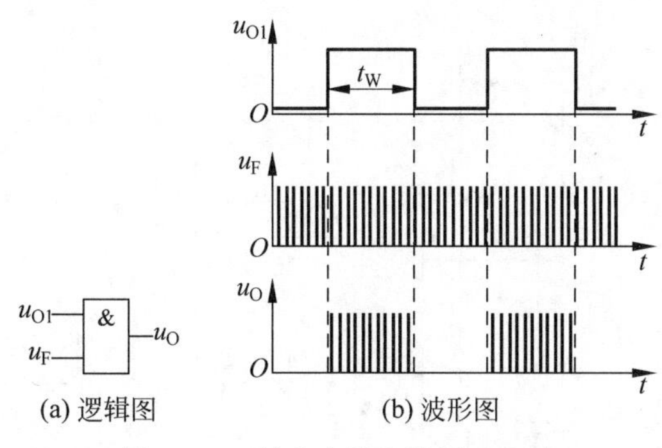

图 13-73　单稳态触发器用于定时

的延时电路。当第 1 个单稳态触发器接收触发信号 u_I 后，其 u_{O1} 端输出脉冲的宽度为 $t_{W1}\approx 1.1RC=1.1\times 10\times 10^3\times 0.15\times 10^{-6}\text{s}=1.65\text{ms}$，1.65ms 后第 2 个单稳态触发器接收其触发信号 u_{O1}，其 u_O 端输出脉冲的宽度为 $t_{W2}\approx 1.1RC=1.1\times 10\times 10^3\times 0.1\times 10^{-6}\text{s}=1.1\text{ms}$。这里第 1 个单稳态触发器就起到延时的作用，而第 2 个单稳态触发器可以用作定时信号，但是对 u_I 脉冲周期的要求是 $T<t_{W1}+t_{W2}$，其工作波形如图 13-75 所示。

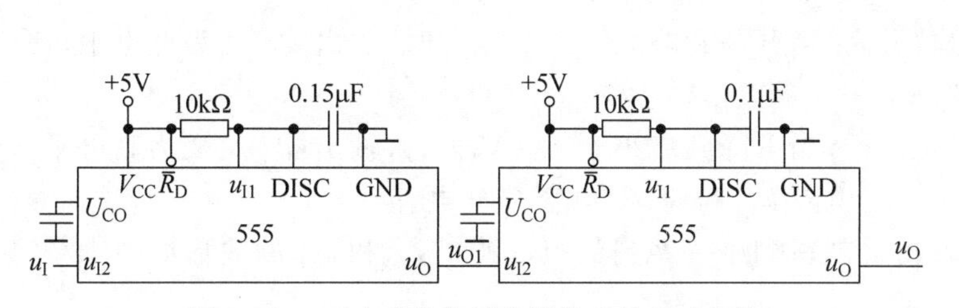

图 13-74　两个单稳态触发器构成的延时电路

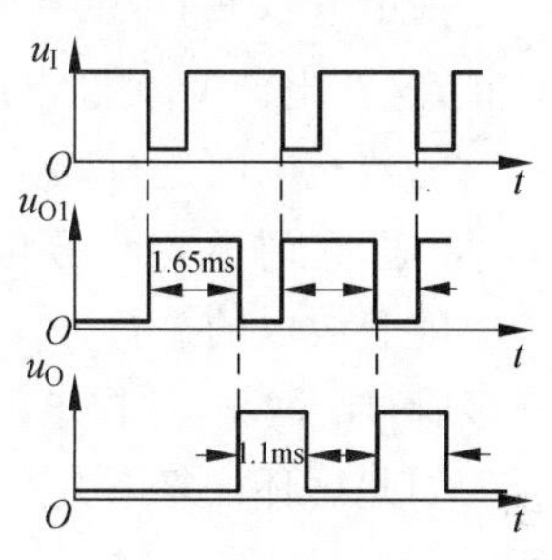

图 13-75　图 13-74 电路的工作波形

13.6.4　用 555 定时器构成的多谐振荡器

仿真视频 13-17

多谐振荡器是一种自激振荡器，在接通电源后，不需要外加触发信号就可以自动地产生矩形波。由于矩形波含有丰富的高次谐波成分，所以矩形波振荡器又称为多谐振荡器。

1. 电路结构

前面已经介绍过，施密特触发器具有滞回特性，假如能使它的输入电压在 U_{T+} 和 U_{T-} 之间不停地往复变化，那么在其输出端就可以得到一系列矩形波了。因此，首先将 555 定时器的 u_{I1} 和 u_{I2} 端连在一起接成施密特触发器，然后将输出 u_O 经 RC 积分电路接回到输入端就可以了。

为了减轻门 G_4 的负载，在电容 C 的容量较大时不宜直接由 G_4 提供电容的充、放电电流。为此，将电路中的 T_D 与 R_1 接成一个反相器，它的输出 u'_O 与 u_O 在高、低电平状态上完全相同。将 u'_O 经 R_2 和 C 组成的积分电路接到施密特触发器的输入端同样也能构成多谐振荡器，如图 13-76 所示。

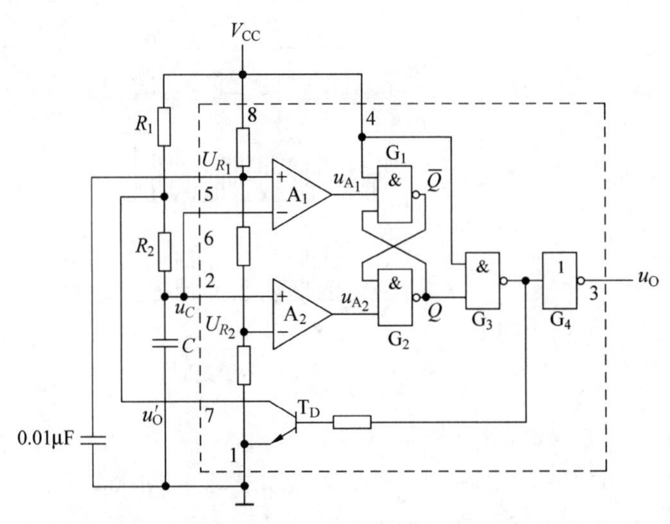

图 13-76　用 555 定时器构成的多谐振荡器电路

2. 工作原理

当电源接通后，电容 C 来不及充电，所以 u_C 为低电平，输出 u_O 为高电平，三极管 T_D 截止，这样电源 V_{CC} 经电阻 R_1 和 R_2 对电容 C 充电。

随着充电的进行，u_C 电位升高，当升高到略大于 2/3 V_{CC} 时，输出 u_O 变为低电平，使 T_D 导通，此时电容 C 经电阻 R_2、三极管 T_D 放电。

随着放电的进行，u_C 电位降低，当下降到略小于 1/3 V_{CC} 时，输出 u_O 又变为高电平，三极管 T_D 截止，这样电源 V_{CC} 经电阻 R_1 和 R_2 对电容 C 充电。

如此循环往复下去，在输出端就得到了一系列的矩形波。u_C 和 u_O 的波形如图 13-77 所示。

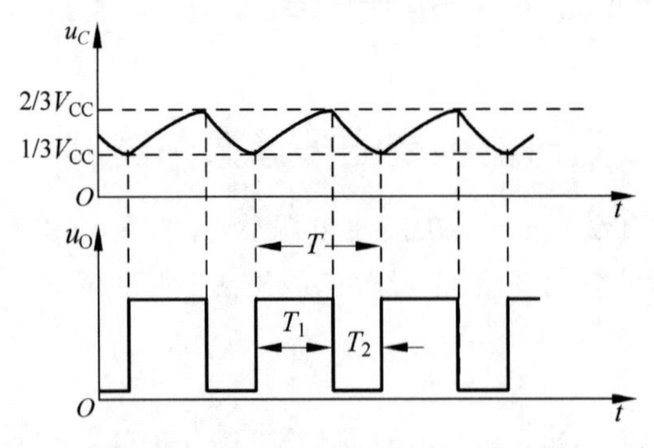

图 13-77　图 13-76 的电路的工作波形

由图 13-77 中 u_C 的波形求得电容 C 的充电时间 T_1 和放电时间 T_2 分别为

$$T_1=(R_1+R_2)C\ln\frac{V_{CC}-V_{T-}}{V_{CC}-V_{T+}}=(R_1+R_2)C\ln 2 \tag{13-32}$$

$$T_2=R_2C\ln\frac{0-V_{T+}}{0-V_{T-}}=R_2C\ln 2 \tag{13-33}$$

故电路的振荡周期为

$$T=T_1+T_2=(R_1+2R_2)C\ln 2 \tag{13-34}$$

振荡频率为

$$f=\frac{1}{T}=\frac{1}{(R_1+2R_2)C\ln 2} \tag{13-35}$$

占空比为

$$q=\frac{T_1}{T}=\frac{R_1+R_2}{R_1+2R_2} \tag{13-36}$$

同样道理，任意一个施密特触发器只要将输出 u_O 经 RC 积分电路接回到输入端都可以接成多谐振荡器，如图 13-78 所示。

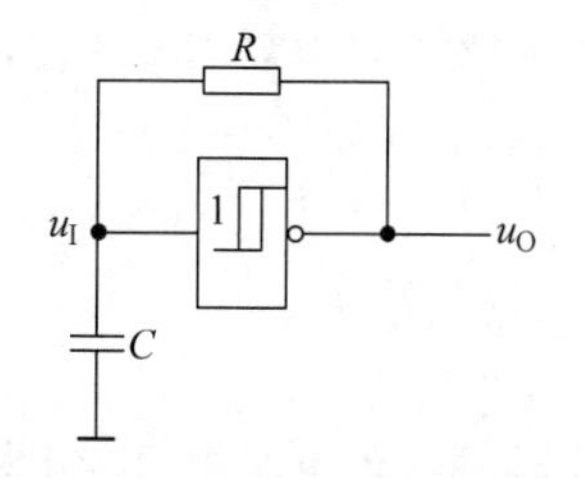

图 13-78　用施密特触发器接成的多谐振荡器

由式(13-36)可以看出，如图 13-76 所示电路的占空比大于 50%，电路输出高、低电平的时间不可能相等(即不可能输出方波)。另外，电路参数确定之后，占空比不可调。为了获得占空比可调的多谐振荡器，在图 13-76 所示电路的基础上增加一个电位器和两个二极管，就可以构成一个占空比可调的多谐振荡器，如图 13-79 所示。如图 13-80 所示为用施密特触发器构成的占空比可调的多谐振荡器。

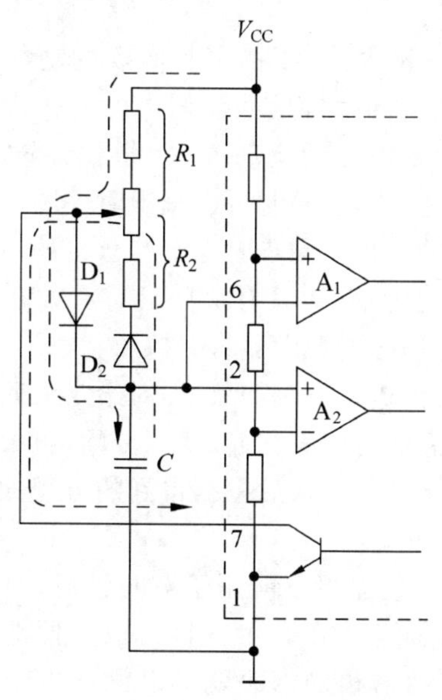

图 13-79　用 555 定时器构成的占空比可调的多谐振荡器

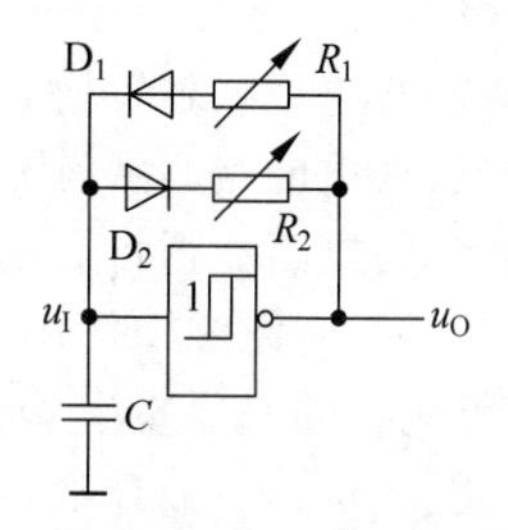

图 13-80　用施密特触发器构成的占空比可调的多谐振荡器

由于接入了二极管 D_1 和 D_2，电容的充电电流和放电电流流经不同的路径，充电回路为 V_{CC} 经 R_1、D_1 对 C 充电，而放电回路为 C 经 D_2、R_2、T_D 放电，因此电容的充电时间为

$$T_1=R_1C\ln 2 \tag{13-37}$$

而放电时间为

$$T_2=R_2C\ln 2 \tag{13-38}$$

输出脉冲的占空比为

$$q=\frac{R_1}{R_1+R_2} \tag{13-39}$$

由式(13-39)可以看出，如图13-79和图13-80所示电路只要改变电位器滑动端的位置，即可达到调节占空比的目的。当$R_1=R_2$时，占空比$q=1/2$，即电路输出的高、低电平的时间相等，即为方波。

通过以上分析可以看出，多谐振荡器没有稳定的状态，只有两个暂稳态，所以又称为无稳态电路。因为多谐振荡器产生矩形波的幅度和宽度都是一定的，所以它常用来作为脉冲信号源。

小结

时序逻辑电路由组合电路和存储电路两部分构成。存储电路由触发器组成，是必不可少的记忆器件。因此，时序逻辑电路在任一时刻的输出信号不仅取决于该时刻的输入信号，而且还取决于电路原来的状态。按照电路的工作方式不同，时序逻辑电路可分为同步时序逻辑电路和异步时序逻辑电路。在同步时序电路中，所有触发器状态的变化都是在同一时钟信号作用下同时发生的，而异步时序逻辑电路中的各触发器没有同一的时钟脉冲，触发器的状态变化不是同时发生的。

分析一个时序逻辑电路，就是已知一个时序逻辑电路，要找出其实现的功能。具体地说，就是要求找出电路的状态和输出信号在输入信号和时钟信号作用下的变化规律。同步时序逻辑电路的分析步骤为，从给定的电路写出存储电路的驱动方程，求出状态方程，再写出输出方程。然后计算出状态转换表，画出状态转换图，必要时可以画出时序图。最后判断电路的逻辑功能以及能否自启动。异步时序电路的分析与同步时序电路分析的不同之处在于，在计算电路的次态时，需要考虑每个触发器的时钟信号，只有那些具有有效时钟信号的触发器才用状态方程去计算次态，而没有有效时钟信号的触发器将保持原状态不变。

时序电路的设计是时序电路分析的逆过程，首先进行逻辑抽象，即对给定的问题进行分析，得到所需的原始状态转换表或状态转换图，然后进行状态化简、状态分配，再根据选定触发器的类型，求出电路的状态方程、驱动方程和输出方程。最后根据得到的方程式画出逻辑图，检查设计的电路能否自启动。

计数器是数字系统中使用最多的时序电路。计数器不仅能用于对时钟脉冲计数，还可以用于计算机中的时序发生器、分频器、程序计数器等。用T触发器可以方便地构成同步二进制加法、减法、加/减计数器，对四位二进制计数器稍加修改就可以设计出十进制计数器。为了使用灵活、方便，对常用的计数器制成了集成电路，74LS161是同步四位二进制加法计数器，74LS160是同步十进制加法计数器。它们都具有异步置零、同步预置数功能。用T'触发器可以方便地构成异步二进制加法、减法、加/减计数器，对四位二进制计数器稍加修改就可以设计出十进制计数器。74LS290是常用的异步二-五-十进制计数器，其具有异步置零和异步置九功能。在实际应用中已有N进制计数器，如果需要M(任意)进制的计数器，可以用已有的定型产品经过外电路的不同连接方式得到。若$M<N$，可以用1片N进制计数器采用置零法或置数法，跳过$(N-M)$个状态，就可以得到M进制计数器。若$M>N$，则需要多片N进制计数器组合而成。

寄存器可以存储二进制代码，移位寄存器不仅可以存储代码，还可以用来实现数据的串行-并行转换、数值的运算以及数据处理等。

可编程逻辑器件是一种半定制的集成电路，在其内部集成了大量的门电路和触发器等基本逻辑单元电路，用户通过编程来改变PLD内部电路的逻辑关系或连线，就可以得到所需要的设计电路。可编程逻辑器件具有集成度高、可靠性好、工作速度快、系统设计灵活、设计周期短、系统的保密性能好、成本低等优点，给数字系统的设计带来了很多方便。

时序逻辑电路的正常工作需要时钟脉冲。被广泛使用的555定时器可以方便地组成多谐振荡器、单稳态触发器和施密特触发器，用于脉冲的产生、整形、定时等多种场合。

习题

1. 填空题

(1) 时序逻辑电路在任一时刻的输出信号不仅取决于________信号，而且还取决于________状态。

(2) 时序逻辑电路按照工作方式不同，可分为________电路和________电路。

(3) 移位寄存器除了具有________的功能以外，还具有________功能。

(4) 时序逻辑电路在结构上一定含有________，而且它的输出还必须________到输入端，与________一起决定电路的输出状态。

(5) 可编程逻辑器件PLD属于________集成电路。

(6) 可编程逻辑器件具有________、________、________、________、________、________和________等优点。

(7) 555定时器是一种________器件，由于使用灵活、方便，所以555定时器广泛地应用在波形产生与变换、工业自动控制、定时、仿声、电子乐器和防盗报警等方面。

(8) 施密特触发器是一种经常使用的________电路，它有________个稳定状态。

(9) 单稳态触发器具有一个________状态和一个________状态。在外来触发脉冲的作用下，能够由________状态翻转到________状态，在________状态维持一段时间以后，再自动返回________状态。

(10) 多谐振荡器没有________状态，只有两个________状态，所以又称为________电路。

2. 选择题

(1) 用 n 个触发器构成计数器，可得到最大计数长度是(　　)。

A. n　　B. $2n$　　C. 2^n

(2) 在下列逻辑电路中，不是组合逻辑电路的是(　　)。

A. 译码器　　B. 编码器　　C. 寄存器

(3) 同步时序逻辑电路和异步时序逻辑电路比较，其差别在于后者(　　)。

A. 没有触发器　　B. 没有同一个时钟脉冲控制

C. 输出只与内部状态有关

(4) 当同步 n 位二进制加法计数器采用 T 触发器构成时，则第 i 位触发器输入端的逻辑式应为(　　)。

A. $T_i=Q_{i-1}Q_{i-2}\cdots Q_1Q_0(i=1,2,\cdots,n-1),T_0=0$

B. $T_i=\bar{Q}_{i-1}\bar{Q}_{i-2}\cdots\bar{Q}_1\bar{Q}_0(i=1,2,\cdots,n-1),T_0=0$

C. $T_i=Q_{i-1}Q_{i-2}\cdots Q_1Q_0(i=1,2,\cdots,n-1),T_0=1$

(5) 在下列逻辑电路中,不是时序逻辑电路的是（　　）。

A. 74LS138　　B. 74LS290　　C. 74LS160

(6) 在下列可编程逻辑器件中,不属于高密度可编程逻辑器件 HDPLD 的是（　　）。

A. EPLD　　B. PAL　　C. FPGA

(7) 单稳态触发器的主要用途是（　　）。

A. 整形,延时,鉴幅　　B. 延时,定时,存储

C. 延时,定时,整形

(8) 为了将正弦信号转换成与之频率相同的脉冲信号,可采用（　　）。

A. 多谐振荡器　　B. 施密特触发器　　C. JK 触发器

(9) 回差特性是（　　）的基本特性。

A. 施密特触发器　　B. 多谐振荡器　　C. 单稳态触发器

(10)（　　）可以用来自动产生矩形波脉冲信号。

A. 施密特触发器　　B. 多谐振荡器　　C. 单稳态触发器

3. 分析如图 P13-3 所示的时序电路的功能,写出电路的驱动方程、状态方程和输出方程,画出电路的状态转换图,并说明该电路能否自启动。

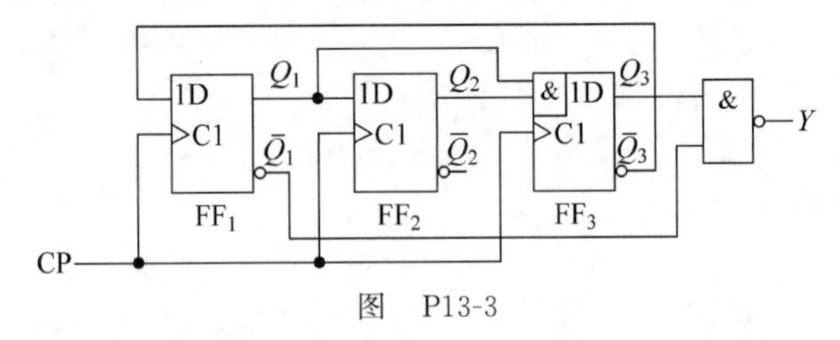

图　P13-3

4. 分析如图 P13-4 所示的时序电路的功能,写出电路的驱动方程、状态方程和输出方程,画出电路的状态转换图,并说明该电路能否自启动。

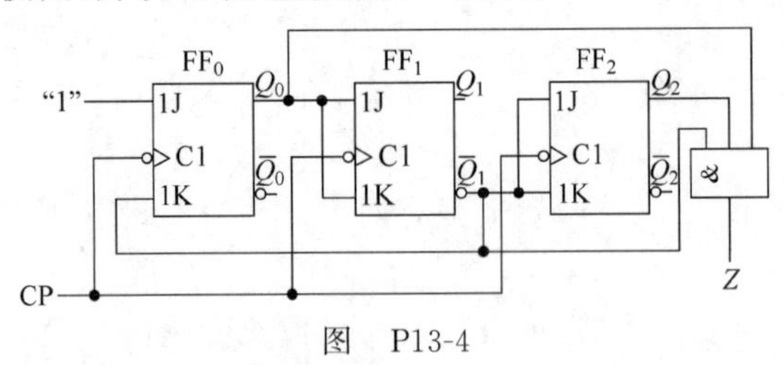

图　P13-4

5. 分析如图 P13-5 所示的时序电路的功能,写出电路的驱动方程和状态方程,画出电路的状态转换图,并说明该电路能否自启动。

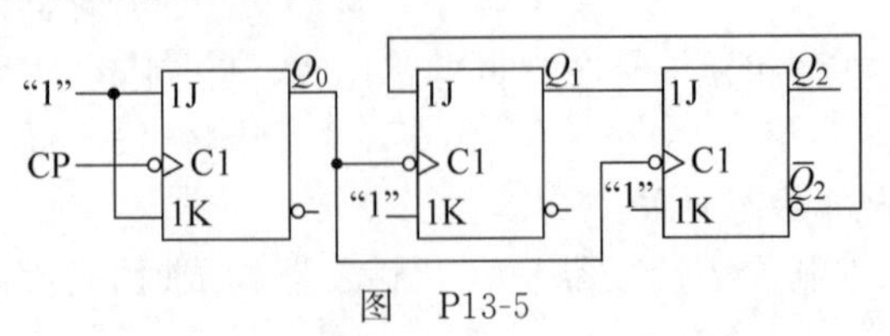

图　P13-5

6. 分析如图 P13-6 所示的时序电路的功能,写出电路的驱动方程、状态方程和输出方程,画出电路状态转换图。其中 X、Y 为输入量,Z 为输出量。

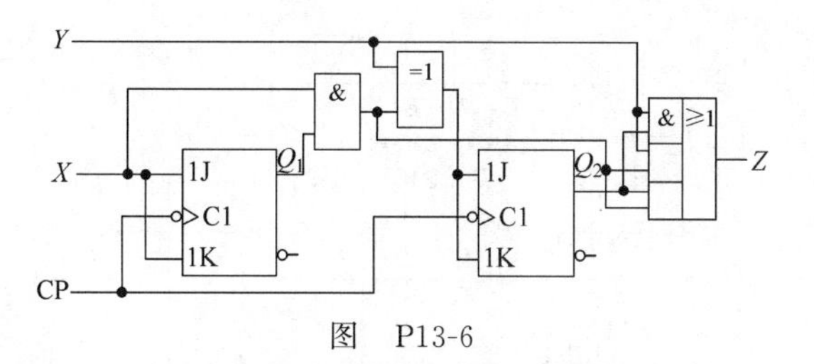

图　P13-6

7. 试用 JK 触发器设计一个同步七进制计数器，电路的状态转换图如图 P13-7 所示，其中 Z 为输出进位信号。检查所设计电路能否自启动，并画出相应的逻辑电路。

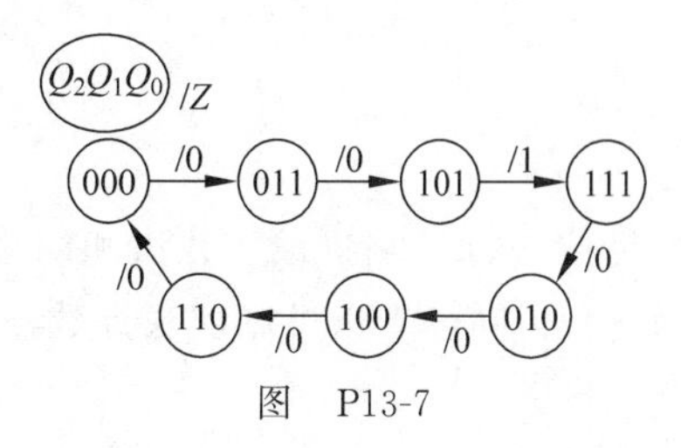

图　P13-7

8. 同步十六进制加法计数器 74LS161 接成如图 P13-8 所示的电路。分析各电路的计数长度是多少？并画出相应的状态转换图。

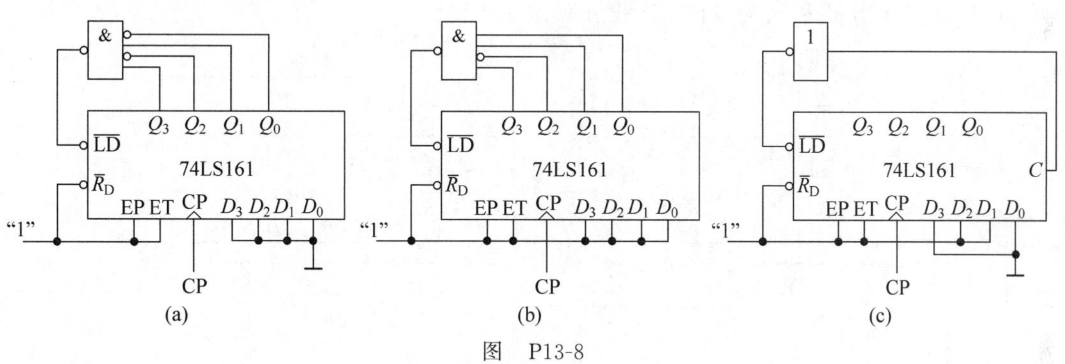

图　P13-8

9. 同步十进制加法计数器 74LS160 接成如图 P13-9 所示的电路。分析电路的计数长度是多少？

10. 试分析如图 P13-10 所示的计数器在 $M=1$ 和 $M=0$ 时各为几进制？

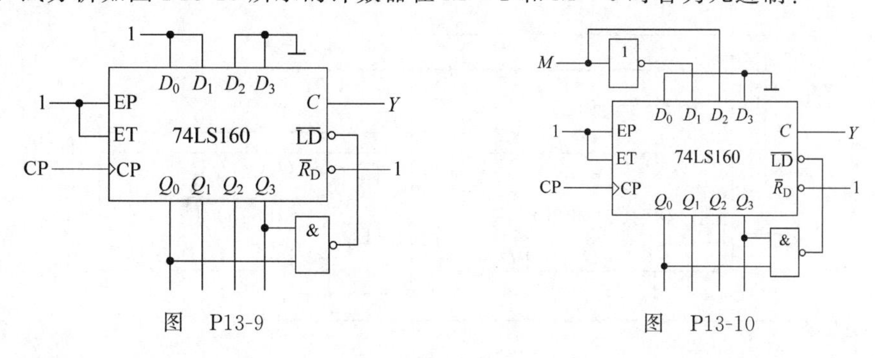

图　P13-9　　　　图　P13-10

11. 试分析如图 P13-11 所示的计数器在 $A=1$ 和 $A=0$ 时各为几进制？

12. 同步十进制加法计数器 74LS160 接成计数长度为 7 的计数器。要求分别用 $\bar{R}_D$ 端复位法、$\overline{LD}$ 端置最大数法和 $\overline{LD}$ 端置零法来实现，画出相应的接线图。

13. 同步十六进制加法计数器 74LS161 接成计数长度为 13 的计数器。要求分别用 $\bar{R}_D$

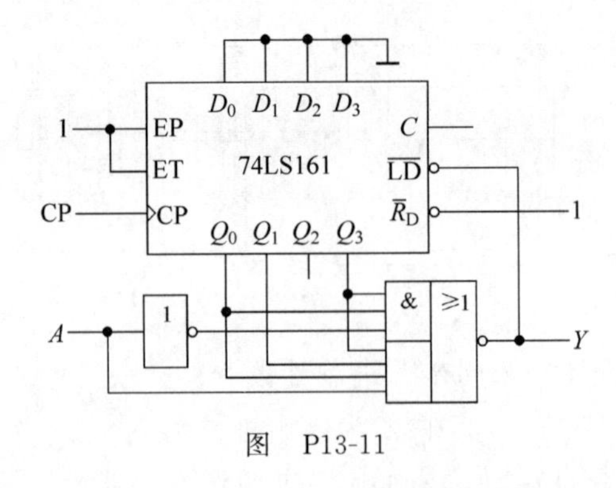

图　P13-11

端复位法、$\overline{LD}$ 端置最大数法和 $\overline{LD}$ 端置零法来实现，画出相应的接线图。

14. 同步十六进制加法计数器 74LS161 接成如图 P13-14 所示的两级计数电路，完成下列问题。

(1) 分析芯片Ⅰ和Ⅱ的计数长度各为多少？

(2) 电路输出 Y 和触发时钟 CP 的分频比为多少？

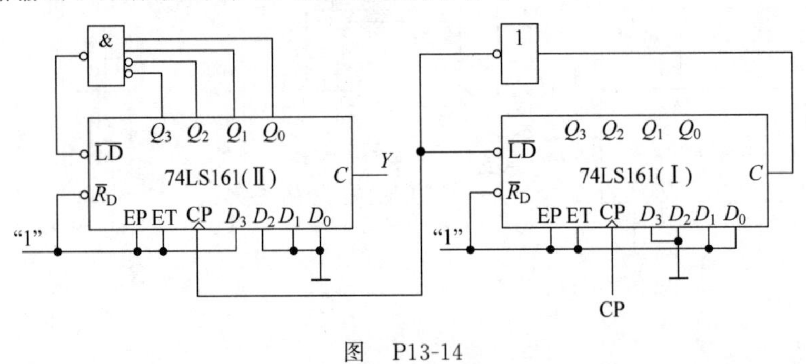

图　P13-14

15. 同步十进制加法计数器 74LS160 接成如图 P13-15 所示的两级计数电路。电路的计数长度为多少？

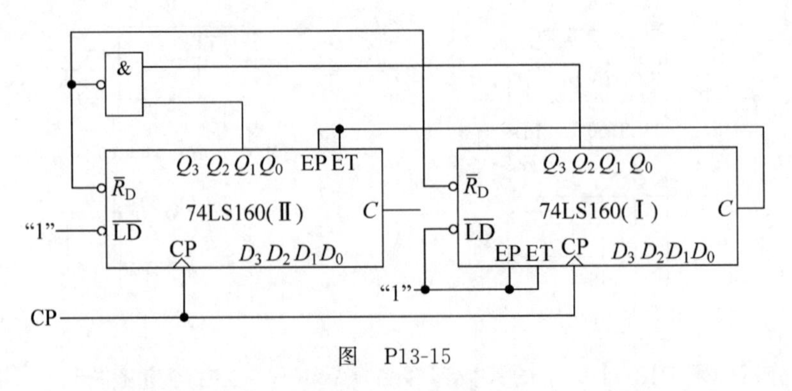

图　P13-15

16. 异步二-五-十进制计数器 74LS290 接成如图 P13-16 所示的计数器。各电路的计数长度为多少？

17. 试分析如图 P13-17 所示的由两片 4 位双向移位寄存器 74LS194 组成的 7 位串行-并行变换电路的工作过程。

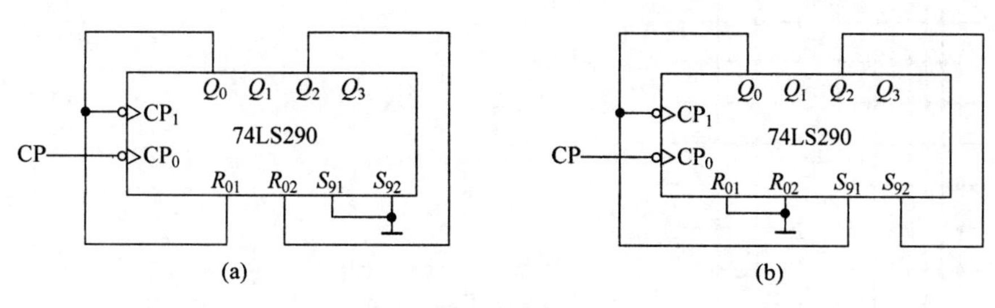

图　P13-16

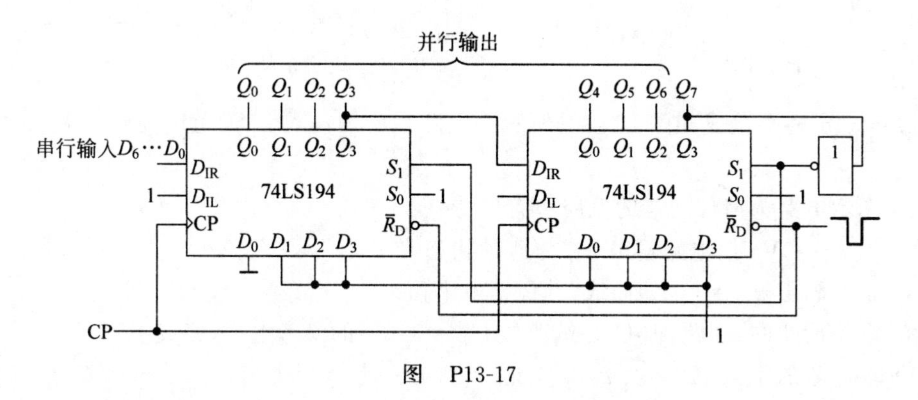

图　P13-17

18. 同步十进制加法计数器 74LS160 和 3 线-8 线译码器 74LS138 组成如图 P13-18 所示电路，分析电路的功能。

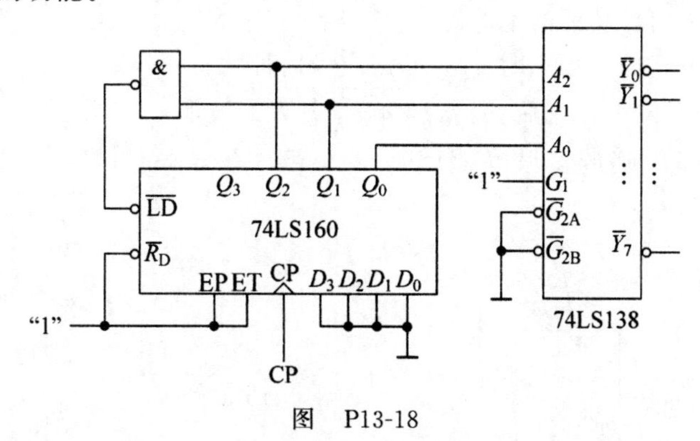

图　P13-18

19. PROM 实现的组合逻辑函数如图 P13-19 所示，完成下列问题。

(1) 分析电路的功能，说明当 ABC 为何值时，函数 $Y_1=1$，函数 $Y_2=1$。

(2) ABC 为何值时，函数 $Y_1=Y_2=0$。

20. 若反相输出的施密特触发器输入信号波形如图 P13-20 所示，试画出输出信号的波形。施密特触发器的上限阈值电压 U_{T+} 和下限阈值电压 U_{T-} 已在输入信号波形图上标出。

21. 在图 13-65 所示的用 555 定时器接成的施密特触发器电路中，试求：

(1) 当 $V_{CC}=12V$，而且没有外接控制电压时，U_{T+}、U_{T-} 及 ΔU_T 的值。

(2) 当 $V_{CC}=9V$、外接控制电压 $U_{CO}=5V$ 时，U_{T+}、U_{T-} 及 ΔU_T 的值。

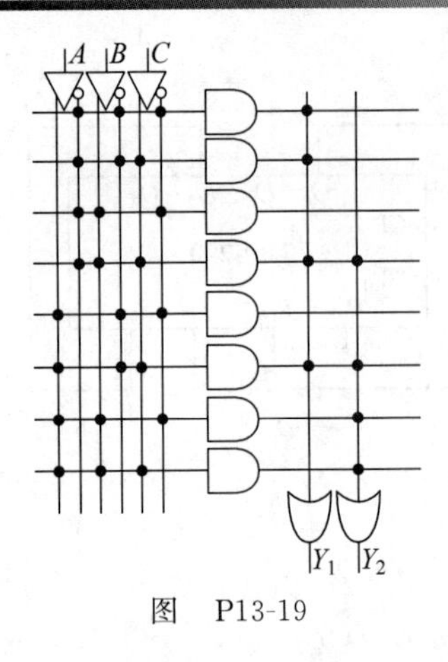

图 P13-19

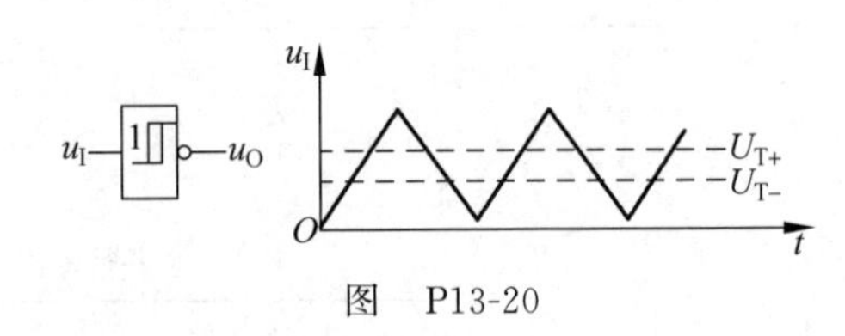

图 P13-20

22. 555 定时器接成如图 P13-22 所示的电路。已知输入 u_I 的范围为 0～5V，完成下列问题。

(1) 图示电路为何种功能的电路？有何特点？

(2) 当 $u_I=0$V 时，电路输出 u_O 为何种状态？

(3) 定性画出 $u_O=f(u_I)$ 曲线，并标明电平值。

23. 电路形式同 22 题，但 U_{CO} 端改接 $U_R=3.8$V 的参考电压，完成下列问题。

(1) 求电路的 U_{T+}、U_{T-} 及 ΔU_T 的值。

(2) 画出相应的 $u_O=f(u_I)$ 曲线。

24. 555 定时器接成如图 P13-24 所示的电路，完成下列问题。

(1) 图示电路为何种功能的电路？

(2) 说明图示电路处于稳态时 u_I 和 u_O 应为何种状态？

(3) 画出触发信号 u_I 作用后，u_I、u_C 和 u_O 各点的波形。

(4) 写出电路输出脉冲宽度 T_W 的计算公式。若 $R=10\text{k}\Omega$，$C=0.02\mu\text{F}$，计算 T_W 的值。

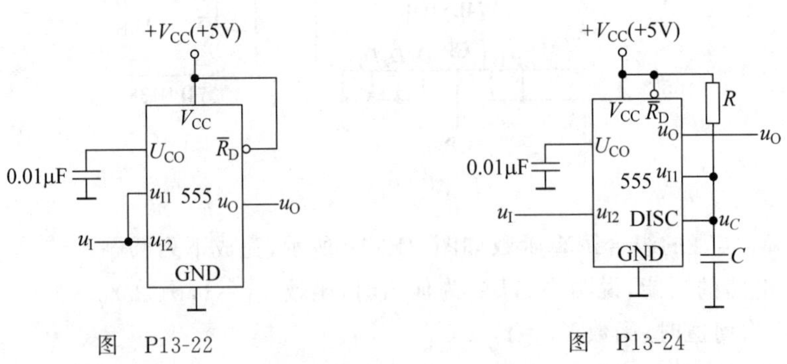

图 P13-22　　图 P13-24

25. 在图 13-76 所示的用 555 定时器组成的多谐振荡器电路中，若 $R_1=R_2=5.1\text{k}\Omega$，$C=0.01\mu\text{F}$，$V_{CC}=12$V，试计算电路的振荡频率。

26. 用 555 定时器构成的多谐振荡器如图 P13-26 所示。当电位器 R_W 滑动臂移至上、下两端时，分别计算振荡频率和相应的占空比 q。

27. 555 定时器接成如图 P13-27 所示的多谐振荡器电路，完成下列问题。

(1) 说明电路的充电、放电回路。

(2) 定性画出 u_C 和 u_O 点波形。

(3) 写出电路振荡周期 T 的计算公式。

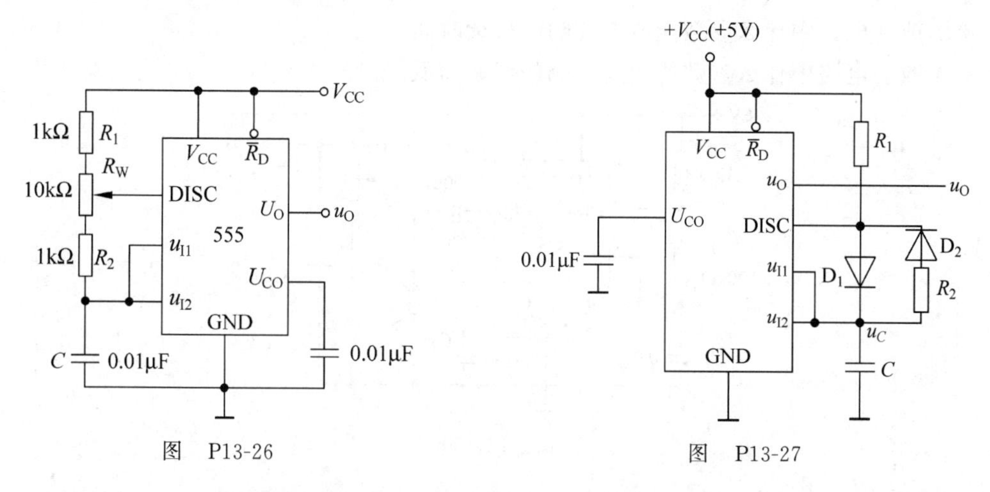

图　P13-26　　　　图　P13-27

28. 如图 P13-28 所示为用两个 555 定时器接成的延迟报警器。当开关 K 断开后，经过一定的延迟时间后扬声器开始发出声音。如果在延迟时间内 K 重新闭合，扬声器不会发出声音。在图中给定的参数下，试求延迟时间的具体数值和扬声器发出声音的频率。图中 G_1 是 CMOS 反相器，输出的高、低电平分别为 $U_{OH} \approx 12\text{V}$，$U_{OL}=0\text{V}$。

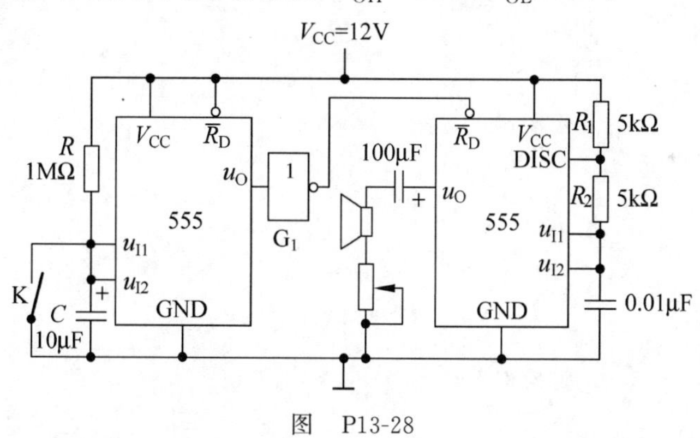

图　P13-28

29. 图 P13-29 是救护车扬声器发声电路。在图中给出的电路参数下，试计算扬声器发出声音的高、低音频率以及高、低音的持续时间。当 $V_{CC}=12\text{V}$ 时，555 定时器输出的高、低电平分别为 11V 和 0.2V，输出电阻小于 100Ω。

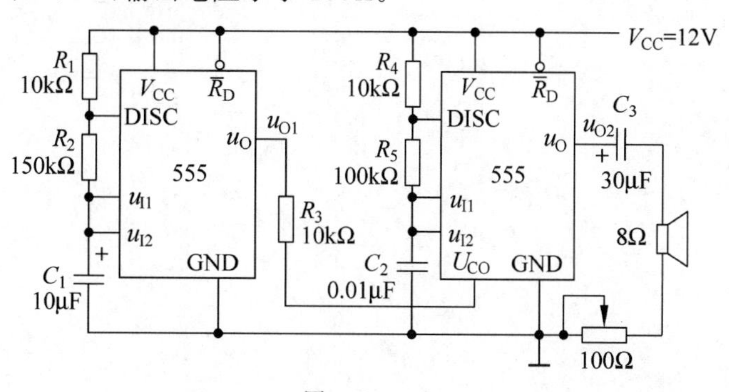

图　P13-29

30. 如图 P13-30 所示为电子门铃电路，当按下按钮 S 时可使门铃鸣响，完成下列问题。

(1) 说明门铃鸣响时 555 定时器的工作方式。

(2) 改变电路中什么参数能改变铃响的持续时间。

(3) 改变电路中什么参数能改变铃响的音调高低。

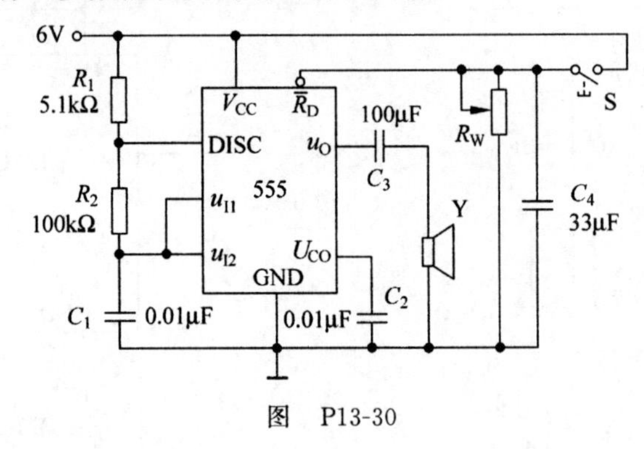

图 P13-30

第14章 数/模和模/数转换

CHAPTER 14

教学提示：在实际的计算机控制系统中，很多被控参数是模拟量，而计算机只能接收、处理和发送数字信号，因而，离不开数/模转换器和模/数转换器。

教学要求：要求了解模/数和数/模转换器的电路形式，主要技术指标，理解A/D和D/A转换器的基本原理，了解集成A/D和D/A转换器。

14.1 概述

在数字计算机已经普及的今天，计算机控制技术已经应用到各行各业。在计算机控制系统中，为了实现生产过程的控制，要将生产现场测得的信息（如温度、压力、流量等）传递给计算机。计算机经过计算、处理后，将结果以数字量的形式输出，并转换为适合于对生产过程进行控制的量。温度、压力、流量等都是随着时间连续变化的模拟量，而计算机处理的是数字信号，所以需要模/数转换器将模拟量转换为数字量。而计算机输出的数字信号去控制被控对象又需要将数字量转换为模拟量，这就需要由数/模转换器来完成。

为了保证数据处理结果的准确性，A/D转换器（Analog to Digital Converter）和D/A转换器（Digital to Analog Converter）必须有足够高的转换精度。同时，为了适应快速过程的控制和检测的需要，A/D转换器和D/A转换器还必须有足够快的转换速度。因此，转换精度和转换速度是衡量A/D转换器和D/A转换器性能优劣的主要标志。

目前常见的D/A转换器中，有权电阻网络D/A转换器、倒T形电阻网络D/A转换器和权电流型D/A转换器等。

A/D转换器的类型也有多种，可以分为直接A/D转换器和间接A/D转换器两大类。在直接A/D转换器中，输入的模拟电压信号直接被转换成相应的数字信号；而在间接A/D转换器中，输入的模拟信号首先被转换成某种中间变量（如时间、频率等），然后再将这个中间变量转换为数字信号。

14.2 D/A转换器

仿真视频 14-1

14.2.1 D/A转换器的主要电路形式

1. 权电阻网络D/A转换器

权电阻网络D/A转换器的电路原理图如图14-1所示。它实际上是一个输入信号受电子开关控制的反相输入求和运算电路。

在图14-1中,S_3、S_2、S_1 和 S_0 是4个电子开关,它们的状态分别受输入代码 d_3、d_2、d_1 和 d_0 的取值控制,代码为1时开关接到参考电压 U_{REF} 上,代码为0时开关接地。故 $d_i=1$ 时有支路电流 I_i 流向运算放大器,$d_i=0$ 时支路电流为0。这样根据反相输入求和运算电路输出与输入之间的关系式可得

$$u_O=-i_F R_F=-\left(\frac{U_{REF}}{2^3R}d_0+\frac{U_{REF}}{2^2R}d_1+\frac{U_{REF}}{2R}d_2+\frac{U_{REF}}{R}d_3\right)\frac{R}{2}$$

$$=-\frac{U_{REF}}{2^4}(2^0d_0+2^1d_1+2^2d_2+2^3d_3)=-\frac{U_{REF}}{2^4}D_4 \tag{14-1}$$

对于 n 位的权电阻网络D/A转换器,当反馈电阻为 $R/2$ 时,输出电压的计算公式可写成

$$u_O=-\frac{U_{REF}}{2^n}(2^0d_0+2^1d_1+\cdots+2^{n-2}d_{n-2}+2^{n-1}d_{n-1})=-\frac{U_{REF}}{2^n}D_n \tag{14-2}$$

其中 D_n 为输入的二进制数所对应的十进制数。式(14-2)表明,输出的模拟电压正比于输入的 D_n,从而实现了从数字量到模拟量的转换。

当输入的数字量为00…00时 $u_O=0$,为11…11时 $u_O=-\frac{2^n-1}{2^n}U_{REF}$,故 u_O 的最大变化范围是 $0\sim-\frac{2^n-1}{2^n}U_{REF}$。

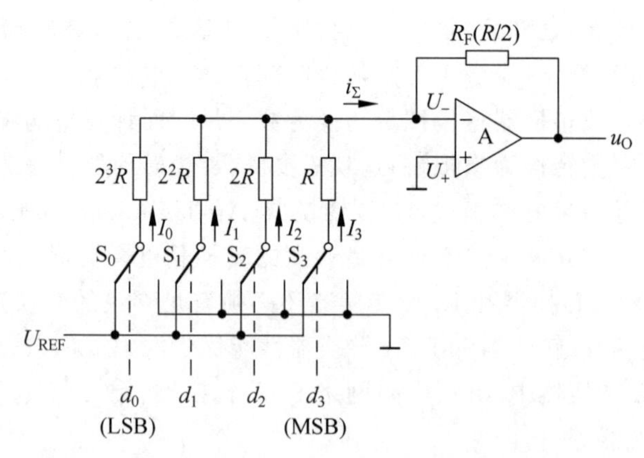

图14-1 权电阻网络D/A转换器的电路原理图

权电阻网络D/A转换器电路的优点是结构比较简单,所用的电阻元件数较少。缺点是各个电阻的阻值相差较大,尤其是在输入信号的位数较多时,这个问题就更加突出。例如,当输入信号增加到8位时,如果取权电阻网络中最小的电阻为10kΩ,那么最大的电阻值将达到 $2^7R=1.28\text{M}\Omega$,两者相差128倍之多。这会给制造工艺带来很大困难,很难保证精度,特别是在集成D/A转换器中尤为突出。因此,在集成D/A转换器中,一般都采用下面介绍的倒T形电阻网络D/A转换器。

2. 倒T形电阻网络D/A转换器

为了克服权电阻网络D/A转换器中电阻阻值相差太大的缺点,又研制了倒T形电阻网络D/A转换器,原理图如图14-2所示。由图可知,电阻网络中只有 R 和 $2R$ 两种阻值的

电阻，因此会给集成电路的设计和制造带来很大的方便。

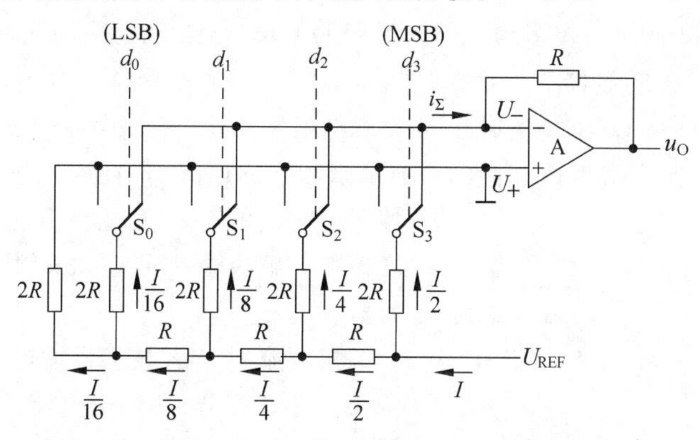

图 14-2　倒 T 形电阻网络 D/A 转换器的电路原理图

因为运算放大器的同相输入端 U_+ 接地，而利用虚短的性质，其反相输入端 U_- 为虚地。所以无论开关 S_3、S_2、S_1 和 S_0 合到哪一边，电阻与电子开关相连的一端总是接地，由此可得受电子开关控制的各支路电流大小的等效电路如图 14-3 所示。不难看出，依次从 AA、BB、CC 和 DD 端口向左看过去的等效电阻都是 R，因此从参考电源流入到倒 T 形电阻网络的总电流为 $I=\frac{U_{REF}}{R}$，根据并联分流公式，可得各个电子开关所在支路的电流为 $\frac{I}{2}$、$\frac{I}{4}$、$\frac{I}{8}$ 和 $\frac{I}{16}$。

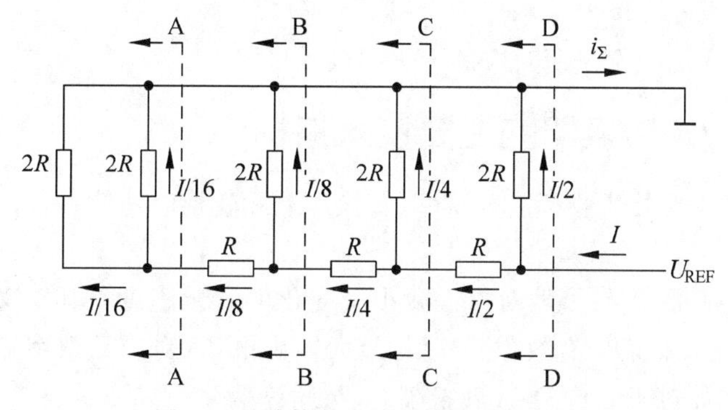

图 14-3　计算各支路电流的等效电路

如果令 $d_i=0$ 时开关 S_i 接地（运放的同相输入端 U_+），$d_i=1$ 时开关 S_i 接运放的反相输入端。根据反相输入求和运算电路的计算公式可得如图 14-2 所示电路的输出电压为

$$u_O=-I_F R=-\left(\frac{I}{16}d_0+\frac{I}{8}d_1+\frac{I}{4}d_2+\frac{I}{2}d_3\right)R$$

$$=-\frac{U_{REF}}{2^4}(2^0 d_0+2^1 d_1+2^2 d_2+2^3 d_3)=-\frac{U_{REF}}{2^4}D_4 \qquad (14\text{-}3)$$

式(14-3)与式(14-1)完全相同，因此，n 位输入的倒 T 形电阻网络 D/A 转换器的输出模拟电压的计算公式与式(14-2)也相同。

倒 T 形电阻网络 D/A 转换器的特点是电阻种类少，只有 R 和 $2R$ 两种，因此可以提高制造精度。并且，由于在倒 T 形电阻网络 D/A 转换器中，各支路电流直接流入运算放大器的输入端,它们之间不存在传输上的时间差,所以提高了转换速度。它是目前集成D/A转换器中转换速度较高且使用较多的一种。常用的DAC0832就是采用这种结构。

3. 权电流型D/A转换器

在分析权电阻网络D/A转换器和倒T形电阻网络D/A转换器的过程中,都把模拟开关看作理想开关处理,没有考虑它们的导通电阻和导通压降,并且每个开关的情况又不完全相同。它们的存在无疑将引起转换误差,影响转换精度。解决这个问题可采用权电流型D/A转换器。

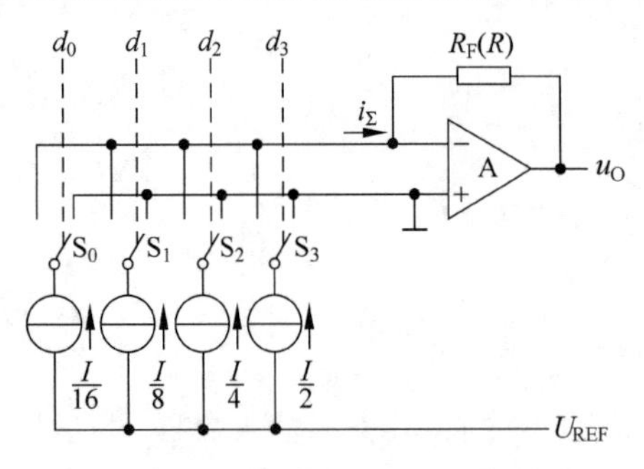

图14-4　权电流型D/A转换器的电路原理图

权电流型D/A转换器的电路原理图如图14-4所示。可以看出,其是用电流源代替如图14-2所示电路中的倒T形电阻网络。这样每个支路电流的大小不再受开关导通电阻和导通压降的影响,从而提高了转换的精度。

当输入数字量的某位代码为1时,对应的开关将恒流源接到运算放大器的反相输入端;当输入代码为0时,对应的开关接地,故输出电压为

$$u_O=-i_\Sigma R_F=-R_F\left(\frac{I}{16}d_0+\frac{I}{8}d_1+\frac{I}{4}d_2+\frac{I}{2}d_3\right)$$

$$=-\frac{R_F I}{2^4}(2^0 d_0+2^1 d_1+2^2 d_2+2^3 d_3) \tag{14-4}$$

可见,u_O正比于输入的数字量所对应的十进制数。

知识拓展 14-1

14.2.2　D/A转换器的主要技术指标

D/A转换器的主要技术指标有分辨率、转换误差和转换时间等。

1. 分辨率

分辨率用于表征D/A转换器对输入微小量变化的敏感程度。其定义为最小输出电压(对应的输入数字量只有最低有效位为1)与最大输出电压(对应的数字输入信号所有有效位全为1)之比。例如对于8位D/A转换器,其分辨率为

$$\frac{1}{2^8-1}=\frac{1}{255}\approx 0.004$$

分辨率越高,转换时,对应数字输入信号最低位的模拟信号电压数值越小,也就越灵敏。有时也用数字输入信号的有效位数来给出分辨率。例如,单片集成D/A转换器DAC0832的分辨率为8位,DAC1210的分辨率为12位。

2. 转换误差

转换误差是转换器实际转换特性曲线与理想转换特性曲线之间的最大偏差,它是一个实际的性能指标。转换误差通常用满量程的百分数来表示。例如一个D/A转换器的线性误差为0.05%,也就是说转换误差是满量程的万分之五。有时转换误差用最低有效位(Least Significant Bit,LSB)的倍数来表示。例如一个D/A转换器的转换误差为LSB/2,则表示输出电压的绝对误差是最低有效位为1时的输出电压的1/2。

造成D/A转换器转换误差的原因有参考电压U_{REF}的波动、运算放大器的零点漂移、模拟开关的导通内阻和导通压降，电阻网络中电阻值的偏差以及三极管特性不一致等。

D/A转换器的分辨率和转换误差共同决定了D/A转换器的精度。提高D/A转换器的精度，不仅要选择位数多的D/A转换器，还要选用稳定度高的参考电压和低漂移的运算放大器与其配合。

3. 转换时间

D/A转换器的转换时间是选择器件时的另一项重要技术指标。D/A转换器的转换时间规定为转换器完成一次转换所需的时间，也即从转换命令发出开始到转换结束为止的时间。D/A转换器的转换时间是由其建立时间t_{set}来决定的，表示从输入的数字量发生突变开始，到输出电压进入与稳态值相差$\pm\frac{1}{2}$LSB范围内的这段时间。建立时间通常由手册给出。目前不包含运算放大器的单片集成D/A转换器中，建立时间最短的可达到0.1μs以内。在包含运算放大器的集成D/A转换器中，建立时间最短的可达到1.5μs以内。

除了上述指标外，在使用D/A转换器时，还必须知道工作电源电压、输出方式、输出值的范围和输入逻辑电平等，这些都可以在使用手册中查到。

14.2.3 集成D/A转换器

在基本电路结构的基础上，附加一些控制端，就形成了集成D/A转换器。目前D/A转换器的种类很多，功能各异，例如分辨率有8位、10位、12位和16位等。有内部不带锁存器(需要外加锁存器)的和内部带有锁存器(可直接与计算机的数据线连接)的。内部带有锁存器的D/A转换器有DAC0832、AD7524等，不带有锁存器的有AD7520、AD7521等。下面简单介绍8位D/A转换器DAC0832的内部结构、工作原理和使用方法。

1. DAC0832的内部结构

DAC0832是美国国家半导体公司生产的倒T形电阻网络型8位集成D/A转换器，能完成数字量输入、模拟量(电流)输出的转换。采用单电源供电，+5V～+15V均可正常工作，基准电压的范围为±10V，电流建立时间为1μs，CMOS制造工艺，低功耗为20mW。其价格低廉、接口简单、转换控制容易等优点，在计算机控制系统中得到了广泛的应用。

DAC0832的原理框图如图14-5所示。由图可以看出DAC0832由8位数据锁存器、8位DAC寄存器、8位D/A转换电路及转换控制电路构成。

在图14-5中，$\overline{LE}$(1)为锁存器命令，由原理框图可知，当$I_{LE}=1$，$\overline{CS}=\overline{WR_1}=0$时，$\overline{LE}(1)=1$，8位数据锁存器的输出状态随着输入数据的状态变化，否则$\overline{LE}(1)=0$，数据被锁存；$\overline{LE}$(2)为寄存器命令，当$\overline{WR_2}=0$和$\overline{XFER}=0$时，$\overline{LE}(2)=1$，DAC寄存器的输出状态随着数据锁存器的输出状态变化，进行D/A转换，否则$\overline{LE}(2)=0$，停止D/A转换。

由此可见，可以通过对控制引脚的不同设置而决定是采用双缓冲方式(两级输入锁存)，单缓冲方式(两级同时输入锁存或只用一级输入锁存，另一级始终直通)还是完全接成直通的形式。

2. DAC0832的引脚功能

$D_7\sim D_0$：8位数据输入线。

I_{LE}：数据锁存允许信号，高电平有效。

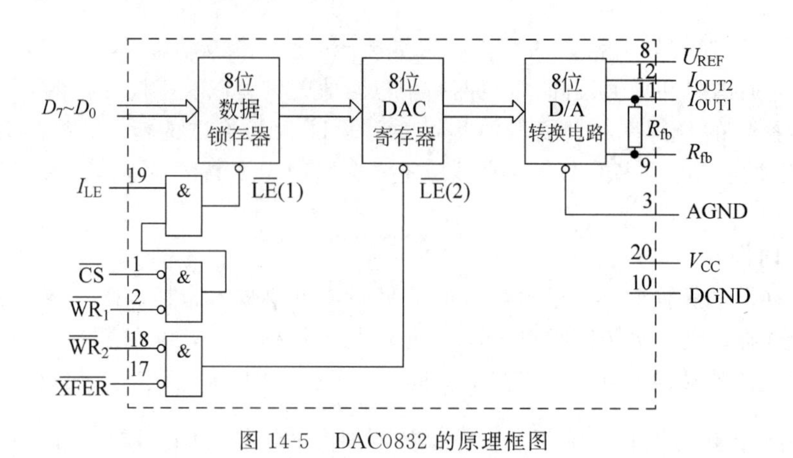

图 14-5 DAC0832 的原理框图

$\overline{CS}$:数据锁存器选择信号,也称片选信号,低电平有效。它与 I_{LE} 信号结合可对 $\overline{WR_1}$ 信号是否起作用进行控制。

$\overline{WR_1}$:数据锁存器的写选通信号,低电平有效,用以把数字量输入锁存于数据锁存器中,在 $\overline{WR_1}$ 有效时,必须 $\overline{CS}$ 和 I_{LE} 同时有效。

$\overline{XFER}$:数据传送信号,低电平有效。

$\overline{WR_2}$:DAC 寄存器的写选通信号,低电平有效,用以将锁存于数据锁存器的数字量传送到 DAC 寄存器中锁存。 $\overline{WR_2}$ 有效时,$\overline{XFER}$ 必须有效。

I_{OUT1}:电流输出引脚 1。随 DAC 寄存器的内容线性变化,当 DAC 寄存器输入全为 1 时,输出电流最大,DAC 寄存器输入全为 0 时,输出电流为 0。

I_{OUT2}:电流输出引脚 2,与 I_{OUT1} 电流互补输出,即 I_{OUT1} 与 I_{OUT2} 的和为常数。

R_{fb}:反馈电阻连接端。由于片内已具有反馈电阻,故可以和外接运算放大器直接相连。该运算放大器是将 D/A 芯片电流输出转换为电压输出 U_{OUT}。

U_{REF}:基准电源输入引脚。该引脚把一个外部标准电压源与内部倒 T 形网络相接,外接电压源的稳定精度直接影响 D/A 转换精度,所以要求 U_{REF} 精度应尽可能高一些,范围为−10~+10V。

V_{CC}:电源电压输入端,范围为+5~+15V。

DGND:数字地。

AGND:模拟地。模拟地可以和数字地连在一起使用。

14.3 A/D 转换器

14.3.1 A/D 转换器的基本工作原理

A/D 转换器的功能是将模拟信号转换为数字信号。因为输入的模拟信号在时间上是连续的,而输出的数字信号是离散的,因此转换只能在一系列选定的瞬间对输入的模拟信号采样,然后再把这些采样值转换成输出的数字量。

由于 A/D 转换器将输入的模拟量转换为数字量需要一定的时间,为保证给后续环节提供稳定的输入值,输入信号通常要经过采样和保持电路再送入 A/D 转换器。

1. 采样

采样是将时间上连续变化的信号转换为时间上离散的信号，即把时间上连续的模拟量转换为一系列等间隔的脉冲，脉冲的幅度取决于输入模拟量。实现这个采样过程的装置称为采样器，又叫采样开关。采样开关可以用一个按一定周期闭合的开关来表示，其采样周期为 T，每次闭合的持续时间为 τ。连续的输入信号 $u_I(t)$ 经过采样器 S 后，变成离散的脉冲序列 $u_S(t)$，如图 14-6 所示。每个脉冲的宽度为 τ，幅度等于采样器闭合期间输入信号的瞬时值。$u_S(t)$ 只在采样器闭合期间有值，而当采样器断开时，$u_S(t)=0$。显然，采样过程要丢失采样间隔之间的信息。

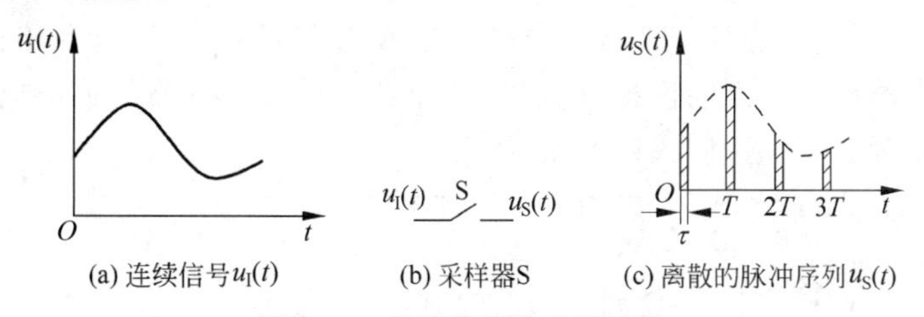

(a) 连续信号$u_I(t)$　(b) 采样器S　(c) 离散的脉冲序列$u_S(t)$

图 14-6　连续信号的采样过程

为了不失真地恢复原来的输入信号，根据采样定理，一个频率有限的模拟信号，其采样频率 f_s 必须大于或等于输入模拟信号所包含的最高频率 f_{max} 的两倍，即采样频率必须满足

$$f_s \geqslant 2f_{max} \tag{14-5}$$

模拟信号经采样电路采样后，变成一系列脉冲信号，采样脉冲宽度 τ 一般是很短暂的，在下一个采样脉冲到来之前，应暂时保留前一个采样脉冲结束时刻对应的模拟量瞬时值(简称为采样值)，以便实现对该模拟量值进行转换，保留时间等于 A/D 转换器转换时间。因此，在采样电路之后需加信号保持电路。

2. 保持

保持就是将采样终了时刻的信号电压保持下来，直到下一个采样信号出现。如图 14-7(a) 所示是一种常见的采样保持电路，场效应管 T 为采样开关；电容 C_H 为保持电容；运算放大器作为电压跟随器使用，起缓冲隔离作用。在采样脉冲 $S(t)$ 到来的时间 τ 内，场效应管 T 导通，输入模拟量 $u_I(t)$ 向电容充电，假定充电时间常数远小于 τ，那么 C_H 上的充电电压能及时跟上 $u_I(t)$ 的瞬时值变化。采样结束，T 迅速截止，电容 C_H 上的充电电压就保持了前一采样时间 τ 的终了时刻输入 $u_I(t)$ 的瞬时值，一直保持到下一个采样脉冲到来。当下一个采样脉冲到来时，电容 C_H 上的电压 $u_S(t)$ 再按输入 $u_I(t)$ 的瞬时值变化。在输入采样脉冲序列后，缓冲放大器输出电压的脉冲序列如图 14-7(b) 所示。

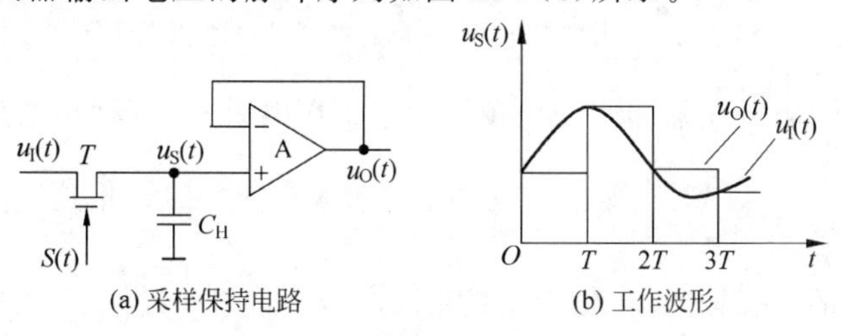

(a) 采样保持电路　(b) 工作波形

图 14-7　采样保持电路及工作波形

14.3.2 A/D 转换器的主要电路形式

1. 直接 A/D 转换器

直接 A/D 转换器能将输入的模拟电压信号直接转换为输出的数字量而不需要经过中间变量。特点是工作速度高,能保证转换精度,调准比较容易。常用的直接 A/D 转换器有并联比较型和逐次逼近型。

1) 并联比较型 A/D 转换器

并联比较型 A/D 转换器的电路原理图如图 14-8 所示,它由电压比较器、寄存器和编码器三部分组成。为了简化电路,图 14-8 中以 3 位 A/D 转换器为例,并且略去了采样保持电路。U_{REF} 是参考电压。输入的模拟电压 U_I 已经是采样保持电路的输出电压了,取值范围为 0~U_{REF},输出为 3 位二进制代码 $d_2d_1d_0$。

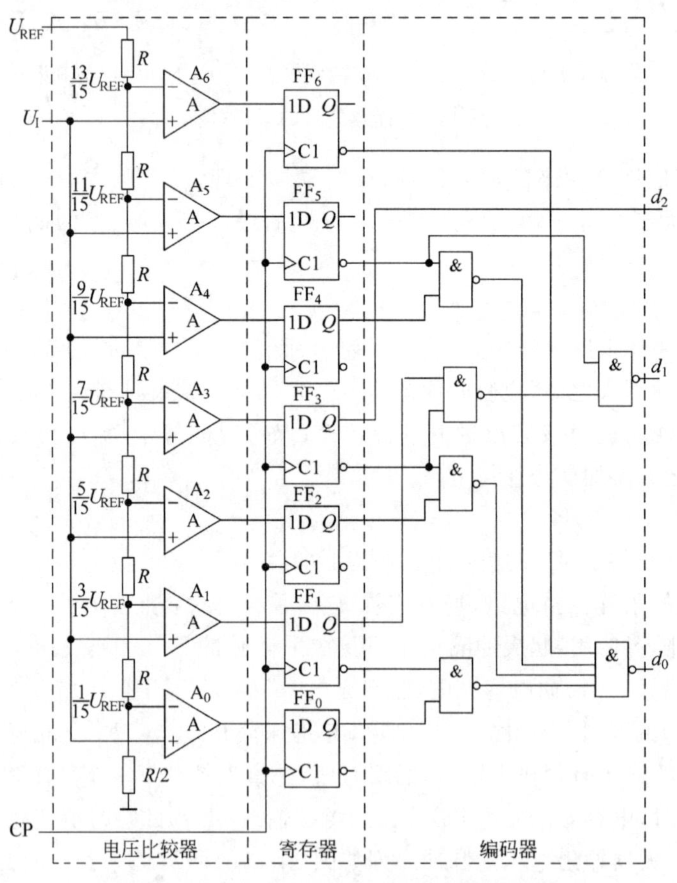

图 14-8 并联比较型 A/D 转换器的电路原理图

电压比较器由电阻分压器和 7 个比较器构成。在电阻分压器中,电阻网络将参考电压 U_{REF} 分压,得到从$\frac{1}{15}U_{REF}$ 到$\frac{13}{15}U_{REF}$ 之间的 7 个参考电压,然后,把这 7 个参考电压分别接到 7 个电压比较器的反相输入端,作为比较基准电压。这里$\frac{1}{15}U_{REF}$ 是可以分辨的模拟信号的最小值,也是 A/D 转换器可能出现的最大误差,称为"最小量化单位"。同时,将输入的模

拟电压 U_I 接到 7 个电压比较器的同相输入端，与这 7 个参考电压进行比较。若 U_I 不低于比较器 A_i 的比较基准电压，则比较器 A_i 的输出为 1，否则为 0。

寄存器由 7 个 D 触发器组成。在时钟脉冲 CP 的作用下，将比较结果暂存，以供编码用。

若 $U_I < \frac{1}{15}U_{REF}$，则所有比较器的输出全是低电平，CP 上升沿到来后，由 D 触发器组成的寄存器中所有的触发器（$FF_0 \sim FF_6$）都被置为 0 状态。

若 $\frac{1}{15}U_{REF} \leqslant U_I < \frac{3}{15}U_{REF}$，则只有 A_0 输出高电平，CP 上升沿到来后，触发器 FF_0 被置为 1，其余触发器 $FF_1 \sim FF_6$ 都被置为 0 状态。

以此类推，即可得到不同输入电压值时对应的寄存器的输出状态，如表 14-1 所示。不过寄存器输出的是一组 7 位的二值代码，还不是所要求的二进制数，因此必须经过编码器对寄存器的输出状态进行编码。

表 14-1　3 位并联比较型 A/D 转换器的代码转换表

输入模拟电压 U_I	寄存器状态（编码器的输入）							数字量输出（编码器的输出）		
	Q_6	Q_5	Q_4	Q_3	Q_2	Q_1	Q_0	d_2	d_1	d_0
$(0 \sim 1/15)U_{REF}$	0	0	0	0	0	0	0	0	0	0
$(1/15 \sim 3/15)U_{REF}$	0	0	0	0	0	0	1	0	0	1
$(3/15 \sim 5/15)U_{REF}$	0	0	0	0	0	1	1	0	1	0
$(5/15 \sim 7/15)U_{REF}$	0	0	0	0	1	1	1	0	1	1
$(7/15 \sim 9/15)U_{REF}$	0	0	0	1	1	1	1	1	0	0
$(9/15 \sim 11/15)U_{REF}$	0	0	1	1	1	1	1	1	0	1
$(11/15 \sim 13/15)U_{REF}$	0	1	1	1	1	1	1	1	1	0
$(13/15 \sim 1)U_{REF}$	1	1	1	1	1	1	1	1	1	1

编码器由 6 个与非门构成，将寄存器送来的 7 位二值代码换成 3 位二进制代码 d_2、d_1 和 d_0，根据表 14-1 得到逻辑关系如下：

$$\begin{cases} d_2 = Q_3 \\ d_1 = Q_5 + \bar{Q}_3 Q_1 = \overline{\bar{Q}_5 \overline{\bar{Q}_3 Q_1}} \\ d_0 = Q_6 + \bar{Q}_5 Q_4 + \bar{Q}_3 Q_2 + \bar{Q}_1 Q_0 = \overline{\bar{Q}_6 \overline{\bar{Q}_5 Q_4}\ \overline{\bar{Q}_3 Q_2}\ \overline{\bar{Q}_1 Q_0}} \end{cases} \tag{14-6}$$

按照式(14-6)即可得到图 14-8 中的编码器。

并联比较型 A/D 转换器由于是各位数码转换同时进行，因此转换速度快，故又称高速 A/D 转换器。另外，使用如图 14-8 所示的这种含有寄存器的 A/D 转换器时，可以不用附加采样保持电路。并联比较型 A/D 转换器的转换精度主要取决于最小量化单位，其值越小，精度越高，相应的电路也就越复杂。

2) 逐次逼近型 A/D 转换器

逐次逼近型 A/D 转换器的结构框图如图 14-9 所示。它包括电压比较器 A、D/A 转换器、寄存器、时钟脉冲源和控制逻辑电路 5 部分组成。

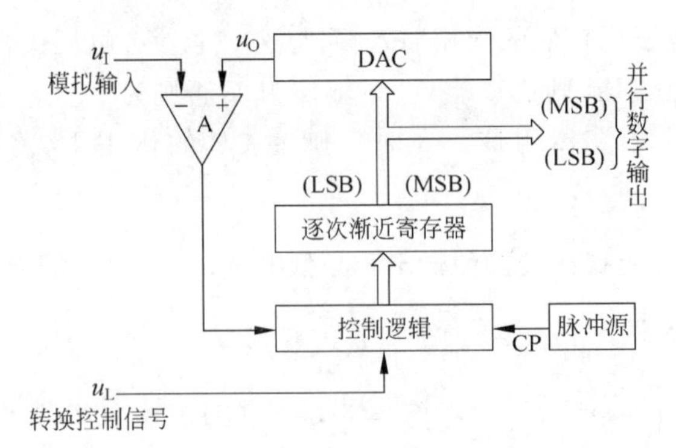

图 14-9 逐次逼近型 A/D 转换器的结构框图

转换开始前，先将寄存器清零，所以加给 D/A 转换器的数字量也是全 0。转换控制信号 u_L 变为高电平时开始转换，时钟信号首先将寄存器的最高位置成 1，使寄存器的输出为 100…00。这个数字量被 D/A 转换器转换成相应的模拟电压 u_O，并送到比较器与输入信号 u_I 进行比较。如果 $u_O>u_I$，说明数字过大了，则这个 1 应去掉；如果 $u_O<u_I$，说明数字还不够大，这个 1 应该予以保留。然后，再按同样的方法将次高位置 1，并比较 u_O 与 u_I 的大小以确定这一位的 1 是否应当保留。这样逐位比较下去，直到最低位比较完为止。这时寄存器里所存的数码就是所求的输出数字量。

由上述转换过程可知，逐次逼近型 A/D 转换器的转换时间取决于转换中的数字位数的多少，完成每位数字的转换需要一个时钟周期，第 $n+1$ 个时钟周期作用后，第 n 位数据才存入寄存器，最后一个时钟周期数据送到输出寄存器，所以完成一次转换所需要的时间为 $n+2$ 个时钟周期。因此，它的转换速度比并联比较型 A/D 转换器低，但当输出位数较多时，电路比并联比较型 A/D 转换器简单。正因为如此，逐次逼近型 A/D 转换器是目前应用十分广泛的集成 A/D 转换器。常用的 ADC0809 就是采用这种结构的 A/D 转换器。

2. 间接 A/D 转换器

间接 A/D 转换器就是将采样电压值转换成对应的中间量值，如时间变量 t 或频率变量 f，然后再将时间量值 t 或频率量值 f 转换成数字量(二进制数)。特点是工作速度较低但转换精度较高，且抗干扰性强，一般在测试仪表中用得较多。目前使用的间接 A/D 转换器多半属于电压-时间变换型(简称 *U-T* 变换)和电压-频率变换型(简称 *U-F* 变换)两类。

在 *U-T* 变换型 A/D 转换器中，首先把输入的模拟电压信号转换成与之成正比的时间宽度信号，然后在这个时间宽度里对固定频率的时钟脉冲计数，计数的结果就是正比于输入模拟电压的数字信号。

在 *U-F* 变换型 A/D 转换器中，则首先把输入的模拟电压信号转换成与之成正比的频率信号，然后在一个固定的时间间隔里对得到的频率信号计数，所得到的计数结果就是正比于输入模拟电压的数字量。

1) 双积分型 A/D 转换器

在 *U-T* 变换型 A/D 转换器中，用得最多的是双积分型 A/D 转换器。双积分型 A/D 转换器的原理框图如图 14-10 所示。它由比较器、积分器、计数器、控制逻辑、时钟脉冲源等部分构成。

转换开始前，转换控制信号 $u_L=0$，将计数器置零，控制逻辑使开关 S_0 闭合，S_1 断开，

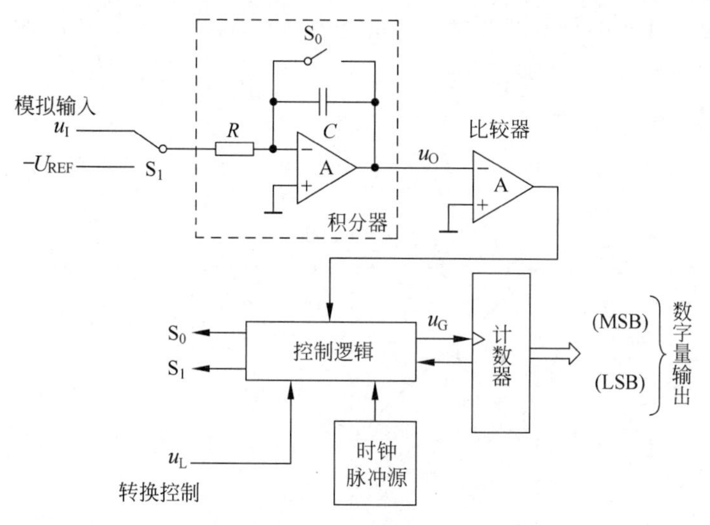

图 14-10　双积分型 A/D 转换器的原理框图

电容 C 完全放电。

当 u_L 变为 1 时开始转换。由控制逻辑使 S_0 断开，S_1 接通输入模拟电压信号 u_I，积分器对 u_I 进行固定时间 T_1 的积分。积分结束时积分器的输出电压为

$$u_O = -\frac{1}{RC}\int_0^{T_1} u_I \mathrm{d}t = -\frac{T_1}{RC}u_I \tag{14-7}$$

式(14-7)说明，在 T_1 固定的条件下，积分器的输出电压 u_O 与输入电压 u_I 成正比。

当时间 T_1 到了以后，产生溢出信号，通过控制逻辑，使开关 S_1 转接到参考电压(或称为基准电压)$-U_{REF}$ 一侧，积分器向相反方向积分。如果积分器的输出电压上升到零时所经过的积分时间为 T_2，则可得

$$u_O = \frac{1}{C}\int_0^{T_2} \frac{U_{REF}}{R}\mathrm{d}t - \frac{T_1}{RC}u_I = 0$$

则

$$\frac{T_2}{RC}U_{REF} = \frac{T_1}{RC}u_I$$

所以

$$T_2 = \frac{T_1}{U_{REF}}u_I \tag{14-8}$$

可见，反向积分到 $u_O=0$ 的这段时间 T_2 与输入信号 u_I 成正比。

令计数器在 T_2 这段时间里对固定频率为 $f_c\left(f_c=\frac{1}{T_c}\right)$ 的时钟脉冲进行计数，则计数结果也一定与 u_I 成正比，即

$$D = \frac{T_2}{T_c} = \frac{T_1}{T_c U_{REF}}u_I \tag{14-9}$$

式(14-9)中的 D 为表示模拟输入电压信号 u_I 对应的数字量。

双积分型 A/D 转换器的电压波形图如图 14-11 所示。从图中可以直观地看出：当 u_I 取为两个不同的数值 U_{I1} 和 U_{I2} 时，反向积分时间 T_2 和 T_2' 也不相同，而且时间的长短与

u_I 的大小成正比。由于时钟脉冲源输出的是固定频率的脉冲，所以在 T_2 和 T_2' 期间送给计数器的计数脉冲的数目必然与 u_I 成正比。

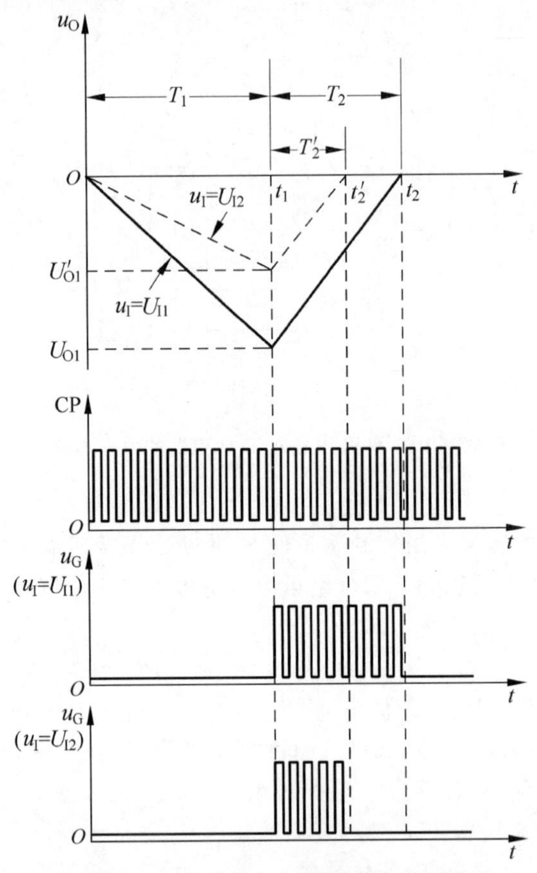

图 14-11　双积分型 A/D 转换器的电压波形

双积分型 A/D 转换器的优点是工作性能比较稳定，转换精度高，抗干扰能力强；缺点是工作速度低。因此，双积分型 A/D 转换器应用于对速度要求不高的场合。

2）U-F 变换型 A/D 转换器

如图 14-12 所示为 U-F 变换型 A/D 转换器的结构框图。它由压控振荡器、寄存器、计数器、时钟信号控制闸门等部分组成。

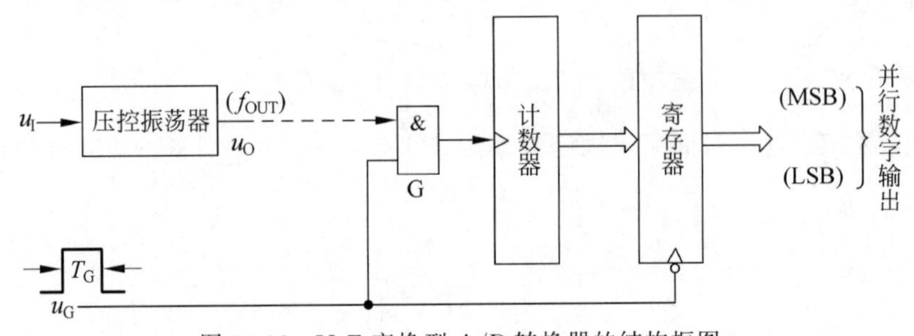

图 14-12　U-F 变换型 A/D 转换器的结构框图

压控振荡器的输出脉冲的频率 f_{OUT} 随输入模拟电压信号 u_I 的变化而改变，而且在一定的变化范围内有较好的线性关系。转换过程由闸门信号 u_G 控制。当 u_G 变成高电平以后,压控振荡器的输出脉冲通过与门 G 给计数器计数。由于 u_G 是固定宽度 T_G 的脉冲信号,所以在 u_G 高电平期间通过的脉冲数与 f_{OUT} 成正比,因而也与 u_I 成正比。因此每个 u_G 周期结束后计数器中的数字就是所需要的转换结果。

为了避免在转换过程中输入的数字跳动,通常在电路的输出端设有输出寄存器。每当转换结束时,用 u_G 的下降沿将计数器的状态置入寄存器中。

由于压控振荡器的输出是一种调频的脉冲信号,而这种调频信号不仅易于传输和检测,还具有很强的抗干扰能力,所以 *U-F* 变换型 A/D 转换器在遥测、遥控系统中有广泛应用。在需要远距离传送模拟信号并完成 A/D 转换的情况下,一般将压控振荡器设置为检测发送端,被检测模拟信号经压控振荡器转换成脉冲信号发送,而将计数器、输出寄存器等设置为信号接收端,接收发送端发送的脉冲信号。

U-F 变换型 A/D 转换器的转换精度主要取决于 *U-F* 变换精度和压控振荡器的线性度和稳定度,同时与计数器的容量有关,计数器的容量越大,转换误差越小。*U-F* 变换型 A/D 转换器的缺点是速度比较低。

14.3.3　A/D 转换器的主要技术指标

知识拓展
14-2

A/D 转换器的主要技术指标包括分辨率、转换误差和转换时间等。

1. 分辨率

分辨率用来说明 A/D 转换器对输入信号的分辨能力。有 n 位输出的 A/D 转换器能区分输入模拟信号的(2^n-1)个不同等级,因此,其分辨率为

$$\text{分辨率}=\frac{U_{\text{Imax}}}{2^n-1} \tag{14-10}$$

式中,U_{Imax} 是输入模拟信号的最大值。由式(14-10)可以看出,在最大输入电压一定时,输出位数越多,分辨率越高。

分辨率通常用输出的数字量的位数来表示,如 8 位、10 位、12 位等。

2. 转换误差

A/D 转换器的转换误差通常以输出误差的最大值形式给出,它表示实际输出的数字量与理论上应该输出的数字量之间的差别,一般以输出最低有效位的倍数给出。如转换误差 $<\pm 1/2$LSB,则表明实际输出的数字量与理论输出的数字量之间的误差小于最低有效位的一半。有时,也用满量程的百分数来表示。

3. 转换时间

转换时间是指 A/D 转换器从转换控制信号到来开始,到输出端得到稳定的数字信号所经过的时间。A/D 转换器的转换时间与转换电路的类型有关,不同类型的转换器转换速度相差很大。

并联比较型 A/D 转换器的转换速度最快。例如,8 位二进制输出的单片集成 A/D 转换器的转换时间一般不超过 50ns。逐次逼近型 A/D 转换器的转换速度次之。一般在 10～100μs。相比之下,间接 A/D 转换器的转换速度要低得多。目前使用的双积分型 A/D 转换器转换时间大多在几十毫秒到几百毫秒。

此外,在组成高速 A/D 转换器时,还应将采样-保持电路的获取时间(即采样信号稳定

地建立起来所需要的时间）计入转换时间之内。一般单片集成采样-保持电路的获取时间在几微秒的数量级，与所选定的保持电容的电容量大小有关。

除了上述指标外，在使用 A/D 转换器时，还必须知道 A/D 转换器的量程（所能转换的电压范围）、对基准电源的要求等，这些都可以在使用手册中查到。

14.3.4 集成 A/D 转换器

集成 A/D 转换器的种类很多，功能各异，下面仅以 ADC0809 为例介绍集成 A/D 转换器的内部结构、工作原理和使用方法。

1. ADC0809 的内部结构

National 公司生产的 ADC0809 是 8 位逐次逼近型 A/D 转换器，其分辨率是 8 位，采用 28 引脚双列直插式封装，不必进行零点和满度调整，功耗为 15mW，其最大不可调误差小于 ±1LSB。

ADC0809 的内部结构框图如图 14-13 所示。片内带有锁存功能的 8 通道多路模拟开关，可对 8 路 0～5V 的输入模拟电压信号分时进行转换，片内有 256R 电阻 T 形网络、树状电子开关、逐次逼近寄存器 SAR、控制与时序电路等。输出具有 TTL 三态锁存缓冲器。

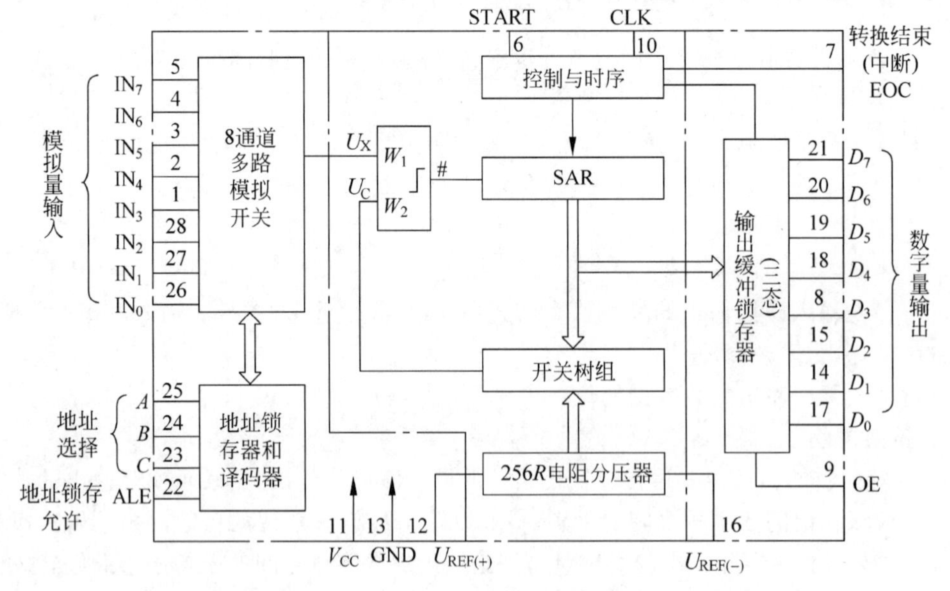

图 14-13 ADC0809 的内部结构框图

2. ADC0809 的引脚功能

IN_7～IN_0：8 路模拟量输入端口，电压范围为 0～5V。

D_7～D_0：8 位数字量输出端口。

ADDA、ADDB、ADDC：8 路模拟开关的三位地址输入端，以选择对应的输入通道。ADDC 为高位，ADDA 为低位。

ALE：地址锁存允许信号输入端。高电平时，转换通道地址送入锁存器中，下降沿时将三位地址 C、B、A 锁存到地址锁存器中。

START：启动控制输入端口，它与 ALE 可以连接在一起，当通过软件输入一个正脉冲，便立即启动模/数转换。

EOC：转换结束信号输出端。EOC=0，说明A/D正在转换中；EOC=1，说明A/D转换结束，同时把转换结果锁存在输出锁存器中。

OE：输出允许控制端，高电平有效。在此端提供给一个有效信号则打开三态输出锁存缓冲器，把转换后的结果送至外部数据线。

$U_{REF(+)}$、$U_{REF(-)}$、V_{CC}、GND：$U_{REF(+)}$和$U_{REF(-)}$为参考电压输入端，V_{CC}为主电源输入端，单一的+5V供电，GND为接地端。一般$U_{REF(+)}$与V_{CC}连接在一起，$U_{REF(-)}$与GND连接在一起。

CLK：时钟输入端。由于ADC0808/0809芯片内无时钟，所以必须靠外部提供时钟，外部时钟的频率范围为10～1280kHz。

3. ADC0809的工作时序

ADC0809的工作时序分为锁存通道地址、启动A/D转换、检测转换结束和读出转换数据4个步骤。

(1) 锁存通道地址。根据所选通道编号，输入ADDC、ADDB、ADDA的值，并使ALE=1(正脉冲)，锁存通道地址。例如，CBA=001，则选通IN_1输入通道。

(2) 启动A/D转换。使START=1(正脉冲)启动A/D转换。由于锁存通道地址(ALE=1)和启动A/D转换(START=1)都是正脉冲，因此在使用ADC0809时，一般把ALE和START连接在一起，统一用一个正脉冲控制。使用时需要注意，当输入时钟周期为1μs时，启动ADC0809约10μs后，EOC才变为低电平“0”，表示正在转换。

(3) 检测转换结束。当完成一次A/D转换后，控制及时序电路送出EOC=1的信号，表示转换结束。

(4) 读出转换数据。在EOC=1时，使OE=1将A/D转换后的数据读出，并从数据线D_7～D_0送出。

ADC0809的工作时序图如图14-14所示。

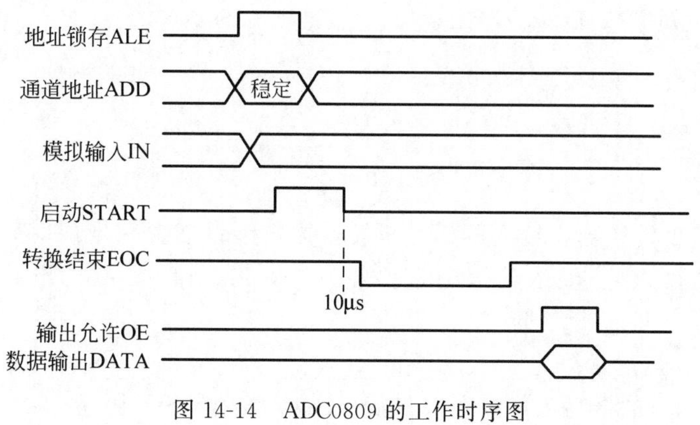

图14-14　ADC0809的工作时序图

小结

在实际的计算机控制系统中，很多被控参数是模拟量，而计算机只能接收、处理和发送数字信号，因而，离不开D/A转换器和A/D转换器。

目前常见的D/A转换器中，有权电阻网络D/A转换器、倒T形电阻网络D/A转换器和权电流型D/A转换器等。

权电阻网络D/A转换器电路的优点是结构比较简单，缺点是各个电阻的阻值相差较大。倒T形电阻网络D/A转换器的特点是电阻种类少，制造精度高，转换速度快，它是目前集成D/A转换器中转换速度较高且使用较多的一种。常用的DAC0832就是采用这种结构。但是权电阻网络D/A转换器和倒T形电阻网络D/A转换器转换误差较大。权电流型D/A转换器是用电流源代替倒T形电阻网络D/A转换器中的倒T形电阻网络。这样每个支路电流的大小不再受开关导通电阻和导通压降的影响，从而提高了转换的精度。

D/A转换器的主要技术指标有分辨率、转换误差和转换时间等。另外，在使用D/A转换器时，还必须知道工作电源电压、输出方式、输出值的范围和输入逻辑电平等。

由于A/D转换器将输入的模拟量转换为数字量需要一定的时间，为保证给后续环节提供稳定的输入值，输入信号通常要经过采样和保持电路再送入A/D转换器。

A/D转换器可以分为直接A/D转换器和间接A/D转换器两大类。直接A/D转换器能将输入的模拟电压信号直接转换为输出的数字量而不需要经过中间变量。特点是工作速度高，能保证转换精度，调准比较容易。常用的直接A/D转换器有并联比较型和逐次逼近型。逐次逼近型A/D转换器是目前应用十分广泛的集成A/D转换器。常用的ADC0809就是采用这种结构的A/D转换器。

间接A/D转换器就是将采样电压值转换成对应的中间量值，如时间变量t或频率变量f，然后再将时间量值t或频率量值f转换成数字量（二进制数）。特点是工作速度较低但转换精度较高，且抗干扰性强，一般在测试仪表中用得较多。目前使用的间接A/D转换器多半属于电压-时间变换型（简称U-T变换）和电压-频率变换型（简称U-F变换）两类。

A/D转换器的主要技术指标包括分辨率、转换误差和转换时间等。另外，在使用A/D转换器时，还必须知道A/D转换器的量程、对基准电源的要求。

习题

1. 填空题

（1）由于A/D转换器将输入的模拟量转换为数字量需要一定的时间，为保证给后续环节提供稳定的输入值，输入信号通常要经过________和________电路再送入A/D转换器。

（2）A/D转换器通常分为________和________两大类。

（3）若模拟信号的最高工作频率为10kHz，则采样频率的下限为________。

（4）10位D/A转换器的分辨率比8位D/A转换器的分辨率要________。

（5）DAC0832有三种工作方式，它们是________、________和________。

2. 选择题

（1）如果要将一个最大幅度为5.1V的模拟信号转换为数字信号，要求模拟信号每变化20mV能使数字信号最低有效位发生变化（即最低有效位为1时代表的模拟电压值），所用的 A/D 转换器至少需要(　　)位。

A. 8　　B. 7　　C. 6

(2) 一个 8 位 D/A 转换器的最小输出电压增量为 0.02V，当输入代码为 01001101 时，输出电压 u_O=(　　)。

A. 1.53V　　B. 1.54V　　C. 2.54V

(3) 在逐次逼近型、并联比较型、双积分型 A/D 转换器中，转换速度最高的是(　　)。

A. 逐次逼近型　　B. 并联比较型　　C. 双积分型

(4) 在逐次逼近型、并联比较型、双积分型 A/D 转换器中，转换速度最低的是(　　)。

A. 逐次逼近型　　B. 并联比较型　　C. 双积分型

(5) 现在若想对 ADC0809 的 IN_4 通道输入的模拟信号进行 A/D 转换，则应使其地址 CBA 为(　　)。

A. 001　　B. 010　　C. 100

3. 设 8 位 D/A 转换器输入输出的关系为线性关系，当其输入数字量为 D=11111111 时，输出的模拟量为 A=+5V；当其输入数字量为 D=00000000 时，输出的模拟量为 A=0V。现要求 D/A 转换器的输出端输出一个如图 P14-3 所示的模拟信号，写出在相应时刻 t_1～t_{10} 应在 D/A 转换器输入端输入的数字量。

4. 采样-保持集成电路 LF398/198 的电路原理图如图 P14-4 所示。

(1) 简述电路工作原理。

(2) 说明电路中二极管 D_1 和 D_2 的作用。

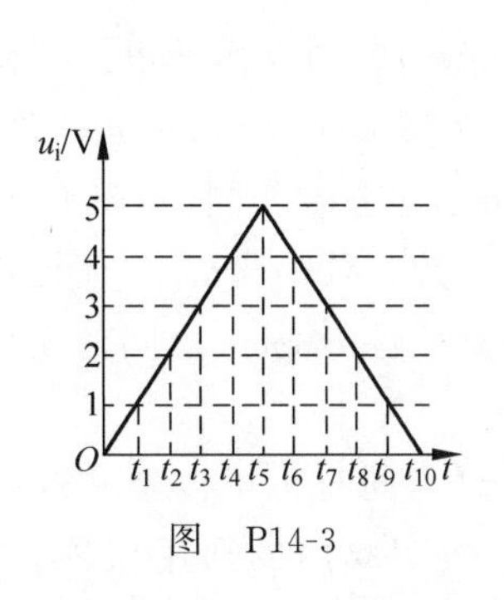

图　P14-3

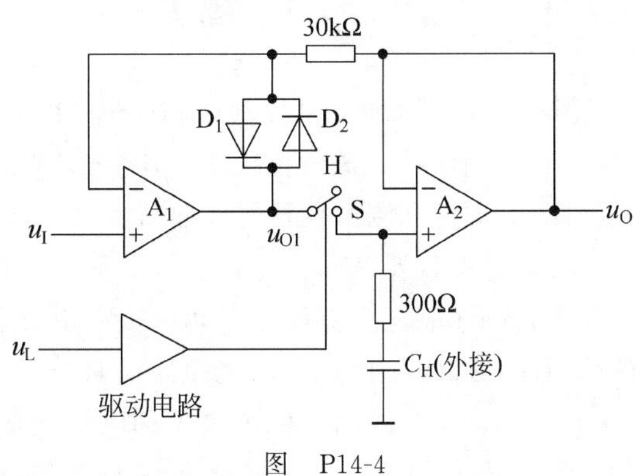

图　P14-4

5. 在如图 14-2 所示的 D/A 转换电路中，U_{REF}=10V，R=10kΩ，试求：

(1) D/A 转换器的输出电压的最大值 U_{Omax} 和最小值 U_{Omin}。

(2) 当 $d_3d_2d_1d_0$ 为 0110 和 1101 时的 u_O 的值。

6. 对于 8 位 D/A 转换器，回答下列问题。

(1) 若最小输出电压增量为 0.02V，试问当输入代码为 11001101 时，输出电压 u_O 为多少？

(2) 若其分辨率用百分数表示是多少？

(3) 若某系统中要求 D/A 转换器的精度小于 0.25%，试问这一 D/A 转换器能否使用？

第15章 CHAPTER 15 Multisim 10 简介及其在电子电路仿真中的应用

教学提示：现今工程技术人员借助 EDA 工具设计电子产品已经成为首选方案，而 Multisim 由于其界面友好、功能强大和容易使用等优点，备受工程技术人员的青睐。所以在学习电子技术理论课时就学会使用 Multisim EDA 工具软件对以后的工作会很有帮助，另外用 Multisim 进行模拟实验，不但可以加深对所学内容的理解，还可以弥补由于时间和实验条件的限制所带来的不足。

教学要求：熟悉 Multisim 的主界面，熟练地使用常用的元器件库、虚拟仪器和分析工具，掌握 Multisim 的基本操作及其利用 Multisim 进行电子电路分析和仿真的方法。

15.1 Multisim 10 简介

Multisim 10 是加拿大的 IIT(Interactive Image Technologies)公司推出的电子电路原理图设计、功能测试的虚拟仿真软件。其整个操作界面就像一个实验工作台，有元器件库、测试仪器库，元器件和测试仪器的外形与实物非常接近，操作方法也基本相同，实现了"软件即元器件""软件即仪器"，而且还有进行仿真分析的各种分析工具。Multisim 10 还提供了与国内外流行的印刷电路板设计自动化软件 Protel 及电路仿真软件 PSpice 之间的文件接口，支持 VHDL 和 Verilog HDL 的电路仿真与设计。

Multisim 10 元器件库提供了数千种电路元器件供实验选用，同时也可以新建或扩充已有的元器件库。其虚拟测试仪器仪表种类齐全，不仅有一般实验用的通用仪器，如万用表、函数信号发生器、双踪示波器、直流电源等，还有一般实验室少有或没有的仪器，如波特图仪、字信号发生器、逻辑分析仪、逻辑转换器、频谱分析仪等。Multisim 10 具有较为详细的电路分析功能，可以完成电路的瞬态分析和稳态分析、时域分析和频域分析、器件的线性分析和非线性分析、电路的噪声分析和失真分析、离散傅里叶分析、电路零极点分析等多种电路分析，以帮助设计人员分析电路的性能。利用 Multisim 10 可以实现电子电路的计算机仿真设计与虚拟实验，可以对被仿真的电路中的元器件设置各种故障，如开路、短路和不同程度的漏电等，从而观察不同故障情况下的电路工作状况。在进行仿真的同时，软件还可以存储测试点的所有数据，列出被仿真电路的所有元器件清单，以及存储测试仪器的工作状态、显示波形和具体数据等。设计和实验成功的电路可以直接在产品中使用。

Multisim 10 有学生版、教育版、个人版和专业版，以适合不同的用户使用，本章仅对 NI Multisim 10 教育版进行简单介绍。

15.1.1　Multisim 10 的工作界面

选择“开始”→“程序”→National Instruments→Circuit Suite 10.0→Multisim 选项，启动 Multisim 10，可以看到如图 15-1 所示的 Multisim 10 工作界面。

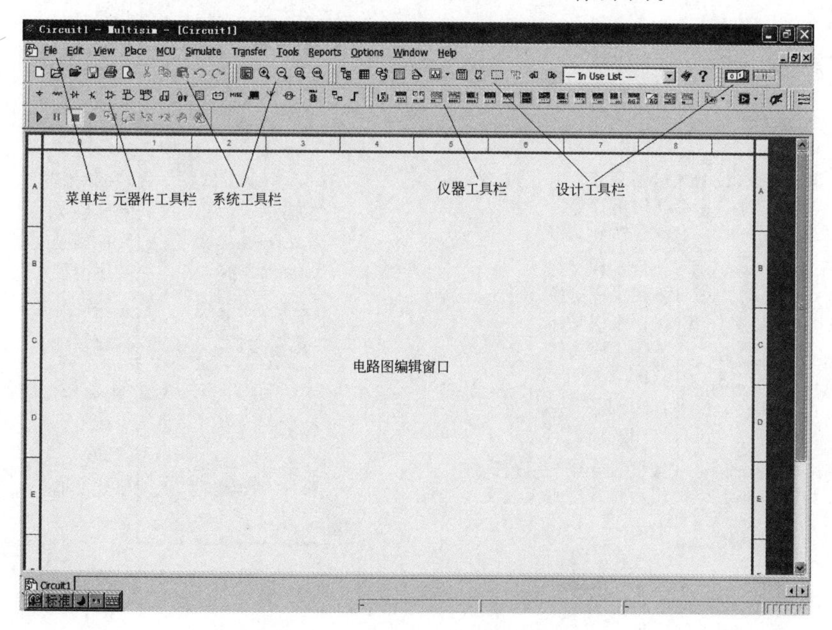

图 15-1　Multisim 10 工作界面

从图 15-1 中可以看出，Multisim 10 工作界面如同一个实际的电子实验台。屏幕的中间空白区是电路图编辑窗口，在此可以将各种电子元器件和测试仪器仪表连接成实验电路。在电路图编辑窗口的上方是菜单栏、系统工具栏、设计工具栏、元器件工具栏和仪器工具栏。

15.1.2　Multisim 10 的菜单栏和工具栏

1. 菜单栏

Multisim 10 菜单栏中有 12 个主菜单，提供了该软件所有的功能命令。

1）File(文件)菜单

File 菜单提供文件操作命令，File 菜单中的命令及功能如图 15-2 所示。

2）Edit(编辑)菜单

Edit 菜单提供在电路绘制过程中的图形编辑命令，Edit 菜单中的命令及功能如图 15-3 所示。

3）View(窗口显示)菜单

View 菜单提供对仿真界面进行设置的命令，View 菜单中的命令及功能如图 15-4 所示。

4）Place(放置)菜单

Place 菜单提供在电路图编辑窗口内放置元器件、连接点、总线和文字等命令，Place 菜单中的命令及功能如图 15-5 所示。

图 15-2　File 菜单

图 15-3　Edit 菜单

图 15-4　View 菜单

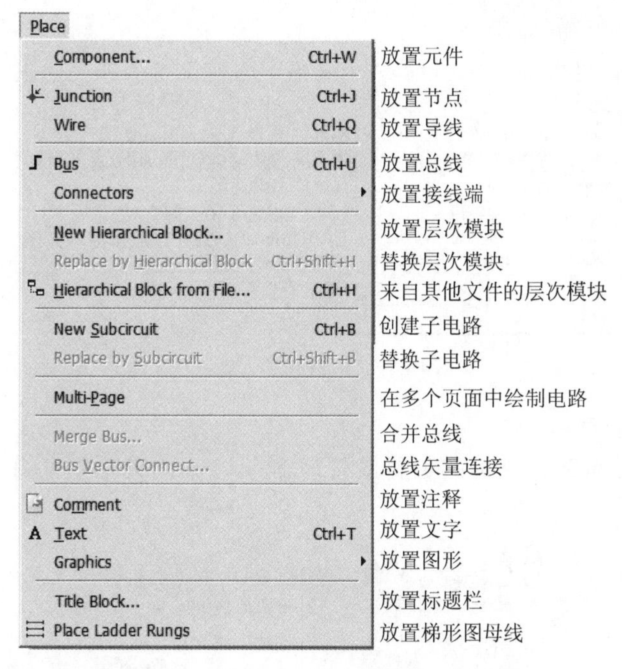

图 15-5 Place 菜单

5）MCU(微控制器)菜单

MCU 菜单提供在电路图编辑窗口内微控制器的调试操作命令，MCU 菜单中的命令及功能如图 15-6 所示。

6）Simulate(仿真)菜单

Simulate 菜单提供电路仿真设置与操作命令，Simulate 菜单中的命令及功能如图 15-7 所示。

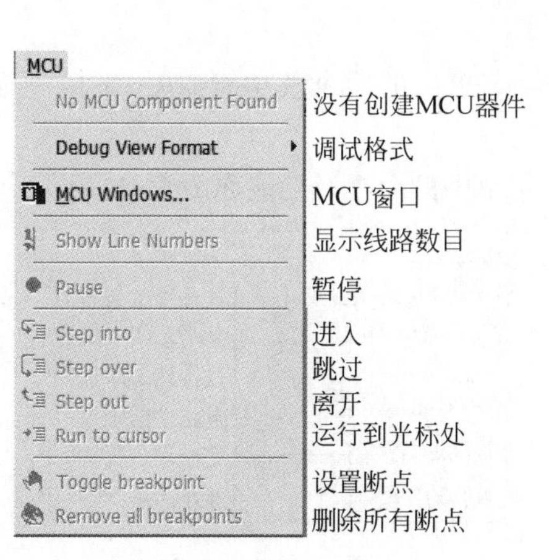

图 15-6 MCU 菜单

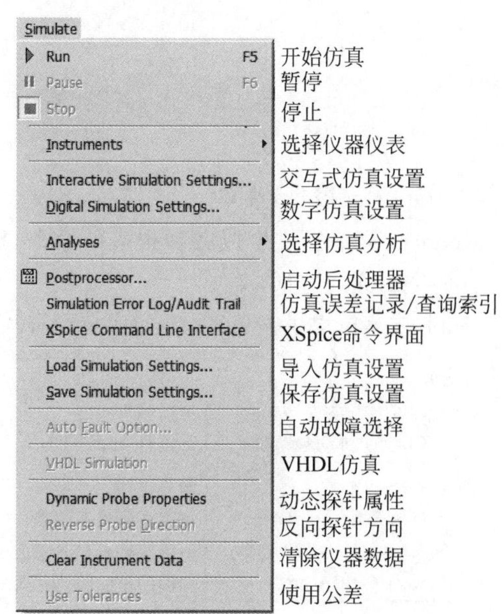

图 15-7 Simulate 菜单

7）Transfer（文件输出）菜单

Transfer 菜单提供传输命令，Transfer 菜单中的命令及功能如图 15-8 所示。

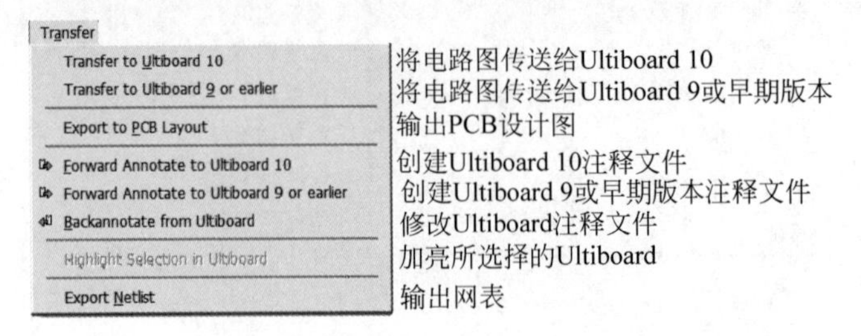

图 15-8　Transfer 菜单

8）Tools（工具）菜单

Tools 菜单提供元器件和电路编辑或管理命令，Tools 菜单中的命令及功能如图 15-9 所示。

图 15-9　Tools 菜单

9）Reports（报告）菜单

Reports 菜单提供生成各种报表的命令，Reports 菜单中的命令及功能如图 15-10 所示。

10）Options（选项）菜单

Options 菜单提供设置环境界面的命令，Options 菜单中的命令及功能如图 15-11 所示。

图 15-10　Reports 菜单

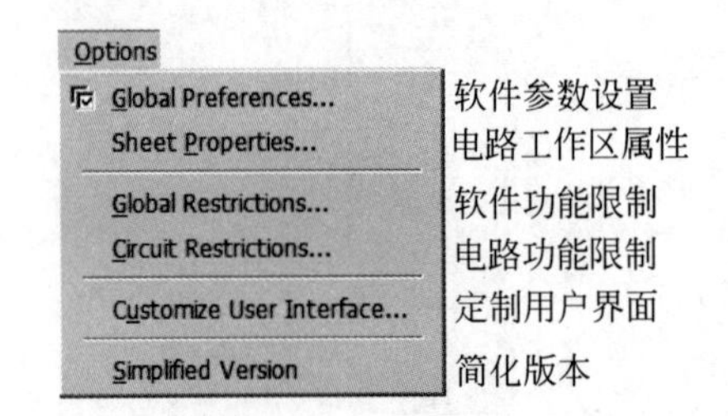

图 15-11　Options 菜单

11）Window(窗口)菜单

Window菜单提供窗口操作命令，Window菜单中的命令及功能如图15-12所示。

12）Help(帮助)菜单

Help菜单提供在线帮助和使用指导命令，Help菜单中的命令及功能如图15-13所示。

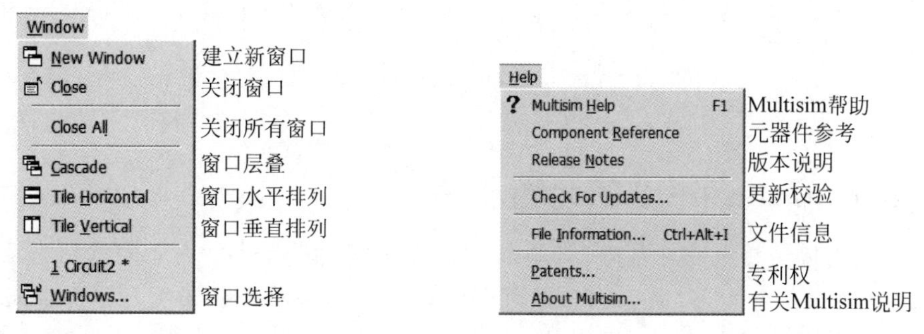

图15-12　Window菜单　　　图15-13　Help菜单

2. 工具栏

在Multisim 10仿真环境中，可以通过菜单操作定制工具栏，充分利用工具栏可以使电路的创建和仿真过程变得方便、快捷。工具栏包括系统工具栏、设计工具栏、元器件工具栏和仪器工具栏。系统工具栏包括新建、打开、保存、剪切、复制、粘贴、撤销、打印、放大、缩小、打印预览等按钮，均与Window中的一致。设计工具栏列出了仿真环境中的主要操作选项，包括工具箱的打开和关闭、仿真运行和停止、仿真后处理、仿真分析选择等，这些功能都可以在菜单中找到，设计工具栏如图15-14所示。元器件工具栏列出了元器件库的分类图标按钮，如图15-15所示。仪器工具栏列出了虚拟仪器的图标按钮，如图15-16所示。有关的元器件库和虚拟仪器在后面给予介绍。

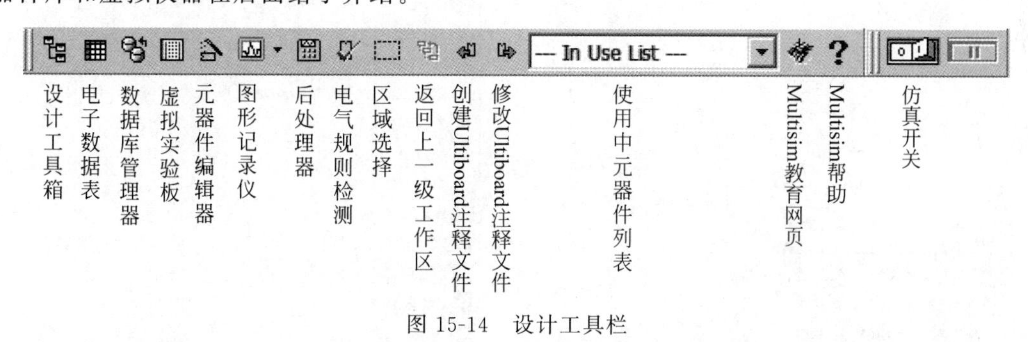

图15-14　设计工具栏

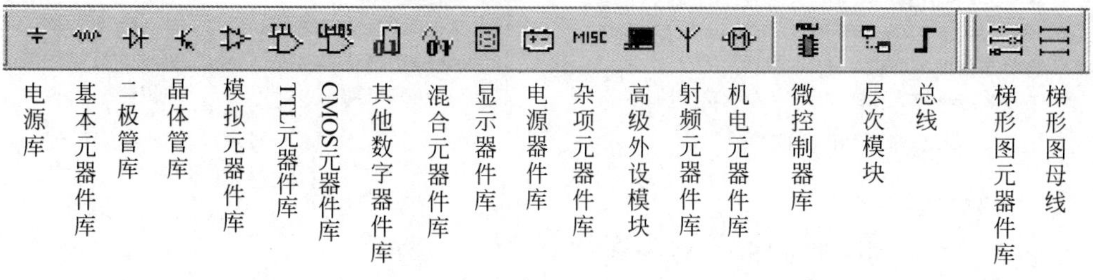

电源库　基本元器件库　二极管库　晶体管库　模拟元器件库　TTL元器件库　CMOS元器件库　其他数字器件库　混合元器件库　显示器件库　电源器件库　杂项元器件库　高级外设模块　射频元器件库　机电元器件库　微控制器库　层次模块　总线　梯形图元器件库　梯形图母线

图15-15　元器件工具栏

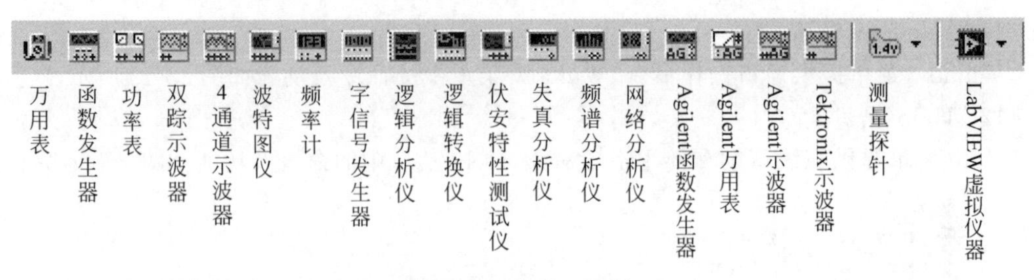

图 15-16　仪器工具栏

15.1.3　Multisim 10 的元器件库

元器件是创建仿真电路的基础，Multisim 10 的元器件分别存放在不同类别的元器件库中，每类元器件库又分为不同的系列，这种分级存放的体系给用户调用元器件带来很大方便。单击元器件工具栏中的某个图标，即可打开该元器件库。

1. 电源库

电源库按系列分类如图 15-17 所示。

2. 基本元器件库

基本元器件库按系列分类如图 15-18 所示。

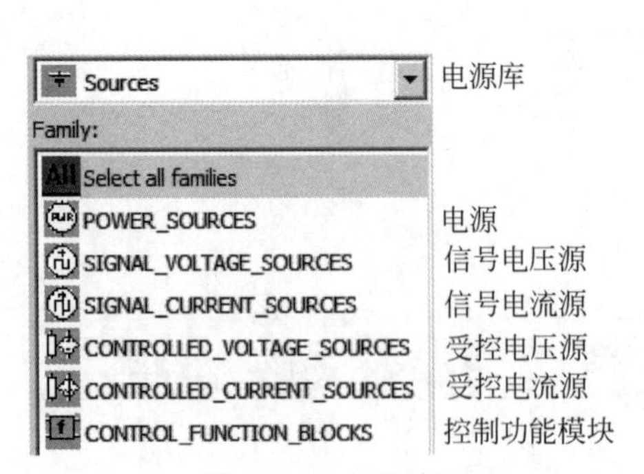

图 15-17　电源库

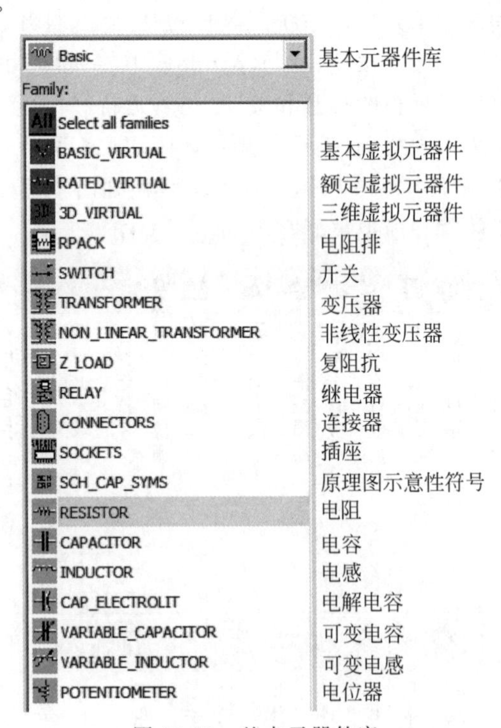

图 15-18　基本元器件库

3. 二极管库

二极管库按系列分类如图 15-19 所示。

4. 晶体管库

晶体管库按系列分类如图 15-20 所示。

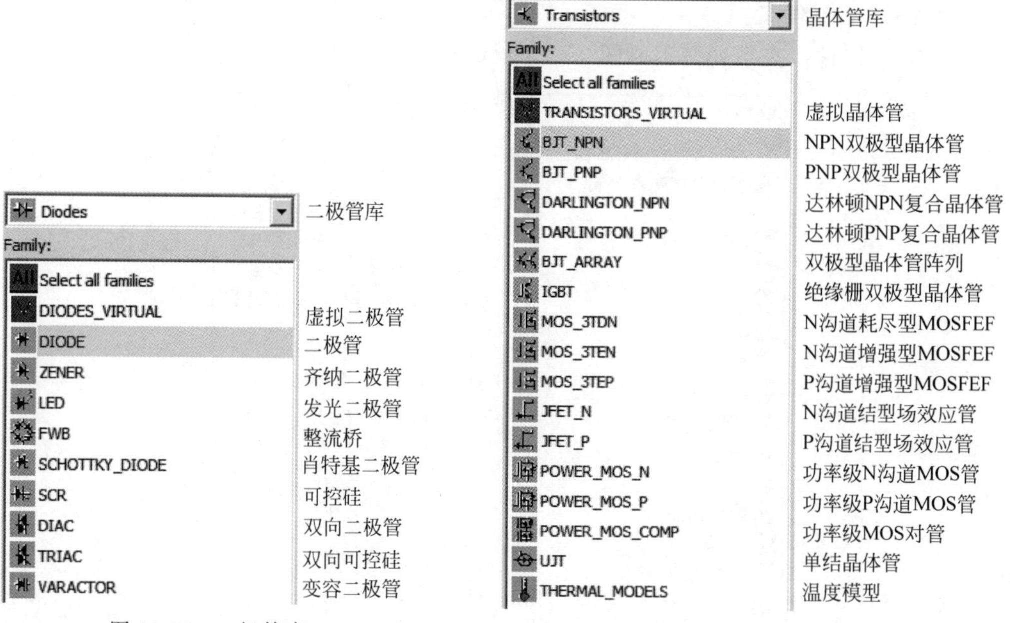

图 15-19　二极管库

图 15-20　晶体管库

5．模拟元器件库

模拟元器件库按系列分类如图 15-21 所示。

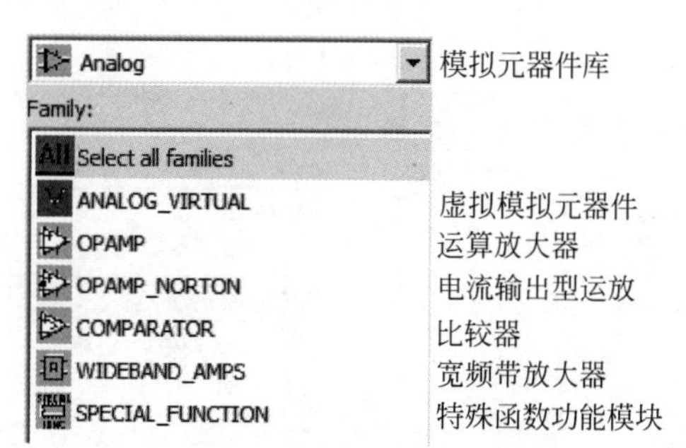

图 15-21　模拟元器件库

6．TTL 元器件库

TTL 元器件库按系列分类如图 15-22 所示。

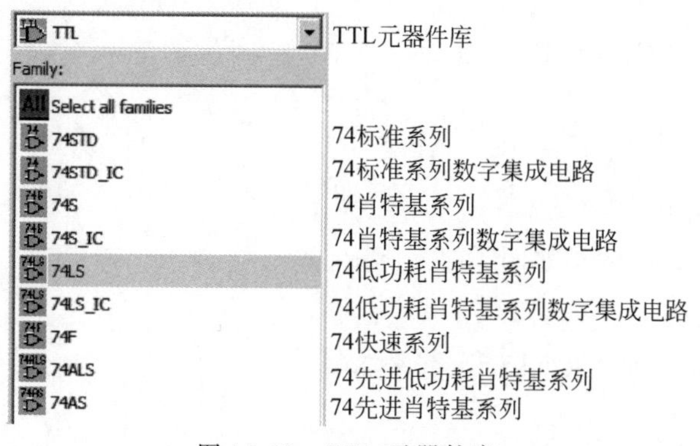

图 15-22　TTL 元器件库

7. CMOS 元器件库

CMOS 元器件库按系列分类如图 15-23 所示。

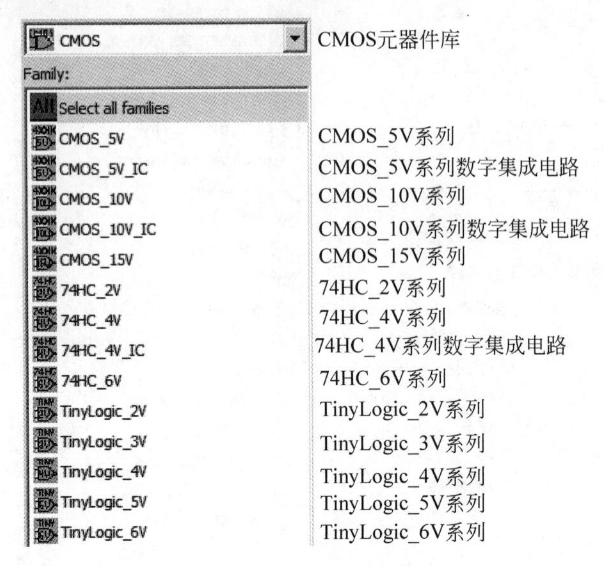

图 15-23　CMOS 元器件库

8. 其他数字器件库

其他数字器件库按系列分类如图 15-24 所示。

9. 混合元器件库

混合元器件库按系列分类如图 15-25 所示。

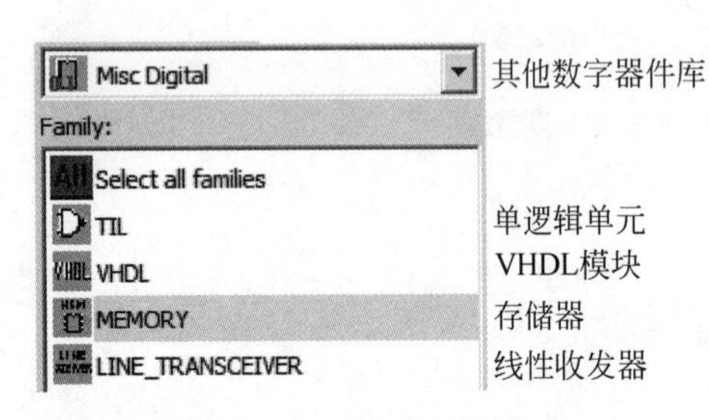

图 15-24　其他数字器件库

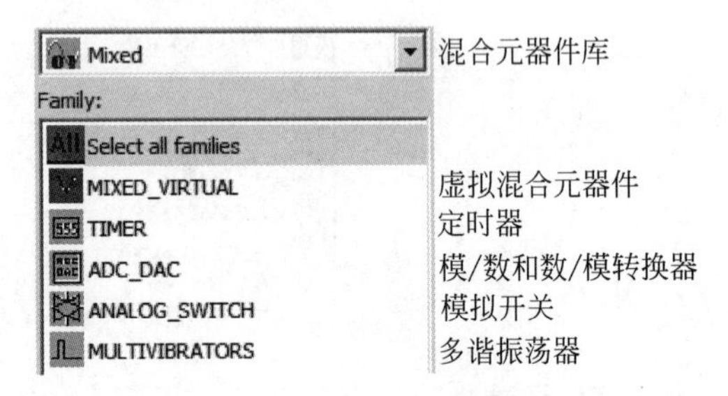

图 15-25　混合元器件库

10. 显示器件库

显示器件库按系列分类如图 15-26 所示。

11. 电源器件库

电源器件库按系列分类如图 15-27 所示。

12. 杂项元器件库

杂项元器件库按系列分类如图 15-28 所示。

13. 高级外设模块

高级外设模块按系列分类如图 15-29 所示。

14. 射频元器件库

射频元器件库按系列分类如图 15-30 所示。

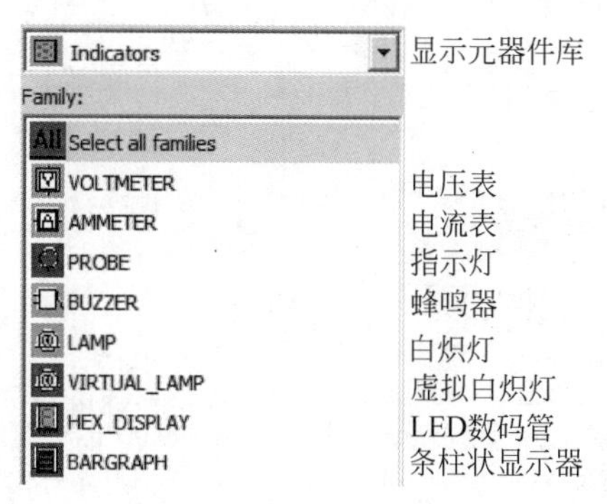

图 15-26 显示元器件库

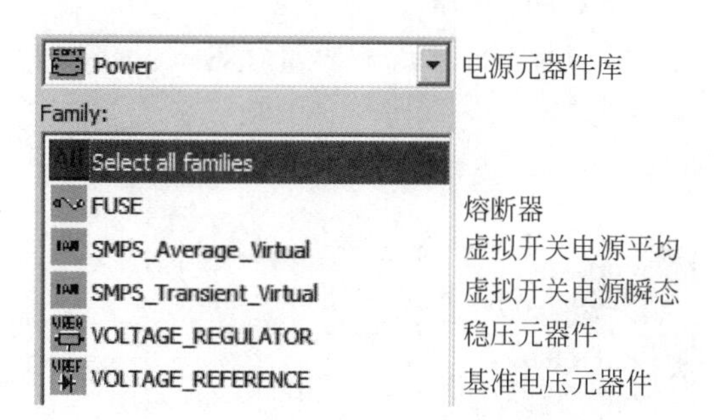

图 15-27 电源器件库

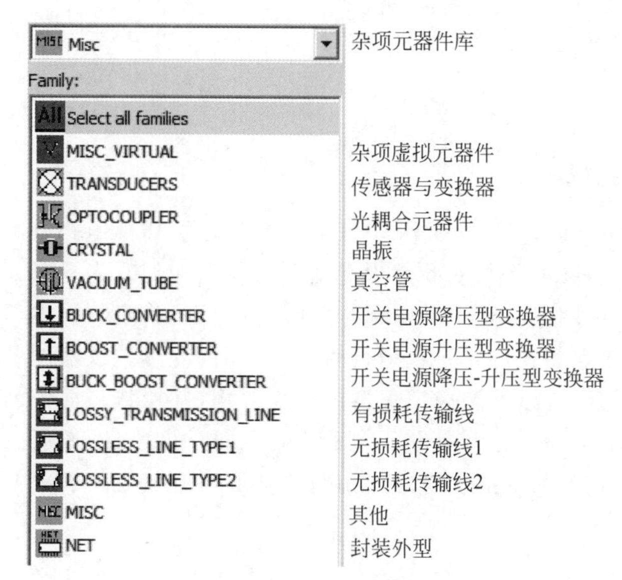

图 15-28 杂项元器件库

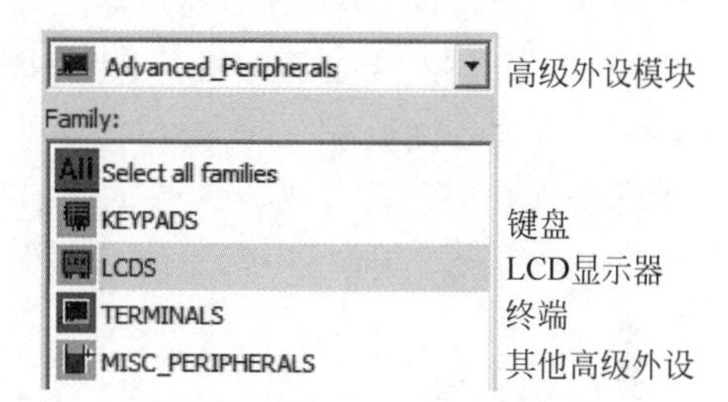

图 15-29 高级外设模块

15. 机电元器件库

机电元器件库按系列分类如图 15-31 所示。

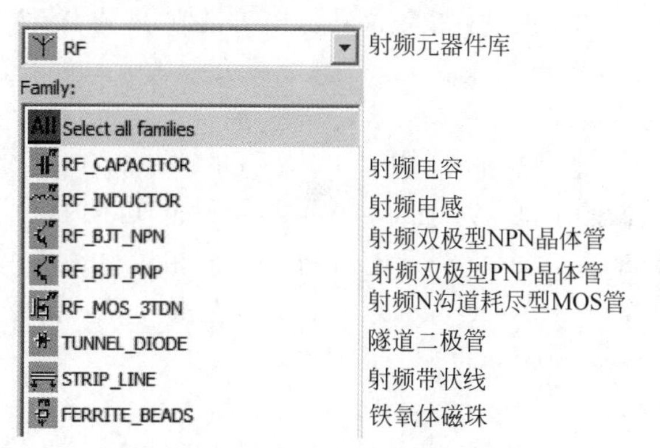

图 15-30 射频元器件库

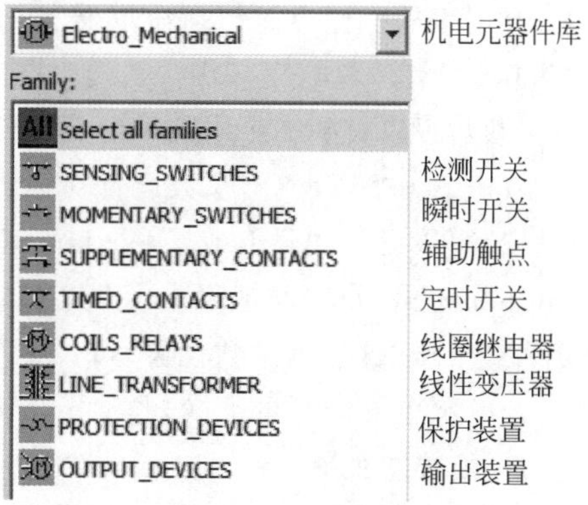

图 15-31 机电元器件库

16. 微控制器库

微控制器库按系列分类如图 15-32 所示。

17. 梯形图元器件库

梯形图元器件库按系列分类如图 15-33 所示。

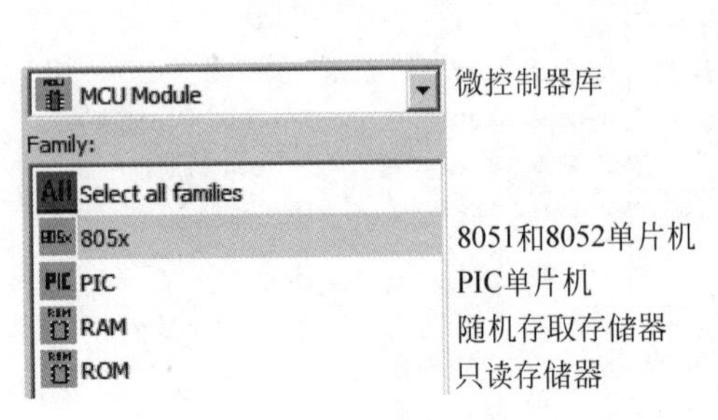

图 15-32　微控制器库

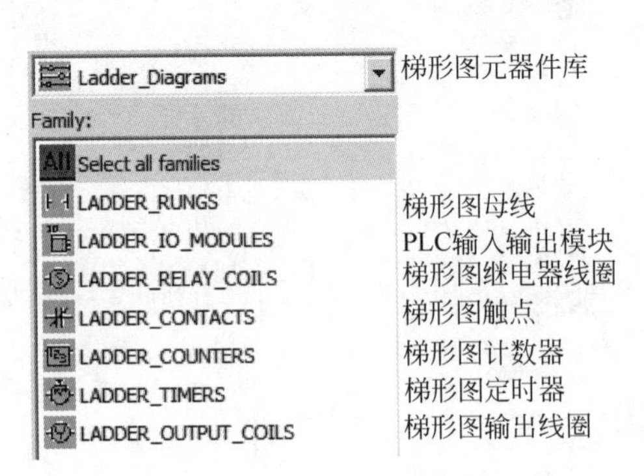

图 15-33　梯形图元器件库

15.1.4　Multisim 10 的虚拟仪器

虚拟仪器是电路仿真和设计必不可少的测量工具，灵活运用各种虚拟仪器，将给电路设计和仿真带来方便。虚拟仪器的设置、使用和读数与实验室中真实测量仪器相似。当需要选用某个虚拟仪器时，只需在仪器工具栏中用鼠标选中其图标，并拖放到电路编辑区，再将仪器图标上的连接端子与相应电路的连接点相连即可。在运行时，若需要改变虚拟仪器的参数设置或者读数，则双击虚拟仪器的图标，可以得到虚拟仪器的操作界面，在操作界面中就可以改变参数设置或者读数据了。Multisim 10 中提供了多种虚拟仪器，如图 15-16 所示，这里只介绍实验室中常见的和本书中用到的虚拟仪器，其他虚拟仪器的使用请参考有关文献。

1. 万用表

万用表可以用来测量交直流电压、交直流电流、电阻及电路中两个节点之间的增益。在使用中，万用表可以自动调整量程。双击万用表图标，可以得到其操作界面。万用表的图标和操作界面如图 15-34 所示。

万用表的操作界面包括显示器、功能按钮和参数设置按钮。功能按钮包括 A（测电流）、V（测电压）、Ω（测电阻）、dB（测两个节点之间的电压增益）、～（测交流有效值）、—（测直流）。参数设置按钮 Set 用来设置万用表的参数。

单击 Set 按钮，弹出参数设置对话框，如图 15-35 所示。其中 Electronic Setting（电气参数设置）可以设置 Ammeter resistance（电流表内阻）、Voltmeter resistance（电压表内阻）、Ohmmeter current（欧姆表电流）和 dB Relative Value（测量电压增益时的相对电压值）；Display Setting（显示参数设置）可设置 Ammeter Overrange（电流表测量范围）、Voltmeter Overrange（电压表测量范围）和 Ohmmeter Overrange（欧姆表测量范围）。

2. 函数发生器

函数发生器可产生正弦波、三角波和方波电压信号，能方便地为仿真电路提供输入信号，其信号频率范围很宽，可满足音频至射频所有信号要求。双击函数发生器图标，可以得到其操作界面。函数发生器的图标和操作界面如图 15-36 所示。

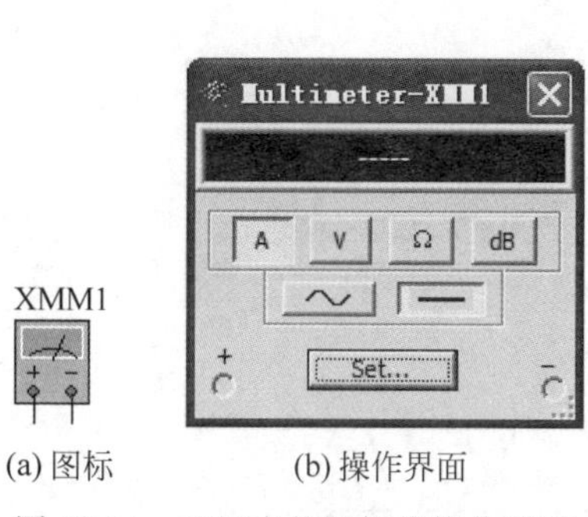

(a) 图标　　(b) 操作界面

图 15-34　万用表的图标和操作界面

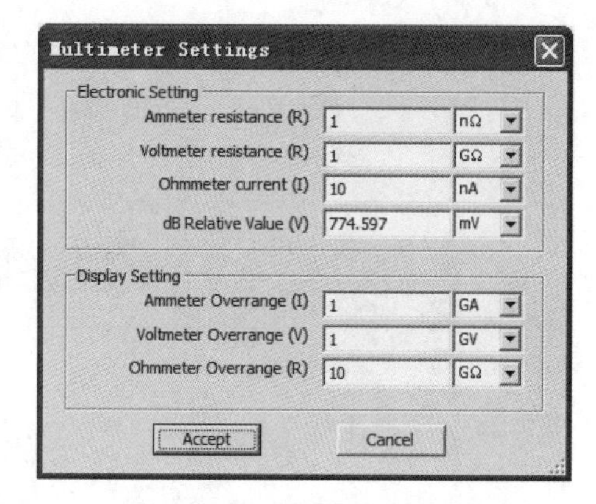

图 15-35　万用表参数设置对话框

函数发生器的操作界面包括 Waveforms（波形选择）区域，此处可选择产生正弦波、三角波和方波电压信号；Signal Options（信号参数）编辑区域，此处可以设置信号的 Frequency（频率）、Amplitude（幅值）和 Offset（直流偏置），如果选择三角波和方波，还可以设置 Duty Cycle（占空比），方波信号可以通过 Set Rise/Fall Time 按钮设置 Rise Time（上升时间）和 Fall Time（下降时间）；接线端子 Common 为参考电平，“＋”端子表示输出正极性信号，“－”端子表示输出负极性信号。

3. 功率表

功率表用来测量功率，可以测量电路中某支路的有功功率和功率因数，其量程可以自动调整。双击功率表的图标，可以得到功率表的操作界面。功率表的图标和操作界面如图 15-37 所示。

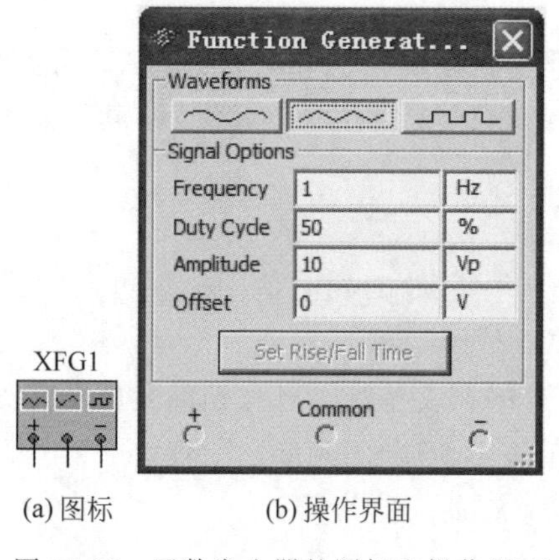

(a) 图标　　(b) 操作界面

图 15-36　函数发生器的图标和操作界面

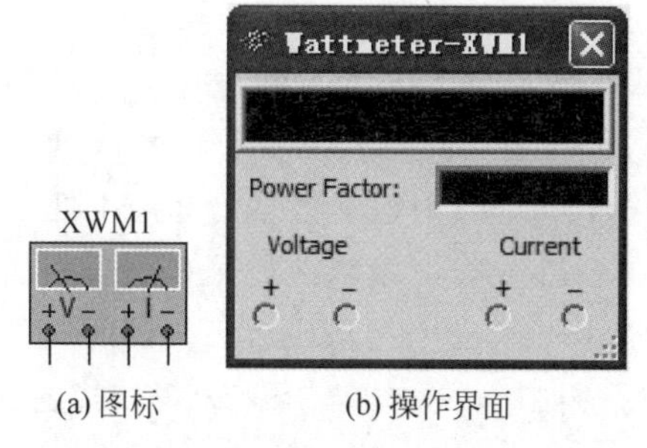

(a) 图标　　(b) 操作界面

图 15-37　功率表的图标和操作界面

操作界面中有两个显示器，一个用来显示有功功率，一个用来显示 Power Factor（功率因数）；Voltage（电压）接线端子和被测支路并联，Current（电流）接线端子和被测支路串联。

4. 双踪示波器

双踪示波器用来测量信号的电压幅值和频率，并显示电压波形曲线。双踪示波器可同时测量两路信号，通过调整示波器的操作界面，可以将两路信号波形进行比较。双击双踪示波器的图标，可以得到其操作界面。双踪示波器的图标和操作界面如图 15-38 所示。

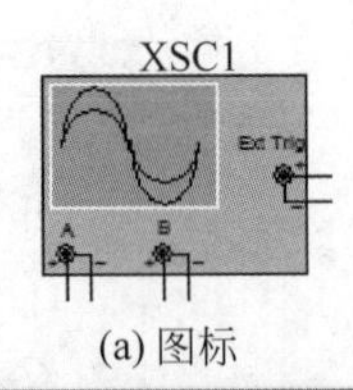

(a) 图标

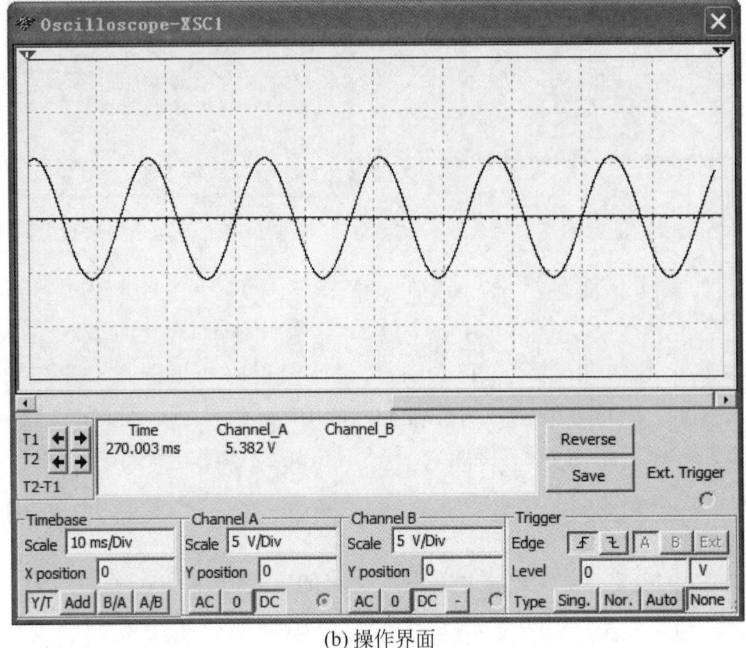

(b) 操作界面

图 15-38　双踪示波器的图标和操作界面

双踪示波器的操作界面包括图形显示区、测量数据显示区、Timebase(时基)编辑区域、Channel A(通道 A)编辑区域、Channel B(通道 B)编辑区域、Trigger(触发)编辑区域和功能按钮。

(1) 图形显示区域用来显示被测信号波形。

(2) 测量数据显示区用来显示 A 通道和 B 通道标尺处的瞬时值。标尺可以用鼠标拖动。图 15-38(b)中显示数据为标尺 1 处于 X 轴原点处的数据。

(3) Timebase 编辑区域用来设置扫描时基信号的有关情况。各按钮的具体功能如下:

Scale 文本框:用来设置扫描的时间基准,即示波器 X 轴的刻度。

X position 文本框:用来设置扫描的起点,也即 X 轴的偏移量。

Y/T 按钮:显示方式按钮,X 轴显示时间,Y 轴显示电压值。

Add 按钮:显示方式按钮,X 轴显示时间,Y 轴显示通道 A 和通道 B 的输入电压之和。

B/A 按钮:显示方式按钮,显示通道 B 随着通道 A 信号变化的波形。

A/B 按钮:显示方式按钮,显示通道 A 随着通道 B 信号变化的波形。

(4) Channel A/Channel B 编辑区域用来设置显示通道 A/通道 B 信号的有关情况。

Scale 文本框:用来设置 Y 轴的电压刻度。

Y position 文本框:用来设置 Y 轴的偏移量。

AC 按钮:示波器显示交流信号分量。

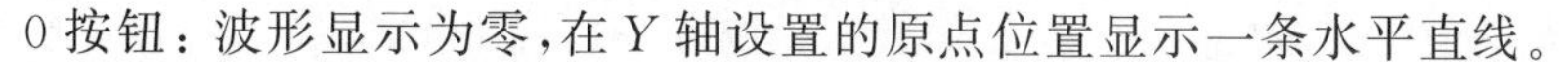

0 按钮：波形显示为零，在 Y 轴设置的原点位置显示一条水平直线。

DC 按钮：示波器显示交流信号分量和直流信号分量。

(5) Trigger 编辑区域用来设置触发方式。

Edge：触发信号的边沿，可选择上升沿或下降沿。

A 或 B 按钮：表示用通道 A 或通道 B 的输入信号作为同步 X 轴时域扫描的触发信号。

Ext 按钮：用示波器图标上的触发端 Ext Trig 连接的信号作为触发信号来同步 X 轴的时域扫描。

Level：用来选择触发电平的电压大小。

Sing. 按钮：单次扫描方式按钮，按下该按钮后，示波器处于单次扫描等待状态，触发信号来到后开始一次扫描。

Nor. 按钮：常态扫描方式按钮，这种扫描方式时，没有触发信号就没有扫描线。

Auto 按钮：自动扫描方式按钮，这种扫描方式时，不管有无触发信号均有扫描线，一般情况下使用 Auto 方式。

(6) 功能按钮。

Reverse 按钮：单击该按钮，可以使示波器屏幕的背景颜色反色。

Save 按钮：存储示波器的数据，文件格式为 *.SCP。

需要说明的是，Multisim 10 提供的示波器可测量差分信号，例如，可利用通道 A 或通道 B 测量电阻两端电压的波形，连接方法是，将通道 A 的两个接线端子分别接到电阻两端即可。

5. 字信号发生器

字信号发生器用来产生最多 32 位的数字信号。在数字电路仿真时，字信号发生器可以作为数字信号源，用于对逻辑电路进行功能测试。双击字信号发生器的图标，可以得到其操作界面。字信号发生器的图标和操作界面如图 15-39 所示。

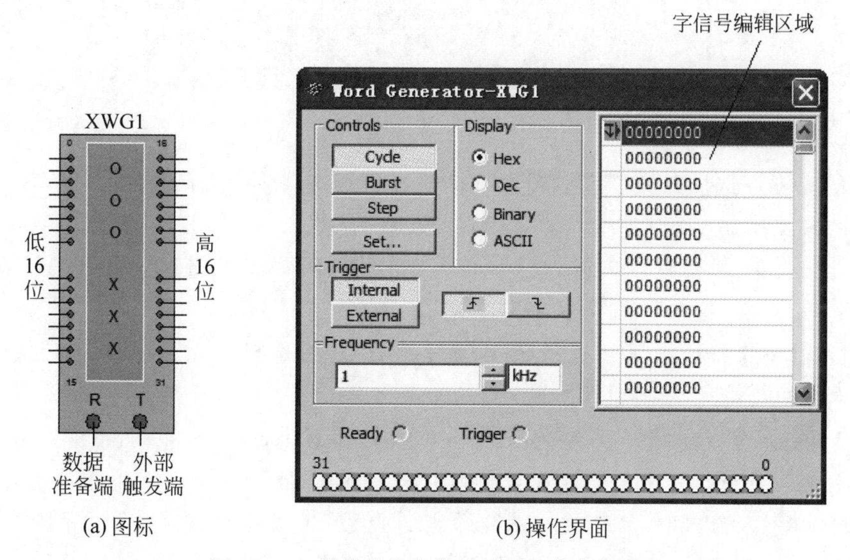

(a) 图标

(b) 操作界面

图 15-39 字信号发生器的图标和操作界面

字信号发生器的操作界面包括字信号编辑区域、Controls(控制)选择区域、Display(显示)选择区域、Trigger(触发)选择区域和 Frequency(频率)编辑区域。

(1) 字信号编辑区域用于按顺序显示待输出的数字信号,数字信号可直接编辑修改。

(2) Controls 选择区域用于控制数字信号的输出方式和设置数字信号的类型和数量。

数字信号的输出方式有三种,分别是 Cycle 方式、Burst 方式和 Step 方式。其中,Cycle 方式是从起始地址开始循环输出一定数量的数字信号;Burst 方式是输出从起始地址至终了地址的全部数字信号;Step 方式是单步输出数字信号,这种方式可用于对电路进行单步调试。

Set 按钮用来设置数字信号的类型和数量。单击 Set 按钮,弹出 Settings 对话框如图 15-40 所示。Settings 对话框中包括 Pre-set Patterns(预设方式)选择区域、Display Type(显示类型)选择区域、Buffer Size(字信号编辑区的数字信号的数量)文本框和 Initial Pattern(初始值)文本框。Pre-set Patterns 选择区域由 No Change(不改变字信号编辑区中的数字信号)、Load(载入数字信号文件 *.dp)、Save(保存数字信号文件)、Clear buffer(将字信号编辑区中的数字信号全部清零)、Up Counter(数字信号从初始地址至终了地址输出)、Down Counter(数字信号从终了地址至初始地址输出)、Shift Right(按数字信号右移的方式输出,此时若选择十六进制显示方式,则数字信号的默认值为 80000000)、Shift Left(按数字信号左移的方式输出,此时若选择十六进制显示方式,则数字信号的默认值为 00000001)。

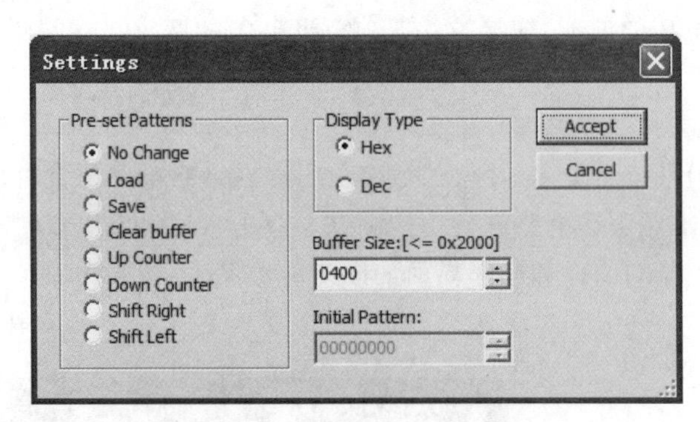

图 15-40 Settings 对话框

Display Type 选择区域用来设置数字信号以十六进制或十进制显示。

Buffer Size 编辑框用来设置数字信号的数量。

Initial Pattern 编辑框用来设置数字信号的初始值,只有在 Pre-set Patterns 选择区域选择 Shift Right 和 Shift Left 方式时起作用。

(3) Display 选择区域用来选择数字信号的类型,可选择十六进制、十进制、二进制和 ASCII 代码方式。

(4) Trigger 选择区域可以选择 Internal(内部)和 External(外部)两种触发方式。当选择 Internal 触发方式时,字信号的输出直接由输出方式按钮 Cycle、Burst 和 Step 启动。当选择 External 触发方式时,则需接入外触发脉冲,然后单击输出方式按钮,待触发脉冲到来时才启动输出。当然,不管是 Internal 触发还是 External 触发,都需要定义上升沿触发或下降沿触发。

（5）Frequency 编辑区域用来设置输出数字信号的频率。

6. 逻辑分析仪

逻辑分析仪可以同步记录和显示 16 路数字信号，用于对数字逻辑信号的高速采集和时序分析。双击逻辑分析仪的图标可以得到其操作界面。逻辑分析仪的图标和操作界面如图 15-41 所示。

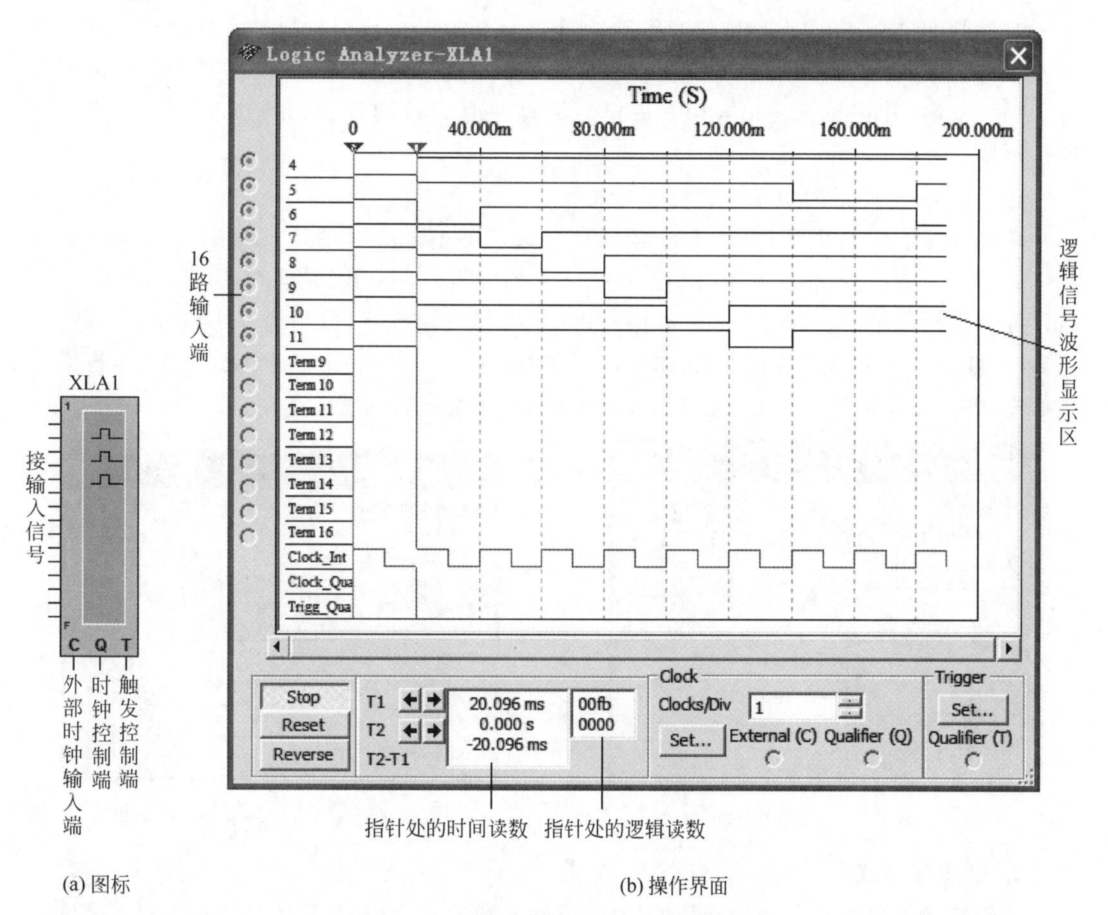

(a) 图标 (b) 操作界面

图 15-41 逻辑分析仪的图标和操作界面

逻辑分析仪的操作界面包括 16 路输入端、逻辑信号波形显示区、功能按钮、指针处的时间和逻辑读数、Clock（时钟）设置区和 Trigger（触发）设置区。

（1）16 路输入端在操作界面的最左侧，用 16 个小圆圈表示，与图标中的信号输入端一一对应。如果某个连接端接有输入信号，则该小圆圈内出现一个黑点，同时该连接端的输入信号相应的显示在波形显示区。

（2）逻辑信号波形显示区用于显示输入信号的波形。在波形显示区的左侧显示的数字为各个输入端连线的编号，波形显示区的上边是时间刻度，当时钟频率改变时，该刻度也相应地变化。

（3）功能按钮包括 Stop、Reset 和 Reverse。Stop 为停止仿真的按钮；Reset 为逻辑分析仪复位并清除显示波形的按钮；Reverse 为使波形显示区背景颜色反色的按钮。

（4）指针处的时间和逻辑读数显示区是显示波形显示区中指针所在位置的时间和逻辑

值。移动指针则数据也相应地发生变化。其中 T1 和 T2 分别表示指针 1 和指针 2 离开扫描线零点的时间，T2—T1 表示两指针之间的时间差。

（5）Clock 设置区用于设置采样时钟和时间刻度。

Clocks/Div 文本框用于设置在显示屏上每个水平刻度显示的时钟脉冲数。

单击 Set 按钮出现如图 15-42 所示的 Clock setup 对话框。其中 Clock Source 区用来选择时钟脉冲，External 表示外部时钟脉冲，Internal 表示内部时钟脉冲。Clock Rate 用来设置时钟频率。Sampling Setting 用来设置取样方式，Pre-trigger Samples 用来设定前沿触发取样数，Post-trigger Samples 用来设定后沿触发取样数，Threshold Volt.（V）用来设定阈值电压。

（6）Trigger 设置区用来设置触发方式。

单击 Set 按钮出现如图 15-43 所示的 Trigger Settings 对话框。其中 Trigger Clock Edge 选择区用来设定触发方式，Positive 为上升沿触发，Negative 为下降沿触发，Both 为上升沿和下降沿都触发。Trigger Qualifier 用来选择触发限定字，分别为 0、1 或 0 和 1 均可。Trigger Patterns 用来设置触发的样本，可以在 Pattern A、Pattern B、Pattern C 文本框中设置触发样本，也可以在 Trigger Combinations 中选择组合的触发样本。

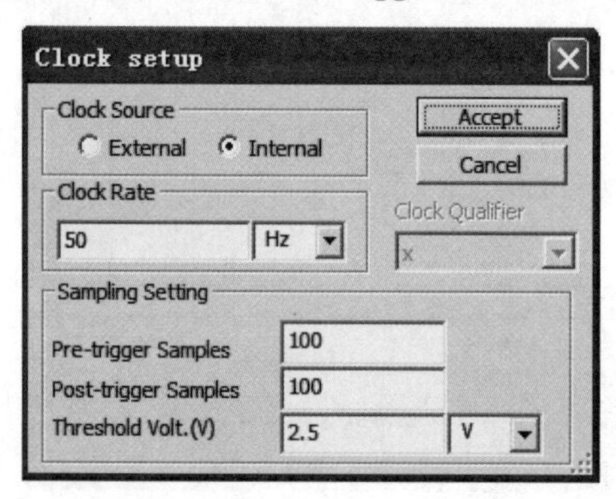

图 15-42　Clock setup 对话框

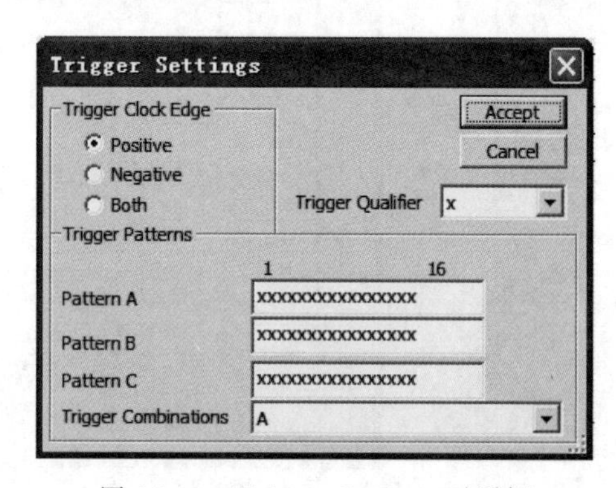

图 15-43　Trigger Settings 对话框

7. 逻辑转换仪

逻辑转换仪可以实现逻辑函数的化简，逻辑函数的真值表、逻辑表达式和逻辑图之间的转换，实际中不存在与之对应的设备。双击逻辑转换仪的图标可以得到其操作界面。逻辑转换仪的图标和操作界面如图 15-44 所示。

逻辑转换仪的操作界面包括输入端、输出端、真值表区、逻辑表达式栏和 Conversions（转换方式）选择区。

（1）输入端的逻辑变量包括 A、B、C、D、E、F、G、H，在实际使用中根据情况可任意选择，单击变量对应的圆圈，即可选择。

（2）输出端 Out 只有一个，它是逻辑电路的输出端。

（3）真值表区用来列写真值表。当选中了输入变量后，在真值表区自动地列出输入变量的取值组合，函数值可选择 0、1 和 X（初始值显示为“?”，单击相应的函数值，可将其改变为 0、1 或 X）。

（4）逻辑表达式栏用来显示与真值表对应的逻辑表达式。

（5）Conversions 选择区用来实现各种逻辑表示方法的转换，其转换按钮的功能如

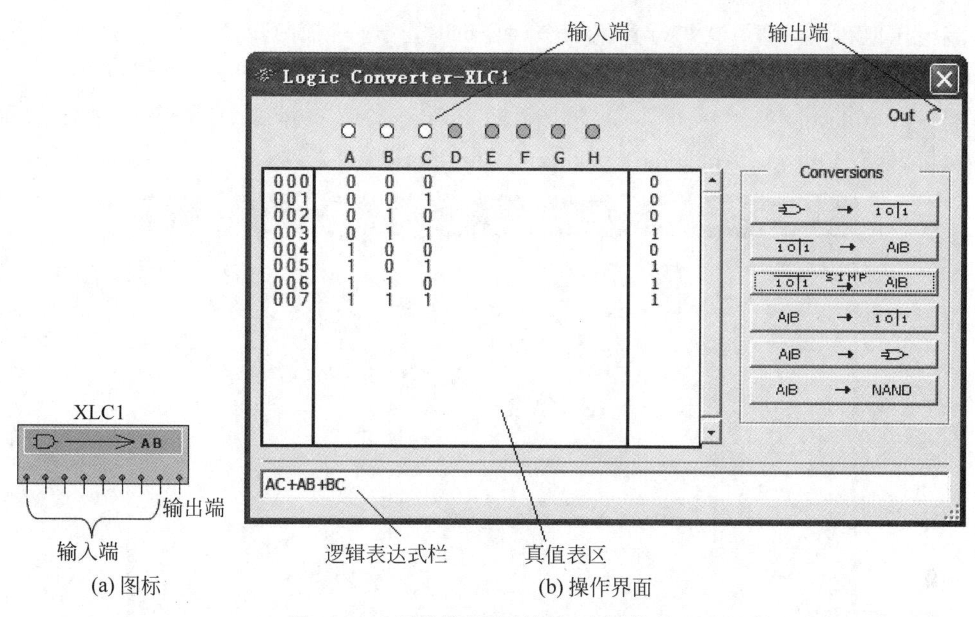

(a) 图标 (b) 操作界面

图 15-44 逻辑转换仪的图标和操作界面

图 15-45 所示。

8. 测量探针

测量探针用于在仿真进程中随时观测仿真电路中任何一个节点的电压和频率值。在电路仿真时,单击测量探针图标,在鼠标的光标点处就会出现一个带箭头的,显示被测量变量名称的浮动窗口,如图 15-46(a)所示。当箭头随光标移到仿真电路的线路或节点上时,浮动窗口的内容就会显示该线路或该节点上的值,如图 15-46(b)所示。如果想取消此次测量,则再单击一次测量探针图标即可。

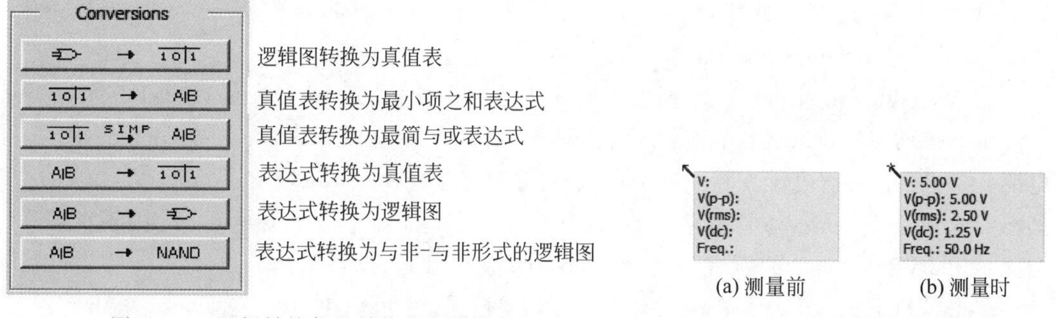

(a) 测量前 (b) 测量时

图 15-45 逻辑转换仪的转换按钮功能

图 15-46 测量探针的浮动窗口

15.1.5 Multisim 10 的基本分析

选择 Simulate→Analysis 选项,可以弹出电路的分析菜单。或者单击设计工具栏中的图标 的下箭头,也可以弹出电路的分析菜单。Multisim 10 具有较为详细的电路分析功能,这里只介绍一些常用的基本分析,其他分析方法请参考有关参考文献。

1. 直流工作点分析

直流工作点分析(DC Operating Point)用于分析电路的静态工作点,给出电路中指定点的直流电压值和电流值。在进行直流工作点分析时，视电路中的交流电源为零、电感短路、电容开路。

选择 Simulate→Analysis→DC Operating Point 选项，将弹出如图 15-47 所示的对话框，该对话框有 Output、Analysis Options 和 Summary 3 个选项卡。

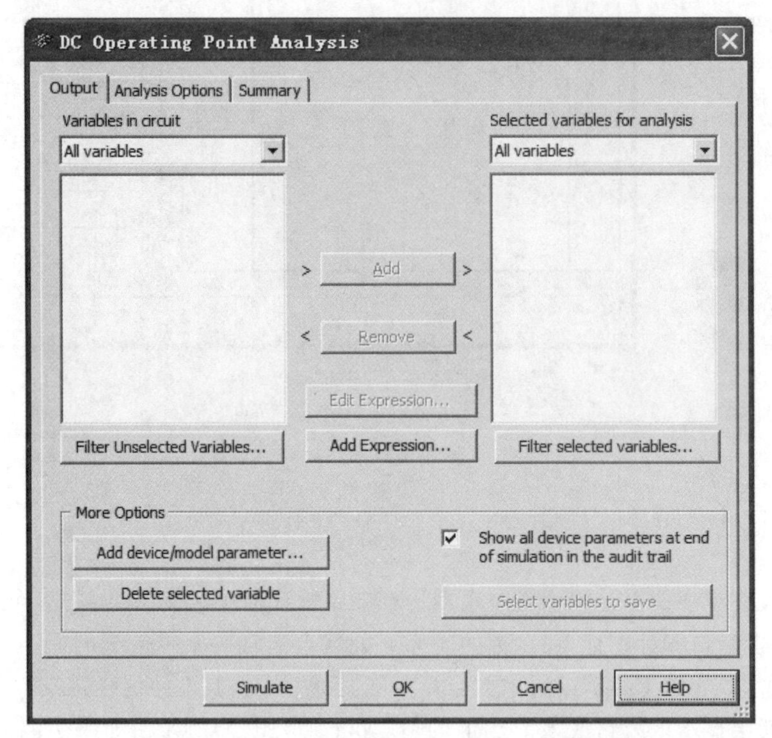

图 15-47　DC Operating Point Analysis 对话框

(1) Output 选项卡如图 15-47 所示，包括 Variables in circuit 栏、Selected variables for analysis 栏和 More Options 区。

① Variables in circuit 栏中列出了电路中可用于分析的节点和变量，单击 Variables in circuit 下拉列表框，可以给出变量类型选择表，选择表中包括 Voltage and current（电压和电流变量）、Voltage（电压变量）、Current（电流变量）、Device/Model Parameters（元器件/模型参数变量）、All variables（电路中的全部变量）。当选中某一类型变量后，下边的文本框中会显示出电路中该类型的所有变量，然后根据仿真需要进行选择。

单击该栏下的 Filter Unselected Variables 按钮，还可以增加一些变量。单击该按钮后，弹出 Filter nodes 对话框，该对话框中有 3 个选项，分别为 Display internal nodes（显示内部节点）、Display submoduled（显示子模型节点）和 Display open pins（显示开路的引脚）。

② Selected variables for analysis 栏列出的是选定的需要分析的节点和变量。默认状态下为空，用户需要从 Variables in circuit 栏中选取，方法是：首先选中左边的 Variables in circuit 栏中需要分析的一个或多个节点或变量，再单击 Add 按钮，则这些变量就出现在 Selected variables for analysis 栏下边的文本框中。如果想取消某个变量，可先选中该变量，然后单击 Remove 按钮，即可将该变量移回到 Variables in circuit 栏中。

如果想对某个变量或多个变量之间进行数学运算或逻辑运算分析，可以单击 Add

Expression 按钮,在弹出的对话框中构造一个新的表达式,或单击 Edit Expression 按钮,在弹出的对话框中重新编辑该表达式。

单击该栏下的 Filter selected variables 按钮,可以对已经选中并放在 Selected variables for analysis 栏中的变量进行筛选。

③ More Options 区有 Add device/model parameter 和 Delete selected variable 两个按钮。单击 Add device/model parameter 按钮,可以在 Variables in circuit 栏内增加某个元器件/模型的参数。单击 Delete selected variable 按钮,可以删除 Variables in circuit 栏中的变量。方法是首先选中该变量,然后单击该按钮即可删除。

(2) Analysis Options 选项卡用来设定分析参数,其对话框如图 15-48 所示,在使用时建议使用默认值。

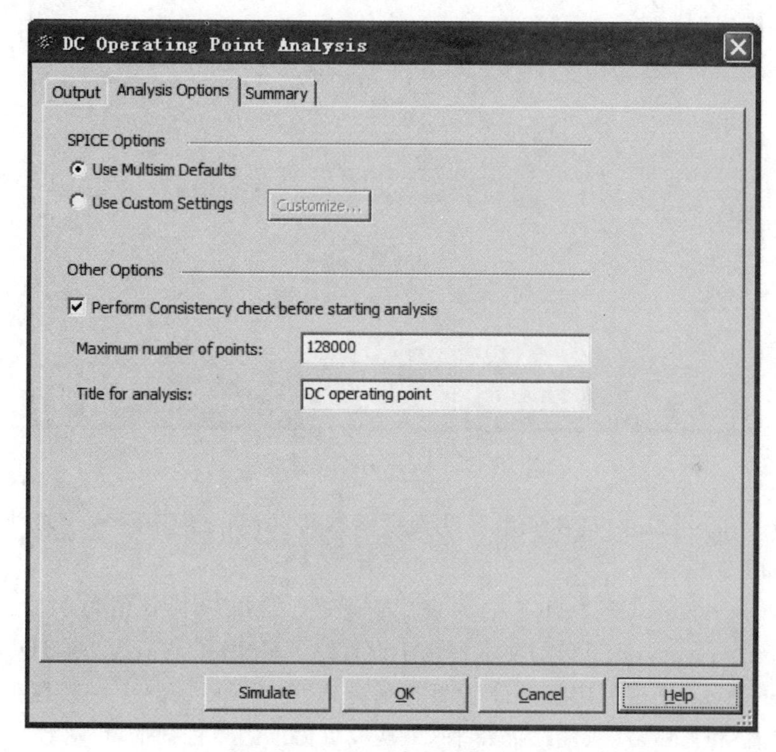

图 15-48 Analysis Options 选项卡

(3) Summary 选项卡给出了所有设定的参数和选项,用户可以检查确认所要进行的分析设置是否正确。

在对以上 3 个选项卡设置完毕,并检查正确后,单击 OK 按钮保存设置。若单击 Simulate 按钮可以直接进行仿真分析,并得到仿真结果。也可单击 Cancel 按钮取消设置。

2. 交流分析

交流分析(AC Analysis)用于分析电路的频率响应,测量并显示电路的幅频特性和相频特性。在进行交流分析时,电路中的直流电源自动置零,交流信号源、电容和电感均处在交流模式,数字器件视为高阻接地,输入信号也设定为正弦波信号,若输入信号为其他波形信号,在分析时自动将其视为正弦波信号。

选择 Simulate→Analysis→AC Analysis 选项,将弹出如图 15-49 所示的对话框,该对

话框有 Frequency Parameters、Output、Analysis Options 和 Summary 4 个选项卡。其中 Output、Analysis Options 和 Summary 选项卡的设置方法与直流工作点分析对应选项卡的设置方法相同，下面仅介绍 Frequency Parameters 选项卡。

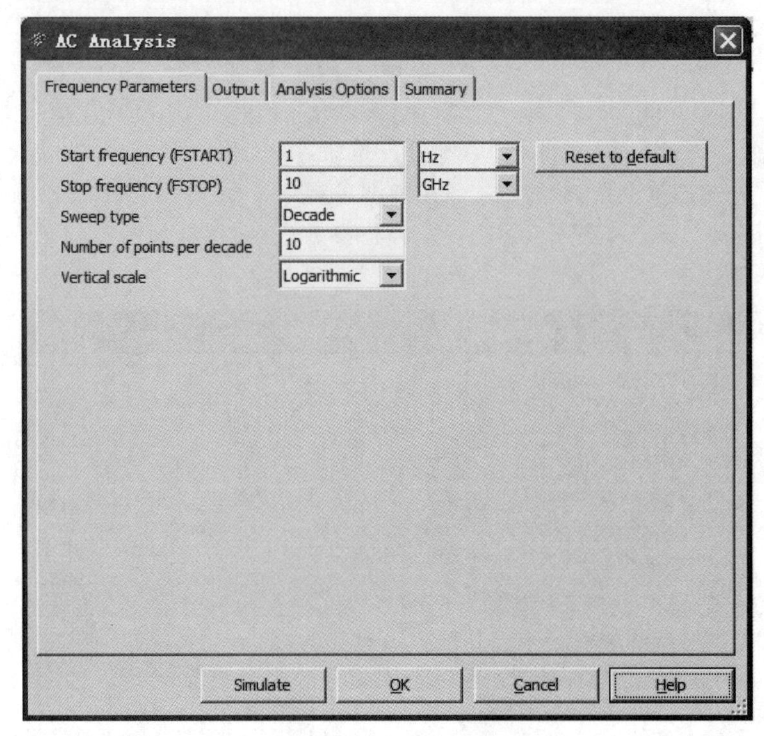

图 15-49　AC Analysis 对话框

Frequency Parameters 选项卡用于设置频率参数，如图 15-49 所示。该对话框中各个参数的作用如下：

(1) Start frequency(FSTART)文本框用于设置起始频率，默认值为 1Hz。

(2) Stop frequency(FSTOP)文本框用于设置终了频率，默认值为 10GHz。

(3) Sweep type 下拉列表框用于设置扫描方式，包括 Decade(十倍频程扫描)、Octave(八倍频程扫描)和 Linear(线性扫描)3 种，默认设置为十倍频程扫描，以对数方式展现。

(4) Number of points per decade 文本框用于设置每单位刻度取样点数，默认设置为 10。

(5) Vertical scale 下拉列表框用于设置纵坐标刻度的形式，包括 Linear(线性)、Logarithmic(对数)、Decibel(分贝)和 Octave(八倍频程)4 种，默认设置为对数形式。

单击 Reset to default 按钮，将恢复到默认值。

在参数设置确认后，单击 Simulate 按钮，即可显示被分析节点的频率特性波形。

3. 瞬态分析

瞬态分析(Transient Analysis)用于分析电路响应与时间的关系，测量并显示给定时间范围内电路中指定点的电压和电流波形。在进行瞬态分析时，视直流电源为恒定值、交流信号源的值随时间的变化而变化、电容和电感为储能元器件。

选择 Simulate→Analysis→Transient Analysis 选项，将弹出如图 15-50 所示的对话框，

该对话框有 Analysis Parameters、Output、Analysis Options 和 Summary 4 个选项卡。其中 Output、Analysis Options 和 Summary 选项卡的设置方法与直流工作点分析对应选项卡的设置方法相同，下面仅介绍 Analysis Parameters 选项卡。

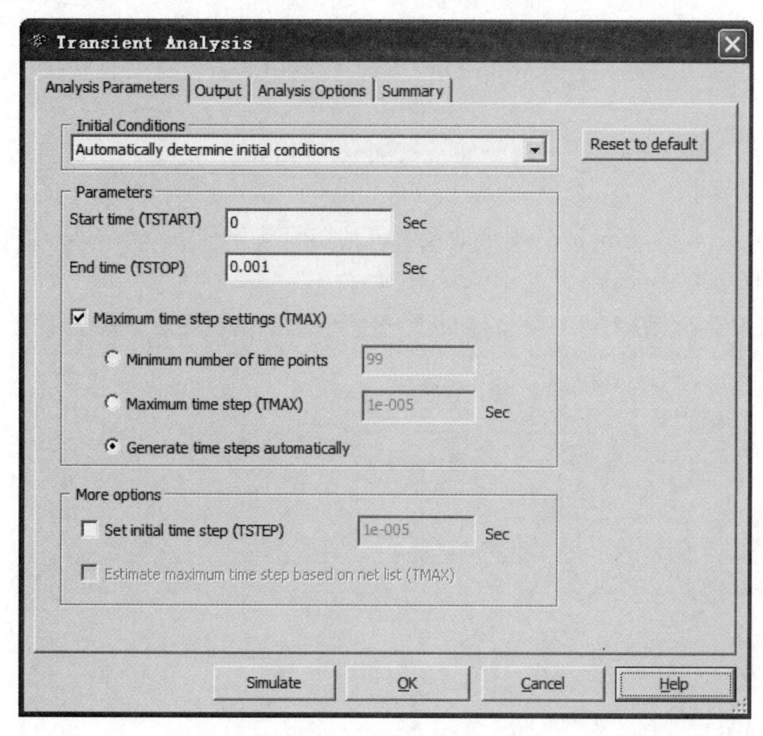

图 15-50 Transient Analysis 对话框

Analysis Parameters 选项卡用于设置瞬态分析参数，包括 Initial Conditions 下拉列表框、Parameters 编辑区和 More options 编辑区。

(1) Initial Conditions 下拉列表框用于选择初始条件。其中 Set to zero 为设置初始条件为零；User-defined 为用户自定义初始条件；Calculate DC operating point 为通过计算电路的直流工作点获得初始条件；Automatically determine initial conditions 为自动获得初始条件。

(2) Parameters 编辑区用于设置仿真的起始时间和步长等参数。

① Start time(TSTART)文本框用于设置分析开始的时间。

② End time(TSTOP)文本框用于设置分析结束的时间。

③ Maximum time step settings(TMAX)复选框用于设置分析的最大时间步长。有 3 种设置方式，其中 Minimum number of time points 为设置单位时间内的采样点数；Maximum time step 为设置最大的采样时间间隔；Generate time steps automatically 为由程序自动决定分析的时间步长。

(3) More options 编辑区为设置时间步长的其他方式。

① Set initial time step(TSTEP)为由用户自行设定初始时间步长。

② Estimate maximum time step based on net list(TMAX)为根据网表来估算最大时间步长。

单击 Reset to default 按钮，将恢复到默认值。

在参数设置确认后，单击 Simulate 按钮，即可显示被分析节点的瞬态电压或电流波形。

4. 直流扫描分析

直流扫描分析(DC Sweep Analysis)用于分析电路中给定节点的参数随着一个或两个直流电源变化的关系曲线。其分析效果相当于直流电源的数值每变化一次，就对电路做一次直流分析。

选择 Simulate→Analysis→DC Sweep 选项，将弹出如图 15-51 所示的对话框，该对话框有 Analysis Parameters、Output、Analysis Options 和 Summary 4 个选项卡。其中 Output、Analysis Options 和 Summary 选项卡的设置方法与直流工作点分析对应选项卡的设置方法相同，下面仅介绍 Analysis Parameters 选项卡。

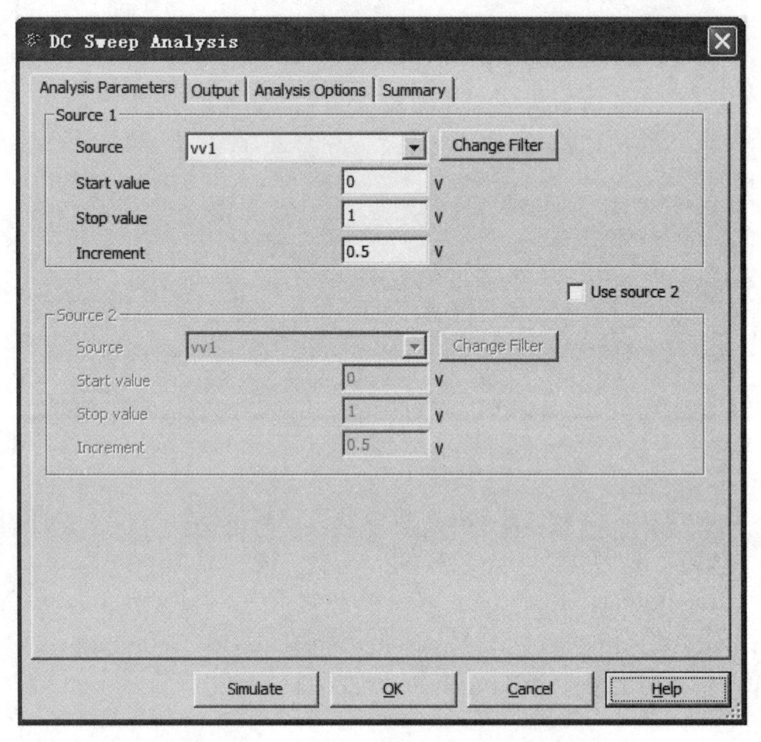

图 15-51　DC Sweep Analysis 对话框

Analysis Parameters 选项卡用于设置直流扫描参数。包括 Source 1 和 Source 2 两个编辑区，这两个编辑区的设置方法相同。如果需要指定第 2 个电源，选中复选框 Use source 2 即可。在编辑区中 Source 下拉列表框用于选择所要扫描的直流电源；Start value 文本框用于设置开始扫描的数值；Stop value 文本框用于设置结束扫描的数值；Increment 文本框用于设置扫描的增量值。

Change Filter 按钮的功能与 Output 选项卡中的 Filter Unselected Variables 按钮功能相同，详见直流工作点分析中的 Output 选项卡。

在参数设置确认后，单击 Simulate 按钮，即可显示被分析节点的直流扫描分析结果。

5. 参数扫描分析

参数扫描分析(Parameter Sweep Analysis)用于分析电路中某个元器件参数变化时，对电路的直流工作点、瞬态特性及交流特性的影响。其分析效果相当于某元器件参数为不同值时，对电路进行多次仿真分析。

选择 Simulate→Analysis→Parameter Sweep 选项，将弹出如图 15-52 所示的对话框，该对话框同样有 Analysis Parameters、Output、Analysis Options 和 Summary 4 个选项卡。其中 Output、Analysis Options 和 Summary 选项卡的设置方法与直流工作点分析对应选项卡的设置方法相同，下面仅介绍 Analysis Parameters 选项卡。

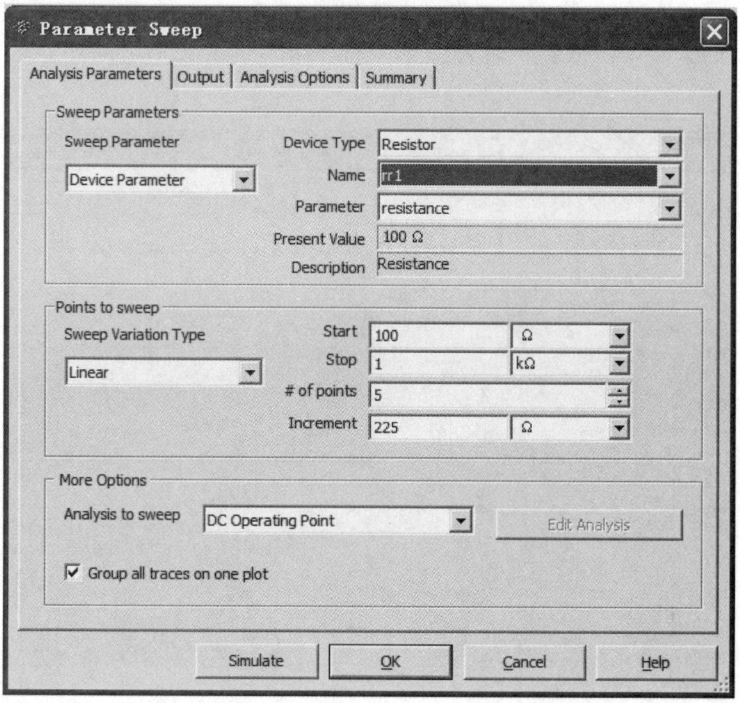

图 15-52 Parameter Sweep 对话框

Analysis Parameters 选项卡用于设置分析参数。包括 Sweep Parameters 编辑区、Points to sweep 编辑区和 More Options 编辑区。

(1) Sweep Parameters 编辑区用于选择扫描的元器件及参数。

在 Sweep Parameter 下拉列表框中有两个扫描参数类型可供选择，它们是 Device Parameter(元器件参数)和 Model Parameter(模型参数)。

Device Type 用于选择所要扫描的元器件种类，在该下拉列表框中包括电路图中所有用到的元器件，选择其中的一个作为扫描元器件类型。

Name 用于选择要扫描的元器件序号，在该下拉列表框列出了所选扫描元器件类型的所有元器件，选择一个作为扫描元器件。

Parameter 用于选择要扫描元器件的参数。当然不同的元器件有不同的参数，其含义在 Description 栏内有说明。

Present Value 栏给出了所选元器件的当前值。

(2) Points to sweep 编辑区用于设置扫描变化类型和所选扫描元器件的参数变化范围。

在 Sweep Variation Type 下拉列表框中有 4 种扫描变化类型，它们是 Decade（十倍刻度扫描）、Linear（线性刻度扫描）、Octave（八倍刻度扫描）和 List（取列表值扫描）。

如果选择 Decade、Linear 或 Octave 选项，则在该区的右侧将出现如图 15-52 所示的 4 个编辑窗口。窗口中 Start 用于设置开始扫描的值，Stop 用于设置结束扫描的值，# of points 用于设置扫描的点数，Increment 用于设置扫描数值的增量。其中 # of points 和 Increment 只要确定一个，另一个也就自动确定了。

如果选择 List 选项，在该区的右侧将出现如图 15-53 所示的编辑窗口，此时可在 Value List 栏中输入所取的值。如果要输入多个不同的值，则在数字之间用空格、逗号或分号隔开。

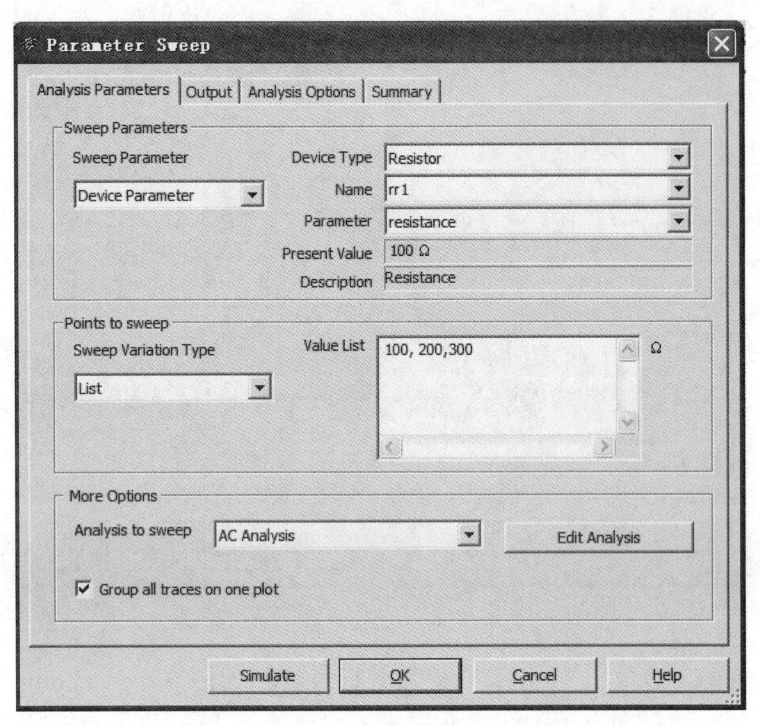

图 15-53 选择 List 选项时出现的编辑窗口

(3) More Options 编辑区用于设置分析类型和分析结果的显示方式。

Analysis to sweep 下拉列表框用于选择仿真分析类型。包括直流工作点分析（DC Operating Point）、交流分析（AC Analysis）和瞬态分析（Transient Analysis）3 种类型。在选定分析类型后，单击 Edit Analysis 按钮，可对该项分析进行仿真设置，设置方法同前所述。

选择 Group all traces on one plot 选项，可以将所有分析的曲线放在同一个分析图中显示。若不选中该项，则分开单独显示每一条曲线。

在参数设置确认后，单击 Simulate 按钮，即可显示参数扫描仿真结果。

15.1.6 Multisim 10 的仿真分析步骤

用 Multisim 10 进行电路仿真的过程主要包括三个步骤，即构建电路原理图、选择仿真分析方法并设置分析参数和运行仿真并观测结果。

1. 构建电路原理图

构建电路原理图就是将电路所需的元器件、虚拟仪器放在电路图编辑窗口中，设置好元器件参数，调整好元器件和虚拟仪器的位置和方向后，用连线连接成电路图。

(1) 选择符号标准系统。在取用元器件之前，应先选择元器件的符号标准系统。Multisim 10 提供了 ANSI 和 DIN 两种符号标准，ANSI 是美国标准零件符号，DIN 为欧洲标准零件符号，其中欧洲标准零件符号与国标符号比较接近。选择元器件符号标准的方法是，选择 Options→Global Preferences 选项，在出现的对话框中，选择 Parts 选项卡，其中 Symbol standard 选择区有 ANSI 和 DIN 两个选项，选中符号标准后，单击 OK 按钮即可。

(2) 取用元器件和虚拟仪器。取用元器件时，先用鼠标单击元器件工具栏中的图标按钮，打开相应的分类库，再从中选择所需的元器件。取用虚拟仪器时，用鼠标选中仪器工具栏中的图标按钮，并拖放在电路图编辑窗口中适当位置即可。

(3) 设置元器件参数。将各种元器件放置在电路图编辑窗口后，还要根据仿真电路的需要，对所有元器件设置参数值，以及给各个元器件确定一个标号。方法是双击元器件，弹出该元器件的属性对话框，在这里就可以设置元器件的参数。

(4) 调整元器件和虚拟仪器的位置和方向。为了便于连接电路原理图，需要将各个元器件和虚拟仪器放在合适的位置，形成合理的布局，方法是将鼠标指针指向元器件或虚拟仪器，按住左键，即可拖曳到所需的位置。有些情况还要调整方向，方法是将鼠标指向元器件或虚拟仪器，右击，即可弹出一个操作命令菜单，从菜单中选择适当的命令，可使元器件或虚拟仪器的方向左右翻转、上下翻转、顺时针旋转 90°或逆时针旋转 90°等。

(5) 连接电路。在元器件和虚拟仪器布局结束之后，需要用连线将它们连接成电路图。为了将两个元器件或虚拟仪器的引脚连接起来，可将鼠标指针指向其中一个引脚，该处将出现一个小黑圆点，单击后移动鼠标指针，此小黑圆点也跟着移动，移至另一个元器件引脚时再单击，两个引脚之间就出现一条连线。但是如果两个引脚靠得太近，可能使连线失败。

若要删除此连线，可用单击此连线，此时连线两端及连线上的拐角处将出现小黑方块，按 Delete 键即可删除。若要改变连线的路径，也可以单击此连线，则连线两端及拐角处出现小黑方块，当鼠标指针移近其中一个线段时，线段上出现黑色的双向箭头，按下左键移动鼠标，即可移动线段，改变连线的路径。

2. 选择仿真分析方法并设置分析参数

电路仿真分析时，应根据不同的电路和需求选择相应的仿真分析方法。例如单管放大电路，当分析静态工作点时，可选择直流工作点分析方法；当分析频率特性时，可选择交流分析方法。

选择仿真分析方法后，会出现电路参数设置对话框，该对话框用来设置电路参数。具体设置方法如 Multisim 10 的基本分析中所述。

3. 运行仿真并观测结果

电路的性能如何，要通过仿真结果来观测和评价。单击 Simulate 按钮，电路的仿真分析结果就会出现在 Grapher View(图形记录仪)中，通常以表格(如直流工作点分析的电路节点电压)或曲线(如放大电路的幅频特性和相频特性)的形式显示。

仿真视频
15-1

15.2 Multisim 10 在电子电路仿真中的应用

15.2.1 Multisim 10 在模拟电子电路仿真中的应用

1. 利用 Multisim 10 观察二极管的单向导电性

在 Multisim 10 中构建的二极管电路图如图 15-54(a)所示，其中 D 为虚拟二极管，在输入端加上有效值为 4V，频率为 60Hz 的正弦电压，负载电阻 $R_L=100\Omega$，利用双踪示波器的 A 通道观察输入电压的波形，B 通道观察输出电压的波形。

电路仿真以后，由示波器观察到输入、输出电压波形如图 15-54(b)所示。可以看出，输入信号为正弦波电压，而经过二极管后，在输出端得到一个单向脉动的波形，说明二极管具有单向导电性。另外，在标尺 1 处，对应的输入电压为 5.652V，输出电压为 4.897V，说明二极管导通之后有一个 0.7V 左右的导通压降。

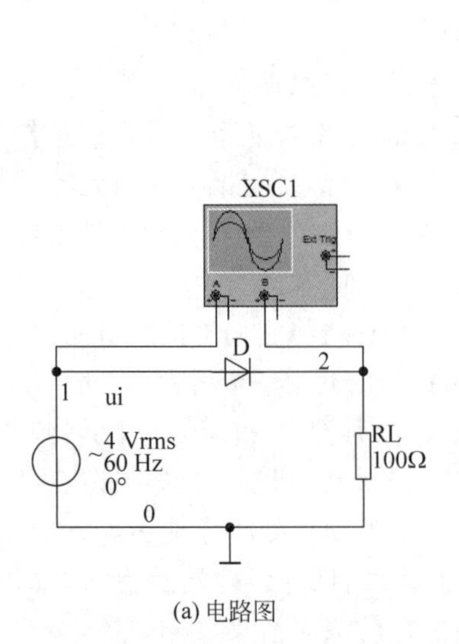

(a) 电路图

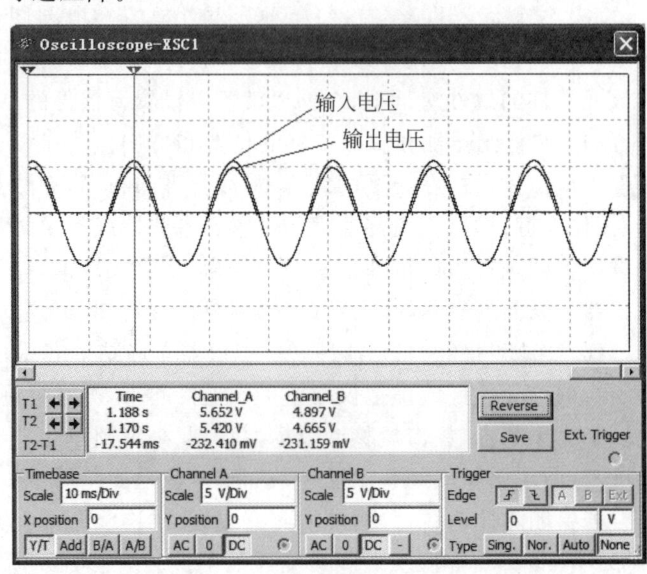

(b) 波形图

图 15-54 二极管仿真电路的电路图和波形图

仿真视频
15-2

2. 利用 Multisim 10 观察稳压管的稳压作用

在 Multisim 10 中构建的稳压管稳压电路图如图 15-55 所示，其中 D_Z 为虚拟稳压管，其稳压值为 5V，在输入端加上 6V 的直流电压源，负载电阻 $R_L=1\text{k}\Omega$，限流电阻 $R=100\Omega$，万用表 1 用于测量流过稳压管的直流电流，万用表 2 用于测量负载两端的电压，也即稳压管的稳压值。

电路仿真以后，可以测得流过稳压管的电流为 5.292mA，稳压管的稳压值为 4.973V。若把直流电压源的电压改为 10V，再次进行仿真，则测得流过稳压管的电流为 44.822mA，稳压管的稳压值为 5.016V。若保持电压源电压仍为 6V，而将负载电阻 R_L 改为 3kΩ，再次进行仿真，则测得流过稳压管的电流为 8.51mA，稳压管的稳压值为 4.983V。

由以上测得数据可以看出，当输入电压或负载电阻发生变化时，稳压管两端的电压能够基本保持不变，但流过稳压管的电流却发生了较大的变化。这就验证了稳压管稳压的原理，

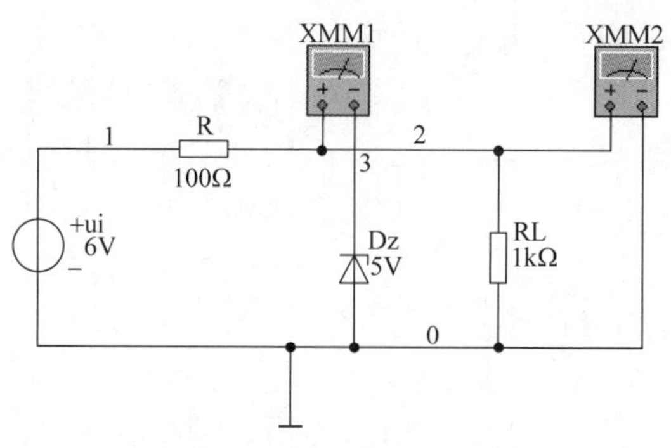

图 15-55　稳压管稳压电路

即当输入电压波动或负载电流变化时，通过稳压管电流 I_z 的变化来调节 R 上的压降，从而保持输出电压基本不变。

3. 利用 Multisim 10 观察单管共发射极放大电路的正常放大与失真情况

仿真视频 15-3

利用 Multisim 10 构建的单管共发射极放大电路如图 15-56(a)所示，其中 NPN 型三极管 T 的电流放大系数 $\beta=60$，发射结导通压降为 0.7V，基极电阻 $R_b=320\text{k}\Omega$，集电极电阻 $R_c=3\text{k}\Omega$，负载电阻 $R_L=4.3\text{k}\Omega$，直流电源 $V_{CC}=6\text{V}$，交流输入信号为频率 1kHz，有效值为 5mV 的正弦波电压。示波器的 A 通道用于观察输入电压的波形，B 通道用于观察输出电压的波形。

1）观察正常放大的情况

首先测量静态工作点。选择直流工作点分析工具，选择分析的变量为 I(ccvcc)、V(1)和 V(2)。仿真后，测得结果为 $V(2)=3.06020\text{V}$，$V(1)=773.68427\text{mV}$，$I(\text{ccvcc})=-996.26654\mu\text{A}$。可以看出发射结处于正向偏置状态，集电结处于反向偏置状态，且 U_{CEQ} 大约为电源电压 V_{CC} 的一半，说明三极管处于放大状态。

然后观察输入和输出波形。单击仿真开关进行电路仿真，双击示波器，即可观察输入和输出电压波形，如图 15-56(b)所示。从图中可以看出，在放大电路的输出端得到了被放大的没有失真的电压。而且从两个波形来看，输出波形和输入波形的相位相差 180°，说明共发射极放大电路具有倒相作用。

2）观察饱和失真

调整集电极电阻为 $R_c=30\text{k}\Omega$，其他参数不变，重新测量静态工作点。仿真后，测量结果为 $V(2)=74.04434\text{mV}$，$V(1)=735.39726\text{mV}$，$I(\text{ccvcc})=-213.98374\mu\text{A}$。可以看出发射结和集电结均处于正向偏置状态，说明三极管处于饱和导通状态。单击仿真开关进行电路仿真，双击示波器，即可观察输入和输出电压波形，如图 15-56(c)所示。从图中可以看出，在放大电路的输出端得到了底部失真的电压波形。说明三极管工作在饱和区。

3）观察截止失真

调整基极电阻为 $R_b=3\text{G}\Omega$，其他参数不变，再测量静态工作点。仿真后，测量结果为 $V(2)=5.99967\text{V}$，$V(1)=538.34477\text{mV}$，$I(\text{ccvcc})=-111.37196\text{nA}$。可以看出发射结和集电结均为反向截止状态，说明三极管处于截止状态。为了更加清楚地观察失真波形，这里将输入电压改为有效值为 10mV 的正弦电压。单击仿真开关进行电路仿真，双击示波器，即可观察输入和输出电压波形，如图 15-56(d)所示。从图中可以看出，在放大电路的输出端得到了顶部失真的电压波形。说明三极管工作在截止区。

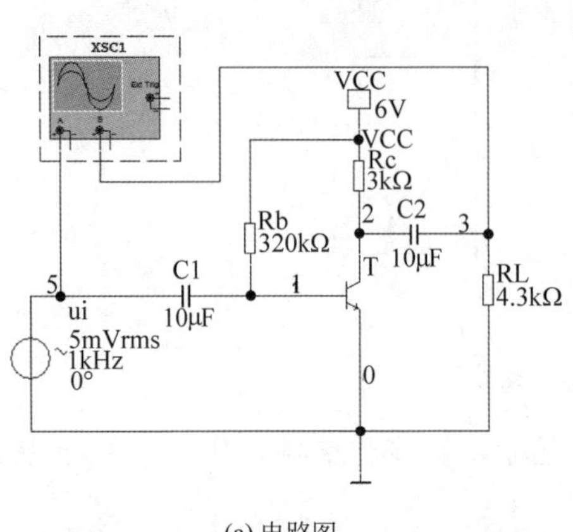

(a) 电路图

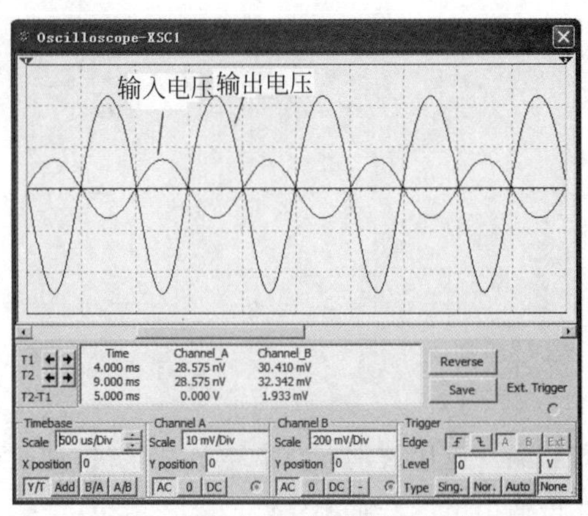

(b) 正常放大时输入与输出电压波形

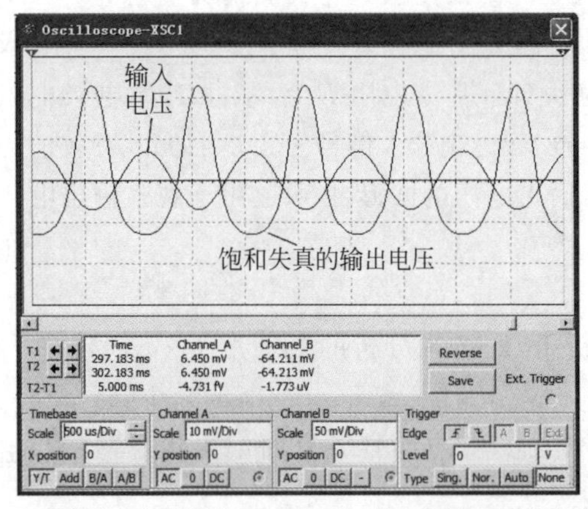

(c) 调整集电极电阻为R_c=30kΩ时，输入与输出电压波形

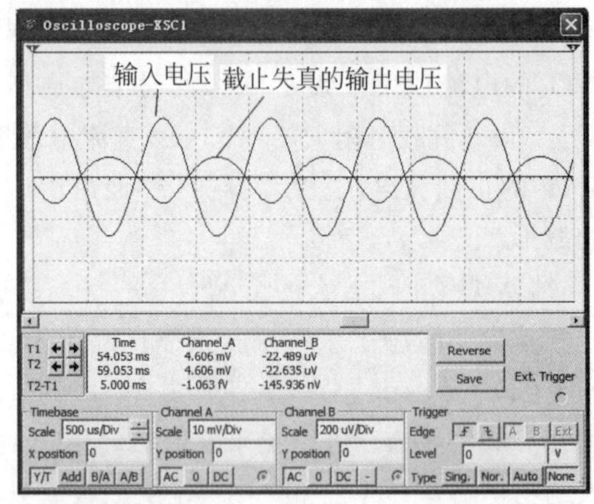

(d) 调整基极电阻为R_b=3GΩ时，输入与输出电压波形

图 15-56　单管共发射极放大电路的放大与失真

仿真视频 15-4

4. 利用 Multisim 10 测量单管共发射极放大电路的动态参数

对于如图 15-56(a)所示的放大电路，当其正常放大时可以测量其电压放大倍数 $\dot{A}_u$、输入电阻 R_i 和输出电阻 R_o。方法是在图 15-56(a)中接入三个万用表，用以分别测量输入电压、输出电压和输入电流的有效值，如图 15-57 所示。

电路仿真后，分别双击三个万用表，可得 $U_i=5\text{mV}$，$U_o=332.455\text{mV}$，输入电流为 $I_i=3.151\mu\text{A}$。当将负载电阻 R_L 断开后，测得 $U'_o=564.4\text{mV}$。根据定义可得

$$\dot{A}_u=\frac{\dot{U}_o}{\dot{U}_i}=-\frac{332.455}{5}=-66.491$$

$$R_i=\frac{\dot{U}_i}{\dot{I}_i}=\frac{5\text{mV}}{3.15\mu\text{A}}=1.5868\text{k}\Omega$$

$$R_o=\left(\frac{\dot{U}'_o}{\dot{U}_o}-1\right)R_L=\left(\frac{564.4\text{mV}}{332.455\text{mV}}-1\right)\times 4.3\text{k}\Omega=2.9998\text{k}\Omega$$

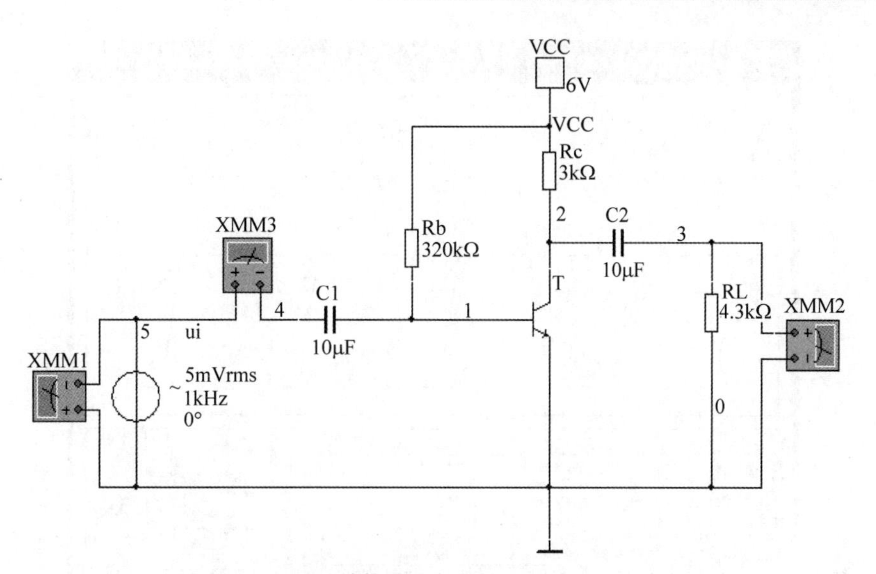

图 15-57 测量单管共发射极放大电路的动态参数

仿真视频 15-5

5. 利用 Multisim 10 观察负反馈对放大电路性能的影响

利用 Multisim 10 构建的电压串联负反馈放大电路如图 15-58(a)所示,其中三极管 T1、T2 均为虚拟 NPN 三极管,电流放大系数 $\beta_1=\beta_2=100$。当开关 J1 打开时电路不引入反馈,当开关 J1 闭合时,电路引入电压串联负反馈。

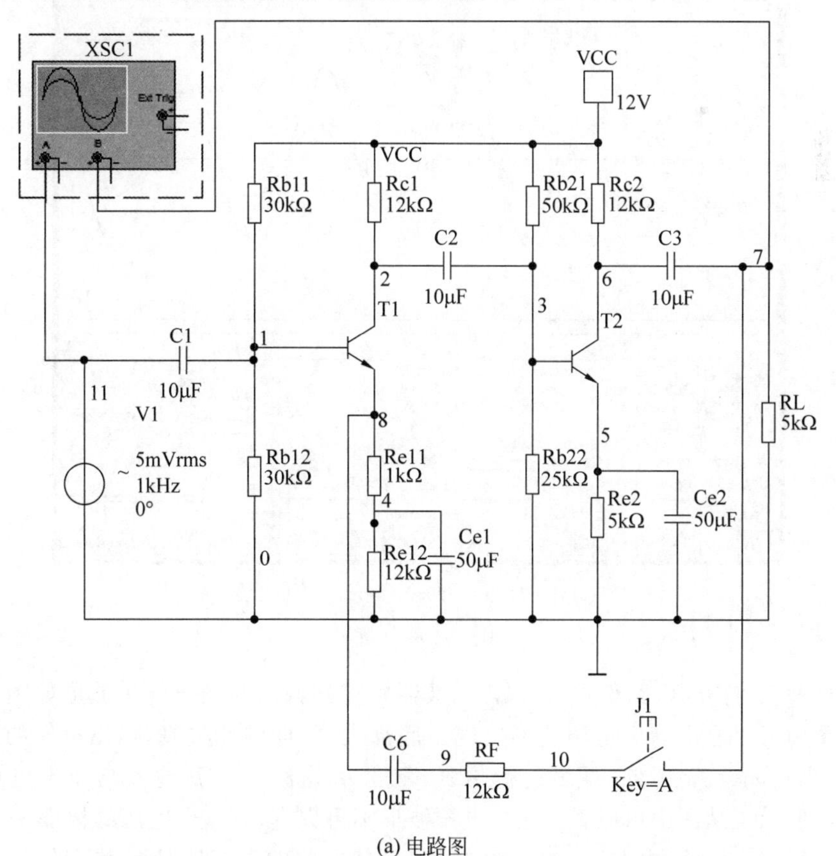

(a) 电路图

图 15-58 电压串联负反馈放大电路

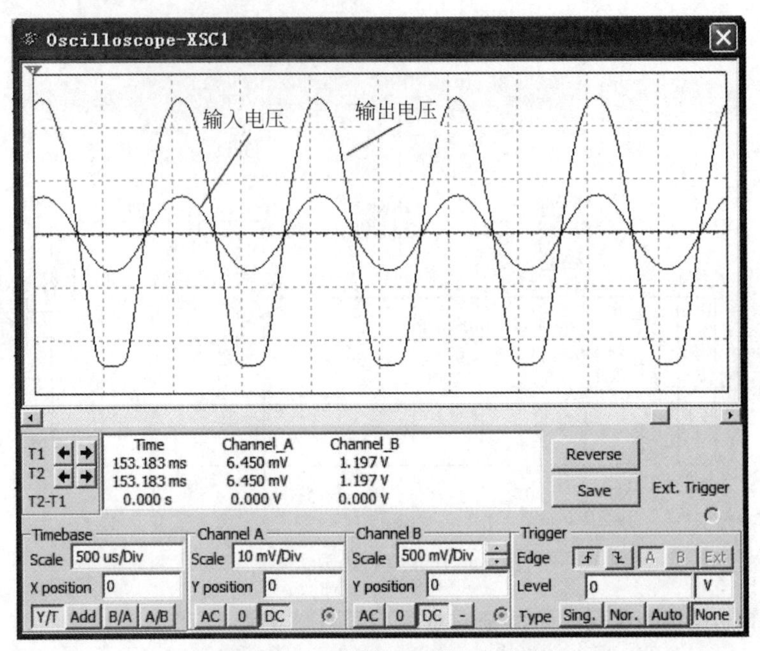

(b) 开关J1打开时的输入与输出电压波形

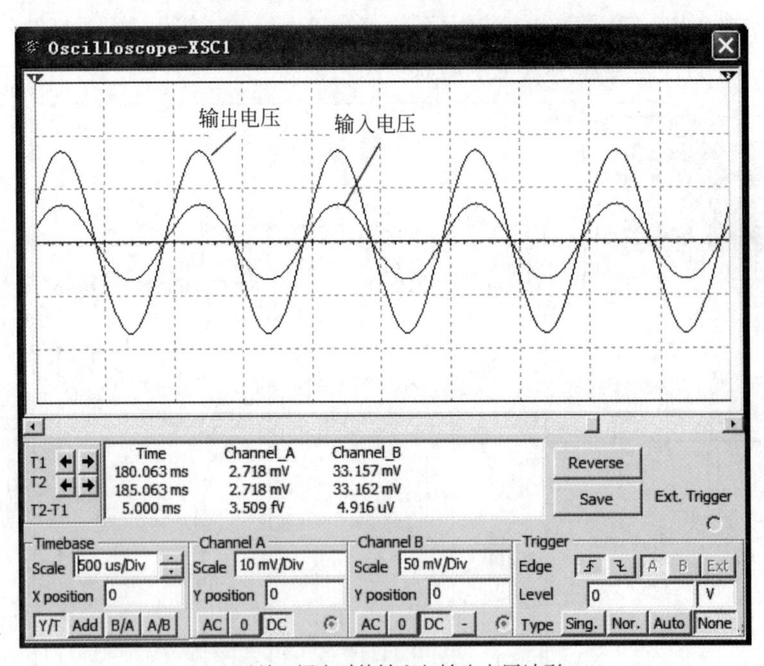

(c) 开关J1闭合时的输入与输出电压波形

图 15-58 （续）

先使开关 J1 打开，电路仿真后，双击示波器则得到输入与输出电压波形如图 15-58(b)所示。从图中可以看出输出电压波形出现了底部失真，即饱和失真，输出电压的幅度约为1250mV。然后闭合开关 J1，再次进行仿真，双击示波器后得到输入与输出电压波形如图 15-58(c)所示。从图中可以看出输出电压波形不再失真，且输出电压的幅度约为 80mV。可以得出这样一个结论，电路引入电压负反馈后，使电路的失真情况得到了改善，且使输出电压减小了。

读者也可以仿照如图 15-57 所示的方法，测量引入反馈以后对输入、输出电阻的影响。

6. 利用 Multisim 10 测量共源极场效应管放大电路的静态工作点与动态参数

仿真视频 15-6

利用 Multisim 10 构建的共源极场效应管放大电路如图 15-59(a)所示，其中增强型 MOS 场效应管型号为 2N7000，其开启电压为 $U_{GS(TH)}=2V$，$I_{DO}=200mA$。利用双踪示波器的 A 通道观察输入端电压波形，B 通道观察输出端电压波形。万用表 1 用于测量输入端交流电压有效值，万用表 2 用于测量输出端交流电压的有效值。

(1) 测量静态工作点。选择直流工作点分析工具，选择分析的变量为 $V(2)$、$V(3)$和 $V(5)$。仿真后，测得的结果为 $V(2)=3.59996V$，$V(3)=1.51331V$，$V(5)=16.86502V$。于是通过计算可得

$$U_{GSQ}=V(2)-V(3)\approx 2.09V$$

$$U_{DSQ}=V(5)-V(3)\approx 15.35V$$

$$I_{DQ}=\frac{V_{DD}-U_{DSQ}}{R_d+R_s}\approx 0.38mA$$

(2) 观察输出与输入电压波形。单击仿真开关进行电路仿真，双击示波器，即可观察输入和输出电压波形，如图 15-59(b)所示。从图中可以看出，输出电压波形和输入电压波形的相位相差 180°，说明共源极场效应管放大电路具有倒相作用。

(3) 测量动态参数。双击两个万用表，可得 $U_i=10mV$，$U_o=234.44mV$。可以计算出电压放大倍数为

$$\dot{A}_u=\frac{\dot{U}_o}{\dot{U}_i}=-\frac{234.44}{10}=-23.444$$

当断开负载电阻 R_L 后，再次测量输出电压为 $U_o'=257.751mV$，所以输出电阻为

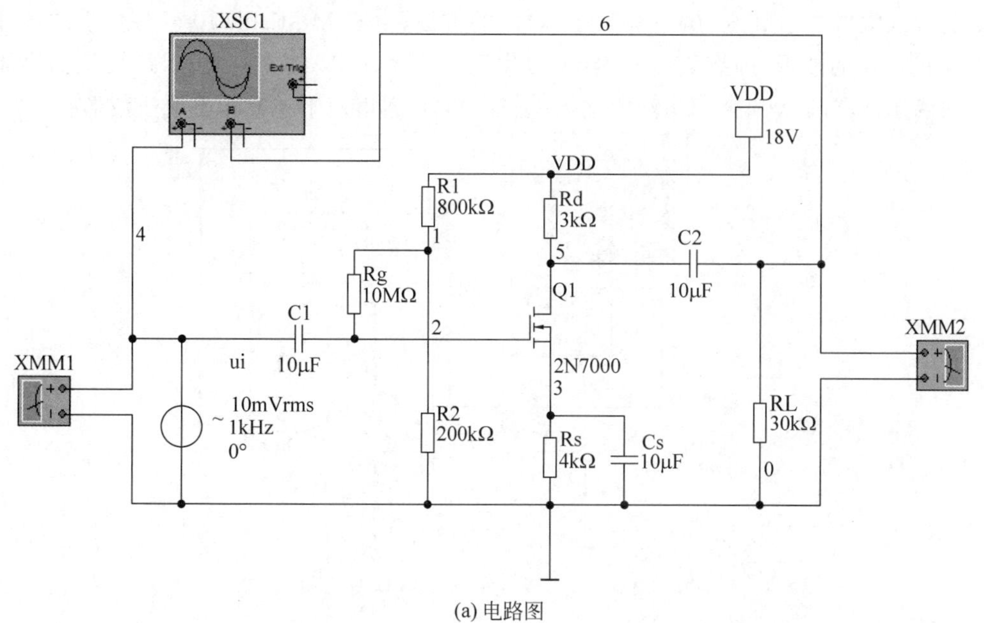

(a) 电路图

图 15-59 测量共源极场效应管放大电路的静态工作点与动态参数

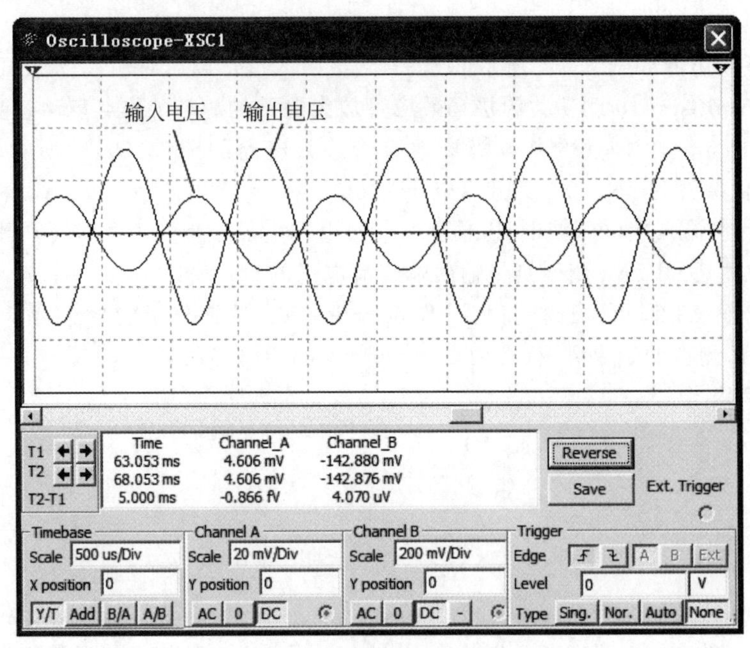

(b) 输入电压和输出电压的波形

图 15-59 （续）

$$R_{\mathrm{o}}=\left(\frac{\dot{U}_{\mathrm{o}}'}{\dot{U}_{\mathrm{o}}}-1\right)R_{\mathrm{L}}=\left(\frac{257.751\mathrm{mV}}{234.44\mathrm{mV}}-1\right)\times 30\mathrm{k}\Omega\approx 2.98\mathrm{k}\Omega$$

仿真视频 15-7

7. 利用 Multisim 10 观察积分电路输出与输入信号之间的关系

利用 Multisim 10 构建的积分电路如图 15-60(a)所示，其中集成运放选用 741，在积分电路的输入端加上幅值为 10V、频率为 1kHz 的方波，由于 Multisim 10 软件提供的脉冲信号源为正极性的波形，即有直流分量，所以串联了一个－5V 的直流电压源，以抵消直流分量。双踪示波器的 A 通道用于观察输入电压波形，B 通道用于观察输出电压波形。

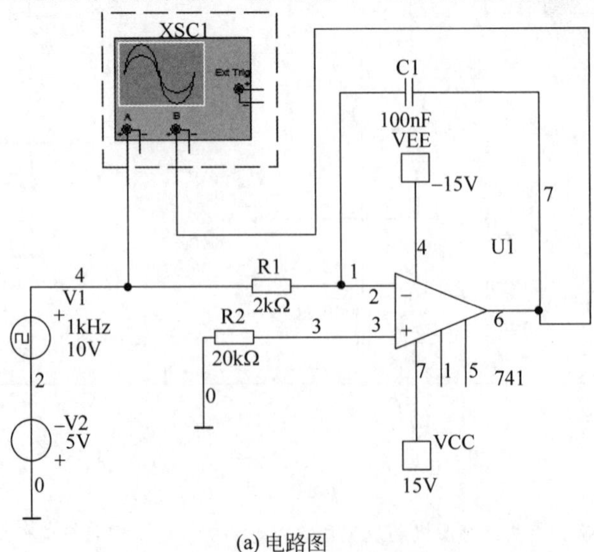

(a) 电路图

图 15-60 积分电路的仿真

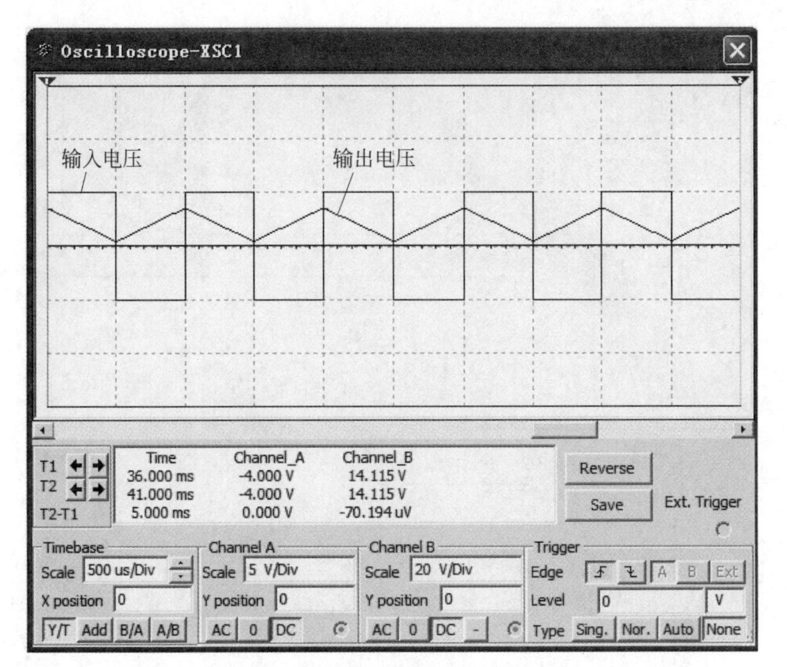

(b) 输入电压与输出电压波形

图 15-60 （续）

单击仿真开关进行电路仿真，双击示波器，即可观察输入和输出电压波形，如图 15-60(b)所示。从图中可以看出，输入电压为方波，输出电压为三角波，即积分电路可以将方波转换为三角波，且输出电压与输入电压满足反相积分运算关系。若改变积分时间常数，可以改变输出三角波的斜率和幅值。

8. 利用 Multisim 10 测量滞回比较器的电压传输特性并观察输出与输入波形

仿真视频 15-8

利用 Multisim 10 构建的滞回比较器如图 15-61(a)所示，其中运放采用 741，参考电压为 6V 直流电压，输入信号是频率为 60Hz、有效值为 5V 的正弦电压，稳压管 1N4372 的稳压值为 3V。双踪示波器的 A 通道用于观察输入电压波形，B 通道用于观察输出电压波形。

单击仿真开关进行电路仿真，双击示波器，即可观察输入和输出电压波形，如图 15-61(b)所示。从图中可以看出，当输入电压 u_i 上升的过程中，大约在 $u_i=4.93$V 时，输出电压发生跳变，而当输入电压下降的过程中，大约在 $u_i=0.65$V 时，输出电压发生跳变。即滞回比较器的上限阈值电压 $U_{T+}=4.93$V，下限阈值电压 $U_{T-}=0.65$V。

若将示波器的 Timebase 选择区的显示方式设置为 B/A 方式，则可测得该滞回比较器的电压传输特性曲线，如图 15-61(c)所示。

9. 利用 Multisim 10 观察正弦波振荡电路的输出波形并计算振荡频率

仿真视频 15-9

利用 Multisim 10 构建的 *RC* 正弦波振荡电路如图 15-62(a)所示，其中运放采用 741，由 *RC* 串并联网络中电阻和电容的值可以计算出振荡频率约为 177Hz，起振条件为 $R_6>2\text{k}\Omega$。双踪示波器的 A 通道用于观察输出电压波形。

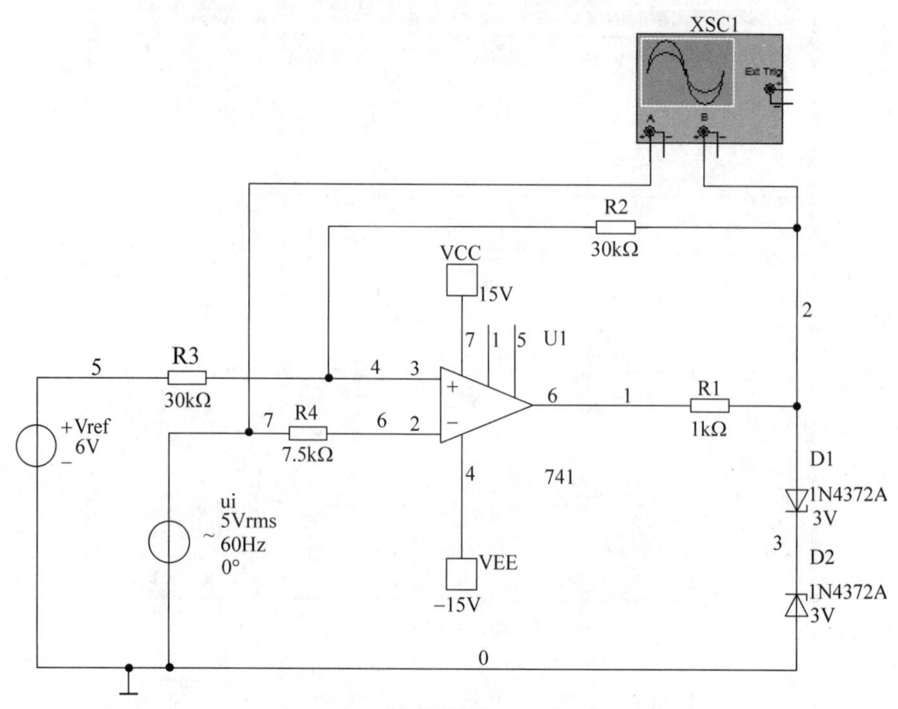

(a) 电路图

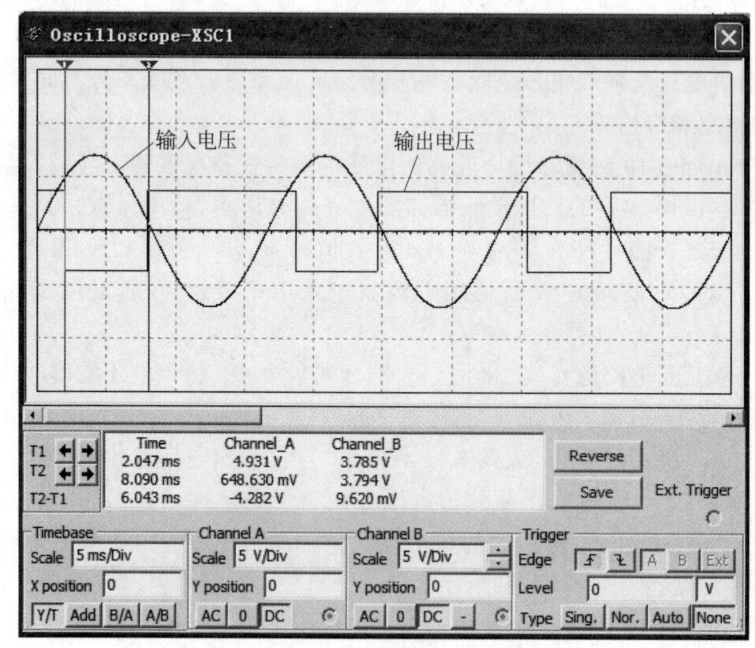

(b) 输入电压与输出电压波形

图 15-61　滞回比较器电路的仿真

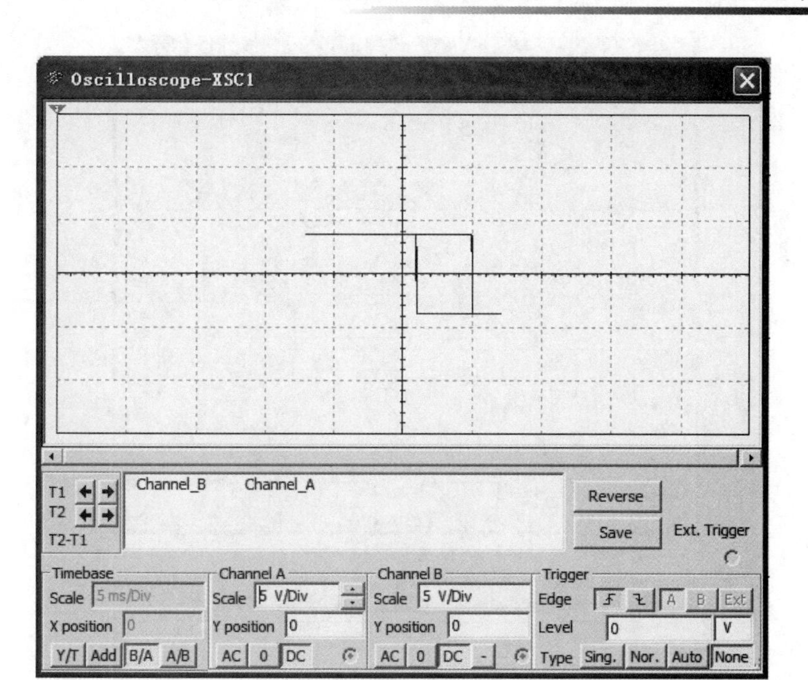

(c) 滞回比较器的电压传输特性曲线

图 15-61 （续）

单击仿真开关进行电路仿真，双击示波器，调节电位器 R_6，并观察输出电压波形的情况。当调节 $R_6 \leqslant 2\text{k}\Omega$，电路无法起振；当调节 $R_6 > 2\text{k}\Omega$ 时，例如图中为 $R_6 = 2.1\text{k}\Omega$ 时，电路开始起振，起振波形如图 15-62(b)所示；当波形刚刚出现失真时，调节 $R_6 = 2\text{k}\Omega$，这时电路输出为等幅振荡正弦波，如图 15-62(c)所示；若再增加 R_6 的值，则会出现失真情况，其波形如图 15-62(d)所示，且 R_6 的值越大，失真越严重。

从图 15-62(c)可以看出，正弦波振荡周期为 5.653ms，振荡频率约为 177Hz。正弦波幅度约为 14V。

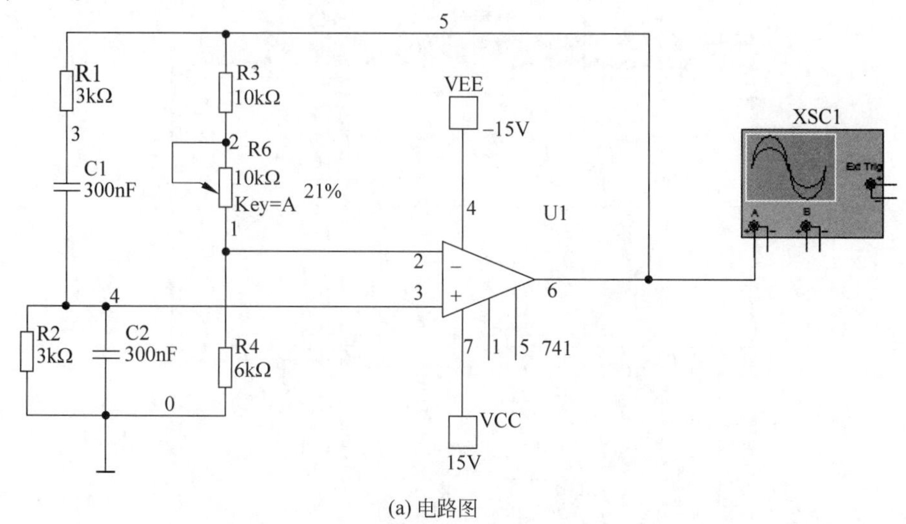

(a) 电路图

图 15-62 正弦波振荡电路的仿真

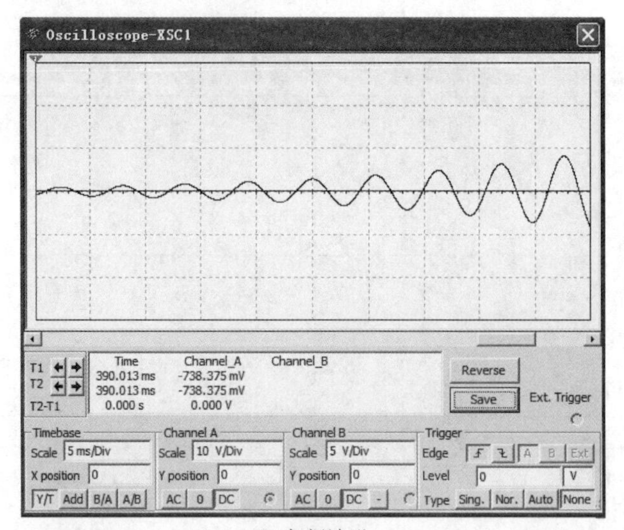

(b) 起振波形

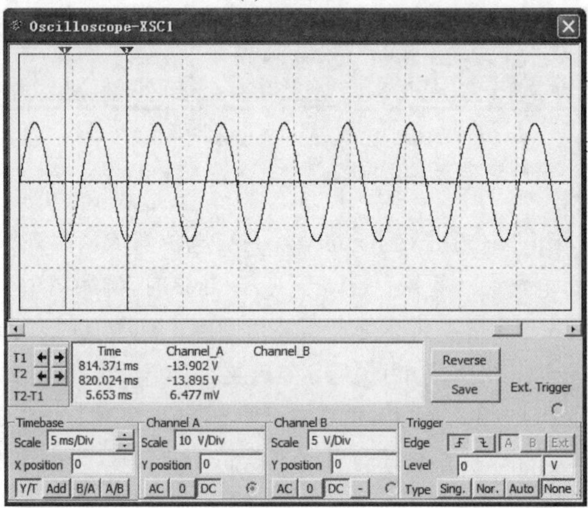

(c) 等幅振荡波形

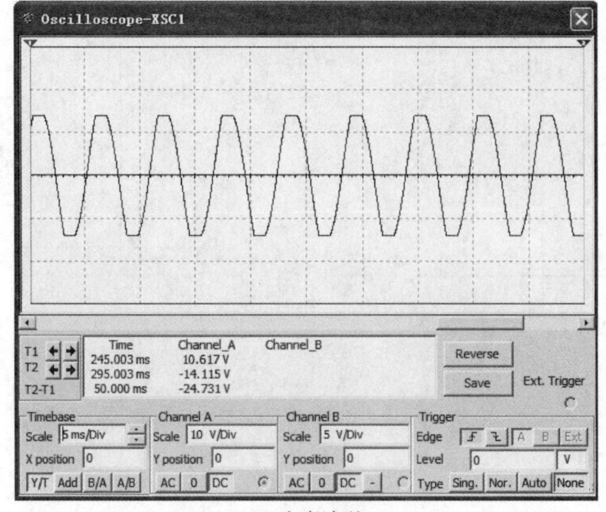

(d) 失真波形

图 15-62 （续）

10. 利用 Multisim 10 观察整流、滤波及稳压电路的输出电压波形

利用 Multisim 10 构建的整流、滤波及稳压电路如图 15-63(a)所示，变压器副边电压用一个频率为 50Hz、有效值为 15V 的交流电源代替。

1）观察整流电路输出电压波形

将开关 J1 和 J2 均断开，此时为整流状态，电阻 R_1 和 R_L 作为负载，用示波器的 A 通道观察输出电压波形。

单击仿真开关进行电路仿真，双击示波器，可观察到整流电路输出电压波形如图 15-63(b)所示，输出电压为单向脉动的波形。

2）观察整流、滤波电路输出电压波形

将开关 J1 闭合，开关 J2 断开，此时为整流滤波状态，电阻 R_1 和 R_L 作为负载，用示波器的 A 通道观察输出电压波形。

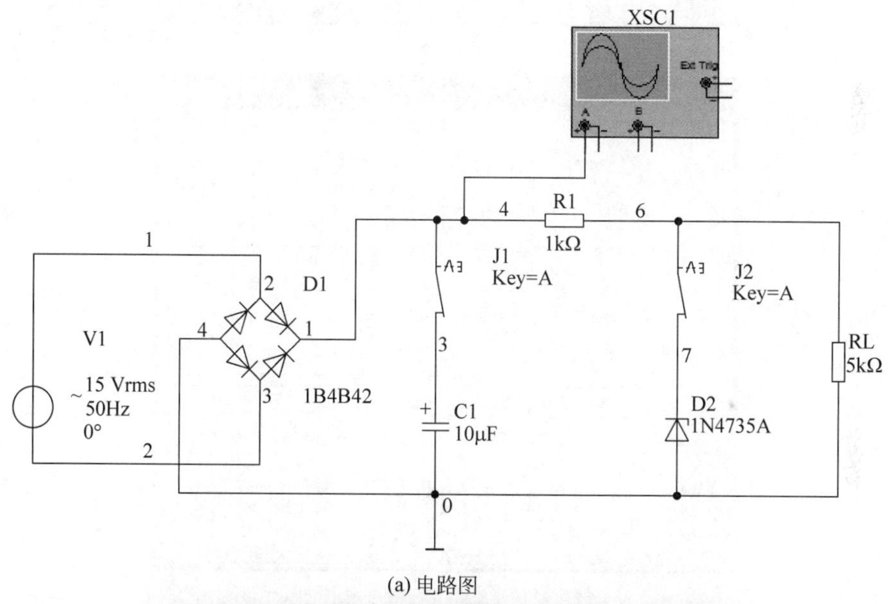

(a) 电路图

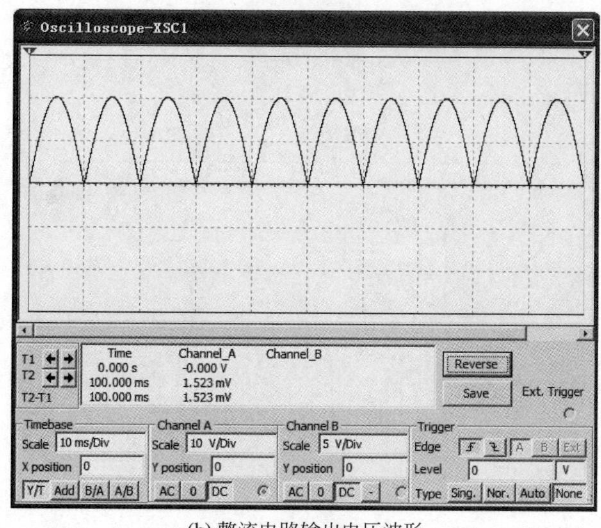

(b) 整流电路输出电压波形

图 15-63 整流、滤波及稳压电路的仿真

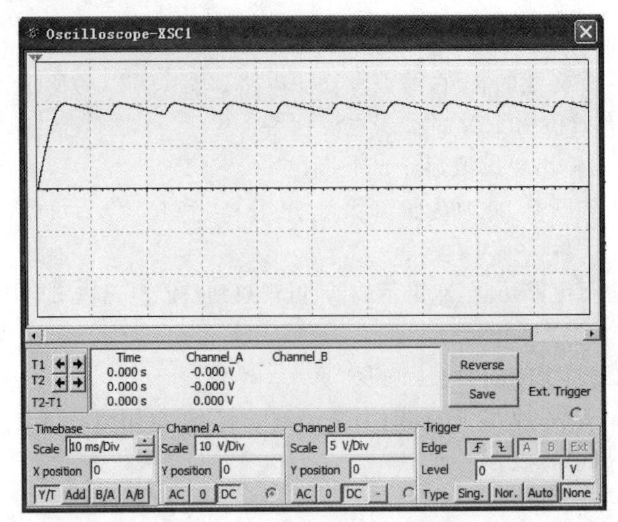

(c) 整流滤波电路输出电压波形

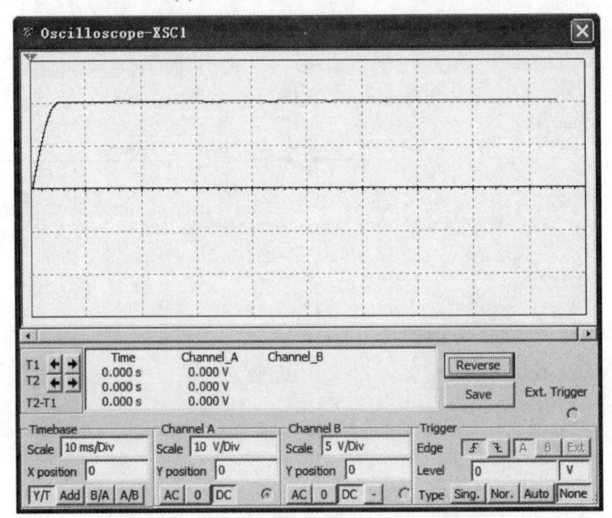

(d) 负载断开时整流滤波电路的输出电压波形

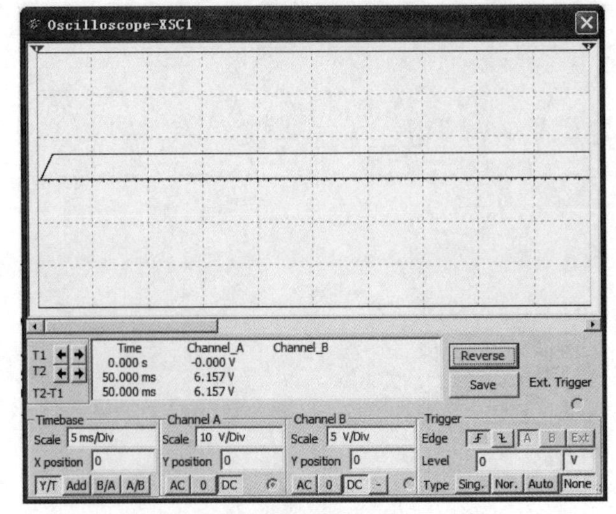

(e) 整流、滤波及稳压电路的输出电压波形

图 15-63 （续）

单击仿真开关进行电路仿真，双击示波器，可观察到整流、滤波电路输出电压波形如图 15-63(c)所示，可以看出输出电压波形的脉动成分明显减小了，而且随着电容 C_1 值的增大，输出电压会变得更平滑。若将负载电阻 R_L 断开，会得到如图 15-63(d)所示的输出电压波形。

3）观察整流、滤波及稳压电路输出电压波形

将开关 J1 和 J2 均闭合，此时即为整流、滤波及稳压电路，电阻 R_L 作为负载，用示波器的 A 通道观察负载两端输出电压波形。

单击仿真开关进行电路仿真，双击示波器，可观察到整流、滤波及稳压电路输出电压波形如图 15-63(e)所示，可以看出输出电压为一条直线，即为直流电压。

15.2.2 Multisim 10 在数字电子电路仿真中的应用

仿真视频 15-11

1. 利用 Multisim 10 设计组合逻辑电路

利用 Multisim 10 设计一个三人表决电路，当多数人同意时，议案通过，否则不通过。要求用与非门实现。

取三人的表决情况为输入变量，分别用 A、B、C 表示，并规定为 1 时表示同意，为 0 时表示不同意。取最终的表决结果为输出变量，并规定为 1 时表示议案通过，为 0 时表示议案不通过。

单击仪器工具栏中逻辑转换仪按钮，并拖放到电路编辑区，然后双击该图标得到其操作界面，选择 A、B、C 输入变量，根据题意列写出真值表如图 15-64(a)所示，然后单击 10|1 SIMP→ AIB 按钮，将真值表转换为最简与或式，如图 15-64(a)中底部的文本框中显示。再单击 AIB → NAND 按钮，即可得到由与非门构成的三人表决逻辑电路，如图 15-64(b)所示。

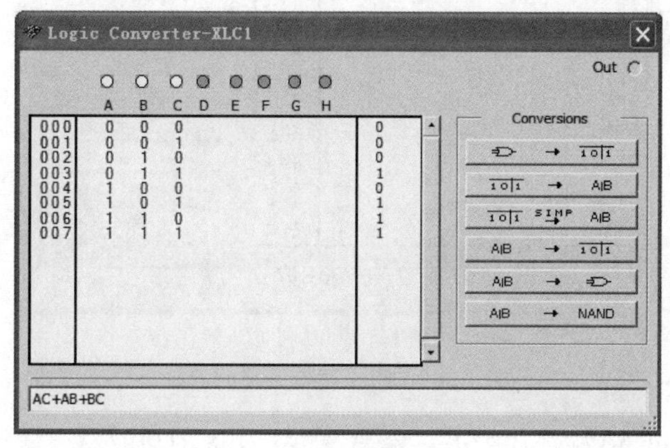

(a) 真值表

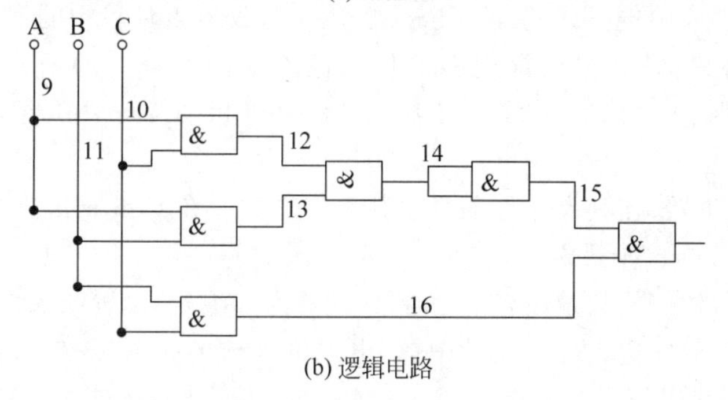

(b) 逻辑电路

图 15-64 三人表决逻辑电路的设计

2. 利用 Multisim 10 分析组合电路的功能

首先单击 TTL 元器件库按钮，选择三个异或门电路，创建一个组合逻辑电路，然后将仪器工具栏中的逻辑转换仪拖放到电路编辑区，并将电路的输入端和输出端分别接入逻辑转换仪的对应端子，如图 15-65(a)所示。

仿真视频 15-12

然后双击逻辑转换仪的图标，得到其操作界面。单击 按钮，可得如图 15-65(a)所示逻辑电路的真值表如图 15-65(b)所示。再单击 按钮，可得到如图 15-65(a)所示逻辑电路的最小项表达式，如图 15-65(b)中底部的文本框中所示。在 Multisim 10 中反变量的表示方法与常用表示方法有所区别，例如反变量 $\bar{A}$ 的表示方法为 A'。

结合真值表和表达式可知，该逻辑电路为奇偶校验电路，当输入变量 A、B、C、D 中输入为奇数个 1 时，输出为 1，输入为偶数个 1 时，输出为 0。

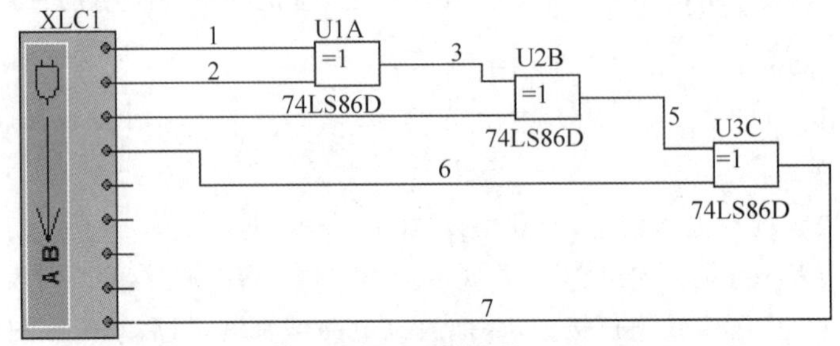

(a) 组合逻辑电路

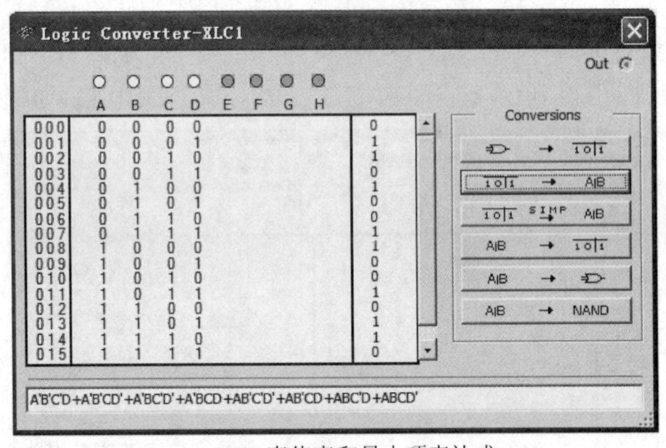

	A	B	C	D	Out
000	0	0	0	0	0
001	0	0	0	1	1
002	0	0	1	0	1
003	0	0	1	1	0
004	0	1	0	0	1
005	0	1	0	1	0
006	0	1	1	0	0
007	0	1	1	1	1
008	1	0	0	0	1
009	1	0	0	1	0
010	1	0	1	0	0
011	1	0	1	1	1
012	1	1	0	0	0
013	1	1	0	1	1
014	1	1	1	0	1
015	1	1	1	1	0

(b) 真值表和最小项表达式

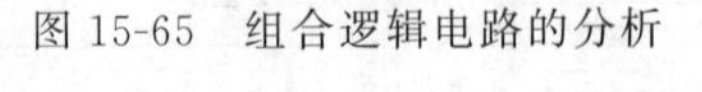

图 15-65 组合逻辑电路的分析

仿真视频 15-13

3. 利用 Multisim 10 验证 3 线-8 线译码器 74LS138 的功能

在 TTL 元器件库中选择译码器 74LS138，然后将仪器工具栏中的字信号发生器和逻辑分析仪拖放到电路编辑区，组成译码器的仿真电路如图 15-66(a)所示。需要说明一下，Multisim 10 元器件库中的 74LS138 的引脚 A、B、C 与 11.3.2 节中介绍的 74LS138 的引脚 A_0、A_1、A_2 对应。

双击字信号发生器，在其操作界面设置其工作方式。在 Controls 选择区选择 Cycle，在 Display 选择区选择 Dec(十进制)，在字信号编辑区编写：0、1、2、3、4、5、6、7。单击 Set 按钮，将字信号发生器的信号数量设置为 8，频率设置为 50Hz。设置结果如图 15-66(b)所示。

单击运行按钮，双击逻辑分析仪的图标，出现仿真结果如图 15-66(c)所示。可以看出，当 74LS138 的输入代码依次为 0、1、2、3、4、5、6、7 时，对应的输出端 $\bar{Y}_0$、$\bar{Y}_1$、$\bar{Y}_2$、$\bar{Y}_3$、$\bar{Y}_4$、$\bar{Y}_5$、

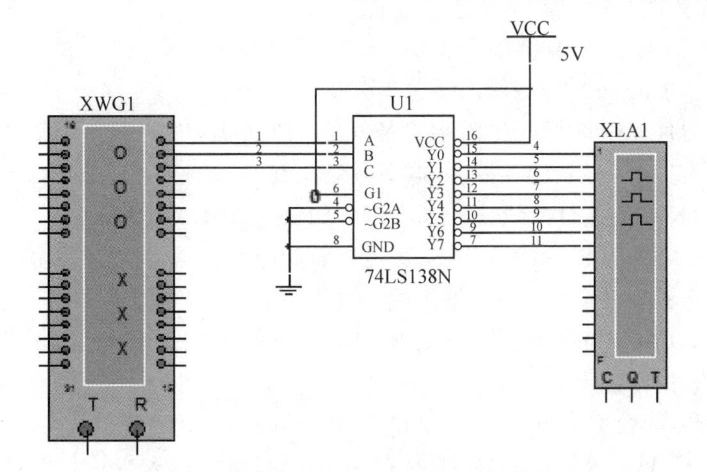

(a) 仿真电路

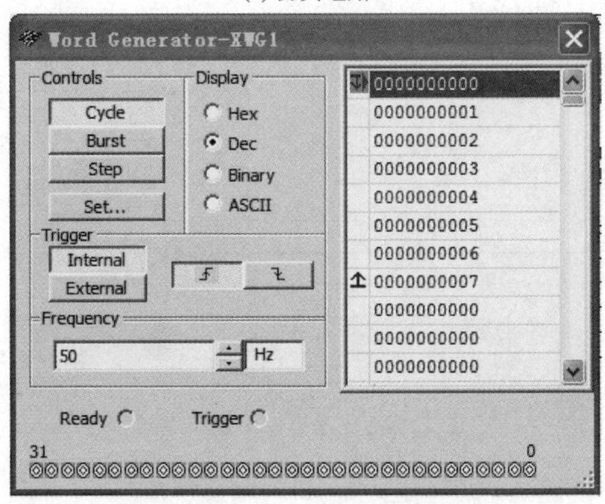

(b) 字信号发生器的设置界面

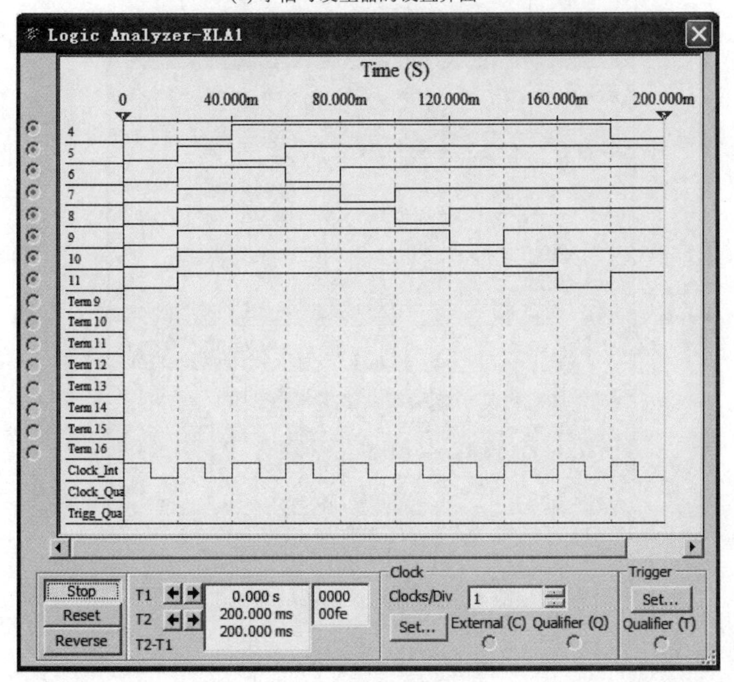

(c) 仿真结果

图 15-66 3 线-8 线译码器 74LS138 的仿真分析

$\overline{Y}_6$、$\overline{Y}_7$ 依次输出低电平，仿真结果符合 74LS138 的逻辑功能。

仿真视频 15-14

4．利用 Multisim 10 对 *JK* 触发器仿真分析

在 TTL 元器件库中选择下降沿触发的 *JK* 触发器 74LS112，其引脚 PR 为异步置位端，低电平有效，CLR 为异步清零端，低电平有效。其时钟端接 CLOCK_VOLTAGE 电源，PR、CLR、1J 和 1K 端均接分段线性电源(PIECWISE_LINEAR_VOLTAGE)。在 Sources/SIGNAL_VOLTAGE_SOURCES 库中，即可找到以上两个电源。逻辑分析仪用来观察异步置位端、异步清零端、1J 和 1K 端、输出端 Q 和 $\overline{Q}$ 的波形。电路图如图 15-67(a)所示。其中 CLOCK_VOLTAGE 电源脉冲频率设为 1kHz。在电路原理图中，双击分段线性电源的图标，即进入其数据设置界面。在 Value 选项卡中，选择 Enter data points in table 选项，即可在表中设置所需的数据，其中 Time 单位为秒，Voltage 单位为伏特。图 15-67(a)中分段线性电源 V1 的数据设置情况如图 15-67(b)所示，同样方法可以设置分段线性电源 V2、V4、V5 的数据。

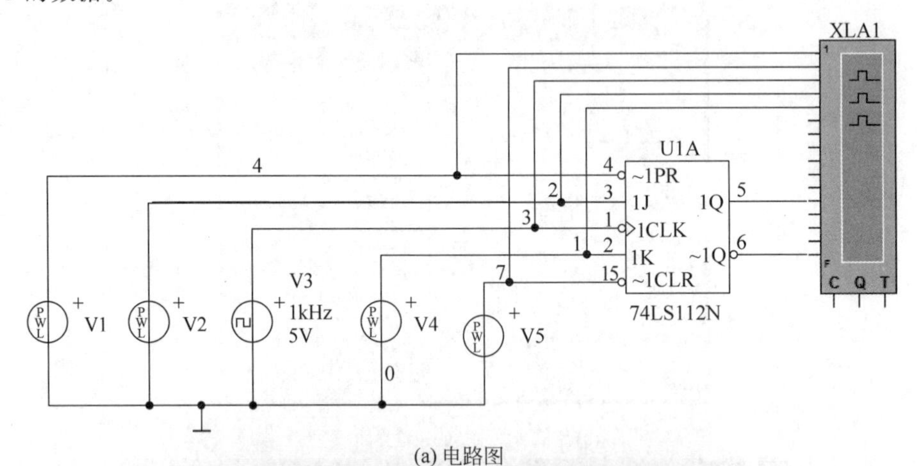

(a) 电路图

PWL Voltage

Label | Display | Value | Fault | Pins | User Fields | Analysis Setup

Use data directly from file

File name　Browse...

Edit file

Enter data points in table

Initialize from file...

Time	Voltage
0	5
0.01	0
0.03	5

Repeat data during simulation

Replace　OK　Cancel　Info　Help

(b) 分段线性电源V1的数据设置

图 15-67　*JK* 触发器的仿真

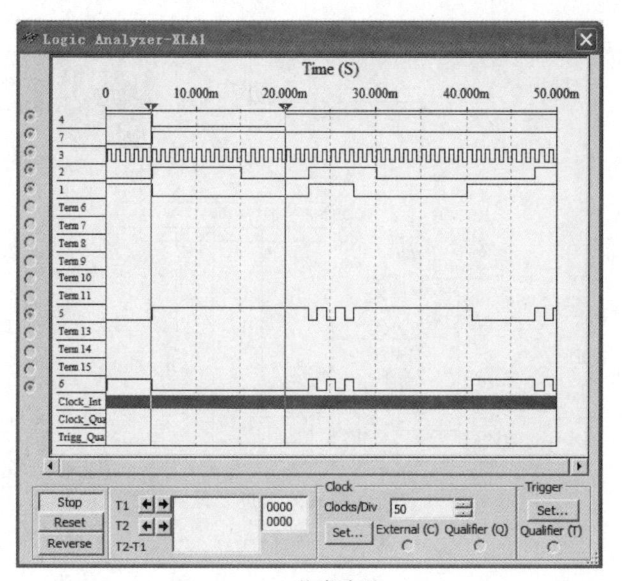

(c) 仿真波形

图 15-67 （续）

单击运行按钮，双击逻辑分析仪，可以观察到输入与输出信号的波形如图 15-67(c)所示。由图可以看出，在标尺 1 之前，PR 端输入为高电平，CLR 端输入为低电平，触发器的输出端 Q 为低电平，说明触发器的异步清零端 CLR 不受时钟脉冲和输入信号的控制，直接将触发器清零。在标尺 1 和标尺 2 之间，PR 端输入为低电平，CLR 端输入为高电平，触发器的输出端 Q 为高电平，说明触发器的异步置位端 PR 不受时钟脉冲和输入信号的控制，直接将触发器置 1。在标尺 2 之后，PR 端和 CLR 端均输入高电平，为无效状态，此时在时钟脉冲的作用下，触发器的输出端随着输入信号的变化而变化，其变化规律与表 12-7 所示的 JK 触发器特性表的规律相符。

5. 利用 Multisim 10 对计数器仿真分析

仿真视频 15-15

采用置零法将同步十进制加法计数器 74LS160 接成一个六进制计数器。

在 Multisim 10 的 TTL 元器件库中选择同步十进制加法计数器 74LS160、与非门 74LS00，在 Sources/SIGNAL_VOLTAGE_SOURCES 库中选择 CLOCK_VOLTAGE 电源，在 Indicators 库中选择十六进制数码显示器构成电路原理图如图 15-68 所示。

单击运行按钮后，可以看到在计数脉冲的作用下，数码显示器循环依次显示 0、1、2、3、4、5，仿真结果符合设计要求。

6. 利用 Multisim 10 对 555 定时器构成的施密特触发器仿真分析

仿真视频 15-16

在 Mixed/MIXED_VIRTUAL 库中选择 555_VIRTUAL 放入电路图编辑区，将阈值端 THR 和触发端 TRI 连接在一起，构成施密特触发器。输入信号的频率为 60Hz，有效值为 10V 的正弦波，用双踪示波器 A 通道观察施密特触发器的输出波形，用 B 通道观察输入的正弦波，电路如图 15-69(a)所示。

单击运行按钮，双击示波器可观察输入和输出波形如图 15-69(b)所示。从图中可以看出，当输入的正弦波电压上升到 6.593V$\left(约为\frac{2}{3}V_{CC}\right)$时，输出电压由高电平变为低电平，当

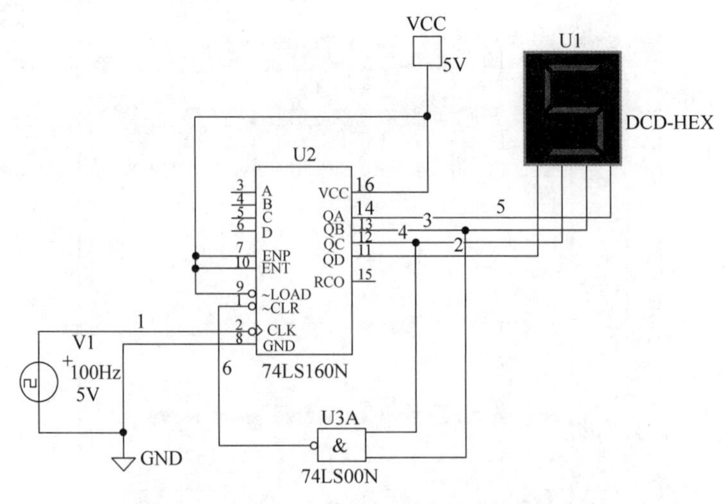

图 15-68　74LS160 构成的六进制计数器的仿真

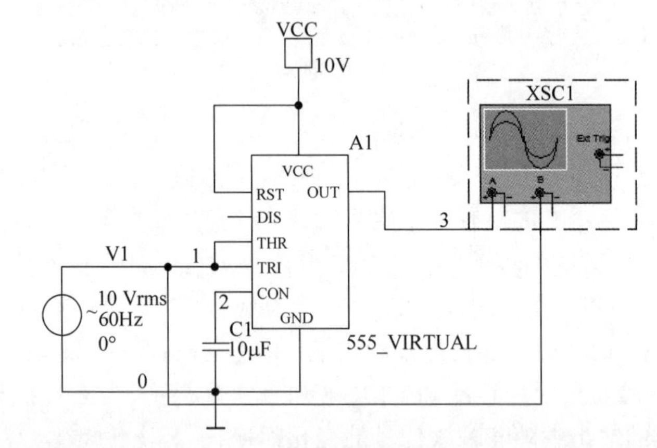

(a) 电路图

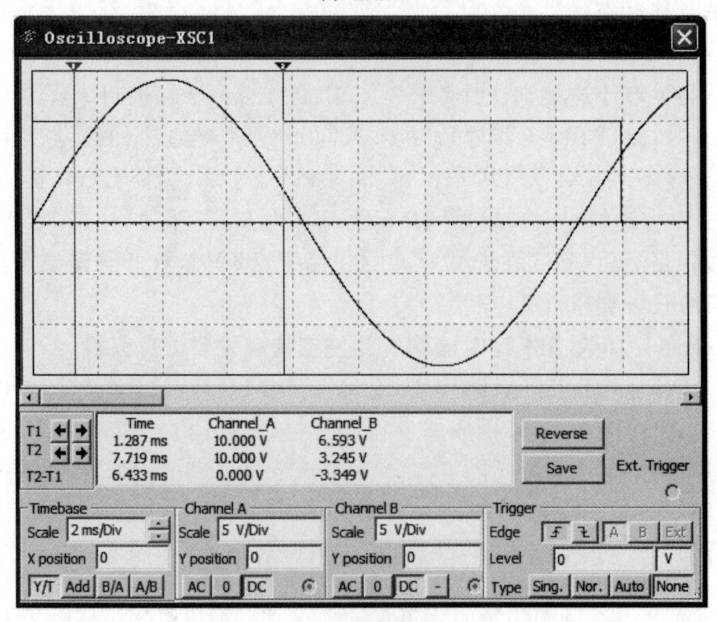

(b) 仿真结果

图 15-69　施密特触发器的仿真

输入的正弦波电压下降到 3.245V$\left(约为\frac{1}{3}V_{CC}\right)$时，输出电压由低电平又变为高电平。所以 $\frac{2}{3}V_{CC}$ 为施密特触发器的上限阈值电压，$\frac{1}{3}V_{CC}$ 为施密特触发器的下限阈值电压。

小结

本章首先简单介绍了 Multisim 10 EDA 工具软件，然后介绍了 Multisim 10 在模拟电子电路和数字电子电路仿真中的应用。

Multisim 的整个操作界面就像一个实验工作台，且其元器件和测试仪器的外形与实物非常接近，操作方法也基本相同，实现了“软件即元器件”“软件即仪器”，而且还有进行仿真分析的各种分析工具。

启动 Multisim 10 后出现的工作界面，有电路图编辑窗口，在电路图编辑窗口的上方是菜单栏、系统工具栏、设计工具栏、元器件工具栏、仪器工具栏。

菜单栏提供了该软件所有的功能命令。系统工具栏包括的功能命令均与 Window 中的一致。设计工具栏列出了仿真环境中的主要操作选项，包括工具箱的打开和关闭、仿真运行和停止、仿真后处理、仿真分析选择等，这些功能都可以在菜单中找到。元器件工具栏列出了元器件库的分类图标按钮，单击某个图标按钮，即可打开该元器件库，并可以从中选择所需要的元器件。Multisim 10 的元器件库包括了电源库、基本元器件库、二极管库、晶体管库等 17 个元器件库。仪器工具栏列出了虚拟仪器的图标按钮，当需要选用某个虚拟仪器时，只需在仪器工具栏中用鼠标选中其图标，并拖放到电路编辑区，再将仪器图标上的连接端子与相应电路的连接点相连即可。在运行时，若需要改变虚拟仪器的参数设置或者读数，则双击虚拟仪器的图标，可以得到虚拟仪器的操作界面，在操作界面中就可以改变参数设置或者读数据了。虚拟仪器不仅包括了实验室常备的万用表、函数信号发生器、示波器、直流电源等，还包括实验室中少有或没有的仪器，如波特图仪、字信号发生器、逻辑分析仪、逻辑转换器、频谱分析仪等。

Multisim 10 具有较为详细的电路分析功能，可以完成电路的瞬态分析和稳态分析、时域和频域分析、元器件的线性和非线性分析、电路的噪声分析和失真分析、离散傅里叶分析、电路零极点分析等多种电路分析方法。

用 Multisim 10 进行电路仿真的过程主要包括三个步骤，即构建电路原理图、选择仿真分析方法并设置分析参数和运行仿真并观测结果。

本章以多个例子介绍了 Multisim 10 在电子电路仿真中的应用，如二极管的单向导电性、稳压管的稳压作用、观察放大电路的正常放大与失真情况等模拟电子电路，用 Multisim 10 设计和分析组合逻辑电路、验证 3 线-8 线译码器 74LS138 的功能、JK 触发器的仿真等数字电子电路。在仿真过程中可以方便地改变元器件参数、改变电路的连接形式、分析电路的不同工况等。用 Multisim 10 进行模拟实验，不但可以加深对所学内容的理解，还可以弥补由于时间和实验条件的限制所带来的不足。

习题

1. 填空题

(1) Multisim 10 虚拟仿真软件的整个操作界面就像一个实验工作台，其元器件和测试仪器的外形与实物非常接近，操作方法也基本相同，实现了软件即________、软件即________，而且还有进行仿真分析的各种分析工具。

(2) Multisim 10 的虚拟测试仪器仪表种类齐全，不仅有________通用仪器，如万用表、函数信号发生器、双踪示波器等，还有________的仪器，如波特图仪、字信号发生器、逻辑分析仪、逻辑转换器等。

(3) Multisim 10 的直流工作点分析用于分析电路的________。在进行直流工作点分析时，视电路中的交流电源为________、电感________、电容________。

(4) Multisim 10 的交流分析用于分析电路的________。在进行交流分析时，电路中的直流电源自动置________，电容和电感均处在________模式，数字器件视为高阻接地，输入信号也设定为________信号。

(5) Multisim 10 的瞬态分析用于分析电路________与________的关系。在进行瞬态分析时，视直流电源为________、交流信号源的值随时间的变化而变化、电容和电感为储能元件。

(6) Multisim 10 的直流扫描分析用于分析电路中给定节点的参数随着________变化的关系曲线。其分析效果相当于直流电源的数值________，就对电路做________。

(7) Multisim 10 的参数扫描分析用于分析电路中________参数变化时，对电路的直流工作点、瞬态特性及交流特性的影响。其分析效果相当于某元器件参数为________时，对电路进行________仿真分析。

2. 简答题

(1) Multisim 10 的元器件库包含的主要元器件有哪些？

(2) Multisim 10 的仪器仪表库包含的主要仪器仪表有哪些？

(3) 简述 Multisim 10 的万用表的功能与使用方法。

(4) 简述 Multisim 10 的函数发生器的功能与使用方法。

(5) 简述 Multisim 10 的双踪示波器的功能与使用方法。

(6) 简述 Multisim 10 的字信号发生器的功能与使用方法。

(7) 简述 Multisim 10 的逻辑转换仪的功能与使用方法。

(8) 简述 Multisim 10 仿真分析的基本步骤。

3. 二极管电路如图 P15-3 所示，仿真分析当输入电压分别为 $U_{I1}=U_{I2}=0\text{V}$，$U_{I1}=0\text{V}$、$U_{I2}=5\text{V}$，$U_{I1}=5\text{V}$、$U_{I2}=0\text{V}$ 和 $U_{I1}=U_{I2}=5\text{V}$ 四种情况时输出电压的值，并总结分析结果。

4. 稳压管电路如图 P15-4 所示，其中稳压管的稳压值为 5V。仿真测量输入电压 U_I 分别为 8V 和 12V 时，流过稳压管的电流和输出电压的值。

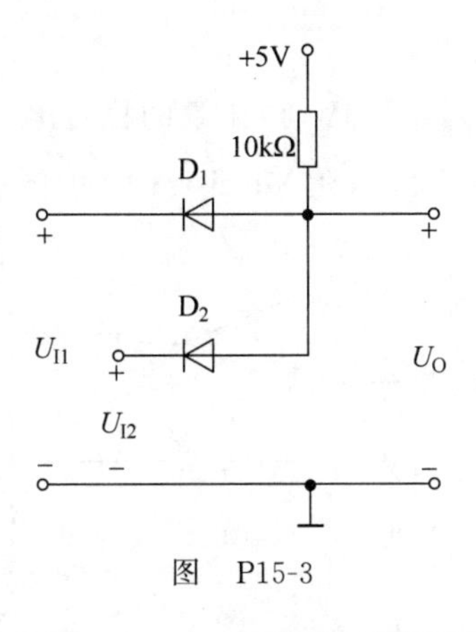

图　P15-3

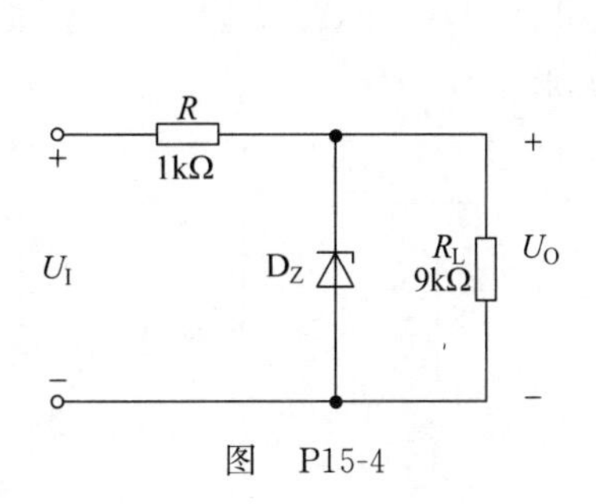

图　P15-4

5. 在 Multisim 10 中构建如图 P15-5 所示的电路，其中 $R_{b1}=100\text{k}\Omega$，$R_{b2}=33\text{k}\Omega$，$R_c=3\text{k}\Omega$，$R_{e1}=200\Omega$，$R_{e2}=1.8\text{k}\Omega$，$R_L=3\text{k}\Omega$，$V_{CC}=10\text{V}$，三极管的 $\beta=100$，$r_{bb'}=300\Omega$，电容 $C_1=C_2=C_e=50\mu\text{F}$。完成下列各题。

(1) 测量放大电路的静态工作点。

(2) 加上正弦输入电压，观察输入电压 u_i 和输出电压 u_o 的波形。

(3) 测量放大电路的电压放大倍数 $\dot{A}_u$、输入电阻 R_i 和输出电阻 R_o。

(4) 将 R_{b2} 改为 4kΩ，其他参数不变，观察输出电压的波形有何变化。

6. 在 Multisim 10 中构建如图 P15-6 所示的 OTL 甲乙类互补对称功率放大电路，其中直流电源 $V_{CC}=6\text{V}$，三极管的电流放大系数 $\beta=100$，R_1 为 2kΩ 的电位器，R_2 为 400Ω 的电位器，$R_3=1.5\text{k}\Omega$，负载电阻 $R_L=16\Omega$，电容 $C_1=C_2=200\mu\text{F}$。完成下列各题。

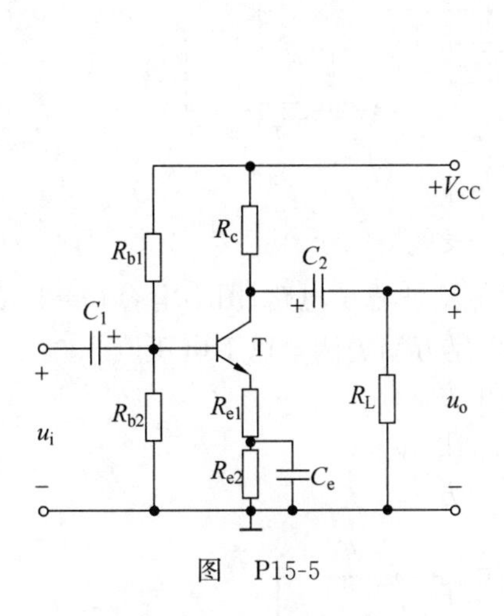

图　P15-5

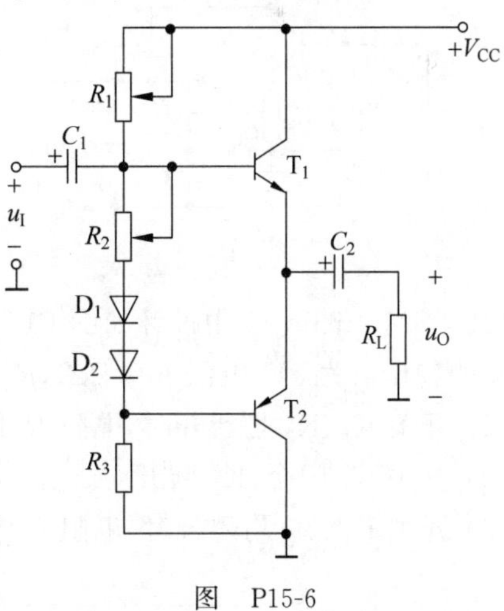

图　P15-6

(1) 使 R_2 固定为 200Ω，令 $u_I=0\text{V}$，调节电位器 R_1，测量静态时电容 C_2 两端的电压随 R_1 变化的情况。

(2) 使 R_1 固定为 1.5kΩ，加上正弦输入电压 u_I，调节电位器 R_2，观察输出电压 u_O 的波形在什么情况下出现交越失真。

(3) 在输出波形基本不失真的情况下，测量电路的最大输出功率。

7. 求和电路如图 P15-7 所示，在 u_{I1}、u_{I2} 端加上频率为 1kHz、幅值为 1V 的正弦波，在

Multisim 10 中仿真，观察输出电压的波形。

8. 滞回比较器如图 P15-8 所示，假设参考电压 $U_{REF}=3V$，稳压管的稳定电压为 $U_Z=6V$，$R_1=20k\Omega$，$R_2=10k\Omega$。若输入电压 $u_I=6\sqrt{2}\sin\omega t(V)$，在 Multisim 10 中仿真，观察输出电压的波形。

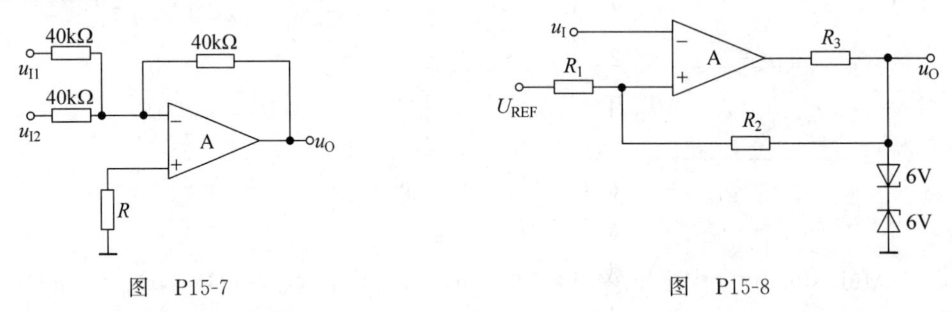

图 P15-7　　　　图 P15-8

9. 电容三点式正弦波振荡电路如图 P15-9 所示，其中 $V_{CC}=15V$，$R_{b1}=25k\Omega$，$R_{b2}=5.1k\Omega$，$R_c=5.1k\Omega$，$R_e=1k\Omega$，电容 $C_b=C_e=10\mu F$，$C_1=C_2=1\mu F$，$C_3=1nF$，电感 $L=10\mu H$。

(1) 在 Multisim 10 中仿真观察输出波形。

(2) 若将电容 C_3 改为 $1\mu F$，观察波形的频率是否有变化。

10. 在 Multisim 10 中设计如图 P15-10 所示的 RC 串并联式正弦波振荡电路，其中 $R_1=R_2=16k\Omega$，$C_1=C_2=0.01\mu F$，$R_3=3k\Omega$。调节 R_F 使电路起振，测出起振时电阻 R_F 的大小，并用示波器测出其振荡频率。

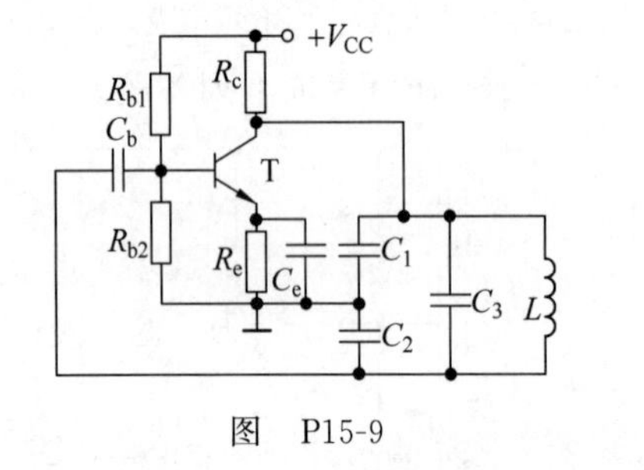

图 P15-9

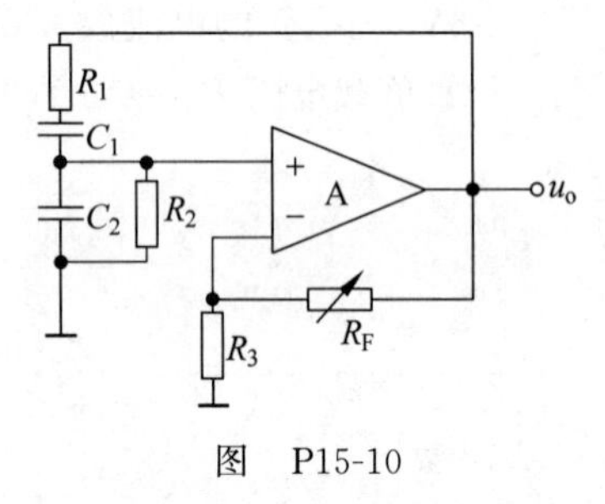

图 P15-10

11. 在 Multisim 10 中设计如图 P15-11 所示的整流滤波稳压电路，图中电容 $C=10\mu F$，稳压管的稳压值为 5V，电阻 $R=1k\Omega$，$R_L=5k\Omega$。分别用万用表测量以下电压值。

(1) 开关 K_1、K_2 均断开时，电阻 R 和 R_L 两端的电压。

(2) 开关 K_1 闭合，K_2 断开时，电阻 R 和 R_L 两端的电压。

(3) 开关 K_1、K_2 均闭合时，电阻 R_L 两端的电压。

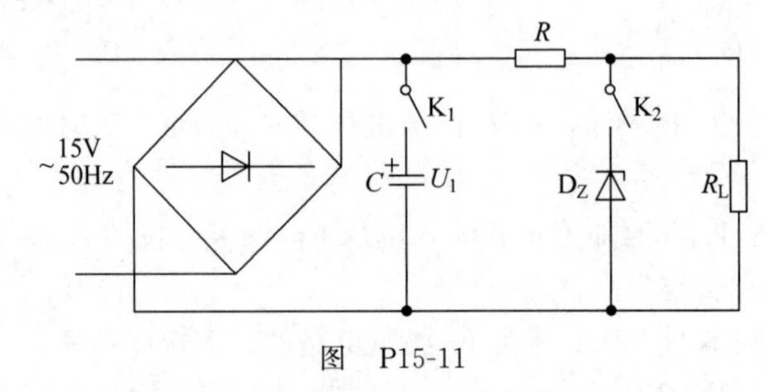

图 P15-11

12. 用 Multisim 10 将下列逻辑函数化为最简与或式。

(1) $Y=ABC+\bar{A}\bar{C}D+A\bar{B}C+A\bar{C}D$

(2) $Y(A,B,C,D)=\sum m(0,2,4,6,7,9,12)$

(3) $Y(A,B,C,D,E)=\sum m(2,5,6,9,13,14,16,17,20,24,25,27,29,30,31)$

(4) $Y(A,B,C,D)=\sum m(2,3,5,6,9,13,14)+\sum d(1,4,8,10,11,15)$

13. 在 Multisim 10 环境中,用与非门实现 12 题中(4)的逻辑函数,并给出与非形式的电路图。

14. 在 Multisim 10 环境中,对第 11 章 9 题所设计的电路进行仿真。

15. 在 Multisim 10 环境中,对第 11 章 10 题中用 74LS138 和 74LS153 所设计的电路进行仿真。用字信号发生器产生数字信号,用逻辑分析仪观测输入和输出波形。

16. 在 Multisim 10 环境中,用 JK 触发器实现 T 触发器的功能,并用逻辑分析仪观测触发器的输入输出波形。

17. 在 Multisim 10 环境中,用置数法将计数器 74LS160 构成一个六进制计数器,计数状态为 0001~0110,并进行仿真。

18. 在 Multisim 10 环境中,用 555 定时器构成占空比可调的多谐振荡器并仿真,用示波器观察输出波形。

参考文献

[1] 杨素行.模拟电子技术基础简明教程[M].3版.北京：高等教育出版社，2006.

[2] 杨素行.模拟电子技术基础简明教程教学指导书[M].3版.北京：高等教育出版社，2006.

[3] 华成英，童诗白.模拟电子技术基础[M].4版.北京：高等教育出版社，2006.

[4] 康华光.电子技术基础模拟部分[M].4版.北京：高等教育出版社，1999.

[5] 林红，周鑫霞.电子技术[M].北京：清华大学出版社，2008.

[6] 王济浩.模拟电子技术基础[M].北京：清华大学出版社，2009.

[7] 李燕民，庄效桓.模拟电子技术[M].2版.北京：机械工业出版社，2008.

[8] 谢志远.模拟电子技术基础[M].北京：清华大学出版社，2011.

[9] 陶玉鸿.模拟电子技术[M].北京：冶金工业出版社，2009.

[10] 张树江，王成安.模拟电子技术[M].2版.大连：大连理工大学出版社，2003.

[11] 高吉祥.全国大学生电子设计竞赛培训系列教程——基本技能训练与单元电路设计[M].北京：电子工业出版社，2007.

[12] 李雪飞.数字电子技术基础[M].北京：清华大学出版社，2011.

[13] 阎石.数字电子技术基础[M].4版.北京：高等教育出版社，1997.

[14] 范文兵.数字电子技术基础[M].北京：清华大学出版社，2007.

[15] 伍时和.数字电子技术基础[M].北京：清华大学出版社，2009.

[16] 沈复兴.电子技术基础(下)[M].北京：电子工业出版社，2005.

[17] 王秀敏.数字电子技术[M].北京：机械工业出版社，2010.

[18] 陈文楷.数字电子技术基础[M].北京：机械工业出版社，2010.

[19] 唐竞新.数字电子电路解题指南[M].北京：清华大学出版社，2006.

[20] 龙忠琪，龙胜春.数字电路考研试题精选[M].北京：科学出版社，2003.

[21] 邹逢兴.数字电子技术基础典型题解析与实战模拟[M].长沙：国防科技大学出版社，2003.

[22] 赵惠玲.数字电子技术解题题典[M].西安：西北工业大学出版社，2003.

[23] 王春露.数字逻辑学习辅导[M].北京：清华大学出版社，2005.

[24] 阎石，王红.数字电子技术基础[M].4版.北京：高等教育出版社，2003.

[25] 赵曙光，等.可编程逻辑器件原理、开发与应用[M].2版.西安：西安电子科技大学出版社，2006.

[26] 高歌.电子技术EDA仿真设计[M].北京：中国电力出版社，2007.

[27] 潘松，黄继业.EDA技术实用教程[M].北京：科学出版社，2005.

[28] 黄智伟.基于NI Multisim的电子电路计算机仿真设计与分析[M].北京：电子工业出版社，2008.

[29] 李哲英，等.模拟电子线路分析与Multisim仿真[M].北京：机械工业出版社，2008.

[30] 丛宏寿，等.Multisim 8仿真与应用实例开发[M].北京：清华大学出版社，2007.

[31] 丛宏寿，李绍铭.电子设计自动化——Multisim在电子电路与单片机中的应用[M].北京：清华大学出版社，2008.